AF292182

Bruno Eckert · Erwin Schnell

Axial- und Radialkompressoren

Zweite Auflage

Springer-Verlag Berlin Heidelberg GmbH 1961

Dr.-Ing. Dr.-Ing. E.h. Bruno Eckert

Geschäftsführer der Motoren- und Turbinen-Union München GmbH
Direktor i.H. Daimler-Benz AG, Stuttgart-Untertürkheim

Erwin Schnell

Direktor i.H. Klöckner-Humboldt-Deutz AG, Werk Oberursel

CIP-Kurztitelaufnahme der Deutschen Bibliothek:

Eckert, Bruno:
Axial- und Radialkompressoren: Anwendung, Theorie, Berechnung/Eckert-Schnell. – Berichtigter Reprint
d. 2. Aufl. 1961. – Berlin, Heidelberg, New York: Springer, 1980.

    ISBN 978-3-642-80544-8   ISBN 978-3-642-80543-1 (eBook)
    DOI 10.1007/978-3-642-80543-1

Ne: Schnell Erwin:; Eckert-Schnell, …

Das Werk ist urheberrechtlich geschützt. Die dadurch begründeten Rechte, insbesondere die der Übersetzung,
des Nachdrucks, der Entnahme von Abbildungen, der Funksendung, der Wiedergabe auf photomechanischem
oder ähnlichem Wege und der Speicherung in Datenverarbeitungsanlagen bleiben, auch bei nur auszugsweiser
Verwertung, vorbehalten.

Bei Vervielfältigungen für gewerbliche Zwecke ist gemäß § 54 UrhG eine Vergütung an den Verlag zu zahlen, deren
Höhe mit dem Verlag zu vereinbaren ist.

© Springer-Verlag Berlin Heidelberg 1961
Ursprünglich erschienen bei Springer-Verlag OHG., Berlin/Göttingen/Heidelberg 1961
Softcover reprint of the hardcover 2nd edition 1961

Die Wiedergabe von Gebrauchsnamen, Handelsnamen, Warenbezeichnungen usw. in diesem Buche berechtigt
auch ohne besondere Kennzeichnung nicht zur Annahme, daß solche Namen im Sinne der Warenzeichen- und
Markenschutz-Gesetzgebung als frei zu betrachten wären und daher von jedermann benutzt werden dürften.

Einband: Graphischer Betrieb Konrad Triltsch, Würzburg

2060/3014-54321

AXIAL- UND RADIALKOMPRESSOREN

AXIAL- UND RADIAL-KOMPRESSOREN

ANWENDUNG / THEORIE / BERECHNUNG

VON

DR.-ING. B. ECKERT

ABTEILUNGSDIREKTOR i. H. DAIMLER-BENZ AKTIENGESELLSCHAFT

UND

ING. E. SCHNELL

ABTEILUNGSLEITER i. H. DAIMLER-BENZ AKTIENGESELLSCHAFT

ZWEITE VERBESSERTE UND ERWEITERTE AUFLAGE

MIT 536 ABBILDUNGEN UND 6 RECHENTAFELN

Springer-Verlag Berlin
Heidelberg GmbH

1961

Vorwort zur zweiten Auflage

Die erste Auflage des Buches ist seit über einem Jahr vergriffen, weshalb sich der Verlag zur Herausgabe einer zweiten Auflage entschloß. Bei der Neubearbeitung ist die Einteilung des behandelten Stoffes weitgehend beibehalten, jedoch mußten einige Abschnitte umgearbeitet, zum Teil auf den neuesten Entwicklungsstand gebracht und neue, interessante Konstruktionen und Ausführungsformen aufgenommen werden. Bei der Bearbeitung wurde versucht, die in den Buchbesprechungen zur ersten Auflage geäußerten Anregungen und Bemerkungen zu berücksichtigen.

Im Vorwort zur ersten Auflage wurde bereits mitgeteilt, daß sich der Inhalt auf Strömungsarbeitsmaschinen, die im Unterschallgebiet arbeiten, beschränkt; dies gilt auch für die zweite Auflage, da die bisherigen Erfahrungen an transsonischen und supersonischen Verdichterstufen zu einer umfassenden Darstellung in dem auf die praktischen Bedürfnisse ausgerichteten Buch noch nicht ausreichend erschienen.

Die erste Auflage des vorliegenden Buches erschien Anfang des Jahres 1959 in polnischer Sprache (Staatliche Technische Verlagsanstalt, Warschau), Mitte des Jahres 1959 in russischer Sprache (Staatlicher Wissenschaftlich-Technischer Verlag für Maschinenbauliteratur, Moskau).

Zu danken habe ich der Daimler-Benz AG, Stuttgart-Untertürkheim, für die Unterstützung, die sie mir bei der Abfassung der zweiten Auflage zuteil werden ließ.

Bei der Bearbeitung der neuen Auflage erhielt ich durch Fachkollegen wertvolle Anregungen und Hinweise und mit großer Bereitwilligkeit wurde ich von zahlreichen Firmen des In- und Auslandes durch Überlassung von Konstruktionszeichnungen und anderen Unterlagen unterstützt. Ihnen hierfür auch an dieser Stelle zu danken, ist mir eine angenehme Pflicht. Mein besonderer Dank gilt wiederum Herrn Ing. ERWIN SCHNELL, dessen unermüdliche und tatkräftige Mitarbeit sehr zum Gelingen des Werkes beitrug. Dem Springer-Verlag danke ich für die gute Ausstattung des Buches.

Stuttgart-Obertürkheim, Herbst 1960

B. Eckert

Vorwort zur ersten Auflage

In den vergangenen zwei Jahrzehnten hat sich, vor allem angeregt durch die neuen Erkenntnisse und Fortschritte der Aero- und Hydrodynamik, auf dem Gebiet der Turbomaschinen eine beschleunigte Entwicklung vollzogen.

Das Prinzip der Turbomaschine beruht auf der dynamischen Energieübertragung. Im Gegensatz zum statischen Prinzip, das die Grundlage der Kolbenmaschine darstellt, ermöglicht das dynamische Prinzip eine bedeutende Steigerung der *Leistungsdichte*, da die hierbei möglichen hohen Umfangs- und Durchströmgeschwindigkeiten das Verarbeiten großer Leistungen bei bescheidenem Raum- und Werkstoffbedarf gestatten.

Eine zweite Tatsache, die den Aufschwung der Turbo- oder Strömungsmaschine förderte, ist die günstige Energieumsetzung dieser Maschinenart. Die großen Fortschritte in dieser Hinsicht, d. h. die erreichte Steigerung des Wirkungsgrades, sind der Erfolg einer theoretischen Durchdringung der Materie, vor allem aber sind sie die Früchte einer planmäßigen Zweckforschung. Steigerung der Leistungsdichte und Verbesserung der Wirkungsgrade der Strömungsmaschinen waren neben den Fortschritten auf metallurgischem Gebiet auch die Voraussetzungen für die im Laufe der letzten fünfzehn Jahre erfolgte Entwicklung der Gasturbine zur wettbewerbsfähigen Wärmekraftmaschine.

Das vorliegende Buch befaßt sich nur mit einem Teil der Turbomaschinen, und zwar mit Turbokompressoren der axialen und radialen Bauart und ist in folgende Hauptteile gegliedert:

Kapitel A enthält *Richtlinien zur Festlegung der Auslegungskenngrößen von Kompressoren*. Vielfach sind die Auslegungsdaten, also Gasmenge und erwünschte Druckerhöhung, für ein Gebläse oder einen Verdichter nicht unmittelbar gegeben. So kann z. B. für ein Kühlgebläse aus den abzuführenden Wärmemengen die erforderliche Kühlluftmenge auf einfache Weise ermittelt werden, während die Abschätzung der vom gleichen Gebläse zu erzeugenden Druckerhöhung wesentlich größere Schwierigkeiten bereitet. Bei der Auslegung einer Gasturbine ist üblicherweise die an der Kupplung der Gasturbine verlangte Leistung vorgegeben, womit die Auslegungsdaten des zugehörigen Kompressors erst zu ermitteln sind. Ohne auf den Strömungsmechanismus der Kompressoren einzugehen, enthält dieses Kapitel die Angaben über die „Soll"-Leistungen eines Verdichters für einige wichtige Anwendungsgebiete.

Einen ersten Anhaltspunkt für die zweckmäßige Bauweise eines Verdichters, für den nunmehr die Hauptauslegedaten gegeben sind, findet man im Kapitel B *Kenngrößen für Strömungsmaschinen auf Grund des Newtonschen Ähnlichkeitsgesetzes*.

Im folgenden Kapitel C werden die *gemeinsamen physikalischen Grundlagen der Axial- und Radialkompressoren*, also die Grundgesetze der Mechanik, der Thermodynamik und der Strömungslehre, soweit sie zum Verständnis der Vorgänge in Gebläsen und Verdichtern unbedingt notwendig sind, in knappster Form dargestellt.

Die beiden folgenden Kapitel sind der eigentlichen Berechnung der Turboverdichter gewidmet, und zwar behandelt Kapitel D den *Axialkompressor*, Kapitel E den *Radialkompressor*. Wenn dabei der axial durchströmten Arbeitsmaschine ein etwas breiterer Raum als der radial durchströmten eingeräumt wurde, dann deshalb, weil im Gegensatz zu letzterer der Axialverdichter noch kaum in umfassender Form behandelt wurde, obwohl ihm auf Grund seiner vielfältigen Vorteile ein weitgehendes Anwendungsgebiet offen steht. Bei der Behandlung des Axialkompressors erwies sich die Gittertheorie von F. WEINIG als wertvolles, theoretisches Hilfsmittel.

Im Kapitel F werden die noch sehr spärlichen Erkenntnisse und Erfahrungen an *Strömungs-arbeitsmaschinen im labilen Arbeitsbereich* beleuchtet.

Das letzte Kapitel G behandelt in kurz zusammengefaßter Form die *Regelung der Kompres-soren*, also die gebräuchlichen Regelverfahren zur Anpassung eines Verdichters an verschiedene Betriebsbedingungen. An Hand leicht verständlicher schematischer Darstellungen wurden die hauptsächlichen Regelungsmöglichkeiten und die Wirkungsweise der Regelungsverfahren dar-gelegt, während bezüglich der konstruktiven Ausbildung der oft vielgestaltigen Regeleinrich-tungen auf diesbezügliche Spezialwerke verwiesen werden muß.

Auf eine Behandlung der baulichen Gestaltung der Turboverdichter und der dabei auf-tretenden Probleme mechanischer Art wurde bewußt verzichtet. Diese Beschränkung war schon aus Raum- und Zeitmangel unvermeidlich. Auch scheint hierfür, besonders auf dem Gebiet des Axialverdichters, der gegenwärtige Zeitpunkt noch etwas verfrüht, da die konstruktive Gestal-tung noch stark im Fluß ist und die Tendenzen der Entwicklung in mancher Hinsicht noch nicht klar übersehbar sind, so daß eine umfassende Darstellung auf Grund des heutigen Standes viel-leicht bald veraltet wäre. Eine sorgfältig vorgenommene Auswahl von Abbildungen typischer Bauarten von Axial- und Radialkompressoren und deren Einzelteilen, die sich in allen Kapiteln des vorliegenden Buches finden, sollen aber Anregungen zum konstruktiven Verständnis der Strömungsarbeitsmaschinen vermitteln. Dabei ist zu berücksichtigen, daß Axial- und Radial-kompressoren in vielseitiger Form im modernen Flugzeug- und Verkehrswesen ebenso Anwen-dung finden wie im stationären Maschinenbau, im ersteren Falle also die Belange des Leichtbaues, d. h. äußerste Werkstoffausnützung und große Drehzahlen, im letzteren Fall vor allem die Fragen des Herstellungspreises, der Lebensdauer usw. beachtet werden müssen.

Bezüglich der auch für Turboverdichter gültigen Berechnungsmethoden hinsichtlich der Festigkeit und der Schwingungen muß auf das einschlägige Schrifttum verwiesen werden. Allerdings sind auf dem Spezialgebiet der Schwingungsprobleme die heute vorliegenden Erkenntnisse noch sehr erweiterungsbedürftig. In vielen Fällen ist es noch nicht möglich, mit Bestimmtheit vorauszusagen, ob eine gewählte Konstruktion der Schwingungsbeanspruchung standhält.

Eine fruchtbare Weiterentwicklung setzt eine planmäßige Forschung und diese ein leistungs-fähiges Versuchswesen voraus. Auf diesem Gebiet haben sich Methoden herausgebildet, die den speziellen Erfordernissen der Strömungsmaschine angepaßt sind. Das ursprünglich geplante Kapitel über das *Versuchs- und Meßwesen auf dem Gebiete der Turbokompressoren* konnte in dem gegebenen Umfang des Buches nicht mehr untergebracht werden. Es ist beabsichtigt, dieses Kapitel in erweiterter Form zum Gegenstand einer getrennten Abhandlung zu machen.

Die folgenden Ausführungen beschränken sich auf die sogenannten *Unterschall-Kompressoren*, d. h. auf Verdichter, deren absolute und relative Strömungsgeschwindigkeiten noch unterhalb der Schallgeschwindigkeit liegen. Auf dem Gebiet des Überschallkompressors, der eines Tages für Maschinen höchster Leistungskonzentration, insbesondere für Luftfahrtzwecke von Bedeutung werden könnte, liegen bereits einzelne, erfolgversprechende Ergebnisse vor; einige Versuchs-kompressoren weisen die Wege in dieses für Strömungsmaschinen heute noch wenig erschlossene Neuland.

Das Buch wendet sich an alle diejenigen, die sich in irgendeiner Form mit Strömungsmaschinen befassen. Dem Fachmann soll es eine Zusammenfassung der Ergebnisse und Erkenntnisse bringen, die heute auf diesem Spezialgebiet vorliegen. Dem Planungs- und Betriebsingenieur werden viel-leicht die Kapitel A und B und das Kapitel *Regelung* zweckdienliche Hinweise vermitteln können, dem Studierenden und allen denjenigen, die sich in dieses noch verhältnismäßig neue Gebiet einarbeiten, soll es ein Leitfaden sein, wozu es um so eher geeignet sein dürfte, als schwierigere mathematische Methoden bewußt vermieden wurden.

Das vorliegende Buch erhebt keinerlei Anspruch auf Vollständigkeit. Diese kann schon des-halb nicht erreicht werden, weil ein großer Teil der in allen Industrieländern betriebenen Ent-wicklung teils geheim gehalten wird, teils noch keinen Niederschlag in der Literatur gefunden hat. Als Ergänzung möge auch auf das jedem Abschnitt beigefügte Schrifttumsverzeichnis hin-gewiesen werden.

Das Werk entstand während meiner Tätigkeit als Leiter der Abteilung für Strömungsmaschinen im Forschungsinstitut für Kraftfahrwesen und Flugmotoren in Stuttgart und wurde während meiner Tätigkeit bei der Firma Turboméca S. A., Bordes B. P. (Südfrankreich) weitergeführt und im Sommer 1952 fertiggestellt. Es ist mir ein Bedürfnis, dem damaligen Leiter des Forschungsinstituts, Herrn Professor Dr.-Ing. W. KAMM, für das große Interesse an meinen Arbeiten und für deren tatkräftige Förderung zu danken. Ebenso bin ich Herrn Professor Dr.-Ing. P. RIEKERT und dem Generaldirektor der Turboméca, Herrn Präsident J. SZYDLOWSKI, für ihre wertvolle Unterstützung zu Dank verpflichtet.

Zum Gelingen des Buches trug vor allem mein Mitarbeiter, Herr Ing. E. SCHNELL, bei, der an der Textabfassung und der Anfertigung des Bildmaterials aller Kapitel maßgeblich und tatkräftig mitwirkte.

Besonderen Dank schulde ich Herrn Dr.-Ing. H. KÜHL für viele wertvolle Anregungen und Hinweise.

Zum Schluß habe ich den amerikanischen, belgischen, deutschen, englischen, französischen, schweizerischen und spanischen Firmen zu danken, die in zuvorkommender Weise durch Überlassung von wertvollem Bildmaterial und Unterlagen die Arbeit erleichterten und unterstützten.

Der Springer-Verlag, Berlin, hat das Buch der Öffentlichkeit in mustergültiger Ausstattung übergeben, wofür dem Verleger herzlichst gedankt sei.

Stuttgart-Bad Cannstatt, Sommer 1953

B. Eckert

Vorwort zur Reprintausgabe

Die zweite Auflage ist seit 1970/71 vergriffen. Trotzdem erfreut sich das Buch sowohl bei Studenten als auch bei den mit Strömungsmaschinen beschäftigten Ingenieuren nach wie vor großer Beliebtheit. Davon zeugen nicht zuletzt die zahlreichen Anfragen aus dem In- und Ausland sowohl an den Verlag als auch an die Verfasser. Der Verlag war deshalb bereits im Jahre 1975 an die Verfasser herangetreten mit dem Wunsch, eine überarbeitete dritte Auflage vorzubereiten. Es ist selbstverständlich, daß das Buch hierzu — bei Beibehaltung des Grundaufbaues — eine grundlegende Überarbeitung aller Kapitel hätte erfahren müssen — nicht zuletzt sei allein auf die notwendige Umstellung auf ISO-Maßeinheiten in allen Berechnungsbeispielen hingewiesen.

Beide Verfasser mußten seinerzeit den Auftrag zur Vorbereitung einer dritten Auflage wegen zu starker beruflicher Inanspruchnahme zurückgeben. Auch der Versuch, ein Autoren-Konsortium zur Bearbeitung einer Neuauflage zu gründen, ist schließlich gescheitert. Die Hektik der täglichen Arbeit ist in den letzten beiden Jahrzehnten erheblich größer geworden, so daß immer weniger Ingenieure die Zeit und Ruhe finden — neben ihrer beruflichen Tätigkeit — auch noch wissenschaftlich oder schriftstellerisch tätig zu sein.

Auf der Basis dieser Vorüberlegungen entschloß sich der Verlag zu dem hier vorliegenden unveränderten Nachdruck der zweiten Auflage (unter Einarbeitung der Berichtigungen).

Die Verfasser sind sich der Tatsache bewußt, daß viele Beispiele und Berechnungsverfahren als überholt — wenn auch im Aufbau richtig — angesehen werden müssen, das gilt insbesondere

— im Kapitel A für den Abschnitt VII. Gasturbinen
Sowohl die Teilwirkungsgrade für Verdichter und Turbine, als vor allem die Turbineneintrittstemperatur, haben in den letzten 20 Jahren eine enorme Steigerung erfahren, so daß die Diagramme für den thermischen Wirkungsgrad und die spez. Leistung zwar die Grundtendenz zeigen, die dargestellten Werte in ihrer Größe aber dabei nicht mehr als repräsentativ für den „Stand der Technik" gelten können.

— im Kapitel D — Der Axialkompressor,
Abschnitt IX. Auslegungsgrundlagen für Grenzmaschinen
Die hergeleiteten Beziehungen für die Grenzleistungsmaschine behalten nach wie vor ihre Gültigkeit, eine Machzahl $M_1 = 0{,}75$ kann aber heute nicht mehr als Auslegungsgrenze angesehen werden. Durch entsprechende Gestaltung der Schaufelprofile (Kreisbogenzweieck — bzw. transsonische Profilierung) läßt sich die Eintrittsmachzahl — zumindest bei Verdichtern ohne Vorleitrand — ohne wesentliche Wirkungsgradeinbuße bis auf Werte von $M_1 = 1{,}2 - 1{,}3$ heraufsetzen.

— Abschnitt X Strömungsvorgänge im Axialverdichter mit konstanter Reaktion über der Schaufelhöhe
Das dargestellte Verfahren zur (näherungsweisen) Berechnung des Verlaufs der Meridianstromlinien gibt einen sehr anschaulichen Einblick in die Veränderung des

Stromlinienverlaufes und die wesentlichen Einflußgrößen. Die mehr oder weniger graphische Berechnungsmethode würde heute durch numerische Verfahren unter Einsatz programmierter Tischcomputer ersetzt werden.

— Abschnitt XI. Berechnung der Profilgitter
Die Weinig'sche „Theorie der Strömung im Schaufelgitter" ist nunmehr 45 Jahre alt, aber noch immer ein Leckerbissen für den mathematisch interessierten Strömungsmaschinenbauer. Die daraus entwickelten praktischen Methoden zur Auslegung von Gitterprofilen waren und sind Näherungsmethoden, die sich bewährt haben und für viele Verdichterauslegungen auch heute noch ausreichend sind. Das gleiche gilt für die Darstellung der Ergebnisse der NACA-Gitteruntersuchungen. Für die Auslegung von Gittern mit extrem hohen Anströmgeschwindigkeiten sind dagegen neuere Untersuchungen, vorzugsweise über transsonische Gitter, heranzuziehen. Zur Profilgestaltung sehr hochbelasteter Schaufelgitter wurden gleichfalls neue Verfahren erarbeitet (unter Einsatz von EDV-Anlagen) unter Vorgabe einer sinnvollen oder optimierten Druckverteilung auf der Schaufeloberfläche.

— Im Kapitel E — Der Radialkompressor
Vorzugsweise die Strömung sowohl im Radialverdichter-Laufrad als auch im nachgeschalteten Diffuser war in den letzten 20 Jahren ein bevorzugter Gegenstand der Forschung auf dem Gebiet der Strömungsmaschinen sowohl in Deutschland als auch in den USA, vereinigt er doch einen relativ hohen Massenstrom mit einem hohen Stufendruckverhältnis. Sein Einsatzgebiet ist vorzugsweise der Industrieverdichter (und die neuerdings stark in den Vordergrund tretende Aufladung von Kolbenmotoren), weniger dagegen die Gasturbine.

— Abschnitt V. Hauptabmessungen des Radialkompressors
Hier stehen heute verfeinerte Ansätze für die Verlustaufteilung im Lauf- und Leitrad zur Verfügung, doch führen auch diese nicht zu wesentlich anderen Ergebnissen als die Darstellung im vorliegenden Buch.

— Abschnitt VI — Das Laufrad
Auch für die Berechnung der Geschwindigkeitsverteilung am Schaufeleintritt in der Krümmungszone zwischen axialem Einlauf und Übergang in den radialen Laufradteil stehen numerische Verfahren mit geringem Zeitaufwand zur Verfügung, so daß auf die angegebenen Näherungslösungen verzichtet werden kann.

— Abschnitt VII — Die Leitvorrichtungen
Bei der Auslegung moderner radialer Leiträder sollten die neueren Arbeiten von Runstadler, Dean und Kenny* Berücksichtigung finden. Sie behandeln sowohl den Einfluß der Seitenwandgrenzschicht auf den effektiven Eintrittsquerschnitt des Diffusors als auch die optimale Diffusorerweiterung.

— Abschnitt IX — Grenzleistungs- (Radial-) Verdichter
Neue Erkenntnisse über den Aufbau des Strömungsfeldes in einem rotierenden Radialverdichter-Laufrad und über die Entwicklung des Totwassergebietes in den

---

* Runstadler, P.W.; Dean R.C.: Straight Channel Diffusor Performance at High Inlet Mach Numbers. ASME-Paper No. 63-WA/FE-19, 1963

Runstadler, P.W.; Dolan, F.X.: Further Data of the Pressure Recovery Performance of Straight-Channel, Plane-Divergence Diffusers at High Subsonic Inlet Mach Numbers. ASME-Paper No. 73-FE-5, 1973

Kenny, D.P.: A Comparison of the Predicted and Measured Performance of High Pressure Ratio Centrifugal Compressor Diffusers ASME-Paper No. 72-GT-54, 1972

Schaufelkanälen ergaben sich aus den in den Jahren 1972 bis 1977 im Auftrage der Forschungsgemeinschaft für Verbrennungskraftmaschinen (FVV) bei der Deutschen Forschungs- und Versuchsanstalt für Luft- und Raumfahrt (DFVLR) durchgeführten Versuche. Mittels eines von der DFVLR entwickelten Laser-Zweifocus-Verfarens konnten die Strömungsfelder nach Geschwindigkeit und Richtung im rotierenden Laufrad bis zu Umfangsgeschwindigkeiten von 460 m/s gemessen werden und so der Beginn der Strömungsablesung an der Schaufelsaugseite sowohl lokalisiert als auch die Entwicklung des Totwassergebietes bestimmt werden.

Auf der Grundlage dieser Untersuchungen wurde von W. Traupel eine neue Theorie zur Berechnung der *realen* Strömung entwickelt, bestehend aus zwei Berechnungsschnitten:

– Berechnung der reibungsfreien Strömung im Laufrad mittels bekannter potentialtheoretischer Ansätze (siehe hierzu Darstellung im Abschnitt IX, 2, c).

– Einführung eines Totwasserverlaufes entlang der Saugseite der Schaufeln und Überlagerung der reibungsfreien Lösung durch eine Energieschichtung quer zum Schaufelkanal.

Eine eingehende Darstellung dieser neuen Theorie ist in W. Traupel: Thermische Tubormaschinen – 3. Auflage (1977) gegeben.

Es soll abschließend hier noch festgestellt werden, daß nach Meinung der Verfasser, aber auch zahlreicher Benutzer, die beiden vom Springer-Verlag herausgegebenen Werke „Axial- und Radialkompressoren" und „Thermische Tubormaschinen" keine Konkurrenz zueinander sind, sondern sich ergänzen. Während sich das vorliegende Buch „Axial- und Radialkompressoren" in erster Linie an den praktisch arbeitenden Ingenieur wendet und ihm ein Leitfaden für die Auslegung ein- und mehrstufiger Verdichter sein will, werden in „Thermische Turbormaschinen" von W. Traupel sowohl eine Vielzahl strömungstechnischer Probleme wissenschaftlich exakt behandelt, als auch umfangreiches Versuchsmaterial sogenannter Komponentenversuche dargestellt. Der Strömungsmaschinenbauer — der täglich mit strömungstechnischen Problemen konfrontiert ist — braucht beide Bücher.

Die Verfasser danken dem Verlag für die Ausstattung in der vom Springer-Verlag gewohnten Qualität.

Stuttgart-Obertürkheim/Usingen, im Sommer 1980   B. Eckert und E. Schnell

Inhaltsverzeichnis

In Tasche:

Tabelle 3a. Leistungsdaten heutiger Gasturbinen in der Leistungsklasse bis 1500 PS

Tabelle 3b. Leistungsdaten heutiger Gasturbinen in der Leistungsklasse über 1500 PS

Allgemeine Hinweise

Auch in der technischen Literatur wird neuerdings das MKSA- (Giorgische) Maßsystem benutzt. Im vorliegenden Buch ist das technische Maßsystem beibehalten, da praktisch noch alle Tabellenwerte auf diesem System aufgebaut sind. So ist z. B. für die Enthalpie i die Dimension kcal/kg, für die Geschwindigkeit c die Dimension m/s üblich und durch Gewöhnung anschaulich. Beide Größen können in diesen Dimensionen eingesetzt zum dimensionsrichtigen Ausdruck

$$i + \frac{A \cdot c^2}{2g}$$

zusammengesetzt werden ($A=$ mech. Wärmeäquivalent kcal/mkg). Im MKSA-System wäre diese Beziehung

$$i + \frac{c^2}{2}.$$

Dabei müssen beide Glieder in kohärenten Einheiten eingesetzt werden, also z. B. c in m/s, i in m²/s² oder in J/kg (1 m²/s² = 1 J/kg). Zieht man das MKSA-System vor, so können alle Gleichungen dieses Buches nach den folgenden Regeln formal in die entsprechende Form gebracht werden:

1. Alle auf die Mengeneinheit bezogenen Wärmemengen, Enthalpien und inneren Energien, sowie die spezifischen Wärmen sind mit dem Faktor A/g zu multiplizieren.

2. Die Gaskonstante R, die spezifischen Volumen v und alle auf die Mengeneinheit bezogenen Arbeiten sind durch den Faktor g zu dividieren.

3. Das spezifische Gewicht γ ist durch $\varrho \cdot g$ zu ersetzen.

Umrechnungsfaktoren
Technisches Maßsystem und MKSA-System

Größen	Einheiten		Umrechnungs-Faktoren	
	Technisches Maßsystem	MKSA-System	Technisch	MKSA
Länge	m	m	1 m $=$	1 m
Zeit	s	s	1 s $=$	1 s
Kraft	kg $=$ kp	N	1 kp $=$	9,806 65 N
Masse	kp s² m⁻¹	kg	1 kp s² m⁻¹ $=$	9,806 65 kg
Druck	at, kp m⁻²	bar, N m⁻²	1 at $= 10^4$ kp m⁻² $= 0{,}980\,665$ bar $=$	$9{,}806\,65 \cdot 10^4$ N m⁻²
Arbeit, Energie	kp m kcal	J	1 kp m $=$ 1 kcal $=$	$9{,}806\,65$ J $4{,}1868 \cdot 10^3$ J
Leistung	kp m s⁻¹ PS	W	1 kp m s⁻¹ $=$ 1 PS $=$	$9{,}806\,65$ W $735{,}5$ W

Technisches Maßsystem   MKSA-System

Grundeinheiten:

Technisches Maßsystem	MKSA-System
m = Meter	m = Meter
s = Sekunde	s = Sekunde
kg = Kilogramm (Gewicht)	kg = Kilogramm (Masse)
kp = Kilopond	

Abgeleitete Einheiten:

Technisches Maßsystem	MKSA-System
at = Atmosphäre (1 at $= 10^4$ kp m⁻⁴)	N = Newton (1 N = 1 kg m s⁻¹)
PS = Pferdestärke (1 PS = 75 kp m s⁻¹)	J = Joule (1 J = 1 N m)
kcal = Kilokalorie (1 kcal = 426,8 kp m)	W = Watt (1 W = 1 J s⁻¹)
	bar = Bar (1 bar = 10^5 Nm⁻²)

Beispiele

<table>
<tr><td align="center">Technisches System</td><td align="center">MKSA-System</td></tr>
</table>

$$c = \sqrt{\frac{2g}{A} \cdot \Delta i} \qquad\qquad c = \sqrt{2\,\Delta i}$$

$$p\,v = R\,T \qquad\qquad p \cdot \frac{v}{g} = \frac{R}{g} \cdot T$$

$$\text{oder} \quad p\,v = R\,T$$

$$dq = di - A \cdot v \cdot dp \qquad\qquad \frac{A}{g} \cdot dq = \frac{A}{g} \cdot di - A \cdot \frac{v}{g} \cdot dp$$

$$dq = di - v \cdot dp$$

$$N = \dot{G} \cdot H_{\text{th}} = \dot{G} \cdot \frac{\Delta i}{A} \qquad\qquad N = \dot{G} \cdot \frac{A}{g} \cdot \frac{\Delta i}{A} = \dot{m}\,\Delta i$$

Der zweite Entwurf vom Mai 1958 zu den VDI-Ventilatoren-Regeln enthält dimensionslose Kennzahlen, die in einigen Punkten von den hier benutzten abweichen:

Bezeichnungen nach VDI-Entwurf			Die im vorliegenden Buch benutzten Bezeichnungen		
Durchflußzahl	φ	$\dfrac{V_1}{\frac{\pi}{4} \cdot D^2 \cdot u}$	Durchflußzahl	φ^*	$\dfrac{V_1}{\frac{\pi}{4} \cdot D^2 \cdot u}$
			Lieferzahl	φ	$\dfrac{c_m}{u_a}$ bei Axialverdichtern
			Mengenzahl	λ	$\dfrac{c_m}{u_2}$ bei Radialverdichtern
Druckzahl	ψ	$\dfrac{2\,g \cdot H_{ad}}{u^2}$	Druckzahl	ψ	$\dfrac{2\,g \cdot H_{ad}}{u^2}$
Leistungszahl	λ	$\dfrac{2\,g \cdot L}{\gamma_1 \cdot \frac{\pi}{4} \cdot D^2 \cdot u^3}$			
Durchmesserzahl	δ	$D \cdot \dfrac{(2\,g \cdot H_{ad})^{\frac{1}{4}}}{V_1^{\frac{1}{2}}} \cdot \left(\dfrac{\pi}{4}\right)^{\frac{1}{2}}$	Durchmesserzahl	Δ	$D \cdot \dfrac{(2\,g \cdot H_{ad})^{\frac{1}{4}}}{V_1^{\frac{1}{2}}} \cdot \left(\dfrac{\pi}{4}\right)^{\frac{1}{2}}$
Schnellaufzahl	σ	$n \cdot \dfrac{V_1^{\frac{1}{2}}}{(2\,g \cdot H_{ad})^{\frac{3}{4}}} \cdot (4\,\pi)^{\frac{1}{2}}$	dimensionslose Drehzahl	$\Re_n$	$n \cdot \dfrac{V_1^{\frac{1}{2}}}{(2\,g \cdot H_{ad})^{\frac{3}{4}}} \cdot (4\,\pi)^{\frac{1}{2}}$
			Drosselzahl	σ	$\dfrac{\varphi^2}{\psi}$
Reynoldszahl	Re	$\dfrac{u \cdot D}{v}$	Reynoldszahl	Re	$\dfrac{w_\infty \cdot l}{\bar{v}}$ (für Schaufel)
			Reynoldszahl	Re	$\dfrac{w \cdot d_{hydr.}}{\bar{v}}$ (für Kanäle)
Machzahl	Ma	$\dfrac{u}{c_s}$	Machzahl	Ma	$\dfrac{w_1}{w_s}$

$V_1\,[\text{m/s}]$	Eintrittsvolumen	$L\,[\text{mkg/s}]$	Antriebsleistung
$H_{ad}\,[\text{mkg/kg}]$	adiabat. Förderhöhe	$c_s = w_s\,[\text{m/s}]$	Schallgeschwindigkeit vor dem betrachteten Gitter
$D\,[\text{m}]$	Laufrad-Außendurchmesser		
$u\,[\text{m/s}]$	Umfangsgeschwindigkeit am Außendurchmesser	$v = \bar{v}\,[\text{m}^2/\text{s}]$	kinematische Zähigkeit
		$d_{hydr.}\,[\text{m}]$	hydr. Durchmesser
		$l\,[\text{m}]$	Schaufelprofillänge

Einleitung

Axial- und Radialkompressoren dienen zum Verdichten von Gasen aller Art. In eine Rohrleitung, die den Ausgangspunkt mit dem Bestimmungsort verbindet, wird der Kompressor geschaltet, der die Aufgabe hat, den Druck des Gases zu erhöhen. Die Druckerhöhung dient einerseits zur Erzeugung des Nutzdruckes des Gases im Verbrauchsraum, andererseits zur Überwindung der Reibung in den Zu- und Ableitungen. Der Zweck eines Kompressors ist also die Förderung gasförmigen Gutes aus einem Raum mit niederem Druck in einen Raum höheren Druckes. Dies ist aber auch die Aufgabe der Kreiselpumpen, die der Förderung flüssigen Gutes dienen, weshalb die theoretischen Grundlagen für beide Aggregatzustände die gleichen sind. Die grundsätzlichen Unterscheidungsmerkmale zwischen Kompressoren und Pumpen beruhen auf der Verschiedenheit der spezifischen Gewichte des jeweiligen Fördergutes, Gas bzw. Flüssigkeit, und in vielen Fällen auf der Verschiedenheit des elastischen Verhaltens des Fördergutes beim Durchtritt durch die Fördermaschine. Während Flüssigkeiten ihre Dichte beim Durchströmen der Kreiselpumpen praktisch nicht ändern, also die Strömung als inkompressibel betrachtet werden kann, muß die Kompressibilität des Fördermediums in sehr vielen praktischen Fällen bei der Berechnung von Gebläsen und Kompressoren für gasförmiges Gut berücksichtigt werden. Da es sich bei Kompressoren wie bei Pumpen um Strömungsvorgänge in ruhenden und bewegten Kanälen handelt, gehören beide Maschinenarten zu den Strömungsmaschinen. Bei Pumpen und Kompressoren wird zur Hebung des Gewichtes der Flüssigkeit bzw. zur Druckerzeugung Energie an der Antriebswelle *aufgebracht*, es sind Strömungs-*Arbeitsmaschinen*. Sie stellen die Umkehrung der Strömungs-*Kraftmaschinen* oder Turbinen dar, welche die im flüssigen oder gasförmigen Medium enthaltene kinetische und potentielle Energie mittels der Schaufeln auf die Welle *abgeben*. RATEAU bezeichnete deshalb Pumpen und Kompressoren als *Turbogeneratoren* zum Unterschied von Turbinen, die von ihm als *Turbomotoren* bezeichnet wurden.

Bei den Strömungsmaschinen unterscheidet man zwei voneinander grundsätzlich verschiedene Bauarten, nämlich *Kolben-* und *Kreisel-* oder *Turbomaschinen*. Das Kennzeichen der Kolbenmaschine ist der hin- und hergehende bzw. rotierende *Kolben*, der die Druckerhöhung am ruhenden Fördermittel erzeugt. Bei der Kreisel- oder Turbomaschine ist die *Schaufel* das kennzeichnende Bauelement; die Druckerhöhung wird am bewegten Fördermittel erzeugt. Beide Bauarten werden als Kraft- und Arbeitsmaschinen ausgeführt.

	Arbeitsmaschinen	Kraftmaschinen
statisches Verfahren:	Kolbenpumpe Kolbenkompressor	Wassersäulenmaschine Dampfmaschine Verbrennungs-Kolbenmotor
kinetisches Verfahren:	Kreiselpumpen Axial-, Radialkompressoren	Wasserturbinen Windturbinen Dampf- und Gasturbinen

Das vorliegende Buch befaßt sich ausschließlich mit Axial- und Radialkompressoren für gasförmiges Fördergut.

Die Bezeichnung Axial- bzw. Radialkompressor kennzeichnet die Hauptströmungsrichtung im Laufrad. Beim Axialkompressor wird das Laufrad axial d. h. in Richtung der Drehachse durchströmt (Abb. 1), während das Laufrad des Radialkompressors (Abb. 2) radial durchströmt wird.

Abb. 1. Axialverdichter

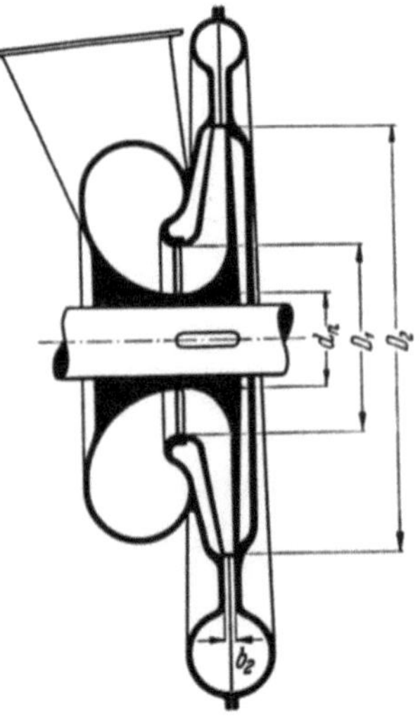

Abb. 2. Radialverdichter

Abb. 3a

Abb. 3 a u. b. Mehrstufenanordnung von Strömungsarbeitsmaschinen
a) Vielstufiger Axialverdichter (Turboméca S. A. Bordes [B. P.])
b) Vielstufiger Radialverdichter (Gutehoffnungshütte Oberhausen)

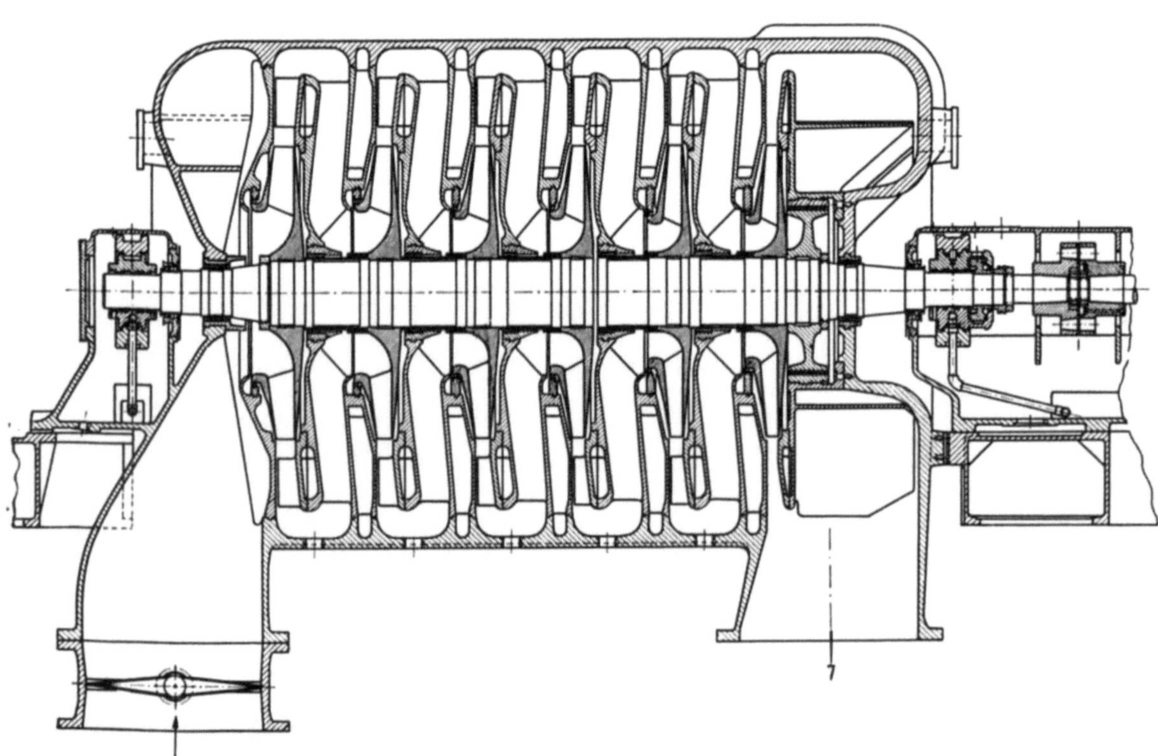

Abb. 3 b

Beim Axial- und Radialkompressor wird durch die Änderung der Relativ- und Umfangsgeschwindigkeiten des im bewegten Laufrad strömenden Gases *statischer* Druck, durch die im

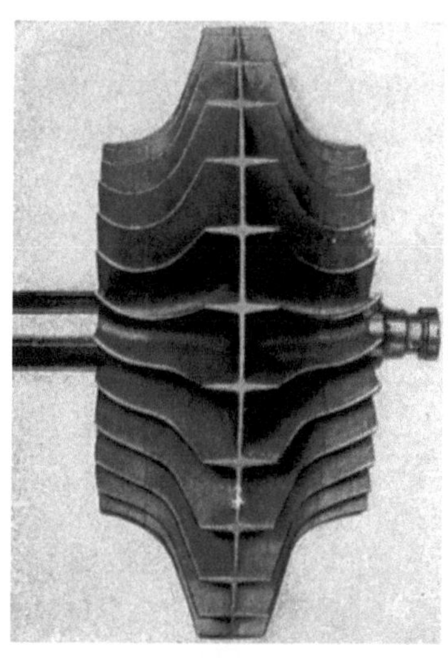

a   b

Abb. 4 a u. b. Mehrstromanordnung von Strömungsarbeitsmaschinen
a) Zweiflutiger Radialkompressor des Einkreisstrahltriebwerkes „Nene" (Rolls-Royce LTD); **b)** 6 parallel geschaltete Axialgebläse (D = 8,7 m ⌀) des großen Windkanals in Chalais-Meudon (Cie. de Fives-Lille). Jedes der 6 zehnflügeligen Axialgebläse wird von einem regelbaren 1000 PS-Gleichstrommotor (*n* = 300 U/min) angetrieben

Laufrad erfolgende Zunahme der Absolutgeschwindigkeiten Bewegungsdruck (vielfach, aber nicht ganz zutreffend, auch „dynamischer" Druck genannt) erzeugt. Zur Umwandlung des dynamischen in statischen Druck wird das aus dem Laufrad austretende Gas durch stillstehende Kanäle — Diffusoren oder Leitapparate — geführt. Durch die Erweiterung der Leitapparate wird die Geschwindigkeit des Gases verzögert und dadurch der dynamische Druck in statischen Druck umgewandelt.

Die Druckerzeugung beim Axial- und Radialkompressor beruht also auf kinetischer Grundlage, d. h. der Druck wird durch Umwandlung kinetischer Energie in potentielle Energie erzeugt. Im Gegensatz dazu beruht die Druckerzeugung beim Kolbenverdichter auf statischer Grundlage.

Aus aerodynamischen und festigkeitsmäßigen Rücksichten ist die in der Einzelstufe eines Axial- und Radialkompressors erreichbare Druckerhöhung begrenzt. Werden von einem Turbokompressor größere Druckerhöhungen verlangt als in einer einzigen Stufe möglich sind, dann schaltet man mehrere Einzelräder hintereinander, teilt also die gewünschte Druckerhöhung in mehrere Einzelstufen auf. Man spricht in diesem Falle von einer *Mehrstufenanordnung* (Abb. 3).

Ebenso wie bei großen Förderhöhen eine Unterteilung des Druckes notwendig ist, kann bei großen Gasmengen eine Unterteilung der Fördermenge, also die Parallel-

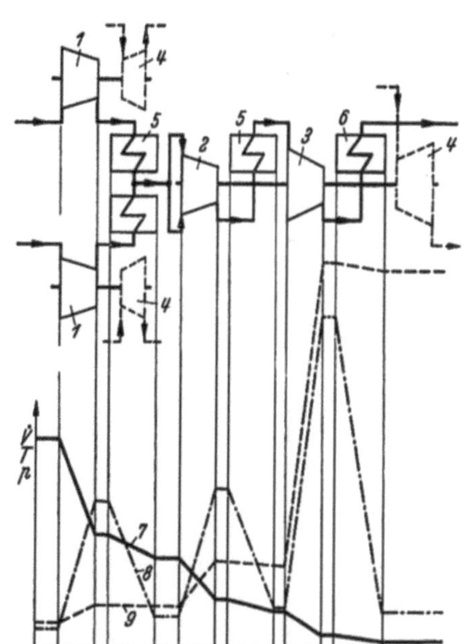

Abb. 5. Schema einer ausgeführten Kombination einer Mehrstrom- und Mehrstufenkompressoranlage für ein chemisches Industriewerk
1 Parallel arbeitende mehrstufige Axialverdichter, *2* Mehrstufiger Axialverdichter, in Serie mit Verdichter *1* arbeitend, *3* Mehrstufiger Radialverdichter, in Serie mit Verdichter *2* arbeitend, *4* Antriebsturbinen, *5* Zwischenkühler, *6* Endkühler, *7* Volumenverlauf beim Durchströmen der gesamten Verdichteranlage, *8* Temperaturverlauf des Fördergutes beim Durchströmen der gesamten Verdichteranlage, *9* Druckverlauf des Fördergutes beim Durchströmen der gesamten Verdichteranlage

schaltung mehrerer Einzelstufen notwendig sein. Man erhält auf diese Weise die mehrflutige oder *Mehrstromanordnung* (Abb. 4). Für große Förderhöhen und gleichzeitig große Fördermengen werden Mehrstrom- und Mehrstufenanordnungen kombiniert (Abb. 5).

1*

A. Richtlinien zur Festlegung der Auslegungsgrößen von Kompressoren

Für die Auslegung eines Gebläses oder eines Kompressors ist die Kenntnis des Durchsatzes oder des Volumens und des Verdichtungsverhältnisses bzw. der Druckerhöhung erforderlich. Außerdem müssen das spezifische Gewicht, die Gesamttemperatur und der Druck des zu verdichtenden Gases, bezogen auf den Eintritt in den Kompressor, bekannt sein. In vielen praktischen Fällen sind wechselnde klimatische und metereologische Verhältnisse, die Möglichkeit der Ausnutzung der Fahr- oder Fluggeschwindigkeit, die bauliche Gestaltung der Einströmteile in den Kompressor, Größe und Richtung der Absolutgeschwindigkeit hinter dem Kompressor und damit zusammenhängend die Fragen der Gestaltung der Leitvorrichtungen und der Diffusoren, das Anlaß- und Regelungsverhalten der Gebläse und Kompressoren von großem Einfluß auf die Gestaltung, Eignung und Wirtschaftlichkeit der Maschinen.

Es kann die Aufgabe vorliegen, einen Kompressor für eine bestimmte gegebene Drehzahl zu berechnen; meistens jedoch ist die günstigste Drehzahl eines Gebläses oder Kompressors vom Strömungsmaschinenbauer selbst festzulegen. Die Drehzahl beeinflußt nun in erster Linie die Bauweise der Maschine (Kolbenkompressor, Radial-, Axialkompressor); dann hängen von der Drehzahl die Stufenzahl, Bauvolumen, Gewicht und damit der Preis eines Kompressors ab. Außer diesen mehr allgemeinen Gesichtspunkten verlangt die Festlegung der Drehzahl aerodynamische Untersuchungen (obere Grenze: kritische MACHzahl, untere Grenze: kritische REYNOLDSsche Zahl), Festigkeits- und Schwingungsuntersuchungen, in manchen Anwendungsgebieten Überlegungen hinsichtlich der Geräuschentwicklung, letzten Endes auch die Berücksichtigung und Anpassung an vorhandene Antriebsmaschinen, Getriebe usw.

Eine möglichst genaue Kenntnis der Auslegungsgrößen, also Durchsatz, Druckverhältnis und Drehzahl ist für Gebläse und Kompressoren von großer Bedeutung, weil vielfach der Auslegungs- oder Berechnungspunkt mit dem Punkt besten Wirkungsgrades identisch ist und der praktisch brauchbare Betriebsbereich eines Verdichters beschränkt ist. Auch aus Regelungsgründen ist die Kenntnis des Betriebsbereiches eines Kompressors von prinzipieller Wichtigkeit.

Bei der Vielseitigkeit der Gebläse- und Kompressoranlagen sollen im folgenden nur einige Richtlinien und Unterlagen für die Berechnung, Projektierung und Beurteilung derartiger Anlagen mitgeteilt werden, die jedoch die wesentlichen, sich immer wieder mit kleinen Nuancen wiederholenden Gesichtspunkte in leicht faßlicher Form darstellen.

In den meisten Abschnitten dieses ersten Kapitels werden keine höheren Anforderungen bezüglich aerodynamischer und thermodynamischer Vorkenntnisse gestellt. In einzelnen Abschnitten waren aber gewisse thermodynamische Voraussetzungen nicht zu vermeiden.

I. Allgemeine Richtlinien zur Ermittlung der Bedarfsleistung eines Verdichters

1. Grundbegriffe

Der Zusammenhang zwischen angesaugtem Volumen, Druckerhöhung, Drehzahl und Wirkungsgrad für einen bestimmten Verdichter und einen bestimmten Zustand des angesaugten Fördergutes wird durch das Kennfeld des Verdichters dargestellt (Abb. 6). Die Art der Charakteristik hängt von dem verwendeten Verdichter, Axial- oder Radialverdichter, ab und kann durch zweckmäßige Gestaltung des Kompressors weitgehend beeinflußt werden.

Eine häufig verwendete Darstellung benützt das Volumen am Eintritt in den Verdichter als Abszisse und die Drucksteigerung Δp oder das Druckverhältnis p_2/p_1 oder die diesem Druckverhältnis äquivalente adiabatische Verdichtungsarbeit H_{ad} [mkg/kg] als Ordinate. Ist das Gewicht G des Fördergutes gegeben, so ergibt sich das Ansaugevolumen sofort aus der Gasgleichung $V_{1\mathrm{tot}} = \dfrac{G \cdot R \cdot T_{1\mathrm{tot}}}{p_{1\mathrm{tot}}}$. Die adiabatische Verdichtungsarbeit je kg, meist als adiabatische Förderhöhe bezeichnet, berechnet sich aus der Beziehung

$$H_{\mathrm{ad}} = \frac{\varkappa}{\varkappa - 1} \cdot R \cdot T_{1\mathrm{tot}} \left[\left(\frac{p_2}{p_1} \right)_{\mathrm{tot}}^{\frac{\varkappa - 1}{\varkappa}} - 1 \right] \left[\frac{\mathrm{mkg}}{\mathrm{kg}} \right]; \tag{1}$$

dabei bedeuten Zeiger 1 den Zustand am Eintritt, Zeiger 2 den Zustand am Austritt aus dem Verdichter, R die Gaskonstante, $\varkappa$ den Adiabatenexponenten. Für kleine Druckverhältnisse, d. h. Druckverhältnisse bis etwa 1,1, wird die adiabatische Förderhöhe genügend genau durch die Beziehung

$$H_{\mathrm{ad}} = \frac{(p_2 - p_1)_{\mathrm{tot}}}{\gamma_m} \tag{2}$$

wiedergegeben, wenn γ_m der Mittelwert des spezifischen Gewichtes des ein- und austretenden Gases bedeutet.

Unter dem adiabatischen Wirkungsgrad eines Verdichters versteht man das Verhältnis der adiabatischen Verdichtungsarbeit je kg (H_{ad}) zur tatsächlich erforderlichen Verdichtungsarbeit je kg Gas (H_{th}) für das gleiche Druckverhältnis

$$\eta = \frac{H_{\mathrm{ad}}}{H_{\mathrm{th}}}. \tag{3}$$

Als Druck am Ein- und Austritt aus einem Kompressor ist jeweils der Gesamtdruck p_{tot} einzuführen, der gleich der Summe aus dem statischen Druck p_{stat} und dem dynamischen Druck p_{dyn} ist

$$p_{\mathrm{tot}} = p_{\mathrm{stat}} + p_{\mathrm{dyn}}. \tag{4}$$

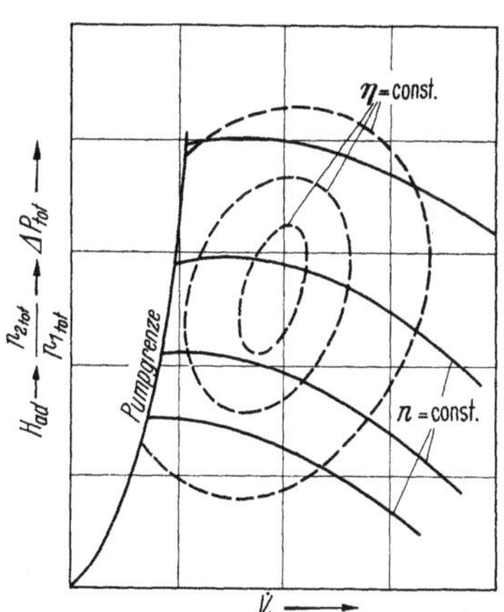

Abb. 6. Zusammenhang zwischen Ansaugvolumen, Druckerhöhung, Drehzahl und Wirkungsgrad für eine Strömungsarbeitsmaschine (Verdichtercharakteristik)

Der dynamische Druck ist die Druckerhöhung, die man bei Umsetzung der kinetischen Energie in Druckenergie erhält. Für Geschwindigkeiten, die wesentlich kleiner sind als die Schallgeschwindigkeit, d. h. bei Luftgeschwindigkeiten bis etwa 100 m/s, kann der dynamische Druck genügend genau gleich dem für inkompressible Flüssigkeiten geltenden Wert

$$\Delta p_{\mathrm{dyn}} = \frac{\varrho}{2} v^2 \quad [\mathrm{kg/m^2}] \tag{5}$$

gesetzt werden, wobei $\varrho = \gamma/g \left[\mathrm{kg/m^3} \times \mathrm{s^2/m} = \dfrac{\mathrm{kgs^2}}{\mathrm{m^4}} \right]$ die Gasdichte ist.

Für Luft von 15 °C und 760 mm Hg ist $\varrho = {}^1/_8$ kg s²/m⁴. Man verwendet für p_1 und p_2 den Totaldruck und nicht den statischen Druck deshalb, weil sich der statische Druck mit dem Rohrquerschnitt an der Meßstelle ändert, während der Gesamtdruck vom jeweiligen Rohrquerschnitt, also von der Strömungsgeschwindigkeit unabhängig ist. Aus dem gleichen Grund wird auch die Ansaugetemperatur und das Ansaugevolumen bei der Betrachtung des Gesamtverdichters auf den Totalzustand, d. h. auf den Zustand, der der Geschwindigkeit Null entspricht, bezogen. Der Leistungsbedarf eines Verdichters ergibt sich nunmehr zu

$$N = \frac{\dot{G} \cdot H_{\mathrm{ad}}}{75 \cdot \eta_{\mathrm{ad}}} \left[\frac{\mathrm{kg}}{\mathrm{s}} \cdot \frac{\mathrm{mkg}}{\mathrm{kg}} \cdot \frac{1}{75} = \mathrm{PS} \right]. \tag{6}$$

Für kleine Druckdifferenzen ist

$$N \approx \frac{\dot{V} \cdot (p_{2\mathrm{tot}} - p_{1\mathrm{tot}})}{75 \cdot \eta_{\mathrm{ad}}} \left[\frac{\mathrm{m^3}}{\mathrm{s}} \cdot \frac{\mathrm{kg}}{\mathrm{m^2}} \cdot \frac{1}{75} = \mathrm{PS} \right]. \tag{7}$$

2. Ermittlung der erforderlichen Druckerhöhung im Verdichter

Die erforderliche Gesamtdruckerhöhung eines Verdichters setzt sich zusammen aus der verlangten statischen Drucksteigerung Δp_{stat}, aus den zur Überwindung der Reibungswiderstände in den Rohrleitungen erforderlichen Druckdifferenz $\Sigma \Delta p_r$ und aus der kinetischen Austrittsenergie $\frac{\varrho}{2} v_a^2$

$$\Delta p_{\text{tot}} = \Delta p_{\text{stat}} + \Sigma \Delta p_r + \frac{\varrho}{2} v_a^2. \tag{8}$$

In vielen Fällen dient der Verdichter nur dazu, eine bestimmte Gasmenge durch ein Rohrleitungssystem hindurchzusaugen oder -zudrücken; dann ist die erforderliche Gesamtdruckerhöhung gleich der Summe der Reibungswiderstände und der Austrittsenergie, also

$$\Delta p_{\text{tot}} = \Sigma \Delta p_r + \frac{\varrho}{2} v_a^2, \tag{9}$$

wobei v_a die Austrittsgeschwindigkeit aus dem Rohrleitungssystem ist.

Die erforderliche Förderhöhe bzw. die Druckerhöhung eines Verdichters setzt sich aus dem Nutzdruck und den Verlusten der Gasführung zusammen. Handelt es sich z. B. darum, einen Kühler mit Luft zu durchspülen, so ist der Druckabfall im Kühler als Nutzdruck, die Luftführungsverluste vor und nach dem Kühler sowie die kinetische Austrittsenergie ins Freie als Verluste der Luftführung anzusehen. Die Güte der Luftführung soll durch den Luftführungswirkungsgrad η_{Luftf} ausgedrückt werden, der das Verhältnis zwischen dem Nutzdruck und der Gesamtdruckdifferenz im Verdichter ist, also

$$\eta_{\text{Luftf}} = \frac{\Delta p_{\text{Nutz}}}{p_{2\text{tot}} - p_{1\text{tot}}}. \tag{10}$$

Das Produkt aus Luftführungswirkungsgrad und Verdichterwirkungsgrad ist der Anlagewirkungsgrad

$$\eta_{\text{Anlage}} = \eta_{\text{Luftf}} \cdot \eta_{\text{ad}}. \tag{11}$$

Dient, wie dies häufig der Fall ist, der Verdichter lediglich zum Absaugen von Gasen aus einem Rohrleitungssystem, so kann man den Druckabfall, der beim Durchströmen des Gases durch die Rohrleitungen auftritt, als Nutzdruck ansehen. Dagegen ist der Druckverlust, der beim Absaugen *hinter* einem Verdichter auftritt, als Verlust der Anlage zu werten. Man betrachtet dabei also den Verdichter mit dem nachgeschalteten Diffusor als eine Einheit, so daß die im Diffusor auftretenden Verluste, sowie der Verlust als Folge der kinetischen Austrittsenergie als Verluste der Verdichteranlage in Erscheinung treten. Die wirtschaftlich ausgenutzte Druckdifferenz der Anlage ist in diesem Falle die Differenz zwischen der atmosphärischen Linie p_{at} und dem Gesamtdruck am Eintritt in den Verdichter $p_{1\text{tot}}$. Auf diese Weise erhält man den Anlagewirkungsgrad zu

$$\eta_{\text{Anlage}} = \frac{\dfrac{p_{\text{at}} - p_{1\text{tot}}}{p_{2\text{tot}} - p_{1\text{tot}}}}{\eta_{\text{ad}}} = \eta_{\text{Luftf}} \cdot \eta_{\text{ad}}. \tag{11a}$$

Bei guten Austrittsdiffusoren ohne zu große Platzbeschränkungen kann man mit Luftführungswirkungsgraden in der Größenanordnung von 88 bis 92% rechnen.

Bezeichnet man mit $\Delta p_v = p_{2\text{tot}} - p_{\text{at}}$ die Verluste hinter dem Verdichter, so wird

$$\eta_{\text{Luftf}} = 1 - \frac{\Delta p_v}{p_{2\text{tot}} - p_{1\text{tot}}}. \tag{12}$$

Dieser Druckverlust beträgt

$$\Delta p_v = \frac{\varrho}{2} v_a^2 + \frac{\varrho}{2} (1 - \eta_D) (c_m^2 - v_a^2) + \frac{\varrho}{2} c_u^2. \tag{13}$$

Dabei ist

v_a [m/s] die Austrittsgeschwindigkeit aus dem Diffusor,
c_m [m/s] die Meridiangeschwindigkeit am Austritt aus dem Gebläse,
c_u [m/s] die Umfangskomponente der Absolutgeschwindigkeit,
η_D [–] der Wirkungsgrad des Diffusors.

Bei Radialgebläsen und Axialgebläsen mit Leitvorrichtung ist die Umfangskomponente der Absolutgeschwindigkeit c_u für den Auslegepunkt im allgemeinen gleich Null oder zumindest so klein, daß die Größe $\frac{\varrho}{2}\, c_u^2$ vernachlässigt werden kann. Bei Axialgebläsen ohne Leitvorrichtung ist dieses Glied, insbesondere bei größerer aerodynamischer Belastung, nicht mehr vernachlässigbar.

Im letzteren Fall ist auch der Veränderlichkeit von c_u mit dem Radius Rechnung zu tragen. Zweckmäßigerweise bildet man in diesem Falle einen Mittelwert der Umfangskomponente der Absolutgeschwindigkeit $\overline{c_u}$ wie folgt

$$\pi\,(r_a^2 - r_i^2)\cdot\frac{\varrho}{2}\cdot\overline{c_u^2} = \int\limits_{r_i}^{r_a} 2\,\pi\,r\,d\,r\cdot\frac{\varrho}{2}\,c_u^2, \tag{14}$$

$$\overline{c_u^2} = \frac{2}{r_a^2 - r_i^2}\int\limits_{r_i}^{r_a} c_u^2\cdot r\cdot d\,r.$$

Nach dem Drallsatz ist

$$r\cdot c_u = k = \text{const}, \tag{15}$$

also

$$\overline{c_u^2} = \frac{2\,k^2}{r_a^2 - r_i^2}\cdot\ln\frac{r_a}{r_i}. \tag{16}$$

Dabei ist r_a der Außenhalbmesser,
r_i der Innenhalbmesser des Gebläses.

Setzt man $\dfrac{r_a + r_i}{2} = r_m$ (mittlerer Halbmesser),

$r_a - r_i = h$ (radiale Erstreckung der Schaufel),

und $\qquad \nu = r_i/r_a$ (Nabenverhältnis),
dann ist

$$\overline{c_u} = k\,\sqrt{\frac{\ln\left(\dfrac{1}{\nu}\right)}{r_m\cdot h}}. \tag{17}$$

Genau genommen wäre zwar die mittlere Umfangskomponente am Austritt aus dem Diffusor einzusetzen, wobei dann als Umfangskomponente c_{iu} die berechenbare Wirbelkerndicke zu berücksichtigen wäre. Die Erfahrung zeigt jedoch, daß die oben angegebene Gleichung für die mittlere Umfangskomponente $\overline{c_u}$ hinreichend mit den praktischen Verhältnissen übereinstimmt.

Zur Kennzeichnung eines Betriebszustandes eines Gebläses oder einer ganzen Gebläsecharakteristik ist insbesondere im Grubenbetrieb der Begriff der „gleichwertigen Öffnung" und der „gleichwertigen Düse" eingeführt. Darunter versteht man eine im Gasstrom befindliche Blende (Abb. 7) oder Düse, die dem Gasstrom die gleichen Widerstände entgegensetzt wie alle anderen tatsächlich vorhandenen Widerstände. Die „gleichwertige Öffnung" und die „gleichwertige Düse"

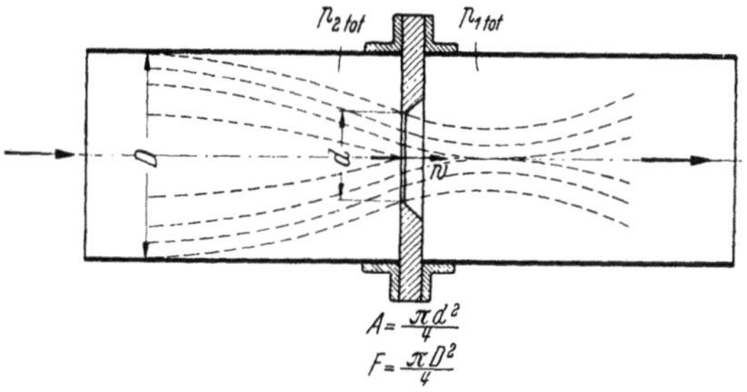

Abb. 7. Blende zur Nachbildung der gleichwertigen Öffnung A

ersetzen also gewissermaßen künstlich die in einem System vorkommenden Widerstände. Ändert sich die gleichwertige Öffnung oder Düse, so ändert sich bei gleichbleibender Drehzahl auch die Fördermenge. Mit den Bezeichnungen in Abb. 7 ist

$$\dot{V} = A\cdot w\left[\frac{\text{m}^3}{\text{s}} = \text{m}^2\cdot\frac{\text{m}}{\text{s}}\right].$$

Nach der TORRICELLISchen Ausflußformel ist für kleine Druckunterschiede und verlustlose Strömung

$$w = \sqrt{2g \cdot \frac{\Delta p_{tot}}{\gamma}} = \sqrt{2g \, \frac{p_{2tot} - p_{1tot}}{\gamma}} \left[\frac{m}{s} \right] \tag{18}$$

und

$$\dot{V} = A \cdot \sqrt{\frac{2g \, (p_{2tot} - p_{1tot})}{\gamma}} \, . \tag{19}$$

Als Folge der Kontraktion in der Blende fließt eine kleinere Menge durch, die durch eine vom Verhältnis

$$\left(\frac{d}{D} \right)^2 = \frac{A}{F} \tag{20}$$

abhängende Ausflußzahl α berücksichtigt wird. Damit ergibt sich als Beziehung für die „gleichwertige Öffnung"

$$A = \frac{\dot{V}}{\alpha} \sqrt{\frac{\gamma}{2g \, (p_{2tot} - p_{1tot})}} \, [\mathrm{m}^2]. \tag{21}$$

Vielfach wird bei der „gleichwertigen Öffnung" $\alpha = 0{,}65$ zugrunde gelegt, was einem Öffnungsverhältnis

$$m = \frac{A}{F} = 0{,}365 \tag{22}$$

entspricht. Bei der „gleichwertigen Düse" wird für

$$m = \left(\frac{d}{D} \right)^2 = \frac{A_1}{F} = 0{,}2 \, , \tag{23}$$

$$\alpha = 1$$

und man erhält hiermit die Definitionsgleichung

$$A_1 = \dot{V} \cdot \sqrt{\frac{\gamma}{2g \cdot (p_{2tot} - p_{1tot})}} \, [\mathrm{m}^2]. \tag{24}$$

Für $\gamma = 1{,}22 \ \mathrm{kg/m^3}$ wird

$$A = 0{,}38 \cdot \frac{\dot{V}}{\sqrt{\Delta p_{tot}}} \, [\mathrm{m}^2] \quad \text{und} \quad A_1 = 0{,}25 \cdot \frac{\dot{V}}{\sqrt{\Delta p_{tot}}} \, [\mathrm{m}^2]. \tag{25}$$

Vielfach wird für den Ausdruck $\dfrac{\dot{V}}{\sqrt{\Delta p_{tot}}}$ die Bezeichnung T (Temperament) gebraucht. Das „Temperament" und die „gleichwertige Öffnung" sind verhältnisgleich

$$A = 0{,}38 \cdot \frac{\dot{V}}{\sqrt{\Delta p_{tot}}} = 0{,}38 \cdot T. \tag{26}$$

II. Lufterneuerungs- und Kühlanlagen

Lufterneuerungsanlagen dienen zur Erneuerung der in einem Raum befindlichen Luft, sei es zur Abführung der dort entwickelten Wärme, sei es mit Rücksicht auf die entstandenen Verunreinigungen.

1. Raumlüftung und Klimaanlagen

Die zur Wärmeabführung aus einem Raum erforderliche Luftmenge ist

$$\dot{V} = \frac{Q}{c_p \cdot \Delta t \cdot \gamma} \left[\frac{\mathrm{kcal}}{\mathrm{s}} \cdot \frac{\mathrm{kg} \cdot {}^{\circ}\mathrm{C}}{\mathrm{kcal}} \cdot \frac{1}{{}^{\circ}\mathrm{C}} \cdot \frac{\mathrm{m}^3}{\mathrm{kg}} = \frac{\mathrm{m}^3}{\mathrm{s}} \right]. \tag{27}$$

Dabei ist

$Q \left[\dfrac{\mathrm{kcal}}{\mathrm{s}} \right]$ die an die Luft abzuführende Wärmemenge,

$c_p = 0{,}24 \quad \left[\dfrac{\mathrm{kcal}}{\mathrm{kg} \cdot {}^{\circ}\mathrm{C}} \right]$ die spezifische Wärme der Luft,

$\Delta t = t_2 - t_1$, wobei t_2 die im Innern des Raumes noch zulässige Temperatur, t_1 die Temperatur vor Eintritt in den Raum darstellen,

$\gamma \ [\mathrm{kg/m^3}]$ das spezifische Gewicht der Luft, bezogen auf den Eintrittszustand.

Da die Luftmengenberechnung aus der Wärmeabgabe gewisse Unsicherheiten enthält, ist stets ein Vergleich mit Erfahrungswerten ratsam. Für verschiedene Arten von zu belüftenden Räumen haben sich gewisse Erfahrungswerte herausgebildet, und zwar in der Form von Luftwechselwerten. Der Luftwechselwert eines Raumes wird üblicherweise auf die Stunde als Zeiteinheit bezogen und gibt an, wievielmal je Stunde der Luftinhalt eines Raumes erneuert werden soll (vgl. Tab. 1).

Tabelle 1

	Luftwechselwert
Kirchen	1,5 bis 2
Tunnel	2 ,, 5
Schulen, Hörsäle	5 ,, 6
Büroräume	5 ,, 7
Gaststätten	5 ,, 9
Gießereien	15
Elektrische Zentralen	20 bis 40

Bei Klimaanlagen wird die dem Raum zugeführte Luft je nach dem vorliegenden Wunsch nach Heizung oder Kühlung aufgeheizt bzw. gekühlt, in vielen Fällen auch auf einer gewissen Feuchtigkeit gehalten.

2. Tunnellüftung

Eisenbahn- und Straßentunnels müssen je nach ihrer Lage, Länge, Größe, Querschnittsform, Heizung oder Verkehrsdichte künstlich belüftet werden. Bei kurzen Tunnelstrecken kann der natürliche Luftzug, hervorgerufen durch Temperatur- und Luftdruckunterschiede an den beiden Tunnelenden, durch die häufigste Windrichtung und durch die Bewegung der Fahrzeuge ausreichend sein. Von welcher Tunnellänge an künstlich entlüftet werden muß, ist also örtlich verschieden.

Der Luftbedarf von Kraftwagentunnels ergibt sich aus der Verkehrsstärke und dem Kohlenoxyd-Gehalt der Auspuffgase und dem notwendigen Verdünnungsgrad. Der höchstzulässige Gehalt an CO soll etwa 0,25 Volum-$^0/_{00}$ nicht übersteigen. Der CO-Gehalt der Auspuffgase ist abhängig von der Motorleistung und von der Fahrgeschwindigkeit. Im Mittel kann man für die CO-Mengen im Auspuff für einen Verkehr von Personen- und Lastwagen mit 150 cm³ je Wagen und je m Tunnellänge rechnen. Für Lastwagen allein rechnet man mit etwa 200 cm³/m und je Wagen. Diese Angaben beziehen sich auf eine Fahrgeschwindigkeit von 24 km/h im Tunnel. Für Dieselmotoren ist noch ein 10%iger Zuschlag erforderlich. Damit erhält man also die je Meter Tunnellänge erforderliche Frischluftmenge nach der Formel

$$\dot{V} = \frac{u \cdot a}{3,6 \cdot b} \cdot c \ [\text{m}^3/\text{s und Meter}], \tag{28}$$

wobei

u die Anzahl der Wagen je Stunde,
a die entwickelte CO-Menge für 1 Wagen und 1 m Tunnellänge,
b die zulässige Konzentration in Vol $^0/_{00}$,
$c = 1,0$ für Benzin- bzw. $c = 1,1$ für Dieselmotoren

bedeuten.

3. Bergwerksbelüftung

Bei der Lüftung der Bergwerke unterscheidet man zwei Hauptarten, die Hauptbewetterung und die Sonderbewetterung.

a) Hauptbewetterung

Eine Festlegung der vom Gebläse zu fördernden Luftmenge entsprechend dem theoretischen Luftbedarf der unter Tag arbeitenden Menschen wäre unzureichend, da ein reichlicher Luftwechsel vor allem zur Verminderung der Explosionsgefahr infolge schlagender Wetter notwendig

Abb. 8. Laufrad (10,3 m Durchmesser) eines Grubengebläses von Westfalia, Dinnendahl, Gröppel

ist. Außerdem muß durch reichlichen Luftwechsel eine Staubbelästigung beim Arbeiten, besonders aber bei Sprengungen im Gestein, verhindert, Einwirkungen durch schädliche Gase, insbesondere durch CO_2-Ausbrüche, Geruchbelästigungen als Folge der Verwesung des Grubenholzes usw. vermieden werden. Man rechnet dabei im allgemeinen mit einer Luftzufuhr von 2 m³/min pro Kopf und in Schlagwettergruben von 3 bis 5 m³/min pro Kopf.

Üblicherweise liegen die statischen Drücke für Bergwerksbelüftungen zwischen 100 und 600 mm WS, die „gleichwertigen Öffnungen" A zwischen 1 und 5 m².

Da es sich bei der Hauptbewetterung von Bergwerken um sehr große Luftmengen handelt, werden Radialgebläse zur Verringerung der Querabmessungen vielfach doppelflutig gebaut. Abb. 8 zeigt das Laufrad für ein doppelflutiges Grubengebläse mit einem Durchmesser von 10,3 m für eine Hauptbewetterung.

Diese Gebläse laufen meist im Dauerbetrieb, verlangen also aus wirtschaftlichen Gründen beste Wirkungsgrade.

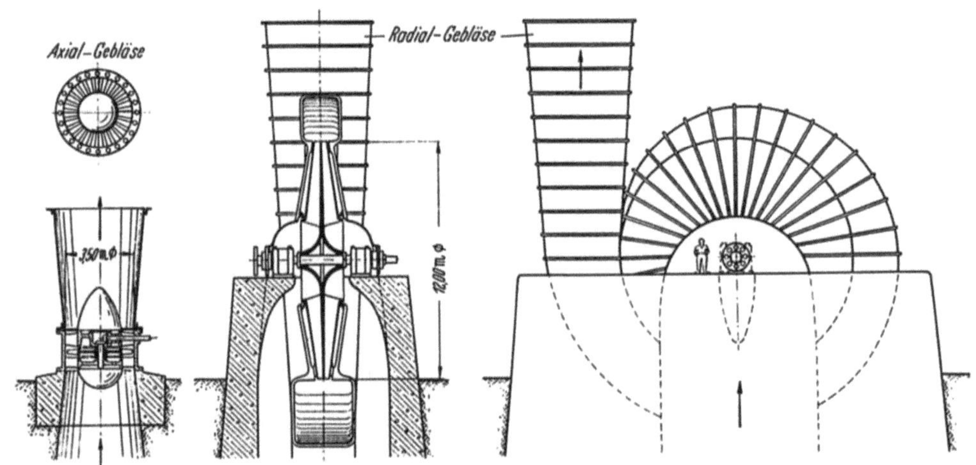

Abb. 9. Vergleich der Abmessungen eines Radial- und Axialgebläses für gleiche Auslegungsdaten (Menge und Gesamtdruck)

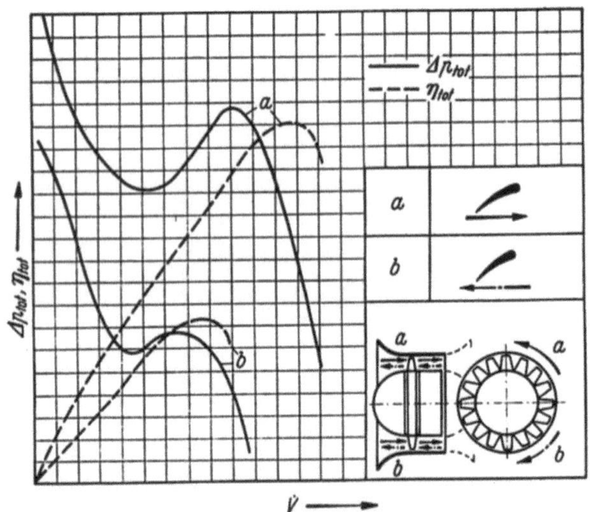

Abb. 10. Kennfeld eines Axialgebläses bei Vorwärts- und Rückwärtslauf

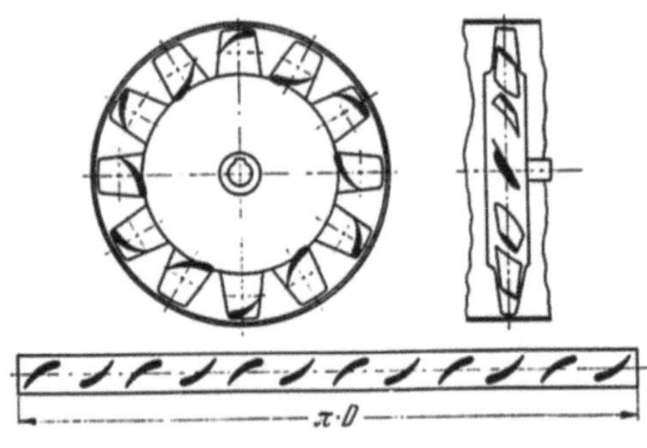

Abb. 11. Ansicht eines reversiblen Axialgebläses

Diese Forderung sowie die Tatsache, daß das Axialgebläse besonders für große Luftmengen die geeignetste Bauweise darstellt, machen diese Gebläseart für die Hauptbewetterung besonders aussichtsreich Abb. 9 zeigt das Ergebnis eines Vergleiches zwischen den Abmessungen eines Radial- und Axialgebläses für vollkommen gleiche Auslegungsdaten.

Im allgemeinen saugt das Gebläse die Luft aus dem Bergwerk ab, es soll aber die Möglichkeit bestehen, in Ausnahmefällen auch die Luft in das Bergwerk zu drücken. Man kann deshalb üblicherweise das Axialgebläse für die saugend wirkende Arbeitsweise auslegen und für die drückende Arbeitsweise durch Umkehren der Drehrichtung des Asynchron-Drehstrommotors bzw. des Gleichstrommotors in der entgegengesetzten Drehrichtung laufen lassen. Wie Abb. 10 zeigt, sind bei der entgegengesetzten Drehrichtung die erreichbare Druckerhöhung, Liefermenge und Wirkungsgrad natürlich geringer als für die normale Drehrichtung, jedoch für diesen Ausnahmefall oft ausreichend. Sogenannte reversible Axialgebläse nach Abb. 11 sind wegen ihrer niederen Wirkungsgrade in beiden Drehrichtungen möglichst zu vermeiden.

b) Sonderbewetterung

Für die Sonderbewetterung, d. h. die Belüftung neuer Abbaustrecken, die von der Hauptbewetterung nicht berührt werden, werden vorzugsweise Axialgebläse verwandt, weil sich diese Gebläseart infolge ihrer axialen Strömungsrichtung für diesen Zweck besonders eignet. Im allgemeinen ist bei Sonderbewetterung die drückende Anordnung gebräuchlich. Saugende Gebläse werden dann angeordnet, wenn schädliche Gase oder große Staubmengen (beim Sprengen) entfernt werden sollen.

Die am Austritt aus der Luttenleitung gewünschte Luftmenge richtet sich nach der Anzahl der im betreffenden Querschlag beschäftigten Menschen. Man rechnet hierfür im allgemeinen mit 3 m³/min und Arbeiter. Als Folge der Leckverluste in den Flanschen und in den undichten Rohrleitungen, insbesondere bei genieteten Rohren, muß jedoch bei langen Rohrleitungen das Gebläse für eine wesentlich größere Luftmenge ausgelegt werden. Nach E. Audibert und U. Dressler ist das Verhältnis

$$K = \frac{\text{Luftmenge im Gebläse}}{\text{Luftmenge am Luttenende}}$$

abhängig von der Länge, dem Durchmesser und der Art der Luttenleitung. Abb. 12 zeigt das Ergebnis dieser Untersuchungen für eine Stofflutte und eine aus genietetem Blech bestehende Rohrleitung.

4. Kühlgebläse

a) Kühlgebläse für Verbrennungsmotoren

Die vom Kühlmittel stündlich abzuführende Wärmemenge beträgt

$$Q_K = \alpha \cdot Q_1 = \alpha \cdot G_B \cdot N_e \cdot H_u \left[\frac{\text{kcal}}{\text{h}} \right]; \quad (29)$$

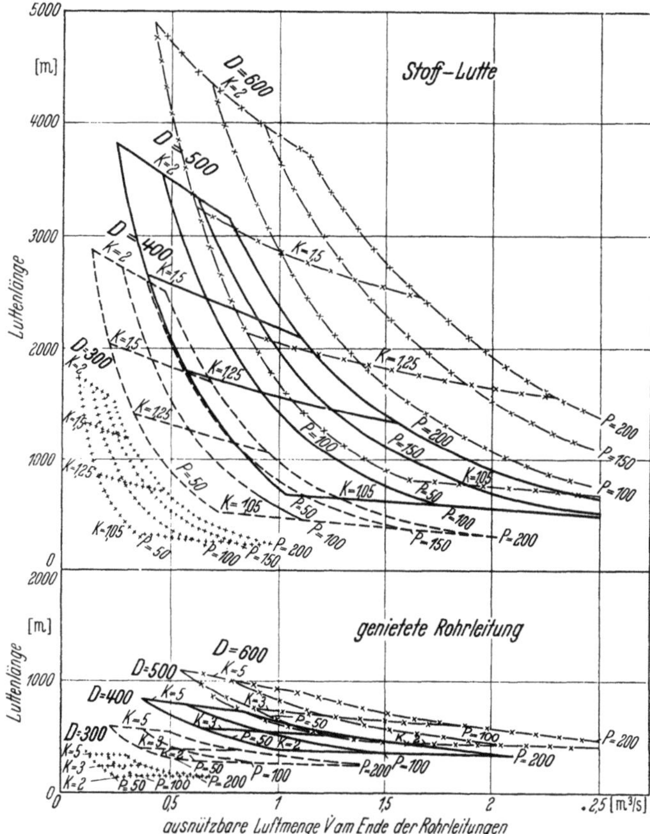

Abb. 12. Ausnutzbare Luftmenge am Ende der Rohrleitung in Abhängigkeit von der Luttenlänge bei Stofflutten und bei genieteten Rohrleitungen

D Durchmesser der Lutte, $K = \dfrac{\text{Luftmenge im Gebläse}}{\text{Luftmenge am Luttenende}}$,

p Druck hinter dem Gebläse

dabei ist

Q_1 [kcal/h]   die im Kraftstoff zugeführte Wärmemenge,
α [—] ≈ 0,3   der Anteil der Kraftstoffwärme, die vom Kühlmittel abgeführt werden muß,
G_B [kg/PS·h]   der spezifische Kraftstoffverbrauch,
N_e [PS]   die Nutzleistung,
H_u [kcal/kg]   der untere Heizwert des Kraftstoffes.

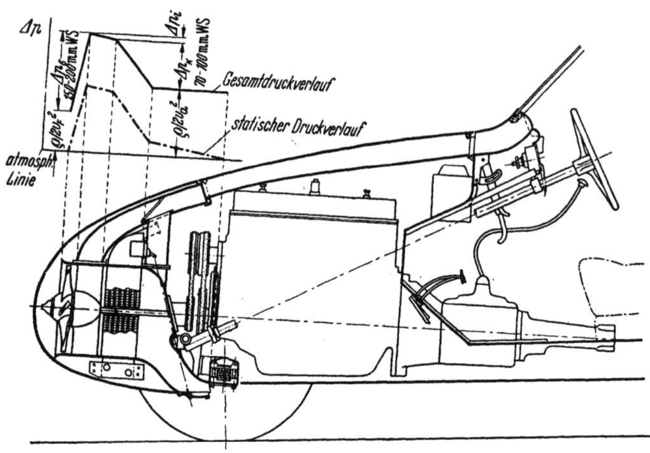

Abb. 13. Anordnung eines Kühlgebläses mit zusätzlicher Möglichkeit einer Klimatisierung des Insassenraums

Abb. 13 zeigt eine Kühlgebläseanordnung in einem Kraftfahrzeug und den Druckverlauf über dem Kühlluftweg. Man erkennt, daß der Druckverlust im Kühler, der zum Zwecke des Wärmeaustausches einen Reibungswiderstand zur Folge haben muß, nur einen Teil der gesamten Gebläsedruckerhöhung darstellt. Bezeichnet man den Druckverlust im Kühler mit $\Delta p_K = \frac{\varrho}{2} v_K^2 \cdot c_{w_K}$, die Verluste auf dem Kühlluftweg mit $\Delta p_i = \sum\limits_{i=0}^{i=n} \frac{\varrho_i}{2} \cdot v_i^2 \cdot c_{w_i}$, die kinetische Austrittsenergie der Kühlluft mit $\frac{\varrho}{2} \cdot v_a^2$, dann beträgt die vom Kühlgebläse aufzubringende Gesamtdruckerhöhung Δp_{tot_G} bei Berücksichtigung des Fahrwindstaudruckes $\frac{\varrho}{2} \cdot v_F^2$

$$\begin{aligned}
\Delta p_{\text{tot}_G} &= \Delta p_K + \Delta p_i + \frac{\varrho}{2} v_a^2 - \frac{\varrho}{2} v_F^2 (1 - \zeta) \\
&= \frac{\varrho}{2} v_K^2 \cdot c_{w_K} + \sum\limits_{i=0}^{i=n} \frac{\varrho_i}{2} v_i^2 \cdot c_{w_i} + \frac{\varrho}{2} [v_a^2 - v_F^2 (1 - \zeta)] \text{ [mm WS]}.
\end{aligned} \qquad (30)$$

ζ ist ein Beiwert zur Berücksichtigung des Druckzustandes an den Luftaustrittschlitzen, der positiv und im günstigeren Falle auch negativ sein kann.

Übliche Werte für Kraftfahrzeuge sind:

$\Delta p_K = 50 \div 100$ mm WS, in besonderen Fällen bis 200 mm WS;

$c_{w_K} = 2 \div 5$ [—]; in besonderen Fällen bis 10 [—];

Temperaturdifferenz zwischen Luftein- und -austritt im Kühler $\Delta t \approx 15 \div 50°$ C.

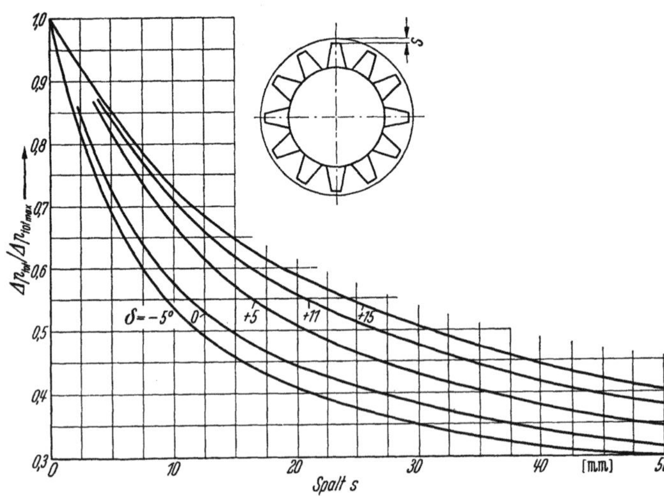

Abb. 14. Abnahme des Gebläsedruckes mit der Spaltbreite s bei verschiedenen Laufradschaufel-Stellungen δ_i

$\delta = 0°$ Rechnungs-Stellung der Gebläseflügel
$\delta > 0°$ Laufradschaufel aufgedreht
$\delta < 0°$ Laufradschaufel geschlossen
Laufraddurchmesser $D_u = 300$ [mm]

Bei zweckmäßiger Anordnung der Kühlanlage eines Kraftfahrzeuges beträgt die vom Kühlgebläse aufgenommene Leistung 2 bis 4% der effektiven Motorleistung. Bei Sonder- und Heeresfahrzeugen (Panzerwagen), bei denen der Fahrtwind zur Kühlluftförderung nicht herangezogen werden kann und bei denen mit Rücksicht auf Beschußempfindlichkeit der Kühlgebläse vielfach sehr kleine Kühlluftaustrittsflächen vorgesehen werden müssen, kann der Leistungsverbrauch der Kühlgebläse bis 12% der Motorleistung betragen.

Vielfach werden zur Kühlung gehäuselose Axialgebläse verwendet. Wegen des Zirkulationsabfalls nach den Schaufelspitzen zu wird aber stets das unbemantelte Gebläse gegenüber dem bemantelten unterlegen sein. In Abb. 14 ist das versuchsmäßig ermittelte Verhältnis des jeweiligen Gebläsedrucks zum Höchstdruck bei kleinstem Spalt in Abhängigkeit von der Spaltbreite für verschiedene Schaufelstellungen dargestellt. Der starke Druckabfall mit zunehmender Spaltbreite macht es verständlich, daß bei Kühlern mit größeren Blocktiefen die Luftleistung des mantellosen Kühlgebläses in vielen Fällen nicht mehr ausreicht.

b) Kühlgebläse für Flugmotoren

Bei Flugmotoren erfolgt die Kühlluftförderung normalerweise durch den Luftschraubenstrahl und durch den Flugwind. Die Kühlanlage des Flugmotors muß jeweils für die thermisch ungünstigsten Bedingungen bemessen werden, d. h. bei Motoren für geringe Flughöhen für den Start- und Steigflug, wobei die Kühlwirkung infolge der geringen Fluggeschwindigkeit noch klein ist, bei Flugmotoren für große Flughöhen im allgemeinen für die Volldruckhöhe, da sich hier infolge der verminderten Luftdichte der Wärmeübergang und damit die Kühlwirkung bereits

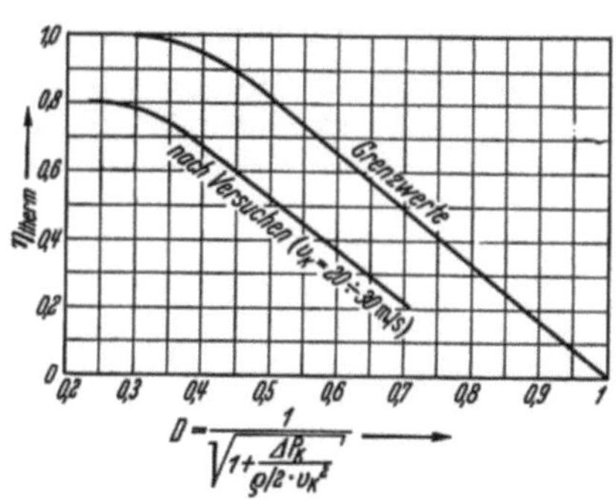

Abb. 15. Abhängigkeit des thermischen Wirkungsgrades von der Kühlerdurchlässigkeit

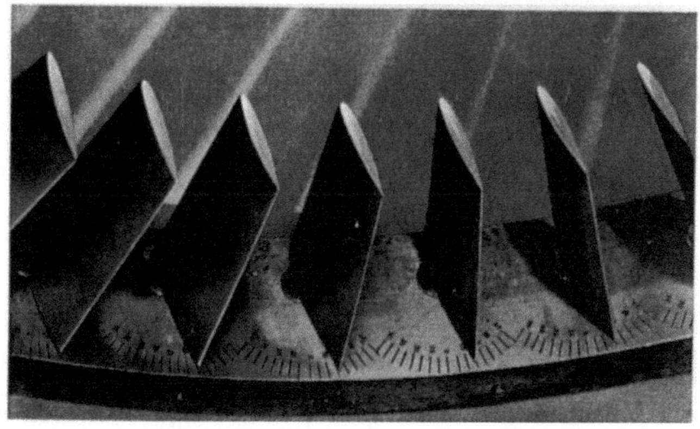

Abb. 16. Regelbare Vorleitvorrichtung an einem Axialkühlluftgebläse für einen Flugmotor

stark vermindert haben. Bei luftgekühlten Motoren, bei denen die verfügbare Kühlfläche begrenzt ist, kann sogar der Fall eintreten, daß die Kühlung durch den Luftschraubenstrahl beim Start oder in großer Höhe nicht mehr ausreicht (z. B. bei mehrreihigen Sternmotoren).

Bei Anordnung eines Kühlgebläses kann man die Luftgeschwindigkeit an den wärmeübertragenden Flächen steigern und damit den Wärmeübergang erhöhen, so daß man bei gegebener Kühlungsoberfläche eine verbesserte Kühlung bzw. bei vorgegebener Kühlleistung einen kleineren Kühler benötigt.

Erfahrungsgemäß beträgt die notwendige Wärmeabfuhr durch das Kühlmittel für einen Flugmotor

$$\frac{Q}{N_{\text{Motor}}} \approx 250 \text{ bis } 350 \left[\frac{\text{kcal}}{\text{h}} \cdot \frac{1}{\text{PS}} \right]. \tag{31}$$

Zur Berechnung eines Kühlers und der erforderlichen Kühlluftmenge benötigt man den Widerstandsbeiwert des Kühlers c_{w_K}, die Kühlluftgeschwindigkeit v_K im Kühler sowie die Temperatursteigerung der Luft beim Durchströmen des Kühlers. Bei Flugmotorenkühler ist es üblich anstelle des Widerstandsbeiwertes $c_{w_K} = \Delta p_{\text{Kühler}}$ anstelle: $\frac{\varrho}{2} v_K^2$ die ebenfalls dimensionslose Kenngröße

$$D = \frac{1}{\sqrt{1 + \dfrac{\Delta p_K}{\dfrac{\varrho}{2} v_K^2}}} \; [-] \tag{32}$$

anzugeben, die man als Kühlerdurchlässigkeit bezeichnet. v_K (≈ 20 bis 30 m/s) ist die Strömungsgeschwindigkeit vor Eintritt in den Kühlerblock. Als Kenngröße für die erreichbare Temperatursteigerung im Kühler verwendet man den thermischen Kühlerwirkungsgrad

$$\eta_{\text{therm}} = \frac{t_A - t_E}{t_{K_m} - t_E} \; ; \tag{33}$$

darin bezeichnen

t_A die Austrittstemperatur der Luft aus dem Kühler,
t_E die Eintrittstemperatur der Luft in den Kühler,
t_{K_m} die mittlere Temperatur des Kühlmittels.

Die zulässige Kühlmitteltemperatur t_{K_m} ist von der verwendeten Kühlflüssigkeit (Wasser, Glykol usw.) und von der Flughöhe abhängig. Zwischen dem thermischen Wirkungsgrad und der Kühler-durchlässigkeit besteht ein unmittelbarer Zusammenhang, da zum Erreichen eines hohen thermischen Wirkungsgrades ein höherer Druckverlust, also eine kleinere Durchlässigkeit notwendig ist. Abb. 15 zeigt den Zusammenhang für einen idealen Kühler und eine mittlere Kurve für ausgeführte gute Kühler.

In manchen Fällen ist eine Kühlgebläseregelung vorteilhaft. Da hierfür aber eine Drehzahlregelung aus konstruktiven und gewichtsmäßigen Gründen nicht in Frage kommt, erscheint in diesen Fällen eine Regelung mittels Schaufelverstellung als aerodynamisch günstigste Lösung. Eine Schaufelverstellung hat weiterhin den Vorteil, daß das Gebläse für jeden Betriebszustand derart geregelt werden kann, daß es im Bereich günstiger Wirkungsgrade, also bei kleinsten Verlusten an Vortriebsleistung, arbeitet.

Abb. 16 zeigt ein regelbares Vorleitrad für ein Kühlgebläse. Den hierdurch erweiterten Betriebsbereich des Gebläses zeigt Abb. 17, wobei gleichzeitig die Betriebskennlinie für einen Steigflug von 0 bis 12 km Höhe mit eingezeichnet ist.

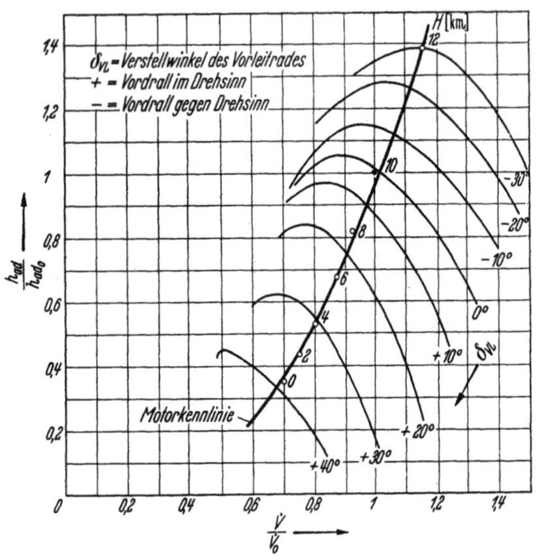

Abb. 17. Regelbereich eines mit verstellbarem Eintrittsleitapparat ausgerüsteten Flugmotorenkühlgebläses

5. Lärmabwehr bei Lufterneuerungs- und Klimatisationsanlagen

Eine Lärmabwehr ist vielfach dann erforderlich, wenn die Lautstärke von Gebläseanlagen höher liegt als der allgemeine Geräuschpegel. Da die Lärmbekämpfung, insbesondere bei Lufterneuerungs-, Klima- und Kühlanlagen weitgehend mit der Auslegung der Gebläse zusammenhängt, sollen im folgenden einige Mittel zur Geräuschbekämpfung genannt werden.

Das Gebläsegeräusch selbst entsteht durch Wirbelablösungen im Gebläse und hängt vor allem von der Umfangsgeschwindigkeit des Gebläses ab. Eine Näherungsbeziehung für die Lautstärke eines Gebläses erhält man durch folgende Überlegung:

Der effektive Felddruck ist

$$p = \lambda \cdot \varrho \cdot \frac{u^2}{x} = d \cdot e^{\left(\frac{u}{w_s}\right)^4} \cdot \varrho \cdot \frac{u^2}{x} \; ; \tag{34}$$

dabei ist

u [m/s] die Umfangsgeschwindigkeit,
x [m] Entfernung von der Gebläseachse,
ϱ [kgs²/m⁴] die Luftdichte,
d [m] Dicke der Laufradschaufeln,
w_s [m/s] die Schallgeschwindigkeit,
e [—] die Basis der natürlichen Logarithmen.

In einer Entfernung $x = 1$ m vor dem Gebläse ist also

$$p = \varrho \cdot d \cdot u^2 \cdot e^{\left(\frac{u}{w_s}\right)^4} \; [\text{kg/m}^2] \,. \tag{35}$$

Der Schalldruck an der Hörschwelle ist beim Normalton 1000 Hertz

$$p_0 = 0{,}0003\,[\mu\,\mathrm{bar}] = 3 \cdot 10^{-4}/98{,}1\,[\mathrm{kg/m^2}];$$

somit beträgt die Lautstärke eines Gebläses in einer Entfernung $x = 1$ (m)

$$\begin{aligned} L &= 20 \cdot \log \frac{p}{p_0} = 20 \log \left[\frac{98{,}1}{3 \cdot 10^{-4}} \cdot \varrho \cdot d \cdot u^2 \cdot e^{\left(\frac{u}{w_s}\right)^4} \right] \\ &= 20 \cdot \log\,(3{,}27 \cdot 10^5 \cdot \varrho \cdot d \cdot u^2) + 8{,}7 \cdot \left(\frac{u}{w_s}\right)^4 \cdot [\mathrm{Phon}] \end{aligned} \qquad (36)$$

$L = 50$ normale Unterhaltungssprache;
$L = 70$ Fernsprecherklingel; Tischapparat in 1 m Abstand;
$L = 100$ D-Zug auf freier Strecke in 5 m Abstand.

Diese Beziehung zeigt den Einfluß der Gasdichte, der Profildicke und der Gebläseumfangsgeschwindigkeit auf die Geräuschstärke eines Gebläses, wobei vor allem die Verkleinerung der Umfangsgeschwindigkeit eine der wichtigsten Maßnahmen zur Lärmverminderung darstellt.

Auch konstruktive Maßnahmen, z. B. eine ungleichmäßige Verteilung der Einzelschaufeln auf der Nabe, können in manchen Fällen zur Verringerung der Gebläsegeräusche beitragen.

Neben dem eigentlichen Gebläselärm ist für die Geräuschbildung die Anordnung des Gebläses zu den benachbarten Teilen von Einfluß, Wirbelablösungen hinter, besonders aber vor dem Gebläse, ergeben weitere Lärmanregungen. Vielfach zeigte sich z. B. eine Geräuschverstärkung beim Näherrücken eines Gebläses an den Kühler eines Kraftfahrzeuges. Hinter dem Gebläse wird die aus dem Gebläse austretende Luft durch Antriebsriemen, durch Antriebsmotoren, Streben und Leitungsführungen vielfach gestört, was Wirbelablösungen und damit erhöhte Geräuschbildung zur Folge hat.

Die Dämpfung von Gebläsegeräuschen ist insbesondere auch bei Militärfahrzeugen bedeutungsvoll, da erfahrungsgemäß die Anzahl der nahenden Panzereinheiten mit Hilfe von hochempfindlichen Mikrophonen, die die Geräusche der Kühlgebläse anzeigen, festgestellt werden kann. Blattspitzenumfangsgeschwindigkeiten von 80 m/s sollten hierbei nicht überschritten werden.

Bei Verdichteranlagen ist es verhältnismäßig schwierig, ohne Änderung der Betriebseigenschaften die Ursachen der Geräusche im Kompressor selbst zu beseitigen bzw. zu dämpfen. Man greift deshalb zu indirekten Mitteln, indem man die meist dünnwandigen Saug- und Druckleitungen mit schalldämpfenden Einrichtungen versieht. Durch den Einbau von Absorptionsschalldämpfern in die Saug- und Druckleitung läßt sich der Schallpegel außerhalb der Luftzentrale herabsetzen, wobei die druckseitige Schalldämpfung, die am Austrittsstutzen des Kompressors angebracht ist, so gestaltet sein muß, daß sie bei Pumpstößen der Anlage nicht beschädigt wird. Die Absorptionsschalldämpfer auf der Saug- und Druckseite haben je nach Ausführung und Größe einen entsprechenden Druck- und damit Leistungsverlust zur Folge, was bei der Planung zu berücksichtigen ist.

In der unmittelbaren Umgebung des Verdichters selbst läßt sich der Schallpegel durch Verschalung der Maschine herabsetzen. Zu diesem Zweck wird der Kompressor im Abstand von etwa 100 bis 200 mm mit einem kräftigen Blechmantel umgeben und der Zwischenraum mit Asbestmaterial oder Mineralwolle ausgefüllt, wobei die Ummantelung keine Verbindung mit dem Maschinenfundament oder dem Verdichter selbst haben darf, sondern unmittelbar im Maschinenhaus abgestützt sein soll.

III. Windkanäle

Wegen der meistens sehr großen Luftmengen wird bei Windkanälen die axiale Arbeitsmaschine bevorzugt.

a) Unterschall-Windkanäle

Bei einem Windkanalprojekt ist zunächst die maximale Projektionsfläche der im Windkanal zu untersuchenden Gegenstände (naturgroße Ausführung bzw. Modell) festzulegen. Die Düsenfläche des Windkanals soll dann derart bemessen sein, daß die Projektionsfläche des zu untersuchenden Gegenstandes F_p etwa 5 bis 7% der Düsenfläche beträgt. Damit ist die erforderliche

Düsenfläche

$$F_D = \frac{F_P}{0,05 \div 0,07} \, [\mathrm{m}^2].\tag{37}$$

Mit der gewünschten Geschwindigkeit v in der Meßstrecke ist somit bereits die Luftmenge $\dot{V}$, die das Gebläse erzeugen muß, festgelegt; sie beträgt

$$\dot{V} = F_D \cdot v_F \left[\frac{\mathrm{m}^3}{\mathrm{s}}\right].\tag{38}$$

Die vom Gebläse zu erzeugende Druckdifferenz setzt sich zusammen aus dem Geschwindigkeitsdruck $\frac{\varrho}{2}\, v^2$ in der Meßstrecke und den Verlustanteilen im Kanal $\sum\limits_{x=1}^{x=n} \frac{\varrho_x}{2}\, v_x^2 \cdot c_{w_x}$. Man definiert als Kanalgütegrad ξ das Verhältnis der im Gebläse zu erzeugenden Druckerhöhung Δp_K zur kinetischen Energie in der Meßstrecke

$$\xi = \frac{\Delta p_K}{\dfrac{\varrho}{2}\, v^2} \, [-],\tag{39}$$

wobei im Gütegrad ξ die Reibungsverluste im Windkanal bereits berücksichtigt sind. Die erforderliche Druckerhöhung, die vom Gebläse eines Windkanals aufgebracht werden muß, ist damit

$$\Delta p_K = \xi \cdot \frac{\varrho}{2}\, v^2 \, [\mathrm{kg/m}^2].\tag{40}$$

Der Gütegrad ξ hängt von der Bauweise und der Oberflächengüte des jeweiligen Kanals ab und liegt zwischen 0,2 und 0,8.

Abb. 18 zeigt den aerodynamischen Windkanal von Rhode St.-Genèse mit einem gegenläufigen Axialgebläse. Bei diesem Windkanal kann die Meßstrecke verändert werden, indem die Luftführung, die auf Schienen beweglich gelagert ist, ausgewechselt wird. Im Dauerbetrieb wird mit der Luftführung *3* eine Blasgeschwindigkeit von 62 m/s bei dem Düsendurchmesser von 3 m und

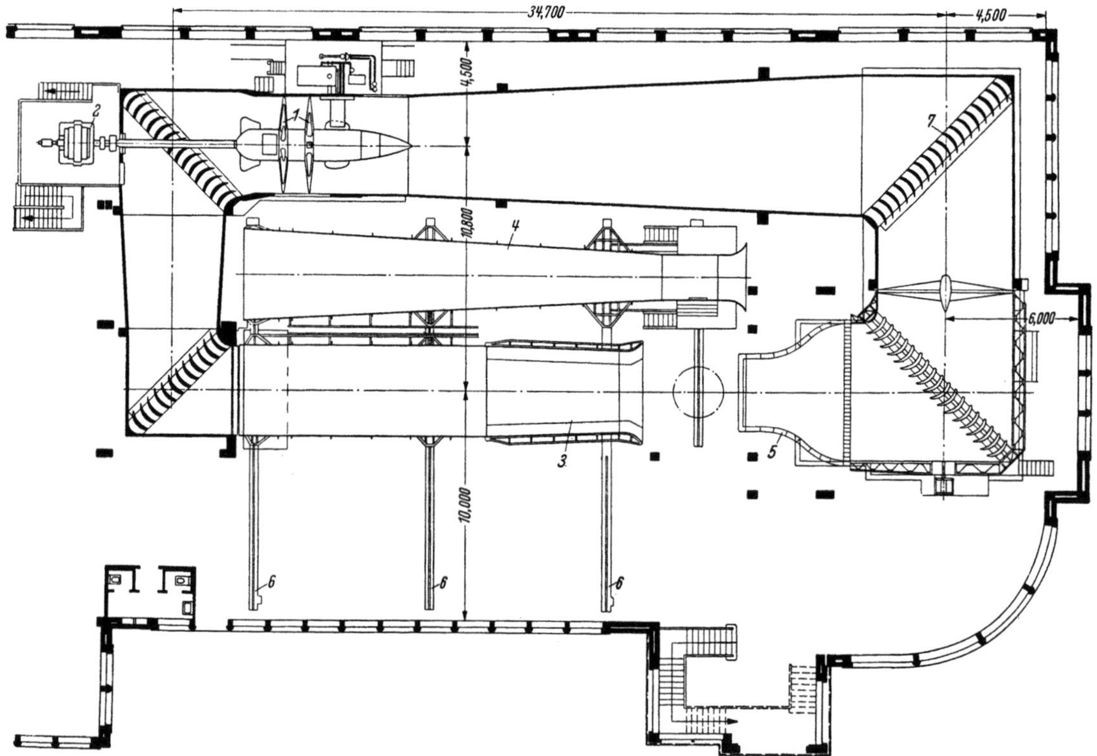

Abb. 18. Windkanal von Rhode St.-Genèse

1 gegenläufiges Axialgebläse, *2* Gleichstrommotor, *3* Luftführung bei offener Meßstrecke, *4* Luftführung bei geschlossener Meßstrecke, *5* Düse (verstellbar zwischen 0 und 90°), *6* Schienen für die Luftführungen *3* und *4*, *7* Umlenkschaufeln

bei einer Drehzahl von 580 U/min erreicht, wobei die Leistung des Gleichstrommotors 790 PS beträgt, bei geschlossener Meßstrecke wird eine Höchstgeschwindigkeit von 92 m/s, bezogen auf einen Düsendurchmesser von 2 m, bei einer Drehzahl von 500 U/min erreicht. Die Spitzengeschwindigkeiten betragen 70 bzw. 105 m/s bei einer Leistung des Elektromotors von 1155 PS und einer Drehzahl von 660 U/min bei der offenen Meßstrecke bzw. 570 U/min bei der geschlossenen Meßstrecke. Weiterhin ist bei diesem Windkanal interessant, daß die Düse zwischen 0 und 90° verstellt werden kann. Die dabei erreichbare Blasgeschwindigkeit beträgt 30 m/s bei einem Düsendurchmesser von 3 m. Die Gegenläufigkeit des Axialgebläses erfolgt durch ein Umkehrgetriebe in der Nabenverkleidung des Gebläses.

b) Überschall-Windkanäle

Für einen geschlossenen Überschall-Windkanal hat der Kompressor eine den Reibungsverlusten im Kanal äquivalente Förderhöhe aufzubringen. Für eine grobe Abschätzung kann man für neuzeitliche Überschall-Windkanäle die in Abb. 19 dargestellte Abhängigkeit des Verdichterdruckverhältnisses von der gewünschten Machzahl den Berechnungen zugrunde legen. Die Luftmenge des Kompressors eines Überschall-Windkanals erhält man wiederum aus der Kontinuitätsgleichung zu

$$\dot{V} = F_D \cdot v \,[\mathrm{m^3/s}].$$

Abb. 20 zeigt als Beispiel den vierstufigen Axialverdichter zum Überschall-Windkanal des holländischen Nationalen Luftfahrt-Laboratoriums (NLL). Bei einer Düsenfläche von $2 \times 1{,}6 = 3{,}2\,\mathrm{m^2}$ beträgt die erreichbare Machzahl im Meßquerschnitt 1,3. Als Folge der großen

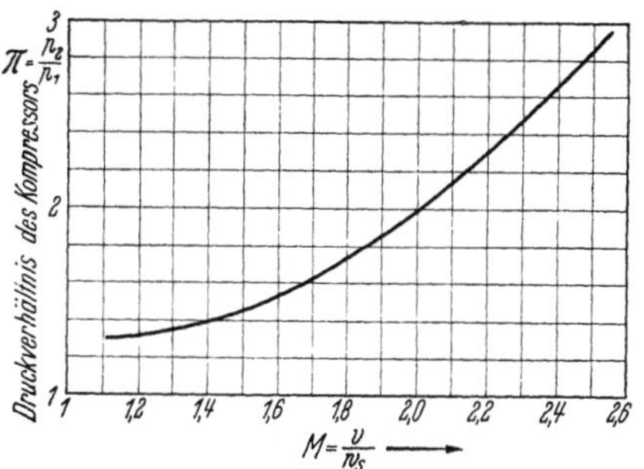

Abb. 19. Abhängigkeit des Verdichterdruckverhältnisses von der gewünschten Machzahl in der Düse für Überschall-Windkanäle mit geschlossener Rückführung

rotierenden Massen (Gewicht etwa 100 t) benötigt der Verdichter eine Auslaufzeit von 20 bis 25 Minuten. Zur Abkürzung der Wartezeiten sind sämtliche Laufradschaufeln im Betrieb verstellbar, so daß — bei reduzierter Drehzahl — praktisch Nullförderung erreicht wird, was ein Arbeiten in der Meßstrecke bei laufendem Verdichter ermöglicht.

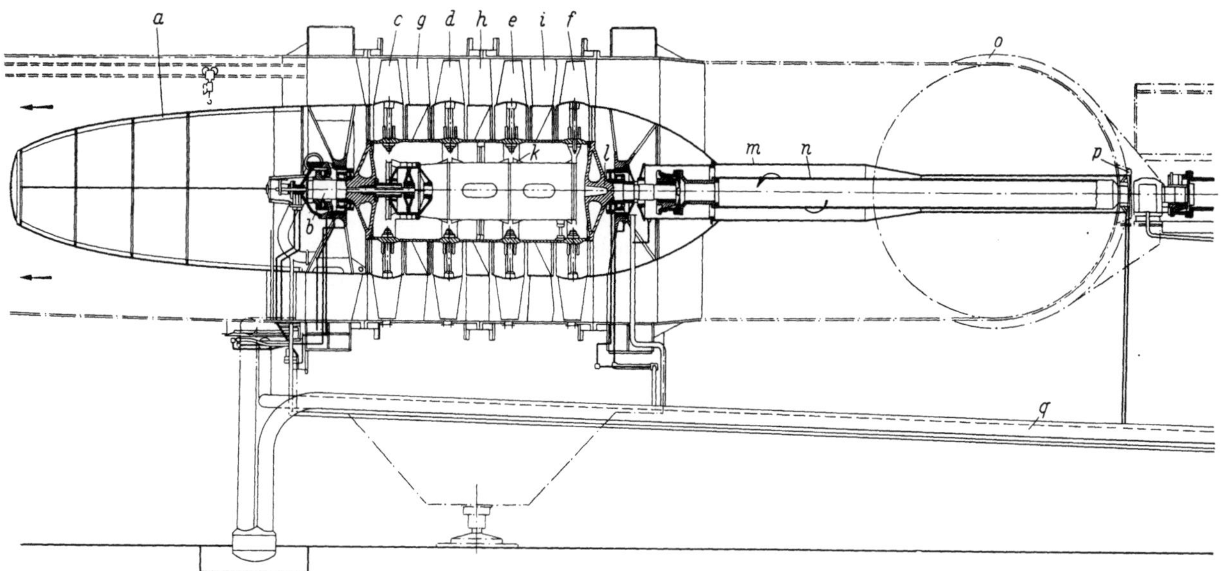

Abb. 20. Vierstufiger Axialverdichter für einen Überschall-Windkanal (Bauart Dingler Werke A. G. Zweibrücken) Ansaug-Förderstrom $V = 850\,\mathrm{m^3/s}$; adiabatische Förderhöhe $H_{\mathrm{ad}} = 2400\,\mathrm{m}$; Verdichter-Drehzahl $n = 618\,\mathrm{U/min}$; Leistungsbedarf $N = 20\,000\,\mathrm{PS}$ bei einer Ansaugetemperatur von 333 °K; Außendurchmesser des Verdichters $D_a = 4{,}80\,\mathrm{m}$. a Tropfenspitze, b hinterer Wellenstummel, c, d, e, f Laufradstufen 4 bis 1, g, h, i Leitradstufen 3 bis 1, k Verstelltrommel, l vorderer Wellenstummel, m Wellenverkleidung, n Zwischenwellenstrang, o Kanalumlenkung, p Stopfbuchse, q Schmierölleitung

IV. Hochofen- und Stahlwerksgebläse

Für die im Hochofen- und Stahlwerksbetrieb erforderlichen großen Luftmengen eignen sich vorzugsweise Axial- und Radialgebläse.

a) Hochofengebläse

Der beim Hochofenprozeß jeweils benötigte Luftbedarf hängt weitgehend von der Tagesleistung der Hochöfen ab. Unter Berücksichtigung der Undichtheitsverluste in den Luftleitungen, in den Regel- und Abschlußvorrichtungen kann man etwa mit dem in Abb. 21 dargestellten Luftvolumen in Abhängigkeit von der Tagesleistung des Hochofens rechnen. Der Druck, der zum Durchblasen der brennenden Schicht bis zum Gicht notwendig ist, hängt von der Höhe des Hochofens und von der Beschaffenheit des Erzes ab. Unter Einbeziehung des Druckverlustes in den Düsen und des Druckabfalles zwischen Kompressor und Hochofen muß man für die Auslegung des Kompressors mit einem Druckverhältnis von etwa 2 rechnen. Für kurze Zeit muß jedoch das Druckverhältnis auf 2,5 bis 3 gesteigert werden können, um ein „Hängen" des Hochofens beseitigen zu können.

Abb. 22 zeigt eine Hochofen-Gebläsegruppe mit beidseitigem Antrieb entweder mittels Dampfturbine oder mittels Elektromotor. Die Ansaugemenge kann zwischen 51 000 und 70 000 m³/h geregelt werden. Das Druckverhältnis des Verdichters beträgt 2,2, die Antriebsleistung an der Kupplung maximal 2200 kW. Die Drehzahl des Verdichters kann zwischen 5000 und 6000 U/min variiert werden. Der beidseitige Antrieb, welcher je über im Stillstand ein- und ausrückbare Zahnkupplungen verfügt, ermöglicht je nach Verfügbarkeit von Dampf oder elektrischer Energie das Erreichen einer größtmöglichen Wirtschaftlichkeit.

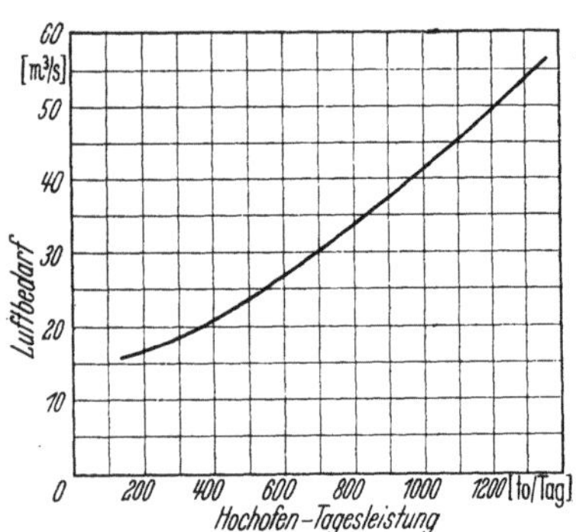

Abb. 21. Luftbedarf von Hochöfen in Abhängigkeit von der Ofentagesleistung

Bei doppelflutigen Hochofengebläsen der radialen Bauweise lassen sich durch Abschalten einer Gebläseseite oder durch Diffusorschaufelregelung die jeweils benötigten Luftmengen und -drücke in weitem Maße regeln (vgl. Kap. G). Eine sehr interessante Lösung des Problems der Drucksteigerung im Kompressor beim Hängen der Hochöfen bietet sich bei dem in Abb. 23 gezeigten Hochofengebläse der DEMAG. Die beiden Hälften des Gebläses, das als doppelflutige Maschine 60 000 m³/h Ansaugeluft liefert, können durch Umschalten hintereinander geschaltet werden. Damit erhält man bei halber Ansaugemenge eine wesentliche Steigerung des Gebläsedruckverhältnisses gegenüber dem Normalbetrieb.

Abb. 24 zeigt ein Hochofengebläse axialer Bauart. Bei einer maximalen Ansaugemenge von 190 000 m³/h und einem maximalen Verdichterdruckverhältnis von 3,8 beträgt die Kupplungsleistung etwa 10 000 kW. Die Drehzahl ist zwischen 2500 und 4200 U/min veränderlich. Der Antrieb erfolgt durch eine Kondensationsdampfturbine. Für die Beschaufelung ist ein Reaktionsgrad $r > 100\%$ verwendet, was bei der großen Breite des dabei zu erzielenden stabilen Arbeitsgebietes und des flachen Wirkungsgradverlaufes für Hochofengebläse günstig ist. Bei früheren Ausführungen ergaben sich anfänglich gewisse Schwierigkeiten wegen der Resonanz der Leitschaufeln. Dies konnte durch Anbringen von konzentrischen oder exzentrischen Ringen am Eintritt der Leitschaufeln, also durch eine gewisse Dämpfung bzw. Veränderung der Eigenfrequenzen, behoben werden, ohne daß dabei ein merklicher Einfluß auf den Wirkungsgrad festgestellt wurde.

Bei Hochofengebläsen wird im allgemeinen ein Regelbereich zwischen 70 und 100% der maximalen Luftmenge verlangt. In Ausnahmefällen, wenn z. B. Öfen verschiedener Durchmesser im gleichen Gebläse zu beschicken sind, kann der Regelbereich noch größer sein. Während beim Radialverdichter mit seiner flachen Kennlinie eine Regelung der Durchflußmenge bei annähernd konstantem Druck möglich ist, eine Änderung des Druckverhältnisses aber eine Drehzahlände-

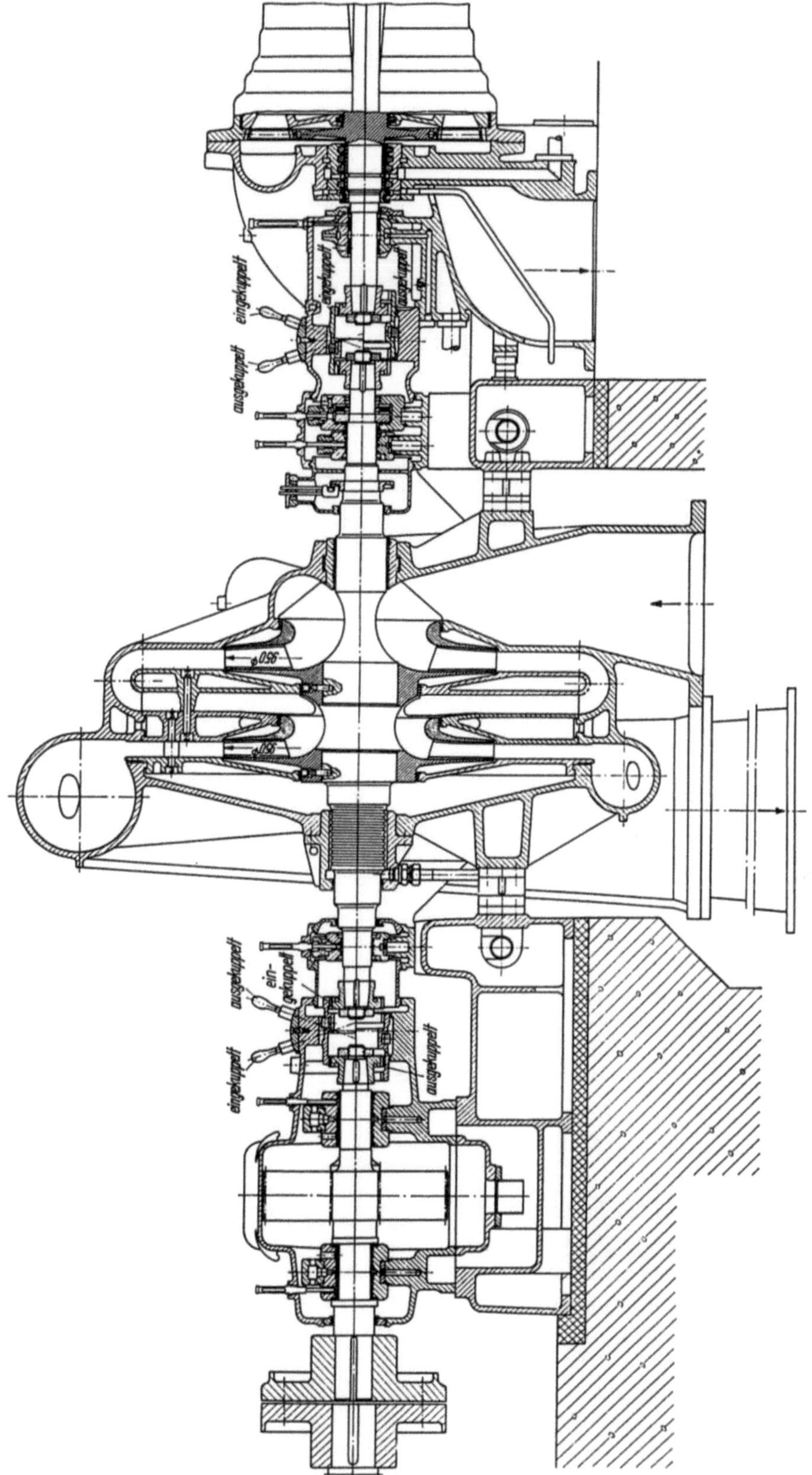

Abb. 22. Radiales Hochofengebläse (Escher-Wyss AG, Zürich) mit zweiseitigem Antrieb entweder durch Dampfturbine oder durch Elektromotor
Ansaugemenge 51000 bis 70000 m³/h; Druckverhältnis 2,2:1

2*

rung verlangt, ist bei der axial durchströmten Arbeitsmaschine mit ihrer steilen Charakteristik eine Variation des Druckes ohne wesentliche Änderung der Durchflußmenge und des Wirkungsgrades in ziemlich weiten Grenzen möglich, während im letzteren Fall das Problem darin besteht, die Fördermengen des Hochofengebläses den Bedürfnissen in möglichst wirtschaftlicher Weise anzupassen.

Die Gebr. Sulzer AG, Winterthur, verwendet zum Antrieb ihrer Hochofengebläse Elektromotoren der Synchronbauart mit konstanter Drehzahl und regelt die Fördermenge mit einer Rekuperationsturbine im Kompressorgehäuse. Das Axialgebläse arbeitet also stets auf der Kennlinie maximaler Menge, und der jeweils nicht benötigte Luftüberschuß expandiert in der Luftturbine. Dabei wird im Turbinenrotor, der mit der Kompressorwelle direkt gekuppelt ist, Energie zurückgewonnen. Sulzer verwendet nun für diese Rekuperationsturbine einen verstellbaren Eintrittsleitapparat, womit eine kontinuierliche Mengenregelung ohne Drosselverluste bis zu fast geschlossener Stellung und optimaler Wirkungsgrad der stets total beaufschlagten Turbine möglich wurde. Mit dieser sehr wirtschaftlichen Regelungsart wird sich der industrielle Anwendungsbereich der axial durchströmten Arbeitsmaschine wesentlich verbreitern.

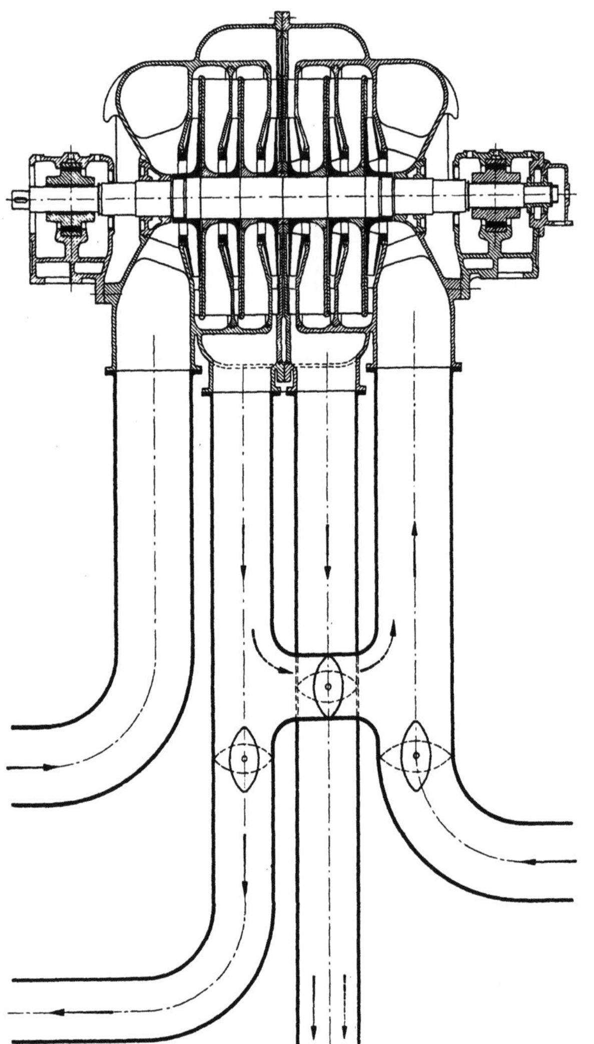

Abb. 23. Längsschnitt eines Hochofengebläses (DEMAG) für Parallelbetrieb und Hintereinanderschaltung eingerichtet

b) Stahlwerksgebläse

Die Umwandlung des im Hochofen gewonnenen flüssigen Eisens in Stahl erfolgt in Konvertern oder Birnen, wobei das Roheisen durch die in die Konverter einströmende verdichtete Luft von Sauerstoff derart durchsetzt wird, daß die das Roheisen verunreinigenden Elemente wie Phosphor, Silizium, Schwefel, Mangan bzw. Kohlenstoff verbrennen und als Schlacke abgeführt werden. Bei phosphorhaltigem Roheisen wendet man das Thomasverfahren, bei siliziumhaltigem Roheisen das Bessemerverfahren an.

Stahlwerksgebläse haben nun die Aufgabe, die zur Verbrennung notwendige Luft zu liefern, die durch den Düsenboden in die Konverter eingeführt wird. Als erforderliche Luftmenge kann man mit etwa 2000 bis 2800 m³/h und je Tonne zu erzeugenden Stahles rechnen. Der Gebläsedruck entspricht den Widerständen der Blasluft beim Durchströmen der Rohrleitungen, des Düsenbodens in den Konvertern und des flüssigen Eisens in den Behältern. Die in den Stahlwerksgebläsen zu verwirklichenden Druckverhältnisse liegen je nach den Verhältnissen zwischen $p_2/p_1 = 2{,}8$ bis $4{,}0$.

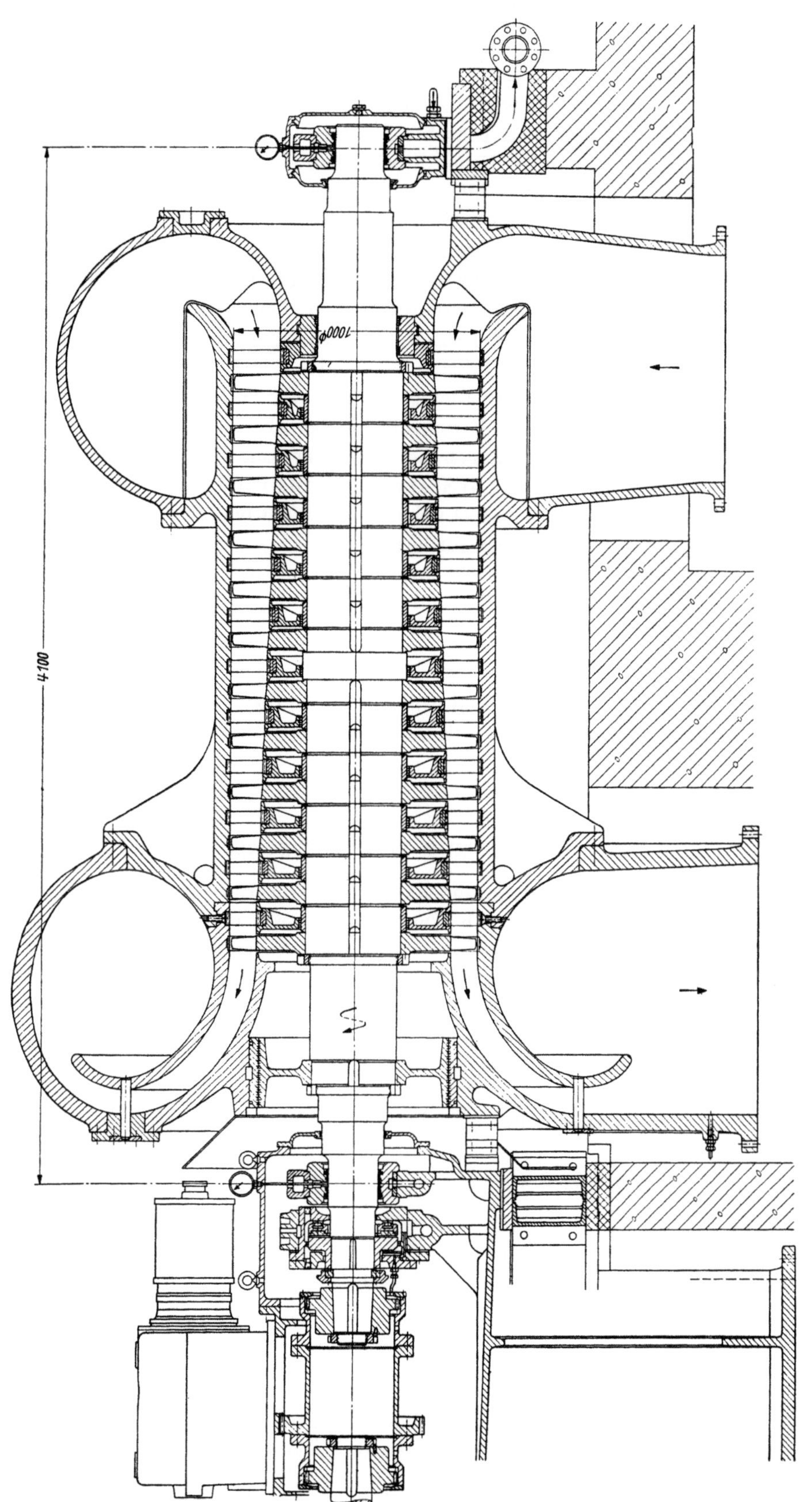

Abb. 24. Hochofengebläse axialer Bauart (Escher-Wyss AG, Zürich). Der Antrieb erfolgt über eine Kondensationsdampfturbine

V. Verdichter für pneumatische Förderanlagen

Bei der pneumatischen Förderung dient die in Kompressoren verdichtete Luft als Träger des zu fördernden Materials.

Zur Förderung von leichtem Gut wie Sägemehl, Holzspäne, Baumwolle, Kapok, Heu, Stroh, Spreu usw. tritt das Fördergut mittels Einschütttrichter in die Saugleitung und durchquert mit der Mischluft das Gebläse. Bei empfindlichen Stoffen benützt man Druckanlagen, bei denen das Fördergut dem Luftstrom nach dem Gebläse mittels Schleusen zugeführt wird. Im allgemeinen benötigt die direkte Förderung eine kleinere Gebläseantriebsleistung als die indirekte. Die üblichen Druckerhöhungen derartiger Gebläse liegen zwischen 250 mm und 500 mm WS.

Pneumatische Förderanlagen sind sehr anpassungsfähig an vorhandene Werkanlagen, sind anspruchslos bezüglich Bedienungs- und Wartungskosten ebenso bezüglich ihres Raumbedarfes, arbeiten staubfrei und durchlüften bzw. kühlen das Fördergut, was insbesondere bei Förderung von heißem Gut und Getreide wichtig ist. Man verwendet deshalb pneumatische Förderanlagen auch zum Transport körniger und kleinstückiger Güter wie Salze, Körnerfrüchte, Gichtstaub, Flugasche und Kohle bis etwa 50 mm Korngröße, wobei aber wesentlich höhere Drücke notwendig sind. Man unterscheidet Sauganlagen, bei denen der vom Verdichter in den Rohrleitungen erzeugte Unterdruck (3000 bis 6000 mm WS) zur Förderung von einem oder mehreren Aufgabeorten nach einer Abgabestelle dient und Druckanlagen (3000 bis 5000 mm WS), die von einem Aufgabeort nach mehreren Abgabestellen fördern.

Die für die Berechnung des Verdichters notwendige Luftmenge V_L ermittelt man aus dem Volumen des geschütteten Fördergutes V_m und dem Mischungsverhältnis

$$V_L = \frac{V_m}{\mu}. \tag{41}$$

Dabei ist nach MODE $\mu = {}^1/_{250}$ bis ${}^1/_{1500}$ und weniger, wobei die größeren Werte von μ für staubförmiges und feinkörniges Fördergut und die kleineren Werte, also $\mu \leq {}^1/_{800}$ bis ${}^1/_{1500}$ für körnige und kleinstückige Stoffe gelten.

VI. Auf- und Überladung von Verbrennungsmotoren[1]

Die Leistung eines Verbrennungsmotors hängt in erster Linie von dem, der Verbrennung zur Verfügung stehenden Luftgewicht ab. Dieses aber steigt mit dem Druck der dem Motor zugeführten Luft. Deshalb kann durch Anwendung eines Aufladegebläses (Lader) die Leistung des Motors wesentlich gesteigert werden. Eine besondere Bedeutung kommt der Aufladung bei Flugmotoren zu, bei denen ohne Aufladung die Leistung mit der Höhe entsprechend der verminderten Luftdichte stark abfallen würde.

Das vom Motor verarbeitete Luftgewicht beträgt je Sekunde

$$\dot{G}_Z\,[\text{kg/s}] = \varSigma\,V_h \cdot \frac{n}{120} \cdot \lambda_W \cdot \gamma_l \quad \text{für Viertaktmotoren,}$$
$$\dot{G}_Z\,[\text{kg/s}] = \varSigma\,V_h \cdot \frac{n}{60} \cdot \lambda_W \cdot \gamma_l \quad \text{für Zweitaktmotoren,} \tag{42}$$

worin

$\varSigma V_h\,[\text{m}^3]$ Hubraum des gesamten Motors,
$n\,[\text{U/min}]$ Motorendrehzahl,
$\lambda_W\,[-]$ Luftaufwandszahl,
$\gamma_l\,[\text{kg/m}^3]$ Ladeluftwichte

bedeuten.

1. Viertaktmotor

Beim nicht aufgeladenen Viertaktmotor liegt die Luftaufwandszahl meist in der Größenordnung zwischen 0,8 und 0,92. Er hängt von der Konstruktion des Motors und vom Betriebszustand

---

[1] Nähere Ausführungen s. B. ECKERT u. E. SCHNELL: Ladeeinrichtungen für Verbrennungsmotoren. Motortechn. Z. 1952, Beiheft 2.

des Motors ab. Der Luftaufwand ist nur wenig abhängig vom Absolutdruck und steigt mit der Ansaugetemperatur etwa im Verhältnis $t^{0,25}$. Er nimmt weiterhin zu mit dem Verhältnis zwischen

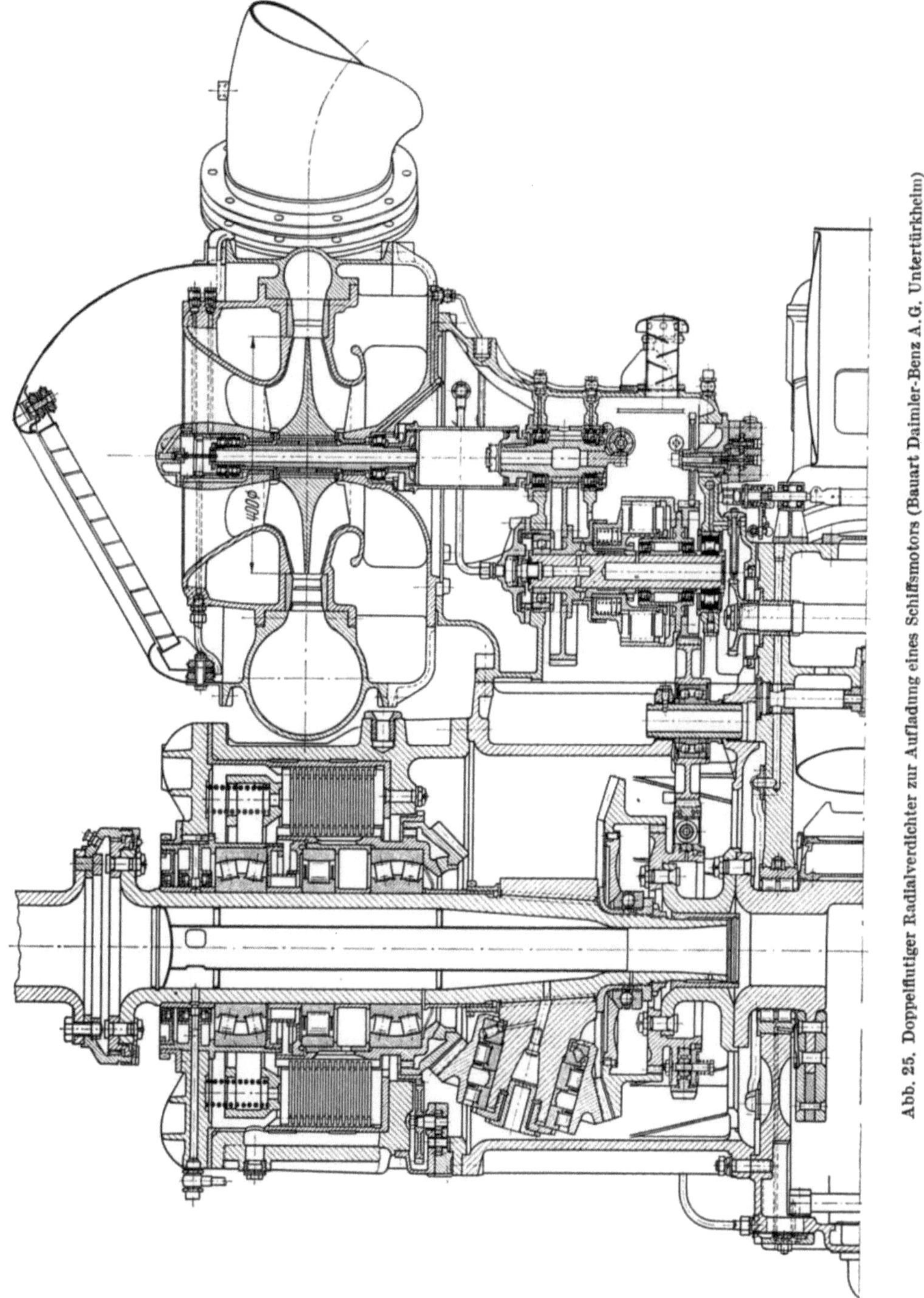

Abb. 25. Doppelflutiger Radialverdichter zur Aufladung eines Schiffsmotors (Bauart Daimler-Benz A.G. Untertürkheim)

Ansauge- und Gegendruck, und zwar besonders stark bei Motoren mit Überschneidung der Steuerzeiten, wie sie bei aufgeladenen Einspritzmotoren allgemein angewandt wird. In diesem Falle sind Liefergrade von 1,3 und mehr möglich.

Die Aufladung ist durch die thermische und mechanische Belastbarkeit des Motors begrenzt. Beim Otto-Motor ist durch das Einsetzen von klopfender Verbrennung eine weitere Begrenzung für die Aufladung gegeben. Die Höchstwerte des Ladedruckes hängen sehr stark von der

Konstruktion und beim Otto-Motor von der Oktanzahl des Kraftstoffes ab und betragen beim normalen Otto-Motor etwa 1,3 bis 1,5, bei Flugmotoren mit Spezialkraftstoffen teilweise wesentlich mehr.

Beim Dieselmotor sind Ladedrücke zwischen 1,3 und 3 üblich, wobei jedoch berechtigte Aussichten bestehen, diese Werte noch wesentlich erhöhen zu können.

2. Zweitaktmotor

Beim Zweitaktmotor ist der Luftaufwand mit Rücksicht auf die Spülung der Zylinder wesentlich höher als beim Viertaktmotor. Er hängt vom jeweiligen System der Spülungsart ab und liegt üblicherweise zwischen 1,5 und 2,5. Für die reine Spülung benötigt man je nach Gestaltung der Zylinder und des Spülsystemes Drücke von 1,2 bis 1,5.

Wegen der höheren thermischen Beanspruchung des Zweitaktmotores gegenüber dem Viertaktmotor liegt die Aufladegrenze beim ersteren niederer als beim letzteren.

Abb. 25 zeigt als Beispiel ein doppelflutiges Aufladegebläse für einen Schiffsmotor.

Der Antrieb des Laders kann entweder mechanisch durch den Motor erfolgen oder unter Ausnützung der Abgasenergie in einer Abgasturbine. Letztere Lösung hat den Vorzug niederer Brennstoffverbräuche und wird heute bei Dieselmotoren in Form des Büchiverfahrens weitgehend angewandt, während bei Flugmotoren der mechanische Antrieb durch ein meist zweistufiges Getriebe häufiger verwendet wird.

Der Antrieb des Laders erfolgt üblicherweise über ein Übersetzungsgetriebe direkt durch die Kurbelwelle. Damit geht die für die Verdichtung aufzubringende Leistung der Rohleistung des Motors verloren. Diese Verdichtungsleistung nimmt für einen gegebenen Ladedruck mit schlechter werdendem Ladewirkungsgrad zu; gleichzeitig tritt eine Temperaturerhöhung der Ladeluft ein, die eine Verkleinerung des Ladeluftgewichtes zur Folge hat.

Das Bestreben, die dem Motor zugeführte Brennstoffenergie möglichst vollständig auszunützen, führte zur Entwicklung von Abgasturbinen, die allein oder in Verbindung mit einem mechanischen Antrieb die notwendige Laderleistung bereitstellen. Beim Otto-Motor stehen der Anwendung von Abgasturbinen vor allem wegen der hohen Abgastemperaturen bei begrenzter Festigkeit der Turbinenwerkstoffe gewisse Schwierigkeiten entgegen. Für den Dieselmotor liegen die Verhältnisse wesentlich günstiger, und hier hat sich, vor allem für große Einheiten, die Aufladung mittels Laderantrieb durch Abgasturbine durchgesetzt.

VII. Gasturbinen

Für den Verdichterbau besonders interessant ist das Gebiet der Gasturbinen, die in ihrer heutigen Form erst durch die Fortschritte auf dem Gebiet der Kompressoren in den vergangenen 20 Jahren technische Bedeutung erlangt haben. Dieses Anwendungsgebiet soll deshalb hier etwas ausführlicher behandelt werden.

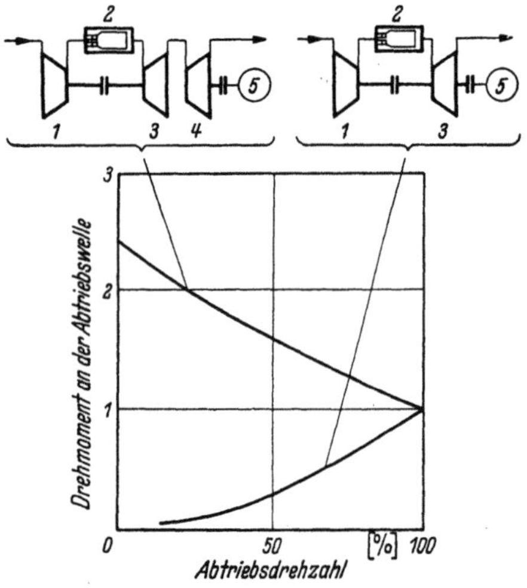

Man unterscheidet bei der Gleichdruck-Verbrennungsturbine zwischen Anlagen mit offenem und geschlossenem Kreislauf.

Bei der Gasturbine mit offenem Kreislauf entnimmt der Verdichter seinen Luftbedarf der freien Atmosphäre und die Abgase treten nach der Entspannung in der Turbine wieder in die freie Atmosphäre aus.

Beim geschlossenen Kreislauf durchläuft das Arbeitsmedium (meistens Luft) einen geschlossenen Kreis vom Verdichter über den Lufterhitzer in die Turbine, und von hier nach der Entspannung und nachfolgender Rückkühlung wieder in den Verdichter.

Wirkungsweise der offenen Gasturbine: Bei dieser meist gebräuchlichen Gasturbinenart mit Gleichdruckverbrennung wird atmosphärische Luft in einem Kompressor verdichtet und diese zur Brennkammer geleitet.

Abb. 26. Drehmomentenverlauf der einwelligen Gasturbine und der Gasturbine mit getrennter Arbeitsturbine

1 Kompressor, *2* Brennkammer, *3* Turbine, *4* Arbeitsturbine, *5* Last

In die Brennkammer wird Kraftstoff eingespritzt und verbrannt, das Gas-Luft-Gemisch expandiert in der nachfolgenden Turbine. Ein Teil der hier erzeugten Leistung dient zum Antrieb des Verdichters, während die Differenz zwischen der in der Turbine erzeugten und der vom Kompressor aufgenommenen Leistung als Nutzleistung zur Verfügung steht. Eine Eigenart dieser einfachsten Gasturbinenbauart ist ihr Drehmomentenverlauf über der Drehzahl (Abb. 26, rechter Teil). Darnach sinkt das Drehmoment und damit die Leistung mit kleiner werdender Drehzahl sehr schnell ab, weshalb eine derartige Maschinencharakteristik zum Antrieb von elektrischen Generatoren, aber nicht für ortsbewegliche Anlagen verwendbar ist.

Einen grundsätzlich anderen Drehmomentenverlauf erzielt man bei der Gasturbine, wenn man die Expansion in mechanisch voneinander völlig getrennte Turbinengruppen unterteilt, z. B. in einen Hochdruckteil, der lediglich den Verdichter antreibt, und in einen Niederdruckteil, der die Nutzleistung liefert. Bei einer derartigen Aufteilung der Expansion erhält man einen Drehmomentenverlauf (Abb. 26, linker Teil), der günstiger ist als zum Beispiel beim Diesel- oder Otto-Motor.

1. Gasturbine ohne Wärmeaustauscher

Die an den einzelnen Strömungsmaschinen und Zubehörteilen einer Gasturbine auftretenden Verluste sind teils mechanischer, teils thermischer und teils aerodynamischer Natur und sollen durch die Teilwirkungsgrade der Einzelaggregate dargestellt werden.

Im folgenden beziehen sich die Zeiger 1 auf den Zustand am Verdichtereintritt, Zeiger 2 auf den Austritt aus dem Verdichter, Zeiger 3 bzw. 4 auf die Zustände am Ein- bzw. Austritt aus der Turbine.

Der Wirkungsgrad der Turbine ist

$$\eta_T = \frac{H_T}{H_{\mathrm{ad}_T}}, \tag{43}$$

dabei ist H_T die je kg Gas von der Turbine abgegebene Arbeit und H_{ad_T} die adiabatische Expansionsarbeit je kg Gas,

$$H_{\mathrm{ad}_T} = \frac{\varkappa}{\varkappa - 1} \cdot R \cdot T_{3\mathrm{tot}} \left[1 - \left(\frac{p_4}{p_{3\mathrm{tot}}} \right)^{\frac{\varkappa - 1}{\varkappa}} \right], \tag{44}$$

wobei $\varkappa$ der Adiabatenexponent für das Gasgemisch (vgl. Abb. 64), und R die Gaskonstante ist, die von der Zusammensetzung des Kraftstoffes abhängt. Bei Kraftstoffen mittlerer Zusammensetzung kann die Gaskonstante für Verbrennungsgase mit genügender Genauigkeit gleich derjenigen von Luft gesetzt werden. Wie beim Verdichter bezieht sich dabei der Zustand vor Eintritt in die Turbine auf den Gesamtzustand, also auf den Gesamtdruck $p_{3\mathrm{tot}}$ und die Gesamttemperatur $T_{3\mathrm{tot}}$. Wird die Austrittsenergie aus der Turbine ganz oder teilweise ausgenützt, so ist es zweckmäßig, für den Druck p_4 hinter der Turbine ebenfalls den Gesamtdruck zu benützen. Strömt dagegen das Gas hinter der Turbine ungenützt ins Freie, so ist es zweckmäßig, die Turbine mit einem etwa nachgeschalteten Diffusor und Gasaustrittsleitung als Gesamtheit anzusehen, so daß die dort auftretenden Verluste im Turbinenwirkungsgrad η_T mitinbegriffen sind. In diesem Falle ist für p_4 der statische Druck am Austritt aus der Abgasleitung, also üblicherweise der Atmosphärendruck, einzusetzen. Im folgenden soll der auf den Gesamtdruck am Turbinenaustritt bezogene Wirkungsgrad mit η_T^*, der auf den statischen Druck bezogene Wirkungsgrad mit η_T bezeichnet werden.

Die Rechnungen sollen für $\dot{G} = 1$ kg/s Luft durchgeführt werden; dann beträgt das Abgasgewicht $1 + \dot{B}/\dot{G}$, wobei $\dot{B}$ [kg/s] der Kraftstoffverbrauch und $\dot{G}$ [kg/s] der Luftdurchsatz, $\dot{B}/\dot{G}$ also das Mischungsverhältnis Kraftstoff zu Luft bedeuten. Bezeichnet man weiterhin die adiabatische Förderhöhe des Verdichters mit H_{ad_K}, den adiabatischen Verdichterwirkungsgrad mit η_K

und den mechanischen Wirkungsgrad der Gasturbine einschließlich einem etwaigen Untersetzungsgetriebe mit η_m, dann ist die Nutzleistung je kg Luft

$$\frac{N}{\dot{G}} = \left[\left(1 + \frac{\dot{B}}{\dot{G}}\right) \cdot H_{\mathrm{ad}_T} \cdot \eta_T - \frac{H_{\mathrm{ad}_K}}{\eta_K}\right] \cdot \frac{\eta_m}{75} \cdot \tag{45}$$

Der Gegendruck ist bei Turbinen ohne Wärmeaustauscher üblicherweise gleich dem atmosphärischen Druck, der Druck vor der Turbine um den Brennkammerdruckverlust kleiner als der Enddruck des Verdichters. Der Druckverlust in der Brennkammer wird im allgemeinen ausgedrückt durch das Verhältnis der Differenz der Gesamtdrücke am Ein- und Austritt aus der Brennkammer zum Gesamtdruck am Eintritt in die Brennkammer. Im vorliegenden Fall ist also

$$\left(\frac{\varDelta p}{p}\right)_B = \left(\frac{p_2 - p_3}{p_2}\right)_{\mathrm{tot}} \cdot \tag{46}$$

Das Druckverhältnis in der Turbine ist somit

$$\frac{p_3}{p_4} = \frac{p_2}{p_1}\left[1 - \left(\frac{\varDelta p}{p}\right)_B\right] \cdot \tag{47}$$

Das Mischungsverhältnis Kraftstoff zu Luft $\dot{B}/\dot{G}$ hängt ab von der Temperatur vor der Turbine $T_{3\mathrm{tot}}$, von der Temperatur nach dem Verdichter $T_{2\mathrm{tot}}$, vom unteren Heizwert des Kraftstoffes $H_u\left[\dfrac{\mathrm{kcal}}{\mathrm{kg}}\right]$, vom Ausbrennwirkungsgrad η_B und in geringem Maße von der Zusammensetzung des Kraftstoffes. In Abb. 27 ist der Ausdruck $\dfrac{\dot{B}}{\dot{G}} \cdot \eta_B \cdot \dfrac{H_u}{10\,000}$ als Funktion der Temperatur T_2 und der Temperatur am Turbineneintritt t_3 für eine mittlere Kraftstoffzusammensetzung dargestellt. Die Ordinate in Abb. 27 stellt unmittelbar das Mischungsverhältnis $m = \dot{B}/\dot{G}$ für $H_u \cdot \eta_B = 10\,000$ dar.

Die Temperatur T_2 nach dem Verdichter erhält man aus der Beziehung

$$T_2 - T_1 = \frac{H_{\mathrm{ad}_K}}{\dfrac{c_p}{A} \cdot \eta_K} = \frac{H_{\mathrm{ad}_K}}{102{,}3 \cdot \eta_K}, \tag{48}$$

wobei die geringfügige Änderung der spezifischen Wärme der Luft mit der Temperaturänderung im allgemeinen vernachlässigt werden kann. Der spezifische Kraftstoffverbrauch ist

$$b = \frac{\dfrac{\dot{B}}{\dot{G}}}{\dfrac{N}{\dot{G}}} \cdot 3600 \, [\mathrm{kg/PS \cdot h}], \tag{49}$$

der thermische Wirkungsgrad

$$\eta_{\mathrm{th}} = \frac{632}{H_u \cdot b} = \frac{632}{H_u} \cdot \frac{N}{\dot{G}} \cdot \frac{1}{\dot{B}/\dot{G}} \cdot \frac{1}{3600}$$

$$= 0{,}176 \cdot \frac{1}{H_u} \cdot \frac{N}{\dot{G}} \cdot \frac{1}{\dot{B}/\dot{G}} \cdot \tag{50}$$

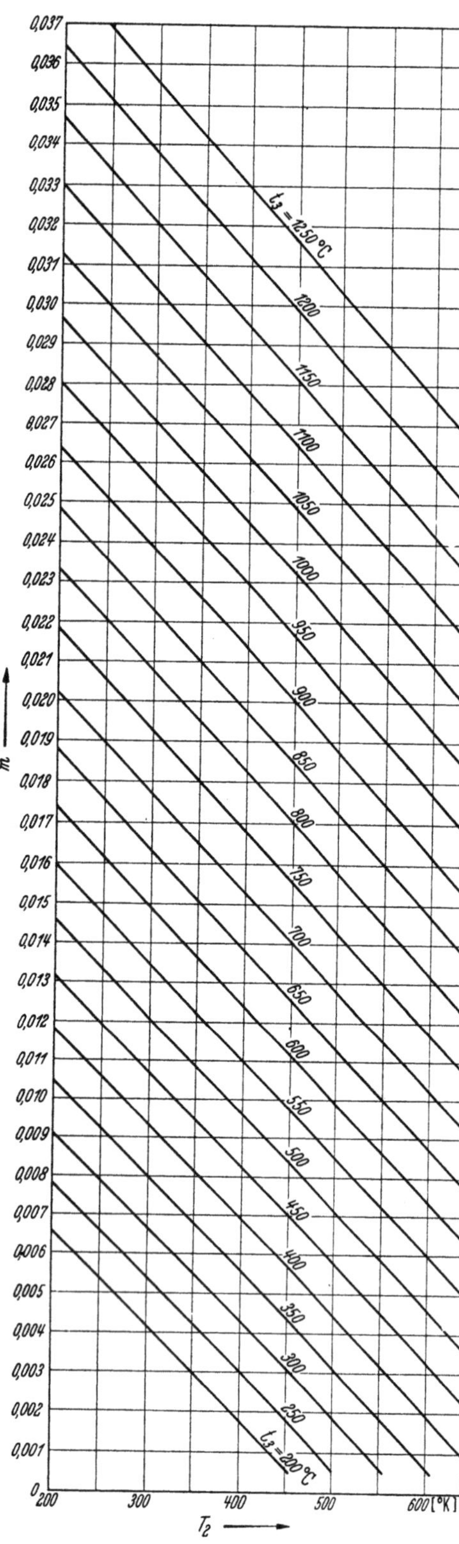

Abb. 27. Mischungsverhältnis Kraftstoff zu Luft in Abhängigkeit von der Lufttemperatur vor (T_2) und nach der Verbrennung (t_3) für einen Kraftstoff mittlerer Zusammensetzung. Die Zahlenwerte der Ordinate gelten unmittelbar für $H_u \cdot \eta_B = 10\,000$ [kcal/kg]

Die Kompressorwirkungsgrade η_K liegen bei neuzeitlichen Maschinen mit Axialverdichtern zwischen 85 und 90%, bei Gasturbinen mit Radialverdichtern zwischen 77 und 82%, in Ausnahmefällen wurden schon 87% erreicht. Der Druckverlust in der Brennkammer $\left(\dfrac{\Delta p}{p}\right)_B$ liegt zwischen 1,5 und 5%, die Ausbrenngrade η_B betragen 95 bis nahezu 100% und die Turbinenwirkungsgrade neuzeitlicher Maschinen 83 bis 90%. Die mechanischen Verluste sind gering, weshalb für die mechanischen Wirkungsgrade je nach Übersetzungsverhältnis im Getriebe 93 bis 98% angenommen werden können.

Die Gastemperatur T_3 ist praktisch durch technologische Rücksichten auf die verfügbaren Turbinenwerkstoffe beschränkt. Bei stationären

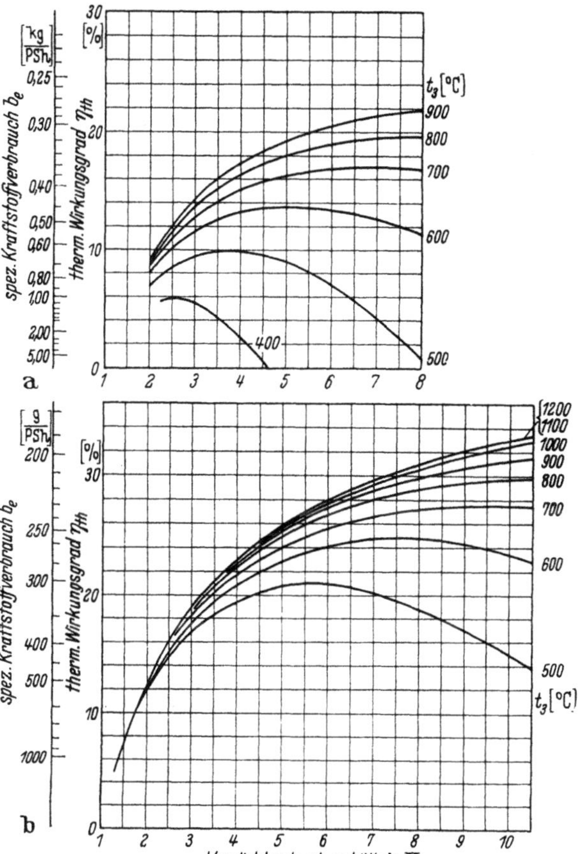

Abb. 28a u. b. Thermischer Wirkungsgrad einer Gasturbine ohne Wärmeaustauscher abhängig vom Verdichterdruckverhältnis Π_K für verschiedene Frischgastemperaturen t_3. Ausführung a) und Ausführung b) s. Tab. 2

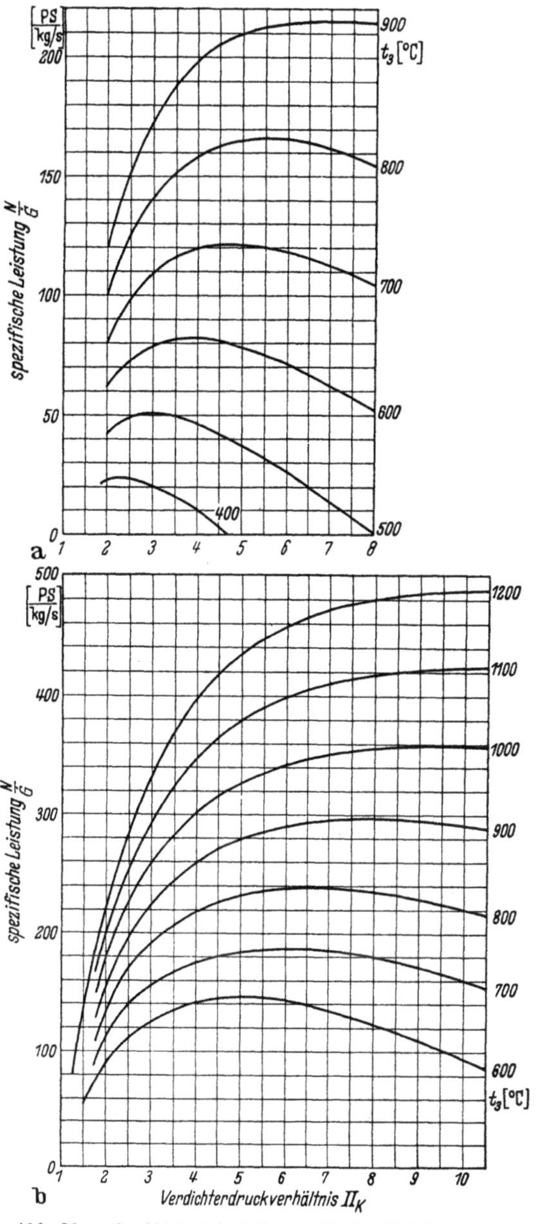

Abb. 29a u. b. Abhängigkeit der spezifischen Leistung N je 1 kg/s Luft vom Verdichterdruckverhältnis Π_K für verschiedene Frischgastemperaturen t_3 mit den gleichen Aggregatwirkungsgraden wie Abb. 28 a u. b

Anlagen mit längerer Lebensdauer wird mit Rücksicht auf die Korrosionsbeständigkeit eine Gastemperatur von 700 °C nicht wesentlich überschritten, die Höchstwerte liegen heute bei stationären Anlagen ohne Kühlung der Turbine bei etwa 800 °C, vorausgesetzt, daß man gereinigte Kraftstoffe oder gasförmige Brennstoffe benützt, die bei der Verbrennung keine festen Rückstände bilden. Bei Verwendung von Rückstandsölen als Kraftstoff muß man die Höchsttemperatur auf 600 bis 650 °C begrenzen, weil bei hohen Temperaturen die Turbinenschaufeln durch die im Kraftstoff enthaltenen Vanadium-Verbindungen angegriffen werden. Um einen Überblick über den Einfluß der verschiedenen Variablen auf den thermischen Wirkungsgrad und die spezifische Leistung zu geben, sind in Abb. 28 und 29 die Ergebnisse für zwei verschiedene Annahmen der Teilwirkungsgrade bzw. der Druckverluste dargestellt, wobei die günstigeren die oberste Grenze der heute erreichbaren Aggregatwirkungsgrade darstellen (Tab. 2, b), während die kleineren Teilwirkungsgrade für Leistungen von Gasturbinen in der Größenordnung von etwa 300 PS gelten (Tab. 2, a). Abb. 28 zeigt die Abhängigkeit des thermischen Wirkungsgrades Gl. (50) vom Druckverhältnis $\Pi_K = \dfrac{p_2}{p_1}$ und der Frischgastemperatur t_3 und Abb. 29 die dazu gehörenden spezifischen Leistungen $\dfrac{N}{\dot{G}}$ [(Gl. 45)].

Tabelle 2

	Dim.	Ausführung a	Ausführung b
Wirkungsgrad des Verdichters	%	82	90 bis 87 mit Π_k abfallend
Wirkungsgrad der Turbine (unter Berücksichtigung der Auslaßverluste)	%	83	90
Druckverlust in der Brennkammer $\Delta p/p_2$ (p_2 = Druck nach dem Kompressor)	%	4	1,5
Ausbrenngrad	%	98	99
Mechanischer Wirkungsgrad	%	95	95
Ansaugetemperatur	°C	20	20
Heizwert	kcal/kg	10 200	10 200

2. Gasturbine mit Wärmeaustauscher

Bei der Gasturbine mit Wärmeaustauscher werden die aus der Turbine mit der Temperatur T_4 austretenden Gase zur Vorwärmung der vom Verdichter austretenden komprimierten Luft vor dem Eintritt in die Brennkammer benützt. Die Grenze der Vorwärmung ist somit durch die Temperatur T_4 gegeben. Diese Temperatur berechnet sich aus der Beziehung

$$T_3 - T_4 = \frac{H_{\mathrm{ad}_T} \cdot \eta_T}{\dfrac{c_{p_{3-4}}}{A}}, \tag{51}$$

wobei $c_{p_{3-4}}$ die mittlere spezifische Wärme der Gase zwischen T_3 und T_4 (vgl. Abb. 62) und A das mechanische Wärmeäquivalent ist. Da der Wärmeaustauscher sowohl aus preislichen und baulichen Rücksichten als auch mit Rücksicht auf den Druck- und Leckverlust in seiner Größe beschränkt sein muß, ist der tatsächlich erzielbare Wärmerückgewinn kleiner. Man kann ihn durch den Gütegrad des Wärmeaustauschers η_{WA} ausdrücken, der das Verhältnis der wirklichen Temperatursteigerung der Verdichterluft $T_2^* - T_2$ zur theoretisch ausnützbaren Temperaturdifferenz $T_4 - T_2$ darstellt, also

$$\eta_{WA} = \frac{T_2^* - T_2}{T_4 - T_2}, \tag{52}$$

wobei T_2^* die Temperatur der Luft nach dem Wärmeaustauscher bedeutet. Dieser Gütegrad ist weniger ein Maßstab für die Güte der Ausführung des Wärmeaustauschers als für die investierte Baugröße. Im allgemeinen kann man mit Werten von η_{WA} zwischen 0,7 und 0,95 rechnen.

Die Berechnung der Gasturbine mit Wärmeaustauscher erfolgt ganz ähnlich wie im vorhergehenden Teilabschnitt dargestellt ist. Es ist lediglich bei der Bestimmung von $\dfrac{\dot{B}}{\dot{G}}$ anstelle der Temperatur T_2 die mit dem Wärmeaustauschergütegrad η_{WA} ermittelte Temperatur T_2^* beim Eintritt in die Brennkammer einzusetzen.

Bei der Ermittlung des adiabatischen Wärmegefälles in der Turbine ist der Druckabfall im Wärmeaustauscher zu berücksichtigen. Ist $\left(\dfrac{\Delta p}{p}\right)_{WA_1}$ der Druckabfall beim Durchströmen der komprimierten Luft durch den Wärmeaustauscher und $\left(\dfrac{\Delta p}{p}\right)_{WA_2}$ der Druckabfall der Abgase im

Wärmeaustauscher, so vermindert sich das Druckverhältnis in der Turbine auf

$$\left(\frac{p_3}{p_4}\right)_{\text{mit } WA} = \frac{p_2}{p_1}\left[1-\left(\frac{\Delta p}{p}\right)_B\right]\cdot\left[1-\left(\frac{\Delta p}{p}\right)_{WA_1}\right]\cdot\left[1-\left(\frac{\Delta p}{p}\right)_{WA_2}\right]$$
$$\approx \frac{p_2}{p_1}\left\{1-\left[\left(\frac{\Delta p}{p}\right)_B+\left(\frac{\Delta p}{p}\right)_{WA_1}+\left(\frac{\Delta p}{p}\right)_{WA_2}\right]\right\}. \tag{53}$$

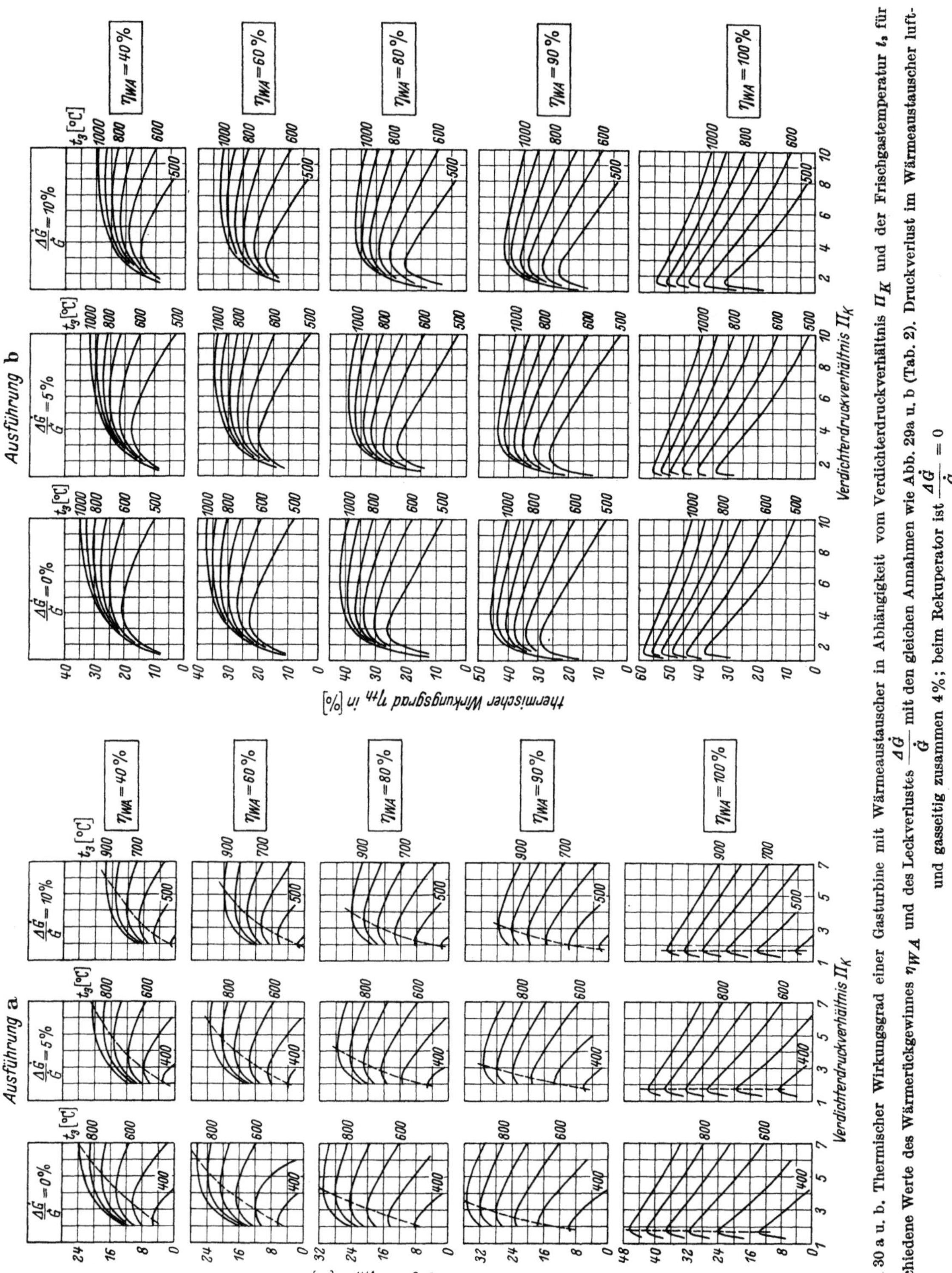

Abb. 30 a u. b. Thermischer Wirkungsgrad einer Gasturbine mit Wärmeaustauscher in Abhängigkeit vom Verdichterdruckverhältnis Π_K und der Frischgastemperatur t_3 für verschiedene Werte des Wärmerückgewinnes η_{WA} und des Leckverlustes $\frac{\Delta \dot{G}}{\dot{G}}$ mit den gleichen Annahmen wie Abb. 29a u. b (Tab. 2). Druckverlust im Wärmeaustauscher luft- und gasseitig zusammen 4%; beim Rekuperator ist $\frac{\Delta \dot{G}}{\dot{G}} = 0$

In Abb. 30 ist nun der thermische Wirkungsgrad der offenen Gasturbine in Abhängigkeit vom Verdichterdruckverhältnis $\Pi_K = \dfrac{p_2}{p_1}$, der Frischgastemperatur t_3 am Eintritt in die Kompressorturbine bei einem Gütegrad des Wärmeaustauschers von 40; 60; 80; 90 und 100%, außerdem für Leckverluste von $\dfrac{\Delta \dot{G}}{\dot{G}} = 0\%$ (Rekuperator) und bei Leckverlusten von $\dfrac{\Delta \dot{G}}{\dot{G}} = 5$ und 10%

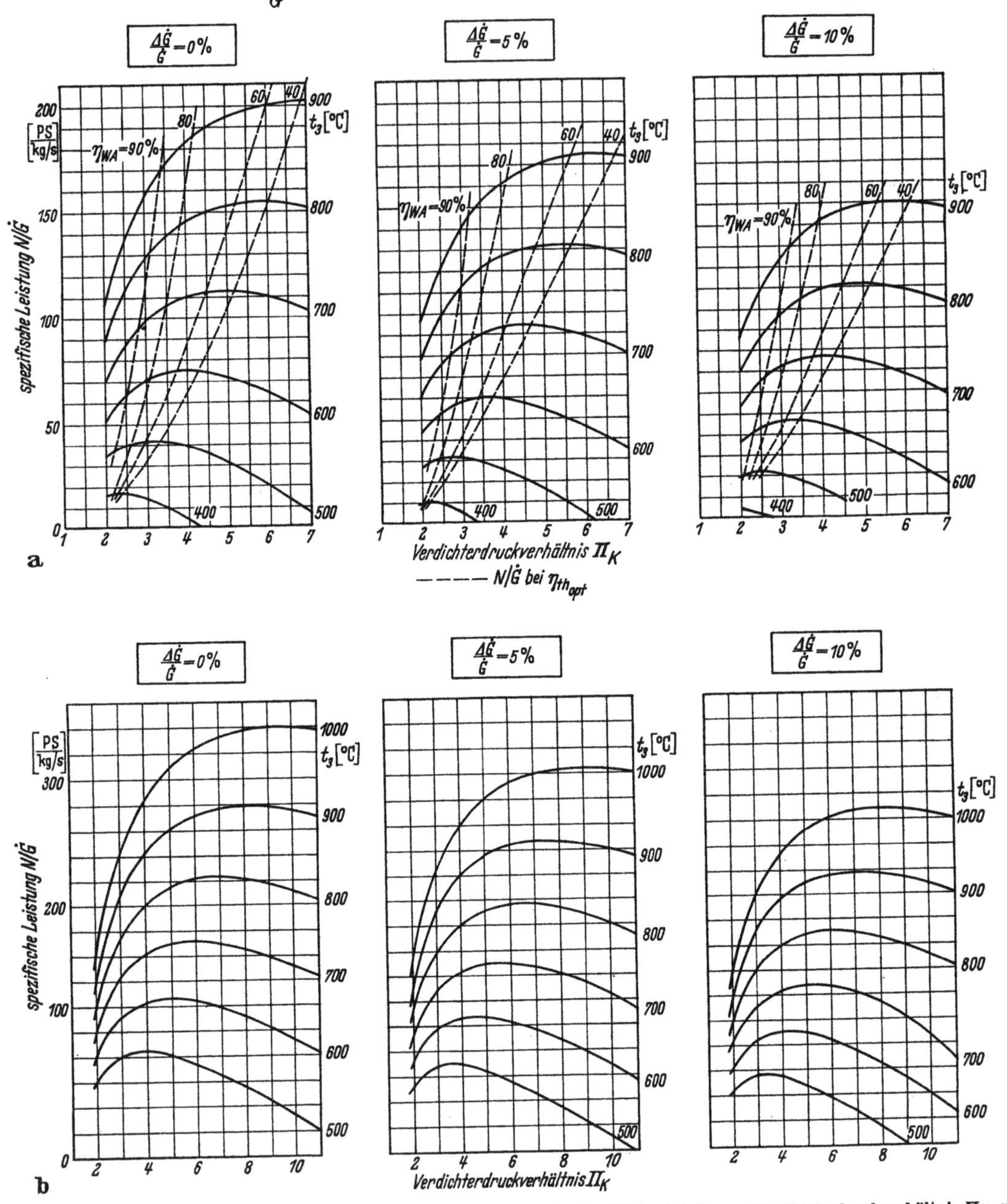

Abb. 31a u. b. Spezifische Leistung einer Gasturbine mit Wärmeaustauscher in Abhängigkeit vom Verdichterdruckverhältnis Π_K und der Frischgastemperatur t_3 für verschiedene Leckverluste $\dfrac{\Delta \dot{G}}{\dot{G}}$ (Aggregatwirkungsgrade wie in Tab. 2)

(Regenerator) dargestellt. Den Berechnungen liegen die gleichen Aggregatwirkungsgrade wie bei Abb. 28 und 29 zugrunde; ein Druckverlust im Wärmeaustauscher luft- und gasseitig von zusammen 4% ist mitberücksichtigt.

Während die Erhöhung der Lufttemperatur im Wärmeaustauscher, also der Grad des Wärmerückgewinns, praktisch keinen Einfluß auf die je kg/s Luft erzielte Turbinenleistung hat, sondern

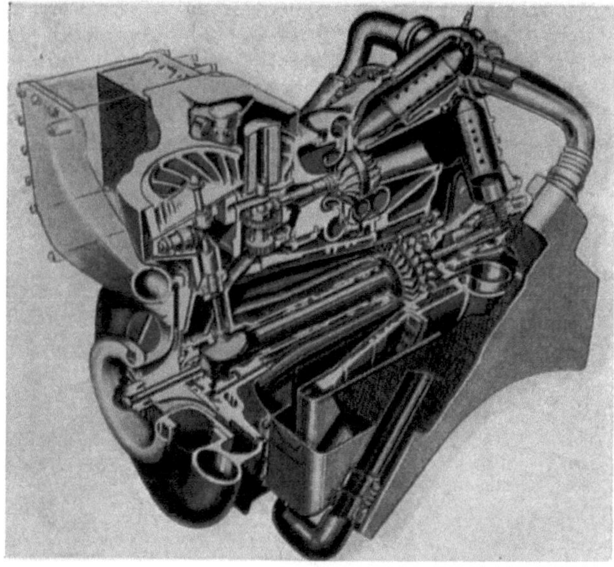

Abb. 32. Automobil-Gasturbine Type 704 der Ford Motor Company

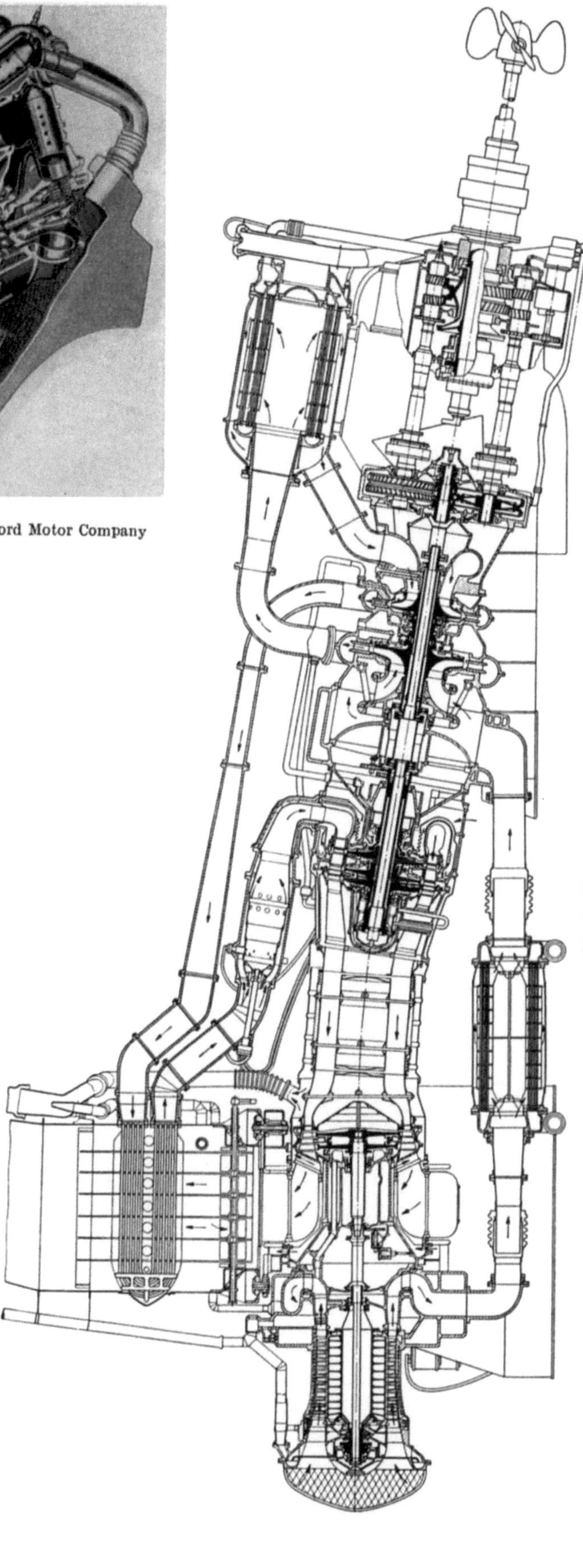

lediglich den spezifischen Kraftstoffverbrauch vermindert, haben die Druckverluste und in noch höherem Maße die Leckverluste im Wärmeaustauscher eine Verminderung der spezifischen Leistung $\frac{N}{\dot{G}}\left[\frac{\text{PS}}{\text{kg/s}}\right]$, also der mit 1 kg/s Luft erzielbaren Turbinenleistung, zur Folge; außerdem geht ein Teil der erzielten Kraftstoffersparnis wieder verloren (Abb. 31). Bei der Auslegung eines Wärmeaustauschers müssen deshalb Wärmeaustauscher-Gütegrade einerseits und Druck- bzw. Leckverluste andererseits richtig aufeinander abgestimmt werden.

Die von der Ford Motor Company entwickelte Automobil-Gasturbine 704 (Abb. 32) mit einer Leistung von 300 PS ist eine Dreiwellen-Anlage der offenen Gasturbinenbauweise mit Zwischenkühlung bei der Verdichtung und Zwischenverbrennung bei der Entspannung und mit einem Wärmeaustauscher der Rekuperator-Bauweise. Hoch- und Niederdruckverdichter sind als radiale Strömungsarbeitsmaschinen ausgebildet.

Bei der in Abb. 33 gezeigten Marine-Gasturbine RM 60 von Rolls-Royce strömt die Luft durch einen Axialkompressor (Niederdruckteil), hernach über einen Luftkühler zu einem einstufigen Radialverdichter, wird abermals zwischengekühlt, um in einem zweiten Radialverdichter auf den gewünschten Enddruck

Abb. 33. Marine-Gasturbine RM 60 der Rolls-Royce Ltd.

komprimiert zu werden. Die beiden Zwischenkühler arbeiten mit Seewasser. Vom Hochdruckverdichter aus strömt die Luft zu einem kleinen Wärmeaustauscher, der im Abgasstrom der Niederdruck-Axialturbine liegt. Hinter dem Wärmeaustauscher fließt die Luft durch die Brennkammer und hernach durch die Hochdruckturbine, die in diesem Fall die beiden Radialverdichter antreibt. Die Mitteldruckturbine dient als Arbeitsturbine, wobei die Leistung über ein Untersetzungsgetriebe auf die Schiffsschraube übertragen wird. Die restliche Expansion erfolgt in der Niederdruckturbine, die den Axialverdichter antreibt.

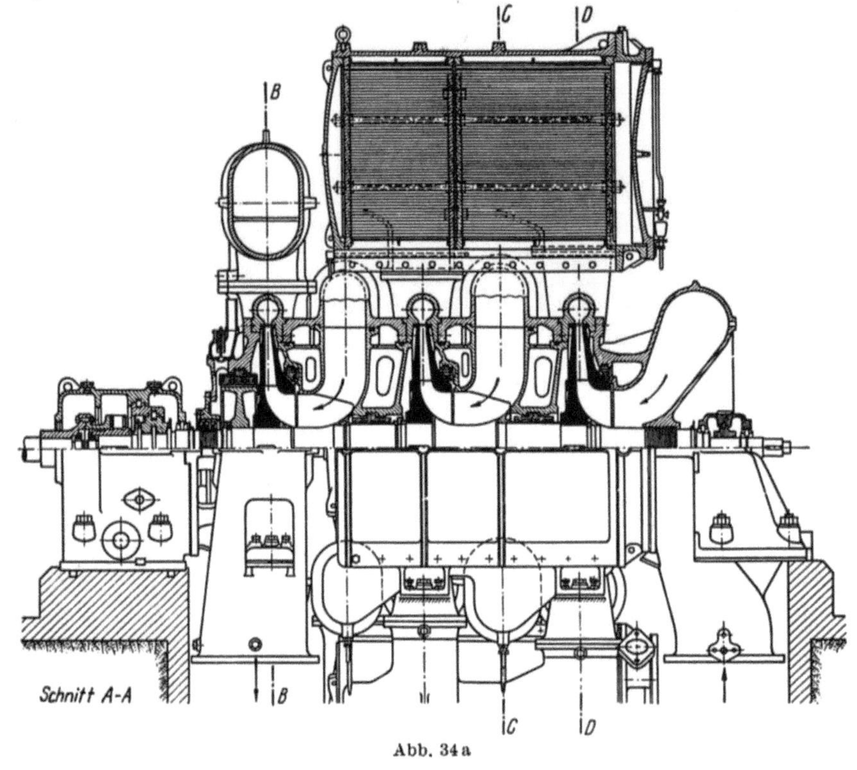

Abb. 34a

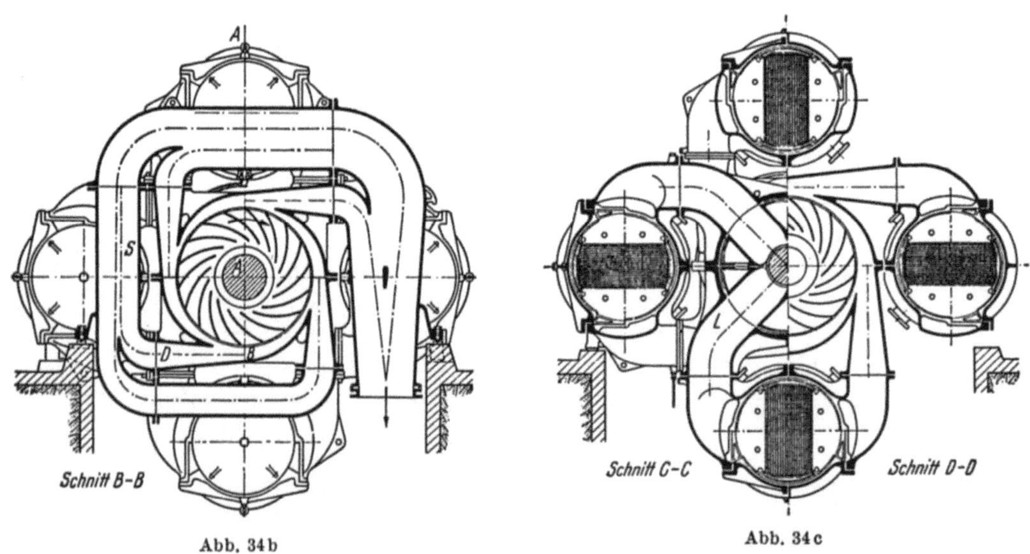

Abb. 34b   Abb. 34c

Abb. 34a—c. Radialkompressor der Gasturbinenanlage der Maschinenfabrik Oerlikon (Winterthur)

Der dreistufige Radialkompressor mit Zwischenkühlern der Örlikon-Gasturbine (Abb. 34) verdichtet auf ein Druckverhältnis von etwa 3,8. Durch Aufteilen der am Umfang des Laufrades angeordneten Spirale in vier Sektoren und Anschließen je eines Diffusors an jeden Sektor konnte der innere adiabatische Wirkungsgrad dieses Kompressors auf den bisher bei Radialverdichtern unerreichten Wert von 88% erhöht werden. Da es sich im vorliegenden Fall um einen gekühlten Kompressor handelt, ist es folgerichtiger sich nicht auf die

Adiabate, sondern auf die Isotherme zu beziehen. Der isotherme Wirkungsgrad des Oerlikon-Kompressors ist aus Abb. 35 ersichtlich.

Bei Gasturbinen mit geschlossenem Kreislauf wird die Verbrennung durch Wärmezufuhr von außen ersetzt und die in der Turbine entspannte Luft rückgekühlt und im Kompressor von neuem verdichtet. Die Luftdrücke des ganzen Arbeitsprozesses liegen wesentlich höher als beim offenen Kreislauf, z. B. 50 at nach dem Verdichter, so daß sich das Luftvolumen und damit die Abmessungen des Verdichters, der Turbine und des Wärmetauschers vermindern. Die Leistung je kg Luft ist etwas niedriger als beim offenen Kreislauf mit Wärmetauscher, gleicher Ansaugetemperatur vor dem Verdichter, gleichen Druckverhältnisses, gleicher Druckverluste, gleicher Verbrennungstemperatur und gleichen Einzelwirkungsgraden.

Tab. 3a und 3b[1] enthalten, ohne Anspruch auf Vollständigkeit, eine Zusammenfassung der charakteristischen Kennwerte von Gasturbinen und zwar Tab. 3a bis Leistungen von etwa 1500 PS, Tab. 3b für größere Leistungen.

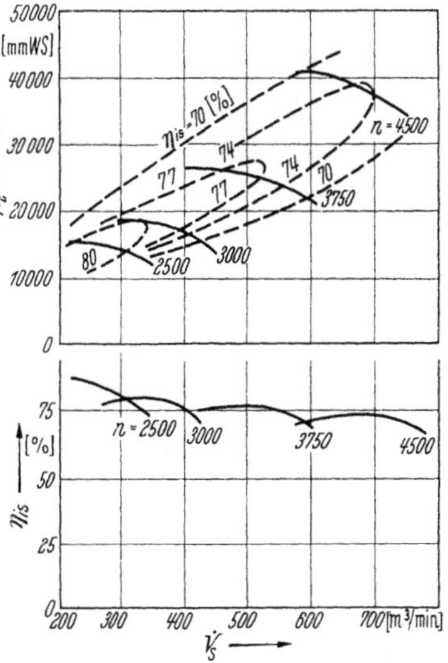

Abb. 35. Charakteristik des Oerlikon-Kompressors und die isothermischen Wirkungsgrade dieses Verdichters

3. Gasturbine für Flugzeugantrieb

Das Gasturbinentriebwerk für Flugzeuge hat sich in den letzten Jahren weitgehend durchgesetzt, und man kann erwarten, daß mindestens für die Mehrzahl aller Anwendungsgebiete der Luftfahrt das Turbinentriebwerk in Zukunft vorherrschend sein wird.

Bei allen Arten von Luftfahrttriebwerken wird eine bestimmte Luft- bzw. Gasmasse entgegen der Flugrichtung beschleunigt. Beim Propeller-Kolbentriebwerk wird die Luft beim Durchtritt durch die Luftschraube verhältnismäßig wenig beschleunigt, während beim luftansaugenden Turbinen-Strahltriebwerk (TL-Triebwerk) die Verbrennungsgase mit hoher Geschwindigkeit die Schubdüse verlassen. Das Propeller-Turbinen-Strahltriebwerk (PTL-Triebwerk) stellt gewissermaßen eine Kombination von Luftschrauben- und Strahltriebwerk dar. Zwischen diesen beiden Grenzfällen sind viele Kombinationen möglich, von denen einige prinzipielle Anordnungen in Abb. 36 schematisch wiedergegeben sind.

In der Abb. 36a—c sind drei verschiedene Schaltungsarten von PTL-Triebwerken gezeigt, wobei das Schema a) die einwellige Propellerturbine darstellt, bei der die Luftschraube von der einzigen Welle der Gasturbine über ein Untersetzungsgetriebe angetrieben wird. Bei der Zweiwellen-Anordnung entsprechend Abb. 36b ist die Expansion unterteilt, wobei in diesem Fall der Turbinenhochdruckteil nur zum Antrieb des Kompressors dient und die Luftschraube über eine von der Kompressorturbine mechanisch getrennte Arbeitsturbine angetrieben wird. Bei der Schaltung entsprechend Abb. 36c erfolgt die Verdichtung in zwei koaxial hintereinander geschalteten Axialkompressoren, wobei der Niederdruckteil des Kompressors von der Niederdruckturbine und der Hochdruckteil des Verdichters von der Hochdruckturbine, die Luftschraube wiederum über ein Getriebe, vom Niederdruckteil aus angetrieben werden. Auf diese Weise erreicht man bei hohen Verdichterdruckverhältnissen eine bessere Anpassung der einzelnen Kompressoren an die optimalen Verdichterdrehzahlen, eine Verbesserung der Regelbarkeit im Teillastgebiet und damit einen günstigeren Kraftstoffverbrauch. Außerdem verschiebt sich hierdurch die Pumpgrenze, so daß eine bessere Beschleunigung beim Durchstarten und auch eine kleinere Leerlaufdrehzahl möglich werden.

In Abb. 36d—f sind einige Kombinationen von Zweikreis-Strahltriebwerken schematisch dargestellt, bei denen die Luftschraube auf eine oder mehrere Axialverdichterstufen gewissermaßen zusammenschrumpft. Generell wird beim Zweikreis-Triebwerk nur ein Teil der verdichteten atmosphärischen Luft zur Verbrennung herangezogen, während die im Zweitkreis strömende Kompressorluft direkt zur Schubvergrößerung dient. Dabei kann die Bypaß-Luft bis zum Schubdüsenende getrennt (Abb. 36d) geführt oder dem Gas-Luft-Gemisch

---

[1] Die Tabellen 3a und 3b befinden sich in einer Tasche am Schluß des Buches.

3 Eckert, Axial- und Radialkompressoren, 2. Aufl.

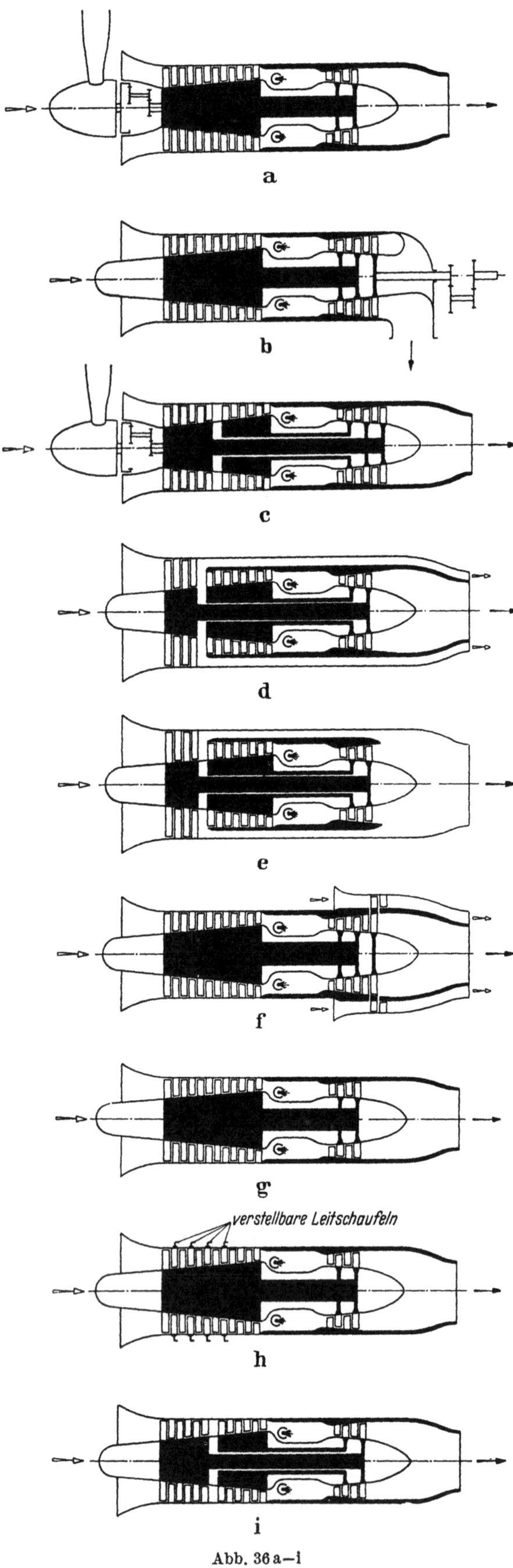

Abb. 36 a—i

hinter der Turbine (Abb. 36 e) zugemischt werden. Bei der Anordnung nach Abb. 36 f dienen zwei Turbinenstufen zur Verdichtung der Verbrennungsluft im Axialverdichter, während eine dritte Turbinenstufe zum Antrieb eines am Außendurchmesser dieser Turbinenstufe angeordneten Gebläses für den Zweitkreis benützt wird.

Gegenüber dem einkreisigen Turbinen-Luftstrahltriebwerk (TL-Triebwerk) bietet das Zweikreistriebwerk den Vorteil des geringeren Kraftstoffverbrauches und eines größeren Standschubes bei stark verringerter Geräuschbelästigung, da die Austrittsgeschwindigkeit gegenüber einem TL-Gerät wesentlich vermindert wird. Bei Verwendung im militärischen Einsatz ist beim Zweikreistriebwerk noch ein weiterer Vorteil festzustellen. Da sich nämlich der innere heiße und der äußere kalte Strahl nicht mischen, bleibt die Schubdüse kühl, und der austretende Strahl weist eine kleinere Infrarotstrahlung auf als im Falle einer Vermischung. Da neuere Abwehrwaffen einen Infrarot-Suchkopf enthalten, bedeutet die Verminderung der Infrarotstrahlung einen zusätzlichen Schutz des Flugzeuges.

In der Abb. 36 g—i sind drei verschiedene Systeme von Einkreis-Luftstrahltriebwerken (TL-Triebwerken) schematisch dargestellt, wobei die Bauweisen nach Abb. 36 g und h einwellig sind, während die Verdichtung bei dem TL-Triebwerk entsprechend Abb. 36 i, analog zu Abb. 36 c, in zwei koaxialen Kompressoren mit verschiedenen Drehzahlen erfolgt. Bei der einwelligen Verdichterbauweise nach Schema h sind die Leitschaufeln von einer oder mehreren Verdichterstufen verstellbar, was, ähnlich wie die zweiwellige Kompressorbauweise, den Vorteil einer besseren Regelbarkeit im Teillastgebiet und damit eines höheren thermischen Wirkungsgrades und einer Verschiebung der Pumpgrenze, also besserer Beschleunigung, zur Folge hat.

a) Propeller-Turbinen-Luftstrahltriebwerk (PTL)

Gegenüber der stationären Gasturbine unterscheidet sich die Wirkungsweise des PTL-Triebwerkes dadurch, daß die Luft am Eintritt in den Verdichter durch die Fluggeschwindigkeit aufgestaut ist und dadurch, daß, wie bereits erwähnt,

Abb. 36 a—i. Schema verschiedener Strahlturbinen-Anordnungen für den Flugzeugantrieb
a) b) c) Propeller-Turbinen-Luftstrahltriebwerke;
d) e) f) Zweikreis-Strahltriebwerke;
g) h) i) Einkreis-Turbinen-Luftstrahltriebwerke

die Austrittsgeschwindigkeit aus der Turbine zum Vortrieb mit herangezogen wird, weshalb man die Austrittsgeschwindigkeit aus der Turbine wesentlich höher wählen kann als bei der stationären Gasturbine. Sinngemäß verwendet man für die Berechnung den auf den Gesamtdruck nach der Turbine bezogenen Turbinenwirkungsgrad.

Hat das Flugzeug eine Geschwindigkeit v_F, so entspricht derselben durch Aufstau eine Verdichtung mit einer adiabatischen Förderhöhe

$$h_{ad\,Stau} = \frac{v_F^2}{2g}\,[\mathrm{mkg/kg}].\tag{54}$$

Die entsprechende Drucksteigerung erhält man aus der Adiabatengleichung

$$h_{ad\,Stau} = \frac{\varkappa}{\varkappa-1}\cdot R\cdot T_0\cdot\left[\left(\frac{p_1}{p_0}\right)^{\frac{\varkappa-1}{\varkappa}}-1\right],\tag{55}$$

wobei T_0 die Temperatur und p_0 der Druck der Atmosphäre sind. In Wirklichkeit treten bei der Verdichtung gewisse Verluste bis zum Eintritt in den Verdichter auf, die je nach dem speziellen

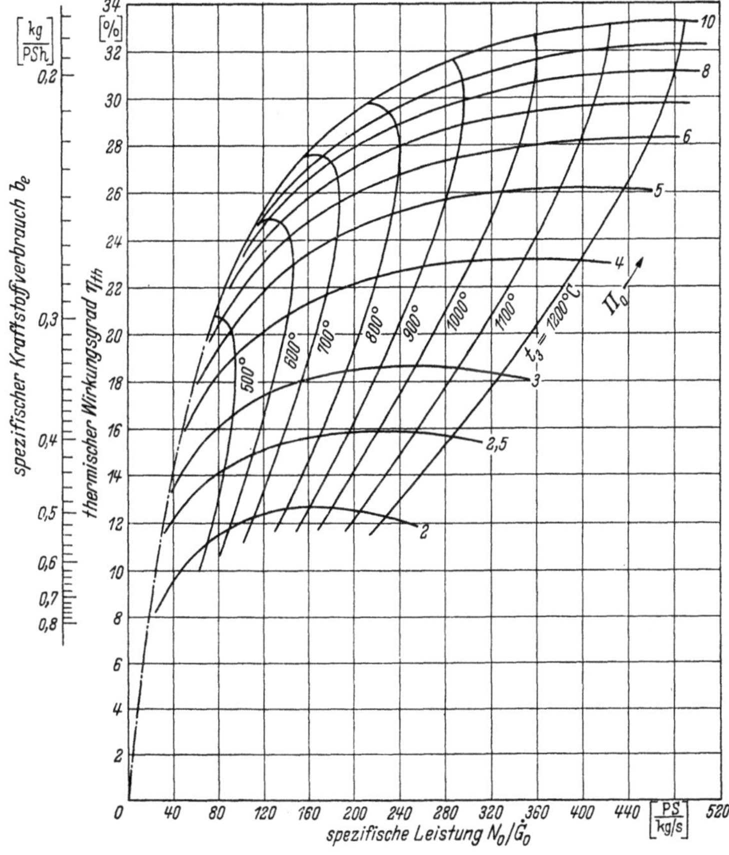

Abb. 37. Spezifischer Kraftstoffverbrauch bzw. thermischer Wirkungsgrad in Abhängigkeit von der spezifischen Leistung bei verschiedenen Verdichterdruckverhältnissen und Frischgastemperaturen für ein PTL-Triebwerk bezogen auf die Verhältnisse am Bodenstand (Aggregatwirkungsgrade entsprechend Tab. 2, b)

Fall dadurch berücksichtigt werden können, daß man die adiabatische Förderhöhe, mit der man die Drucksteigerung bis zum Kompressoreintritt berechnet, mit einem Stauwirkungsgrad η_{Stau} multipliziert oder dadurch, daß man die Verluste durch einen Druckverlust am Eintritt $\Delta p/p$ mitberücksichtigt. Beide Größen hängen von der Gestaltung des Einlaufes und von der

3*

Tabelle 4

| | PTL | | | | Verdichter | | | | | Verdichter-Turbine | | |
| Hersteller | Type | Leistung | Spez. Kraftstoffverbr. | Wellenzahl | Luftdurchsatz | Druckverhältnis | Bauweise | Stufenzahl | Drehzahl | Gastemp. | Bauweise | Stufenzahl |
		PS	g/PSh	—	kg/s	—	—	—	U/min	°C	—	—
Solar	T 62	60		1		4,1	R	1	57 600	790	R	1
Allison	T 63	250	320	2	1,37	6,2	7 A+1 R	8		950	A	1
Boeing	T 50	270	460	2	1,86	4,25	R	1	36 500	845	A	1
Boeing	T 60	440	322	2	2,49	4,4	R	1	43 000		R	1
Turboméca	Astazou	455	277	1		5,1	A_T+R	2			A	2
Turboméca	Artouste III	645	300	1	4,0	5,1	A_T+R	2	34 000		A	3
Turboméca	Turmo III	750	350	2	4,0	5,1	A_T+R	2	34 500		A	2
Turboméca	Bastan	1000	270	1		5,1	A_T+R	2	33 000		A	
Blackburn	A 129	1000	320	2		6,35	2 A_T+R	3	35 000		A	2
Lycoming	T 53	1005	297	2	4,9	6,0	5 A+R	6	25 240	925	A	1
General Electric	T 58	1120	304	2	5,62	7,5	A	10	26 300	~900	A	2
Napier	Gazelle	2000	288	2	7,24	6,37	A	11	20 400		A	2
Lycoming	T 55	2025	285	2	9,5	6,5	7 A+R	8	18 660	875	A	1
Rolls Royce	Dart	2660	287	1	11,6	6,32	R	2	15 000	950	A	3
Allison	T 56	3740	254	1	17,65	9,25	A	·14	13 820	970	A	4
Napier	Eland	4190	254	1	15,85	8,0	A	11	12 000		A	3
Bristol	Proteus	4615	253	2	21,3	7,2	12 A+R	13	12 000	~950	A	2
Rolls Royce	Tyne	5525	185	2	20,82	13,0	A	ND = 6 HD = 9	ND = 15 250 HD = 18 600		A	HD = 1 ND = 3
Pratt & Whitney	T 34	6155	298	1	30,3	6,7	A	13	11 000		A	3
Kusnetzow	NK 12	13050	200	1	70	9,5	A	14	9 250	930	A	5

A = Axial   R = Radial A_T = Transonische Axialstufe   Fl. R = Flammrohr

Fluggeschwindigkeit ab. Die bei der Verdichtung auftretende Temperaturerhöhung ist

$$\Delta t_{\text{Stau}} = \frac{v_F^2}{2 \cdot g \cdot \frac{c_p}{A}} = \frac{v_F^2}{2 \cdot g \cdot 102,3} \cdot \tag{56}$$

Die Leistung an der Turbinenwelle ist wiederum

$$\frac{N}{\dot{G}} = \left[\left(1 + \frac{\dot{B}}{\dot{G}}\right) \cdot H_{\text{ad}_T} \cdot \eta_T^* - \frac{H_{\text{ad}_K}}{\eta_K}\right] \cdot \frac{\eta_m}{75} \cdot \left[\frac{\text{PS}}{\text{kg/s}}\right] \cdot \tag{57}$$

Das für die Schubdüse nach der Turbine verbleibende Gefälle ist

$$h_{\text{ad}_{\text{Düse}}} = \frac{\varkappa}{\varkappa - 1} \cdot R \cdot T_{4\text{tot}} \left[1 - \left(\frac{p_0}{p_{4\text{tot}}}\right)^{\frac{\varkappa - 1}{\varkappa}}\right] \tag{58}$$

und damit die Austrittsgeschwindigkeit aus der Düse

$$v_{\text{Düse}} = \sqrt{2 g \cdot h_{\text{ad}_{\text{Düse}}} \cdot \eta_{\text{Düse}}}, \tag{59}$$

wobei $\eta_{\text{Düse}}$ die Verluste zwischen Turbinenaustritt und Schubdüse berücksichtigt; $\eta_{\text{Düse}} = 0,9$ bis 0,98 je nach Ausbildung der Gasführung nach der Turbine.

Durch den Strahl hinter der Turbine erhält man einen zusätzlichen Restschub je kg Luft

$$\frac{S}{\dot{G}} = \frac{1}{g} \left[\left(1 + \frac{\dot{B}}{\dot{G}}\right) \cdot v_{\text{Düse}} - v_F\right]. \tag{60}$$

Es ist üblich, diesem Schub durch eine reduzierte Wellenleistung Rechnung zu tragen, bei der zur tatsächlichen Wellenleistung $N_W/\dot{G}$ diejenige Leistung $N_S/\dot{G}$ hinzugezählt wird, die zur Er-

Tabelle 4 *(Fortsetzung)*

Arbeits-Turbine			Brenn-kammer		Gewicht und Abmessungen				Leistungsgew.	Stirnfläche	Stirnflächen-Leistung	Bemerkungen
Bauweise	Stufenzahl	Drehzahl	Bauweise	Anzahl	Gewicht	Länge	Breite	Höhe				
—	—	U/min	—	—	kg	mm	mm	mm	kg/PS	m²	PS/m²	
—	—	—	RB	1	22,7	508	394	394	0,378	0,121	496	
A	2	—	EUB	1	43	880	400	495	0,18	0,15	1668	
A	1	27500	Fl. R.	2	115	1086	576	576	0,426	0,31	871	
A	1	—	EUB	2	147	1448	635	660	0,335	0,324	1358	Radialverdichter, doppelflutig
—	—	—	RBRE	1	120	~ 1500	~ 475	475	0,264	0,177	2570	
—	—	—	RBRE	1	144	1728	~ 505	505	0,231	0,201	3210	
A	1	28200	RBRE	1	230	1663	~ 505	505	0,307	0,201	3630	
A	—	—	RBRE	1	212	1542	550	550	0,212	0,237	4210	
—	1	30000	RBRE	1	177	1542	502	502	0,177	0,198	5050	
A	1	20800	RB	1	208	1219	584	584	0,207	0,268	3750	
A	1	19500	RB	1	151	1400	406	406	0,135	0,13	8620	Verstellg. d. Leitapp. in 3 Stuf.
A	1	18000	RB.Fl.	6	408	1779	851	851	0,204	0,569	3520	
A	2	14550	RB	1	254	1495	615	615	0,126	0,296	6840	
—	—	—	Fl.R.	7	600	2540	963	963	0,226	0,728	3655	
—	—	—	RB.Fl.	6	793	3690	686	915	0,212	0,502	7450	
—	—	—	Fl.R.	6	816	3110	918	918	0,195	0,66	6350	
A	2	11100	Fl.R.	8	1312	2880	1019	1019	0,284	0,812	5690	
—	—	—	RB.Fl.	10	906	2550	1029	1162	0,164	0,83	6660	
—	—	—	RB.Fl.	8	1204	4000	864	864	0,196	0,582	10560	
—	—	—	RB.Fl.	10	2300	6000	1150	1150	0,176	1,039	12580	

EUB = Einzel-Umkehr-Brennkammer RB.Fl. = Ringbrennkammer mit Flammrohr
RB = Ring-Brennkammer RBRE = Ringbrennkammer mit rotier. Einspritzung

zeugung des gleichen Vortriebes notwendig wäre. Sie ergibt sich aus der Beziehung

$$\frac{N_S}{\dot{G}} = \frac{1}{\eta_{\text{Prop}}} \cdot \frac{1}{75} \cdot v_F \cdot \frac{S}{\dot{G}}, \tag{61}$$

wobei η_{Prop} der Luftschraubenwirkungsgrad ist. Für den Stand ist η_{Prop} und $v_F = 0$, so daß $N_S/\dot{G}$ unbestimmt wird. Es ist üblich, hierfür $N_S/S = 1 : 1,2$ zu setzen. Für allgemeine Betrachtungen ist es üblich, den Luftschraubenwirkungsgrad $\eta_{\text{Prop}} = 0,8$ einzusetzen.

Der Verdichterwirkungsgrad liegt bei einstufigen Radialverdichtern zwischen 77 und 82%, bei Axialverdichtern zwischen 83 und 90%, der Turbinenwirkungsgrad η_T^* zwischen 85 und 90%, der Druckabfall in der Brennkammer zwischen 3 und 5% und der Ausbrennwirkungsgrad zwischen 90 und 98%; die Gastemperatur beim Start (Fünfminutenleistung) zwischen 800 und 1100 °C.

In Abb. 37 ist für ein PTL-Triebwerk der spezifische Kraftstoffverbrauch bzw. der thermische Wirkungsgrad in Abhängigkeit von der spezifischen Leistung $N_0/\dot{G}_0$ für verschiedene Verdichterdruckverhältnisse $\Pi_0 = \frac{p_2}{p_1}$ und für Temperaturen am Eintritt in die Kompressorturbine $t_3 = 500$ bis 1200 °C mit Annahmen für Teilwirkungsgrade und Verluste entsprechend Tab. 2, b dargestellt. Diese Ergebnisse gelten für Verhältnisse am Boden-Stand ($v_F = 0$; $t_1 = 15$ °C; $p_1 = 1,033$ kg/cm²).

In Abb. 38 ist gezeigt, wie sich etwa die Leistungen, der Luftdurchsatz und der spezifische Kraftstoffverbrauch mit der Fluggeschwindigkeit und der Flughöhe ändern, wobei aber betont sei, daß sich diese Abhängigkeiten je nach den Charakteristiken des Triebwerkes von Fall zu Fall unterscheiden können.

Um einen Anhaltspunkt für die Kompressorauslegung zu geben, sind in Tab. 4 die charakteristischen Werte für einige ausgeführte PTL-Triebwerke zusammengestellt. Weiterhin sind in Abb. 39 der spezifische Kraftstoffverbrauch [gr/PSh], die Stirnflächenleistung [PS/m²] und das

Leistungsgewicht [kg/PS] neuzeitlicher Propeller-Turbinen-Luftstrahltriebwerke in Abhängigkeit von der effektiven Leistung am Boden-Stand dargestellt.

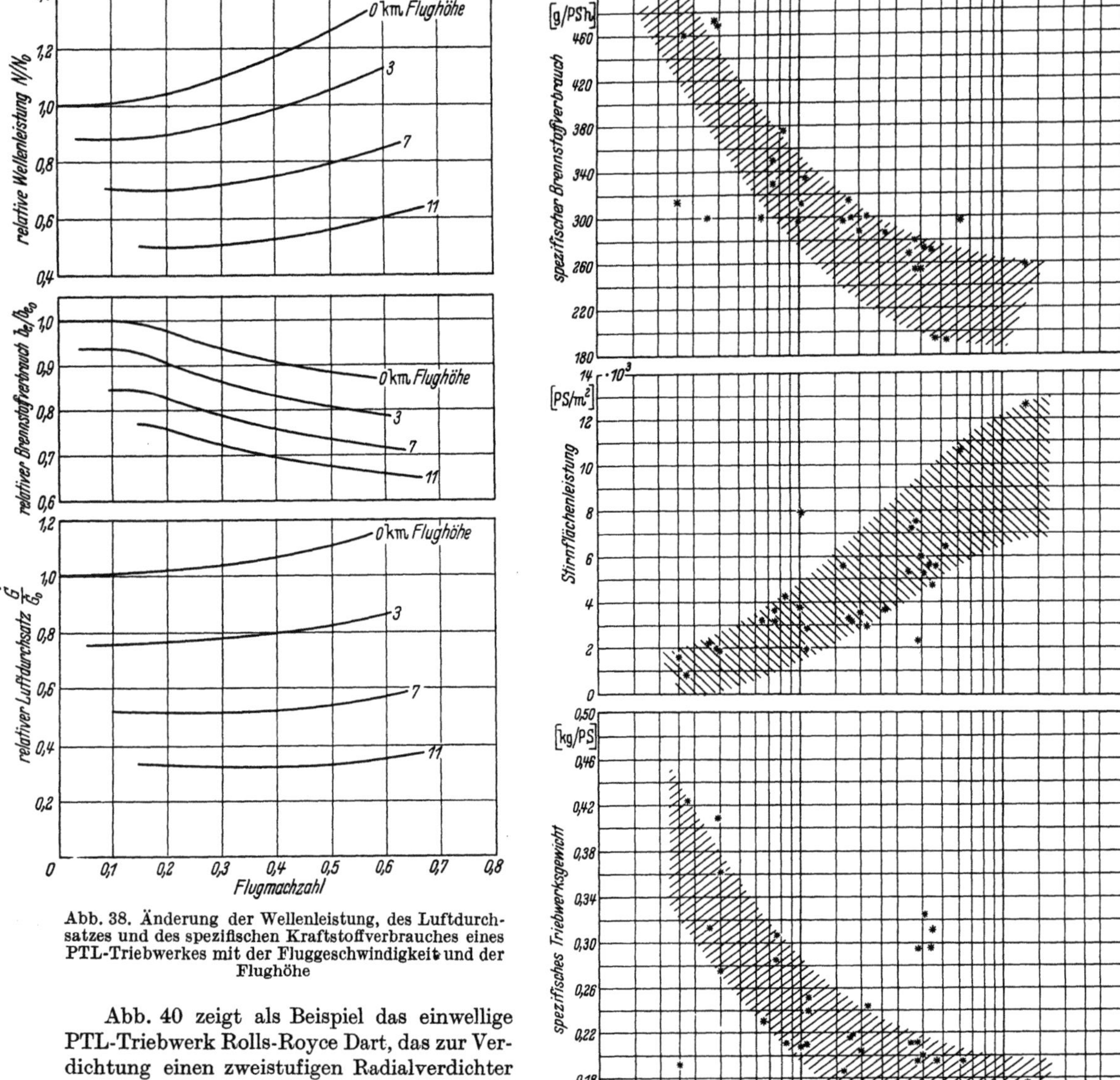

Abb. 38. Änderung der Wellenleistung, des Luftdurchsatzes und des spezifischen Kraftstoffverbrauches eines PTL-Triebwerkes mit der Fluggeschwindigkeit und der Flughöhe

Abb. 40 zeigt als Beispiel das einwellige PTL-Triebwerk Rolls-Royce Dart, das zur Verdichtung einen zweistufigen Radialverdichter verwendet. Ein typisches Beispiel eines PTL-Triebwerkes mit vielstufigem Axialverdichter ist die in Abb. 41 wiedergegebene General Electric-Turbine T 58; die Leistungsabnahme erfolgt dabei durch die mechanisch vom Gaserzeuger getrennte Arbeitsturbine entsprechend dem Schema Abb. 36 b.

Abb. 39. Kenndaten neuzeitlicher Propeller-Turbinen-Luftstrahltriebwerke

b) Turbinen-Luftstrahltriebwerk (TL)

Beim Turbinen-Strahltriebwerk erfolgt der Vortrieb ausschließlich durch den Strahlschub. Die Turbinenleistung dient lediglich zum Antrieb des Verdichters, wenn man von der geringfügigen Reibung und der Antriebsleistung für die Hilfsgeräte absieht.

Die Berechnung erfolgt in ähnlicher Weise wie für das Propeller-Turbinen-Luftstrahltriebwerk. Mit Rücksicht auf die Leistungsgleichheit zwischen Turbine und Verdichter tritt jedoch die weitere Beziehung hinzu, daß

$$H_{\mathrm{ad}_T} = \frac{H_{\mathrm{ad}_K}}{\eta_K \cdot \eta_T} \cdot \frac{1}{1 + \dot{B}/\dot{G}} \tag{62}$$

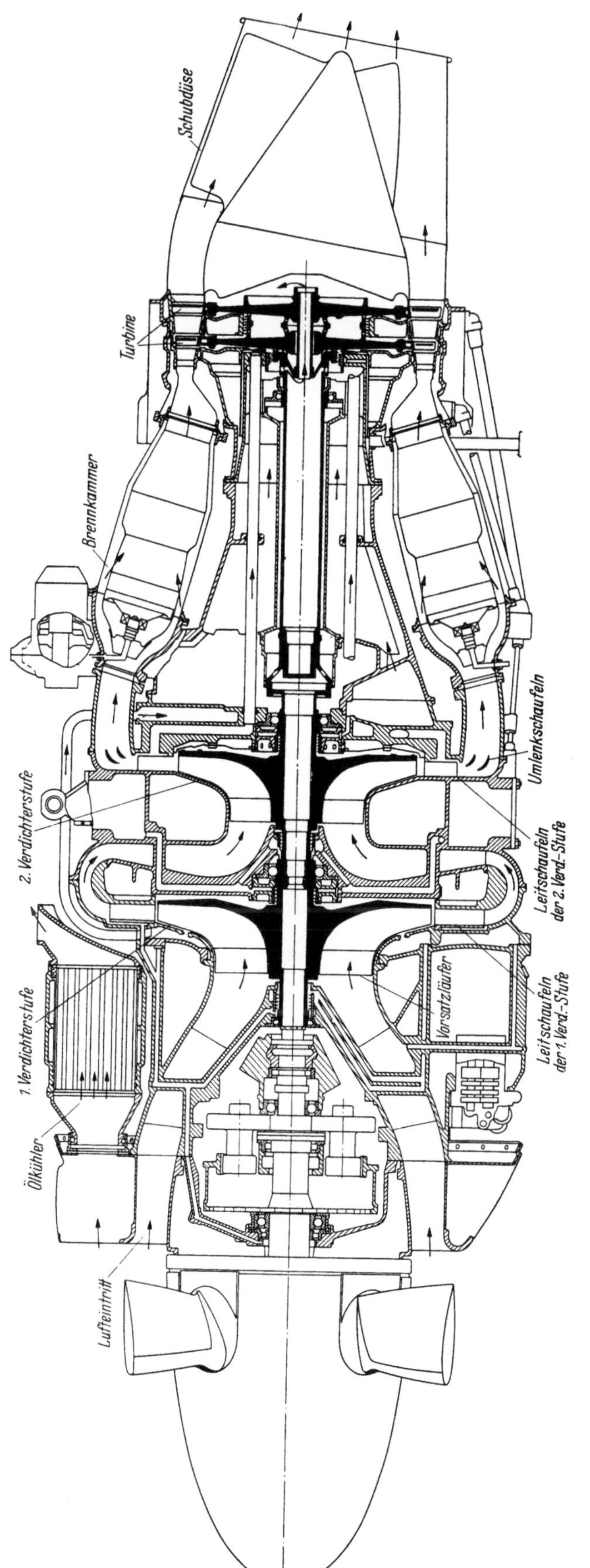

Abb. 40. Propeller-Turbinen-Luftstrahltriebwerk „Dart" der Rolls-Royce Ltd. mit zwei Radialverdichtern

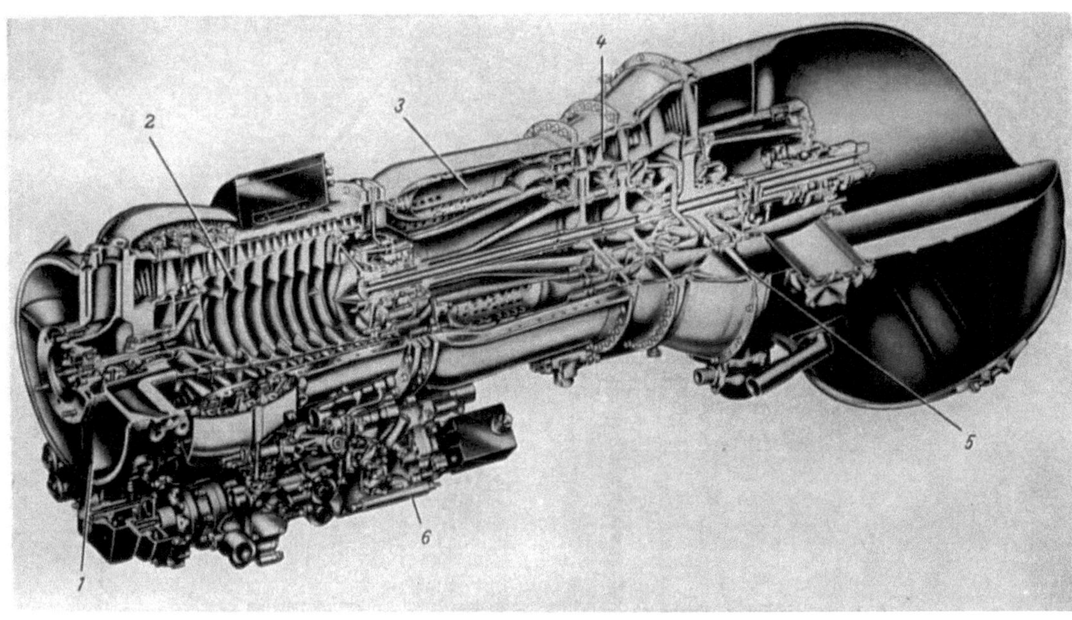

Abb. 41. Propeller-Turbinen-Luftstrahltriebwerk mit vielstufigem Axialkompressor der General Electric Co.
1 Lufteintritt, *2* zehnstufiger Axialkompressor, *3* Ringbrennkammer, *4* zweistufige Kompressorturbine, *5* Arbeitsturbine, *6* Regler

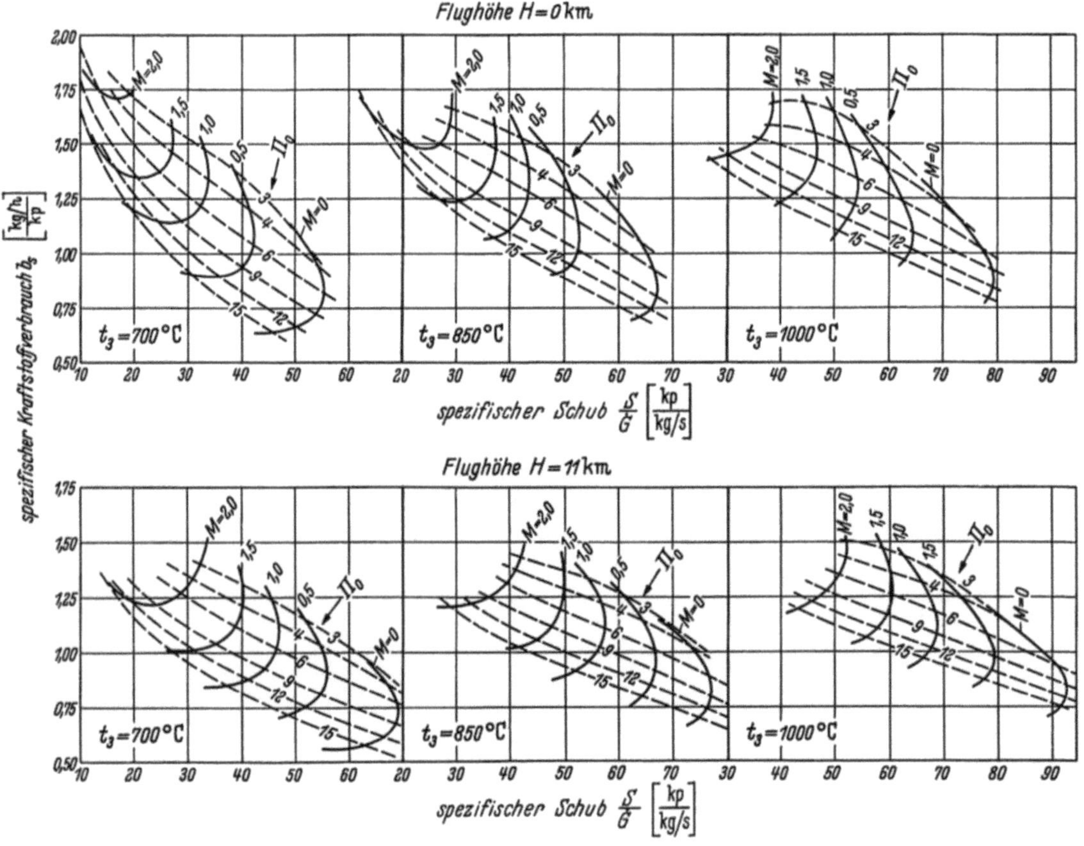

Abb. 42. Spezifischer Kraftstoffverbrauch in Abhängigkeit vom spezifischen Schub für Turbinen-Luftstrahltriebwerke
t_3 = Frischgastemperatur am Eintritt in die Turbine; Π_0 = Verdichterdruckverhältnis bei Boden-Standbedingungen, M = Machzahl

ist. Der Gegendruck p_4 hinter der Turbine errechnet sich somit auf Grund der Adiabatengleichung

$$H_{\mathrm{ad}_T} = \frac{\varkappa}{\varkappa - 1} \cdot R \cdot T_3 \left[1 - \left(\frac{p_3}{p_4} \right)^{\frac{\varkappa - 1}{\varkappa}} \right]. \tag{63}$$

Die Berechnung des Schubs erfolgt ausgehend vom Druck p_4 in gleicher Weise wie die Berechnung des Restschubes beim Turbinen-Propellertriebwerk. Für die Teilwirkungsgrade und die Gastemperaturen vor der Turbine gilt das gleiche wie für das Turbinen-Propellertriebwerk. Bei Luftstrahltriebwerken ist es üblich, den spezifischen Kraftstoffverbrauch, bezogen auf 1 kp (Kilopond) Schub und Stunde anzugeben, d. h.

$$b_s = \frac{\dot{B}/\dot{G}}{S/\dot{G}} \cdot 3600 \left[\frac{\mathrm{kg/h}}{\mathrm{kp}} \right]. \tag{64}$$

Abb. 42 soll einen ersten Anhaltspunkt für die Auslegung eines Kompressors für ein TL-Triebwerk vermitteln. Dargestellt ist der spezifische Kraftstoffverbrauch in Abhängigkeit vom Schub je kg/sec Luft. Dabei gelten die drei oberen Diagramme in Abb. 42 für 0 km und die unteren für 11 km Flughöhe, jeweils für drei verschiedene Temperaturen t_3 am Eintritt in die Turbine, wobei Rechnungsannahmen zugrunde liegen, die in Tab. 5 zusammengestellt sind. In

Tabelle 5

Polytropischer Wirkungsgrad des Verdichters..................	$\eta_{Pol_K} = 0{,}9$
Adiabatischer Wirkungsgrad der Turbine	$\eta_{ad\,T} = 0{,}88$
Druckverlust in der Brennkammer	$\dfrac{\varDelta p_B}{p_3} = 0{,}03$
Ausbrenngrad	$\eta_B = 0{,}96$
Unterer Heizwert des Kraftstoffes	$H_u = 10400\ [\mathrm{kcal/kg}]$
Wirkungsgrad der Schubdüse	$\eta = 0.97$

Flug-Machzahl [—]	Gesamtdruckverlust im Einlaufdiffusor gegenüber adiabatischem Aufstau in % des Absolutdruckes
0	0,5
0,5	0,5
1	1
1,5	3,5
2	19,5

jedem dieser Diagramme sind Kurven konstanter Flug-MACHzahl, und zwar von $M = 0$ bis $M = 2$, und Linienzüge konstanter Verdichterdruckverhältnisse zwischen 3 und 15 eingezeichnet. Dabei sind die angegebenen Druckverhältnisse bei Flug-MACHzahlen größer als 0 nicht die tatsächlichen Verdichtungsverhältnisse, sondern diejenigen, welche das betreffende Triebwerk bei gleicher Drehzahl am Boden-Stand hat. Die Π_0-Linien sind also Kurven konstanter Förderhöhe. Der Schub je kg Luft wurde als Abszisse gewählt, weil sich damit eine übersichtliche Gesamtdarstellung ermöglichen ließ. Die Veränderlichkeit des spezifischen Schubes $S/\dot{G}$ mit der MACHzahl ist an sich zwar praktisch ohne Interesse, weil der Luftdurchsatz bei verschiedenen MACHzahlen sehr stark variiert, dagegen eignet sich der spezifische Schub sehr gut für Vergleiche bei konstanten Fluggeschwindigkeiten. Ein Vergleich der spezifischen Schübe bei konstanter Flug-MACHzahl bedeutet nämlich, daß man den Luftdurchsatz im Verdichter konstant setzt, was zweckmäßig erscheint, weil damit die Querabmessungen der ersten Verdichterstufen unverändert angenommen werden können, die ja für die Triebwerksstirnfläche und somit auch für die Stirnflächenleistung maßgebend sind. Man erkennt an den einzelnen Diagrammen sofort die Lage des optimalen Kraftstoffverbrauches und des maximalen Schubes und kann damit den Wert des optimalen Druckverhältnisses bezüglich des Kraftstoffverbrauches und Schubes ablesen.

Maßgebend für die Güte eines Luftfahrttriebwerkes ist neben dem spez. Kraftstoffverbrauch vor allem das Leistungsgewicht, also das Triebwerksgewicht je kp Schub, und die Stirnfläche, ausgedrückt durch das Verhältnis des Schubes zur Stirnfläche. Bezüglich des Leistungsgewichtes ist im allgemeinen der einstufige Radialverdichter im Vorteil, dagegen ermöglicht der Axialverdichter eine wesentliche Verkleinerung der Stirnfläche. In Tab. 6 sind einige vom Stand-

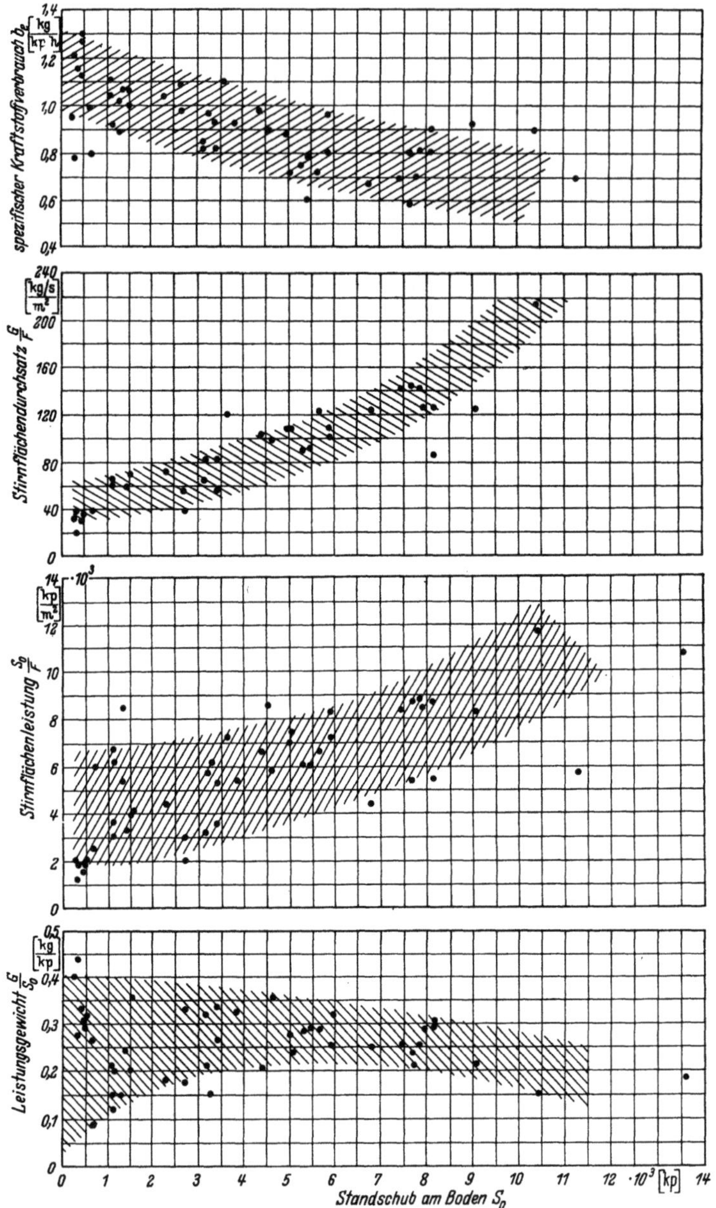

Abb. 43. Kenndaten moderner Turbinen-Luftstrahltriebwerke

punkt des Verdichters interessierende Zahlenwerte für eine größere Zahl von ausgeführten Turbinen-Strahltriebwerken zusammengestellt und Abb. 43 zeigt den spezifischen Kraftstoffverbrauch $\left[\dfrac{\text{kg}}{\text{kp h}}\right]$, den Stirnflächendurchsatz $\left[\dfrac{\text{kg/s}}{\text{m}^2}\right]$, die Stirnflächenleistung $\left[\dfrac{\text{kp}}{\text{m}^2}\right]$ und das Leistungsgewicht $\left[\dfrac{\text{kg}}{\text{kp}}\right]$ in Abhängigkeit vom Schub [kp] am Boden-Stand.

Das von der Turboméca entwickelte TL-Triebwerk Marboré II, Abb. 44, verwendet für die Verdichtung von 4 kg/s Luft auf ein Druckverhältnis von 4 : 1 einen einstufigen Radialverdichter. Abb. 45 zeigt das TL-Triebwerk Rolls-Royce Avon R. A. 21 mit einem vielstufigen Axialverdichter.

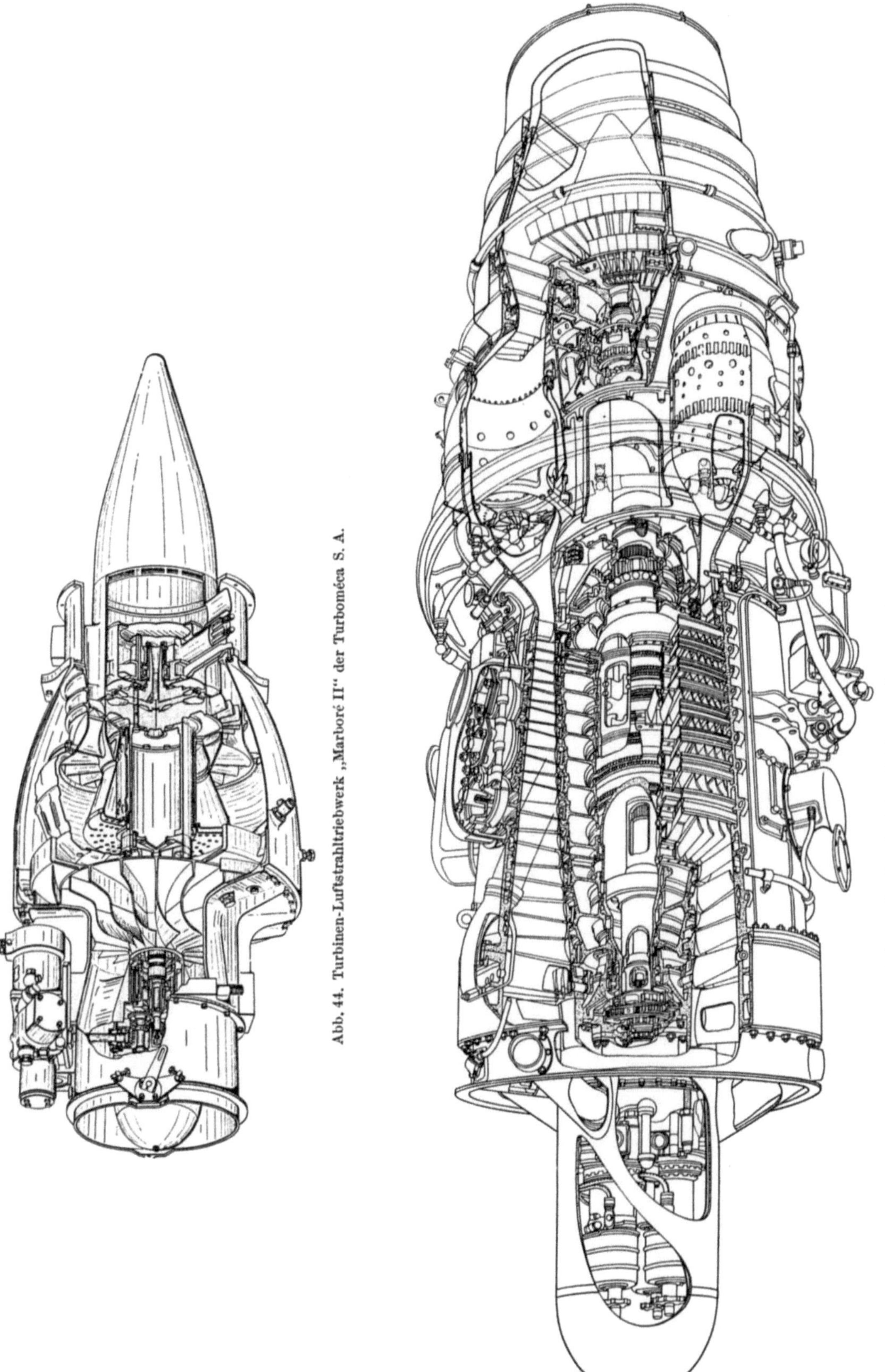

Abb. 44. Turbinen-Luftstrahltriebwerk „Marboré II" der Turboméca S. A.

Abb. 45. Turbinen-Luftstrahltriebwerk „Avon R. A. 21" der Rolls-Royce Ltd.

Tabelle 6

| | — TL — | | | | Verdichter | | | | | Turbine | | |
Hersteller	Type	Schub	spez. Kraftstoffverbrauch	Wellenzahl	Luftdurchsatz	Druckverhältnis	Bauweise	Stufenzahl	Drehzahl	Gastemp.	Bauweise	Stufenzahl
—	—	kp	kg/kp	—	kg/s	—	—	—	U/min	°C	—	—
Turboméca	Arbizon	250	0,920	1	4,0	5,1	A_T+R	2	34000		A	1
Turboméca	Soulor	320	0,800	1	6,5	5,1	A_T+R	2	34000		A	1
Fiat	4002	320	1,210	1	5,0	4,0	R	1	25000		A	1
Turboméca	Marboré II	400	1,150	1	8,0	4,0	R	1	22600	800	A	1
Turboméca	Marboré VI	480	1,120	1		5,1	A_T+R	2			A	1
Fairchild	J 44	500	1,300	1	11,3	3,25	D	1	15780	800	A	1
Turboméca	Gourdon	650	0,990	1	10,0	5,1	A_T+R	2	22600		A	1
Turboméca	Gabizo	1100	1,040	1	20,0	5,1	A_T+R	2	17500		A	1
General Electric	J 85	1110	1,000	1		7,0	A	8	16500		A	2
Bristol-Siddeley	Viper	1115	1,115	1	19,0	4,0	A	7	13400	850	A	1
Pratt & Whitney	J 60	1340	0,928	1			A	9			A	2
Westinghouse	J 34	1540	1,000	1	27,0	4,35	A	11	12500		A	2
Bristol	Orpheus) (MK 803)	2260	1,070	1	38,0	4,4	A	7	10000	~ 900	A	1
Klimov	VK–1	2720					R					
Mikulin	AM–2	2725					A					
Pirna	M 014	3150	0,850	1	50,0	7,0	A	12	8000		A	2
Bristol	Orpheus 12	3270	0,967	1		5,0	A	7÷8			A	1
Avro	Orenda 14	3400	0,930	1	52,6	6,0	A	10	7800	930	A	2
Pratt & Whitney	J 52	3400	0,820	2	52,1	~ 12	A	ND = 7 HD = 9			A	HD = 1 ND = 2
Klimov	VK–2 R	3400					R					
Klimov	VK–1 A	3450					R					
Curtiss Wright	J 65	3540	0,905	1	56,8	7,2	A	13	8300	870	A	2
Mikulin	AM 205	3630	1,100	1	60,0	8,0	A	6		>900	A	2
Snecma	Atar 8a	4400	0,981	1	67,9	7,0	A	9	8400		A	2
De Havilland	Gyron Jun.	4530	0,920	1	67,0	6,4	A	8	9200	>950	A	2
Mikulin	AM–5 (Mik–205)	4540	0,92				A					
Bristol-Siddeley	Sapphire 8	4990	0,880	1	81,5	8,0	A	13	8600	~ 920	A	2
Rolls Royce	Avon (Mark 527)	5300	0,800	1	78,4	9,63	A	16	8000	1035	A	3
General Electric	CJ 805–11	5440	0,800	1	72,6	12,5	A	17	7400		A	3
Pratt & Whitney	JT3–C–7	5440	0,785	2	81,5	12,0	A	ND = 9 HD = 7	HD = 8000		A	HD = 1 ND = 2
Mikulin	AM–5 (Mik–205 R)	5900					A					
Mikulin	AM–9 (M–209)	6750					A					
General Electric	CJ 805–21	6800	0,720	2	72,6	12,5	A	17 + 1	7400		A	3 + 1
Pratt & Whitney	JT 3–D–3	7690	0,610	2	204	12,0	A	ND = 8 HD = 7	HD = 8200		A	HD = 1 ND = 3
Bristol-Siddeley	Olympus (Mark 201)	7700	0,800	2	> 105	12,0	A	ND = 5 HD = 7	ND = 6500 HD = 8500		A	1 + 1
Rolls Royce	Conway RC$_0$ 11	7850	0,698	2	125,5	11,75	A	ND = 7 HD = 9	ND = 7080 HD = 9800	1080	A	HD = 1 ND = 2
Pratt & Whitney	JT 4–A–9	7920	0,810	2	117,7	12,0	A	ND = 8 HD = 7			A	HD = 1 ND = 2
Mikulin	AM–3	8150	0,900	1	126	6,8	A	8	6500		A	2
Mikulin	AM–3	8630	0,93				A					
Avro	Orenda Iroquois 3	10420	0,880	2	190	8,0	A	ND = 3 HD = 7			A	HD = 2 ND = 1
Pratt & Whitney	JT4–D–10	11310	0,690	2		~ 12	A	ND = 8 HD = 7			A	HD = 1 ND = 3

A = Axial   R = Radial   D = Diagonal-Verdichterstufe A_T = Transonische Axialstufe   RB = Ring-Brennkammer
R.B.RE = Ringbrennkammer mit rotierender Einspritzung   R.B.Fl = Ring-Brennkammer mit Flammrohr

Tabelle 6 *(Fortsetzung)*

Brenn-kammer		Gewicht und Abmessungen			Gewicht/Schub	Stirnfläche	Schub/Stirnfl.	Bemerkungen
Bauweise	Anzahl	Gewicht	Länge	Durch-messer				
—	—	kg	mm	mm	kg/kp	m²	kp/m²	
R.B.RE	1	100	1440	405	0,4	0,126	1985	
R.B.RE	1	140	1490	470	0,437	0,173	1850	2-Kreis-Triebwerk
R.B.Fl	16	88	1034	570	0,275	0,255	1253	
R.B.RE	1	133	1060	567	0,33	0,252	1590	
R.B.RE	1	142	1416	567	0,296	0,252	1905	
R.B	1	165	2340	567	0,33	0,251	1990	
R.B.RE	1	170	1900	572	0,265	0,256	2540	
R.B.RE	1	265	2080	673	0,24	0,355	3100	
R.B	1	147	1069	449	0,132	0,158	7020	
R.B	1	227	1619	624	0,20	0,305	3655	
R.B.Fl	8	195	1885	559	0,146	0,245	5450	
R.B	1	549	2920	812	0,356	0,51	3050	
R.B.Fl	7	375	1915	814	0,166	0,52	4355	
		878			0,322			
		1930			0,71			
R.B	1	1000	4100	980	0,318	0,752	3220	
R.B.Fl	7	505	2070	822	0,154	0,53	6170	
Fl	6	1140	3130	1092	0,335	0,937	3630	
R.B.Fl	8	905	3000	904	0,266	0,64	5310	2-Wellen-Verdichter
		1200			0,354			
		890			0,258			
R.B	1	1270	3710	953	0,359	0,71	4980	
R.B.Fl				800		0,502	7240	
R.B	1	930		920	0,211	0,664	6630	
R.B	1	785	2610	817	0,173	0,522	8670	Verstellung der Leitapp. in 2 Stufen
		1360			0,300			
R.B	1	1385	3350	950	0,278	0,71	7040	
R.B.Fl	8	1509	3190	1054	0,284	0,872	6080	
R.B.Fl	10	1218	3970	930	0,226	0,68	8000	Verstellung der Leitapp. in 7 Stufen
R.B.Fl	8	1582	4570	1068	0,291	0,89	6100	2-Wellen-Verdichter
		1770			0,300			
		2500			0,370			
R.B.Fl	10	1700	3970	1400	0,25	1,532	4440	$\dot{G}$ 2. Kreis = 116 kg/s
R.B.Fl	8	1820	5000	1348	0,237	1,422	5410	2-Wellen-2-Kreis-Triebwerk
R.B.Fl	10	1635	3870	1060	0,212	0,881	8740	2-Wellen-Triebwerk
R.B.Fl	10	1992	3365	1120	0,253	0,985	7970	2-Wellen-2-Kreis-Triebwerk ND: $\Pi = 3{,}95$, HD: $\Pi = 3{,}55$
R.B.Fl	8	2285	3660	1092	0,289	0,936	8460	2-Wellen-Triebwerk
R.B.Fl	8	2490	5000	1372	0,305	1,48	5500	
		2270			0,264			
R.B	1	1584	5190	1068	0,152	0,892	11710	2-Wellen-Triebwerk
R.B.Fl	8			1584		1,972	5740	2-Wellen-2-Kreis-Triebwerk, Beipaßverhältnis: 1,5

B. Kenngrößen für Strömungsmaschinen auf Grund des Newtonschen Ähnlichkeitsgesetzes

I. Zweck der Kenngrößen

Dem Strömungsmaschinenbauer liegt stets die Aufgabe vor, für gegebene oder berechenbare Angaben, Druck und Menge oder Förderhöhe und Durchsatz, die geeignete Maschine zu bauen. Die heute gebräuchlichen verschiedenen Arten von Strömungsmaschinen, die bei stationären und nichtstationären Anlagen Eingang gefunden haben, beweisen, daß die einzelnen Bauweisen zur Erfüllung verschiedener Aufgaben berufen sind, sich also in ihren Aufgabenbereichen gegenseitig ergänzen. Der erfahrene Spezialist wird zwar aus dem verlangten Druckverhältnis und der Durchflußmenge bereits die etwa in Frage kommende Maschinengattung gefühlsmäßig erraten, aber in vielen Fällen wird ein Entschluß zur Verwirklichung dieser oder jener Strömungsmaschinenart Vorüberlegungen verlangen. In jedem Falle wird eine den Anwendungsbereich darstellende Ordnungs- oder Kennzahl Rechenarbeit ersparen und die Lösungsmöglichkeiten für eine gestellte Aufgabe hinsichtlich günstigster Arbeitsbedingungen, also höchster Wirkungsgrade, weisen.

Einteilung der Strömungsmaschinen. Bei den Arbeitsmaschinen unterscheidet man zwei grundsätzlich voneinander verschiedene Arbeitsverfahren, nämlich

    das statische Verfahren und

    das dynamische Verfahren.

Beide Bauarten unterscheiden sich in ihrer technischen Verwirklichung prinzipiell durch das vom Energieträger unmittelbar bewegte oder das den Energieträger bewegende Bauelement, das sich beim statischen Verfahren als Kolben, beim dynamischen Verfahren als Tragflügel darstellt.

Weiterhin unterscheiden sich beide Maschinenarten in ihrem Arbeitsvorgang, der beim statischen Verfahren im wesentlichen einen nichtstationären, beim dynamischen Arbeitsverfahren im allgemeinen einen stationären Charakter aufweist.

II. Ähnlichkeitsgesetze

1. Definition der mechanischen Ähnlichkeit

Zwei Strömungssysteme sind einander ähnlich, wenn sie einander geometrisch ähnlich sind und die Geschwindigkeiten an entsprechenden Punkten gleiche Richtung aufweisen und sich nur durch einen konstanten Faktor unterscheiden.

Bezeichnet also l_1 irgendeine Länge des ersten, l_2 die entsprechende Länge des zweiten Körpers, so ist

$$l_2 = \lambda \cdot l_1 \tag{1}$$

mit konstantem λ.

Ist weiterhin v_1 die Geschwindigkeit in einem beliebigen Punkte des ersten Systems, v_2 die Geschwindigkeit in dem entsprechenden Punkt des zweiten Systems, so gilt

$$v_2 = \sigma \cdot v_1 \tag{2}$$

mit konstantem σ.

Gleiche Strömungsform setzt dynamische Ähnlichkeit voraus. Es muß also auch für die entsprechenden Kräfte k_1 und k_2 die Bedingung

$$k_2 = \varkappa \cdot k_1 \tag{3}$$

erfüllt sein, wobei $\varkappa$ eine dritte Konstante ist.

Das Verhältnis entsprechender Zeiten ergibt sich aus der Beziehung

$$\frac{t_2}{t_1} = \frac{\dfrac{l_2}{v_2}}{\dfrac{l_1}{v_1}} = \frac{\lambda}{\sigma} \cdot \tag{4}$$

2. Das allgemeine Newtonsche Ähnlichkeitsgesetz

In den meisten praktisch wichtigen Fällen sind für die Strömungsform die dynamischen Kräfte entscheidend.

Für zwei ähnliche Strömungssysteme, in denen nur Trägheitskräfte wirksam sind, gilt auf Grund des Newtonschen Grundgesetzes der Dynamik für entsprechende Masseteilchen dm_1 und dm_2

$$\varkappa = \frac{k_2}{k_1} = \frac{dm_2}{dm_1} \cdot \frac{\dfrac{dv_2}{dt_2}}{\dfrac{dv_1}{dt_1}}, \tag{5}$$

$$= \frac{dm_2 \cdot \dfrac{v_2^2}{l_2}}{dm_1 \cdot \dfrac{v_1^2}{l_1}}, \tag{6}$$

oder da entsprechende Massen sich verhalten wie die Produkte aus Dichte und Volumen

$$\varkappa = \frac{\varrho_2 \cdot l_2^3}{\varrho_1 \cdot l_1^3} \cdot \frac{\dfrac{v_2^2}{l_2}}{\dfrac{v_1^2}{l_1}} = \frac{\varrho_2 \cdot v_2^2 \cdot l_2^2}{\varrho_1 \cdot v_1^2 \cdot l_1^2}, \tag{7}$$

$$= \frac{\varrho_2 \cdot v_2^2 \cdot F_2}{\varrho_1 \cdot v_1^2 \cdot F_1}; \tag{8}$$

dabei bedeuten F_1 und F_2 entsprechende Flächen; ϱ_1 und ϱ_2 entsprechende Dichten. Man erkennt sofort, daß $\varkappa$ nur dann konstant ist, also Ähnlichkeit nur dann vorliegt, wenn das Verhältnis der Dichten an entsprechenden Punkten

$$\bar{\varrho} = \varrho_2/\varrho_1 \tag{9}$$

ebenfalls konstant ist.

Für die Kräfte, die an geometrisch ähnlichen, in gleicher Weise angeströmten Körpern auftreten, gilt somit die Beziehung

$$k = \alpha \cdot \varrho \cdot v^2 \cdot F, \tag{10}$$

wobei α eine von der Körper- und Strömungsform abhängige Konstante ist. Diese Beziehung ist von grundlegender Bedeutung bei der Behandlung aller Strömungsvorgänge. Sie findet eine spezielle Anwendung bei der Übertragung der Ergebnisse von Modellversuchen auf die Großausführung.

3. Das Reynoldssche Ähnlichkeitsgesetz

Bei allen wirklichen Strömungsvorgängen spielt neben den reinen Trägheitskräften auch die durch die Zähigkeit bedingte Reibung eine wesentliche Rolle. Dabei ist es in vielen Fällen nicht nur die unmittelbare Auswirkung dieser Reibung, sondern es kann unter dem Einfluß der Zähigkeitskräfte eine weitgehende Änderung des gesamten Strömungsbildes gegenüber der reibungsfreien Strömung auftreten.

Für die durch den Zähigkeitseinfluß hervorgerufenen Kräfte ist

$$k = \frac{dv}{dn} \cdot \eta \cdot F; \tag{11}$$

dabei ist v die Geschwindigkeit, n die Koordinate senkrecht zur Strömungsrichtung und η die dynamische Zähigkeit des Gases. Für das Verhältnis $\varkappa$ der Kräfte an zwei geometrisch ähnlichen Körpern gilt somit die Beziehung

$$\varkappa = \frac{k_2}{k_1} = \frac{v_2}{l_2} \cdot \frac{l_1}{v_1} \cdot \frac{\eta_2}{\eta_1} \cdot \frac{F_2}{F_1} = \frac{v_2}{v_1} \cdot \frac{l_2}{l_1} \cdot \frac{\eta_2}{\eta_1}. \tag{12}$$

Um bei gleichzeitiger Gültigkeit des Newtonschen Gesetzes Ähnlichkeit der Strömung zu haben, muß der Faktor $\varkappa$ derselbe sein, wie er sich aus der Ähnlichkeit der Trägheitskräfte ergibt, nämlich

$$\varkappa = \frac{\varrho_2}{\varrho_1} \cdot \frac{v_2^2}{v_1^2} \cdot \frac{l_2^2}{l_1^2} = \frac{v_2}{v_1} \cdot \frac{l_2}{l_1} \cdot \frac{\eta_2}{\eta_1}. \tag{13}$$

Damit erhält man

$$v_2 \cdot l_2 \cdot \frac{\varrho_2}{\eta_2} = v_1 \cdot l_1 \cdot \frac{\varrho_1}{\eta_1} = \text{const.} \tag{14}$$

Diese Konstante, die bei allen Strömungsvorgängen eine sehr wesentliche Rolle spielt, wird als Reynoldssche Zahl Re bezeichnet. Es ist also

$$Re = \frac{v \cdot l}{\nu}\,[-], \tag{15}$$

wenn man für $\eta/\varrho = \nu$ die kinematische Zähigkeit einsetzt. Die Länge l ist dabei eine charakteristische Länge, z. B. bei der Rohrströmung der Durchmesser, bei Strömung um eine Schaufel die Länge einer Schaufel. Während bei alleiniger Gültigkeit des Newtonschen Modellgesetzes für gleiche Stoffkonstanten das Längen- und das Geschwindigkeitsverhältnis beliebig gewählt werden können, ist bei gleichzeitigem Auftreten von Reibungskräften mit dem Längenverhältnis auch das Geschwindigkeitsverhältnis festgelegt.

4. Das Machsche Ähnlichkeitsgesetz

Ist die Druckerhöhung in einem Verdichter nicht sehr klein gegenüber dem Absolutdruck ($p_2/p_1 > 1,05$), so ist die Dichte an verschiedenen Stellen des Verdichters nicht mehr konstant. Um für zwei verschiedene Maschinen eine vollkommene Ähnlichkeit der Strömung zu erhalten, muß deshalb auch das Verhältnis der Dichten an entsprechenden Punkten der beiden ähnlichen Systeme dasselbe sein. Für eine vollkommene Ähnlichkeit kann deshalb bei gegebenen Längenverhältnissen auch bei Vernachlässigung der Zähigkeit die Geschwindigkeit nicht mehr frei gewählt werden, wenn gleiche Stoffkonstanten vorausgesetzt sind. Es gibt nun eine von der Kompressibilität des Mediums abhängende charakteristische Geschwindigkeit, nämlich die Schallgeschwindigkeit

$$w_s = \sqrt{\frac{dp}{d\varrho}} = \sqrt{g \cdot \varkappa \cdot R \cdot T}. \tag{16}$$

Damit Ähnlichkeit hinsichtlich der Kompressibilität besteht, muß das Verhältnis der Geschwindigkeit an einer beliebigen Stelle zur Schallgeschwindigkeit in beiden Fällen dasselbe sein. Dieses Verhältnis der Geschwindigkeit zur Schallgeschwindigkeit wird als Machsche Zahl bezeichnet

$$M = \frac{v}{w_s}. \tag{17}$$

Die Erfahrung zeigt, daß der Machzahleinfluß im Bereiche kleiner Machzahlen nur geringfügig, dagegen im Bereich hoher Machzahlen erheblich wird. Im allgemeinen ist der Machzahleinfluß bei Axialverdichtern üblicher Ausführung bei Druckverhältnissen bis etwa 1,1 und bei Radialverdichtern bei Druckverhältnissen bis etwa 1,5 nur geringfügig.

Wird neben der Gleichheit der Machzahl auch Gleichheit der Reynoldszahl verlangt, so sind bei gleichen Stoffkonstanten auch die Längenabmessungen eindeutig vorgegeben, d. h. es gibt kein ähnliches System verschiedener Abmessungen mehr. Modellversuche mit verändertem Maßstab sind deshalb nur möglich, wenn man die Stoffkonstanten verändert, z. B. indem man die Versuche mit verkleinerten Abmaßen in einem anderen Medium oder unter verändertem Druck durchführt.

Bei gut durchgebildeten Strömungsmaschinen zeigt aber die Erfahrung, daß oberhalb einer gewissen Reynoldszahl ihr Einfluß nurmehr gering ist und eine Erhöhung der Reynoldszahl stets eine, wenn auch mehr oder weniger geringfügige Zunahme der Wirkungsgrade zur Folge hat. Aus diesem Grunde genügt bei Modellversuchen das Einhalten einer gewissen Reynoldszahl, wogegen gleiche Machzahl bei Modell- und Großausführung für größere Verdichtungsverhältnisse erforderlich ist.

Obgleich das Newtonsche Ähnlichkeitsgesetz als Folge des Reynoldsschen und Machschen Ähnlichkeitsgesetzes gewissen Einschränkungen unterliegt, lassen sich hiermit zur Klassifizierung Kennzahlen herleiten, die sich in den praktischen Fällen nur unwesentlich mit dem Modellmaßstab und dem Geschwindigkeitsverhältnis ändern.

5. Die Lieferzahl φ

Die verschiedenen Betriebszustände einer Strömungsmaschine sind im allgemeinen nicht alle einander dynamisch ähnlich. So kann man beispielsweise den Betriebszustand eines Kompressors durch Drosseln ändern. Zur Kennzeichnung des jeweiligen Betriebszustandes einer Strömungsmaschine dient eine Kennzahl, nämlich die Lieferzahl φ; sie ist das Analogon zum Anstellwinkel-Parameter der Tragflügelmodellversuche. Sie ist das Verhältnis einer charakteristischen Geschwindigkeit u' des Mediums zu einer charakteristischen Geschwindigkeit u des bewegten Maschinenteils

$$\varphi = \frac{u'}{u}.$$

Die charakteristische Geschwindigkeit u' wird durch Division des sekundlich eintretenden Volumens $\dot{V}_E$ durch eine charakteristische Maschinenfläche F_G gebildet

$$u' = \frac{\dot{V}_E}{F_G}.$$

Damit wird

$$\varphi = \frac{\dot{V}_E}{F_G \cdot u}. \tag{18}$$

Die bei verschiedenen Drehzahlen, aber gleicher Drosselstellung vorhandenen Betriebszustände sind bei angenommener Reibungsfreiheit und Inkompressibilität untereinander ähnlich, haben also das gleiche φ.

6. Die Druckzahl ψ

Während die Lieferzahl φ den kinematischen Zustand einer Strömungsmaschine kennzeichnet, enthält die Druckzahl ψ eine dynamische Aussage, die aus dem NEWTONschen Ähnlichkeitsgesetz abgeleitet werden kann. Hierzu sei k die Kraft oder auch die Kraftkomponente in bestimmter Richtung, die an einem festen oder flüssigen Teil eines Systems angreift. Dann hat auf Grund von Gl. (10) die Kraftzahl

$$\alpha = \frac{k}{\varrho \cdot v^2 \cdot F}$$

für alle dynamisch ähnlichen Systeme den gleichen Wert.

Man erhält nun eine sehr wichtige Kenngröße für Turbomaschinen, wenn man unter k/F die Differenz Δp_{tot} der Totaldrücke vor und hinter der Turbomaschine und unter v eine charakteristische Geschwindigkeit u des bewegten Maschinenteils versteht. Damit wird die Druckzahl

$$\psi = \frac{\Delta p_{\mathrm{tot}}}{\dfrac{\varrho}{2} u^2}. \tag{19}$$

Nun ist für kleine Druckunterschiede

$$\frac{\Delta p}{\gamma} = H_{\mathrm{ad}} \qquad \text{oder} \qquad \psi = \frac{2g \cdot H_{\mathrm{ad}}}{u^2}. \tag{19a}$$

Für kleine Druckunterschiede sind beide Definitionen naturgemäß gleichwertig; bei Druckverhältnissen, bei denen die Kompressibilität bei der Verdichtung nicht mehr vernachlässigbar ist, ergeben beide Beziehungen verschiedene Werte. Wie die späteren speziellen Untersuchungen von Axial- und Radialverdichtern zeigen, ist in sehr vielen Fällen letztere Definition die zweckmäßigere, weshalb sie im folgenden allgemein benützt werden soll, während die Definition nach Gl. (19) nur für den speziellen Fall sehr kleiner Druckunterschiede Anwendung finden wird.

Es sei ausdrücklich darauf hingewiesen, daß die adiabatische Förderhöhe im technischen Maßsystem zwar die Dimension einer Länge hat, aber keine Länge ist. H_{ad} hat vielmehr die Dimension einer Arbeit je kg. Bei Ähnlichkeitsbetrachtungen darf deshalb die adiabatische Förderhöhe nicht etwa ins Verhältnis gesetzt werden zu einer wirklichen Länge.

Die Druckzahl ψ ist eine Funktion des durch die Lieferzahl φ gekennzeichneten Drosselzustandes der Turbomaschine und kann daher in einem φ-ψ-Diagramm zur Darstellung gebracht werden. Dieses Diagramm gilt dann aber nicht nur für die beim Versuch verwendete Strömungsmaschine und für die Versuchsdrehzahl, sondern näherungsweise auch für alle geometrisch ähnlichen Maschinen und beliebige Drehzahlen, sofern das Medium hierbei praktisch noch als inkompressibel betrachtet werden kann, oder die Bedingungen gleicher MACHzahl und hinreichend Großer REYNOLDScher Zahl erfüllt sind.

7. Die dimensionslosen Kennwerte φ und ψ für Axial- und Radialverdichter

Im folgenden seien für den Axial- und Radialverdichter die dimensionslosen Kennwerte näher definiert und erläutert.

a) Axial durchströmte Verdichter

Beim Axialverdichter ist es üblich, die Lieferzahl zu definieren als das Verhältnis der tatsächlichen Axialgeschwindigkeit am Eintritt in das Laufrad zur Umfangsgeschwindigkeit des Laufrades, also

$$\varphi = \frac{\dot{V}_{E,\,stat}}{F_G} \cdot \frac{1}{u_2} = \frac{c_m}{u_2}\,. \tag{20}$$

Dabei ist

$\dot{V}_{E,\,stat}\ [\mathrm{m^3/s}]$ die in die Maschine eintretende Menge, bezogen auf den statischen Zustand am Laufradeintritt,

$F_G = \dfrac{\pi}{4}\,(D_2^2 - D_1^2) = \dfrac{\pi}{4}\,D_2^2\,(1 - \nu^2)\ [\mathrm{m^2}]$ die Kompressorringfläche am Eintritt in die Stufe,

$\nu = \dfrac{D_1}{D_2}\ [-]$ das Nabenverhältnis,

$c_m = \dfrac{\dot{V}_{E,\,stat}}{F_G}\ [\mathrm{m/s}]$ die mittlere Axialkomponente der Durchtrittsgeschwindigkeit am Stufeneintritt,

$u_2 = \dfrac{\pi \cdot D_2 \cdot n}{60}\ [\mathrm{m/s}]$ die Umfangsgeschwindigkeit des Laufrades, bezogen auf den Außendurchmesser D_2.

In manchen Fällen, und zwar stets dann, wenn der Verdichter als Gesamtheit und nicht in den Einzelheiten seiner Ausführung betrachtet werden soll, also besonders beim Vergleich mit anderen Maschinengattungen, empfiehlt sich eine etwas andere Definition des Liefergrades, der mit φ^* bezeichnet und wie folgt definiert werden soll

$$\varphi^* = \frac{\dot{V}_{E,\,tot}}{\dfrac{\pi}{4} \cdot D_2^2} \cdot \frac{1}{u_2}\,; \tag{21}$$

darin ist

$\dot{V}_{E,\,tot}$ das Durchflußvolumen am Eintritt, bezogen auf den Gesamtzustand;

$\dot{V}_{E,\,stat} = \dot{V}_{E,\,tot} \cdot \dfrac{\gamma_{tot}}{\gamma_{stat}}$, wobei $\gamma_{tot}/\gamma_{stat}$ das Dichteverhältnis ist.

Damit ist also

$$\varphi^* = \varphi \cdot \frac{\gamma_{stat}}{\gamma_{tot}}\,(1 - \nu^2)\,.$$

Entsprechend der Definitionsgleichung für die Druckzahl Gl. (19) ist für den Axialkompressor

$$\psi = \frac{2 \cdot g \cdot H_{ad}}{u_2^2}\,. \tag{22}$$

b) Radial durchströmte Verdichter

Bei Radialverdichtern und beim Halbaxialverdichter (Diagonalrad) kann man für die Lieferzahl definieren

$$\varphi = \frac{\dot{V}_{E,\,stat}}{\dfrac{\pi}{4} \cdot D_2^2} \cdot \frac{1}{u_2} \quad \text{und für Vergleichszwecke} \quad \varphi^* = \frac{\dot{V}_{E,\,tot}}{\dfrac{\pi}{4} \cdot D_2^2} \cdot \frac{1}{u_2}\,; \tag{23}$$

die Druckzahl ist $\psi = \dfrac{2 \cdot g \cdot H_{ad}}{u_2^2}\,. \tag{24}$

In Abb. 46 sind die Druckzahlen ψ und die Lieferzahlen $\varphi^* = \dfrac{\dot{V}_{E,\,\text{tot}}}{\dfrac{\pi}{4}\,D_2^2\cdot u_2}$ für eine größere

Zahl von einstufigen Axial-, Halbaxial- und Radialverdichtern zusammengestellt. Der Vollständigkeit wegen sind auch Luftschrauben mitaufgenommen, die man als Grenzfall des Axialverdichters ansehen könnte. Für Luftschrauben ist der Einfachheit wegen als Lieferzahl definiert

$$\varphi^* = \frac{v_F}{u_2},$$

wobei v_F die Fluggeschwindigkeit ist. Die Lieferzahl soll in diesem Falle also gleich dem

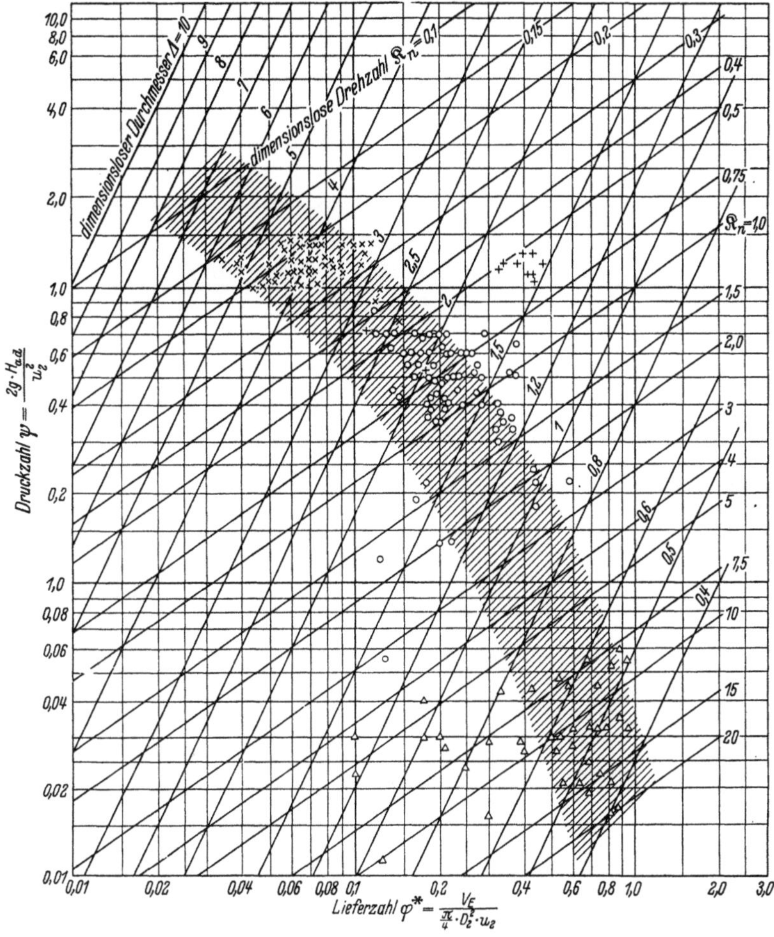

Abb. 46. Druckzahlen ψ, Lieferzahlen φ^* und dimensionslose Drehzahlen $\mathfrak{R}_n$ für verschiedene Strömungsarbeitsmaschinen
× Radialverdichter, + Halbaxialverdichter, o Axialverdichter, △ Luftschrauben

Fortschrittsgrad der Luftschraube angenommen werden. Die Definition der Druckzahl bei Luftschrauben ist identisch mit der Schubzahl k_s, also

$$\psi = k_s = \frac{S}{\dfrac{\varrho}{2}\cdot u_2^2\cdot F_P} = \frac{S}{\dfrac{\varrho}{2}\cdot u_2^2\cdot \dfrac{\pi}{4}\cdot D_2^2}\,;$$

dabei ist

$S\,[\text{kg}]$ der Schub,

$u_2\,[\text{m/s}]$ die Blattspitzenumfangsgeschwindigkeit der Luftschraube,

$F_P\,[\text{m}^2] = \dfrac{\pi}{4}\,D_2^2$ die von der Luftschraube bestrichene Fläche.

Man erkennt aus Abb. 46, daß jeder Maschinengattung ein mehr oder weniger großer Bereich, gekennzeichnet durch die Lieferzahl φ^* und die Druckzahl ψ zukommt. Dies beweist, daß die

4*

einzelnen Bauweisen zur Erfüllung verschiedener Aufgaben berufen sind, sich also in ihren Aufgabenbereichen gegenseitig ergänzen. Durch einen Übergang auf die Mehrstufigkeit und durch die Anordnung parallelgeschalteter Maschinen, d. h. Mehrflutigkeit, lassen sich die Arbeitsbereiche erheblich ausdehnen.

III. Die Betriebs- oder Drosselzahl

Im vorhergehenden Abschnitt wurden die Ableitungen für eine dimensionslose Darstellung der Fördermenge $\dot{V}$ und der Druckhöhe H aufgestellt, wobei stillschweigend angenommen war, daß die zugeordneten Widerstände der jeweils betrachteten Maschinengattung keinerlei Änderung erfahren. Sobald sich aber in einer Strömungsmaschine die Widerstände ändern, treten

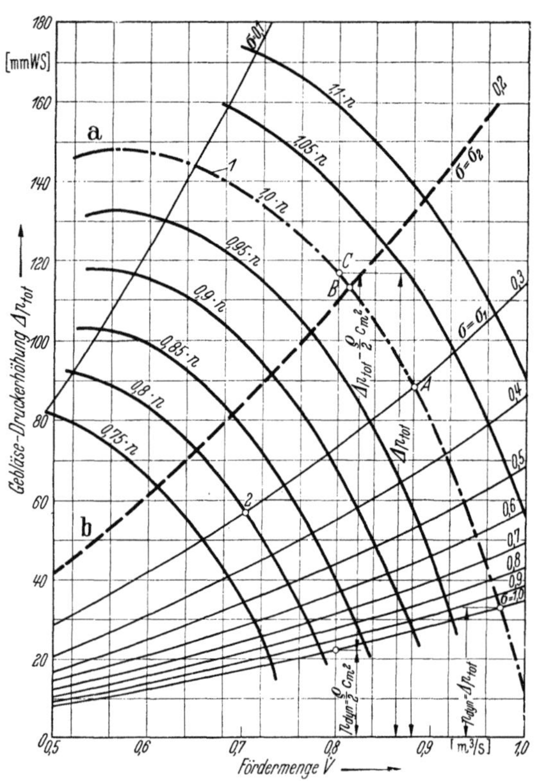

Abb. 47. Dimensionsbehaftetes Gebläsekennfeld. Gesamtdruckerhöhung in Abhängigkeit von der Fördermenge bei verschiedenen Gebläsedrehzahlen
a Linie konstanter Drehzahl; b Linie konstanter Drosselzahl

sofort andere Verhältnisse ein. Vermehren sich beispielsweise durch Verstellen einer Drosselklappe die Widerstände bei gleichbleibender Drehzahl, so ändert sich auch die Fördermenge und umgekehrt. Die jeweils angegebenen dimensionslosen Kennzahlen φ und ψ beziehen sich also jeweils auf einen bestimmten „Betriebszustand".

Am Versuchsstand liefert ein Gebläse oder ein Kompressor bei konstanter Drehzahl je nach der Drosselstellung verschiedene Fördervolumina $\dot{V}$ und Gesamtdruckerhöhungen Δp_{tot}. Bei festgehaltener Drosselstellung erhält man ein Wertepaar $(\dot{V}, \Delta p_{tot})$. Dieses Wertepaar stellt in einem $(\dot{V}, \Delta p_{tot})$-Bild (Abb. 47) einen einzelnen Punkt dar. Variiert man nun die Drosselstellung und trägt das jeweils gemessene Wertepaar $(\dot{V}, \Delta p_{tot})$ in das Diagramm ein, so erhält man Kurve 1 (Abb. 47). Man bezeichnet diese Kurve als „Drosselkurve". Unter einer „Drosselkurve" versteht man also eine Kurve in einem $(\dot{V}, \Delta p_{tot})$-Bild, die den veränderlichen Betriebszustand eines Gebläses bei unveränderlicher Drehzahl und Schaufelstellung, aber veränderlicher Drosselstellung wiedergibt. Man pflegt die unveränderliche Drehzahl n_1 (U/min) als Parameter an die Drosselkurve anzuschreiben.

Wie ändert sich nun die Betriebskennlinie, die sich ergibt, wenn die Drosselstellung festgehalten, die Drehzahl n aber geändert wird? Man greift also einen Punkt A auf der Drosselkurve heraus und untersucht seine Änderung bei geänderter Drehzahl n_2. Nun sind die Strömungsvorgänge bei den Drehzahlen n_1 und n_2 im Sinne des Newtonschen Ähnlichkeitsgesetzes einander ähnlich, vorausgesetzt, daß an der Ausblasöffnung der gleiche atmosphärische Außendruck herrscht wie an der Einlaßöffnung. In diesem Fall muß nämlich das Gebläse eine Gesamtdruckerhöhung Δp_{tot} aufbringen, die die Summe aus dem Staudruck der Ausblasgeschwindigkeit c_{mA} und den in den einzelnen Rohrstücken eintretenden Reibungs-Druckverlusten darstellt, also

$$\Delta p_{tot} = \frac{\varrho}{2} c_{mA}^2 + \sum_{\nu=1}^{n} c_w \cdot \frac{\varrho}{2} c_{m\nu}^2. \qquad (25)$$

Im Sinne des Newtonschen Ähnlichkeitsgesetzes werden hierbei die Reibungswiderstandszahlen c_w als konstant, d. h. unabhängig von der Reynoldsschen Zahl vorausgesetzt und die Dichteänderungen als vernachlässigbar angesehen. Die Gesamtdruckerhöhung Δp_{tot} nimmt also proportional dem Quadrat einer charakteristischen Geschwindigkeit c_m zu. Daher ist

$$\frac{\frac{\varrho}{2}\cdot c_m^2}{\varDelta\,p_{\text{tot}}} = \frac{(\dot V_E/F_G)^2}{\dfrac{\varDelta\,p_{\text{tot}}}{\varrho/2}} = \frac{(\dot V_E/F_G)^2}{2g\cdot H_{\text{ad}}} = \sigma \tag{26}$$

eine drehzahlunabhängige, nur von der Drosselstellung abhängige dimensionslose Größe, die aus diesem Grunde als „Drosselzahl" bezeichnet wird. Der geometrische Ort aller Punkte mit konstantem σ ist nach Gl. (26) eine Parabel, die bei bekannter Lieferzahl und Querabmessungen F_G berechenbar ist. Auf dieser Parabel liegen alle diejenigen Zustandspunkte des Verdichters, die bei der durch σ gekennzeichneten Drosselstellung bei veränderlicher Drehzahl gefahren werden können. Indem man nun außerdem die Drosselstellung stufenweise ändert, erhält man eine Bedeckung des $(\dot V,\ \varDelta\,p_{\text{tot}})$-Diagramms mit σ-Linien. Diejenigen Punkte auf den σ-Linien, die zu einer festen Drehzahl n gehören, kann man nun durch eine „Drehzahllinie" verbinden und durch stufenweise Änderung von n das Schaubild mit Drosselkurven $n = $ konstant überdecken. Jetzt kann man einen Betriebspunkt im $(\dot V,\ \varDelta\,p_{\text{tot}})$-Bild folgendermaßen kennzeichnen:

Der Betriebspunkt ist der Schnittpunkt der zur Drosselstellung gehörenden σ-Kurve mit der zur Drehzahl n gehörenden Drehzahllinie.

Von besonderem Interesse ist die σ-Kurve mit $\sigma = 1$. Hierfür ist nach Gl. (26)

$$\varDelta\,p_{\text{tot}} = \frac{\varrho}{2}\,c_m^2. \tag{26'}$$

Setzt man konstante Fläche vom Einlauf über das Gebläse bis zum Auslauf voraus, so bedeutet Gl. (26'), daß das Gebläse gerade den Staudruck oder „dynamischen Druck" der Durchtrittsgeschwindigkeit c_m schafft, was nur möglich ist, wenn Reibungswiderstände ganz fehlen, das Gebläse also frei ausbläst. Ist jedoch die Ausblasfläche größer als die Gebläsefläche, etwa durch Fortfall der Nabe oder Ansetzen eines Diffusors, so wird man mit den Drossellinien die $\sigma = 1$-Linie sogar unterschreiten können.

Die $\sigma = 1$-Linie hat jedoch nicht nur als Betriebskennlinie des ungedrosselten Verdichters Bedeutung. Hat man nämlich den Kennpunkt mit $\sigma = 1$, so kann man durch einen beliebigen Punkt C der Drosselkurve die Gerade $\dot V = $ const ziehen und mit der Kurve $\sigma = 1$ zum Schnitt bringen. Die Ordinate des Schnittpunktes ist der Staudruck $\varrho/2\cdot c_m^2$ der Durchtrittsgeschwindigkeit c_m. Dies folgt sogleich daraus, daß auf einer Geraden $\dot V = $ const auch c_m konstant ist und die Gleichung

$$p_{\text{dyn}} = \frac{\varrho}{2}\cdot c_m^2 \tag{27}$$

daher für jeden auf einer solchen Geraden liegenden Punkt gelten muß.

Die Darstellung vereinfacht sich nun erheblich, wenn man die Drosselkurven $n = $ konstant aus dem $(\dot V,\ \varDelta\,p_{\text{tot}})$-Bild (Abb. 47) in ein dimensionsloses Lieferzahl-Druckzahl-, also in ein φ-ψ-Schaubild (Abb. 48) überträgt. Erweitert man den Bruch in Gl. (26) mit $1/u_2^2$, so erhält man

$$\sigma = \frac{(\dot V_E/F_G)^2}{\dfrac{\varDelta\,p_{\text{tot}}}{\dfrac{\varrho}{2}}} = \frac{(\dot V_E/F_G\cdot u_2)^2}{\dfrac{\varDelta\,p_{\text{tot}}}{\dfrac{\varrho}{2}\cdot u_2^2}} = \frac{\varphi^2}{\psi}\,. \tag{28}$$

Auch im φ-ψ-Bild sind also die σ-Kurven Parabeln. Hält man die Drosselstellung σ fest und variiert die Drehzahl n, so sind auf Grund des NEWTONschen Ähnlichkeitsgesetzes

$$\varphi = \frac{\dot V_E}{F_G\cdot u_2} \quad \text{und} \quad \psi = \frac{\varDelta\,p_{\text{tot}}}{\dfrac{\varrho}{2}\cdot u_2^2}$$

konstant, d. h. drehzahlunabhängig. Da die gleiche Feststellung für alle beliebigen Drosselzahlen σ Gültigkeit hat, fallen also alle Drosselkurven $n = $ const des $(\dot V,\ \varDelta\,p_{\text{tot}})$-Bildes auf eine einzige Drosselkurve des φ-ψ-Bildes. Diese Drosselkurve ändert sich erst, wenn die Schaufelstellung geändert wird. Der Parameter der Drosselkurve im φ-ψ-Bild ist also nicht die Drehzahl n, sondern der Schaufeleinstellwinkel δ. Das φ-ψ-Bild faßt daher alle im Sinne des NEWTON-schen Ähnlichkeitsgesetzes nicht wesentlich verschiedenen Betriebspunkte in einen einzigen zusammen, während wesentlich verschiedene Betriebspunkte (Änderung der Schaufelstellung) in ihm getrennt werden.

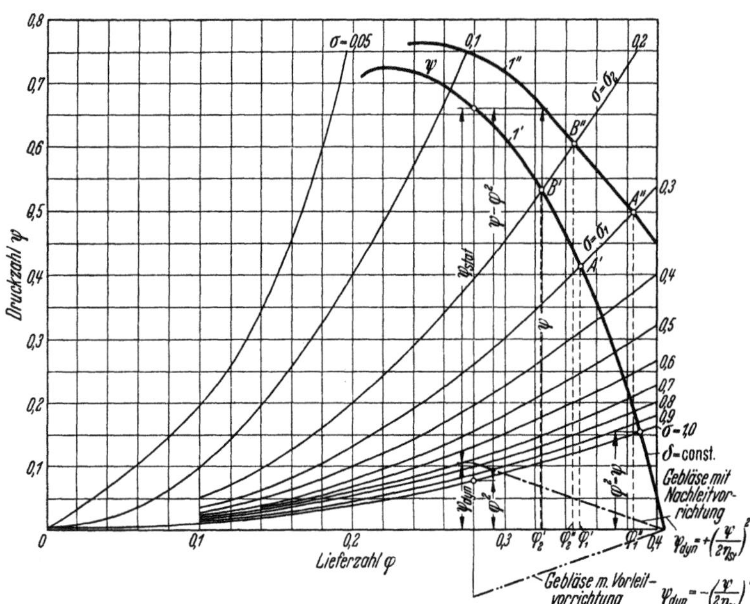

Abb. 48. Dimensionsloses Kennfeld. Druckzahl ψ in Abhängigkeit von der Lieferzahl φ. (δ = Schaufelstellung)

Die Überlegenheit des φ-ψ-Bildes über das ($\dot{V}$, Δp_{tot})-Bild wird noch deutlicher, wenn man sich davon überzeugt, daß sogar zwei verschiedene Kurven 1' und 1'' im φ-ψ-Bild bei der Übertragung ins ($\dot{V}$, Δp_{tot})-Bild in eine einzige Kurve zusammenfallen können. Das heißt also: während im ($\dot{V}$, Δp_{tot})-Bild im Sinne des NEWTONschen Ähnlichkeitsgesetzes ähnliche Betriebszustände auseinandergezogen werden, können sich in ihm nach dem gleichen Gesetz wesentlich verschiedene Betriebszustände sogar überdecken. Die Drosselzahl σ ist also eine Kennzahl, die bei der späteren Betrachtung der Axialverdichter noch Anwendung finden wird. Sie ist bei gegebener Durchflußmenge $\dot{V}_E$ und gegebener Gesamtdruckerhöhung Δp_{tot} bzw. Förderhöhe H_{ad} und gegebenen Bauabmessungen (F_G) bestimmbar.

Die Drosselzahl σ steht mit dem zur Beurteilung der Betriebseigenschaften im Ventilatorenbau vereinzelt gebräuchlichen Begriff der sogenannten „gleichwertigen Düse" im Zusammenhang. Die gleichwertige Düse oder gleichwertige Öffnung mit dem Kontraktionsverhältnis 1 ist definiert zu

$$F_D = \frac{\dot{V}}{\sqrt{2 \cdot g \cdot \dfrac{\Delta p}{\gamma}}} \cdot [\text{m}^2].$$

Bezeichnet F_G die Gebläsefläche, dann ist

$$\sigma \equiv \left(\frac{F_D}{F_G}\right)^2 \cdot [-].$$

IV. Die dimensionslose Drehzahl

Wie bereits aus den Definitionen für die Liefer- und Druckzahl hervorging, sind die Einzelgrößen Druck Δp_{tot} bzw. Förderhöhe H_{ad}, Liefermenge $\dot{V}$ und Drehzahl n von bestimmendem Einfluß auf die Bauweise. Eine charakteristische Zahl für die jeweilige Bauweise muß also diese drei Bestimmungsgrößen enthalten. Weiterhin ist gewünscht, daß diese Kombination, die „spezifische Drehzahl" genannt werden soll, dimensionslos ist. Wenn man diese Zahl auch auf Strömungsmaschinen mit kompressiblem Fördergut bezieht, wird natürlich eine weitere Zahl, nämlich die Dichte des Fördergutes, von Einfluß sein. Um nunmehr aus dieser Kombination von Einzelgrößen eine dimensionslose Zahl zu erhalten, muß sein

$$K = \left(\frac{\Delta p}{\varrho}\right)^{\alpha} \cdot \dot{V}^{\beta} \cdot n^{\gamma} = (g \cdot H_{\text{ad}})^{\alpha} \cdot \dot{V}^{\beta} \cdot n^{\gamma}. \tag{29}$$

Soll die spezifische Drehzahl dimensionslos sein, dann ergibt sich aus einer Dimensionsbetrachtung

$$\left[\left(\frac{m}{s}\right)^2\right]^{\alpha} \cdot \left(\frac{m^3}{s}\right)^{\beta} \cdot \left(\frac{1}{s}\right)^{\gamma} = 1. \tag{30}$$

Der Ausdruck wird dimensionslos, wenn

$$2\alpha + 3\beta = 0 \qquad \text{und} \qquad 2\alpha + \beta + \gamma = 0 \qquad \text{ist.}$$

Gewählt wird $\gamma = 1$, d. h. die gesuchte Kennzahl soll proportional der Drehzahl sein. Man erhält dann

$$2\alpha + \beta = -1, \qquad \text{also} \qquad \beta = \frac{1}{2}; \qquad \alpha = -\frac{3}{4}.$$

Damit liegen die in Gl. (29) gesuchten Exponenten, die eine dimensionslose Kennzahl ergeben sollen, fest und man erhält

$$K = (g \cdot H_{\text{ad}})^{-\frac{3}{4}} \cdot \dot{V}^{\frac{1}{2}} \cdot n^1. \tag{31}$$

Führt man die in Gl. (18) und (19) definierten Kenngrößen für Liefermenge und Förderhöhe ein, dann wird

$$K = \left(\frac{\psi \cdot u_2^2}{2}\right)^{-\frac{3}{4}} \cdot \left(\varphi^* \cdot \frac{\pi D_2^2}{4} \cdot u_2\right)^{\frac{1}{2}} \cdot \frac{60 \cdot u_2}{\pi \cdot D_2},$$

$$= \text{const} \cdot \varphi^{*\frac{1}{2}} \cdot \psi^{-\frac{3}{4}} \cdot \left(\frac{\pi}{4} D_2^2\right)^{\frac{1}{2}} \cdot D_2^{-1}.$$

Definiert werden soll nun allgemein als dimensionslose Drehzahl

$$\Re_n = \varphi^{*\frac{1}{2}} \cdot \psi^{-\frac{3}{4}}, \tag{32}$$

oder wiederum explizit geschrieben

$$\Re_n = \left(\frac{\dot{V}}{F_G \cdot u_2}\right)^{\frac{1}{2}} \cdot \left(\frac{2g \cdot H_{\text{ad}}}{u_2^2}\right)^{-\frac{3}{4}},$$

$$= \frac{\dot{V}^{\frac{1}{2}} \cdot 2g^{-\frac{3}{4}} \cdot H_{\text{ad}}^{-\frac{3}{4}} \cdot u_2}{\left(\frac{\pi}{4} D_2^2\right)^{\frac{1}{2}}},$$

$$= (2g)^{-\frac{3}{4}} \cdot \frac{\pi \cdot n \cdot D_2}{60} \cdot \frac{1}{\left(\frac{\pi}{4} \cdot D_2^2\right)^{\frac{1}{2}}} \cdot \dot{V}^{\frac{1}{2}} \cdot H_{\text{ad}}^{-\frac{3}{4}},$$

$$= 0{,}00633 \cdot n \cdot \dot{V}^{\frac{1}{2}} \cdot H_{\text{ad}}^{-\frac{3}{4}}. \tag{33}$$

Eine weitere, von O. CORDIER[1] vorgeschlagene Kenngröße ist der dimensionslose Durchmesser, der wie folgt definiert ist:

$$\Delta = \frac{\sqrt{\pi}}{2} (2g\, H_{\text{ad}})^{\frac{1}{4}} \cdot \dot{V}^{\frac{1}{2}} \cdot D_2. \tag{33a}$$

Der Zusammenhang zwischen den dimensionsbehafteten Ausdrücken Gl. (33) und (33a) mit der Lieferzahl φ^* und der Druckzahl ψ ist durch die folgenden Beziehungen gegeben:

$$\Re_n = \varphi^{*\frac{1}{2}} \cdot \psi^{-\frac{3}{4}},$$

$$\Delta = \psi^{\frac{1}{4}} \cdot \varphi^{*-\frac{1}{2}}.$$

Damit ist

$$\Delta = \left(\frac{\psi}{\varphi^{*2}}\right)^{\frac{1}{4}} = \sigma^{-\frac{1}{4}}.$$

Der dimensionslose Durchmesser Δ^4 ist also der Kehrwert der Drosselzahl σ.

---

[1] CORDIER, O.: Ähnlichkeitsbedingungen für Strömungsmaschinen. BWK 5 (Okt. 1953) Nr. 10, S. 337 bis 340.

In einer doppeltlogarithmischen Darstellung des φ^*-ψ-Diagrammes werden die Linien $\mathfrak{R}_n = \mathrm{const}$ und $\varDelta = \mathrm{const}$ Gerade und sind in Abb. 46 mit eingetragen. CORDIER und MARCINOWSKI[1] haben gezeigt, daß die Auslegungspunkte gut ausgeführter Strömungsmaschinen axialer und radialer Bauweise in einem relativ schmalen Band in der $\mathfrak{R}_n$-$\varDelta$-Darstellung zusammenfallen. In Abb. 46 ist der entsprechende Ausschnitt dieses Optimalbereiches als gestricheltes Feld mit eingetragen. Die hier untersuchten Verdichterstufen fallen in der Tat weitgehend mit dem von CORDIER gefundenen Optimalbereich zusammen.

Verwendet man für den Axialverdichter die meist übliche Lieferzahl $\varphi = c_m/u_2$, so wird

$$\mathfrak{R}_n = \varphi^{\frac{1}{2}} \cdot (1 - \nu^2)^{\frac{1}{2}} \left(\frac{\gamma_{\mathrm{stat}}}{\gamma_{\mathrm{tot}}}\right)^{\frac{1}{2}} \cdot \psi^{-\frac{3}{4}}.$$

Man kann nun für den Axialverdichter zur Vereinfachung eine andere dimensionslose Drehzahl in folgender Weise definieren

$$\nu_s = \varphi^{\frac{1}{2}} \cdot \psi^{-\frac{3}{4}} = \frac{\mathfrak{R}_n}{\sqrt{1 - \nu^2}} \sqrt{\frac{\gamma_{\mathrm{tot}}}{\gamma_{\mathrm{stat}}}}. \tag{34}$$

Unter Benützung der abgeleiteten Kenngröße $\mathfrak{R}_n$ (Gl. 33) ergibt sich die Darstellung der Abb. 49, die einen unmittelbaren Zusammenhang zwischen Förderhöhe, Volumen und Drehzahl

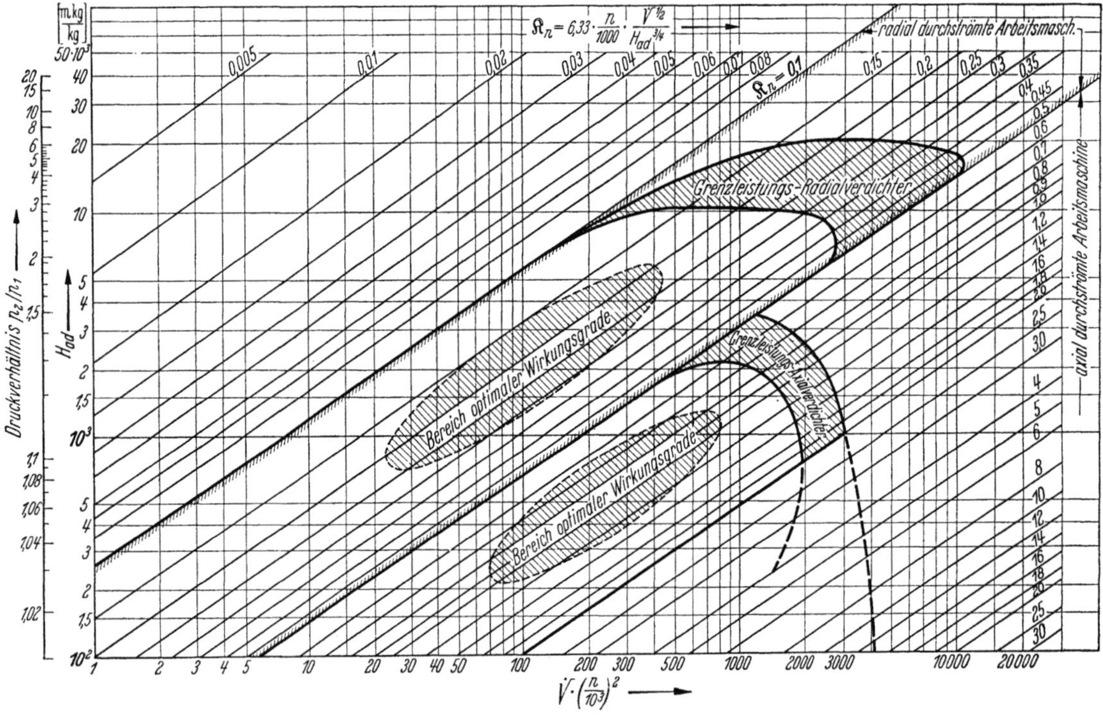

Abb. 49. Arbeitsbereich des Axial- und Radialverdichters

$H_{\mathrm{ad}} \left[\dfrac{\mathrm{mkg}}{\mathrm{kg}}\right]$ adiabatische Förderhöhe, $\dot{V}$ [m³/s] Eintrittsvolumen, bezogen auf den Gesamtzustand vor Verdichter, n [U/min] Verdichterdrehzahl

für Axial- und Radialverdichter zeigt. Die Bereiche optimaler Wirkungsgrade sind besonders hervorgehoben. Die als Grenzleistungszone gekennzeichneten Gebiete wird man nur in besonderen Fällen und auf Grund sorgfältiger Studien benützen. Die Gebiete über den abgegrenzten Flächen sind der mehrstufigen Bauweise, die Gebiete rechts von den abgegrenzten Zonen der mehrflutigen Bauweise vorbehalten.

---

[1] MARCINOWSKI, H.: Einstufige Turboverdichter Chemie-Ingenieur-Technik 31 (1959) H. 4, S. 237 bis 247.

V. Definition der dimensionslosen Kennzahlen für mehrstufige und mehrflutige Strömungsmaschinen und Beziehungen zwischen Stufenkennzahl und Gesamtkennzahl

In vielen praktisch vorkommenden Fällen kann eine vorgegebene Förderhöhe nicht immer in einer einzigen Stufe erreicht bzw. verarbeitet werden. Man baut dann die Strömungsmaschine nicht einstufig, sondern läßt das Gas nacheinander mehrere Stufen (z_1) durchströmen und erhält auf diese Weise die Mehrstufenbauweise. Ist umgekehrt der Durchsatz bzw. die Durchflußmenge sehr groß, dann kann es vorteilhaft sein, zur Verminderung der Abmessungen der Strömungsmaschinen das Gas auf mehrere Teilströme (z_2) aufzuteilen. Bei gleichzeitiger Hintereinander- und Parallelschaltung von Stufen wird sowohl die Gesamtförderhöhe als auch die Gesamtfördermenge auf einzelne Stufen unterteilt.

Man kann nun die Kenngrößen φ und ψ mit der gleichen Definition wie sie für die Einzelstufen gelten, auch für die ganze Maschine anwenden. Die Lieferzahl soll wieder als

$$\varphi^* = \frac{\dot{V}_{E\text{tot}}}{\frac{\pi}{4} \cdot D_2^2} \cdot \frac{1}{u_2}$$

mit dem Außendurchmesser der ersten Stufe definiert werden. Zur Unterscheidung werden die auf die Einzelstufe bezogenen Größen mit dem Zeiger (St) bezeichnet, während die auf die Gesamtmaschine bezogenen Größen ohne Zeiger bleiben.

1. Mehrstufige Bauweise (Stufenzahl z_1)

Der Einfachheit wegen soll angenommen werden, daß die adiabatische Förderhöhe in allen Stufen dieselbe ist, so daß mit der Stufenzahl z_1 annähernd die Beziehung gilt

$$H_{\text{ad}} = z_1 \cdot H_{\text{ad}_{\text{St}}}. \tag{35}$$

Die Gesamt-Lieferzahl ist

$$\varphi^* = \frac{\dot{V}_E}{\frac{\pi}{4} \cdot D_2^2} \cdot \frac{1}{u_2}, \tag{36}$$

die Druckzahl

$$\psi = \frac{2g \cdot H_{\text{ad}}}{u_2^2} \tag{37}$$

und die spezifische Drehzahl

$$\mathfrak{R}_n = 0{,}00633 \cdot n \cdot \dot{V}^{\frac{1}{2}} \cdot H_{\text{ad}}^{-\frac{3}{4}}. \tag{38}$$

Zwischen Stufen- und Gesamtkennzahlen bestehen die Beziehungen

$$\varphi^*_{\text{St}} = \varphi^*, \tag{39}$$

$$\psi_{\text{St}} = \frac{\psi}{z_1}, \tag{40}$$

$$\mathfrak{R}_{n_{\text{St}}} = z_1^{\frac{3}{4}} \cdot \mathfrak{R}_n. \tag{41}$$

2. Mehrflutige Bauweise (Flutigkeitszahl z_2)

Nimmt man z_2 gleiche nebeneinander-, also parallelgeschaltete Stufen an, von denen jede die gleiche Fördermenge verarbeitet, dann ist

$$\dot{V} = z_2 \cdot \dot{V}_{\text{St}}; \qquad F = z_2 \cdot F_{\text{St}}.$$

Die Gesamt-Lieferzahl ist

$$\varphi^* = \frac{\dot{V}_E}{\frac{\pi}{4} \cdot D_2^2 \cdot u_2}, $$

die Druckzahl

$$\psi = \frac{2g \cdot H_{\text{ad}}}{u_2^2}$$

und die spezifische Drehzahl

$$\mathfrak{R}_n = 0{,}00633 \cdot n \cdot \dot{V}^{\frac{1}{2}} \cdot H_{\mathrm{ad}}^{-\frac{3}{4}}.$$

Zwischen Stufen- und Gesamtkennzahlen bestehen die Beziehungen

$$\varphi_{\mathrm{St}}^{*} = \varphi^{*}, \qquad \psi_{\mathrm{St}} = \psi, \qquad \mathfrak{R}_{n\,\mathrm{St}} = \frac{\mathfrak{R}_n}{z_2^{1/2}}.$$

3. Kombinierte Bauweise mit einer Stufenzahl z_1 und einer Flutigkeitszahl z_2

Hat man z_1 hintereinander geschaltete Stufen und z_2 parallel arbeitende Stufenreihen, dann entsteht ein Aggregat von $z_1 \cdot z_2$ Stufen. Vorausgesetzt wird, daß jede Stufe die gleiche Fördermenge und Förderhöhe verarbeitet. Dann ist

$$\dot{V}_E = z_2 \cdot \dot{V}_{\mathrm{St}}, \qquad F = z_2 \cdot F_{\mathrm{St}}, \qquad H_{\mathrm{ad}} = z_1 \cdot H_{\mathrm{ad}\,\mathrm{St}}.$$

Die Gesamt-Lieferzahl ist

$$\varphi^{*} = \frac{\dot{V}_E}{F \cdot u_2},$$

die Druckzahl

$$\psi = \frac{2g\,H_{\mathrm{ad}}}{u_2^2}$$

und die spezifische Drehzahl

$$\mathfrak{R}_n = z_2^{\frac{1}{2}} \cdot \frac{\varphi^{*\frac{1}{2}}}{\psi^{\frac{3}{4}}}.$$

Zwischen den Stufenkennzahlen und den Kennzahlen der kombinierten Bauweise bestehen folgende Beziehungen

$$\varphi_{\mathrm{St}}^{*} = \varphi^{*}; \qquad \psi_{\mathrm{St}} = \frac{\psi}{z_1}; \qquad \mathfrak{R}_{n\,\mathrm{St}} = C\,\frac{n \cdot \dot{V}_{\mathrm{St}}^{\frac{1}{2}}}{H_{\mathrm{ad}\,\mathrm{St}}^{\frac{3}{4}}} = \mathfrak{R}_n\,\frac{z_1^{3/4}}{z_2^{1/2}}.$$

Hiermit läßt sich nun ein Diagramm entwickeln, das die Beurteilung der für vorgegebene Auslegungsdaten in Frage kommenden Verdichterbauart und eine Abschätzung der notwendigen Stufenzahl ermöglicht. Die einzelnen Stufen einer mehrstufigen Maschine werden aus Kompressibilitäts- und anderen Gründen im allgemeinen zwar nicht gleich sein; für eine erste Abschätzung, wie sie hier ja vorgenommen werden soll, genügt es aber, eine mittlere Stufe der Maschine zugrunde zu legen und mit dieser die notwendige Stufenzahl bzw. die Förderhöhe usw. zu berechnen. Es ist nun leicht einzusehen, daß eine derartige mittlere Stufe nicht den Grenzwerten der in Abb. 46 eingezeichneten Arbeitsbereiche der einzelnen Maschinengattungen entsprechen, sondern etwa in der Mitte dieser Bereiche liegen wird. Hiermit erhält man für die mittlere Stufe einen charakteristischen φ^{*}- und ψ-Wert für jede Maschinengattung; zugeordnet ist diesem Mittelwert auch ein Mittelwert von $\mathfrak{R}_n$. Setzt man nun mehrere solcher mittlerer Stufen zusammen, so lassen sich die der jeweiligen Stufenzahl zugeordneten $\mathfrak{R}_n$-Werte berechnen. Auf diese Weise ist Abb. 50 entstanden. Anstelle der Arbeitsbereiche der einzelnen Verdichterarten sind durch die Mittelwertsannahmen Arbeitslinien entstanden. Gewisse Abweichungen von diesen Arbeitslinien, entsprechend einer etwas anderen Annahme der Daten für die mittlere Stufe, sind natürlich zulässig. Dies wird vor allem dann notwendig werden, wenn man für bestimmte Auslegungsdaten eine nicht ganzzahlige Stufenzahl erhält. Im allgemeinen vermitteln die eingezeichneten Arbeitslinien

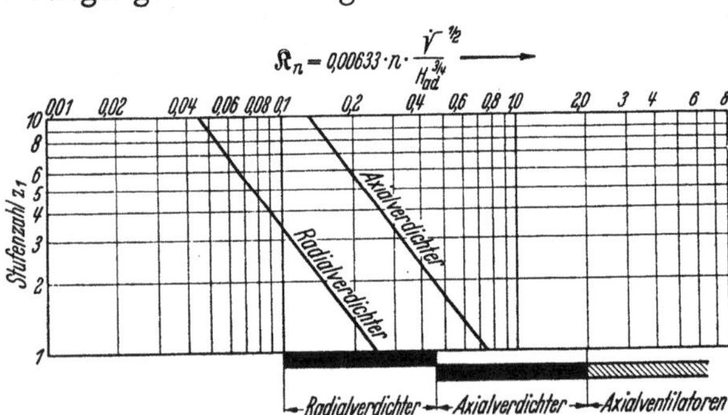

Abb. 50. Mittelwerte der dimensionslosen Drehzahl $\mathfrak{R}_n$ für ein- und mehrstufige Verdichter der einflutigen Bauweise
$\dot{V}$ [m³/s] Durchflußmenge, H_{ad} [mkg/kg] adiabatische Förderhöhe, n [U/min] Verdichterdrehzahl, $\mathfrak{R}_n$ [—] spezifische Drehzahl

aber einen recht guten und schnellen Überblick, welche Maschinengattung für vorgegebene Daten zweckmäßiger zu wählen ist. Man sieht aus Abb. 50 weiterhin, daß die beiden Verdichterarten sich gegenseitig recht gut ergänzen, d. h. der $\mathfrak{K}_n$-Bereich ist praktisch lückenlos überdeckt. Das genannte Diagramm soll die Möglichkeit einer ersten Abschätzung geben, welche Verdichterbauart für eine vorgegebene Aufgabe überhaupt ausscheidet und welche Maschinenart eine nähere Untersuchung lohnt.

VI. Zusammenhang zwischen $\mathfrak{K}_n$ und gebräuchlichen Definitionen der spezifischen Drehzahlen

Die spezifische, aber nicht dimensionslose Drehzahl n_{s_w} von Kreiselpumpen und Wasserturbinen ist definiert durch

$$n_{s_w} = \frac{n\,[1/\mathrm{min}] \cdot N^{\frac{1}{2}}\,[\mathrm{PS}]}{H^{\frac{5}{4}}\,[\mathrm{m}]}\,. \tag{42}$$

Führt man in Gl. (42) statt der Leistung das Fördervolumen $\dot{V}$ ein, dann erhält man

$$n_{s_w} = \frac{n\,[1/\mathrm{min}]}{H^{\frac{5}{4}}\,[\mathrm{m}]} \cdot \left(\frac{\gamma \cdot H \cdot \dot{V}}{75}\right)^{\frac{1}{2}} = 3{,}65\,\frac{n\,[1/\mathrm{min}] \cdot \dot{V}^{\frac{1}{2}}\,[\mathrm{m}^3/\mathrm{s}]}{H^{\frac{3}{4}}\,[\mathrm{m}]}\,. \tag{42'}$$

Die in Gl. (42) definierte spezifische Drehzahl n_{s_w} hängt vom spezifischen Gewicht des Fördergutes ab, die entsprechend Gl. (42') definierte spezifische Drehzahl n_{s_w} ist dagegen vom spezifischen Gewicht unabhängig, obwohl bei der Berechnung des Faktors 3,65 das spezifische Gewicht des Wassers ($\gamma = 1000\,\mathrm{kg/m^3}$) benützt wurde. Diese Definition ist bis auf den konstanten Zahlenfaktor mit der hier gewählten Definition der spezifischen Drehzahl $\mathfrak{K}_n$ identisch. Es ist

$$n_{s_w} = 576 \cdot \mathfrak{K}_n\,. \tag{43}$$

VII. Zweckmäßige Wahl der Verdichterbauweise

Wie aus den bisherigen Ausführungen über die dimensionslose Drehzahl folgt, ist mit der adiabatischen Förderhöhe und dem Ansaugevolumen sowohl beim Axial- wie beim Radialverdichter ein gewisser Drehzahlbereich festgelegt, innerhalb dessen man bleiben muß, wenn eine Maschine mit günstigem Wirkungsgrad verwirklicht werden soll. Durch Erhöhung der Stufenzahl besteht zwar die Möglichkeit, die Antriebsdrehzahl zu senken, durch mehrflutige Bauweise die Verdichterdrehzahl zu steigern. Aus Gründen des Bauaufwandes und damit des Verdichterpreises ist jedoch auch eine Steigerung der Stufenzahl ebenso die Mehrflutigkeit nur innerhalb gewisser Grenzen technisch vertretbar.

Ist eine direkte Kupplung zwischen Antriebsmaschine und Verdichter möglich, so wird man dieser Bauweise stets den Vorzug geben. In vielen Fällen ist aber der Unterschied der in Frage kommenden Drehzahlen so groß, daß ein Zwischengetriebe unvermeidlich ist. Im letzteren Falle besteht die Möglichkeit, die Kompressordrehzahl auf optimale Verdichterbedingungen abzustellen, sofern man innerhalb technisch vertretbarer Grenzen bleibt. Weiterhin ist vielfach bei der Wahl der Verdichterbauart auf eine Reihe von praktischen Gesichtspunkten Rücksicht zu nehmen. Hierbei müssen nicht nur die Fragen bezüglich des erreichbaren Wirkungsgrades, also der Antriebsleistung, sorgfältig untersucht, sondern auch betriebliche Anforderungen, Regelungs-, Lager- und Schmierungsfragen geprüft und vor allem auch Überlegungen bezüglich des Bauvolumens, der Anschaffungs-, der Unterhaltungskosten und der Lebensdauer angestellt werden, weshalb sämtliche Möglichkeiten der Gasverdichtung, also das statische und das dynamische Verfahren, in diese Vorüberlegungen einbezogen werden sollen.

Gewisse Arbeitsbereiche der verschiedenen Verdichterarten lassen sich nach dem heutigen Stand der Technik verhältnismäßig einfach beurteilen. So werden hohe Drücke, etwa zwischen 80 und mehreren hundert Atmosphären, wie sie vor allem in der chemischen Industrie benötigt werden, ausschließlich in das Arbeitsgebiet des hin- und hergehenden Kolbenverdichters gehören, während für kleine und mittlere Drücke bei großen Ansaugemengen die Strömungsarbeitsmaschinen mit Erfolg Verwendung finden. Bezüglich der verarbeitbaren Fördermengen ist die Strömungsarbeitsmaschine nach oben praktisch unbegrenzt. In einflutiger Bauweise werden heute Radialverdichter mit Ansaugemengen von 130000 bis 150000 m³/h, in zweiflutiger Anordnung bis etwa 250000 m³/h verwirklicht. Die Schluckfähigkeit des Axialverdichters ist noch wesentlich größer. Für große Fördermengen ist die Strömungsarbeitsmaschine jeder anderen Verdichterbauweise in technischer und wirtschaftlicher Hinsicht infolge ihrer Einfachheit, ihres geringen Platzbedarfes und ihrer niedrigeren Baukosten überlegen. Bezüglich der Festlegung der Stufenförderhöhen bei Axial- und Radialverdichtern sei auf Abb. 49 hingewiesen. Die erreichten Druckverhältnisse bei vielstufigen Radialverdichtern in eingehäusiger Ausführung betragen etwa 10 bis 12, in mehrgehäusiger Serienschaltung wurden schon Druckverhältnisse bis etwa 80 verwirklicht. Dagegen sind die bisher in Axialverdichtern verwirklichten Druckverhältnisse wesentlich niederer und liegen bei ausgeführten, eingehäusigen Maschinen bei etwa 6 bis 12. Aussichtsreich für manche Anwendungsgebiete erscheinen Kombinationen aus Axial- und Radialverdichtern, wobei im ersten Teil des Verdichtungsvorganges ein Axialverdichter die großen Gasmengen verarbeitet und die Weiterverdichtung auf den gewünschten Enddruck von Verdichterstufen der radialen Bauweise übernommen werden. Die in Strömungsarbeitsmaschinen erreichbaren Stufenwirkungsgrade hängen, wie später im einzelnen dargelegt wird, von einer großen Zahl von Einflußgrößen ab. Für normale Verhältnisse kann man heute bei Radialverdichtern mit Wirkungsgraden von etwa 78 bis 83%, bei Axialverdichtern mit 85 bis 92% rechnen. Bezüglich Regelbarkeit weist der Radialverdichter im allgemeinen ein breiteres Kennfeld auf als der Axialverdichter, so daß die vom Radialverdichter angesaugte Gasmenge innerhalb relativ weiter Grenzen variiert werden kann. Beim Axialverdichter besteht, allerdings auf Kosten der Einfachheit der Maschine, die Möglichkeit, durch Schaufelverstellung in den Lauf- oder Leiträdern das Kennfeld im Betrieb weitgehend zu verändern. Eine Änderung der Förderhöhe im Betrieb ist in beiden Fällen durch Variation der Drehzahl möglich.

Sind bei einem zu entwerfenden Axial- oder Radialverdichter die Fördermenge sehr klein und die adiabatische Förderhöhe groß, dann kann bei freier Drehzahlwahl die Maschine sehr schnelläufig gebaut und damit eventuell noch als Strömungsmaschine verwirklicht werden, d. h. man versucht, durch Drehzahlsteigerung noch in das Gebiet möglicher dimensionsloser Drehzahlen zu fallen. Die früher vorhandene Scheu vor hohen Drehzahlen ist heute nicht mehr berechtigt. Die Lagertechnik hat mit der aerodynamischen Entwicklung der Strömungsmaschinen im wesentlichen Schritt gehalten, weshalb heute selbst für stationäre Anlagen Drehzahlen bis zu 25000 U/min nicht ohne weiteres abzulehnen sind. Bei nichtstationären Verdichtern, insbesondere in der Luftfahrt, werden heute Anlagen mit Drehzahlen bis über 35000 U/min bereits serienmäßig gebaut. Selbstverständlich müssen dabei Fragen bezüglich der kritischen Drehzahl, der Schaufelschwingungen, der Lagerschmierung und der Lebensdauer besonders sorgfältig geprüft werden.

Die Anwendung der dimensionslosen Kennzahlen für beliebige Kraft- und Arbeitsmaschinen

Eine für sämtliche Maschinengattungen geltende Einteilung ist dann vorteilhaft, wenn es sich darum handelt, die baulich und energetisch günstigste Maschine zu verwirklichen, ohne daß zunächst ein Hinweis auf die wahrscheinliche Bauart vorliegt. Dabei ist zu beachten, daß alle Kolbenmaschinen mit hin- und hergehendem und drehendem Kolben nicht den Ähnlichkeitsgesetzen

$$\dot{V} \sim n \qquad \text{und} \qquad \Delta p \sim n^2$$

folgen. Berücksichtigt man dabei die konstruktiv bzw. mechanisch bedingten Grenzbedingungen dieser Maschinenarten, so lassen sich gewisse Arbeitsbereiche auch für Kolbenarbeits- und -kraftmaschinen abgrenzen.

1. Axialverdichter. Entsprechend dem Vorhergehenden wurde für den Axialverdichter definiert

$$\text{Lieferzahl} \quad \varphi = \frac{\dot{V}_1}{\frac{\pi}{4} \cdot D_2^2 (1 - \nu^2) \cdot u_2} = \frac{c_m}{u_2};$$

$$\text{Druckzahl} \quad \psi = \frac{2g \cdot H_{\text{ad}}}{u_2^2}.$$

2. Luftschrauben. Der Fortschrittsgrad λ ist identisch mit der definierten Lieferzahl φ; für die Luftschraube ist also

$$\varphi = \lambda = \frac{c_m}{u_2} = \frac{v_F}{u_2},$$

wobei $v_F \,[m/s]$ die Fluggeschwindigkeit bedeutet. Bei den Luftschrauben ist die Definition der Schubzahl k_s gebräuchlich, die mit der Druckzahl ψ identisch ist. Es ist also

$$\psi = k_s = \frac{S}{\frac{\varrho}{2} \cdot u_2^2 \cdot F_P} = \frac{S}{\frac{\varrho}{2} u_2^2 \frac{\pi \cdot D_2^2}{4}},$$

wobei

$S\,[kg]$ der Schub,

$u_2\,[m/s]$ die Umfangsgeschwindigkeit der Luftschraube, bezogen auf den Außendurchmesser D_2,

$F_P\,[\mathrm{m^2}] = \dfrac{\pi}{4} \cdot D_2^2$ die von der Luftschraube bestrichene Fläche bedeutet.

3. Windräder. Die Darstellung der Kennlinien von Windturbinen erfolgt üblicherweise durch Auftragen der Widerstandszahl c_w über dem Verhältnis u/v, wobei

$u \equiv u_2\,[m/s]$ die Blattspitzenumfangsgeschwindigkeit und

$v\,[\mathrm{m/s}]$ die Windgeschwindigkeit ist.

Damit ist für Windräder

$$\varphi = \frac{1}{u_2/v}.$$

Die Definition der Widerstandszahl ist

$$c_w = \frac{W}{\frac{\varrho}{2} \cdot v^2 \cdot F},$$

wobei

$W\,[kg]$ der Widerstand in axialer Richtung,

$\dfrac{\varrho}{2}\, v^2\,[\mathrm{kg/m^2}]$ der Staudruck des Windes,

$F\,[\mathrm{m^2}]$ die Kreisfläche des Windrades bedeuten.

Daraus folgt mit

$$\varDelta p = \frac{W}{F}$$

$$\psi = \frac{\varDelta p}{\frac{\varrho}{2} \cdot u_2^2} = \frac{\varDelta p}{\frac{\varrho}{2} \cdot v^2} \cdot \frac{v^2}{u_2^2} = c_w \cdot \varphi^2.$$

4. Schiffsschrauben. Bedeutet v_e die Axialkomponente der relativen Geschwindigkeit der Schiffsschraube, dann ist

$$v_e \cdot n_s \cdot H - s_n \cdot H = n_s \cdot H (1 - s_n).$$

Dabei ist

$n_s\,[\mathrm{U/s}]$ die sekundliche Umdrehungszahl

$H\,[\mathrm{m}]$ die Steigung der Schraube,

$s_n\,[-]$ der nominelle Schlupf.

Damit läßt sich für die Schiffsschraube als Liefergrad definieren

$$\varphi = \frac{v_e}{u_2} = \frac{n_s \cdot H(1 - s_n)}{\pi \cdot D_2 \cdot n_s} = \frac{1 - s_n}{\pi} \cdot \frac{H}{D_2}.$$

Der Schub der Schiffsschraube wird in Kennfeldern für Wasserschrauben üblicherweise in Form der Schubzahl c_1 angegeben, wobei

$$c_1 = \frac{S}{n_s^2 \cdot D_2^2 \cdot H^2}$$

ist.

Damit läßt sich für Schiffsschrauben als Druckzahl definieren

$$\psi = \frac{\varDelta p}{\frac{\varrho}{2} \cdot u_2^2} = \frac{S}{\frac{\varrho}{2} \cdot u_2^2 \cdot F} = \frac{S}{\frac{\varrho}{2} (\pi \cdot D_2 \cdot n_s) \frac{\pi \cdot D_2^2}{4}}$$

$$\psi = \frac{c_1\, n_s^2\, D_2^2\, H^2}{\frac{\varrho}{2}\, \pi^2\, D_2^2\, n_s^2\, \frac{\pi \cdot D_2^2}{4}} = c_1 \left(\frac{H}{D_2}\right)^2 \cdot \frac{8}{\pi^3} \cdot \frac{9{,}81}{1000} = 0{,}002\,53 \cdot \left(\frac{H}{D_2}\right)^2 \cdot c_1.$$

5. Kaplan-Turbinen. Für Axialpumpen und -turbinen gelten die hergeleiteten Beziehungen für Axialverdichter.

6. Radialverdichter. Für den Radialverdichter ist

$$\varphi = \frac{\dot{V}_1}{\frac{\pi}{4} \cdot D_2^2 \cdot u_2}$$

und die Druckzahl

$$\psi = \frac{2g \cdot H_{ad}}{u_2^2}.$$

7. Halb-Axialverdichter (Diagonalverdichter). Die diagonal durchströmte Maschine stellt ein Mittelding zwischen axialer und radialer Bauart dar. Demnach sind definiert

$$\varphi = \frac{\dot{V}_1}{\frac{\pi}{4} \cdot D_2^2}$$

$$\psi = \frac{2g \cdot H_{ad}}{u_2^2}.$$

8. Francis-Turbine. Die Francis-Turbine mit ihren Varianten des Langsam-, Normal-, Schnell- und Expreßläufers stellt in ihrer Wirkungsweise nur die Umkehrung der Radialverdichter dar, weshalb die gleichen Definitionen maßgebend sind.

9. Freistrahlturbine. Bei den Freistrahlturbinen wird als Bezugsdurchmesser zweckmäßigerweise nicht der Außendurchmesser sondern der Strahldurchmesser D_s den dimensionslosen Betrachtungen zugrunde gelegt. Demnach erhält man als Lieferzahl der Freistrahlturbine

$$\varphi = \frac{\dot{V}_1}{\frac{\pi}{4} \cdot D_s^2 \cdot u_s}$$

und als Druckzahl

$$\psi = \frac{2g \cdot H}{u_s^2},$$

wobei

$$u_s = \frac{\pi \cdot n \cdot D_s}{60} \, [\mathrm{m/s}] \quad \text{ist.}$$

10. Axial-Turbinen. Bei den axial durchströmten Turbinen ist die Lieferzahl, wiederum bezogen auf die Zustände am Eintritt in das Laufrad,

$$\varphi = \frac{\dot{V}_1}{F_1 \cdot u_2} = \frac{c_m}{u_2},$$

wobei

    $c_m \, [\mathrm{m/s}]$ die Meridiangeschwindigkeit,

    $u_2 \, [\mathrm{m/s}]$ die Umfangsgeschwindigkeit, bezogen auf den Schaufelaußendurchmesser,

bedeuten.
Als Druckzahl erhält man

$$\psi = \frac{2g \cdot H_{ad}}{u_2^2},$$

wobei $H_{ad} \left[\dfrac{\mathrm{mkg}}{\mathrm{kg}}\right]$ das theoretische Gefälle der jeweiligen Stufe ist.

Mit den bereits erwähnten Einschränkungen sollen im folgenden die bisher verwendeten Kennwerte auch für die Kolbenmaschinen bestimmt werden.

11. Roots-Verdichter. Als Lieferzahl eines Roots-Verdichters soll definiert werden

$$\varphi = \frac{\dot{V}_1}{D \cdot L \cdot u}.$$

Dabei ist

    $D \, [\mathrm{m}]$ der Durchmesser des rotierenden Kolbens; haben die beiden Kolben verschiedene Durchmesser, so soll mit D der Durchmesser des größeren der beiden Kolben bezeichnet werden,

    $L \, [\mathrm{m}]$ die Kolbenlänge,

    $u = \dfrac{\pi \cdot D \cdot n}{60} \, [\mathrm{m/s}]$ die Kolbenumfangsgeschwindigkeit.

Man kann nun bei Kolbenverdichtern die Durchflußmengen, unter Berücksichtigung des volumetrischen Wirkungsgrades η_v, durch die geometrischen Abmessungen und die Drehzahl des Verdichters ausdrücken. Damit wird für den Roots-Verdichter

$$\dot{V}_1 = \frac{\pi}{4} \cdot D^2 \cdot L \cdot \frac{n}{60} \cdot \eta_v \ [\mathrm{m^3/s}]$$

und damit

$$\varphi = \frac{\dfrac{\pi}{4} \cdot D^2 \cdot L \cdot \dfrac{n}{60} \cdot \eta_v}{D \cdot L \cdot \pi \cdot D \cdot \dfrac{n}{60}} = 0{,}25 \cdot \eta_v .$$

Mit $\eta_v \leqq 0{,}8$ erhält man einen Grenzwert für den Liefergrad des Roots-Verdichters

$$\varphi \leqq 0{,}25 \cdot 0{,}8 \leqq 0{,}2 .$$

Als untere Grenze für die Druckerhöhung eines einstufigen Roots-Verdichters dürfte etwa $p_2/p_1 = 1{,}05$ und im Hinblick auf die mit zunehmendem Druckverhältnis sich vergrößernden Stirn- und Umfangsspaltverluste als obere Grenze $p_2 = 2$ ata angenommen werden. Die Umfangsgeschwindigkeit der kreisenden Kolben liegt zwischen 20 und 60 m/s. Mit diesen Annahmen für die Grenzbedingungen erhält man die für den Roots-Verdichter näherungsweise gültigen Grenzen für die Druckzahl

$$\psi = \frac{2g \cdot H_\mathrm{ad}}{u_2^2} .$$

Gebläse der Roots-Bauweise verarbeiten Fördermengen von etwa 30 m³/h bis zu Höchstmengen von etwa 30 000 m³/h, wobei Druckerhöhungen von 1000 bis 6000 mm WS erreicht werden. Die Drehzahlen dieser Gebläse bewegen sich üblicherweise zwischen 100 und 3000 U/min, in Grenzfällen, z. B. für Aufladung von Sportmotoren, werden Drehzahlen von 10 000 U/min und mehr verwirklicht. Der Wirkungsgrad von Rootsgebläsen hängt vor allem von der Größe der Stirn- und Umfangsspalte ab; bei sorgfältigster Ausführung werden Wirkungsgrade bis zu 80% erzielt.

12. Schraubenrad-Verdichter. Die theoretische Fördermenge des Schraubenrad-Verdichters ist, wenn auf seine Länge eine Ganghöhe kommt

$$\dot{V}_{1\mathrm{theor}} = L \cdot \pi \cdot h' \cdot (D - h') \cdot \frac{n}{60} \ [\mathrm{m^3/s}],$$

wobei

$$h' \approx 0{,}2 \cdot D$$

die Höhe des Zahnes der Förderschnecke ist. Damit wird die theoretische Fördermenge

$$\dot{V}_{1\mathrm{theor}} = L \cdot \pi \cdot 0{,}2D (D - 0{,}2D) \frac{n}{60} = \frac{0{,}16 \cdot \pi}{60} \cdot D^2 \cdot L \cdot n .$$

Mit dem volumetrischen Wirkungsgrad des Schraubenrad-Verdichters wird also

$$\varphi = \frac{\eta_v \cdot \dot{V}_{1\mathrm{theor}}}{\dfrac{\pi}{4} \cdot D^2 \cdot u} = 0{,}203 \cdot \frac{L}{D} \cdot \eta_v .$$

Mit den optimalen volumetrischen Wirkungsgraden $\eta_v \approx 0{,}8$ bis $0{,}9$ und den gebräuchlichen Verhältnissen $L/D = 0{,}3$ bis $2{,}5$ erhält man die Grenzen für die Lieferzahl des Schraubenrad-Verdichters.

Die Umfangsgeschwindigkeit bei Schraubenrad-Verdichtern liegt etwa in der gleichen Größenordnung wie bei Roots-Verdichtern, die maximalen Druckverhältnisse p_2/p_1 bei etwa 3,5. Damit können für den Schraubenrad-Verdichter die Grenzen für die erreichbare Druckzahl $\psi = \dfrac{2g \cdot H_\mathrm{ad}}{u^2}$ festgelegt werden.

13. Vielzellen-Verdichter. Aus den geometrischen Abmessungen der Vielzellen-Verdichter-Bauweise erhält man für die tatsächliche Liefermenge

$$\dot{V}_1 = 2e \cdot L \cdot (\pi \cdot D - f \cdot z) \frac{n}{60} \cdot \eta_v \ [\mathrm{m^3/s}]$$

Dabei ist

$\quad e\ [\mathrm{m}]$ die Exzentrizität,
$\quad L\ [\mathrm{m}]$ die Plattenbreite,
$\quad D\ [\mathrm{m}]$ der Durchmesser der zylindrischen Bohrung,
$\quad f\ [\mathrm{m}]$ die Dicke der Platten,
$\quad z\ [-]$ die Anzahl der Platten.

Da $f \cdot z \ll \pi \cdot D$ ist, erhält man als Lieferzahl

$$\varphi \approx \frac{2e \cdot L \cdot \pi \cdot D \cdot \dfrac{n}{60} \cdot \eta_v}{D \cdot L \cdot \pi \cdot D \cdot \dfrac{n}{60}} = \frac{2e}{D} \cdot \eta_v .$$

Gebräuchliche Werte für das Verhältnis der Exzentrizität zum Zylinderdurchmesser sind

$$\frac{e}{D} = \frac{1}{10} \quad \text{bis} \quad \frac{1}{20} \, .$$

Der volumetrische Wirkungsgrad η_v ist etwa 0,8. Übliche Druckverhältnisse der Vielzellen-Verdichter liegen zwischen 1,8 und 4. Die höchste Umfangsgeschwindigkeit u ist durch die Massenkräfte und die Abnützung der Schieber bzw. der Platten auf 20 m/s bis maximal 80 m/s begrenzt. Damit liegen auch für diese Verdichter-Bauweise die Grenzbedingungen für die Lieferzahl φ und die Druckzahl ψ fest.

Vielzellen-Verdichter mit rotierendem, exzentrisch gelagertem Läufer mit Lamellen werden für Fördermengen von etwa 30 bis 3000 m³/h und Druckverhältnisse je Stufe bis etwa 4 gebaut. Ihr Wirkungsgrad liegt bei größeren Maschinen bei etwa 60 bis 66%, bezogen auf den isothermen Verdichtervorgang, was bei einem Druckverhältnis von 3 adiabatischen Wirkungsgraden von 70 bis 77% entspricht. Sein Vorteil gegenüber dem normalen Kolbenverdichter ist das Fehlen hin- und hergehender Massen.

Die Drehzahlen bewegen sich je nach Verdichtergröße zwischen 400 und 1500 U/min.

14. Kolbenverdichter. Beim Kolbenverdichter mit hin- und hergehenden Kolben wird man die Ansaugmenge $\dot{V}$ in Beziehung setzen zur charakteristischen Fläche, nämlich zur Kolbenfläche $\frac{\pi}{4} \cdot D^2$. Die charakteristische Geschwindigkeit beim Kolbenverdichter ist die Kolbengeschwindigkeit

$$c_K = 2s \cdot \frac{n}{60} \, [\text{m/s}] \, .$$

Damit erhält man als Lieferzahl

$$\varphi = \frac{\dot{V}}{\frac{\pi}{4} \cdot D^2 \cdot 2s \cdot \frac{n}{60}} = \frac{120}{\pi} \cdot \frac{\dot{V}}{D^2 \cdot s \cdot n} \, .$$

Mit den analogen Bezeichnungen wird die Druckzahl des Kolbenverdichters mit hin- und hergehenden Kolben

$$\psi = \frac{2g \cdot H_{\text{ad}}}{\left(\frac{2 \cdot s \cdot n}{60}\right)^2} = \frac{1800 \cdot g \cdot H_{\text{ad}}}{(s \cdot n)^2} \, .$$

Mittlere Kolbengeschwindigkeiten von Verdichtern mit hin- und hergehenden Kolben liegen erfahrungsgemäß zwischen 1,5 m/s und 8 m/s. Man kann nun die Lieferzahl wiederum in den geometrischen Abmessungen des Verdichters ausdrücken und erhält

$$\varphi = \frac{\frac{\pi}{4} \cdot D^2 \cdot s \cdot \frac{n}{60} \cdot \eta_v}{\frac{\pi}{4} \cdot D^2 \cdot c_K} = 0{,}5 \, \eta_v \, .$$

Bei Kolbenverdichtern sind übliche Werte für den volumetrischen Wirkungsgrad $\eta_v = 0{,}85$ bis 0,95, wodurch die Spaltströmungen berücksichtigt werden.

Damit wird $\varphi \leqq 0{,}5 \cdot 0.95 \leqq 0{,}475$.

Der Kolbenverdichter ist nicht nur für Höchstdrücke, sondern auch für mittlere und niedere Drücke bei kleinen Fördermengen in vielen Fällen der Strömungsmaschine überlegen, um so mehr je kleiner die jeweilige Fördermenge ist. Als Druckverhältnis je Zylinder wird ein Wert von sieben nur selten überschritten, bei mehrstufigen Anordnungen liegt das Druckverhältnis je Zylinder meist in der Nähe von drei, um die Möglichkeit der Leistungsverminderung durch Zwischenkühlung auszunützen. Der isotherme Wirkungsgrad gut durchentwickelter Kolbenverdichter beträgt etwa 72 bis 78%, was z. B. bei einem Druckverhältnis von drei einem adiabatischen Wirkungsgrad von 85 bis 92% entspricht. Hinsichtlich des Regelverhaltens hat der Kolbenverdichter den Vorteil, daß die Ansaugmenge zwischen Null und dem Höchstwert beliebig geregelt und der Kompressionsenddruck ohne Drehzahländerung innerhalb weiter Grenzen verändert werden kann. Der Kolbenkompressor hat sich als außerordentlich betriebssicher erwiesen, ein Nachteil ist sein großes Bauvolumen bei großen Gasmengen. Dagegen ist bei kleinen Gasmengen und größeren Verdichtungsenddrücken, z. B. für kleine und mittlere Preßluftanlagen, der Verdichter mit hin- und hergehenden Kolben neben Verdichtern mit rotierenden Kolben die zweckmäßigste Bauart.

Mit den unter 1. bis 14. abgeleiteten Definitionen wurde nun eine große Zahl von Kraft- und Arbeitsmaschinen hinsichtlich ihrer Liefer- und Druckzahl untersucht. Die Ergebnisse sind in Abb. 51 dargestellt. Außerdem sind die für die Kolbenverdichter angegebenen Grenzen mit eingetragen.

Man erkennt aus Abb. 51, daß jeder Maschinengattung ein gewisser Bereich zukommt. Ein Übergang auf die Mehrzylinderanordnung in Hintereinanderschaltung bei Kolbenmaschinen bzw. auf die Mehrstufigkeit bei Turbomaschinen überbrückt den freibleibenden Bereich innerhalb der kennzeichnenden Ordnungszahlen und bewirkt eine Verkleinerung der Druckzahl je Stufe bei gleichbleibender Gesamtförderhöhe. Ein Übergang auf doppelt wirkende Bauweise bei Kolbenmaschinen bzw. auf Mehrflutigkeit bei Turbomaschinen verkleinert jeweils die Lieferzahl des einflutigen Teilaggregates bei gleichbleibendem Gesamtfördervolumen.

In das Diagramm Abb. 51 sind zusätzlich noch Linien konstanter Drosselzahlen σ und konstanter spezifischer Drehzahlen ν_s eingetragen, die sich wegen der doppeltlogarithmischen Darstellung als Geraden ergeben. Die spezifische Drehzahl ν_s wurde anstelle von $\mathfrak{R}_n$ gewählt, weil sich nach den vorstehenden Definitionen für ν_s bei allen Maschinengattungen der gleiche dimensionslose Ausdruck

$$\nu_s = \frac{\varphi^{\frac{1}{2}}}{\psi^{\frac{3}{4}}}$$

ergibt. Dagegen hat aber die spezifische Drehzahl in der dimensionsbehafteten Schreibweise, also $\mathfrak{R}_n = f(\dot{V}, H_{\mathrm{ad}}, n)$ für alle Maschinen den gleichen Ausdruck, während sich für ν_s der allgemeine Ausdruck

$$\nu_s = \sqrt{\frac{u^2}{F} \cdot \frac{\dot{V}}{(2g \cdot H_{\mathrm{ad}})^{\frac{3}{2}}}} = n \cdot C \cdot \sqrt{\frac{\dot{V}}{H_{\mathrm{ad}}^{\frac{3}{2}}}}$$

ergibt, wobei die Konstante

$$n\,C = (2g)^{-\frac{3}{4}} \cdot \frac{u}{\sqrt{F}}$$

für jede Maschinengattung entsprechend den vorangegangenen Definitionen zu bestimmen ist.

Rechenbeispiel

Ein Strahltriebwerks-Verdichter sei für folgende Daten auszulegen:

Luftdurchsatz $\dot{G}$ = 91,3 [kg/s]
adiabatische Förderhöhe H_{ad} = 18 800 [mkg/kg]
bzw. Druckverhältnis Π_{tot} = 5,7

bezogen auf Boden-Stand-Bedingungen.

Die von der Antriebs-Turbine bestimmte Drehzahl sei

$$n = 5800 \;[\mathrm{U/min}].$$

Damit wird

$$\frac{n \cdot \dot{V}^{\frac{1}{2}}}{H_{\mathrm{ad}}^{\frac{3}{4}}} = \frac{5800 \cdot (91,3 \cdot 0,79)^{\frac{1}{2}}}{18\,900^{\frac{3}{4}}} = 30,6$$

und die spezifische Drehzahl beträgt

$$\nu_s = 30,6 \cdot C.$$

Die Ergebnisse für verschiedene Verdichterbauarten sind in Tab. 7 zusammengestellt.

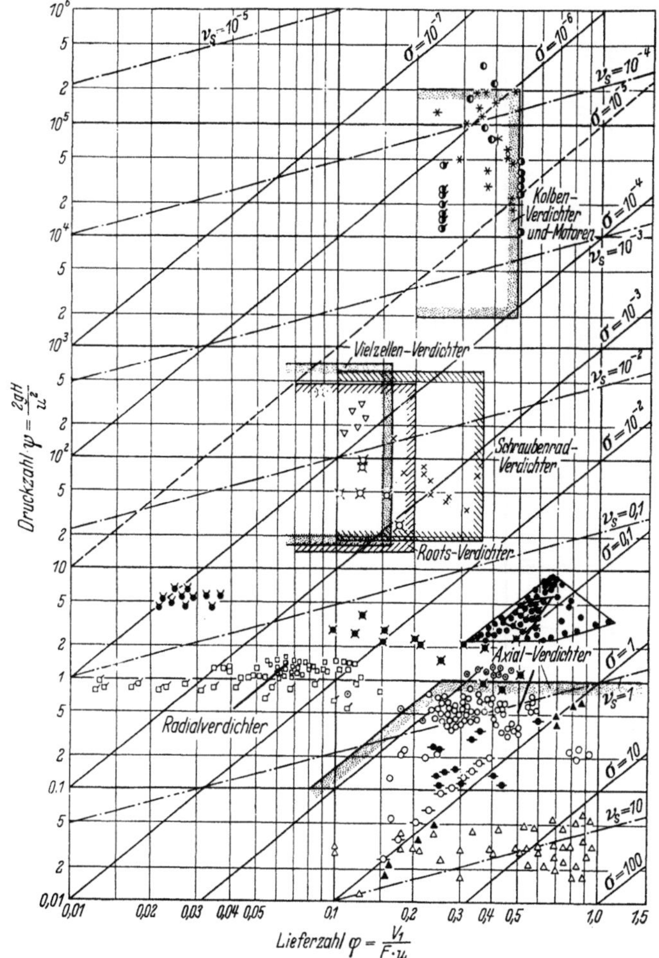

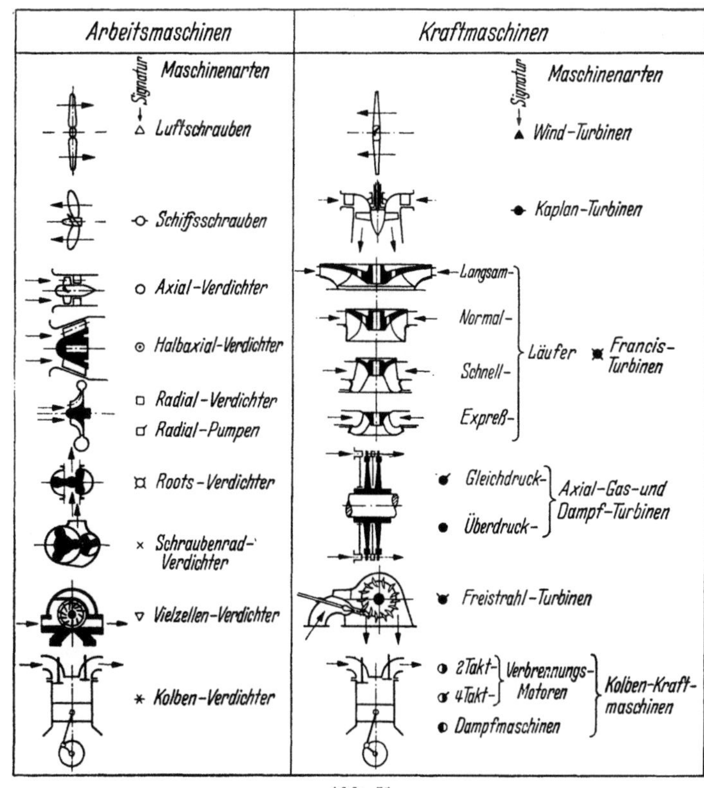

Abb. 51

Abb. 51. Bereich der dimensionslosen Kennwerte von verschiedenen Kraft- und Arbeitsmaschinen (bezogen auf die einstufige und einflutige Bauweise)

Tabelle 7

Maschinenart	C	v_s	v_s Stufe	$\dfrac{v_s \text{ Stufe}}{v_s}$	Stufenzahl z_1 $\left(\dfrac{v_s \text{ Stufe}}{v_s}\right) = \left(\dfrac{z_1^{3/2}}{z_2}\right)^{\frac{1}{2}}$	Flutigkeit z_2	Stufenförderhöhe H_{ad} Stufe	Drosselzahl σ Stufe	Querschnittsfläche F [m²]
		$30{,}6 \cdot C$	s. Abb. 51						
Axialverdichter	$\dfrac{0{,}00633}{\sqrt{1-v^2}}$ mit $v_{mittel} \approx 0{,}65$	0,255	$1 \div 1{,}2$	$3{,}92 \div 4{,}705$	$6 \div 8$ / $10 \div 12$	1 / 2	$3150 \div 2360$	0,5	$0{,}41 \div 0{,}47$
Radialverdichter	0,00633	0,194	0,32	1,65	2 / 3	1 / 2	9450	0,004	2,64 / 1,32
Roots-Verdichter	$0{,}00561 \left(\dfrac{D}{L}\right)^{\frac{1}{2}}$ mit $\dfrac{L}{D} = 0{,}3 \div 2{,}5$	$0{,}109 \div 0{,}312$ (0,20)	$2 \cdot 10^{-2}$	0,10	3 $\left(\dfrac{p_2}{p_1}\right)_{St.} < 2$	520	—	—	—
Schraubradverdichter	0,00633	0,194	$3 \cdot 10^{-2}$	0,155	2 $\left(\dfrac{p_2}{p_1}\right)_{St.} \lessapprox 3{,}5$	118	—	—	—
Vielzellenverdichter	$0{,}00561 \left(\dfrac{D}{L}\right)^{\frac{1}{2}}$ mit $\dfrac{L}{D} = 1 \div 2{,}5$	$0{,}109 \div 0{,}172$ ($\approx 0{,}14$)	$6 \cdot 10^{-3}$	0,043	2 $\left(\dfrac{p_2}{p_1}\right)_{St.} < 3{,}5$	1530	—	—	—
Kolbenverdichter	$0{,}00403 \cdot \dfrac{s}{D}$ $\dfrac{s}{D} = 0{,}8 \div 1{,}5$	$0{,}099 \div 0{,}185$ ($\approx 0{,}14$)	10^{-4} / 10^{-3}	$7{,}1 \cdot 10^{-4}$ / $7{,}1 \cdot 10^{-3}$	1	$1{,}96 \cdot 10^{6}$ / $2 \cdot 10^{4}$	—	—	—

Aus Tab. 7 entnimmt man, daß für die gestellte Aufgabe nur ein einflutiger, sechs- bis achtstufiger Axialverdichter oder ein zweiflutiger, dreistufiger Radialverdichter zu einer technisch realisierbaren Ausführung führt.

VIII. Das Kennfeld bei kompressibler Strömung

Bei der Verdichtung ändert sich das Volumen des Gases, weshalb, streng genommen, alle Gase bei Druckänderungen als kompressibel anzusehen sind. Bei kleinen Druckänderungen ist jedoch die Änderung des Volumens so gering, daß sie vernachlässigt werden kann. Bei Axial- und Radialkompressoren größeren Druckverhältnisses ($\Pi = p_2/p_1 > 1,05$) ändert sich der Druck nicht mehr proportional mit dem Quadrat der Umfangsgeschwindigkeit und damit der Drehzahl, was auf den Einfluß der Kompressibilität des Fördergutes zurückzuführen ist. In diesen Fällen trägt man vielfach über dem Eintritts- (oder Austritts-)Volumen $\dot{V}$ das Druckverhältnis p_2/p_1 oder die Förderhöhe H_{ad} auf und benützt die Drehzahl n als Kurvenparameter. Damit aber das Kennfeld seine Allgemeingültigkeit im Sinne der Ähnlichkeitstheorie behält, müssen die dimensionsbehafteten Kenngrößen noch auf eine invariante Form gebracht werden.

Bei den folgenden Betrachtungen sollen sich sämtliche Angaben allgemein auf das ruhende Gas beziehen, es sind also jeweils die Werte des Stau- oder Gesamtzustandes einzusetzen. Weiterhin sollen folgende Feststellungen getroffen werden:

$$\text{MACHzahl } M = \frac{u}{w_s} = \frac{u}{\sqrt{g \varkappa R T_1}},$$

$$\text{REYNOLDszahl } Re = \frac{D \cdot u}{\nu_1} \quad \text{oder} \quad Re = \frac{D \cdot c_{m_1}}{\nu_1},$$

wobei Zeiger 1 die Werte des eintretenden, Zeiger 2 die Werte des austretenden Gases, u die Umfangsgeschwindigkeit des Laufrades und c_m die Meridiangeschwindigkeit kennzeichnen.

Bei vielstufigen Kompressoren bzw. bei größeren Förderhöhen ist der Einfluß der MACHzahl M und die Änderung des Adiabatenexponenten $\varkappa$ nicht mehr vernachlässigbar. Exakte dynamische Ähnlichkeit zweier Strömungen ist außerdem nur dann vorhanden, wenn der Quotient je zweier entsprechender Reibungskräfte gleich dem Quotienten je zweier entsprechender Trägheitskräfte ist, d. h. wenn die REYNOLDssche Zahl Re, also der Quotient von Trägheits- und Reibungskräften für beide Strömungen die gleiche ist. Während also bei Vernachlässigung der Kompressibilität die Gebläsecharakteristik durch Druck- und Lieferzahl, $\psi = \psi (\varphi)$ und der innere Wirkungsgrad $\eta_i = \eta_i (\varphi)$ gekennzeichnet ist, müssen bei Berücksichtigung der Kompressibilität zur Kennzeichnung einer Kompressorstufe oder des ganzen Kompressors die Druckzahl

$$\psi = \frac{2 g\, H_{ad}}{u_2^2} = \psi\,(\varphi,\, M,\, \varkappa,\, Re) \tag{44}$$

und der innere Wirkungsgrad

$$\eta_i = \frac{H_{ad}}{L_i} = \eta_i\,(\varphi,\, M,\, \varkappa,\, Re) \tag{45}$$

dargestellt werden.

Löst man Gl. (44) nach H_{ad} auf und dividiert mit $\varkappa \cdot R \cdot T_1$, so erhält man

$$\frac{H_{ad}}{\varkappa \cdot R \cdot T_1} = \frac{u^2}{2 g \cdot \varkappa \cdot R \cdot T_1}\, \psi\,(\varphi,\, M,\, \varkappa,\, Re),$$

$$= \frac{M^2}{2}\, \psi\,(\varphi,\, M,\, \varkappa,\, Re) = f\,(\varphi,\, M,\, \varkappa,\, Re)$$

und damit eine Abhängigkeit von dimensionslosen Kenngrößen.

Für den praktisch sehr wichtigen Fall, daß $\varkappa$ bei den Verdichtern bzw. den Betriebszuständen desselben Verdichters, die miteinander verglichen werden, praktisch unverändert bleibt, was z. B. bei Verdichtung von Luft, Sauerstoff, Stickstoff mit Endtemperaturen bis etwa 200 °C der Fall ist, erhält man

$$\frac{H_{ad}}{\varkappa \cdot R \cdot T_1} = f\,(\varphi,\, M,\, Re) = f\!\left(\frac{c_{m_1}}{u},\, \frac{u}{\sqrt{g \cdot \varkappa \cdot R \cdot T_1}},\, Re\right).$$

Es ist nun zweckmäßig, statt der Kenngröße φ den Ausdruck $\varphi \cdot M$ zu verwenden. Ist $\dot{V}_1$

5*

[m³/s] das Ansaugvolumen, dann ist

$$c_{m_1} = \frac{\dot{V}_1}{F_1} \quad \text{und} \quad \varphi \cdot M = \frac{\dot{V}_1}{F_1 \sqrt{g \cdot \varkappa \cdot R \cdot T_1}} = \frac{\text{const} \cdot \dot{V}_1}{D_2^2 \sqrt{g \cdot \varkappa \cdot R \cdot T_1}} \quad \text{und damit}$$

$$\frac{H_{ad}}{\varkappa \cdot R \cdot T_1} = f\left(\frac{\dot{V}_1}{D_2^2 \sqrt{g \cdot \varkappa \cdot R \cdot T_1}}, \; \frac{u}{\sqrt{g \cdot \varkappa \cdot R \cdot T_1}}, \; Re \right) \tag{46}$$

und für die Kurven konstanten Wirkungsgrades

$$\eta_i = f_\eta\left(\frac{\dot{V}_1}{D_2^2 \sqrt{g \cdot \varkappa \cdot R \cdot T_1}}, \; \frac{u}{\sqrt{g \cdot \varkappa \cdot R \cdot T_1}}, \; Re \right). \tag{47}$$

Eine Berücksichtigung der Reynoldsschen Zahl ist in den meisten praktischen Fällen nicht erforderlich, denn großen Machzahlen entsprechen im allgemeinen auch große Reynoldssche Zahlen; dann sind aber die Reibungskräfte klein gegenüber den Trägheitskräften und die Änderung der Ähnlichkeit infolge Änderung der Reynoldsschen Zahl ist gering. Außerdem interessiert in der Praxis nicht so sehr die vollständige Erhaltung der Ähnlichkeit, sondern die Erhaltung der Gültigkeit der Wirkungsgrade

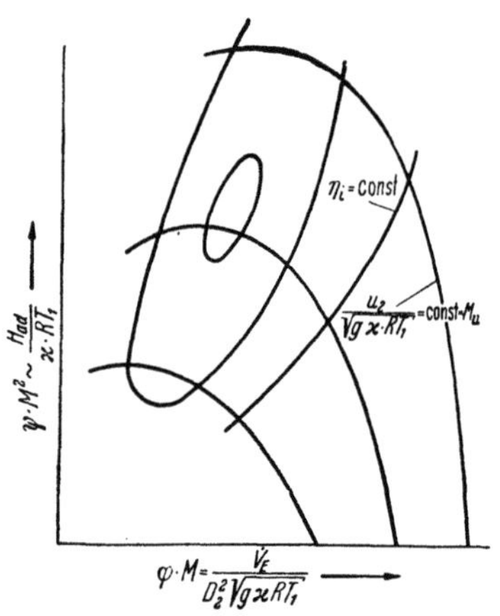

Abb. 52. Allgemein gültige Darstellung für das Kennfeld ähnlicher Verdichter bei Berücksichtigung des Machzahleinflusses

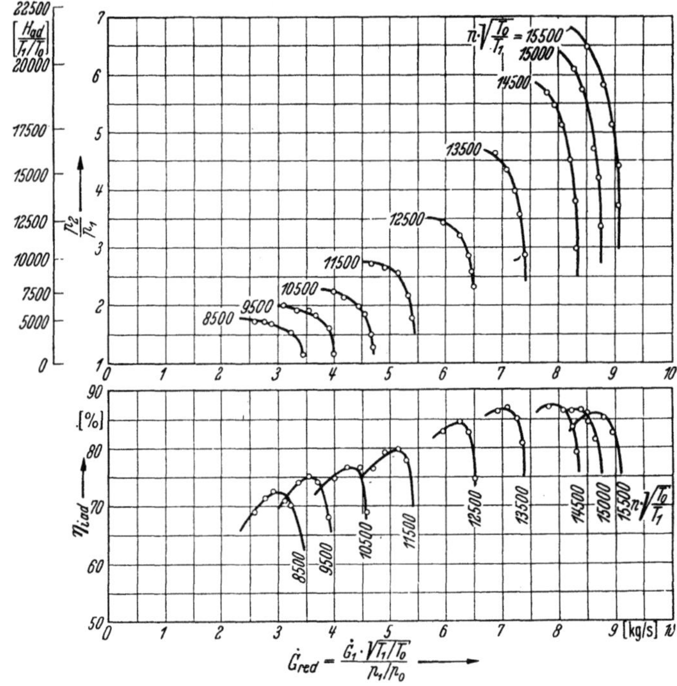

Abb. 53. Vereinfachte Darstellung einer Axialkompressorcharakteristik, gültig für einen bestimmten Verdichter und ein bestimmtes Gas unter Berücksichtigung des Machzahleinflusses
$T_0 = 288$ [° K], Normaltemperatur, $T_1 =$ tatsächliche Gesamttemperatur am Verdichtereintritt, $p_0 = 1$ atm, Normaldruck, $p_1 =$ Gesamtdruck am Verdichtereintritt, $\dot{G} =$ Gasgewicht [kg/s], $\dot{V}_1 =$ Volumen am Verdichtereintritt [m³/s], bezogen auf den Gesamtzustand, $n =$ Verdichterdrehzahl [U/min]

für alle Vergleichsströmungen. Nun sind für große Reynoldssche Zahlen die Widerstandsbeiwerte und damit auch die Verlustzahlen praktisch konstant. Daraus folgt, daß der Wirkungsgrad η_i der Verdichter in dem hier interessierenden Bereich praktisch unabhängig ist von der Reynoldszahl.

Mit Gl. (46) bzw. (47) können also Meßergebnisse an einem Verdichter in dimensionsloser Darstellung aufgezeichnet werden (Abb. 52), wobei dann diese Charakteristik für alle geometrisch ähnlichen Kompressoren und für alle möglichen Betriebsverhältnisse mit unverändertem $\varkappa$ gültig ist. Diese Darstellung ist exakt sowohl für einzelne Verdichterstufen als auch für vielstufige Verdichter und ebenso für einzelne Stufengruppen.

Für einen bestimmten Kompressor und ein bestimmtes zu verdichtendes Gas kann man unter Verzicht auf die dimensionslose Darstellung die obigen Beziehungen noch vereinfachen.

Mit

$$n = \frac{u_2 \cdot 60}{\pi \cdot D_2}$$

wird

$$\frac{H_{ad}}{T_1} = f\left(\frac{\dot{V}_1}{\sqrt{T_1}} ; \quad \frac{n}{\sqrt{T_1}}\right) \quad \text{und} \quad \eta_i = f_\eta\left(\frac{\dot{V}_1}{\sqrt{T_1}} ; \quad \frac{n}{\sqrt{T_1}}\right), \tag{48}$$

oder in anderer Darstellungsweise

$$\frac{H_{ad}}{T_1/T_0} = f\left(\frac{\dot{V}_1}{\sqrt{T_1/T_0}} ; \quad \frac{n}{\sqrt{T_1/T_0}}\right) \quad \text{und} \quad \eta_i = f_\eta\left(\frac{\dot{V}_1}{\sqrt{T_1/T_0}} ; \quad \frac{n}{\sqrt{T_1/T_0}}\right), \tag{49}$$

wobei $T_0 = 288$ [°K] ist. Wünscht man die adiabatische Förderhöhe in Abhängigkeit von Durchsatz $\dot{G}$ [kg/s], dann erhält man mit

$$\dot{G} = \frac{\dot{V}}{v} \quad \text{und} \quad v = \frac{R \cdot T}{p},$$

$$\frac{H_{ad}}{T_1/T_0} = f\left(\frac{\dot{G}_1 \cdot \sqrt{T_1/T_0}}{p_1/p_0} ; \quad \frac{n}{\sqrt{T_1/T_0}}\right) \quad \text{und} \quad \eta_i = f_\eta\left(\frac{\dot{G}_1 \cdot \sqrt{T_1/T_0}}{p_1/p_0} ; \quad \frac{n}{\sqrt{T_1/T_0}}\right), \tag{50}$$

dabei ist $p_0 = 10333$ [kg/m²].

Als Abszisse kann also das invariante Eintrittsvolumen oder der invariante Durchsatz aufgetragen werden. In ähnlicher Weise kann man an der Ordinatenachse neben der Förderhöhe auch das Verdichterdruckverhältnis p_2/p_1 darstellen. Aus den vorstehenden Beziehungen geht hervor, daß der Maßstab für $H_{ad} \cdot T_0/T_1$ nicht linear ist, wenn derjenige für p_2/p_1 linear ist (Abb. 53).

Dynamische Ähnlichkeit setzt auf alle Fälle gleichbleibendes $\varkappa$ voraus. Ist der Exponent der Adiabate in zwei zu vergleichenden Fällen verschieden, so kann man nach H. Kühl für den vielstufigen Verdichter einen Näherungsansatz ableiten. Die von H. Kühl[1] angegebenen Beziehungen bieten z. B. die Möglichkeit, einen Verdichter, der für ein anderes Gas bestimmt ist, mit Luft zu untersuchen.

C. Gemeinsame physikalische Grundlagen der Axial- und Radialkompressoren

I. Geometrie der Kompressorströmung

1. Das Geschwindigkeitsdreieck

Bei sämtlichen Strömungsmaschinen, Kompressoren und Turbinen, unterscheidet man Relativgeschwindigkeiten (w), Umfangsgeschwindigkeiten (u) und Absolutgeschwindigkeiten (c). Dabei ist die Relativgeschwindigkeit die Geschwindigkeit relativ zum bewegten Koordinatensystem. Die Absolutgeschwindigkeit ist bezogen auf ein ruhendes Koordinatensystem (die Erde). Zum Verständnis möge Abb. 54 dienen. Ein Fahrzeug fährt mit der Fahrzeuggeschwindigkeit u. Auf dem Fahrzeug bewege sich ein Mensch relativ zu dem bewegten Fahrzeug mit der Geschwindigkeit w. Dann addiert sich die Geschwindigkeit des Menschen (w) relativ zum bewegten Fahrzeug zu der Geschwindigkeit (u) des Fahrzeuges, relativ zur ruhenden Erde. Die Absolutgeschwindigkeit c ist dann gleich der vektoriellen Summe der Relativgeschwindigkeit w und der Fahrzeug-

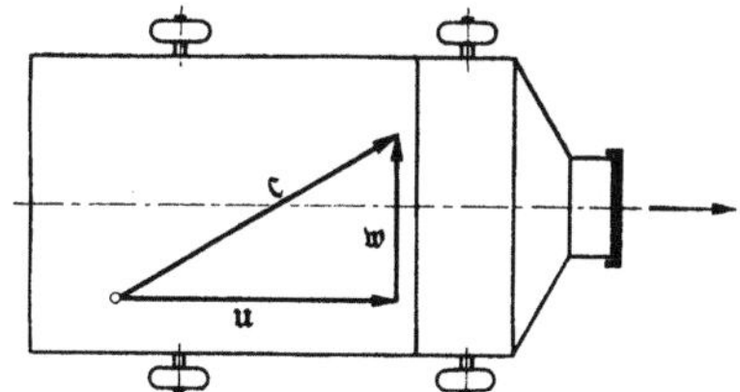

Abb. 54. Die Absolutgeschwindigkeit c als vektorielle Summe der Relativgeschwindigkeiten u und w

geschwindigkeit u. Damit wird, wenn zur Kennzeichnung von Vektoren deutsche Buchstaben verwendet werden:

$$\mathfrak{c} = \mathfrak{u} + \mathfrak{w} \quad \text{(Satz vom Geschwindigkeitsparallelogramm.)}$$

---

[1] Kühl, H.: Ähnlichkeitsbetrachtungen an Kreiselverdichtern. Forschg. a. d. Geb. d. Ing.-Wesens 13 (1942) Nr. 6, S. 235–245.

Durch Auflösen nach der Relativgeschwindigkeit $\mathfrak{w}$ wird

$$\mathfrak{w} = \mathfrak{c} - \mathfrak{u}.$$

Nunmehr soll ein Luftteilchen beim Durchtritt durch das Laufrad eines Radialkompressors betrachtet werden (Abb. 55). Die Umfangsgeschwindigkeit des Laufrades für einen beliebigen

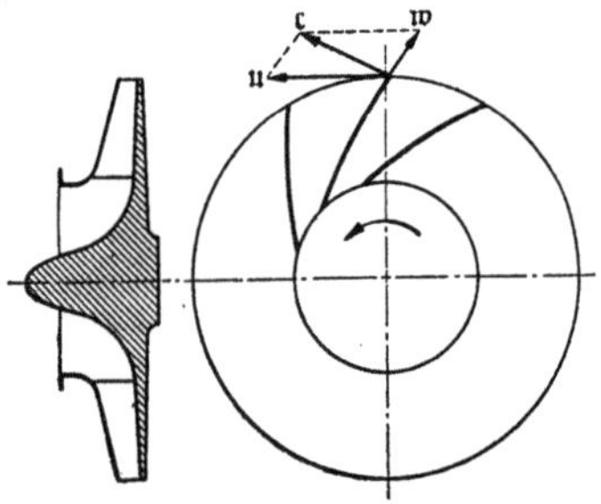

Abb. 55. Geschwindigkeitsdreieck am Laufrad einer radialdurchströmten Arbeitsmaschine

Radius r analog zu Abb. 54, also die Fahrzeuggeschwindigkeit, betrage u, die Relativgeschwindigkeit des betrachteten Luftteilchens w. Dann addiert sich, wie in Abb. 54, die Geschwindigkeit des betrachteten Luftteilchens w, relativ zum bewegten Laufrad, zu der Geschwindigkeit des Laufrades u, und man erhält die Absolutgeschwindigkeit c des Luftteilchens

$$\mathfrak{c} = \mathfrak{u} + \mathfrak{w}.$$

Die analogen Verhältnisse ergeben sich beim Axialkompressor, Abb. 56. Ein Luftteilchen tritt in den Kompressor mit der Absolutgeschwindigkeit c ein. Die Umfangsgeschwindigkeit des Laufrades sei u. Aus Fahrzeuggeschwindigkeit u und Absolutgeschwindigkeit c erhält man die Relativgeschwindigkeit w:

$$\mathfrak{w} = \mathfrak{c} - \mathfrak{u}.$$

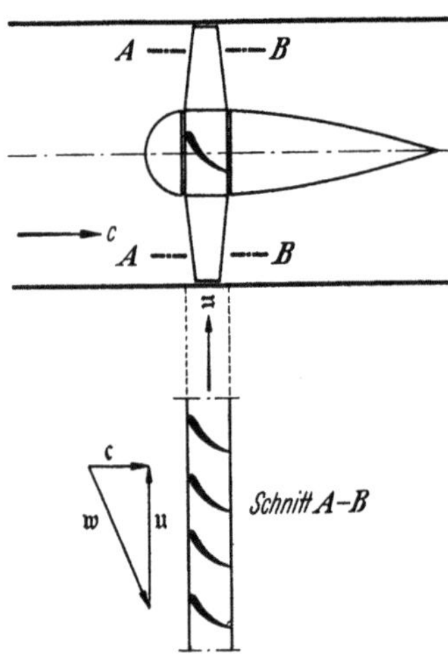

Abb. 56. Geschwindigkeitsdreiecke am Laufrad einer axialdurchströmten Arbeitsmaschine

2. Das Schaufelgitter

Bei allen Strömungsmaschinen handelt es sich durchweg um die Anordnung mehrerer Einzelflügel in Flügelreihen oder Flügelgittern. Zur Idealisierung der tatsächlichen Verhältnisse bei Radialkompressoren dient das kreisförmige, rotierende Schaufelgitter (Abb. 57). Die theoretische Durchdringung des rotierenden Gitters verlangt einen umfangreichen mathematischen Aufwand, weil die Relativströmung wirbelbehaftet ist. Aus diesem Grunde ist eine allgemeingültige, exakte aerodynamische Berechnungsweise des rotierenden Gitters noch nicht gelungen. Dennoch fehlt es nicht an beachtenswerten mathematischen Ansätzen. KUCHARSKI hat die Verhältnisse für das Radialrad mit radial gerichteten, bis in den Mittelpunkt reichenden Schaufeln, SPANNHAKE für ein beliebiges Verhältnis von Ein- und Austrittsradius behandelt. W. SCHULZ, E. SÖRENSEN und A. BUSEMANN untersuchten die theoretischen Verhältnisse bei Radialrädern mit logarithmisch-spiralförmigen

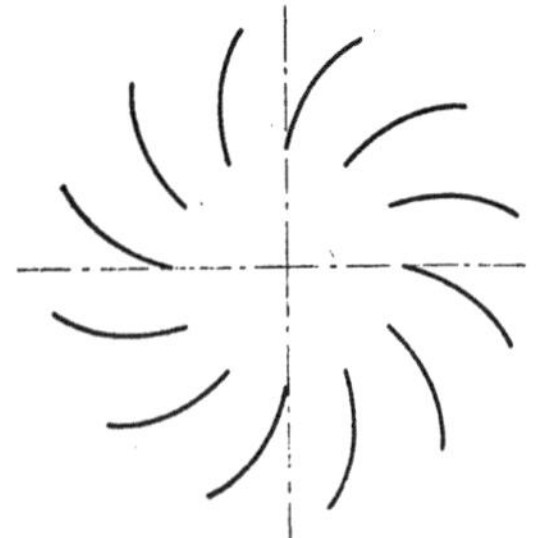

Abb. 57. Kreisförmiges Schaufelgitter

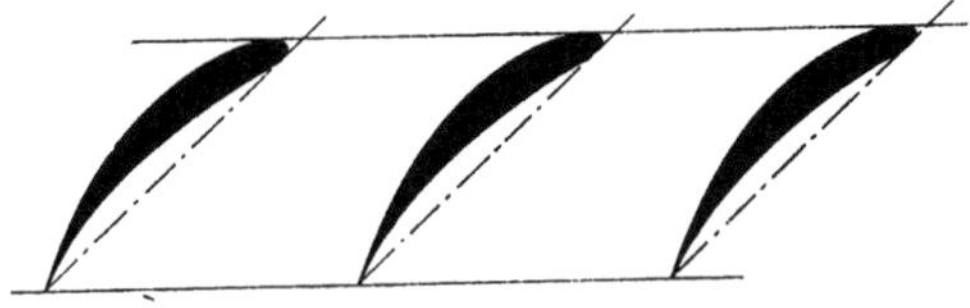

Abb. 58. Gerades Schaufelgitter

Schaufeln. Über die theoretischen Grundlagen bei beliebigen Halbmesserverhältnissen und bei beliebigen Schaufelformen berichten Arbeiten von SPANNHAKE und WEINIG.

Analog zum kreisförmigen Schaufelgitter dient das gerade Schaufelgitter als Hilfsmittel zur Idealisierung der Strömungsvorgänge im axial durchströmten Verdichter (Abb. 58). Im Gegensatz zum rotatorischen Schaufelgitter, das der Idealisierung der radial beaufschlagten Verdichter dient, ist das gerade Schaufelgitter ein rein translatorisch bewegtes Gitter. All die zahlreichen theoretischen Untersuchungen der Strömung in translatorisch bewegten geraden Schaufelgittern beruhen entweder auf der Singularitätenmethode oder auf der Theorie der konformen Abbildung (siehe Literaturverzeichnis).

II. Die mechanischen Grundgesetze der Strömungsmaschinen

Die der Berechnung von Strömungsmaschinen zugrunde liegenden mechanischen Gesetze sind
die BERNOULLISche Gleichung,
der Impuls- oder Drehmomentensatz,
die Kontinuitätsgleichung.

1. Die erweiterte Bernoullische Gleichung

Für kompressible Strömung gilt bei verlustloser Strömung die Beziehung

$$\frac{c^2}{2} + \int_{p_{tot}}^{p_{stat}} \frac{dp}{\varrho} + g \cdot h = \text{konstant}, \tag{1}$$

wobei p_{tot} konstant bleibt.

Die in Gl. (1) dargestellte Beziehung bezeichnet man als erweiterte BERNOULLISche Gleichung.
Das Glied $(g \cdot h)$, das den Einfluß der geodätischen Höhe berücksichtigt, ist im vorliegenden
Rahmen stets vernachlässigbar gegenüber den übrigen Größen. Die Änderung der Dichte ϱ mit
dem Druck p erfolgt nach der Adiabatengleichung $p \cdot v^\varkappa = \text{const}$ und es gilt somit die bereits
verwendete Beziehung

$$\frac{c^2}{2g} = \frac{\varkappa}{\varkappa - 1} \cdot R \cdot T_{tot} \left[1 - \left(\frac{p_{stat}}{p_{tot}} \right)^{\frac{\varkappa - 1}{\varkappa}} \right] = \frac{\varkappa}{\varkappa - 1} \cdot R \cdot T_{stat} \left[\left(\frac{p_{tot}}{p_{stat}} \right)^{\frac{\varkappa - 1}{\varkappa}} - 1 \right].$$

Damit erhält man

$$p_{stat} = p_{tot} \left(1 - \frac{c^2}{2g} \cdot \frac{\varkappa - 1}{\varkappa} \cdot \frac{1}{R \cdot T_{tot}} \right)^{\frac{\varkappa}{\varkappa - 1}} = p_{tot} \left(1 - \frac{c^2}{w_{s_{tot}}^2} \cdot \frac{\varkappa - 1}{2} \right)^{\frac{\varkappa}{\varkappa - 1}};$$

$$p_{tot} = p_{stat} \left(1 + \frac{c^2}{2g} \cdot \frac{\varkappa - 1}{\varkappa} \cdot \frac{1}{R \cdot T_{stat}} \right)^{\frac{\varkappa}{\varkappa - 1}} = p_{stat} \left(1 + \frac{c^2}{w_{s_{stat}}^2} \cdot \frac{\varkappa - 1}{2} \right)^{\frac{\varkappa}{\varkappa - 1}} = \text{const.} \tag{1a}$$

Dabei ist

$w_{s_{tot}}$ die dem Gesamtzustand entsprechende Schallgeschwindigkeit,
$w_{s_{stat}}$ die dem statischen Zustand entsprechende Schallgeschwindigkeit.

Die Differenz zwischen Gesamtdruck p_{tot} und statischem Druck
p_{stat} bezeichnet man als dynamischen Druck

$$p_{dyn} = p_{tot} - p_{stat}.$$

Bei kleinen Druckänderungen, bei denen die Dichteänderung vernachlässigt werden kann, gehen diese Ausdrücke in
die bekannte Beziehung über

$$\frac{\varrho}{2} \cdot c^2 = p_{dyn} = p_{tot} - p_{stat}.$$

2. Der Impuls- oder Drehmomentensatz

Der Impuls- oder Drehmomentensatz sagt aus, daß das zur
Bewegung eines Laufrades erforderliche Drehmoment, also das
äußere Moment, gleich der Differenz des austretenden und
eintretenden Impulsmomentes ist.

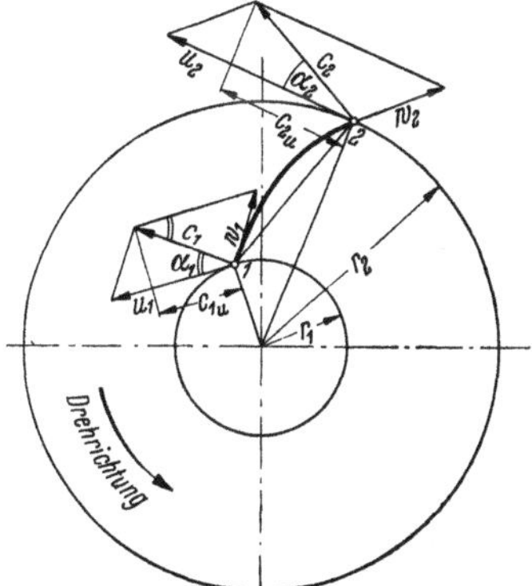

Abb. 59. Geschwindigkeitsdreiecke am
Laufrad einer radialdurchströmten Ar-
beitsmaschine. Darstellung der üblichen
Bezeichnungen

Dabei ist das Impulsmoment = Hebelarm mal sekundlich fließender Masse mal Umfangskomponente der Absolutgeschwindigkeit.

$$M = r \cdot \dot{m} \cdot c_u. \tag{2}$$

Erteilt man, z. B. in einem Radialkompressor, der Luft vor Eintritt in das Laufrad einen Eintrittsdrall im Sinne der Umlaufbewegung (Mitdrall), d. h. die Luft tritt nicht radial in das

Laufrad, sondern unter einem Winkel α_1 gegen die Umfangsrichtung für den stillstehenden Beobachter ein, dann ist das eintretende Impulsmoment mit den Bezeichnungen in Abb. 59

$$M_1 = r_1 \cdot \dot{m} \cdot c_{1_u}$$

und das austretende Impulsmoment $\qquad M_2 = r_2 \cdot \dot{m} \cdot c_{2_u}.$

Das Moment der äußeren Kraft ist nun gleich dem Zuwachs des Impulsmomentes, also

$$M = M_2 - M_1 = \dot{m} \left(r_2 \cdot c_{2_u} - r_1 \cdot c_{1_u} \right). \tag{3}$$

(Gl. 3) gilt bei reibungsloser und reibungsbehafteter Strömung.

3. Die Kontinuitätsgleichung

Die Kontinuitätsgleichung entspricht dem Gesetz von der Erhaltung der Masse, im vorliegenden Falle also der sekundlich strömenden Masse. Sie lautet

$$\dot{m} = \frac{\dot{G}}{g} = \frac{\dot{V} \cdot \gamma}{g} = F \cdot c \cdot \frac{\gamma}{g} = \text{const}. \tag{4}$$

4. Die Hauptgleichungen der Turbinentheorie

Die im Laufrad eines Kompressors zugeführte Arbeit kann nun in folgender Weise berechnet werden. Die in den Kompressor eingeleitete Arbeit je Sekunde ist $M \cdot \omega$. Diese ist gleich $\dot{G} \cdot H_{\text{th}}$, wenn H_{th} die tatsächliche Arbeit je kg/s Gas ist. Es ist also

$$M \cdot \omega = \dot{m} \cdot g \cdot H_{\text{th}}$$

und mit Gl. (3)
$$H_{\text{th}} = \frac{M \cdot \omega}{\dot{m} \cdot g} = \frac{\omega}{g} \left(r_2 \cdot c_{2_u} - r_1 \cdot c_{1_u} \right) = \frac{1}{g} \left(u_2 \cdot c_{2_u} - u_1 \cdot c_{1_u} \right). \tag{5}$$

Diese Beziehung gilt allgemein, also bei reibungsloser und reibungsbehafteter Strömung. Die je kg/s Gas aufzuwendende Arbeit ist abhängig von den Drалländerungen und unabhängig von den Verlusten bzw. dem Wirkungsgrad der Verdichtung.

Für axial durchströmte Maschinen ist für einen Stromfaden $u_2 = u_1 = u$. Da $c_{2_u} - c_{1_u} = w_{1_u} - w_{2_u} = \Delta w_u$ ist, kann man in diesem Fall Gl. (5) auch in folgender Form schreiben

$$H_{\text{th}} = \frac{1}{g} \cdot u \cdot \Delta w_u. \tag{5a}$$

Bei Gasen ist, solange die Dichteänderung bei der Verdichtung vernachlässigt werden kann und reibungsfreie Strömung vorausgesetzt wird, die Hubhöhe identisch mit der Druckhöhe, also

$$p_{2\,\text{tot}} - p_{1\,\text{tot}} = \Delta p_{\text{tot}} = \gamma \cdot H_{\text{th}}, \tag{6}$$

wobei γ [kg/m³] das spezifische Gewicht des Gases ist. Aus den Gleichungen (5) und (6) erhält man also

$$\Delta p_{\text{tot}} = \frac{\gamma}{g} \left(u_2 c_{2_u} - u_1 c_{1_u} \right) = \varrho \left(u_2 c_{2_u} - u_1 c_{1_u} \right). \tag{6a}$$

Aus Gl. (5) und (6a) geht hervor, daß die Förderhöhe H, jedoch nicht der Druck Δp, unabhängig vom spezifischen Gewicht des Fördergutes, Flüssigkeit oder Gas, bei sonst gleichen Bedingungen des Laufrades ist. Weiter ist aus den Gl. (5) und (6a) zu entnehmen, daß bei gleichen Umfangsgeschwindigkeiten die Förderhöhe H_{th} bzw. die Druckerhöhung Δp_{tot} nur von den c_u-Komponenten abhängt. Aus Gl. (6) folgt, daß für ein gleiches Laufrad bei gleichen Umfangsgeschwindigkeiten die erreichbaren Drücke sich verhalten wie die jeweiligen spezifischen Gewichte des Fördergutes:

$$\frac{\Delta p_a}{\Delta p_b} = \frac{\gamma_a}{\gamma_b}.$$

Wendet man auf die Geschwindigkeitsdreiecke Abb. 59 den Cosinussatz an, dann erhält man

$$w_1^2 = c_1^2 + u_1^2 - 2 c_1 \cdot u_1 \cdot \cos \alpha_1 = c_1^2 + u_1^2 - 2 u_1 \cdot c_{1_u},$$
$$w_2^2 = c_2^2 + u_2^2 - 2 \cdot c_2 \cdot u_2 \cdot \cos \alpha_2 = c_2^2 + u_2^2 - 2 u_2 \cdot c_{2_u}.$$

Daraus folgt

$$u_1 \cdot c_1 \cdot \cos\alpha_1 = \frac{1}{2}\,(c_1^2 + u_1^2 - w_1^2) = u_1 \cdot c_{1_u}\,,$$

$$u_2 \cdot c_2 \cdot \cos\alpha_2 = \frac{1}{2}\,(c_2^2 + u_2^2 - w_2^2) = u_2 \cdot c_{2_u}\,.$$

Setzt man die Ergebnisse in die Gl. (5) bzw. (6a) ein, dann erhält man

$$H_{\text{th}} = \frac{1}{2g}\,[(c_2^2 - c_1^2) + (u_2^2 - u_1^2) + (w_1^2 - w_2^2)]\,,$$

$$\Delta p_{\text{tot}} = \frac{\varrho}{2}\,[(c_2^2 - c_1^2) + (u_2^2 - u_1^2) + (w_1^2 - w_2^2)]\,. \qquad (7)$$

Der erste Gleichungsteil $\frac{1}{2g}\,(c_2^2 - c_1^2)$ bzw. $\frac{\varrho}{2}\,(c_2^2 - c_1^2)$ bedeutet eine Erhöhung der kinetischen Energie. Der dieser Energie entsprechende statische Druck ist hinter dem Laufrad des Kompressors noch nicht vorhanden. Durch Verzögerung in Leitkanälen und Spiralen kann diese kinetische Energie bei Annahme verlustfreier Umsetzung entsprechend der BERNOULLIschen Gleichung in statischen Druck verwandelt werden.

Das zweite Glied $\frac{\varrho}{2}\,(u_2^2 - u_1^2)$ der Gl. (7) kann wie folgt gedeutet werden:

Man denke sich einen radial gerichteten Kanal entsprechend Abb. 60, der an beiden Enden geschlossen ist, mit Luft rotierend. Der Querschnitt des Kanals $(b \cdot ds)$, wobei b die Breite senkrecht zur Zeichenebene ist, sei so klein, daß keine Relativbewegungen im Kanal möglich sind. Wird nun dieser Kanal in gleichförmige Drehung versetzt, so entsteht infolge der Zentrifugalkräfte auf beiden Seiten ein bestimmter Druck. Auf ein Teilelement $(b \cdot ds \cdot dr)$ im Abstand r vom Drehpunkt wirkt die Zentrifugalkraft

$$dZ = \frac{\gamma}{g} \cdot r \cdot \omega^2 \cdot b \cdot ds \cdot dr\,.$$

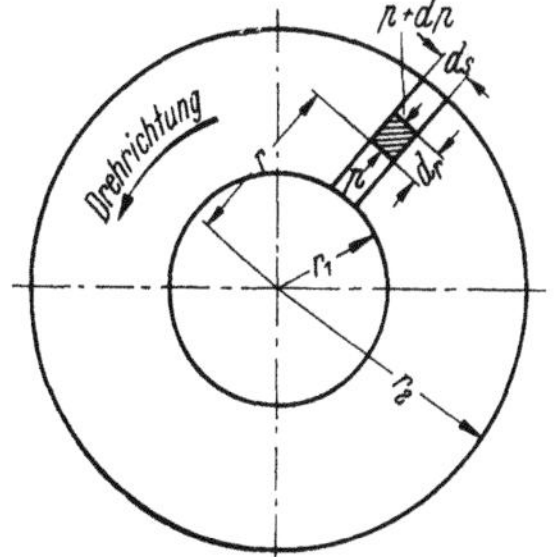

Abb. 60. Skizze zur Erklärung des Druckgradienten als Folge der Zentrifugalkräfte

Diese Kraft hat einen Druck dp auf die Fläche $(b \cdot ds)$ zur Folge

$$dZ = b \cdot ds \cdot dp\,.$$

Durch Gleichsetzen dieser beiden Kräfte und Integrieren vom uneren (r_1) bis zum äußeren Laufraddurchmesser (r_2) erhält man, sofern die Dichtezunahme als Folge des Druckanstieges vernachlässigt werden kann, als gesamten Druckunterschied

$$\Delta p = \int\limits_{r_1}^{r_2} dp = \int\limits_{r_1}^{r_2} \frac{\gamma}{g} \cdot \omega^2 \cdot r \cdot dr = \frac{\gamma}{g} \cdot \omega^2 \cdot \left(\frac{r_2^2}{2} - \frac{r_1^2}{2}\right) = \frac{\varrho}{2}\,(u_2^2 - u_1^2)\,.$$

Das Glied $\frac{\varrho}{2}\,(u_2^2 - u_1^2)$ bedeutet also die statische Druckerhöhung als Folge der Zentrifugalkräfte. Beim axial durchströmten Kompressor ist für jeden Stromfaden $u_2 = u_1$, weshalb bei sonst gleichen Verhältnissen wegen des Wegfalles der statischen Druckerhöhung als Folge der Differenz der Umfangsgeschwindigkeiten die rein statische Druckerhöhung eines Radialkompressors unbedingt höher sein muß als diejenige eines Axialkompressors.

Das letzte Glied der Gl. (7), also $\frac{\varrho}{2}\,(w_1^2 - w_2^2)$ entspricht der Verzögerung im Kanal des Laufrades (der relativen Eintrittsgeschwindigkeit w_1 auf die relative Austrittsgeschwindigkeit w_2). Dieser Verzögerung entspricht nach der BERNOULLIschen Gleichung bei verlustfreier Umsetzung eine statische Druckerhöhung von $\Delta p_{\text{stat}} = \frac{\varrho}{2}\,(w_1^2 - w_2^2)$.

Die Druckerzeugung im Axial- bzw. Radialkompressor beruht also auf der Verzögerung der Relativgeschwindigkeiten, der Änderung der Umfangsgeschwindigkeiten im Laufrad und auf der Umwandlung der kinetischen Energie in potentielle Energie in den feststehenden Leiträdern.

Zum Verständnis der Strömungsverhältnisse in Axial- und Radialkompressoren soll noch bemerkt werden, daß die Strömung längs eines in der Strömung liegenden Körpers durch

Reibungswirkungen abgebremst wird. Diese verzögerte Schicht, die sogenannte Grenzschicht, neigt bei Schräganströmung, z. B. einer Schaufel eines Axial- oder Radialkompressors, zum Ablösen und damit zur Wirbelbildung. Während sich aber bei einer Turbine der abgebremste Teil unter dem Einfluß des nachfolgenden Druckgefälles wieder beschleunigen kann, müssen beim Verdichter die abgebremsten Gasteilchen durch die gesunde Strömung beschleunigt werden, wodurch auch diese verzögert wird. Außerdem wirkt der Druckanstieg der Strömungsrichtung entgegen, was die Wirbelbildung verstärkt. Als Folge der Strömungsablösungen kann der Verdichter in einen unstetigen Arbeitsbereich kommen, was man als „Pumpen" bezeichnet. Beim Radialverdichter wirkt, im Gegensatz zum Axialverdichter, nun außer der durch die Schaufel übertragenen Energie noch die Zentrifugalkraft auf das Fördergut. Da diese in Strömungsrichtung wirkt, beschleunigt sie auch die abgebremsten Teile, wodurch die Wirbelbildung verringert wird. Daraus erklärt sich die wesentlich größere Unempfindlichkeit des Radialverdichters gegenüber dem Axialverdichter. Da aber beim Axialverdichter die langen Gaswege mit den scharfen Umlenkungen vermieden werden, ist sein Wirkungsgrad im allgemeinen höher als derjenige von Radialkompressoren.

5. Die Arbeitsgleichungen

Zur Förderung von $\dot{V}$ [m³/s] auf eine Druckerhöhung Δp_{tot}, bzw. von $\dot{G}$ [kg/s] auf eine Förderhöhe H_{th} benötigt man die Antriebsleistung

$$N = \dot{V} \cdot \Delta p_{\text{tot}} \left[\frac{\text{m}^3}{\text{s}} \frac{\text{kg}}{\text{m}^2} = \frac{\text{m kg}}{\text{s}} \right]$$

bzw.

$$N = \dot{G} \cdot H_{\text{th}} \left[\frac{\text{kg}}{\text{s}} \frac{\text{m kg}}{\text{kg}} = \frac{\text{m kg}}{\text{s}} \right]. \tag{8}$$

Aus den Gl. (8) und (5) bzw. (6a) erhält man

$$N = \frac{\dot{G}}{g} \left(u_2 \cdot c_{2_u} - u_1 \cdot c_{1_u} \right) \left[\frac{\text{m kg}}{\text{s}} \right]. \tag{9}$$

Aus den Gl. (8) und (7) ergibt sich derselbe Wert in anderer Form

$$N = \frac{\dot{G}}{2g} \left[(c_2^2 - c_1^2) + (u_2^2 - u_1^2) + (w_1^2 - w_2^2) \right] \left[\frac{\text{m kg}}{\text{s}} \right]. \tag{10}$$

Unter Einführung des in der Tragflügeltheorie viel gebrauchten Begriffes der Zirkulation kann die Arbeitsgleichung auch wie folgt dargestellt werden:

Abb. 61 zeigt das abgewickelte Schaufelgitter eines Axialverdichter-Laufrades. Man grenzt nun ein geschlossenes Gebiet, eine sog. Kontrollfläche, derart ab, daß die Grenzen einerseits aus zwei, um die Teilung t gegeneinander versetzten Stromfäden AD und BC, andererseits aus zwei zur Gitterachse parallelen Strecken AB und CD gebildet werden. Die Zirkulation Γ_e wird definiert als das im positiven Sinne um die Begrenzung der Kontrollfläche erstreckte Linienintegral

$$\Gamma_e = \oint c \circ d\mathfrak{s},$$

wobei c und $d\mathfrak{s}$ die Vektoren der Absolutgeschwindigkeit bzw. des Wegelementes bedeuten und der Kreis zwischen ihnen die skalare Multiplikation andeutet. Das Ringintegral zerfällt in 4 Teilintegrale.

$$\oint c \circ d\mathfrak{s} = \int_A^B + \int_B^C + \int_C^D + \int_D^A c \circ d\mathfrak{s}.$$

Aus Symmetriegründen ist

$$\int_B^C c \circ d\mathfrak{s} + \int_D^A c \circ d\mathfrak{s} = 0.$$

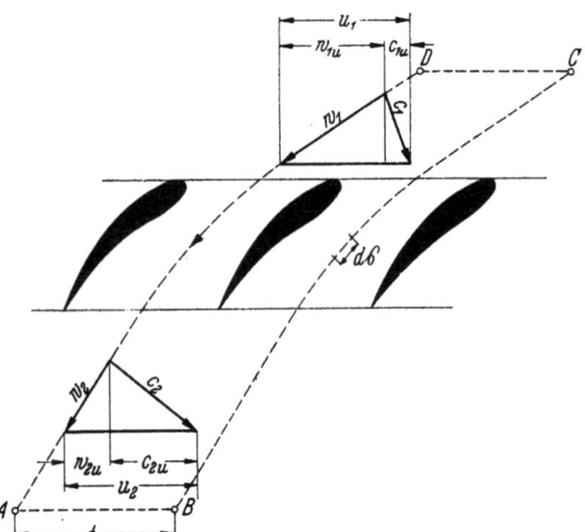

Abb. 61. Skizze zur Erklärung des Begriffes der Zirkulation
u Umfangsgeschwindigkeiten, c Absolutgeschwindigkeiten,
w Relativgeschwindigkeiten, Index u = Komponente in Umfangsrichtung, Zeiger *1*: Eintritt, Zeiger *2*: Austritt, t = Teilung

Außerdem ist

$$\int_A^B \mathfrak{c} \circ d\mathfrak{s} = c_{2u} \cdot t_2,$$

$$\int_C^D \mathfrak{c} \circ d\mathfrak{s} = -c_{1u} \cdot t_1.$$

Damit wird die Zirkulation

$$\Gamma_e = \oint \mathfrak{c} \circ d\mathfrak{s} = c_{2u} \cdot t_2 - c_{1u} \cdot t_1.$$

Die Zirkulation Γ um sämtliche z Schaufeln des Gitters ist, wenn, wie bereits vorstehend, im folgenden zur Unterscheidung die Zirkulation um eine einzelne Schaufel mit Γ_e bezeichnet wird

$$\Gamma = z \cdot \Gamma_e = z \left(c_{2u} \cdot t_2 - c_{1u} \cdot t_1 \right) \text{ und da } 2\pi r = z t \text{ ist, folgt}$$

$$\Gamma = 2\pi \left(r_2 c_{2u} - r_1 c_{1u} \right).$$

Nun ist

$$2\pi r = \frac{60 \cdot u}{n}$$

und damit

$$\Gamma = \frac{60}{n} \left(u_2 \cdot c_{2u} - u_1 \cdot c_{1u} \right) \left[\frac{\mathrm{m^2}}{\mathrm{s}} \right].$$

Man kann die Zirkulation Γ darstellen durch die zwei Teilintegrale

$$\Gamma_2 = z \cdot \int_C^D \mathfrak{c} \circ d\mathfrak{s} = 2\pi r_2 \cdot c_{2u}$$

und

$$\Gamma_1 = z \cdot \int_A^B \mathfrak{c} \circ d\mathfrak{s} = 2\pi r_1 \cdot c_{1u}.$$

Dann wird

$$\Gamma = \Gamma_2 - \Gamma_1$$

und

$$H_{\mathrm{th}} = \frac{\omega}{g} \cdot \frac{\Gamma}{2\pi}.$$

Durch Einsetzen in die Arbeitsgleichung (8) bzw. (9) erhält man dann

$$N = \frac{n}{60} \cdot \frac{\dot{G}}{g} \left(\Gamma_2 - \Gamma_1 \right) = \frac{\dot{G}}{g} \cdot \frac{\omega \cdot \Gamma}{2\pi} \tag{11}$$

Die drei Arbeitsgleichungen (9), (10) und (11) sind einander völlig gleichwertig.

III. Thermodynamische Grundlagen

Das Verständnis für die in der Strömungsmaschine stattfindenden Vorgänge setzt die Kenntnis der Grundgesetze aus der technischen Wärmelehre voraus. Diese dürfen hier wohl als bekannt vorausgesetzt werden. Es möge deshalb genügen, einige wichtige Beziehungen und Zahlenwerte kurz zusammenzustellen.

1. Normalzustand

Als Normalzustand bei der Verdichtung von Luft ist es üblich, einen Druck von $p = 760\,\mathrm{mm\,Hg}$ $= 1{,}033$ at und eine Temperatur von $15\,°\mathrm{C}$ zugrunde zu legen. Die Abhängigkeit des Druckes, der Temperatur und damit des spezifischen Gewichtes von der Höhe ist durch die Norm-Atmosphäre (DIN 5450) festgelegt.

2. Gasgleichung

Für ideale Gase und praktisch mit genügender Genauigkeit für alle Gase bei niedrigen Drücken und Temperaturen, die weit über der Siedetemperatur liegen, gilt die Gasgleichung

$$P \cdot v = R \cdot T; \qquad \frac{P}{\gamma} = R \cdot T; \tag{12}$$

$$P \cdot V = G \cdot R \cdot T,$$

wobei die Gaskonstante

$$R = \frac{848}{M} \text{ ist.}$$

Für Luft ist $R = 29{,}27$ [m/°].
Dabei ist

P [kg/m²]	der Druck,	G [kg]	das Gasgewicht,
v [m³/kg]	das spezifische Volumen,	T [° K]	die absolute Temperatur,
γ [kg/m³]	das spezifische Gewicht,	M [kg/Mol]	das Molekulargewicht.
V [m³]	das Volumen,		

Bei Dämpfen und Gasen, die nicht der Gasgleichung folgen, muß man den Zusammenhang zwischen Druck, spezifischem Volumen und Temperatur speziellen Zahlentafeln bzw. Diagrammen entnehmen.

3. Wärmeinhalt und spezifische Wärme

Der Wärmeinhalt i eines kg Gases ist definiert durch die Beziehung

$$i = \int_0^t c_p \cdot dt; \tag{13}$$

er ist reine Zustandsgröße, die allgemein von Druck und Temperatur, bei Gasen, die der Gasgleichung folgen, nur von der Temperatur abhängig ist. c_p [kcal/kg °C] ist die spezifische Wärme

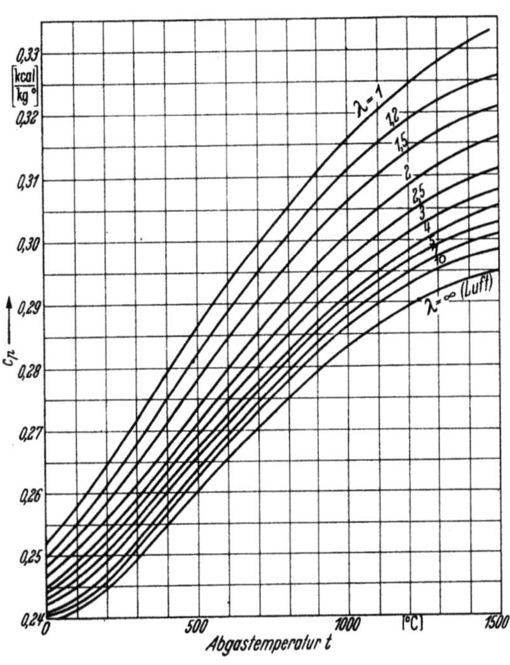

Abb. 62. c_p-Werte für Abgase von mittlerem Benzin (nach JUSTI). λ = Luftüberschußzahl

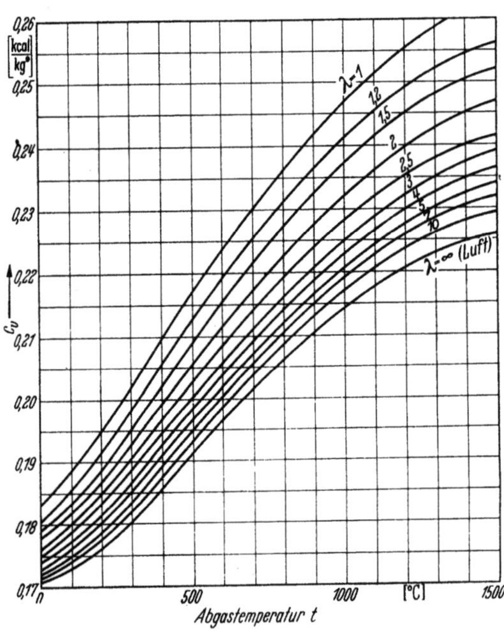

Abb. 63. c_v-Werte für Abgase von mittlerem Benzin (nach JUSTI)

bei konstantem Druck und t [°C] die Temperatur. Zwischen Wärmeinhalt und innerer Energie u besteht die Beziehung

$$i = u + A \cdot P \cdot v, \tag{14}$$

wobei A [kcal/mkg] $= 1/427$ das mechanische Wärmeäquivalent ist. Für atmosphärische Luft ist $c_p = 0{,}24 \left[\dfrac{\text{kcal}}{\text{kg °C}}\right]$ und $c_p/A = 102{,}3$ [m/Grad]. Kann man in einem gewissen Temperaturbereich die spezifische Wärme konstant setzen, dann ist

$$i = c_p \cdot T + \text{const} = c_p \cdot t,$$

wobei der Zahlenwert der Konstanten für die hier betrachteten Beziehungen ohne Einfluß ist.

Zwischen der spezifischen Wärme c_p bei konstantem Druck und der spezifischen Wärme c_v bei konstantem Volumen gilt für Gase, die der Gasgleichung folgen, die Beziehung

$$c_p = c_v + A R. \tag{15}$$

Vielfach erweist es sich als praktisch, die spezifische Wärme für ein Mol anzugeben. In diesem Falle ist

$$M \cdot c_p = \mathfrak{C}_p = M \cdot c_v + 1{,}986 = \mathfrak{C}_v + 1{,}986. \tag{16}$$

Von besonderer Bedeutung ist das Verhältnis der beiden spezifischen Wärmen

$$\varkappa = \frac{c_p}{c_v}. \tag{17}$$

Für Verdichtung atmosphärischer Luft bei Temperaturen bis etwa 200 °C kann mit genügender Genauigkeit $\varkappa = 1{,}4$ gesetzt werden. In Tabelle 8 sind für einige technisch wichtigen Gase die wahren spezifischen Wärmen $\mathfrak{C}_p$ bei konstantem Druck bei verschiedenen Temperaturen angegeben.

Für Gasgemische kann man die spezifische Wärme des Gemisches nach der Beziehung

$$\mathfrak{C}_{p_M} = \Sigma\, r_i \cdot \mathfrak{C}_{p_i} \tag{18}$$

ermitteln. Dabei erstreckt sich die Summe über die einzelnen Gemischanteile, wobei r_i die Volumenanteile sind. Das Verhältnis der spezifischen Wärmen für Gasgemische ergibt sich hieraus zu

$$\varkappa_M = \frac{\mathfrak{C}_{p_M}}{\mathfrak{C}_{p_M} - 1{,}986}. \tag{19}$$

Für Luft und Verbrennungsgase von Benzin ist c_p, c_v und $\varkappa$ in Abb. 62, 63 und 64 dargestellt.

Tabelle 8

$t\ °C$	H_2	D_2	N_2	O_2	HD	OH	CO	NO	H_2O	D_2O	CO_2	N_2O	SO_2	Luft
0	6,86	6,97	6,96	6,99	6,97	7,16	6,96	7,16	7,98	8,10	8,61	9,39	9,31	6,94
100	6,96	6,98	6,98	7,13	6,98	7,09	7,00	7,15	8,10	8,40	9,69	10,05	10,17	6,99
200	6,99	7,01	7,05	7,37	7,00	7,05	7,09	7,25	8,32	8,76	10,47	10,77	10,94	7,10
300	7,01	7,06	7,16	7,61	7,03	7,05	7,23	7,42	8,56	9,14	11,23	11,40	11,53	7,24
400	7,03	7,16	7,31	7,84	7,07	7,07	7,40	7,62	8,84	9,55	11,79	11,89	12,03	7,40
500	7,06	7,27	7,47	8,02	7,13	7,13	7,57	7,79	9,12	9,95	12,25	12,37	12,38	7,57
600	7,12	7,39	7,63	8,18	7,21	7,21	7,75	7,95	9,41	10,34	12,63	12,73	12,65	7,72
700	7,20	7,52	7,78	8,31	7,31	7,31	7,90	8,09	9,72	10,68	12,94	13,07	12,86	7,87
800	7,28	7,67	7,91	8,41	7,42	7,42	8,03	8,22	10,02	11,02	13,20	13,28	13,02	7,99
900	7,38	7,81	8,03	8,50	7,53	7,53	8,15	8,32	10,30	11,31	13,41	13,48	13,15	8,10
1000	7,49	7,94	8,14	8,60	7,65	7,64	8,24	8,41	10,58	11,57	13,60	13,66	13,25	8,21
1100	7,59	8,06	8,24	8,66	7,76	7,75	8,33	8,48	10,84	11,81	13,74	13,79	13,34	8,29
1200	7,69	8,16	8,32	8,73	7,88	7,85	8,41	8,55	11,08	12,01	13,87	13,92	13,41	8,37
1300	7,80	8,26	8,38	8,79	7,98	7,95	8,47	8,61	11,31	12,20	13,98	14,02	13,46	8,43
1400	7,89	8,34	8,44	8,85	8,08	8,04	8,53	8,65	11,52	12,34	14,07	14,11	13,51	8,49
1500	7,98	8,43	8,49	8,90	8,17	8,13	8,57	8 69	11,71	12,48	14,15	14,19	13,56	8,54
1600	8,08	8,51	8,54	8,96	8,25	8,22	8,62	8,73	11,88	12,60	14,22	14,25	13,59	8,59
1700	8,16	8,58	8,59	9,01	8,33	8,30	8,66	8,77	12,04	12,71	14,28	14,31	13,62	8,64
1800	8,24	8,64	8,63	9,08	8,41	8,36	8,69	8,80	12,19	12,81	14,33	14,36	13,65	8,68
1900	8,32	8,71	8,66	9,14	8,48	8,43	8,72	8,82	12,33	12,89	14,38	14,40	13,67	8,72
2000	8,38	8,76	8,70	9,19	8,55	8,49	8,75	8,85	12,45	12,97	14,42	14,44	13,69	8,77
2100	8,45	8,82	8,73	9,24	8,62	8,55	8,78	8,87	12,57	13,03	14,46	14,47	13,70	8,80
2200	8,51	8,87	8,76	9,29	8,68	8,60	8,81	8,89	12,68	13,09	14,49	14,50	13,72	8,83
2300	8,57	8,91	8,78	9,34	8,74	8,65	8,83	8,91	12,78	13,15	14,52	14,53	13,73	8,86
2400	8,62	8,96	8,80	9,39	8,79	8,69	8,85	8,93	12,87	13,20	14,54	14,56	13,74	8,89
2500	8,68	9,00	8,83	9,43	8,84	8,74	8,87	8,95	12,95	13,24	14,57	14,59	13,76	8,92
2600	8,73	9,04	8,84	9,47	8,88	8,78	8,89	8,96	13,02	13,29	14,59	14,61	13,77	8,94
2700	8,78	9,08	8,86	9,51	8,92	8,83	8,90	8,98	13,08	13,32	14,61	14,62	13,77	8,96
2800	8,83	9,11	8,88	9,55	8,97	8,88	8,91	8,99	13,14	13,36	14,63	14,64	13,78	8,98
2900	8,88	9,14	8,89	9,59	9,00	8,92	8,92	9,01	13,18	13,39	14,64	14,66	13,79	9,00
3000	8,93	9,16	8,90	9,62	9,05	8 97	8,93	9,02	13,23	13,42	14,66	14,67	13,79	9,02
M =	2,02	4,03	28,02	32,00	3,03	17,01	28,00	30,01	18,02	20,03	44,00	44,02	64,06	28,964

Wahre spezifische Wärme $\mathfrak{C}_{p_0}$ technischer Gase (kcal/grad·Mol) bei verschiedenen Temperaturen (°C) und konstantem Druck $p = 0$ at $\left(c_p = \dfrac{\mathfrak{C}_{p_0}}{M}\ \dfrac{\text{kcal}}{\text{grad}\cdot\text{Mol}} \cdot \dfrac{\text{Mol}}{\text{kg}} = \dfrac{\text{kcal}}{\text{grad}\cdot\text{kg}} \right)$.

Für Verbrennungsgase eines mittleren Benzins ist die Gaskonstante R in Abb. 65 als Funktion der Luftüberschußzahl λ aufgetragen. Die Gaskonstante hängt aber merklich von der Kraftstoffzusammensetzung ab.

Als weitere physikalische Größen sind für die Berechnung von Strömungsmaschinen sehr wichtig die physikalische Zähigkeit μ [kg s/m²] und die kinematische Zähigkeit $\nu = \mu/\varrho$, wobei ϱ [kg s²/m⁴ $= \gamma/g$] die Dichte des Gases ist (s. Abb. 66 und 67).

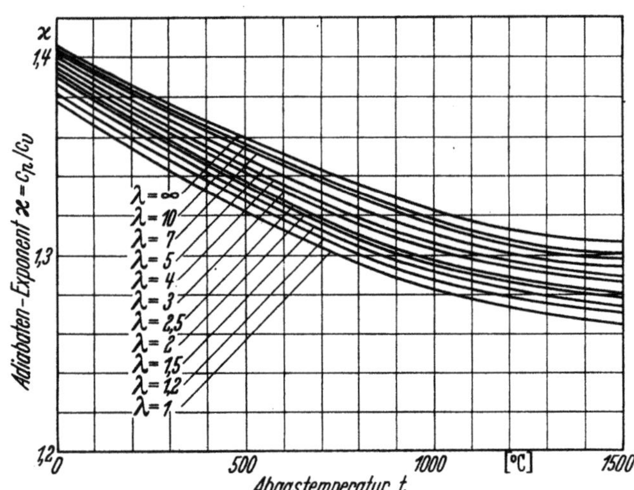

Abb. 64. Adiabatenexponent $\varkappa$ für Abgase von mittlerem Benzin

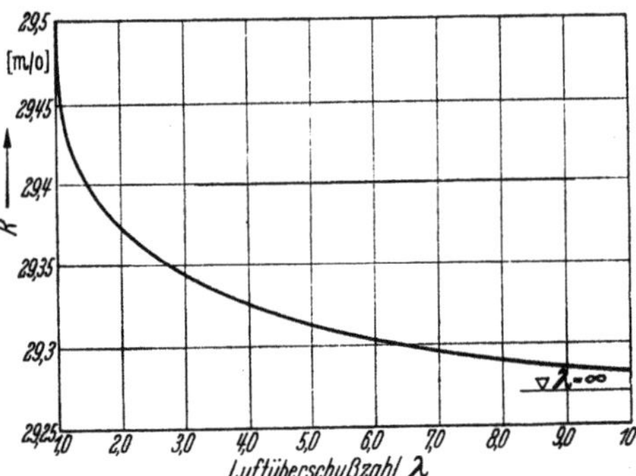

Abb. 65. Gaskonstante R für Abgase von mittlerem Benzin in Abhängigkeit von der Luftüberschußzahl λ

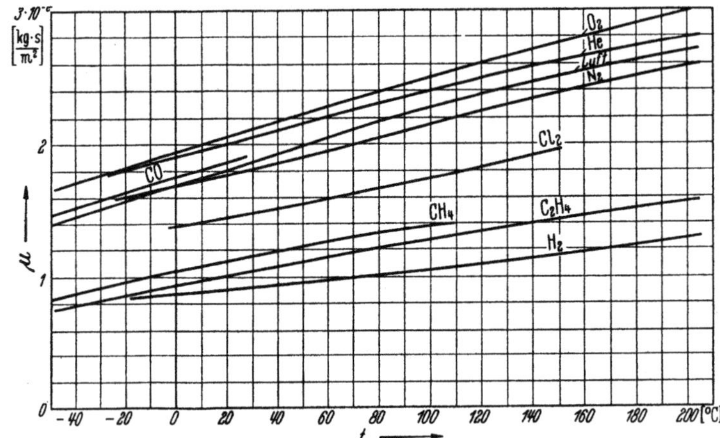

Abb. 66. Physikalische Zähigkeit μ in Abhängigkeit von der Temperatur für atmosphärische Luft und für einige andere technisch wichtige Gase

4. Der erste Hauptsatz

Der erste Hauptsatz wird für Strömungsmaschinen zweckmäßig in der Form

$$q = i_2 - i_1 - A L \tag{20}$$

verwendet. Dabei bedeutet q [kcal/kg] die je kg Gas zugeführte Wärmemenge, i_2 und i_1 den Wärmeinhalt nach bzw. vor der Verdichtung und L [mkg/kg] die je kg Gas zugeführte Arbeit. Diese Beziehung gilt für ein beliebiges, von einem Gasstrom durchströmtes System im stationären Zustand. Ist die Geschwindigkeitsenergie am Ein- und Austritt eines Verdichters nicht zu vernachlässigen, so gilt

$$q = i_2 + A \frac{c_2^2}{2g} - \left(i_1 + A \frac{c_1^2}{2g}\right) - A L, \tag{21}$$

wobei c die Strömungsgeschwindigkeiten am Aus- bzw. am Eintritt sind. Die Summe $(i + c^2/2 g)$ ist der Wärmeinhalt, der bei adiabatischem Aufstau der Geschwindigkeitsenergie dem Gesamtdruck entspricht, so daß man obige Gleichung auch in der Form

$$q = i_{2\,\text{tot}} - i_{1\,\text{tot}} - A\,L \tag{21a}$$

anschreiben kann. Erfolgen sämtliche Zustandsänderungen umkehrbar, so ist

$$L = \int\limits_1^2 v \cdot dP. \tag{22}$$

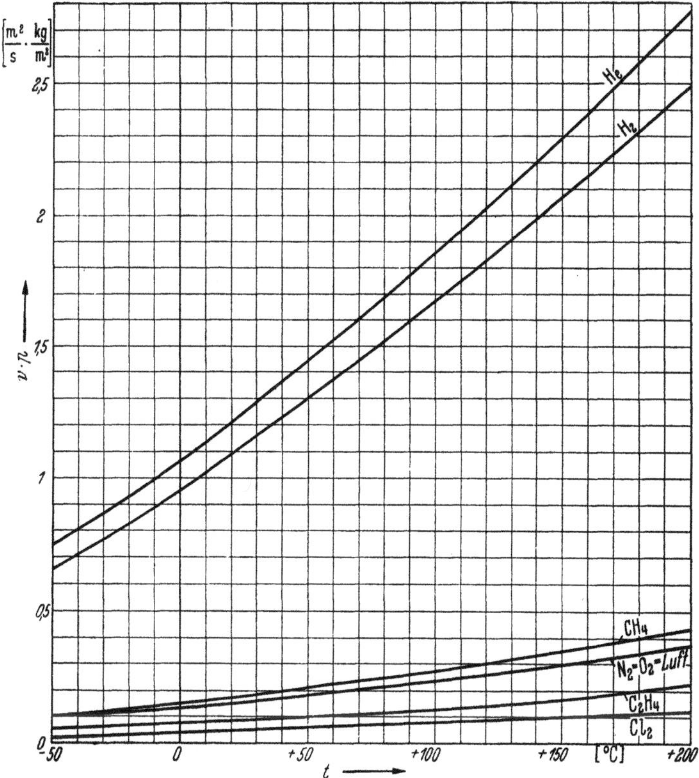

Abb. 67. $(v \cdot p)$ in Abhängigkeit von der Temperatur für Luft und einige andere Gase

5. Die wichtigsten Zustandsänderungen

Für die thermodynamische Berechnung von Verdichtern sind die isotherme, adiabatische und polytropische Zustandsänderung, außerdem die Drosselung von Bedeutung. Die nachfolgenden Beziehungen gelten für Gase, die der Gasgleichung genügen:

Isotherme: $T = \text{const}$; $p \cdot v = \text{const}$

$$\left.\begin{aligned}
L_{\text{is}} &\equiv H_{\text{is}} = P_1 \cdot V_1 \cdot \ln \frac{V_1}{V_2} = P_1 \cdot V_1 \cdot \ln \frac{p_2}{p_1} = R \cdot T_1 \cdot \ln \frac{p_2}{p_1}\,; \\
q_{\text{is}} &= -A \cdot H_{\text{is}}.
\end{aligned}\right\} \tag{23}$$

Adiabate:

$$p \cdot v^{\varkappa} = \text{const}; \qquad T \cdot v^{\varkappa-1} = \text{const}; \qquad \frac{T}{p^{\frac{\varkappa-1}{\varkappa}}} = \text{const};$$

$$\left.\begin{aligned}
L_{\text{ad}} &\equiv H_{\text{ad}} = \frac{\varkappa}{\varkappa-1} \cdot P_1 \cdot v_1 \left[\left(\frac{p_2}{p_1}\right)^{\frac{\varkappa-1}{\varkappa}} - 1\right] = \frac{\varkappa}{\varkappa-1} \cdot R \cdot T_1 \left[\left(\frac{p_2}{p_1}\right)^{\frac{\varkappa-1}{\varkappa}} - 1\right]; \\
&= \frac{\varkappa}{\varkappa-1} \cdot R\,(T_2 - T_1) = \frac{c_p}{A}\,(T_2 - T_1) = \frac{i_2 - i_1}{A}\,; \\
q &= 0; \qquad \text{Entropieänderung } \varDelta s = 0.
\end{aligned}\right\} \tag{24}$$

Zur praktischen Auswertung benützt man die angegebenen Beziehungen zweckmäßigerweise in der Form

$$\frac{H_{\mathrm{ad}}}{R \cdot T_1} = \frac{\varkappa}{\varkappa - 1}\left[\left(\frac{p_2}{p_1}\right)^{\frac{\varkappa - 1}{\varkappa}} - 1\right],$$

die in Abb. 68 für verschiedene Werte von $\varkappa$ dargestellt ist[1], oder man benützt ein i-s-Diagramm, aus dem H_{ad} unmittelbar entnommen werden kann. Ein i-s-Diagramm für Luft zeigt Abb. 69.

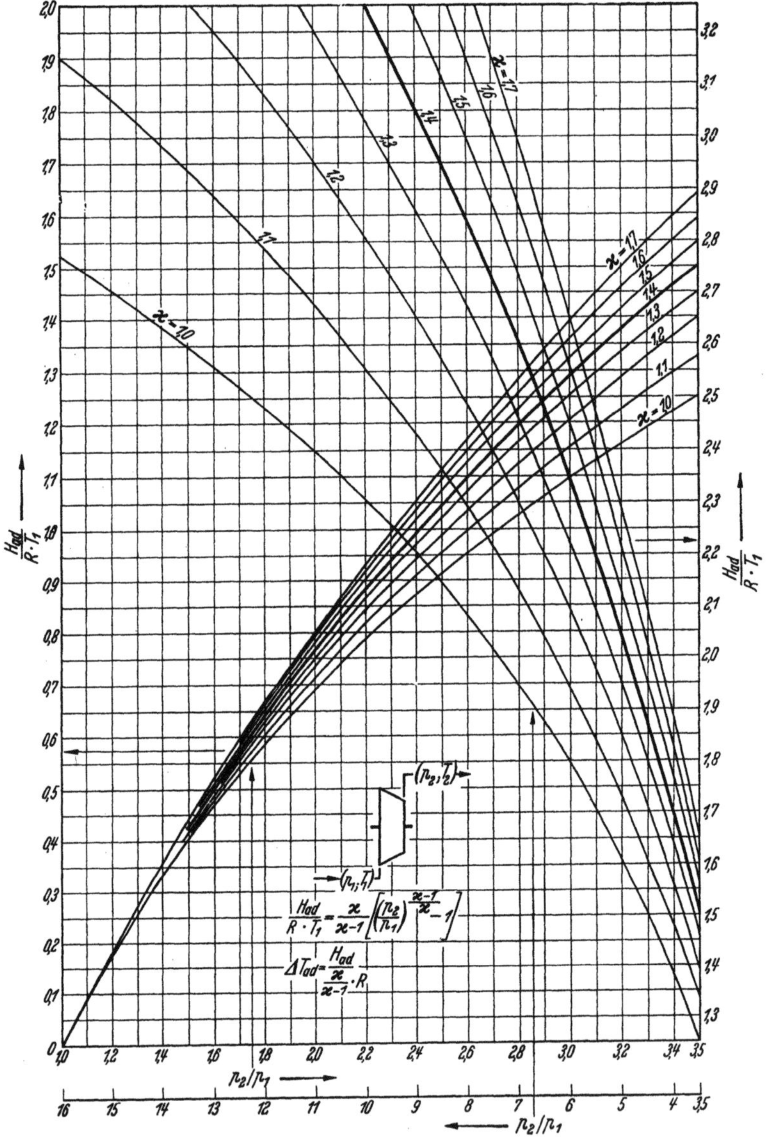

Abb. 68. $\dfrac{H_{\mathrm{ad}}}{R \cdot T_1}$ in Abhängigkeit vom Druckverhältnis p_2/p_1 und vom Adiabatenexponenten $\varkappa$

Das Diagramm bleibt in gleicher Weise gültig, wenn man die Drücke mit einem gewissen Faktor, z. B. 10, multipliziert und die spezifischen Volumina durch den gleichen Faktor dividiert. Für eine Verdichtung z. B. von $p_1 = 1$ auf $p_2 = 4$ at wird man die Drucklinien 0,1 bzw. 0,4 benützen.

---

[1] Diagramme zur genauen Bestimmung des Wertes $\dfrac{H_{\mathrm{ad}}}{R \cdot T_1}$ für Druckverhältnisse von $p_2/p_1 = 1$ bis 11 und Exponenten der Adiabate von $\varkappa = 1,0$ bis 1,7 siehe Anhang Rechentafel 1 bis 6. $\varkappa = 1,0$ ist identisch mit der Isothermen. Setzt man anstelle von $\varkappa$ den Exponenten der Polytrope n ein, so erhält man mit diesen Diagrammen den entsprechenden Wert $\dfrac{H_{\mathrm{pol}}}{R \cdot T_1}$.

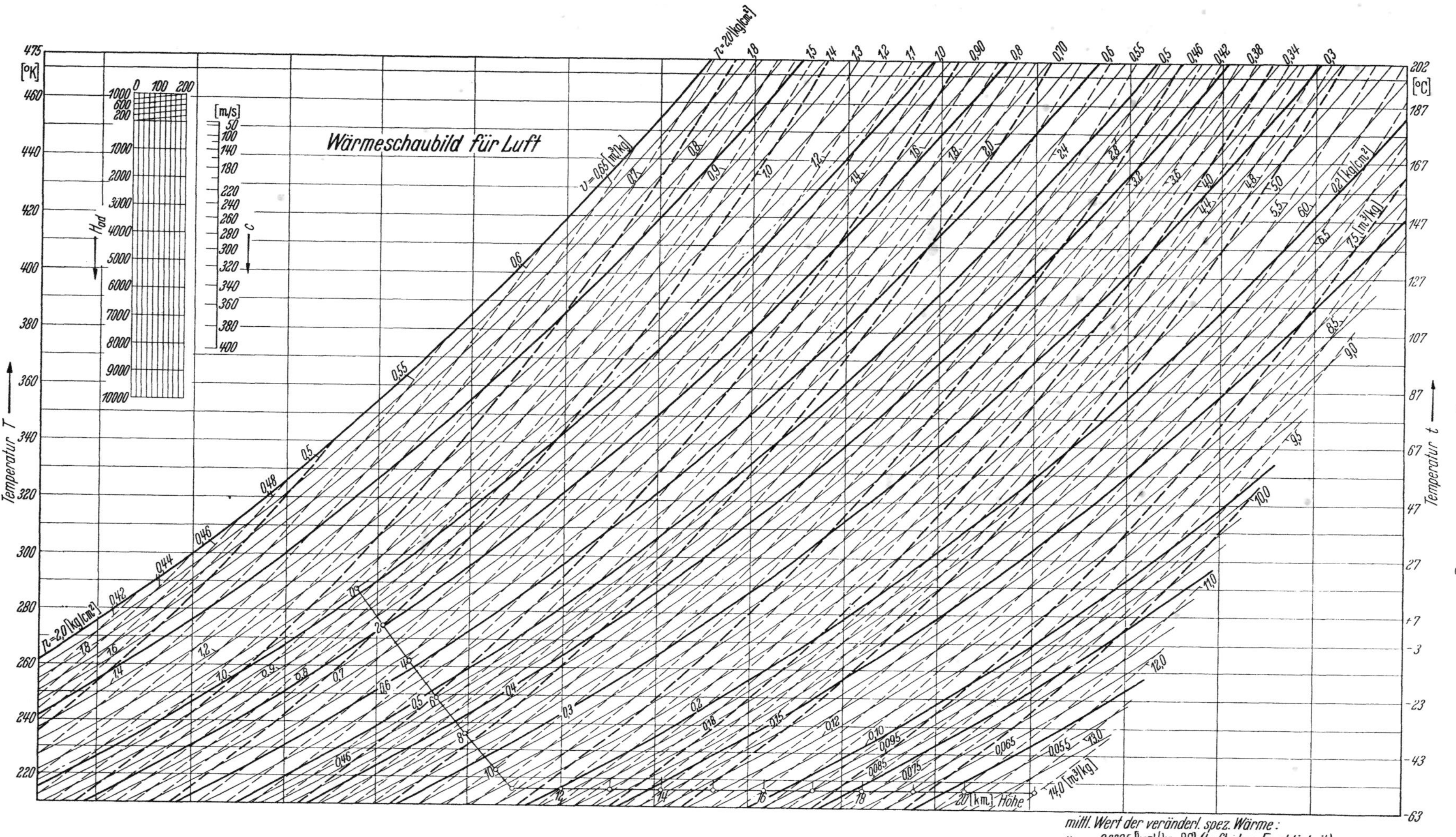

Abb. 69. Temperatur-Entropie-Diagramm für atmosphärische Luft

Polytrope:

$$p \cdot v^n = \text{const}; \qquad T \cdot v^{n-1} = \text{const}; \qquad \frac{T}{p^{\frac{n-1}{n}}} = \text{const};$$

$$L_{\text{pol}} \equiv H_{\text{pol}} = \frac{n}{n-1} \cdot P_1 \cdot v_1 \left[\left(\frac{p_2}{p_1} \right)^{\frac{n-1}{n}} - 1 \right] = \frac{n}{n-1} R \cdot T_1 \left[\left(\frac{p_2}{p_1} \right)^{\frac{n-1}{n}} - 1 \right];$$

$$q = \frac{1}{n} \cdot \frac{n-\varkappa}{\varkappa-1} \cdot A \cdot H_{\text{pol}}. \tag{25}$$

Drosselung: $i = \text{const}$; $T = \text{const}$; $L = 0$.

6. Reibungsbehaftete Strömung

Erfolgt die Verdichtung ohne Wärmeaustausch mit der Umgebung, aber mit Verlusten, die durch den Wirkungsgrad $\eta_{i_{\text{ad}}}$ ausgedrückt werden sollen, so gilt

$$T_2 - T_1 = \frac{A \cdot H_{\text{ad}}}{c_p \cdot \eta_{i_{\text{ad}}}} = \frac{T_1 \left[\left(\frac{p_2}{p_1} \right)^{\frac{\varkappa-1}{\varkappa}} - 1 \right]}{\eta_{i_{\text{ad}}}}; \qquad \frac{T_2}{T_1} = 1 + \frac{\left[\left(\frac{p_2}{p_1} \right)^{\frac{\varkappa-1}{\varkappa}} - 1 \right]}{\eta_{i_{\text{ad}}}}. \tag{26}$$

Die Volumenverringerung bei reibungsbehafteter Verdichtung ist kleiner als bei adiabatischer Verdichtung. Das Verhältnis zwischen Ein- und Ausströmvolumen ist

$$\frac{V_1}{V_2} = \frac{p_2}{p_1} \cdot \frac{1}{1 + \frac{\left(\frac{p_2}{p_1} \right)^{\frac{\varkappa-1}{\varkappa}} - 1}{\eta_{i_{\text{ad}}}}}. \tag{27}$$

IV. Thermodynamik der Kompressoren

Vielstufige Gebläse und Kompressoren der axialen und radialen Bauweise werden in der Praxis sowohl als ungekühlte als auch als künstlich gekühlte Maschinen ausgeführt. Da beim Durchströmen jedes Kühlers unvermeidlich Verluste auftreten, wird bei Druckverhältnissen bis etwa 2 praktisch nie eine Kühlung angewandt. Üblicherweise werden Kühlvorrichtungen erst bei Verdichtungsverhältnissen von 2,5 bis 3,5 an aufwärts wegen des geringeren Leistungsbedarfes bei der gekühlten Verdichtung im Vergleich zur ungekühlten Verdichtung lohnend. Vielfach sind jedoch für die Festlegung, ob Wärmeentzug während der Verdichtung angewandt werden soll oder nicht, noch weitere Gesichtspunkte zu berücksichtigen. Die komplizertere Bauweise, zusätzliche Störanfälligkeit, das erhöhte Gewicht und die notwendigen Zubehörteile (Wasseraufbereitung, Pumpen usw.) des gekühlten Kompressors beschränken seine Anwendung im allgemeinen auf stationäre Anlagen. Weiterhin gibt es Anwendungsgebiete, bei welchen jeglicher Wärmeentzug durch Wärmeabgabe

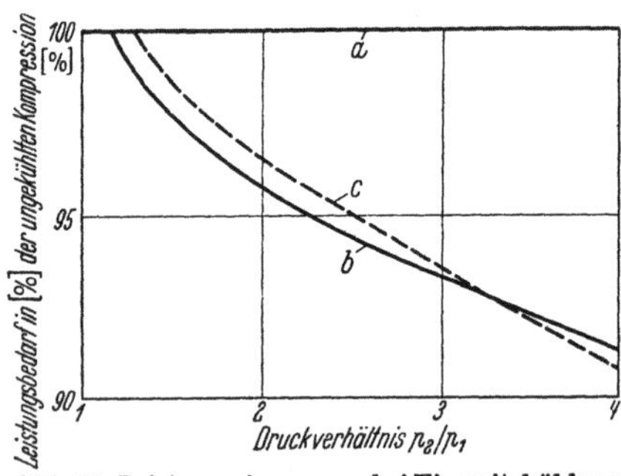

Abb. 70. Leistungseinsparung bei Einspritzkühlung (nach Escher-Wyss)
Kurve a: ungekühlte Verdichtung. Kurve b: Wasserdampfverdichtung und Einspritzung von Wasser. Kurve c: Verdichtung von Luft mit Wassereinspritzung. Bei Druckverhältnissen von p_2/p_1 von 2 bis 4 ergibt sich näherungsweise die gleiche Leistungseinsparung wie bei Zwischenkühlung

an das Kühlwasser für die Wirtschaftlichkeit der Anlage nachteilig sein kann. Dies trifft z.B. bei Kompressoren in der chemischen Industrie zu, wenn die verdichteten Gase im warmen Zustand gebraucht werden oder auch für Kompressoren, die als Wärmepumpen bei Thermokompressions-Eindampfanlagen angewandt werden.

In diesem Falle läßt sich die insbesondere von Escher-Wyss vielfach und mit bestem Erfolg angewandte Einspritzkühlung anwenden. Damit wird der Temperaturanstieg bei der Verdichtung wesentlich verringert, also eine Wirkungsgraderhöhung erzielt, ohne Wärme an das Kühlwasser abzuführen. Bei der Einspritzkühlung wird die Flüssigkeit (Wasser bei Verdichtung von Wasserdampf) eingespritzt, welche im Verdichter infolge Verdampfung die Temperatur des Fördermediums erniedrigt. Soweit der um die Einspritzmenge erhöhte Wassergehalt zulässig ist, kann die Wassereinspritzung bei Verdichtung von Luft und Gasen Verwendung finden. In Abb. 70 ist die prozentuale Leistungsersparnis bei Wasser-Einspritzkühlung gegenüber dem Leistungsbedarf bei ungekühlter Verdichtung in Abhängigkeit vom Verdichtungsverhältnis gezeigt.

Ohne Kühlung während des Verdichtungsvorganges bei axial- und radialdurchströmten Maschinen werden im allgemeinen ausgeführt:

Gebläse für Lufterneuerungs-, Klimatisations-, pneumatische Förderanlagen,

Gebläse für Gassauge- und Gasferndruckanlagen in Kokereien,

Umwälzgebläse für die chemische Industrie,

Spülgebläse für Dieselmotoren,

Auf- und Überladekompressoren für Verbrennungsmotoren,

Kompressoren für nichtstationäre Gasturbinen,

Gebläse und Kompressoren für Unter- und Überschallwindkanäle,

Kompressoren für Hochöfen und Stahlwerke usw.

Mit Kühlung während des Verdichtungsvorganges werden meistens ausgeführt:

Kompressoren zur Preßlufterzeugung von 5 bis 10 at für Preßluftmaschinen, Preßluftwerkzeuge insbesondere auch in Bergwerken,

Kompressoren für die chemische Industrie (etwa 8 at) für Salpetersäurefabriken, Luftzerlegungsanlagen, Vorschaltkompressoren als erste Verdichterstufen von Kolbenverdichtern z. B. für Hydrieranlagen,

Kompressoren zur Verdichtung von Dämpfen für Kälteerzeugung, Raumbeheizung, Destillaterzeugung usw.

1. Der ungekühlte Kompressor

Als Beispiel nicht gekühlter Verdichter ist in Abb. 71 ein zweistufiges Hochofengebläse der radialen Bauweise und in Abb. 72 ein kombinierter Axial-Radial-Kompressor zur Aufladung von Flugmotoren für sehr große Flughöhen gezeigt.

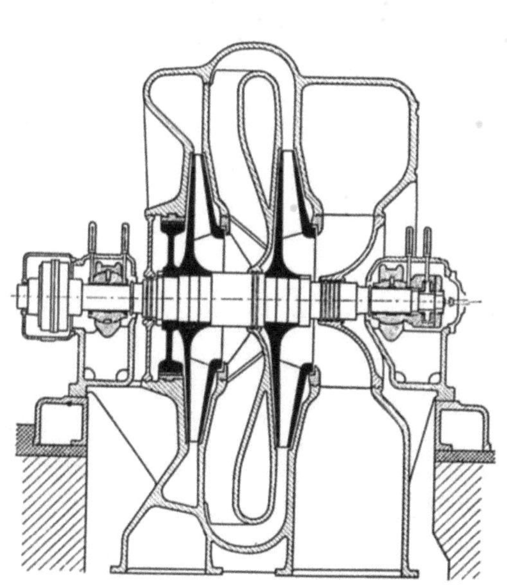

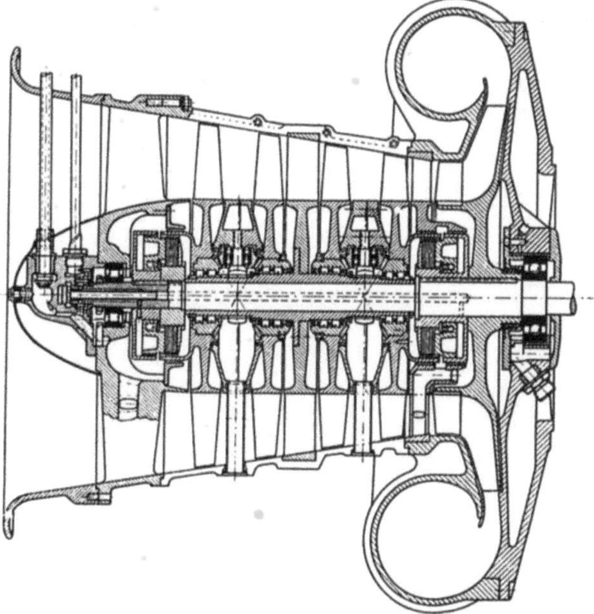

Abb. 71. Zweistufiges Hochofengebläse der DEMAG für eine Ansaugleistung von 45000 bis 60000 m³/h und 2,2- bis 2,5 facher Verdichtung

Abb. 72. Kombinierter Axial-Radialverdichter zur Aufladung von Flugmotoren großer Leistung

Für die Auslegung eines Gebläses oder Kompressors ist im allgemeinen der Anfangszustand, also der Anfangsdruck p_1 und die Anfangstemperatur T_1, des zu verdichtenden Mediums und das gewünschte Druckverhältnis p_2/p_1 bekannt. Bei den in der Praxis auftretenden Aufgaben

6*

ist nun eine entscheidende Frage, wie groß der Leistungsbedarf für die Verdichtung ist oder anders ausgedrückt, mit welchem Wirkungsgrad die jeweilige Verdichtung ausgeführt werden kann.

a) Definition des Kompressorwirkungsgrades im allgemeinen

Der Wirkungsgrad einer Maschine ist definiert als das Verhältnis einer Nutzleistung (N_N) zur Antriebs- oder Wellenleistung (N_W).

$$\eta = \frac{N_N}{N_W} \cdot \tag{28}$$

Wenn sowohl in bezug auf die Nutzleistung als auch in bezug auf die Antriebsleistung keine Zweideutigkeiten bestehen, ist der Wirkungsgrad eindeutig definiert. Dies ist jedoch zunächst bei Kompressoren nicht der Fall.

Was zunächst die Antriebsleistung betrifft, so kann man damit die gesamte, an die Verdichterwelle abgegebene Leistung verstehen oder aber nur denjenigen Anteil derselben, der auf das zu verdichtende Medium übertragen wird. Je nach der getroffenen Wahl erhält man den Gesamtwirkungsgrad η_tot oder den inneren Wirkungsgrad η_i eines Kompressors. Sie unterscheiden sich durch die mechanischen Verluste in den Lagern und etwaigen Zusatzgeräten (Ölpumpe, Wasserpumpe usw.). Die dabei entwickelte Wärme wird dem zu komprimierenden Medium nicht zugeführt. Die unmittelbar dem zu verdichtenden Fördergut zugeführte Leistung N_th unterscheidet sich von der Wellenleistung N_W um den mechanischen Wirkungsgrad η_mech. Es ist

$$N_\text{th} = N_W \cdot \eta_\text{mech}, \text{ oder für 1 kg Gas } L_\text{th} = L_W \cdot \eta_\text{mech}.$$

Entsprechend ist

$$\eta_\text{tot} = \eta_i \cdot \eta_\text{mech}.$$

Im folgenden sollen zunächst nur innere Wirkungsgrade betrachtet werden, der Zeiger i kann daher, da eine Verwechslung ausgeschlossen ist, weggelassen werden. Nunmehr sind Mehrdeutigkeiten nur noch in bezug auf den Zähler N_N bzw. H_N in Gl. (28) möglich.

Der Zähler hängt vom Vergleichsvorgang ab, den man in idealisierender Weise der Verdichtung zugrunde legt. Der bei Kompression ohne zusätzlichen Wärmeentzug praktisch wichtigste Vergleichsvorgang ist die Verdichtung auf der Adiabaten bis auf den Endzustand. Er führt auf den adiabatischen Wirkungsgrad. Um den Verdichtungsvorgang verfolgen zu können, empfiehlt es sich, in Gl. (28) nicht die Leistungen $\left[\frac{\text{mkg}}{\text{s}}\right]$, also die Arbeit je Zeiteinheit, sondern die Förderhöhen H, also die Arbeiten $L\left[\frac{\text{mkg}}{\text{kg}}\right]$ je Gewichtseinheit, miteinander in Beziehung zu setzen. Mit dem sekundlichen Gasdurchsatz erhält man

$$N_N = G \cdot L_N \quad \text{und} \quad N_\text{th} = G \cdot L_\text{th}$$

und damit durch Einsetzen in Gl. (28)

$$\eta_i = \frac{L_N}{L_\text{th}} \cdot \tag{29}$$

Da $L_N \equiv H_N$ und $L_\text{th} = H_\text{th}$ ist, kann auch geschrieben werden

$$\eta_i = \frac{H_N}{H_\text{th}} \cdot \tag{29a}$$

b) Der adiabatische Wirkungsgrad

Bei der Kompression ohne künstlichen Wärmeentzug wird im allgemeinen die Adiabate als idealisierter Vergleichsvorgang zugrunde gelegt. Als Nutzarbeit ist dabei diejenige Arbeit anzusehen, die bei adiabatischer Verdichtung des Fördergutes aufzuwenden wäre, nämlich

$$L_N \equiv H_N = L_\text{ad} \equiv H_\text{ad} = \frac{c_p}{A} \cdot T_1 \left[\left(\frac{p_2}{p_1}\right)^{\frac{\varkappa-1}{\varkappa}} - 1\right]\left[\frac{\text{mkg}}{\text{kg}}\right]. \tag{30}$$

Bei der adiabatischen Verdichtung besteht definitionsgemäß die Voraussetzung, daß Stator und Rotor absolut wärmeundurchlässig sind. Für eine vollständige adiabatische Verdichtung besteht jedoch noch die weitere Voraussetzung, daß während der Verdichtung keinerlei Verluste auftreten, die sich sofort in Wärme umsetzen würden. Die bei der tatsächlichen Verdichtung unvermeidlichen Verluste haben eine Erwärmung des Fördermediums zur Folge, weshalb bei einem ungekühlten Kompressor, bei welchem nur sehr wenig Wärme nach außen abgeführt wird, die Endtemperatur höher sein muß als beim rein adiabatischen Verdichtungsvorgang. Indem man nun die Nutzarbeit bei adiabatischer Verdichtung $L_N = L_{ad}$ ins Verhältnis zur Antriebsarbeit setzt, erhält man den adiabatischen Wirkungsgrad

$$\eta_{ad} = \frac{L_{ad}}{L_{th}} = \frac{H_{ad}}{H_{th}} \, . \tag{31}$$

Die Antriebsarbeit L_{th} ist für den ungekühlten Kompressor gleich der Differenz der Wärmeinhalte von Anfangs- und Endzustand (Gesamtzustände)

$$L_{th} = H_{th} = \frac{i_2 - i_1}{A} = \frac{c_p}{A} (T_2 - T_1) \, . \tag{32}$$

Durch Einsetzen der Gl. (30) und (32) in (31) erhält man

$$\eta_{ad} = \frac{\left(\dfrac{p_2}{p_1}\right)^{\frac{\varkappa - 1}{\varkappa}} - 1}{\dfrac{T_2}{T_1} - 1} \, , \tag{33}$$

also einen Ausdruck des adiabatischen Wirkungsgrades durch die Zustandsgrößen p_1, T_1 und p_2, T_2 des Anfangs- und Endzustandes des zu verdichtenden Mediums.

Auch die Verluste W_{ad}, die dieser Wirkungsgraddefinition zugrunde liegen, lassen sich leicht darstellen. Es ist

$$W_{ad} = H_{th} - H_{ad} = H_{ad} \left(\frac{1}{\eta_{ad}} - 1\right) \tag{34}$$

oder

$$W_{ad} = \int_{T_{2ad}}^{T_2} \frac{c_p}{A} \cdot dT = \frac{c_p}{A} (T_2 - T_{2ad}) \tag{35}$$

oder

$$W_{ad} = \frac{i_2 - i_{2ad}}{A} \, . \tag{36}$$

Die Verwendung des adiabatischen Wirkungsgrades η_{ad} empfiehlt sich aus praktischen Erwägungen. Die seiner Definition zugrunde liegende Nutzarbeit ist diejenige mechanische Arbeit, die ein verlustlos arbeitender Vergleichskompressor, der das Gas vom gleichen Anfangszustand auf den geforderten Enddruck verdichtet, zu leisten hätte. Diese Nutzarbeit ist jedoch bei mehrstufiger Verdichtung nicht identisch mit der Summe der Nutzarbeit der Einzelstufen. Man erkennt dies leicht aus den nachfolgenden Überlegungen.

c) Der polytropische Wirkungsgrad

Abb. 73 zeigt das P-v-Diagramm eines Verdichters mit drei Stufengruppen. Die adiabatische Verdichtungsarbeit des Gesamtverdichters ist durch die Fläche 1 2′ 3 4 wiedergegeben, die der ersten Stufe durch die Fläche 1 5′ 8 4. Bei adiabatischer Verdichtung ist die adiabatische Verdichtungsarbeit der zweiten und dritten Stufe gleich den Flächen 5′ 6′ 7 8 und 6′ 2′ 3 7. In diesem Fall ist also die adiabatische Verdichtungsarbeit des Gesamtverdichters gleich der Summe der adiabatischen Verdichtungsarbeit der Einzelstufen.

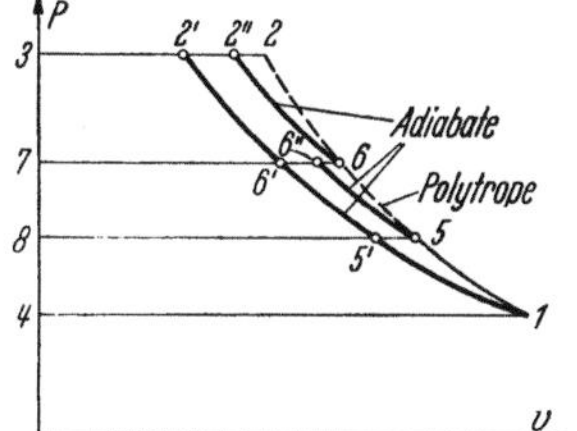

Abb. 73. Verdichtungsvorgang in einem Kompressor mit 3 Stufengruppen, dargestellt im P-v-Diagramm

Beim wirklichen, mit Verlusten arbeitenden Verdichter ist infolge der Verlustwärme die Temperatur t_5 nach der ersten Stufe höher als die adiabatische Verdichtungstemperatur t_5', und entsprechend das tatsächliche Volumen v_5 größer als das Volumen bei adiabatischer Verdichtung

$v_{5'}$. Die Verdichtung in der zweiten Stufe nimmt also ihren Ausgang vom Punkt 5, und damit wird die adiabatische Verdichtungsarbeit der zweiten Stufe gleich der Fläche 5 6″ 7 8. Wegen der Verluste in der zweiten Stufe ist wieder das tatsächliche Volumen v_6 nach der zweiten Stufe größer als das Volumen $v_{6''}$ bei adiabatischer Verdichtung, so daß man als adiabatische Verdichtungsarbeit der dritten Stufe die Fläche 6 2″ 3 7 erhält. Das tatsächliche Endvolumen v_2 nach

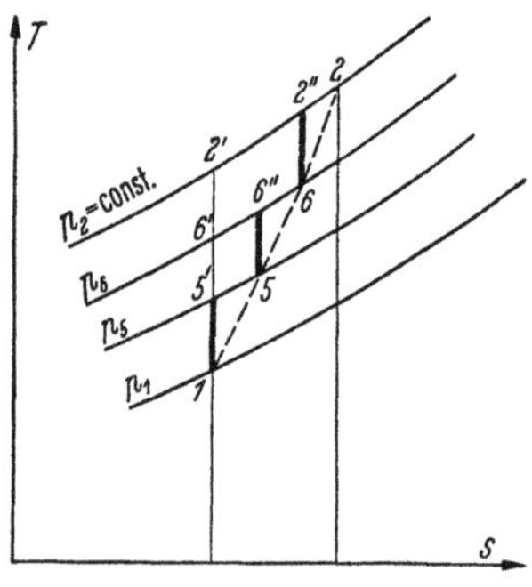

Abb. 74. Verdichtungsvorgang in einem Kompressor mit 3 Stufengruppen, dargestellt im T-s-Diagramm

der dritten Stufe ist das Endvolumen der Gesamtverdichtung. Man erkennt aus diesen Überlegungen, daß bei Verdichtung mit Verlusten die Summe der adiabatischen Verdichtungsarbeit der Einzelstufen 1 5′ 5 6″ 6 2″ 3 4 größer ist als die adiabatische Verdichtungsarbeit der Gesamtverdichtung. Überträgt man die einzelnen Punkte des P-v-Diagramms Abb. 73 in das T-s-Diagramm, so erhält man die Darstellung der Abb. 74. Da die Verlustarbeit der einzelnen Stufen durch eine isobare Wärmezufuhr ersetzt ist, stellt die Fläche unter den einzelnen Isobaren, also die Fläche unter dem Linienzug 1 5′ 5 6″ 6 2″ 2 die Summe der Verluste der einzelnen Stufen dar. Andererseits wird der Verlust bezogen auf die Gesamtverdichtung durch die Fläche unter der Isobaren 2′ 2 wiedergegeben. Die letztere ist größer als die erstere, da, wie die vorangegangenen Überlegungen zeigen, die Verluste der vorhergehenden Stufen eine Erhöhung der Verdichtungsarbeit der nachfolgenden Stufen bewirken.

In Abb. 73 u. 74 ist jeweils gestrichelt diejenige Kurve eingetragen, die die tatsächlichen Zustandspunkte vor bzw. nach den einzelnen Stufen miteinander verbindet. Es ist naheliegend, diese Kurve als Polytrope anzunehmen. Man denke sich nun die Verdichtung in einer großen Anzahl z kleiner Stufen entlang der Polytropen ausgeführt. Als Nutzarbeit erhält man die Summe der adiabatischen Stufenförderhöhen:

$$L_N \equiv H_N = \sum_{\nu=1}^{z} h_{\text{ad}_\nu} \tag{37}$$

und als Antriebsarbeit die Summe der theoretischen Stufenförderhöhen:

$$L_{\text{th}} \equiv H_{\text{th}} = \sum_{\nu=1}^{z} h_{\text{th}_\nu}. \tag{38}$$

Läßt man die Stufenförderhöhen h_{ad} gegen Null und somit die Stufenzahl gegen Unendlich gehen, so ist die Summe der Nutzarbeiten in Abb. 73 gleich der polytropischen Verdichtungsarbeit 1 2 3 4 und in Abb. 74 die Verlustwärme W_{Pol} das Flächenstück unter der Polytropen (1 2). Der Quotient aus Nutz- und Antriebsarbeit

$$\eta_{\text{pol}} = \frac{L_N}{L_{\text{th}}} \equiv \frac{H_N}{H_{\text{th}}} = \frac{\lim\limits_{z \to \infty} \sum\limits_{\nu=1}^{z} h_{\text{ad}_\nu}}{\lim\limits_{z \to \infty} \sum\limits_{\nu=1}^{z} h_{\text{th}_\nu}} \tag{39}$$

ist der polytropische Wirkungsgrad.

Um den auf der rechten Seite von Gl. (39) stehenden Ausdruck weiter zu vereinfachen, soll zunächst gezeigt werden, daß der adiabatische Wirkungsgrad

$$\eta_{\text{ad}_{\text{Stufe}}} = \frac{h_{\text{ad}_{\text{Stufe}}}}{h_{\text{th}_{\text{Stufe}}}} \tag{40}$$

einer auf der Polytropen (1 2) liegenden Einzelstufe für den Fall, daß die Stufenförderhöhe gegen Null geht, gegen einen Grenzwert η_{ad_n} strebt, der nur vom Polytropenexponenten n, aber nicht von der besonderen Lage der Stufe auf der Polytropen abhängt. Die Polytrope wird mit dem zunächst noch unbekannten Exponenten n durch die Gleichung

$$p \cdot v^n = C_1, \tag{41}$$

$$\frac{p^{\frac{n-1}{n}}}{T} = C_2 \tag{42}$$

dargestellt. Da die Punkte (1) und (2) auf der Polytropen liegen sollen, muß sein

$$p_1^{\frac{n-1}{n}} = p_2^{\frac{n-1}{n}} , \qquad \left(\frac{p_2}{p_1}\right)^{\frac{n-1}{n}} = \frac{T_2}{T_1}, \qquad \frac{n-1}{n} = \frac{\log\left(\dfrac{T_2}{T_1}\right)}{\log\left(\dfrac{p_2}{p_1}\right)}, \qquad (43)$$

woraus n berechnet werden kann.

Aus Gl. (43) und Gl. (33) folgt

$$\frac{n-1}{n} = \frac{\log\left[1 + \dfrac{\left(\dfrac{p_2}{p_1}\right)^{\frac{\varkappa-1}{\varkappa}} - 1}{\eta_{\mathrm{ad}}}\right]}{\log\dfrac{p_2}{p_1}}; \qquad (44)$$

in Gl. (44) und in Abb. 75 ist der Polytropenexponent n als Funktion des inneren adiabatischen Wirkungsgrades η_{ad} und des Verdichterdruckverhältnisses $\Pi = p_2/p_1$ dargestellt.

Der adiabatische Wirkungsgrad $\eta_{\mathrm{ad\,Stufe}}$ einer Einzelstufe (Index 5 Eintritt, Index 6 Austritt) auf der Polytropen ist gemäß Gl. (33)

$$\eta_{\mathrm{ad\,Stufe}} = \frac{\left(\dfrac{p_6}{p_5}\right)^{\frac{\varkappa-1}{\varkappa}} - 1}{\dfrac{T_6}{T_5} - 1}. \qquad (45)$$

Aus Gl. (42) folgt

$$\frac{p_6}{p_5} = \left(\frac{T_6}{T_5}\right)^{\frac{n}{n-1}}, \qquad (46)$$

woraus man durch Einsetzen in Gl. (45)

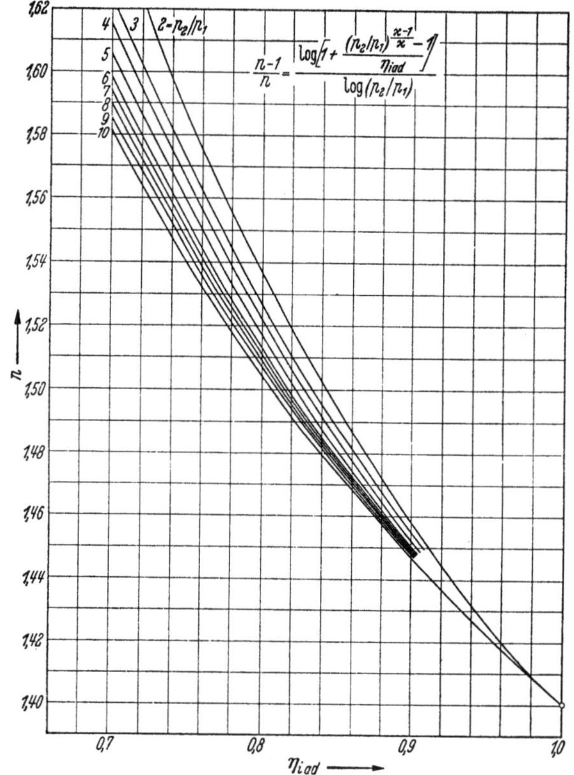

Abb. 75. Polytropenexponent n als Funktion des inneren adiabatischen Wirkungsgrades $\eta_{i_{\mathrm{ad}}}$ und des Druckverhältnisses p_2/p_1

$$\eta_{\mathrm{ad\,Stufe}} = \frac{\left(\dfrac{T_6}{T_5}\right)^{\frac{\varkappa-1}{\varkappa}\cdot\frac{n}{n-1}} - 1}{\dfrac{T_6}{T_5} - 1} \qquad (47)$$

erhält. Geht $h_{\mathrm{ad\,Stufe}}$ gegen Null, so geht T_6/T_5 gegen 1, und der vorstehende Ausdruck nimmt die unbestimmte Form 0/0 an. Man bestimmt den Grenzwert durch Differentiation des Zählers und Nenners nach T_6/T_5:

$$\eta_{\mathrm{ad}_n} = \lim_{T_6 \to T_5} \frac{\left(\dfrac{T_6}{T_5}\right)^{\frac{\varkappa-1}{\varkappa}\cdot\frac{n}{n-1}} - 1}{\dfrac{T_6}{T_5} - 1} = \frac{\varkappa-1}{\varkappa}\cdot\frac{n}{n-1}. \qquad (48)$$

Somit hängt der adiabatische Wirkungsgrad der Elementarstufe nur vom Polytropenexponenten n ab, d. h. die Polytrope entspricht einer Verdichtung mit konstantem Stufenwirkungsgrad. Damit wird $\dfrac{\sum h_{\mathrm{ad}_\nu}}{\sum h_{\mathrm{th}_\nu}} = \dfrac{h_{\mathrm{ad}_\nu}}{h_{\mathrm{th}_\nu}}$ und man erhält aus Gl. (39)

$$\eta_{\mathrm{pol}} = \lim_{h_{\mathrm{ad}_\nu} \to 0} \frac{h_{\mathrm{ad}_\nu}}{h_{\mathrm{th}_\nu}} = \eta_{\mathrm{ad}_n} \qquad (49)$$

und der polytropische Wirkungsgrad η_{pol} ist somit identisch mit dem adiabatischen Wirkungsgrad η_{ad_n} der Elementarstufe auf der Polytropen:

$$\eta_{\text{pol}} = \frac{\varkappa - 1}{\varkappa} \cdot \frac{n}{n-1} . \tag{50}$$

Durch Einsetzen von Gl. (43) in Gl. (50) erhält man schließlich auch für den polytropischen Wirkungsgrad einen Ausdruck durch den Anfangszustand (p_1, T_1) und den Endzustand (p_2, T_2) des zu verdichtenden Mediums:

$$\eta_{\text{pol}} = \frac{\varkappa - 1}{\varkappa} \cdot \frac{\log \dfrac{p_2}{p_1}}{\log \dfrac{T_2}{T_1}} . \tag{51}$$

Es ist stets

$$\eta_{\text{pol}} > \eta_{\text{ad}} .$$

Den Zusammenhang zwischen polytropischem und adiabatischem Wirkungsgrad erhält man durch Einsetzen des sich aus Gl. (33) ergebenden Wertes für T_2/T_1:

$$\frac{T_2}{T_1} = 1 + \frac{1}{\eta_{\text{ad}}} \left[\left(\frac{p_2}{p_1}\right)^{\frac{\varkappa-1}{\varkappa}} - 1 \right] .$$

Damit wird aus Gl. (51)

$$\eta_{\text{pol}} = \frac{\log \left(\dfrac{p_2}{p_1}\right)^{\frac{\varkappa-1}{\varkappa}}}{\log \left\{ 1 + \dfrac{1}{\eta_{\text{ad}}} \left[\left(\dfrac{p_2}{p_1}\right)^{\frac{\varkappa-1}{\varkappa}} - 1 \right] \right\}} . \tag{52}$$

Löst man Gl. (52) nach η_{ad} auf, dann erhält man eine Beziehung für den adiabatischen Wirkungsgrad

$$\eta_{\text{ad}} = \frac{\left(\dfrac{p_2}{p_1}\right)^{\frac{\varkappa-1}{\varkappa}} - 1}{\left(\dfrac{p_2}{p_1}\right)^{\frac{\varkappa-1}{\varkappa} \cdot \frac{1}{\eta_{\text{pol}}}} - 1} . \tag{53}$$

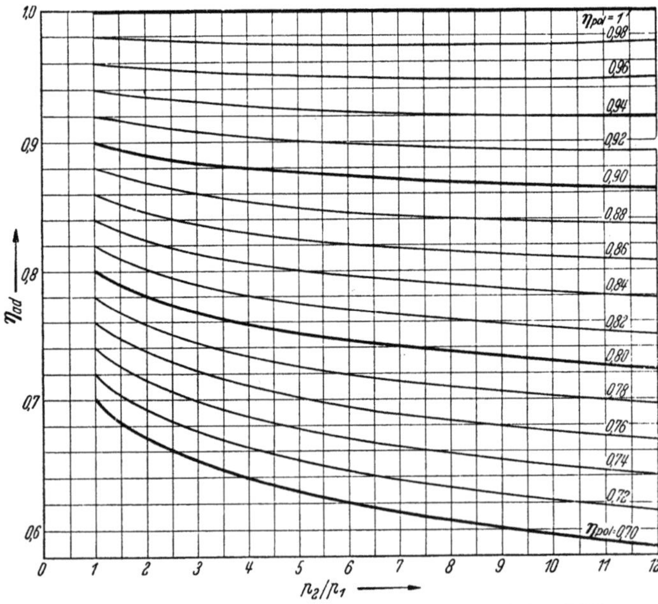

Abb. 76. Zusammenhang zwischen adiabatischem und polytropischem Wirkungsgrad in Abhängigkeit vom Druckverhältnis für Luft ($\varkappa = 1{,}4$)

Abb. 76 dient zur Umrechnung von adiabatischem und polytropischem Wirkungsgrad für ein gegebenes Druckverhältnis p_2/p_1 für Luft ($\varkappa = 1{,}4$).

Während man im allgemeinen den adiabatischen Wirkungsgrad mißt und mit diesem Wirkungsgrad auch rechnet, empfiehlt sich für die Behandlung bestimmter Fragen die Verwendung des polytropischen Wirkungsgrades. Die Güte der strömungsmäßigen Ausbildung eines Verdichters wird nämlich durch den Wirkungsgrad der einzelnen Stufe, also angenähert durch den polytropischen Wirkungsgrad gekennzeichnet. Trotz gleichen Stufenwirkungsgrades wird aber der adiabatische Wirkungsgrad des Gesamtverdichters um so niedriger, je größer das Verdichtungsverhältnis ist, wie aus Abb. 76 hervorgeht. Diese Tatsache ist für die Auslegung eines Verdichters sehr wichtig. Hiermit im Zusammenhang steht die Erscheinung des sogenannten ,,Erhitzungsverlustes'' von Kompressoren.

d) Der Erhitzungsverlust

Bei der mehrstufigen Verdichtung ist in den einzelnen Stufen eine Mehrarbeit gegenüber der Gesamtverdichtung zu leisten, die gleich der Differenz der Summe der Stufenförderhöhen und der Gesamtförderhöhe ist

$$\Delta L = \sum_{\nu=1}^{z} h_{\mathrm{ad}_\nu} - H_{\mathrm{ad}}. \tag{54}$$

Man erkennt aus Abb. 73 sofort, daß diese Differenz gleich der Fläche 5 6″ 6 2″ 2′ 5′ ist. Da die diese Fläche begrenzenden Kurven sämtlich umkehrbare Zustandsänderungen darstellen, ist diese Fläche gleich der durch die gleichen Kurven begrenzten Fläche (5 6″ 6 2″ 2′ 5′) im T-s-Diagramm Abb. 74, also der Differenz des Gesamtverlustes (der unter der Isobaren 2′ 2 liegenden Fläche) minus der Summe der Stufenverluste (der unter der Zickzacklinie 5′ 5 6″ 6 2″ 2 liegenden Fläche). Läßt man die Stufenförderhöhe gegen Null, die Anzahl der Stufen daher gegen Unendlich gehen, so verbleibt als zusätzliche Arbeitsfläche die Fläche (1 2 2′). Die vom Kompressor zusätzlich aufzubringende Arbeit (1 2 2′) wird als „Erhitzungsverlust" bezeichnet, denn die Zusatzarbeit muß als Folge der Vergrößerung des Luftvolumens aufgebracht werden, die durch Zufuhr der Reibungswärme auf der Polytropen entsteht (Fläche unter 1—2 in Abb. 74). Eine analoge Erscheinung ist in der Turbinentheorie als „Wärmerückgewinn" bekannt.

Der durch Gl. (54) gegebene Erhitzungsverlust des Kompressors wird für unendlich viele, auf der Polytropen arbeitende Elementarstufen (Abb. 73 u. 74)

$$\Delta L_\infty = \sum_{\nu=1}^{\infty} h_{\mathrm{ad}_\nu} - H_{\mathrm{ad}} \cong \text{Fläche } (1\,2\,2'). \tag{55}$$

Das Verhältnis der Summe der adiabatischen Verdichtungsarbeit der Einzelstufen zur adiabatischen Verdichtungsarbeit der Gesamtverdichtung wird als „Erhitzungsverlustfaktor" bezeichnet:

$$1 + f = \frac{\sum\limits_{\nu=1}^{z} h_{\mathrm{ad}_\nu}}{H_{\mathrm{ad}}}. \tag{56}$$

Für unendlich viele Stufen wird:

$$1 + f_\infty = \frac{\sum\limits_{\nu=1}^{\infty} h_{\mathrm{ad}_\nu}}{H_{\mathrm{ad}}}. \tag{57}$$

Indem man die rechte Seite dieser Gleichung mit $1/H_{\mathrm{th}}$ erweitert, erhält man mit Gl. (39) und (40)

$$1 + f_\infty = \frac{\dfrac{\sum\limits_{\nu=1}^{\infty} h_{\mathrm{ad}_\nu}}{H_{\mathrm{th}}}}{\dfrac{H_{\mathrm{ad}}}{H_{\mathrm{th}}}} = \frac{\eta_{\mathrm{pol}}}{\eta_{\mathrm{ad}}}. \tag{58}$$

Durch Einsetzen von Gl. (53) erhält man

$$1 + f_\infty = \eta_{\mathrm{pol}} \frac{\left(\dfrac{p_2}{p_1}\right)^{\frac{1}{\eta_{\mathrm{pol}}} \cdot \frac{\varkappa-1}{\varkappa}} - 1}{\left(\dfrac{p_2}{p_1}\right)^{\frac{\varkappa-1}{\varkappa}} - 1}. \tag{59}$$

Hat der Kompressor endlich viele Stufen, deren jede adiabatisch verdichtet und die Reibungswärme auf der Isobaren abführt, so ist nur der durch die Zickzackfläche (5 6″ 6 2″ 2′ 5′ Abb. 73 und 74) dargestellte Erhitzungsverlust vorhanden. Dieser ist um die Flächen der kleinen Dreiecke (1 5 5′), (5 6 6″) und (6 2 2″) kleiner als der Erhitzungsverlust (1 2 2′) für unendlich viele Stufen. Sind z gleiche Stufen vorhanden, so ist die Seitenlänge der kleinen Dreiecke im T-s-Diagramm das $1/z$-fache der Seitenlänge des großen und die Fläche jedes der kleinen Dreiecke ist das $1/z^2$-fache der Fläche des großen. Da z kleine Dreiecke vorhanden sind, ist die Erhitzungsverlustfläche für z Stufen das $(1 - z/z^2) = (1 - 1/z)$-fache der Erhitzungsverlustfläche für unendlich viele Stufen und somit der dimensionslose Erhitzungsverlust für z Stufen:

$$f = f_\infty \left(1 - \frac{1}{z}\right). \tag{60}$$

Durch Erweitern der rechten Seite von Gl. (56) mit $1/H_{\mathrm{th}}$ erhält man:

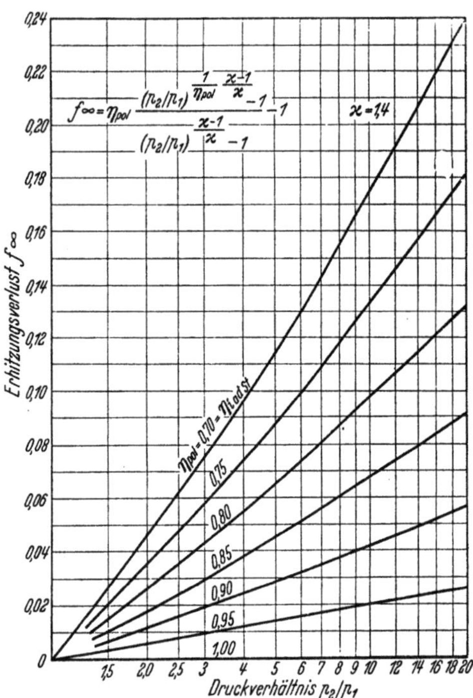

Abb. 77. Erhitzungsverlust f_∞ in Abhängigkeit vom Druckverhältnis p_2/p_1 für einen Adiabatenexponenten $\varkappa = 1{,}4$

$$1 + f = \cfrac{\cfrac{\sum\limits_{\nu=1}^{z} h_{\mathrm{ad}_\nu}}{\sum\limits_{\nu=1}^{z} h_{\mathrm{th}_\nu}}}{\cfrac{H_{\mathrm{ad}}}{H_{\mathrm{th}}}},$$

also für den Fall, daß die Stufenwirkungsgrade alle einander gleich sind:

$$1 + f = \frac{\eta_{\mathrm{Stufe}}}{\eta_{\mathrm{ad}}}. \tag{61}$$

Mit Gl. (60) und (58) wird

$$f = f_\infty \left(1 - \frac{1}{z}\right) = \left(\frac{\eta_{\mathrm{pol}}}{\eta_{\mathrm{ad}}} - 1\right)\left(1 - \frac{1}{z}\right) \tag{61a}$$

und aus Gl. (61):

$$\eta_{\mathrm{Stufe}} = \eta_{\mathrm{ad}} + \left(1 - \frac{1}{z}\right)\left(\eta_{\mathrm{pol}} - \eta_{\mathrm{ad}}\right). \tag{62}$$

Wird bei einem Kompressor auf dem Versuchsstand der Anfangszustand (p_1, T_1) und der Endzustand (p_2, T_2) gemessen, so kann aus Gl. (31) oder (33) η_{ad} und aus Gl. (51) η_{pol} und somit aus Gl. (62) der Stufenwirkungsgrad η_{St} berechnet werden. Anstelle der Benützung von Gl. (51) und (62) kann man bequemer aus Abb. 76 für das Druckverhältnis des Verdichters und den gemessenen adiabatischen Wirkungsgrad den polytropischen Wirkungsgrad unmittelbar ablesen. Der Stufenwirkungsgrad ergibt sich als adiabatischer Wirkungsgrad für den abgelesenen polytropischen Wirkungsgrad für das Verdichtungsverhältnis der Einzelstufe.

Abb. 77 zeigt f_∞ in Abhängigkeit vom Druckverhältnis p_2/p_1 des Kompressors für verschiedene Wirkungsgrade $\eta_{\mathrm{pol}} = 70\%$ bis 100%.

2. Der gekühlte Kompressor

a) Allgemeine Gesichtspunkte des gekühlten Kompressors

Wie ein Vergleich der Gl. (23) mit Gl. (24) zeigt, ist die isotherme Verdichtungsarbeit wesentlich kleiner als die adiabatische. Zur Verwirklichung einer isothermen Kompression muß während der Verdichtung Wärme abgeführt werden. Um eine isotherme Verdichtung zu erreichen, müßte in den Laufrädern des Kompressors Wärme nach außen abgeführt werden, was praktisch kaum möglich ist. In Wirklichkeit kann die Verdichtungswärme erst nach den einzelnen Laufrädern, nämlich in den stillstehenden Leiträdern und in den Spiralen (Innenkühlung) oder in Wärmetauschern, die außerhalb des Kompressorgehäuses angeordnet sind (Außenkühlung), abgeführt werden.

In der Praxis werden beide Kühlungsarten, also die Innen- und Außenkühlung angewandt. Abb. 78 zeigt als Beispiel einen innengekühlten, vielstufigen Radialkompressor und Abb. 79 einen neunstufigen Radialkompressor mit Innen- und Außenkühlung. Der in Abb. 80 dargestellte elfstufige Radialkompressor hat reine Außenkühlung.

Bei dem siebenstufigen (Isotherm-) Kompressor (Abb. 81) wird Luft nach jeder Stufe mit Ausnahme der ersten und letzten Stufe auf 20 bis 25 °C über Kühlwassertemperatur zurückgekühlt.

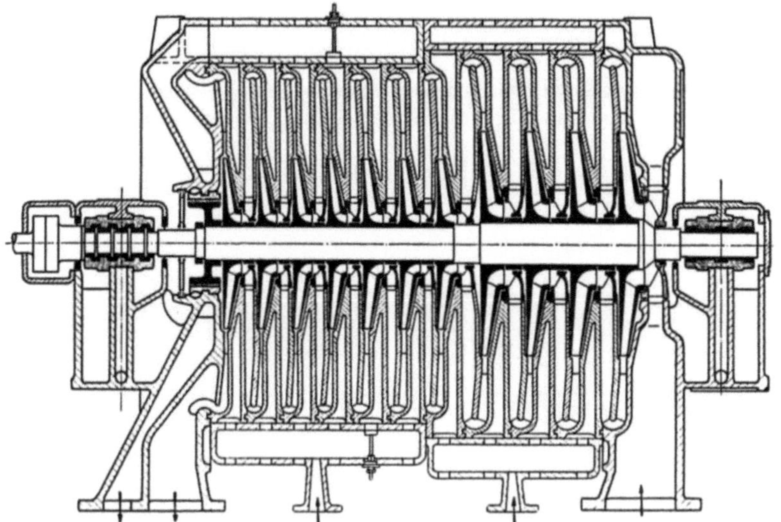

Abb. 78. Längsschnitt eines innengekühlten Radialverdichters (Bauart DEMAG)

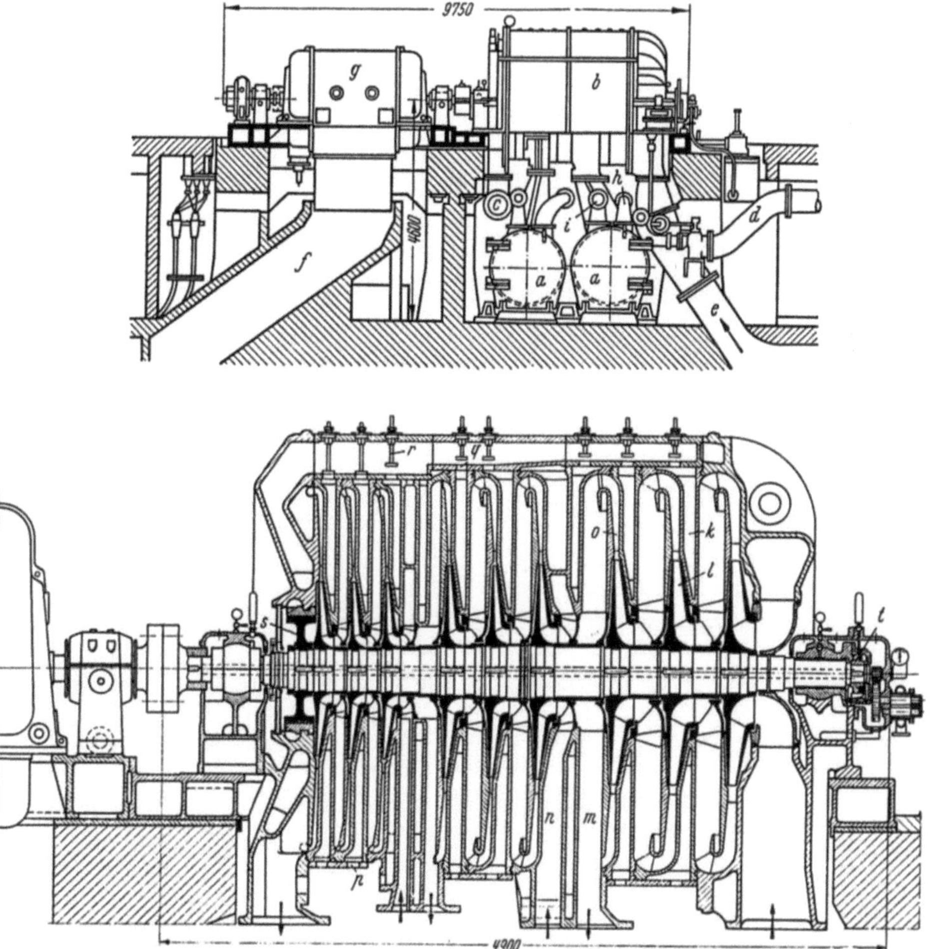

Abb. 79. Neunstufiger Radialverdichter mit Innen- und Außenkühlung (Bauart DEMAG)
Antriebsleistung 7000 kW, normale Ansaugemenge 80 000 m³/h, Drehzahl 3060 U/min, Ansaugedruck $p_1 = 0{,}85$ ata, Enddruck $p_2 = 8{,}2$ bis 9 ata

a Zwischenkühler, b Verdichter, c Druckleitung, d Luftabblaseleitung, e Saugleitung, f Lüftungskanal, g Antriebsmotor, h, i Kühlwasserzu- und -abfluß, k Wasserraum, l Laufrad, m Luftleitung zum Zwischenkühler, n Luftleitung vom Zwischenkühler, o Diffusor mit Leitschaufeln, p Kühlwassereintritt, q Kühlwasseraustritt, r Kühlwasserventil, s Entlastungskolben, t Querlager

In den außen liegenden Kühlern werden je nach der in der Verdichterstufe bzw. in den beiden ersten Stufen geleisteten Arbeit Temperaturdifferenzen zwischen 30 und 60 °C erzielt.

Bei der *Innenkühlung* wird das Verdichtungsmedium zwischen Laufradaustritt der vorgehenden Stufe bis zum Eintritt in das Laufrad der darauffolgenden Stufe gekühlt. Vielfach werden die Luftführungskanäle zum

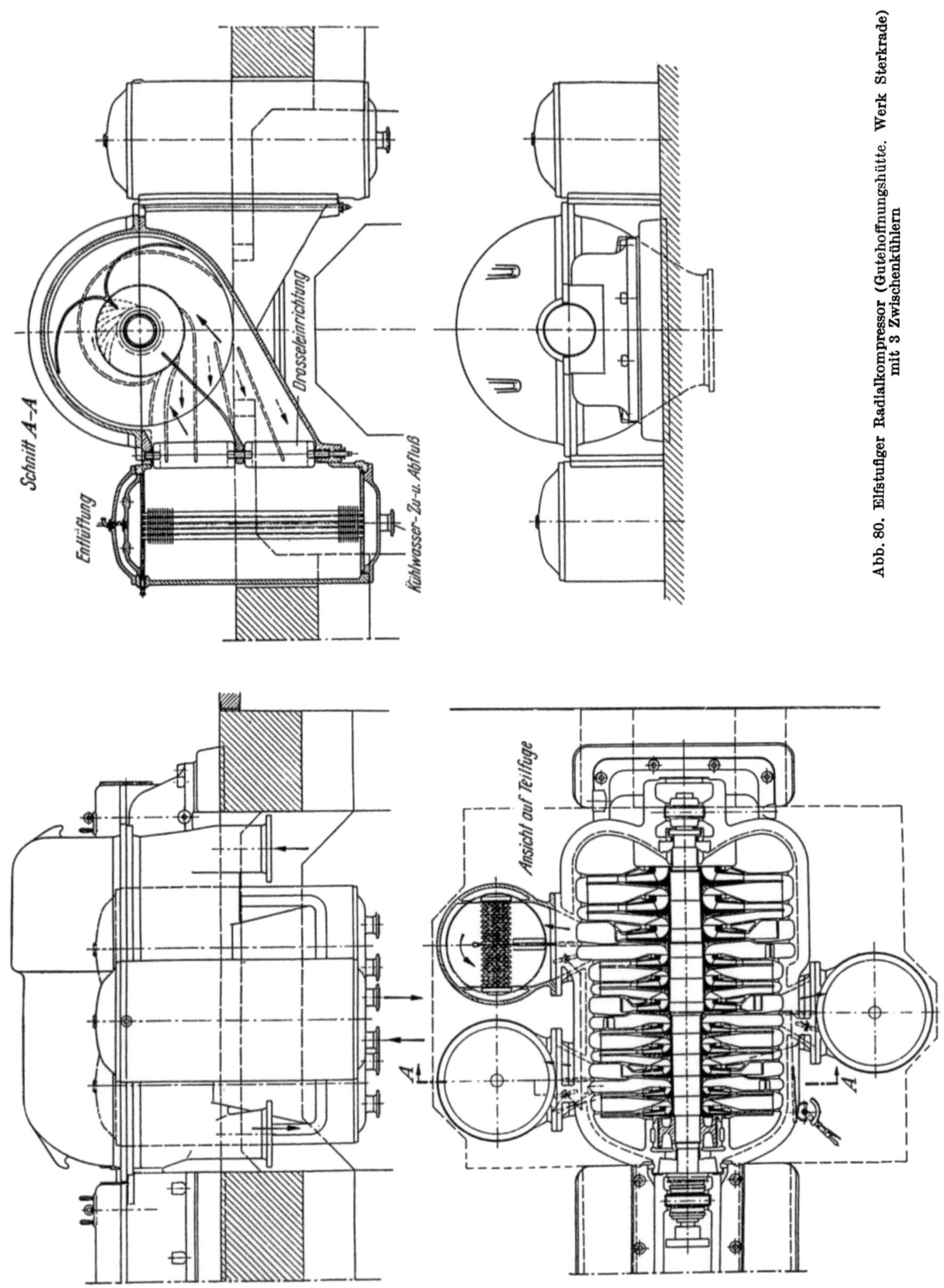

Abb. 80. Elfstufiger Radialkompressor (Gutehoffnungshütte. Werk Sterkrade) mit 3 Zwischenkühlern

Erreichen größerer Wärmeübergangsflächen verrippt. Im allgemeinen ist der innengekühlte Kompressor im Aufbau als Folge der Kühlräume, Abdichtungen, Reinigungsmöglichkeiten usw. verwickelter als der außengekühlte Kompressor. Insbesondere stellt seine Verwirklichung erhebliche Anforderungen an die Gießereitechnik.

Die *Außenkühlung* stellt eine wesentliche Vereinfachung des konstruktiven Aufbaues eines Kompressors gegenüber der Innenkühlung dar. Hierbei wird die verdichtete Luft nach außen geführt und in speziellen Kühlern rückgekühlt. Da derartige Kühler im allgemeinen starr mit dem jeweiligen Kompressor verbunden

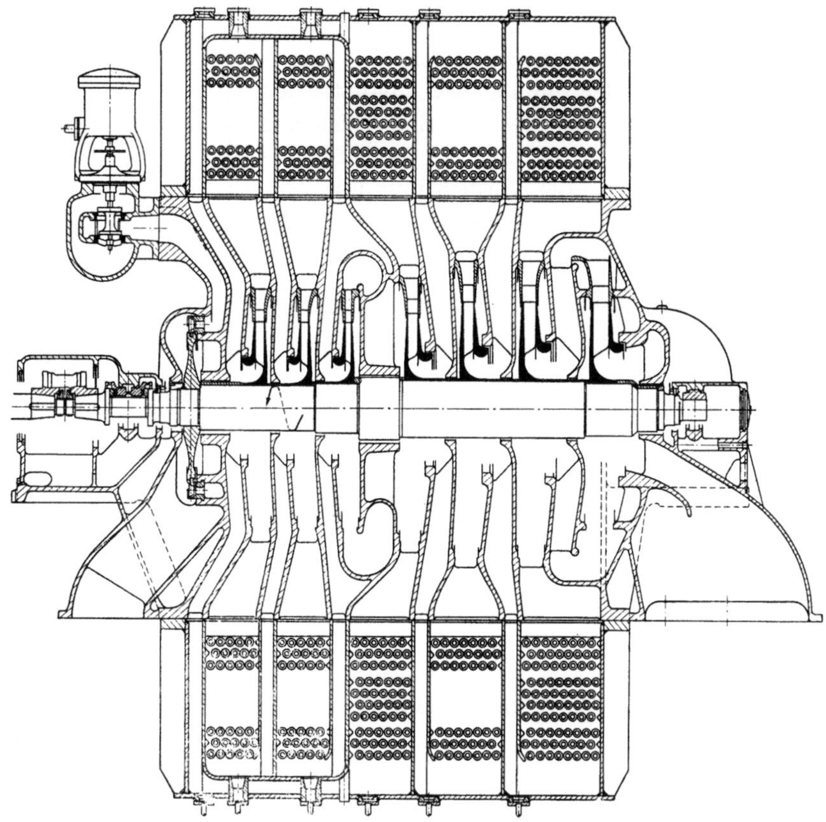

Abb. 81. Siebenstufiger Isotherm-Kompressor (Bauart BBC Baden/Schweiz)
Fördermenge $\dot{V}$ = 24,5 m³/s; Druckverhältnis p_2/p_1 = 8,5; Drehzahl n = 4600 U/min

sind, werden auch die Schwingungen desselben auf die Kühler übertragen, was zur Vermeidung von Rißbildung und damit Undichtigkeiten in den Kühlern sorgfältige Ausbildung derselben voraussetzt. Außerdem muß bei der Planung darauf geachtet werden, daß Strömungsverluste als Folge der Gasführung und Aufwärmung des rückgekühlten Gases an wärmeren Gehäuseteilen weitgehend vermieden werden und die Kühler leicht auswechselbar sind.

Für den von einem gegebenen Anfangsdruck p_1 auf einen gewünschten Enddruck p_2 verdichtenden, gekühlten Kompressor sollen die Anfangstemperatur T_1 und der sekundliche Durchsatz $\dot{G}$ [kg/s] als gegeben betrachtet sein. Die Verdichtungstemperatur T_2 ist beim ungekühlten Kompressor größer als beim gekühlten, gleiches Druckverhältnis vorausgesetzt. Durch die Kühlung nimmt das spezifische Volumen v des Fördermediums ab, damit auch der Außendurchmesser der Endstufen des Kompressors. Von technisch besonderem Interesse ist die quantitative Bestimmung der erforderlichen Antriebsleistung und der Wärmeabfuhr im Kompressor. Sie werden jedoch durch die Reibungsdruckverluste in den Lauf- und Leiträdern sowie im Kühler erheblich beeinflußt.

b) Erforderliche Arbeitsleistung für Kompressoren mit Zwischenkühlung ohne Berücksichtigung der Druckverluste durch die Kühlung

Im folgenden sollen die Verhältnisse in einem reellen Verdichter mit Zwischenkühlern, jedoch zunächst unter Vernachlässigung des durch die Kühlung bedingten Druckabfalles betrachtet werden. Die Überlegungen schließen sich an die im vorigen Abschnitt anhand von Abb. 73 und 74 angestellten Betrachtungen an. Es soll wieder ein Verdichter mit drei Stufengruppen der Überlegung zugrunde gelegt werden (Abb. 82). Der Zustand am Eintritt in den Verdichter ist gekennzeichnet durch den Punkt 1, am Austritt durch den Punkt 2, die 1. Verdichtergruppe durch I, die 2. Verdichtergruppe durch II, die 3. Gruppe durch III, Ein- und Austritt aus jeder Gruppe jeweils mit den Ziffern 1 und 2, der adiabatische Zustandsverlauf durch die Zeichen ad und der Zustand bei Kompression ohne Kühlung durch das Zeichen*.

Wie in Abb. 73 ist auch in Abb. 82 die Arbeit der adiabatischen Gesamtverdichtung gleich der Fläche $1 - 2\,\mathrm{ad} - 3 - 4 - 1$ und die Fläche der Summe der adiabatischen Verdichtungsarbeiten der Einzelgruppen bei Verdichtung ohne Kühlung gleich der Fläche $1 - \mathrm{I}\,2\,\mathrm{ad} - \mathrm{I}\,2 - \mathrm{II}\,2^*\,\mathrm{ad} - \mathrm{II}\,2^* - \mathrm{III}\,2^*\,\mathrm{ad} - 3 - 4 - 1$. Bei Verdichtung mit Zwischenkühlern bleibt die adiabatische Verdichtungsarbeit der

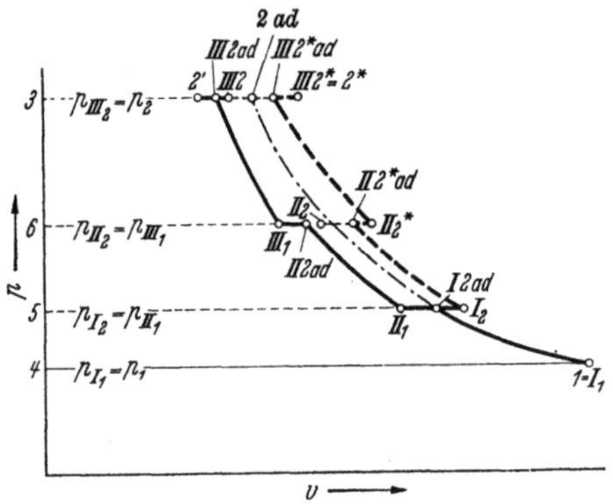

Abb. 82. Verdichtungsvorgang in einem Kompressor mit 3 Stufengruppen, dargestellt im *P-v*-Diagramm

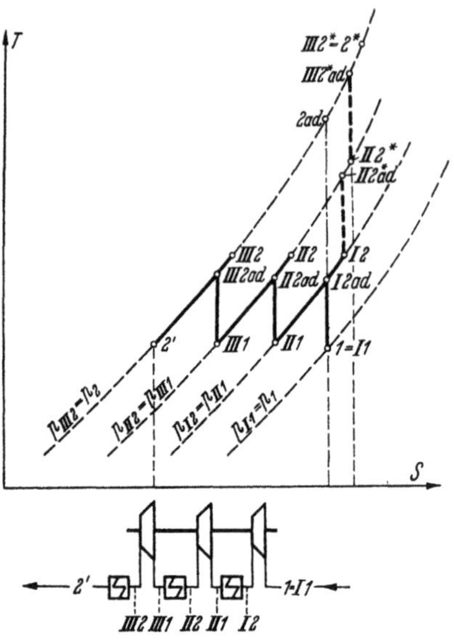

Abb. 83. Verdichtungsvorgang in einem Kompressor mit 3 Stufengruppen, dargestellt im *T-s*-Diagramm

ersten Stufengruppe unverändert und entspricht der Fläche $1 - \mathrm{I}\,2\,\mathrm{ad} - 5 - 4 - 1$. Die Temperatur am Austritt aus der 1. Verdichtergruppe ist $T_{\mathrm{I}2}$. Im ersten Zwischenkühler wird sie auf die Temperatur $T_{\mathrm{II}1}$ bei konstantem Druck erniedrigt. Dadurch sinkt das spezifische Volumen im gleichen Verhältnis wie die absolute Temperatur.

Der Ausgangspunkt für die Verdichtung der 2. Stufengruppe ist also Punkt II 1 mit der Temperatur $T_{\mathrm{II}1}$ und dem spezifischen Volumen $v_{\mathrm{II}1}$, die adiabatische Verdichtungsarbeit der 2. Gruppe ist also gleich der Fläche $\mathrm{II}\,1 - \mathrm{II}\,2\,\mathrm{ad} - 6 - 5 - \mathrm{II}\,1$. Infolge der Verluste in dieser Stufengruppe ist die Temperatur am Ende der Verdichtung $T_{\mathrm{II}2}$ größer als die adiabatische Verdichtungsendtemperatur $T_{\mathrm{II}2\mathrm{ad}}$. Im 2. Zwischenkühler wird nun diese Temperatur auf die Temperatur $T_{\mathrm{III}1}$ bei unverändertem Druck gesenkt. Entsprechend vermindert sich das spezifische Volumen von $v_{\mathrm{II}2}$ auf $v_{\mathrm{III}1}$. Der Ausgangspunkt für die Verdichtung in der 3. Stufengruppe ist somit Punkt III 1, und die adiabatische Verdichtungsarbeit der 3. Gruppe ist gleich der Fläche $\mathrm{III}\,1 - \mathrm{III}\,2\,\mathrm{ad} - 3 - 6 - \mathrm{III}\,1$. Die Austrittstemperatur aus der 3. Stufengruppe ist $T_{\mathrm{III}2}$. Diese ist auch die Endtemperatur des Gesamtverdichters, wenn kein Endkühler vorgesehen ist. Für den Fall eines Endkühlers wird die Temperatur auf $T_{2'}$ gesenkt. Auf die Verdichtungsarbeit hat dies natürlich keinen Einfluß.

Die Summe der adiabatischen Verdichtungsarbeit der Einzelstufen mit Zwischenkühlern ist also durch die Fläche $1 - \mathrm{I}\,2\,\mathrm{ad} - \mathrm{II}\,1 - \mathrm{II}\,2\,\mathrm{ad} - \mathrm{III}\,1 - \mathrm{III}\,2\,\mathrm{ad} - 3 - 4 - 1$ gekennzeichnet. Die Verminderung der Verdichtungsarbeit gegenüber der rein adiabatischen Verdichtung entspricht der Fläche $\mathrm{I}\,2\,\mathrm{ad} - 2\,\mathrm{ad} - \mathrm{III}\,2\,\mathrm{ad} - \mathrm{III}\,1 - \mathrm{II}\,2\,\mathrm{ad} - \mathrm{II}\,1 - \mathrm{I}\,2\,\mathrm{ad}$. Der Gewinn gegenüber der wirklichen Verdichtung ohne Zwischenkühlung entspricht der Fläche $\mathrm{I}\,2 - \mathrm{II}^*\,2\,\mathrm{ad} - \mathrm{II}^*\,2 - \mathrm{III}^*\,2\,\mathrm{ad} - \mathrm{III}\,2\,\mathrm{ad} - \mathrm{III}\,1 - \mathrm{II}\,2\,\mathrm{ad} - \mathrm{II}\,1 - \mathrm{I}\,2$.

Die gleichen Vorgänge sind in Abb. 83 im *T-s*-Diagramm dargestellt. Zahlenmäßig ergibt sich für das Beispiel entsprechend Abb. 82 die Gesamtverdichtungsarbeit L_{K0} (Zeiger 0 bedeutet Kühlung ohne Druckverlust) mit den adiabatischen Einzelstufenwirkungsgraden $\eta_{\mathrm{ad}\,\mathrm{I}}$, $\eta_{\mathrm{ad}\,\mathrm{II}}$

und $\eta_{\mathrm{ad\,III}}$

$$L_{K_0} = \frac{h_{\mathrm{ad\,I}}}{\eta_{\mathrm{ad\,I}}} + \frac{h_{\mathrm{ad\,II}}}{\eta_{\mathrm{ad\,II}}} + \frac{h_{\mathrm{ad\,III}}}{\eta_{\mathrm{ad\,III}}}, \tag{63}$$

$$= \frac{1}{\eta_{\mathrm{ad\,I}}} \cdot \frac{\varkappa}{\varkappa-1} \cdot R \cdot T_{\mathrm{I\,1}} \left[\left(\frac{p_{\mathrm{I\,2}}}{p_{\mathrm{I\,1}}}\right)^{\frac{\varkappa-1}{\varkappa}} - 1\right]$$

$$+ \frac{1}{\eta_{\mathrm{ad\,II}}} \cdot \frac{\varkappa}{\varkappa-1} \cdot R \cdot T_{\mathrm{II\,1}} \cdot \left[\left(\frac{p_{\mathrm{II\,2}}}{p_{\mathrm{II\,1}}}\right)^{\frac{\varkappa-1}{\varkappa}} - 1\right]$$

$$+ \frac{1}{\eta_{\mathrm{ad\,III}}} \cdot \frac{\varkappa}{\varkappa-1} \cdot R \cdot T_{\mathrm{III\,1}} \left[\left(\frac{p_{\mathrm{III\,2}}}{p_{\mathrm{III\,1}}}\right)^{\frac{\varkappa-1}{\varkappa}} - 1\right].$$

Für eine beliebige Kühlerzahl geht dieser Ausdruck über in:

$$L_{K_0} = \sum_{\nu=1}^{\nu=n} \frac{1}{\eta_{\mathrm{ad}_\nu}} \cdot \frac{\varkappa}{\varkappa-1} \cdot R \cdot T_{\nu_1} \left[\left(\frac{p_{\nu_2}}{p_{\nu_1}}\right)^{\frac{\varkappa-1}{\varkappa}} - 1\right]. \tag{64}$$

Um zu einer allgemeinen Beziehung zu kommen, soll Gl. (64) etwas umgeformt werden. Es ist

$$\frac{\varkappa}{\varkappa-1} \cdot R \left[\left(\frac{p_{\nu_2}}{p_{\nu_1}}\right)^{\frac{\varkappa-1}{\varkappa}} - 1\right] = \left(\frac{h_{\mathrm{ad}}}{T_1}\right)_\nu,$$

damit wird

$$L_{K_0} = \sum_{\nu=1}^{\nu=n} \left(\frac{h_{\mathrm{ad}}}{T_1}\right)_\nu \cdot T_{\nu_1} \cdot \frac{1}{\eta_{\mathrm{ad}_\nu}} \cdot \tag{65}$$

Die zunächst verschiedene Gastemperatur am Eintritt in die einzelnen Kompressorengruppen soll nun durch eine Mitteltemperatur T_{m1} ersetzt werden. Aus

$$L_{K_0} = T_{m_1} \sum_{\nu=1}^{\nu=n} \left(\frac{h_{\mathrm{ad}}}{T_1}\right)_\nu \cdot \frac{1}{\eta_{\mathrm{ad}_\nu}} \tag{66}$$

und Gl. (65) erhält man:

$$T_{m_1} = \frac{\displaystyle\sum_{\nu=1}^{\nu=n} \left(\frac{h_{\mathrm{ad}}}{T_1}\right)_\nu \cdot T_{\nu_1} \cdot \frac{1}{\eta_{\mathrm{ad}_\nu}}}{\displaystyle\sum_{\nu=1}^{\nu=n} \left(\frac{h_{\mathrm{ad}}}{T_1}\right)_\nu \cdot \frac{1}{\eta_{\mathrm{ad}_\nu}}} \cdot \tag{67}$$

Ist $\left(\dfrac{h_{\mathrm{ad}}}{T}\right)_\nu \cdot \dfrac{1}{\eta_{\mathrm{ad}_\nu}}$ für alle Verdichtergruppen gleich, so vereinfacht sich letztere Beziehung und man erhält

$$T_{m_1} = \frac{\sum T_{\nu_1}}{n} \cdot \tag{68}$$

Diese Beziehung gilt mit großer Genauigkeit auch dann, wenn die obige Voraussetzung nicht genau erfüllt ist, sofern nur die Förderhöhe der einzelnen Stufengruppen und die Wirkungsgrade derselben nicht allzusehr voneinander verschieden und außerdem die Unterschiede der Gaseintrittstemperaturen in die einzelnen Gruppen nicht allzu groß sind. Dies ist aber bei üblichen Verdichterbauweisen fast stets der Fall.

Ersetzt man in Abb. 82 und 83 die tatsächlichen Gaseintrittstemperaturen T_{ν_1} in die einzelnen Stufengruppen durch die Mitteltemperatur T_{m1}, so bleibt entsprechend der Definition von T_{m1} die Summe der adiabatischen Verdichtungsarbeiten L_K unverändert. Läßt man nun die Stufenzahl n immer größer werden, so geht die Zickzacklinie $1 - \mathrm{I}\,2\,\mathrm{ad} - \mathrm{III}\,1 - \mathrm{II}\,2\,\mathrm{ad} - \mathrm{III}\,1 -$ $\mathrm{III}\,2\,\mathrm{ad} - 2'$ in die Isotherme für die Temperatur T_{m1} über. Da die Förderhöhen der einzelnen Kompressorengruppen sich in diesem Falle dem Wert Null nähern, ist, wie aus dem vorhergehenden Abschnitt hervorgeht, der Wirkungsgrad der einzelnen Gruppen gleich dem polytropischen Wirkungsgrad η_{pol}. Die Verdichtungsarbeit bei unendlicher Stufenzahl ist somit

$$L_{K_{\infty_0}} = \frac{(L_{is})\,T_{m_1}}{\eta_{\mathrm{pol}}} = \frac{R \cdot T_{m_1} \cdot \ln \dfrac{p_2}{p_1}}{\eta_{\mathrm{pol}}} \tag{69}$$

Dieser Wert soll nun mit der Verdichtungsarbeit ohne Kühlung verglichen werden. Letztere ist

$$L_{oK} \equiv H_{\mathrm{th}} = \frac{L_{\mathrm{ad}}}{\eta_{\mathrm{ad}}} = \frac{\varkappa}{\varkappa-1} \cdot R \cdot T_1 \left[\left(\frac{p_2}{p_1}\right)^{\frac{\varkappa-1}{\varkappa}} - 1 \right] \cdot \frac{1}{\eta_{\mathrm{ad}}}, \tag{70}$$

also

$$\frac{L_{K\infty_0}}{L_{oK}} = \frac{T_{m_1}}{T_1} \cdot \frac{\eta_{\mathrm{ad}}}{\eta_{\mathrm{pol}}} \cdot \frac{\varkappa-1}{\varkappa} \cdot \frac{\ln \dfrac{p_2}{p_1}}{\left(\dfrac{p_2}{p_1}\right)^{\frac{\varkappa-1}{\varkappa}} - 1}. \tag{71}$$

Setzt man für η_{ad} bzw. η_{pol} Gl. (53) bzw. (52) des vorherigen Abschnittes ein, dann erhält man

$$\begin{aligned}
\frac{L_{K\infty_0}}{L_{oK}} &= \frac{T_{m_1}}{T_1} \cdot \frac{\left(\dfrac{p_2}{p_1}\right)^{\frac{\varkappa-1}{\varkappa}} - 1}{\left[\left(\dfrac{p_2}{p_1}\right)^{\frac{\varkappa-1}{\varkappa}\cdot\frac{1}{\eta_{\mathrm{pol}}}} - 1\right] \cdot \eta_{\mathrm{pol}}} \cdot \frac{\varkappa-1}{\varkappa} \cdot \frac{\ln \dfrac{p_2}{p_1}}{\left(\dfrac{p_2}{p_1}\right)^{\frac{\varkappa-1}{\varkappa}} - 1}, \\[2ex]
&= \frac{T_{m_1}}{T_1} \cdot \frac{\varkappa-1}{\varkappa} \cdot \frac{\ln \dfrac{p_2}{p_1}}{\left[\left(\dfrac{p_2}{p_1}\right)^{\frac{\varkappa-1}{\varkappa}\cdot\frac{1}{\eta_{\mathrm{pol}}}} - 1\right] \cdot \eta_{\mathrm{pol}}}, \\[2ex]
&= \frac{T_{m_1}}{T_1} \cdot \Theta,
\end{aligned} \tag{72}$$

oder

$$\begin{aligned}
\frac{L_{K\infty_0}}{L_{oK}} &= \frac{T_{m_1}}{T_1} \cdot \frac{\eta_{\mathrm{ad}} \cdot \log\left\{1 + \dfrac{1}{\eta_{\mathrm{ad}}}\left[\left(\dfrac{p_2}{p_1}\right)^{\frac{\varkappa-1}{\varkappa}} - 1\right]\right\}}{\log\left(\dfrac{p_2}{p_1}\right)^{\frac{\varkappa-1}{\varkappa}}} \cdot \frac{\varkappa-1}{\varkappa} \cdot \frac{\ln\left(\dfrac{p_2}{p_1}\right)}{\left(\dfrac{p_2}{p_1}\right)^{\frac{\varkappa-1}{\varkappa}} - 1}, \\[2ex]
&= \frac{T_{m_1}}{T_1} \cdot \frac{\eta_{\mathrm{ad}} \cdot \ln\left\{1 + \dfrac{1}{\eta_{\mathrm{ad}}}\left[\left(\dfrac{p_2}{p_1}\right)^{\frac{\varkappa-1}{\varkappa}} - 1\right]\right\}}{\left(\dfrac{p_2}{p_1}\right)^{\frac{\varkappa-1}{\varkappa}} - 1}, \\[2ex]
&= \frac{T_{m_1}}{T_1} \cdot \Theta.
\end{aligned} \tag{73}$$

Die Werte $\dfrac{L_{K\infty_0}}{L_{oK}} \cdot \dfrac{T_1}{T_{m_1}} = \Theta$ sind in den Diagrammen Abb. 84 und 85 entsprechend den beiden letztgenannten Gleichungen als Funktion des Druckverhältnisses p_2/p_1 und des adiabatischen bzw. polytropischen Wirkungsgrades dargestellt. Abb. 84 und 85 ermöglichen eine rasche Bestimmung des Gewinns an Leistungsbedarf bei Kühlung mit unendlich vielen Kühlern im Vergleich zum Leistungsbedarf des ungekühlten Verdichters gleichen Stufenwirkungsgrades.

Man kann diese Diagramme aber nicht nur auf den Gesamtverdichter, sondern auch auf die einzelnen Stufengruppen anwenden, wobei bei Benützung von Abb. 84 der adiabatische Wirkungsgrad der Stufengruppe, nicht der des Gesamtverdichters einzusetzen ist. Der Ordinatenwert in Abb. 84 und 85 gibt dann das Verhältnis der Verdichtungsarbeit der wirklichen Stufengruppe im Vergleich zur Stufengruppe mit unendlich vielen Zwischenkühlern an. Bei einem Verdichter mit einer endlichen Zahl von Zwischenkühlern ist somit

$$\frac{L_{K_0}}{L_{oK}} = \frac{T_{m_1}}{T_1} \cdot \frac{\left(\dfrac{L_{K\infty_0}}{L_{oK}}\right)_{\mathrm{tot}}}{\left(\dfrac{L_{K\infty_0}}{L_{oK}}\right)_{\mathrm{St}}} = \frac{T_{m_1}}{T_1} \cdot \frac{\Theta_{\mathrm{tot}}}{\Theta_{\mathrm{St}}} \tag{74}$$

wenn $(L_{K0}/L_{K\infty_0})_{\mathrm{St}}$ den Mittelwert für die verschiedenen Stufengruppen bedeutet.

Beispiel. Ein Verdichter mit dem Druckverhältnis $p_2/p_1 = 8$ habe einen adiabatischen Wirkungsgrad von $\eta_{ad} = 78\%$ bei einer Eintrittstemperatur von 15° C. Um wieviel Prozent kann die Verdichtungsarbeit durch Einbau von zwei Zwischenkühlern (gleiches Druckverhältnis für alle Stufengruppen) vermindert werden, wenn die Austrittstemperatur der Luft aus beiden Zwischenkühlern 30 °C beträgt und der Druckverlust im Kühler vernachlässigt wird?

Die mittlere Gastemperatur am Eintritt in die drei Stufengruppen beträgt

$$T_{m_1} = \frac{288 + 303 + 303}{3} = 298 \text{ °K},$$

$$T_1 = 288 \text{ °K}.$$

Aus Abb. 76 findet man $\eta_{pol} = 0,834$.
Nach Abb. 85 ist

$$\frac{L_{K_{\infty 0}}}{L_{0K}} \cdot \frac{T_1}{T_{m_1}} = \Theta_{tot} = 0,685.$$

Das Druckverhältnis der einzelnen Stufengruppen ist

$$\frac{p_{v_2}}{p_{v_1}} = \sqrt[3]{8} = 2.$$

Für $\dfrac{p_2}{p_1} = 2$ und $\eta_{pol} = 0,834$ erhält man aus Abb. 85

$$\left(\frac{L_{K_{\infty 0}}}{L_{0K}} \cdot \frac{T_1}{T_{m_1}} \right)_{St} = \Theta_{St} = 0,883.$$

Damit wird

$$\frac{L_{K_0}}{L_{0K}} = \frac{298}{288} \cdot \frac{0,685}{0,888} = 0,8.$$

Die Arbeitsersparnis durch die Zwischenkühlung beträgt somit 20%, ein Wert, der sich allerdings durch den hier nicht berücksichtigten Kühlungswiderstand noch vermindert.

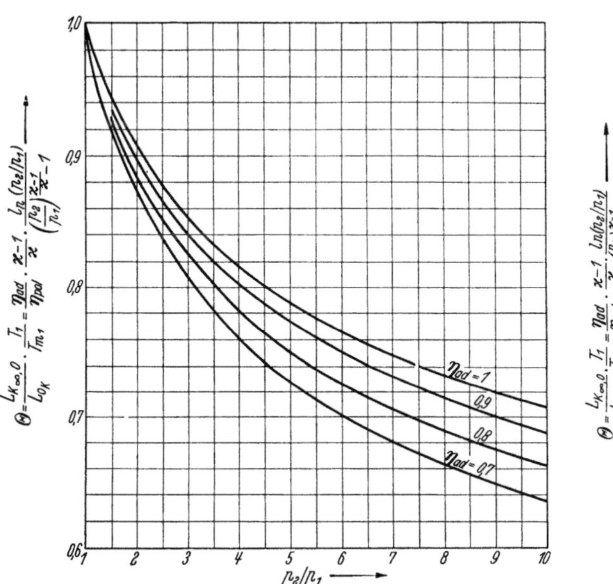

Abb. 84. Θ in Abhängigkeit vom Druckverhältnis p_2/p_1 und vom adiabatischen Wirkungsgrad η_{ad}

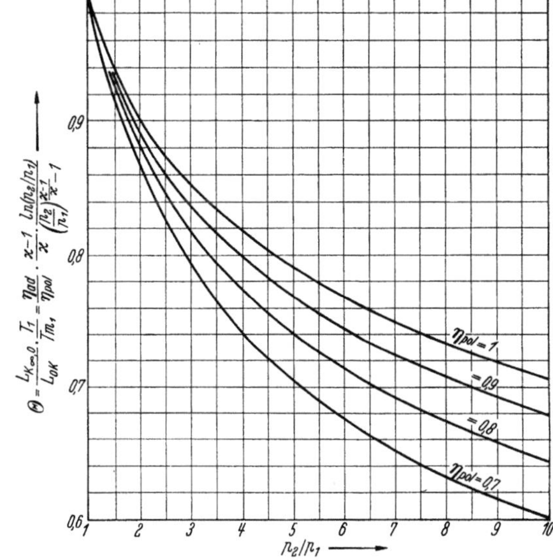

Abb. 85. Θ in Abhängigkeit vom Druckverhältnis p_2/p_1, und vom polytropischen Wirkungsgrad η_{pol}

Zum Schluß interessiert noch die Frage, in welcher Weise man bei gegebener Kühlerzahl die Gesamtdruckerhöhung auf die einzelnen Verdichtergruppen aufteilen muß, damit die Verdichtungsleistung L_{K_0} zu einem Minimum wird.

Für die Ableitung soll das Beispiel eines Verdichters mit zwei Zwischenkühlern entsprechend Abb. 82 zugrunde gelegt werden, wobei wie dort die Eintrittstemperatur des Gases in die verschiedenen Stufengruppen verschieden, nämlich T_{I_1}, T_{II_1} und T_{III_1} sei. Zur Berechnung wird Gl. (63) benützt, wobei zur Vereinfachung gesetzt werden soll:

$$\left(\frac{p_{\mathrm{I}\,2}}{p_{\mathrm{I}\,1}}\right)^{\frac{\varkappa-1}{\varkappa}} = \frac{T_{\mathrm{I}\,2\,\mathrm{ad}}}{T_{\mathrm{I}\,1}} = \vartheta_{\mathrm{I}},$$

$$\left(\frac{p_{\mathrm{II}\,2}}{p_{\mathrm{II}\,1}}\right)^{\frac{\varkappa-1}{\varkappa}} = \frac{T_{\mathrm{II}\,2\,\mathrm{ad}}}{T_{\mathrm{II}\,1}} = \vartheta_{\mathrm{II}}, \qquad (75)$$

$$\left(\frac{p_{\mathrm{III}\,2}}{p_{\mathrm{III}\,1}}\right)^{\frac{\varkappa-1}{\varkappa}} = \frac{T_{\mathrm{III}\,2\,\mathrm{ad}}}{T_{\mathrm{III}\,1}} = \vartheta_{\mathrm{III}}$$

und schließlich

$$\left(\frac{p_2}{p_1}\right)^{\frac{\varkappa-1}{\varkappa}} = \frac{T_{2\,\mathrm{ad}}}{T_1} = \vartheta. \qquad (76)$$

Aus

$$\frac{p_2}{p_1} = \frac{p_{\mathrm{I}\,2}}{p_{\mathrm{I}\,1}} \cdot \frac{p_{\mathrm{II}\,2}}{p_{\mathrm{II}\,1}} \cdot \frac{p_{\mathrm{III}\,2}}{p_{\mathrm{III}\,1}}$$

folgt

$$\vartheta_{\mathrm{I}} \cdot \vartheta_{\mathrm{II}} \cdot \vartheta_{\mathrm{III}} = \vartheta,$$

oder

$$\vartheta_{\mathrm{III}} = \frac{\vartheta}{\vartheta_{\mathrm{I}} \cdot \vartheta_{\mathrm{II}}}. \qquad (77)$$

Damit nimmt Gl. (63) die Form an

$$L_{K_0} = \frac{c_p}{A}\left[\frac{T_{\mathrm{I}\,1}}{\eta_{\mathrm{ad}\,\mathrm{I}}}(\vartheta_{\mathrm{I}}-1) + \frac{T_{\mathrm{II}\,1}}{\eta_{\mathrm{ad}\,\mathrm{II}}}(\vartheta_{\mathrm{II}}-1) + \frac{T_{\mathrm{III}\,1}}{\eta_{\mathrm{ad}\,\mathrm{III}}} \cdot \frac{\vartheta}{\vartheta_{\mathrm{I}} \cdot \vartheta_{\mathrm{II}}}\right]. \qquad (78)$$

Letztere Gleichung enthält die beiden unabhängig Veränderlichen ϑ_{I} und ϑ_{II}, deren Optimalwerte sich aus

$$\frac{\partial L_{K_0}}{\partial \vartheta_{\mathrm{I}}} = 0 \qquad \text{und} \qquad \frac{\partial L_{K_0}}{\partial \vartheta_{\mathrm{II}}} = 0$$

ergeben.

Daraus folgt

$$\frac{T_{\mathrm{I}\,1}}{\eta_{\mathrm{ad}\,\mathrm{I}}} - \frac{T_{\mathrm{III}\,1}}{\eta_{\mathrm{ad}\,\mathrm{III}}} \cdot \frac{\vartheta}{\vartheta_{\mathrm{I}}^2 \cdot \vartheta_{\mathrm{II}}} = 0, \qquad (79)$$

$$\frac{T_{\mathrm{II}\,1}}{\eta_{\mathrm{ad}\,\mathrm{II}}} - \frac{T_{\mathrm{III}\,1}}{\eta_{\mathrm{ad}\,\mathrm{III}}} \cdot \frac{\vartheta}{\vartheta_{\mathrm{I}} \cdot \vartheta_{\mathrm{II}}^2} = 0, \qquad (80)$$

oder mit Gl. (77)

$$\frac{T_{\mathrm{I}\,1} \cdot \vartheta_{\mathrm{I}}}{\eta_{\mathrm{ad}\,\mathrm{I}}} = \frac{T_{\mathrm{III}\,1}}{\eta_{\mathrm{ad}\,\mathrm{III}}} \cdot \vartheta_{\mathrm{III}},$$

$$\frac{T_{\mathrm{II}\,1} \cdot \vartheta_{\mathrm{II}}}{\eta_{\mathrm{ad}\,\mathrm{II}}} = \frac{T_{\mathrm{III}\,1}}{\eta_{\mathrm{ad}\,\mathrm{III}}} \cdot \vartheta_{\mathrm{III}}. \qquad (81)$$

Nun ist

$$T_{\mathrm{I}\,1} \cdot \vartheta_{\mathrm{I}} = T_{\mathrm{I}\,2\,\mathrm{ad}},$$

$$T_{\mathrm{II}\,1} \cdot \vartheta_{\mathrm{II}} = T_{\mathrm{II}\,2\,\mathrm{ad}},$$

$$T_{\mathrm{III}\,1} \cdot \vartheta_{\mathrm{III}} = T_{\mathrm{III}\,2\,\mathrm{ad}},$$

d. h. man erhält eine optimale Aufteilung des Gesamtdruckverhältnisses auf die einzelnen Gruppen, wenn

$$\frac{T_{\mathrm{I}\,2\,\mathrm{ad}}}{\eta_{\mathrm{ad}\,\mathrm{I}}} = \frac{T_{\mathrm{II}\,2\,\mathrm{ad}}}{\eta_{\mathrm{ad}\,\mathrm{II}}} = \frac{T_{\mathrm{III}\,2\,\mathrm{ad}}}{\eta_{\mathrm{ad}\,\mathrm{III}}} \qquad (82)$$

ist. Man kann sich leicht überzeugen, daß Gl. (82) nicht nur für zwei Zwischenkühler, sondern für eine beliebige Zahl von Zwischenkühlern gilt, das Optimum also erreicht wird, wenn

$$\frac{T_{\nu\,2\,\mathrm{ad}}}{\eta_{\mathrm{ad}\,\nu}} = \text{const} \qquad (83)$$

ist, oder, da der Wirkungsgrad der einzelnen Stufen im allgemeinen nur wenig voneinander verschieden ist, wenn die adiabatische Kompressionsendtemperatur für sämtliche Gruppen dieselbe ist. Für den Fall, daß die Eintrittstemperatur für alle Gruppen dieselbe ist, bedeutet dies gleiches Druckverhältnis und gleiche

Förderhöhe für sämtliche Verdichter-Stufengruppen. Wie praktisch bei allen Optimalwertproblemen, sind auch hier kleinere Abweichungen von den theoretischen Optimalwerten ohne merklichen Einfluß auf das Endergebnis.

c) Berücksichtigung der Druckverluste bei der Kühlung

Die Druckverluste durch die Kühlung umfassen nicht nur die Druckverluste im eigentlichen Kühler, sondern auch alle diejenigen Verluste, die durch die Einfügung des Kühlers in den Kompressor entstehen. Bei Außenkühlung muß — wegen der dort allgemein angewandten sehr niedrigen Durchströmungsgeschwindigkeit — die Luft, die aus der vorhergehenden Stufengruppe mit wesentlich größerer Geschwindigkeit austritt, in einem Diffusor verzögert werden (auf 15 bis 25 m/sec), während ohne Zwischenkühlung die kinetische Energie der vorhergehenden Stufe in der darauf folgenden weitgehend ausgenutzt werden kann. Zum Verlust im Diffusor tritt dann noch der Verlust in den Leitungen zum und vom Kühler. Der Druckverlust im Kühler soll deshalb als diejenige Differenz des Gesamtdruckes beim Eintritt in die nächstfolgende Stufe definiert werden, die man ohne und mit Zwischenkühlung erhält. Für die Rechnung soll das Verhältnis dieses Druckverlustes zum Gesamtdruck am Austritt aus der vorhergehenden Stufe, also $\Delta p/p$, benützt werden. Der Druckverlust im Kühler bewirkt, daß zum Erzielen desselben Druckverhältnisses der Enddruck der vorhergehenden Stufen-

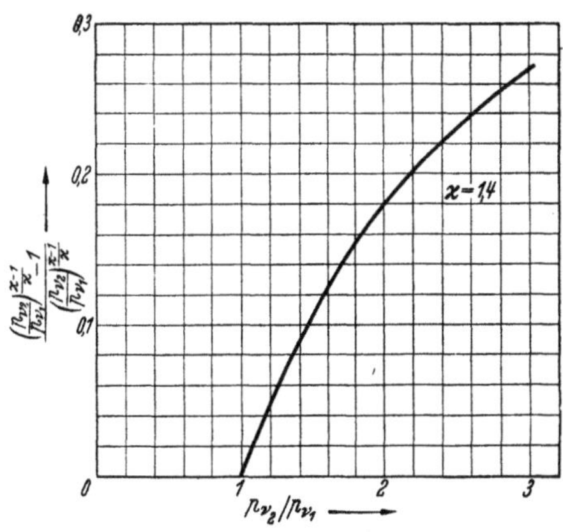

Abb. 86. $\dfrac{\left(\dfrac{p_{v_2}}{p_{v_1}}\right)^{\frac{\varkappa-1}{\varkappa}}-1}{\left(\dfrac{p_{v_2}}{p_{v_1}}\right)^{\frac{\varkappa-1}{\varkappa}}}$ in Abhängigkeit vom Druckverhältnis p_{v_2}/p_{v_1}

gruppe, der ohne Zwischenkühler gleich dem Eintrittsdruck der darauffolgenden Stufe wäre, um den Faktor $\dfrac{1}{1-\Delta p/p}$ erhöht werden muß. Das Verdichtungsverhältnis p_{v_2}/p_{v_1} der vorhergehenden Stufengruppe muß somit auf $\dfrac{p_{v_2}}{p_{v_1}}\left[\dfrac{1}{1-\Delta p/p}\right]$ erhöht werden. Damit steigt die adiabatische Verdichtungsarbeit der Stufengruppe um den Faktor

$$\frac{L_K}{L_{K_0}}=\frac{\dfrac{\varkappa}{\varkappa-1}\cdot R\cdot T_{v_1}\cdot\left[\left(\dfrac{p_{v_2}}{p_{v_1}}\cdot\dfrac{1}{1-\dfrac{\Delta p}{p}}\right)^{\frac{\varkappa-1}{\varkappa}}-1\right]}{\dfrac{\varkappa}{\varkappa-1}\cdot R\cdot T_{v_1}\left[\left(\dfrac{p_{v_2}}{p_{v_1}}\right)^{\frac{\varkappa-1}{\varkappa}}-1\right]},$$

$$=1+\frac{\left(\dfrac{p_{v_2}}{p_{v_1}}\right)^{\frac{\varkappa-1}{\varkappa}}}{\left(\dfrac{p_{v_2}}{p_{v_1}}\right)^{\frac{\varkappa-1}{\varkappa}}-1}\cdot\left[\left(\dfrac{1}{1-\dfrac{\Delta p}{p}}\right)^{\frac{\varkappa-1}{\varkappa}}-1\right].\tag{84}$$

Da $\dfrac{\Delta p}{p}$ stets klein gegenüber $\dfrac{p_{v_2}}{p_{v_1}}$ ist, ist der adiabatische Wirkungsgrad in beiden Fällen der gleiche, so daß Gl. (84) nicht nur das Verhältnis der adiabatischen Verdichtungsarbeiten, sondern auch der wirklichen Verdichtungsarbeiten wiedergibt. Zur schnellen Auswertung der Gl. (84) sind in Abb. 86 der Ausdruck

$$\frac{\left(\dfrac{p_{v_2}}{p_{v_1}}\right)^{\frac{\varkappa-1}{\varkappa}}-1}{\left(\dfrac{p_{v_2}}{p_{v_1}}\right)^{\frac{\varkappa-1}{\varkappa}}}=f\left(\dfrac{p_{v_2}}{p_{v_1}}\right)$$

7*

und in Abb. 87 der Ausdruck

$$\left[\left(\frac{1}{1-\frac{\Delta p}{p}}\right)^{\frac{\varkappa-1}{\varkappa}}-1\right]=f\left(\frac{\Delta p}{p}\right)$$

dargestellt.

Der Druckverlustfaktor $\Delta p/p$ überschreitet bei guter Kühlerausführung selten den Wert von 5%. Für $\Delta p/p < 0,05$ kann in guter Annäherung gesetzt werden

$$\left(\frac{1}{1-\frac{\Delta p}{p}}\right)^{\frac{\varkappa-1}{\varkappa}}-1\approx\frac{\varkappa-1}{\varkappa}\cdot\frac{\Delta p}{p},$$

wie sich durch Reihenentwicklung leicht nachweisen läßt.

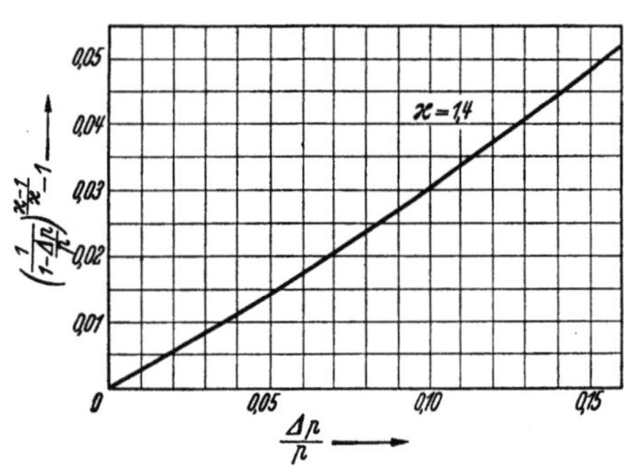

Abb. 87. $\left(\dfrac{1}{1-\Delta p/p}\right)^{\frac{\varkappa-1}{\varkappa}}-1$ in Abhängigkeit von $\Delta p/p$

Bei der Berechnung des Leistungsbedarfes eines Kompressors mit Zwischenkühlung und Druckverlusten bei der Kühlung geht man zunächst in der gleichen Weise vor, wie wenn die Kühlung ohne Druckverlust erfolgen würde. Die so erhaltene Leistung wird dann lediglich mit dem Faktor $\dfrac{\dfrac{\Sigma h_{\mathrm{ad}_\nu}}{\eta_{\mathrm{ad}_\nu}}\cdot\dfrac{L_K}{L_{K_0}}}{\dfrac{\Sigma h_{\mathrm{ad}_\nu}}{\eta_{\mathrm{ad}_\nu}}}$ multipliziert, wobei die Summen sich über die einzelnen Gruppen erstrecken. Bei annähernd gleichen Stufengruppen und Endkühlung wird dieser Faktor gleich $\dfrac{L_K}{L_{K_0}}$, bezogen auf eine Stufengruppe (Mittelwert).

Beträgt z. B. bei dem obigen Beispiel der Druckverlustfaktor $\Delta p/p$ im Mittel 0,03, dann wird nach Abb. 86

$$\frac{\left(\dfrac{p_{\nu_2}}{p_{\nu_1}}\right)^{\frac{\varkappa-1}{\varkappa}}}{\left(\dfrac{p_{\nu_2}}{p_{\nu_1}}\right)^{\frac{\varkappa-1}{\varkappa}}-1}=\frac{1}{0,18}$$

und

$$\frac{L_K}{L_{K_0}}\approx 1+\frac{1}{0,18}\cdot\frac{\varkappa-1}{\varkappa}\cdot\frac{\Delta p}{p}=1,048$$

und damit

$$\frac{L_K}{L_{0\,K}}=\frac{L_{K_0}}{L_{0\,K}}\cdot\frac{L_K}{L_{K_0}}=0,8\cdot 1,048=0,838.$$

Die Leistungsverminderung durch Kühlung mit Berücksichtigung der Druckverluste gegenüber der ungekühlten Verdichtung beträgt also 16,2%.

d) Die in den Kühlern abzuführende Wärmemenge

Die in einem Zwischenkühler je kg Fördergut abzuführende Wärmemenge ergibt sich ohne weiteres aus dem ersten Hauptsatz der Wärmelehre

$$-q=i_{\nu_2}-i_{(\nu+1)_1}=c_p\left(T_{\nu_2}-T_{(\nu+1)_1}\right),$$
$$-q=i_{\nu_1}+A\cdot L_\nu-i_{(\nu+1)_1}=A\cdot L_\nu-c_p\left(T_{(\nu+1)_1}-T_{\nu_1}\right). \tag{85}$$

Dabei bedeutet

$L_\nu=\dfrac{H_{\nu\,\mathrm{ad}}}{\eta_{\nu\,\mathrm{ad}}}$ die in der betreffenden Stufengruppe tatsächlich geleistete Arbeit,

$H_{\nu\,\mathrm{ad}}$ ist hierbei die auf den Druck vor dem Zwischenkühler bezogene adiabatische Förderhöhe,

Zeiger ν_1 den Eintritt in die vorhergehende Stufengruppe,

Zeiger ν_2 den Austritt aus der vorhergehenden Stufengruppe,

$(\nu+1)_1$ den Eintritt in die nachfolgende Stufengruppe.

Für die Temperaturen und die Wärmeinhalte sind dabei die Totalwerte einzusetzen. Die entsprechenden Beziehungen gelten für den Gesamtverdichter, also

$$-q = i_2 - i_1 = c_p\,(T_2 - T_1) = i_1 + A \cdot L_K - i_2 = A \cdot L_K - c_p\,(T_2 - T_1). \tag{86}$$

Letztere Beziehung gilt, gleichgültig ob ein Endkühler vorhanden ist oder nicht.

e) Vergleich der wirklichen mit der idealen Kühlung

Aus den vorhergehenden Abschnitten geht klar hervor, daß die Verdichtungsarbeit um so kleiner ist, je niedriger die Temperatur ist, bei der jeder einzelne Verdichtungsvorgang stattfindet.

Liegt die Kühlwassertemperatur unter der Lufttemperatur, so erhält man den Optimalwert der Verdichtungsarbeit bei einer isothermen Verdichtung bei Kühlwassertemperatur. Liegt die Ansaugetemperatur T_1 unter der Kühlwassertemperatur, so wäre, um die kleinstmögliche Verdichtungsarbeit zu erhalten, zunächst eine adiabatische Verdichtung bis zum Erreichen der Kühlwassertemperatur und von da an eine isotherme Verdichtung bei Kühlwassertemperatur bis auf den Enddruck vorzusehen. Sofern nicht ein vorgekühltes Gas angesaugt wird, sind aber praktisch wohl stets die Unterschiede zwischen den beiden Temperaturen so gering, daß dabei der Unterschied gegenüber einer rein isothermen Verdichtung bei der Kühlwassertemperatur zu vernachlässigen ist, so daß man die isotherme Verdichtungsarbeit bei Kühlwassertemperatur als Idealfall der Verdichtung ansehen darf. Bezeichnet man die Kühlwassereintrittstemperatur mit $T_W[^\circ\mathrm{K}]$, so ist somit die ideale Verdichtungsarbeit

$$L_{is} = T_W \cdot R \cdot \ln\!\left(\frac{p_2}{p_1}\right). \tag{87}$$

Das Verhältnis der verlustlosen isothermen zur verlustlosen adiabatischen Verdichtungsarbeit ist somit

$$\frac{L_{is}}{L_{\mathrm{ad}}} = \frac{R \cdot T_W \cdot \ln\!\left(\dfrac{p_2}{p_1}\right)}{R \cdot T_1 \cdot \dfrac{\varkappa}{\varkappa - 1}\left[\left(\dfrac{p_2}{p_1}\right)^{\frac{\varkappa-1}{\varkappa}} - 1\right]} \tag{88}$$

Das Verhältnis der verlustlosen isothermen zur tatsächlichen Verdichtung ohne Kühlung ist

$$\frac{L_{is}}{L_{oK}} = \frac{R \cdot T_W \cdot \ln\!\left(\dfrac{p_2}{p_1}\right) \cdot \eta_{\mathrm{ad}}}{R \cdot T_1 \cdot \dfrac{\varkappa}{\varkappa - 1}\left[\left(\dfrac{p_2}{p_1}\right)^{\frac{\varkappa-1}{\varkappa}} - 1\right]} \tag{89}$$

und das Verhältnis der Verdichtungsarbeit L_{id_K} bei verlustloser Kühlung unter Berücksichtigung der Verluste im Verdichter zur Verdichtungsarbeit ohne Kühler nach Gl. (71)

$$\frac{L_{id_K}}{L_{oK}} = \frac{T_W}{T_1} \cdot \frac{\eta_{\mathrm{ad}}}{\eta_{\mathrm{pol}}} \cdot \frac{\varkappa - 1}{\varkappa} \cdot \frac{\ln\!\left(\dfrac{p_2}{p_1}\right)}{\left(\dfrac{p_2}{p_1}\right)^{\frac{\varkappa-1}{\varkappa}} - 1} \tag{90}$$

bzw. Gl. (72) und (73), wobei $T_{m_1} = T_W$ zu setzen ist:

$$\frac{L_{id_K}}{L_{oK}} = \frac{T_W}{T_1} \cdot \Theta. \tag{91}$$

Das Verhältnis der wirklichen Verdichtungsarbeit mit Zwischenkühlung zur Verdichtungsarbeit bei idealer Kühlung wird somit unter Benützung von Gl. (74), (84) und (91)

$$\frac{L_K}{L_{id_K}} = \frac{\dfrac{L_K}{L_{oK}}}{\dfrac{L_{id_K}}{L_{oK}}} = \frac{\dfrac{T_{m_1}}{T_1} \cdot \dfrac{\Theta_{\mathrm{tot}}}{\Theta_{\mathrm{St}}} \cdot \dfrac{L_K}{L_{K_0}}}{\dfrac{T_W}{T_1} \cdot \Theta_{\mathrm{tot}}},$$

$$= \frac{T_{m_1}}{T_W} \cdot \frac{1}{\Theta_{\mathrm{St}}} \cdot \frac{L_K}{L_{K_0}}. \tag{92}$$

Die Leistungsvermehrung als Folge der Kühlungsverluste gegenüber der Leistung bei verlustloser Kühlung erscheint in Gl. (92) als das Produkt dreier Faktoren, die sofort die Aufteilung in die einzelnen Verlustquellen erkennen lassen:

der erste Faktor T_{m_1}/T_W zeigt den Einfluß der unvollkommenen Rückkühlung als Folge der endlichen Kühlergröße,

der zweite Faktor $1/\Theta_{St}$ den Einfluß der endlichen Kühlerzahl und

der dritte Faktor L_K/L_{K_0} den Einfluß der Druckverluste durch die Kühlung.

Die bisherigen Überlegungen sind zwar speziell auf den Fall der Außenkühlung abgestimmt, gelten aber sinngemäß unverändert auch für Innenkühlung. Bei Innenkühlung werden im allgemeinen die Druckverluste wesentlich geringer ausfallen. Würde man die Kanalform im Innern des Verdichters unverändert beibehalten, so würden diese in erster Näherung zu Null. Tatsächlich wird man aber mit Rücksicht auf die Kühlung eine möglichst große Zahl von Leitschaufeln vorsehen, um die Kühlerfläche im Innern des Verdichters zu erhöhen, was eine Erhöhung der Strömungsverluste, also einen Druckverlust entsprechend der obigen Definition bewirkt. Damit wird der Einfluß des letzten Faktors von Gl. (92) verhältnismäßig klein; dasselbe gilt, sofern man hinter jeder Stufe kühlt, auch für den zweiten Faktor. Dafür aber wird der erste Faktor in diesem Falle ziemlich groß, weil die mit den unterzubringenden Kühlerflächen mögliche Temperatursenkung beschränkt ist.

f) Bemerkungen zur Kühlerauslegung

Der hier verfügbare Raum gestattet nicht, die Frage der Auslegung von Kühlern so ausführlich zu behandeln, wie dies notwendig wäre, um eine vollständige Kühlerberechnung durchführen zu können. Die nachfolgenden Betrachtungen sollen sich deshalb darauf beschränken, den grundsätzlichen Rechnungsgang für die Auslegung eines Kühlers anzudeuten.

Die Berechnung eines Kühlers beruht auf der Gleichung für den Wärmedurchgang

$$Q = \frac{k \cdot F \cdot (\Delta' - \Delta'')}{\ln \dfrac{\Delta'}{\Delta''}} \left[\frac{\text{kcal}}{\text{h}} \right]. \tag{93}$$

Dabei ist

Q [kcal/h]   die je Zeiteinheit übergehende Wärmemenge,

k [kcal/m² h °C]   die Wärmedurchgangszahl,

F [m²]   die Kühlerfläche auf Luftseite,

Δ' [°C]   die mittlere Temperaturdifferenz zwischen Luft und Kühlwasser am Eintritt der Luft in den Kühler,

Δ'' [°C]   die mittlere Temperaturdifferenz zwischen Luft und Kühlwasser am Austritt der Luft aus dem Kühler.

Im allgemeinen wird die stündlich abzuführende Wärmemenge Q entsprechend Gl. (85) gegeben sein, ebenso sind Luftein- und Luftaustrittstemperatur, desgleichen die Wassereintrittstemperatur als bekannt anzusehen, während sich die Wasseraustrittstemperatur aus der zur Verfügung stehenden Wassermenge ergibt. Auf die Berechnung der Wärmedurchgangszahl k soll im nachfolgenden etwas näher eingegangen werden. Ist k bekannt, so kann die erforderliche Kühlerfläche F aus Gl. (93) berechnet werden.

Der Wert des Ausdrucks $(\Delta' - \Delta'')/\ln \dfrac{\Delta'}{\Delta''}$ nähert sich für geringe Unterschiede von Δ' und Δ'' dem Wert $\dfrac{\Delta' + \Delta''}{2}$. Je größer das Verhältnis Δ' zu Δ'' wird, um so mehr wird seine Größe durch den Nenner $\ln \dfrac{\Delta'}{\Delta''}$ beeinflußt, der für $\Delta'' = 0$, d. h. Luftaustrittstemperatur gleich Wassertemperatur, unendlich wird. Daraus folgt, daß die erforderliche Kühlerfläche um so mehr zunimmt — im Grenzfalle unendlich würde — je mehr die Rückkühltemperatur sich der Wassertemperatur nähert. Deshalb läßt man im allgemeinen eine Differenz zwischen Luftaustritts- und Wassereintrittstemperatur von 10 bis 20 °C zu.

Weiterhin erkennt man, daß Δ'' dann am größten und damit $\ln \Delta'/\Delta''$ dann am kleinsten wird, wenn man auf der Luftaustrittsseite als Kühlmitteltemperatur die Wassereintrittstemperatur einsetzt, d. h. wenn die Hauptströmungsrichtung der Luft und des Wassers entgegengesetzt gerichtet ist (Gegenstrom). Auch wenn die Luft senkrecht zu den Wasserkühlrohren strömt, kann der Effekt des Gegenstroms hinreichend dadurch realisiert werden, daß man durch entsprechende Führung der Luft oder des Wassers durch mehrfaches Wechseln der Strömungsrichtung dafür sorgt, daß die Luft am Austritt aus dem Kühler mit Frischwasser und am Eintritt in denselben mit erwärmtem Wasser gekühlt wird.

Für die Wärmedurchgangszahl gilt die Beziehung

$$\frac{1}{k} = \frac{1}{\alpha_1} + \frac{1}{\alpha_2 \cdot \dfrac{F_W}{F}} + \frac{1}{\dfrac{\delta_m}{\lambda} \cdot \dfrac{F_{Dm}}{F}} \left[\frac{\text{m}^2\,\text{h}\,°\text{C}}{\text{kcal}}\right]. \tag{94}$$

Dabei bedeuten

α_1	[kcal/m² h °C]	die Wärmeübergangszahl Luft – Wand,
α_2	[kcal/m² h °C]	die Wärmeübergangszahl Wasser – Wand,
λ	[kcal/m h °C]	die Wärmeleitzahl,
F_W/F	[–]	das Verhältnis der vom Wasser zu der von Luft berührten Kühlerfläche,
δ_m	[m]	die für den Wärmedurchgang maßgebende mittlere Wanddicke,
F_{Dm}/F	[–]	das Verhältnis des für den Wärmedurchgang maßgebenden Materialquerschnitts zu der von der Luft berührten Kühlerfläche.

Das letzte Glied von Gl. (94) ist dann von erheblichem Einfluß, wenn die Wärmeaustauschflächen auf Luftseite mit Rippen versehen sind. Die in Gl. (94) gewählte Definition mit δ_m und F_{Dm} stellt besonders bei Verwendung von Kühlrippen keine einwandfreie und für eine exakte Auswertung verwendbare Definition dar und dient mehr zur Veranschaulichung bzw. Abschätzung der tatsächlichen Verhältnisse. Auf die bei Verwendung von Kühlrippen ziemlich komplizierten Rechnungen kann hier nicht eingegangen werden, weshalb auf das Schrifttum verwiesen wird. In der Praxis wird man sich vielfach der versuchsmäßig ermittelten Erfahrungswerte bedienen.

Das zweite Glied in Gl. (94) kann aus der für gerade Rohrleitungen geltenden Beziehung

$$\alpha_2 = 1755\,(1 + 0{,}015 \cdot \vartheta_m) \cdot w_W^{0,87} / d_i^{0,13} \ [\text{kcal/m}^2\,\text{h}\,°\text{C}] \tag{95}$$

ermittelt werden. Dabei ist

ϑ_m	[°C]	in diesem Zusammenhang mit genügender Genauigkeit die mittlere Wassertemperatur,
w_W	[m/s]	die Geschwindigkeit des Kühlwassers in den Rohren,
d_i	[m]	der lichte Durchmesser der wasserdurchströmten Kühlrohre.

Die Werte von α_1 werden bei Innenkühlung von Kompressoren im allgemeinen sehr hoch liegen (in der Größenordnung von 200 bis 500 kcal/m² h °C), da die Strömungsgeschwindigkeiten im Verdichter hoch sind (50 bis 100 m/s und mehr), ein Vorteil, der aber praktisch, wie bereits erwähnt, infolge der kleinen unterzubringenden Austauschflächen mehr als ausgeglichen wird. Bei Außenkühlung, wo man, um die Druckverluste klein zu halten, nur geringe Strömungsgeschwindigkeiten der Luft zulassen kann, liegt α_1 in der Größenordnung von 50 bis 200 kcal/m² h °C. In diesem Fall, der im folgenden ausschließlich betrachtet werden soll, ist der Einfluß des dritten Gliedes der Gl. (94) praktisch vernachlässigbar und der Einfluß des zweiten Gliedes relativ gering, so daß für eine angenäherte Überlegung die Betrachtung des ersten Gliedes α_1 genügt. Dabei sollen sich die folgenden Ausführungen weiterhin auf den praktisch allerdings sehr wichtigen Fall eines Kühlers beschränken, der aus wasserdurchströmten Röhrchen besteht und bei dem die Luft senkrecht zu diesen strömt.

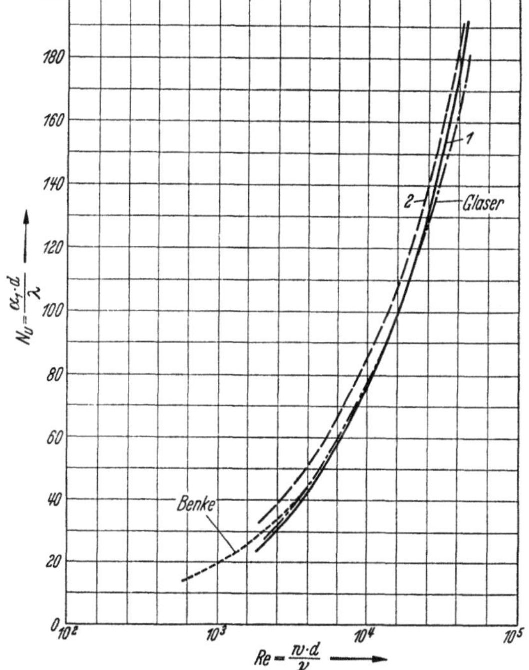

Abb. 88. Abhängigkeit der Nusseltschen Kenngröße von der Reynoldsschen Zahl
1 Fluchtende Rohrreihe, 2 Versetzte Rohrreihe

Die Wärmeübergangszahl α_1 kann nach Untersuchungen von E. Hofmann in diesem Falle durch die Beziehung

$$N_u = \frac{\alpha_1 \cdot d}{\lambda} = k \cdot Re^m \ [–] \tag{96}$$

dargestellt werden. Dabei bedeuten

d	[m]	der Außendurchmesser der wasserdurchströmten Röhrchen,
Nu	[–]	die Nusseltsche Kenngröße,
λ	[kcal/m h °C]	die Wärmeleitzahl der Luft,
Re	[–]	die Reynoldssche Zahl $\left(\dfrac{w \cdot d}{\nu}\right)$,
w	[m/s]	die Geschwindigkeit der Luft zwischen den Röhrchen,

v [m²/s]   die kinematische Zähigkeit der Luft,

k [—] und

m [—]   sind versuchsmäßig ermittelte Konstanten, die von der Röhrchenanordnung (fluchtend bzw. versetzt), sowie vom Längs- und Querteilungsverhältnis der Röhrchen abhängen (s. Tab. 9).

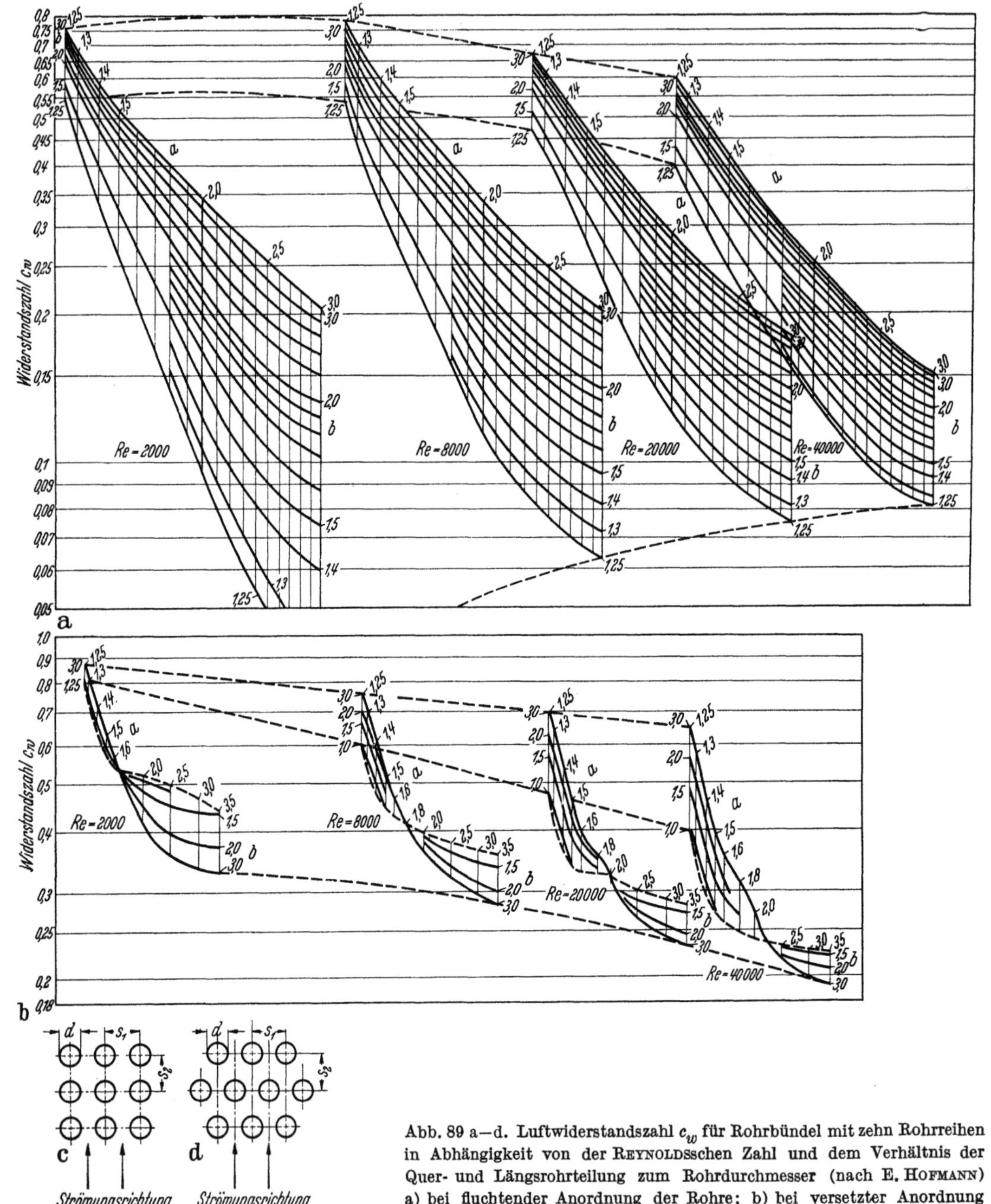

Abb. 89 a—d. Luftwiderstandszahl c_w für Rohrbündel mit zehn Rohrreihen in Abhängigkeit von der REYNOLDSschen Zahl und dem Verhältnis der Quer- und Längsrohrteilung zum Rohrdurchmesser (nach E. HOFMANN) a) bei fluchtender Anordnung der Rohre; b) bei versetzter Anordnung der Rohre

Der Druckverlust eines Kühlers kann aus folgender Gleichung ermittelt werden

$$\Delta p = n \cdot c_w \cdot \gamma \cdot \frac{w^2}{2g} \; [\text{kg/m}^2], \tag{97}$$

worin

n [—]   die Anzahl der Rohrreihen in Strömungsrichtung,

γ [kg/m³]   das mittlere spezifische Gewicht der Luft und

c_w [—]   die auf eine Rohrreihe bezogene mittlere Widerstandszahl bedeuten, die in Abb. 89 für fluchtende und versetzte Rohrreihen dargestellt ist.

Die Aufgabe bei der Auslegung eines Kühlers besteht nun neben der Berücksichtigung der konstruktiven Interessen darin, Wärmeübergangszahlen, d. h. die erforderliche Kühlerfläche bzw. Temperatursenkung im Kühler einerseits und den Druckverlust andererseits so aufeinander abzustimmen, daß man optimale Verhältnisse erhält, d. h. z. B. bei gegebener Kühlergröße oder Kühlerfläche einen Minimalwert von L_K/L_{id_K} entsprechend Gl. (92). Eine derartige Kühlerberechnung ist allerdings wegen der großen Zahl der variierenden Größen, nämlich Röhrchendurchmesser, Röhrchenlänge, Längs- und Querleitungsverhältnis, fluchtend oder versetzt, Zahl der Röhrchen in und senkrecht zur Strömungsrichtung, sehr langwierig.

Tabelle 9

a	1,25		1,5		2		3	
	K	m	K	m	K	m	K	m
b	für fluchtende Rohrbündel							
1,25	0,348	0,592	0,275	0,608	0,100	0,704	0,0633	0,752
1,5	0,367	0,586	0,250	0,620	0,101	0,702	0,0678	0,744
2,	0,418	0,570	0,299	0,602	0,229	0,632	0,198	0,648
3	0,490	0,601	0,357	0,584	0,374	0,581	0,286	0,608
b	für versetzte Rohrbündel							
0,6	—	—	—	—	—	—	0,213	0,636
0,9	—	—	—	—	0,446	0,571	0,401	0,581
1,0	—	—	0,497	0,558	—	—	—	—
1,125	—	—	—	—	0,478	0,565	0,518	0,560
1,25	0,518	0,556	0,505	0,554	0,519	0,556	0,522	0,562
1,5	0,451	0,568	0,460	0,562	0,482	0,548	0,488	0,568
2	0,404	0,572	0,416	0,568	0,452	0,556	0,449	0,570
3	0,310	0,592	0,356	0,580	0,440	0,562	0,421	0,574

$a = s_1/d$ Querteilungsverhältnis $\Big\}$ s. Abb. 89c und Abb. 89d
$b = s_2/d$ Längsteilungsverhältnis

D. Der Axialkompressor

I. Einleitung

Es ist auffallend, daß Strömungsmaschinen verschiedenster Bauweise und Anwendungsgebiete als Kraft- und Arbeitsmaschine in Form von Pelton-, Francis- und Kaplanturbinen, in Form von Dampfturbinen und Radialkompressoren eine jahrzehntelange Entwicklungszeit hinter sich hatten, bevor sich der Axialverdichter durchsetzte, obgleich der Gedanke, Luft oder Gas in mehreren axial durchströmten Schaufelreihen zu verdichten, bereits 1897 von SIR CHARLES PARSONS zum Bau eines vielstufigen Axialkompressors führte. Auch RATEAU baute um die Jahrhundertwende bereits seinen ersten Axialkompressor. Die damaligen Axialkompressoren waren jedoch gegenüber den leistungsfähigen Radialkompressoren weit unterlegen. Erst durch die Fortschritte der theoretischen und technischen Aerodynamik und der Tragflügeltheorie und besonders durch die Ergebnisse planmäßiger Laboratoriumsarbeiten ist es gelungen, tiefer in die Vorgänge vielflügeliger, hochbelastbarer Axialkompressoren einzudringen.

Die axiale Verdichterbauart ist in ihrer heutigen Entwicklungsreife zum Erreichen hoher Wirkungsgrade und zur Förderung großer Mengen geeigneter als die radiale Verdichterbauweise. Wie bereits aus Abb. 50 hervorgeht, können in einem verhältnismäßig großen Arbeitsbereich grundsätzlich beide Verdichterbauarten verwendet werden.

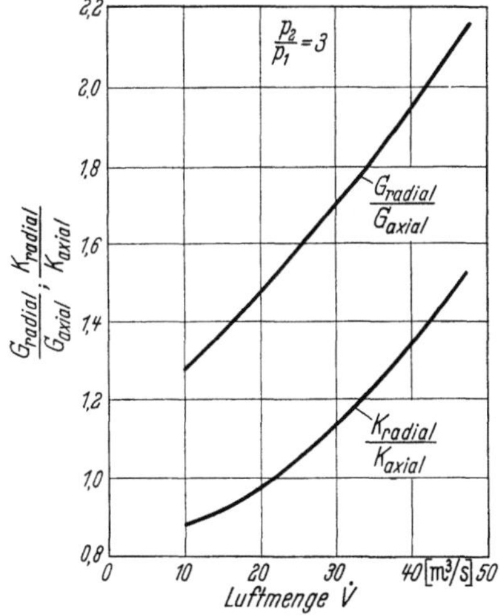

Abb. 90. Vergleich der Gewichte G und der Preise K von Radial- und Axialverdichtern in Abhängigkeit vom Ansaugvolumen $\dot{V}$, gültig für Verdichtung von Luft bei einem Verdichtungsverhältnis $p_2/p_1 = 3$ (nach DIBELIUS)[1]

---

[1] DIBELIUS, G.: Mehrstufige Turboverdichter. Chemie Ing. Technik 31 (1959) H. 4.

Obgleich zum Erreichen eines bestimmten Druckverhältnisses bei der axial durchströmten
Arbeitsmaschine mehr Stufen erforderlich sind als beim Radialverdichter, wird das Bauvolumen
und damit das Gewicht und der Preis (Abb. 90) als Folge des kleineren Rotordurchmessers und

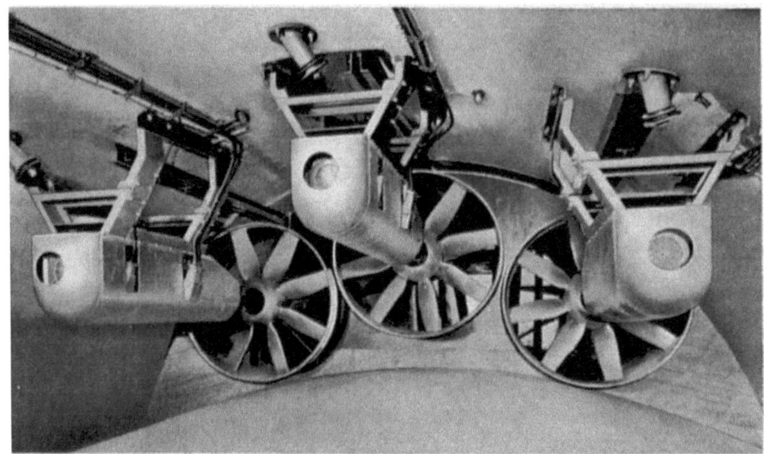

Abb. 91. Axialgebläsegruppe (Bauart J. M. Voith GmbH, Heidenheim) im Abluftkanal des Stuttgarter Wagenburgtunnels
Laufraddurchmesser: $D_a = 2{,}24$ m
Gebläsedrehzahlen: $n_1 = 570$ U/min $n_2 = 383$ U/min $n_3 = 180$ U/min
Leistungen je Axialgebläse bei $n = 570$ U/min und $\gamma = 1{,}14$ kg/m³: $\dot V = 90$ m³/s, $\Delta p_{tot} = 23{,}7$ mm WS
Leistungsaufnahme $N = 25{,}8$ kW

der Möglichkeit, größere Verdichterdrehzahlen zu verwirklichen, beim Axialverdichter mit zunehmender Durchflußmenge, d. h. mit zunehmender dimensionsloser Drehzahl, kleiner als beim
Radialverdichter. Im folgenden sollen der praktische Anwendungsbereich der axial durchströmten
Arbeitsmaschine umrissen und einige ausgeführte Anlagen mit ihren jeweiligen charakteristischen Auslegungs- und Betriebsdaten als Beispiele gezeigt werden.

Abb. 91 zeigt eine Gebläsegruppe im Abluftkanal des Wagenburgtunnels in Stuttgart und
Abb. 92 einen Querschnitt des Tunnels mit der Anordnung der Axialgebläse. Das Antriebs-
aggregat besteht aus je zwei Elektromotoren in Tandemanordnung, wobei der stärkere Motor
polumschaltbar ist, aus einem Stirnradgetriebe und einer Gelenkwelle. Im Wagenburgtunnel

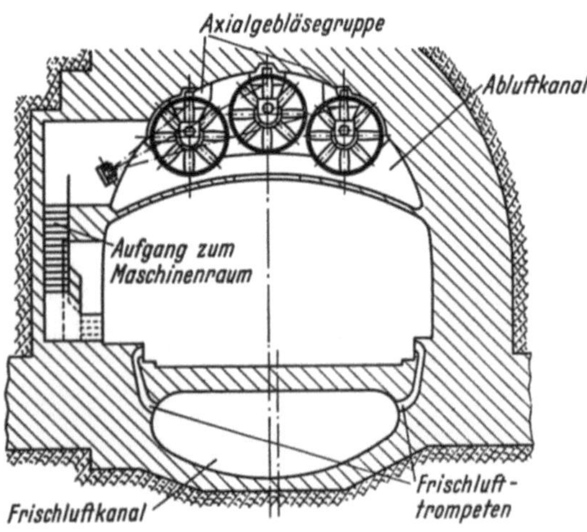

Abb. 92. Querschnitt durch den Wagenburgtunnel mit den
Abluft-Axialgebläsen

sind insgesamt vier Gruppen mit je drei Axialgebläsen installiert und zwar jeweils zwei Ge-
bläsegruppen zur Förderung der Frisch- und
Abluft. Im Rahmen der Meßgenauigkeit und der
geringfügig schwankenden Betriebsbedingungen
sind die Leistungen der Frisch- und Abluft-
gebläse bei gleicher Drehzahl konstant. Entsprechend den Abnahmemessungen ergaben sich
je Gebläse folgende Leistungen: Volumenstrom
$\dot V = 90$ m³/s; Gesamtdruckerhöhung $\Delta p_{tot} =$
23,7 mm WS bei einer Gebläsedrehzahl $n = 570$
U/min (spezifisches Gewicht der Luft $\gamma = 1{,}14$
kg/m³). Die Leistungsaufnahme je Gebläse beträgt dabei 25,8 kW.

Ebenfalls von der J. M. Voith GmbH, Heidenheim, wurde ein sogenannter Strahlventilator
für Längsbelüftung von Straßentunneln ent-
wickelt. Die Laufräder dieser Gebläse haben symmetrische Profile, womit die Belüftungsrichtung
im Tunnel durch Umkehrung der Drehrichtung den jeweiligen Betriebsverhältnissen angepaßt
werden kann. Derartige Längsbelüftungen werden für richtungsbefahrene Autotunnel bis etwa

1 km Tunnellänge ausgeführt und für Autotunnel mit Gegenverkehr bis zu Längen von 600 bis 800 m. Dabei werden im Abstand von 50 bis 100 m die Gebläse hintereinander angeordnet, um eine genügend große Impulseinleitung in den Tunnel zu gewährleisten. Diese Anordnung ist durch ihren einfachen und organischen Aufbau für die Längsbelüftung von Tunneln besonders geeignet.

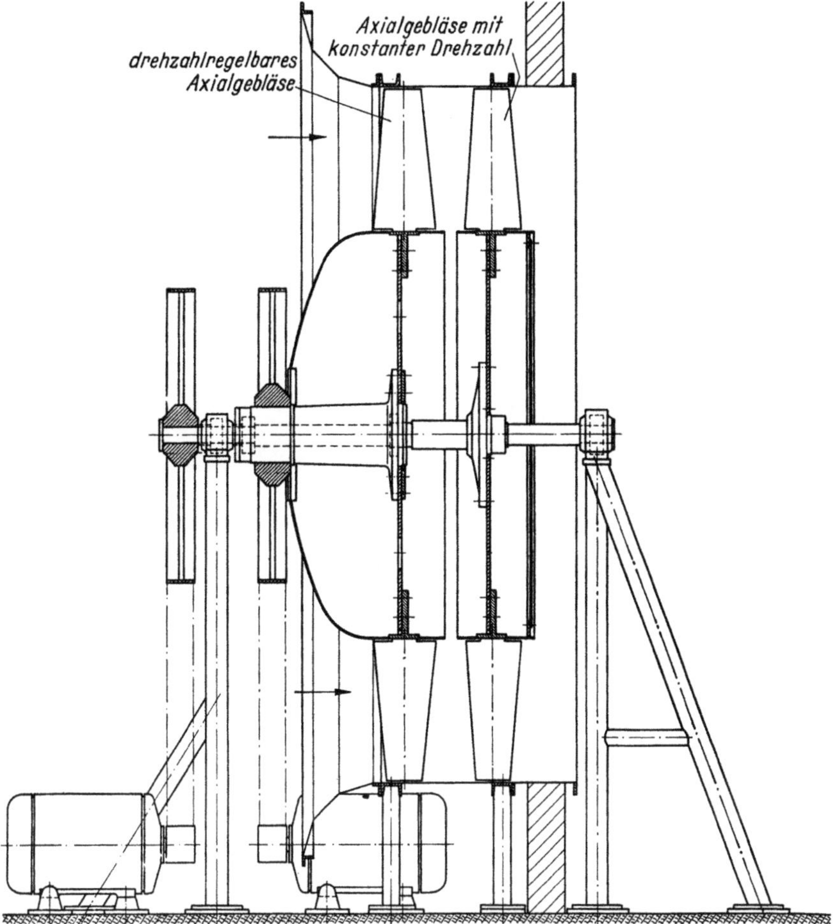

Abb. 93. Gegenläufiges Axialgebläse (Bauart Lufttechn. Ges. m. b. H., Stuttgart-Zuffenhausen)
Außendurchmesser D_a = 2650 mm,   Nabendurchmesser D_i = 1550 mm,
Luftmenge $\dot V$ = 44,5 m³/s,   Gesamtdruck Δp_{tot} = 48,5 mm WS,
Drehzahl der 1. Stufe regelbar von n_1 = 86 bis 258 U/min, Drehzahl der 2. Stufe n_2 = 258 U/min,
Antriebsleistung der 1. Stufe N_1 = 11 kW (drehzahlgeregelter Drehstromnebenschlußmotor),
Antriebsleistung der 2. Stufe N = 13 kW (Kurzschlußläufermotor)

Axialgebläse werden mit Erfolg auf dem Gebiet der Lüftung, Trocknung, Heizung und Entnebelung verwendet, ferner zur Absaugung von Rauchgasen, für Luftbefeuchtung, Abwärmeverwertung, zum Absaugen von Dämpfen, wobei für säurehaltige, alkalische oder sonst irgendwie aggressive Gase die Laufräder und die von dem Gas bestrichenen Teile der Strömungsmaschine aus Sonderwerkstoffen hergestellt oder mit wirksamen Schutzbezügen versehen werden. Für giftige, starkriechende oder ätzende Gase werden die gasführenden Teile sowie das komplette Gebläse selbst gasdicht ausgeführt.

Bei den Saugzug-Gebläsen läßt sich mit Hilfe von verstellbaren Vorleitschaufeln nicht nur eine wirtschaftliche, sondern auch sehr schnell zu betätigende Regelung durchführen, wobei außerdem die Möglichkeit besteht, das Gebläse für den normalen Betriebsbereich mit optimalen Wirkungsgraden auszulegen und für einen eventuellen Bedarfsfall durch Aufdrehen des Leitapparates noch höhere Luftleistungen zu erzielen.

In hervorragender Weise lassen sich axial durchströmte Arbeitsmaschinen insbesondere für das große Gebiet der Kühlung in der gesamten Technik verwenden, und zwar in Form der

Kühlturmgebläse, wo sie sich zur Unterstützung des natürlichen Soges äußerst raumsparend einbauen lassen und dabei mit geringstem Energieeinsatz arbeiten.

Umfangreiche Forschungsarbeiten beschäftigten sich erfolgreich mit der Lärmbekämpfung der Gebläse, so daß beispielsweise zur Klimatisierung und Belüftung von Theatersälen, Kinoräumen, Krankenhäusern, Vortragssälen und Schulräumen Axialgebläse ebenso empfohlen werden können wie für industrielle Klimaanlagen. Das in Abb. 93 dargestellte gegenläufige Axialgebläse (nach Vorschlägen von Dipl.-Ing. W. BECHT) ist Bestandteil einer Klimaanlage für eine Jacquard-Weberei. Abb. 94 zeigt eine Ansicht von vorne und den Antrieb der beiden gegenläufigen Axialstufen (vgl. Abb. 206).

Abb. 94. Ansicht des gegenläufigen Axialgebläses (Bauart Lufttechn. Ges. m. b. H. Stuttgart-Zuffenhausen)

Abb. 95. Axialgebläse zur Kühlung von Elektromotoren kleiner und mittlerer Leistung (Bauart BBC)

Eine stetige Verbreitung finden Axialgebläse zur Kühlung von Turbogeneratoren, wobei man die Gebläse für kleinere und mittlere Generatoren unmittelbar auf die Wellenenden des Generatorläufers aufsetzen kann, wie Abb. 95 zeigt, während man für größere Generatoren die

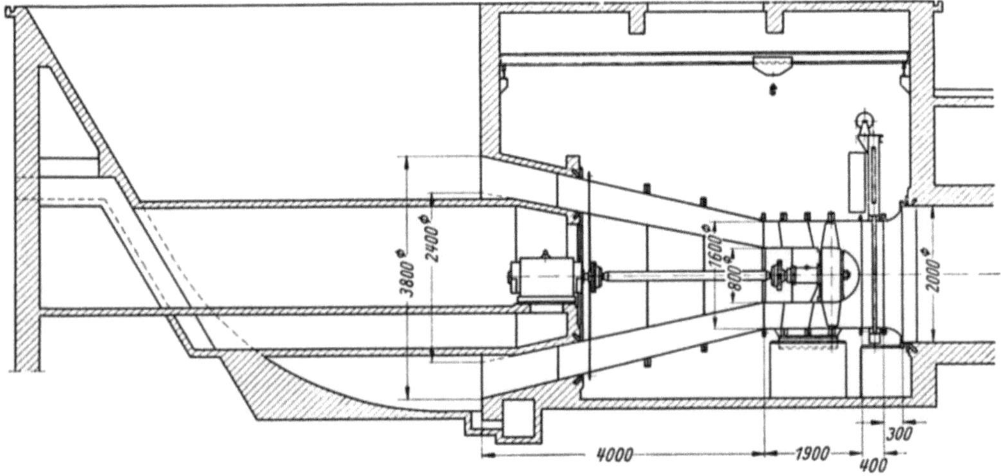

Abb. 96. Horizontale Ausführung eines Hauptgruben-Axialgebläses (Bauart Dingler-Werke A.G., Zweibrücken)
$\Delta p_{\text{tot}} = 200$ bis 400 mm WS; $V = 4000$ bis 9000 m³/min; $n = 970$ U/min

Kühlgebläse getrennt aufstellt und durch einen Elektromotor antreibt, wodurch man eine sehr günstige Ausbildung der Luftführung erreicht. Zum Anpassen der im voraus meist nicht bekannten Drücke für die Generatorkühlanlagen empfiehlt sich, die Schaufeln auf Zapfen zu befestigen, wodurch man eine Änderung des Schaufelwinkels und damit eine Anpassung der Liefermenge und des Druckes an die gewünschten Luftleistungen erzielen kann.

Für die Bewetterung von Bergwerken gewinnt die axial durchströmte Arbeitsmaschine in vertikaler und horizontaler Ausführung (Abb. 96) in zunehmendem Maße an Bedeutung, wobei Betriebssicherheit und Wirtschaftlichkeit von ausschlaggebender Bedeutung sind. Als Antrieb

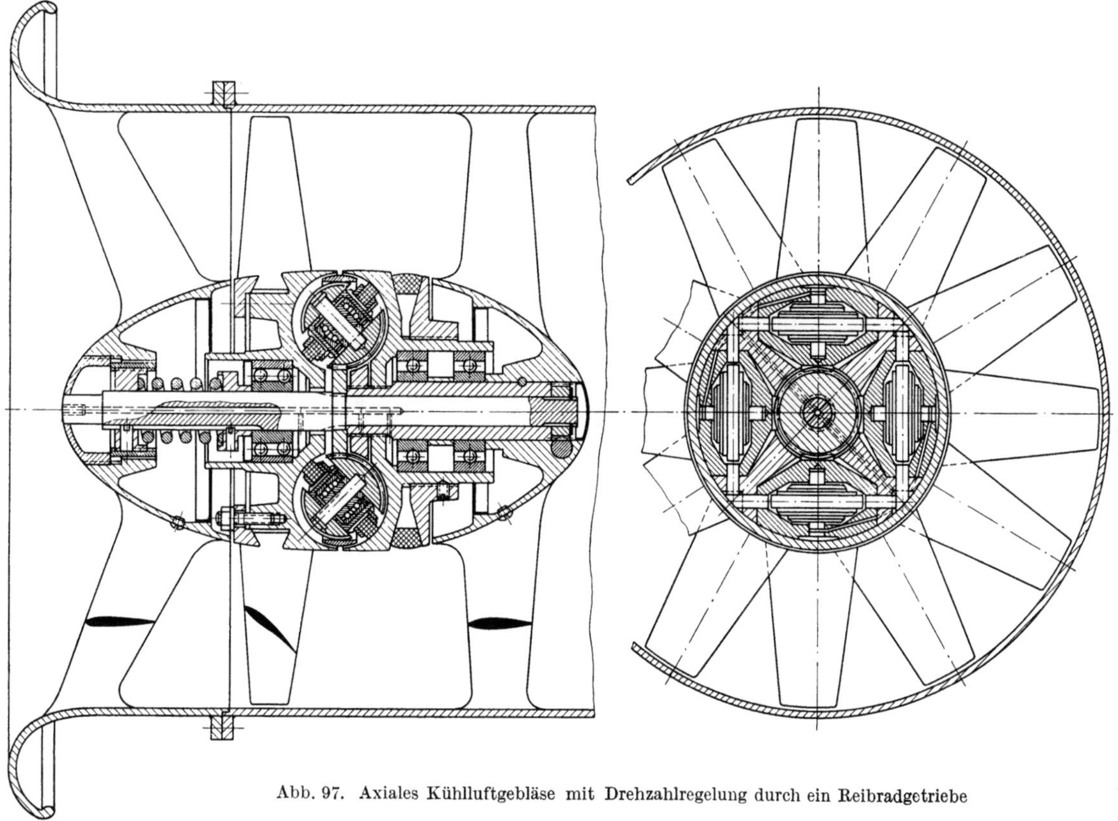

Abb. 97. Axiales Kühlluftgebläse mit Drehzahlregelung durch ein Reibradgetriebe

wird der robuste Drehstrom-Asynchronmotor, meistens ohne Zwischengetriebe, wegen seiner geringen Wartungsansprüche bevorzugt. Bei konstanter Drehzahl des Motors wird die Verstellung der Leit- oder Laufschaufeln zur Anpassung der Luftleistungen an die Veränderungen in der Wetterführung benützt, wobei in beiden Fällen eine Verstellung im Stillstand oder während des Betriebes möglich ist. Neben den wirtschaftlichen Vorteilen als Folge des hohen Wirkungsgrades sind bei Bergwerksgebläsen insbesondere auch die Ersparnisse an Werkstoff und der günstige Einbau der axial durchströmten Maschine beachtlich, da das Gebläse geradezu als eine Rohrarmatur betrachtet werden kann. Derartige Gebläse werden mit Luftmengen bis 20 000 m³/min und mehr, in einstufiger Bauweise mit Gesamtdrücken von 200 bis 400 mm WS, in zweistufiger Ausführung bis 500 mm WS und mehr gebaut.

Wegen der raumsparenden Bauweise und ihrer geringen Leistungsgewichte findet die axial durchströmte Arbeitsmaschine auch im Verkehrswesen immer mehr Eingang. Als Kühlgebläse für Kraftfahrzeuge aller Art (Abb. 97), für Belüftungs- und Kühlungszwecke im Bahnbetrieb und insbesondere zur Förderung großer Luft- und Gasmengen bei möglichst wirtschaftlichem Betrieb in Schiffsanlagen. Hier werden Axialgebläse für die weitverzweigten Frischluftleitungen für Passagier-, Kühl-, Kessel- und Maschinenräume verwendet; sie können zum Absaugen der Verbrennungsgase und ebenso als Unterwindgebläse für moderne Kesselfeuerungen dienen, wobei ihr Vorteil des geringen Raum- und Gewichtsbedarfes besonders wertvoll ist. Auch im Zusammenwirken mit Rauchanzeigegeräten sind Axialgebläse bestens zu gebrauchen, wobei sie ebenfalls wieder als Armatur der zur Signaleinrichtung führenden Rohrleitung erscheinen, also keinerlei

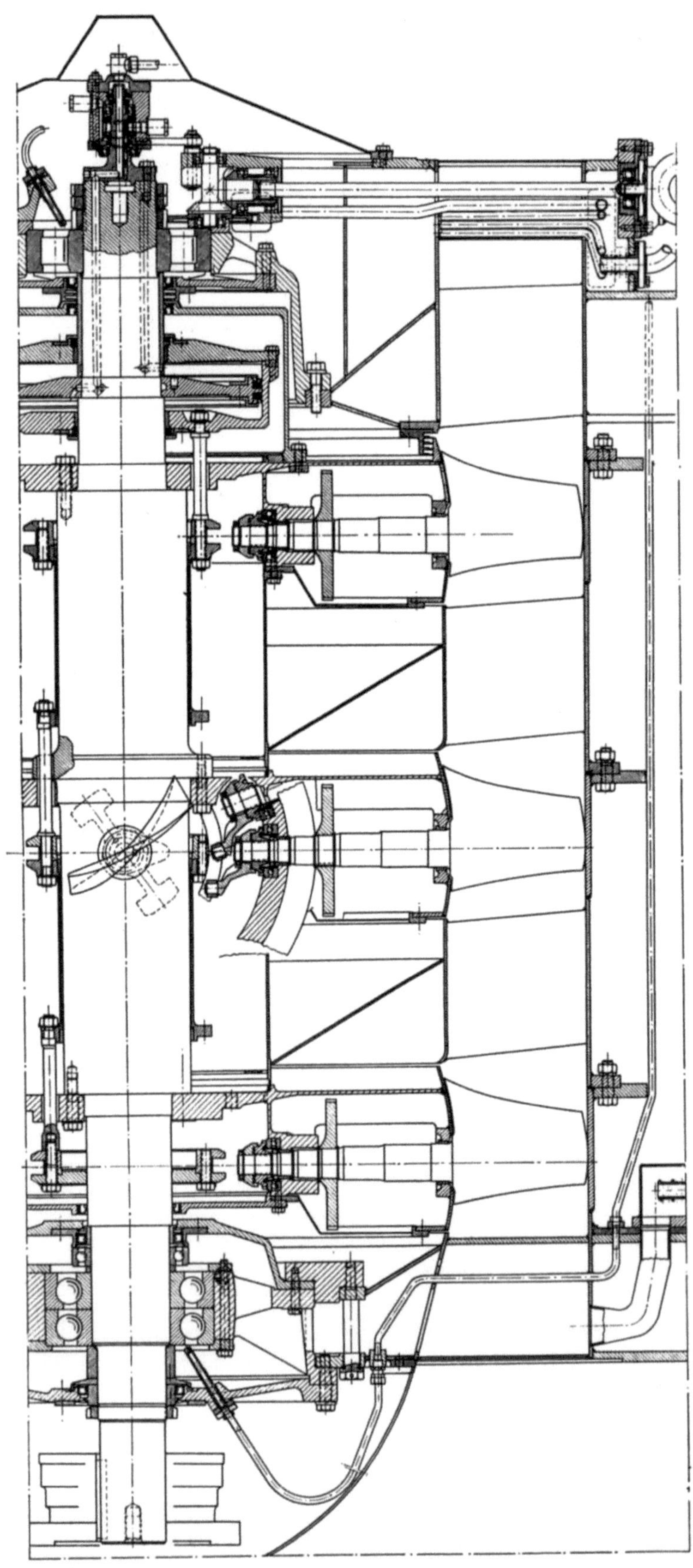

Abb. 98. Dreistufiges Axialgebläse mit im Betrieb hydraulisch verstellbaren Laufschaufeln (Bauart Dingler-Werke A.G., Zweibrücken)

Außendurchmesser $D_a = 1400$ mm; Nabendurchmesser $D_i = 1000$ mm; Drehzahl $n = 1450$ U/min; Förderstrom $\dot{V} = 20$ bis 40 m³/s; Gesamtdruck Δp_{tot} bis 1100 mm WS

zusätzlichen Platzbedarf erfordern. In ein- oder mehrstufiger Ausführung eignen sich Axialgebläse auch zur Spülung von Schiffsdieselmotoren, insbesondere wegen ihrer verhältnismäßig einfachen Regelungsmöglichkeit mittels Schaufelverstellung.

Von den zahlreichen Anwendungsmöglichkeiten der axial durchströmten Arbeitsmaschine in industriellen Betrieben sollen noch Gebläse für Staubabsaugung, Axialgebläse für pneumatische Förderanlagen und insbesondere Axialgebläse für Unterwind, also für die Verbrennungsluft moderner Kesselfeuerungen erwähnt werden. Dabei ist ein Betrieb mit hohen Wirkungsgraden auch bei veränderlichen Betriebsverhältnissen verwirklichbar. In Abb. 98 ist ein dreistufiger, hydraulisch verstellbarer Axialkompressor für eine Unterwind-Anlage gezeigt.

Abb. 99. Rotor eines fünfstufigen Axialkompressors (Bauart Daimler-Benz AG, Stuttgart-Untertürkheim)
Luftdurchsatz $\dot{G} = 15$ kg/s; Förderhöhe $H_{ad} = 10\,500$ mkg/kg ($\Pi = 2{,}85$); Drehzahl $n = 11\,800$ U/min

Für größere Drücke werden beliebig viele Einzelstufen hintereinandergeschaltet. Für größere Luftmengen können entsprechende Stufen parallelgeschaltet werden. Hiermit können Sonderwünsche in weitem Maße berücksichtigt werden.

In Abb. 99 ist der Rotor eines fünfstufigen Axialverdichters gezeigt, dessen Außendurchmesser in der ersten Stufe 432 mm, in der zweiten Stufe 410 mm und in den restlichen Stufen 400 mm, der Nabendurchmesser in der ersten Stufe 252 mm und in der letzten Stufe 307 mm beträgt.

Der in Abb. 100 dargestellte zehnstufige Axialverdichter dient als Luftquelle für Brennkammeruntersuchungen von Gasturbinen.

Die axial durchströmte Arbeitsmaschine wird praktisch ausschließlich zur Winderzeugung in Unter- und Überschall-Windkanälen benützt, bei denen neben sehr großen Luftmengen und optimalen Wirkungsgraden auch großer Wert auf drallfreie Strömung hinter dem Kompressor und damit kontinuierliche Strömung nach der Düse gelegt wird.

Das in Abb. 101 dargestellte Axialgebläse ist für den neuen Windkanal der Deutschen Forschungsanstalt für Luftfahrt in Braunschweig bestimmt. Die Schaufeln können im Stillstand des Gebläses gemeinsam verstellt werden. An der Eintrittskante der Schaufelwurzel ist eine Gradeinteilung angebracht, um den jeweiligen Schaufelwinkel ablesen zu können. Die Laufschaufeln sind als Hohlprofile aus Silumin gegossen, der Leitapparat ist eine Schweißkonstruktion unter Verwendung von Stahl-Hohlprofilen.

Abb. 102 zeigt den interessanten Axialkompressor für den großen Windkanal des Königlichen Luftfahrtinstitutes in Bedford mit einer Düsenfläche von 2,4 × 2,4 m. Da im Bereich kleiner und großer Verdichterdruckverhältnisse hohe Kompressorwirkungsgrade gefordert wurden, ist der Verdichter in zwei Gehäuse unterteilt. Bei niederen Druckverhältnissen arbeiten nur die ersten vier Axialstufen. Der zweite Verdichterteil wird ausgefahren und dafür ein einfaches ringförmiges Kanalstück eingesetzt. Bei hohen Druckverhältnissen sind beide Verdichtergruppen mit insgesamt zehn Stufen im Betrieb. Der Wechsel vom zehn- auf den vierstufigen Betrieb kann in 20 Minuten durchgeführt werden. Der Außendurchmesser des Niederdruckkompressors ist abgestuft von 5250 mm in der ersten Stufe, 5150 mm in der zweiten und 5000 mm in der dritten Stufe, von der vierten bis zur zehnten Axialverdichterstufe bleibt der Außendurchmesser mit 4920 mm konstant; der Nabendurchmesser ist über alle Stufen 3730 mm. In Abb. 103 ist das Kennfeld für den vier- bzw. zehnstufigen Axialverdichter mit den jeweils erreichten adiabatischen Wirkungsgraden dargestellt. Der Antrieb erfolgt durch einen Elektromotor; bei einer Eintrittstemperatur der Luft von 40 °C in den Verdichter beträgt die maximale Antriebsleistung 12000 PS bei einer Höchstdrehzahl des Kompressors von $n = 750$ U/min.

Abb. 100. Zehnstufiger Axialverdichter (Bauart J. M. Voith GmbH, Heidenheim)

Luftdurchsatz	$\dot{G} = 6{,}2$ kg/s,
Druckverhältnis	$\Pi = 3{,}1$,
adiabatische Förderhöhe	$H_{\mathrm{ad}} = 11\,200$ mkg/kg,
Außendurchmesser	$D_2 = 315$ mm,
Drehzahl	$n = 13\,000$ U/min,
Antriebsleistung	$N = 850$ kW

Abb. 101. Windkanal-Axialgebläse mit nachgeschaltetem Leitapparat (Bauart J. M. Voith GmbH, Heidenheim)

Fördervolumen	$\dot{V} = 500$ m³/s,
Gesamtdruck	$\Delta p_{tot} = 150$ mm WS,
Drehzahl	$n = 600$ U/min,
Antriebsleistung	$N = 885$ kW

Abb. 102. Vielstufiger Axialverdichter im großen Windkanal des englischen Luftfahrtinstituts in Bedford

In Abb. 104 ist ein zwölfstufiger Axialverdichter für eine Salpetersäure-Anlage dargestellt. Als Regelorgan dient wieder eine Rekuperationsturbine, die zwischen den Verdichterlagern eingebaut ist. Das Verdichtergehäuse ist mit demjenigen der Turbine zusammengegossen.

Von besonderem Interesse sind axial durchströmte Arbeitsmaschinen für Gasturbinen stationärer und nichtstationärer Bauweise. Es soll hier daran erinnert werden, daß die technische Realisierung des alten Gedankens der stationären Gasturbinenanlagen, die ihrerseits die Voraussetzung für den Bau moderner fliegender Strahltriebwerke ist, neben der Entwicklung hochwarmfester Legierungen in besonderem Maße der Wirkungsgradverbesserung der Kompressoren axialer und radialer Bauweise zuzuschreiben ist. Während für den Flugzeugantrieb die Gasturbine in ihren verschiedenen Varianten wegen ihrer hohen Leistungsdichte und ihres kleinen Bauvolumens, wegen ihres äußerst günstigen spezifischen Leistungsgewichtes und ihrer raschen Betriebsbereitschaft den Kolbenmotor mehr und mehr verdrängt, sind die Aussichten dieser Kraftmaschine als Schiffsantrieb, insbesondere als Spitzenlastanlage, ebenfalls sehr günstig. Wie die Entwicklungen in einer Reihe von Ländern zeigen, hat die Gasturbine unter bestimmten Bedingungen aber auch für den Lokomotiv- und Nutzkraftwagen-Antrieb berechtigte Zukunftsaussichten.

Neben den ortsbeweglichen Anlagen weitet sich aber auch das Anwendungsgebiet der stationären Gasturbine einfacher und komplexer Bauweise, mit und ohne Wärmeaustauscher, in zunehmendem Maße aus. In Abb. 105

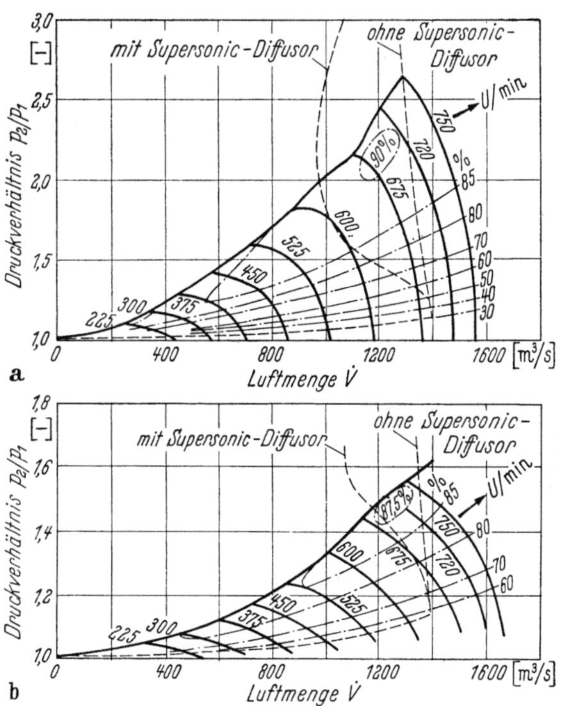

Abb. 103 a u. b. Kennfeld des in Abb. 102 dargestellten Axialkompressors   a) Charakteristik des zehnstufigen Verdichters; b) Charakteristik des vierstufigen Verdichters

ist als Beispiel eine stationäre Gasturbine mit einer effektiven Leistung von 900 kW gezeigt, bei der zur Verdichtung atmosphärischer Luft ein dreizehnstufiger Axialkompressor benützt wird.

Seit einigen Jahren erlangt die Gasturbine auch in der Stahlindustrie zum Erzeugen elektrischer Energie oder zum Antrieb von Hochofen- oder Stahlwerksgebläsen zunehmende Bedeutung. Sehr interessant ist die von der Gebr. Sulzer A.G. verwirklichte Gasturbine, die sowohl ein Hochofengebläse als auch einen elektrischen Generator antreibt (Abb. 106).

In der nach dem offenen Arbeitsprinzip aufgebauten Gasturbine wird im Axialverdichter *1* atmosphärische Luft verdichtet und über einen Wärmeaustauscher *2* zur Brennkammer *3* geleitet. Als Kraftstoff dient Gichtgas, das im Kompressor *4* auf den Brennkammerdruck verdichtet wird. Die Verbrennungsgase expandieren in der Turbine *5*, deren Leistung zum Antrieb des Axialkompressors *1*, zum Antrieb des elektrischen Generators *6*, weiterhin zum Antrieb des Gichtgas-Kompressors *4* und des Hochofengebläses *8* dient. Die aus der Turbine *5* austretenden Abgase strömen im Gegenstrom durch den Wärmeaustauscher *2* ins Freie. Der Vorteil dieser Anlage besteht vor allem darin, daß die Gasturbine stets bei Vollast, also bei optimalem thermischem Wirkungsgrad, betrieben werden kann. Da die Stromerzeugung im umgekehrten Sinn wie diejenige des Hochofenwindes variiert, sind diese Gruppen besonders interessant, wenn sie auf große elektrische Netze geschaltet werden, welche die sich entsprechend dem Windbedarf ergebenden Schwankungen der Stromerzeugung übernehmen können. Da die Gasturbine mit einem elektrischen Generator gekuppelt ist, also mit konstanter Drehzahl läuft, bestanden bezüglich der Regelung des Hochofengebläses die gleichen Probleme wie beim Antrieb derartiger Gebläse durch einen Synchronmotor. Bei den von der Gebr. Sulzer A.G. gebauten Anlagen wird nun das Hochofengebläse nicht mehr für die maximale, bei Hochlast des Hochofens verlangte Windmenge ausgelegt, sondern nur für den wesentlich kleineren Durchsatz, der im Normalbetrieb zu erwarten ist. Weist dann gelegentlich der Hochofen einen größeren Windbedarf auf, so wird die zusätzlich benötigte Windmenge im Axialverdichter der Gasturbine *1* mittels des Ventils *10* abgezapft. Soll hingegen die Windmenge unter die eigentliche Fördermenge des Gebläses herabgesetzt werden, so wird wie bisher der Überschuß in die Rekuperationsturbine geleitet. Diese Regelungsart bietet den Vorteil, daß der optimale Wirkungsgrad im Bereich des Normalbetriebes erreicht wird,

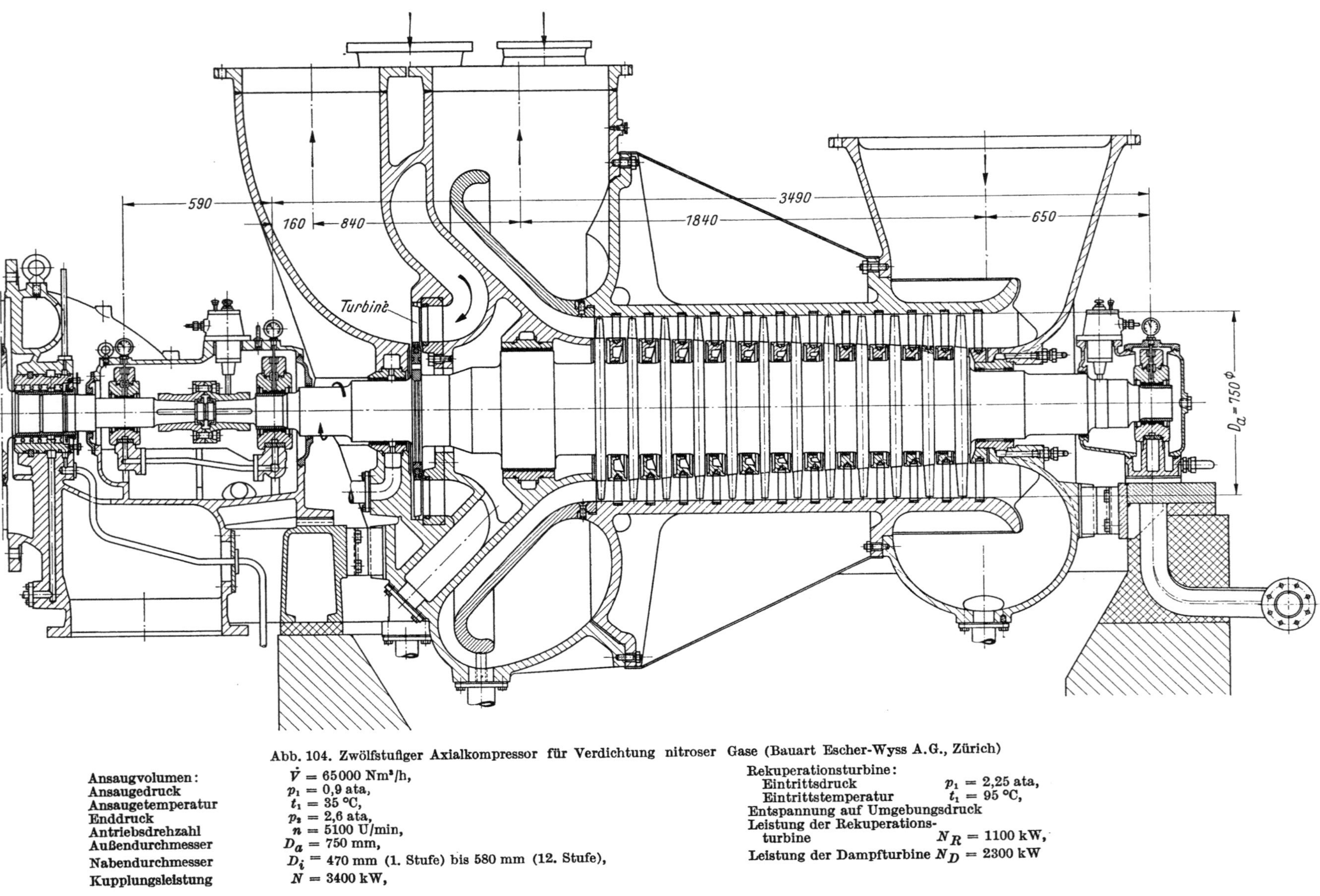

Abb. 104. Zwölfstufiger Axialkompressor für Verdichtung nitroser Gase (Bauart Escher-Wyss A.G., Zürich)

Ansaugvolumen: $\dot V = 65000$ Nm³/h,
Ansaugedruck $p_1 = 0,9$ ata,
Ansaugetemperatur $t_1 = 35$ °C,
Enddruck $p_2 = 2,6$ ata,
Antriebsdrehzahl $n = 5100$ U/min,
Außendurchmesser $D_a = 750$ mm,
Nabendurchmesser $D_i = 470$ mm (1. Stufe) bis 580 mm (12. Stufe),
Kupplungsleistung $N = 3400$ kW,

Rekuperationsturbine:
Eintrittsdruck $p_1 = 2,25$ ata,
Eintrittstemperatur $t_1 = 95$ °C,
Entspannung auf Umgebungsdruck
Leistung der Rekuperationsturbine $N_R = 1100$ kW,
Leistung der Dampfturbine $N_D = 2300$ kW

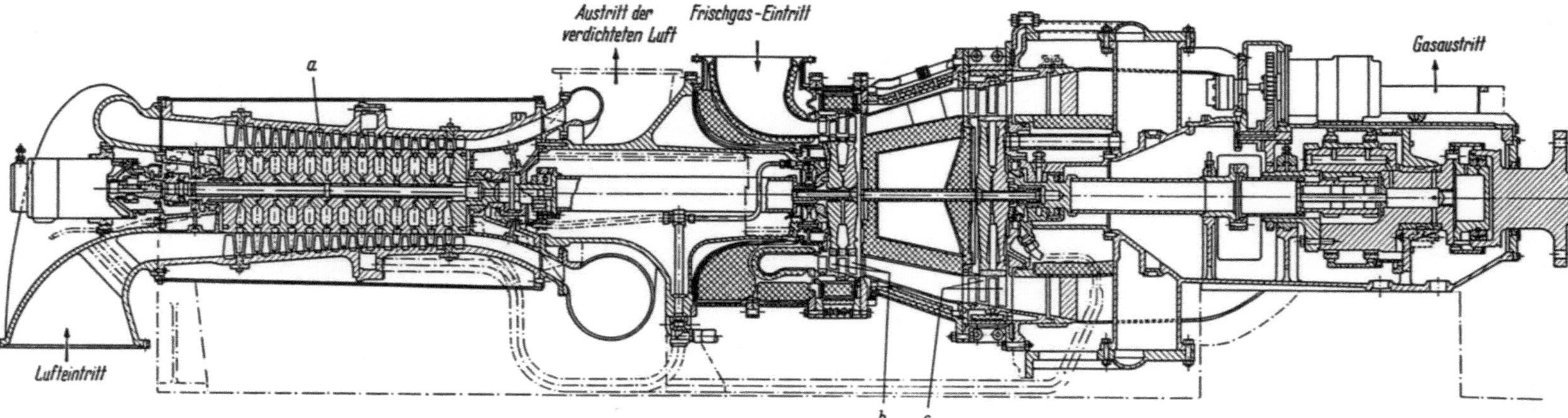

Abb. 105. 750/900 kW-Gasturbine (Bauart Ruston & Hornsby, England)

a Axialkompressor, *b* Kompressorturbine, *c* Arbeitsturbine

	ohne Wärme-austauscher	mit Wärme-austauscher $\eta_{WA} = 75\%$
Nutzleistung an der Getriebe-abtriebswelle bei einer Außen-temperatur von 18,3 °C (PS)	1260	1050
thermischer Wirkungsgrad (%)	15,9	22,5
Luftdurchsatz (kg/s)	10,2	9,7
maximale Temperatur am Turbineneintritt (°C)	727	727
Drehzahl des Gasgenerators (U/min)	11500	11150
Drehzahl der Arbeitsturbine (U/min)	6000	6000

weil dann das Hochofengebläse praktisch ohne Regelverluste arbeitet. Diese kleineren Verluste entstehen nur, wenn die Windmenge wesentlich über den dem Normalbetrieb entsprechenden Wert erhöht oder umgekehrt

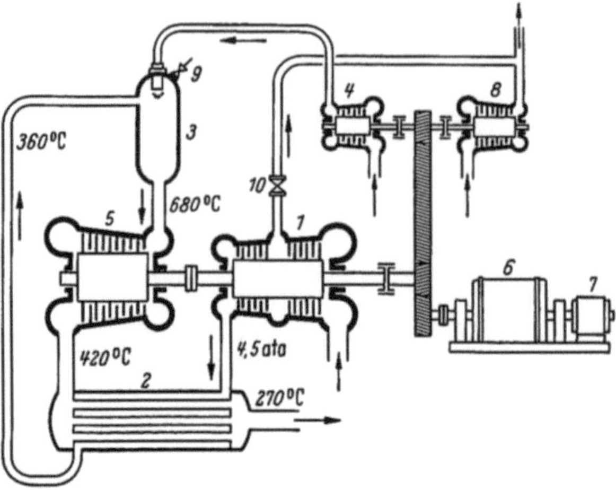

Abb. 106. Schema der Sulzer-Hochofen-Gasturbine zur Erzeugung von elektrischer Energie und Hochofenwind
1 Axialkompressor für Frischluft, *2* Wärmeaustauscher, *3* Brennkammer, *4* Gichtgas-Kompressor (radial),
5 Turbine, *6* Generator, *7* Anwurfmotor, *8* Hochofengebläse (axial), *9* Ölbrenner, *10* Windregulierung

Abb. 107. Hochofen-Gasturbine zur Erzeugung von elektrischer Energie und Hochofenwind
(Bauart Gebr. Sulzer A.G., Winterthur)

wesentlich unter den Normalwert gesenkt werden muß. Im Normalbetrieb des Hochofens arbeitet also Gasturbine und Hochofengebläse jeweils mit optimalem Wirkungsgrad, weshalb dieses Verfahren bezüglich seiner Wirtschaftlichkeit kaum noch zu übertreffen ist. Abb. 107 zeigt eine Sulzer-Gasturbinengruppe für gleichzeitige Erzeugung von Hochofenwind und elektrischer Energie.

II. Strömungsvorgänge im Axialkompressor

Bevor auf die Einzelheiten bei der Berechnung axialer Arbeitsmaschinen eingegangen wird, soll kurz die prinzipielle Arbeitsweise derselben dargestellt werden.

Beim Axialkompressor tritt die Luft bzw. das Gas im allgemeinen axial in die Maschine ein (Abb. 108) und hat dabei eine Meridiangeschwindigkeit c_m. Unter Vernachlässigung radialer Strömungskomponenten kann man nun in erster Näherung, zumindest für den Betriebspunkt, die Strömung so betrachten, als wenn sie auf koaxialen Zylinderflächen vor sich geht. Die Strömung auf einem Zylindermantel entspricht einer ebenen Strömung durch ein gerades Gitter mit unendlich vielen Schaufeln. Das mit der Axialgeschwindigkeit c_m ankommende Gasteilchen

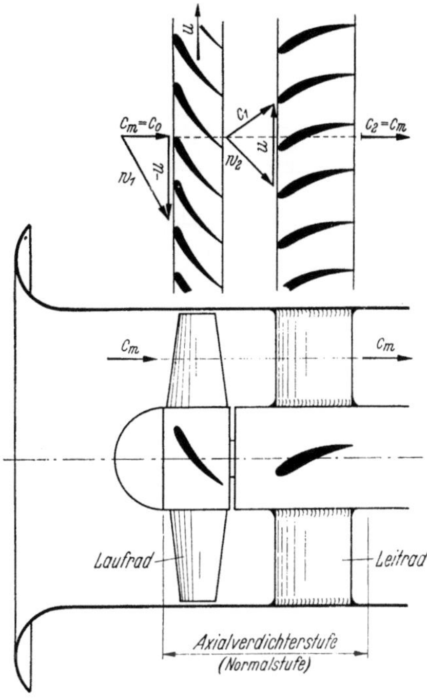

Abb. 108. Die Strömung durch eine Axialverdichterstufe

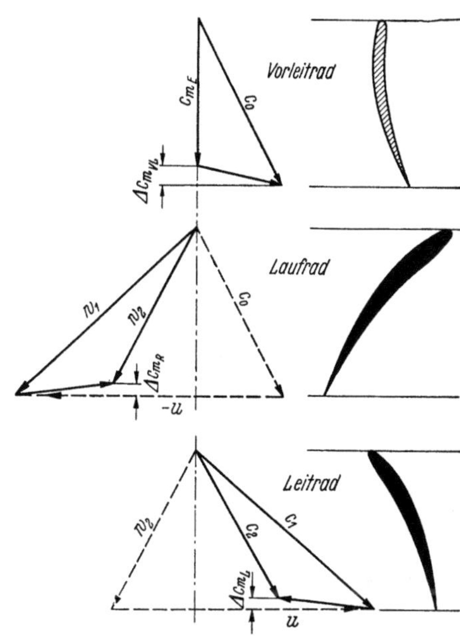

Abb. 109. Darstellung der Geschwindigkeits- oder
Umlenkdreiecke für die einzelnen Räder

hat, bezogen auf das Laufrad, die relative Eintrittsgeschwindigkeit w_1 (Abb. 108). Im Laufrad wird nun das Fördergut verzögert und tritt mit der Relativgeschwindigkeit w_2 wieder aus. Die vektorielle Addition der Relativgeschwindigkeit w_2 mit u ergibt die absolute Austrittsgeschwindigkeit c_1. Im nachfolgenden Leitrad wird c_1 verzögert bis das Fördergut das Leitrad mit der (absoluten) Austrittsgeschwindigkeit c_2 verläßt.

Die absolute Eintrittsgeschwindigkeit in eine Verdichterstufe, bestehend aus Lauf- und Leitrad, muß natürlich nicht unbedingt axial gerichtet sein. Das Gas kann dem Laufrad auch mit einem gewissen Drall, der beispielsweise in einem vorgeschalteten Leitrad (Vorleitvorrichtung) erzeugt wird, zuströmen (z. B. Abb. 109).

Die Strömungsvorgänge in den Lauf- und Leiträdern werden üblicherweise durch die Geschwindigkeits- oder Umlenkungsdreiecke veranschaulicht. Abb. 109 zeigt als Beispiel die Geschwindigkeitsdreiecke einer axialen Arbeitsmaschine, bestehend aus vorgeschalteter Leitvorrichtung, Laufrad und nachfolgendem Leitrad. Darin kommt auch die bei größeren Verdichtungsverhältnissen nicht mehr vernachlässigbare Änderung der Meridiankomponente Δc_m zum Ausdruck. Diese Geschwindigkeitsdreiecke werden zweckmäßigerweise in dem Geschwindigkeitsplan einer Verdichterstufe zusammengefaßt (Abb. 110). Für mehrstufige Verdichter lassen sich die Geschwindigkeitsdreiecke sämtlicher Stufen zu einem gemeinsamen Geschwindigkeitsplan zusammenziehen, und man erhält damit einen anschaulichen Überblick über den gesamten Strömungsverlauf im Verdichter (Abb. 111).

Die Umlenkung in den Lauf- und Leiträdern eines Axialkompressors wird durch tragflügel-ähnliche Profilschaufeln erzielt.

Legt man durch die Schaufeln eines Axialrades einen koaxialen Zylinderschnitt und wickelt die Zylinderfläche auf eine Ebene ab, so bilden die Konturen der Schaufelprofile eine Profil-reihe, d. h. ein gerades Profilgitter (s. Abb. 112). Da die zylindrische Schnittfläche in sich

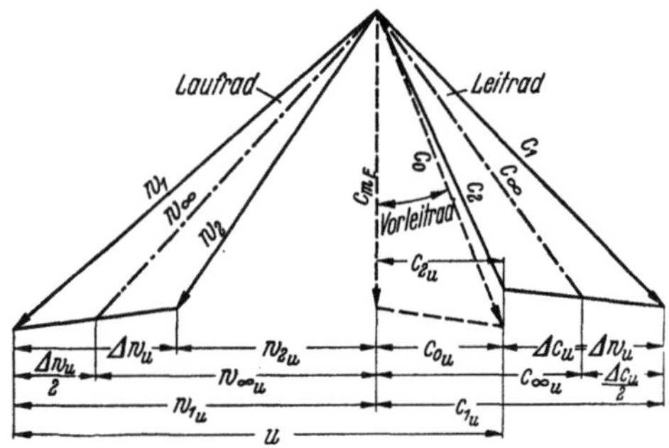

Abb. 110. Geschwindigkeitsplan für eine Axialverdichter-stufe (Normalstufe) bei kompressibler Strömung

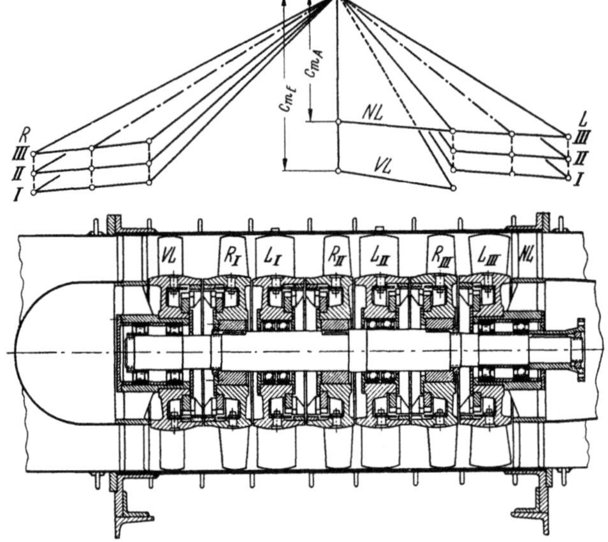

Abb. 111. Geschwindigkeitsplan für den Mittelschnitt eines dreistufigen Axialverdichters
R Laufrad; L Leitrad; I erste Stufe; II zweite Stufe; III dritte Stufe; VL vorgeschaltetes Leitrad; NL nachgeschaltetes Leitrad; c_{m_E} Meridiangeschwindigkeit am Eintritt; c_{m_A} Meridiangeschwindigkeit am Austritt

geschlossen ist, also keinen Anfangs- und Endpunkt hat, muß für die ebene Profil-reihe angenommen werden, daß sie nach beiden Richtungen bis ins Unendliche verläuft.

Der Abstand zwischen zwei Gitter-profilen wird mit Teilung (t), die Profil-länge, gemessen auf der Verbindungslinie zwischen Profilnase und Hinterkante, mit (l) und die Richtung, den diese Verbindungslinie mit der Achsrichtung einschließt, mit Staffelungswinkel (γ_m) bezeichnet. Das für die weiteren Betrachtungen wichtige Teilungsverhältnis ist der Quotient $\dfrac{\text{Teilung}}{\text{Profillänge}} = \left(\dfrac{t}{l}\right)$.

Die Skelettlinie ist die Verbindungslinie der Mittelpunkte aller Kreise, welche die Profil-kontur an mindestens zwei Stellen tangieren und im übrigen innerhalb der Kontur verbleiben (Abb. 112).

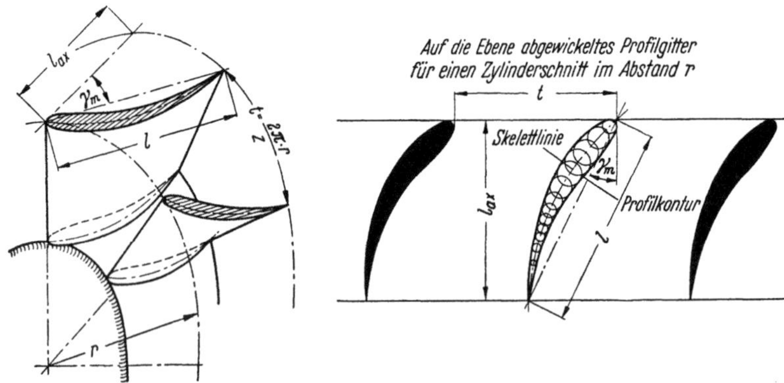

Abb. 112. Darstellung des geraden Schaufelgitters
l Schaufellänge, l_{ax} axiale Schaufelerstreckung, t Teilung, z Schaufelzahl, γ_m Staffelungswinkel, r Halbmesser

Die Berechnung der Kräfte und Geschwindigkeiten im geraden Schaufelgitter wird nun zu-nächst unter der Voraussetzung zweidimensionaler Strömungen durchgeführt; d. h. es wird an-genommen, daß die Strömung in den benachbarten Zylinderschnitten entweder kongruent ist oder daß sich die Strömungsfelder der auf verschiedenen Radien liegenden Schaufelschnitte gegenseitig nicht beeinflussen.

III. Die Hauptbemessungsgleichung des Axialkompressors

Für die Berechnung der Kraft, die das einzelne Profil eines Gitters auf die Strömung ausübt bzw. zur Berechnung der Reaktion, die das Profil in einer Strömung erfährt, sollen die Kräfte untersucht werden, welche von der Gasmenge zwischen zwei um die Teilung t voneinander entfernten Stromlinien $\overline{BC}$ und $\overline{DE}$ (Abb. 113) ausgeübt werden. Die Strömung sei hierfür zunächst als reibungsfrei betrachtet und die Dichteänderung als vernachlässigbar.

Weit vor dem Gitter habe das Gas den statischen Druck $p_{1\mathrm{stat}}$, weit hinter dem Gitter den Druck $p_{2\mathrm{stat}}$. Nach der BERNOULLIschen Gleichung ist in einer reibungsfreien, inkompressiblen Strömung

$$p_{\mathrm{tot}} = p_{\mathrm{stat}} + \frac{\varrho}{2} \cdot w^2 = \mathrm{const.}$$

Hierbei ist

$p_{\mathbf{tot}}$ der Gesamtdruck der Strömung,
ϱ die Dichte des Gases.

Man erhält somit

$$p_{1\mathrm{stat}} = p_{\mathrm{tot}} - \frac{\varrho}{2}\, w_1^2, \qquad p_{2\mathrm{stat}} = p_{\mathrm{tot}} - \frac{\varrho}{2}\, w_2^2.$$

Der Druckunterschied zwischen $\overline{BD}$ und $\overline{CE}$ ist daher

$$\varDelta p_{\mathrm{stat}} = p_{2\mathrm{stat}} - p_{1\mathrm{stat}} = \frac{\varrho}{2}\,(w_1^2 - w_2^2).$$

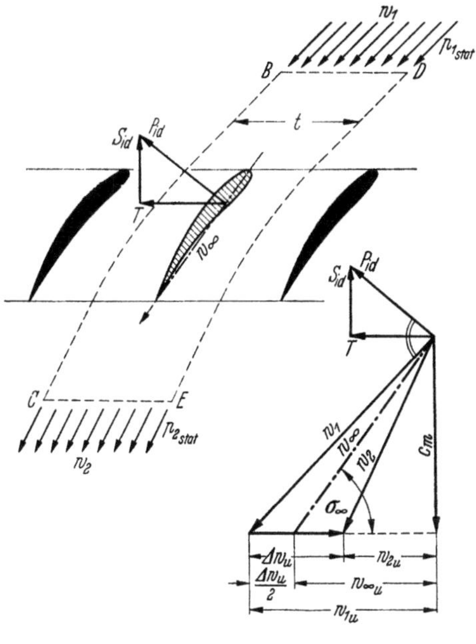

Abb. 113. Kräfte in einem Schaufelgitter bei reibungsfreier Strömung
T Tangentialkraft, S_{id} Axialschub, P_{id} resultierende Kraft

Betrachtet man also den Strömungsvorgang als inkompressibel, was für diese Betrachtung zulässig ist, dann gilt für die Meridiangeschwindigkeit

$$c_{m_1} = c_{m_2} = c_m.$$

Nach Abb. 113 ist

$$w_1^2 = c_m^2 + w_{1u}^2, \qquad w_2^2 = c_m^2 + w_{2u}^2,$$

also

$$\varDelta p_{\mathrm{stat}} = \frac{\varrho}{2}\,(w_{1u}^2 - w_{2u}^2). \tag{1}$$

Aus diesem Druckunterschied vor und hinter dem Gitter läßt sich nun die Kraftkomponente senkrecht zur Gitterachse[1], also der Axialschub S_{id} berechnen.

Bezeichnet man die Erstreckung senkrecht zur Zeichenebene, also den Radienunterschied benachbarter koaxialer Zylinderschnitte, mit $b = dr$, dann ist

$$S_{id} = b \cdot t \cdot \frac{\varrho}{2}\,(w_{1u}^2 - w_{2u}^2),$$

$$= b \cdot t \cdot \varrho \cdot \frac{w_{1u} + w_{2u}}{2}\,(w_{1u} - w_{2u}).$$

Nun ist nach Abb. 113

$$\frac{w_{1u} + w_{2u}}{2} = w_{\infty u}, \qquad w_{1u} - w_{2u} = \varDelta w_u.$$

Somit ergibt sich für den Axialschub

$$S_{id} = b \cdot t \cdot \varrho \cdot w_{\infty u} \cdot \varDelta w_u. \tag{2}$$

---

[1] Als Gitterachse bezeichnet man die Verbindungslinie aller Profilnasen bzw. Hinterkanten. Sie fällt also mit der Umfangsrichtung zusammen.

Die Kraftkomponente in Richtung der Gitterachse, die Tangentialkraft T, ist nach dem Impulssatz

$$T = \dot{m} \cdot \varDelta v.$$

Die sekundlich durch den Gitterstreifen strömende Masse ist

$$\dot{m} = \varrho \cdot b \cdot t \cdot c_m.$$

Die Geschwindigkeitsdifferenz in Richtung der Gitterachse beträgt für zwei Punkte weit vor und weit hinter dem Gitter

$$\varDelta v = w_{1_u} - w_{2_u}.$$

Damit erhält man für die Tangentialkraft

$$T = \varrho \cdot b \cdot t \cdot c_m (w_{1_u} - w_{2_u}) = b \cdot t \cdot \varrho \cdot c_m \cdot \varDelta w_u. \tag{3}$$

Die Schubkraft S_{id} und die Tangentialkraft T lassen sich nun zu einer resultierenden Kraft P_{id} zusammensetzen. Es ist

$$P_{id}^2 = S_{id}^2 + T^2 = (b \cdot t \cdot \varrho \cdot \varDelta w_u)^2 (w_{\infty_u}^2 + c_m^2).$$

Nun ist aber mit den Bezeichnungen in Abb. 113

$$w_{\infty_u}^2 + c_m^2 = w_{\infty}^2 ,$$

also

$$P_{id} = b \cdot t \cdot \varrho \cdot w_{\infty} \cdot \varDelta w_u. \tag{4}$$

Aus den Gln. (2), (3) und (4) lassen sich die Proportionen bilden

$$S_{id} : T : P_{id} = w_{\infty_u} : c_m : w_{\infty} , \tag{5}$$

was besagt, daß die Kraft P_{id} senkrecht auf der mittleren Relativgeschwindigkeit $w_{\infty} = \dfrac{\stackrel{\wedge}{w_1 + w_2}}{2}$ steht.

Hiermit kommt der Geschwindigkeit w_{∞} die gleiche Bedeutung zu, wie der ungestörten Anströmgeschwindigkeit beim alleinstehenden Tragflügel.

Wie in Kap. C II, 5 bereits dargelegt wurde, beträgt die Zirkulation um jedes Profil des Gitters

$$\varGamma_{\text{Gitterprofil}} = c_{2_u} \cdot t_2 - c_{1_u} \cdot t_1.$$

Nun ist beim Axialkompressor

$$t_2 = t_1 = t$$

und

$$\left| c_{2_u} - c_{1_u} \right| = w_{1_u} - w_{2_u} = \varDelta w_u.$$

Somit ist also

$$\varGamma_{\text{Gitterprofil}} = t \cdot \varDelta w_u. \tag{6}$$

Aus Gl. (4) und (6) ergibt sich

$$P_{id} = b \cdot \varrho \cdot w_{\infty} \cdot \varGamma_{\text{Gitterprofil}}. \tag{7}$$

Auch hier zeigt sich die Analogie zu der entsprechenden Beziehung für den alleinstehenden Tragflügel.

Führt man nun demzufolge einen *Zirkulationsbeiwert* $c_\varGamma$ mit der EIFFELschen Definition

$$c_\varGamma = \frac{P_{id}}{\dfrac{\varrho}{2} \cdot w_{\infty}^2 \cdot l \cdot b} \tag{8}$$

ein, so ist gemäß der KUTTA-JOUKOWSKIschen Gleichung $c_\varGamma$ proportional der Zirkulation $\varGamma$.

Aus den Gl. (6), (7) und (8) ergibt sich nun die Hauptbemessungsgleichung für Axialkompressoren

$$c_\varGamma \frac{l}{t} = \frac{2 \varDelta w_u}{w_{\infty}} . \tag{9}$$

Die Gesamtdruckerhöhung in einer aus Lauf- und Leitrad bestehenden Axialkompressorstufe ist unter der Voraussetzung gleicher Ein- und Austrittsgeschwindigkeiten (Normalstufe)

$$\Delta p_{\text{tot}} = \Delta p_{\text{stat}_R} + \Delta p_{\text{stat}_L},\tag{10}$$

wobei die Zeiger R und L das Lauf- bzw. Leitrad bezeichnen.

Gemäß der am Anfang dieses Abschnittes gemachten Herleitungen gilt für das Laufrad

$$\Delta p_{\text{stat}_R} = \frac{\varrho}{2}\,(w_1^2 - w_2^2) = \varrho \cdot w_{\infty_u} \cdot \Delta w_u$$

und für das Leitrad, bei dem nur Absolutgeschwindigkeiten zu betrachten sind, ist

$$\Delta p_{\text{stat}_L} = \frac{\varrho}{2}\,(c_1^2 - c_2^2) = \varrho \cdot c_{\infty_u} \cdot \Delta c_u.$$

Nun ist mit den Bezeichnungen in Abb. 110

$$\Delta w_u = \Delta c_u$$

und

$$w_{\infty_u} = u - \left(c_{0_u} + \frac{\Delta w_u}{2}\right), \qquad c_{\infty_u} = c_{0_u} + \frac{\Delta w_u}{2}.$$

Damit ist also die Gesamtdruckerhöhung

$$\Delta p_{\text{tot}} = \varrho \cdot \left[u - c_{0_u} - \frac{\Delta w_u}{2} + c_{0_u} + \frac{\Delta w_u}{2}\right] \cdot \Delta w_u$$

$$= \varrho \cdot u \cdot \Delta w_u.\tag{11}$$

Hieraus erhält man für die Hauptbemessungsgleichung auch den Ausdruck

$$c_\Gamma \frac{l}{t} = \frac{2 \cdot \Delta p_{\text{tot}}}{\varrho \cdot u \cdot w_\infty}.\tag{12}$$

Die Größe $c_\Gamma \cdot \dfrac{l}{t}$, die sogenannte *Belastungszahl*, ist ein besonders wichtiges Maß zur unmittelbaren Beurteilung eines Schaufelgitters mit Hilfe der Umlenkdreiecke. Da im allgemeinen für ein Axialrad eine konstante Gesamtdruckerhöhung über dem Halbmesser gefordert wird, andererseits die mittlere Relativgeschwindigkeit w_∞ in der Nähe der Nabe kleiner ist als an der Spitze und die Umfangsgeschwindigkeit u an der Nabe stets kleiner ist als an der Spitze, gilt stets

$$\left(c_\Gamma \cdot \frac{l}{t}\right)_{\text{Nabe}} > \left(c_\Gamma \cdot \frac{l}{t}\right)_{\text{Spitze}}.$$

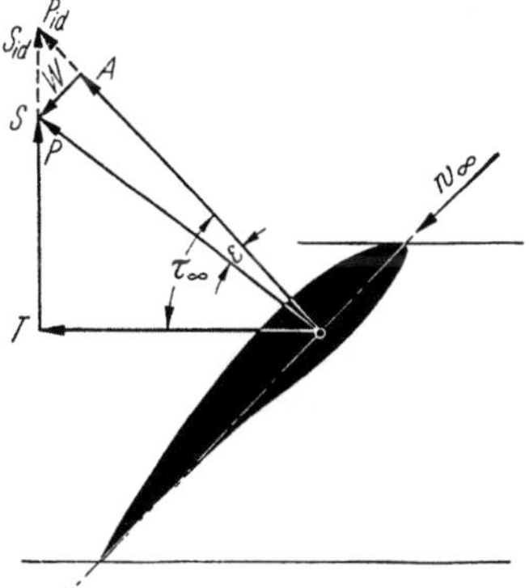

Abb. 114. Kräfte an einem Gitterprofil in einer reibungsbehafteten Strömung

Die Belastbarkeit eines Lauf- oder Leitrades und damit die erzielbare Druckerhöhung ist also im allgemeinen durch die Strömungs-Verhältnisse an der Nabe bestimmt.

Bei der wirklichen Strömung treten am Profil Reibungswiderstände W auf, die in der Richtung der mittleren Relativgeschwindigkeit w_∞ wirken. Hierdurch wird sowohl die ideelle Schubkraft S_{id} als auch P_{id} verkleinert (Abb. 114).

Da nämlich der Impulssatz stets seine Gültigkeit behält, also unabhängig von Reibungseinflüssen ist, bleibt die Größe der Tangentialkraft, bei einer vorgegebenen Änderung der Umfangskomponenten $\Delta w_u = w_{1_u} - w_{2_u}$ ungeändert und man erhält als resultierende Strömungskraft

$$P = \sqrt{S^2 + T^2}.$$

Die Komponente der Kraft P senkrecht zur mittleren Relativgeschwindigkeit w_∞ heißt der Auftrieb A. Das Verhältnis $W/A = \tan \varepsilon$ wird mit Gleitzahl bezeichnet.

Wird nun analog zum Zirkulationsbeiwert c_Γ bei reibungsfreier Strömung für die wirkliche Strömung ein *Auftriebswert*

$$c_a = \frac{A}{\varrho/2 \cdot w_\infty^2 \cdot l \cdot b}\tag{13}$$

und ein *Widerstandsbeiwert*

$$c_w = \frac{W}{\varrho/2 \cdot w_\infty^2 \cdot l \cdot b} \tag{14}$$

definiert, dann ist mit den Bezeichnungen in Abb. 114

$$T = \varrho \cdot t \cdot b \cdot c_m \cdot \Delta w_u = A \cdot \cos\tau_\infty + W \cdot \sin\tau_\infty,$$
$$S = t \cdot b \cdot \Delta p_{\text{stat}} \qquad = A \cdot \sin\tau_\infty - W \cdot \cos\tau_\infty$$

die in einem Gitter erzielbare Druckerhöhung

$$\Delta p_{\text{stat}} = \frac{S}{t \cdot b} = \frac{\varrho}{2} \cdot w_\infty^2 \cdot \frac{l}{t}\,(c_a \cdot \sin\tau_\infty - c_w \cdot \cos\tau_\infty),$$
$$= c_a \cdot \frac{l}{t}\,(\sin\tau_\infty - \varepsilon \cdot \cos\tau_\infty) \cdot \frac{\varrho}{2}\,w_\infty^2, \tag{15}$$

wobei τ_∞ der Winkel zwischen A und T bzw. zwischen der mittleren Relativgeschwindigkeit w_∞ und der Gitternormalen ist.

Die zugehörige Umlenkung beträgt

$$\Delta w_u = \frac{w_\infty}{2} \cdot \frac{l}{t}\,(c_a + c_w \cdot \tan\tau_\infty),$$
$$= c_a \cdot \frac{l}{t}\,(1 + \varepsilon \cdot \tan\tau_\infty) \cdot \frac{w_\infty}{2} \cdot \tag{16}$$

Hieraus erhält man für die reibungsbehaftete Strömung eine der Belastungszahl $c_\Gamma \cdot l/t$ analoge Beziehung

$$c_a\,\frac{l}{t} = \frac{2\,\Delta w_u}{w_\infty} \cdot \frac{1}{1 + \varepsilon \cdot \tan\tau_\infty}\,. \tag{17}$$

Dieser Ausdruck müßte eigentlich den Gitterbetrachtungen als Belastungszahl zugrunde gelegt werden. Nun ist aber im allgemeinen $\varepsilon \ll c_a$, so daß es genügt, mit der wesentlich einfacheren Gl. (9) zu rechnen.

Nach Versuchen an ausgeführten Axialrädern soll zum Erzielen guter Wirkungsgrade

$$c_a \approx c_\Gamma \approx 0,8 \text{ bis } 1,25 \tag{18}$$

gewählt werden. Für das Teilungsverhältnis ergibt sich, gleichfalls mit Rücksicht auf den Wirkungsgrad bzw. die Gleitzahl, worauf später noch näher eingegangen wird, eine untere Grenze

$$\frac{t}{l} \geqq 0,5\,. \tag{19}$$

Aus diesen beiden Bedingungen erhält man für den Nabenschnitt eines Lauf- oder Leitrades eine praktisch vielfach bestätigte Begrenzung für die einem Entwurf zugrunde zu legende Belastungszahl

$$c_\Gamma \cdot \frac{l}{t} = 1,5 \text{ bis } 2,5\,. \tag{20}$$

Die mit einem vorgegebenen Teilungsverhältnis maximal erreichbaren Belastungszahlen können natürlich noch etwas größer werden. Dabei ist aber zu berücksichtigen, daß bei Anwendung maximaler Belastungszahlen unter Umständen eine Zunahme des Profilwiderstandes erfolgen kann, was gleichzeitig eine Verminderung des Wirkungsgrades der Axialstufe zur Folge hat.

Aus sehr genau gemessenen Stufencharakteristiken $(\psi;\,\eta_{\text{St}}) = f(\varphi)$ können die aerodynamischen Kennwerte, also Auftriebs- und Widerstandsbeiwert $(c_a;\,c_w)$, Anstellwinkel α, Gleitzahl ε, Zirkulationsbeiwert c_Γ und Belastungszahl $c_\Gamma \cdot l/t$ näherungsweise zurückgerechnet werden.

Aus Gl. (9), Gl. (11) und mit dem gemessenen Stufenwirkungsgrad η_{St} erhält man für die Belastungszahl für einen beliebigen koaxialen Zylinderschnitt mit dem Durchmesser d

$$c_\Gamma\,\frac{l}{t} = \frac{\psi}{\eta_{\text{St}} \cdot \dfrac{d}{D_a}} \cdot \frac{1}{\sqrt{\varphi^2 + \left(\dfrac{d}{D_a} \pm \dfrac{\psi}{4 \cdot \eta_{\text{St}} \cdot \dfrac{d}{D_a}}\right)^2}}\,. \tag{21}$$

Dabei gilt das −Zeichen bei fehlendem Vordrall, das +Zeichen bei negativem Vordrall unter der Voraussetzung axialen Austrittes aus dem Laufrad.

In obiger Gleichung sind die Druckzahl ψ, Lieferzahl φ für eine bestimmte Stufe im Prüfstand gemessene Werte und Schaufellänge l, Teilung t, d und D_a bekannte Konstruktionsgrößen. Bezeichnet σ_∞ den Winkel zwischen mittlerer Relativgeschwindigkeit w_∞ und der Umfangsrichtung (Gitterachse) (s. Abb. 113), also

$$\tan \sigma_\infty = \frac{c_m}{u \pm \dfrac{\Delta w_u}{2}} = \frac{\dfrac{\varphi}{d/D_a}}{1 \pm \dfrac{\psi}{4 \cdot \eta_{St} \cdot (d/D_a)^2}}, \tag{22}$$

dann erhält man für den Auftriebsbeiwert in einem beliebigen Durchmesser d der Stufe

$$c_a = \left(c_\Gamma \cdot \frac{l}{t}\right) \cdot \frac{t}{l} \cdot \frac{\tan^2 \sigma_\infty + \eta_{St}}{1 + \tan^2 \sigma_\infty}, \tag{23}$$

als Widerstandsbeiwert

$$c_w = \left(c_\Gamma \cdot \frac{l}{t}\right) \cdot \frac{t}{l} \cdot \tan \sigma_\infty \, \frac{1 - \eta_{St}}{1 + \tan^2 \sigma_\infty} \tag{24}$$

und damit als Gleitzahl

$$\tan \varepsilon = \tan \sigma_\infty \, \frac{1 - \eta_{St}}{\tan^2 \sigma_\infty + \eta_{St}}. \tag{25}$$

Bezeichnet β_s den Winkel zwischen der Schaufel-Druckseitentangente und der Umfangsrichtung, der also ebenfalls eine für eine bestimmte Stufe bekannte Größe ist, dann ist der Anstellwinkel im jeweiligen Schnitt

$$\alpha = \beta_s - \sigma_\infty .\,^1 \tag{26}$$

Abb. 115 zeigt die Charakteristik einer Axialverdichterstufe, und zwar die Druckzahl ψ in Abhängigkeit von der Lieferzahl φ bei verschiedenen Schaufelstellungen $\delta = -5°$ bis $\delta = +35°$ ($\beta_s = 25°$ bis $65°$). Außerdem sind in Abb. 115 die jeweils gemessenen Stufenwirkungsgrade η_{St} eingetragen. Die mit Hilfe von Gl. (21) hierfür berechneten Belastungszahlen sind in Abb. 116 und die Zirkulationsbeiwerte in Abb. 117 für den Spitzen- und Nabenschnitt dargestellt, Abb. 118 und Abb. 119 zeigen die mit Gl. (25) berechneten Gleitzahlen. Die Widerstands- (c_w), Auftriebsbeiwerte (c_a) und Gleitzahlen (ε) sind in Abb. 120 und Abb. 121 in Abhängigkeit von der Lieferzahl φ wiedergegeben. Die Gitterpolaren $c_a = f$ (c_w; α) sind in Abb. 122 gezeigt, wobei die Anstellwinkel α mit Gl. (26) berechnet sind.

HOWELL[2] benützt zur Abschätzung der Grenzbelastung eine Näherungsbetrachtung aus der Grenzschichttheorie. In der Nähe der Abreißgrenze nimmt die Druckverteilung längs der Oberfläche eines Tragflügel- oder Gitterprofils näherungsweise die Form eines rechtwinkligen Dreiecks an (s. Abb. 123). Die Höhe des Dreiecks ist der maximale Unterdruck in der Nähe der Profilnase (Sogspitze) und gegeben durch

$-p_{max} = l \cdot \dfrac{dp}{dx}$. Die Luftkraft (Normalkraft),

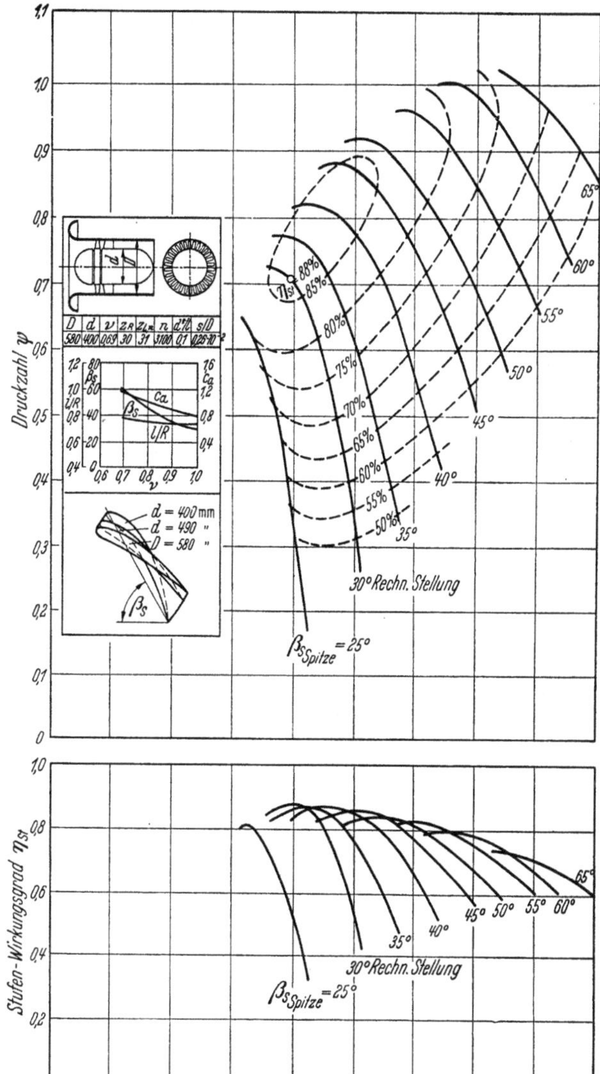

Abb. 115. Charakteristik einer Axialverdichterstufe
ψ Druckzahl, φ Lieferzahl, z_R Laufschaufelzahl, z_L Leitschaufelzahl (nachgeschaltet), n Drehzahl, d^* Dicke des Profils, l Länge des Profils, s Radialspalt, η_{St} Stufenwirkungsgrad

die senkrecht zur Profilsehne auf ein Tragflügel- oder Gitterprofil wirkt, beträgt somit

$$P_N = \frac{|p_{max}|}{2} \cdot l \cdot b = \frac{l}{2} \cdot b \left(l \cdot \frac{dp}{dx}\right) = \frac{b}{2} \cdot l^2 \cdot \frac{dp}{dx}. \tag{27}$$

---

[1] Hierbei ist die kleine Winkeldifferenz zwischen der Profilsehne und der Druckseitentangente vernachlässigt.

[2] HOWELL, A. R.: The present Basis of Axial Compressor Design, Part I: Cascade Theorie and Performance RAE-Report No. E 3946 (Juni 1942).

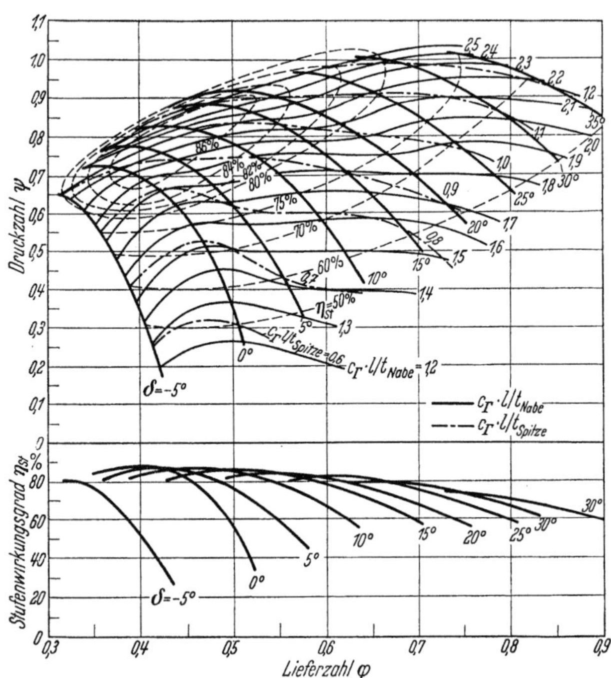

Abb. 116. Berechnete Belastungszahlen $c_\Gamma \cdot l/t$ an Spitze und Nabe
der in Abb. 115 gezeigten Stufencharakteristik
$\delta = -5°$ entspricht in Abb. 115 $\beta_s = 25°$, $\delta = 0°$, $\beta_s = 30°$ (Rechn.-
Stellg.), $\delta = +35° \equiv \beta_s = 65°$

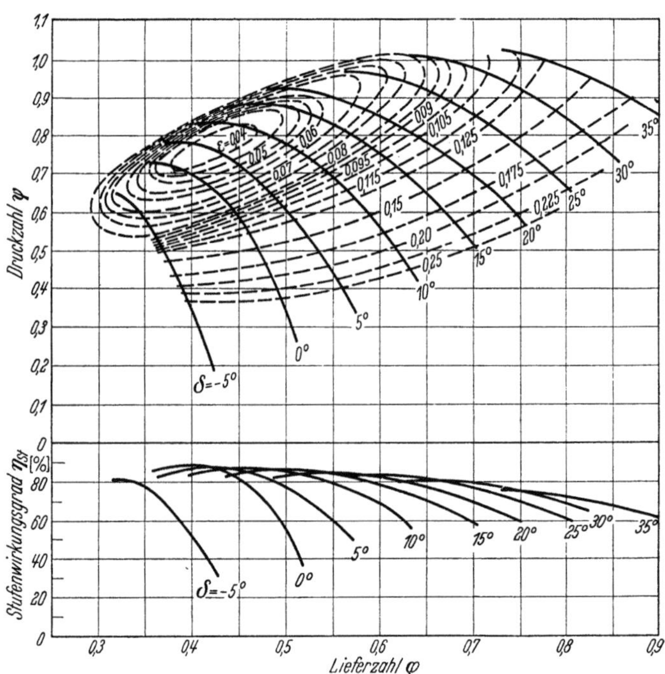

Abb. 118. Berechnete Gleitzahlen ε für das Stufenkennfeld (Abb. 115)
Spitzenschnitt

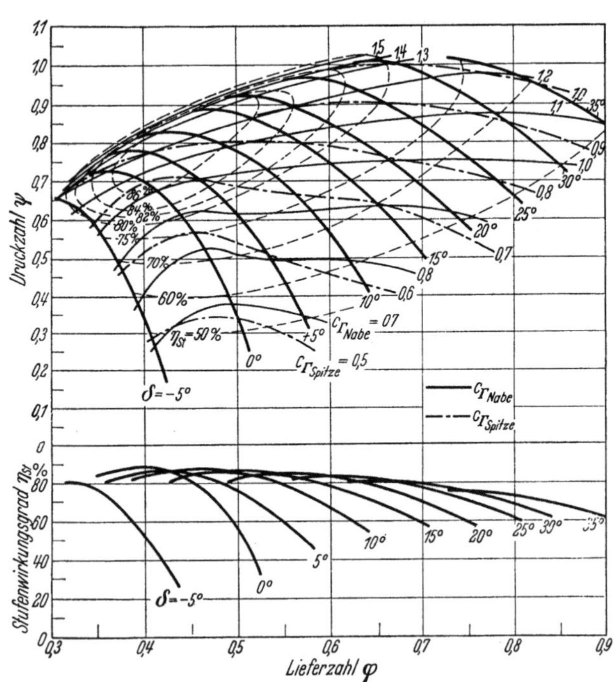

Abb. 117. Berechnete Zirkulationsbeiwerte c_Γ für Spitze und Nabe
(der Stufencharakteristik, Abb. 115)

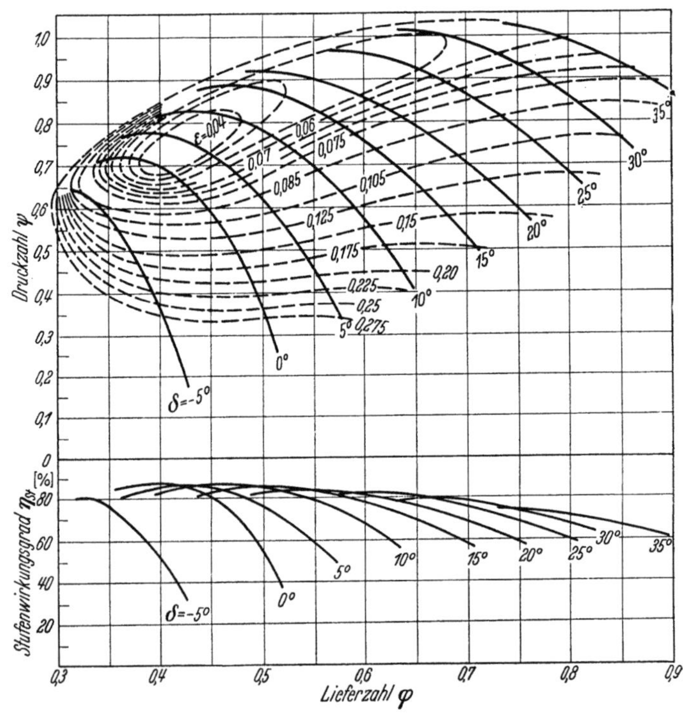

Abb. 119. Berechnete Gleitzahlen ε für das Stufenkennfeld (Abb. 115).
Nabenschnitt

Fällt die Profilsehne annähernd mit der Richtung von w_∞ zusammen, dann ist $P_N \approx A$. Für den Auftrieb
gilt andererseits nach Gl. (13)

$$A = c_a \cdot l \cdot b \cdot \frac{\varrho}{2} \cdot w_\infty^2 .$$

Aus diesen beiden Beziehungen folgt

$$\frac{l}{\varrho/2 \cdot w_2^2} \cdot \frac{dp}{dx} = 2 \cdot c_a \left(\frac{w_\infty}{w_2} \right)^2 . \tag{28}$$

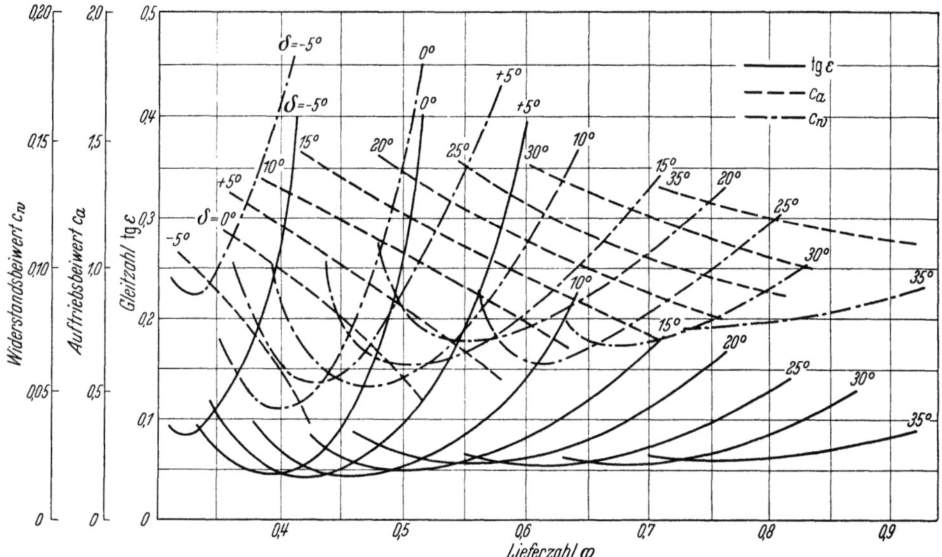

Abb. 120. Auftriebs- und Widerstandsbeiwerte und Gleitzahlen in Abhängigkeit von der Lieferzahl der Verdichterstufe (Abb. 115).
Nabenschnitt

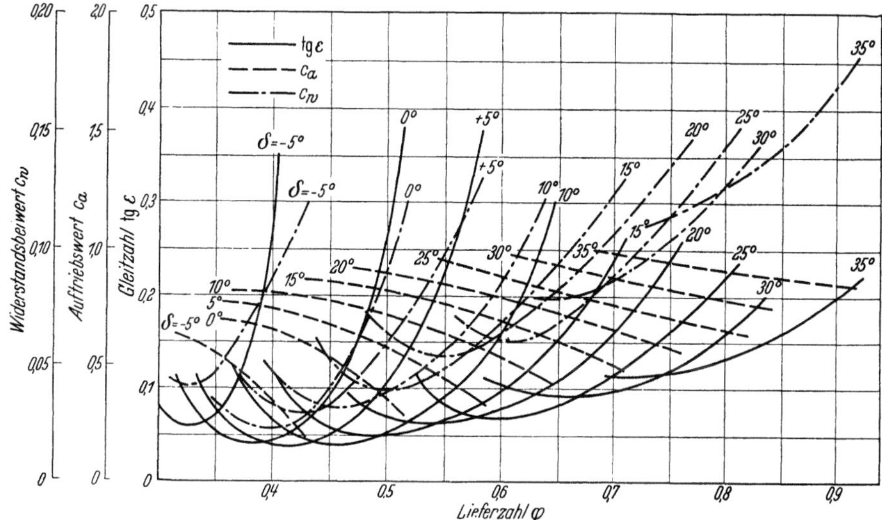

Abb. 121. Auftriebs-, Widerstandsbeiwerte und Gleitzahlen in Abhängigkeit von der Lieferzahl (Verdichterstufe, Abb. 115).
Spitzenschnitt

Differenzieren der BERNOUILLISchen Beziehung

$$p + \frac{\varrho}{2}\, w^2 = p_{\text{tot}} = \text{const}$$

ergibt

$$\frac{dp}{\varrho} + w \cdot dw = 0$$

oder

$$\frac{dp}{\varrho/2 \cdot w^2} = -2 \cdot \frac{dw}{w}\,.$$

Durch Einsetzen in Gl. (28) erhält man mit $w = w_2$

$$2\,\frac{l}{w_2} \cdot \frac{dw_2}{dx} = -2\,c_a \left(\frac{w_\infty}{w_2}\right)^2. \qquad (29)$$

Näherungsweise ist $w_\infty \approx \sqrt{w_1 \cdot w_2}$ und somit

$$\frac{l}{w_2} \cdot \frac{dw_2}{dx} = -c_a \left(\frac{w_1}{w_2}\right). \qquad (30)$$

Zur Abschätzung der Grenzschichtdicke δ in der Nähe der Austrittskante der Profile wird angenommen, daß – analog zur Geschwindigkeitsverteilung in einem Diffusor bei beginnender Ablösung – die Geschwindigkeit innerhalb der Grenzschicht etwa linear von $w = o$ an der Profiloberfläche auf $w = w_2$ außerhalb der Grenzschicht zunimmt. Der hierdurch bedingte mittlere Druckverlust innerhalb der Grenzschicht beträgt

$$\left|\overline{\Delta p_{\text{verl}}}\right|_0^\delta = \frac{\varrho}{2} \cdot w_2^2 - \frac{\varrho}{2\delta} \int_0^\delta w^2 \cdot dy = \frac{\varrho}{2} w_2^2 \left[1 - \frac{1}{\delta} \int_0^\delta \left(\frac{w}{w_2}\right)^2 \cdot dy \right] \quad \text{mit} \quad \frac{w}{w_2} = a + b\,y = \frac{y}{\delta} \quad \text{wird}$$

$$\left|\overline{\Delta p_{\text{verl}}}\right|_0^\delta = \frac{2}{3} \cdot \frac{\varrho}{2}\,w_2^2. \tag{31}$$

Hieraus folgt für den Profilwiderstand

$$W = \left|\overline{\Delta p_{\text{verl}}}\right|_0^\delta \cdot \delta \cdot b = \frac{2}{3} \cdot \delta \cdot b \cdot \frac{\varrho}{2}\,w_2^2. \tag{31a}$$

Nach Gl. (14) ist $W = c_{wP} \cdot \frac{\varrho}{2}\,w_\infty^2 \cdot l \cdot b$ und mit $w_\infty^2 \approx w_1 \cdot w_2$ erhält man für die Grenzschichtdicke den Näherungsausdruck

$$\frac{2}{3} \cdot \delta \cdot b \cdot \frac{\varrho}{2} \cdot w_2^2 = c_{wP} \cdot \frac{\varrho}{2} \cdot w_1 \cdot w_2 \cdot l \cdot b,$$

$$\delta = \frac{3}{2} \cdot c_{wP} \cdot \left(\frac{w_1}{w_2}\right) \cdot l \tag{32}$$

c_{wP} ist hierbei der Profilwiderstandsbeiwert des Profilschnittes, enthält also die Reibungsverluste sowohl auf der Profilsaug- als auch Druckseite. δ stellt somit die Summe der Grenzschichtdicken auf Saug- und Druckseite dar, wenngleich für die letztere die Annahme linearen Geschwindigkeitsverlaufes innerhalb der Grenzschicht

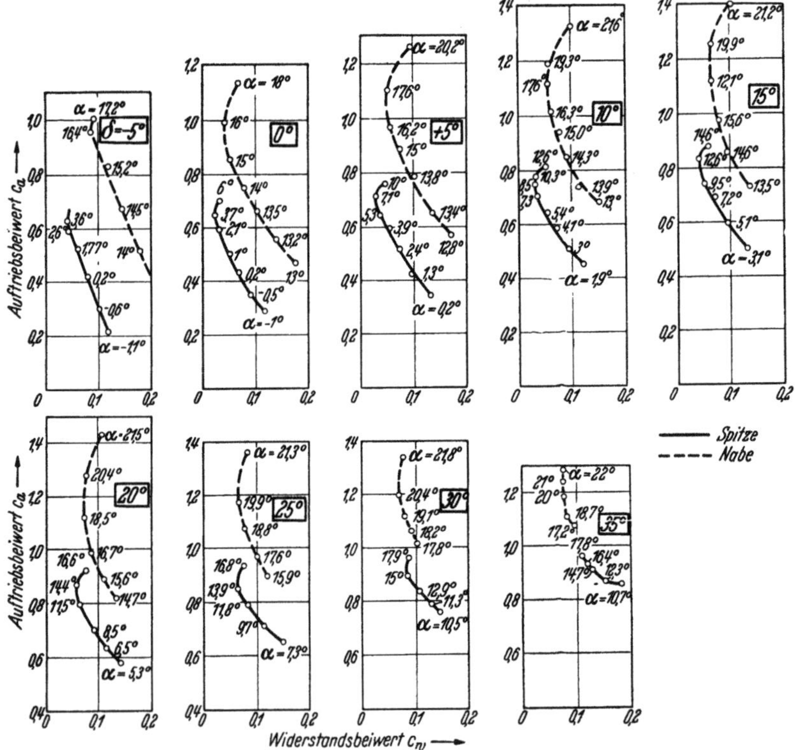

Abb. 122. Berechnete Gitterpolaren für das Stufenkennfeld, Abb. 115

α = Anstellwinkel, $\delta = - 5°$ entspricht in Abb. 115: $\beta_s = 25°$, $\delta = 0°$ entspricht in Abb. 115: $\beta_s = 30°$ (Rechn.-Stellg.), $\delta = + 35°$ entspricht in Abb. 115: $\beta_s = 65°$

nicht mehr zutreffen dürfte, weil diese Profilseite nicht ablösungsgefährdet ist. Nimmt man an, daß die durch den Widerstandsbeiwert dargestellten Verluste sich zu $^1/_4$ auf der Profildruckseite und zu $^3/_4$ auf der Saugseite ergeben und die Grenzschichtdicke sich im gleichen Verhältnis aufteilt, dann gilt für die Saugseite allein

$$\delta_s = \frac{9}{8}\,c_{wP} \left(\frac{w_1}{w_2}\right) \cdot l. \tag{32a}$$

Als charakteristische Grenzschichtgröße wird aber nicht die Grenzschichtdicke selbst, sondern die sog.

„Impulsverlustdicke" benützt

$$\Theta = \int\limits_0^\delta \frac{w}{w_2}\left(1 - \frac{w}{w_2}\right)\cdot d\,y\,.$$

Für das allgemeine Geschwindigkeitsgesetz

$$\frac{w}{w_2} = \left(\frac{y}{\delta}\right)^{\frac{1}{m}}$$

ergibt die Integration den Ausdruck

$$\Theta = \frac{m}{(m+1)\cdot(m+2)}\cdot\delta\,.$$

Für den hier betrachteten Sonderfall $m = 1$ ist $\Theta = \dfrac{\delta}{6}$ und somit wird

$$\Theta = \frac{9}{48}\cdot c_{wP}\cdot\left(\frac{w_1}{w_2}\right)\cdot l\,. \tag{33}$$

Nach Buri[1] ist die dimensionslose Größe

$$\Gamma = \frac{\Theta}{U}\cdot\frac{d\,U}{d\,x}\cdot\left(\frac{U\cdot\Theta}{\bar\nu}\right)^{\frac{1}{4}} \tag{34}$$

ein kennzeichnender Formparameter für das Geschwindigkeitsprofil in der Grenzschicht. Für $\Gamma \approx -\,0{,}06$ tritt Ablösung auf. Nach Abb. 299 ist der Profilwiderstandsbeiwert bei beginnender Ablösung weitgehend unabhängig vom Teilungsverhältnis und auch von der Profilform und kann zu etwa $c_{wP} \approx 0{,}02$ angesetzt werden. Weiterhin sei für das Einsetzen der Gl. (30) und (33) in die obige Beziehung (34) noch die auf die

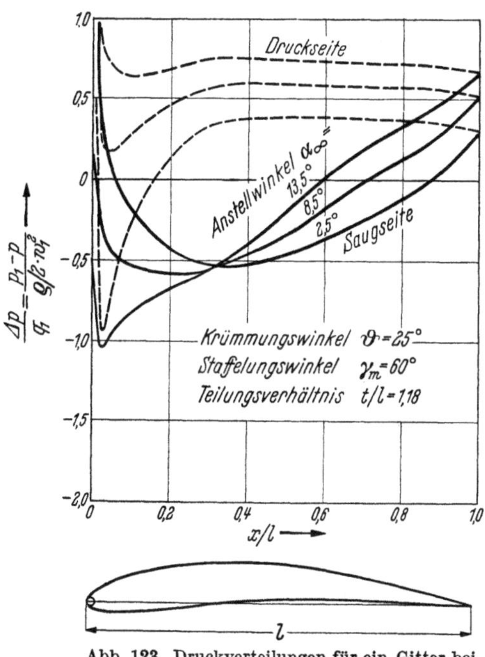

Abb. 123. Druckverteilungen für ein Gitter bei verschiedenen Anstellwinkeln

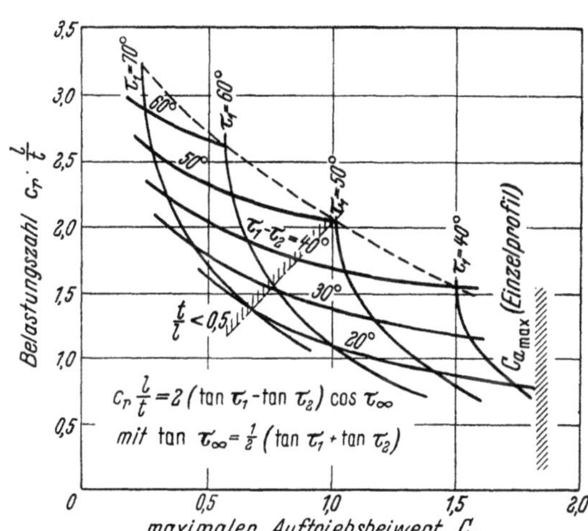

Abb. 124. Abhängigkeit des maximalen Auftriebsbeiwertes $c_{a\,max}$ von der Belastungszahl $c_\Gamma\cdot\frac{l}{t}$ und dem Eintrittswinkel τ_1

Profilsehne bezogene Reynoldssche Zahl (s. Abschn. V, 4).

$$Re = \frac{l\cdot w_\infty}{\bar\nu} \qquad \text{mit} \qquad \nu = \frac{\mu}{\varrho}\ [\text{m}^2/\text{s}]\quad \text{kinematische Zähigkeit (s. Abb. 67)}$$

eingeführt. Damit wird nach Umformen

$$\Gamma = -\frac{9}{48}\cdot c_a\cdot\left(\frac{w_1}{w_2}\right)^2\cdot c_{wP}\left[Re\cdot\frac{9}{48}\cdot c_{wP}\left(\frac{w_1}{w_2}\right)\right]^{\frac{1}{4}}; \tag{35}$$

$$\Gamma_{\min} = -\,0{,}003\,75\cdot c_{a\,max}\cdot\left(\frac{w_1}{w_2}\right)^2\left[Re\cdot 0{,}003\,75\cdot\frac{w_1}{w_2}\right]^{\frac{1}{4}} = -\,0{,}06\,.$$

---

[1] Buri, A.: Eine Berechnungsgrundlage für die turbulente Grenzschicht bei beschleunigter und verzögerter Strömung. Dissertation ETH-Zürich 1931. Hierzu s. H. Schlichting: Grenzschichttheorie, 3. Aufl., Karlsruhe: G. Braun 1958.

Für $Re = 3 \cdot 10^5$ erhält man mit $\dfrac{w_1}{w_2} = \dfrac{\cos \tau_2}{\cos \tau_1}$ schließlich

$$c_{a\max} \approx 2,75 \cdot \sqrt[4]{\left(\frac{\cos \tau_1}{\cos \tau_2}\right)^9} \tag{36}$$

In Abb. 124 ist ein damit ermitteltes Grenzbelastungsdiagramm dargestellt, wobei als oberer Grenzwert $c_{a\max}$ (Einzelprofil) $\approx 1,85$ eingesetzt ist, der aber mit sehr stark gewölbten Profilen und unter in Kaufnahme stärkerer Verluste auch noch überschritten werden kann (s. Abb. 311).

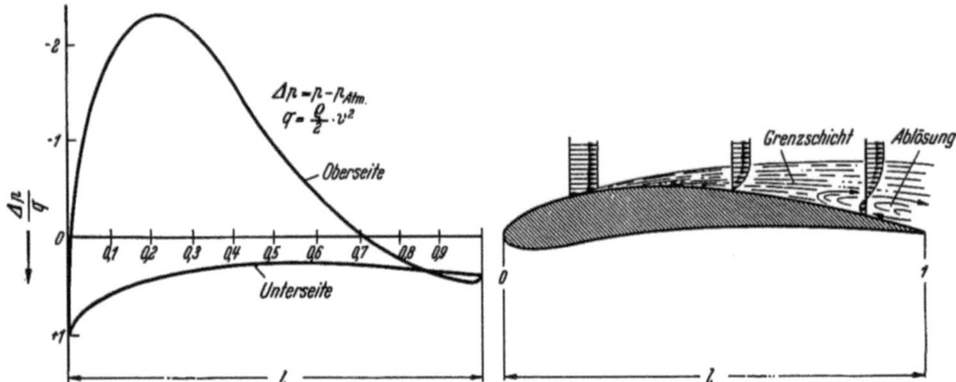

Abb. 125. Typische Form der Druckverteilung auf der Kontur eines Tragflügelprofils und Strömungsverlauf auf der Profiloberseite bei Ablösung

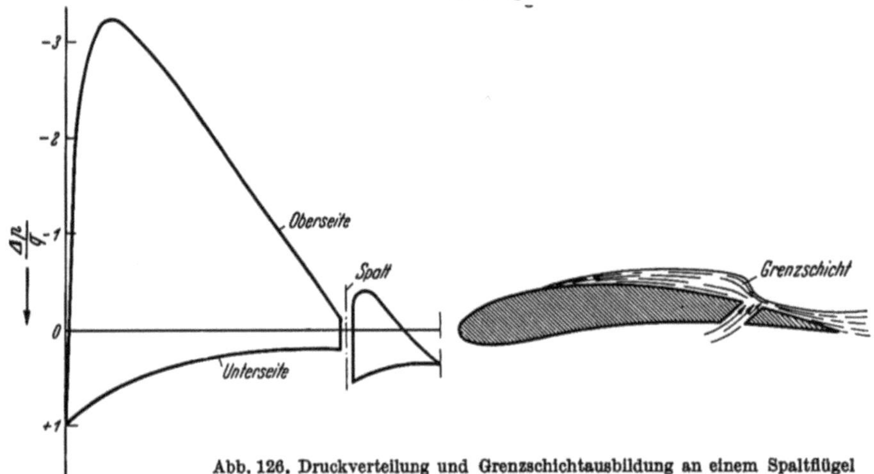

Abb. 126. Druckverteilung und Grenzschichtausbildung an einem Spaltflügel

Die Stufendruckerhöhung ist entsprechend Gl. (12) eine Funktion des Überdeckungsverhältnisses l/t, des Zirkulationsbeiwertes c_Γ, der Umfangsgeschwindigkeit u und der mittleren Relativgeschwindigkeit w_∞. Wie noch gezeigt wird, ist l/t aus Gittereinflußgründen, u durch den noch zulässigen Vordrall und w_∞ aus MACHzahlgründen begrenzt. Eine Steigerung der Stufendruckerhöhung gegenüber bestehenden Grenzen ist also nur durch eine Erhöhung des Zirkulationsbeiwertes c_Γ möglich.

Der Zirkulationsbeiwert c_Γ wächst zwar mit zunehmendem Anstellwinkel α; er ist jedoch dadurch begrenzt, daß von einem gewissen Anstellwinkel ab keine Vergrößerung von c_Γ mehr eintritt, da auf der Profiloberseite dann Ablösung eintritt. Abb. 125 zeigt die typische Form der Druckverteilung auf der Kontur eines Tragflügels und den Strömungsverlauf auf der Profiloberseite bei Ablösung. Die wandnahen Luftteilchen werden als Folge der Reibung an der Profilkontur abgebremst (Grenzschicht). Zusätzlich werden die Luftteilchen nach dem Druckminimum (Sogspitze) als Folge des Druckanstiegs abermals verzögert. Dadurch entsteht eine starke Zunahme der Grenzschichtdicke (Abb. 125), wodurch bei großen Zirkulationsbeiwerten die wandnahen Luftteilchen zum Stillstand kommen und schließlich sogar ihre Strömungsrichtung umkehren. In diesem Falle spricht man von Strömungsablösung. Diese Strömungsform ist durch ein Absinken des Auftriebsbeiwertes bei gleichzeitiger Vergrößerung des Widerstandsbeiwertes gekennzeichnet.

Wird nun das Profil an derjenigen Stelle, an der zuerst Ablösungen eintreten, durch einen Spalt unterbrochen (Abb. 126), dann findet zwischen Profilober- und -unterseite ein Druckausgleich statt. Dadurch wird gleichzeitig der Strömung an der Profiloberseite (Saugseite) kinetische

Abb. 127. Axialverdichter mit Spaltflügeln

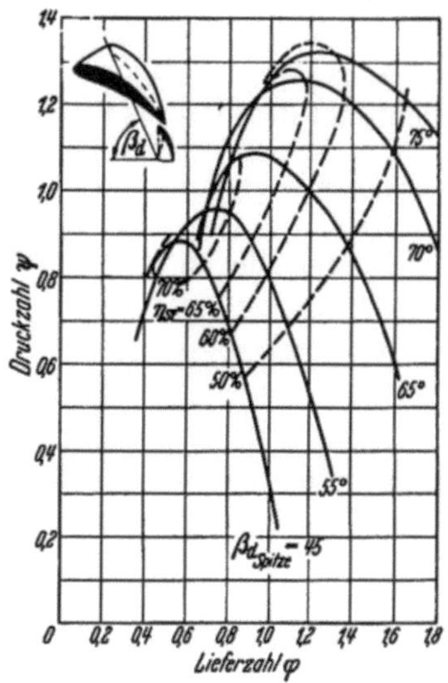

Abb. 128. Kennfeld des einstufigen Axialverdichters mit Spaltflügeln entsprechend Abb. 127

Energie zugeführt, die Grenzschicht also beschleunigt. Ablösung tritt erst bei größeren Zirkulationsbeiwerten als bei normalen Profilen ohne Spalt ein.

Für Profile im Gitterverband gelten grundsätzlich die gleichen Überlegungen. Gegenüber dem alleinstehenden Tragflügel erfolgt jedoch bei der Strömung im Axialverdichter ein abermaliger Druckanstieg im gesamten Strömungsfeld, wodurch die Neigung zur Strömungsablösung noch erhöht wird.

Es ist nun naheliegend, durch Anwendung von Spaltflügeln in einem Axialkompressor die Stufendruckerhöhung zu steigern. Abb. 127 zeigt eine Axialverdichterstufe mit Spaltflügeln und Abb. 128 das Kennfeld der Stufe. Wie erwartet, läßt sich also durch Anwendung von Spaltflügeln eine bedeutende Steigerung der Druckzahl, also eine Vergrößerung des Zirkulationsbeiwertes c_Γ erzielen. Der verhältnismäßig niedere Stufenwirkungsgrad (Abb. 129) ist zum Teil eine Folge des bei Spaltflügel zunehmenden Widerstandsbeiwertes, zum größten Teil ist er im vorliegenden Falle durch versuchsbedingte Umstände hervorgerufen. Bei einer Verdichterstufe mit Spaltflügeln, deren Haupt- und Nebenflügel nicht verstellbar waren, betrug der Stufenwirkungsgrad im Auslegungspunkt 86%.

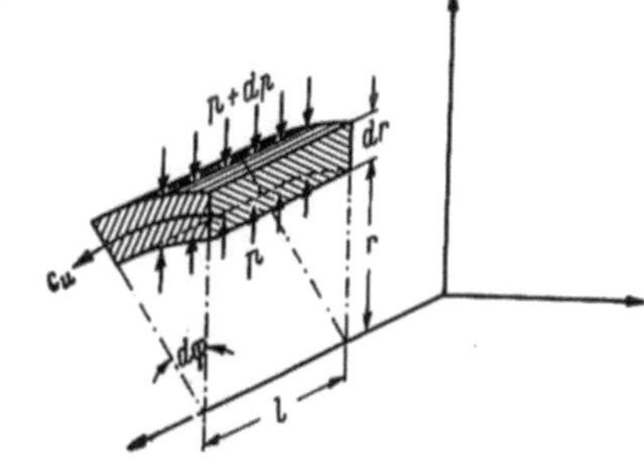

Abb. 129. Schematische Darstellung der Kräfte an einem rotierenden Luftteilchen

IV. Die Differentialgleichung der Turbomaschinen-Strömung

In den bisherigen Abschnitten wurden lediglich die Strömungsvorgänge in einem Schaufelgitter bzw. auf einem koaxialen Zylinderschnitt durch eine Axialstufe betrachtet. Nun sollen auch die Strömungsverhältnisse in radialer Richtung, also die Verteilung der Geschwindigkeiten und Drücke über die Querschnittsfläche des Verdichters untersucht werden. Vorausgesetzt sei hierfür wieder, daß die Strömung reibungsfrei und inkompressibel sei und daß die Gasteilchen sich auf koaxialen Zylinderflächen bewegen, also keine radialen Geschwindigkeitskomponenten auftreten.

Im Axialkompressor wird dem Fördermedium durch die Schaufeln der Lauf- und Leiträder eine Bewegung in Umfangsrichtung erteilt. Die absolute Strömungsgeschwindigkeit c zerfällt somit in eine axial gerichtete Meridiankomponente c_m und in eine Umfangskomponente c_u. Der Bewegungsanteil in axialer Richtung erfolgt in der Normalstufe beschleunigungs- und daher auch kräftefrei. Um den tangentialen Bewegungsanteil dynamisch zu untersuchen, denkt man sich nach dem d'ALEMBERTschen Prinzip das dynamische Problem dadurch auf ein statisches zurückgeführt, daß man an einem Gasteilchen die von seiner Kreisbewegung herrührende Trägheitskraft, die Zentrifugalkraft Z, angreifen läßt. Für ein Massenteilchen dm, das sich auf einer Kreisbahn mit dem Radius r und der Umfangsgeschwindigkeit c_u bewegt, ist

$$Z = dm \cdot \frac{c_u^2}{r} \cdot \tag{37}$$

Mit den Bezeichnungen in Abb. 129 erhält man für das betrachtete Massenteilchen

$$dm = \varrho \cdot l \cdot r \cdot d\varphi \cdot dr \tag{38}$$

und die Zentrifugalkraft wird

$$Z = \varrho \cdot l \cdot r \cdot d\varphi \cdot dr \cdot \frac{c_u^2}{r} \cdot \tag{39}$$

Dieser nach außen wirkenden Kraft wird durch die an den Zylinderflächen angreifenden Druckkräfte das Gleichgewicht gehalten. Die Größe ihrer Resultierenden ist

$$P = (p + dp) \cdot l \cdot r \cdot d\varphi - p \cdot l \cdot r \cdot d\varphi = dp \cdot l \cdot r \cdot d\varphi. \tag{40}$$

Durch Gleichsetzen von Gl. (39) und (40) erhält man die Gleichgewichtsbedingung

$$Z = P\,,$$

$$\frac{dp}{dr} = \varrho \cdot \frac{c_u^2}{r} \cdot \tag{41}$$

Hierbei ist dp/dr der Gradient des statischen Druckes über dem Verdichterradius. Mit Hilfe der BERNOULLIschen Gleichung läßt sich nun der statische Druck durch den Gesamtdruck ersetzen:

$$p_{\text{tot}} = p_{\text{stat}} + \frac{\varrho}{2} c^2 = p_{\text{stat}} + \frac{\varrho}{2} (c_m^2 + c_u^2),$$

und somit

$$\frac{dp}{dr} = \frac{d}{dr} \left[p_{\text{tot}} - \frac{\varrho}{2} (c_m^2 + c_u^2) \right],$$

$$= \frac{dp_{\text{tot}}}{dr} - \varrho \cdot c_m \frac{dc_m}{dr} - \varrho \cdot c_u \cdot \frac{dc_u}{dr} \cdot \tag{42}$$

Durch Einsetzen der Gl. (42) in Gl. (41) ergibt sich nun die Differentialgleichung der Strömung

$$\frac{dp_{\text{tot}}}{dr} = \varrho \cdot c_m \cdot \frac{dc_m}{dr} + \varrho \cdot c_u \frac{dc_u}{dr} + \varrho \cdot \frac{c_u^2}{r},$$

$$\frac{1}{\varrho} \cdot \frac{dp_{\text{tot}}}{dr} = c_m \cdot \frac{dc_m}{dr} + c_u \left(\frac{c_u}{r} + \frac{dc_u}{dr} \right) \cdot \tag{43}$$

Gl. (43) gibt also den Zusammenhang zwischen der Gesamtdruck- und der Geschwindigkeitsverteilung über dem Verdichterhalbmesser.

V. Einflußgrößen auf die Bauart von Axialverdichtern

Außer der Belastungszahl des Schaufelgitters und der Auswirkung des radialen Gleichgewichtes wirken sich noch weitere Einflußgrößen auf Förderhöhe und Bauweise von Axialverdichtern aus.

1. Der Reaktionsgrad

Bei gegebener Umfangsgeschwindigkeit u des Laufrades und gegebener Ablenkung in einem Gitter $\varDelta w_u$ bleibt die Förderhöhe einer Stufe für jede denkbare Anordnung der Geschwindigkeitsdreiecke stets die gleiche. Dabei kann natürlich die Aufteilung der Druckerhöhung im Laufrad $\frac{\varrho}{2}\,(w_1^2 - w_2^2)$ und im Leitrad $\frac{\varrho}{2}\,(c_2^2 - c_1^2)$ sehr verschieden sein. Als Reaktionsgrad bezeichnet man nun das Verhältnis der statischen Druckerhöhung im Laufrad zur Gesamtdruckerhöhung einer Stufe

$$\mathfrak{r} = \frac{\varDelta p_{\text{stat}, R}}{\varDelta p_{\text{tot}}}\,. \tag{44}$$

Nun ist

$$\varDelta p_{\text{stat}, R} = \frac{\varrho}{2}\,(w_1^2 - w_2^2) = \varrho \cdot w_{\infty_u} \cdot \varDelta w_u,$$

$$\varDelta p_{\text{tot}} = \frac{\varrho}{2}\,[(w_1^2 - w_2^2) + (c_2^2 - c_1^2)] = \varrho \cdot u \cdot \varDelta w_u.$$

Damit erhält man für den Reaktionsgrad auch den Ausdruck

$$\mathfrak{r} = \frac{w_{\infty_u}}{u}\,. \tag{45}$$

Abb. 130 zeigt einige ausgezeichnete Beispiele der Geschwindigkeitsdreiecke für eine Stufe mit zwar stets gleichgroßer Stufenförderhöhe $(\varrho \cdot u \cdot \varDelta w_u)$, aber verschiedenen Reaktionsgraden $\mathfrak{r} < 0$ bis $\mathfrak{r} > 1$ für die Anordnung Leitrad — Laufrad und Laufrad — Leitrad.

Bei der Anordnung Abb. 130a ist $w_2 > w_1$, d. h. es erfolgt keine Geschwindigkeitsverzögerung, also kein Druckanstieg, sondern eine Beschleunigung, also eine Verringerung des statischen Druckes im Laufrad. Der Zähler in Gl. (44) wird also negativ und bei einer Gesamtdruckerhöhung $\varDelta p_{\text{tot}} = \varrho \cdot u \cdot \varDelta w_u$ der Reaktionsgrad kleiner als Null. Die Gesamtdruckerhöhung der Stufe einschließlich der Druckabsenkung im Laufrad muß vom Leitrad aufgebracht werden.

Beim Geschwindigkeitsdreieck Abb. 130b ist $w_1 = w_2$, also $w_{\infty u} = 0$. Damit ist nach Gl. (45) $\mathfrak{r} = 0$. Die gesamte Druckerzeugung der Stufe erfolgt im Leitrad.

Nach Abb. 130c sind die Geschwindigkeitsdreiecke symmetrisch, d. h. im Lauf- und Leitrad erfolgt eine jeweils gleich große Druckerhöhung. Der Reaktionsgrad $\mathfrak{r}$ beträgt hierbei 0,5.

Bei der Anordnung Abb. 130d ist $c_2 = c_1$, d. h. im Leitrad erfolgt kein Druckanstieg, der Reaktionsgrad ist $\mathfrak{r} = 1$.

Abb. 130e stellt gewissermaßen die Umkehrung der Anordnung 130a dar. In diesem Falle erfolgt im Leitrad ein Geschwindigkeitsanstieg, also eine Beschleunigung. Das Laufrad hat die Gesamtdruckerhöhung der Stufe und zusätzlich die Druckabsenkung im Leitrad aufzubringen. Damit wird nach Gl. (44) der Reaktionsgrad $\mathfrak{r} > 1$.

Aus Abb. 130 geht hervor, daß trotz gleichbleibender Gesamtdruckerhöhung $\varDelta p_{\text{tot}} = \varrho \cdot u \cdot \varDelta w_u$ in den Anordnungen a bis e die mittlere Relativgeschwindigkeit w_∞ bzw. die mittlere Absolutgeschwindigkeit c_∞ je nach dem Reaktionsgrad sehr verschieden sein kann. In den Geschwindigkeitsdreiecken 130a bis e ist stets auch die Umfangsgeschwindigkeit die gleiche. Danach ist also [vgl. Gl. (9)] die Belastungszahl $c_r \cdot l/t$ direkt vom Reaktionsgrad abhängig. Bei der Anordnung nach 130b ist $w_1 = w_2$, die mittlere Relativgeschwindigkeit w_∞ ist identisch mit der Meridiangeschwindigkeit c_m, also klein. Damit wird nach Gl. (9) für das Laufrad die Belastungszahl $c_r \cdot l/t$ sehr groß, für das Leitrad ist hingegen c_∞ sehr groß, also die Belastungszahl klein. Die beiden Beschaufelungsarten sind also aerodynamisch ganz verschieden beansprucht. Dies wirkt sich aber auch auf die Dimensionierung bezüglich ihrer Teilung (t) und der Schaufellängen (l) aus. Der umgekehrte Fall ist in Abb. 130d dargestellt, wobei $c_1 = c_2$, also $c_\infty = c_m$ ist. Hierbei ist die Belastungszahl im Leitrad sehr groß und im Laufrad sehr klein.

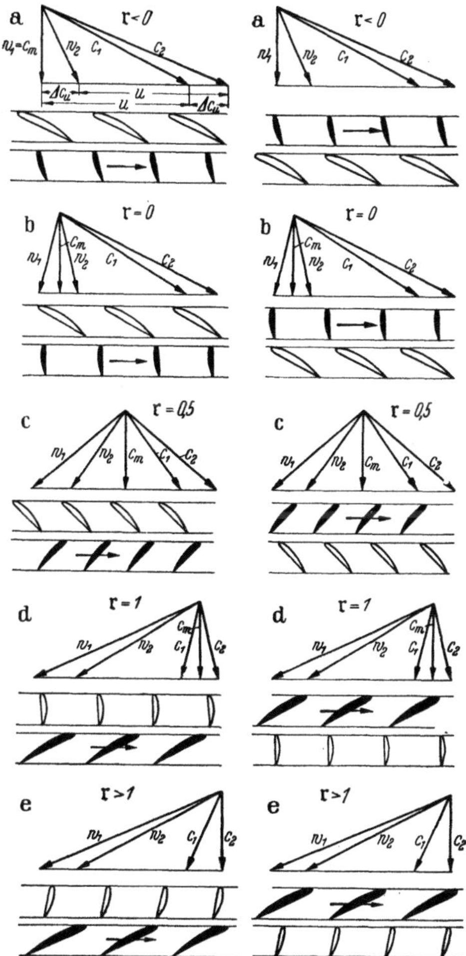

Abb. 130a—e. Geschwindigkeitsdreiecke einer Axialverdichterstufe mit stets gleichgroßer Stufenförderhöhe aber verschiedenen Reaktionsgraden $\mathfrak{r} < 0$ bis $\mathfrak{r} > 1$.
Links: Anordnung Leitrad — Laufrad
Rechts: Anordnung Laufrad — Leitrad

9*

Von besonderem Interesse ist die Anordnung Abb. 130c, also der Reaktionsgrad $\mathfrak{r} = 0{,}5$. Hierbei ist $w_\infty = c_\infty$, das heißt Laufrad und Leitrad sind gleichmäßig belastet und gleichartig – spiegelbildlich – gebaut.

Interessant ist vielfach eine Auslegung des Verdichters derart, daß die Druckerhöhung in der Stufe ein Maximum erreicht. Definitionsgemäß ist

$$\Delta p_{\text{tot}} = \psi \cdot \frac{\varrho}{2}\, u_a^2 .$$

Bei einem höchstzulässigen Wert von ψ wird also die Stufendruckerhöhung Δp_{tot} um so größer, je größer die Blattspitzenumfangsgeschwindigkeit u_a ist. Die Größe der Umfangsgeschwindigkeit ist aber dadurch begrenzt, daß mit zunehmender Umfangsgeschwindigkeit auch die relative Anströmgeschwindigkeit w_1 bzw. die Absolutgeschwindigkeit c_2 größer wird. Letztere Geschwindigkeiten sind jedoch aus MACHzahlgründen begrenzt, wie noch gezeigt wird. Unter Berücksichtigung dieser Tatsache wird man also die größte Stufendruckerhöhung unter der Bedingung

$$w_1 = c_2$$

erreichen, also bei symmetrischer Anordnung von Lauf- und Leitrad, d. h. bei einem Reaktionsgrad $\mathfrak{r} = 0{,}5$. Außerdem ist bei Anwendung eines Reaktionsgrades $\mathfrak{r} = 0{,}5$ der von einem Drucklager aufzunehmende Axialschub nur halb so groß gegenüber einem Reaktionsgrad $\mathfrak{r} = 1$.

Zu beachten ist, daß bei Reaktionsgraden $\mathfrak{r} < 1$ der Spaltabdichtung Beachtung zu schenken ist, da ein mehr oder weniger großer Teil der Druckerzeugung im Leitrad erfolgt.

Die Verwirklichung eines Reaktionsgrades $\mathfrak{r} > 1$ kommt dann in Frage, wenn bei vorgeschriebener Umfangsgeschwindigkeit und Druckerhöhung die Relativgeschwindigkeit w_∞ zum Zwecke der Erniedrigung der Belastungszahl $c_\Gamma \cdot \dfrac{l}{t} = \dfrac{2\Delta w_u}{w_\infty}$ vergrößert werden muß.

Die Reaktionsgrade $\mathfrak{r} = 0$ (Gleichdruckverdichter) und $\mathfrak{r} < 0$ finden meist nur in Anlagen Anwendung, bei denen ein dem Verdichter nachgeschalteter Diffusor zur Energieumwandlung baulich möglich ist, z. B. bei Saugzuganlagen.

Im allgemeinen ändert sich der Reaktionsgrad entlang dem Halbmesser einer Verdichterstufe. Für den Außenschnitt ist (Abb. 131) bei axialer Zuströmung

$$\mathfrak{r}_a = \frac{w_{\infty\,u,\,a}}{u_a} = \frac{u_a - \dfrac{\Delta w_{u_a}}{2}}{u_a} = 1 - \frac{\Delta w_{u_a}}{2 \cdot u_a} \qquad (46)$$

und für den Nabenschnitt ist

$$\mathfrak{r}_i = \frac{w_{\infty\,u,\,i}}{u_i} = \frac{u_i - \dfrac{\Delta w_{u_i}}{2}}{u_i} = 1 - \frac{\Delta w_{u_i}}{2 \cdot u_i} . \qquad (47)$$

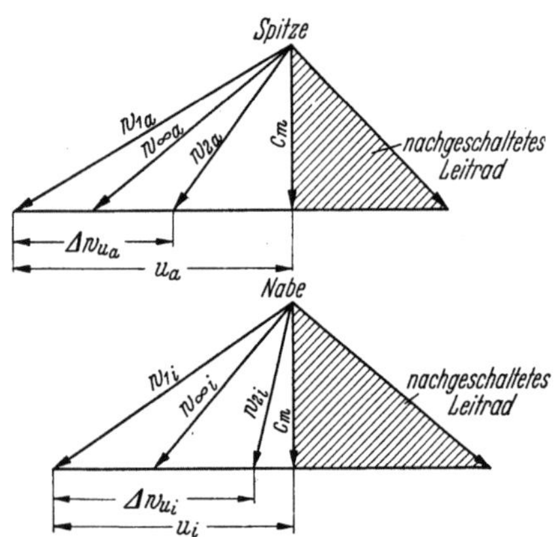

Abb. 131. Geschwindigkeitsdreiecke einer Axialkompressorstufe ohne Vorleitvorrichtung für Spitzen- und Nabenschnitt

Wird eine Verdichterstufe nun entsprechend der oft gebräuchlichen Bauweise mit konstanter Gesamtdruckerhöhung über dem Radius ausgelegt, dann ist

$$\Delta p_{\text{tot}} = \varrho \cdot u_a \cdot \Delta w_{u_a} = \varrho \cdot u_i \cdot \Delta w_{u_i},$$

$$u_a \cdot \Delta w_{u_a} = u_i \cdot \Delta w_{u_i}.$$

Nun ist

$$u_i = u_a \cdot \nu,$$

wobei $\nu = D_i / D_a$ das Nabenverhältnis, also das Verhältnis zwischen Naben- und Außendurchmesser bedeutet. Somit erhält man

$$\Delta w_{u_i} = \frac{u_a}{u_i} \cdot \Delta w_{u,\,a} = \Delta w_{u,\,a} \cdot \frac{1}{\nu} .$$

Für den Reaktionsgrad des Nabenschnittes ist also

$$\mathfrak{r}_i = 1 - \frac{\Delta w_{u_a} \cdot \dfrac{1}{\nu}}{2\,u_a \cdot \nu} = 1 - \frac{\Delta w_{u_a}}{2\,u_a} \cdot \frac{1}{\nu^2} . \qquad (48)$$

Ein Vergleich der Gl. (46) mit Gl. (48) zeigt, daß

$$\mathfrak{r}_i < \mathfrak{r}_a ,$$

d. h. der Reaktionsgrad ist nicht konstant über dem Radius, sondern nimmt für Verdichterstufen mit nachgeschaltetem Leitrad mit dem Radius ab.

Gewisse Sonderbauten gestatten die Verwirklichung eines konstanten Reaktionsgrades über dem Verdichterradius. Hierbei muß aber aus Gründen, die später erläutert werden, entweder von der Annahme konstanten Gesamtdruckes entlang dem Radius abgegangen werden, oder die Meridiangeschwindigkeit behält nicht mehr, wie im Eintritt in die Stufe, den über den Radius konstanten Verlauf bei.

2. Das Nabenverhältnis

Die Bestrebungen, die Druckerhöhung je Stufe eines Axialkompressors zu erhöhen, führen bei kleinen Nabenverhältnissen $v = D_i/D_a$ bald zu Schwierigkeiten in den nabennahen Profilschnitten, wenn man konstante Druckerhöhung über dem Radius fordert. Als Folge der kleinen Umfangsgeschwindigkeit der nabennahen Schaufelschnitte werden auch die Relativgeschwindigkeiten klein, weshalb zur Erzeugung der erforderlichen Druckerhöhung große Umlenkungen notwendig werden. Diese sind aber durch die zulässige Belastungszahl $c_r \cdot \dfrac{l}{t}$ begrenzt. Auf Grund von Versuchsergebnissen kann man als erste grobe Näherung für das Nabenverhältnis

$$v \approx 1,2 \cdot \psi \qquad (49)$$

angeben.

Bei abnehmendem Nabenverhältnis werden außer der unzulässigen Zunahme der Belastungszahl die Schaufelverwindungen sehr groß, da der Staffelungswinkel der Schaufelprofile in erster Näherung mit der mittleren relativen Anströmrichtung τ_∞ zusammenfällt. Weiterhin nimmt der Reaktionsgrad, wie im letzten Abschnitt gezeigt, gegen die Nabe hin ab und kann bei sehr kleinem Nabenverhältnis kleiner als Null werden. Beide Tatsachen wirken sich, wie Versuche ergaben, ungünstig auf den Wirkungsgrad der Stufe aus. Deshalb ist es zweckmäßig, das Nabenverhältnis nach unten mit

$$v \geqq 0,5 \qquad (50)$$

zu begrenzen.

Für den praktisch interessierenden Bereich des Nabenverhältnisses zwischen 0,5 und 0,95 wurden umfangreiche Versuche durchgeführt, die den Einfluß des Nabenverhältnisses auf die Stufenförderhöhe h_{ad} und den Stufenwirkungsgrad $\eta_{St} = \eta_{i_{ad}}$ eines Axialverdichters erkennen lassen.

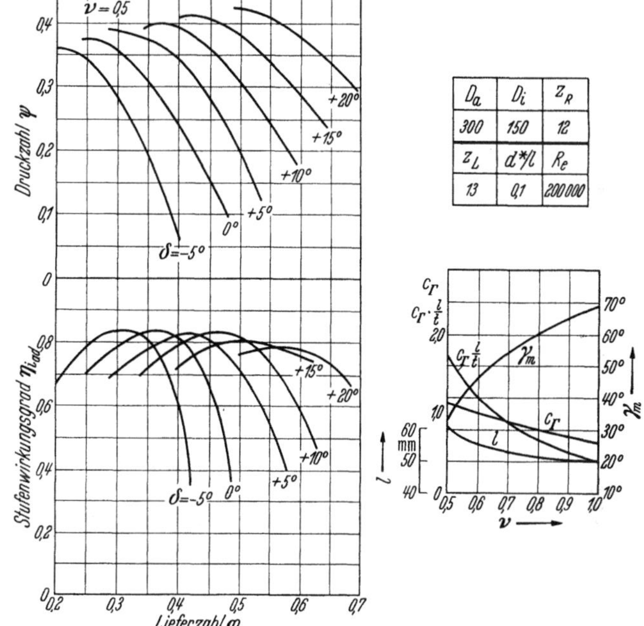

Abb. 132. Kennfeld einer Axialverdichterstufe (Wirbelflußmaschine ohne Vordrall) bei verschiedenen Laufradstellungen δ und konstanter Leitradbeschaufelung bei einem Nabenverhältnis $v = D_i/D_a = 0,5$
$\delta = 0°$ entspricht der Rechnungsstellung. ψ Druckzahl, φ Lieferzahl, $\eta_{i_{ad}} = \eta_{St}$ Stufenwirkungsgrad. z_R Anzahl der Laufschaufeln, z_L Anzahl der Leitschaufeln, d^* Schaufeldicke, l Schaufellänge, Re REYNOLDSzahl, $c_r \cdot \dfrac{l}{t}$ Belastungszahl, γ_m Staffelungswinkel

Als Beispiel aus diesen Versuchsreihen zeigt Abb. 132 das Kennfeld einer Verdichterstufe mit dem Nabenverhältnis $v = 0,5$ bei verschiedenen Laufradstellungen und konstanter Leitradbeschaufelung. Abb. 133 das Kennfeld einer Axialstufe bei $v = 0,58$ und Abb. 134 die Charakteristik bei einem Nabenverhältnis $v = 0,63$. Diese drei Verdichterstufen sind nach den Gesetzen des konstanten Dralles ausgelegt (Wirbelflußmaschine ohne Vordrall). Man erkennt aus diesen drei Stufenkennfeldern bereits, daß mit zunehmendem Nabenverhältnis die Druckzahl, bezogen auf den Auslegungspunkt, also die erreichbare Stufenförderhöhe $h_{ad\,St}$ größer wird, während der Stufenwirkungsgrad zwischen $v = 0,5$ und $v = 0,63$ sich nur unwesentlich ändert. In einer speziellen Versuchsreihe mit dem in Abb. 135 dargestellten Versuchsstand wurde ein achtundvierzigflügeliges Laufrad mit gemeinsam verstellbaren Laufschaufeln (Abb. 136) bei Nabenverhältnissen zwischen $\nu = 0{,}75$ und $0{,}95$ untersucht, wobei bei jeder Meßreihe zu- und abströmseitig die Nabenverkleidungen, sowie die vom Lauf- und Leitrad bei $\nu > 0{,}75$ nicht bestrichenen Zonen sorgfältig den jeweiligen Bedingungen angepaßt waren. Die Ergebnisse dieser

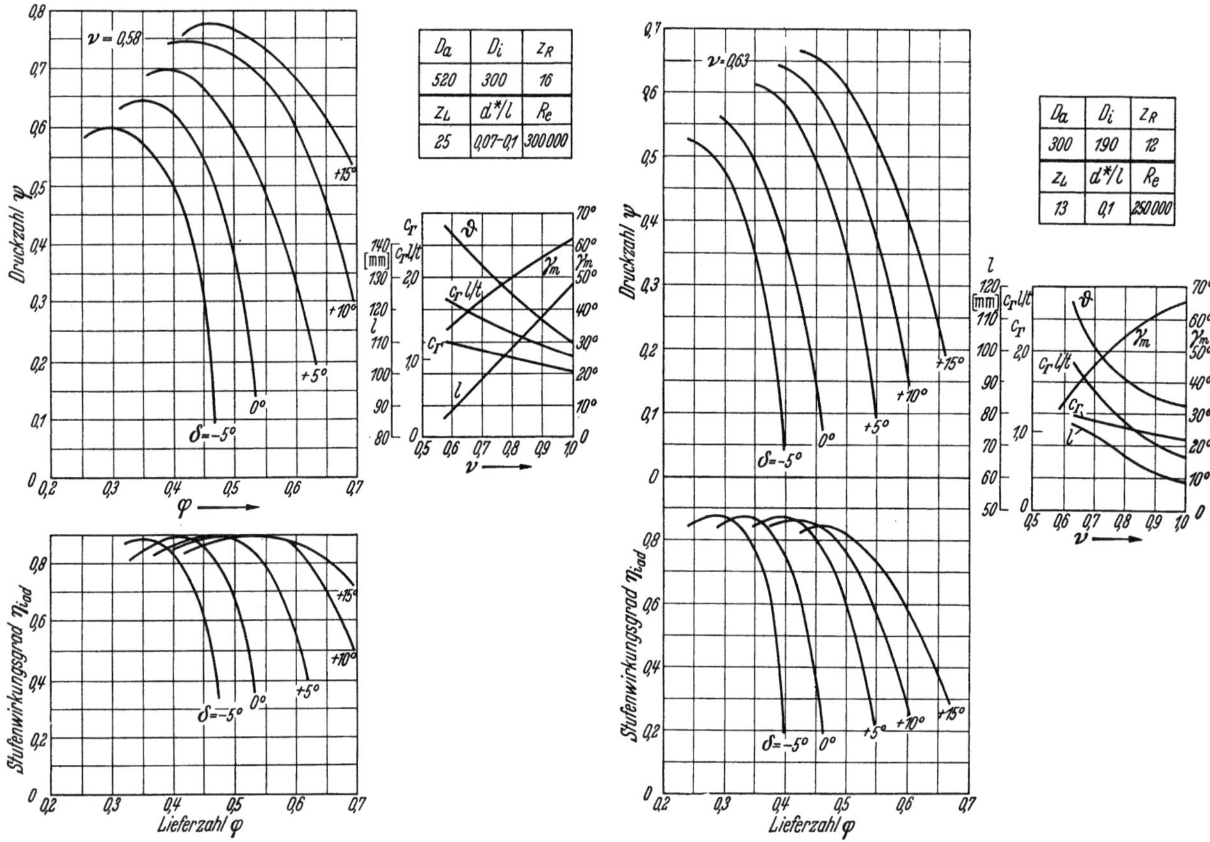

Abb. 133. Kennfeld einer Axialverdichterstufe (Wirbelflußmaschine ohne Vordrall) bei verschiedenen Laufradstellungen δ und konstanter Leitradbeschaufelung bei einem Nabenverhältnis $\nu = 0{,}58$

Abb. 134. Kennfeld einer Axialverdichterstufe (Wirbelflußmaschine ohne Vordrall) bei verschiedenen Laufradstellungen δ und konstanter Leitradbeschaufelung bei einem Nabenverhältnis $\nu = 0{,}63$

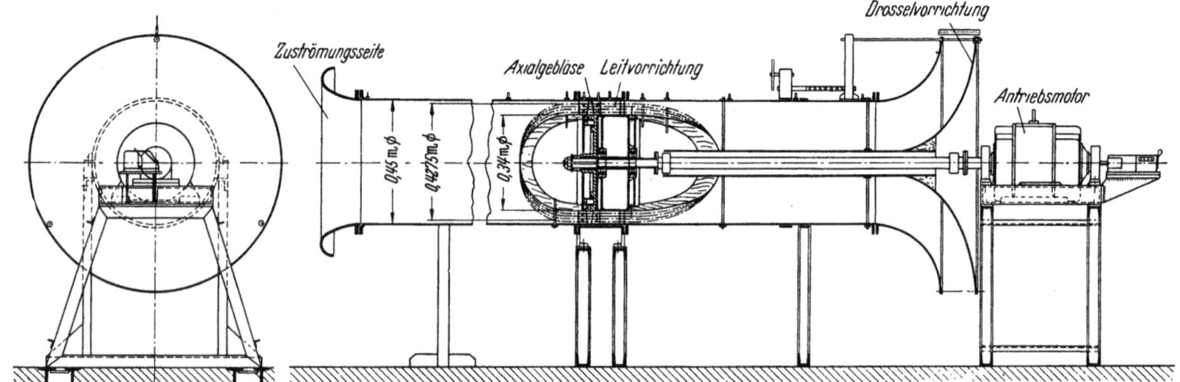

Abb. 135. Versuchsaufbau zur Klärung des Einflusses des Nabenverhältnisses auf den Wirkungsgrad einer Axialverdichterstufe

Versuche sind in Abb. 137 bis 141 wiedergegeben. Wie diese fünf charakteristischen Kennfelder zeigen, darf also auch eine obere Grenze für das Nabenverhältnis nicht überschritten werden, da mit größer werdender Nabe der dynamische Förderhöhenanteil auf Kosten des statischen Anteils wächst und die Umsetzung von Geschwindigkeit in Druck entweder mit großem baulichem Aufwand oder aber mit Verlusten verbunden ist. Diese planmäßigen Versuche über die

Nabengestaltung ergeben zusammenfassend, daß mit zunehmendem Nabenverhältnis nicht nur die Schaufel selbst, sondern auch die zwischen den Schaufeln liegenden Teile der Nabenoberfläche und der Gehäuseinnenfläche im Bereich der Beschaufelung anteilmäßig gleiche Strömungsverluste verursachen. Da diese jedoch zur Nutzarbeit nichts beitragen, werden die Gesamtwirkungsgrade um so kleiner, je größer der Anteil der passiven Flächen ist. Als weitere Folgerung aus den Kennfeldern Abb. 137 bis 141 ergibt sich, daß im Bereich der für die letzten Stufen eines Axialverdichters interessierenden Nabenverhältnisse $v = 0{,}7$ bis $0{,}85$ noch kein untragbarer Wirkungsgradverlust eintritt, während bei Nabenverhältnissen, die größer als 0,9 sind, die Stufenwirkungsgrade sinken. Als Mittelwerte aus sämtlichen durchgeführten Versuchen für den Stufenwirkungsgrad η_{St} und für die Stufendruckzahl ψ, bezogen auf den Auslegungszustand, ergaben sich die in Abb. 142 dargestellten Abhängigkeiten vom Nabenverhältnis.

Abb. 136. Achtundvierzigflügeliges Laufrad mit Schaufelverstelleinrichtung

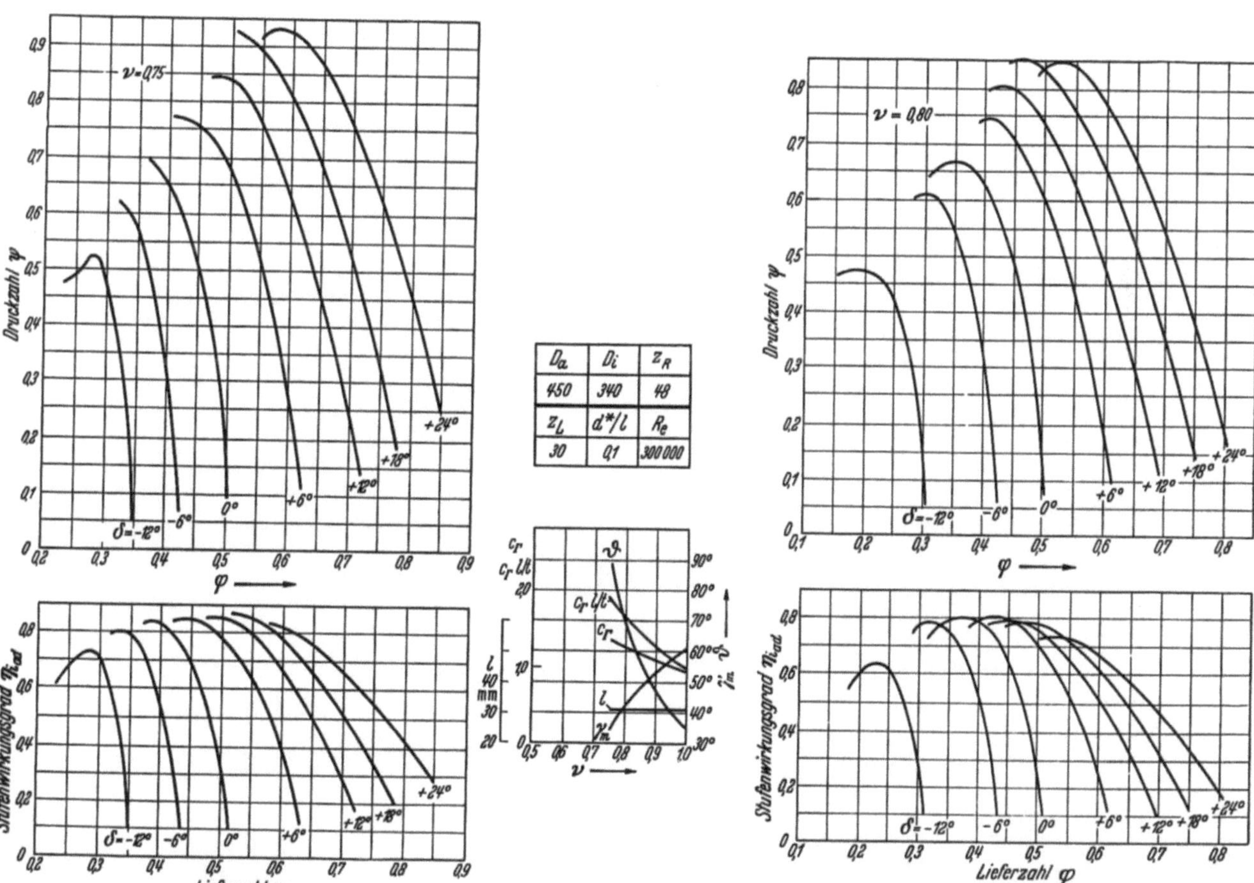

Abb. 137. Kennfeld einer Axialverdichterstufe (Wirbelflußmaschine ohne Vordrall) bei verschiedenen Laufradstellungen δ und konstanter Leitradbeschaufelung bei einem Nabenverhältnis $v = 0{,}75$

Abb. 138. Kennfeld einer Axialverdichterstufe (Wirbelflußmaschine ohne Vordrall) bei verschiedenen Laufradstellungen δ und konstanter Leitradbeschaufelung bei einem Nabenverhältnis $v = 0{,}80$

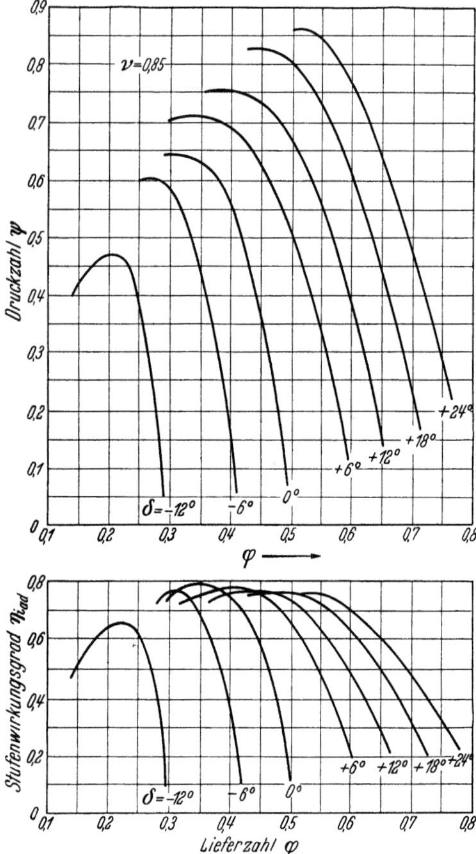

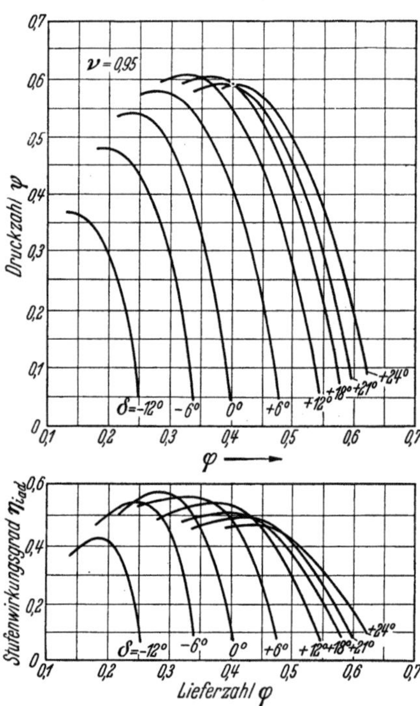

Abb. 139. Kennfeld einer Axialverdichterstufe (Wirbelflußmaschine ohne Vordrall) bei verschiedenen Laufradstellungen δ und konstanter Leitradbeschaufelung bei einem
Nabenverhältnis ν = 0,85

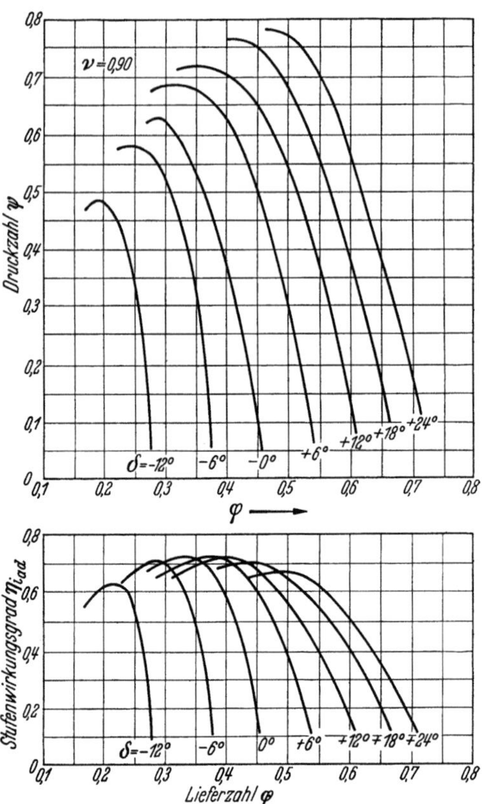

Abb. 140. Kennfeld einer Axialverdichterstufe (Wirbelflußmaschine ohne Vordrall) bei verschiedenen Laufradstellungen δ und konstanter Leitradbeschaufelung bei einem
Nabenverhältnis ν = 0,90

Abb. 141

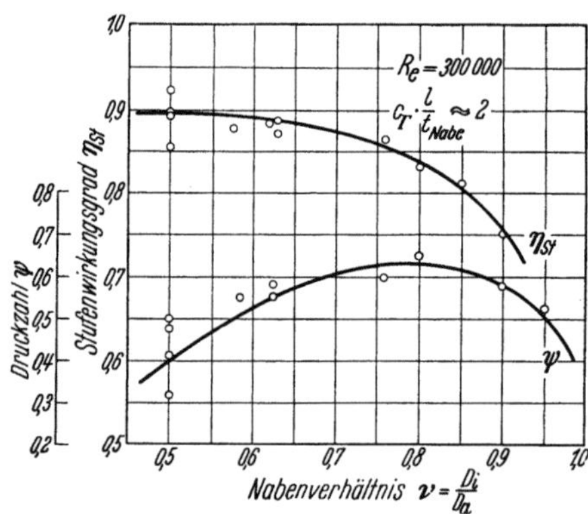

Abb. 142. Bestwerte für den Stufenwirkungsgrad η_{St}
und die Druckzahl $\psi = \dfrac{2 \, g \cdot h_{ad}}{u_a^2}$ in Abhängigkeit vom
Nabenverhältnis ν. (Nach Versuchen an einstufigen
Axialrädern ohne Vorleitrad)

Abb. 141. Kennfeld einer Axialverdichterstufe (Wirbelflußmaschine ohne
Vordrall) bei verschiedenen Laufradstellungen δ und konstanter Leitradbeschaufelung bei einem Nabenverhältnis ν = 0,95

3. Die Machzahl

Die in einer Verdichterstufe erreichbare Druckerhöhung bzw. Förderhöhe

$$\Delta p_{\mathrm{tot}} = \psi \, \frac{\varrho \cdot u_a^2}{2} \qquad \text{bzw.} \qquad h_{\mathrm{ad}} = \psi \, \frac{u_a^2}{2g}$$

hängt bei gegebener Druckzahl ψ ausschließlich von der Umfangsgeschwindigkeit u_a des Laufrades ab. Man wird daher möglichst hohe Umfangsgeschwindigkeiten anstreben, soweit dies aus mechanischen, festigkeits- und schwingungstechnischen Gründen möglich ist. Mit zunehmender Umfangsgeschwindigkeit wird aber, bei vorgegebenem Eintrittsdrall c_{0u} auch die relative Eintrittsgeschwindigkeit w_1 größer. Nähert sich diese der Schallgeschwindigkeit w_s, so treten an den Schaufelprofilen eines Axialverdichters dieselben Erscheinungen auf, wie diese für Tragflügelprofile bei hohen Geschwindigkeiten bekannt sind, d. h. der Profilwiderstandsbeiwert steigt

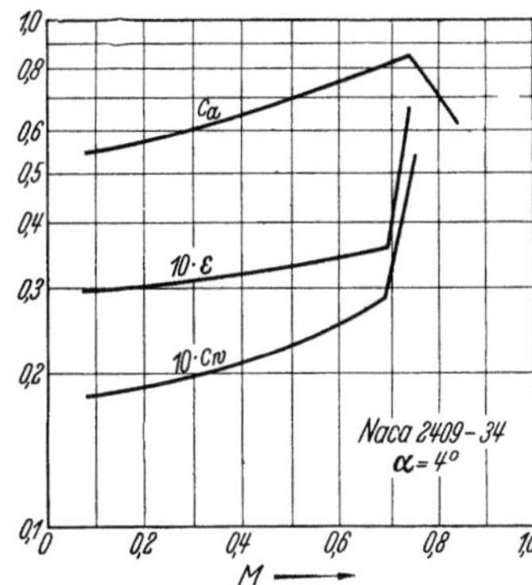

Abb. 143. Abhängigkeit der Profilbeiwerte von der Machzahl (Einzelstehendes Tragflügelprofil)

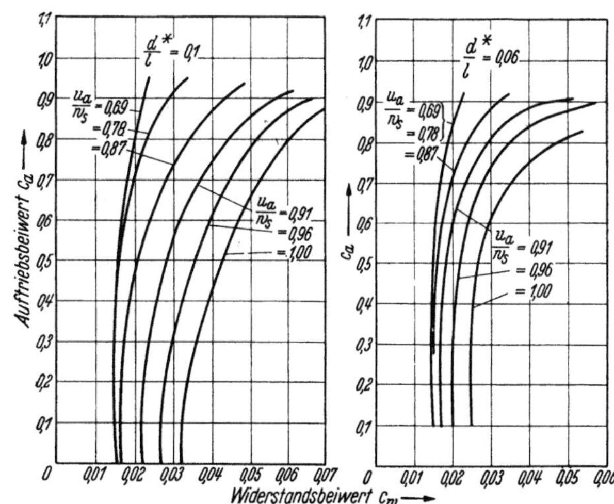

Abb. 144. Einfluß der Machschen Zahl u_a/w_s auf den Auftriebsbeiwert c_a und Widerstandsbeiwert c_w bei Dickenverhältnissen $d^*/l = 10\%$ und 6%.

u_a Umfangsgeschwindigkeit, w_s Schallgeschwindigkeit, l Schaufellänge, d^* Schaufeldicke

rasch an, während der Auftriebsbeiwert gleichzeitig abnimmt (Abb. 143). Die Gleitzahl $\varepsilon = c_w/c_a$ vergrößert sich also sehr rasch, was einer Wirkungsgradverminderung des Verdichters gleichkommt.

Dieser Einfluß wird bei Axialkompressoren durch das Verhältnis der relativen Eintrittsgeschwindigkeit w_1 zur jeweiligen Schallgeschwindigkeit w_s also durch die Machzahl

$$M = \frac{w_1}{w_s} \tag{51}$$

gekennzeichnet.

Hierbei ist

$$w_s = \sqrt{g \cdot \varkappa \cdot R \cdot T_{1_{\mathrm{stat}}}} \tag{52}$$

die Schallgeschwindigkeit.

Für Luft als Strömungsmittel ist mit $\varkappa = 1{,}4$

$$w_{s_{\mathrm{Luft}}} = 20{,}02 \cdot \sqrt{T_{1,\,\mathrm{stat}}}. \tag{52a}$$

Selbstverständlich gelten für die Absolutgeschwindigkeiten in den Leitvorrichtungen die gleichen Gesetze wie für die Relativgeschwindigkeiten in den Laufrädern, d. h., auch die Absolutgeschwindigkeiten unterliegen den Grenzbedingungen hinsichtlich der Machzahl.

Von großem Interesse ist natürlich die maximale Machzahl, die einem Verdichterentwurf zugrunde gelegt werden kann, ohne daß wesentliche Wirkungsgradeinbußen zu befürchten sind.

Wie aus Windkanalversuchen an Einzelprofilen bekannt ist, sind dicke Profile bezüglich Auftriebsverminderung und Widerstandserhöhung bei Annäherung an die Schallgeschwindigkeit empfindlicher als dünne Profile (Abb. 144). Dies ist leicht verständlich, da die Vergrößerung des Widerstandes vor allem durch das Auftreten örtlicher Übergeschwindigkeiten an der Profiloberseite hervorgerufen wird, welche beim Erreichen der Schallgeschwindigkeit zu Verdichtungsstößen und Ablösungserscheinungen führen. Diese Tatsache spricht zwar für die Verwendung möglichst dünner Profile für Axialverdichter, wobei merkliche Verschlechterungen erst bei $M > 0{,}85$ eintreten. Zu berücksichtigen ist jedoch, daß dünne Schaufelprofile bezüglich ihres Schwingungsverhaltens gefährlicher sind, weshalb man aus diesen Gründen oft gezwungen ist, insbesondere an den nabennahen Schnitten dickere Profile zu verwenden, die eine aerodynamische Verschlechterung schon bei $M \approx 0{,}65$ aufweisen. Als ersten Anhaltspunkt kann man als oberen Grenzwert für die MACHzahl

$$M \approx 0{,}75 \ \text{ bis } \ 0{,}8 \tag{53}$$

angeben.

In Wirklichkeit ist dieser Wert aber keine Konstante, sondern hängt in weitem Maße außer von der Profilform auch von der Profilstellung des jeweiligen Schaufelgitters ab. Für den ersten Entwurf eines Verdichters genügt es im allgemeinen, den durch Gl. (53) gegebenen Mittelwert zu benützen.

Im folgenden soll nun der Einfluß der MACHschen Zahl genauer untersucht werden.

a) Abschätzung der maximalen Machschen Zahl

Als maximale Anströmmachzahl eines Schaufelgitters soll dasjenige Verhältnis w_1/w_s definiert werden, bei dem im ganzen engsten Querschnitt zwischen zwei benachbarten Schaufeln Schallgeschwindigkeit herrscht. Bei weiterer Steigerung der Anströmgeschwindigkeit, beispielsweise durch Drehzahlerhöhung bleibt die Durchflußmenge konstant, was als „Verstopfen" des Gitters bezeichnet wird.

Man erhält einen Überblick über die Größe der maximalen Anströmmachzahl durch folgende Überlegungen:

In einem Gitterelement nach Abb. 145 mit der radialen Erstreckung $h = 1$ sei der engste Querschnitt zwischen zwei benachbarten Profilen mit $F_{\min}$ bezeichnet; der Durchflußquerschnitt zwischen zwei um die Teilung t versetzte Stromlinien weit vor dem Gitter dagegen mit F_1. Durch beide Querschnitte fließt die gleiche Durchflußmenge und im Querschnitt $F_{\min}$ soll voraussetzungsgemäß Schallgeschwindigkeit herrschen.

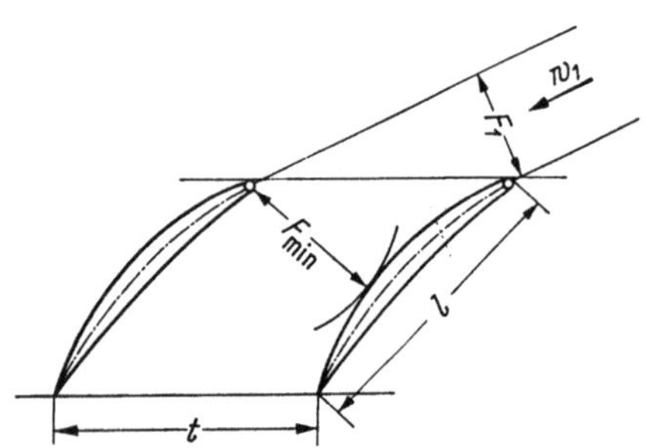

Abb. 145. Darstellung des Eintrittsquerschnittes F_1 und des engsten Querschnittes $F_{\min}$ in einem Verzögerungsgitter

Die Gesamttemperatur ist

$$T_{\text{tot}} = T_1 + \frac{w_1^2}{2\,g \cdot c_p^*},$$

mit

$$c_p^* = \frac{\varkappa}{\varkappa - 1} \cdot R \quad \text{(für Luft ist } c_p^* = 102{,}3 \ \text{m/}_0\text{)}.$$

Für die statischen Temperaturen sei der Index „stat" weggelassen, also ist $T_1 \equiv T_{1\,\text{stat}}$. Die Anströmgeschwindigkeit läßt sich darstellen in der Form

$$w_1 = M_1 \cdot w_s = M_1 \sqrt{g \cdot \varkappa \cdot R \cdot T_1}\,;$$

damit wird

$$T_{\text{tot}} = T_1 \left(1 + M_1^2 \cdot \frac{g \cdot \varkappa \cdot R}{2\,g \cdot R \dfrac{\varkappa}{\varkappa - 1}} \right) = T_1 \left(1 + \frac{\varkappa - 1}{2} \cdot M_1^2 \right). \tag{54}$$

Bei adiabatischer Strömung zwischen F_1 und $F_{\min}$ ist

$$T_{\text{tot}}(F_1) = T_{\text{tot}}(F_{\min}) = T_{\text{tot}}$$

und mit $M_{F_{\min}} = 1$ erhält man für den engsten Querschnitt

$$T_{\text{tot}} = T_{F_{\min}} \left(1 + \frac{\varkappa - 1}{2} \right). \tag{55}$$

Durch Gleichsetzen der Gl. (54) und (55) ergibt sich für das Verhältnis der stat. Temperaturen

$$T_1\left(1 + \frac{\varkappa - 1}{2} \cdot M_1^2\right) = T_{F\min}\left(1 + \frac{\varkappa - 1}{2}\right),$$

$$\frac{T_1}{T_{F\min}} = \frac{1 + \dfrac{\varkappa - 1}{2}}{1 + \dfrac{\varkappa - 1}{2} \cdot M_1^2}. \tag{56}$$

Auf analoge Weise erhält man das Verhältnis der Geschwindigkeiten, wenn $w_{F\min} = w^*$ die sogenannte kritische Geschwindigkeit bedeutet:

$$\frac{w_1}{w_{F\min}} = \frac{w_1}{w^*} = \frac{M_1\sqrt{g \cdot \varkappa \cdot R \cdot T_1}}{\sqrt{g \cdot \varkappa \cdot R \cdot T_{F\min}}} = M_1 \cdot \sqrt{\frac{T_1}{T_{F\min}}}. \tag{57}$$

Durch die Querschnitte F_1 und $F_{\min}$ fließt die gleiche Durchflußmenge. Damit folgt aus der Kontinuitätsbeziehung, wenn $v = \dfrac{R \cdot T}{p}$ das spez. Volumen ist,

$$\frac{F_1 \cdot w_1}{v_1} = \frac{F_{\min} \cdot w^*}{v^*};$$

nun ist

$$\frac{v_1}{v^*} = \left(\frac{T_{F\min}}{T_1}\right)^{\frac{1}{\varkappa - 1}}$$

und damit

$$\frac{F_{\min}}{F_1} = \frac{w_1 \cdot v^*}{w^* \cdot v_1} = M_1 \cdot \left(\frac{T_1}{T_{F\min}}\right)^{\frac{1}{\varkappa - 1}} \cdot \left(\frac{T_1}{T_{F\min}}\right)^{\frac{1}{2}} = M_1 \cdot \left(\frac{T_1}{T_{F\min}}\right)^{\frac{1}{2} \cdot \frac{\varkappa + 1}{\varkappa - 1}}. \tag{58}$$

Setzt man Gl. (56) in Gl. (58) ein, dann ergibt sich schließlich für den Zusammenhang zwischen der maximalen MACHzahl $M_1 = M_{1\max}$ und dem Querschnittsverhältnis $F_{\min}/F_1$ der Ausdruck

$$\frac{F_{\min}}{F_1} = M_{1\max} \cdot \left(\frac{1 + \dfrac{\varkappa - 1}{2}}{1 + M_{1\max}^2 \cdot \dfrac{\varkappa - 1}{2}}\right)^{\frac{1}{2} \cdot \frac{\varkappa + 1}{\varkappa - 1}} \tag{59}$$

und mit $\varkappa = 1{,}4$ wird für Luft

$$\frac{F_{\min}}{F_1} = M_{1\max}\left(\frac{1{,}20}{1 + 0{,}2 \cdot M_{1\max}^2}\right)^3 \tag{59a}$$

b) Abschätzung der kritischen Machschen Zahl

Neben der maximalen MACHzahl sei nun noch eine kritische MACHsche Zahl der Anströmgeschwindigkeit hergeleitet, die dadurch gekennzeichnet sei, daß bei ihrem Erreichen die örtliche Übergeschwindigkeit auf der Profilsaugseite die Schallgeschwindigkeit erreicht. Die kritische MACHzahl hängt also in erster Linie von der Profilform und dem Anstellwinkel ab, d. h. von der Geschwindigkeits- bzw. Druckverteilung längs der Profiloberfläche. Üblicherweise wird die Druckverteilung im Gitterversuch bei inkompressibler Strömung ermittelt und in der Form $\dfrac{\Delta p}{q_1} = f(x/l)$ (Abb. 123) dargestellt. $\Delta p = p_1 - p$ ist hierbei die Differenz der statischen Drücke weit vor dem Gitter (p_1) und an der Profiloberfläche (p).

$q_1 = p_{\text{tot}} - p_1$ ist der dynamische Druck der Zuströmgeschwindigkeit w_1. Im inkompressiblen Fall ist $q_1 = \dfrac{\varrho}{2} \cdot w_1^2$.

Da voraussetzungsgemäß an der Stelle größter Übergeschwindigkeit die örtliche Schallgeschwindigkeit gerade erreicht aber nicht überschritten werden soll, erhält man die Druckverteilung bei kompressibler Strömung näherungsweise nach der PRANDTLschen Regel zu

$$\left(\frac{\Delta p}{q_1}\right)_{M_1} = \frac{(\Delta p/q_1)_0}{\sqrt{1 - M_1^2}}. \tag{60}$$

Im kompressiblen Fall ist

$$q_1 = p_{1\text{tot}} - p_1 = p_1\left(\frac{p_{1\text{tot}}}{p_1} - 1\right) = p_1\left[\left(\frac{T_{1\text{tot}}}{T_1}\right)^{\frac{\varkappa}{\varkappa-1}} - 1\right] = p_1\left[\left(1 + \frac{\varkappa-1}{2}\cdot M_1^2\right)^{\frac{\varkappa}{\varkappa-1}} - 1\right], \quad (61)$$

wobei zur Vereinfachung wieder der Index „stat" bei p_1 und T_1 weggelassen ist. Im Punkte größter Übergeschwindigkeit (Sogspitze) herrscht der Druck $\Delta p_{\max} = p_1 - p_{\min}$ und es ist

$$\Delta p_{\max} = p_1\left(1 - \frac{p_{\min}}{p_1}\right) = p_1\left[1 - \left(\frac{T_{\min}}{T_1}\right)^{\frac{\varkappa}{\varkappa-1}}\right] = p_1\left[1 - \left(\frac{T_{\text{tot}}/T_1}{T_{\text{tot}}/T_{\min}}\right)^{\frac{\varkappa}{\varkappa-1}}\right], \quad (62)$$

wobei auch hier adiabatische Zustandsänderung zwischen Eintritt und Sogspitze vorausgesetzt ist ($T_{\text{tot}} = \text{const}$). Wird an der Stelle kleinsten Druckes die Schallgeschwindigkeit erreicht, dann ist

$$\frac{T_{\text{tot}}}{T_{\min}} = 1 + \frac{\varkappa-1}{2}$$

und man erhält

$$\Delta p_{\max} = p_1\left[1 - \left(\frac{1 + \dfrac{\varkappa-1}{2}\cdot M_1^2}{1 + \dfrac{\varkappa-1}{2}}\right)^{\frac{\varkappa}{\varkappa-1}}\right] \quad (63)$$

Einsetzen der Gl. (61) und (63) in Gl. (60) ergibt mit $M_1 = M_{1\text{krit.}}$ den Zusammenhang zwischen der bei inkompressibler Strömung gemessenen Druckverteilung und der kritischen Anström-MACHzahl

$$\left(\frac{\Delta p_{\max}}{q_1}\right)_0 = \sqrt{1 - M_{1\text{krit.}}^2}\cdot\frac{1 - \left(\dfrac{1 + \dfrac{\varkappa-1}{2}\cdot M_{1\text{krit.}}^2}{1 + \dfrac{\varkappa-1}{2}}\right)^{\frac{\varkappa}{\varkappa-1}}}{\left(1 + \dfrac{\varkappa-1}{2}\cdot M_{1\text{krit.}}^2\right)^{\frac{\varkappa}{\varkappa-1}} - 1} \quad (64)$$

und für Luft

$$\left(\frac{\Delta p_{\max}}{q_1}\right)_0 = \sqrt{1 - M_{1\text{krit.}}^2}\cdot\frac{1 - \left(\dfrac{1 + 0{,}2\cdot M_{1\text{krit.}}^2}{1{,}20}\right)^{3{,}5}}{\left(1 + 0{,}2\,M_{1\text{krit.}}^2\right)^{3{,}5} - 1} . \quad (65)$$

Diese Beziehung ist in Abb. 146 dargestellt, womit die kritische MACHzahl bei bekannter Druckverteilung abgeschätzt werden kann. Beim Überschreiten dieses Wertes ist mit dem Auftreten örtlicher Überschallfelder und nachfolgenden Verdichtungsstößen zu rechnen. Große Sogspitzen verkleinern die kritische MACHzahl. Schaufelgitter für hohe Anströmgeschwindigkeiten sollten also für mittlere c_a-Werte und im Hinblick auf eine möglichst gleichmäßige Druckverteilung ausgelegt werden. Bei stoßfreiem Eintritt,

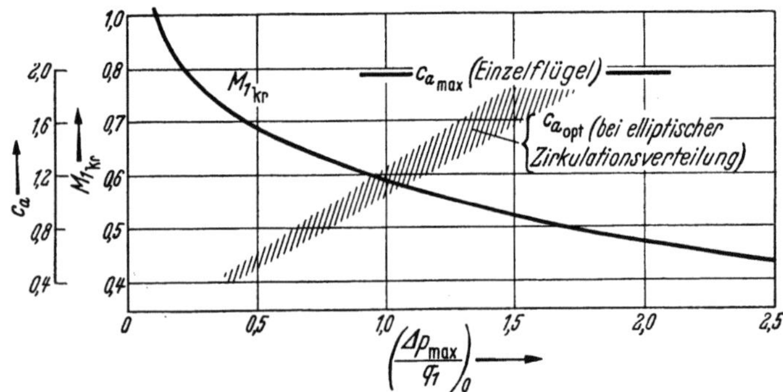

Abb. 146. Kritische MACH-Zahl und optimaler Auftriebsbeiwert in Abhängigkeit von der Größe des maximalen Unterdruckes auf der Profilsaugseite

wenn also die Strömungsrichtung unmittelbar an der Vorderkante des Profils (aber nicht die Richtung von w_1) mit der Skelettlinie zusammenfällt, ergibt sich bei kreisbogenförmiger Skelettlinie am Einzelprofil eine etwa elliptische Druckverteilung. Im Gitter wird diese je nach Gitterstellung, Teilungsverhältnis und Profildicke etwas verformt, doch soll auf diese Unterschiede im Rahmen der hier zu machenden Abschätzung nicht weiter eingegangen werden.

Der Auftrieb eines Profils berechnet sich bei elliptischer Auftriebsverteilung und unter der hierbei meist hinreichend erfüllten Voraussetzung, daß die Richtungen von w_∞ und der Profilsehne näherungsweise zusammenfallen, zu

$$A = b \int_0^l \Delta p \cdot dx = \frac{\pi}{2} b \cdot l \cdot \Delta p_{max} = c_a \cdot l \cdot b \cdot \frac{\varrho}{2} \cdot w_\infty^2 \; ; \tag{66}$$

hieraus folgt

$$\frac{\Delta p_{max}}{\frac{\varrho}{2} \cdot w_1^2} = \frac{2}{\pi} \cdot \left(\frac{w_1}{w_\infty}\right)^2 \cdot c_a. \tag{67}$$

w_1/w_∞ liegt üblicherweise im Bereich von 1,1 bis 1,25, so daß man im Mittel schreiben kann

$$\left(\frac{\Delta p_{max}}{q_1}\right)_{opt.} = \frac{2,5 \div 3}{\pi} \cdot c_a. \tag{68}$$

Der Index opt. soll andeuten, daß die vorgegebene elliptische Druckverteilung ein Optimum darstellt. Bei anderen möglichen Formen der Druckverteilung ist im allgemeinen mit einem größeren Δp_{max} zu rechnen. In Abb. 146 sind auch die $c_{a\ opt.}$-Werte nach Gl. (68) mit eingetragen, für die also bei den jeweiligen Anström-MACHzahlen und günstiger Profilgestaltung örtlich die Schallgeschwindigkeit nicht oder nur wenig überschritten wird.

c) Vergleich mit Versuchsergebnissen

In Abb. 147 ist als Linienzug 1 die theoretische maximale Anström-MACHzahl nach Gl. (59a) als Funktion des Querschnittsverhältnisses F_{min}/F_1 dargestellt. Der Berechnung lag eine isentropische Strömung zugrunde. In Wirklichkeit können diese theoretischen Maximalwerte nicht

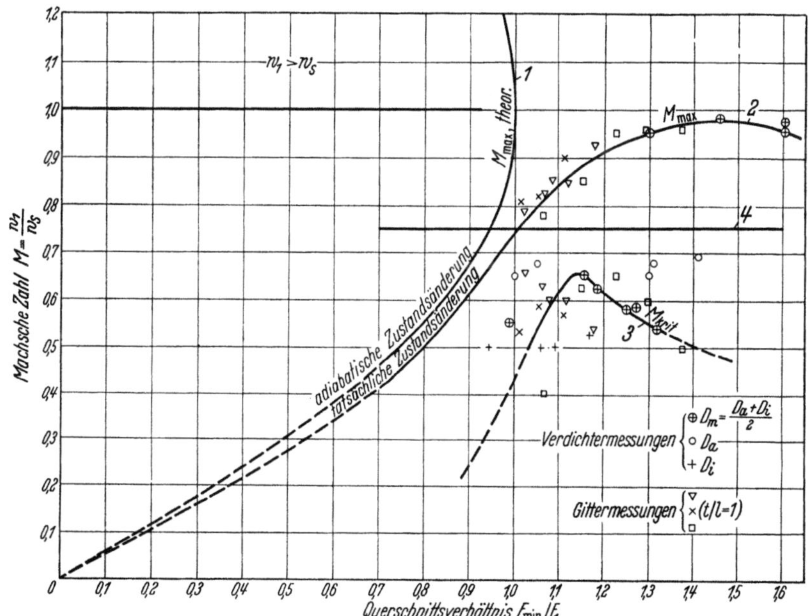

Abb. 147. Abhängigkeit der MACHschen Zahl $M = w_1/w_s$ vom Querschnittsverhältnis F_{min}/F_1

erreicht werden, da als Folge der sich ausbildenden Grenzschicht der der Strömung zur Verfügung stehende Querschnitt F_{min} kleiner wird, als es dem Gitterentwurf entspricht. Außerdem verläuft die Zustandsänderung nicht adiabatisch, sondern polytropisch, d. h. aber, die Durchflußmenge im engsten Querschnitt ist größer als bei adiabatischer Expansion, die Schallgeschwindigkeit wird also früher erreicht, die maximal erreichbare MACHzahl M_{max} (Linienzug 2) liegt also auf alle Fälle unterhalb der Kurve $M_{max_{theor}}$.

Zu einer möglichst umfassenden Klärung der mit dem Einfluß der MACHzahl auf den Wirkungsgrad und die Stufenförderhöhe zusammenhängenden Fragen bei Unterschallkompressoren wurden fünf verschiedene Laufräder mit verschiedenen Verhältnissen F_{min}/F_1 und auch unterschiedlichen Profilformen untersucht. Abb. 148 u. 149 zeigen den diesen Untersuchungen dienenden Prüfstandsaufbau. Die untersuchten Stufen sind mit den jeweiligen charakteristischen Hauptabmessungen und Auslegedaten in Abb. 150 und die gemessenen Kennfelder bei verschiedenen MACHzahlen in Abb. 151 wiedergegeben.

Als MACHzahl ist dabei das Verhältnis von Blattspitzenumfangsgeschwindigkeit zur Schallgeschwindigkeit ($M^* = u_a/w_s$) gewählt, da bei der Bauweise ohne Eintrittsleitvorrichtung und bei den relativ kleinen Luftdurchsätzen die Umfangsgeschwindigkeit nur unwesentlich kleiner ist als die Relativgeschwindigkeit am Eintritt in die Stufe.

Das in Abb. 150a gezeigte Rad hat 8 Schaufeln mit verhältnismäßig großer Teilung. Aus dem Kennfeld dieses Rades geht hervor, daß bei kleinen MACHzahlen als Folge der kleinen REYNOLDSschen Zahlen die Stufenwirkungsgrade abfallen, während nach Überschreiten

Abb. 148. Prüfstandsaufbau zur Untersuchung des MACHzahleinflusses

einer oberen kritischen MACHschen Zahl als Folge der Auftriebsverminderung und der Widerstandsvergrößerung ebenfalls deutlich ein Sinken der Wirkungsgrade festzustellen ist. Errechnet man aus den Versuchsergebnissen die jeweils erreichten Auftriebs- und Widerstandsbeiwerte und trägt diese über der MACHzahl auf, dann findet man für die Stufe Abb. 150a eine kritische Umschlagstelle bei $M \approx 0{,}7$ (s. Abb. 152).

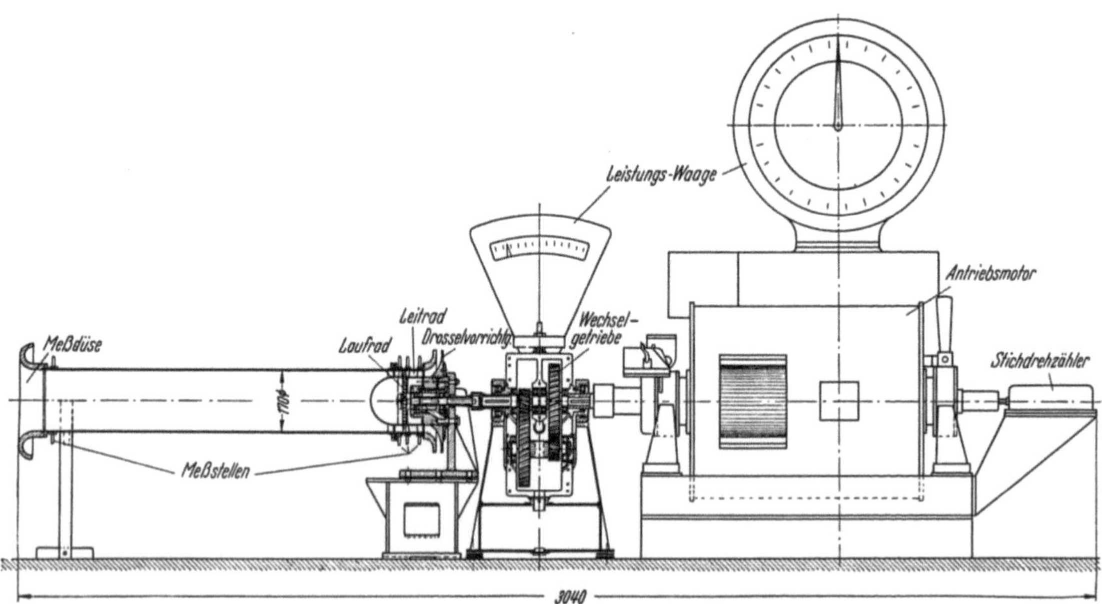

Abb. 149. Prüfstand zur Untersuchung von Axialverdichterstufen bei hohen MACHzahlen

Ähnliche Ergebnisse findet man bei dem modellähnlichen Rad (Abb. 150b), das gegenüber Rad a nur bezüglich der Schaufelteilung verschieden ist. Bei diesem sechzehnflügeligen Rad nimmt bei $M \approx 0{,}75$ der Stufenwirkungsgrad ab und die absolute Stufenförderhöhe nimmt nicht mehr zu.

Für die besonders interessierenden Verdichterstufen mit höherer Druckzahl, also hochbelastbare Laufräder, wurde der Einfluß der Kompressibilität an den in Abb. 150c, d und e gezeigten Rädern untersucht. Dabei haben diese drei Laufräder gleiche Wölbung, gleiche Teilung, gleiche Schaufellänge und gleichen Staffelungswinkel, während die Dicke, Dickenverteilung und der Nasenradius jeweils verschieden sind.

Das Kennfeld der Stufe mit 10% Schaufeldicke an der Nabe und 8% Dicke an der Schaufelspitze ist in Abb. 151 c für Machsche Zahlen von 0,17 bis 0,9 dargestellt. Die Versuche zeigen, daß auch größere Auftriebsbeiwerte bei entsprechend hohen Machzahlen verwirklichbar sind. Auch bei dieser Stufe zeigt sich eine kritische Umschlagstelle bei $M \approx 0{,}75$.

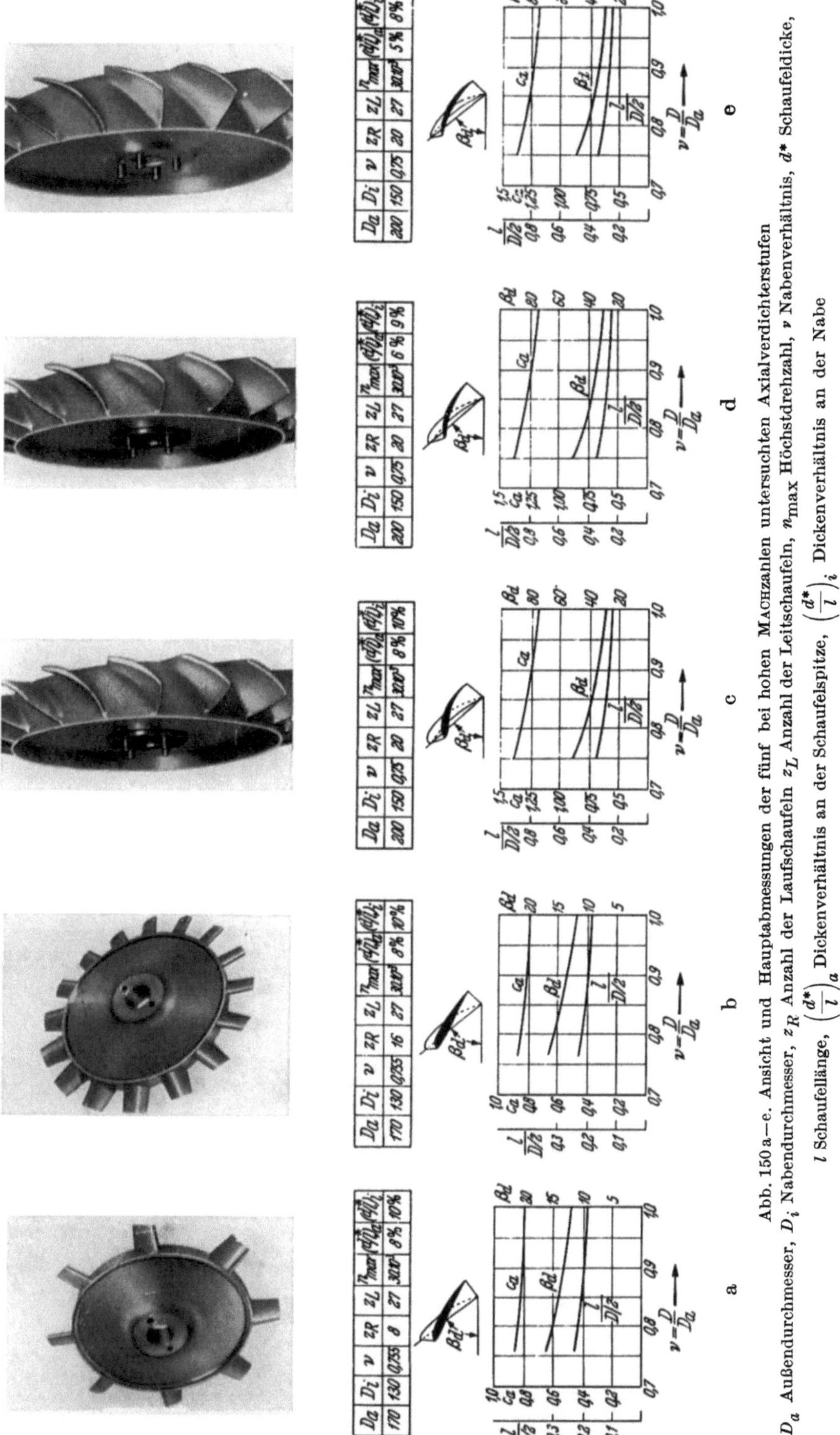

Abb. 150 a—e. Ansicht und Hauptabmessungen der fünf bei hohen Machzahlen untersuchten Axialverdichterstufen

D_a Außendurchmesser, D_i Nabendurchmesser, z_R Anzahl der Laufschaufeln, z_L Anzahl der Leitschaufeln, n_{max} Höchstdrehzahl, v Nabenverhältnis, d^* Schaufeldicke, l Schaufellänge, $\left(\frac{d^*}{l}\right)_a$ Dickenverhältnis an der Schaufelspitze, $\left(\frac{d^*}{l}\right)_i$ Dickenverhältnis an der Nabe

An dem Laufrad, Abb. 150 d, mit gleicher Skelettlinie, dessen Profilnasen den Schnellflugprofilen ähnlich sind und dessen Flügel ein Dickenverhältnis von 9% bzw. 6% hatten, wurde nicht, wie vermutet, eine Verschiebung der zulässigen Machzahl zu höheren Bereichen erreicht.

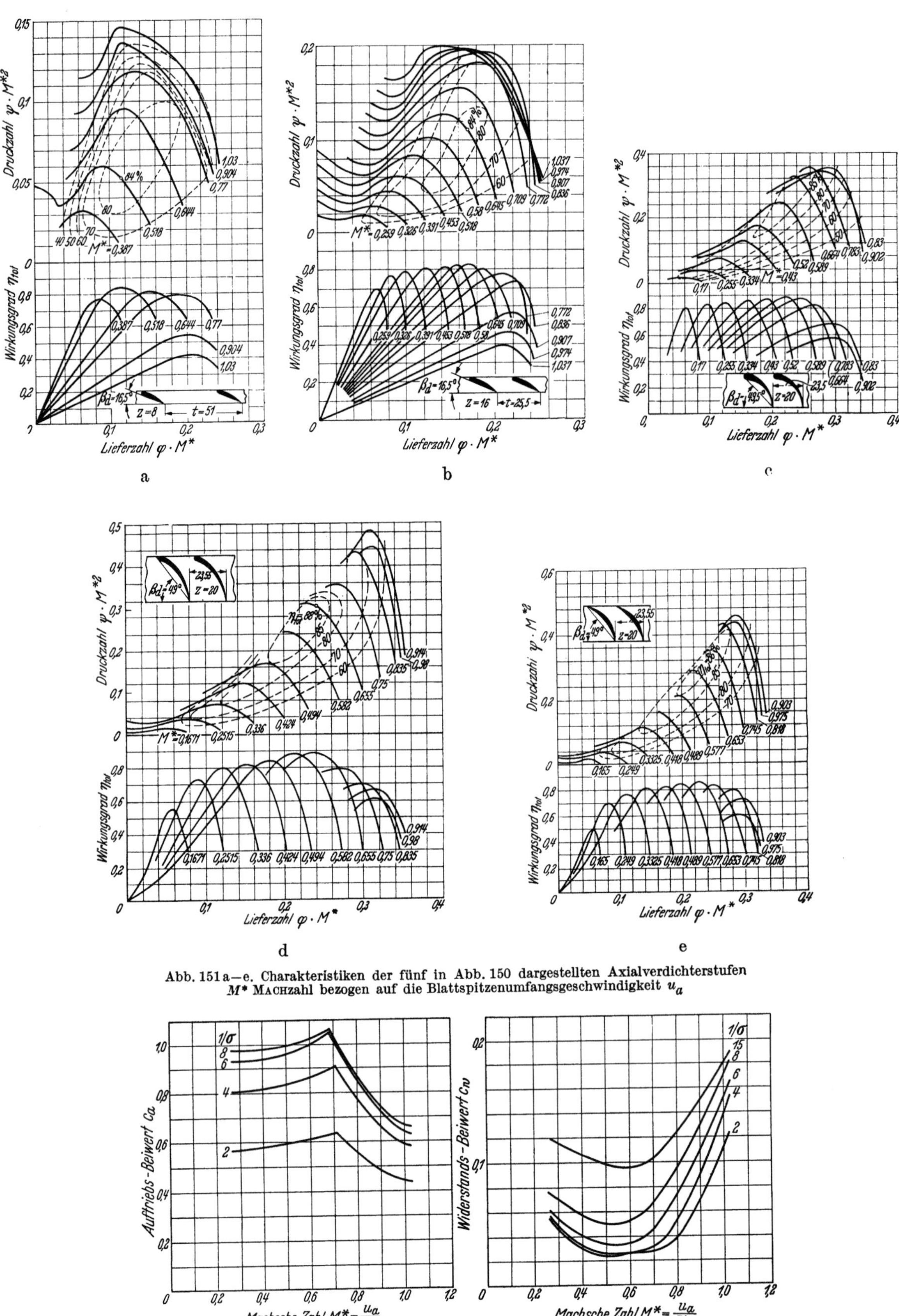

Abb. 151a—e. Charakteristiken der fünf in Abb. 150 dargestellten Axialverdichterstufen
M^* MACHzahl bezogen auf die Blattspitzenumfangsgeschwindigkeit u_a

Abb. 152. Abhängigkeit des Auftriebs- und Widerstandsbeiwertes von der MACHschen Zahl für die achtflügelige Axialverdichterstufe
(Abb. 150a bzw. 151a)

Ein noch weiteres Zuschärfen der Flügelnase, Verkleinerung des Dickenverhältnisses auf 8% bzw. 5% bei größerer Rücklage der maximalen Dicke (Abb. 150e) brachte nur eine unbedeutende Änderung des Kennfeldes. Interessant ist ein Vergleich der Charakteristiken der drei letztgenannten Verdichterstufen für eine festgehaltene MACHzahl. Abb. 153 zeigt den Einfluß der verschiedenen Profilformen bei $M^* \approx 0{,}66 = \text{const.}$

Die Ergebnisse dieser Untersuchungen sind in Abb. 147 übertragen. Als maximale MACHzahl ist hierbei der Strömungszustand angenommen, bei dem $\eta_{i\,\text{ad}} = 0$ ist. Man sieht also, daß die mit Linienzug 2 dargestellten Werte ebenfalls nicht für die Berechnung auf höchste Wirkungsgrade zugrunde gelegt werden dürfen, da die Schallgeschwindigkeit dabei nicht nur an der Sogspitze des Profils, sondern im gesamten engsten Querschnitt zwischen zwei Schaufeln eintritt.

Die Versuchsauswertung der fünf verschiedenen Laufräder für hohe MACHzahlen für diejenigen Versuchspunkte, an denen höchste Wirkungsgrade ($\eta_{i\,\text{ad, max}}$) und größte Druckzahlen (ψ_{max}) erreicht wurden (vgl. z. B. Abb. 154), ergibt

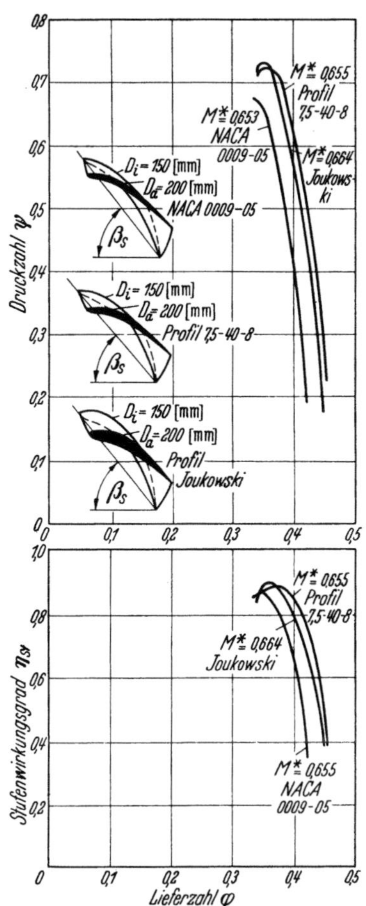

Abb. 153. Einfluß der Profilform auf das Stufenkennfeld bei einer MACHzahl $M^* \approx 0{,}66$

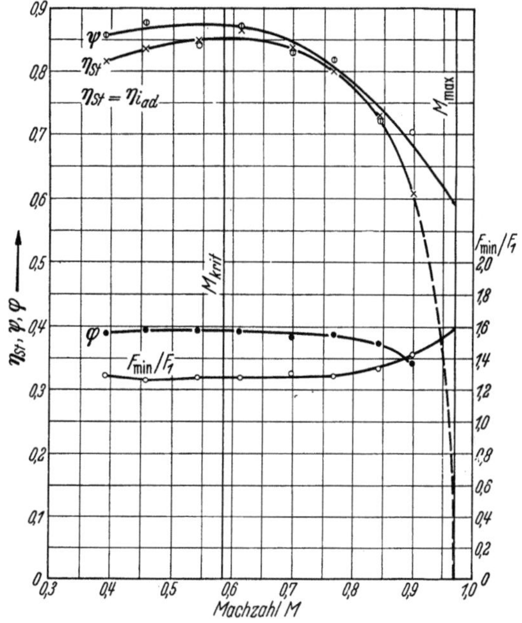

Abb. 154. Versuchsergebnisse an einer Axialstufe φ, ψ, η_{St} und $F_{\text{min}}/F_1 = f(M)$

näherungsweise die durch Linienzug 3 in Abb. 147 dargestellte Kurve. Letztere Kurve ist mit $M_{\text{krit.}}$ bezeichnet, wodurch angezeigt wird, daß zum Erreichen bester Wirkungsgrade die durch Linienzug 3 vorgeschriebene kritische Grenze für die MACHzahl $M_{\text{krit.}} = w_{1\text{krit.}}/w_s$ nicht überschritten werden darf. Für die auf Linienzug 3 liegenden Punkte tritt also Schallgeschwindigkeit nur an der Sogspitze auf. Zur Erhärtung der in Abb. 147 eingetragenen Kurven wäre zusätzliches Versuchsmaterial sehr wünschenswert. Wie aus Abb. 147 hervorgeht, liegt also der empfohlene Rechnungswert für erste Vorentwürfe, $M = 0{,}75$ (Linienzug 4), zwischen der kritischen ($M_{\text{krit.}}$) und der maximal zulässigen MACHzahl (M_{max}), wobei zu beachten ist, daß an den Laufradaußenschnitten üblicherweise Querschnittsverhältnisse $F_{\text{min}}/F_1 > 1$ vorliegen.

Wie man sieht, sind die Streuungen für $M_{\text{krit.}}$ verhältnismäßig groß und unsystematisch, während die Versuchs-Punkte für M_{max} sehr gut auf der angegebenen Kurve liegen. Dieses Ergebnis ist insofern nicht überraschend, als zwischen M_{max} und F_{min}/F_1 auch ein eindeutiger theoretischer Zusammenhang besteht; zwischen $M_{\text{krit.}}$ und dem Querschnittsverhältnis dagegen nur ein sehr indirekter, weil die Stelle der Sogspitze meistens in der Nähe des engsten Querschnittes liegt. Analog zu den Gl. (64) und (67) müßte die Auswertung der Versuche im Hinblick auf den erreichten Auftriebsbeiwert im Punkte besten Wirkungsgrades vorgenommen werden. Doch bereitet diese Auswertung einige Schwierigkeiten. Dem Linienzug 3 in Abb. 147 kommt damit auch nur die Bedeutung einer Abschätzung zu, wobei man aber im allgemeinen durch sorgfältige Profilgestaltung und bei entsprechender Wahl des Auftriebsbeiwertes günstigere, d. h. höhere kritische MACHzahlen erreichen kann.

4. Die Reynoldssche Zahl

Eine weitere Einflußgröße, die die Bauart und den Wirkungsgrad eines Axialverdichters mitbestimmt, ist das Verhältnis der Trägheitskräfte eines Strömungsmittels zu seinen Zähigkeitskräften. Diese Verhältniszahl ist unter dem Namen REYNOLDSsche Zahl Re bekannt.

Da bei Axialverdichtern fast ausschließlich die turbulente Strömungsform vorliegt, kann man den Widerstand in der Form

$$W = c_w \cdot \frac{\varrho}{2} \, w^2 \cdot F \quad \text{[kg]} \tag{69}$$

ansetzen.

Dabei ist

c_w [—]   der Reibungswiderstandsbeiwert,
ϱ [kg s²/m⁴] die Dichte des Fördergutes,
w [m/s]   die Geschwindigkeit,
F [m²]   die Schaufelfläche.

Der Reibungswiderstandsbeiwert c_w hat nur für Strömungen, die sowohl geometrisch als auch mechanisch ähnlich sind, den gleichen Größenwert. Er hängt von der REYNOLDSschen Zahl

$$Re = \frac{w_\infty \cdot l}{\bar{\nu}} \quad \text{[—]} \tag{70}$$

und von der relativen Rauhigkeit l/k ab. Dabei bedeuten

w_∞ [m/s]   die mittlere Relativgeschwindigkeit im Laufrad bzw. c_∞ die mittlere Absolutgeschwindigkeit im Leitrad,
l [m]   eine charakteristische Längenabmessung der Schaufel,
$\bar{\nu}$ [m²/s] die kinematische Zähigkeit (vgl. Abb. 67),
k [m]   die Höhe der Rauhigkeit.

Auf Grund zahlreicher Untersuchungen an verschiedenen Forschungsstellen ergaben sich bei Versuchen an Rohren, Düsen und Platten weitgehend übereinstimmende Ergebnisse, die in Abb. 155 dargestellt sind[1]. Abb. 155 zeigt den Widerstandsbeiwert c_w in Abhängigkeit von der REYNOLDSschen Zahl Re für einige relative Rauhigkeiten l/k. Danach ist also für große REYNOLDSzahlen der Widerstandsbeiwert c_w für eine bestimmte relative Rauhigkeit annähernd konstant, d. h. praktisch unabhängig von der REYNOLDSschen Zahl. Bei kleinen REYNOLDSzahlen ist die Widerstandszahl c_w nur von Re abhängig, aber unabhängig von der relativen Rauhigkeit. Es ist also sinnlos, einen Verdichter mit kleiner REYNOLDSzahl einer besonders sorgfältigen Bearbeitung bezüglich Oberflächenglätte zu unterziehen, wenn man sich bereits im Gebiet der hydraulisch glatten Platte befindet.

Die in Abb. 155 dargestellten Ergebnisse werden verständlich, wenn man bedenkt, daß bei einem turbulenten Geschwindigkeitsprofil an den

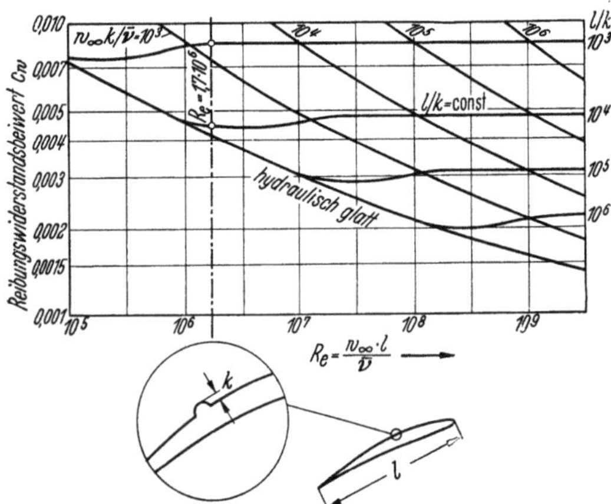

Abb. 155. Abhängigkeit des Reibungswiderstandsbeiwertes c_w von der REYNOLDSschen Zahl Re und von der spezifischen Rauhigkeit l/k.
w_∞ mittlere Relativgeschwindigkeit, l Schaufellänge, $\bar{\nu}$ kinematische Zähigkeit, k Höckerhöhe, $\frac{w_\infty \cdot k}{\bar{\nu}}$ Kornkennzahl

---

[1] Vgl. hierzu E. SÖRENSEN: Wandrauhigkeitseinfluß bei Strömungsmaschinen. Forschg. a. d. Geb. d. Ing.-Wesens 8 (1937) H. 1.

Wandungen eine laminare wandnahe Schicht von endlicher Dicke entsteht. Ist diese Unterschicht dicker als die höchsten Höckererhebungen k, dann wird hierdurch die Strömung nicht beeinflußt, d. h. man befindet sich im Bereich der hydraulisch glatten Platte. Die Grenzschicht wird nun mit größer werdender REYNOLDSzahl immer dünner, d. h. bei größeren REYNOLDSzahlen wird die Strömung durch die Höckererhebungen beeinflußt. In Abb. 155 sind weiterhin die Kornkennzahlen $\dfrac{w_\infty \cdot k}{\bar{\nu}}$ eingetragen, d. h. diejenigen REYNOLDSzahlen Re_k, die man aus der Höcker- oder Rauhigkeitserhebung k bildet,

$$Re_k = Re \cdot \frac{k}{l} = \frac{w_\infty \cdot l}{\bar{\nu}} \cdot \frac{k}{l} = \frac{w_\infty \cdot k}{\bar{\nu}} \tag{71}$$

Abb. 156 zeigt gemessene Rauhigkeitserhebungen verschiedener Oberflächen von Pumpen- und Turbinenschaufeln (nach Messungen von E. SÖRENSEN).

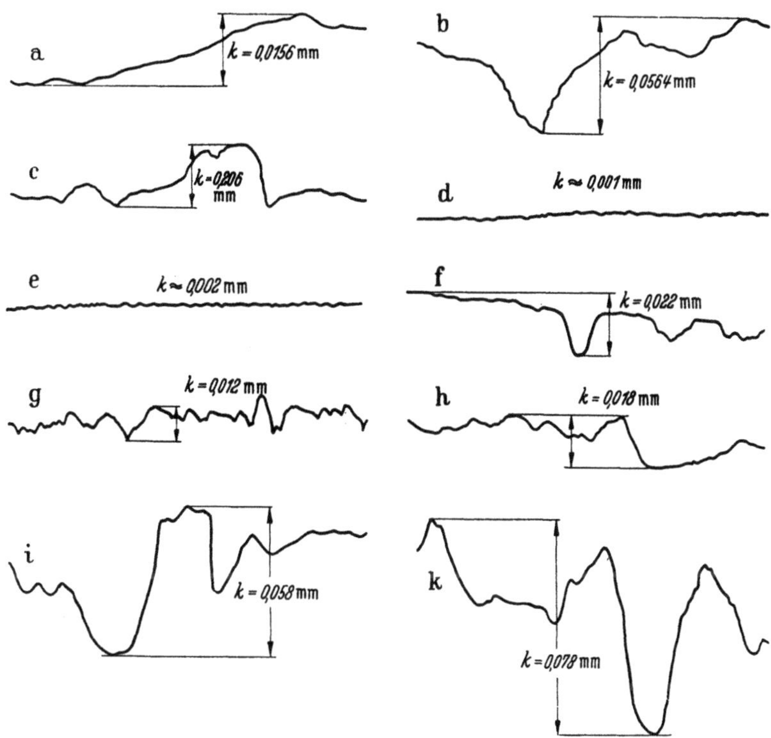

Abb. 156 a—k. Höckerhöhen k verschiedener Oberflächen (nach SÖRENSEN)
a) von Hand geglättete Pumpenschaufel (Silumin); b) glatte Rotgußoberfläche; c) sehr rauhe Rotgußoberfläche; d) neue polierte Dampfturbinenschaufel; e) neue, geschliffene Dampfturbinenschaufel; f) neue gefräste Dampfturbinenschaufel; g) neue, gezogene Dampfturbinenschaufel; h) gefräste, angerostete Dampfturbinenschaufel; i) stark angerostete Dampfturbinenschaufel (Blech); k) sehr stark angerostete Dampfturbinenschaufel (Blech)

Beträgt z. B. bei einer Verdichterstufe mit einer mittleren Relativgeschwindigkeit $w_\infty = 250$ m/s und einer Schaufellänge $l = 95$ mm bei Normalatmosphäre die REYNOLDSsche Zahl

$$Re = \frac{250 \cdot 0{,}095}{14 \cdot 10^{-6}} = 1{,}7 \cdot 10^6,$$

dann ist bei einer absoluten Rauhigkeit $k = 95\,\mu$, die relative Rauhigkeit $l/k = 95 : 0{,}095 = 10^3$ und der Widerstandsbeiwert nach Abb. 155 $c_w \approx 0{,}0085$, während bei einer relativen Rauhigkeit $l/k = 10^4$, also bei einer Rauhigkeitserhebung $k = 9{,}5\,\mu$ der Widerstandsbeiwert c_w nur etwa 0,0042, also etwa die Hälfte betragen würde.

Die Definition der REYNOLDSschen Zahl bei Axialverdichtern entsprechend Gl. (70) ist zwar sinnfällig und allgemein gebräuchlich. Da sich aber Re entlang dem Flügelhalbmesser ändert und andererseits diese Definition der REYNOLDSschen Zahl nur dann möglich ist, wenn man nur Axialverdichter unter sich vergleicht, während beispielsweise ein Vergleich mit Radialverdichtern auf dieser Definitionsbasis nicht möglich ist, wäre eine Definition für die REYNOLDSsche Zahl der Verdichterströmung in der Form

$$Re = \frac{w_\infty \cdot 2r_h}{\bar{\nu}} \tag{70a}$$

10*

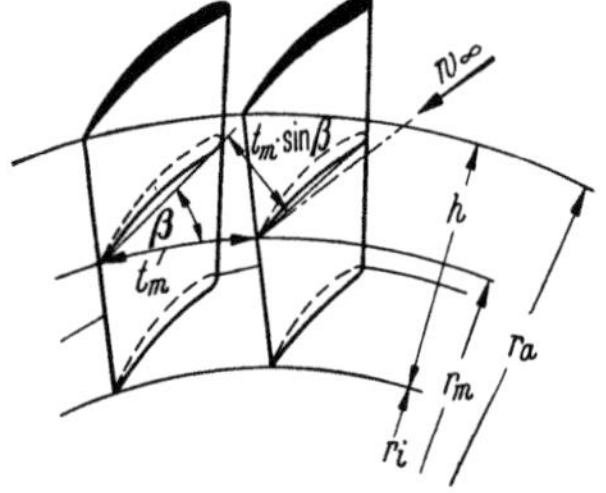

Abb. 157. Hilfszeichnung zur Erklärung der benützten Bezeichnungen

geeigneter. Dabei ist r_h der hydraulische Radius, der wie folgt definiert ist:

$$r_h = 2\,\frac{F}{U}\,, \qquad\qquad (F \quad \text{Fläche})$$
$$\qquad\qquad\qquad\qquad (U \quad \text{Umfang})$$
$$F = h \cdot t_m \cdot \sin\beta\,, \qquad (\text{vgl. Abb. 157})$$
$$U = 2\,(h + t_m \cdot \sin\beta)\,,$$
$$r_h = 2 \cdot \frac{F}{U} = \frac{2 \cdot h \cdot t_m \cdot \sin\beta}{2\,(h + t_m \cdot \sin\beta)}\,.$$

Nun ist die Flügelhöhe

$$h = r_a - r_i,$$

die mittlere Teilung

$$t_m = 2 \cdot \pi \cdot \frac{r_a + r_i}{2} \cdot \frac{1}{z} = \frac{\pi}{z}\,(r_a + r_i) \quad (z = \text{Schaufelzahl}),$$

also

$$r_h = \frac{(r_a - r_i) \cdot (r_a + r_i) \cdot \sin\beta \cdot \pi}{z \cdot \left[(r_a - r_i) + \dfrac{\pi}{z}\,(r_a + r_i) \cdot \sin\beta\right]}$$

und

$$r_h = \pi \cdot \frac{(r_a - r_i)(r_a + r_i) \cdot \sin\beta}{z\,(r_a - r_i) + \pi\,(r_a + r_i) \cdot \sin\beta}\,.$$

Nach letzterer Definition vergleicht man nun die Strömung besser mit der Rohrströmung, für welche die in Abb. 158 wiedergegebene Abhängigkeit des Reibungswiderstandes von der REYNOLDSschen Zahl gilt. Auch aus letzterer Darstellung findet man, daß mit zunehmender REYNOLDSscher Zahl der Oberflächengüte der Verdichterschaufeln erhöhte Bedeutung zuzumessen ist.

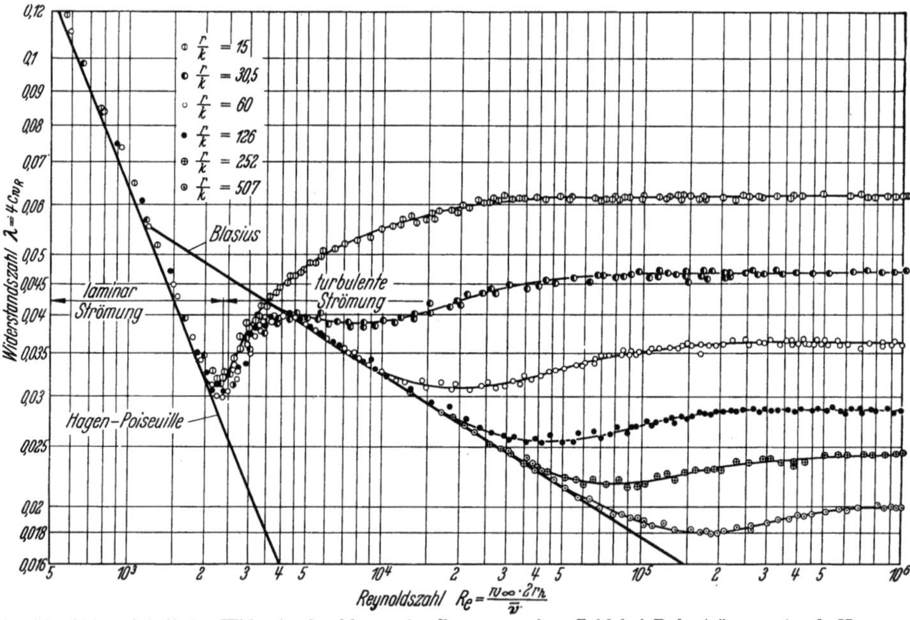

Abb. 158. Abhängigkeit der Widerstandszahl von der REYNOLDSschen Zahl bei Rohrströmung (nach NIKURADSE)
r Rohrhalbmesser, k Höckerhöhe, w_∞ mittlere Relativgeschwindigkeit, r_h hydraulischer Radius, ν kinematische Zähigkeit

Die Widerstandszahl λ (Abb. 158) ist aus dem Druckabfall definiert, der in einem Rohr vom Durchmesser $D = 2r$ und einer Länge l entsteht

$$\Delta p = \lambda\,\frac{l}{2 \cdot r} \cdot \frac{\varrho}{2}\,w^2 \;[\text{kg/m}^2].$$

Andererseits ist der Reibungswiderstandsbeiwert c_w definiert als Widerstandszahl der inneren Rohrfläche, und zwar analog der Widerstandszahl von Tragflügeln, wobei als Strömungsgeschwindigkeit die mittlere Geschwindigkeit der Strömung im Rohr zugrunde gelegt ist. Damit wird nun der Gesamtwiderstand eines Rohrstückes von der Länge l

$$W = c_w \cdot 2r\,\pi \cdot l \cdot \frac{\varrho}{2}\,w^2 \quad [\text{kg}].$$

Nun ist der Widerstand des Rohrstückes von der Länge l gleich dem Druckabfall der Strömung auf dieser Länge l multipliziert mit dem Querschnitt des Rohres, also

$$W = \Delta p \cdot \pi \, r^2.$$

Damit wird nun

$$\Delta p \cdot \pi \cdot r^2 = c_w \cdot 2r\,\pi \cdot l \cdot \frac{\varrho}{2}\, w^2 = \lambda \cdot \frac{l}{2r} \cdot \frac{\varrho}{2} \cdot w^2 \cdot \pi \cdot r^2$$

und

$$\lambda = 4 \cdot c_w.$$

In Abb. 158 sind auch die HAGEN-POISEUILLEsche Gerade für Laminarströmung ($\lambda = 64 : Re$) und die BLASIUSsche Gerade $\left(\lambda = 0{,}3164 \cdot Re^{-\frac{1}{4}}\right)$ eingetragen. Man sieht, daß im Laminargebiet die Rauhigkeit überhaupt keinen Einfluß hat. Im turbulenten Gebiet fallen die λ-Kurven um so länger mit der BLASIUSschen

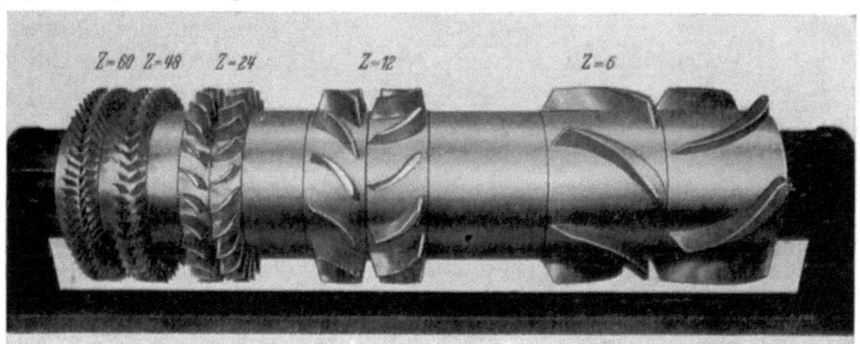

Abb. 159. Lauf- und Leiträder für gleiche Luftleistungen
z Schaufelzahl

Geraden zusammen, je kleiner die Rauhigkeiten sind. Bei jeder spezifischen Rauhigkeit tritt von einer gewissen REYNOLDSzahl ab keine Änderung des λ-Wertes mehr ein. Für die Zonen, in denen die Widerstandszahl λ unabhängig von der REYNOLDSzahl, also konstant ist, beträgt nach NIKURADSE

$$\lambda = \frac{1}{\left(2 \cdot \log \dfrac{r}{k} + 1{,}74\right)^2}.$$

Die Vermutung ist nun naheliegend, daß die REYNOLDSsche Zahl auch den Wirkungsgrad einer Verdichterstufe beeinflußt. Zur quantitativen Klärung dieser Frage wurden Versuche an fünf verschiedenen Lauf- und Leiträdern (Abb. 159), die alle für gleiche Luftleistungen berechnet waren, durchgeführt. Die REYNOLDSschen Zahlen dieser Stufenfamilie liegen zwischen $8 \cdot 10^3$ und $8{,}5 \cdot 10^5$, wobei der Einfachheit halber als REYNOLDSsche Zahl

$$Re = \frac{u_a \cdot l}{\nu}$$

definiert war. Die abgewickelten Profilgitter aller Lauf- und Leiträder sind dabei jeweils unter sich geometrisch ähnlich, die Schaufelzahlen betragen 6, 12, 24, 48 und 60, die entsprechenden Laufschaufellängen am Außendurchmesser $l = 165$; $62{,}25$; $41{,}1$; 20 und $16{,}5$ mm. Die Räder waren so ausgelegt, daß sich die Bereiche der REYNOLDSschen Zahl hinreichend überdecken, was durch Drehzahlregelung des Antriebsmotors (s. Abb. 160) ermöglicht wurde. Dadurch war eine wechselseitige Kontrolle der Versuchsergebnisse möglich. Ein merklicher Einfluß der Kompressibilität ist ausgeschaltet, da die Blattspitzenumfangsgeschwindigkeit der Laufräder bei diesen Versuchen nur etwa 80 m/s betrug. Die Ergebnisse der mit äußerst möglicher Genauigkeit durchgeführten Versuche zeigt Abb. 161. Die Ergebnisse sind dabei in doppelt logarithmischem Maßstab dargestellt. Abszisse ist $\varphi \cdot Re$, Ordinate ist $\psi \cdot Re^2$, Parameter sind die jeweiligen REYNOLDSschen Zahlen Re. Die jeweils gemessenen Wirkungsgrade sind als gestrichelte Linien als weitere Parameter enthalten; außerdem sind noch Linien gleicher Drosselzahl

$$\sigma = \frac{\varphi^2 \cdot Re^2}{\psi \cdot Re^2} = \frac{\varphi^2}{\psi} = \text{const.}$$

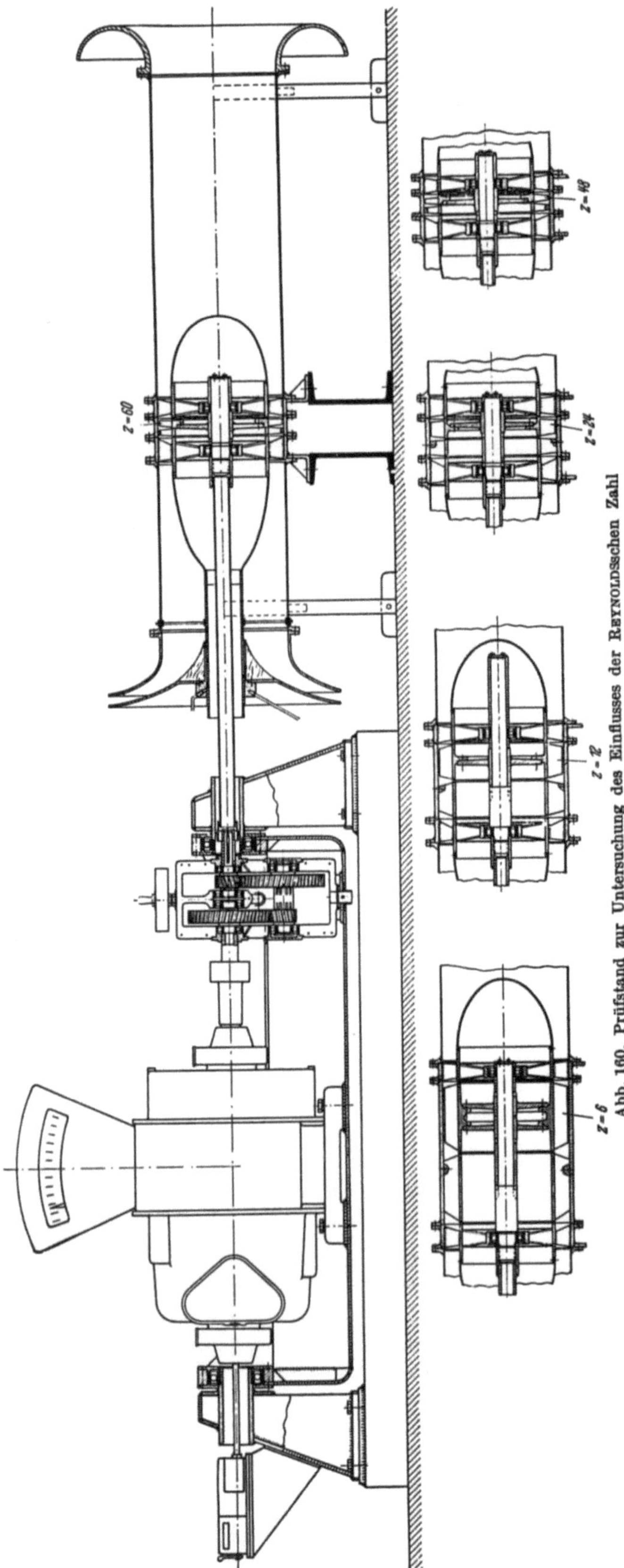

Abb. 160. Prüfstand zur Untersuchung des Einflusses der Reynoldsschen Zahl

eingetragen. Man erkennt, daß sich die Versuchsergebnisse, wie es an sich nach der Ähnlichkeitstheorie zu erwarten war, im wesentlichen längs Linien konstanter Drosselzahlen σ aufreihen lassen. In dieser Richtung sind auch die Wirkungsgradmuschelkurven stark gestreckt. Wäre kein Einfluß der Reynoldsschen Zahlen vorhanden, so müßten die Wirkungsgradlinien den σ-Linien parallel sein, und die φ-ψ-Kennlinien müßten sich längs der σ-Linien parallel verschieben lassen. Abb. 162 zeigt die Wirkungsgrade als Funktion von $\varphi \cdot Re$, wobei die verschiedenen Reynoldsschen Zahlen von $8 \cdot 10^3$ bis $8{,}5 \cdot 10^5$ als Parameter enthalten sind. Man erkennt, daß mit Abnahme der Reynoldsschen Zahl der Stufenwirkungsgrad zunächst nur langsam, bei $Re \lessgtr 100\,000$ aber sehr rasch fällt, ein Ergebnis, das sich im wesentlichen mit den Erfahrungen bei Modellschiffsschrauben deckt. In ähnlicher Weise nimmt auch die Druckzahl mit abnehmender Reynoldszahl ab, wie aus Abb. 163 ersichtlich ist.

Das Absinken der Druckzahl bei kleinen Reynoldszahlen ist verständlich, da bei gleichbleibender Umlenkung $\varDelta w_u$ der Gesamtdruck $\varDelta p_{\text{tot}}$ und damit auch die Druckzahl ψ vom Wirkungsgrad der Stufe abhängt

$$\varDelta p_{\text{tot}} = \varrho \cdot u \cdot \varDelta w_u \cdot \eta_{\text{St}} .$$

Versuche an Tragflügeln haben gezeigt, daß mit erhöhtem Turbulenzgrad wie auch mit wachsender Reynoldszahl die maximal erreichbare Auftriebszahl zunimmt. Der physikalische Grund hierfür liegt darin, daß die turbulente Mischbewegung der wandnahen, also verlangsamten Strömung neue Impulse aus der Hauptströmung zuführt, wodurch die Ablösung nach größeren Anstellwinkeln, damit also auch nach größeren Auftriebsbeiwerten hin verschoben wird. Der gleiche Effekt wie beim Einzelflügel tritt auch beim Gitterverband auf. Die vergrößerte maximale Auftriebszahl der Einzelflügel hat eine Vergrößerung der maximalen Druckzahl zur Folge, was auch in Abb. 163 zum Ausdruck kommt.

Maßgeblich für die Beurteilung des Widerstandsbeiwertes ist aber außer der REYNOLDSschen Zahl auch der Strömungscharakter, d. h. der Einfluß der Strömungsform, die turbulenzfrei oder turbulent sein kann, wobei dazwischen alle Zwischenstadien vorhanden sein können. In Analogie zur Kugelströmung definiert man deshalb einen Turbulenzfaktor, der das Verhältnis darstellt zwischen derjenigen REYNOLDSzahl, bei der bei turbulenzfreier Zuströmung der Widerstandsbeiwert einer Kugel $c_w = 0{,}3$ ist, und der REYNOLDSzahl, bei der unter der jeweiligen Strömungsform der Widerstandsbeiwert einer Kugel $c_w = 0{,}3$ beträgt.

$$TF = \frac{Re \text{ bei } c_w,\, \text{laminar} = 0{,}3}{Re \text{ bei } c_w = 0{,}3} . \quad (72)$$

Man definiert dann als effektive REYNOLDSzahl bei Verdichterströmung

$$Re_{\text{eff}} = Re_{\text{Rechng.}} \cdot TF . \quad (73)$$

Dabei ist

$$Re_{\text{Rechng.}} = \frac{w_\infty \cdot l}{\bar{v}} \text{ (Gl. 70).}$$

Abb. 164 zeigt den Verlauf des Widerstandsbeiwertes einer Kugel im Gitterkanal und in der freien Atmosphäre. Danach kann also bei der Verdichterströmung in der ersten Stufe mit einem Turbulenzfaktor $TF \approx 1{,}2$ und in den folgenden Stufen mit $TF \approx 1{,}5$ bis $3{,}5$ gerechnet werden.

Aus den Versuchsergebnissen Abb. 161 bis 163 geht hervor, daß man eine effektive REYNOLDSzahl $Re_{\text{eff}} = (3 \text{ bis } 3{,}5) \cdot 10^5$ nach Möglichkeit nicht unterschreiten soll. Daraus ergibt sich eine Bedingung für die zweckmäßige Profillänge einer Verdichterschaufel

$$l \geqq \frac{\bar{v}}{TF \cdot w_\infty} \cdot (3 \text{ bis } 3{,}5) \cdot 10^5 \text{ [m]} .$$

Zusammenfassend kann man also sagen, daß die höchstzulässige MACHzahl eine Begrenzung der Geschwindigkeit nach oben, die kleinste noch vertretbare REYNOLDSzahl eine Begrenzung bezüglich der Minimalgeschwindigkeit in einer Verdichterstufe darstellt.

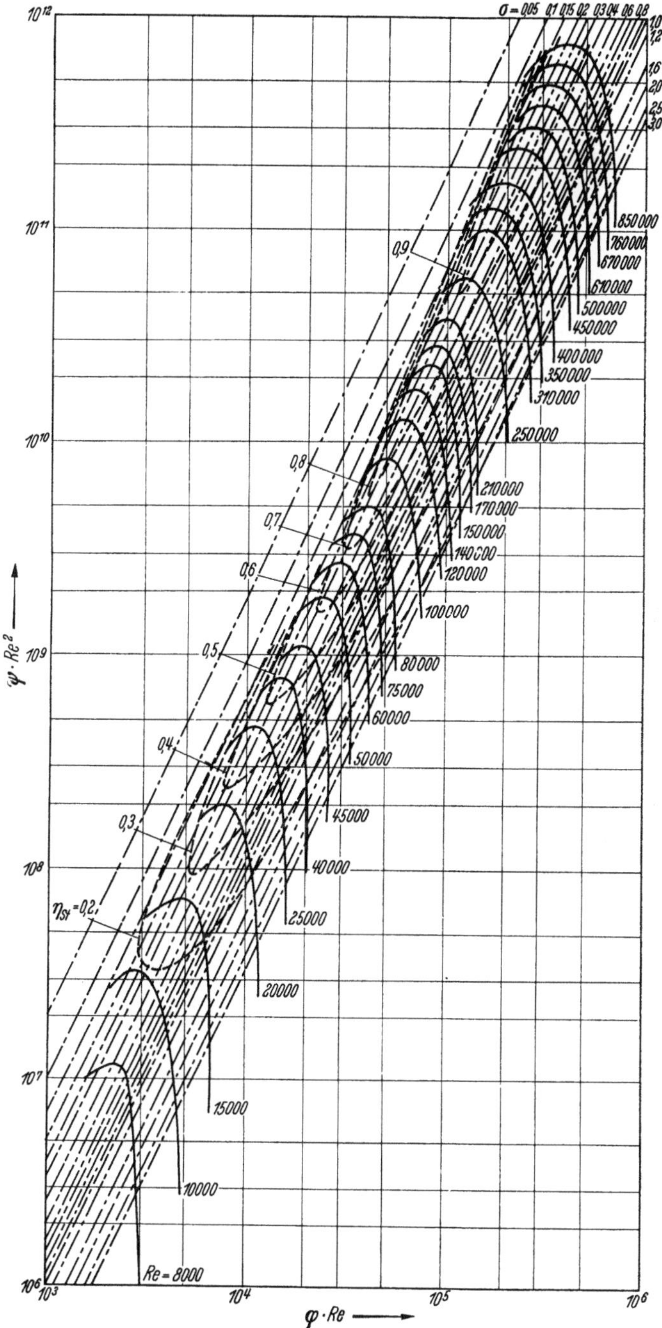

Abb. 161. Abhängigkeit der Druckzahl $\psi \cdot Re^2$ von der Lieferzahl $\varphi \cdot Re$ bei REYNOLDSzahlen $Re = 8000$ bis $850\,000$, Stufenwirkungsgrade η_{St} und Linien gleicher Drosselzahl σ

Der Einfluß der MACHzahl und der REYNOLDSzahl tritt im allgemeinen gekoppelt auf. Für einen Überblick ist es deshalb zweckmäßig, beide Einflüsse auf den Wirkungsgrad einer Verdichterstufe in einem gemeinsamen Diagramm darzustellen. Abb. 165 zeigt zusammenfassend den Einfluß der MACH- und REYNOLDSzahl auf den zu erwartenden Stufenwirkungsgrad eines

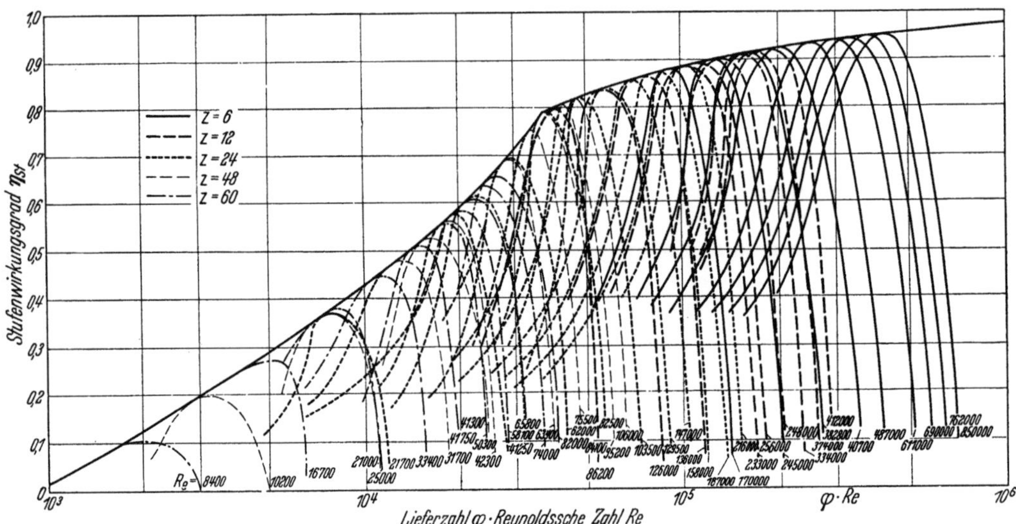

Abb. 162. Stufenwirkungsgrade η_{St} in Abhängigkeit von der Lieferzahl $\varphi \cdot Re$ für REYNOLDSzahlen von $8 \cdot 10^3$ bis $8,5 \cdot 10^5$.
z = Schaufelzahl

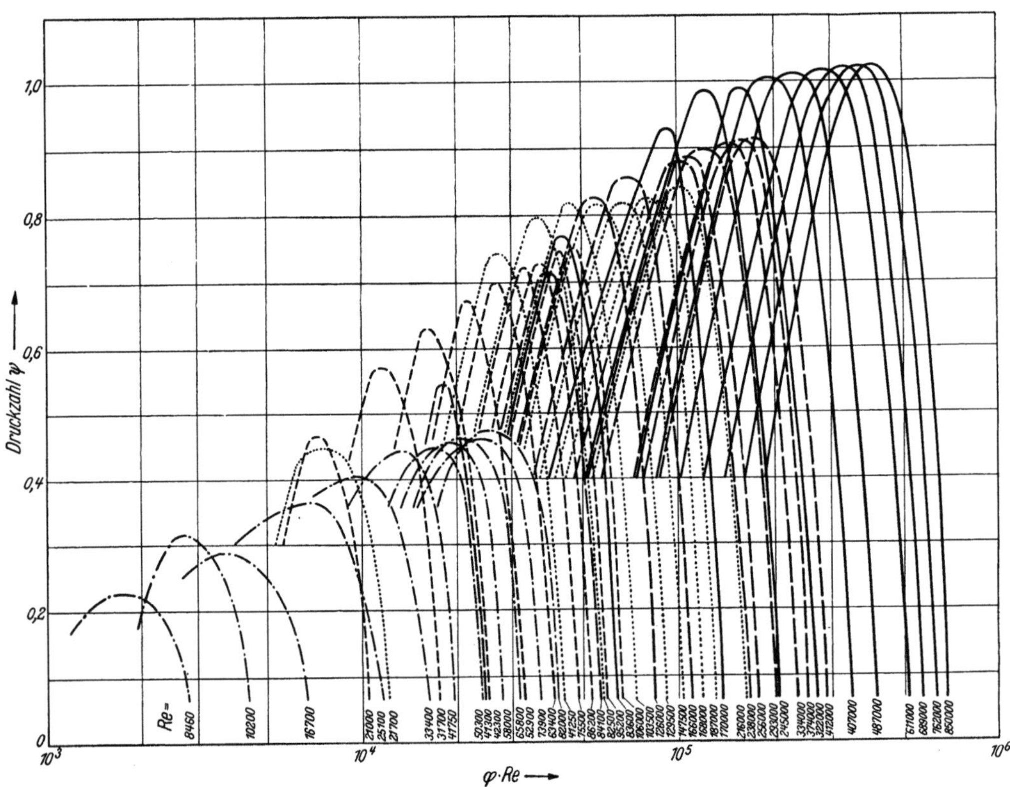

Abb. 163. Abhängigkeit der Druckzahl ψ von der Lieferzahl $\varphi \cdot Re$ bei verschiedenen REYNOLDSzahlen
(Kennzeichnung der Schaufelzahl z wie in Abb. 162)

Axialverdichters. Hiermit läßt sich in Verbindung mit Abb. 142 die Größe des Stufenwirkungsgrades überblicken bzw. der Einfluß einzelner Maßnahmen zur Wirkungsgradverbesserung abschätzen.

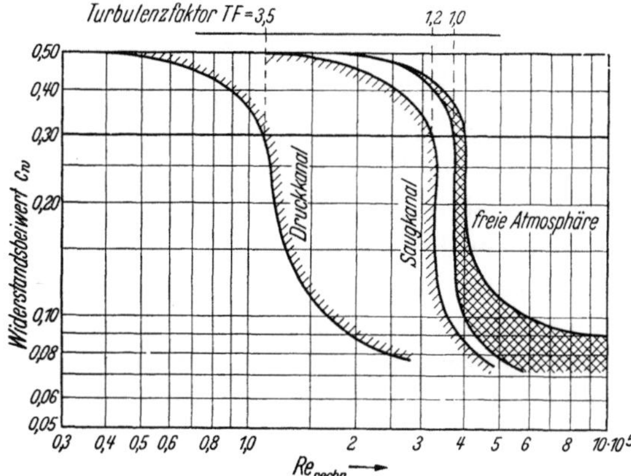

Abb. 164. Widerstandsverlauf an einer Kugel im Gitterkanal und in der freien Atmosphäre

Abb. 165. Wirkungsgrad η_{St} einer Axialstufe in Abhängigkeit von der MACHzahl M und der REYNOLDSschen Zahl Re
(Nach Versuchen an Einzelstufen mit $\nu = 0{,}55$ bis $0{,}70$)

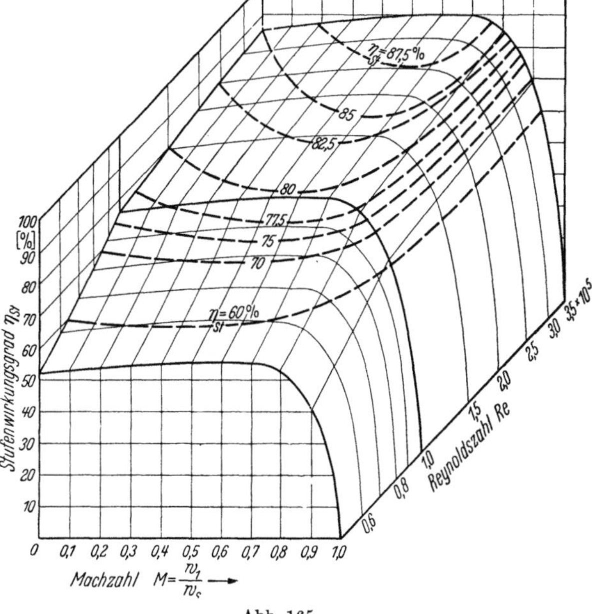

Abb. 165

5. Der Minderleistungsfaktor

Der Minderleistungsfaktor ist zwar keine Größe, welche die Bauart eines Axialkompressors beeinflußt. Da aber der Minderleistungsfaktor in erster Linie vom Nabenverhältnis abhängt, soll dieser Einflußfaktor an dieser Stelle mitbehandelt werden.

Für die Verteilung der axialen Geschwindigkeitskomponente über der Querschnittsfläche eines Kompressors wird üblicherweise ein konstanter Verlauf angenommen, oder zumindestens eine Verteilung, wie sie sich entsprechend der Differentialgleichung der Turbomaschinenströmung ergibt. Beschränkt man sich auf die Betrachtung einer über den Verdichterquerschnitt konstanten Verteilung, so berechnet sich die Meridiangeschwindigkeit aus der Kontinuitätsbeziehung zu

$$c_m = \frac{\dot{V}}{\dfrac{\pi}{4} \cdot D_a^2(1 - \nu^2)} \ [\text{m/s}] .$$

Nun ist aber die wirkliche Strömung nicht reibungsfrei. Durch die Zähigkeit des Strömungsmittels entsteht infolge der Reibung an der Naben- und Gehäusewand ein Druckverlust, der als entsprechend definierte Widerstandskraft be- rücksichtigt werden muß und somit die Gleitzahl bzw. den Stufenwirkungsgrad be- einflußt. Die Zähigkeitseinflüsse haben aber auch ein Haften des Strömungsmittels an den Wandungen zur Folge, wodurch sich bis zum Übergang in die freie Strömung sog. Grenz- schichtprofile ausbilden. Zufolge der Kon- tinuitätsbedingung stellt sich hierbei im mittleren Teil der Verdichterquerschnitts- fläche eine gegenüber der errechneten Meri- diangeschwindigkeit erhöhte Durchflußge- schwindigkeit ein. Dabei entstehen Geschwindigkeitsverteilungen über der Querschnittsfläche, wie sie für die Rohrströmung allgemein bekannt sind. Abb. 166 zeigt als Beispiel eine gemessene Verteilung der Meridiangeschwindigkeit in einer Axialverdichterstufe.

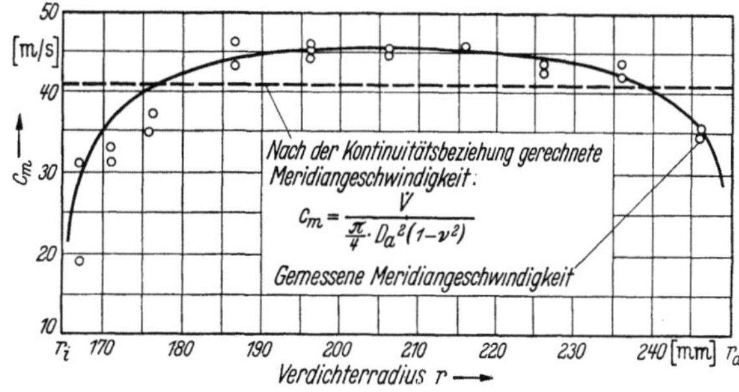

Abb. 166. Meridiangeschwindigkeitsverteilung in einer Axialstufe

Die Abweichungen der Meridiangeschwindigkeit von dem vorausgesetzten konstanten Ver- lauf beeinflussen natürlich auch die Umlenkung in den Schaufelgittern. Als Beispiel soll ein mittlerer Zylinderschnitt durch das Laufrad einer Axialstufe betrachtet werden (Abb. 167). Dieses Schaufelgitter sei für eine aus der Kontinuitätsbedingung berechnete also konstante Meridiangeschwindigkeit c_m über dem Laufradhalbmesser und für eine Umlenkung $\Delta w_{u\mathrm{Rechng.}}$ ausgelegt.

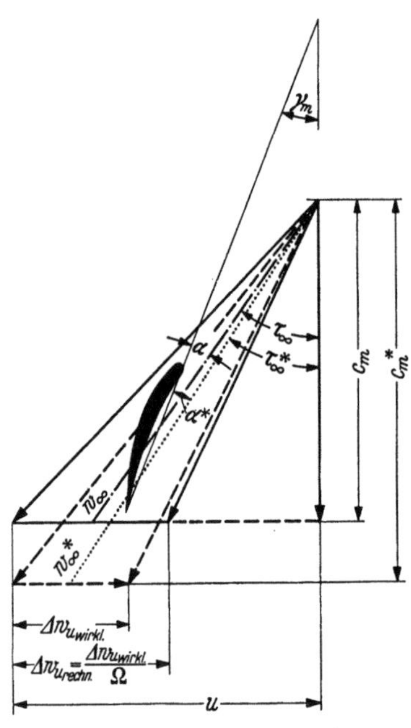

Abb. 167. Zur Erklärung des Minderleistungsfaktors Ω
c_m Meridiangeschwindigkeit entsprechend der Kontinuitätsbeziehung, c_m^* wirkliche Meridiangeschwindigkeit für einen mittleren Schaufelschnitt

Der mittleren Relativgeschwindigkeit w_∞ kommt hierbei, worauf schon hingewiesen wurde, die Bedeutung einer ungestörten Anströmgeschwindigkeit zu, d. h. der Auftrieb steht senkrecht auf w_∞. Der Winkel zwischen Profilsehne und w_∞ darf somit als Anstellwinkel α bezeichnet werden. Nun ist bekanntlich für ein alleinstehendes Tragflügelprofil im Bereich kleiner Anstellwinkel der Auftrieb bzw. der Auftriebsbeiwert c_Γ proportional dem Anstellwinkel. Für ein Kreisbogenprofil ist

$$c_\Gamma = 2\pi\left(\alpha + \frac{\vartheta}{4}\right),$$

wenn ϑ den Krümmungswinkel der Profilmittellinie bezeichnet. Für ein Kreisbogenprofilgitter läßt sich ganz analog definieren

$$c_{\Gamma Gi} = 2\pi\left(k_0 \cdot \alpha + k_1 \cdot \frac{\vartheta}{4}\right),$$

wobei k_0 und k_1 nur von der Gitterstellung abhängige Konstanten sind (vgl. Abschn. XI, 1).

Infolge der tatsächlich ausgebildeten Meridiangeschwindigkeitsverteilung herrscht aber in dem betrachteten Mittelschnitt nicht die der Rechnung zugrunde gelegte Axialkomponente c_m, sondern eine erhöhte Geschwindigkeit c_m^*. Hierdurch werden die Anströmverhältnisse in der in Abb. 167 gezeigten Weise geändert. Vor allem wird der Winkel τ_∞^*, den die tatsächliche

Relativgeschwindigkeit w_∞^* mit der Achsrichtung einschließt, kleiner als der Rechnungswinkel τ_∞. Hieraus folgt

$$\alpha^* = \tau_\infty^* - \gamma_m < \alpha$$

und somit

$$c_{\Gamma\mathrm{wirkl.}} < c_{\Gamma\mathrm{Rechng.}}$$

Demzufolge ist die wirklich erreichte Umlenkung $\Delta w_{u,\,\mathrm{wirkl.}}$ kleiner als die berechnete Umlenkung $\Delta w_{u,\,\mathrm{Rechng.}}$.

Wie aus Abb. 166 hervorgeht, ist die tatsächliche Meridiangeschwindigkeit über dem größeren Teil der radialen Schaufelerstreckung höher als die nach der Kontinuitätsgleichung berechnete Meridiangeschwindigkeit. Lediglich in relativ schmalen Randgebieten an Nabe und Gehäuse ist $c_m^* < c_m$. Hieraus folgt, daß im allgemeinen

$$h_{\mathrm{ad_{wirkl.}}} < h_{\mathrm{ad_{Rechng.}}}$$

ist, was auch durch Versuche bestätigt wird.

Die zu erwartende wirkliche Meridiangeschwindigkeitsverteilung läßt sich zwar, wie noch gezeigt wird, näherungsweise berechnen.

Für die Auslegung von Axialkompressoren, aber auch für die Bestimmung der Schaufelgitter, erscheint indessen dieses Vorgehen in vielen Fällen zu umständlich und zeitraubend. Zweckmäßiger ist es, der „Minderleistung" bei der Auslegung dadurch Rechnung zu tragen, daß man anstelle der geforderten Förderhöhe h_{ad} eine rechnerische Förderhöhe $h_{\mathrm{ad,\,Rechng.}}$ der Auslegung zugrunde legt. Der Faktor

$$\Omega = \frac{h_{\mathrm{ad}}}{h_{\mathrm{ad_{Rechng.}}}} = \frac{\Delta w_{u\mathrm{wirkl.}}}{\Delta w_{u\mathrm{Rechng.}}} = \frac{h_{\mathrm{theor.}}}{h_{\mathrm{Rechng.}}} \tag{74}$$

soll hierbei als „Minderleistungsfaktor" bezeichnet werden. Die Auswertung von Versuchsreihen, die zur Bestimmung von Ω mit Axialstufen von 150 bis 600 mm $\varnothing$ durchgeführt wurden, ergab in erster Linie eine Abhängigkeit des Minderleistungsfaktors vom Nabenverhältnis. Das Ergebnis dieser Untersuchungen ist in Abb. 168 dargestellt. HOWELL gibt dagegen eine Abhängigkeit von der REYNOLDSschen Zahl an (Abb. 169).

Zweckmäßiger wäre es, bei der Definition der Re-Zahl anstelle der Profillänge l den hydraulischen Durchmesser des Durchflußquerschnittes zu wählen, also

$$Re^* = \frac{\overline{w} \cdot D_{\text{hydr.}}}{\overline{\nu}} = \frac{\overline{w} \cdot D_a (1 - \nu)}{\overline{\nu}},$$

weil diese Größe in erster Linie die Form des Geschwindigkeitsprofiles bestimmt. Die

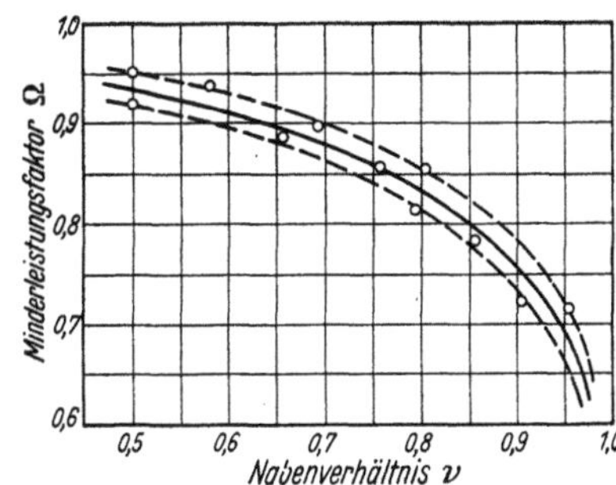

Abb. 168. Minderleistungsfaktor für Axialstufen.
$$\Omega = \frac{h_{\text{ad}}/\eta_{\text{St}}}{h_{\text{Rechng}}} = \frac{h_{\text{theor}}}{h_{\text{Rechng}}}$$

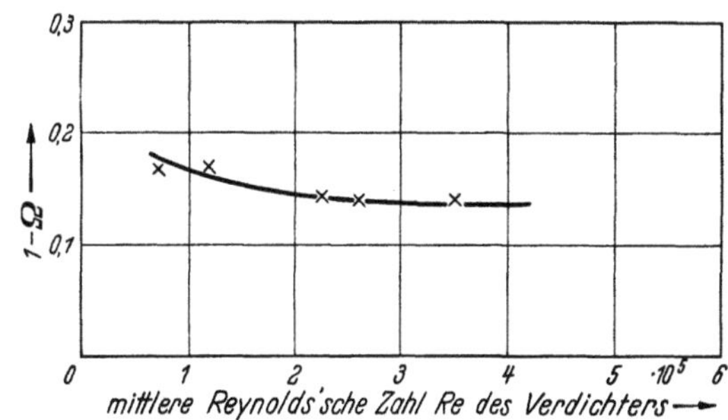

Abb. 169. Minderleistungsfaktor Ω nach HOWELL

kennzeichnende Größe ist aber auch bei dieser Definition das Nabenverhältnis ν, so daß der Einfachheit halber im folgenden mit dem Verlauf nach Abb. 168 gerechnet werden soll.

Die Druckzahl ψ ist definitionsgemäß

$$\psi = \frac{2g \cdot H_{\text{ad}}}{u_a^2}.$$

Nun ist

$$h_{\text{ad}} = \frac{1}{g} \cdot u \cdot \Delta w_{u_{\text{wirkl.}}} \cdot \eta_{\text{St}},$$

wobei η_{St} der Stufenwirkungsgrad ist. In den nachstehenden Abschnitten sollen nun durchweg Geschwindigkeitsdreiecke zugrunde gelegt werden, wie sie sich aus der Kontinuitätsbeziehung ergeben. Die hierbei zu betrachtende Umlenkung ist also

$$\Delta w_u \equiv \Delta w_{u_{\text{Rechng}}},$$

wobei wegen dieser Festlegung der Index „Rechng" weggelassen werden soll, da Zweideutigkeiten ausgeschlossen sind.

Für die Berechnung der Förderhöhe aus den Geschwindigkeitsdreiecken hat man somit

$$h_{\text{ad}} = \frac{1}{g} \cdot u \cdot \Delta w_u \cdot \Omega \cdot \eta_{\text{St}},$$

bzw. für die Druckzahl

$$\psi = \frac{2 \cdot \Delta w_{u_a}}{u_a} \cdot \Omega \cdot \eta_{\text{St}}$$

zu setzen.

Die Lieferzahl ergibt sich weiterhin entsprechend der Kontinuitätsbeziehung zu

$$\varphi = \frac{\dot{V} \left/ \frac{\pi}{4} \cdot D_a^2 (1 - \nu^2) \right.}{u_a} = \frac{c_m}{u_a}.$$

In diesem Zusammenhang soll darauf hingewiesen werden, daß die als Grenzwert angegebenen Belastungszahlen

$$c_\Gamma \cdot \frac{l}{t} = 1{,}5 \text{ bis } 2$$

gleichfalls auf Geschwindigkeitsdreiecken basieren, deren Meridiangeschwindigkeit mit Hilfe der Kontinuitätsbeziehung bestimmt ist.

Ausdrücklich sei aber betont, daß die mit der Minderleistung berechneten Δw_u-Werte Gl. (74) nicht erreicht werden. Die Minderleistungszahl Ω hat also nicht die Bedeutung eines Wirkungsgrades im energetischen Sinne. Die aufzuwendende Antriebsarbeit eines Verdichters darf also nicht mit der hypothetischen Arbeit $h_{\text{Rechng}} = \dfrac{h_{\text{ad}}}{\Omega \cdot \eta_{\text{St}}}$ berechnet werden, sondern ist aus der theoretischen Stufenförderhöhe $h_{\text{theor}} = \dfrac{h_{\text{ad}}}{\eta_{\text{St}}}$ zu bestimmen.[1]

Die Ungleichförmigkeit der Anströmgeschwindigkeit führt neben der vorstehend beschriebenen Abminderung der effektiven Umlenkung auch zu einer starken Konzentration der Verluste in der Nähe von Nabe und

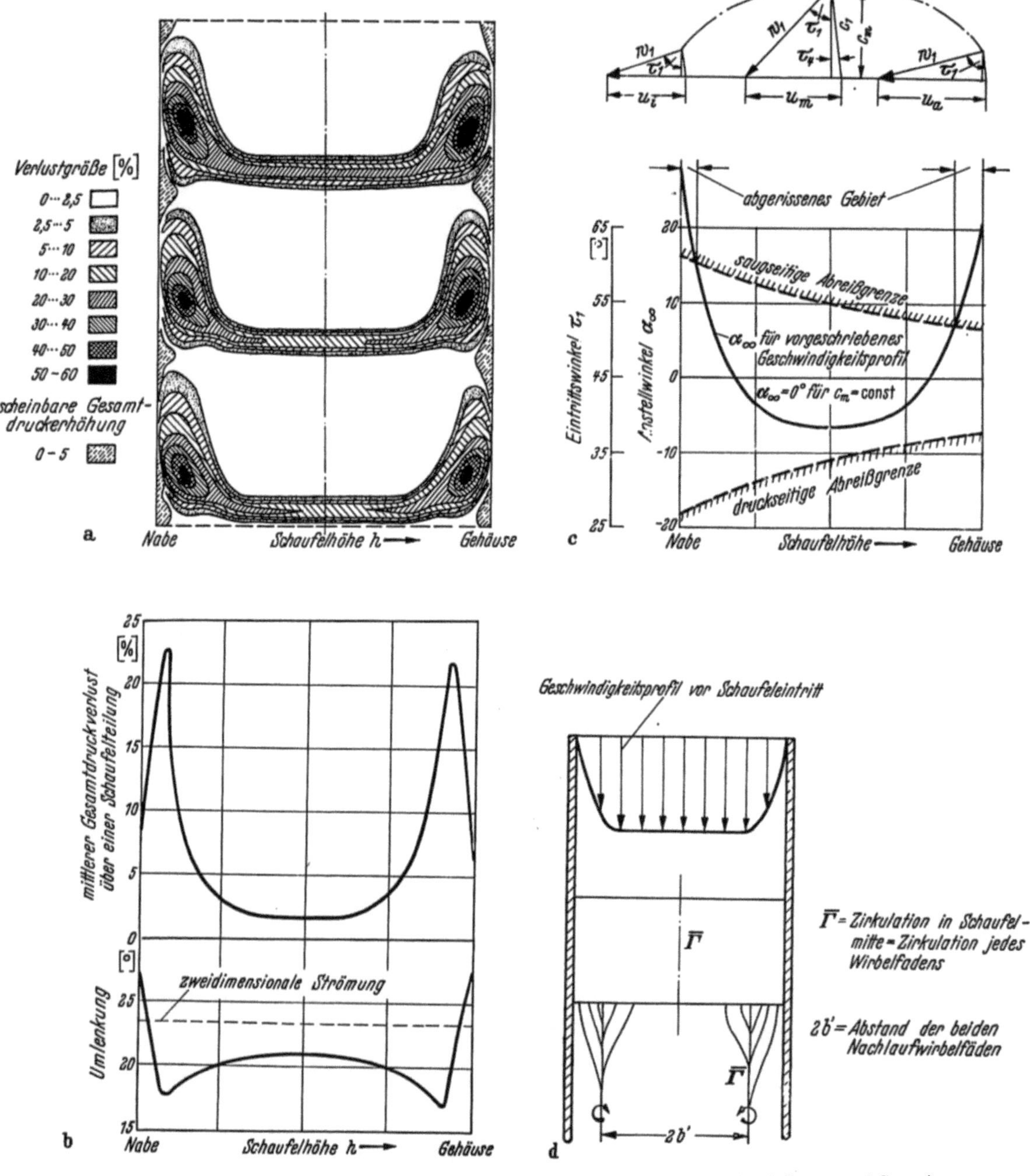

Abb. 170 a—d. Anstellwinkel- und Verlustverteilung in einem ebenen Schaufelgitter (nach CARTER und COHEN)

---

[1] Im Abschn. XI,3 wird gezeigt, wie auf einfache Art die Meridiangeschwindigkeitsverteilung in Form eines turbulenten Geschwindigkeitsprofils berücksichtigt werden kann. Damit wird der Berechnung also bereits das wirkliche Geschwindigkeitsdreieck zugrunde gelegt, weshalb eine Berücksichtigung durch den Minderleistungsfaktor entfallen kann.

Gehäuse (Abb. 170a u. b). Hervorgerufen werden diese Verluste durch die Änderung des effektiven Anstellwinkels bzw. Anströmwinkels τ_1 über der Schaufelhöhe (Abb. 170c), der infolge des raschen Geschwindigkeitsabfalls in der Nähe der Wandungen hier zu örtlichem Abreißen der Strömung führt. Bei einer Änderung des Anstellwinkels bzw. der Schaufelzirkulation lösen sich aber gemäß der PRANDTLschen Theorie der tragenden Linie[1] an der Profilhinterkante Wirbel ab (s. Abb. 170d). In einem größeren Abstand vom Profil konzentrieren sich die Wirbelflächen analog dem Randwirbel eines Tragflügels endlicher Spannweite. Die beiden Wirbelfäden haben den Abstand $2b'$ voneinander, wobei $2b'$ etwas kleiner als die Schaufelhöhe h ist und je eine Zirkulation $\bar{\Gamma} = (\Delta w_u \cdot t)_m$ entsprechend der Zirkulation im mittleren Teil der Schaufel. Bezüglich der abgehenden Wirbelfäden kann man somit das wirkliche Gitter durch ein Ersatzgitter darstellen, dessen Schaufeln konstante Zirkulation, aber die kleinere Schaufelhöhe $2b'$, haben.

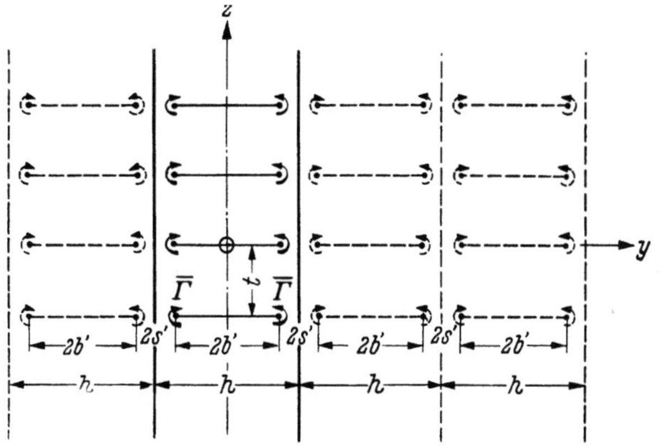

CARTER und COHEN[2] haben für dieses Ersatzgitter den induzierten Widerstand berech

Abb. 171. Ersatzgitter für die Berechnung von Sekundärverlusten.

net, der den Hauptanteil an den sog. Sekundärverlusten eines Gitters oder Axialrades darstellt. Das Berechnungsschema zeigt Abb. 171. Die festen Wände werden durch Spiegelung der Singularitäten dargestellt. Die induzierte Geschwindigkeit, die von einem Wirbelpaar in Z-Richtung erzeugt wird, berechnet sich mit den Bezeichnungen in Abb. 171 zu

$$w_i = \frac{\bar{\Gamma}}{2\pi} \cdot s' \cdot \frac{y^2 - z^2}{(y^2 + z^2)^2} \cdot \tag{75}$$

Durch Summation ergibt sich für das dargestellte Gittersystem als induzierte Geschwindigkeit im Koordinatenursprung

$$w_i = \frac{2\bar{\Gamma}}{2\pi} \cdot \frac{s'}{\left(\frac{h}{2}\right)^2} \cdot \sum_{n=-\infty}^{n=+\infty} \cdot \sum_{m=1,3,5,\ldots}^{m=+\infty} \cdot \frac{\left(m \cdot \frac{h}{2}\right)^2 - (n \cdot t)^2}{\left[\left(m \cdot \frac{h}{2}\right)^2 + (n \cdot t)^2\right]^2} \tag{76}$$

oder mit der Substitution $t \Big/ \dfrac{h}{2} = a$

$$w_i = \frac{\bar{\Gamma}}{\pi} \cdot \frac{s'}{\left(\frac{h}{2}\right)^2} \cdot \sum_{n=-\infty}^{n=+\infty} \cdot \sum_{m=1,3,5,\ldots}^{m=+\infty} \cdot \frac{m^2 - (n \cdot a)^2}{[m^2 + (n \cdot a)^2]^2} \cdot \tag{76a}$$

Für kleine Werte von a wird die Doppelsumme zu $\dfrac{1}{2} \cdot \dfrac{\pi}{a}$. Der Auftrieb A je Einheit der Schaufellänge ($h = 1$) beträgt

$$A = \varrho \cdot w_\infty \cdot \Gamma = \frac{\varrho}{2} \cdot w_\infty^2 \cdot l \cdot c_\Gamma; \tag{77}$$

hieraus folgt

$$\frac{\Gamma}{w_\infty} = c_\Gamma \cdot \frac{l}{2} \cdot \tag{78}$$

Der von den Wirbelfäden induzierte Anstellwinkel eines Profils im Gitterverband errechnet sich hiermit zu

$$\alpha_i = \frac{w_i}{w_\infty} = \frac{c_\Gamma \cdot l}{2\pi} \cdot \frac{s}{\left(\frac{h}{2}\right)^2} \cdot \frac{1}{2} \cdot \frac{\pi}{a} = \frac{1}{4} \cdot \frac{c_\Gamma}{\frac{t}{l}} \cdot \frac{s'}{\frac{h}{2}}$$

oder

$$\alpha_i = \frac{1}{4} \cdot \left(c_\Gamma \cdot \frac{l}{t}\right) \cdot \left(1 - \frac{2b'}{h}\right). \tag{79}$$

Setzt man den induzierten Anstellwinkel als konstant über der Schaufelhöhe voraus, so folgt aus obiger Beziehung ein induzierter Widerstandsbeiwert von der Größe

$$c_{wi} = c_\Gamma \cdot \alpha_i = \frac{1}{4} \cdot c_\Gamma^2 \cdot \frac{l}{t} \left(1 - \frac{2b'}{h}\right), \tag{80}$$

---

[1] PRANDTL, L.: Strömungslehre, 2. Aufl., Braunschweig: Vieweg & Sohn 1944.
[2] CARTER, A. D. S., u. E. M. COHEN: Preliminary Investigation into the Three-Dimensional Flow through a Cascade of Aerofoils. ARC-Rep. and Mem. No. 2339 (1946).

der den Hauptanteil an den Sekundärverlusten darstellt. Die Breite des Ersatzgitters ist aus Versuchen zu bestimmen.

Die Förderhöhe ist näherungsweise der im Laufrad erzeugten Umlenkung verhältig. Somit kann man schreiben

$$\Omega = \frac{H_{\text{theor.}}}{H_{\text{Rechng}}} \approx \frac{\vartheta_\infty}{\vartheta_\infty^*},$$

wenn ϑ_∞ die der theoretischen Förderhöhe entsprechende Umlenkung bedeutet und ϑ_∞^* der rechnerischen Förderhöhe entspricht. Gemäß der im Abschn. XI, 2 dargestellten Gitterberechnung ist aber

$$\frac{\vartheta_\infty}{\vartheta_\infty^*} = 1 + 0{,}8 \frac{\alpha_1 - \alpha_1^*}{\vartheta_\infty^*} = 1 + 0{,}8 \frac{\varDelta\alpha}{\vartheta_\infty^*},$$

wobei $\varDelta\alpha$ die zum Verhältnis $\vartheta_\infty/\vartheta_\infty$ notwendige Anstellwinkeländerung ist. Hiermit läßt sich der Abstand der Wirbelfäden von der Wand abschätzen. Mit $\varDelta\alpha = \alpha_i$ wird

$$\Omega \approx 1 + 0{,}8 \frac{\alpha_i}{\vartheta_\infty^*}. \tag{81}$$

Übliche Werte für den Mittelschnitt eines Laufrades sind: $\vartheta_\infty^* \approx 15°$ bis $20° = 0{,}25$ bis $0{,}35$ (im Bogenmaß) und $\left(c_\varGamma \frac{l}{t}\right)_m \approx 1$ bis $1{,}2$. Damit wird

$$-\alpha_i = (1 - \Omega)\frac{\vartheta_\infty^*}{0{,}8} = \frac{1}{4}\left(c_\varGamma \frac{l}{t}\right) \cdot \left(1 - \frac{2b'}{h}\right)$$

oder

$$1 - \frac{2b'}{h} = \frac{4(0{,}25 \div 0{,}35)}{0{,}8(1 \div 1{,}2)}(1 - \Omega) \approx (1 \div 1{,}5)(1 - \Omega). \tag{82}$$

Mit den Werten in Abb. 168 erhält man folgende Mittelwerte:

ν	$1 - \dfrac{2b'}{h}$
0,50	0,08
0,85	0,25

Setzt man

$$h = \frac{D_a}{2} \cdot (1 - \nu) = 2b' + 2s', \tag{83}$$

so wird der Abstand der Wirbelfäden von der Wandung für alle Nabenverhältnisse ($0{,}5 < \nu < 0{,}85$) näherungsweise

$$\frac{s'}{D_a} = \left(1 - \frac{2b'}{h}\right) \cdot \frac{1 - \nu}{4} \approx 0{,}010. \tag{84}$$

VI. Auslegungsarten von Axialkompressoren

Das zu verdichtende Gas strömt dem Verdichter durch das Saug- oder Einlaufrohr im allgemeinen axial zu. Sieht man von Reibungseinflüssen ab, so ist die Zuflußgeschwindigkeit über dem Verdichterradius konstant ($c_{m_E}(r) = $ const). Der Gesamtdruck im Zulauf ist gleichfalls konstant und entspricht z. B. beim freien Ansaugen aus der Atmosphäre dem Druckniveau der ruhenden Luft. Der statische Druck im Saugrohr ergibt sich aus der BERNOULLIschen Gleichung und ist, weil Geschwindigkeit und Gesamtdruck über dem Querschnitt konstant sind, gleichfalls unabhängig vom Verdichterradius, also

$$p_{\text{stat}_E}(r) = \text{const.}$$

Zur Vermeidung von zusätzlichen Austrittsverlusten ist man bestrebt, das verdichtete Gas, zumindest für den Hauptbetriebszustand, wieder axial aus dem Verdichter austreten zu lassen. Einem nicht konstanten Gesamtdruck hinter dem Verdichter würde gemäß der Differentialgleichung der Turbomaschinenströmung eine ungleichmäßige Austrittsgeschwindigkeit entsprechen. Diese bleibt aber erfahrungsgemäß nicht bestehen, sondern gleicht sich in der nachfolgenden Rohrleitung auf eine mittlere und über dem Rohrquerschnitt konstante Geschwindigkeit aus. Hierbei entstehen Mischungsverluste, die vermieden werden können, wenn man den Verdichter mit einer über dem Radius konstanten Gesamtdruckerhöhung bzw. konstanten adiabatischen Förderhöhe auslegt. Damit ergibt sich als vielbenützte Auslegungsbedingung für Axialverdichter

$$\Delta\, p_{\text{tot}}(r) = \text{const} \quad \text{bzw.} \quad H_{\text{ad}}(r) = \text{const.}$$

1. Verdichter mit konstantem Drall über dem Halbmesser (Wirbelflußmaschinen)

Soll die Strömung, wie bisher stets vorausgesetzt, auf koaxialen Zylinderflächen erfolgen, so muß die Meridiangeschwindigkeitsverteilung vom Eintritt bis zum Austritt aus dem Verdichter konstant sein, d. h. durch den ganzen Verdichter hindurch gilt für jede Ebene senkrecht zur Achse $c_m(r) = \text{const}$. Mit den Bedingungen konstanten Druckes und konstanter Meridiangeschwindigkeit über dem Halbmesser erhält man aus Gl. (43) für den Verlauf der Umfangskomponente über dem Verdichterradius mit

$$p_{\text{tot}}(r) = \text{const}; \qquad \frac{d\,p_{\text{tot}}}{d\,r} = 0,$$

$$c_m(r) = \text{const}; \qquad \frac{d\,c_m}{d\,r} = 0,$$

das unter dem Namen „konstanter Drall" bekannte Gesetz

$$c_u\left(\frac{c_u}{r} + \frac{d\,c_u}{d\,r}\right) = 0, \qquad \frac{d\,r}{r} + \frac{d\,c_u}{c_u} = 0$$

und durch Integrieren

$$\ln r + \ln c_u = \ln\,(r \cdot c_u) = \text{const}$$

oder

$$r \cdot c_u = \text{const.} \tag{85}$$

Da die Umfangskomponente bei konstantem Drall den gleichen Bedingungen wie bei einem Potentialwirbel folgt, nennt man derartige Verdichter auch „Wirbelflußmaschinen".

Die Gruppe der Wirbelflußmaschinen läßt sich entsprechend der Gestaltung des Verdichtereintritts noch weiter unterteilen.

a) Wirbelflußmaschinen ohne Vordrall

Diese Gruppe von Wirbelflußmaschinen besitzt kein Vorleitrad. Das Gas strömt also dem Laufrad axial zu und tritt nach dem Leitrad wieder axial aus. Diese Maschinenart ist die einfachste Ausführungsform des Axialkompressors und wird häufig angewandt. Abb. 172 zeigt als Beispiel einen einstufigen Axialverdichter mit nachfolgendem Leitrad und Abb. 173 einen sechsstufigen Verdichter dieser Bauart.

Die maximale Umfangsgeschwindigkeit ist bei dieser Bauart aus MACHzahlgründen auf etwa $u_{a_{\max}} = 220$ m/s bei 15° C begrenzt. Die Umsetzung der aufgenommenen Leistung in Druckenergie erfolgt bei Wirbelflußmaschinen ohne Vordrall üblicherweise zu etwa 70 bis 90% im Laufrad (Abb. 174), der Reaktionsgrad liegt also in der Größenordnung $r = 0,7$ bis $0,9$. Die ver-

Abb. 172. Einstufiger Axialverdichter ohne Vorleitrad mit im Stillstand verstellbaren Schaufeln

hältnismäßig geringe Druckerhöhung in den Leiträdern vereinfacht die Spaltabdichtung in den Leitapparaten und gestattet vielfach die Verwendung unverwundener Leitschaufeln, ohne daß hierbei große Wirkungsgradeinbußen in Kauf genommen werden müssen. Abb. 175 zeigt das Stufenkennfeld einer Wirbelflußmaschine ohne Vordrall.

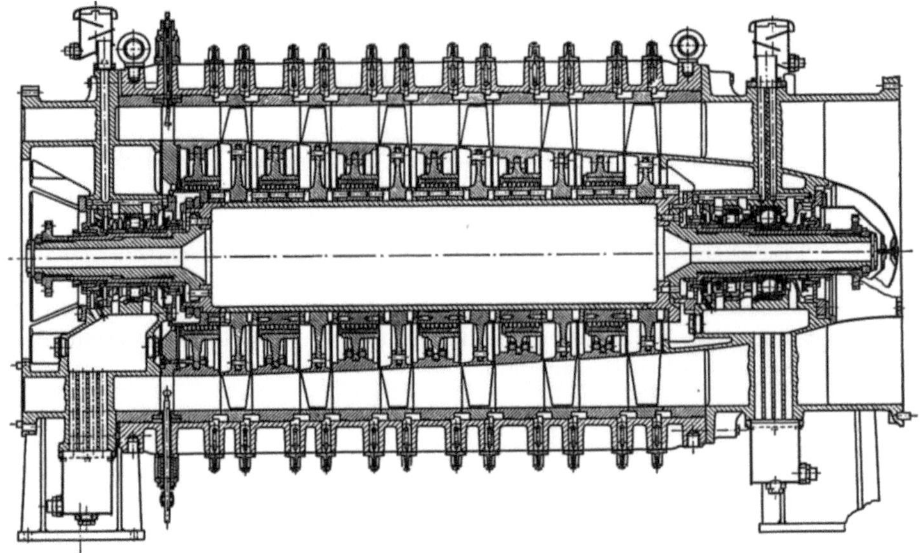

Abb. 173. Sechsstufiger Axialverdichter (Turboméca S. A., Bordes B. P.), Wirbelflußmaschine ohne Vordrall
Durchsatz $\dot{G} = 14$ kg/s; adiabatische Förderhöhe $H_{\mathrm{ad}} = 7000 \dfrac{\mathrm{mkg}}{\mathrm{kg}}$; Verdichterdrehzahl $n = 7600$ U/min

b) Wirbelflußmaschinen mit positivem Vordrall (Mitdrall)

Wie bereits aus der Definition der Druckzahl $\psi = \dfrac{2\,g \cdot h_{\mathrm{ad}}}{u_a^2}$ hervorgeht, wächst die Stufenförderhöhe bzw. der Gesamtdruck mit dem Quadrat der Umfangsgeschwindigkeit. Bei festgehaltener
bzw. begrenzter MACHzahl $M = w_1/w_s$ kann man die Umfangsgeschwindigkeit einer Axialstufe
dadurch vergrößern, daß man dem zu verdichtenden Gas vor Eintritt in das Laufrad mit Hilfe
einer Leitvorrichtung einen Drall in Umfangsrichtung (Mitdrall) erteilt (Abb. 176). Die Umfangsgeschwindigkeit läßt sich durch diese Maßnahme unter Berücksichtigung der MACHzahlgrenze auf etwa $u_{a_{\max}} \approx 280$ m/s vergrößern. Der Reaktionsgrad eines derartigen Verdichters ist
über dem Radius in weitem Bereich veränderlich und kann unter Umständen an der Nabe

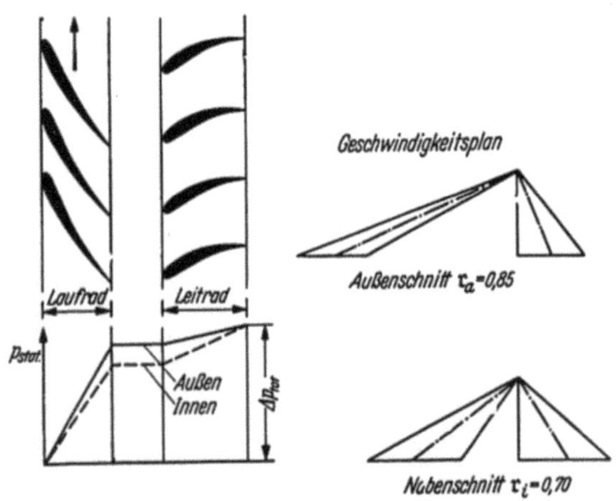

Abb. 174. Wirbelflußmaschine ohne Vordrall. Geschwindigkeitsplan und Druckverlauf in einer Normalstufe

Werte $r < 0$ annehmen. Weiterhin ist zu beachten, daß mit zunehmendem Vordrall auch
die absolute Eintrittsgeschwindigkeit in das dem
Laufrad nachgeschaltete Leitrad vor allem an
der Nabe größer wird. Dabei ist zu berücksichtigen, daß die Absolutgeschwindigkeiten (Leiträder) den gleichen Grenzbedingungen bezüglich
der MACHzahl unterworfen sind wie die Relativgeschwindigkeiten (Laufräder). Der Grenzfall
$w_{1a} = c_{1i}$, der die höchstmögliche Ausnützung
der zulässigen Strömungsgeschwindigkeiten darstellt, wird später als ,,Grenzleistungskom-
pressor'' Gegenstand einer besonderen Untersuchung sein.

Axialverdichter mit positivem Vordrall gestatten eine weitgehende Anpassung an Antriebsmaschinen mit verhältnismäßig hohen
Drehzahlen. Aus diesem Grunde werden Verdichter für Gasturbinen und Strahltriebwerke
vielfach als Wirbelflußmaschinen mit positivem Vordrall gebaut, was eine Anpassung der Tur-
binendrehzahl an die Verdichterdrehzahl erleichtert.

Die als Folge des Mitdralls verwirklichbaren großen Stufenförderhöhen verringern für eine gewünschte Förderhöhe die hierfür notwendige Stufenzahl, weshalb im allgemeinen Verdichter mit

einer Eintrittsleitvorrichtung im Sinne des Mitdralls eine gedrängtere und gewichtssparende Bauweise ermöglichen als Verdichter ohne Eintrittsleitvorrichtung. Beide Vorteile des Mitdralls sind deshalb besonders für ortsbewegliche Anlagen interessant.

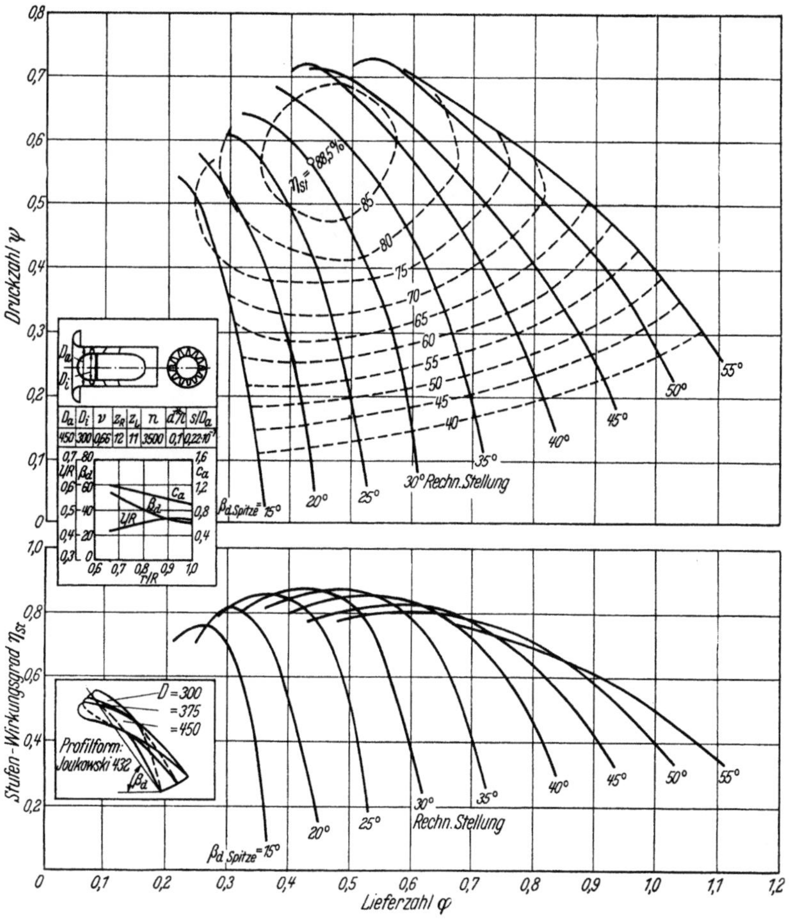

Abb. 175. Kennfeld einer Wirbelflußmaschine ohne Vordrall
D_a Außendurchmesser, D_i Nabendurchmesser, $\nu = D_i/D_a$ Nabenverhältnis, n Drehzahl, z_R Anzahl der Laufschaufeln, z_L Anzahl der Leitschaufeln, d^* Schaufeldicke, l Schaufellänge, s/D_a relativer Radialspalt

Abb. 177 zeigt einen dreistufigen Axialverdichter mit Mitdrall-Eintrittsleitvorrichtung zur Aufladung von Schiffsdieselmotoren. Als Antrieb dienen dabei zwei Holzwarth-Gasturbinen. Der in Abb. 178 wiedergegebene sechsstufige Axialverdichter mit positivem Vordrall in der Eintrittsleitvorrichtung erreicht bei einem Durchsatz von 5 kg/s ein Druckverhältnis von 3. Abb. 179 zeigt das Kennfeld eines Verdichters mit Mitdrall.

c) Wirbelflußmaschinen mit negativem Vordrall (Gegendrall)

Bei dieser Axialverdichterbauweise wird dem Gas vor Eintritt in den Kompressor in der Vorleitvorrichtung ein Drall entgegen der Umfangsrichtung der Laufräder, also ein Gegendrall, erteilt. Wie aus den Geschwindigkeitsdreiecken der Abb. 180 hervorgeht, ist der Reaktionsgrad von Wirbelflußmaschinen mit negativem Vordrall $r > 1$. Diese Bauweise ist vor allem dann interessant, wenn aus irgendwelchen Gründen — z. B. bei vorgeschriebener Drehzahl der Antriebsmaschine (Drehstrommotor) — die Umfangsgeschwindigkeit begrenzt ist, was eine kleine relative Ein-

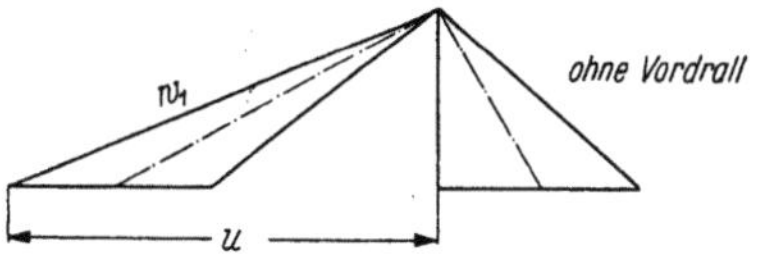

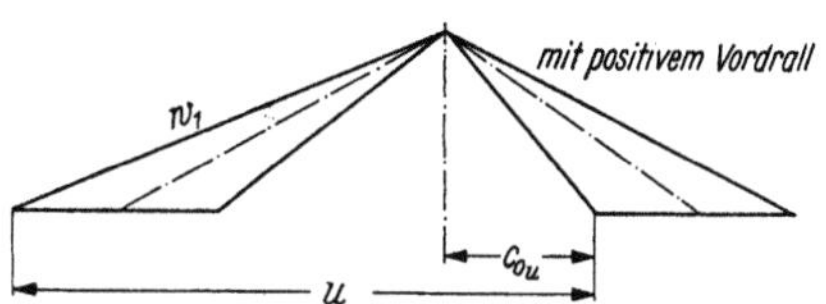

Abb. 176. Vergrößerung der Umfangsgeschwindigkeit durch einen positiven Vordrall bei festgehaltener Machzahl $M = w_1/w_s$

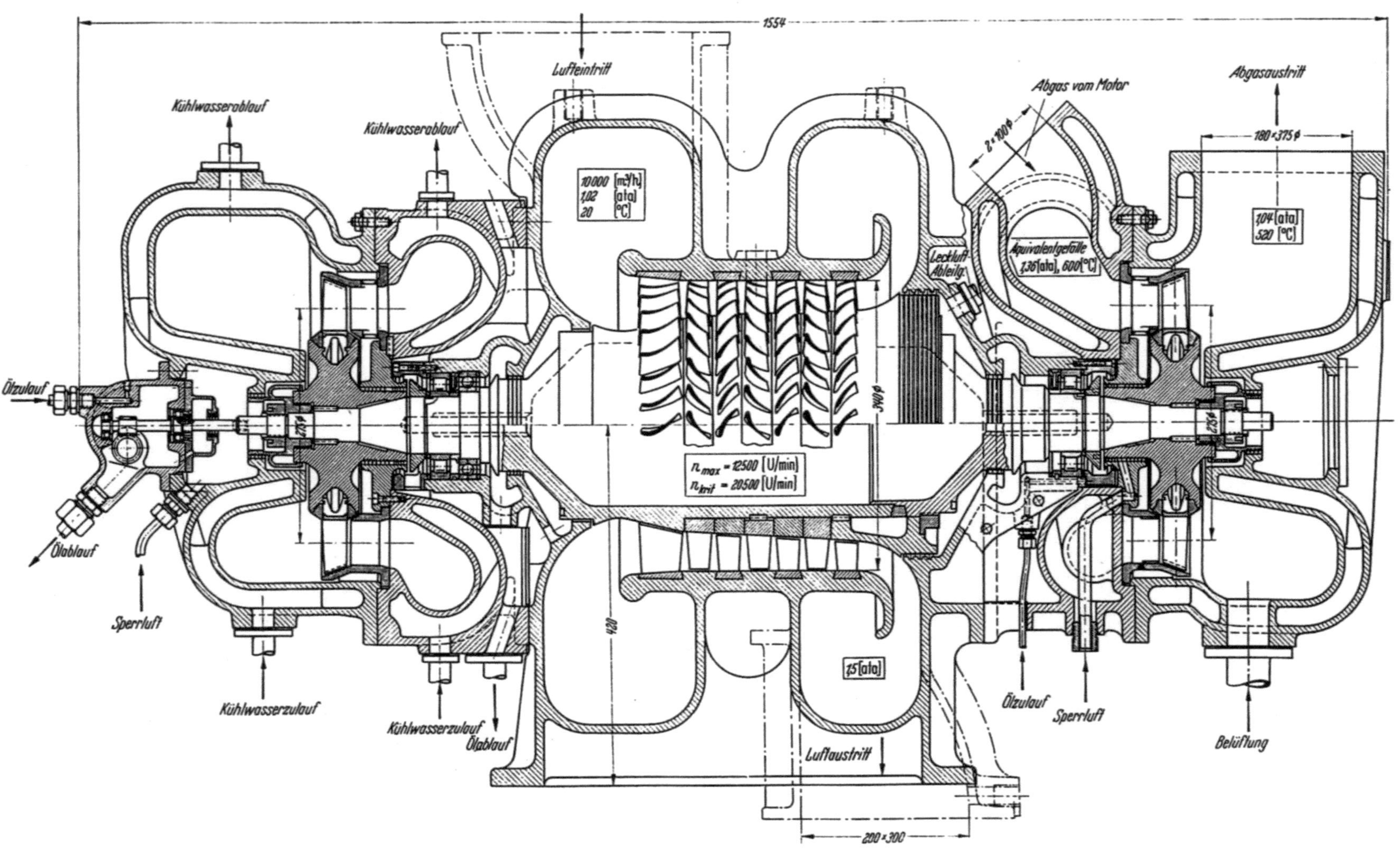

Abb. 177. Axialverdichter zur Aufladung eines Unterseeboot-Dieselmotors, angetrieben durch zwei Holzwarth-Gasturbinen

trittsgeschwindigkeit zur Folge hat. Ohne Eintrittsleitvorrichtung wäre dann die Belastungszahl

$$\left(c_\Gamma \cdot \frac{l}{t}\right)_{\text{o. L.}} = \frac{2\,\Delta w_u}{w_\infty} = \frac{2\,\Delta w_u}{\sqrt{c_m^2 + \left(u - \dfrac{\Delta w_u}{2}\right)^2}},$$

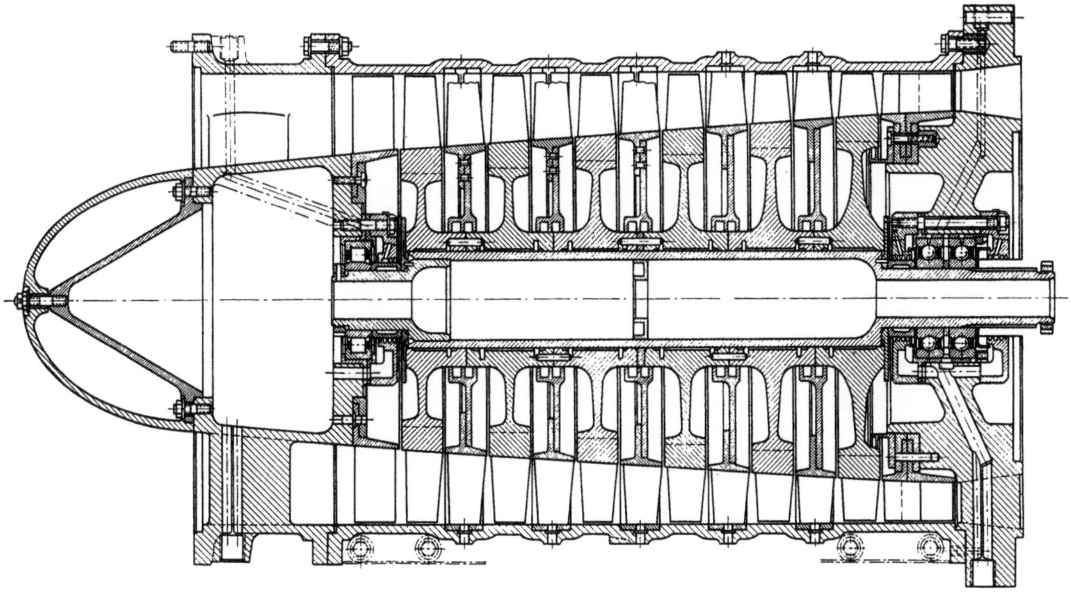

Abb. 178. Sechsstufiger Axialverdichter mit positivem Vordrall

während diese bei Verwendung eines Eintrittsleitapparates mit negativem Vordrall

$$\left(c_\Gamma \cdot \frac{l}{t}\right)_{\text{neg. V.}} = \frac{2\,\Delta w_u}{w_\infty} = \frac{2\,\Delta w_u}{\sqrt{c_m^2 + \left(u + \dfrac{\Delta w_u}{2}\right)^2}},$$

also kleiner als im ersten Falle wird. Außerdem erhält man durch Steigerung der **Relativgeschwindigkeit** eine gleichzeitige Vergrößerung der REYNOLDSschen Zahl, was im allgemeinen höhere Wirkungsgrade ergibt.

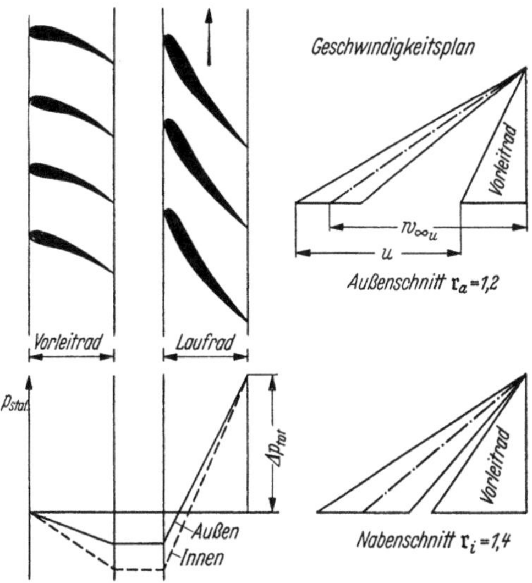

Abb. 180. Wirbelflußmaschine mit negativem Vordrall (Leitrad-Laufrad-Anordnung). Geschwindigkeitsplan und Druckverlauf

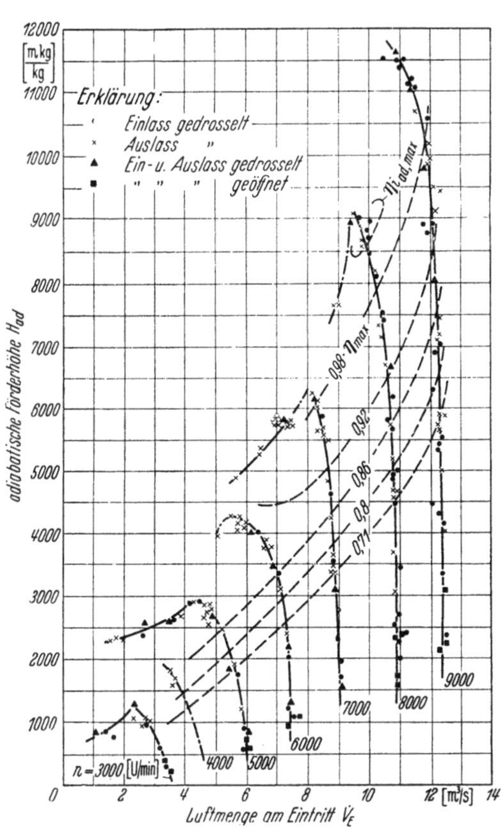

Abb. 179. Kennlinie eines mehrstufigen Axialverdichters. Wirbelflußmaschine mit positivem Vordrall

11*

Als Beispiel eines Axialverdichters mit negativem Vordrall ist in Abb. 181 ein siebenstufiger Kompressor mit im Betrieb verstellbaren Laufschaufeln gezeigt.

In Abb. 182 ist ein Windkanalgebläse mit Gegendrall wiedergegeben. Der Gleichstromantriebsmotor mit einer Leistung von 950 kW ist im Innern der Leitradnabe gelagert; eine Leitradschaufel dient gleichzeitig der Kühlluftzuführung für den Motor. Die Laufradschaufeln sind gemeinsam bei Stillstand des Verdichters zur Anpassung an die jeweils gewünschten Luftleistungen verstellbar. Abb. 183 zeigt das Kennfeld einer Verdichterstufe mit negativem Vordrall.

Abb. 181. Axialverdichter mit im Betrieb verstellbaren Laufschaufeln (Bauart Escher-Wyss A.G., Zürich)

Außendurchmesser (für sämtliche Laufräder)	D_a = 1220 mm	*max. Durchsatz:*	
		Ansaugemenge	$\dot{V}$ = 94,4 m³/s
Stufenzahl	z = 7	Druckverhältnis	$\varPi$ = 1,2:1
Antrieb mittels Synchronmotor direkt gekuppelt	n = 3000 U/min	*Weitere Betriebspunkte:*	
Antriebsleistung	N = 7000 PS	a { Ansaugemenge	$\dot{V}$ = 47,2 m³/s
		{ Druckverhältnis	$\varPi$ = 2,0:1
Berechnungspunkt:		b { Ansaugemenge	$\dot{V}$ = 60 m³/s
Ansaugemenge	$\dot{V}$ = 60 m³/s bei 1 ata, 30 °C	{ Druckverhältnis	$\varPi$ = 2,3:1
Druckverhältnis	$\varPi$ = 1,85:1		

d) Wirbelflußmaschinen mit wahlweise positivem oder negativem Vordrall [1]

Baut man einen Axialverdichter mit wahlweise verstellbaren Eintrittsleitschaufeln (vgl. Abb. 16), dann wird das nicht verstellbare Laufrad je nach Stellung der Eintrittsleitvorrichtung drallfrei, mit Gegendrall oder mit Mitdrall angeströmt. Diese drei Möglichkeiten sind in Abb. 184 dargestellt. Der Stafflungswinkel des Laufrades γ_m ist bei den drei untersuchten Leitschaufelstellungen stets der gleiche, ebenso sei die Laufschaufelumfangsgeschwindigkeit u stets gleich groß. Aus dem Vergleich der Abb. 184a mit Abb. 184b geht hervor, daß bei negativem Vordrall (Gegendrall, Abb. 184b) die mittlere Relativgeschwindigkeit w_∞ und der Anstellwinkel α größer werden als bei drallfreier Zuströmung (Abb. 184a). Bei positivem Vordrall (Mitdrall, Abb. 184c) hingegen werden w_∞ und α kleiner als beim Verdichter ohne Vordrall. Nun steigt, zumindest in dem in diesem Zusammenhang interessierenden Bereich einer Tragflügelpolaren, der Auftriebsbeiwert $c_\varGamma$ mit zunehmendem Anstellwinkel α. Aus Gl. (12), folgt

$$\Delta p_{\mathrm{tot}} = c_\varGamma \cdot w_\infty \cdot \frac{l}{2 \cdot t} \cdot \varrho \cdot u = c_\varGamma \cdot w_\infty \cdot \mathrm{const} = \alpha \cdot w_\infty \cdot \mathrm{const}.$$

Daraus folgt bei gleichen Bedingungen für das Laufrad $\left(\dfrac{l}{2 \cdot t} \cdot \varrho \cdot u = \mathrm{const}\right)$ bei negativem Vordrall (Abb. 184b)

$$\Delta p_{\mathrm{tot}_{-D}} > \Delta p_{\mathrm{tot}_{0\,D}},$$

---

[1] Genau genommen ist der Drall nur im Auslegungspunkt konstant, aber nicht bei Änderung des Eintrittsdralles.

bei positivem Vordrall (Abb. 184c)

$$\Delta p_{\mathrm{tot}_{+\,D}} < \Delta p_{\mathrm{tot}_{0}\,D}.$$

Durch einen Eintrittsleitapparat, der mit gemeinsam verdrehbaren Schaufeln ausgerüstet ist, wird das axial zuströmende Gas in oder gegen die Drehrichtung des Laufrades oder überhaupt

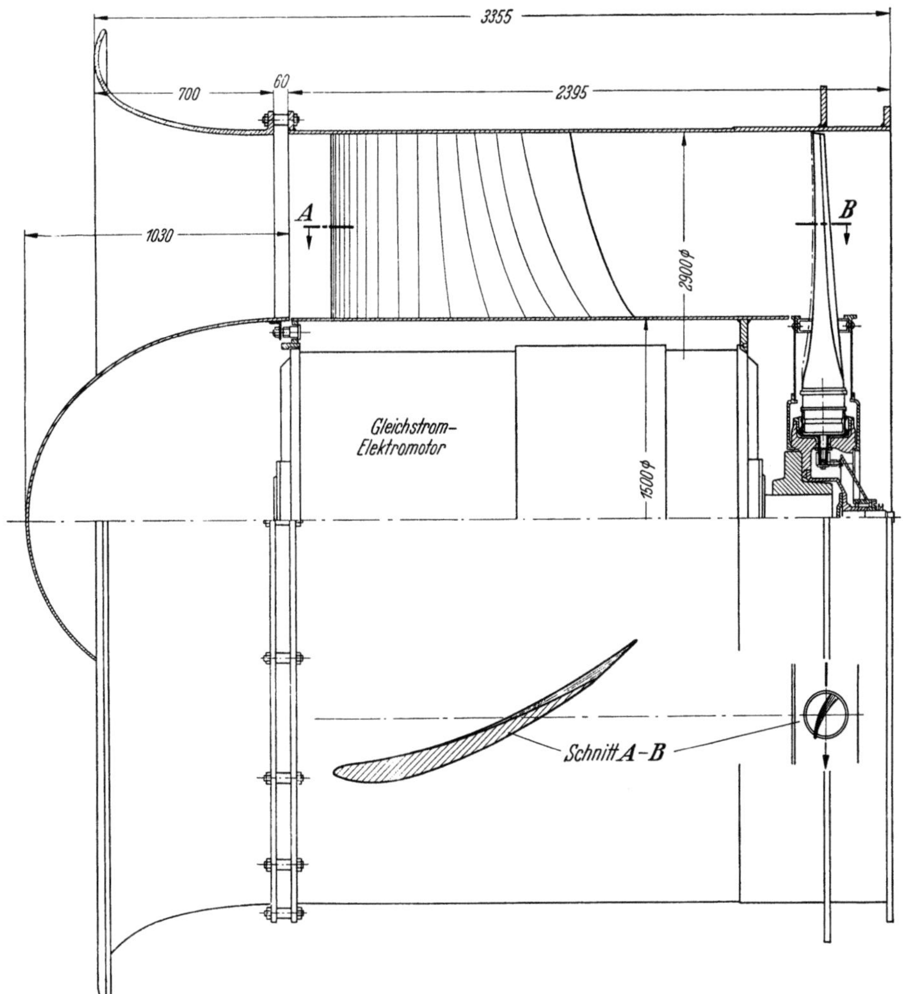

Abb. 182. Windkanalgebläse des Forschungsinstitutes für Kraftfahrzeuge und Flugmotoren der Techn. Hochschule Stuttgart, gebaut von der Maschinenfabrik J. M. Voith, Heidenheim. Axialgebläse mit Gegendrall-Eintrittsleitvorrichtung Laufraddurchmesser D_a = 2890 mm, Luftmenge 240 bis 250 m³/s, Gesamtdruckerhöhung Δp_{tot} = 225 mm WS, Leistungsaufnahme (Gleichstromelektromotor) N = 1200 PS

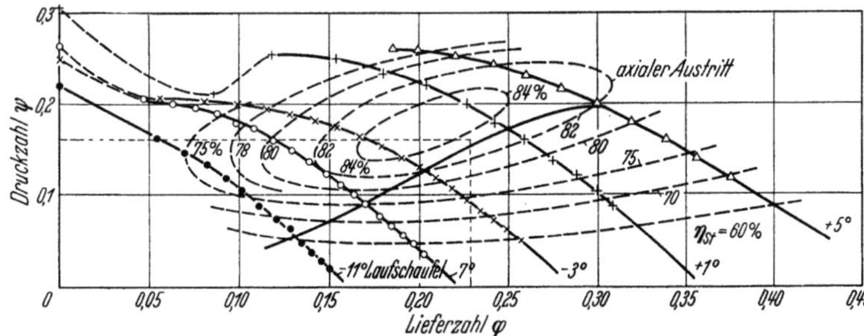

Abb. 183. Kennfeld einer Wirbelflußmaschine mit negativem Vordrall bei Laufradschaufelstellungen $\delta = -11°$ bis $+5°$ (nach C. Keller)

nicht abgelenkt. Der auf diese Weise erzeugte Mit- bzw. Gegendrall hat verschieden große Förderleistungen zur Folge. Bei konstanter Laufraddrehzahl kann also die Verdichterleistung nicht nur nach abwärts geregelt (Mitdrall), sondern auch wesentlich gesteigert werden (Gegendrall). Damit ist mit dem verstellbaren Eintrittsleitapparat eine sehr wirksame und baulich einfache Anpassungsmöglichkeit des Axialverdichters an wechselnde Betriebsbedingungen gegeben.

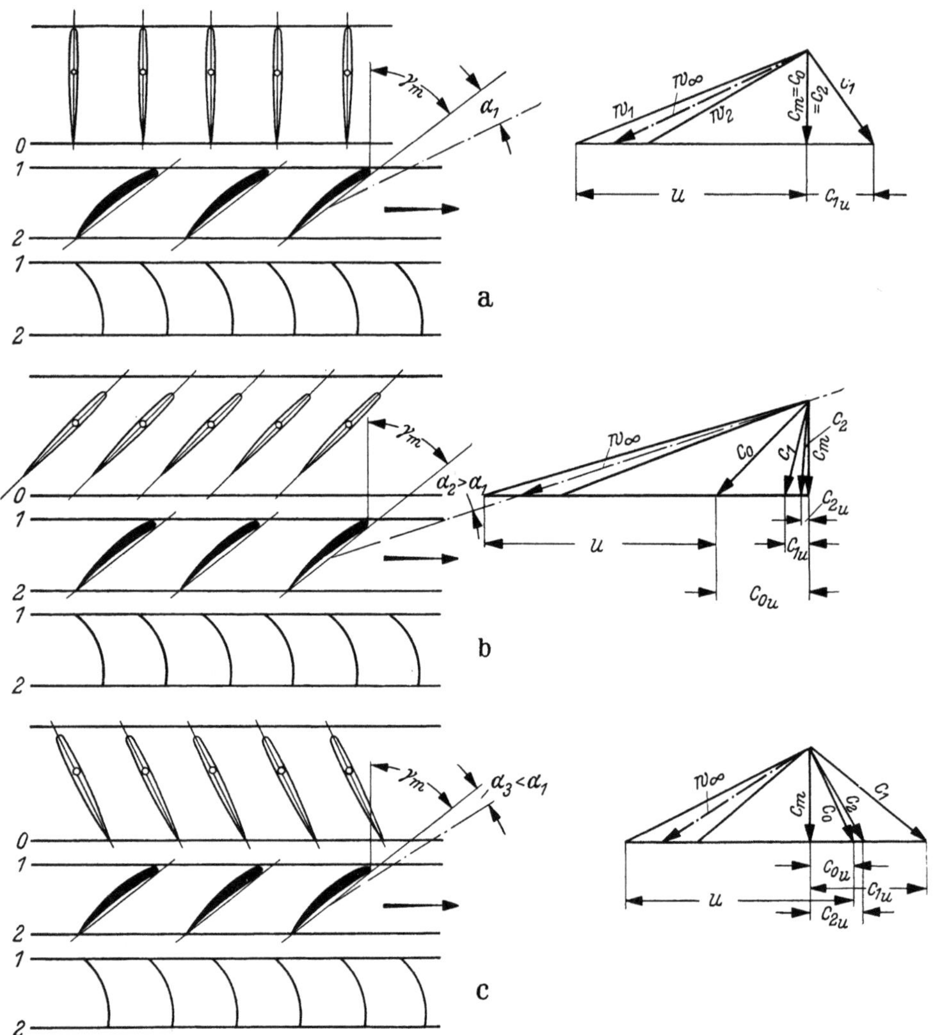

Abb. 184 a—c. Schema des Axialverdichters mit verstellbarer Eintrittsleitvorrichtung
a) drallfreie Zuströmung zum Laufrad; b) negativer Vordrall (Gegendrall); c) positiver Vordrall (Mitdrall)
w Relativgeschwindigkeiten, c Absolutgeschwindigkeiten, u Umfangsgeschwindigkeiten, Zeiger 1 bedeutet Eintritt, Zeiger 2 bedeutet Austritt, Zeiger 0 bezieht sich auf die Vorleitvorrichtung, Zeiger u Komponente in Umfangsrichtung, Zeiger m Komponente in Achsrichtung, a_1; a_2; a_3 Anstellwinkel, γ_m Staffelungswinkel

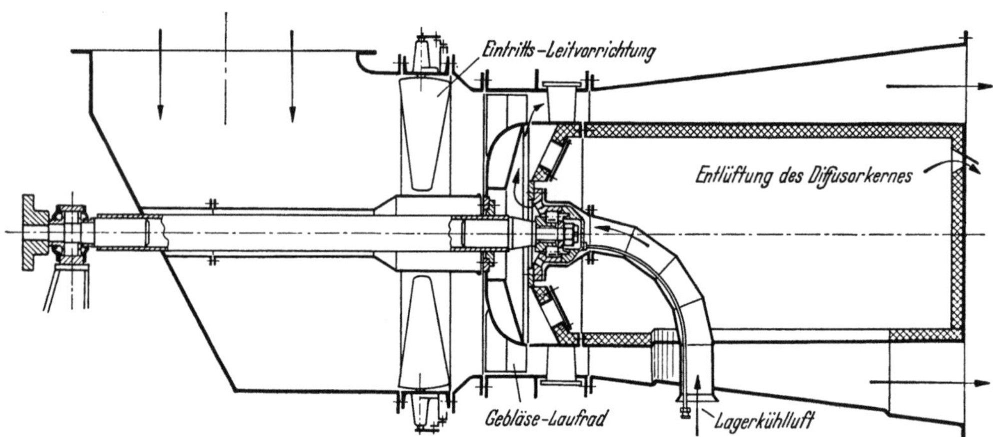

Abb. 185. Saugzuggebläse der Kühnle, Kopp & Kausch A.G. mit verstellbarer Eintrittsleitvorrichtung, Bauart „Schicht"

Abb. 185 zeigt ein Gleichdruckgebläse mit wahlweise einstellbarer Eintrittsleitvorrichtung und Abb. 186 die Druck-Mengen-Charakteristik eines derartigen Gebläses. Wie aus dem Kennliniendiagramm für verschiedene Leitradstellungen hervorgeht, kann bei Verwendung einer verstellbaren Eintrittsleitvorrichtung der Betriebspunkt des Gebläses für Normallast festgelegt

werden, während bei Drosselregelung stets die höchste Spitzenlast für die Berechnung des Gebläses maßgebend ist.

Eine sehr interessante Anwendung der verstellbaren Eintrittsleitvorrichtung ist in Abb. 187 gezeigt. Dabei handelt es sich um ein Zweikreis-Turbinen-Luftstrahltriebwerk, bei dem zum Anlassen die Eintrittsleitvorrichtung auf Mitdrall gestellt wird. Hierdurch wird die vom Axialverdichter (Zweikreis) aufgenommene Leistung wesentlich verringert, was den Anlaßvorgang des Triebwerkes vereinfacht und beschleunigt. Durch Verstellung der Leitvorrichtung kann die Leistung des Verdichters der Turbinenleistung bei verschiedenen Betriebsbedingungen angepaßt werden. Weiterhin kann man bei konstanter Drehzahl durch Verstellung der Leitvorrichtung den Schub des Gerätes momentan innerhalb weiter Grenzen verändern.

Abb. 188 zeigt die Charakteristik eines Verdichters, der im Auslegungspunkt als Wirbelfluß-

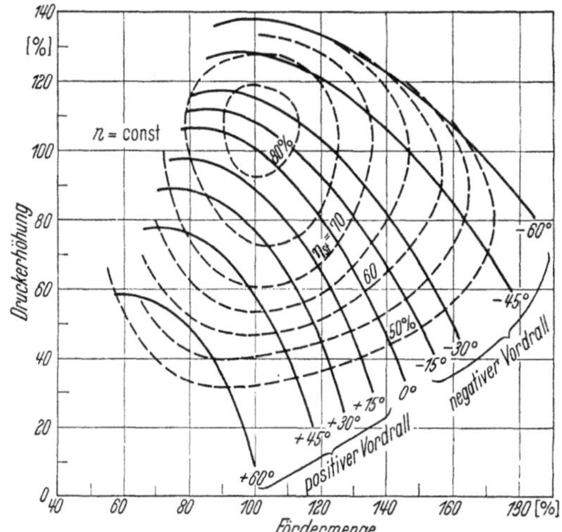

Abb. 186. Druckerhöhung-Fördermengencharakteristik des in Abb. 185 gezeigten Gebläses bei konstanter Drehzahl $0°$ = drallfreie Zuströmung zum Laufrad, — 15° bis — 60° = negativer Vordrall (Gegendrall), + 15° bis + 60° = positiver Vordrall (Mitdrall). Die Punkte gleicher Gebläse-Gesamtwirkungsgrade sind durch gestrichelte Kurven miteinander verbunden (Eierkurven)

maschine gebaut ist, bei positivem, fehlendem und negativem Vordrall und die hierbei erreichten Stufenwirkungsgrade η_{St}.

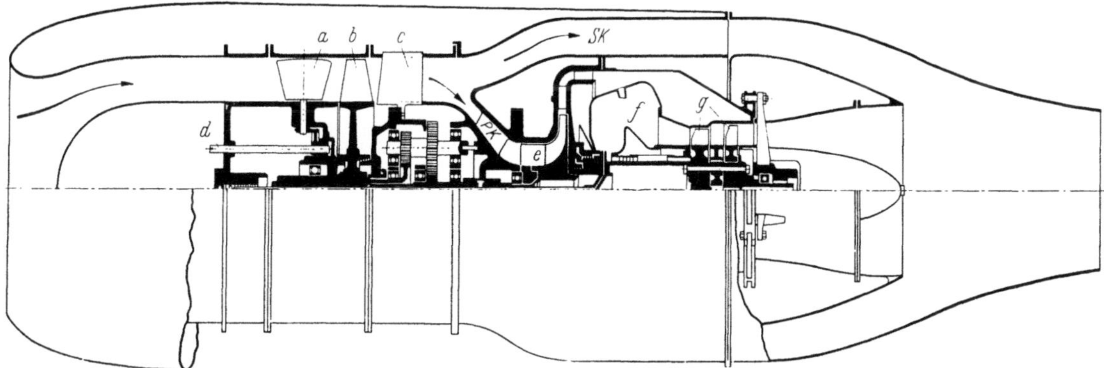

Abb. 187. Schema des Zweikreis-Turbinen-Luftstrahltriebwerkes der Turboméca S.A., Bordes (B.P.)
a verstellbare Eintrittsleitvorrichtung, *b* Axialverdichter, *c* Nachleitrad, *d* Verstellhebel, *e* Radialverdichter (Primärkreis), *f* Brennkammer (Primärkreis), *g* Turbine (Primärkreis), *PK* Primärkreis, *SK* Sekundärkreis

2. Verdichter mit gleichem Reaktionsgrad auf allen Schnitten

Bei sämtlichen Bauarten von Wirbelflußmaschinen ändert sich der Reaktionsgrad mit dem Verdichterhalbmesser. Nun kann die Aufgabe vorliegen, einen Verdichter zu bauen, bei dem der Reaktionsgrad in allen koaxialen Schaufelschnitten gleich sein soll. Außerdem soll die Bedingung bestehen, daß der Gesamtdruck hinter dem Laufrad bzw. vor dem Leitrad (Zeiger 1) und vor dem Laufrad, d. h. hinter einem Leitrad (Zeiger 2) über dem Radius konstant ist. Damit ist die Gesamtdruckdifferenz

$$\Delta p_{\text{tot}}(r) = \text{const}.$$

Nun soll im folgenden untersucht werden, welche Meridiangeschwindigkeitsverteilung sich vor und hinter dem Laufrad einer mittleren Stufe bei konstantem Reaktionsgrad einstellt.

Unter der Voraussetzung, daß die vor- und nachgeschalteten Leiträder großen Abstand vom Laufrad[1] haben, kann für das Kräftegleichgewicht in radialer Richtung Gl. (43), benützt werden

$$\frac{1}{\varrho}\,\frac{d\,p_{\text{tot}}}{d\,r} = c_m\,\frac{d\,c_m}{d\,r} + c_u\left(\frac{c_u}{r} + \frac{d\,c_u}{d\,r}\right).$$

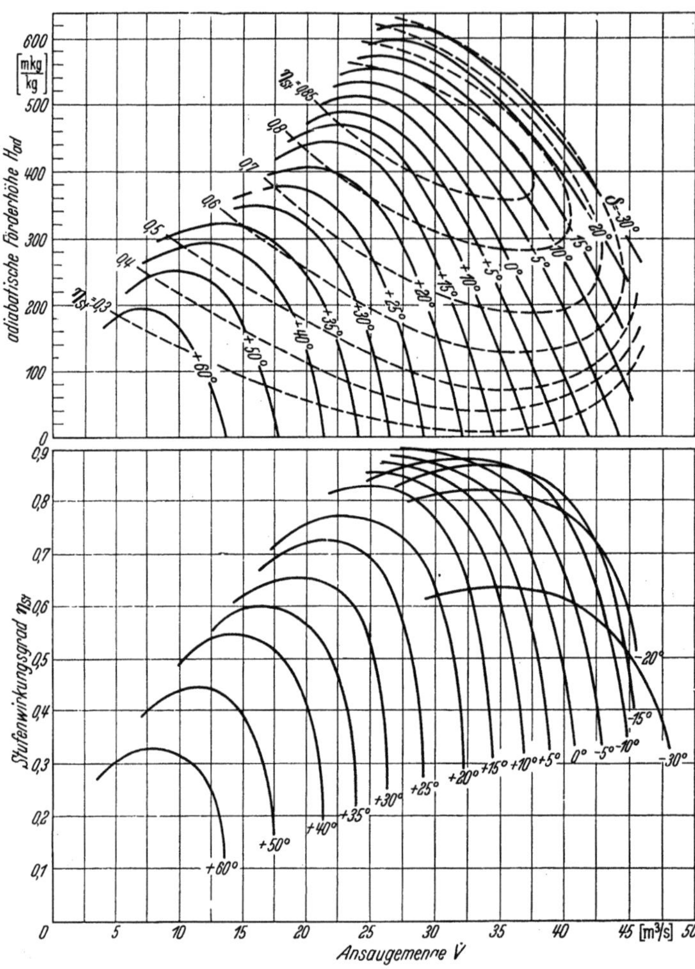

Abb. 188. Kennfeld einer Wirbelflußmaschine bei positivem, fehlendem und negativem Vordrall ($n =$ const)

Nun sind mit den Bezeichnungen in Abb. 189 die Umfangskomponenten der Absolutgeschwindigkeiten hinter (Zeiger 1) bzw. vor dem Laufrad (Zeiger 2)

$$c_{1u} = c_{\infty u} + \frac{\varDelta w_u}{2} = u - w_{\infty u} + \frac{\varDelta w_u}{2},$$

$$c_{2u} = c_{\infty u} - \frac{\varDelta w_u}{2} = u - w_{\infty u} - \frac{\varDelta w_u}{2}.$$

Mit der Definitionsgleichung für die Druckzahl

$$\psi = \frac{\varDelta p_{\text{tot}}}{\frac{\varrho}{2}\cdot u_a^2}$$

und mit Gl. (11) wird

$$\varDelta w_u = \frac{\varDelta p_{\text{tot}}}{\varrho\cdot u} = \frac{\psi}{2}\cdot\frac{u_a^2}{u}\,;$$

---

[1] Bei Annahme großen Abstandes zwischen Lauf- und Leiträdern, können die noch später zu behandelnden Zentrifugalkräfte zweiter Art gegenüber denjenigen erster Art vernachlässigt werden.

nach Gl. (45) ist

$$w_{\infty_u} = u \cdot \mathfrak{r},$$

also

$$c_{1_u} = u - \mathfrak{r} \cdot u + \frac{\psi}{4} \cdot \frac{u_a^2}{u} = \omega\left(r - \mathfrak{r} \cdot r + \frac{\psi}{4} \cdot \frac{r_a^2}{r}\right),$$

$$c_{2_u} = u - \mathfrak{r} \cdot u - \frac{\psi}{4} \cdot \frac{u_a^2}{u} = \omega\left(r - \mathfrak{r} \cdot r - \frac{\psi}{4} \cdot \frac{r_a^2}{r}\right).$$

Da nun voraussetzungsgemäß

$$p_{1\mathrm{tot}}(r) = \mathrm{const} \qquad \text{und} \qquad p_{2\mathrm{tot}}(r) = \mathrm{const}$$

sein soll, ergibt sich für das Kräftegleichgewicht in radialer Richtung für die Strömung vor dem Laufrad

$$-c_m \cdot \frac{d\,c_m}{d\,r} = c_u \cdot \frac{d\,c_u}{d\,r} + \frac{c_u^2}{r},$$

$$= \omega^2\left[r\,(1 - \mathfrak{r}) - \frac{\psi}{4} \cdot \frac{r_a^2}{r}\right] \cdot \left[1 - \mathfrak{r} + \frac{\psi}{4} \cdot \frac{r_a^2}{r^2}\right] + \frac{\omega^2}{r}\left[r\,(1 - \mathfrak{r}) - \frac{\psi}{4} \cdot \frac{r_a^2}{r}\right]^2,$$

$$= \frac{\omega^2}{r}\left[r^2\,(1 - \mathfrak{r})^2 - \left(\frac{\psi}{4}\,\frac{r_a^2}{r}\right)^2\right] + \frac{\omega^2}{r}\left[r^2\,(1 - \mathfrak{r})^2 + \left(\frac{\psi}{4}\,\frac{r_a^2}{r}\right)^2 - \frac{\psi}{2}\,r_a^2\,(1 - \mathfrak{r})\right]$$

oder

$$-c_m\,\frac{d\,c_m}{d\,r} = \omega^2\,(1 - \mathfrak{r})\left[2r\,(1 - \mathfrak{r}) - \frac{\psi}{2} \cdot \frac{r_a^2}{r}\right].$$

Damit erhält man die gesuchte Meridiangeschwindigkeitsverteilung durch Integration von der Nabe (r_i) bis zu einem beliebigen Zylinderschnitt (r):

$$c_{m_{2i}}^2 - c_{m_2}^2 = \omega^2\,(1 - \mathfrak{r})\left[2\,(1 - \mathfrak{r})\,(r^2 - r_i^2) - \psi \cdot r_a^2 \ln\frac{r}{r_i}\right]. \qquad (86)$$

Für die Strömung nach dem Laufrad erhält man

$$-c_m\,\frac{d\,c_m}{d\,r} = \omega^2\,(1 - \mathfrak{r})\left[2r\,(1 - \mathfrak{r}) + \frac{\psi}{2}\,\frac{r_a^2}{r}\right]$$

und durch Integration

$$c_{m_{1i}}^2 - c_{m_1}^2 = \omega^2\,(1 - \mathfrak{r})\left[2\,(1 - \mathfrak{r})\,(r^2 - r_i^2) + \psi\,r_a^2 \ln\frac{r}{r_i}\right]. \qquad (87)$$

Sind die Hauptabmessungen einer Stufe, nämlich r_a; r_i; Gasmenge $\dot{V}$, Drehzahl n, Gesamtdruckerhöhung Δp_{tot} und der Reaktionsgrad $\mathfrak{r}$ bekannt, so kann mit den Gl. (86) und Gl. (87) die Meridiangeschwindigkeitsverteilung entlang dem Verdichterhalbmesser berechnet werden. Hierzu nimmt man zunächst eine Meridiangeschwindigkeit am Halbmesser r_i, also c_{m_i} an. Zweckmäßig ist für diese Annahme

$$c_{m_i} \approx 1{,}1 \text{ bis } 1{,}2 \frac{\dot{V}}{\pi\,(r_a^2 - r_i^2)}.$$

Damit kann mit Gl. (86) bzw. Gl. (87) $c_m\,(r)$ berechnet werden. Das zugehörige Volumen

$$\dot{V} = 2\pi \int\limits_{r_i}^{r_a} c_m \cdot r\,d\,r$$

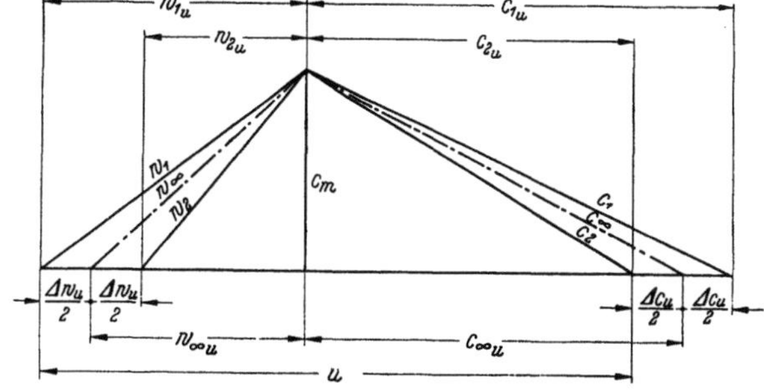

Abb. 189. Erläuterung zur Berechnung der Meridiangeschwindigkeitsverteilung bei konstantem Reaktionsgrad über dem Halbmesser

kann durch graphische Integration ermittelt werden.

Ist die auf diese Weise ermittelte Menge $\dot{V}$ mit der gewünschten Fördermenge nicht identisch, so wird man die richtigen Verhältnisse durch Iteration schnell finden.

Von besonderem Interesse sind Verdichterstufen mit konstantem Reaktionsgrad auf allen Schnitten für die Reaktionsgrade $\mathfrak{r} = 1$; $\mathfrak{r} = 0$ und $\mathfrak{r} = 0{,}5$.

Für den Reaktionsgrad $\mathfrak{r} = 1$ erhält man aus Gl. (86) bzw. Gl. (87)

$$c_{m_{1i}} = c_{m_1} \qquad \text{und} \qquad c_{m_{2i}} = c_{m_2},$$

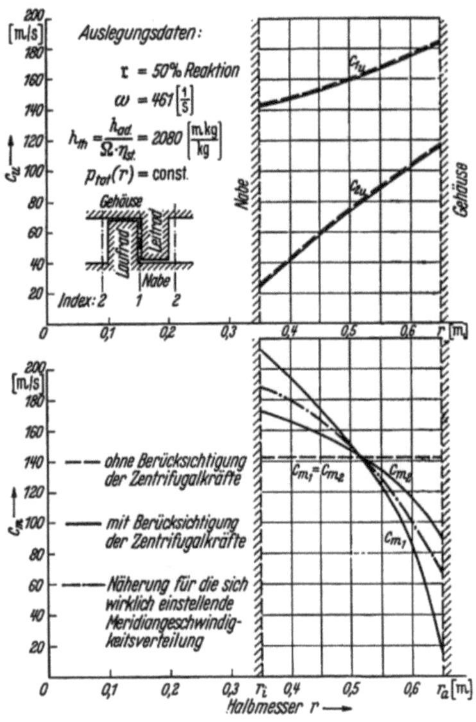

Abb. 190. Strömungsverhältnisse in einer Verdichterstufe
(Auslegungsart $\mathfrak{r} = 50\%$ auf allen Schnitten)

d. h. die Verdichterstufe mit konstantem Reaktionsgrad $\mathfrak{r} = 1$ hat eine konstante Meridiangeschwindigkeit auf allen koaxialen Zylinderschnitten.

Für den Reaktionsgrad $\mathfrak{r} = 0$ erhält man

$$c_{m_{1i}}^2 - c_{m_1}^2 = \omega^2 \left[2\left(r^2 - r_i^2\right) + \psi \cdot r_a^2 \cdot \ln \frac{r}{r_i} \right]$$

bzw.

$$c_{m_{2i}}^2 - c_{m_2}^2 = \omega^2 \left[2\left(r^2 - r_i^2\right) - \psi\, r_a^2 \ln \frac{r}{r_i} \right].$$

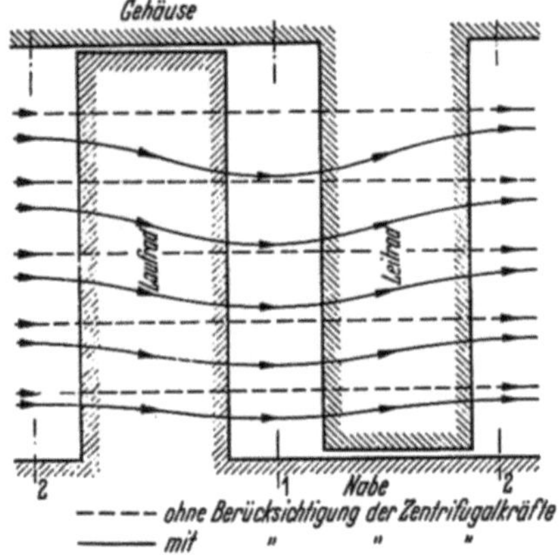

Abb. 191. Schematische Darstellung der Meridianstromlinien für die betrachtete Verdichterstufe

Abb. 192. Dreistufiger Axialverdichter mit konstantem Reaktionsgrad auf allen Schnitten. (Sämtliche Lauf- und Leitradschaufeln sind jeweils gemeinsam von außen verstellbar)

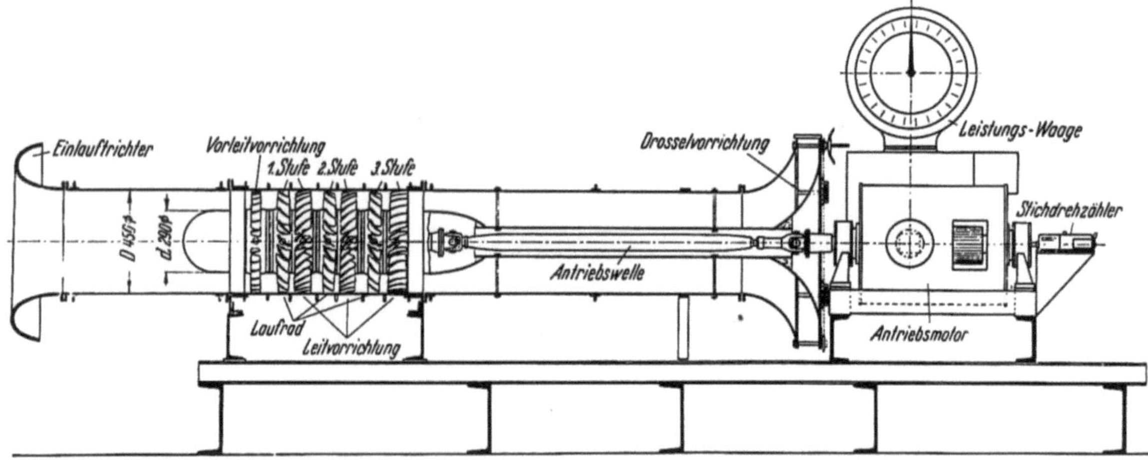

Abb. 193. Prüfstandsaufbau für den in Abb. 192 gezeigten Axialverdichter

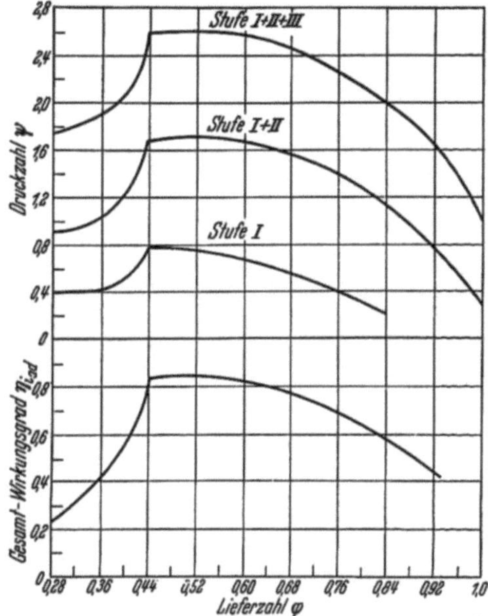

Abb. 194. Kennfeld des in Abb. 192 gezeigten Axialverdichters (Auslegezustand)

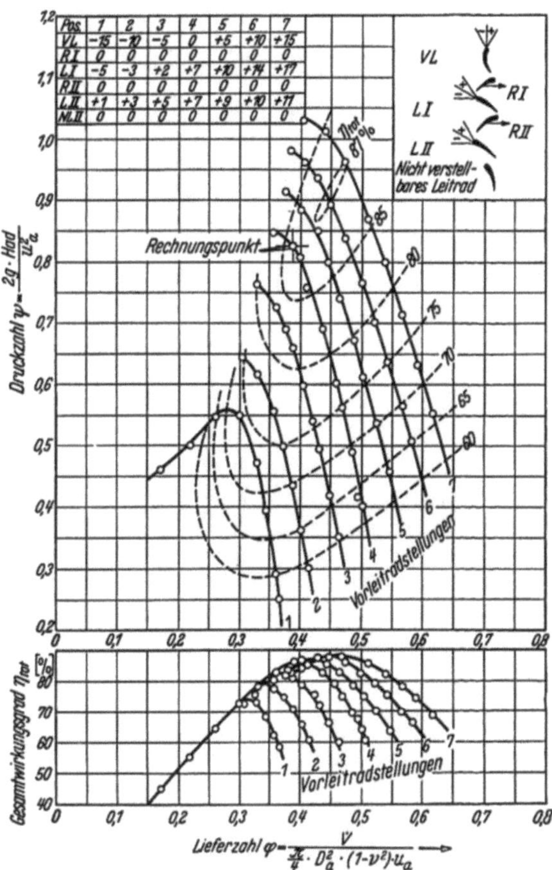

Abb. 197. Kennfeld des in Abb. 195 gezeigten zweistufigen
Axialverdichters bei 0° Laufradstellung und Vorleitrad-
stellungen $\delta = -15°$ bis $+15°$

Abb. 195. Zweistufiger Axialverdichter mit konstantem
Reaktionsgrad in allen Schaufelschnitten (Turboméca
S.A., Bordes B. P.)

Abb. 196. Ansicht der Verstelleinrichtung zur Vorleitvorrichtung, ersten
und zweiten Leitradstufe des in Abb. 195 gezeigten Axialverdichters

Abb. 198. Vierstufiger Axialverdichter zur Aufladung eines Höhen-
flugmotors

Wie bereits erwähnt, sind die Geschwindigkeitsdreiecke bei einem Reaktionsgrad $r = 0,5$ für Lauf- und Leiträder spiegelbildlich gleich; außerdem sind in diesem Falle die im Hinblick auf das Erreichen der MACHzahlgrenze höchstzulässigen Umfangsgeschwindigkeiten und damit Stufendruckerhöhungen möglich. Die Meridiangeschwindigkeitsverteilung bei $r = 0,5$ beträgt in diesem Falle

$$c_{m_i}^2 - c_m^2 = \frac{\omega^2}{2}\left[(r^2 - r_i^2) \mp \psi \cdot r_a^2 \cdot \ln \frac{r}{r_i}\right],$$

wobei das

      − Zeichen für die Meridiangeschwindigkeitsverteilung vor dem Laufrad,
das   + Zeichen für die Meridiangeschwindigkeitsverteilung nach dem Laufrad gilt.

Aus den Gln. (86) und (87) geht hervor, daß die Meridiangeschwindigkeit c_m bei Annahme konstanten Gesamtdruckes über dem Radius bei sämtlichen Auslegungsarten mit konstantem

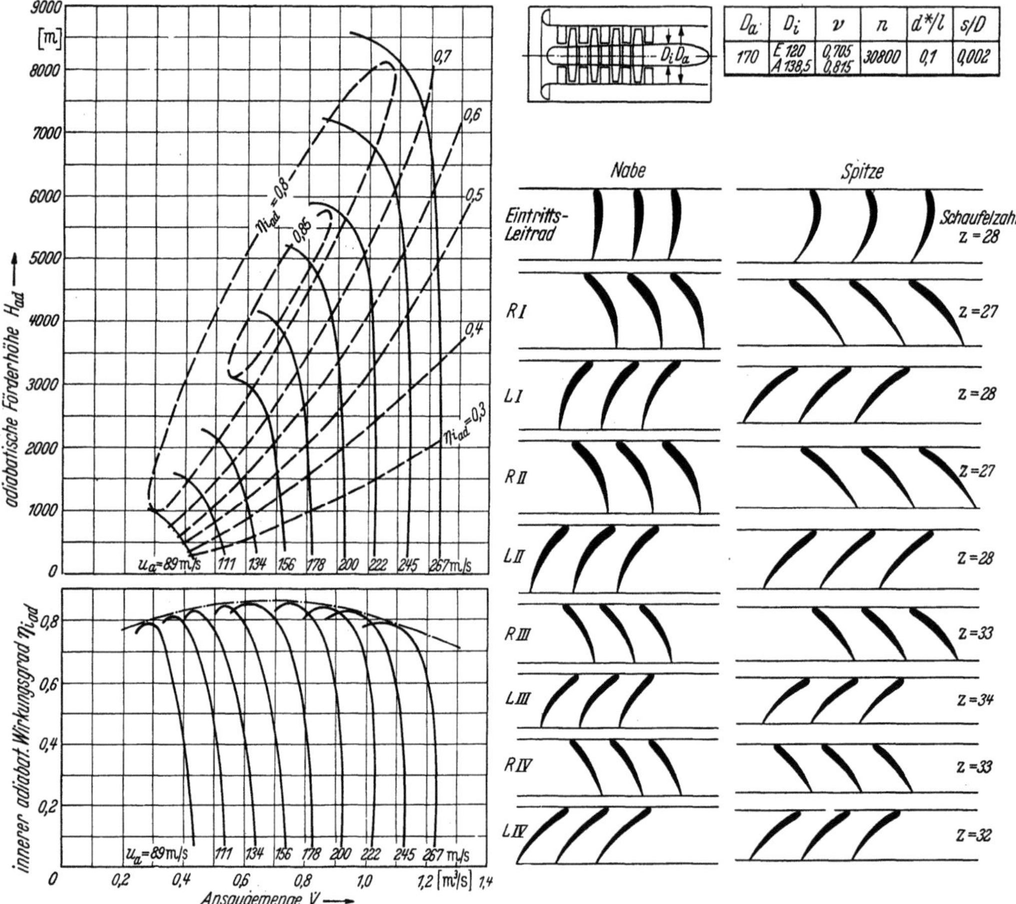

Abb. 199. Kennfeld des in Abb. 198 gezeigten vierstufigen Axialverdichters und die abgewickelten Profilgitter in Vorleitvorrichtung, Lauf- und Leiträdern

Reaktionsgrad r auf allen Schaufelschnitten nicht konstant ist. Eine Ausnahme davon bildet lediglich der Reaktionsgrad r $(r) = 1 =$ const.

Abb. 190 zeigt beispielsweise den Verlauf der Meridiangeschwindigkeit vor und hinter dem Laufrad einer für 50% Reaktion auf allen Schnitten ausgelegten Axialstufe. Zeichnet man das entsprechende Meridianstromlinienbild (Abb. 191), so sieht man, daß die Strömung nicht mehr auf koaxialen Zylinderschnitten verläuft. Die Gasteilchen erfahren eine, sich durch alle Stufen eines Verdichters fortsetzende, periodische Schwingbewegung. Hierdurch würde aber die Differentialgleichung der Turbomaschinenströmung ihre Gültigkeit verlieren, die Behandlung einer derartigen Strömungsform wird in einem späteren Abschnitt durch eine entsprechende Erweiterung dieser Differentialgleichung erfolgen. Wie dort gezeigt wird, verläuft die wirkliche

Strömung praktisch schwingungsfrei, wobei sich der Verlauf der Meridiangeschwindigkeit in erster Näherung auf einen Mittelwert zwischen c_{m_1} und c_{m_2} (s. Abb. 190) einstellt. Die Grundtendenz der nach außen stark abfallenden Meridiangeschwindigkeit bleibt aber erhalten. Besonders zu beachten ist der Nabenschnitt bei der Auslegungsart $r = 0{,}5$ auf allen Zylinderschnitten, für den sich wegen der erhöhten Meridiangeschwindigkeit sehr oft MACHzahlschwierigkeiten ergeben können.

Als Beispiel dieser Kompressorbauart zeigt Abb. 192 einen dreistufigen Axialverdichter mit $r = 50\%$ Reaktion auf allen Schnitten. Die Schaufeln sämtlicher Leit- und Laufräder können jeweils gemeinsam ohne Demontage des Verdichters auf- und zugedreht werden. Abb. 193 zeigt diesen Verdichter auf dem Prüfstand, wobei als Antrieb ein pendelnd gelagerter Gleichstromelektromotor dient, dessen Rückstellmoment mittels einer Waage und dessen Drehzahl mit Hilfe eines Präzisionsdrehzahlmessers ermittelt werden. Die Luftmengenmessung erfolgt unmittelbar hinter dem Einlauftrichter mittels statischer Druckmeßstellen. Die vor und nach jeder Lauf- und Leitradstufe vorgesehenen Meßbohrungen dienen zur Druckmessung. Die Charakteristik dieses Verdichters ist in Abb. 194 dargestellt. Abb. 195 zeigt einen zweistufigen Verdichter mit konstantem Reaktionsgrad, Abb. 196 die Verstelleinrichtung für die Schaufeln der Vorleitvorrichtung und der beiden nachgeschalteten Leiträder und Abb. 197 das Kennfeld dieses Verdichters. Der in Abb. 198 wiedergegebene vierstufige Axialverdichter mit 50% Reaktion in allen Schaufelschnitten dient zum Aufladen von Höhenflugmotoren. Abb. 199 zeigt das Kennfeld dieses Verdichters.

3. Verdichter mit gegenläufigen Laufrädern

Aus dem Bestreben, die zur Erzielung einer vorgegebenen Förderhöhe notwendige Baulänge eines Axialkompressors möglichst zu verkürzen, entstand eine nur aus Laufrädern bestehende Bauart, wobei die Räder jeweils gegenläufigen Drehsinn haben. Maßgebend für diese Entwicklung war auch die Überlegung, daß die Druckumsetzung in einem Laufrad im allgemeinen günstiger ist, als in einem Leitrad. Abb. 200 zeigt einen fünfstufigen Verdichter mit gegenläufigen Laufrädern und Abb. 201 die Geschwindigkeitsdreiecke zweier benachbarter Laufräder.

Der Aufbau von Axialverdichtern mit gegenläufigen Laufrädern ist wegen der benötigten Umkehrgetriebe und der komplizierten Lagerung der einzelnen Räder verwickelt, weshalb die Anwendung dieser Bauart auf Ausnahmefälle beschränkt ist. Soll beispielsweise ein Verdichter in einer Rohrleitung wahlweise drückend

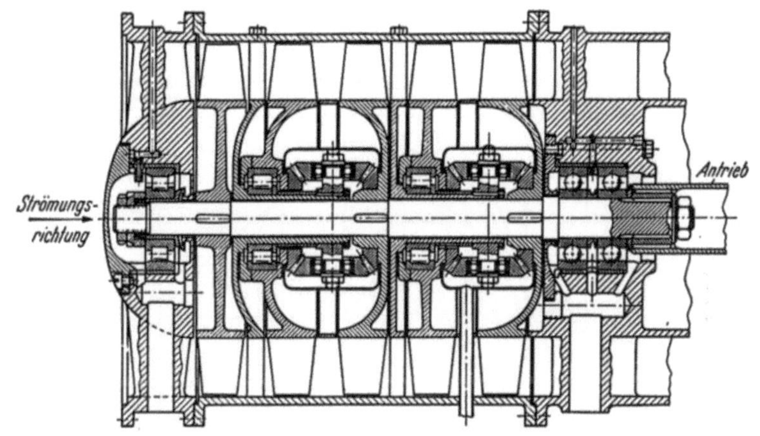

Abb. 200. Fünfstufiger Axialverdichter mit gegenläufigen Stufen

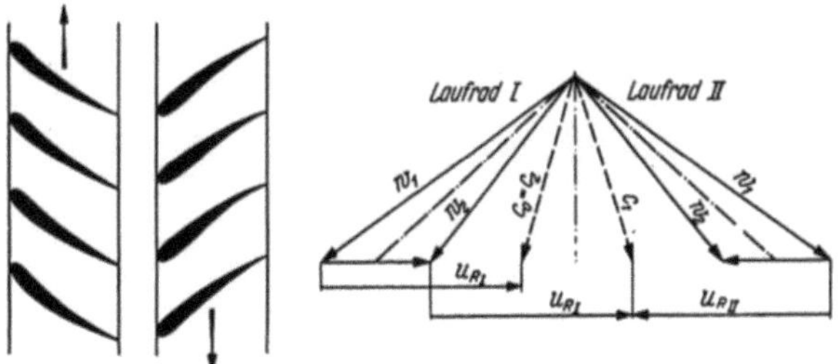

Abb. 201. Geschwindigkeitsplan für ein gegenläufiges Radpaar

oder saugend arbeiten, dann ist dies bei gleichen Wirkungsgraden in beiden Fällen durch Verstellung der Laufschaufeln und Drehrichtungsänderung der Antriebsmaschine möglich, was bei Verdichtern mit Leitvorrichtungen ausgeschlossen ist. Als Beispiel zeigt Abb. 202 ein Hauptbewetterungsgebläse, das sowohl nach dem Saug- als auch nach dem Drucksystem arbeiten kann. Wie schon aus Abb. 201 hervorgeht, ist man bei der gegenläufigen Stufe wegen der Annäherung an die Schallgeschwindigkeit bezüglich der Umfangsgeschwindigkeit u sehr beschränkt.

Aus diesem Grunde ist die erreichbare Förderhöhe bei dieser Bauweise begrenzt. Abb. 203 zeigt das Kennfeld eines gegenläufigen Radpaares und die gemessenen Wirkungsgrade ($u_a \approx 80$ m/s) bei verschiedenen Stellungen der beiden Lauträder. Der größte Axialverdichter mit gegenläufigen Rädern ist im Großwindkanal Modane (Frankreich) in Betrieb (Abb. 204); Abb. 205 zeigt das Kennfeld dieses Verdichters.

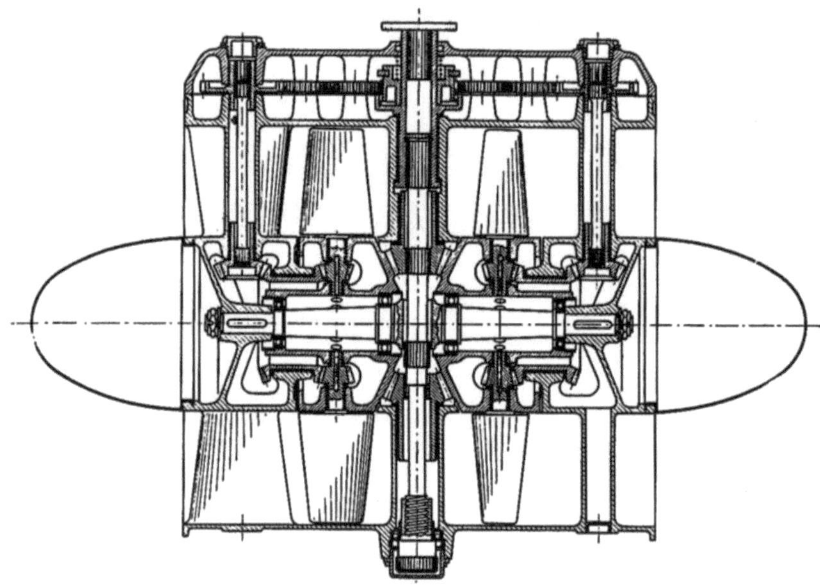

Abb. 202. Gegenläufiges, zweistufiges Axialgebläse für eine Hauptbewetterung für wahlweise saugenden oder drückenden Luftstrom

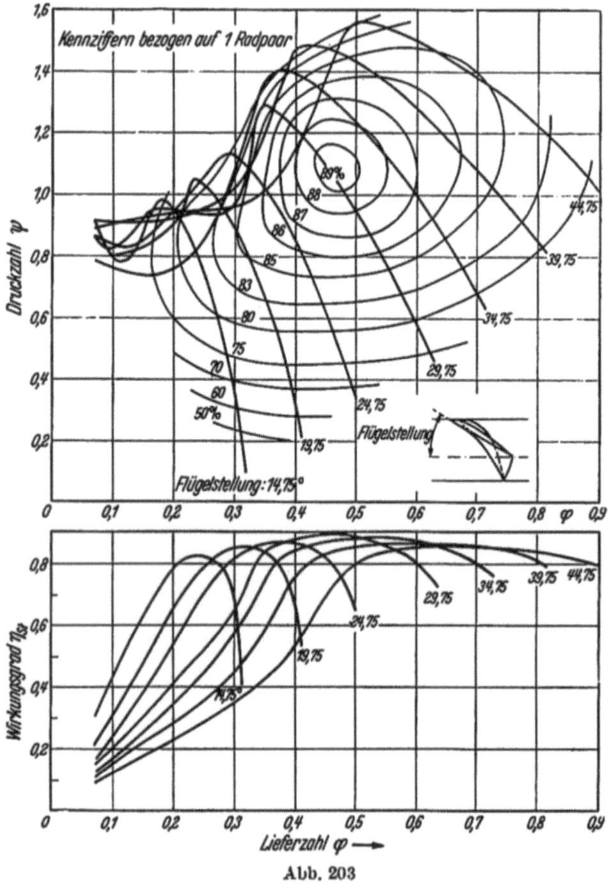

Abb. 203

Abb. 204. Gegenläufiger Axialverdichter des Windkanals in Modane (Frankreich) für Blasgeschwindigkeiten, die die MACHzahl 1 erreichen. Laufraddurchmesser $D_a = 15$ m, Nabendurchmesser $D_i = 7,5$ m, Antriebsleistung des Verdichters $N = 110000$ PS, Antrieb durch 2 Pelton-Turbinen (Hersteller: Dingler-Werke A.G.)

Abb. 203. Kennfeld eines gegenläufigen Axialgebläses bei verschiedenen Stellungen der Lauträder (nach W. ENKE)

Sehr vorteilhaft lassen sich gegenläufige Gebläse für Klimaeinrichtungen benützen, wenn aus baulichen oder preislichen Gründen Diffusoren nicht unterzubringen sind, ein großer Regelbereich, hohe Ansprüche bezüglich Geräuschlosigkeit und optimale Gebläsewirkungsgrade in einem breiten Arbeitsbereich gefordert werden. Bei dem in Abb. 93 gezeigten gegenläufigen Axialgebläse für eine Klimaeinrichtung war die Unterbringung eines Austrittsdiffusors aus räumlichen Gründen nicht möglich, weshalb zum Erreichen kleinster Austrittsverluste die

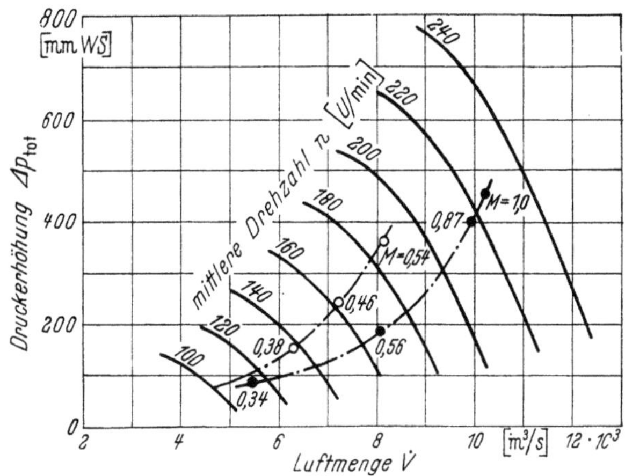

Abb. 205. Kennfeld des in Abb. 204 gezeigten gegenläufigen Axialkompressors
——— Kompressor-Kennlinien
—·—·— Betriebskennlinien des Windkanals

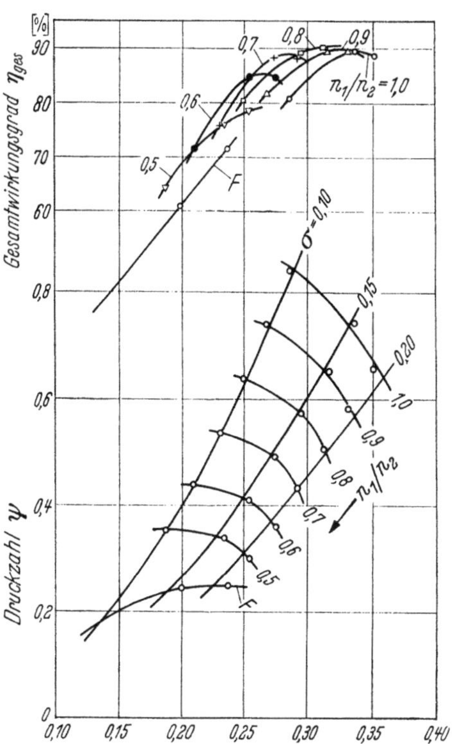

Abb. 206. Kennlinien des in Abb. 93 gezeigten gegenläufigen Axialgebläses (Lufttechn. Ges. m. b. H., Stuttgart-Zuffenhausen)
Außendurchmesser D_a = 2650 mm; Nabendurchmesser D_i = 1550 mm; $n = n_2$ = 258 U/min; n_1/n_2 Verhältnis der Drehzahlen der ersten zur zweiten Gebläsestufe bei n_2 = const.; Antriebsleistung der ersten Stufe N_1 = 11 kW (drehzahlgeregelter Drehstromnebenschlußmotor mit einem Drehzahlverhältnis 1 : 3); Antriebsleistung der zweiten Stufe N_2 = 13 kW (Kurzschlußläufermotor); Gesamtdruck Δp_{tot} = 48,5 mm WS; Luftmenge $\dot{V}$ = 44,5 m³/s Die Kurven F entsprechen dem Betrieb mit der zweiten Gebläsestufe bei freilaufender erster Stufe

Meridiangeschwindigkeit ebenfalls klein sein mußte. Um zu kleine Strömungswinkel zu vermeiden, darf aber das Verhältnis von Meridiangeschwindigkeit zu Umfangsgeschwindigkeit nicht zu klein sein, d. h. man ist gezwungen, auch die Umfangsgeschwindigkeit in diesem Fall möglichst klein zu halten, was auch bezüglich der Geräuschentwicklung von ausschlaggebender Bedeutung ist. Bei einem zweistufigen, aber im gleichen Sinn drehenden Gebläse könnte zwar bei gleich niederer Umfangsgeschwindigkeit die gewünschte Gesamtdruckerhöhung ebenfalls erreicht werden, wobei aber vor allem wegen des dabei erforderlichen Leitapparates der Aufwand wesentlich größer, die Anlage also teurer wird gegenüber dem gegenläufigen Gebläse. Außerdem erreicht man bei der gegenläufigen Anordnung eine besonders günstige Regelung dadurch, daß man das erste Gebläserad mit veränderlicher Drehzahl antreibt, während die Drehzahl des zweiten gegenläufigen Rades konstant ist[1]. Abb. 206 zeigt das gemessene Kennfeld des in Abb. 93 dargestellten gegenläufigen Axialgebläses mit Wirkungsgraden von 90%.

4. Axialstufe ohne Leitvorrichtung

In vielen Fällen, insbesondere auf dem Gebiete der Lüftung und Kühlung, werden einstufige Axialgebläse (Ventilatoren) ohne vor- oder nachgeschaltete Leitvorrichtung gebaut.

a) Das leitradlose Gebläse mit Gehäuse

Im einfachsten Fall wird das Gebläse in einer Rohrleitung eingebaut, wobei unter ungünstigsten Annahmen auch kein Nabenabfluß vorhanden sei. Nach Durchströmen des Laufrades ergibt

---

[1] TRAUPEL, W.: Versuche an einem gegenläufigen Axialventilator. Heizung und Lüftung, Haustechnik 10 (1959) S. 6—13.

sich eine Querschnittszunahme, da in der Gebläsekreisringfläche die Nabenfläche den Durchflußquerschnitt verkleinert. Bei zylindrischer Rohrleitung beträgt das Querschnittsverhältnis

$$\frac{f_1}{f_2} = \frac{\frac{\pi}{4}(D_a^2 - D_i^2)}{\frac{\pi}{4}D_a^2} = 1 - \nu^2 = \frac{c_{m_2}}{c_{m_1}}.$$

Der Energieverlust bei der Ausbreitung eines Strahles in einem zylindrischen Rohr läßt sich mittels des Impulssatzes berechnen. Nach der BORDA-CARNOTschen Formel ist der Energieverlust

$$\frac{\varrho}{2}(c_{m_1} - c_{m_2})^2 = \frac{\varrho}{2}c_{m_1}^2\left(1 - \frac{c_{m_2}}{c_{m_1}}\right)^2 = \frac{\varrho}{2}c_{m_1}^2[1 - (1 - \nu^2)]^2 = \frac{\varrho}{2}c_{m_1}^2 \cdot \nu^4.$$

Bezogen auf den Gesamtdruck des Gebläses $\Delta p_{\text{tot}} = \psi \cdot \frac{\varrho}{2} \cdot u_a^2$ beträgt also der Verlust als Folge des Fehlens eines Nabenabflusses

$$\Lambda = \frac{\frac{\varrho}{2} \cdot c_{m_1}^2 \cdot \nu^4}{\psi \cdot \frac{\varrho}{2} u_a^2} = \frac{\varphi^2}{\psi} \cdot \nu^4 = \sigma \cdot \nu^4. \tag{88}$$

Wie aus Gl. (88) hervorgeht, wirkt sich das Fehlen eines Nabenabflusses insbesondere bei größeren Nabenverhältnissen schädlich aus. Abb. 207 zeigt Beispiele von einigen gebräuchlichen

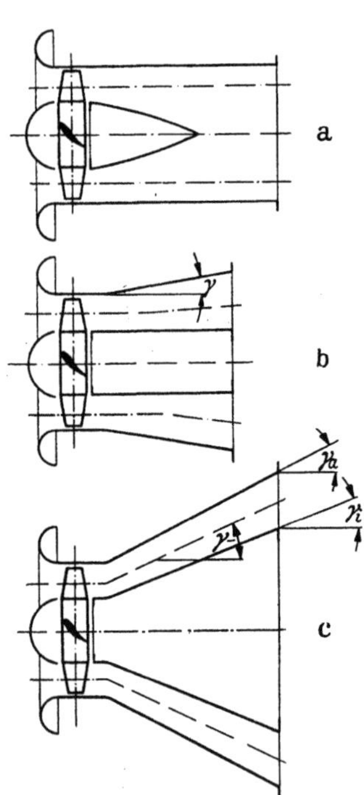

Abb. 207 a—c
Bauformen von Diffusoren
a) an die Nabe des Gebläses anschließender Diffusor; b) Diffusor mit zunehmendem Außendurchmesser und gleichbleibender Nabe, c) Diffusor mit zunehmendem Außen- und Nabendurchmesser, γ halber Öffnungswinkel

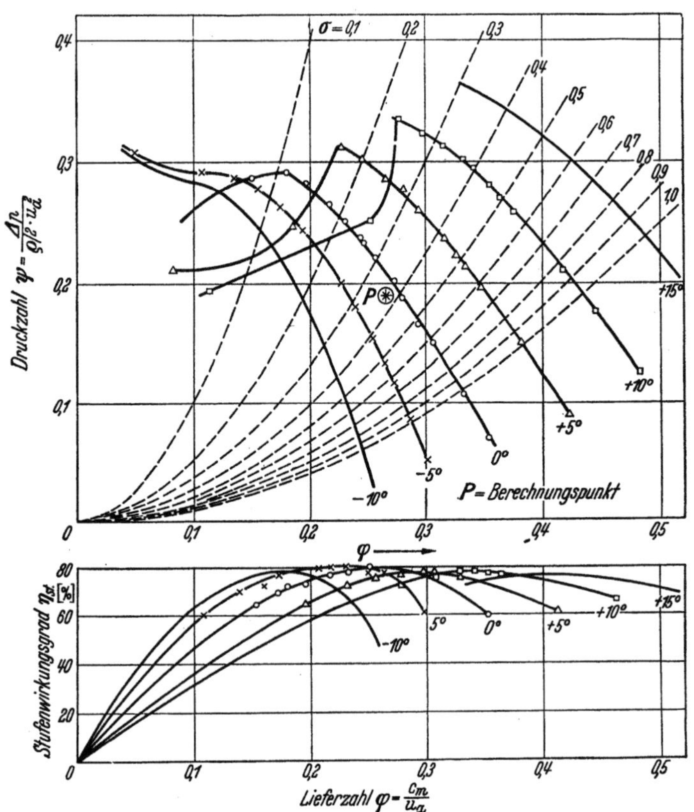

Abb. 208. Kennfeld einer leitradlosen Axialverdichterstufe bei verschiedenen Laufradschaufelstellungen δ und Linien gleicher Drosselzahl σ (P = Rechnungspunkt)

Formen des Gebläseauslaufes. Als Öffnungswinkel $2 \cdot \gamma$ kann man üblicherweise 8 bis 10° zugrunde legen. Bei Ringdiffusoren nach Abb. 207c sind versuchsmäßig Außenwinkel $\gamma_a = 16°$ und Nabenwinkel $\gamma_i = 12°$ als ausführbar bestätigt.

Aber auch bei Verwendung eines Diffusors hinter dem Laufrad einer Axialstufe ohne Leitvorrichtung entstehen Verluste an Rotationsenergie[1].

Aus den vorstehenden Ausführungen geht hervor, daß die Axialstufe ohne vor- oder nachgeschaltete Leitvorrichtung nur für aerodynamisch schwach belastete Räder, also Stufen kleiner Druckzahl ($\psi \leq 0{,}3$) möglich ist, da in diesem Falle auch die Drallkomponente c_u klein ist. Abb. 208 zeigt das Kennfeld eines Axialgebläses ohne Leitvorrichtung.

Da die Rotationskomponente nach der Nabe hin zunimmt, kann man unter Umständen an den äußeren Stromlinien auf eine Drallkorrektion verzichten und erst in Nabennähe mittels eines reduzierten Leitapparates die Strömung in axiale Richtung umlenken, was eine Erhöhung des Diffusorgütegrades bei kleinsten Leitapparatverlusten zur Folge hat. Abb. 209 zeigt den reduzierten Leitapparat am Eintritt in eine Kaplanturbine.

b) Das leitradlose Gebläse ohne Gehäuse

Vielfach werden axial durchströmte Ventilatoren gehäuselos ausgeführt. Wegen des Zirkulationsabfalles nach den Schaufelenden hin sind die Leistungen des unbemantelten Gebläses stets kleiner als diejenigen des im Gehäuse laufenden Rades. Eine numerisch exakte Berechnung[2] derartiger Axialgebläse stößt auf mancherlei Schwierigkeiten, weshalb zur Klärung dieser Fragen umfangreiche Versuche durchgeführt wurden.

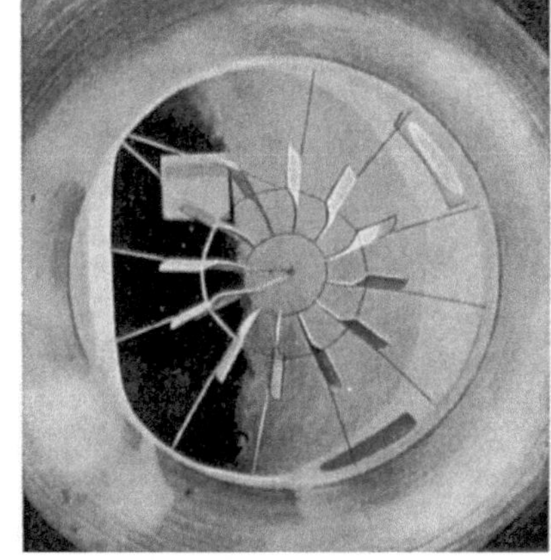

Abb. 209. Reduzierter Leitapparat im Modell einer Kaplanturbine (nach Versuchen von Escher-Wyss, Zürich)

Im folgenden sollen nur kurz die wesentlichsten Ergebnisse dieser Untersuchungen[3] dargestellt werden:

Abb. 210. Prüfstand zur Untersuchung unbemantelter Axialgebläse

---

[1] Sehr interessant sind Untersuchungen an Spaltdiffusoren, die bei Öffnungswinkeln bis 24,5° bezüglich Verteilung und Energieumsetzung dem üblichen Diffusor mit einem Öffnungswinkel von 7° gleichwertig, in ihrer Länge jedoch um über 70% kürzer sind. Vgl. hierzu R. GOETHALS: Contribution a l'etude des diffuseurs en vue de l'application aux souffleries aérodynamiques subsoniques, service de documentation et d'information technique de l'aéronautique, 1950.

[2] Vgl. z. B. B. ECKERT: Kühlgebläse für Verbrennungsmotoren. Mot. Techn. Z. 2 (1940) H. 10.

[3] Ausführliche Darlegungen auf diesem Gebiete findet man in den Diplomarbeiten R. KESSLER: Das bemantelte und unbemantelte Axialgebläse, T. H. Stuttgart 1942. H. WILLIG: Untersuchungen an unbemantelten Axialgebläsen. T. H. Stuttgart 1942. H. NIES: Untersuchungen an unbemantelten Axialgebläsen, T. H. Stuttgart 1942. H. DENNERT: Untersuchungen an bemantelten und unbemantelten Axialgebläsen, T. H. Stuttgart 1942.

Abb. 211. Ansicht des Prüfstandes zur Untersuchung bemantelter und unbemantelter Axialgebläse ohne Leitvorrichtung

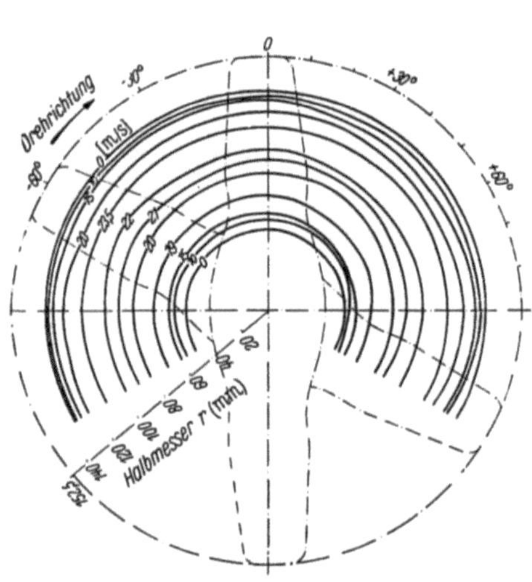

Abb. 212. Isotachen hinter einem mantellosen Axialgebläse
(Drehzahl des Gebläses $n = 4220$ U/min.)

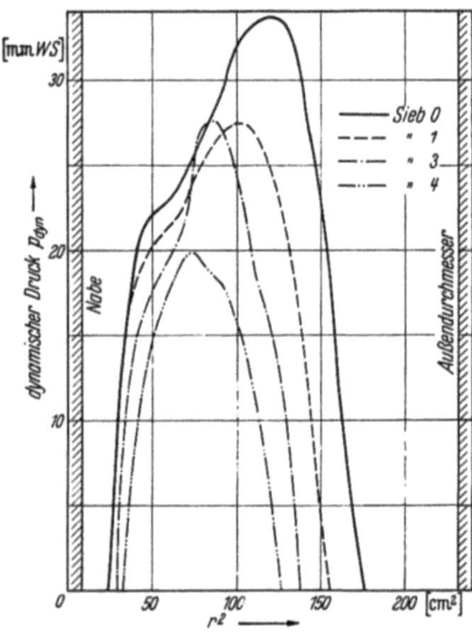

Abb. 213. Verlauf des dynamischen Druckes an Axialgebläsen ohne Gehäuse bei verschiedenen Drosselungen

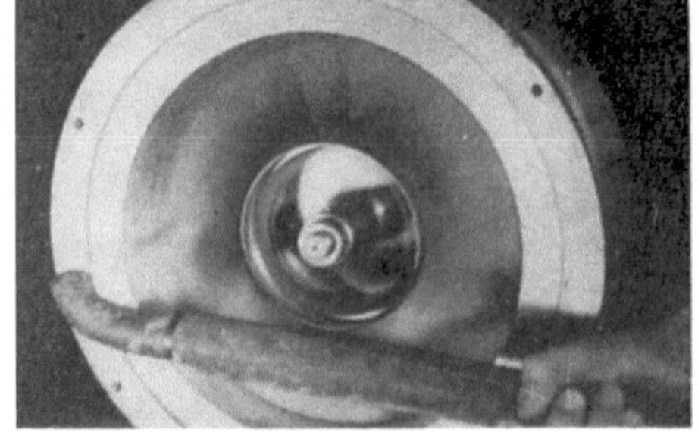

a   b

Abb. 214 a u. b. Filmausschnitt über Rauchversuche am Eintritt von Axialgebläsen
a) unbemanteltes Axialgebläse (deutlich ist die Ablenkung des Rauchstrahles zu den aktiven Zonen hin zu sehen, während am Außendurchmesser keine Förderung stattfindet); b) bemanteltes Axialgebläse (Energiezufuhr über der ganzen radialen Schaufelerstreckung)

Abb. 210 und Abb. 211 zeigen den Prüfstandsaufbau für diese Untersuchungen. Die Geschwindigkeitsverteilung, Abb. 212, längs konzentrischer Kreise ist nahezu konstant, dagegen ändern sich die Geschwindigkeiten grundsätzlich zwischen Gebläsespitze und Nabe. Druckmessungen unmittelbar hinter dem gehäuselosen Axialgebläse, Abb. 213 zeigen, daß im Gegensatz zum bemantelten Gebläse nur eine relativ kleine Ringzone

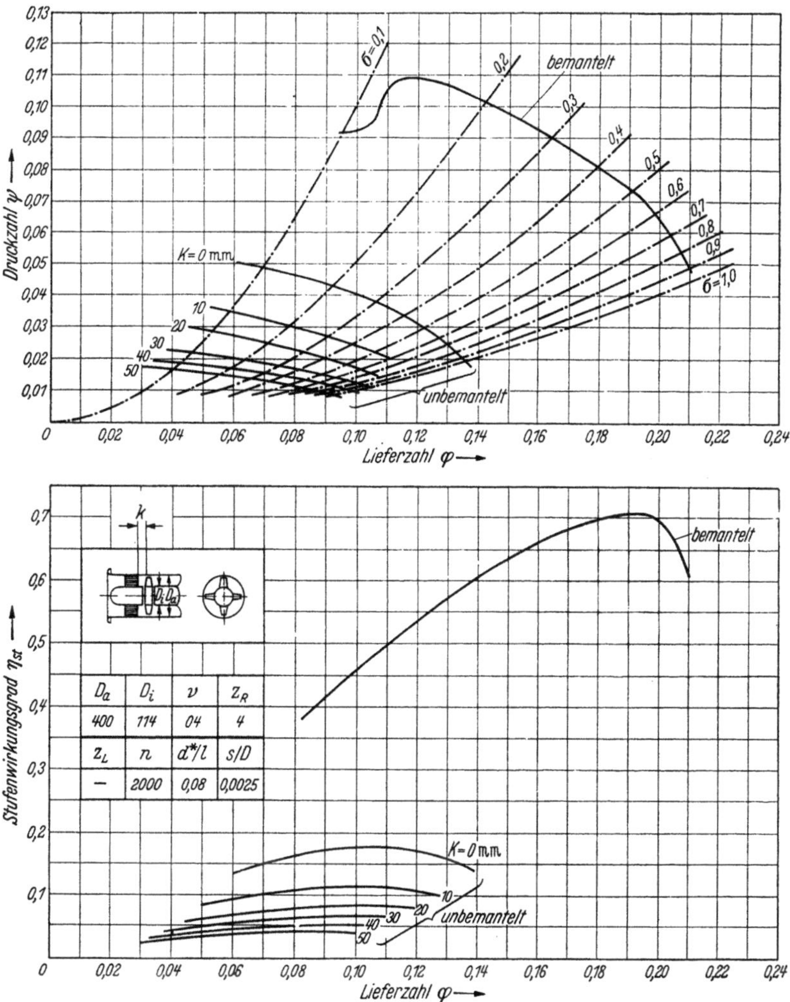

Abb. 215. Kennfeld eines Axialkühlgebläses mit und ohne Gehäuse, sowie Linien gleicher Drosselzahlen σ
k Abstand des Gebläses vom Kühler

aktiv ist, während in den Außen- und nabennahen Flächen Rückströmungen eintreten. In Abb. 212 und 213 ist nur die Strömungsgeschwindigkeit bzw. der dynamische Druck in Förderrichtung eingetragen, da die Messungen in den übrigen Zonen zu unsicher waren. Diese Erkenntnisse wurden durch Strömungsaufnahmen qualitativ bestätigt (Abb. 214). Abb. 215 zeigt das Kennfeld eines Automobilkühlgebläses mit und ohne Gehäuse. Danach ist es also in jedem Falle ratsam, gehäuselose Axialgebläse zu vermeiden.

5. Vergleich der verschiedenen Auslegungsarten von Axialverdichtern

Obgleich bisher der Einfluß der jeweiligen Bauart auf den Wirkungsgrad eines Verdichters noch nicht behandelt wurde, kann man bereits an dieser Stelle auf Grund der in den vorhergehenden Abschnitten dargestellten Ausführungen einen gewissen Vergleich der verschiedenen Auslegungs- und Bauarten anstellen. Dieser qualitative Vergleich soll unter Annahme gleicher Durchflußmenge, gleicher maximaler MACHzahl und gleicher, auf den Nabenschnitt bezogener Gitterbelastungszahl für alle betrachteten Bauarten durchgeführt werden. Die Durchflußmenge ist eine in jedem Falle vorgegebene Größe und bestimmt, zumindest in erster Näherung, den Außendurchmesser eines Verdichters, unabhängig von seiner jeweiligen Bauart. Die Gesamtdruckerhöhung eines Verdichters ist zwar stets auch eine gegebene Auslegungsgröße, außer der Größe

12*

der Druckerhöhung ist jedoch die jeweilige Auslegungs- oder Bauart eines Verdichters von maßgeblichem Einfluß auf die Abmessungen eines Kompressors.

Betrachtet man zunächst den praktisch sehr häufigen Fall einer Verdichterauslegung, ohne daß irgendwelche spezielle Forderungen hinsichtlich Stufenzahl, Abmessungen und Drehzahl vorliegen, so wird man im allgemeinen der Wirbelflußmaschine mit bzw. ohne Vorleit-Vorrichtung mit einem Reaktionsgrad von etwa 50 bis 80% im Mittelschnitt den Vorzug geben. Theoretisch ist zwar die Auslegungsart mit 50% Reaktion bezüglich des Wirkungsgrades am besten, ermöglicht die kleinste Stufenzahl und käme somit der optimalen Bauweise am nächsten. In Wirklichkeit reichen die bisherigen praktischen Erfahrungen noch nicht aus, um eindeutig aussagen zu können, ob eine derartige Auslegungsart tatsächlich bessere Wirkungsgrade ergibt als bei der entsprechenden Wirbelflußmaschine. Die Berechnung eines Axialverdichters mit halber Reaktion auf allen Schnitten ist schwieriger und infolgedessen die Auslegungsart mit etwas größeren Unsicherheiten behaftet als bei der Wirbelflußmaschine.

Die Forderung, die Stufenzahl auf ein Minimum zu beschränken, besteht im stationären Maschinenbau im allgemeinen nicht; hier bevorzugt man vielmehr meistens weniger hochbelastete Stufen mit Rücksicht auf die Betriebssicherheit. Andere Gesichtspunkte gelten vor allem für diejenigen Fälle, bei denen auf kleinstes Gewicht und geringste Bauabmessungen Wert gelegt wird, wie dies vor allem in der Luftfahrt angestrebt wird. Es wäre also wohl nicht lohnend, einen mehrstufigen Axialverdichter bei 200 m/s Umfangsgeschwindigkeit mit 50% Reaktion über dem ganzen Querschnitt auszulegen, während bei Steigerung der Umfangsgeschwindigkeit auf etwa 300 m/s nur diese Auslegungsart noch möglich ist, wobei man aber im letzteren Falle mit Rücksicht auf Schaufelschwingungen u. dgl. unter Umständen mit Rückschlägen bzw. mit einer gewissen Entwicklungszeit zu rechnen hat.

Gegenläufige Radpaare kommen in Ausnahmefällen dann in Betracht, wenn bei gegebener Machzahlgrenze sehr kleine Umfangsgeschwindigkeiten erwünscht (z. B. aus Geräuschgründen) oder zwangsweise vorgegeben sind (z. B. aus Rücksicht auf die Drehzahl des Antriebs).

Bezüglich der zulässigen Umfangsgeschwindigkeit für eine bestimmte Förderhöhe je Stufe folgen hernach Wirbelflußmaschinen mit negativem Vordrall (Gegendrall). Auch bei dieser Auslegungsart wird die verwirklichbare Umfangsgeschwindigkeit durch die Annäherung der Relativgeschwindigkeit an die Schallgeschwindigkeit begrenzt, während andererseits die Druckzahl ψ in gewissen Grenzen vergrößert werden kann. Diese Bauweise ist interessant, wenn man bei gegebener Antriebsdrehzahl (z. B. bei Antrieb durch Drehstrommotoren) durch Vergrößern der mittleren wirksamen Relativgeschwindigkeit mit Hilfe des Gegendralls zulässige Gitterbelastungszahlen realisieren will.

Bei der Wirbelflußmaschine ohne Vordrall lassen sich durch das Fehlen einer Eintrittsleitvorrichtung bereits Umfangsgeschwindigkeiten von 200 bis 230 m/s verwirklichen, ohne daß Machzahlschwierigkeiten zu befürchten sind.

Axialverdichter mit positivem Vordrall (Mitdrall) und Verdichter mit 50% Reaktion auf allen Schaufelschnitten kommen in Frage, wenn unter Einhaltung einer bestimmten Machschen Zahl die Stufenförderhöhe möglichst groß sein soll. Dabei gestattet die letztere Bauweise Umfangsgeschwindigkeiten bis etwa 320 m/s, weshalb sie vor allem für ortsbewegliche Einheiten (Strahltriebwerke), bei denen möglichst kleine und damit leichte Verdichter verlangt werden, vorzuschlagen sind. Unter Umständen ist für die Verwendung halber Reaktion auch die Forderung nach kleinem Achsschub wesentlich. Die Tatsache, daß Lauf- und Leitschaufeln spiegelbildlich gleich sind, ist bei modernen Fabrikationsmethoden für die Beschaufelung von Axialverdichtern von untergeordneter Bedeutung. Die bei konstanter Reaktion von 50% auf allen Schnitten nachgewiesene ungleichmäßige Meridiangeschwindigkeitsverteilung, kann, wie später noch gezeigt wird, durch entsprechende Gestaltung der ersten Verdichterstufe korrigiert werden. Deshalb findet man diese Auslegungsart meistens nur in Anwendung bei vielstufigen Axialkompressoren. Die Wirbelflußmaschine mit Mitdrall ist bezüglich der erreichbaren Spitzenumfangsgeschwindigkeit etwas begrenzter, da bei Berücksichtigung der größten Absolutgeschwindigkeit an der Nabe ($c_{1i} = w_{1a} = M \cdot w_s$) die Größe des Mitdralls an der Schaufelspitze bei Auslegung nach den Gesetzen des konstanten Dralls natürlich kleiner und damit auch die maximale Umfangsgeschwindigkeit gegenüber dem Verdichter mit $\mathfrak{r} = 0{,}5$ kleiner ist ($u_{a_{\max}} \leqq 280$ m/s). Axialstufen ohne Leitvorrichtung kommen nur für verhältnismäßig schwach belastete Räder in Frage.

Der hier durchgeführte Vergleich berücksichtigt noch nicht den Einfluß der Bauweise auf den erreichbaren Wirkungsgrad. Dagegen erkennt man bereits, daß die Bauart der Stufe von erheblichem Einfluß auf die Förderhöhe ist. In vielen praktischen Fällen wird die Bauweise durch vorgegebene Drehzahlen oder durch die Notwendigkeit einer Anpassung der Verdichter an die Kraftmaschinendrehzahl (Dampf-, Gas-, Wasserturbine) bestimmt. Außerdem können Bedürfnisse bezüglich des Erreichens verschiedener Betriebspunkte eines Verdichters, also das Regelungsverhalten, die Bauart mitbestimmen. Mechanische (Lagerfragen), festigkeitsmäßige Überlegungen (kritische Drehzahl der Welle, Schwingungsverhalten der Laufradschaufeln) und letzten Endes akustische Fragen (Geräuschverminderung) sind weiterhin vielfach von richtungsweisendem Einfluß auf die jeweilige Bau- und Auslegungsart eines Axialverdichters.

VII. Definition der effektiven Förderhöhe und der Wirkungsgrad einer Axialstufe

Abb. 216 stellt den Verlauf des Gesamt- und statischen Druckes in einer Axialstufe dar. Außerdem sind die jeweiligen Zustandsänderungen im Entropie-Enthalpie-Diagramm gezeigt. Abb. 216 stellt den ganz allgemeinen Fall dar, bei dem am Eintritt (Zeiger E) der Gesamtdruck $p_{E_{\text{tot}}}$ herrscht. Auf den Verdichter wirke weiterhin eine Fahr- oder Fluggeschwindigkeit c_a. In der Strecke $a{-}b$ (Fangdiffusor) wird das Fördergut verzögert, in der Strecke $b{-}c$ beschleunigt und in der Vorleitvorrichtung $c{-}d$ weiterbeschleunigt auf die Geschwindigkeit c_0. Alle diese Vorgänge sind verlustbehaftet. Die Verdichtung erfolgt in der Stufe $d{-}f$, wobei vor der Stufe der Druck $p_d = p_1$ und nach der Stufe der Druck $p_f = p_2$ herrscht. In dem darauffolgenden Diffusor wird die Geschwindigkeit c_2 auf die Geschwindigkeit c_A am Austritt (Zeiger A) verzögert, der Wirkungsgrad des Diffusors sei η_D.

Die von einer Axialstufe erzeugte Gesamtdruckerhöhung ist die Differenz der Gesamtdrücke vor und hinter der Stufe, also

$$\varDelta p_{\text{tot}} = p_{A_{\text{tot}}} - p_{E_{\text{tot}}}.$$

Die statische Druckerhöhung der aus Lauf- und Leitrad bestehenden Stufe ist die Summe der statischen Druckerhöhungen in beiden Rädern

$$\varDelta p_{\text{stat}} = \varDelta p_{\text{stat},\,R} + \varDelta p_{\text{stat},\,L}$$
$$= p_{2_{\text{stat}}} - p_{1_{\text{stat}}}.$$

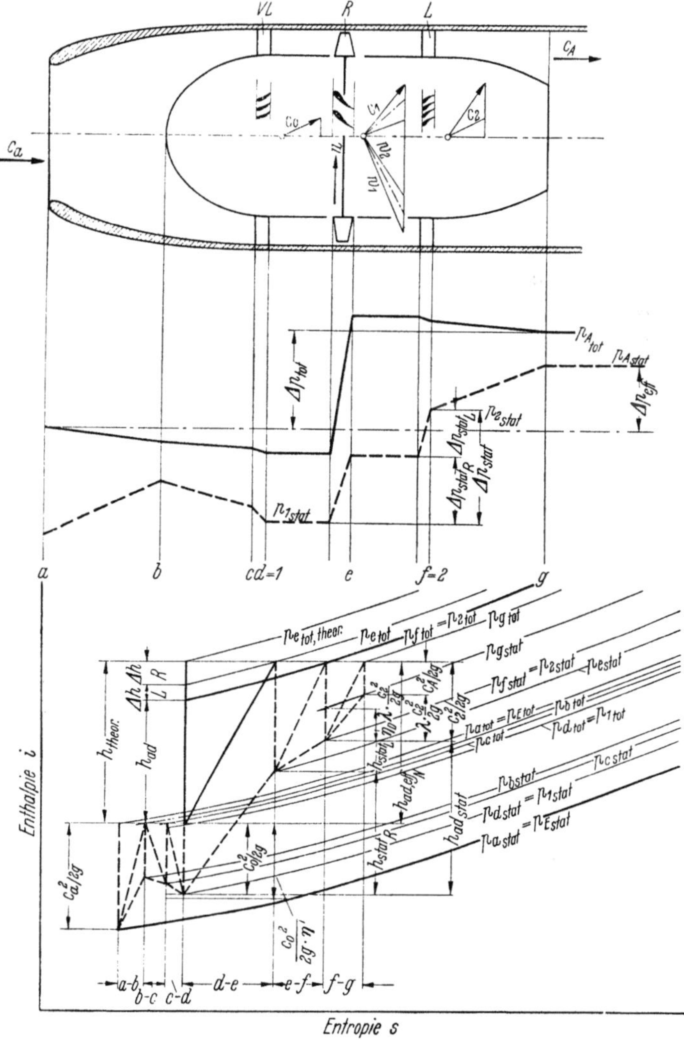

Abb. 216. Verlauf des statischen und Gesamtdruckes in einer Verdichterstufe, dargestellt im Entropie-Enthalpie-Diagramm
VL Vorleitvorrichtung, R Laufrad, L Leitrad, c_a [m/s] Fahr- oder Fluggeschwindigkeit, c_A [m/s] Austrittsgeschwindigkeit

Als effektive Druckerhöhung Δp_{eff} eines Verdichters oder einer Verdichterstufe sei nun die in vielen Fällen allein interessierende Differenz zwischen dem statischen Druck in der dem Verdichter nachgeschalteten Rohrleitung ($p_{A_{\text{stat}}}$) und dem Gesamtdruck vor dem Verdichter bei freiem Ansaugen ($p_{E_{\text{tot}}}$) definiert, also

$$\Delta p_{\text{eff}} = p_{A_{\text{stat}}} - p_{E_{\text{tot}}}.$$

Analog ist mit den Bezeichnungen in Abb. 216 die effektive adiabatische Förderhöhe

$$h_{\text{ad}_{\text{eff}}} = h_{\text{ad}_{\text{stat}}} + \lambda \cdot \eta_D \frac{c_2^2}{2g} - \frac{c_0^2}{\eta' \cdot 2g}. \tag{89}$$

Dabei ist

$h_{\text{ad}_{\text{stat}}} = h_{\text{stat}_R} + h_{\text{stat}_L}$ die Summe der statischen Förderhöhen in Lauf- und Leitrad,

$0 \leq \lambda \leq 1$ der Ausnutzungsgrad der Abströmenergie, wobei $\lambda = 1 - \left(\dfrac{c_A}{c_2}\right)^2$,

η_D der Diffusorwirkungsgrad,

η' der Einlaufwirkungsgrad, der die Verluste im Ansaugrohr und in der Vorleitvorrichtung berücksichtigt.

Als *Normalstufe* soll nun eine mittlere Stufe eines mehrstufigen Verdichters bezeichnet werden, wobei man $\eta' = \eta_D = 1$ zugrunde legen kann. Da die gesamte Abströmenergie in der der Normalstufe folgenden Stufe ausgenützt wird, ist für die Normalstufe auch $\lambda = 1$. Damit wird

$$h_{\text{ad}_{\text{eff}_N}} = h_{\text{ad}_{\text{stat}}} + \frac{1}{2g}\left(c_2^2 - c_0^2\right). \tag{90}$$

Wählt man noch $c_2 \approx c_0$, dann ist

$$h_{\text{ad}_{\text{eff}_N}} \approx h_{\text{ad}_{\text{stat}}} \approx h_{\text{ad}_{\text{tot}}}. \tag{91}$$

Als adiabatischer Wirkungsgrad war definiert

$$\eta_{i_{\text{ad}}} = \frac{N_N}{N_W},$$

wobei

N_N die Nutzleistung,
N_W die an den Rotor zugeführte Leistung

bedeuten.

Ist N_V die Leistung, die zur Deckung der Verluste aufgebracht werden muß, dann ist

$$\eta_{i_{\text{ad}}} = \frac{N_W - N_V}{N_W} = 1 - \frac{N_V}{N_W}.$$

Der Quotient N_V/N_W wird im folgenden als Stufenverlust Λ bezeichnet, also

$$\Lambda = \frac{N_V}{N_W}. \tag{92}$$

1. Der Stufenverlust für einen Schaufelschnitt

Im folgenden bedeuten

z die Anzahl der Schaufeln,
dT die Tangentialkraft,
u die Umfangsgeschwindigkeit,
Zeiger R Laufrad,
Zeiger L Leitrad.

Die Antriebsleistung für ein Stufenelement ist

$$dN_W = z_R \cdot dT_R \cdot u. \tag{93}$$

Die Verlustleistung für ein Element einer *Normalstufe* setzt sich aus den Verlusten im Lauf- und im Leitrad zusammen. Diese Verluste sollen als Widerstandskraft am Schaufelelement aufgefaßt werden (Abb. 114) und setzen sich zusammen aus

Profilwiderstand,
Oberflächenreibungswiderstand (Reibung an Nabe und Gehäuse),
Sekundärverluste, die durch ungleichmäßige Auftriebsverteilung über die Schaufelhöhe und gegenseitige Beeinflussung von Lauf- und Leitrad entstehen.
Damit ist die Verlustleistung für ein Stufenelement

$$dN_V = \underbrace{z_R \cdot dW_R \cdot w_\infty}_{\text{Laufrad}} + \underbrace{z_L \cdot dW_L \cdot c_\infty}_{\text{Leitrad}}. \tag{94}$$

Führt man die Gleitzahl $\varepsilon = W/A \approx W/P$ ein, so ist auch

$$dN_V = z_R \cdot \varepsilon_R \cdot dP_R \cdot w_\infty + z_L \cdot \varepsilon_L \cdot dP_L \cdot c_\infty. \tag{94a}$$

Die Verluste in der Stufe, also in Laufrad + Leitrad betragen also

$$\Lambda = \frac{z_R \cdot \varepsilon_R \cdot dP_R \cdot w_\infty + z_L \cdot \varepsilon_L \cdot dP_L \cdot c_\infty}{z_R \cdot dT_R \cdot u}. \tag{95}$$

Nach dem Impulssatz ist

$$z \cdot dT = \varrho \cdot z \cdot t \cdot dr \cdot c_m \cdot \Delta w_u = \varrho \cdot 2\pi r\, dr \cdot c_m \cdot \Delta w_u.$$

Für die Normalstufe ist nun mit $c_{2u} = c_{0u}$

$$\Delta w_u = \Delta c_u,$$

so daß sich für ein inkompressibles Medium bei gleicher Meridiangeschwindigkeit in Lauf- und Leitrad

$$z_R \cdot dT_R = z_L \cdot dT_L$$

ergibt. Weiterhin ist nach Abb. 114 die Tangentialkraft

$$dT = dP \cos(\tau_\infty - \varepsilon).$$

Damit erhält die Gleichung für den Stufenverlust die Form

$$\Lambda = \frac{\varepsilon_R \cdot w_\infty}{u \cdot \cos(\tau_\infty - \varepsilon)_R} + \frac{\varepsilon_L \cdot c_\infty}{u \cdot \cos(\tau_\infty - \varepsilon)_L}. \tag{96}$$

Für die weitere Rechnung sollen nun zwei Vereinfachungen gemacht werden:
Anstelle der unterschiedlichen Gleitzahlen für Lauf- und Leitrad soll eine mittlere Gleitzahl

$$\bar{\varepsilon} = \tfrac{1}{2}(\varepsilon_R + \varepsilon_L)$$

gewählt werden. Setzt man weiterhin voraus, daß $W \ll T$, so darf man in erster Näherung $\cos(\tau_\infty - \varepsilon) \approx \cos\tau_\infty$ setzen.

Der hierdurch begangene Fehler wird im allgemeinen 10% des berechneten Verlustfaktors nicht überschreiten und soll im nachfolgenden durch eine entsprechende Korrektur an der zu erwartenden Gleitzahl kompensiert werden.

Mit diesen Annahmen erhält die Gleichung für den Verlust [Gl. (96)] die vereinfachte Form

$$\Lambda \approx \bar{\varepsilon} \cdot \left(\frac{w_\infty}{u \cdot \cos\tau_\infty{}_R} + \frac{c_\infty}{u \cdot \cos\tau_\infty{}_L} \right). \tag{97}$$

Nun ist

$$\cos\tau_\infty{}_R = \frac{c_m}{w_\infty}, \qquad \cos\tau_\infty{}_L = \frac{c_m}{c_\infty}$$

und somit

$$\frac{\Lambda}{\bar{\varepsilon}} = \frac{w_\infty^2}{u \cdot c_m} + \frac{c_\infty^2}{u \cdot c_m} = \frac{c_m^2 + w_{\infty u}^2}{u \cdot c_m} + \frac{c_m^2 + c_{\infty u}^2}{u \cdot c_m}.$$

Durch weiteres Umformen findet man

$$\frac{\Lambda}{\bar{\varepsilon}} = 2\,\frac{c_m}{u} + \frac{w_{\infty u}^2}{u \cdot c_m} + \frac{c_{\infty u}^2}{u \cdot c_m} = 2 \cdot \frac{c_m}{u} + \frac{u}{c_m}\left(\frac{w_{\infty u}^2}{u^2} + \frac{c_{\infty u}^2}{u^2} \right).$$

Der Reaktionsgrad einer Stufe ist definiert als

$$\mathfrak{r} = \frac{\Delta p_{\text{stat}_R}}{\Delta p_{\text{stat}_{\text{Stufe}}}},$$

damit erhält man für reibungsfreie Strömung

$$\mathfrak{r} = \frac{w_{\infty u}}{u}, \qquad 1 - \mathfrak{r} = \frac{c_{\infty u}}{u}.$$

Verwendet man diese Ausdrücke auch hier — wobei im Fall der reellen Strömung der Quotient $\dfrac{w_{\infty u}}{u}$ als Folge der Reibung nicht exakt den wirklichen Reaktionsgrad bedeutet, was aber für die weitere Berechnung belanglos ist — so wird der Stufenverlust schließlich

$$\frac{\Lambda}{\varepsilon} = 2\,\frac{c_m}{u} + \frac{u}{c_m}\,[\mathfrak{r}^2 + (1-\mathfrak{r})^2]. \tag{98}$$

Es seien nun folgende Substitutionen eingeführt:

die örtliche Lieferzahl $\varphi^* = \dfrac{c_m}{u}$,[1]

die örtliche theoretische Druckzahl $\psi^* = \dfrac{2\,\Delta w_u}{u}$,

die örtliche Vordrallzahl $\zeta = \dfrac{c_{0u}}{u}$.

Damit läßt sich der Stufenverlust in der Form schreiben

$$\frac{\Lambda}{\varepsilon} = 2\,\varphi^* + \frac{1}{\varphi^*}\,[\mathfrak{r}^2 + (1-\mathfrak{r})^2] \tag{98a}$$

Dabei ist $w_{\infty u} = u - \dfrac{\Delta w_u}{2} - c_{0u}$, also $\mathfrak{r} = 1 - \left(\zeta + \dfrac{\psi^*}{4}\right)$.

Die numerische Auswertung der Gl. (98a) ist in Abb. 217 dargestellt.

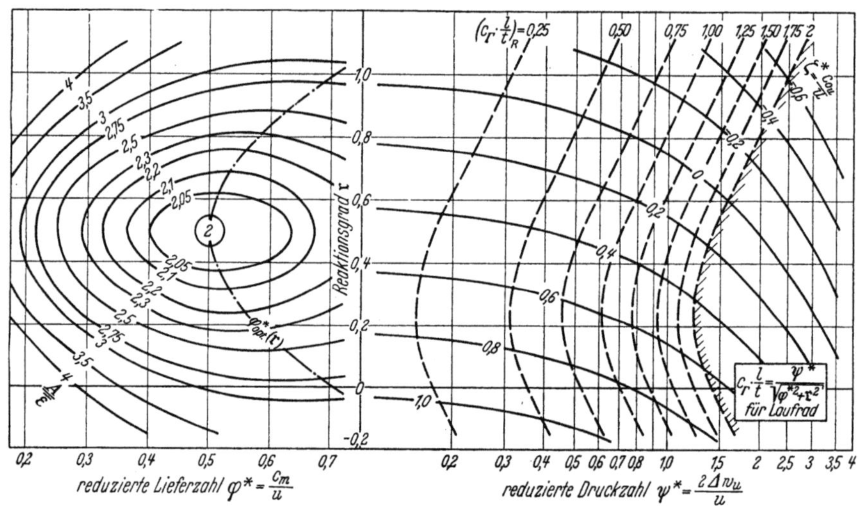

Abb. 217. Stufenverlust eines Verdichterelementes

2. Die Integration des Stufenverlustes über dem Verdichterquerschnitt

Der obige Ausdruck stellt den Stufenverlust für ein Gebläseelement dar. Den mittleren Verlust der Stufe kann man näherungsweise durch Integrieren über die Gebläsefläche berechnen

$$\left(\frac{\Lambda}{\varepsilon}\right)_{\text{St}} \approx \frac{2\pi}{\pi \cdot r_a^2 (1-\nu)^2} \int_{r_i}^{r_a} \frac{\Lambda}{\varepsilon} \cdot r\,dr. \tag{99}$$

---

[1] Die hier definierte *örtliche Lieferzahl* φ^* darf nicht mit der in Kapitel B benützten Lieferzahl $\varphi^* = \dfrac{\dot{V}}{\frac{\pi}{4} \cdot D_2^2 \cdot u_2}$ verwechselt werden. Letztere Definition wird nur in Kapitel B zu Vergleichszwecken benutzt.

Diese Integration ist physikalisch nicht ganz einwandfrei, da exakterweise das Integral für Zähler und Nenner getrennt gebildet werden müßte, entsprechend

$$\eta_{\text{St}} = 1 - \frac{\int dN_V}{\int dN_W}.$$

Der auftretende Fehler ist jedoch im allgemeinen unerheblich. Zur Durchführung der Integration [Gl. (99)] muß der Ausdruck für den Stufenverlustfaktor noch umgeformt werden.

a) Die Integration für die Auslegungsart: konstanter Drall

Setzt man konstante Förderhöhe über den Radius ($u \cdot \Delta w_u = \text{const}$) und eine Auslegung entsprechend dem Gesetz

$$r \cdot c_u = \text{const} \qquad \text{(konstanter Drall)}$$

voraus, dann ist

$$1 - \mathfrak{r} = \frac{c_{\infty u}}{u} = \frac{(c_{\infty u} \cdot r)_a}{r} \cdot \frac{r_a}{u_a \cdot r} = \left(\frac{c_{\infty u}}{u}\right)_a \left(\frac{r_a}{r}\right)^2 = (1 - \mathfrak{r}_a) \cdot \left(\frac{r_a}{r}\right)^2,$$

$$\mathfrak{r} = 1 - (1 - \mathfrak{r}) = 1 - (1 - \mathfrak{r}_a)\left(\frac{r_a}{r}\right)^2,$$

$$\varphi^* = \frac{c_m}{u} = \frac{c_m}{u_a} \cdot \frac{r_a}{r}. \tag{100}$$

Die Gleitzahl $\bar{\varepsilon}$ soll als ein über der Schaufelhöhe konstanter Mittelwert eingesetzt werden. Somit erhält man für den mittleren Stufenverlust

$$\left(\frac{\Lambda}{\bar{\varepsilon}}\right)_{\text{St}} = \frac{2}{r_a^2(1-\nu^2)} \int\limits_{r_i}^{r_a} \left\{ 2\,\frac{c_m}{u_a} \cdot \frac{r_a}{r} + \frac{u_a}{c_m} \cdot \frac{r}{r_a}\left[\left\{1 - (1-\mathfrak{r}_a)\left(\frac{r_a}{r}\right)^2\right\}^2 + \left\{(1-\mathfrak{r}_a)\left(\frac{r_a}{r}\right)^2\right\}^2\right]\right\} \cdot r \cdot dr. \tag{101}$$

Die Integration der einzelnen Glieder ergibt

$$\int\limits_{r_i}^{r_a} 2\,\frac{c_m}{u_a} \cdot r_a\, dr = 2\,\frac{c_m}{u_a} \cdot r_a^2(1-\nu)\,;$$

$$\int\limits_{r_i}^{r_a} \frac{u_a}{c_m} \cdot \frac{r^2}{r_a} \cdot dr = \frac{u_a}{c_m} \cdot \frac{r_a^2(1-\nu^3)}{3}\,;$$

$$\int\limits_{r_i}^{r_a} -2\,\frac{u_a}{c_m}(1-\mathfrak{r}_a)r_a \cdot dr = -2\,\frac{u_a}{c_m}(1-\mathfrak{r}_a)r_a^2(1-\nu)\,;$$

$$\int\limits_{r_i}^{r_a} 2\,\frac{u_a}{c_m}(1-\mathfrak{r}_a)^2 \cdot \frac{r_a^3}{r^2} \cdot dr = 2\,\frac{u_a}{c_m}(1-\mathfrak{r}_a)^2 \cdot r_a^2 \cdot \frac{1-\nu}{\nu}\,.$$

Damit erhält man für den mittleren Stufenverlust

$$\left(\frac{\Lambda}{\bar{\varepsilon}}\right)_{\text{St}} = 2\left\{2 \cdot \frac{c_m}{u_a} \cdot \frac{1}{1+\nu} + \frac{u_a}{c_m} \cdot \frac{1-\nu^3}{3(1-\nu^2)} - 2\,\frac{u_a}{c_m}(1-\mathfrak{r}_a)\frac{1}{1+\nu} + 2\,\frac{u_a}{c_m}(1-\mathfrak{r}_a)^2\frac{1}{\nu(1+\nu)}\right\},$$

$$= \frac{2}{1+\nu}\left\{2\,\frac{c_m}{u_a} + \frac{u_a}{c_m}\left[\frac{1-\nu^3}{3(1-\nu)} - 2(1-\mathfrak{r}_a) + \frac{2}{\nu}(1-\mathfrak{r}_a)^2\right]\right\},$$

$$= \frac{2}{1+\nu}\left\{2\,\frac{c_m}{u_a} + \frac{u_a}{c_m}\left[\frac{1+\nu+\nu^2}{3} - 2(1-\mathfrak{r}_a)\left(1 - \frac{1-\mathfrak{r}_a}{\nu}\right)\right]\right\}.$$

Führt man die mit $\varphi = c_m/u_a$ definierte Lieferzahl der Stufe ein — man beachte den Unterschied zur reduzierten Lieferzahl $\varphi^* = c_m/u$ — so ergibt sich schließlich

$$\left(\frac{\Lambda}{\bar{\varepsilon}}\right)_{\text{St}} = \frac{2}{1+\nu}\left\{2\varphi + \frac{1}{\varphi}\left[\frac{1+\nu+\nu^2}{3} - 2(1-\mathfrak{r}_a)\left(1 - \frac{1-\mathfrak{r}_a}{\nu}\right)\right]\right\}. \tag{102}$$

Die Optimalwerte für die Lieferzahl und den Reaktionsgrad erhält man durch Differenzieren und Nullsetzen,

$$\frac{d\left(\dfrac{\Lambda}{\bar{\varepsilon}}\right)_{St}}{d\varphi} = \frac{2}{1+\nu}\left\{2 - \frac{1}{\varphi^2}\left[\frac{1+\nu+\nu^2}{3} - 2(1-\mathfrak{r}_a)\left(1-\frac{1-\mathfrak{r}_a}{\nu}\right)\right]\right\} = 0,$$

$$\varphi_{opt} = \overset{+}{(-)}\sqrt{\frac{1}{2}\left[\frac{1+\nu+\nu^2}{3} - 2(1-\mathfrak{r}_a)\left(1-\frac{1-\mathfrak{r}_a}{\nu}\right)\right]}. \tag{103}$$

$$\text{und}\quad \frac{d\left(\dfrac{\Lambda}{\bar{\varepsilon}}\right)_{St}}{d\mathfrak{r}_a} = \frac{2}{1+\nu}\cdot\frac{1}{\varphi}\left[2 - 4\frac{1-\mathfrak{r}_a}{\nu}\right] = 0$$

$$4\frac{1-\mathfrak{r}_a}{\nu} = 2$$

$$\mathfrak{r}_{a_{opt}} = 1 - \frac{\nu}{2}. \tag{104}$$

b) Die Integration für die Auslegungsart: $\mathfrak{r} = 0{,}50 = $ const auf allen Schnitten

Bei der Behandlung der hauptsächlichsten Verdichterbauarten wurde bereits darauf hingewiesen, daß die Auslegungsart $\mathfrak{r} = 50\%$ Reaktion auf allen Schnitten von besonderem Interesse für Hochleistungskompressoren großer Stufenzahl ist. Hierbei ist es möglich, durch besondere Maßnahmen die Meridiangeschwindigkeit über dem Verdichterradius praktisch konstant zu halten. Für diesen Fall soll nun auch die Integration des Stufenverlustes durchgeführt werden.

Wird die mittlere Gleitzahl $\bar{\varepsilon}$ und der vorerst beliebige Reaktionsgrad $\mathfrak{r}$ als konstant über dem Verdichterradius angenommen, so erhält man für den Stufenverlust

$$\left(\frac{\Lambda}{\bar{\varepsilon}}\right)_{St_{\mathfrak{r}=const}} = \frac{2}{r_a^2(1-\nu^2)}\int\limits_{r_i}^{r_a}\left\{\frac{2\cdot c_m}{r\cdot\omega} + \frac{r\cdot\omega}{c_m}\left[\mathfrak{r}^2 + (1-\mathfrak{r})^2\right]\right\}r\cdot dr.$$

Für $c_m\,(r) = $ const ergibt die Integration

$$\left(\frac{\Lambda}{\bar{\varepsilon}}\right)_{St} = \frac{2}{r_a^2(1-\nu^2)}\left\{\frac{2c_m}{\omega}\cdot r_a(1-\nu) + \frac{\omega}{c_m}\cdot\frac{r_a^3(1-\nu^3)}{3}\left[\mathfrak{r}^2 + (1-\mathfrak{r})^2\right]\right\},$$

$$= \frac{2}{1+\nu}\left\{2\cdot\frac{c_m}{u_a} + \frac{u_a}{c_m}\cdot\frac{1+\nu+\nu^2}{3}\left[\mathfrak{r}^2 + (1-\mathfrak{r})^2\right]\right\},$$

$$= \frac{2}{1+\nu}\left\{2\cdot\varphi + \frac{1+\nu+\nu^2}{3\cdot\varphi}\left[\mathfrak{r}^2 + (1-\mathfrak{r})^2\right]\right\}. \tag{105}$$

Den optimalen Reaktionsgrad $\mathfrak{r}_{opt}$ erhält man durch Differenzieren des Ausdruckes

$$f(\mathfrak{r}) = \mathfrak{r}^2 + (1-\mathfrak{r})^2.$$

Es muß sein

$$f'(\mathfrak{r}) = 2\mathfrak{r} - 2(1-\mathfrak{r}) = 2(2\mathfrak{r} - 1) = 0;$$

hieraus folgt

$$\mathfrak{r}_{opt} = 0{,}5.$$

Die Auslegungsart $\mathfrak{r} = 50\%$ Reaktion auf allen Schnitten (mit $c_m\,(r) = $ const) stellt also die wirkungsgradmäßig günstigste Lösung für eine Axialstufe mit konstanter Reaktion dar. Sie ergibt auch, wie sich leicht nachweisen läßt, höhere Wirkungsgrade als die Auslegungsart mit konstantem Drall entlang dem Radius, also veränderlichem Reaktionsgrad über der Schaufelhöhe.

Für den Stufenverlust bei $\mathfrak{r} = 0{,}5$ ergibt sich

$$\left(\frac{\Lambda}{\bar{\varepsilon}}\right)_{St_{\mathfrak{r}=0,5}} = \frac{2}{1+\nu}\left(2\varphi + \frac{1+\nu+\nu^2}{6\cdot\varphi}\right) \tag{106}$$

und die zugehörige optimale Lieferzahl $\psi_{opt_{\mathfrak{r}=0,5}}$ ist

$$\varphi_{opt_{\mathfrak{r}=0,5}} = \sqrt{\frac{1+\nu+\nu^2}{12}}. \tag{107}$$

3. Die mittlere Gleitzahl

Zur numerischen Auswertung der hergeleiteten Beziehungen ist nun noch die Größe der mittleren Gleitzahl

$$\bar{\varepsilon} = \overline{W}/\overline{A} \approx \frac{\overline{c_w}}{\overline{c_\Gamma}}$$

zu bestimmen.

Der Auftriebsbeiwert soll für den Auslegepunkt in der Größenordnung

$$\overline{c_\Gamma} \approx 1$$

sein.

Der Widerstand setzt sich, wie schon erwähnt, zusammen aus
Profilwiderstand,
Oberflächenreibungswiderstand,
Sekundärwiderstand (induzierter Widerstand).

Der *Profilwiderstand* kann in erster Näherung als Funktion vom Auftriebsbeiwert und vom Teilungsverhältnis dargestellt werden. (Staffelungswinkel und Profilkrümmung sind im Bereich üblicher Auslegungsdaten nur von untergeordneter Bedeutung). Bedenkt man, daß sich für Axialräder das Teilungsverhältnis vom Naben- bis Spitzenschnitt in den Grenzen $0,5 \leqq t/l \leqq 1,5$ bewegt, dann darf man als Mittelwert entsprechend Gittermessungen für $t/l \approx 1$ und $c_\Gamma = 1$ für den Profilwiderstandsbeiwert

$$\overline{c_{wP}} \approx 0,016$$

annehmen.

Der *Oberflächenreibungswiderstand* an Gehäuse und Nabe erzeugt nach dem üblichen Ansatz für den Reibungsverlust in einem Rohr[1] einen Druckverlust von

$$\Delta p = \frac{\lambda \cdot l}{D_a(1-\nu)} \cdot \frac{\varrho}{2} \, w_\infty^2$$

Bei verzögerter Strömung darf, ähnlich wie bei Diffusoren, etwa mit dem zweifachen Wert der Rohrreibungsverluste gerechnet werden.

Eine an den Schaufelprofilen angreifende Widerstandskraft W_0 ergibt nach den Herleitungen in Abschn. III einen Druckverlust von der Größe

$$\Delta p_{,} = c_{w_0} \cdot \frac{l}{t} \, \cos\tau_\infty \cdot \frac{\varrho}{2} \cdot w_\infty^2 \,.$$

Durch Gleichsetzen erhält man für den Oberflächenwiderstandsbeiwert eines Verdichterrades unter Berücksichtigung von $\Delta p_{\text{Diff}} \approx 2\Delta p_{\text{Rohr}}$

$$c_{w_0} = \frac{2\lambda}{(1-\nu)\cdot\cos\tau_\infty} \cdot \frac{t_m}{D_a} \,.$$

Die Richtung von w_∞ ist über dem Halbmesser veränderlich und liegt im Mittel zwischen 45° und 65°. λ ist die Widerstandszahl der Rohrströmung (vgl. Abb. 158). Für REYNOLDSsche Zahlen $Re > 10^5$ und guter Oberflächenbeschaffenheit kann angenommen werden

$$\lambda \approx 0,018 \text{ bis } 0,020 \,.$$

Für den Quotienten t_m/D_a wurde als Mittelwert einer größeren Anzahl von Axialstufen mit Außendurchmessern $D_a = 300 \div 500$ mm der Wert

$$t_m/D_a \approx {}^1/_7 \text{ bis } {}^1/_9$$

gefunden.

Man sieht, daß der Oberflächenverlust von den absoluten Dimensionen abhängig ist. Für größere Verdichter wird das Verhältnis t_m/D_a kleiner und damit der Wirkungsgrad besser. Setzt

---

[1] Die Rohrreibungsformel wird hier den tatsächlichen Verhältnissen eher gerecht als die Plattenformel.

man für die nachfolgende Auswertung obige Mittelwerte ein, so ergibt sich für den gesuchten Oberflächenwiderstandsbeiwert

$$c_{w_0} \approx \frac{0{,}00875}{1-\nu} \, .$$

Unter dem Sammelbegriff *Sekundärwiderstand* sollen alle zusätzlich auftretenden Verluste zusammengefaßt werden. Hierzu gehören die Spaltverluste infolge des Radialspaltes zwischen Schaufelspitze und Gehäuse bzw. beim Leitrad zwischen den Labyrinthen und der Welle, und der Ventilationsverlust als Folge der Luftreibung der umlaufenden Scheiben. Den Hauptanteil an den Sekundärverluststellen stellen jedoch die Verluste, die durch ungleiche Zirkulationsverteilung über die Schaufellänge infolge des ausgeprägten Geschwindigkeitsprofils der Anströmgeschwindigkeit und durch gegenseitige Beeinflussung von Lauf- und Leitrad entstehen. Hier besteht eine gewisse Analogie zum induzierten Widerstand an Tragflügeln, und in der Tat scheint nach A. R. Howell die Darstellung

$$c_{w_{\text{sek}}} \approx K \cdot c_\Gamma^2$$

den Verlauf der Meßergebnisse am folgerichtigsten wiederzugeben. Für den Faktor erhält man hiernach als Mittelwert $K \approx 0{,}016$, so daß man für den Sekundärwiderstandsbeiwert

$$c_{w_{\text{sek}}} \approx 0{,}016 \cdot c_\Gamma^2$$

erhält.

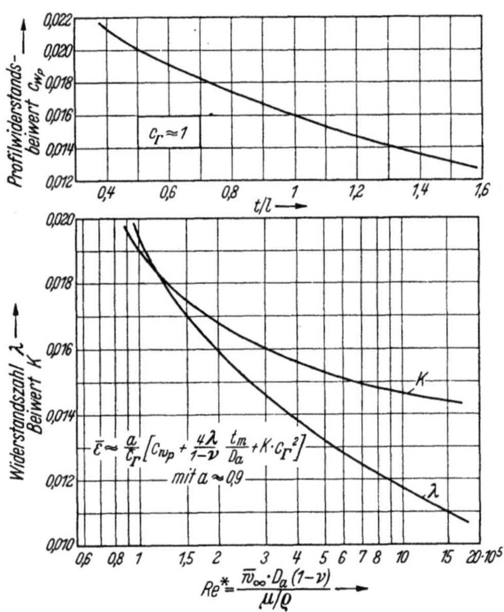

Abb. 218. Profilwiderstandsbeiwert c_{w_P} in Abhängigkeit vom Teilungsverhältnis t/l, Oberflächen-Reibungswiderstandszahl λ und Sekundärverlustbeiwert K in Abhängigkeit von der Reynoldsschen Zahl Re^*

Abb. 218 zeigt der Vollständigkeit wegen die für die Berechnung der Gleitzahl $\bar\varepsilon$ benützten Glieder c_{w_P}, λ und K in Abhängigkeit vom Teilungsverhältnis t/l bzw. von der Reynoldszahl Re^*.

Für die mittlere Gleitzahl erhält man $\cos \tau_\infty \approx \tfrac{1}{2}$

$$\bar\varepsilon \approx \frac{a}{c_\Gamma}\left[\overline{c_{w_P}} + \frac{4 \cdot \lambda}{1-\nu} \cdot \frac{t_m}{D_a} + K \cdot \overline{c_\Gamma^2}\right]. \tag{108}$$

Der Faktor a soll hierbei die bei der Herleitung des Stufenverlustfaktors gemachten Vernachlässigungen berücksichtigen, deren Einfluß zu etwa $+ 10\%$ von $\varLambda/\bar\varepsilon$ abgeschätzt wurde. In erster Näherung ist also $a \approx 0{,}90$. Durch Einsetzen der gefundenen mittleren Zahlenwerte ergibt sich mit $\overline{c_\Gamma} \approx 1$

$$\bar\varepsilon = 0{,}9 \left[0{,}016 + \frac{0{,}00875}{1-\nu} + 0{,}016\right],$$

$$\bar\varepsilon = 0{,}0288 + \frac{0{,}00787}{1-\nu} \approx 0{,}03 + \frac{0{,}008}{1-\nu} \, . \tag{109}$$

4. Der Wirkungsgrad einer Normalstufe

Im Teilabschnitt 2 wurde der mittlere Stufenverlust $(\varLambda/\bar\varepsilon)_{\text{St}}$ und im Teilabschnitt 3 die mittlere Gleitzahl $\bar\varepsilon$ unter üblichen Auslegungsbedingungen berechnet. Der Wirkungsgrad der Normalstufe η_{St} ergibt sich nun durch numerische Auswertung der Beziehung

$$\eta_{\text{St}} = 1 - \left(\frac{\varLambda}{\bar\varepsilon}\right)_{\text{St}} \cdot \bar\varepsilon \tag{110}$$

Abb. 219 zeigt ein zur Vereinfachung der Rechenarbeit aufgestelltes Wirkungsgraddiagramm für Verdichter mit konstantem Drall (Wirbelflußmaschinen mit und ohne Vordrall).

Gebrauch des Diagramms, Abb. 219.

Für eine Normalstufe, deren Wirkungsgrad zu bestimmen ist, sind als bekannt anzusehen: Nabenverhältnis ν, Druckzahl ψ, Lieferzahl φ und Vordrallzahl am Außenschnitt ζ_a. Indem man zunächst den Stufenwirkungsgrad η_{St} schätzt, erhält man die theoretische Druckzahl ψ_{theor}. Dabei ist diese Abschätzung von geringem Einfluß auf das Ergebnis.

In Feld a der Abb. 219 erhält man dann im Schnittpunkt der theoretischen Druckzahl ψ_{theor} mit dem Nabenverhältnis ν den Wert $2 \cdot (\Delta w_{u\,Rechng}/u)_a$, der als Ausgangspunkt für die Wirkungsgradbestimmung dient. Im Schnittpunkt des letzteren Wertes mit der Vordrallzahl ζ_a in Feld b findet man den Reaktionsgrad r_a

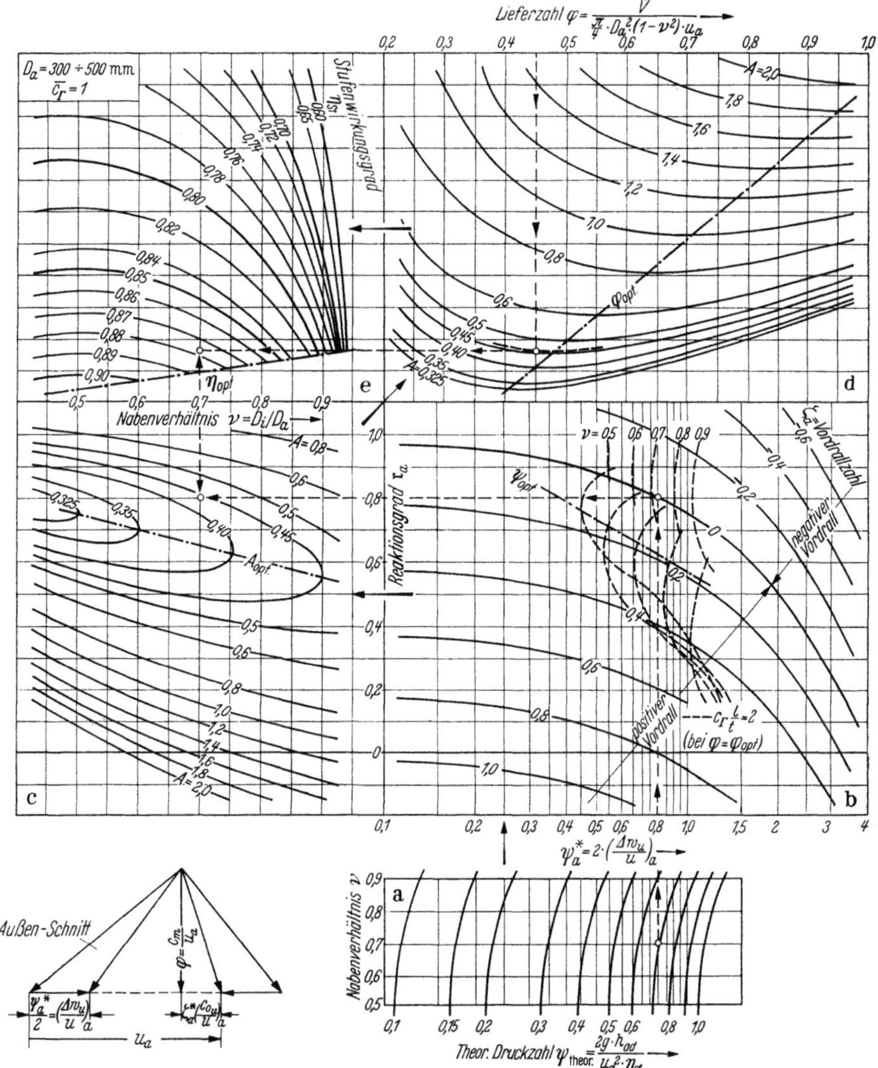

Abb. 219a—e. Wirkungsgrad η_{St} einer Normalstufe. Auslegungsart: konstanter Drall (Wirbelflußmaschine)

des Außenschnittes (Ordinate von Feld b). Die durch r_a gelegte Horizontale schneidet sich mit der durch das Nabenverhältnis ν gelegten Vertikalen in Feld c und ergibt den Hilfswert

$$A = \frac{1 + \nu + \nu^2}{3} - 2(1 - r_a)\left(1 - \frac{1 - r_a}{\nu}\right)$$

[vgl. Gl. (102)]. Der Wert A ist im Feld d als Parameter dargestellt. Legt man nun durch den Schnittpunkt zwischen Kurve A mit der Senkrechten durch die entsprechende Lieferzahl φ (Feld d) eine Horizontale und eine Vertikale durch das entsprechende Nabenverhältnis ν, dann findet man im Schnittpunkt der Vertikalen mit der Horizontalen den Stufenwirkungsgrad η_{St} (Feld e).

Beispiel: $\nu = 0,7$; $\psi = 0,6$; $\varphi = 0,45$; $\zeta_a = 0$, also keine Eintrittsleitvorrichtung.

η_{St} wird geschätzt zu 0,86; damit wird $\psi_{theor} = \dfrac{0,6}{0,86} = 0,7$.

Man findet

in Feld b: $2\left(\dfrac{\Delta w_u}{u}\right)_a = 0{,}8$. Mit $\zeta_a = 0$ wird $\mathfrak{r}_a = 0{,}8$;

in Feld c: $A = 0{,}44$. Aus Feld d ergibt φ mit dem Parameter A einen Schnittpunkt. Die Horizontale durch diesen Punkt schneidet die Vertikale durch den entsprechenden Wert für ν im Feld e und ergibt $\eta_{St} = 0{,}875$.

Die in einer Stufe erreichbare Druckzahl ist durch die maximal zulässige Belastungszahl $c_\Gamma \cdot l/t = 2$ begrenzt. Zur Abschätzung, ob diese Belastungszahl für ein gewähltes $\psi_{\text{theor.}}$ noch nicht erreicht oder überschritten ist, sind im Feld b Kurven für $c_\Gamma \cdot l/t = 2$ unter der Bedingung $\varphi = \varphi_{\text{opt}}$ für verschiedene Nabenverhältnisse ν unter Zuhilfenahme der folgenden Beziehungen eingetragen.

Wie bereits dargestellt, ist

$$\mathfrak{r}_a = 1 - \left(\zeta_a + \frac{\psi_a^*}{4}\right).$$

Außerdem ist

$$\psi_a^* = \frac{1}{\Omega} \cdot \frac{\psi}{\eta_{St}},$$

wobei Ω der Minderleistungsfaktor ist (Abb. 168).

Für den Zusammenhang zwischen der örtlichen theoretischen Druckzahl ψ_a^* und der Belastungszahl des Nabenschnittes $(c_\Gamma \cdot l/t)_i$ läßt sich herleiten:

$$c_\Gamma \cdot \frac{l}{t} = \frac{2\,\Delta w_u}{w_\infty} = 2 \cdot \frac{\Delta w_u}{u} \cdot \frac{u}{w_\infty}.$$

Nun ist

$$\Delta w_u \cdot r = \text{const},$$

$$\frac{u}{r} = \text{const},$$

also

$$2\left(\frac{\Delta w_u}{u}\right)_i = 2\,\frac{\Delta w_{u_a}}{\nu} \cdot \frac{1}{u_a \cdot \nu}$$

$$= 2\,\frac{\Delta w_{u_a}}{u_a} \cdot \frac{1}{\nu^2} = \psi_a^* \cdot \frac{1}{\nu^2}.$$

Weiterhin ist

$$\left(\frac{w_\infty}{u}\right)_i = \sqrt{\left(\frac{c_m}{u}\right)_i^2 + \left(\frac{w_{\infty_u}}{u}\right)_i^2}.$$

Mit

$$\left(\frac{w_{\infty_u}}{u}\right)_i = \mathfrak{r}_i = 1 - (1 - \mathfrak{r}_a) \cdot \frac{1}{\nu^2}$$

wird

$$\left(\frac{w_\infty}{u}\right)_i = \sqrt{\left(\frac{\varphi}{\nu}\right)^2 + \left(1 - \frac{1 - \mathfrak{r}_a}{\nu^2}\right)^2}.$$

Damit erhält man

$$\left(c_\Gamma \cdot \frac{l}{t}\right)_{\text{Nabe, R}} = \psi_a^* \cdot \frac{1}{\nu^2\,\sqrt{\left(\dfrac{\varphi}{\nu}\right)^2 + \left(1 - \dfrac{1 - \mathfrak{r}_a}{\nu^2}\right)^2}}. \tag{111}$$

Schreibt man die entsprechende Beziehung für das Leitrad an, so erhält man

$$\left(c_\Gamma \cdot \frac{l}{t}\right)_{\text{Nabe, L}} = \psi_a^* \cdot \frac{1}{\nu^2\,\sqrt{\left(\dfrac{\varphi}{\nu}\right)^2 + \left(\dfrac{1 - \mathfrak{r}_a}{\nu^2}\right)^2}} = \psi_a^* \cdot \frac{1}{\nu\,\sqrt{\varphi^2 + \left(\dfrac{1 - \mathfrak{r}_a}{\nu}\right)^2}}. \tag{112}$$

Für das oben gewählte Beispiel findet man, daß dieser Grenzwert bereits überschritten ist, die Druckzahl also etwas verkleinert werden müßte. Die eingezeichneten Kurven (Feld b) haben eine Unstetigkeitsstelle, weil die Belastungszahl im Laufrad zuerst überschritten werden kann (Kurvenzüge unterhalb des Knickes) oder im Leitrad (Kurvenzüge oberhalb der Knickstelle).

Abb. 220 zeigt das entsprechende Wirkungsgraddiagramm für einen Verdichter mit $\mathfrak{r} = 50\%$ Reaktion auf allen Schnitten mit der Voraussetzung $c_m\,(r) = \text{const}$.

Bedenkt man, daß für diese Auslegungsart alle Schaufelschnitte mit dem nach Abb. 217 günstigsten Reaktionsgrad $\mathfrak{r} = 0{,}5$ arbeiten und weiterhin, im Gegensatz zur Auslegungsart nach den Gesetzen des konstanten Dralles, infolge der symmetrischen Geschwindigkeitsdreiecke Lauf- und Leiträder gleichmäßig belastet sind, so erscheint die Auslegungsart $\mathfrak{r} = 0{,}5$ durch die für die Berechnung des Wirkungsgrades notwendigen Näherungen wirkungsgradmäßig etwas zu ungünstig beurteilt zu sein. Bei einer Auslegung mit $\mathfrak{r} = 50\%$ Reaktion auf allen Schnitten treten aber immer, worauf schon hingewiesen wurde, kleine Schwankungen der Meridianstromlinie auf. Diese sind in der Wirkungsgradberechnung nicht erfaßt, wirken sich jedoch erfahrungsmäßig ungünstig auf den Wirkungsgrad aus. Daraus folgt, daß die errechneten Wirkungsgrade

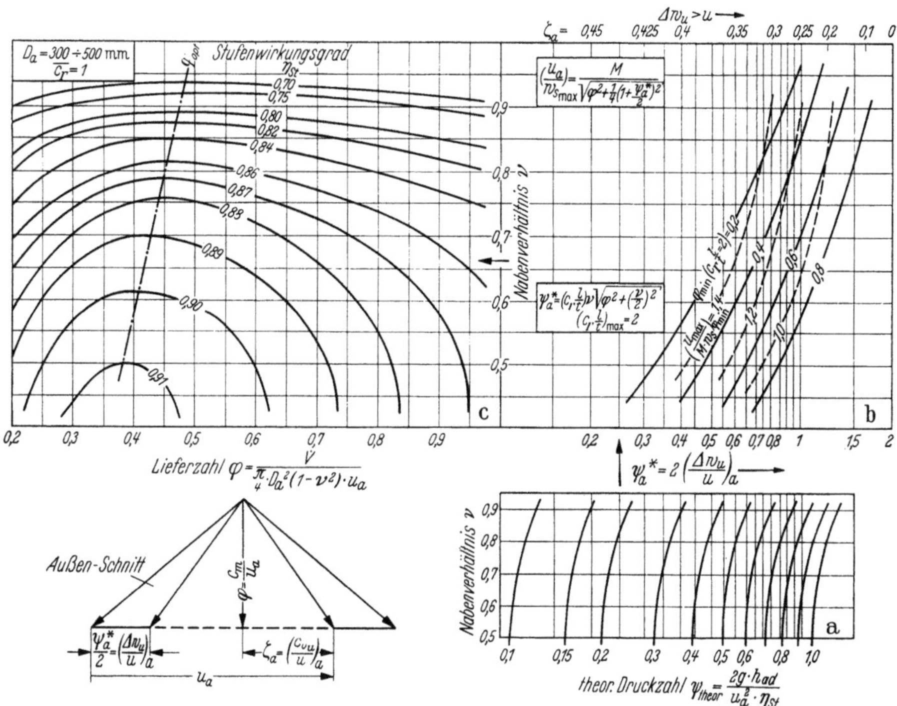

Abb. 220 a—c. Wirkungsgrad einer Normalstufe mit 50% Reaktion auf allen Schnitten bei Annahme konstanter Meridiangeschwindigkeit

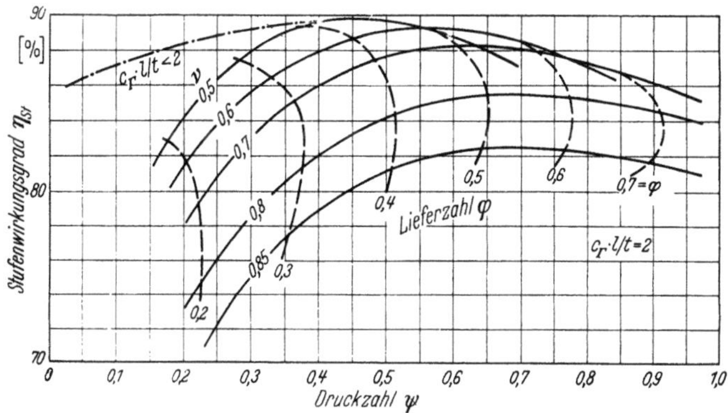

Abb. 221. Wirkungsgrad einer Normalstufe in Abhängigkeit von den dimensionslosen Kennzahlen. Auslegungsart: konstanter Drall ohne Vordrall (Wirbelflußmaschine ohne Vordrall)

den tatsächlichen Verhältnissen zumindest sehr nahekommen. Aus dem Vergleich der Abb. 219 mit Abb. 220 folgt, daß bei der Auslegungsart $\mathfrak{r} = 50\%$ Reaktion auf allen Schnitten wohl etwas höhere Wirkungsgrade als bei der Auslegungsart nach dem Gesetz des konstanten Dralles zu erzielen sind, wobei aber die Unterschiede relativ gering sind.

Für $\mathfrak{r} = 0,5$ erscheint die Vordrallzahl, im Gegensatz zum konstanten Drall, nicht mehr als freier Parameter, sondern ist durch die Beziehung

$$\mathfrak{r}_a = 1 - \left(\zeta_a + \frac{\psi_a^*}{4}\right) = 0,5, \qquad \zeta_a = 0,5 - \frac{\psi_a^*}{4} = 0,5 - \frac{\psi}{4 \cdot \Omega \cdot \eta_{St}}$$

bei gewählter theoretischer Druckzahl ψ/η_{St} und gewähltem Nabenverhältnis ν [weil $\Omega = f(\nu)$], bestimmt.

Für die Belastungszahl des Nabenschnittes findet man wieder

$$c_\Gamma \frac{l}{t} = 2 \cdot \frac{\Delta w_u}{u} \frac{u}{w_\infty},$$

$$2\left(\frac{\Delta w_u}{u}\right)_i = \psi_a^* \frac{1}{\nu^2},$$

$$\left(\frac{w_\infty}{u}\right)_i = \sqrt{\left(\frac{c_m}{u}\right)_i^2 + \left(\frac{w_{\infty u}}{u}\right)_i^2} = \sqrt{\left(\frac{\varphi}{\nu}\right)^2 + \mathfrak{r}_i^2}$$

und mit $\mathfrak{r}_i = \mathfrak{r}_a = 0{,}5$ erhält man schließlich

$$\left(c_\Gamma \cdot \frac{l}{t}\right)_{\text{Nabe}} = \psi_a^* \frac{1}{\nu^2 \sqrt{\left(\frac{\varphi}{\nu}\right)^2 + \left(\frac{1}{2}\right)^2}},$$

$$= \psi_a^* \cdot \frac{1}{\nu \sqrt{\varphi^2 + \left(\frac{\nu}{2}\right)^2}} \qquad (113)$$

Die Belastung für Lauf- und Leitrad ist hierbei wegen der symmetrischen Geschwindigkeitsdreiecke gleich.

Für die häufig verwendete Wirbelflußmaschine ohne Vordrall ist für einen schnellen Überblick nochmals ein besonderes Wirkungsgraddiagramm in Abb. 221 für die Grenzbedingung $(c_\Gamma \cdot l/t)_{\text{Nabe}}$ dargestellt. Man beachte hierbei die gute Übereinstimmung des empirisch gefundenen Verlaufes der optimalen Druckzahl $\psi_{\text{opt}} = f(\nu)$ (Abb. 142) mit den berechneten Werten. Obgleich Abb. 221 speziell für Wirbelflußmaschinen ohne Vordrall dargestellt ist, so gelten die angegebenen Kurven, wie ein Vergleich mit den Darstellungen in Abb. 219 und 220 zeigt, in erster Näherung auch für Wirbelflußmaschinen mit nicht zu großem positivem Vordrall bzw. für Axialstufen mit $\mathfrak{r} = 50\%$ Reaktion auf allen Schnitten.

Nicht gültig hingegen ist das Diagramm für Wirbelflußmaschinen mit negativem Vordrall.

Die *Spaltverluste*, die durch Überströmen von der Schaufeldruckseite auf die -saugseite im Spalt zwischen den Laufschaufeln und dem Gehäuse entstehen, sind bei den vorstehenden Herleitungen in den Sekundärverlusten mit eingeschlossen. Es ist aber oftmals von Interesse, den Anteil der Spaltverluste für sich allein zu kennen. Systematische

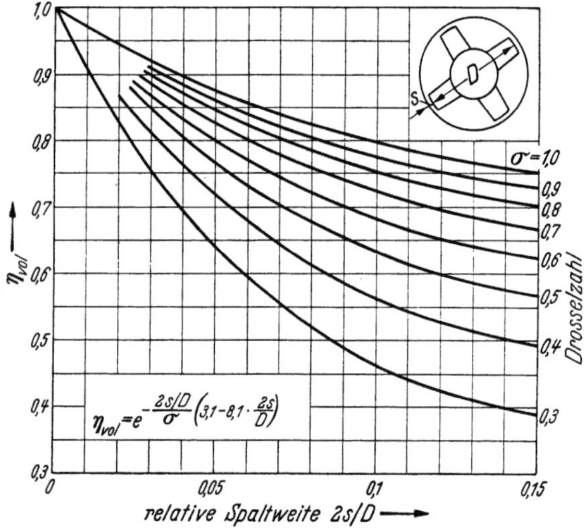

Abb. 222. Abhängigkeit des volumetrischen Wirkungsgrades von der Drosselzahl und der relativen Spaltweite

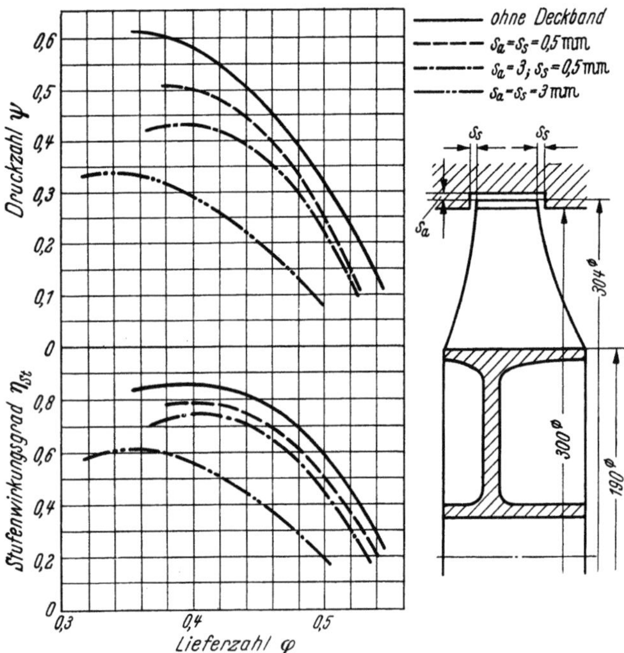

Abb. 223. Einfluß eines Deckbandes auf die Charakteristik und den Wirkungsgrad einer Axialstufe

Versuche an einem speziellen Prüfstand für Untersuchung des Spalteinflusses ergaben die in Abb. 222 dargestellte Abhängigkeit für den volumetrischen Wirkungsgrad.

$$\eta_{\text{vol.}} = \frac{(\dot{G} \cdot H_{\text{ad}})_s}{(\dot{G} \cdot H_{\text{ad}})_{s=0}} \cdot$$

Darnach nehmen bei Vergrößerung des Spaltes s sowohl Förderhöhe als auch Fördermenge ab. Der Zahlenwert des Nenners in obiger Beziehung für die Spaltweite $s = 0$ mußte allerdings aus den Versuchen extrapoliert werden, weil sich eine Spaltweite Null praktisch nicht realisieren läßt. Die in Abb. 222 dargestellte Abhängigkeit läßt sich durch die folgende empirische Beziehung ausdrücken:

$$\eta_{\text{vol.}} = e^{-\frac{2s/D}{\sigma}\left(3,1 - 8,1 \cdot \frac{2s}{D}\right)}; \quad \text{mit} \quad \sigma = \frac{\varphi^2}{\psi} \cdot$$

Darin bedeuten: e die Basis des natürlichen Logarithmus, s die Spaltbreite, D den Raddurchmesser.

Das Aufbringen eines Deckbandes, wie dies vielfach bei Dampfturbinenläufern gebräuchlich ist, läßt zwar günstigere Festigkeitsverhältnisse für die Schaufeln erwarten, ergibt aber trotz einer gewissen Labyrinthwirkung keine Verbesserung des volumetrischen Wirkungsgrades (s. Abb. 223).

5. Der effektive Wirkungsgrad der Einzelstufe

Der Anlagewirkungsgrad einer Axialstufe lautet in allgemeiner Form

$$\eta_{\text{Anlage}} = \frac{N_N}{N_W} = \frac{G \cdot h_{\text{ad}_{\text{eff}}}}{G \cdot h_{\text{theor}}};$$

dabei ist mit Gl. (89)

$$h_{\text{ad}_{\text{eff}}} = h_{\text{stat}} - \frac{c_0^2}{2g \cdot \eta'} + \lambda \frac{c_2^2}{2g} \cdot \eta_D.$$

Durch Umformen findet man

$$h_{\text{ad}_{\text{eff}}} = h_{\text{stat}} \left[1 - \frac{c_0^2}{2g \cdot h_{\text{stat}}} \cdot \frac{1}{\eta'} + \lambda \frac{c_2^2}{2g \cdot h_{\text{stat}}} \cdot \eta_D\right].$$

Die wirkliche Axialstufe soll aus einer Normalstufe mit vorgesetzter Einlaufvorrichtung (unter Einschluß eines unter Umständen vorhandenen Vorleitrades) und einem nachgeschalteten Diffusor (unter Einbeziehung einer unter Umständen vorhandenen zweiten Nachleitvorrichtung zur Rückgewinnung des Austrittsdralls aus der Normalstufe) gebildet sein.

Setzt man, wie bei den bisherigen Betrachtungen, inkompressibles Strömungsmedium und konstantes Nabenverhältnis in der Normalstufe voraus, dann ist $c_0 = c_2$.

Mit $\lambda = 1 - \left(\frac{c_A}{c_2}\right)^2$ und der Substitution $h_{\text{stat}} = c_{\text{stat}}^2/2\,g$ erhält man

$$h_{\text{ad}_{\text{eff}}} = h_{\text{stat}} \left[1 - \left(\frac{c_0}{c_{\text{stat}}}\right)^2 \cdot \frac{1}{\eta'} + \lambda \left(\frac{c_0}{c_{\text{stat}}}\right)^2 \cdot \eta_D\right],$$

$$h_{\text{ad}_{\text{eff}}} = h_{\text{stat}} \left[1 - \left(\frac{c_0}{c_{\text{stat}}}\right)^2 \cdot \left(\frac{1}{\eta'} - \eta_D \cdot \lambda\right)\right]. \tag{114}$$

Führt man die Substitution

$$B = \left(\frac{c_0}{c_{\text{stat}}}\right)^2 \left(\frac{1}{\eta'} - \eta_D \cdot \lambda\right) \tag{115}$$

ein, wobei

$$c_{\text{stat}} = \sqrt{2g \cdot h_{\text{stat}}}$$

ist, so ist die adiabatische Förderhöhe

$$h_{\text{ad}_{\text{eff}}} = h_{\text{stat}} (1 - B).$$

Der Anlagewirkungsgrad eines einstufigen Verdichters läßt sich damit in der Form

$$\eta_{\text{Anlage}} = \frac{\dot{G} \cdot h_{\text{stat}}}{\dot{G} \cdot h_{\text{theor}}} (1 - B)$$

schreiben.

Nun ist aber nach den bisherigen Darlegungen der Quotient $(G \cdot h_{\text{stat}}) : (G \cdot h_{\text{theor}}) = \eta_{\text{St}}$, also der Wirkungsgrad der Normalstufe. Man erhält somit als Anlagewirkungsgrad eines einstufigen Verdichters die Beziehung

$$\eta_{\text{Anlage}} = \eta_{\text{St}} \cdot (1 - B). \tag{116}$$

VIII. Berechnung der Hauptabmessungen von Axialkompressoren

Für die Auslegung eines Axialverdichters sind eine große Zahl von Gesichtspunkten maßgebend, die man nicht in allgemeingültige Formen fassen kann. Eine erste Frage besteht darin, ob der Gesamtwirkungsgrad der Anlage von entscheidender Bedeutung ist oder ob man mit Rücksicht auf den Beschaffungspreis zu gewissen Konzessionen hinsichtlich des Wirkungsgrades gezwungen ist. Auch konstruktive Rücksichten, die im Rahmen dieses Buches nicht behandelt werden können, z. B. kritische Drehzahlen, werden die Bauweise in vielen Fällen beeinflussen. So wird in manchen Fällen die Möglichkeit einer direkten Kupplung mit der Antriebsmaschine eine Auslegungsart zweckmäßig erscheinen lassen, die man bei freier Drehzahlwahl nicht gewählt hätte. Dann wird zu untersuchen sein, welche mittlere adiabatische Förderhöhe dem jeweiligen Entwurf zugrunde gelegt werden kann. Die zweckmäßige mittlere Stufenförderhöhe liegt bei vielstufigen Anlagen in der Größenordnung von 900 bis 1500 mkg/kg. Im allgemeinen wird man bei Verdichtern, bei denen man jedes Risiko (Schaufelschwingungen) vermeiden will, den unteren Bereich bevorzugen, für ortsbewegliche Verdichter wird man etwas höher gehen und für Luftfahrtgeräte die oberen Werte bzw. Grenzleistungsstufen zugrunde legen.

1. Kompressor mit konstantem Außendurchmesser

Im Kapitel B wurden zur allgemeinen Klassifizierung der verschiedenen Verdichterarten dimensionslose Kennzahlen hergeleitet. Diese Kennzahlen lassen sich nun auch mit Vorteil zur Berechnung der Hauptabmessungen von Verdichtern benützen. Als Hauptkennzahlen für Axialkompressoren waren definiert

$$\text{Druckzahl } \psi = \frac{2 \cdot g \cdot H_{\text{ad}}}{u_a^2} \, ;$$

$$\text{Lieferzahl } \varphi = \frac{\dot{V}/F_G}{u_a} = \frac{c_m}{u_a} \, *.$$

Dabei bedeuten

$H_{\text{ad}} \left[\dfrac{\text{mkg}}{\text{kg}} \right]$ die adiabatische Förderhöhe,

$\dot{V} \, [\text{m}^3/\text{s}]$ das Fördervolumen,

$F_G \, [\text{m}^2]$ den Verdichterquerschnitt $F_G = \dfrac{\pi}{4} D_a^2 (1 - \nu^2)$,

$u_a \, [\text{m/s}]$ die Umfangsgeschwindigkeit an den Schaufelenden (Außenschnitt).

Aus den üblicherweise für die Auslegung eines Verdichters vorgegebenen Werten adiabatische Förderhöhe (H_{ad}),

Fördervolumen ($\dot{V}$)

und der (ungefähren) Verdichterdrehzahl (n)

läßt sich die klassifizierende, dimensionslose Drehzahl

$$\Re_n = 6{,}33 \cdot 10^{-3} \cdot n \cdot \frac{\dot{V}^{\frac{1}{2}}}{H_{\text{ad}}^{\frac{3}{4}}}$$

bilden.

Ersetzt man die vorgegebenen, dimensionsbehafteten Größen durch entsprechende dimensionslose Kennzahlen, dann ergibt sich für die dimensionslose Drehzahl im Falle des Axialkompressors unter Vernachlässigung des Dichteunterschiedes zwischen statischem und Gesamtzustand

$$\Re_n = \sqrt{(1 - \nu^2) \cdot \frac{\varphi}{\psi^{\frac{3}{2}}}} \, .$$

---

* Da es sich hier nicht um Vergleiche mit Radialkompressoren handelt, findet hier ausschließlich die Lieferzahl φ und nicht φ^* wie in Kapitel B Verwendung.

Diese vier Gleichungen bilden nun die Grundlage für die Bestimmung der Hauptabmessungen üblicher Axialkompressoren.

Aus der im vorhergehenden Teilabschnitt dargestellten Wirkungsgradbetrachtung ergeben sich unter der Voraussetzung optimaler Stufenwirkungsgrade bestimmte Zusammenhänge zwischen der dimensionslosen Drehzahl einerseits und den dimensionslosen Kennzahlen φ und ψ sowie dem Nabenverhältnis ν andererseits. Die Forderung nach einem möglichst hohen Wirkungsgrad wird aber in vielen Fällen dem Kompressorentwurf zugrunde liegen.

Abb. 224 zeigt die Optimalwerte für den Stufenwirkungsgrad η_{St}, das Nabenverhältnis ν, die Druckzahl ψ und Lieferzahl φ in Abhängigkeit von der dimensionslosen Drehzahl $\mathfrak{R}_n$. Diese Optimalkurven sind für Wirbelflußmaschinen ohne Vordrall gültig. Sie können aber auch in erster Näherung für Wirbelflußmaschinen mit positivem Vordrall (im Rahmen der noch anzugebenden Grenzen) und für die Auslegungsart mit $r = 50\%$ Reaktion auf allen Schnitten benutzt werden, da die Optimalwerte für η_{St}, ν, φ und ψ für diese Auslegungsarten nur wenig von den in Abb. 224 dargestellten abweichen und da die Wirkungsgradkurven selbst, wie Abb. 221 zeigt, in der Nähe des Maximums einen sehr flachen Verlauf haben.

Für Wirbelflußmaschinen mit negativem Vordrall haben die Optimalkurven nach Abb. 224 jedoch keine Gültigkeit. Bei dieser Auslegungsart herrscht im Leitrad beschleunigte Strömung ($r > 1$). Deshalb können im Leitrad Belastungszahlen $c_r \cdot l/t > 2$ verwirklicht werden. Damit sind bei dieser Auslegungsart zwar relativ große Druckzahlen erreichbar, wegen der Be-

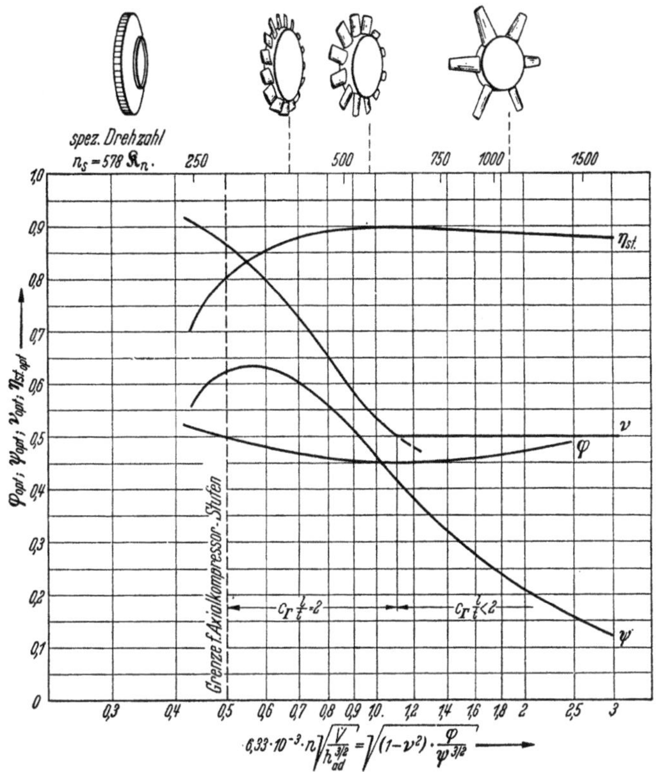

Abb. 224. Optimalwerte einer Normalstufe (Auslegungsart: konstanter Drall ohne Vordrall)

schränkung bezüglich der verwirklichbaren Umfangsgeschwindigkeiten sind den größeren Druckzahlen aber keine entsprechend große Förderhöhen zugeordnet. Aber auch die Wirkungsgrade bei dieser Auslegungsart sind, wie Abb. 219 zeigt, niederer als bei den anderen genannten Axialkompressorarten.

Bei der Auslegung mehrstufiger Kompressoren werden sich die Optimalwerte entsprechend Abb. 224 nicht immer in allen Stufen verwirklichen lassen. In diesem Falle kann der Einfluß auf den Stufenwirkungsgrad bei notwendigen Abweichungen von den Optimalwerten mit Hilfe des Diagramms, Abb. 225, abgeschätzt werden.

MARCINOWSKI[1] hat nach ähnlichen Gesichtspunkten Optimalwerte für Axialventilatoren berechnet. Neben Wirkungsgradbetrachtungen hat er dabei dem Nabentotwasserkern bei Drallströmungen besondere Aufmerksamkeit gewidmet. Bei den hier behandelten Axialstufen mit Nabenverhältnissen $\nu \geqq 0,5$ wird der von MARCINOWSKI bzw. STRSCHELETZKY[2] angegebene Kerndurchmesser im allgemeinen nicht unterschritten.

---

[1] MARCINOWSKI, H.: Optimalprobleme bei Axialventilatoren. Heizung-Lüftung-Haustechnik 8 (1957) Nr. 11, S. 273–296 und Voith Forschung und Konstruktion 1959, H. 5.

[2] STRSCHELETZKY, M.: Gleichgewichtsformen der rotationssymmetrischen Strömungen mit konstantem Drall in geraden zylindrischen Rotationshohlräumen. Voith Forschung und Konstruktion 1959, H. 5.

13*

Mit dem gegebenen Eintrittsvolumen $\dot{V}_1$ und dem verlangten Druckverhältnis $\frac{p_2}{p_1}$ wird nun zuerst das Austrittsvolumen $\dot{V}_2$ aus dem Verdichter berechnet. Hierfür ist

$$\frac{\dot{V}_1}{\dot{V}_2} = \frac{p_2}{p_1} \cdot \frac{1}{1 + \dfrac{(p_2/p_1)^{\frac{\varkappa-1}{\varkappa}} - 1}{\eta_{i\,\mathrm{ad}}}} \cdot$$

Der innere adiabatische Wirkungsgrad $\eta_{i\,\mathrm{ad}}$ muß hierbei zunächst geschätzt werden. Für neuzeitliche Axialverdichter mit adiabatischen Förderhöhen von 10000 bis 20000 mkg/kg kann man

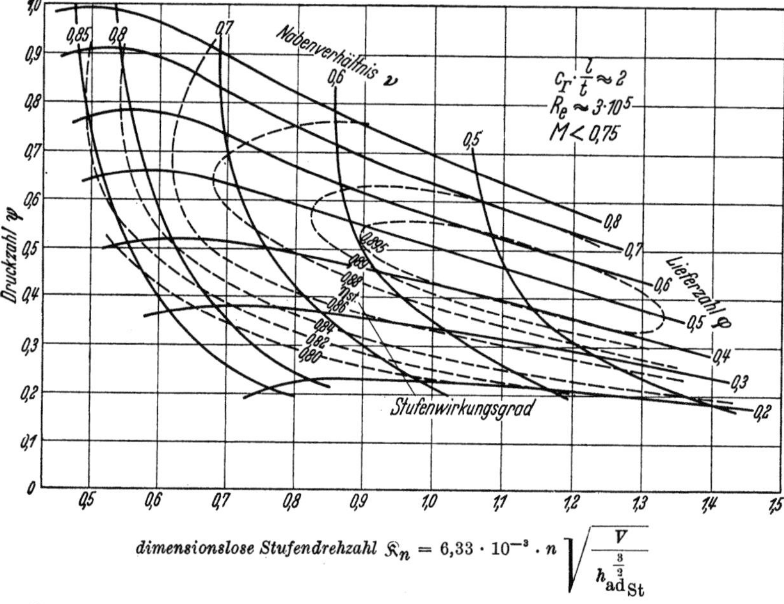

Abb. 225. Auslegungsdiagramm für mehrstufige Axialverdichter. (Nicht gültig für Wirbelflußmaschinen mit negativem Vordrall)

mit Wirkungsgraden von 88 bis 83% rechnen, wobei die höheren Wirkungsgrade den kleineren Förderhöhen entsprechen. Bei Verdichtung atmosphärischer Luft bedient man sich zweckmäßigerweise der Abb. 69. Bildet man nun aus Ein- und Austrittsvolumen das arithmetische Mittel

$$\overline{\dot{V}} = \frac{\dot{V}_1 + \dot{V}_2}{2}$$

und berechnet die adiabatische Förderhöhe des Verdichters aus den Vorgaben (T_1; $\varkappa$; R und p_2/p_1), also

$$H_{\mathrm{ad}} = \frac{\varkappa}{\varkappa-1} \cdot R \cdot T_1 \left[\left(\frac{p_2}{p_1}\right)^{\frac{\varkappa-1}{\varkappa}} - 1 \right]$$

(vgl. hierzu Abb. 68 und Anhang: Rechentafeln 1 bis 6), dann kann bei vorgegebener Drehzahl in erster Näherung die spezifische Drehzahl des Verdichters

$$\Re_{n_{\mathrm{Kompr}}} = 6{,}33 \cdot 10^{-3} \cdot n \, \frac{\overline{\dot{V}}^{\frac{1}{2}}}{H_{\mathrm{ad}}^{\frac{3}{4}}}$$

ermittelt werden. Aus der berechneten spezifischen Drehzahl einer mittleren Stufe ergibt sich nun mit Hilfe von Abb. 50 sofort eine erste Näherung für die erforderliche Stufenzahl z eines Axialverdichters und damit auch näherungsweise die Förderhöhe der Einzelstufe

$$h'_{\mathrm{ad}_{St}} \approx \frac{H_{\mathrm{ad}}}{z} \left[\frac{\mathrm{mkg}}{\mathrm{kg}}\right].$$

Ist auf diese Weise die Stufenzahl z bestimmt und als technisch vertretbar erkannt, dann wird entsprechend den Ausführungen in C IV, 1d noch der Erhitzungsfaktor

$$f = f_\infty \left(1 - \frac{1}{z}\right)$$

berücksichtigt, wobei f_∞ aus Gl. (59) oder für Luft mit $\varkappa = 1{,}4$ aus Abb. 77 ermittelt werden kann. Die je Stufe zu verarbeitende Förderhöhe ist dann

$$h_{\mathrm{ad}_{St}} = \frac{H_{\mathrm{ad}}(1+f)}{z}\,.$$

Die dimensionslosen Drehzahlen $\mathfrak{R}_{n_{St}}$ werden üblicherweise von der ersten zur letzten Stufe hin kleiner, im gleichen Sinne aber die Nabenverhältnisse und Druckzahlen größer. Für den Fall konstanten Außendurchmessers folgt hieraus

$$h_{\mathrm{ad}_I} < \overline{h_{\mathrm{ad}}} < h_{\mathrm{ad}_z}\,,$$

wenn $\overline{h_{\mathrm{ad}}}$ die aus der verlangten Gesamtförderhöhe und der abgeschätzten Stufenzahl ermittelte mittlere Stufenförderhöhe bedeutet. Mit Rücksicht auf das veränderliche Nabenverhältnis innerhalb des Kompressors und die damit zusammenhängende zulässige Größe der Druckzahl, wählt man zweckmäßigerweise für die erste Stufe

$$h_{\mathrm{ad}_I} \approx (0{,}8 \text{ bis } 0{,}9) \cdot \overline{h_{\mathrm{ad}}}$$

und für die letzte Stufe

$$h_{\mathrm{ad}_z} \approx (1{,}1 \text{ bis } 1{,}2) \cdot \overline{h_{\mathrm{ad}}}\,.$$

Bildet man nun aus Stufenförderhöhe h_{ad_I}, Eintrittsvolumen in den Verdichter $\dot{V}_I$ und Drehzahl n die dimensionslose Drehzahl $\mathfrak{R}_{n_I}$, so können mit Abb. 224 bzw. Abb. 225 die Optimalwerte für die Druckzahl ψ und die Lieferzahl φ, außerdem die Bestwerte für das Nabenverhältnis ν und den zu erwartenden Stufenwirkungsgrad η_{St} festgelegt werden. Die am Außendurchmesser erforderliche Umfangsgeschwindigkeit erhält man dann aus der Definitionsgleichung für die Druckzahl

$$u_a = \sqrt{\frac{2 \cdot g \cdot h_{\mathrm{ad}_I}}{\psi_I}}\,. \tag{117}$$

Als nächste Frage ist zu klären, ob der Verdichter ohne Vordrall oder mit positivem bzw. negativem Vordrall ausgeführt werden soll. Für die Relativgeschwindigkeit am Eintritt in die Stufe gilt in allgemeiner Form

$$\begin{aligned}
w_1^2 &= c_m^2 + \left(u - c_{0_u}\right)^2 \\
&= c_m^2 + u^2 (1 - \zeta)^2\,,
\end{aligned} \tag{118}$$

wobei $\zeta = \dfrac{c_{0_u}}{u}$ die Vordrallzahl ist.

Für einen oberen Grenzwert der MACHzahl, z. B.

$$M = \frac{w_{1a}}{w_s} \leq 0{,}75$$

läßt sich nun der notwendige Vordrall berechnen. Durch Dividieren der Gl. (118) mit der Schallgeschwindigkeit erhält man für die Schaufelspitzen

$$\begin{aligned}
M^2 &= \left(\frac{w_{1a}}{w_s}\right)^2 = \left(\frac{c_m}{u_a} \cdot \frac{u_a}{w_s}\right)^2 + \left(\frac{u_a}{w_s}\right)^2 (1 - \zeta_a)^2, \\
&= \left(\frac{u_a}{w_s}\right)^2 [\varphi^2 + (1 - \zeta_a)^2]\,.
\end{aligned}$$

Hiermit wird die Vordrallzahl für den Außenschnitt

$$\zeta_a \geqq 1 - \sqrt{\left(\frac{M}{u_a/w_s}\right)^2 - \varphi^2}\,, \tag{119}$$

wenn für M der höchstzulässige Wert eingesetzt wird.

Die Größe des Vordralles kann aber nicht beliebig gewählt werden. Da das Schaufelgitter der Vorleitvorrichtung als Beschleunigungsgitter wirkt, ist darauf zu achten, daß an keiner Stelle zwischen zwei benachbarten Schaufeln der Vorleitvorrichtung die Schallgeschwindigkeit erreicht wird. Eine genauere Untersuchung dieser Frage wird später noch eingehend durchgeführt werden. Als ersten Anhaltspunkt kann man auf Grund dieser Untersuchungen als oberen Grenzwert für die Vordrallzahl von Wirbelflußmaschinen bei Auslegung auf annähernd optimalen Wirkungsgrad angeben

$$\zeta_{a_\text{max}} \approx (0{,}45 \text{ bis } 0{,}5) \cdot \nu \;*. \tag{120}$$

Bei der Wirbelflußmaschine ist der Vordrall vor allem durch die Strömungsverhältnisse am Nabenschnitt des Vorleitrades begrenzt, weil hier, gemäß dem Gesetz des konstanten Dralls, die größte Umlenkung und damit die größten Geschwindigkeiten auftreten.

Nach Festlegung der Umfangsgeschwindigkeit [Gl. (117)] läßt sich nun auch der Außendurchmesser der Stufe I berechnen. Er ergibt sich aus dem Fördervolumen am Eintritt $\dot{V}_\text{I}$, der Lieferzahl φ_I und dem Nabenverhältnis ν_I

$$D_a = \sqrt{\dfrac{\dot{V}_\text{I}}{\dfrac{\pi}{4}(1-\nu_1)^2 \cdot \varphi_\text{I} \cdot u_a}} \quad [\text{m}] \tag{121}$$

oder wenn die Drehzahl direkt vorgeschrieben ist aus der Beziehung

$$D_a = \frac{60}{\pi} \cdot \frac{u_a}{n} \quad [\text{m}]. \tag{122}$$

Aus Austrittsvolumen, Stufenförderhöhe und Drehzahl läßt sich nun gleichermaßen die dimensionslose Drehzahl der letzten Stufe $\mathfrak{N}_{n_z}$ des Kompressors bilden und hierfür die zweckmäßigen dimensionslosen Kennzahlen aus Abb. 224 bzw. Abb. 225 ablesen.

Bildet man noch mit dem mittleren Volumen zwischen Ein- und Austritt $(\dot{V}_1 + \dot{V}_2)/2$ die dimensionslose Drehzahl $\mathfrak{N}_{n_z/2}$ einer mittleren Stufe und entnimmt auch hierfür aus Abb. 224 bzw. Abb. 225 die entsprechenden Kennzahlen, so läßt sich nun ein erster Straak für den Verdichterlängsschnitt festlegen.

In sehr vielen Fällen kann der Außendurchmesser des Verdichters über alle Stufen konstant gehalten werden. Bei großen Förderhöhen empfiehlt es sich, die Lieferzahl der ersten Stufe in der Nähe des oberen zulässigen Grenzwertes festzulegen, um in der letzten Stufe zu große Nabenverhältnisse bzw. unzulässig kleine Lieferzahlen zu vermeiden.

Für die Zwischenstufen können nun entsprechend dem gestraakten Nabenverhältnis gleichfalls die dimensionslosen Kennzahlen Abb. 224 und Abb. 225 entnommen werden. Hierbei ist die Einteilung so vorzunehmen, daß

$$\sum_1^z \psi_\text{St} \cdot \frac{u_a^2}{2g} = \sum h_\text{ad} = H_\text{ad}(1 + f)$$

wird. Für konstanten Außendurchmesser ist $u_a^2/2\,g$ für alle Stufen gleich und somit

$$\sum_1^z \psi_\text{St} = \frac{2g}{u_a^2} \sum h_\text{ad} = \frac{2g}{u_a^2} \cdot H_\text{ad}(1 + f).$$

Unter Umständen erfordert die Bestimmung der optimalen Hauptabmessungen noch eine Iterationsrechnung. Bei Beachtung der angegebenen Maßnahmen läßt sich aber meist wenigstens ein Iterationsschritt ersparen.

Für die axiale Länge eines Kompressors kann man als ersten überschlägigen Richtwert angeben

$$\frac{l_\text{ax, St}}{D_a} \approx 0{,}25 \text{ bis } 0{,}35.$$

---

* Der genaue Wert ist

$$\zeta_{a_\text{max}} = \nu \cdot \varphi \sqrt{\left(\frac{1}{\cos \tau_{0\text{max}}}\right)^2 - 1}, \quad \text{wobei} \quad \cos \tau_{0\text{max}} = 1{,}05 \cdot \frac{c_m}{w_s}\left(\frac{1{,}2}{1 + 0{,}2 \cdot \left(\frac{c_m}{w_s}\right)^2}\right)^3 \text{ ist.}$$

Diese Zahl gilt erfahrungsgemäß für Verdichter mit Außendurchmessern $D_a = 350$ bis 600 mm
Größere Verdichter werden relativ kürzer, kleinere im allgemeinen länger (REYNOLDSzahl).

Rechnungsbeispiel:

Zu verdichtendes Medium: Luft.

Druckverhältnis des Kompressors bezogen auf Gesamtzustände $\Pi = p_2/p_1 = 2$ [—],

Eintrittsvolumen $\dot{V}_E = 17$ [m³/s],
Drehzahl $n = 6000$ [U/min],
Eintrittszustand der Luft $p_1 = 1$ [kg/cm²]; $T_1 = 285$ [° K].

Die MACHzahl w_{1a}/w_s sei aus Wirkungsgradgründen begrenzt mit $M = 0,55 \div 0,65$.

Die adiabatische Förderhöhe des Kompressors beträgt unter Benützung von Abb. 68

$$H_{ad} = 6500 \left[\frac{mkg}{kg} \right].$$

Die Wirkungsgrade des Kompressors werden zunächst geschätzt:

innerer adiabatischer Gesamtwirkungsgrad $\eta_{i_{ad_{Komp}}} = 0,86,$

mittlerer Stufenwirkungsgrad $\overline{\eta_{St}} = 0,88.$

Aus Kap. C, Gl. (27) findet man für das Volumenverhältnis zwischen Ein- und Austritt am Verdichter

$$\frac{\dot{V}_1}{\dot{V}_2} = 1,595, \quad \text{also}$$

$$\dot{V}_2 = \frac{17}{1,595} = 10,65 \ [m^3/s].$$

Das mittlere Durchflußvolumen beträgt also

$$\overline{\dot{V}} = \frac{\dot{V}_1 + \dot{V}_2}{2} \approx 14 \ [m^3/s].$$

Die mittlere dimensionslose Drehzahl des Kompressors ist dann

$$\mathfrak{R}_{n_{Kompr}} = 6,33 \cdot 10^{-3} \cdot n \cdot \sqrt{\frac{\overline{\dot{V}}}{H_{ad}^{\frac{3}{2}}}},$$

$$= 6,33 \cdot 10^{-3} \cdot 6000 \sqrt{\frac{14}{(6500)^{\frac{3}{2}}}} = 0,197 \ [-]$$

Hierfür ergibt sich nach Abb. 50 als zweckmäßige Bauweise ein
Axialkompressor mit etwa 7 Stufen.
(Möglich wäre auch ein zweistufiger, evtl. zweiflutiger Radialverdichter.)
Der Erhitzungsverlustfaktor beträgt nach Abb. 77

$$f_\infty = 0,014, \quad \text{also}$$

$$f = f_\infty \left(1 - \frac{1}{z} \right) = 0,014 \left(1 - \frac{1}{7} \right) = 0,012.$$

Die Summe der Stufenförderhöhen ist somit

$$\Sigma \, h_{ad} = H_{ad}(1 + f) = 6600 \ [mkg/kg].$$

Man sieht, daß der Erhitzungsverlust bei kleinen Druckverhältnissen und guten Wirkungsgraden vernachlässigt werden kann. Die mittlere Stufenförderhöhe ist nun

$$\overline{h_{ad}} = \frac{\Sigma \, h_{ad}}{z} = 940 \ [mkg/kg].$$

I. Stufe:
Die voraussichtliche Förderhöhe der ersten Stufe ist

$$h_{ad_I} \approx 0,85 \cdot \overline{h_{ad}} = 800 \left[\frac{mkg}{kg} \right].$$

Als dimensionslose Drehzahl $\mathfrak{R}_{nI}$ dieser Stufe erhält man

$$\mathfrak{R}_{nI} = 6,33 \cdot 10^{-3} \cdot n \cdot \sqrt{\frac{\dot{V}_I}{h_{ad_I}^{\frac{3}{2}}}} = 1,05.$$

Als dimensionslose Kennzahlen dieser Stufe findet man aus Abb. 224 oder 225

$$\psi_\mathrm{I} = 0{,}45,$$
$$\varphi_\mathrm{I} = 0{,}45,$$
$$\nu_\mathrm{I} = 0{,}53.$$

Die erforderliche Umfangsgeschwindigkeit wird

$$u_a = \sqrt{\frac{2g \cdot h_{\mathrm{ad}_\mathrm{I}}}{\psi_\mathrm{I}}} = \sqrt{\frac{2 \cdot 9{,}81 \cdot 800}{0{,}45}} = 187\,[\mathrm{m/s}].$$

Der Außendurchmesser (Schaufelspitzendurchmesser) des Verdichters berechnet sich damit zu

$$D_a = \frac{60 \cdot u_a}{\pi \cdot n} = \frac{60 \cdot 187}{\pi \cdot 6000} = 0{,}595\,[\mathrm{m}].$$

Die wirkliche Lieferzahl beträgt

$$\varphi_{\mathrm{I}\,\mathrm{wirkl.}} = \frac{\dot V_\mathrm{I} \big/ \frac{\pi}{4} D_a^2 (1 - \nu^2)}{u_a} = \frac{17}{\frac{\pi}{4}\, 0{,}595^2 (1 - 0{,}53^2)} \cdot \frac{1}{187} = 0{,}45\,[-]$$

und die Meridiangeschwindigkeit in der ersten Stufe

$$c_{m_\mathrm{I}} = \varphi_\mathrm{I} \cdot u_a = 84{,}5\,[\mathrm{m/s}].$$

Mit dem gegebenen oberen Grenzwert für die MACHzahl $M = w_{1a}/w_s = 0{,}65$ beträgt der erforderliche Vordrall

$$\zeta_a \geqq 1 - \sqrt{\left(\frac{M}{u_a/w_s}\right)^2 - \varphi^2}.$$

Die Schallgeschwindigkeit ist

$$w_s = 20{,}1\,\sqrt{T_1} = 20{,}1\,\sqrt{285} = 340\,\mathrm{m/s}.$$

Somit ist

$$\frac{u_a}{w_s} = \frac{187}{340} = 0{,}55\,[-]$$

also

$$\zeta_a \geqq 1 - \sqrt{\left(\frac{0{,}65}{0{,}55}\right)^2 - 0{,}45^2} \geqq -0{,}10.$$

Die MACHzahlbedingung ließe sich also mit einem negativen Vordrall (Gegendrall) von etwa 10% der Umfangsgeschwindigkeit einhalten. Eine derartige Bauweise verspricht aber im vorliegenden Fall keine Vorteile, weshalb eine Wirbelflußmaschine ohne Vordrall gewählt wird. Die wirklich vorhandene MACHzahl ist dann

$$M_{\mathrm{wirkl.}} = \frac{u_a}{w_s}\,\sqrt{1 + \varphi^2} = 0{,}55\,\sqrt{1 + 0{,}45^2} = 0{,}605\,[-],$$

liegt also im wirkungsgradmäßig günstigsten Bereich (Abb. 165).

VII. Stufe:

Das Austrittsvolumen aus dem Verdichter beträgt

$$\dot V_2 = 10{,}65\,[\mathrm{m^3/s}].$$

Die Förderhöhe der letzten Stufe ist in erster Näherung

$$h_{\mathrm{ad}_\mathrm{VII}} \approx 1{,}15 \cdot \overline{h_{\mathrm{ad}}} \approx 1100\,\left[\frac{\mathrm{mkg}}{\mathrm{kg}}\right].$$

Damit wird die dimensionslose Drehzahl dieser Stufe

$$\Re_{n_\mathrm{VII}} = 6{,}33 \cdot 10^{-3} \cdot n \cdot \sqrt{\frac{\dot V_2}{h_{\mathrm{ad}_\mathrm{VII}}^{\frac{3}{2}}}} \approx 0{,}65\,[-].$$

Hierfür wird das erforderliche Nabenverhältnis dieser Stufe entsprechend Abb. 225

$$\nu_\mathrm{VII} \approx 0{,}75.$$

Die Lieferzahl der letzten Stufe beträgt somit

$$\varphi_\mathrm{VII} = \frac{\dot V_2}{\frac{\pi}{4} D_a^2 (1 - \nu_\mathrm{VII}^2)} \cdot \frac{1}{u_a} = \frac{10{,}65}{\frac{\pi}{4} \cdot 0{,}595^2 (1 - 0{,}75^2)} \cdot \frac{1}{187} = 0{,}463\,[-]$$

und die Meridiangeschwindigkeit am Austritt

$$c_{m_A} = \varphi_{\mathrm{VII}} \cdot u_a = 86{,}5\ [\mathrm{m/s}].$$

Für die zugehörige Druckzahl entnimmt man nun Abb. 225

$$\psi_{\mathrm{VII}} = 0{,}60 \quad \text{und somit} \quad h_{\mathrm{ad}_{\mathrm{VII}}} = \frac{u_a^2}{2g} \cdot \psi_{\mathrm{VII}} = 1070 \left[\frac{\mathrm{mkg}}{\mathrm{kg}}\right],$$

wobei der entsprechende Auslegungspunkt im günstigen Wirkungsgradbereich liegt.

Mittlere (IV.) Stufe:

Die dimensionslose Drehzahl für die mittlere Stufe ist

$$\Re_{n_{\mathrm{VII}}} = 6{,}33 \cdot 10^{-3} \cdot n \sqrt{\frac{\bar{V}}{h_{\mathrm{ad}}^{\frac{3}{2}}}} \approx 0{,}85\ [-].$$

Um einen möglichst gleichmäßigen Verlauf der Meridiangeschwindigkeit zu erhalten, wählt man als Lieferzahl

$$\varphi_{\mathrm{IV}} \approx 0{,}455.$$

Damit ergeben sich aus Abb. 224 bzw. Abb. 225 die weiteren Kennzahlen zu

$$\nu_{\mathrm{IV}} = 0{,}62,$$

$$\psi_{\mathrm{IV}} = 0{,}525.$$

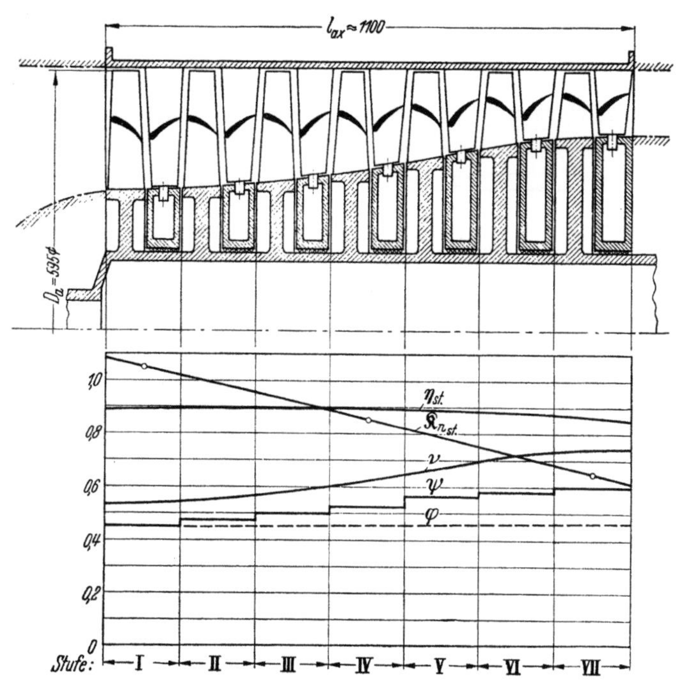

Abb. 226. Entwurf für einen siebenstufigen Axialverdichter (Auslegungsbeispiel). Druckverhältnis $\Pi = 2$; Eintrittsvolumen $\dot{V}_E = 17\ \mathrm{m^3/s}$; Drehzahl $n = 6000\ \mathrm{U/min}$

Mit diesen Ergebnissen kann nun ein erster Straak für den Verdichterlängsschnitt gezeichnet werden. Die Auslegungsdaten für die Zwischenstufen lassen sich durch Interpolation ermitteln. Für die Summe der Stufenförderhöhen gilt hierbei

$$\sum \psi = \frac{2g}{u_a^2} \sum h_{\mathrm{ad}} = \frac{19{,}62}{187^2} \cdot 6600 = 3{,}7\ [-].$$

Die Auslegungswerte sind in der nachstehenden Zahlentafel zusammengestellt.

Tabelle 10

Auslegungswerte:

Außendurchmesser	$D_a = 0{,}595\ [\mathrm{m}]$,
Axiale Kompressorlänge	$l_{\mathrm{ax}} = 1100\ [\mathrm{mm}]$,
Umfangsgeschwindigkeit	$u_a = 187\ [\mathrm{m/s}]$,
Machzahl	$M = 0{,}6\ [-]$,
Wirbelflußmaschine *ohne* Vordrall.	

Stufenaufteilung:

Stufe	Nabenverhältnis ν	Lieferzahl φ	Druckzahl ψ	Wirkungsgrad η_{St}	ψ/η_{St}
I	0,53	0,45	0,45	0,90	0,50
II	0,565	0,45	0,475	0,895	0,53
III	0,595	0,45	0,50	0,895	0,56
IV	0,615	0,455	0,525	0,89	0,59
V	0,67	0,46	0,565	0,885	0,64
VI	0,71	0,465	0,585	0,88	0,665
VII	0,75	0,465	0,60	0,865	0,69
—	—	—	$\sum \psi = 3{,}70$	—	$\sum \dfrac{\psi}{\eta_{\mathrm{St}}} = 4{,}175$

Wirkungsgradbestimmung:

$$\Pi = 2$$

$$\left(\frac{T_2}{T_1}\right)_{\mathrm{ad}} = 1{,}219$$

$$\Delta T_{\mathrm{ad}} = T_1\left(\frac{T_2}{T_1} - 1\right) = 62{,}5\ [°].$$

$$\Delta T_{\mathrm{wirkl.}} = \frac{u_a^2}{2010} \cdot \sum \frac{\psi}{\eta_{\mathrm{St}}} = 72{,}5\ [°].$$

$$\eta_{i_{\mathrm{ad}_{\mathrm{Kompr.}}}} = \frac{\Delta T_{\mathrm{ad}}}{\Delta T_{\mathrm{wirkl.}}} = 0{,}86$$

2. Kompressor mit veränderlichem Außendurchmesser

Bei sehr vielen Ausführungen ist der Außendurchmesser sämtlicher Stufen eines Axialverdichters konstant (Abb. 227a). In diesem Falle wird die Volumenverkleinerung als Folge der Verdichtung durch einen von der ersten bis zur letzten Stufe zunehmenden Nabendurchmesser berücksichtigt. Da an den Begrenzungswänden des Verdichters Grenzschichten entstehen, die insbesondere bei der hier vorliegenden verzögerten Strömung wegen des Druckanstieges große Dicken annehmen können und die deshalb die Strömungsverhältnisse gegenüber der durch Nabe und Gehäuse nicht beeinflußten Strömung grundsätzlich ändern, ist man mit dem Nabenverhältnis nach obenhin begrenzt. Wie in Abb. 142 ersichtlich ist, nehmen deshalb die Stufenwirkungsgrade mit zunehmendem Nabenverhältnis als Folge der gleichfalls anwachsenden Verluste an den Begrenzungswänden ab.

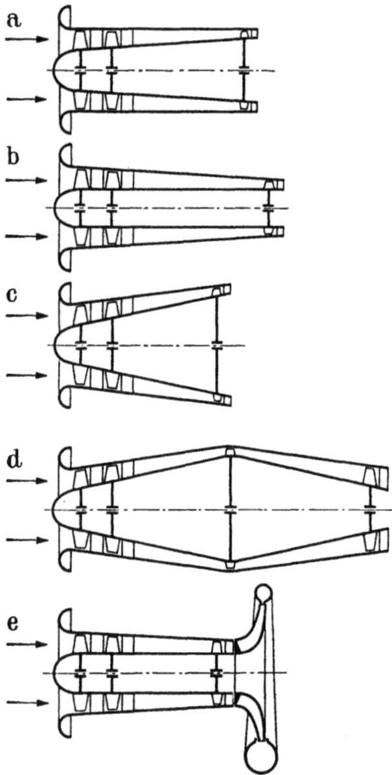

Bei der Gestaltung eines Verdichters entsprechend Abb. 227b nimmt der Außendurchmesser mit zunehmender Stufenzahl ab. Das Nabenverhältnis, damit die Randverluste werden kleiner, die Stufenwirkungsgrade also höher als bei der Bauweise mit konstantem Außendurchmesser. Abb. 228 zeigt als Beispiel einen zehnstufigen Axialverdichter mit abnehmendem Außendurchmesser. Da in diesem Abschnitt nur Verdichter mit gleicher Drehzahl in allen Stufen verglichen werden, wird natürlich auch die Stufenförderhöhe mit abnehmendem Außendurchmesser kleiner, was aber zum Erreichen einer vorgegebenen Gesamtförderhöhe durch entsprechende Vergrößerung der Stufenzahl ausgeglichen werden kann.

Wie bereits dargestellt ist, werden die Hauptabmessungen der ersten Verdichterstufe vor allem unter Berücksichtigung der zulässigen MACHzahl festgelegt. In der zweiten und den folgenden Stufen wird jedoch wegen der mit der Verdichtung zunehmenden Temperaturerhöhung des Fördergutes die Schallgeschwindigkeit höher, die MACHzahl also kleiner. Bei konstantem Außendurchmesser in allen Verdichterstufen entfernt man sich also mit zunehmender Stufenzahl von der MACHzahlgrenze, d. h. man nützt die zweite bis n.-Stufe nicht bis zu ihrer möglichen Leistungsgrenze aus. Bei der in Abb. 227c schematisch dargestellten Verdichterbauweise nimmt der Außendurchmesser von Stufe zu Stufe zu, und

Abb. 227a—e. Axialverdichterbauweisen a) Axialverdichter mit gleichem Außendurchmesser in allen Stufen, b) Axialverdichter mit abnehmendem Außendurchmesser, c) Axialverdichter mit zunehmendem Außendurchmesser, d) Axialverdichter mit zunehmendem und abnehmendem Außendurchmesser, e) Kombination von Axial- und Radialverdichter

zwar in der Weise, daß in jederEinzelstufe die noch zulässige Grenzgeschwindigkeit (MACHzahl) erreicht wird. Damit wächst auch die Stufenförderhöhe mit zunehmender Stufenzahl, so daß die erforderliche Stufenzahl dieser Kompressortype für eine vorgegebene Gesamtförderhöhe kleiner wird als bei der Bauart nach Abb. 227a.

Im folgenden soll nun zunächst untersucht werden, wie sich die Nabenverhältnisse eines Axialverdichters mit ungleichen Außendurchmessern in allen Stufen ändern.

Nach der Kontinuitätsgleichung ist die Durchflußmenge $\dot{V}$ an irgendeiner Stelle des Verdichters mit der freien Durchtrittsfläche F_G und mit der Meridiangeschwindigkeit c_m

$$\dot{V} = c_m \cdot F_G = c_m \cdot \frac{\pi}{4} D^2 (1 - v^2).$$

Der Verdichter mit konstantem Außendurchmesser (Abb. 227a) wird im folgenden mit dem Zeiger A, der Verdichter mit zu- oder abnehmendem Außendurchmesser (Abb. 227b und c) mit dem Zeiger B gekennzeichnet, außerdem bedeuten D der jeweilige Außendurchmesser, v das Nabenverhältnis, Zeiger 1 bezeichnet den Ein-, Zeiger 2 den Austritt aus einer Stufe bzw. Ein- und Austritt aus einem Kompressor. Weiterhin soll die Meridiangeschwindigkeit c_m am Austritt für die drei betrachteten Verdichtertypen, Abb. 227a bis c gleich sein. Dann ist

$$D_{2A}^2(1 - \nu_{2A}^2) = D_{2B}^2(1 - \nu_{2B}^2), \qquad \text{also} \qquad \nu_{2B}^2 = 1 - (1 - \nu_{2A}^2) \cdot \left(\frac{D_{2A}}{D_{2B}}\right)^2. \tag{123}$$

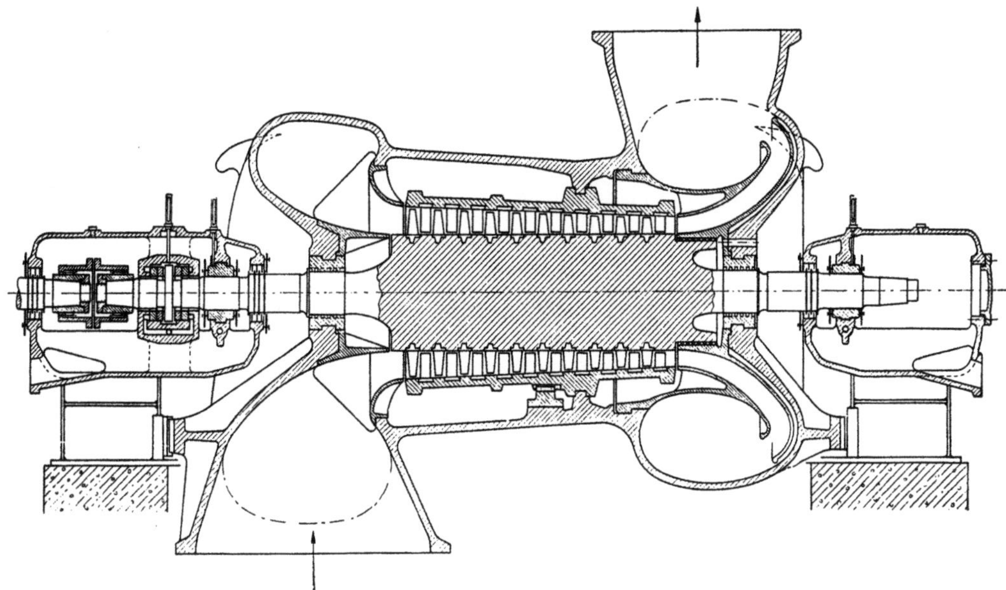

Abb. 228. Zehnstufiger Axialverdichter mit abnehmendem Außendurchmesser (Bauart Gebr. Sulzer, Winterthur)

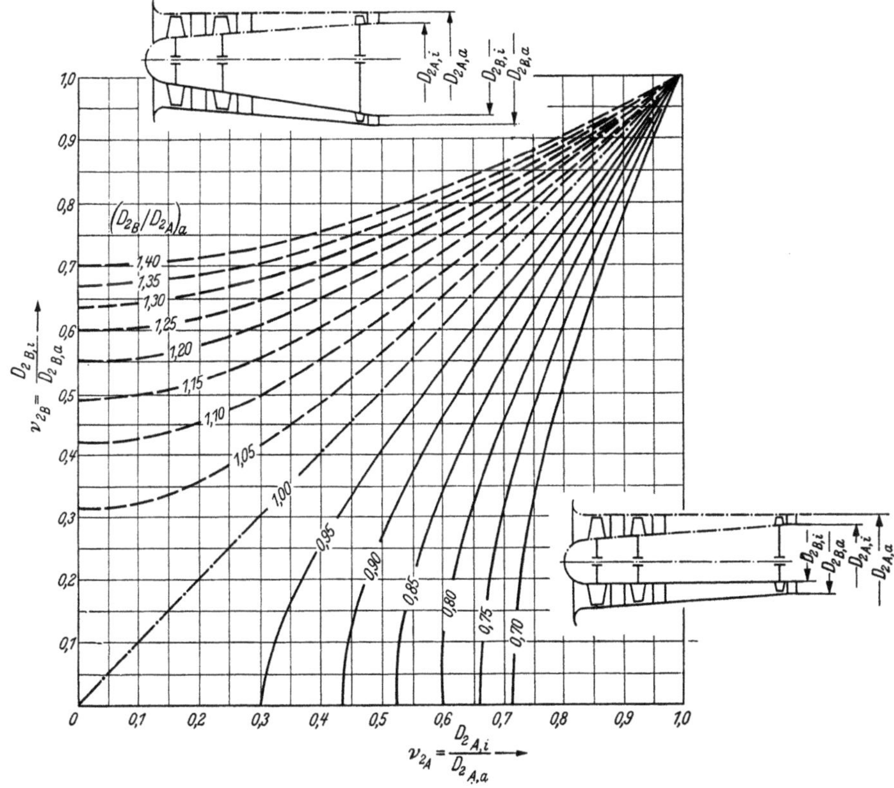

Abb. 229. Nabenverhältnis am Austritt (ν_{2B}) aus einem Axialverdichter mit zu- oder abnehmendem Außendurchmesser der Einzelstufen in Abhängigkeit vom Austrittsnabenverhältnis ν_{2A} eines Verdichters mit gleichem Außendurchmesser in allen Stufen für Außendurchmesserverhältnisse $\left(\dfrac{D_{2B}}{D_{2A}} \gtrless 1\right)$

Abb. 229 zeigt das Nabenverhältnis ν_{2_B} bei Verdichterbauweisen mit ungleichen Außendurchmessern in Abhängigkeit vom Nabenverhältnis ν_{2_A} für Durchmesserverhältnisse $(D_{2_B}/D_{2_A} \lessgtr 1)$. Dabei bedeutet ein Durchmesserverhältnis > 1 ein Zunehmen des Außendurchmessers (Abb. 227c), das Durchmesserverhältnis 1 entspricht dem Verdichter mit konstantem Durchmesser in allen Stufen (Abb. 227a) und $(D_{2_B}/D_{2_A}) < 1$ charakterisiert den Verdichter mit kleiner werdenden Außendurchmessern (Abb. 227b).

Wurde beispielsweise für die Bauweise A am Austritt ein Nabenverhältnis $\nu_{2_A} = 0{,}75$ ermittelt, dann beträgt bei Abnahme des Außendurchmessers um 20%, d. h. $(D_{2_B}/D_{2_A}) = 0{,}8$ das Nabenverhältnis am Austritt ν_{2_B} nur noch etwa 0,57, was nach Abb. 142 bessere Wirkungsgrade zur Folge hat. Die Förderhöhen der Einzelstufen nehmen natürlich proportional dem Quadrat der Außendurchmesser ab. Bei Vergrößerung des Durchmesserverhältnisses um 20% wird das Nabenverhältnis am Austritt des Verdichters $\nu_{2_B} \approx 0{,}82$, wodurch zwar der Stufenwirkungsgrad kleiner wird, die Förderhöhe jedoch als Folge der Zunahme der Stufendurchmesser ansteigt ($h_{\mathrm{St}} \sim D^2$).

Die Bauweise, entsprechend Abb. 227c, ermöglicht, wie bereits erwähnt, eine Verkleinerung der Stufenzahl. Im folgenden soll nun die Verdichterbauweise mit zunehmendem Außendurchmesser (Abb. 227c) bei konstanter MACHzahl in allen Stufen mit der Bauweise nach Abb. 227a verglichen werden. Dabei soll $c_m/u_a = \varphi = \mathrm{const}$ für alle Stufen sein, d. h. die Geschwindigkeitsdreiecke sollen geometrisch ähnlich sein. Bei beiden Bauweisen soll außerdem die gleiche Verdichterförderhöhe H_{ad} erreicht werden.

Bei Auslegung auf konstante MACHzahl in allen Stufen ist auch die Umfangsgeschwindigkeit in allen Stufen veränderlich:

$$M = \frac{w_{1a}}{w_s} = \frac{\sqrt{u_a^2 + c_m^2}}{\sqrt{g \cdot \varkappa \cdot R \cdot T}} = \mathrm{const};$$

also ist

$$\frac{u_a}{\sqrt{T}} \sim \frac{D_a}{\sqrt{T}} = \mathrm{const}$$

und näherungsweise für eine große Stufenzahl

$$\frac{D_{1_B}}{\sqrt{T_1}} = \frac{D_{2_B}}{\sqrt{T_2}} = \frac{D_{1_A}}{\sqrt{T_1}} = \frac{D_A}{\sqrt{T_1}}.$$

Nun ist

$$H_{\mathrm{ad}} = \eta_{i_{\mathrm{ad}}}(T_2 - T_1) \cdot c_p^*,$$

dabei ist

$$c_p^* = \frac{c_p}{A} = c_p \cdot 427 \, [\mathrm{m}/^\circ],$$

also

$$T_2 = T_1 + \frac{H_{\mathrm{ad}}}{\eta_{i_{\mathrm{ad}}} \cdot c_p^*}.$$

Damit wird

$$\frac{D_{2_B}}{D_A} = \sqrt{\frac{T_2}{T_1}} = \sqrt{1 + \frac{H_{\mathrm{ad}}}{\eta_{i_{\mathrm{ad}}} \cdot c_p^* \cdot T_1}}. \tag{124}$$

Gleiche MACHzahl je Stufe heißt bei ähnlich ausgelegten Stufen gleiches Druck- und Temperaturverhältnis je Stufe. Ist Δt_{St} die Temperaturerhöhung in der ersten Stufe und T_2 die Austrittstemperatur aus dem Verdichter, dann gilt die Beziehung

$$\left(\frac{T_1 + \Delta t_{\mathrm{St}}}{T_1}\right)^{z_B} = \frac{T_2}{T_1},$$

$$z_B = \frac{\ln T_2/T_1}{\ln\left(1 + \dfrac{\Delta t_{\mathrm{St}}}{T_1}\right)} \approx \frac{\ln T_2/T_1}{\dfrac{\Delta t_{\mathrm{St}}}{T_1}}.$$

Die Stufenzahl z_A bei konstantem Außendurchmesser ist

$$z_A = \frac{T_2 - T_1}{\Delta t_{\mathrm{St}}} \, ;$$

damit erhält man

$$\frac{z_B}{z_A} = \frac{T_1 \cdot \ln\left(T_2/T_1\right)}{T_2 - T_1}$$

oder mit

$$\frac{T_2}{T_1} - 1 = \frac{H_{\mathrm{ad}}}{\eta_{i_{\mathrm{ad}}} \cdot c_p^* \cdot T_1}$$

$$\frac{z_B}{z_A} = \frac{\eta_{i_{\mathrm{ad}}} \cdot c_p^* \cdot T_1}{H_{\mathrm{ad}}} \cdot \ln\left(1 + \frac{H_{\mathrm{ad}}}{\eta_{i_{\mathrm{ad}}} \cdot c_p^* \cdot T_1}\right) . \tag{125}$$

Weiterhin gilt für die letzte Stufe

$$\frac{u_{2_B}}{u_{1_B}} = \frac{u_{2_B}}{u_{1_A}} = \sqrt{\frac{T_2}{T_1}} = \frac{D_{2_B}}{D_{1_A}} .$$

Nun besteht die Bedingung, daß die gleiche Menge bei der Bauweise A und B aus dem Verdichter ausströmen soll, also ist

$$\dot{V}_2 = \frac{\pi}{4} D_A^2 \left(1 - v_A^2\right) \cdot c_{m_A} = \frac{\pi}{4} D_B^2 \left(1 - v_B^2\right) \cdot c_{m_B},$$

also

$$\frac{1 - v_B^2}{1 - v_A^2} = \left(\frac{D_A}{D_B}\right)^2 \cdot \frac{c_{m_A}}{c_{m_B}} .$$

Nun ist

$$\frac{M_{2_A}}{M_{2_B}} = \frac{u_{2_A}}{u_{2_B}} = \frac{D_{2_A}}{D_{2_B}} ,$$

$$\frac{c_{m_A}}{c_{m_B}} = \frac{u_{2_A}}{u_{2_B}} = \frac{D_{2_A}}{D_{2_B}}$$

und mit Gl. (124)

$$\frac{c_{m_A}}{c_{m_B}} = \frac{1}{\sqrt{1 + \dfrac{H_{\mathrm{ad}}}{\eta_{i_{\mathrm{ad}}} \cdot c_p^* \cdot T_1}}} .$$

Damit ist

$$\frac{1 - v_B^2}{1 - v_A^2} = \left(\frac{D_A}{D_B}\right)^2 \cdot \frac{c_{m_A}}{c_{m_B}} = \left(\frac{D_A}{D_B}\right)^3 = \left(1 + \frac{H_{\mathrm{ad}}}{\eta_{i_{\mathrm{ad}}} \cdot c_p^* \cdot T_1}\right)^{-\frac{3}{2}} \tag{126}$$

Die Gleichungen (124), (125) und (126) sind in Abb. 230 dargestellt.

Beispiel: Verlangte Förderhöhe bei beiden Verdichterbauweisen A und B. $H_{\mathrm{ad}} = 20\,000 \, \dfrac{\mathrm{mkg}}{\mathrm{kg}}$; $\eta_{i_{\mathrm{ad}}} = 80\%$; $T_1 = 288^\circ$ K, $c_p^* = 102{,}3$ m/$^\circ$, also

$$\frac{H_{\mathrm{ad}}}{c_p^* \cdot \eta_{i_{\mathrm{ad}}} \cdot T_1} = 0{,}87 .$$

Aus Abb. 230 ergibt sich als Durchmesserverhältnis am Austritt des Verdichters

$$D_{2_B}/D_{2_A} = 1{,}4 ,$$

d. h. der Durchmesser der Bauweise nach Abb. 227 c ist das 1,4fache gegenüber der Bauweise nach Abb. 227 a.

$$\frac{L_B}{L_A} = \frac{z_B}{z_A} = 0{,}7 ,$$

d. h. die Stufenzahl ist für Bauweise B um 30 % kleiner als bei der Bauweise mit konstantem Außendurchmesser.

$$\frac{1 - v_B^2}{1 - v_A^2} = 0{,}37 .$$

Nimmt man bei der Bauweise mit konstantem Außendurchmesser (in allen Stufen) $v_{2_A} = 0{,}75$ an, dann ist für die Bauweise mit zunehmendem Außendurchmesser

$$v_{2_B} = 0{,}915\,.$$

Man wird also bei der Auslegung zu entscheiden haben, ob der Wirkungsgradabfall als Folge der Zunahme des Nabenverhältnisses bei der Bauweise mit zunehmenden Außendurchmessern tragbar ist bzw. ob die kürzere Bauweise in einem speziellen Fall vorteilhaft ist.

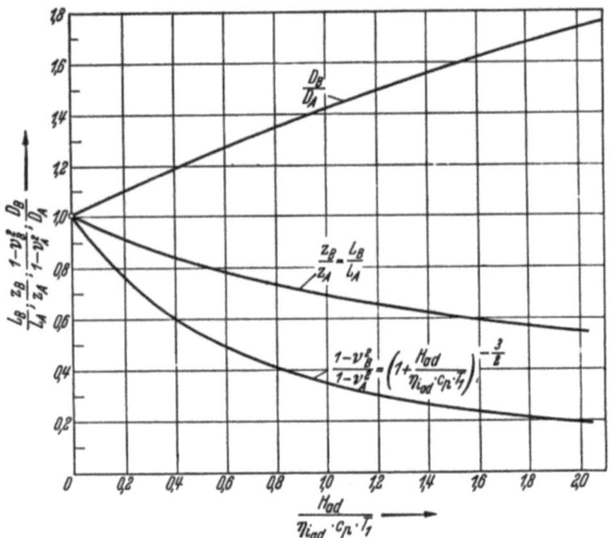

Abb. 230. Verhältnis der Baulängen (L), der Stufenzahlen (z), der Außendurchmesser (D) und der Nabenverhältnisse (v) bei Axialverdichtern mit konstantem Außendurchmesser in allen Stufen (Zeiger A) und Axialverdichtern mit zunehmendem Außendurchmesser (Zeiger B) in Abhängigkeit von der dimensionslos gemachten Verdichterförderhöhe H_{ad} [m] Förderhöhe des Verdichters, $\eta_{i_{ad}}$ [—] innerer adiabatischer Wirkungsgrad des Verdichters, c_p^* [m/°] spezifische Wärme bei konstantem Druck, T_1 [°K] Ansaugetemperatur

Wie aus Abb. 230 hervorgeht, ist man mit der Bauweise entsprechend Abb. 227c durch die Annäherung an nicht mehr zulässige Nabenverhältnisse beschränkt. Für noch größere Förderhöhen ($H_{ad} > 25\,000$ m) müßte man aus diesem Grunde bei Axialverdichtern auf eine Bauweise übergehen, die schematisch in Abb. 227d dargestellt ist. In diesem Falle bleibt das Nabenverhältnis von einem maximal zulässigen Wert an konstant, aber gleichzeitig sinkt die Leistung des zweiten Verdichterteiles als Folge der abnehmenden Außendurchmesser. Abb. 227e zeigt schematisch eine Kombination von Axial- und Radialverdichtern für Druckverhältnisse $\Pi > 5$, wie sie teilweise auch in modernen Gasturbinen und Flugzeugstrahltriebwerken in einem einzigen Verdichtergehäuse, für den Betrieb in großen Flughöhen angewandt werden. Auf diese Weise kann

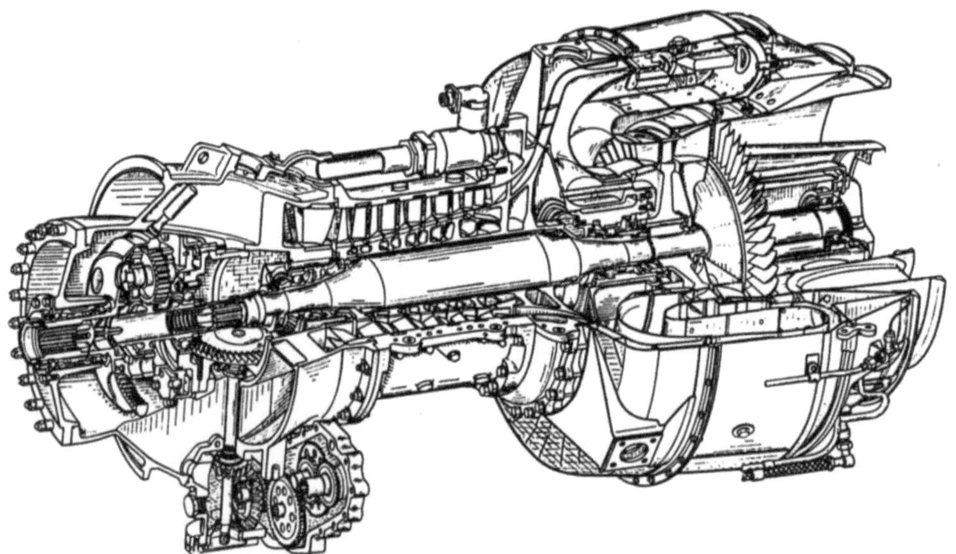

Abb. 231. Lycoming-Gasturbine T 53
Luftdurchsatz $\dot{G} = 4{,}9$ kg/s; Druckverhältnis 6,0; Drehzahl 25 240 U/min

man den Nachteil zu großer Nabenverhältnisse vermeiden und gleichzeitig die axiale Baulänge des Gesamtverdichters verkleinern. Das geringere Schluckvermögen des Radialverdichters wirkt sich dabei günstig aus, da ja das Volumen des zu verdichtenden Mediums in den vorangehenden Axialverdichterstufen bereits vermindert ist. Wegen der besseren Wirkungsgrade des Axialverdichters wird man natürlich das Druckverhältnis im radialen Verdichterteil beschränken ($\Pi_{\text{Radialverdichter}} \approx 2$).

Als Beispiel einer Bauweise nach Abb. 227e ist in Abb. 231 das PTL-Triebwerk Lycoming T 53 gezeigt, bei dem zur Verdichtung ein fünfstufiger Axialkompressor mit einem einstufigen Radialkompressor kombiniert ist.

IX. Auslegungsgrundlagen für Grenzleistungswirbelflußmaschinen

Als Grenzleistungswirbelflußmaschine soll eine Axialstufe mit konstantem Drall über dem Halbmesser bezeichnet werden, in der sowohl an einer oder mehreren Stellen die durch die vorgegebene MACHzahl bestimmte Grenzgeschwindigkeit $M \cdot w_s$ erreicht, als auch im Laufrad die noch zulässige Grenzbelastungszahl $c_r \cdot l/t$ verwirklicht wird.

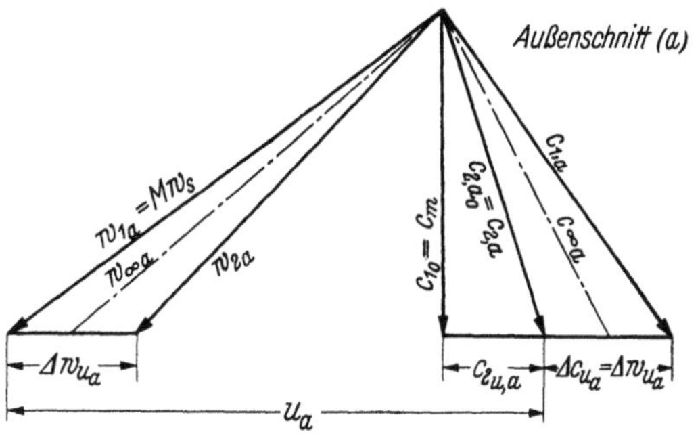

Die Grenzgeschwindigkeit stellt sich bei Wirbelflußmaschinen in jedem Falle als relative Eintrittsgeschwindigkeit am Laufradaußenschnitt ein. Sie bestimmt hierbei die verwirklichbare Umfangsgeschwindigkeit und die Drehzahl. Bei Verwendung eines entsprechenden Vordralles im Drehsinn des Laufrades kann auch die absolute Eintrittsgeschwindigkeit am nachgeschalteten Leitradnabenschnitt den Grenzwert erreichen[1]. In diesem Fall ist die Drehzahl und die Umfangsgeschwindigkeit sowohl von der Grenzgeschwindigkeit als auch von der Belastungszahl bestimmt.

Beschränkt man sich zunächst nur auf die Betrachtung der relativen Eintrittsgeschwindigkeit am Laufradaußenschnitt, so findet man aus dem Geschwindigkeitsdreieck (Abb. 232)

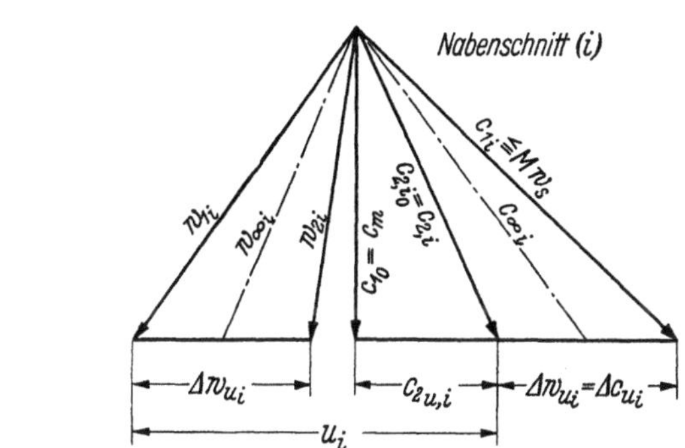

Abb. 232. Geschwindigkeitsdreiecke einer Grenzgeschwindigkeitsstufe

$$w_1^2 = c_m^2 + \left(u_a - c_{0u,\,a}\right)^2 = (M \cdot w_s)^2,$$

wobei für die Normalstufe definitionsgemäß $c_{0u} \equiv c_{2u}$ ist.

Mit der Vordrallzahl $\zeta_a = \dfrac{c_{0u,\,a}}{u_a}$ und der Lieferzahl $\varphi = \dfrac{c_m}{u_a}$ wird

$$(M \cdot w_s)^2 = u_a^2 \left[\varphi^2 + (1 - \zeta_a)^2\right]$$

oder

$$\frac{u_a}{M \cdot w_s} = \frac{1}{\sqrt{\varphi^2 + (1 - \zeta_a)^2}} . \tag{127}$$

Aus der Kontinuitätsbeziehung

$$\dot{V} = \frac{\pi}{4} D_a^2 (1 - \nu^2) \cdot c_m$$

---

[1] Theoretisch müßte man für den Leitradnabenschnitt berücksichtigen, daß $w_s = \sqrt{g \cdot \varkappa \cdot R \cdot T}$ als Folge der Temperaturerhöhung im Laufrad etwas größer als für den Laufradaußenschnitt ist. Da aber im allgemeinen $F_{\min}/F_1$ für den Leitradnabenschnitt etwas ungünstiger und somit $M_{\text{zulässig}}$ etwas kleiner ist als für das Laufrad, scheint es zweckmäßig, sowohl für das Lauf- als auch für das Leitrad den gleichen Wert $M \cdot w_s$ einzusetzen.

folgt mittels der Lieferzahl für den Außendurchmesser

$$D_a = \sqrt{\dfrac{\dot{V}/M \cdot w_s}{\dfrac{\pi}{4}(1-\nu^2)\,\varphi \cdot \left(\dfrac{u_a}{M \cdot w_s}\right)}} \cdot$$

Mit Gl. (127) erhält man

$$\dfrac{D_a}{\sqrt{\dfrac{\dot{V}}{M \cdot w_s}}} = \sqrt{\dfrac{\sqrt{\varphi^2 + (1-\zeta_a)^2}}{\dfrac{\pi}{4}(1-\nu^2)\cdot\varphi}} \cdot \qquad (128)$$

Aus der Beziehung

$$n = \dfrac{60}{\pi} \cdot \dfrac{u_a}{D_a}$$

läßt sich nun mit Gl. (127) und (128) der dimensionslose Ausdruck bilden

$$n\sqrt{\dfrac{\dot{V}}{(M \cdot w_s)^3}} = \dfrac{60}{\pi} \cdot \dfrac{u_a/M \cdot w_s}{D_a\Big/\sqrt{\dfrac{\dot{V}}{M \cdot w_s}}} \,,$$

$$n\sqrt{\dfrac{\dot{V}}{(M \cdot w_s)^3}} = \dfrac{60}{\pi} \cdot \sqrt{\dfrac{\dfrac{\pi}{4}(1-\nu^2)\cdot\varphi}{[\varphi^2 + (1-\zeta_a)^2]^{\frac{3}{2}}}}$$

$$= \dfrac{30}{\sqrt{\pi}} \cdot \sqrt{\dfrac{(1-\nu^2)\cdot\varphi}{[\varphi^2 + (1-\zeta_a)^2]^{\frac{3}{2}}}} \cdot \qquad (129)$$

Hiermit ist die Kompressordrehzahl in dimensionsloser Form als Funktion der drei unabhängigen Variablen φ, ν und ζ_a gegeben. Dieser Ausdruck soll später noch für zwei Sonderfälle genauer untersucht werden.

In dem hier betrachteten allgemeinen Fall tritt die Grenzgeschwindigkeit nur am Laufradaußenschnitt auf und bestimmt damit die Drehzahl. Die höchste Belastungszahl wird am Laufradinnenschnitt erreicht und begrenzt die Förderhöhe bzw. die Druckzahl. Definitionsgemäß ist

$$c_\Gamma \dfrac{l}{t} = 2\,\dfrac{\Delta w_{u_i}}{w_{\infty_i}} \cdot$$

Nun ist bei konstanter Förderhöhe über dem Radius

$$r_i \cdot \Delta w_{u_i} = r_a \cdot \Delta w_{u_a}$$

oder

$$\Delta w_{u_i} = \dfrac{r_a}{r_i} \cdot \Delta w_{u_a} = \dfrac{\Delta w_{u_a}}{\nu}$$

oder

$$\dfrac{\Delta w_{u_i}}{u_a} = \dfrac{1}{\nu} \cdot \dfrac{\Delta w_{u_a}}{u_a} \cdot$$

Weiterhin ergibt sich aus dem Geschwindigkeitsdreieck (Abb. 232)

$$w_{\infty_i}^2 = c_m^2 + \left[u_i - \left(c_{2u,\,i} + \dfrac{\Delta w_{u_i}}{2}\right)\right]^2,$$

$$w_{\infty_i}^2 = c_m^2 + \left[u_a \cdot \nu - \dfrac{1}{\nu}\left(c_{2u,\,a} + \dfrac{\Delta w_{u_a}}{2}\right)\right]^2$$

und

$$\left(\dfrac{w_{\infty_i}}{u_a}\right)^2 = \varphi^2 + \left[\nu - \dfrac{1}{\nu}\left(\zeta_a + \dfrac{\Delta w_{u_a}}{2\,u_a}\right)\right]^2,$$

wobei

$$\dfrac{c_{0u,\,a}}{u_a} = \dfrac{c_{2u,\,a}}{u_a} = \zeta_a \quad \text{und} \quad c_{0u,\,i} = c_{2u,\,i} \text{ ist (Normalstufe).}$$

Durch Einsetzen dieser Ausdrücke erhält man für die Belastungszahl

$$c_\Gamma \frac{l}{t} = 2 \frac{\Delta w_{u_i}}{u_a} \cdot \frac{u_a}{w_{\infty\,i}} = 2 \frac{\dfrac{\Delta w_{u_a}}{u_a}}{\nu \sqrt{\varphi^2 + \left[\nu - \dfrac{1}{\nu}\left(\zeta_a + \dfrac{\Delta w_{u_a}}{2u_a}\right)\right]^2}} \cdot \tag{130}$$

Definitionsgemäß ist

$$\frac{\psi}{\Omega \cdot \eta_{\mathrm{St}}} = 2\frac{\Delta w_{u_a}}{u_a}$$

und damit

$$\frac{\psi}{\Omega \cdot \eta_{\mathrm{St}}} = \left(c_\Gamma \cdot \frac{l}{t}\right) \cdot \nu \cdot \sqrt{\varphi^2 + \left[\nu - \frac{1}{\nu}\left(\zeta_a + \frac{\psi}{4\Omega \cdot \eta_{\mathrm{St}}}\right)\right]^2} \cdot \tag{131}$$

Durch Auflösen erhält man aus Gl. (131)

$$\frac{\psi}{4\Omega \cdot \eta_{\mathrm{St}}} = -\frac{\nu^2 - \zeta_a}{\left(\dfrac{4}{c_\Gamma \cdot \dfrac{l}{t}}\right)^2 - 1} \pm \sqrt{\left(\frac{\nu^2 - \zeta_a}{\left(\dfrac{4}{c_\Gamma \cdot \dfrac{l}{t}}\right)^2 - 1}\right)^2 + \frac{(\nu^2 - \zeta_a)^2 + (\nu \cdot \varphi)^2}{\left(\dfrac{4}{c_\Gamma \cdot \dfrac{l}{t}}\right)^2 - 1}} \cdot \tag{131a}$$

Hiermit ist die Druckzahl bei vorgegebener Belastungszahl $c_\Gamma \cdot l/t$ durch die gleichen drei unabhängigen Veränderlichen ν, φ und ζ_a ausgedrückt wie die Drehzahl. Setzt man für die Grenzbelastungszahl wiederum den Wert

$$c_\Gamma \cdot \frac{l}{t} = 2$$

fest, so vereinfacht sich Gl. (131a) und man erhält

$$\frac{\psi}{\Omega \cdot \eta_{\mathrm{St}}} = \frac{4}{3}(\nu^2 - \zeta_a)\left(2\sqrt{1 + \frac{3}{4}\left(\frac{\nu\,\varphi}{\nu^2 - \zeta_a}\right)^2} - 1\right) \cdot \tag{132}$$

Drehzahl und Druckzahl sind, wie Gl. (129) und (132) zeigen, in starkem Maße von der Richtung und Größe des gewählten Vordralles ζ_a abhängig. Ein positiver Vordrall, d. h. ein Drall im Drehsinn des Laufrades (Mitdrall), gestattet höhere Umfangsgeschwindigkeiten und Drehzahlen, verkleinert aber die maximal zulässige Druckzahl. Bei negativem Vordrall (Gegendrall) erhält man kleinere Drehzahlen, aber größere Druckzahlen.

In diesem Zusammenhang interessieren zwei Grenzfälle dieser Auslegungsart, nämlich die Grenzleistungsstufe ohne Vordrall und die Grenzleistungsstufe mit positivem Vordrall, der gerade so gewählt wird, daß die Grenzgeschwindigkeit auch am Leitradinnenschnitt erreicht wird. Diese beiden Sonderfälle sollen nachstehend näher behandelt werden.

1. Grenzleistungsstufe ohne Vorleitrad

Für ein- oder zweistufige Verdichter wird man vielfach auf die Anwendung eines Vorleitrades verzichten, wenngleich hierbei die maximal verwirklichbare Drehzahl etwas kleiner ist, als bei einer Stufe mit Vordrall. Bei einer Bauart ohne Vorleitrad fallen aber nicht nur das Vorleitrad und das meist erforderliche zweite Nachleitrad weg, was eine beträchtliche Verkürzung der Baulänge ergibt, sondern auch die Verluste in diesen beiden Rädern, die bei einer einstufigen Ausführung etwa 2% der Gesamtförderhöhe betragen können.

Bei der Grenzleistungsstufe ohne Vordrall ist

$$\zeta_a = 0 \,.$$

Hierdurch vereinfachen sich die Gln. (127), (129) und (132) und man erhält

$$\frac{u_a}{M \cdot w_s} = \frac{1}{\sqrt{\varphi^2 + 1}}\,, \tag{133}$$

$$n \cdot \sqrt{\frac{\dot{V}}{(M \cdot w_s)^3}} = \frac{30}{\sqrt{\pi}} \cdot \sqrt{\frac{(1 - \nu^2) \cdot \varphi}{(\varphi^2 + 1)^{\frac{3}{2}}}}\,, \tag{134}$$

$$\frac{\psi}{\Omega \cdot \eta_{\mathrm{St}}} = \frac{8\nu^2}{3}\left(\sqrt{1 + \frac{3}{4} \cdot \frac{\varphi}{\nu}} - \frac{1}{2}\right) \cdot \tag{135}$$

Mit den Gln. (133), (134) und (135) kann nun ein Auslegungsdiagramm entwickelt werden (Abb. 233), das eine Abschätzung der Hauptgrößen für eine Grenzleistungsstufe gestattet.

Die Umfangsgeschwindigkeit ist nach Gl. (133) nur noch eine Funktion der Lieferzahl und demgemäß in Abb. 233 als zweite Abszisse aufgetragen. Das Nabenverhältnis v ist der unabhängige Parameter und bestimmt die als Ordinate benützte Drehzahl $n \cdot \sqrt{\dot{V}/(M \cdot w_s)^3}$. In das hierbei entstandene v-φ-Netz kann man die Druckzahl als zweiten (abhängigen) Parameter eintragen. Zweckmäßigerweise wurde hierzu nicht die rechnerische Druckzahl $\dfrac{\psi}{\Omega \cdot \eta_{St}}$ gewählt, sondern mit Abb. 219 der Wirkungsgrad η_{St} bestimmt und hiermit die adiabatische Druckzahl ψ berechnet und eingetragen.

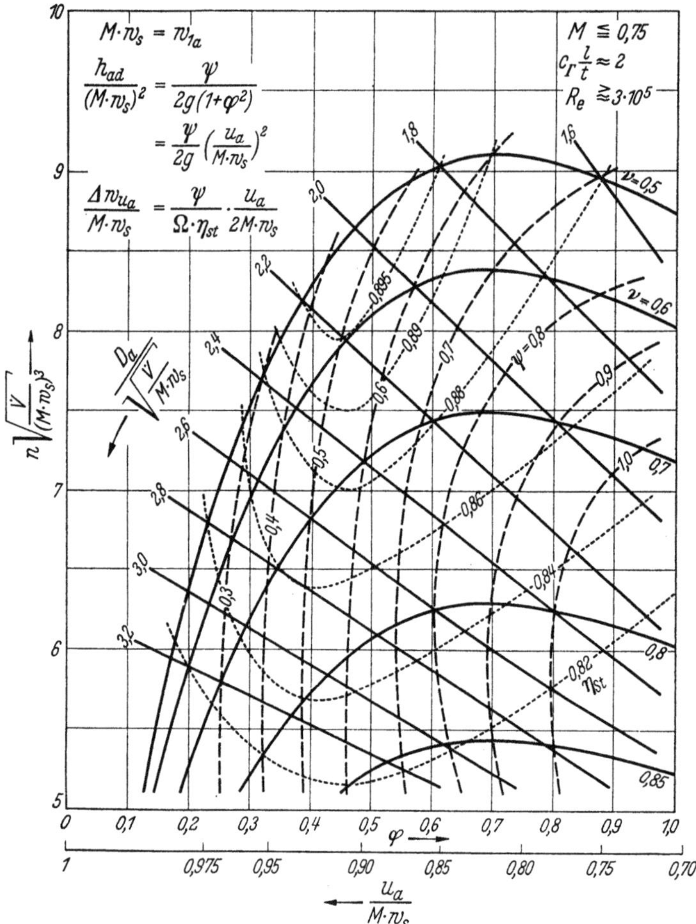

Abb. 233. Auslegungsdiagramm für Wirbelflußmaschinen *ohne* Vordrall (Auslegungsart: konstanter Drall, $r \cdot c_u = $ const)

Rechnungsbeispiel.

Gegebene Daten $\quad \dot{V} = 10,5 \;[\mathrm{m^3/s}]$,

$$h_{ad} = 1050 \left[\frac{\mathrm{mkg}}{\mathrm{kg}}\right],$$

$$n = 8000 \;[\mathrm{Umdr./min}],$$

Eintrittstemperatur $T_1 = 280 \;[^\circ\mathrm{K}]$,

gewählte Machzahl $M = 0,65 \;[-]$.

Hiermit wird

$$M \cdot w_s = 0,65 \cdot 20,1 \sqrt{280} = 219 \;[\mathrm{m/s}];$$

$$n \cdot \sqrt{\frac{\dot{V}}{(M \cdot w_s)^3}} = 8000 \sqrt{\frac{10,5}{10,5 \cdot 10^6}} = 8.$$

Man zieht in Abb. 233 bei $n \sqrt{\dfrac{\dot{V}}{(M \cdot w_s)^3}} = 8$ eine Horizontale und ermittelt die Umfangsgeschwindigkeit $u_a/M \cdot w_s$, welche die erforderliche Förderhöhe

$$\frac{h_{ad}}{(M \cdot w_s)^2} = \frac{1050}{4,8 \cdot 10^4} = 0,0218$$

bei möglichst hohem Wirkungsgrad ergibt.

$\dfrac{u_a}{M \cdot w_s}$	ψ	$\dfrac{h_{ad}}{(M \cdot w_s)^2} = \dfrac{\psi}{2g}\left(\dfrac{u_a}{M \cdot w_s}\right)^2$
0,94	0,36	0,0162
0,92	0,47	0,0201
0,91	**0,515**	**0,0217**
0,90	0,54	0,0223

Für den gewählten Auslegepunkt findet man aus dem Diagramm:

$$\frac{u_a}{M \cdot w_s} = 0,91; \qquad u_a = 197 \;\mathrm{m/s}; \qquad \frac{D_a}{\sqrt{\dfrac{\dot{V}}{M \cdot w_s}}} = 2,185; \qquad D_a = 0,48 \;[\mathrm{m}].$$

$$\varphi = 0,46; \qquad c_m = 90,5 \;\mathrm{m/s};$$

$$\psi = 0,53; \qquad v = 0,60; \qquad \eta_{St} = 0,895;$$

2. Grenzleistungsstufe bei Optimalbedingungen

Unter Optimalbedingungen soll hier die Grenzbedingung

$$w_{1a} = M \cdot w_s = c_{1_i}$$

verstanden werden, wobei also sowohl die (relative) Eintrittsgeschwindigkeit am Laufradaußenschnitt als auch die (absolute) Eintrittsgeschwindigkeit am Leitradinnenschnitt gleich der zulässigen Grenzgeschwindigkeit sind. Diese Bauart erlaubt die höchsten mit Wirbelflußmaschinen erreichbaren Drehzahlen und eignet sich besonders für mehrstufige Maschinen, bei denen der Aufwand von zwei zusätzlichen Rädern (Vorleitrad am Eintritt und zweites Nachleitrad am Austritt aus dem *gesamten* Verdichter) auf die Baulänge und die darin entstehenden Verluste ohne merklichen Einfluß sind. Für die Bedingung

$$c_{1_i} = M \cdot w_s$$

ergibt sich aus dem Geschwindigkeitsdreieck (Abb. 232)

$$\left.\begin{aligned}
c_{1_i}^2 &= (M \cdot w_s)^2 = c_m^2 + \left(c_{0u,\,i} + \Delta w_{u_i}\right)^2, \\
(M \cdot w_s)^2 &= c_m^2 + \frac{1}{\nu^2}\left(c_{0u,\,a} + \Delta w_{u_a}\right)^2
\end{aligned}\right\} \quad \text{mit } c_{0u} = c_{2u} \text{ (Normalstufe)}$$

oder

$$\frac{u_a}{M \cdot w_s} = \frac{1}{\sqrt{\varphi^2 + \left(\dfrac{\zeta_a + \dfrac{\psi}{2 \cdot \Omega \cdot \eta_{St}}}{\nu}\right)^2}} \cdot \tag{136}$$

Gleichsetzen von Gl. (136) und (127) ermöglicht die Berechnung des Vordralls ζ_a für die vorgegebene Grenzbedingung, also

$$\varphi^2 + \left(\frac{\zeta_a + \dfrac{\psi}{2 \cdot \Omega \cdot \eta_{St}}}{\nu}\right)^2 = \varphi^2 + (1 - \zeta_a)^2,$$

$$\zeta_a = \frac{\nu - \dfrac{\psi}{2 \cdot \Omega \cdot \eta_{St}}}{1 + \nu} \cdot \tag{137}$$

Die Vordrallzahl ist also neben dem als unabhängige Variable zu betrachtenden Nabenverhältnis durch die Druckzahl ersetzt. Je kleiner die Druckzahl ist, um so größer ist die Umfangsgeschwindigkeit und die Drehzahl. Will man aber neben hinreichend großen Drehzahlen auch große Förderhöhen verwirklichen, so ist die Druckzahl durch die Grenzbelastungszahl bestimmt.

Setzt man Gl. (137) in Gl. (131a) ein, so ergibt sich mit den Substitutionen

$$\frac{\psi}{2 \cdot \Omega \cdot \eta_{St}} = x \quad \text{und} \quad \frac{\nu^3 + \nu^2 - \nu}{1 + \nu} = A$$

$$x = \frac{A \cdot \dfrac{1 - \nu}{1 + \nu}}{\left(\dfrac{4}{c_\Gamma \cdot \dfrac{l}{t}}\right)^2 - \left(\dfrac{1 - \nu}{1 + \nu}\right)^2} \overset{+}{(-)} \sqrt{\left[\frac{A \cdot \dfrac{1 - \nu}{1 + \nu}}{\left(\dfrac{4}{c_\Gamma \cdot \dfrac{l}{t}}\right)^2 - \left(\dfrac{1 - \nu}{1 + \nu}\right)^2}\right]^2 + \frac{A^2 + (\nu \cdot \varphi)^2}{\left(\dfrac{4}{c_\Gamma \cdot \dfrac{l}{t}}\right)^2 - \left(\dfrac{1 - \nu}{1 + \nu}\right)^2}}$$

und

$$\frac{\psi}{4 \cdot \Omega \cdot \eta_{St}} = \frac{\dfrac{\nu^3 + \nu^2 - \nu}{1 + \nu} \cdot \dfrac{1 - \nu}{1 + \nu} \overset{+}{(-)} \sqrt{\left(\dfrac{4}{c_\Gamma \cdot \dfrac{l}{t}} \cdot \dfrac{\nu^3 + \nu^2 - \nu}{1 + \nu}\right)^2 + (\nu\varphi)^2 \left[\left(\dfrac{4}{c_\Gamma \cdot \dfrac{l}{t}}\right)^2 - \left(\dfrac{1 - \nu}{1 + \nu}\right)^2\right]}}{\left(\dfrac{4}{c_\Gamma \cdot \dfrac{l}{t}}\right)^2 - \left(\dfrac{1 - \nu}{1 + \nu}\right)^2} \cdot \tag{138}$$

14*

Ist somit die Druckzahl als Funktion von ν und φ bestimmt, so ergeben sich Umfangsgeschwindigkeit und Drehzahl aus Gl. (127), (129) und (137) zu

$$\frac{u_a}{M \cdot w_s} = \frac{1}{\sqrt{\varphi^2 + \left(\dfrac{1 + \dfrac{\psi}{2\,\Omega \cdot \eta_{\text{St}}}}{1 + \nu}\right)^2}}, \tag{139}$$

$$n \cdot \sqrt{\frac{\dot{V}}{(M \cdot w_s)^3}} = \frac{30}{\sqrt{\pi}} \sqrt{\frac{(1 - \nu^2) \cdot \varphi}{\left[\varphi^2 + \left(\dfrac{1 + \dfrac{\psi}{2\,\Omega \cdot \eta_{\text{St}}}}{1 + \nu}\right)^2\right]^{\frac{3}{2}}}}. \tag{140}$$

Abb. 234 zeigt ein mit diesen drei Grundbeziehungen entwickeltes Auslegungsdiagramm für die Grenzleistungsstufe bei Optimalbedingungen, wobei für die Belastungszahl wieder der Grenzwert $c_r \cdot l/t = 2$ eingesetzt ist. Die eingetragenen Wirkungsgrade stützen sich hierbei auf die

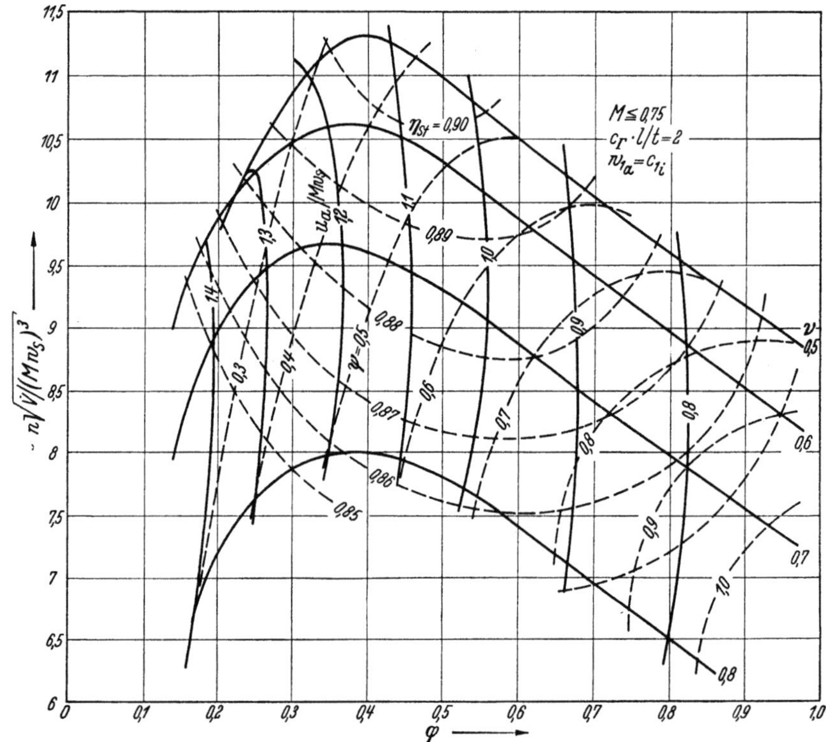

Abb. 234. Auslegungsdiagramm für Grenzleistungs-Wirbelflußmaschinen bei Optimalbedingung $w_{1a} = c_{1i}$

Normalstufe, d. h. die Verluste für das Vorleitrad und ein zweites Nachleitrad sind nicht mit eingerechnet. Die in Abb. 234 eingetragenen Wirkungsgrade sind somit für eine mittlere Stufe eines mehrstufigen Verdichters gültig.

Rechnungsbeispiel.

Vorgaben: n $= 10\,000 \ [\text{U/min}]$,

               $\dot{V}$ $= 9{,}30 \ [\text{m}^3\text{/s}]$,

               h_{ad} $= 1350 \left[\dfrac{\text{mkg}}{\text{kg}}\right]$.

Mit Rücksicht auf möglichst hohen Wirkungsgrad wird die MACHzahl zu

$$M - 0{,}625 \ [-]$$

gewählt. Für eine vorerst geschätzte statische Ansaugtemperatur von $T_{1\,\text{stat}} = 280 \ [^\circ\text{K}]$ wird die Grenzgeschwindigkeit

$$M \cdot w_s = 0{,}625 \cdot 20{,}1 \sqrt{280} = 210 \ [\text{m/s}]$$

und der dimensionslose Drehzahlwert

$$n \cdot \sqrt{\frac{\dot{V}}{(M \cdot w_s)^3}} = 10\,000 \sqrt{\frac{9{,}3}{9{,}3 \cdot 10^6}} = 10\,.$$

Aus dem Vergleich mit Abb. 233 sieht man, daß dieser Drehzahlwert für eine Stufe ohne Vorleitrad nicht verwirklichbar ist. Aus Abb. 234 erhält man für die Stufe mit $w_{1_a} = c_{1_i}$ folgende Werte

φ	ψ	ν	η_{St}	$u_a/M \cdot w_s$	u_a [m/s]	$h_{ad} = \dfrac{\psi}{2g} \cdot u_a^2 \left[\dfrac{\text{mkg}}{\text{kg}}\right]$
0,28	0,30	0,64	0,882	1,277	268	1100
0,36	0,40	0,665	0,888	1.200	252	1300
0,44	0,48	0,655	0,892	1,120	235	1350
0,50	0,51	0,64	0,892	1,075	226	1325
0,53	0,535	0,62	0,893	1,020	214	1250

Abb. 235. Laufrad eines einstufigen Grenzleistungsverdichters

gewählt wird $\varphi = 0{,}44$, also

$$D_a = \frac{60}{\pi} \cdot \frac{u_a}{n} = \frac{60}{\pi} \cdot \frac{235}{10\,000} = 450 \text{ mm}\,.$$

Die hier betrachtete Auslegungsart einer Grenzleistungsstufe führt wegen des starken Vordralls meist zu Laufradschaufeln mit über die axiale Richtung hinaus gekrümmten Nabenprofilen. Abb. 235 zeigt als Beispiel den Läufer für die dem Rechnungsbeispiel zugrunde liegende Verdichterstufe, und Abb. 236 das gemessene Kennfeld dieses einstufigen Verdichters, der naturgemäß mit drei Leiträdern (Vorleitrad, zwei Nachleiträder) ausgerüstet war.

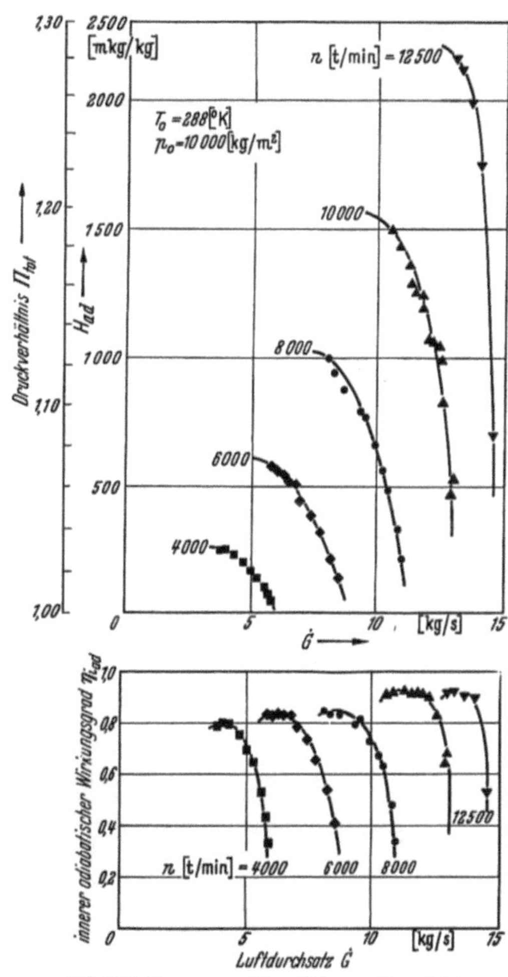

Abb. 236. Gemessenes Kennfeld eines Grenzleistungsverdichters (Rechnungsbeispiel)

X. Strömungsvorgänge im Axialverdichter mit konstanter Reaktion über der Schaufelhöhe

Wie bereits dargelegt, ist der Reaktionsgrad bei einer Auslegungsart mit konstantem Drall auf allen Schaufelschnitten über der Schaufelhöhe veränderlich. Je nach Nabenverhältnis und Vordrall kann dabei der Reaktionsgrad an der Nabe bis zu Werten kleiner als Null sinken, an den Schaufelspitzen Werte größer als Eins annehmen. Nun kann es aber wünschenswert oder zweckmäßig sein, einen Kompressor oder eine Kompressorstufe mit konstanter Reaktion über der Schaufelhöhe auszulegen.

Beispielsweise stellt, wie in Abschn. VII, 2 dargelegt ist, die Auslegung mit 50% Reaktion auf allen Schnitten bei *Annahme* konstanter Meridiangeschwindigkeit über dem Verdichterradius[1] die bezüglich des Wirkungsgrades günstigste Lösung dar. Andererseits kann z. B. die Wahl eines konstanten Reaktionsgrades $\mathfrak{r} = 1$ über der Schaufelhöhe zweckmäßig sein, wenn man Spaltabdichtungen für das Leitrad vermeiden will.

1. Die erweiterte Differentialgleichung der Verdichterströmung

Die Integration der Differentialgleichung des radialen Gleichgewichtes wurde für den Fall konstanter Reaktion über dem Halbmesser bereits in Abschn. VI, 2 durchgeführt und ergab für die Meridiangeschwindigkeitsverteilung den Ausdruck [s. Gl. (86) und (87)]

$$c_{m_i}^2 - c_m^2 = 2\omega^2(1-\mathfrak{r})\left[(1-\mathfrak{r})(r^2 - r_i^2) \pm \frac{\psi}{2}r_a^2\ln\left(\frac{r}{r_i}\right)\right],\ {}^{2}$$

wobei das

+ Zeichen für die Meridiangeschwindigkeitsverteilung hinter einem Laufrad,

− Zeichen für die Meridiangeschwindigkeitsverteilung hinter einem Leitrad

gilt.

Für die Herleitung dieser Beziehung war vorausgesetzt, daß die Strömung auf koaxialen Zylindermänteln verläuft, d. h. daß die Stromlinien in einem Verdichterlängsschnitt Geraden sind, die parallel zur Verdichterachse verlaufen. Das doppelte Vorzeichen vor dem zweiten Glied des Klammerausdruckes in der obigen Beziehung zeigt aber, daß sich vor und hinter einem Lauf- oder Leitrad unterschiedliche Geschwindigkeitsverteilungen ergeben, die bei einem Hintereinanderschalten mehrerer gleichartiger Stufen zu einem periodischen Verlauf der Meridianstromlinien führen, wie er für den Sonderfall $\mathfrak{r} = 0{,}5$ bereits in den Abb. 190 und 191 dargestellt wurde[3].

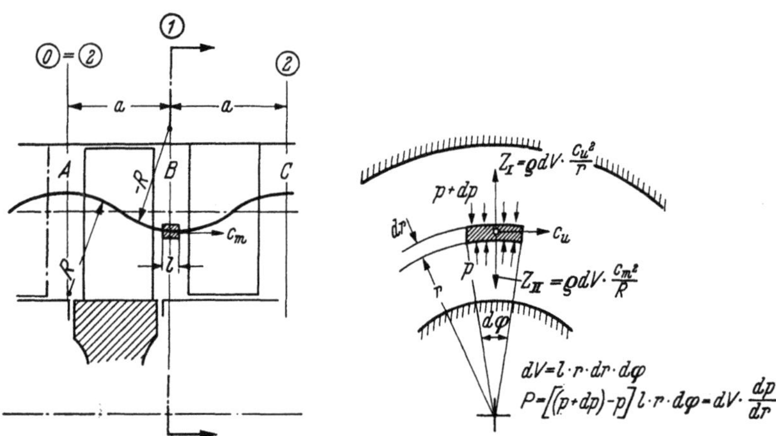

Abb. 237. Erweiterung der Differentialgleichung der Turbomaschinenströmung durch Berücksichtigung sekundärer Zentrifugalkräfte
Z_I = primäre Zentrifugalkräfte, erzeugt durch die Rotation der Strömung
Z_{II} = sekundäre Zentrifugalkräfte aus der Krümmung der Meridianstromlinien

Infolge der Krümmung der Strombahnen in der Meridianebene wirken auf ein Luftteilchen zusätzliche Massenkräfte, die sekundäre Zentrifugalkräfte genannt werden sollen und bei der Aufstellung der radialen Gleichgewichtsbedingungen zu

---

[1] Wie eine wenigstens annähernd konstante Meridiangeschwindigkeit bei $\mathfrak{r} = 0{,}5$ auf allen Schnitten verwirklicht werden kann, soll im folgenden noch gezeigt werden.

[2] Bei Berücksichtigung der Stufenverluste ist in obigen Gleichungen $\psi = \psi_{\text{theor}}$ zu setzen.

[3] Auf die Schwingbewegungen der Meridianstromlinien hat bereits W. Traupel in seiner Dissertation: „Neue allgemeine Theorie der mehrstufigen axialen Turbomaschine". Eidgen. Techn. Hochschule Zürich 1942 (Leemann & Co. Zürich und Leipzig) hingewiesen.
Die hier benutzte Darstellung lehnt sich an die Grundgedanken einer von W. Kinner durchgeführten Untersuchung mit dem Titel „Strömungszustände hinter der Vorleitvorrichtung" (Hauszeitschrift Turboméca S. A. 1946, unveröffentlicht) an.

berücksichtigen sind. Mit den Bezeichnungen in Abb. 237 erhält man

$$P = Z_{\mathrm{I}} + Z_{\mathrm{II}} \tag{141}$$

$$dV \cdot \frac{d\,p_{\mathrm{stat}}}{d\,r} = \varrho \cdot d\dot{V} \cdot \frac{c_u^2}{r} + \varrho \cdot dV \cdot \frac{c_m^2}{R}$$

$$\frac{1}{\varrho} \cdot \frac{d\,p_{\mathrm{stat}}}{d\,r} = \frac{c_u^2}{r} + \frac{c_m^2}{R} \cdot \tag{142}$$

Nun ist

$$p_{\mathrm{stat}} = p_{\mathrm{tot}} - \frac{\varrho}{2} \left(c_m^2 + c_u^2 \right)$$

$$\frac{1}{\varrho} \cdot \frac{d\,p_{\mathrm{stat}}}{d\,r} = \frac{1}{\varrho} \cdot \frac{d\,p_{\mathrm{tot}}}{d\,r} - \left(c_m \cdot \frac{d\,c_m}{d\,r} + c_u \cdot \frac{d\,c_u}{d\,r} \right).$$

Durch Einsetzen dieser Beziehung in Gl. (142) erhält man die erweiterte Differentialgleichung der Verdichterströmung

$$\frac{1}{\varrho} \cdot \frac{d\,p_{\mathrm{tot}}}{d\,r} = c_m \left(\frac{c_m}{R} + \frac{d\,c_m}{d\,r} \right) + c_u \left(\frac{c_u}{r} + \frac{d\,c_u}{d\,r} \right). \tag{143}$$

Zur numerischen Auswertung dieser Beziehung wird der Krümmungsradius $R = f(r)$ benötigt, dessen Verlauf im folgenden näherungsweise berechnet werden soll.

a) Der Krümmungsradius der Stromflächenaxialschnitte

Die Gestalt der Stromflächenaxialschnitte ist von vornherein nicht genau bekannt. Man kann aber zwei Hauptfälle bei ihrer Ausbildung unterscheiden. Der erste Fall ist gegeben, wenn die

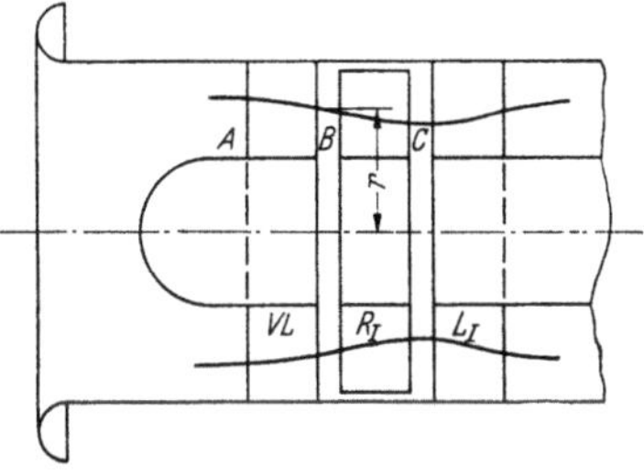

Abb. 238. Axialschnitt durch eine mittlere Stromfläche am Eintritt in einen Axialverdichter mit 50% Reaktion und bei konstanter Förderhöhe im Laufrad I
VL Vorleitvorrichtung; R_I erstes Laufrad; L_I Leitrad hinter der ersten Stufe

Strombahnen in dem zu betrachtenden Spalt einen Wendepunkt haben, wie beispielsweise in Spalt B der Abb. 238.

In Abb. 238 ist ein Längsschnitt durch die Eintrittsstufe eines Axialverdichters mit 50% Reaktion und über dem Radius

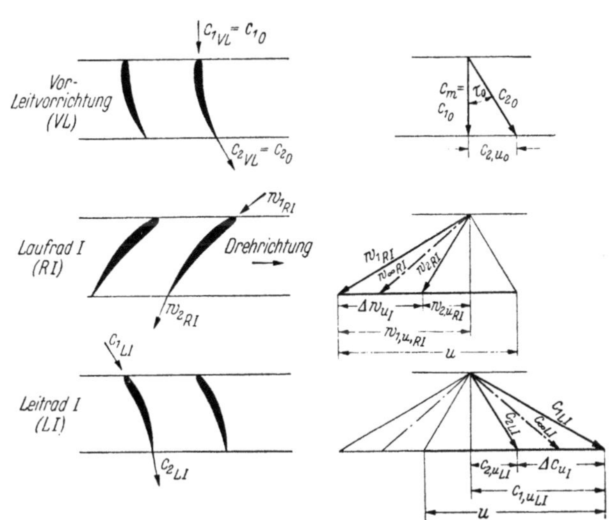

Abb. 239. Geschwindigkeitsdreiecke für eine Axialstufe mit den benützten Bezeichnungen

konstanter Druckerhöhung im ersten Laufrad dargestellt. Aus den zugeordneten Geschwindigkeitsdreiecken (Abb. 239) folgt, daß die Umfangskomponente $c_{2u,\,VL} = c_{2u,\,0}$ hinter dem Vorleitrad im nachfolgenden Laufrad I auf den Absolutwert $c_{1u,\,LI}$ vergrößert wird. Damit erfahren auch die auf das Teilchen wirkenden Zentrifugalkräfte eine weitere Zunahme, so daß zur Herstellung des dynamischen Gleichgewichts auch der Druckgradient sich vergrößern muß. Da das Laufrad voraussetzungsgemäß über den Radius konstante Förderhöhe schafft, muß die Zunahme des Druckgradienten durch eine weitere Zunahme des Geschwindigkeitsgradienten aufgebracht werden; dieser erreicht im Spalt C zwischen Laufrad und nachfolgendem Leitrad einen Extremwert. Das hat den in Abb. 238 dargestellten Verlauf der Stromflächenaxialschnitte zur Folge. Im Spalt C haben die Stromflächenschnitte einen Extremwert, im Spalt B, zwischen Vorleitvorrichtung und Laufrad I, dagegen einen Wendepunkt. In diesem wird der Krümmungsradius R der Meridianstromlinie unendlich groß. Daher tritt im Spalt B keine von den axialen und radialen Bewegungskomponenten herrührende zusätzliche Zentrifugalkraft ($\varrho \cdot c_m^2 \cdot dV/R$) auf, und die erweiterte Differentialgleichung wird auf ihre einfache, durch Gl. (43) gegebene Form zurückgeführt.

Der zweite Hauptfall und gleichzeitig der Normalfall bei mehrstufigen Verdichtern ist dadurch gekennzeichnet, daß die Meridianstromlinien in den Spalten A und B jeweils Extremwerte ihres Abstandes von der Verdichterachse haben. Da es sich um Schwingungslinien handelt, kann man die Meridianstromlinien stückweise durch Sinus- oder Cosinuslinien approximieren. Der Krümmungsradius in den Scheitelpunkten einer Sinus-Linie ist

$$R_2 = -R_1 = \frac{2a^2}{\pi^2(r_2 - r_1)}, \qquad (144)$$

wobei

a der Abstand von Spaltmitte bis Spaltmitte ist, und für Lauf- und Leitrad gleich angenommen wird;
r_2 und r_1 sind die Extremwerte einer Meridianstromlinie in den Punkten A bzw. B (Spaltmitte) s. Abb. 240.

Die Bestimmung der Radiendifferenz $r_2 - r_1$ muß im allgemeinen iterativ erfolgen. Nur unter vereinfachenden Annahmen lassen sich für Sonderfälle geschlossene Ausdrücke finden. Hierauf wird in Zusammenhang mit der Auslegung $\mathfrak{r} = 0{,}5$ und $c_m(r) \approx$ const noch näher eingegangen werden.

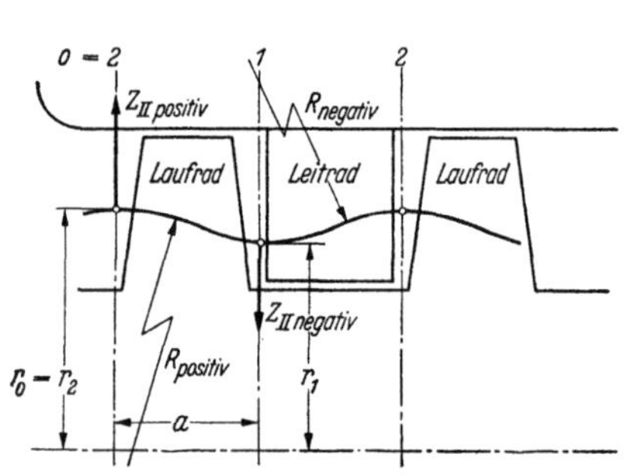

Abb. 240. Skizze zur Erklärung der benützten Bezeichnungen (Normalstufe)

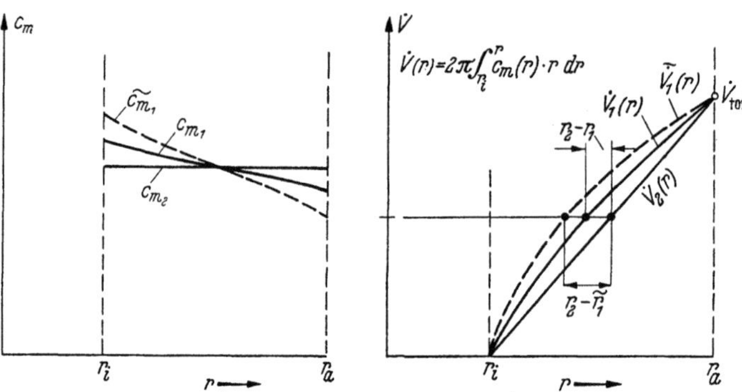

Abb. 241. Graphische Bestimmung der Radiendifferenz r_2-r_1

Für eine ringförmige Stromröhre zwischen zwei Stromflächen mit den Radien r_2 und $r_2 + dr_2$ (im Schnitt A) und r_1 und $r_1 + dr_1$ (im Schnitt B) gilt bei inkompressibler Strömung die Kontinuitätsbeziehung

$$2 \cdot \pi \cdot r_2 \cdot dr_2 \cdot c_{m_2} = 2 \cdot \pi \cdot r_1 \cdot dr_1 \cdot c_{m_1} = \text{const.}$$

Hierin sei der Verlauf $c_{m_2}(r_2)$ bekannt. Der Verlauf $c_{m_1}(r_1)$ ist dagegen vom Krümmungsradius $R = f(r)$ der Strombahnen und damit von der Differenz $(r_2 - r_1)$ abhängig. Für einen vorerst geschätzten Verlauf $\widetilde{c_{m_1}}(\widetilde{r_1})$ kann $r_2 - \widetilde{r_1}$ nach Abb. 241 bestimmt und eine erste Näherung für $R_1 = f(r)$ nach Gl. (144) berechnet werden. Aus dem hiermit ermittelten Geschwindigkeitsverlauf $c_{m_1}(r_1)$ erhält man eine zweite Näherung für die Radiendifferenz $r_2 - r_1$. Einzelheiten dieses Verfahrens werden im Rechenbeispiel Abschn. X, 3d noch näher erläutert.

2. Anwendung der erweiterten Differentialgleichung auf eine Axialstufe mit konstantem Reaktionsgrad über der Schaufelhöhe

Betrachtet man nun eine Axialstufe mit konstanter Reaktion über der Schaufelhöhe, so ist unter der Voraussetzung

$$p_{\text{tot}}(r) = \text{const}$$

die Umfangskomponente gegeben durch die Beziehung

$$c_{1,2_u} = u\left[(1 - \mathfrak{r}) \pm \frac{\psi}{4}\left(\frac{r_a}{r}\right)^2\right].$$

Somit ist

$$c_u\left(\frac{dc_u}{dr} + \frac{c_u}{r}\right) = \omega^2\left[2r(1 - \mathfrak{r})^2 \pm \frac{\psi}{2}(1 - \mathfrak{r})\frac{r_a^2}{r}\right]$$

und man erhält mit $dp_{\text{tot}}/dr = 0$ für die Meridiangeschwindigkeitsverteilung die Differentialgleichung

$$0 = c_m\left(\frac{c_m}{R} + \frac{dc_m}{dr}\right) + \omega^2\left[2r(1 - \mathfrak{r})^2 \pm \frac{\psi}{2}(1 - \mathfrak{r})\frac{r_a^2}{r}\right],$$

oder

$$-c_m \frac{d\,c_m}{d\,r} = \frac{c_m^2}{R} + \omega^2 \left[2r(1-\mathfrak{r})^2 \pm \frac{\psi}{2}(1-\mathfrak{r}) \frac{r_a^2}{r} \right],$$

$$-\frac{d\,c_m}{d\,r} = \frac{c_m}{R} + \frac{1}{c_m} \cdot \omega^2 \left[2r(1-\mathfrak{r})^2 \pm \frac{\psi}{2}(1-\mathfrak{r}) \frac{r_a^2}{r} \right]. \tag{145}$$

Hierbei gilt wieder das $(+)$ Zeichen für den Verlauf $c_{m1}(r)$ hinter einem Laufrad und das $(-)$ Zeichen für den Verlauf $c_{m2}(r)$ hinter einem Leitrad.

Ein Vergleich der Gl. (145) mit den einfachen Differentialgleichungen (86) und (87) zeigt, daß sich beide Gleichungen nur durch das Glied c_m/R unterscheiden. Der Quotient c_m/R berücksichtigt den Einfluß der Krümmung der Meridianstromlinien auf die tatsächliche Schwingbewegung, die durch die primären Zentrifugalkräfte hervorgerufen wird, wobei sich das Glied c_m/R stets dämpfend auf die ursprüngliche Schwingung auswirkt. Aus letzterer Tatsache ergeben sich wichtige Anhaltspunkte für die numerische Lösung von Gl. (145).

Es gibt nämlich zwei ausgeprägte Grenzfälle für die Meridiangeschwindigkeitsverteilungen, die sich indessen, wie man leicht einsieht, nicht einstellen können.

Der 1. Grenzfall ist gegeben durch die Beziehung

$$-\left(\frac{d\,c_m}{d\,r}\right)_{1,\,2} = \frac{1}{c_m} \cdot \omega^2 \left[2r(1-\mathfrak{r})^2 \pm \frac{\psi}{2}(1-\mathfrak{r}) \frac{r_a^2}{r} \right],$$

also durch die c_m-Verteilungen, wie sie sich ohne Berücksichtigung der sekundären, d. h. der aus der Meridianstromlinienkrümmung herrührenden Zentrifugalkräfte ergeben. Hierbei ist aber, wie aus Abb. 240 hervorgeht, für jede Meridianstromlinie der Abstand von der Drehachse hinter einem Leitrad größer als hinter einem Laufrad. Aus $r_2 > r_1$ folgt aber, daß das dämpfende Glied c_m/R in Gl. (145) einen endlichen Wert hat. Dadurch wird die Neigung der Meridiangeschwindigkeitsverteilung $d\,c_m/d\,r$ hinter einem Laufrad verkleinert und hinter einem Leitrad vergrößert, also die Schwingbewegung gedämpft.

Der 2. Grenzfall ist gegeben durch die Bedingung

$$c'_{m_1} = c'_{m_2} = \frac{c_{m_1} + c_{m_2}}{2},$$

wobei c_{m1} und c_{m2} die aus dem ersten Grenzfall, also ohne sekundäre Zentrifugalkräfte berechneten Geschwindigkeitsverteilungen hinter dem Lauf- bzw. Leitrad sind.

Für diesen zweiten Grenzfall ist also angenommen, daß das Glied $\frac{c_m}{R}$ eine vollkommene Dämpfung der Schwingbewegung der Meridianstromlinien herbeiführt. Hierbei würde aber die Strömung auf koaxialen Zylinderschnitten verlaufen, d. h. es wäre $r_2 = r_1$ und das Glied $\frac{c_m}{R} = 0$, so daß sich auch dieser Grenzfall nicht einstellen kann.

Die wirkliche Geschwindigkeitsverteilung hinter einem Lauf- oder Leitrad wird also zwischen diesen beiden leicht berechenbaren Grenzfällen liegen. Für die Verifizierung von Gl. (145) geht man nun so vor, daß man nach Aufzeichnen der beiden Grenzgeschwindigkeitsverteilungen eine dazwischen liegende Meridiangeschwindigkeitsverteilung annimmt, für diese die vorhandene Steigung $\left(\frac{d\,c_m}{d\,r}\right)_{\text{angenommen}}$ entweder graphisch oder rechnerisch bestimmt und mit der zur Befriedigung des Kräftegleichgewichtes notwendigen Steigung nach Gl. (145) vergleicht. Das Vorzeichen und die Größenanordnung der Differenzen

$$\Delta = \left(\frac{d\,c_m}{d\,r}\right)_{\text{angenommen}} - \left(\frac{d\,c_m}{d\,r}\right)_{\text{notwendig}}$$

geben einen Hinweis, in welche Richtung in jedem Punkt eine zweite anzunehmende c_m-Verteilung zu legen ist, mit der dann die Rechnung wiederholt wird.

Diese Iterationsrechnung soll später im einzelnen an einem Beispiel für eine Stufe mit $\mathfrak{r} = 50\%$ Reaktion gezeigt werden.

Man findet im allgemeinen, daß sich der Verlauf der wirklichen Meridiangeschwindigkeit wesentlich mehr dem zweiten als dem ersten Grenzfall nähert, so daß es für Überschlagsrechnungen meist genügt, den zweiten Grenzfall allein zu bestimmen und als den gesuchten Verlauf anzunehmen.

3. Axialkompressor mit 50% Reaktion auf allen Schnitten und hinreichend konstanter Meridiangeschwindigkeit ab zweiter Stufe

Wie dargelegt, lassen sich bei der bisher behandelten Auslegungsweise eines Kompressors mit konstanter Reaktion auf allen Schnitten gewisse Ungleichförmigkeiten in der Meridiangeschwindigkeitsverteilung nicht vermeiden. Für beispielsweise $r = 0{,}5 =$ const erreicht die Meridiangeschwindigkeit am Nabenschnitt ihren Höchstwert und fällt nach außen ziemlich stark ab. Hierdurch arbeiten vor allem die Außenschnitte bei ungünstigen örtlichen Lieferzahlen $\varphi^* = (c_m/u)_\text{örtlich}$, wodurch der wirkungsgradmäßige Vorteil bei Auslegung mit 50% Reaktion praktisch aufgehoben wird. Betrachtet man beispielsweise eine Normalstufe entsprechend Abb. 190, so ergibt sich mit Berücksichtigung der primären und sekundären Zentrifugalkräfte in erster Näherung eine Meridiangeschwindigkeitsverteilung entsprechend der strichpunktierten Linie in Abb. 190. Berechnet man hierfür den zu erwartenden Wirkungsgrad für jeden Schaufelschnitt, so erhält man den in Abb. 242 strichpunktiert dargestellten Verlauf. Als Vergleich ist in Abb. 242 auch der Wirkungsgrad bei konstanter Meridiangeschwindigkeit über dem Radius eingezeichnet.

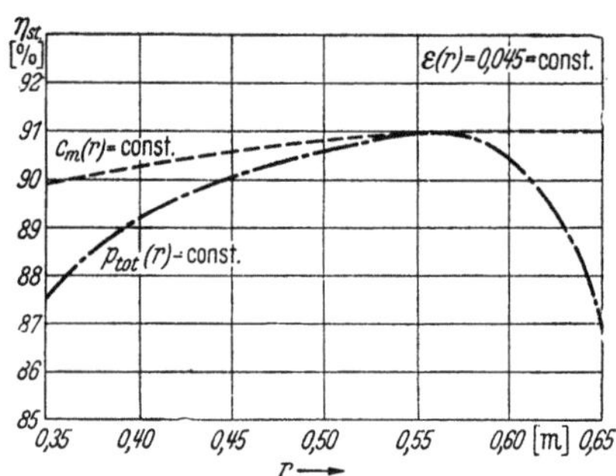

Abb. 242. Stufenwirkungsgrad in Abhängigkeit vom Verdichterradius für eine Normalstufe mit 50% Reaktion auf allen Schnitten
— · — · — Meridiangeschwindigkeitsverteilung gemäß dem Mittelwert nach Abb. 190
— — — · — Meridiangeschwindigkeit als konstant über dem Radius angenommen

Die erhöhte Meridiangeschwindigkeit am Nabenschnitt hat aber noch einen weiteren Nachteil.

Bei überschlägigen MACHzahlbetrachtungen wird lediglich die Grenzgeschwindigkeit, also meist die relative Eintrittsgeschwindigkeit in das Laufrad am Außenschnitt berücksichtigt. Eine Untersuchung der Schaufelgitter zeigt aber, daß bei hohen Meridiangeschwindigkeiten vielfach auch MACHzahlschwierigkeiten am Nabenschnitt zu erwarten sind. Diese ergeben sich aus der relativ kleinen Teilung der Schaufelgitter an der Nabe und der aus Festigkeitsgründen erforderlichen größeren Dicke der Nabenprofile. Hierdurch werden die freien Querschnittsflächen zwischen zwei benachbarten Schaufeln verkleinert und die zulässigen Strömungsgeschwindigkeiten herabgesetzt. Aus diesen Gründen erscheint es zweckmäßig, nach einer Auslegungsart zu suchen, die bei hinreichend konstanter Meridiangeschwindigkeit über dem Radius dennoch die Anwendung der wirkungsgradmäßig vorteilhaften 50%igen Reaktion auf allen Schnitten ermöglicht. Die Differentialgleichung der Kompressorströmung in ihrer einfachen Form [Gl. (43)]

$$\frac{1}{\varrho} \cdot \frac{d p_\text{tot}}{d r} = c_m \cdot \frac{d c_m}{d r} + c_u \left(\frac{c_u}{r} + \frac{d c_u}{d r} \right)$$

stellt den Zusammenhang zwischen dem Gesamtdruckgradienten, der Umfangskomponenten und der Meridiangeschwindigkeit dar.

Die Umfangskomponente c_u ist für $r = 0{,}5$

$$c_u = \frac{u}{2} \pm \frac{\Delta w_u}{2}.$$

Während bisher eine Auslegung mit $p_\text{tot}(r) =$ const betrachtet wurde, also $d p_\text{tot}/d r = 0$, wobei der Verlauf der Meridiangeschwindigkeit mit Gl. (145) bestimmt ist, kann man aber auch eine über dem Radius konstante Meridiangeschwindigkeit

$$c_m(r) = \text{const}; \quad \frac{d c_m}{d r} = 0$$

vorschreiben.

Hieraus folgt aber, daß zur Herstellung des radialen Gleichgewichtes der Gesamtdruck einen bestimmten Verlauf über dem Verdichterradius haben muß. Setzt man die Bedingung $c_m\,(r) =$ const in die Differentialgleichung der Verdichterströmung ein, dann wird

$$\frac{1}{\varrho}\,\frac{d\,p_{\text{tot}}}{d\,r} = c_u\left(\frac{c_u}{r} + \frac{d\,c_u}{d\,r}\right). \tag{146}$$

Nun sei eine Normalstufe, also eine mittlere Stufe eines mehrstufigen Kompressors, betrachtet, in der eine über dem Radius konstante Gesamtdruck*erhöhung* erzeugt wird, was aber nicht mit einem konstanten Gesamtdruck über dem Radius gleichbedeutend ist. Vielmehr kann in einer vorangehenden Stufe schon eine bestimmte Gesamtdruckverteilung $p_{\text{tot}} = f\,(r)$ erzeugt werden, zu der in der Normalstufe nur der Betrag $\Delta\,p_{\text{tot}}\,(r) =$ const hinzugefügt wird. Unter dieser Voraussetzung ist nun

$$\Delta\,w_u\cdot r = \frac{\Delta\,p_{\text{tot}}/\Omega\cdot\eta_{\text{St}}}{\varrho\cdot\omega} = \text{const}$$

und somit

$$c_{1,\,2_u} = \frac{u}{2} \pm \frac{\Delta\,w_u}{2} = \frac{\omega\cdot r}{2} \pm \frac{\text{const}}{2r},$$

$$\frac{d\,c_{1,\,2_u}}{d\,r} = \frac{\omega}{2} \mp \frac{\text{const}}{2r^2},$$

also

$$\frac{c_{1,\,2_u}}{r} + \frac{d\,c_{1,\,2_u}}{d\,r} = \frac{\omega}{2} \pm \frac{\text{const}}{2r^2} + \frac{\omega}{2} \mp \frac{\text{const}}{2r^2} = \omega.$$

Der erforderliche Gesamtdruckverlauf ist damit

$$\frac{1}{\varrho}\cdot\frac{d\,p_{\text{tot}}}{d\,r} = c_u\cdot\omega. \tag{147}$$

Damit kann nunmehr die erforderliche Gesamtdruckverteilung berechnet werden und man erhält für eine Normalstufe:

hinter dem Laufrad

$$\frac{1}{\varrho}\cdot\frac{d\,p_{\text{tot}_1}}{d\,r} = c_{1_u}\cdot\omega.$$

Mit

$$c_{1_u} = \frac{u}{2} + \frac{\Delta\,w_u}{2} = \frac{r\cdot\omega}{2} + \frac{\dfrac{\Delta\,p_{\text{tot}}}{\Omega\cdot\eta_{\text{St}}}}{2\cdot r\cdot\omega\cdot\varrho} = \frac{r\cdot\omega}{2} + \frac{k}{2r}$$

wird

$$\frac{1}{\varrho}\,\frac{d\,p_{\text{tot}_1}}{d\,r} = \omega\left(\frac{\omega\cdot r}{2} + \frac{k}{2r}\right) = \frac{\omega^2\cdot r}{2} + \frac{\omega\cdot k}{2r};$$

die Integration ergibt

$$\frac{1}{\varrho}\cdot p_{\text{tot}_1} = \frac{\omega^2\cdot r^2}{4} + \frac{\omega\cdot k}{2}\ln r + C,$$

oder

$$p_{\text{tot}_1} = \varrho\left(\frac{u^2}{4} + \frac{\omega\,k}{2}\ln r + C\right). \tag{148}$$

Hinter dem Leitrad ist

$$\frac{1}{\varrho}\cdot\frac{d\,p_{\text{tot}_2}}{d\,r} = c_{2_u}\cdot\omega,$$

$$c_{2_u} = \frac{\omega\cdot r}{2} - \frac{k}{2r},$$

$$p_{\text{tot}_2} = \varrho\left(\frac{u^2}{4} - \frac{\omega\cdot k}{2}\ln r + C\right) \tag{149}$$

($C =$ Integrationskonstante).

Der Vergleich der Gl. (148) und (149) zeigt, daß für die Bedingung $c_m\,(r) =$ const hinter einem Laufrad eine nach außen stärker zunehmende Gesamtdruckverteilung notwendig ist, als hinter einem Leitrad. Nun kann aber innerhalb einer Stufe nur eine einzige Gesamtdruckverteilung vorherrschen, da das Leitrad bei Vernachlässigung von Reibungskräften keinen Einfluß auf die Gesamtdruckverteilung ausübt. Hieraus folgt, daß es nicht möglich ist, eine Stufe mit $r = 50\%$ Reaktion mit entlang der ganzen Schaufel genau konstanter Meridiangeschwindigkeit auszulegen.

a) Der erforderliche Gesamtdruckverlauf für eine Normalstufe mit annähernd konstanter Meridiangeschwindigkeit und halber Reaktion auf allen Schnitten

Wie bereits erwähnt, stellt

$$c'_m = c'_{m_1} = c'_{m_2} = \frac{c_{m_1} + c_{m_2}}{2}$$

also der zweite Grenzfall für den Verlauf der Meridiangeschwindigkeit, in erster Näherung den tatsächlichen Verlauf der Axialgeschwindigkeit dar. In einer, der Normalstufe vorgeschalteten Stufe soll nun eine ungleichmäßige Druckverteilung erzeugt werden mit dem Ziel, die Geschwindigkeit c'_m über dem Verdichterradius hinreichend konstant zu machen (Abb. 243). Somit gilt die Bedingung

$$\frac{c_{m_1}(r) + c_{m_2}(r)}{2} = \text{const.}$$

Für hinreichend kleine Δc_m (s. Abb. 243) ist näherungsweise

$$\frac{c_{m_1}^2 + c_{m_2}^2}{2} \approx \text{const.} \qquad (150)$$

Die Einführung dieser Näherungsbedingung vereinfacht die weiteren Berechnungen wesentlich. Aus Gl. (150) ergibt sich durch Differenzieren nach r

$$c_{m_1} \frac{d c_{m_1}}{d r} + c_{m_2} \frac{d c_{m_2}}{d r} = 0$$

oder

$$c_{m_1} \frac{d c_{m_1}}{d r} = - c_{m_2} \frac{d c_{m_2}}{d r}. \qquad (151)$$

Für den erforderlichen Gesamtdruckverlauf

$$p_{\text{tot}_1}(r) = p_{\text{tot}_2}(r) = p_{\text{tot}}(r)$$

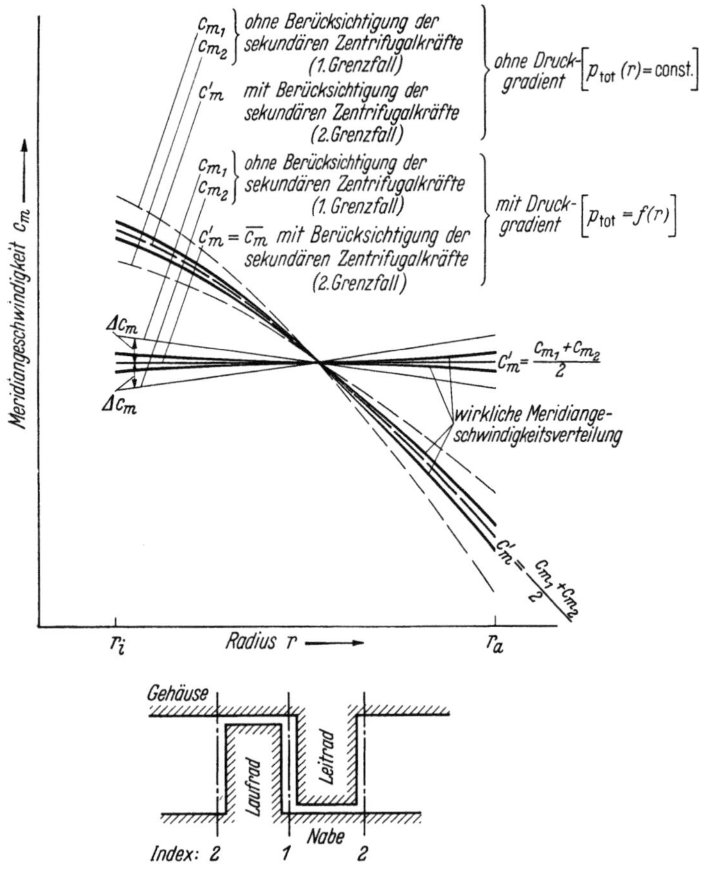

Abb. 243. Beeinflussung der Meridiangeschwindigkeitsverteilung durch die Zentrifugalkräfte ohne und mit Druckgradient

erhält man aus Gl. (43) hinter einem Laufrad der Normalstufe

$$\frac{1}{\varrho} \cdot \frac{d p_{\text{tot}_1}}{d r} = c_{m_1} \frac{d c_{m_1}}{d r} + c_{1_u} \cdot \omega$$

und hinter einem Leitrad der Normalstufe wird

$$\frac{1}{\varrho} \cdot \frac{d p_{\text{tot}_2}}{d r} = c_{m_2} \frac{d c_{m_2}}{d r} + c_{2_u} \cdot \omega.$$

Durch Addition dieser beiden Gleichungen und Einsetzen der Gl. (151) findet man

$$2 \cdot \frac{1}{\varrho} \cdot \frac{d p_{\text{tot}}}{d r} = 0 + \omega \left(c_{1_u} + c_{2_u} \right)$$

und mit $c_{1,\,2u} = \dfrac{u}{2} \pm \dfrac{\Delta w_u}{2}$ ist

$$2 \cdot \frac{1}{\varrho} \cdot \frac{d\,p_{\text{tot}}}{d\,r} = \omega \left[\left(\frac{u}{2} + \frac{\Delta w_u}{2} \right) + \left(\frac{u}{2} - \frac{\Delta w_u}{2} \right) \right] = \omega \cdot u$$

oder

$$\frac{1}{\varrho} \cdot \frac{d\,p_{\text{tot}}}{d\,r} = \frac{\omega^2 \cdot r}{2} \cdot \tag{152}$$

Die Integration ergibt

$$p_{\text{tot}} = \frac{\varrho}{4}\, r^2 \cdot \omega^2 + C = \frac{\varrho}{4}\, u^2 + C. \tag{153}$$

(C = Integrationskonstante).

Dieser Druckverlauf vor der Normalstufe ist also notwendig, um die Bedingung $\dfrac{c_{m_1}^2 + c_{m_2}^2}{2} =$ const zu erfüllen.

Die Meridiangeschwindigkeit hinter einem Laufrad genügt der Differentialgleichung

$$c_{m_1} \cdot \frac{d\,c_{m_1}}{d\,r} = \frac{1}{\varrho} \cdot \frac{d\,p_{\text{tot}}}{d\,r} - c_{1u} \cdot \omega\,.$$

Setzt man für $\dfrac{1}{\varrho}\, d\,p_{\text{tot}}/d\,r$ Gl. (152) ein, dann ist

$$c_{m_1} \frac{d\,c_{m_1}}{d\,r} = \frac{\omega^2 \cdot r}{2} - \omega \left(\frac{u}{2} + \frac{\Delta w_u}{2} \right) \cdot$$

Hieraus folgt schließlich

$$c_{m_1} \frac{d\,c_{m_1}}{d\,r} = - \frac{\Delta w_u}{2}\, \omega = - c_{m_2} \frac{d\,c_{m_2}}{d\,r} \tag{154}$$

$$\frac{d\,(c_{m_1}^2)}{d\,r} = - \omega \cdot \Delta w_u = - \frac{d\,(c_{m_2}^2)}{d\,r} \cdot \tag{154a}$$

Wenn also der Druckverlauf entsprechend Gl. (153) vor einer Normalstufe besteht, ist für diese eine annähernd konstante Meridiangeschwindigkeit in allen Schaufelschnitten auch bei 50% Reaktion gewährleistet. Als Normalstufen sind hierbei die zweite bis vorletzte bzw. letzte Stufe eines mehrstufigen Axialkompressors anzusehen. Wie Gl. (153) zeigt, ist der zu erzeugende Gesamtdruckverlauf vor den Normalstufen nur von der Winkelgeschwindigkeit ω und dem Halbmesser r abhängig. Dieser Druckverlauf ist durch eine besondere Gestaltung der ersten Verdichterstufe zu schaffen.

b) Anwendung der erweiterten Differentialgleichung der Verdichterströmung auf die Normalstufe mit Druckgradienten

Die erweiterte Differentialgleichung in allgemeiner Form lautet

$$\frac{1}{\varrho} \cdot \frac{d\,p_{\text{tot}}}{d\,r} = c_m \left(\frac{c_m}{R} + \frac{d\,c_m}{d\,r} \right) + c_u \left(\frac{c_u}{r} + \frac{d\,c_u}{d\,r} \right)$$

oder

$$c_m \cdot \frac{d\,c_m}{d\,r} = \frac{1}{\varrho} \frac{d\,p_{\text{tot}}}{d\,r} - c_u \left(\frac{d\,c_u}{d\,r} + \frac{c_u}{r} \right) - \frac{c_m^2}{R} \cdot$$

Nun ist für die Normalstufe mit einem Eintrittsdruckverlauf entsprechend Gl. (153) bei alleiniger Berücksichtigung der primären, also der durch die Umfangskomponente hervorgerufenen Zentrifugalkräfte nach Gl. (154)

$$\left(c_m \cdot \frac{d\,c_m}{d\,r} \right)_{\text{primär}} = \mp\, \omega \cdot \frac{\Delta w_u}{2} = \mp\, \omega\, \frac{k}{2r} \cdot \tag{155}$$

Der zur Berücksichtigung sekundärer, also durch die Meridianstromlinienkrümmung hervorgerufenen Zentrifugalkräfte erforderliche Krümmungsradius ist

$$R = \pm\, \frac{2a^2}{\pi^2\,(r_2 - r_1)} \cdot$$

Setzt man diese beiden Ausdrücke in die obige Form der erweiterten Differentialgleichung ein, dann ergibt sich

$$c_m \cdot \frac{d\,c_m}{d\,r} = \left(c_m \cdot \frac{d\,c_m}{d\,r}\right)_{\text{primär}} + \frac{c_m^2}{R}\,,$$

$$\frac{d\,c_m}{d\,r} = \mp\frac{k \cdot \omega}{2 \cdot c_m \cdot r} \pm c_m \cdot \frac{\pi^2 (r_2 - r_1)}{2 \cdot a^2}\,, \qquad (156)$$

wobei mit r_1 der Abstand einer Stromlinie von der Verdichterachse hinter dem Laufrad, mit r_2 der Abstand der gleichen Stromlinie hinter dem Leitrad bezeichnet sein soll. Weiterhin gelten die *oberen* Vorzeichen für den Schnitt (1) hinter dem Laufrad, die *unteren* Vorzeichen für Schnitt (2) hinter dem Leitrad (s. Abb. 243). Die Konstante hat den Wert

$$k = \Delta\,w_u \cdot r = \frac{g}{\omega} \cdot \frac{h_{\text{ad}}}{\Omega \cdot \eta_{\text{St}}}\,.$$

Grenzbetrachtungen für die Normalstufe mit Druckgradienten

In Abb. 243 wurde gezeigt, daß für die gesuchten Meridiangeschwindigkeiten zwei ausgeprägte Grenzfälle bestehen, die sich aber in Wirklichkeit nicht einstellen können. Die tatsächlichen Geschwindigkeitsverteilungen werden zwischen diesen Grenzkurven verlaufen. Wendet man die für die Grenzfälle angestellten Überlegungen für die Normalstufe mit *nicht* konstantem Druckverlauf über dem Radius an, so lautet der

1. Grenzfall

$$\left(c_m \cdot \frac{d\,c_m}{d\,r}\right)_{\text{1. Grenzfall}} = \left(c_m \cdot \frac{d\,c_m}{d\,r}\right)_{\text{primär}}\,,$$

oder mit Gl. (155)

$$\left(\frac{d\,c_m}{d\,r}\right)_{\text{1. Grenzfall}} = \mp\frac{1}{c_m} \cdot \frac{\omega \cdot k}{2r}\,.$$

Für den *2. Grenzfall* gilt

$$c_{m_1} = c_{m_2} = \frac{c_{m_1} + c_{m_2}}{2}\,.$$

Dieser Ausdruck soll aber herleitungsgemäß über dem Radius konstant sein, so daß sich für den zweiten Grenzfall

$$\left(\frac{d\,c_m}{d\,r}\right)_{\text{2. Grenzfall}} = 0 \quad \text{oder} \quad c_{m_1} = c_{m_2} = c_{m\,\text{2. Grenzfall}}(r) = \text{const}$$

ergibt. Wie schon erwähnt und wie noch an einem Beispiel gezeigt werden soll, nähert sich die wirkliche Meridiangeschwindigkeitsverteilung mehr dem zweiten als dem ersten Grenzfall. Somit darf man also annehmen, daß in der Normalstufe infolge des durch Gl. (152) gegebenen Druckgradienten praktisch eine konstante Meridiangeschwindigkeit durch die ganze Stufe hindurch herrscht.

c) Auslegung der Normalstufe mit Druckgradienten

Nach Darlegung der Maßnahmen, die zur Verwirklichung einer Normalstufe mit 50% Reaktion und praktisch konstanter Meridiangeschwindigkeit über dem Halbmesser notwendig sind, sollen nun im folgenden die Zusammenhänge zwischen den üblicherweise vorgegebenen Auslegedaten (Fördermenge, Förderhöhe und Drehzahl) und den Bauabmessungen hergeleitet werden.

Vorausgesetzt sei wieder inkompressible Strömung, konstanter Innen- und Außendurchmesser und die allgemeine Definitionsbedingung der Normalstufe $c_2 \equiv c_0$. Weiterhin wird entsprechend dem Vorangegangenen vorausgesetzt

$$c_m(r) \approx \text{const}$$

und

$$h_{\text{ad}}(r) = \text{const}.$$

Abb. 244 zeigt die Geschwindigkeitsdreiecke für den Spitzen- und Nabenschnitt einer derartigen Stufe mit 50% Reaktion.

Die Grenzgeschwindigkeit selbst tritt wieder am Außenschnitt auf. Wegen der symmetrischen Geschwindigkeitsdreiecke ist

$$w_{1_a} = c_{1_a} = M \cdot w_s. \tag{157}$$

Aus dem Geschwindigkeitsplan des Außenschnittes (Abb. 244) erhält man

$$w_{1a}^2 = c_m^2 + \left(u_a - c_{2u,a}\right)^2, \tag{158}$$

wobei voraussetzungsgemäß $c_{2u} = c_{2u,0}$ ist.

Dividiert man Gl. (158) mit w_{1a}^2, dann erhält man

$$1 = \left(\frac{c_m}{w_{1a}}\right)^2 + \left(\frac{u_a}{w_{1a}} - \frac{c_{2u,a}}{w_{1a}}\right)^2 = \left(\frac{u_a}{w_{1a}}\right)^2\left[\left(\frac{c_m}{u_a}\right)^2 + \left(1 - \frac{c_{2u,a}}{u_a}\right)^2\right]$$

und mit der Grenzbedingung $w_{1a} = M \cdot w_s$ wird

$$1 = \left(\frac{u_a}{M \cdot w_s}\right)^2 [\varphi^2 + (1 - \zeta_a)^2] ; \tag{159}$$

dabei ist

$$\varphi = \frac{c_m}{u_a} \text{ die Lieferzahl,} \qquad \zeta_a = \frac{c_{2u,a}}{u_a} \text{ die Vordrallzahl.}$$

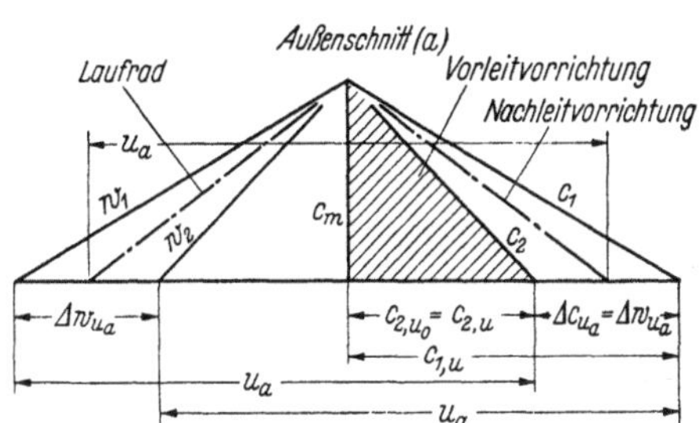

Hieraus ergibt sich die Umfangsgeschwindigkeit

$$\frac{u_a}{M \cdot w_s} = \frac{1}{\sqrt{\varphi^2 + (1 - \zeta_a)^2}} . \tag{160}$$

Die Vordrallzahl ζ_a ist aber gemäß der Bedingung $\mathrm{r} = 0{,}5$ kein frei wählbarer Parameter, sondern bestimmt sich aus der Beziehung

$$c_{2u,a} = \frac{u_a}{2} - \frac{\Delta w_{u_a}}{2}$$

also

$$\zeta_a = \frac{c_{2u,a}}{u_a} = \frac{1}{2}\left(1 - \frac{\Delta w_{u_a}}{u_a}\right). \tag{161}$$

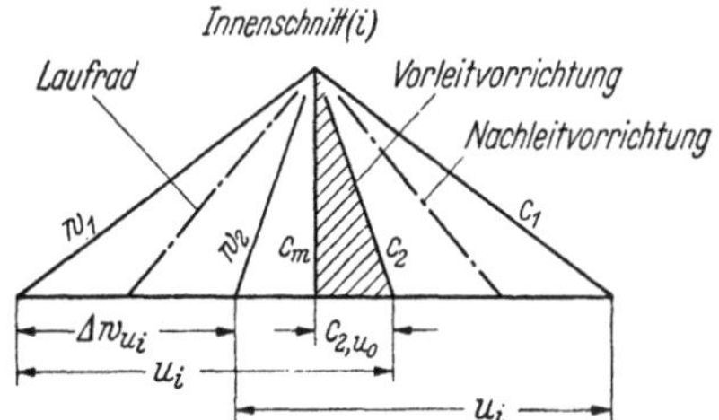

Abb. 244. Geschwindigkeitsdreiecke für einen Kompressor mit 50% Reaktion auf allen Schnitten

Die reduzierte theoretische Druckzahl war wie folgt definiert

$$\psi_a^* = 2 \cdot \frac{\Delta w_{u_a}}{u_a} = \frac{\psi}{\Omega \cdot \eta_{St}} .$$

Hierbei ist

$$\psi = \frac{2g \cdot h_{ad}}{u_a^2} \text{ die Stufendruckzahl,} \qquad \Omega = \frac{h_{theor}}{h_{rechn}} \text{ der Minderleistungsfaktor,}$$

$$\eta_{St} = \frac{h_{ad}}{h_{theor}} \text{ der Stufenwirkungsgrad.}$$

Die Vordrallzahl läßt sich damit auch in der Form schreiben

$$\zeta_a = \frac{1}{2}\left(1 - \frac{\psi_a^*}{2}\right) = \frac{1}{2}\left(1 - \frac{\psi}{2 \cdot \Omega \cdot \eta_{St}}\right). \tag{162}$$

Die Druckzahl und damit auch die Vordrallzahl sind nun durch die Belastbarkeit des Nabenschnittes begrenzt

$$\left(c_\Gamma \cdot \frac{l}{t}\right)_{\text{Nabe}} = 2 \cdot \frac{\Delta w_{u_i}}{w_{\infty_i}} .$$

Nun gilt

$$\Delta w_{u_i} \cdot r_i = \Delta w_{u_a} \cdot r_a \qquad \text{oder} \qquad \Delta w_{u_i} = \frac{\Delta w_{u_a}}{\nu}$$

und

$$w^2_{\infty\,i} = c^2_m + w^2_{\infty\,u,\,i} = c^2_m + \left(\frac{u_i}{2}\right)^2 = c^2_m + \left(\frac{u_a \cdot v}{2}\right)^2 = u^2_a\left[\left(\frac{c_m}{u_a}\right)^2 + \left(\frac{v}{2}\right)^2\right]$$

$$w_{\infty\,i} = u_a \cdot \sqrt{\varphi^2 + \left(\frac{v}{2}\right)^2}.$$

Somit ist die Belastungszahl des Nabenschnittes

$$\left(c_\Gamma \cdot \frac{l}{t}\right)_{\text{Nabe}} = 2 \cdot \frac{\varDelta w_{u_a}}{v} \cdot \frac{1}{u_a \cdot \sqrt{\varphi^2 + \left(\frac{v}{2}\right)^2}} = 2\,\frac{\varDelta w_{u_a}}{u_a} \cdot \frac{1}{v \cdot \sqrt{\varphi^2 + \left(\frac{v}{2}\right)^2}} \tag{163}$$

und die Druckzahl ist

$$\psi^*_a = \frac{\psi}{\varOmega \cdot \eta_{\text{St}}} = \left(c_\Gamma \cdot \frac{l}{t}\right)_{\text{Nabe}} \cdot v\,\sqrt{\varphi^2 + \left(\frac{v}{2}\right)^2}. \tag{164}$$

Den Außendurchmesser erhält man aus der Kontinuitätsbeziehung

$$D^2_a = \frac{\dot{V}/M \cdot w_s}{\frac{\pi}{4} \cdot \frac{c_m}{M \cdot w_s} \cdot (1 - v^2)};$$

aus der Drehzahl ergibt sich

$$D_a = \frac{60 \cdot u_a/M \cdot w_s}{\pi \cdot n/M \cdot w_s}.$$

Aus diesen beiden Beziehungen erhält man

$$\frac{60^2}{\pi^2} \cdot \frac{(u_a/M \cdot w_s)^2}{(n/M \cdot w_s)^2} = \frac{\dot{V}/M \cdot w_s}{\frac{\pi}{4} \cdot \frac{c_m}{u_a} \cdot \frac{u_a}{M \cdot w_s} \cdot (1 - v^2)},$$

$$\left(\frac{u_a}{M \cdot w_s}\right)^3 = n^2\,\frac{\dot{V}}{(M \cdot w_s)^3} \cdot \frac{4 \cdot \pi}{60^2 \cdot \varphi \cdot (1 - v^2)}.$$

Hieraus findet man für die Drehzahl den Ausdruck

$$n\,\sqrt{\frac{\dot{V}}{(M \cdot w_s)^3}} = 30\,\sqrt{\frac{1 - v^2}{\pi} \cdot \left(\frac{u_a}{M \cdot w_s}\right)^3 \cdot \varphi}. \tag{165}$$

Die Umfangsgeschwindigkeit war durch Gl. (160) gegeben. Ersetzt man hierin die Vordrallzahl ζ_a durch Gl. (162), so wird

$$\frac{u_a}{M \cdot w_s} = \frac{1}{\sqrt{\varphi^2 + \left(\dfrac{1 + \psi^*_a/2}{2}\right)^2}}. \tag{166}$$

Letzterer Ausdruck in Gl. (165) eingesetzt, ergibt schließlich

$$n\,\sqrt{\frac{\dot{V}}{(M \cdot w_s)^3}} = 30\,\sqrt{\frac{1 - v^2}{\pi} \cdot \frac{\varphi}{\left[\varphi^2 + \left(\dfrac{1 + \psi^*_a/2}{2}\right)^2\right]^{\frac{3}{2}}}}. \tag{167}$$

Hierin ist der Grenzwert für $\psi^*_a = \dfrac{\psi}{\varOmega \cdot \eta_{\text{St}}}$ durch Gl. (164) bestimmt.

In Abb. 245 ist die numerische Auswertung der hergeleiteten Beziehungen in Form eines Auslegungsdiagrammes zusammengestellt. Wie man sieht, nimmt die zulässige Drehzahl mit kleiner werdender Druckzahl zu, gleichzeitig aber auch die Belastungszahl und die Förderhöhe ab. Die maximal zulässige Belastungszahl am Nabenschnitt bestimmt andererseits bei vorgegebenem Fördervolumen und gegebener MACHzahl die zulässige Drehzahl nach unten, wobei hierbei annähernd auch die größtmögliche Förderhöhe erreicht wird. Sehr große Förderhöhen bedingen also kleine Drehzahlen, während sehr große Drehzahlen nur bei kleinen Stufenförderhöhen verwirklichbar sind. Die durch die Belastungszahl $c_\Gamma \cdot \dfrac{l}{t}$ gezogenen Drehzahlgrenzen (nach unten) sind in Abb. 245 miteingetragen, wobei das Nabenverhältnis als Parameter erscheint.

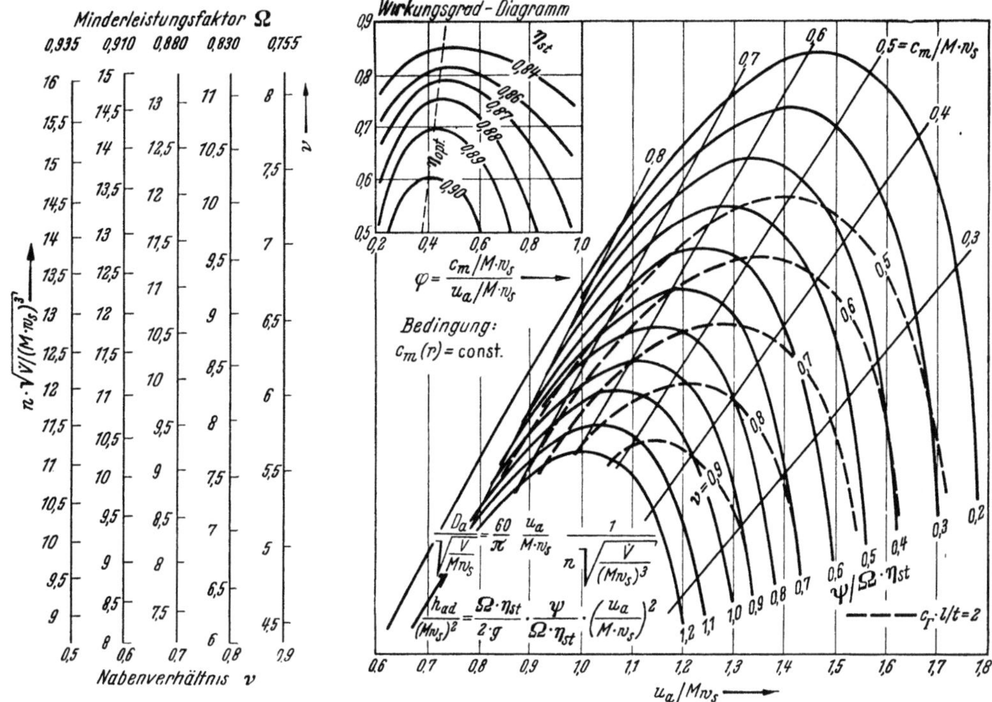

Abb. 245. Auslegungsdiagramm für Normalstufen mit 50% Reaktion und praktisch konstanter Meridiangeschwindigkeit über dem Radius (Erforderlicher Druckverlauf am Eintritt in die Normalstufe $p_{\text{tot}}(r) = \dfrac{\varrho}{4} u^2 + C$)

d) Rechnungsbeispiel

Zu berechnen sei eine Normalstufe eines Axialverdichters mit 50% Reaktion und praktisch konstanter Meridiangeschwindigkeit auf allen Schaufelschnitten. Die Auslegedaten der Stufe seien:

$$\text{Luftmenge } \dot{V} = 135 \text{ m}^3/\text{s},$$
$$\text{Ansaugetemperatur } T_{1\,\text{stat}} = 233 \text{ °K } (t_{1\,\text{stat}} = -40 \text{ °C})$$
$$\text{adiabatische Förderhöhe } h_{\text{ad}\,\text{stat}} = 1720 \frac{\text{mkg}}{\text{kg}}.$$

Die MACHzahl werde mit $M = 0,75$ begrenzt. In Anpassung an eine gegebene Gasturbinendrehzahl betrage die Verdichterdrehzahl $n = 4400$ U/min.

Die Schallgeschwindigkeit beträgt $w_s = 20,1 \sqrt{T_1} = 20,1 \sqrt{233} = 307$ m/s. Damit ist

$$n \sqrt{\frac{\dot{V}}{(M \cdot w_s)^3}} = 4400 \sqrt{\frac{135}{(0,75 \cdot 307)^3}} = 14,5.$$

Zum Erreichen optimaler Wirkungsgrade soll das Nabenverhältnis $v = 0,5$ bis $0,6$ betragen (vgl. Abb. 220). Gewählt werde $v = 0,54$. Damit liegt in Abb. 245 der Ausgangspunkt für die Benützung des Auslegungsdiagramms fest; er ist charakterisiert durch die vertikale Leiter $v = 0,54$ und den Zahlenwert $n \cdot \sqrt{\dot{V}/(M \cdot w_s)^3}$ $= 14,5$. Legt man durch diesen Punkt eine Horizontale, dann schneidet diese die Kurvenscharen $\psi/\Omega \cdot \eta_{\text{St}}$ bzw. die Geraden $\dfrac{c_m}{M \cdot w_s}$. Für das vorliegende Beispiel erhält man aus Abb. 245 die in nachfolgender Tab. 11 zusammengestellten Ergebnisse:

Tabelle 11

$\dfrac{\psi}{\Omega \cdot \eta_{\text{St}}}$	$\dfrac{u_a}{M \cdot w_s}$	$\dfrac{h_{\text{ad}}}{(M \cdot w_s)^2}$	h_{ad}	u_a	$c_m/M \cdot w_s$	$(c_m/M \cdot w_s) : \left(\dfrac{u_a}{M \cdot w_s}\right) = \varphi$
0,2	1,15	0,01151	610	265	—	—
0,3	1,175	0,01807	960	270	—	—
0,4	1,225	0,02615	1385	282	—	—
0,45	1,29	0,03270	1730	297	0,6	0,465
0,4	1,435	0,03591	1900	330	—	—
0,3	1,575	0,03240	1720	362	0,415	0,263
0,2	1,7	0.02511	1330	391	—	—

Wie aus der Tabelle hervorgeht, ist die verlangte Förderhöhe $h_{\mathrm{ad\,St}}$ = 1720 m bei einer Umfangsgeschwindigkeit u_a = 297 m/s und bei u_a = 362 m/s erreichbar. Man wird natürlich u_a = 297 m/s dem Entwurf zugrunde legen, da aus Festigkeitsrücksichten, bei der vorgegebenen Verdichterdrehzahl auch aus Gewichtsgründen (Einbauverhältnisse) die kleinere Umfangsgeschwindigkeit vorteilhafter ist. Außerdem ist bei u_a = 297 m/s das Verhältnis $(c_m/M \cdot w_s) : (u_a/M \cdot w_s) = \varphi = 0{,}465$, während bei u_a = 362 m/s die Lieferzahl $\varphi = 0{,}263$ beträgt, wobei entsprechend Abb. 245 im letzteren Falle der Stufenwirkungsgrad ungünstiger als für die Verhältnisse bei u_a = 297 m/s ist.

Damit beträgt der Außendurchmesser

$$D_a = \frac{60 \cdot u_a}{\pi \cdot n} = \frac{60 \cdot 297}{\pi \cdot 4400} = 1{,}29 \text{ m} .$$

Festgelegt wird

$$D_a = 1{,}30 \text{ m}; \quad n = 4400 \text{ U/min}; \quad u_a = 300 \text{ m/s} .$$

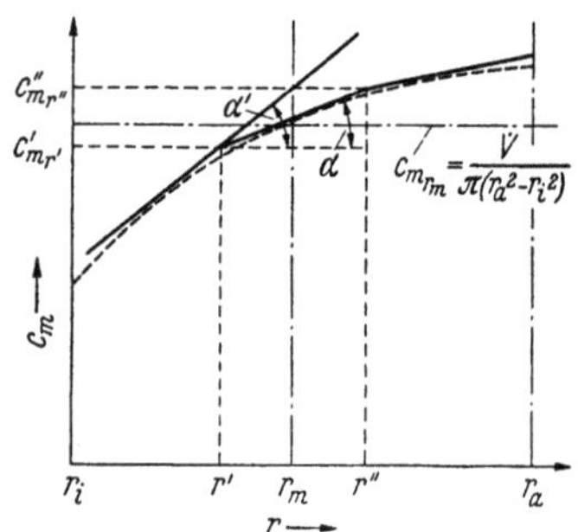

Abb. 246. Erläuterung zur näherungsweisen Bestimmung des ersten Grenzwertes der c_m-Verteilung.

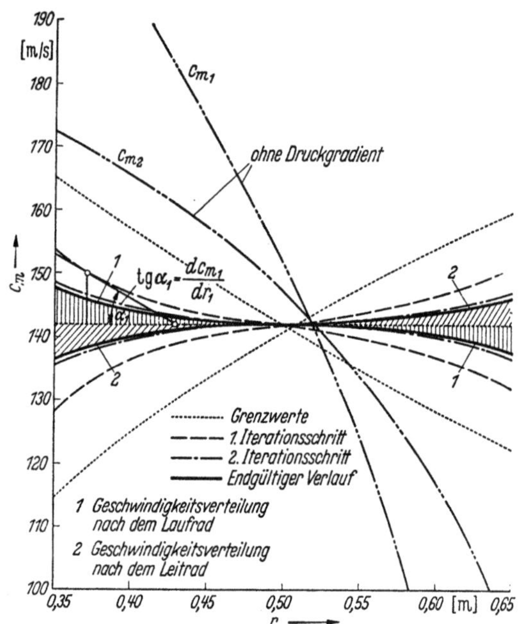

Abb. 247. Meridiangeschwindigkeitsverteilung für 50% Reaktion auf allen Schnitten und einem Gesamtdruckgradienten

$$\frac{1}{\varrho} \frac{d\,p_{\mathrm{tot}}}{d\,r} = \frac{\omega^2}{2} \cdot r$$

Der Nabendurchmesser beträgt dann

$$D_i = \nu \cdot D_a = 0{,}54 \cdot 1{,}3 = 0{,}70 \text{ m} .$$

Der Minderleistungsfaktor ist

$$\Omega = 0{,}925 ,$$

als Stufenwirkungsgrad findet man, unter der Annahme $c_m\,(r) \approx$ const aus Abb. 220 oder dem Hilfsdiagramm in Abb. 245

$$\eta_{\mathrm{St}} = 0{,}905 .$$

Berechnung der Meridiangeschwindigkeitsverteilung.

Um die Bedingung $c_m\,(r) \approx$ const zu erfüllen, muß in der Stufe vor der Normalstufe nach Gl. (152) der Druckgradient

$$\frac{d\,p_{\mathrm{tot}}}{d\,r} = \frac{\varrho \cdot \omega^2}{2} \cdot r$$

erzeugt werden. Für die gesuchte Meridiangeschwindigkeitsverteilung erhält man als ersten Grenzfall, d. h. ohne Berücksichtigung der sekundären Zentrifugalkräfte entsprechend Gl. (155)

$$\left(\frac{d\,c_m}{d\,r}\right)_{\text{erster Grenzfall}} = \mp \frac{\omega \cdot k}{2 \cdot r \cdot c_m} .$$

Für das vorliegende Beispiel ist

$$k = r \cdot \Delta w_u = \frac{g \cdot h_{\mathrm{ad\,St}}}{\eta_{\mathrm{St}} \cdot \Omega \cdot \omega} = \frac{9{,}81 \cdot 1720}{0{,}905 \cdot 0{,}925 \cdot 461} = 43{,}5 \; [\text{m}^2/\text{s}] .$$

Die Auswertung der Differentialgleichung (155) kann nach der bekannten Richtungsfeldmethode erfolgen. Einfacher und dabei genügend genau ist folgende Abart:

Man nimmt an, daß im Mittelschnitt des Verdichters $r_m = (r_i + r_a) : 2$ die auf der Kontinuitätsgleichung ermittelte Meridiangeschwindigkeit

$$c_{m_{r_m}} = \frac{\dot{V}}{\pi\,(r_a^2 - r_i^2)}$$

herrscht. Dann kann man für diesen Punkt die Steigung

$$\tan\alpha = \left(\frac{dc_m}{dr}\right)_{\text{erster Grenzfall}} = \mp\,\frac{\omega\cdot k}{2\cdot r_m\cdot c_{m_{r_m}}}$$

berechnen und auftragen. Hiermit erhält man für zwei benachbarte Punkte r' und r'' (Abb. 246) neue Werte c_m' und c_m''. Für diese Meridiangeschwindigkeiten berechnet man wieder

$$\tan\alpha' = \mp\,\frac{\omega\cdot k}{2\cdot r'\cdot c_{m_{r'}}}.$$

Auf diese Weise erhält man mit den beiden Vorzeichen in Gl. (155) zwei Polygone für die Meridiangeschwindigkeitsverteilungen über dem Verdichterradius. Der Mittelwert jeder dieser Kurven

$$\overline{c_m} = \frac{\dot V}{\pi\cdot r_a^2\,(1-\nu^2)} = \frac{2\pi}{\pi\cdot r_a^2\,(1-\nu^2)}\cdot\int\limits_{r_i}^{r_a} c_m\cdot r\,dr$$

muß der Kontinuitätsgleichung genügen.

Auf diese Weise sind für das vorliegende Beispiel die c_m-Verteilungen (1. Grenzfall) berechnet und als punktierte Kurvenzüge in Abb. 247 eingetragen. Als zweiter Grenzfall ergibt sich für dieses Beispiel, da $c_m = \frac{c_{m_1}+c_{m_2}}{2}\approx$ const vorausgesetzt ist, $\frac{dc_m}{dr}=0$; also $c_{m\,\text{zweiter Grenzfall}} =$ const.

Für das vorliegende Beispiel ist

$$c_{m\,\text{zweiter Grenzfall}} = \frac{\dot V}{\pi\,(r_a^2 - r_i^2)} = \frac{135}{\pi\,(0{,}65^2 - 0{,}35^2)} = 142\,\text{m/s}.$$

In Abb. 247 ist dieser Grenzwert ebenfalls punktiert eingezeichnet.

Wie nun aus den vorhergehenden Darlegungen hervorgeht, wird sich die tatsächliche Meridiangeschwindigkeitsverteilung als Folge der sekundären Zentrifugalkräfte zwischen diesen beiden Grenzwerten bewegen, da diese dämpfend auf die Schwingbewegung einwirken. Man nimmt nun zur Berücksichtigung der sekundären Zentrifugalkräfte eine c_m-Verteilung zwischen den beiden Grenzwerten an, etwa den in Abb. 247 gestrichelt eingetragenen Verlauf (1. Iterationsschritt). Zur numerischen Berücksichtigung der sekundären Zentri-

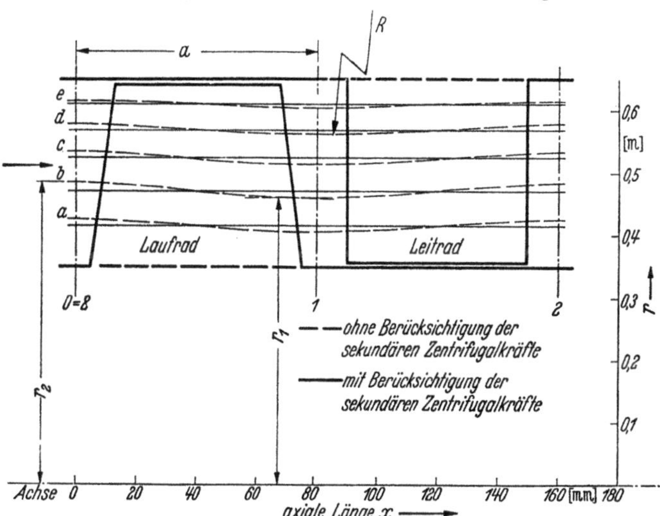

Abb. 248. Meridianstromlinienbild einer Verdichterstufe mit r = 50% Reaktion auf allen Schnitten

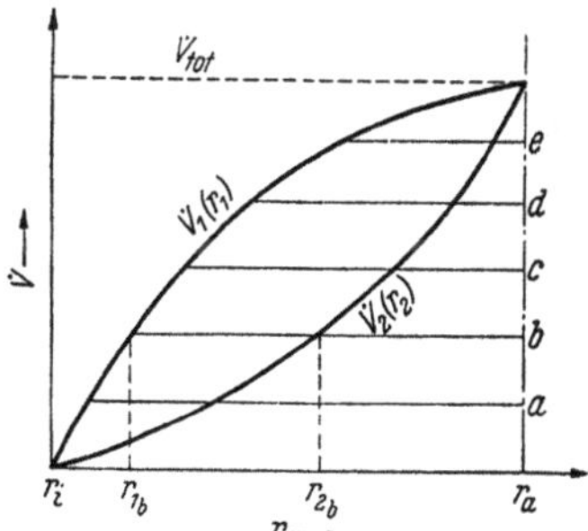

Abb. 249. Erläuterung zur Ermittlung der Radiendifferenzen

fugalkräfte muß nun die Größe a, also die halbe Schwingungsperiode, ermittelt werden. Zu diesem Zwecke zeichnet man den Längsschnitt der Stufe mit dem gegebenen Außen- und Nabendurchmesser auf und bestimmt die axiale Schaufelerstreckung. Nunmehr müssen die Halbmesser r_1 (nach dem Laufrad) und r_2 (nach dem Leitrad) ermittelt werden (s. Abb. 248). Hierzu wird der Stromlinienverlauf mit Hilfe der Kontinuitätsbeziehung und mit den angenommenen Geschwindigkeitsverteilungen c_{m_1} und c_{m_2} (gestrichelte Linienzüge in Abb. 247; 1. Iterationsschritt) bestimmt. Die zwischen Nabe und einer Stromlinie durchfließende Menge ist in jedem Punkte innerhalb der Stufe konstant. Bei Annahme inkompressibler Strömung ist

$$\dot V(r) = 2\pi\int\limits_{r_i}^{r} c_m\cdot r\,dr$$

Mit dieser Beziehung erhält man für die vorgegebenen Geschwindigkeitsverteilungen $c_{m_1}(r)$ und $c_{m_2}(r)$ den Verlauf $\dot V_1(r)$ bzw. $\dot V_2(r)$. Für $r = r_a$ ist selbstverständlich $\dot V_1(r_a) = \dot V_2(r_a) = \dot V_{\text{tot}}$ (Abb. 249). Definitionsgemäß strömt zwischen zwei benachbarten Stromlinien stets die gleiche Menge. Teilt man also die Gesamtmenge $\dot{V}_{tot}$ in x gleiche Teile, so können aus Abb. 249 die zugeordneten Radien r_{1a}; $r_{1b}\ldots r_{2a}$, $r_{2b}\ldots$ abgelesen werden. Überträgt man die in Abb. 249 ermittelten Werte r_1 bzw. r_2 für die einzelnen Schnitte $a, b\ldots$ in den Längsschnitt der Verdichterstufe (Abb. 248), dann erhält man mit den angenommenen c_m-Werten die Maximal- und Minimalwerte für die sinusförmige Schwingbewegung der Stromlinien. Nunmehr kann die erweiterte Differentialgleichung (156) gelöst werden. Die Lösung besteht darin, daß die Steigung dc_m/dr der angenommenen c_m-Verteilung mit den Steigungen dc_m/dr nach Gl. (156) übereinstimmen muß. In Tab. 12 ist diese Iterationsrechnung für zwei angenommene c_m-Verteilungen durchgeführt. Die zweite Iteration befriedigt hinreichend die oben angegebene Bedingung.

Tabelle 12

	r_1 [m]	c_{m1} [m/s]	$\dfrac{dc_{m1}}{dr}$ $= \tan\alpha$	$-\dfrac{\dfrac{\omega\cdot k/2}{c_{m1}\cdot r_1}}{10\,000} = -\dfrac{}{c_{m1}\cdot r_1}$	r_2 [m]	$r_2 - r_1$ [m]	$\dfrac{1}{R}$ $= 770\,(r_2 - r_1)$	$\dfrac{c_{m1}}{R}$	$\left(\dfrac{dc_{m1}}{dr}\right)_{\mathrm{Korr.}}$
	—	aus Abb. 247	aus Abb. 247	Gl. (155)	aus Abb. 249	—	Gl. (144)	—	Gl. (156)
1. Iteration	0,40	147	− 92,5	− 170	0,41	0,01	7,70	1131	+ 961
	0,50	142	− 28	− 141	0,514	0,014	10,80	1530	+ 1389
	0,60	136,2	− 90	− 122	0,606	0,006	4,62	631	+ 509
2. Iteration	0,40	144	− 40	− 199	0,4015	0,0015	1,15	165	− 34
	0,50	—	—	—	—	—	—	—	—
	0,60	140	− 30	− 110	0,6015	0,0015	1,15	162	− 52

Aus Abb. 250 ist die Radiendifferenz $(r_2 - r_1)$ für den ersten und zweiten Iterationsschritt berechenbar. Der ausgezogene Linienzug in Abb. 247 entspricht dem endgültigen Verlauf der Meridiangeschwindigkeitsverteilung mit Berücksichtigung der primären und sekundären Zentrifugalkräfte. Das Ergebnis der Iterationsrechnungen ist zusammenfassend in

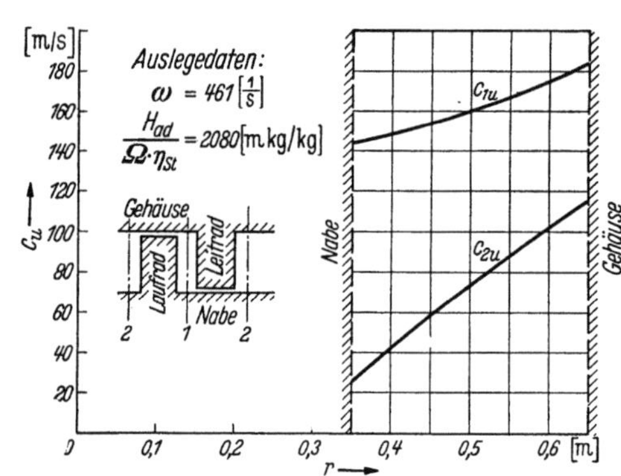

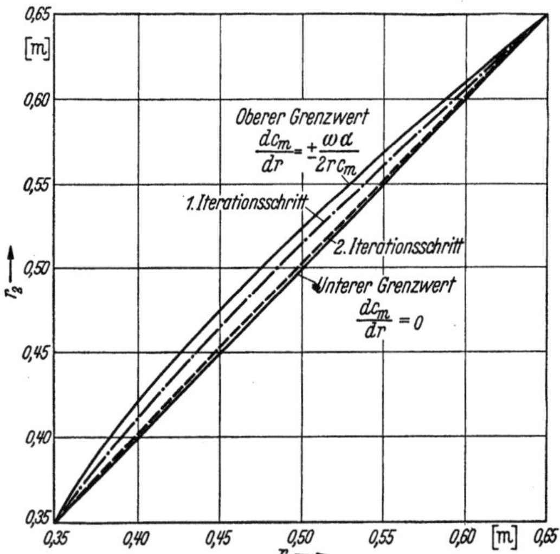

Abb. 250. Abhängigkeit des Halbmessers r_2 vom Halbmesser r_1 für das Rechnungsbeispiel

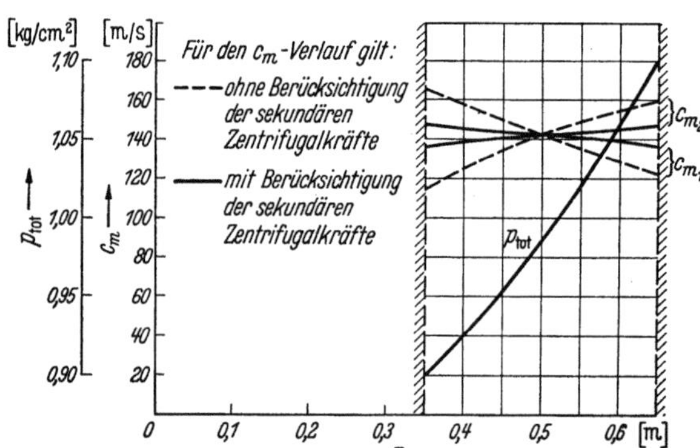

Abb. 251. Strömungsverhältnisse in einer Verdichterstufe mit $\mathfrak{r} = 50\%$ Reaktion auf allen Radien und näherungsweise konstanter Meridiangeschwindigkeit

Abb. 251 dargestellt, wobei auch die beiden Grenzwerte, wie sie sich aus der Grenzbetrachtung ergeben, mit eingetragen sind. Wie aus diesem Rechnungsbeispiel klar hervorgeht, erfahren die Meridian-Stromlinien durch die Einwirkung der sekundären Zentrifugalkräfte eine wesentliche Dämpfung. Näherungsweise entspricht also der tatsächliche Meridiangeschwindigkeitsverlauf etwa dem Mittelwert der c_m-Verteilungen, die man aus der einfachen Differentialgleichung (155) erhält.

In Abb. 251 ist außerdem die Gesamtdruckverteilung entsprechend Gl. (152) aufgezeichnet, die in der der Normalstufe vorangehenden Stufe erzeugt werden muß.

e) Näherungsbeziehungen zur Ermittlung der Meridiangeschwindigkeitsverteilung

Die dargestellte Iterationsrechnung zur Ermittlung der Meridiangeschwindigkeitsverteilung erfordert einen erheblichen Zeitaufwand. Es sind deshalb mehrere Ansätze bekannt geworden, durch Näherungen einen schnellen Überblick über die zu erwartenden c_m-Verteilungen zu bekommen.

PETERMANN[1] geht von der Integration der erweiterten Differentialgleichung in allgemeiner Form Gl. (143) aus. Diese ergibt für den Gesamtdruckunterschied zwischen Außen- und Innenschnitt

$$\frac{1}{\varrho}\left(p_{\text{tot}_a} - p_{\text{tot}_i}\right) = \int_{r_i}^{r_a} \frac{c_m^2}{R}\cdot dr + \frac{c_{m_a}^2 - c_{m_i}^2}{2} + \int_{r_i}^{r_a} c_u\left(\frac{c_u}{r} + \frac{d\,c_u}{r}\right) dr. \tag{168}$$

Für die Normalstufe mit 50% Reaktion ist

$$c_{u_{1,2}} = \frac{u}{2} \pm \frac{\Delta\,c_u}{2} = \frac{\omega\cdot r}{2} \pm \frac{g\cdot H_{\text{ad}}}{\Omega\cdot\eta_{\text{St}}}\cdot\frac{1}{2\omega r}$$

und

$$\left(\frac{c_u}{r} + \frac{d\,c_u}{r}\right) = \omega.$$

Somit wird

$$\int_{r_i}^{r_a} c_u\left(\frac{c_u}{r} + \frac{d\,c_u}{r}\right) dr = \frac{\omega^2}{2}\int_{r_i}^{r_a} r\cdot dr \pm \frac{g\cdot H_{\text{ad}}}{2\Omega\cdot\eta_{\text{St}}}\int_{r_i}^{r_a}\frac{dr}{r} = \frac{u_a^2 - u_i^2}{4} \pm \frac{g\cdot H_{\text{ad}}}{2\Omega\cdot\eta_{\text{St}}}\cdot\ln\left(\frac{r_a}{r_i}\right). \tag{169}$$

Das erste Glied der rechten Seite dieses Ausdruckes ist aber nach Gl. (153) das $1/\varrho$fache des Gesamtdruckunterschiedes für annähernd konstante c_m-Verteilung bei 50% Reaktion.

Durch Einsetzen von Gl. (153) und (168) in Gl. (169) erhält man für die Meridiangeschwindigkeitsdifferenz zwischen Außen- und Innenschnitt

$$c_{m_a}^2 - c_{m_i}^2 = \pm\frac{g\cdot H_{\text{ad}}}{\Omega\cdot\eta_{\text{St}}}\cdot\ln\left(\frac{r_a}{r_i}\right) \mp 2\cdot\int_{r_i}^{r_a}\frac{c_m^2}{|R|}\cdot dr \tag{170}$$

Hierbei gilt das obere Vorzeichen jeweils für den Schnitt ⓪ = ② hinter einem Leitrad ($c_{ma} > c_{mi}$) und die unteren Vorzeichen für den Schnitt ① hinter einem Laufrad ($c_{ma} < c_{mi}$).

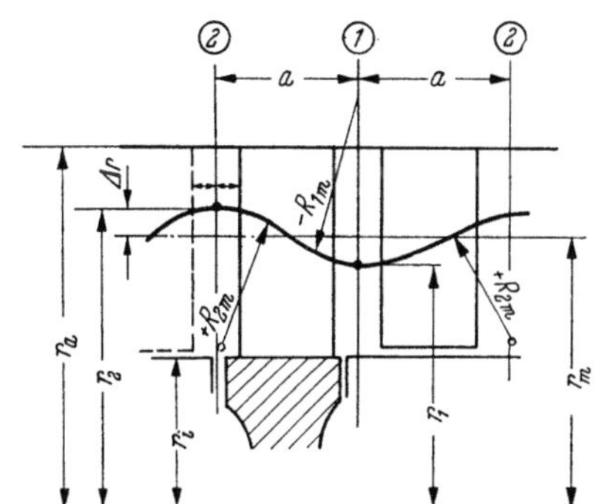

Abb. 252. Meridianschnitt durch die mittlere Stromfläche einer Axialverdichterstufe mit $\mathfrak{r} = 0,5$ und $c_m \approx$ const

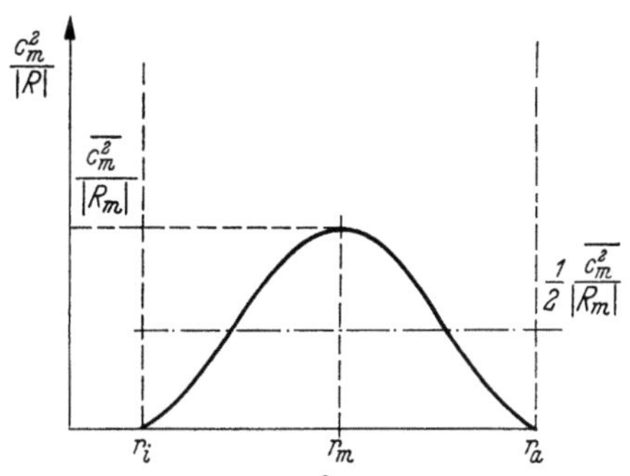

Abb. 253 Angenommener Verlauf für die Funktion $\dfrac{c_m^2}{|R|} = f(r)$

Die mittlere Stromlinie im Meridianschnitt (Abb. 252) soll auch hier wieder durch eine Sinuslinie angenähert werden. Ihr Krümmungsradius ist nach Gl. (144)

$$|R_m| = \frac{2a^2}{\pi^2(r_2 - r_1)} = \frac{a^2}{\pi^2\cdot\Delta\,r},$$

wobei Δr die Amplitude der Schwingung ist. Der Quotient $\dfrac{c_m^2}{|R|}$ ändert sich über dem Verdichterhalbmesser wie folgt:

---

[1] PETERMANN, H.: Über den Strömungsverlauf in Axialverdichtern mit konstanter Reaktion von 50%. Konstruktion 8 (1956) H. 1, S. 1 bis 5.

Am Naben- $(r = r_i)$ und Außenschnitt $(r = r_a)$ ist $|R| = \infty$ (zylindrische Wandungen vorausgesetzt). Etwa in der Mitte bei $r \approx r_m$ wird $|R| = |R_m|$ zu einem Minimum und $\dfrac{c_m^2}{|R|} = \dfrac{\overline{c_m^2}}{|R_m|}$ zu einem Maximum. Der Verlauf $\dfrac{c_m^2}{|R|} = f(r)$ soll deshalb gleichfalls durch eine Sinuslinie angenähert werden (s. Abb. 253). Damit erhält man für das Integral in Gl. (170) den Wert

$$\int_{r_i}^{r_a} \frac{c_m^2}{|R|}\, dr = \frac{\overline{c_m^2}}{|R_m|} \cdot \frac{r_a - r_i}{2} \cdot \tag{171}$$

Hierbei ist $\overline{c_m}$ die Meridiangeschwindigkeit auf dem mittleren Verdichterradius r_m und ist durch die Kontinuitätsgleichung näherungsweise gegeben zu

$$\overline{c_m} \approx \frac{\dot{V}}{\pi\,(r_a^2 - r_i^2)} \, .$$

Die Meridiangeschwindigkeiten selbst sollen nach PETERMANN durch einen linearen Verlauf angenähert werden (Abb. 254). Durch Ansetzen der Kontinuitätsgleichung zwischen der mittleren Stromfläche und der Nabe (Abb. 252) erhält man

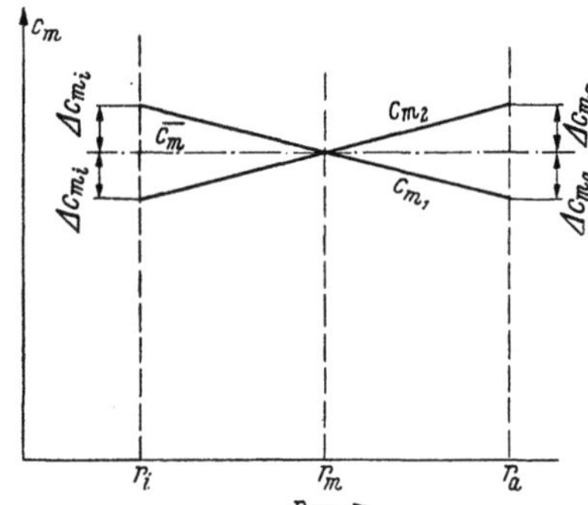

Abb. 254. Linearisierte Axialgeschwindigkeitsverteilung zur Bestimmung der Abweichungen $\dfrac{\Delta c_m}{\overline{c_m}}$

$$\left(\overline{c_m} - \frac{\Delta c_{m_i}}{2}\right) \cdot (r_2^2 - r_i^2) \cdot \pi = \left(\overline{c_m} + \frac{\Delta c_{m_i}}{2}\right) \cdot (r_1^2 - r_i^2) \cdot \pi$$

und der mittleren Stromfläche und dem Gehäuse

$$\left(\overline{c_m} + \frac{\Delta c_{m_a}}{2}\right) \cdot (r_a^2 - r_2^2) \cdot \pi = \left(\overline{c_m} - \frac{\Delta c_{m_a}}{2}\right) \cdot (r_a^2 - r_1^2) \cdot \pi .$$

Mit $r_1 = r_m - \Delta r$ und $r_2 = r_m + \Delta r$ ergibt sich für die Abweichungen der Meridiangeschwindigkeiten außen und innen

$$\Delta c_{m_i} = \frac{4 \cdot \Delta r \cdot r_m}{r_m^2 + \Delta r^2 - r_i^2} \cdot \overline{c_m} \tag{172a}$$

und

$$\Delta c_{m_a} = \frac{4 \cdot \Delta r \cdot r_m}{r_a^2 - r_m^2 - \Delta r^2} \cdot \overline{c_m} . \tag{172b}$$

Die mittlere Abweichung Δc_m soll, weil $\Delta c_m \ll \overline{c_m}$, aus Vereinfachungsgründen über die reziproken Werte gebildet werden

$$\frac{1}{\Delta c_m} = \frac{1}{2}\left(\frac{1}{\Delta c_{m_i}} + \frac{1}{\Delta c_{m_a}}\right).$$

Hiermit wird

$$\Delta c_m = \frac{4\,\Delta r}{r_a - r_i} \cdot \overline{c_m} . \tag{173}$$

Für die Differenz der Geschwindigkeitsquadrate an Nabe und Gehäuse kann man damit schreiben

$$c_{m_a}^2 - c_{m_i}^2 = (\overline{c_m} + \Delta c_m)^2 - (\overline{c_m} - \Delta c_m)^2 = 4\,\overline{c_m} \cdot \Delta c_m . \tag{174}$$

Damit sind alle Größen für eine näherungsweise Abschätzung der Axialgeschwindigkeitsverteilung bekannt. Durch Einsetzen der vorstehenden Beziehungen erhält man

$$4\,\overline{c_m} \cdot \Delta c_m = \frac{g \cdot H_{\mathrm{ad}}}{\Omega \cdot \eta_{\mathrm{St}}} \cdot \ln\left(\frac{r_a}{r_i}\right) - \overline{c_m^2} \cdot (r_a - r_i) \cdot \left(\frac{\pi}{a}\right)^2 \cdot \frac{\Delta c_m}{\overline{c_m}} \cdot \frac{r_a - r_i}{4}$$

$$\Delta c_m = \frac{1}{\overline{c_m}} \cdot \frac{4 g \cdot \dfrac{H_{\mathrm{ad}}}{\Omega \cdot \eta_{\mathrm{St}}} \cdot \ln\left(\dfrac{1}{\nu}\right)}{16 + \pi^2 \cdot \left(\dfrac{h}{a}\right)^2} \tag{175}$$

oder

$$\frac{\Delta c_m}{\overline{c_m}} = \frac{\dfrac{2 g \cdot H_{\mathrm{ad}}}{u_a^2} \cdot \dfrac{1}{\Omega \cdot \eta_{\mathrm{St}}}}{\left(\dfrac{\overline{c_m}}{u_a}\right)^2} \cdot \frac{2 \cdot \ln\left(\dfrac{1}{\nu}\right)}{16 + \pi^2\left(\dfrac{h}{a}\right)^2}$$

$$= \frac{\psi}{\varphi^2} \cdot \frac{1}{\Omega \cdot \eta_{\mathrm{St}}} \cdot \frac{2 \cdot \ln\left(\dfrac{1}{\nu}\right)}{16 + \pi^2\left(\dfrac{h}{a}\right)^2} ; \tag{176}$$

dabei ist

$$v = \frac{r_i}{r_a} \quad \text{das Nabenverhältnis}$$

$$\text{und} \quad h = r_a - r_i \quad \text{die radiale Schaufelhöhe.}$$

Außerdem läßt sich auch der Krümmungsradius der mittleren Meridianstromlinie abschätzen. Man erhält nach kurzem Umformen

$$|R_m| = \overline{c_m^2} \cdot \frac{\dfrac{16 a^2}{\pi^2 (r_a - r_i)} + (r_a - r_i)}{g \cdot \dfrac{H_\mathrm{ad}}{\Omega \cdot \eta_\mathrm{St}} \cdot \ln\left(\dfrac{r_a}{r_i}\right)} . \tag{177}$$

CONRAD[1] führt die Näherungsbetrachtungen noch einen Schritt weiter. Danach erhält man durch Subtraktion der erweiterten Differentialgleichungen (143) in den Schnitten ① und ② mit $\left(\dfrac{cu}{r} + \dfrac{d\,cu}{d\,r}\right) = \omega$

$$\frac{1}{\varrho}\left(\frac{d\,p_{\mathrm{tot}_1}}{d\,r} - \frac{d\,p_{\mathrm{tot}_2}}{d\,r}\right) = \left(\frac{c_{m_1}^2}{R_1} - \frac{c_{m_2}^2}{R_2}\right) + \frac{1}{2}\left(\frac{d\,c_{m_1}^2}{d\,r} - \frac{d\,c_{m_2}^2}{d\,r}\right) + \omega\,(c_{u_1} - c_{u_2}).$$

Nun ist für die Normalstufe mit Druckgradienten

$$\frac{d\,p_{\mathrm{tot}_1}}{d\,r} = \frac{d\,p_{\mathrm{tot}_2}}{d\,r},$$

$$\frac{c_{m_1}^2 + c_{m_2}^2}{2} = \overline{c_m^2}, \qquad \text{(s. Gl. 150)}$$

$$\frac{d\,c_{m_1}^2}{d\,r} = -\frac{d\,c_{m_2}^2}{d\,r} \qquad \text{(s. Gl. 151)}$$

und

$$R_1 = -R_2 = \frac{2 a^2}{\pi^2 (r_1 - r_2)} \qquad \text{(s. Gl. 144).}$$

Weiterhin gilt allgemein

$$c_{u_1} - c_{u_2} = \varDelta c_u = \frac{g \cdot H_\mathrm{ad}}{\Omega \cdot \eta_\mathrm{St} \cdot u} = \frac{1}{\omega} \cdot \frac{g \cdot H_\mathrm{ad}}{\Omega \cdot \eta_\mathrm{St} \cdot r} .$$

Durch Einsetzen dieser Ausdrücke erhält man

$$\overline{c_m^2}\left(\frac{\pi}{a}\right)^2 (r_1 - r_2) + \frac{d\,c_{m_1}^2}{d\,r} + \frac{g \cdot H_\mathrm{ad}}{\Omega \cdot \eta_\mathrm{St} \cdot r} = 0$$

$$\frac{d\,c_{m_1}}{d\,r} = \frac{\overline{c_m^2}}{c_{m_1}} \cdot \left(\frac{\pi}{a}\right)^2 \cdot \frac{(r_2 - r_1)}{2} - \frac{g\,H_\mathrm{ad}}{2\,\Omega\,\eta_\mathrm{St} \cdot r \cdot c_{m_1}} . \tag{178}$$

Die Amplitude $\dfrac{r_2 - r_1}{2} = \varDelta r$ der sinusförmigen Meridianstromlinie wird hier aus der Kontinuitätsbeziehung berechnet. Nach Abb. 255 ist

$$\int_{r_i}^{r'} \overline{c_m} \cdot r \cdot dr = \int_{r_i}^{r_1} \overline{c_m} \cdot r \cdot dr + \int_{r_1}^{r'} \overline{c_m} \cdot r \cdot dr = \int_{r_i}^{r_1} c_{m_1} \cdot r \cdot dr$$

oder

$$\int_{r_i}^{r'} \overline{c_m} \cdot r \cdot dr \approx (r' - r_1) \cdot r \cdot \overline{c_m} = \int_{r_i}^{r_1} (c_{m_1} - \overline{c_m}) \cdot r \cdot dr,$$

$$\varDelta r = r' - r_1 = \frac{r_2 - r_1}{2} = \frac{1}{r \cdot \overline{c_m}} \int_{r_i}^{r_1} (c_{m_1} - \overline{c_m}) \cdot r \cdot dr.$$

Einsetzen dieses Ausdruckes in die Beziehung Gl. (178) ergibt

$$r \cdot \frac{dZ}{dr} = \frac{2\pi^2}{a^2} \int_{r_i}^{r} (\sqrt{1 + Z} - 1) \cdot r \cdot dr - \frac{g \cdot H_\mathrm{ad}}{\Omega \cdot \eta_\mathrm{St} \cdot \overline{c_m^2}} \tag{179}$$

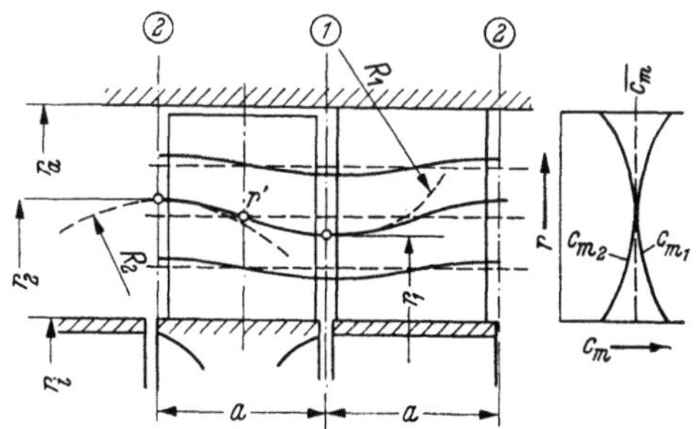

Abb. 255. Bestimmungsgrößen für die Berechnung der Axialgeschwindigkeitsverteilung

— — — — $c_m\,(r)$-Verlauf bei geraden Meridianstromlinien

———— $c_m\,(r)$-Verlauf bei gekrümmten Meridianstromlinien

---

[1] CONRAD, O.: Strömung im Axialverdichter mit 50% Reaktion. MTZ 19 (Aug. 1958) Nr. 8, S. 285 bis 287.

mit der Substitution

$$Z = \left(\frac{c_{m_1}}{\overline{c_m}}\right)^2 - 1. \tag{180}$$

Das mittlere Glied in Gl. (179) ist das Dämpfungsglied; für übliche Verhältnisse ist $-0,5 < Z < 0,5$, also

$$\sqrt{1+Z} = 1 + \frac{Z}{2}.$$

Mit der weiteren Substitution

$$y = \frac{Z \cdot \overline{c_m^2}}{g \cdot \dfrac{H_{\text{ad}}}{\Omega \cdot \eta_{\text{St}}}} = \frac{c_{m_1}^2 - \overline{c_m^2}}{\dfrac{g \cdot H_{\text{ad}}}{\Omega \cdot \eta_{\text{St}}}} \tag{181}$$

ergibt sich damit die lineare Differentialgleichung

$$r \cdot \frac{dy}{dr} = \left(\frac{\pi}{a}\right)^2 \cdot \int\limits_{r_i}^{r} y \cdot r \cdot dr - 1. \tag{182}$$

Die Kontinuitätsbeziehung nimmt dabei die Form an

$$\int\limits_{r_i}^{r_a} y \cdot r \cdot dr = 0.$$

Differenzieren von Gl. (182) nach r ergibt

$$\frac{d^2 y}{dr^2} + \frac{1}{r} \cdot \frac{dy}{dr} = \left(\frac{\pi}{a}\right)^2 \cdot y \tag{183}$$

und mit

$$x = \frac{\pi \cdot r}{a} = \frac{r}{r_a} \cdot \frac{\pi \dfrac{r_a - r_i}{a}}{1 - \nu}$$

erhält man schließlich die Besselsche Differentialgleichung

$$\frac{d^2 y}{dx^2} + \frac{1}{x} \cdot \frac{dy}{dx} - y = 0. \tag{184}$$

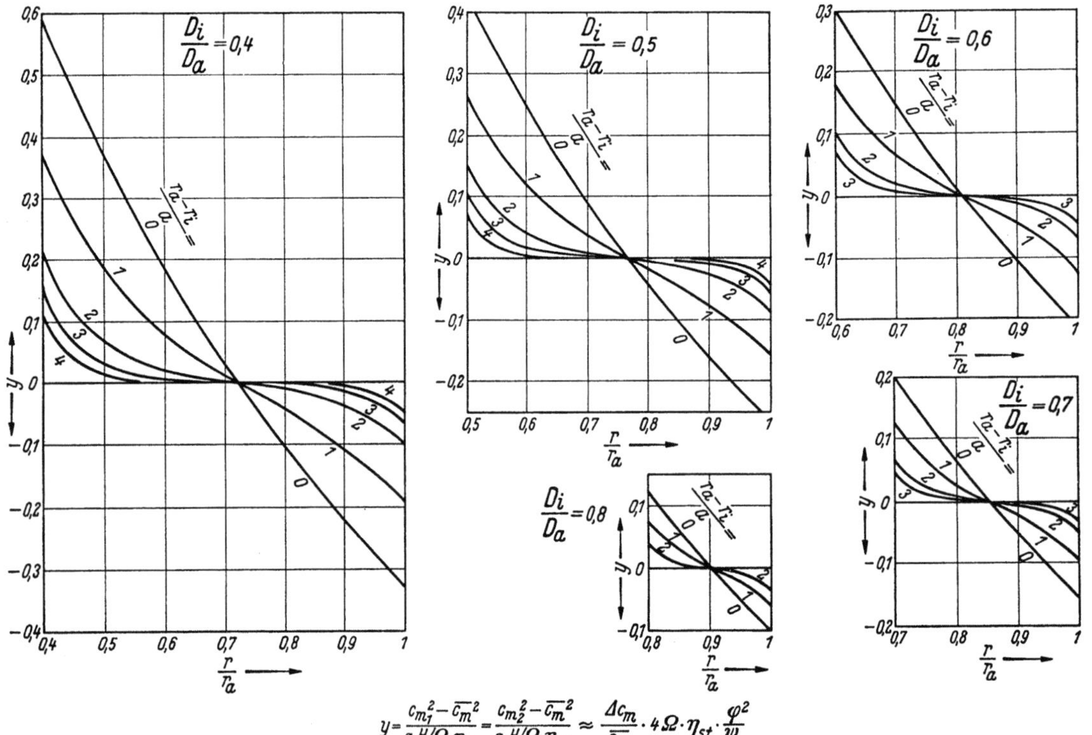

$$y = \frac{c_{m_1}^2 - \overline{c_m}^2}{g \cdot H / \Omega \cdot \eta_{st}} = \frac{c_{m_2}^2 - \overline{c_m}^2}{g \cdot H / \Omega \cdot \eta_{st}} \approx \frac{\Delta c_m}{\overline{c_m}} \cdot 4\Omega \cdot \eta_{st} \cdot \frac{\varphi^2}{\psi}$$

Abb. 256. Axialgeschwindigkeitsverteilungen für normale Stufen mit $\mathfrak{r} = 0,5$ und $c_m(r) \approx$ const (nach CONRAD)

Bei Nabenverhältnissen $\nu = 0{,}4 \div 0{,}8$ und Schaufelstreckungen $\dfrac{h}{a} = \dfrac{r_a - r_i}{a} = 1 \div 4$ liegt x etwa zwischen 2 und 60.

Für $x > 10$ gilt die Näherungslösung

$$y \approx \frac{1}{\sqrt{x}}\left[-\frac{\sqrt{x_a}}{x_a - 0{,}5}\cdot e^{x-x_a} + \frac{\sqrt{x_i}}{x_i + 0{,}5}\cdot e^{x_i - x}\right]. \tag{185}$$

Für den Grenzfall fehlender Dämpfung ist $a = \infty$ und $x = 0$, und die Lösung lautet dann

$$y_{x=0} = \ln\left(\frac{r_a}{r}\right) - \left(\frac{\nu^2}{1 - \nu^2}\cdot \ln \nu + \frac{1}{2}\right). \tag{186}$$

In Abb. 256 sind die auf diese Weise berechneten Axialgeschwindigkeitsverteilungen für die Nabenverhältnisse $\nu = 0{,}4 \div 0{,}8$ und Streckungsverhältnisse $\dfrac{h}{a} = 0 \div 4$ aufgetragen. Die Ordinate

$$y = \frac{c_{m_1}^2 - \overline{c_m^2}}{\dfrac{g\cdot H_{\text{ad}}}{\Omega \cdot \eta_{\text{St}}}} = \frac{\overline{c_m^2} - c_{m_2}^2}{\dfrac{g\cdot H_{\text{ad}}}{\Omega \cdot \eta_{\text{St}}}}$$

kann mit der Näherungsbeziehung $c_{m1} + \overline{c_m} \approx 2\,\overline{c_m}$ dargestellt werden als

$$y \approx \frac{c_{m_1} - \overline{c_m}}{\overline{c_m}}\cdot \frac{4\left(\dfrac{\overline{c_m}}{u_a}\right)^2}{\dfrac{2g\cdot H_{\text{ad}}}{u_a^2}\cdot \dfrac{1}{\Omega \cdot \eta_{\text{St}}}} = \frac{\Delta c_m}{\overline{c_m}}\cdot \frac{\varphi^2}{\psi}\cdot 4\Omega \cdot \eta_{\text{St}}. \tag{187}$$

Die Abweichungen der Axialgeschwindigkeit von dem Mittelwert betragen also

$$\frac{\Delta c_m}{\overline{c_m}} \approx \frac{\psi}{\varphi^2}\cdot \frac{1}{\Omega \cdot \eta_{\text{St}}}\cdot \frac{y}{4}, \tag{188}$$

womit sich ein ähnlicher, aber wesentlich genauerer Ausdruck als nach Gl. (176) ergibt.

4. Anpassung der ersten Verdichterstufe an die vorgeschriebene Gesamtdruckverteilung

Das Laufrad der ersten Stufe hat die Aufgabe, die vorgeschriebene Gesamtdruckverteilung

$$p_{\text{tot}}(r) = \frac{\varrho}{4}\,u^2 + \text{const}$$

entlang dem Radius r zu erzeugen. Hieraus folgt aber, daß die erste Stufe weder für eine konstante Förderhöhe über dem Radius noch für 50% Reaktion auf allen Schnitten ausgelegt werden kann.

Die Konstante in der obigen Gleichung soll im folgenden durch den mittleren Gesamtdruck über dem Radius ausgedrückt werden. Ist dieser $\overline{p_{\text{tot}}}$, so erhält man

$$2\cdot \pi \int\limits_{r_i}^{r_a} p_{\text{tot}}(r)\cdot r\cdot dr = \overline{p_{\text{tot}}}\cdot \pi \cdot (r_a^2 - r_i^2),$$

oder mit Gl. (153)

$$2\pi \int\limits_{r_i}^{r_a} \frac{\varrho}{4}\,\omega^2\cdot r^3\, dr + 2\pi \int\limits_{r_i}^{r_a} C\, r\, dr = \overline{p_{\text{tot}}}\cdot \pi \cdot (r_a^2 - r_i^2),$$

$$\frac{\varrho}{8}\,\omega^2 \left. r^4 \right|_{r_i}^{r_a} + C \left. r^2 \right|_{r_i}^{r_a} = \overline{p_{\text{tot}}}\cdot (r_a^2 - r_i^2),$$

$$\frac{\varrho}{8}\,\omega^2 (r_a^4 - r_i^4) + C(r_a^2 - r_i^2) = \overline{p_{\text{tot}}}(r_a^2 - r_i^2), \qquad \frac{\varrho}{8}\,\omega^2(r_a^2 + r_i^2) + C = \overline{p_{\text{tot}}}.$$

Damit findet man für die Integrationskonstante

$$C = \overline{p_{\text{tot}}} - \frac{\varrho}{8}\,u_a^2(1 + \nu^2). \tag{189}$$

Durch Einsetzen von Gl. (189) in Gl. (153) ergibt sich der Gesamtdruckverlauf nun in der Form

$$p_{\text{tot}} = \frac{\varrho}{4} u^2 + \overline{p_{\text{tot}}} - \frac{\varrho}{8} u_a^2 (1 + v^2),$$

$$p_{\text{tot}} = \frac{\varrho}{8} \omega^2 [2r^2 - r_a^2 (1 + v^2)] + \overline{p_{\text{tot}}}. \tag{190}$$

Für den Nabenschnitt erhält man

$$p_{\text{tot}_{\text{Nabe}}} = \frac{\varrho}{8} \omega^2 (2r_i^2 - r_a^2 - r_i^2) + \overline{p_{\text{tot}}} = \frac{\varrho}{8} u_a^2 (v^2 - 1) + \overline{p_{\text{tot}}}. \tag{191}$$

Aus den Bemessungsgleichungen für Axialverdichter findet man für den Gesamtdruck die Beziehung

$$p_{\text{tot}} = p_{\text{tot}_0} + \varrho \cdot u \cdot \Delta w_u \cdot \eta_{\text{St}} \cdot \Omega,$$

wenn p_{tot_0} den Gesamtdruck der vorhergehenden Stufe, im vorliegenden Fall den Gesamtdruck am Verdichtereintritt, bedeutet. Für den Nabenschnitt ergibt sich damit

$$p_{\text{tot}_{\text{Nabe}}} = p_{\text{tot}_0} + \varrho \cdot \omega \cdot r_i \cdot \Delta w_{u_i} \cdot \eta_{\text{St}} \cdot \Omega. \tag{192}$$

Durch Gleichsetzen der rechten Seiten von Gl. (191) und Gl. (192) findet man

$$p_{\text{tot}_0} + \varrho \cdot \omega \cdot r_i \cdot \Delta w_{u_i} \cdot \eta_{\text{St}} \cdot \Omega = \frac{\varrho}{8} u_a^2 (v^2 - 1) + \overline{p_{\text{tot}}},$$

$$\overline{p_{\text{tot}}} - p_{\text{tot}_0} = \varrho \cdot \omega \cdot r_i \cdot \Delta w_{u_i} \cdot \eta_{\text{St}} \cdot \Omega - \frac{\varrho}{8} u_a^2 (v^2 - 1). \tag{193}$$

Nun läßt sich eine mittlere Gesamtdruckzunahme, analog zu $\overline{p_{\text{tot}}}$, in der ersten Stufe definieren. Es sei

$$\overline{\Delta p_{\text{tot}}} = \overline{p_{\text{tot}}} - p_{\text{tot}_0}. \tag{194}$$

wobei p_{tot_0} als konstant über dem Radius vorausgesetzt wird.

Analog zur mittleren Gesamtdruckzunahme wird gleichfalls eine mittlere Druckzahl definiert:

$$\overline{\psi} = \frac{\overline{\Delta p_{\text{tot}}}}{\frac{\varrho}{2} \cdot u_a^2}. \tag{195}$$

Aus Gl. (193) und (194) findet man

$$\frac{\overline{\Delta p_{\text{tot}}}}{\varrho} = \omega \cdot r_i \cdot \Delta w_{u_i} \cdot \eta_{\text{St}} \cdot \Omega - \frac{1}{8} u_a^2 (v^2 - 1)$$

und mit Gl. (195) schließlich

$$\frac{\overline{\psi}}{2} u_a^2 = \omega \cdot r_i \cdot \Delta w_{u_i} \cdot \eta_{\text{St}} \cdot \Omega - \frac{1}{8} u_a^2 (v^2 - 1),$$

$$\overline{\psi} = \frac{2 \cdot v}{u_a} \Delta w_{u_i} \cdot \eta_{\text{St}} \cdot \Omega - \frac{1}{4} (v^2 - 1). \tag{196}$$

Nun ist die Definition der Druckzahl $\psi = \dfrac{2 \cdot g \cdot h_{\text{ad}}}{u_a^2}$. Daraus ergibt sich die Druckzahl für einen Nabenschnitt zu

$$\psi_{\text{Nabe}} = \frac{2 \cdot g \cdot h_{\text{ad}_{\text{Nabe}}}}{u_a^2},$$

$$h_{\text{ad}_{\text{Nabe}}} = \frac{u_i \cdot \Delta w_{u_i} \cdot \eta_{\text{St}} \cdot \Omega}{g} = \frac{r_i \cdot \omega \cdot \Delta w_{u_i} \cdot \eta_{\text{St}} \cdot \Omega}{g},$$

$$\psi_{\text{Nabe}} = 2g \frac{\frac{1}{g} \cdot \omega \cdot r_i \cdot \Delta w_{u_i}}{u_a \cdot \omega \cdot r_a} \cdot \eta_{\text{St}} \cdot \Omega = \frac{2v}{u_a} \cdot \Delta w_{u_i} \cdot \eta_{\text{St}} \cdot \Omega.$$

Man sieht, daß dieser Ausdruck aber gerade das erste Glied der rechten Seite in Gl. (196) darstellt. Damit läßt sich Gl. (196) in der Form schreiben

$$\overline{\psi} = \psi_{\text{Nabe}} + \frac{1}{4} (1 - v^2). \tag{197}$$

a) Berechnung der maximalen Drehzahl und des Außendurchmessers der Eintrittsstufe

Wird im ersten Laufrad ein Gesamtdruck nach Gl. (153) erzeugt, dann ist die Meridiangeschwindigkeit in den nachfolgenden Verdichterstufen über dem Radius näherungsweise konstant. Daher wäre es sinnwidrig, für die Vorleitvorrichtung vor dem ersten Laufrad eine Auslegungsart zu wählen, durch die die Gleichmäßigkeit der Meridiangeschwindigkeit bereits am Eintritt in den Verdichter gestört würde.

Der Gesamtdruck vor dem Verdichter kann üblicherweise als räumlich konstant angesehen werden; damit ergibt sich nach obigen Überlegungen für den Verlauf der Umfangskomponente nach der Vorleitvorrichtung die Bedingung

$$r \cdot c_{u_{VL}} = \text{const.}$$

Zum Erreichen einer möglichst großen Umfangsgeschwindigkeit im Kompressor ist die Umfangskomponente $c_{2u,0} = c_{u_{VL}}$ möglichst groß zu machen. Darüber hinaus bestehen aber für die Relativströmung am Außenschnitt und für die Absolutströmung am Eintritt in das Nachleitrad/ Innenschnitt die schon mehrfach angeschriebenen Bedingungen

$$\frac{w_{1a}}{w_s} = \frac{c_{1i}}{w_s} = M.$$

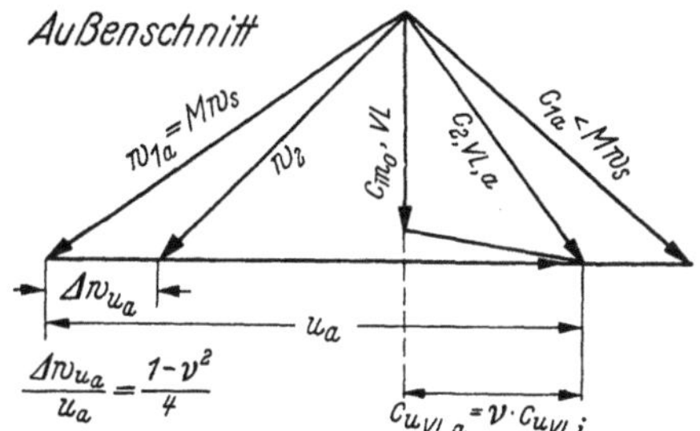

Die größten Umfangsgeschwindigkeiten und damit auch die höchsten Drehzahlen ergeben sich offensichtlich, wenn

$$c_{u_{VL,i}} = c_{1u,i}$$

gewählt wird. Hierfür ist

$$\psi_{\text{Nabe}} = 0$$

und

$$\psi_{\text{Außenschn.}} = \frac{1 - \nu^2}{2} \quad \text{bzw.} \quad \frac{\Delta w_{ua}}{u_a} = \frac{1 - \nu^2}{4}.$$

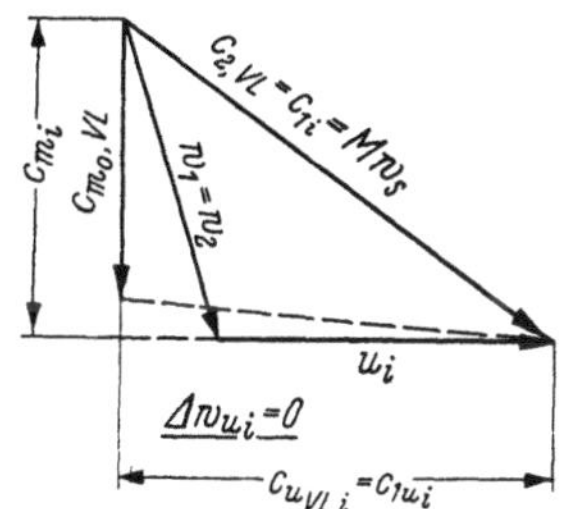

Am Nabenschnitt müßte man also ablenkungsfreie (symmetrische) Schaufelprofile anwenden. Es sei deshalb hier bereits auf die konstruktiven Schwierigkeiten (vor allem bezüglich der Schaufelschwingungen) dieser Bauweise hingewiesen.

Abb. 257. Geschwindigkeitsdreiecke für die Eintrittsstufe
Bedingungen: $w_{1a} = c_{1i} = M \cdot w_s$
$c_{u,VL} \cdot r = \text{const}, \; \psi_{\text{Nabe}} = 0$

Aus den Geschwindigkeitsdreiecken (Abb. 257) folgt:

$$\textit{Nabenschnitt} \qquad (M w_s)^2 = c_{1m}^2 + c_{u_{VL,i}}^2 ,$$

$$c_{u_{VL,i}} = \sqrt{(M w_s)^2 - c_{1m}^2} ; \tag{198}$$

$$\textit{Außenschnitt} \qquad (M w_s)^2 = c_{1m}^2 + \left(u_a - \nu \cdot c_{u_{VL,i}}\right)^2 ,$$

$$u_a - \nu \cdot c_{u_{VL,i}} = \sqrt{(M w_s)^2 - c_{1m}^2} ,$$

$$u_a = \nu \cdot c_{u_{VL,i}} + \sqrt{(M w_s)^2 - c_{1m}^2} . \tag{199}$$

Durch Einsetzen von Gl. (198) in Gl. (199) ergibt sich für die größte erreichbare Umfangsgeschwindigkeit der Eintrittsstufe

$$u_a = (1 + \nu) \sqrt{(M w_s)^2 - c_{1m}^2} ,$$

$$\frac{u_a}{M w_s} = (1 + \nu) \sqrt{1 - \left(\frac{c_{1m}}{M w_s}\right)^2} . \tag{200}$$

Aus der Kontinuitätsbeziehung erhält man

$$\frac{D_a}{\sqrt{\dfrac{\dot V}{M\,w_s}}} = \frac{1}{\sqrt{\dfrac{\pi}{4}\cdot\dfrac{c_{1m}}{M\,w_s}\cdot(1-\nu^2)}}\,.$$

Weiterhin ist

$$u_a = \frac{\pi}{60}\cdot D_a\cdot n\,,$$

$$\frac{u_a}{M\,w_s} = \frac{\pi}{60}\cdot\frac{D_a}{\sqrt{\dfrac{\dot V}{M\,w_s}}}\cdot n\cdot\sqrt{\frac{\dot V}{(M\,w_s)^3}}\,.$$

Als Grenzdrehzahl der Eintrittsstufe findet man durch Einsetzen den Ausdruck

$$n\cdot\sqrt{\frac{\dot V}{(M\,w_s)^3}} = \frac{30}{\sqrt{\pi}}\,(1+\nu)\sqrt{(1-\nu^2)\cdot\frac{c_{1m}}{M\,w_s}\cdot\left[1-\left(\frac{c_{1m}}{M\,w_s}\right)^2\right]}\,. \tag{201}$$

In Abb. 258 sind diese Zusammenhänge in Form eines Auslegungsdiagrammes dargestellt. Hiermit ist relativ einfach abzuschätzen, ob die Eintrittsstufe an den mit 50% Reaktion

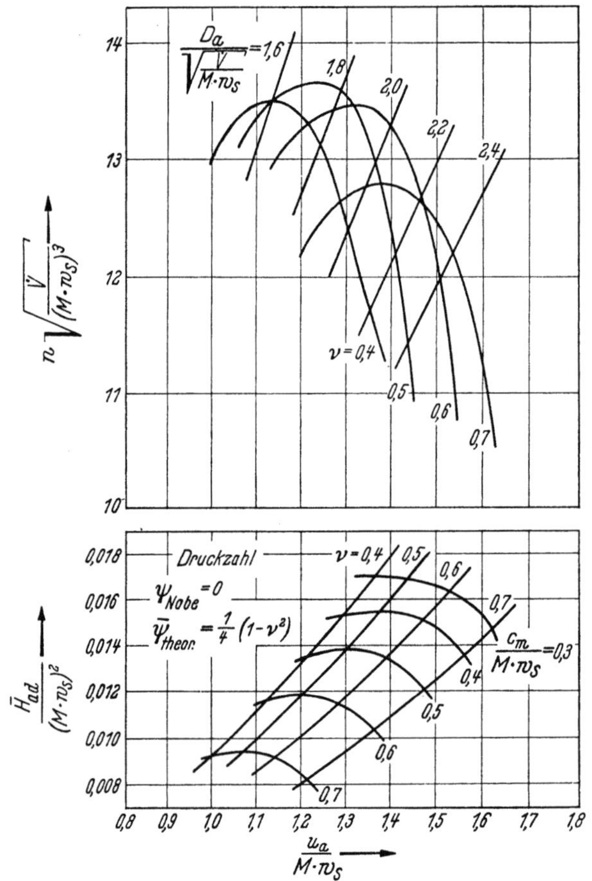

Abb. 258. Auslegungsdiagramm für die Eintrittsstufe eines Axialverdichters mit $r = 0,5$; $c_m \approx$ const ab 2. Stufe

arbeitenden Verdichterteil bezüglich ihrer Drehzahl (Abb. 245) überhaupt angepaßt werden kann. Ergeben sich Drehzahlen, die größer als die nach Abb. 258 realisierbaren sind, so ist eine Anpassung nicht möglich, weil sonst eine der vorgegebenen Grenzmachzahlen überschritten werden müßte. Für Drehzahlen, die kleiner als die in Abb. 258 angegebene Grenzdrehzahl sind, kann dagegen $\psi_{\text{Nabe}} > 0$ gewählt werden. Der letztere Fall ist möglichst anzustreben, um an der Laufradnabe gewölbte Profile mit günstigeren Festigkeitseigenschaften zu bekommen.

Grundsätzlich besteht nach Abb. 257 auch für die Absolutgeschwindigkeit am Eintritt in das Nachleitrad/Außenschnitt die MACHzahlgrenze. Die nachstehenden Überlegungen zeigen jedoch, daß für den hier dargestellten Fall $\psi_{\text{Nabe}} = 0$ die Geschwindigkeit $c_{1a} < M \cdot w_s$ ist. Nach Abb. 257 wird

$$c_{1a}^2 = c_{1m}^2 + (c_{u_{VL,\,a}} + \Delta w_{u_a})^2 = c_{1m}^2 + \left(\nu \cdot c_{u_{VL,\,i}} + \frac{1 - \nu^2}{4} \cdot u_a \right)^2 .$$

Mit den Gl. (198) und (200) wird

$$\left(\frac{c_{1a}}{M\,w_s} \right)^2 = \left(\frac{c_{1m}}{M\,w_s} \right)^2 + \left[\nu \cdot \sqrt{1 - \left(\frac{c_{1m}}{M\,w_s} \right)^2} + \frac{1 - \nu^2}{4} \cdot (1 + \nu) \cdot \sqrt{1 - \left(\frac{c_{1m}}{M\,w_s} \right)^2} \right]^2 \leqq 1 .$$

Nach Umformen erhält man

$$\sqrt{1 - \left(\frac{c_{1m}}{M\,w_s} \right)^2} = \sqrt{1 - \left(\frac{c_{1m}}{M\,w_s} \right)^2} \cdot \left[\nu + \frac{1 - \nu^2}{4} \cdot (1 + \nu) \right] ,$$

$$(1 - \nu) = \frac{1}{4}\,(1 + \nu)^2 \cdot (1 - \nu) ,$$

$$1 + \nu = 2 ,$$

$$\nu = 1 .$$

Nur für verschwindende Schaufelhöhe ($\nu = 1$) wird also $c_{1a} = M \cdot w_s$. Praktisch ist also immer $c_{1a} < M \cdot w_s$.

b) Die Vorleitvorrichtung zur Verdichterstufe mit gegebener Gesamtdruckverteilung

Gemäß den Ausführungen am Anfang des Abschn. 4a) ist die Vorleitvorrichtung zweckmäßigerweise nach den Gesetzen des konstanten Dralls auszulegen.

$$r \cdot c_{u_{VL}} = \text{const}$$

Für die Größe der Umfangskomponente an der Nabe der Vorleitvorrichtungen ergeben sich dabei zwei Grenzbedingungen, und zwar

die Strömungsgeschwindigkeit an der engsten Stelle zwischen zwei benachbarten Schaufeln, die die Schallgeschwindigkeit nicht überschreiten darf und

die aerodynamische Belastung der Schaufel.

Abb. 259 zeigt das Schaufelgitter einer Vorleitvorrichtung mit einer gedachten radialen Erstreckung $h = 1$. Der kleinste Abstand zwischen zwei benachbarten Schaufeln ($F_{\min}$) ist üblicherweise an der Austrittskante des Profilgitters. Man kann in erster Näherung annehmen, daß die Austrittsrichtung der absoluten Austrittsgeschwindigkeit c_{2_0} senkrecht auf $F_{\min}$ steht, dann ist entsprechend Abb. 259

$$F_{\min} = F_1 \cdot \cos \tau_0 .$$

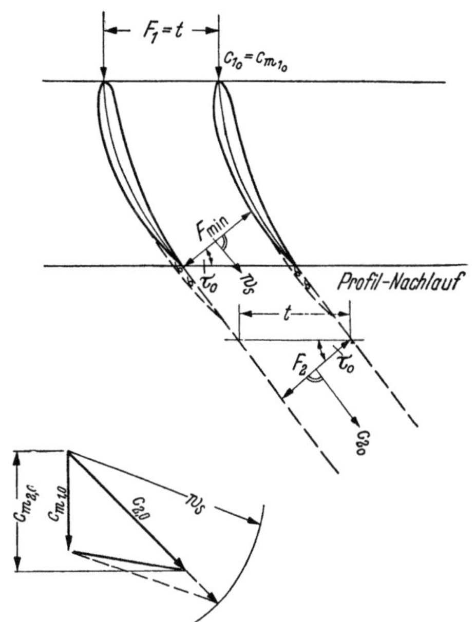

Abb. 259. Zur Berechnung der maximal erreichbaren Umlenkung in einer Vorleitvorrichtung

Berücksichtigt man die Profildicke durch einen Zuschlag von etwa 5%, dann ist

$$1{,}05 \cdot \frac{F_{\min}}{F_1} = \cos \tau_0 . \tag{202}$$

In Gl. (59a) ist bereits eine Beziehung für dasjenige Verhältnis $F_{\min}/F_1$ hergeleitet, für welches im engsten Querschnitt zwischen zwei Schaufeln gerade die Schallgeschwindigkeit erreicht wird. Hiernach ist für Luft mit $\varkappa = 1{,}4$

$$\frac{F_{\min}}{F_1} = M_1 \left(\frac{1{,}2}{1 + 0{,}2 \cdot M_1^2} \right)^3 .$$

Setzt man für die MACHzahl, bezogen auf die Eintrittsgeschwindigkeit

$$M_1 = \frac{c_{m_{1,0}}}{w_s},$$

so erhält man mit Gl. (202) einen Zusammenhang zwischen der größten Umlenkung im Nabenschnitt der Vorleitvorrichtung und der maximal zulässigen Axialgeschwindigkeit am Eintritt in die Vorleitvorrichtung

$$\cos \tau_{0\max} \underset{(=)}{\leq} 1{,}05 \cdot \frac{c_{m_{1,0}}}{w_s} \left(\frac{1{,}2}{1 + 0{,}2 \cdot \left(\frac{c_{m_{1,0}}}{w_s}\right)^2} \right)^3 . \tag{203}$$

Dieser Ansatz soll einen Anhaltspunkt für die maximale Umlenkung geben. In Wirklichkeit wird die Schallgeschwindigkeit als Folge der Schaufelkrümmung an der Saugseite der Schaufel

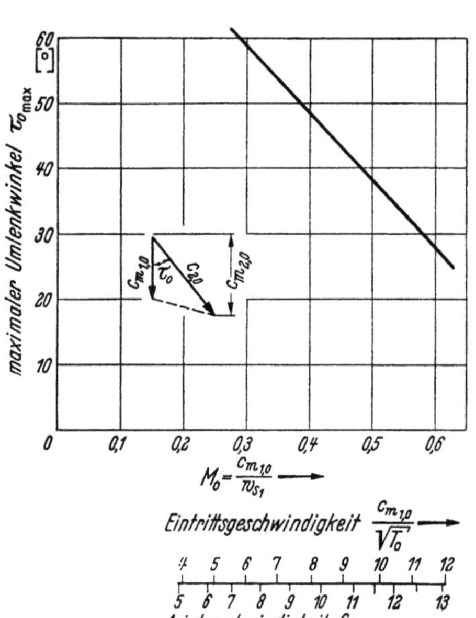

Abb. 260. Maximale Umlenkung in einer Vorleitvorrichtung

schon bei etwas kleineren Werten von τ erreicht.

Abb. 260 zeigt entsprechend Gl. (203) die maximale Umlenkung $\tau_{0\max}$ als Funktion der MACHzahl am Eintritt in die Vorleitvorrichtung.

Im engsten Querschnitt zwischen zwei Schaufeln herrscht Schallgeschwindigkeit. Im Spalt zwischen Vorleitrad und Laufrad erweitert sich aber der verfügbare Durchflußquerschnitt infolge des Wegfallens der Schaufelversperrung auf $F_2 \approx 1{,}05\, F_{\min}$. Für die Größe der Austrittsgeschwindigkeit erhält man mit den Bezeichnungen in Abb. 259 und analog zu Gl. (59)

$$\frac{F_{\min}}{F_2} = 0{,}95 = M_2 \cdot \left(\frac{1{,}2}{1 + 0{,}2\,M_2^2}\right)^3 . \tag{204}$$

Die Auflösung der Gleichung ergibt $M_2 = \dfrac{c_{2,0}}{w_s} = 0{,}765$, also ein Wert, wie er auch für die relative Eintrittsgeschwindigkeit in das nachfolgende Laufrad nicht überschritten werden soll und somit sehr gut zu der vorangegangenen Auslegungsannahme für die Eintrittsstufe $w_{1a} = c_{2_{0,i}}$ paßt.

Infolge der Volumenvergrößerung bei der Entspannung im Vorleitrad nimmt auch die Axialgeschwindigkeit zu. Der Austrittswert $c_{m_{2,0}}$ berechnet sich zu

$$c_{m_{2,0}} = c_{2,0} \cdot \cos \tau_0 = M_2 \cdot w_{s_2} \cdot \cos \tau_0 ,$$

$$\frac{c_{m_{2,0}}}{\sqrt{T_0}} = \frac{20{,}02 \cdot M_2}{\sqrt{1 + 0{,}2\,M_2^2}} \cdot \cos \tau_0 = 14{,}5 \cdot \cos \tau_0 . \tag{205}$$

Die Belastung des Schaufelgitters wird mit Hilfe der allgemeinen Bemessungsgleichung für Axialverdichter berechnet

$$c_\Gamma \cdot \frac{l}{t} = \frac{2\,\Delta c_u}{c_\infty} = 2 \cdot \frac{c_{2u_0}}{\sqrt{c_{m_{1,0}}^2 + \dfrac{1}{4} \cdot c_{2u,0}^2}} ,$$

$$c_{2u,0} = c_{m_{1,0}} \cdot \tan \tau_0 .$$

Damit wird

$$\left(c_\Gamma \cdot \frac{l}{t}\right)_{i,\,VL} = 2\,\frac{c_{m_{1,0}} \cdot \tan \tau_0}{\sqrt{c_{m_{1,0}}^2 + \dfrac{1}{4} \cdot c_{m_{1,0}}^2 \cdot \tan^2 \tau_0}} = \frac{2}{\sqrt{\dfrac{1}{\tan^2 \tau_0} + \dfrac{1}{4}}} = \frac{4}{\sqrt{1 + (2 \cot \tau_0)^2}} . \tag{206}$$

Wegen der in der Vorleitvorrichtung herrschenden, beschleunigten Strömung sind Belastungszahlen $c_\Gamma \cdot \dfrac{l}{t} \approx 3$ durchaus erreichbar. Die auftretenden Belastungszahlen liegen also hinreichend weit unter dieser Grenze. Die zulässige Umlenkung einer auf konstanten Drall ausgelegten Vorleitvorrichtung ist somit lediglich durch das Erreichen der Schallgeschwindigkeit im engsten Querschnitt zwischen zwei benachbarten Schaufeln begrenzt.

c) Auslegung des Nachleitrades der ersten Stufe

Dem ersten Laufrad, das den Druckgradienten erzeugt, wird eine Leitvorrichtung nachgeschaltet, welcher die Aufgabe zufällt, den Übergang zu den Strömungsverhältnissen für $r = 50\%$ auf allen Schnitten herzustellen. Die Strömungsverhältnisse am *Eintritt* in dieses Leitrad sind durch die bekannten Verhältnisse am Austritt aus dem ersten Laufrad gegeben und können auf Grund der vorhergehenden Teilabschnitte berechnet werden.

Für den *Austritt* aus dem ersten Nachleitrad wird nunmehr gefordert

$$c_{2u_\mathrm{I}}(r) = \frac{u}{2} - \frac{\Delta w_{u_\mathrm{II}}}{2}.$$

Mit den Beziehungen $u = r \cdot \omega$ und $r \cdot \Delta w_{u_\mathrm{II}} = k_\mathrm{II}$ folgt

$$c_{2u_\mathrm{I}}(r) = \frac{\omega \cdot r}{2} - \frac{k_\mathrm{II}}{2 \cdot r}.$$

Dabei wird Δw_{u_II} bzw. k_II aus der gewünschten Förderhöhe der zweiten Kompressorstufe Index (II) berechnet

$$k_\mathrm{II} = \frac{g \cdot h_{\mathrm{ad}_\mathrm{II}}}{\omega \cdot \eta_{\mathrm{St}_\mathrm{II}} \cdot \Omega_\mathrm{II}}.$$

5. Gestaltung der letzten Stufe

Die Auslegung der Normalstufen eines Axialkompressors mit 50% Reaktion auf allen Schnitten und annähernd konstanter Meridiangeschwindigkeit, also die Auslegung der zweiten bis z. Stufe, erfolgt nun am einfachsten mit Hilfe von Abb. 245. Drehzahl und Außendurchmesser sind durch die erste Stufe bereits festgelegt. Mit dem gegebenen Eintrittsvolumen $\dot{V}_1$, dem verlangten Druckverhältnis p_2/p_1 und einem zunächst geschätzten inneren adiabatischen Wirkungsgrad η_{i_ad} berechnet man das Austrittsvolumen $\dot{V}_2$. Unter der Voraussetzung $D_a = \mathrm{const}$ berechnet man für einige Nabenverhältnisse ν der z. Stufe die jeweilige Meridiangeschwindigkeit

$$c_{m_z} = \frac{\dot{V}_2}{\dfrac{\pi}{4} D_a^2 (1 - \nu_z^2)}.$$

Der Wirkungsgrad der letzten Stufe (Zeiger z) ist eine Funktion des Nabenverhältnisses ν_z und der Lieferzahl $\varphi_z = \dfrac{c_{m_z}}{u_a}$ und kann dem Wirkungsgraddiagramm Abb. 220 oder dem Nebendiagramm von Abb. 245 entnommen werden. Aus der Verdichterförderhöhe H_{ad} erhält man die Temperaturerhöhung im Kompressor

$$\Delta t = \frac{H_{\mathrm{ad}}}{c_p^* \cdot \eta_{i_\mathrm{ad}}} \left(= \frac{H_{\mathrm{ad}}}{102{,}3 \cdot \eta_{i_\mathrm{ad}}} \text{ bei Verdichtung von Luft} \right)$$

und damit die Austrittstemperatur $T_{2\mathrm{stat}} = T_{z\mathrm{stat}} \approx T_{1\mathrm{stat}} + \Delta T$. Hiermit ist ein erster Näherungswert für die Schallgeschwindigkeit am Kompressoraustritt $w_{s_z} = 20{,}1 \cdot \sqrt{T_{z\mathrm{stat}}}$ gegeben. Bezüglich der Wahl der MACHzahl M_z in der letzten Stufe besteht noch eine gewisse Freiheit. Man wird sie so wählen, daß in der letzten Stufe die zulässige Belastungszahl $c_r \cdot l/t = 2$ nicht überschritten, aber gleichzeitig die größtmögliche Stufenförderhöhe h_{ad_z} erreicht wird. Man nimmt zu diesem Zweck einige Werte M_z an, berechnet $u_a/M \cdot w_s$ und $c_m/M \cdot w_s$, liest aus Abb. 245 die jeweils zugehörige Druckzahl ψ ab und berechnet $h_{\mathrm{ad}_z} = \psi \cdot u_a^2/2\,g$. Die in Abb. 245 eingetragenen, gestrichelten Linienzüge sind die Grenzdruckzahlen $\psi_{\max}$, bei denen die höchstzulässige Belastungszahl $c_r \cdot l/t = 2$ erreicht wird.

Ist auf diese Weise die letzte Stufe angenähert ermittelt, so können die gleichen Rechnungsgänge für eine mittlere Stufe mit der mittleren Durchflußmenge $\dot{V}_m = (\dot{V}_1 + \dot{V}_2) : 2$ und einer mittleren Temperatur $T_m = (T_1 + T_2) : 2$ durchgeführt werden. Hiermit erhält man drei Punkte im Auslegungsdiagramm (Abb. 245), die durch einen Linienzug verbunden werden. Unterteilen dieser Linie entsprechend der Stufenzahl des auszulegenden Verdichters ergibt dann eine erste Näherung für die Auslegedaten der Einzelstufen.

Wie dargelegt, wird im Laufrad der ersten Stufe eine bestimmte Gesamtdruckverteilung über dem Radius erzeugt. Da die nachfolgenden Stufen mit $h_{ad}(r) = $ const arbeiten, bleibt diese Gesamtdruckverteilung durch den ganzen Kompressor hindurch erhalten. Um nun am Kompressoraustritt eine konstante Meridiangeschwindigkeit zu erzielen, wäre es notwendig, eine Austrittsstufe festzulegen, deren Laufrad die gegebene Gesamtdruckverteilung auf einen Wert $p_{tot}(r) = $ const zurückführt. Berücksichtigt man aber, daß die letzte Stufe eines vielstufigen Axialkompressors üblicherweise ein großes Nabenverhältnis besitzt, wodurch das Strömungsbild durch die Grenzschicht stark beeinflußt wird, so erscheint es zulässig, auf eine Korrektur der Gesamtdruckverteilung am Kompressoraustritt zu verzichten. Die letzte Stufe kann somit gleichfalls für $h_{ad}(r) = $ const ausgelegt werden.

6. Sonderbauweisen

Die Drehzahlsteigerung beim Unterschall-Axialkompressor ist, wie aus den vorhergehenden Kapiteln hervorgeht, vor allem durch die Annäherung an die Schallgeschwindigkeit begrenzt. Durch Sonderbauweisen ist es jedoch möglich, die Drehzahl eines Axialverdichters zu erhöhen, ohne die Grenzen, die durch die kritische MACHzahl gezogen sind, zu überschreiten. Diese Sonderbauweisen sind vor allem für nichtstationäre Maschinen, aber auch zur Anpassung an vorgegebene Antriebsdrehzahlen (Dampf- oder Gasturbinen) interessant.

a) Axialkompressor mit verschiedenen Drehzahlen in den einzelnen Stufen

Die Maximaldrehzahl eines Axialverdichters wird in erster Linie durch die noch zulässige MACHzahl begrenzt. Die MACHzahl selbst ist aber von der Temperatur am Eintritt in den Kompressor abhängig, weshalb sich üblicherweise die Maximaldrehzahl des ganzen Kompressors nach der niedersten Temperatur am Eintritt richtet. Man kann sich nun einen Kompressor vorstellen, bei dem jede Stufe mit der jeweils zulässigen Maximaldrehzahl, die von der jeweiligen Temperatur vor jeder Stufe abhängt, läuft. Eine bauliche Verwirklichung eines derartigen Mehrdrehzahlverdichters dürfte aber wegen der erforderlichen Getriebe erhebliche Schwierigkeiten bereiten.

Interessanter ist für gewisse Anwendungsfälle die Verwendung eines dem Kompressor vorgeschalteten Vorsatzläufers, der mit einer anderen Drehzahl als der eigentliche Kompressor läuft.

Der Vorsatzläufer soll derart ausgelegt werden, daß die Meridiangeschwindigkeit c_m im eigentlichen Kompressor konstant über dem Radius ist, wobei der Kompressor selbst in allen Schnitten und Stufen einen Reaktionsgrad $r = 50\%$ aufweist (Optimalbedingung).

Die Totaldruckverteilung vor dem Haupt-Kompressor muß also, analog Gl. (153), für die Bedingung $c_m(r) = $ const

$$p_{tot} = \frac{\varrho}{4} \cdot u_{II}^2 + C_{II} \tag{207}$$

sein.

Dabei ist durch den Zeiger II die zweite Stufe, also der eigentliche Kompressor, gekennzeichnet, in dem 50% Reaktion in allen Teilschnitten verwirklicht werden soll. Mit dem Zeiger I ist im folgenden die erste Stufe, also der mit einer anderen Drehzahl laufende Vorsatzläufer, bezeichnet. Die EULERsche Turbinengleichung, auf den Vorsatzläufer (I) angewandt, ergibt mit der rechnerischen Umlenkung Δw_{u_I}

$$\Delta p_{tot_I} = \varrho \cdot u_I \cdot \Delta w_{u_I} \cdot \eta_{St_I} \cdot \Omega_I . \tag{208}$$

Wenn in Stufe I nur der Druckgradient aufgebracht werden soll, müssen die rechten Seiten der

Gl. (153) und (208) einander gleich sein, also

$$\varrho \cdot u_{\mathrm{I}} \cdot \varDelta w_{u_{\mathrm{I}}} \cdot \eta_{\mathrm{St}_{\mathrm{I}}} \cdot \varOmega_{\mathrm{I}} = \frac{\varrho}{4} u_{\mathrm{II}}^2 + C . \tag{209}$$

Für die Schaufelspitze (a) ist

$$4 \cdot u_{a_{\mathrm{I}}} \cdot \varDelta w_{a_{\mathrm{I}}} \cdot \eta_{\mathrm{St}_{\mathrm{I}}} \cdot \varOmega_{\mathrm{I}} = u_{a_{\mathrm{II}}}^2 + C ; \tag{210}$$

für den Nabenschnitt (i) erhält man mit $\nu = \dfrac{u_i}{u_a}$

$$4 u_{a_{\mathrm{I}}} \cdot \nu_{\mathrm{I}} \cdot \varDelta w_{u_{i_{\mathrm{I}}}} \cdot \eta_{\mathrm{St}_{\mathrm{I}}} \cdot \varOmega_{\mathrm{I}} = u_{a_{\mathrm{II}}} \cdot \nu_{\mathrm{II}}^2 + C . \tag{211}$$

Die Umfangskomponente $c_{2u} = \varDelta c_{u_{\mathrm{I}}}$ der absoluten Austrittsgeschwindigkeit $c_{2_{\mathrm{I}}}$ aus dem Vorsatzläufer (I) muß gleich der Umfangskomponenten $c_{0u_{\mathrm{II}}}$ der absoluten Eintrittsgeschwindigkeit $c_{0_{\mathrm{II}}}$ sein (Abb. 261), also

$$\varDelta w_{u_{\mathrm{I}}} = c_{0u_{\mathrm{II}}} . \tag{212}$$

Nun ist bei 50% Reaktion

$$c_{0u_{\mathrm{II}}} = c_{2u_{\mathrm{II}}} = \frac{u_{\mathrm{II}} + \varDelta w_{u_{\mathrm{II}}}}{2} - \varDelta w_{u_{\mathrm{II}}} = \frac{u_{\mathrm{II}} - \varDelta w_{u_{\mathrm{II}}}}{2} . \tag{213}$$

Unter Einführung der Druckzahl ψ ist für die Schaufelspitze

$$\varDelta w_{a_{\mathrm{II}}} = \frac{\psi_{\mathrm{II}}}{2} \cdot \frac{u_{a_{\mathrm{II}}}}{\eta_{\mathrm{St}_{\mathrm{II}}} \cdot \varOmega_{\mathrm{II}}} \tag{214}$$

und für die Nabe

$$\varDelta w_{u_{i_{\mathrm{II}}}} = \frac{\psi_{\mathrm{II}}}{2} \cdot \frac{u_{a_{\mathrm{II}}}}{\nu_{\mathrm{II}} \cdot \eta_{\mathrm{St}_{\mathrm{II}}} \cdot \varOmega_{\mathrm{II}}} . \tag{215}$$

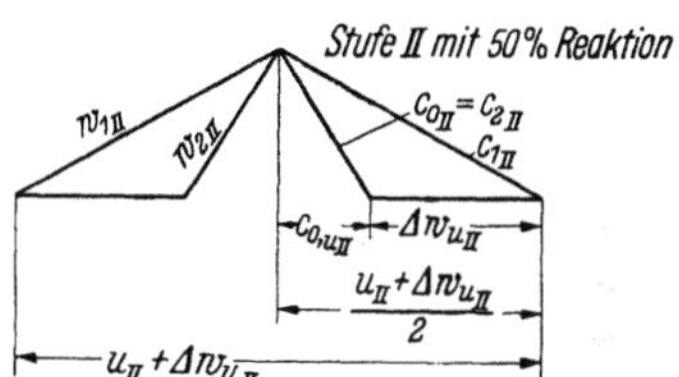

Abb. 261. Geschwindigkeitsdreiecke für Vorsatzläufer und Stufe *II*

Setzt man Gl. (214) bzw. (215) in Gl. (213) ein, dann erhält man

$$c_{0u, a_{\mathrm{II}}} = \frac{u_{a_{\mathrm{II}}} - \dfrac{\psi_{\mathrm{II}}}{2} \cdot \dfrac{u_{a_{\mathrm{II}}}}{\eta_{\mathrm{St}_{\mathrm{II}}} \cdot \varOmega_{\mathrm{II}}}}{2} = \frac{u_{a_{\mathrm{II}}}}{2} \left(1 - \frac{\psi_{\mathrm{II}}}{2 \cdot \eta_{\mathrm{St}_{\mathrm{II}}} \cdot \varOmega_{\mathrm{II}}} \right) \tag{216}$$

und

$$c_{0u, i_{\mathrm{II}}} = \frac{u_{a_{\mathrm{II}}} \cdot \nu_{\mathrm{II}} - \dfrac{\psi_{\mathrm{II}}}{2} \cdot \dfrac{u_{a_{\mathrm{II}}}}{\nu_{\mathrm{II}} \cdot \eta_{\mathrm{St}_{\mathrm{II}}} \cdot \varOmega_{\mathrm{II}}}}{2} = \frac{u_{a_{\mathrm{II}}} \cdot \nu_{\mathrm{II}}}{2} \left(1 - \frac{\psi_{\mathrm{II}}}{2 \cdot \nu_{\mathrm{II}}^2 \cdot \eta_{\mathrm{St}_{\mathrm{II}}} \cdot \varOmega_{\mathrm{II}}} \right) . \tag{217}$$

Setzt man nun Gl. (216) und (217) in Gl. (210) bzw. (211) ein, dann erhält man

$$4 \cdot u_{a_{\mathrm{I}}} \cdot \frac{u_{a_{\mathrm{II}}}}{2} \left(1 - \frac{\psi_{\mathrm{II}}}{2 \cdot \eta_{\mathrm{St}_{\mathrm{II}}} \cdot \varOmega_{\mathrm{II}}} \right) \cdot \eta_{\mathrm{St}_{\mathrm{I}}} \cdot \varOmega_{\mathrm{I}} = u_{a_{\mathrm{II}}}^2 + C , \tag{218}$$

$$4 u_{a_{\mathrm{I}}} \cdot \frac{u_{a_{\mathrm{II}}}}{2} \cdot \nu_{\mathrm{I}} \cdot \nu_{\mathrm{II}} \left(1 - \frac{\psi_{\mathrm{II}}}{2 \cdot \nu_{\mathrm{II}}^2 \cdot \eta_{\mathrm{St}_{\mathrm{II}}} \cdot \varOmega_{\mathrm{II}}} \right) \cdot \eta_{\mathrm{St}_{\mathrm{I}}} \cdot \varOmega_{\mathrm{I}} = u_{a_{\mathrm{II}}}^2 \cdot \nu_{\mathrm{II}}^2 + C . \tag{219}$$

Durch Umformung erhält man

$$2 u_{a_{\mathrm{I}}} \cdot u_{a_{\mathrm{II}}} \cdot \eta_{\mathrm{St}_{\mathrm{I}}} \cdot \varOmega_{\mathrm{I}} - \frac{u_{a_{\mathrm{I}}} \cdot u_{a_{\mathrm{II}}} \cdot \psi_{\mathrm{II}} \cdot \eta_{\mathrm{St}_{\mathrm{I}}} \cdot \varOmega_{\mathrm{I}}}{\eta_{\mathrm{St}_{\mathrm{II}}} \cdot \varOmega_{\mathrm{II}}} = u_{a_{\mathrm{II}}}^2 + C , \tag{220}$$

$$2 u_{a_{\mathrm{I}}} \cdot u_{a_{\mathrm{II}}} \cdot \nu_{\mathrm{I}} \cdot \nu_{\mathrm{II}} \cdot \eta_{\mathrm{St}_{\mathrm{I}}} \cdot \varOmega_{\mathrm{I}} - \frac{u_{a_{\mathrm{I}}} \cdot u_{a_{\mathrm{II}}} \cdot \psi_{\mathrm{II}} \cdot \eta_{\mathrm{St}_{\mathrm{I}}} \cdot \varOmega_{\mathrm{I}} \cdot \nu_{\mathrm{I}}}{\eta_{\mathrm{St}_{\mathrm{II}}} \cdot \varOmega_{\mathrm{II}} \cdot \nu_{\mathrm{II}}} = u_{a_{\mathrm{II}}}^2 \cdot \nu_{\mathrm{II}}^2 + C . \tag{221}$$

Durch Subtraktion der Gl. (220) und (221) erhält man

$$\frac{u_{a_{\mathrm{I}}}}{u_{a_{\mathrm{II}}}} \left[2 \cdot \eta_{\mathrm{St}_{\mathrm{I}}} \cdot \varOmega_{\mathrm{I}} (1 - \nu_{\mathrm{I}} \cdot \nu_{\mathrm{II}}) - \frac{\psi_{\mathrm{II}} \cdot \eta_{\mathrm{St}_{\mathrm{I}}} \cdot \varOmega_{\mathrm{I}}}{\eta_{\mathrm{St}_{\mathrm{II}}} \cdot \varOmega_{\mathrm{II}}} \left(1 - \frac{\nu_{\mathrm{I}}}{\nu_{\mathrm{II}}} \right) \right] = 1 - \nu_{\mathrm{II}}^2$$

oder

$$\frac{u_{a_{\mathrm{I}}}}{u_{a_{\mathrm{II}}}} = \frac{1 - v_{\mathrm{II}}^2}{2 \cdot \eta_{\mathrm{St_I}} \cdot \Omega_{\mathrm{I}} \cdot (1 - v_{\mathrm{I}} \cdot v_{\mathrm{II}}) - \dfrac{\psi_{\mathrm{II}} \cdot \eta_{\mathrm{St_I}} \cdot \Omega_{\mathrm{I}}}{\eta_{\mathrm{St_{II}}} \cdot \Omega_{\mathrm{II}}} \left(1 - \dfrac{v_{\mathrm{I}}}{v_{\mathrm{II}}}\right)} \cdot \tag{222}$$

In den meisten Fällen ist

$$v_{\mathrm{I}} \approx v_{\mathrm{II}},$$

damit wird

$$\frac{u_{a_{\mathrm{I}}}}{u_{a_{\mathrm{II}}}} = \frac{n_{\mathrm{I}}}{n_{\mathrm{II}}} \approx \frac{1}{2 \cdot \eta_{\mathrm{St_I}} \cdot \Omega_{\mathrm{I}}} \cdot \tag{223}$$

Für die erforderlichen Umlenkungen des Vorsatzläufers erhält man für den Außenschnitt

$$\Delta w_{u_{a_{\mathrm{I}}}} = c_{0_{u, a_{\mathrm{II}}}} = \frac{u_{a_{\mathrm{II}}} - \Delta w_{u_{a_{\mathrm{II}}}}}{2} = \frac{u_{a_{\mathrm{II}}}}{2}\left(1 - \frac{\psi_{\mathrm{II}}}{2 \cdot \eta_{\mathrm{St_{II}}} \cdot \Omega_{\mathrm{II}}}\right) \tag{224}$$

und für den Nabenschnitt

$$\left. \begin{aligned} \Delta w_{u_{i_{\mathrm{I}}}} &= \frac{u_{i_{\mathrm{II}}} - \Delta w_{u_{i_{\mathrm{II}}}}}{2} = \frac{v_{\mathrm{II}} \cdot u_{a_{\mathrm{II}}} - \Delta w_{u_{i_{\mathrm{II}}}}}{2}, \\ &= \frac{u_{a_{\mathrm{II}}} \cdot v_{\mathrm{II}}}{2} \cdot \left(1 - \frac{\psi_{\mathrm{II}}}{2 \cdot v_{\mathrm{II}}^2 \cdot \eta_{\mathrm{St_{II}}} \cdot \Omega_{\mathrm{II}}}\right). \end{aligned} \right\} \tag{225}$$

Die Förderhöhe ist allgemein

$$h = \frac{u \cdot \Delta w_u \cdot \eta_{\mathrm{St}} \cdot \Omega}{g};$$

damit wird für den Außenschnitt

$$h_{\mathrm{ad}_{a_{\mathrm{I}}}} = \frac{u_{a_{\mathrm{I}}} \cdot \eta_{\mathrm{St_I}} \cdot \Omega_{\mathrm{I}}}{g} \cdot \frac{u_{a_{\mathrm{II}}}}{2} \cdot \left(1 - \frac{\psi_{\mathrm{II}}}{2 \cdot \eta_{\mathrm{St_{II}}} \cdot \Omega_{\mathrm{II}}}\right) \tag{226}$$

und für die Nabe

$$h_{\mathrm{ad}_{i_{\mathrm{I}}}} = \frac{u_{a_{\mathrm{I}}} \cdot \eta_{\mathrm{St_I}} \cdot \Omega_{\mathrm{I}}}{g} \cdot \frac{u_{a_{\mathrm{II}}}}{2} \cdot \left(1 - \frac{\psi_{\mathrm{II}}}{2 \cdot v_{\mathrm{II}}^2 \cdot \eta_{\mathrm{St_{II}}} \cdot \Omega_{\mathrm{II}}}\right) \cdot v_{\mathrm{I}} \cdot v_{\mathrm{II}}. \tag{227}$$

Für die praktische Rechnung geht man wie folgt vor: Man schätzt die Förderhöhe des Vorsatzläufers zunächst ab und kann dafür, bezogen auf den Mittelschnitt des Vorsatzläufers,

$$\overline{h}_{\mathrm{ad_{Vorsatzläufer}}} = 500 \text{ bis } 1000 \left[\frac{\mathrm{mkg}}{\mathrm{kg}}\right].$$

annehmen.

Damit sind die Temperatur- und Druckverhältnisse vor dem eigentlichen Axialkompressor, der auf allen Schnitten mit 50% Reaktion ausgelegt werden soll, vorgegeben. Nun ermittelt man Hauptabmessungen und Drehzahl des eigentlichen Kompressors entsprechend den Gesetzen für 50% Reaktion. Mit der festgelegten Kompressordrehzahl kann aus Gl. (222) bzw. (223) die Drehzahl des Vorsatzläufers bestimmt werden. Im allgemeinen wird der Außen- und Nabendurchmesser des Vorsatzläufers ähnliche Abmessungen wie die erste Stufe des Axialkompressors haben. Damit liegen Meridiangeschwindigkeit, Umfangsgeschwindigkeit und mit den Gl. (224) und (225) auch die Änderungen der Umfangskomponenten der Relativgeschwindigkeiten fest, so daß die Geschwindigkeitsdreiecke für den Vorsatzläufer konstruiert werden können. Wenn die damit berechnete Förderhöhe des Vorsatzläufers von der ursprünglich angenommenen abweicht, muß eventuell die Rechnung nochmals durchgeführt werden, um für den Hauptkompressor die wahren Zustandsgrößen festlegen zu können. Die übrige Durchrechnung des Vorsatzläufers erfolgt nach der üblichen Methode.

Bei der Verwirklichung eines Vorsatzläufers ist zwischen Hauptkompressor und vorgeschaltetem Laufrad ein Getriebe erforderlich. Eine Leitvorrichtung zwischen Vorsatzläufer und Hauptkompressor ist im allgemeinen nicht erforderlich. Selbstverständlich können auch zwei oder mehrere Stufen mit von der eigentlichen Kompressordrehzahl abweichender Drehzahl betrieben werden.

b) Axialkompressor mit zylindrischer, unverwundener Vorleitvorrichtung

Im Bestreben nach möglichst hoher Kompressordrehzahl bietet eine zylindrische Beschaufelung in der Vorleitvorrichtung ($\tau_0 (r) =$ const) den Vorteil, die Maximaldrehzahl des Kompressors gegenüber einer nach dem Gesetz $r \cdot c_u =$ const ausgelegten Beschaufelung der Vorleitvorrichtung zu erhöhen. Infolge Zentrifugalkraftwirkung ist dabei die Meridiangeschwindigkeit c_{m_a} (Spitze) kleiner als die mittlere Meridiangeschwindigkeit c_m (Mitte).

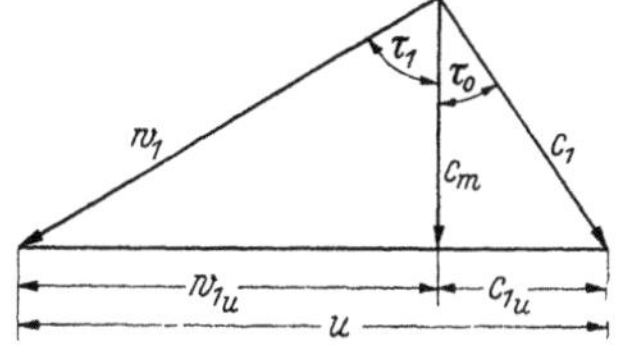

$$c_{m_a} < \overline{c_m} \; \text{(Abb. 262).}$$

Die kleinere Axialgeschwindigkeit c_{m_a} erlaubt eine Drehzahlerhöhung, da vor allem die Verhältnisse an der Schaufelspitze die maximale Drehzahl festlegen.

Dabei muß aber berücksichtigt werden, daß die Meridiangeschwindigkeit c_{m_i} (Nabe) $> \overline{c_m}$ ist, was zur Folge hat, daß bei hohen Meridiangeschwindigkeiten $\overline{c_m}$ auch die Verhältnisse an der Nabe die Höchstdrehzahl des Kompressors begrenzen.

Somit ergibt sich die Grenzkurve der Maximaldrehzahl für kleine $\overline{c_m}$-Werte aus der Grenzkurve an der Spitze und für große c_m-Werte aus der Grenzkurve an der Nabe.

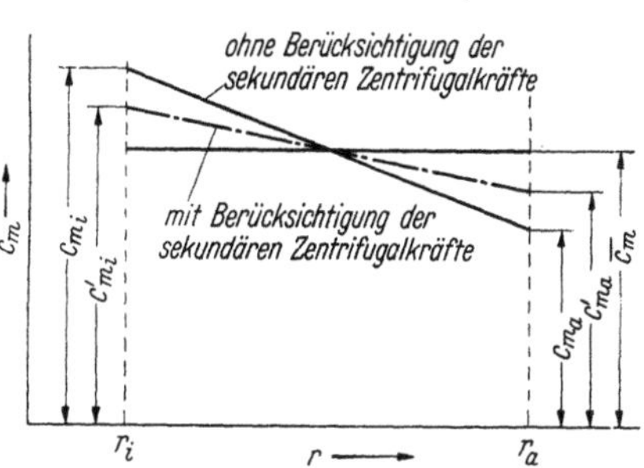

Abb. 262. Geschwindigkeitsdreiecke und Meridiangeschwindigkeitsverteilung für die zylindrische Vorleitvorrichtung. $c_1 \equiv c_{2_0}$, $c_{1u} \equiv c_{2u,\,0}$

Die beiden Grenzkurven findet man durch folgende Überlegungen. Vorausgesetzt sei $\sphericalangle \tau_0 (r) \doteq$ const und

$$\frac{w_{1a}}{w_s} = M_a = 0{,}75 \,.$$

Weiterhin soll am Nabenschnitt unter Berücksichtigung der Profildicke im engsten Querschnitt

$$\frac{w_{1i}}{w_s} = M_{\max} \; \text{(entspr. Abb. 147)}$$

nicht überschritten werden.

Ausgehend von der vereinfachten Differentialgleichung der Verdichterströmung, angewandt auf die Strömungsverhältnisse zwischen der zylindrischen Vorleitvorrichtung und dem ersten Laufrad

$$\frac{1}{\varrho} \cdot \frac{d p_{\text{tot}}}{d r} = c_m \frac{d c_m}{d r} + c_{2u,\,0} \frac{d c_{2u,\,0}}{d r} + \frac{c_{2u,\,0}^2}{r} \,,$$

erhält man für die zylindrische Beschaufelung der Vorleitvorrichtung bei $\tau_0 =$ const mit

$$\frac{d p_{\text{tot}}}{d r} = 0 \quad \text{und} \quad c_{1u} \equiv c_{2u,\,0} = c_m \cdot \tan \tau_0$$

folgende Differentialgleichung für die Meridiangeschwindigkeit

$$-c_m \frac{d c_m}{d r} = c_{2u,\,0} \cdot \left(\frac{c_{2u,\,0}}{r} + \frac{d c_{2u,\,0}}{d r} \right) = c_m \cdot \tan \tau_0 \cdot \left[\frac{c_m \cdot \tan \tau_0}{r} + \frac{d}{d r} (c_m \cdot \tan \tau_0) \right],$$

$$= \frac{c_m^2}{r} \cdot \tan^2 \tau_0 + c_m \cdot \tan \tau_0 \cdot \left(\tan \tau_0 \frac{d c_m}{d r} + c_m \frac{d \tan \tau_0}{d r} \right).$$

Da $\tau_0 =$ const, ist

$$\frac{d \tan \tau_0}{d r} = 0$$

und damit

$$-\frac{d c_m}{d r} = \frac{c_m}{r} \cdot \tan^2 \tau_0 + \tan^2 \tau_0 \cdot \frac{d c_m}{d r} = \frac{c_m}{r} \cdot \sin^2 \tau_0 \,,$$

$$\frac{d c_m}{c_m} = -\frac{\sin^2 \tau_0}{r} \cdot d r \,,$$

$$\ln c_m = -\sin^2 \tau_0 \cdot \ln r + C_1$$

$$\ln (c_m \cdot r^{\sin^2 \tau_0}) = C_1, \qquad c_m \cdot r^{\sin^2 \tau_0} = e^{C_1} = C_2 = \text{const.} \tag{228}$$

16*

Gl. (228) gibt den Verlauf der Meridiangeschwindigkeit c_m nach der zylindrischen Vorleit-vorrichtung in Abhängigkeit vom Radius r und dem Winkel τ_0. Somit ergibt sich

$$\overline{c_m} \cdot \overline{r_m}^{\sin^2 \tau_0} = c_{m_i} \cdot r_i^{\sin^2 \tau_0} = c_{m_a} \cdot r_a^{\sin^2 \tau_0}.$$

Als mittlerer Radius r_m wurde hierbei derjenige Halbmesser bezeichnet, auf dem die Meridian-geschwindigkeit $\overline{c_m}$ herrscht; er ist näherungsweise gegeben durch die Beziehung

$$\overline{r_m} \approx \frac{r_i + r_a}{2}. \tag{229}$$

Dann folgt für die Nabe

$$\frac{c_{m_i}}{\overline{c_m}} = \left(\frac{\overline{r_m}}{r_i}\right)^{\sin^2 \tau_0} = \left(\frac{\dfrac{1}{\nu} + 1}{2}\right)^{\sin^2 \tau_0}. \tag{230}$$

Da nun die sekundären Zentrifugalkräfte die Schwingbewegung auf etwa die Mitte zwischen c_{m_i} und $\overline{c_m}$ dämpfen, ist die tatsächliche Geschwindigkeit (Abb. 262)

$$c'_{m_i} - \overline{c_m} = \frac{1}{2}\left(c_{m_i} - \overline{c_m}\right)$$

und somit

$$\frac{c'_{m_i} - \overline{c_m}}{\overline{c_m}} = \frac{1}{2} \cdot \left(\frac{c_{m_i}}{\overline{c_m}} - 1\right) = \frac{1}{2}\left[\left(\frac{\dfrac{1}{\nu} + 1}{2}\right)^{\sin^2 \tau_0} - 1\right],$$

$$\frac{c'_{m_i}}{\overline{c_m}} = \frac{1}{2}\left[1 + \left(\frac{1 + \nu}{2\nu}\right)^{\sin^2 \tau_0}\right]. \tag{231}$$

Für die Spitze erhält man die entsprechende Funktion

$$\left(\frac{\overline{r_m}}{r_a}\right)^{\sin^2 \tau_0} = \frac{c_{m_a}}{\overline{c_m}},$$

$$\overline{r_m} = \frac{r_a + \nu \cdot r_a}{2} = \frac{r_a(1 + \nu)}{2},$$

also

$$\frac{c_{m_a}}{\overline{c_m}} = \left[\frac{r_a(1 + \nu)}{2 r_a}\right]^{\sin^2 \tau_0} = \left(\frac{1 + \nu}{2}\right)^{\sin^2 \tau_0} \tag{232}$$

und mit Berücksichtigung der sekundären Zentrifugalkräfte

$$\frac{c'_{m_a}}{\overline{c_m}} = \frac{1}{2}\left[1 + \left(\frac{1 + \nu}{2}\right)^{\sin^2 \tau_0}\right]. \tag{233}$$

In Abb. 263 ist Gl. (231) und (233) für $\nu = 0,5$; $0,55$ und $0,6$ über dem Winkel τ_0 dargestellt.

α) Grenzbedingungen für die Nabe

Die im folgenden dargestellten Ableitungen einschließlich der kurvenmäßigen Darstellungen gehen von der vereinfachenden Annahme aus, daß die Geschwindigkeit im engsten Querschnitt über dem ganzen Querschnitt konstant ist. In Wirklichkeit treten auf der Profilsaugseite Über-geschwindigkeiten auf, so daß man also praktisch in einem gewissen Abstand von diesen Grenz-werten bleiben sollte. Für die größte Umlenkung im Nabenschnitt unter Berücksichtigung der Profildicke ist [vgl. Gl. (203)]

$$\cos \tau_{0\max} = 1{,}05 \frac{c_{m1,0}}{w_s} \left(\frac{1{,}2}{1 + 0{,}2\left(\dfrac{c_{m1,0}}{w_s}\right)^2}\right)^3.$$

Da nun

$$c'_{m_i} > \overline{c_m} > c'_{m_a}$$

ist, bestimmt somit die Meridiangeschwindigkeit c'_{m_i} den Winkel τ_0. Ist $c_{m_{2,0}}$ die Axialgeschwindigkeit am Austritt aus der Vorleitvorrichtung, dann kann angenommen werden

$$c'_{m_{i\max}} = c_{m_{2,0\max}}.$$

In Abb. 264 ist

$$\frac{c'_{m_i}}{w_s} = f(\tau_{0\max})$$

dargestellt. Als Grenzbedingung für die Laufradnabe war festgelegt

$$\frac{w_{1i}}{w_s} = M_{\max} \text{ (Abb. 147).}$$

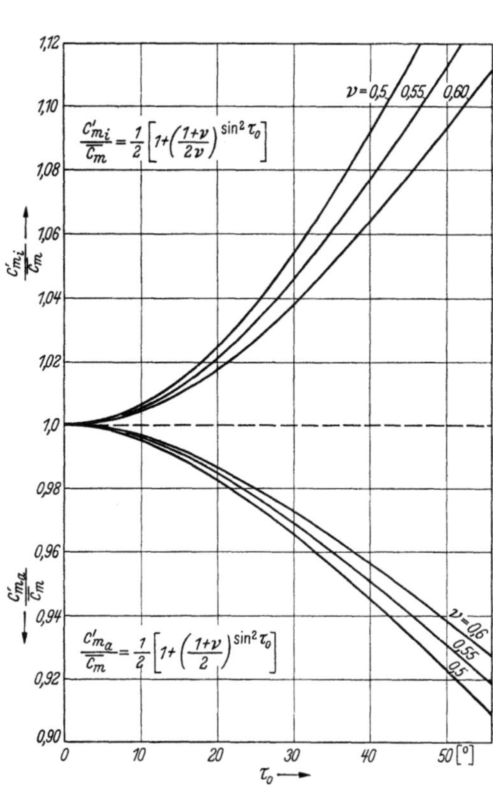

Abb. 263. Abhängigkeit der Meridiangeschwindigkeit der zylindrischen Vorleitvorrichtung vom Umlenkwinkel τ_0 für den Naben- und Spitzenschnitt mit Berücksichtigung der primären und sekundären Zentrifugalkräfte

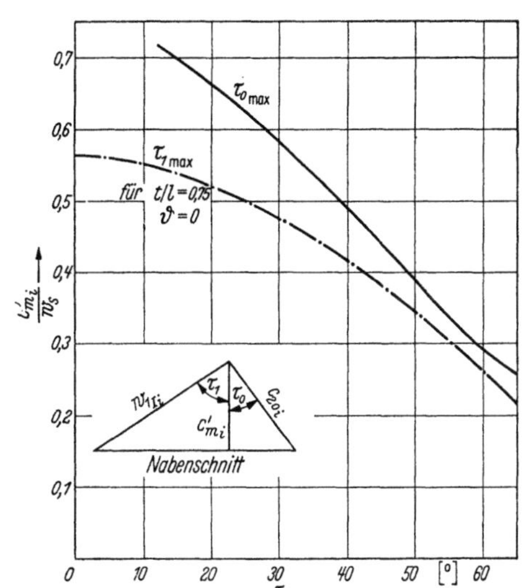

Abb. 264. Strömungswinkel für die Nabenschnitte von Vorleitrad und Laufrad I bei maximaler MACHzahl und zylindrischem Vorleitrad

Nun ist nach Abb. 262

$$u_i = c'_{m_i} \cdot \tan\tau_0 + c'_{m_i} \cdot \tan\tau_1 = c'_{m_i}(\tan\tau_0 + \tan\tau_1). \tag{234}$$

Weiterhin ist die Durchflußmenge

$$\dot{V} = \overline{c_m} \cdot F = \overline{c_m} \cdot \pi \cdot (r_a^2 - r_i^2) = \overline{c_m} \cdot \pi \cdot r_i^2\left(\frac{1}{\nu^2} - 1\right) = \overline{c_m} \cdot \frac{30^2 \cdot u_i^2}{\pi \cdot n^2}\left(\frac{1}{\nu^2} - 1\right)$$

und mit Gl. (234)

$$n^2 \cdot \dot{V} = \overline{c_m} \cdot c'^2_{m_i} \cdot (\tan\tau_0 + \tan\tau_1)^2 \cdot \frac{30^2}{\pi} \cdot \left(\frac{1}{\nu^2} - 1\right)$$

oder

$$\frac{n^2}{w_s^2} \cdot \frac{\dot{V}}{w_s} = \frac{30^2}{\pi} \cdot \frac{\overline{c_m}}{c'_{m_i}} \cdot \frac{c'^3_{m_i}}{w_s^3} (\tan\tau_0 + \tan\tau_1)^2 \cdot \left(\frac{1}{\nu^2} - 1\right),$$

$$\frac{n}{w_s} \cdot \sqrt{\frac{\dot{V}}{w_s}} = 30(\tan\tau_0 + \tan\tau_1) \cdot \sqrt{\frac{\overline{c_m}}{c'_{m_i}}} \cdot \sqrt{\left(\frac{c'_{m_i}}{w_s}\right)^3 \cdot \frac{\frac{1}{\nu^2} - 1}{\pi}}. \tag{235}$$

In Gl. (235) ist

$$\tau_1 = f\left(\nu;\ \frac{c'_{m_i}}{w_s};\ M_{\max}\right).$$

Wie früher (Abb. 147) gezeigt, ist die höchstzulässige MACHzahl

$$M_{\max} = f(F_{\min}/F_1).$$

Zwischen den interessierenden Werten $F_{\min}/F_1 = 0{,}8$ bis $1{,}0$ (Abb. 147) kann der Kurvenast durch eine Parabel mit der Gleichung

$$M_{\max} = 0{,}996 - 2{,}15\left(\frac{F_{\min}}{F_1}\right) + 1{,}9\left(\frac{F_{\min}}{F_1}\right)^2 \tag{236}$$

ersetzt werden.

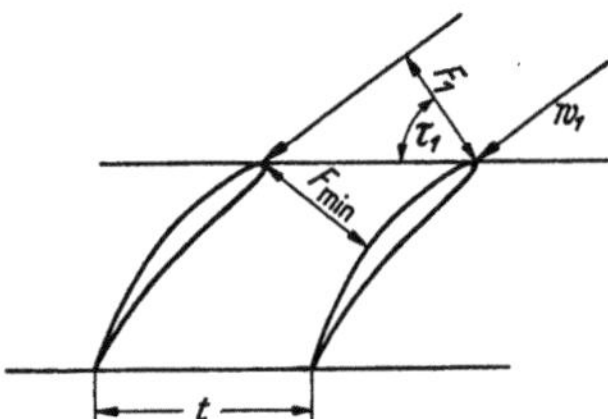

Abb. 265. Zur Definition der maximalen Machzahl des Laufrades

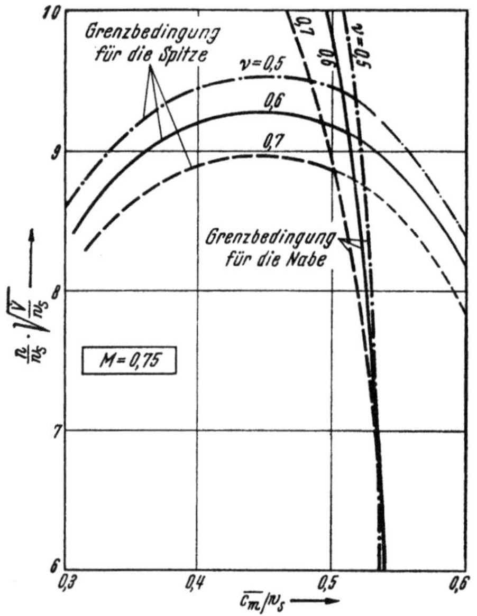

Abb. 267. Begrenzung der Drehzahl des Kompressors mit zylindrischer Vorleitvorrichtung durch die maximale Machzahl am Naben- und Spitzenschnitt

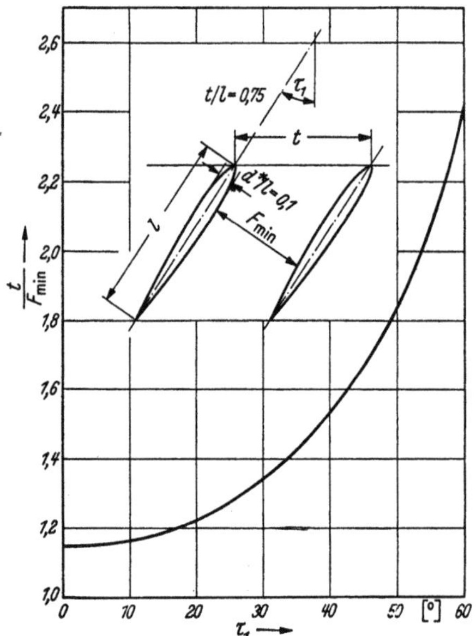

Abb. 266. Zur Berechnung des Querschnittsverhältnisses $t/F_{\min}$ unter vereinfachenden Annahmen

Diese maximale Machzahl stellt die Grenzbedingung für die Nabe dar

$$M_{\text{Nabe}} = \frac{w_{1i}}{w_s} = M_{\max}.$$

Aus Abb. 262 ergibt sich

$$w_{1i} = \frac{c'_{m_i}}{\cos\tau_1},$$

andererseits ist aus Abb. 265

$$\frac{F_{\min}}{F_1} = \frac{1}{t/F_{\min}} \cdot \frac{1}{\cos\tau_1}.$$

Damit erhält man

$$\frac{w_{1i}}{w_s} = \frac{c'_{m_i}}{w_s} \cdot \frac{1}{\cos\tau_1} = 0{,}996 - 2{,}15 \cdot \frac{1}{t/F_{\min} \cdot \cos\tau_1} + 1{,}9\left(\frac{1}{t/F_{\min} \cdot \cos\tau_1}\right)^2,$$

$$\frac{c'_{m_i}}{w_s} = 0{,}996 \cdot \cos\tau_1 - 2{,}15\frac{1}{t/F_{\min}} + 1{,}9\frac{1}{(t/F_{\min})^2 \cdot \cos\tau_1}. \tag{237}$$

Gl. (237) zeigt die Abhängigkeit c'_{m_i}/w_s von τ_1 und dem Verhältnis $t/F_{\min}$. Nun ist $t/F_{\min} = f\,(\tau_1;\ t/l$ und dem Krümmungswinkel ϑ des Profils) in Form einer Gleichung schwierig auszudrücken. Für ein symmetrisches Profil mit dem Teilungsverhältnis $t/l = 0{,}75$, $\vartheta = 0°$ und einem Dickenverhältnis $d^*/l = 0{,}1$ ist $t/F_{\min}$ in Abb. 266 in Abhängigkeit von τ_1 aufgezeichnet. Diese vereinfachten Annahmen scheinen zulässig, da sich, wie aus Abb. 267 hervorgeht, die Grenzkurve für die Nabe nur in einem kleinen $\overline{c_m}/w_s$-Bereich auswirkt und bei Teilungsverhältnissen $t/l > 0{,}75$ die hierdurch bedingte Grenze höher liegt. Mit dem Ergebnis in Abb. 266 ist nun Gl. (237) berechenbar; in Abb. 264 ist $c'_{m_i}/w_s = f\,(\tau_1)$ für $t/l = 0{,}75$, $d^*/l = 0{,}1$ und $\vartheta = 0°$ eingetragen.

Da sich der engste Querschnitt in der Vorleitvorrichtung am Schaufelende (vgl. Abb. 259) im Laufrad am Schaufelanfang befindet, kann zur Bestimmung von $\tau_{0\max}$ und $\tau_{1\max}$ der gleiche Wert von c'_{m_i} benützt werden, da

$$c'_{m_{i\mathrm{VL}}} = c'_{m_{i\mathrm{RI}}} \qquad (\mathrm{RI} = \text{Laufrad I}).$$

Damit kann nun auch Gl. (235) numerisch ausgewertet werden und man erhält

$$\frac{n}{w_s} \cdot \sqrt{\frac{\dot{V}}{w_s}} = f\left(\frac{c_{m_i}}{w_s}; \nu\right).$$

Unter Benützung von Gl. (231) erhält man anstelle c'_{m_i}/w_s die entsprechenden $\overline{c_m}/w_s$-Werte, also

$$\frac{n}{w_s} \sqrt{\frac{\dot{V}}{w_s}} = f\left(\frac{\overline{c_m}}{w_s}; \nu\right).$$

Letztere Beziehung ist in Abb. 267 für $\nu = 0{,}5$; 0,6 und 0,7 dargestellt.

β) Grenzbedingungen für den Außenschnitt

Für den Außenschnitt ist ebenfalls

$$\tau_{0_a} = \tau_{0_i} = \text{konstant}.$$

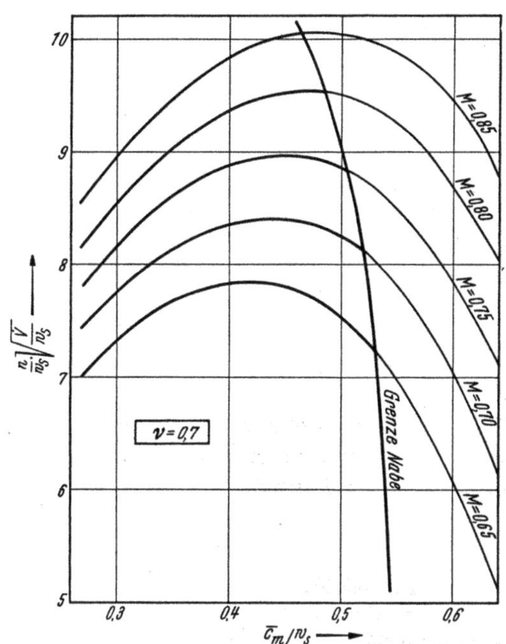

Abb. 268. Einfluß der zulässigen MACHzahl am Spitzenschnitt auf die Drehzahl eines Kompressors mit zylindrischer Vorleitvorrichtung

Die Durchflußmenge beträgt

$$\dot{V} = \overline{c_m} \cdot F = \overline{c_m} \cdot \pi \cdot r_a^2 (1 - \nu^2) = \overline{c_m} \cdot \frac{30^2 (1 - \nu^2)}{\pi \cdot n^2} \cdot u_a^2.$$

Aus Abb. 262 folgt

$$u_a = \tan \tau_0 \cdot c'_{m_a} + \sqrt{w_{1a}^2 - c'^{\,2}_{m_a}}.$$

Damit wird

$$\dot{V} = \overline{c_m} \cdot \frac{30^2 (1 - \nu^2)}{\pi \cdot n^2} \cdot \left(\tan \tau_0 \cdot c'_{m_a} + \sqrt{w_{1a}^2 - c'^{\,2}_{m_a}}\right)^2,$$

$$\frac{n}{w_s} \sqrt{\frac{\dot{V}}{w_s}} = 30 \sqrt{\frac{\overline{c_m}}{w_s} \cdot \frac{1 - \nu^2}{\pi}} \left[\frac{c'_{m_a}}{w_s} \cdot \tan \tau_0 + \sqrt{\frac{w_{1a}^2}{w_s^2} - \frac{c'^{\,2}_{m_a}}{w_s^2}}\right]. \tag{238}$$

Da $\tau_0 = f\left(\dfrac{c'_{m_i}}{w_s}\right)$ ist, wird die Auswertung von Gl. (238) einfacher, wenn man letztere Gleichung auf c'_{m_i}/w_s bezieht. Nach Gl. (231) und (233) ist

$$\frac{c'_{m_a}}{c'_{m_i}} = \frac{1 + \left(\dfrac{1 + \nu}{2}\right)^{\sin^2 \tau_0}}{1 + \left(\dfrac{1 + \nu}{2\nu}\right)^{\sin^2 \tau_0}}$$

also wird

$$\frac{n}{w_s} \cdot \sqrt{\frac{\dot{V}}{w_s}} = 30 \sqrt{\frac{\overline{c_m}}{w_s} \cdot \frac{1 - \nu^2}{\pi}} \left[\frac{1 + \left(\dfrac{1 + \nu}{2}\right)^{\sin^2 \tau_0}}{1 + \left(\dfrac{1 + \nu}{2\nu}\right)^{\sin^2 \tau_0}} \cdot \frac{c'_{m_i}}{w_s} \cdot \tan \tau_0 + \sqrt{M^2 - \left[\frac{1 + \left(\dfrac{1 + \nu}{2}\right)^{\sin^2 \tau_0}}{1 + \left(\dfrac{1 + \nu}{2\nu}\right)^{\sin^2 \tau_0}}\right]^2 \cdot \left(\frac{c'_{m_i}}{w_s}\right)^2}\right]. \tag{239}$$

Aus Gl. (231) folgt

$$\frac{\overline{c_m}}{w_s} = \frac{\overline{c_m}}{c'_{m_i}} \cdot \frac{c'_{m_i}}{w_s} = \frac{2}{1 + \left(\dfrac{1 + \nu}{2\nu}\right)^{\sin^2 \tau_0}} \cdot \frac{c'_{m_i}}{w_s}. \tag{240}$$

Nach den Gl. (239) und (240) wurden die Grenzkurven für die S_1

$$\frac{n}{w_s}\sqrt{\frac{\dot{V}}{w_s}} = f_1\left(\frac{c'_{m_i}}{w_s}\;;\; \nu \text{ und } M\right),$$

$$\tau_0 = f_2\left(\frac{c'_{m_i}}{w_s}\right).$$

berechnet.

In Abb. 267 sind die Ergebnisse für $M = 0{,}75$ bei Nabenverhältnissen $\nu = 0{,}5$, dargestellt. Abb. 268 zeigt die Ergebnisse für ein konstantes Nabenverhältnis $\nu = 0{,}7$ zahlen $M = 0{,}65$ bis $0{,}85$.

XI. Berechnung der Profilgitter

Nachdem nun in den bisherigen Abschnitten die Strömungsvorgänge im Axialverdichter, die Hauptabmessungen, die Einflußgrößen auf die jeweilige Bauart und die Energieumsetzung bei den verschiedenen Bauweisen von Axialverdichtern dargestellt sind, kann nunmehr das eigentliche Profilgitter, also die Beschaufelung eines Axialverdichters, behandelt werden.

1. Theorie der Profilgitter [1]

Das Fachschrifttum, das sich mit der theoretischen Berechnung der Charakteristiken eines Profilgitters befaßt, ist zahlreich (vgl. Literaturverzeichnis). Prinzipiell lassen sich die bisher bekannten Gittertheorien in zwei Gruppen einteilen, und zwar in eine erste Gruppe, bei der die Gitterprofile durch Wirbelreihen ersetzt werden, während nach der zweiten Art die Gitterprofile mit Hilfe der konformen Abbildung auf einen Kreis abgebildet werden. Die nachstehende hier nur in ihren Grundzügen skizzierte Gittertheorie gehört zur zweiten Gruppe und basiert auf der Gittertheorie von F. Weinig [2]. Weinig bedient sich zur theoretischen Behandlung der Gitterströmung der Methode der konformen Abbildung des Profilgitters auf das Äußere und Innere eines Kreises (Einheitskreis). Diese Methode hat gegenüber manchen anderen (z. B. Ersatz der Gitterprofile durch Wirbelreihen) den Vorteil, daß sich für die Berechnung einfacher Profilformen — z. B. des Kreisbogenskelettprofils — geschlossene Ausdrücke herleiten lassen, die sich leicht in allgemeingültiger Form diagrammäßig darstellen lassen, während für be-

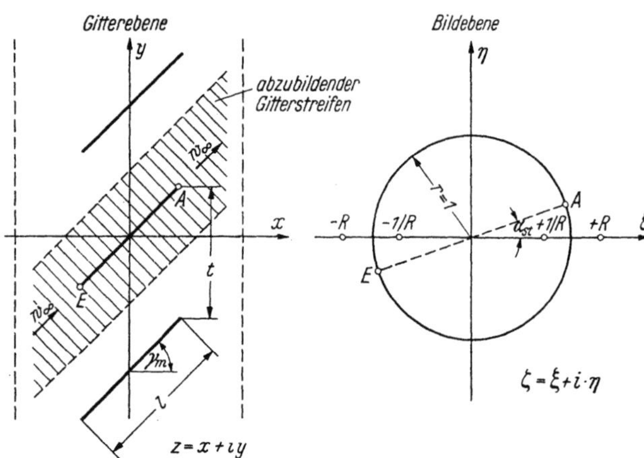

Abb. 269. Die ζ-Ebene als Bild eines Gitterstreifens der z-Ebene

liebige vorgegebene Profilgitter die Abbildung durch kombinierte rechnerisch-zeichnerische Verfahren mit beliebiger Genauigkeit vorgenommen werden kann.

Die konforme Abbildung erfolgt nun in der bekannten Weise dadurch, daß ein Gitterstreifen von der Breite t (= Teilung) auf das Äußere eines Einheitskreises abgebildet wird, wobei das Profil selbst in die Kontur des Einheitskreises übergeht. Dieser abgebildete Gitterstreifen muß dann ein Blatt einer Riemannschen Fläche darstellen und jeder weitere Gitterstreifen ein weiteres Blatt, das dem ersten kongruent ist. Weiterhin wird die Abbildung so durchgeführt, daß der Ursprung oder Zufluß der Gitterströmung ($-\infty$ der Gitterebene) und der Abfluß ($+\infty$ der Gitterebene) in zwei zum Einheitskreis symmetrisch und im Endlichen der reellen Achse liegende Punkte der Bildebene übergehen ($-R$ und $+R$). Diese Maßnahme ist insofern von Wichtigkeit, als es dadurch möglich wird, die Winkeldifferenz der Verzweigungsstromlinien zwischen Ursprung und Profileintrittskante bzw. Abfluß und Profilaustrittskante zu berechnen. Dieser Winkeldifferenz kommt als sog. „Winkelübertreibung" bei der Berechnung der Beschaufelung eine große Bedeutung zu.

---

[1] Der Leser, der mit der Theorie der Potentialströmung und der konformen Abbildung weniger vertraut ist, kann auf das Studium der folgenden theoretischen Abhandlungen (Teilabschnitt 1) verzichten. Die für die Praxis wichtigsten Ergebnisse sind am Ende des Abschnittes 1 kurz zusammengefaßt.

[2] Weinig, F.: Die Strömung um die Schaufeln von Strömungsmaschinen, Leipzig: Joh. A. Barth 1935. Der nachfolgende Teilabschnitt 1 folgt im wesentlichen den Gedankengängen dieses Buches.

Das einfachste, mögliche Profilgitter ist das sog. Streckenprofilgitter, das man sich aus gestaffelt angeordneten ebenen Platten dargestellt denken kann (Abb. 269). Da hierfür der Aufbau der Abbildungsfunktion verhältnismäßig einfach und übersichtlich wird, soll am Beispiel des Streckenprofilgitters die hier angewandte Methode der konformen Abbildung erläutert werden. Außerdem bildet die Abbildung des Streckenprofilgitters den Ausgangspunkt für die Abbildung anderer Profilformen.

a) Das Streckenprofilgitter und seine Abbildung auf den Einheitskreis durch die ablenkungsfreie Parallelströmung

Die einfachste, durch ein Streckenprofilgitter mögliche, Strömungsform ist die Parallelströmung in Richtung der Streckenprofile, wobei diese als Stücke der Stromlinien erscheinen (Abb. 270). Diese Strömungsform soll benützt werden, um den Zusammenhang zwischen Gitterebene (z-Ebene) und Bildebene (ζ-Ebene) herzuleiten.

Zwischen zwei entsprechenden Punkten benachbarter Streckenprofile oder zwei entsprechenden Punkten benachbarter Gitterstreifen ergibt sich aus Abb. 270 eine Differenz der Stromfunktion von $\Delta\psi = t \cdot w_\infty \cdot \cos\gamma_m$ und eine Differenz des Potentials

$$\Delta\varphi = t \cdot w_\infty \cdot \sin\gamma_m.$$

Für die Erzeugung der Differenz der Stromfunktion in der Bildebene, die ja gleichbedeutend mit der sekundlich durch den abzubildenden Gitterstreifen fließenden Menge ist, muß im Zulauf $(-R)$ eine Quelle von der Ergiebigkeit

$$E = \Delta\psi$$

angebracht werden. Die Potentialdifferenz läßt sich durch einen gleichfalls im Zulauf angebrachten Wirbel von der (absoluten) Wirbelstärke

$$\Gamma = |\Delta\varphi|$$

erzeugen. Analog müssen natürlich im Abfluß $(+R)$ eine Senke und — da die Strömung ja ablenkungsfrei, d. h. die gesamte Wirbelstärke gleich Null sein soll — ein gegenläufiger Wirbel von der angegebenen Stärke bzw. Ergiebigkeit angebracht werden.

Da das Streckenprofil in den Einheitskreis übergeht, dieser somit Stromlinie werden soll, müssen in den Spiegelpunkten $\pm 1/R$ (Abb. 269) gleichfalls eine Wirbelquelle bzw. -senke von der angegebenen Stärke angebracht werden.

Das komplexe Potential einer Quelle im Punkte $\zeta = a$ ist

$$\varkappa = +\frac{E}{2\pi} \cdot \ln(\zeta - a).$$

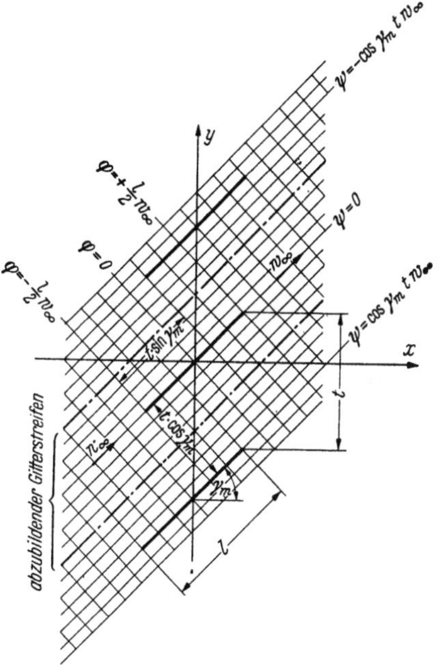

Abb. 270. Potentiallinien $\varphi =$ const und Stromlinien $\psi =$ const für ein ablenkungsfrei durchströmtes Streckenprofilgitter

Damit ergibt sich das komplexe Potential des gesamten angegebenen *Quell-Senkensystems* in der Bildebene zu

$$\varkappa_Q = +\underbrace{\frac{E}{2\pi}\ln(\zeta + R)}_{\text{Quelle in } \zeta = -R} + \underbrace{\frac{E}{2\pi}\ln\left(\zeta + \frac{1}{R}\right)}_{\text{Quelle in } \zeta = -\frac{1}{R}} - \underbrace{\frac{E}{2\pi}\ln\left(\zeta - \frac{1}{R}\right)}_{\text{Senke in } \zeta = +\frac{1}{R}} - \underbrace{\frac{E}{2\pi}\ln(R - \zeta)}_{\text{Senke in } \zeta = +R}.$$

Für das komplexe Potential eines Wirbels im Punkte $\zeta = a$ findet man die Beziehung

$$\varkappa = i\frac{\Gamma}{2\pi}\ln(\zeta - a).$$

Wählt man die positiven Richtungen der Geschwindigkeitskomponenten u und v gleichlaufend mit den Achsrichtungen der Gitter- bzw. Bildebene, so ergibt sich der vorstehend definierte Wirbel als rechtsdrehend.

Nach Abb. 269 und 270 muß im Zufluß ein linksdrehender und im Abfluß ein rechtsdrehender Wirbel angebracht werden, die natürlich, um den Kreis als Stromlinie zu erhalten, an diesem zu spiegeln sind. Das komplexe Potential des gesamten angegebenen *Wirbelsystems* wird somit zu

$$\varkappa_W = -\underbrace{i\frac{\Gamma}{2\pi}\ln(\zeta + R)}_{\substack{\text{linksdrehender} \\ \text{Wirbel in } \zeta = -R}} + \underbrace{i\frac{\Gamma}{2\pi}\ln\left(\zeta + \frac{1}{R}\right)}_{\substack{\text{rechtsdrehender} \\ \text{Wirbel in } \zeta = -\frac{1}{R}}} - \underbrace{i\frac{\Gamma}{2\pi}\ln\left(\zeta - \frac{1}{R}\right)}_{\substack{\text{linksdrehender} \\ \text{Wirbel in } \zeta = +\frac{1}{R}}} + \underbrace{i\frac{\Gamma}{2\pi}\ln(R - \zeta)}_{\substack{\text{rechtsdrehender} \\ \text{Wirbel in } \zeta = +R}}.$$

In beiden Formeln steht im letzten Glied $\ln(R - \zeta)$ anstelle $\ln(\zeta - R)$. Wie man leicht einsieht, ist

$$\ln(R - \zeta) = \ln(\zeta - R) + i \cdot \pi.$$

Da die Strömungspotentiale nur bis auf eine Konstante bestimmt sind, ist diese Umformung zulässig und empfiehlt sich, um für die Kreiskontur die Stromfunktion $\psi = 0$ zu erhalten.

Das komplexe Potential der Bildströmung ergibt sich zu

$$W(\zeta) = \varkappa_Q + \varkappa_W.$$

Setzt man für die Ergiebigkeit und die Wirbelstärke die gefundenen Werte ein, so wird

$$W(\zeta) = \frac{t \cdot w_\infty \cdot \cos \gamma_m}{2\pi} \left\{ \ln \frac{\zeta + R}{R - \zeta} + \ln \frac{\zeta + \dfrac{1}{R}}{\zeta - \dfrac{1}{R}} \right\} + \frac{t \cdot w_\infty \cdot \sin \gamma_m}{2\pi} \left\{ -i \ln \frac{\zeta + R}{R - \zeta} + i \ln \frac{\zeta + \dfrac{1}{R}}{\zeta - \dfrac{1}{R}} \right\}.$$

Mit der Strömungsgeschwindigkeit $w_\infty = 1$ und der Beziehung $(\cos \gamma_m \pm i \cdot \sin \gamma_m) = e^{\pm i \cdot \gamma_m}$ läßt sich das komplexe Potential umformen zu

$$W(\zeta) = \frac{t}{2\pi} \left\{ e^{-i\gamma_m} \cdot \ln \frac{R + \zeta}{R - \zeta} + e^{+i\gamma_m} \cdot \ln \frac{\zeta + \dfrac{1}{R}}{\zeta - \dfrac{1}{R}} \right\}. \tag{241}$$

Für die Gitterebene gilt

$$W = \varphi + i \cdot \psi,$$

$$\frac{dW}{dz} = w_x - i\, w_y = w_\infty (\cos \gamma_m - i \sin \gamma_m).$$

Mit $w_\infty = 1$ erhält man durch Integration

$$W(z) = z \cdot e^{-i\gamma_m} \tag{242}$$

Aus Gl. (241) und (242) läßt sich nun die Abbildungsfunktion zwischen Bild- und Gitterebene ermitteln

$$z = \frac{t}{2\pi} \left(\ln \frac{R + \zeta}{R - \zeta} + e^{2i\gamma_m} \cdot \ln \frac{\zeta + \dfrac{1}{R}}{\zeta - \dfrac{1}{R}} \right). \tag{243}$$

Für die weiteren Betrachtungen interessieren in erster Linie die Strömungsverhältnisse am Streckenprofil bzw. am Einheitskreis. Für diesen gilt mit $r = 1$

$$\zeta = r \cdot e^{i\alpha} = e^{i\alpha},$$

wenn r und α die Polarkoordinaten der ζ-Ebene sind. Für die Kreiskontur findet man aus Gl. (241) für das komplexe Potential die Beziehung

$$W(K) = \frac{t}{2\pi} \left(e^{-i\gamma_m} \cdot \ln \frac{R + e^{i\alpha}}{R - e^{i\alpha}} + e^{i\gamma_m} \cdot \ln \frac{e^{i\alpha} + \dfrac{1}{R}}{e^{i\alpha} - \dfrac{1}{R}} \right). \tag{244}$$

(K bedeutet den Einheitskreis).

Entsprechend der Beziehung

$$W(K) = \varphi(K) + i\,\psi(K)$$

ergibt sich durch Aufspalten der Gl. (244) in Real- und Imaginärteil die Potentialfunktion für die Kreiskontur zu

$$\varphi(K) = \frac{t}{2\pi} \left\{ \cos \gamma_m \cdot \ln \frac{R^2 + 2R \cos \alpha + 1}{R^2 - 2R \cos \alpha + 1} + 2 \sin \gamma_m \cdot \arctan \left(\frac{2R \cdot \sin \alpha}{R^2 - 1} \right) \right\}, \tag{245}$$

während sich für die Stromfunktion der Wert

$$\psi(K) = 0 \tag{246}$$

ergibt.

Die Geschwindigkeitsverteilung auf der Kreiskontur errechnet sich aus der Beziehung

$$w = \frac{d\varphi}{ds}$$

mit $ds = r \cdot d\alpha$, sowie $r = 1$ zu

$$w(K) = \frac{t}{2\pi} \left\{ \frac{4R}{(R^2 + 1)^2 - (2R \cdot \cos \alpha)^2} \right\} \left\{ -\sin \alpha \cdot \cos \gamma_m (R^2 + 1) + \cos \alpha \cdot \sin \gamma_m (R^2 - 1) \right\}. \tag{247}$$

Die Staupunkte des Streckenprofils (E = Eintritt und A = Austritt) gehen bei der Abbildung in zwei Punkte der Kreiskontur über, die im Fall der ablenkungsfreien Strömung auf einem Durchmesser liegen.

Die Geschwindigkeit in den Staupunkten ist $w_{\text{Staup}} = 0$. Setzt man für die Staupunkte $\alpha = \alpha_{\text{St}}$, dann erhält man durch Nullsetzen der rechten Seite von Gl. (247) die Beziehung

$$\tan \alpha_{\text{St}} = \tan \gamma_m \frac{R^2 - 1}{R^2 + 1} \cdot \tag{248}$$

Der Potentialunterschied zwischen den beiden Staupunkten beträgt

$$\varphi_E - \varphi_A = w_\infty \cdot l,$$

mit $w_\infty = 1$ sowie $\varphi_E = -\varphi_A$ wird $l = 2 \cdot \varphi_E$. Setzt man letzteren Wert in Gl. (245) ein, so erhält man

$$\frac{l}{t} = \frac{1}{\pi} \left\{ \cos \gamma_m \cdot \ln \frac{R^2 + 2R \cdot \cos \alpha_{\text{St}} + 1}{R^2 - 2R \cdot \cos \alpha_{\text{St}} + 1} + 2 \cdot \sin \gamma_m \cdot \arctan \left(\frac{2R \cdot \sin \alpha_{\text{St}}}{R^2 - 1} \right) \right\}. \tag{249}$$

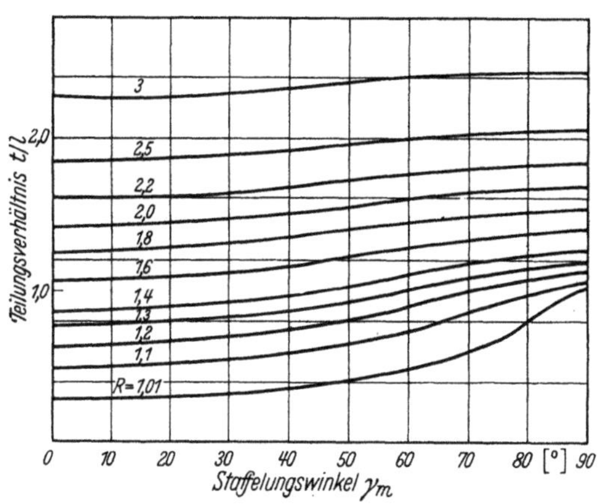

Abb. 271. Die Abszisse R des Quell- bzw. Senkenpunktes in der Bildebene als Funktion der Gitterkenngrößen γ_m und t/l

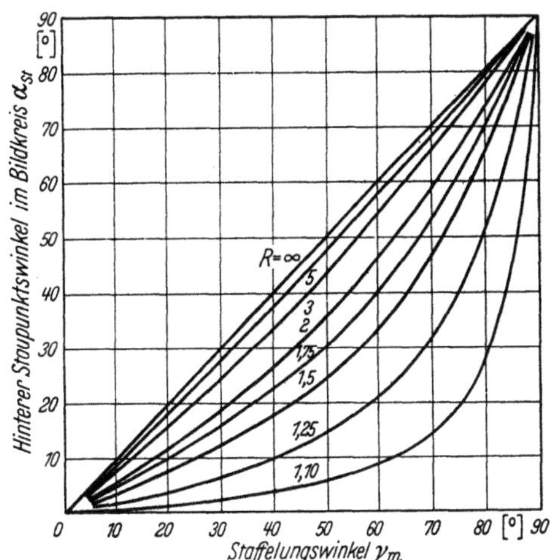

Abb. 272. Der hintere Staupunktswinkel α_{St} im Bildkreis als Funktion von γ_m und R (vgl. Abb. 271)

Gl. (248) und (249) sind in Abb. 271 und 272 dargestellt und erlauben, die für die konforme Abbildung wichtigen Rechnungsgrößen in einfacher Weise abzugreifen.

b) Das Streckenprofilgitter bei Strömung mit Ablenkung

Im vorangegangenen Teilabschnitt wurde das Verhalten des Streckenprofilgitters bzw. seine Abbildung bei ablenkungsfreier Strömung untersucht. Der Winkel zwischen Gitternormale und Strömungsrichtung ist hierbei gleich dem Staffelungswinkel γ_m. Schließt die Strömungsrichtung w_∞ mit der Richtung der Streckenprofile einen Winkel (ν_s) ein, so erzeugen die Streckenprofile einen Auftrieb bzw. eine Ablenkung. Sie werden also zirkulatorisch umströmt. Abb. 273 zeigt eine schematische Darstellung des Stromlinienbildes bei einer Gitterströmung mit Ablenkung.

Die Strömungsgeschwindigkeit w_∞ läßt sich zerlegen in eine Komponente $w_0 = w_\infty \cdot \cos \nu_s$, die in die Richtung der Streckenprofile fällt und keinen Auftrieb liefert und in eine dazu senkrechte Komponente $w_{\pi/2} = w_\infty \cdot \sin \nu_s$. Soll jedoch die Hinterkante des Streckenprofils (Punkt A) hinterer Staupunkt bleiben, so muß der Geschwindigkeitskomponente $w_{\pi/2}$ noch eine Zirkulationsströmung überlagert werden. Abb. 273 a–c zeigen eine schematische Übersicht der durch die Zerlegung der Strömungsgeschwindigkeit w_∞ entstandenen drei Einzelstromlinienbilder. Die Stärke der erforderlichen Zirkulation ist abhängig von $w_{\pi/2}$ und mit $w_{\pi/2} = w_\infty \cdot \sin \nu_s$ eine lineare Funktion von $\sin \nu_s$. Sie sei für $w_\infty = 1$ und $\nu_s = 90°$ von der Größe Γ; für den Winkel ν_s ergibt sich somit

$$\Gamma_{\nu_s} = \Gamma \cdot \sin \nu_s.$$

Für ein alleinstehendes Streckenprofil ergibt sich die Zirkulation aus der Theorie der reibungsfreien Strömung bei der Anströmgeschwindigkeit $w = 1$ und dem Anstellwinkel ν_s zu

$$\Gamma_{\nu_{s_E}} = \pi \cdot l \cdot \sin \nu_s.$$

Die Zirkulation in Gitteranordnung sei nun das $k_0$fache der Zirkulation eines alleinstehenden Profils bei gleichem Anstellwinkel ν_s. Für den Faktor k_0 ergibt sich somit

$$k_0 = \frac{\Gamma_{\nu_s}}{\Gamma_{\nu_{s_E}}} = \frac{\Gamma}{\pi \cdot l} \cdot \tag{250}$$

Der Wert k_0 ist also unabhängig vom Winkel ν_s. Seine Abhängigkeit von der Gitterstellung (t/l; γ_m) soll im folgenden bestimmt werden. Hierzu ist es notwendig, die Größe von Γ zu berechnen. Diese ergibt sich nach dem vorangegangenen aus der Bedingung, daß die von der Zirkulationsströmung erzeugte örtliche Geschwindigkeit im Punkte A (Hinterkante) von gleicher Größe, aber entgegengesetzter Richtung wie die von einer Geschwindigkeit $w_{\pi/2}$ erzeugte (entsprechend $\nu_s = 90°$) sein soll, so daß der Punkt A, wie gefordert, hinterer Staupunkt wird.

Es sei an dieser Stelle bemerkt, daß durch Vorverlegen des hinteren Staupunktes auf die Profiloberseite — entsprechend einem Vorschlag von Betz für Tragflügelprofile — der zirkulationsvermindernde Einfluß der Reibung berücksichtigt werden könnte.

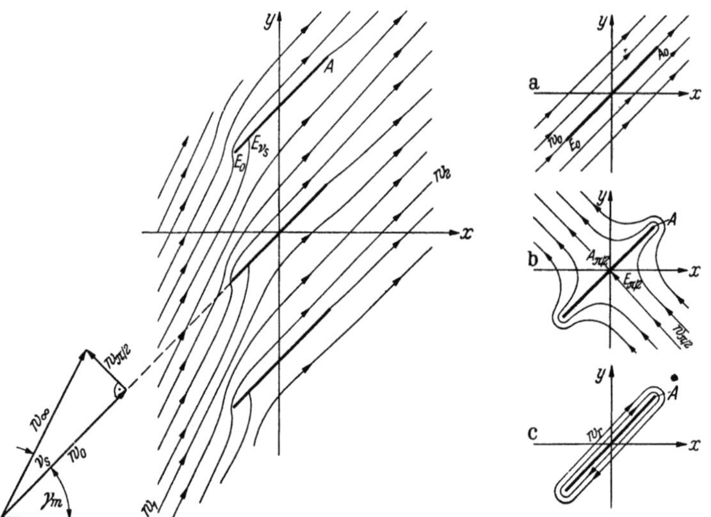

Abb. 273 a–c. Das Streckenprofilgitter mit Ablenkung
a) ablenkungsfreie Parallelströmung; b) Strömung bei $v_s = 90°$; c) Zirkulationsströmung

α) **Berechnung der Geschwindigkeit auf der Kreiskontur bei einer Anströmung mit $\nu_s = 90°$.**

Das komplexe Potential für eine Anströmung unter $\nu_s = \dfrac{\pi}{2} = 90°$ errechnet sich an Hand der im vorangegangenen Teilabschnitt gegebenen Herleitung auf einfache Weise durch Vertauschen von Wirbel, Quellen und Senken miteinander. Man erhält mit $w_{\pi/2} = 1$ die Beziehung

$$W_{\pi/2}(\zeta) = \frac{t}{2\pi}\left\{ -i\,e^{-i\gamma_m} \cdot \ln\frac{R+\zeta}{R-\zeta} + i\,e^{i\gamma_m} \cdot \ln\frac{\zeta+\dfrac{1}{R}}{\zeta-\dfrac{1}{R}} \right\}. \tag{251}$$

Für den Einheitskreis ergibt sich damit die *Potentialfunktion* zu

$$\varphi_{\pi/2}(K) = \frac{t}{2\pi}\left\{ -\sin\gamma_m \cdot \ln\frac{R^2 + 2R\cdot\cos\alpha + 1}{R^2 - 2R\cdot\cos\alpha + 1} + 2\cos\gamma_m \cdot \arctan\frac{2R\cdot\sin\alpha}{R^2 - 1} \right\} \tag{252}$$

und die *Stromfunktion* wird wiederum

$$\psi_{\pi/2}(K) = 0. \tag{253}$$

Die Geschwindigkeit auf der Kreiskontur ist $w_{\pi/2}(K) = \dfrac{d\varphi_{\pi/2}(K)}{d\alpha}$, also

$$w_{\pi/2}(K) = \frac{t}{2\pi}\left\{ \frac{4R}{(R^2+1)^2 - (2R\cdot\cos\alpha)^2}\left[\sin\gamma_m \cdot \sin\alpha\,(R^2+1) + \cos\gamma_m \cdot \cos\alpha\,(R^2-1)\right] \right\}. \tag{254}$$

Für die Hinterkante (Punkt A) wurde $\alpha = \alpha_{St}$ gesetzt und hierfür die Beziehung

$$\tan\alpha_{St} = \tan\gamma_m \cdot \frac{R^2-1}{R^2+1}$$

hergeleitet. Unter Verwendung dieser Beziehung errechnet sich die Geschwindigkeit im Punkte A

$$w_{\pi/2}(A) = \frac{2t}{\pi} \cdot \frac{R\cdot\cos\alpha_{St}}{\cos\gamma_m} \cdot \frac{R^2-1}{(R^2+1)^2 - (2R\cdot\cos\alpha_{St})^2}. \tag{255}$$

Die Hinterkante ist also, wie schon erwähnt, nicht Staupunkt, sondern wird mit einer Geschwindigkeit $w_{\pi/2}(A) \neq 0$ umströmt.

β) Berechnung der Geschwindigkeit auf der Kreiskontur bei Zirkulationsströmung

Eine Zirkulationsströmung muß der Geschwindigkeitskomponente $w_{\pi/2}$ derart überlagert werden, daß die Hinterkante der Abflußbedingung $[w(A) = 0]$ genügt. Außerdem muß sie selbstverständlich den Einheitskreis als Stromlinie (ψ = const) enthalten. Sie läßt sich darstellen durch zwei gleichsinnig drehende Wirbel in $+R$ und $-R$ und deren Spiegelung an dem Einheitskreis (Gegenwirbel in $+1/R$ und $-1/R$). Da die Gesamtzirkulation die Größe Γ haben soll, ist die Zirkulationsstärke des Einzelwirbels $\Gamma/2$. Mit der erforderlichen Drehrichtung (Abb. 273 c) und der Definition des komplexen Potentials für den rechtsdrehenden Wirbel

$$\varkappa_W = i \cdot \frac{\Gamma}{2\pi} \ln(\zeta - a)$$

ergibt sich das komplexe Potential des gesamten Wirbelsystems zu

$$W_\Gamma(\zeta) = i\,\frac{\Gamma}{4\pi}\underbrace{\ln(\zeta + R)}_{\substack{\text{rechtsdrehender} \\ \text{Wirbel in } \zeta = -R}} - i\,\frac{\Gamma}{4\pi}\underbrace{\ln\left(\zeta + \frac{1}{R}\right)}_{\substack{\text{linksdrehender} \\ \text{Wirbel in } \zeta = -\frac{1}{R}}} - i\,\frac{\Gamma}{4\pi}\underbrace{\ln\left(\zeta - \frac{1}{R}\right)}_{\substack{\text{linksdrehender} \\ \text{Wirbel in } \zeta = +\frac{1}{R}}} + i\,\frac{\Gamma}{4\pi}\underbrace{\ln(R - \zeta)}_{\substack{\text{rechtsdrehender} \\ \text{Wirbel in } \zeta = +R}}. \tag{256}$$

Durch Umformen erhält man

$$W_\Gamma(\zeta) = i\,\frac{\Gamma}{4\pi} \ln\left(\frac{R + \zeta}{\zeta + \dfrac{1}{R}} \cdot \frac{R - \zeta}{\zeta - \dfrac{1}{R}}\right). \tag{256a}$$

Durch Aufspalten in Real- und Imaginärteil ergibt sich für den Einheitskreis die *Potentialfunktion*

$$\varphi_\Gamma(K) = -\frac{\Gamma}{4\pi}\left\{\left[\arctan\left(\frac{\sin\alpha}{R + \cos\alpha}\right) - \arctan\left(\frac{\sin\alpha}{R - \cos\alpha}\right)\right] - \left[\arctan\left(\frac{\sin\alpha}{\cos\alpha + \dfrac{1}{R}}\right) + \arctan\left(\frac{\sin\alpha}{\cos\alpha - \dfrac{1}{R}}\right)\right]\right\}. \tag{257}$$

Für die *Stromfunktion* findet man

$$\psi_\Gamma(K) = \frac{\Gamma}{4\pi} \cdot \frac{1}{2}\ln R^2 = \text{const} \tag{258}$$

Der Einheitskreis ist also, wie vorausgesetzt, Stromlinie (ψ = const) und wird zirkulatorisch umströmt ($\psi \neq 0$).

Die von der Zirkulationsströmung auf der Kreisberandung erzeugte Geschwindigkeit errechnet sich aus Gl. (257) zu

$$w_\Gamma(K) = -\frac{\Gamma}{2\pi} \cdot \frac{(R^2 + 1) \cdot (R^2 - 1)}{(R^2 + 1)^2 - (2R \cdot \cos\alpha)^2}. \tag{259}$$

γ) Berechnung des Koeffizienten k_0

Für die Profilhinterkante (Punkt A) besteht die Bedingung

$$w_{\pi/2}(A) + w_\Gamma(A) = 0.$$

Setzt man in Gl. (259) $\alpha = \alpha_{St}$, so ergibt sich unter Verwendung von Gl. (255)

$$-\frac{\Gamma}{2\pi}\,\frac{(R^2 + 1)\,(R^2 - 1)}{(R^2 + 1)^2 - (2R \cdot \cos\alpha_{St})^2} = \frac{-2t}{\pi} \cdot \frac{R \cdot \cos\alpha_{St}}{\cos\gamma_m} \cdot \frac{R^2 - 1}{(R^2 + 1)^2 - (2R \cdot \cos\alpha_{St})^2}$$

und die Zirkulation wird

$$\Gamma = 4t\,\frac{R}{R^2 + 1} \cdot \frac{\cos\alpha_{St}}{\cos\gamma_m}. \tag{260}$$

Mit der Definition des Koeffizienten k_0 [Gl. (250) und Gl. (260)] erhält man

$$k_0 = \frac{\Gamma}{\pi \cdot l} = \frac{4 \cdot t}{\pi \cdot l} \cdot \frac{R}{R^2 + 1} \cdot \frac{\cos\alpha_{St}}{\cos\gamma_m} \tag{261}$$

Da weiterhin $R = f_1(t/l;\gamma_m)$ und $\alpha_{St} = f_2(\gamma_m; R)$ bereits auf Abb. 271 und 272 gegeben sind, läßt sich auch $k_0 = f_3(\gamma_m, t/l)$ darstellen. Diese Abhängigkeit ist in Abb. 274 dargestellt.

δ) Geschwindigkeitsverteilung auf der Kreisberandung bei einer Strömung mit Auftrieb

Die resultierende Geschwindigkeit in einem beliebigen Punkte der Kreisberandung ergibt sich für eine Strömuug mit Auftrieb nun auf einfache Weise durch algebraische Addition der von den Teilströmungen erzeugten Geschwindigkeiten, weil die Kreiskontur ja Stromlinie für jeden der drei Strömungsanteile ist. Für die Überlagerung dieser drei Einzelgeschwindigkeiten ergibt sich entsprechend den Ausführungen zu Beginn dieses Teilabschnittes die Bedingung

$$w_{\nu_s}(K) = w_0(K) \cdot \cos\nu_s + [w_{\pi/2}(K) + w_\Gamma(K)] \cdot \sin\nu_s,$$

$$\frac{w_{\nu_s}}{w_\infty}(K) = \frac{w_0}{w_\infty}(K) \cdot \cos\nu_s \left[1 + \frac{w_{\pi/2}(K) + w_\Gamma(K)}{w_0(K)} \cdot \tan\nu_s\right]. \tag{262}$$

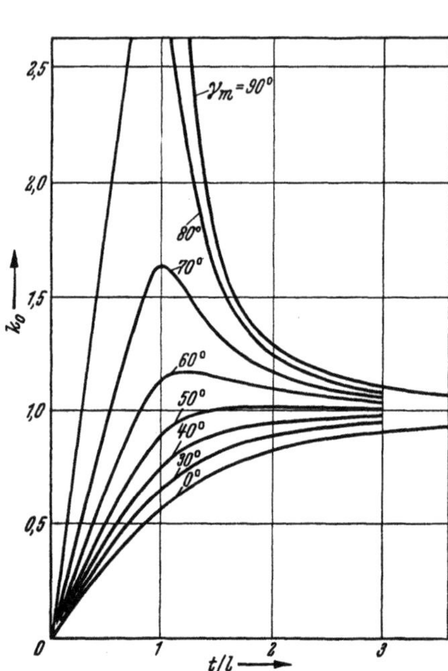

Abb. 274. Die Gittereinflußzahl k_0 für Streckenprofilgitter

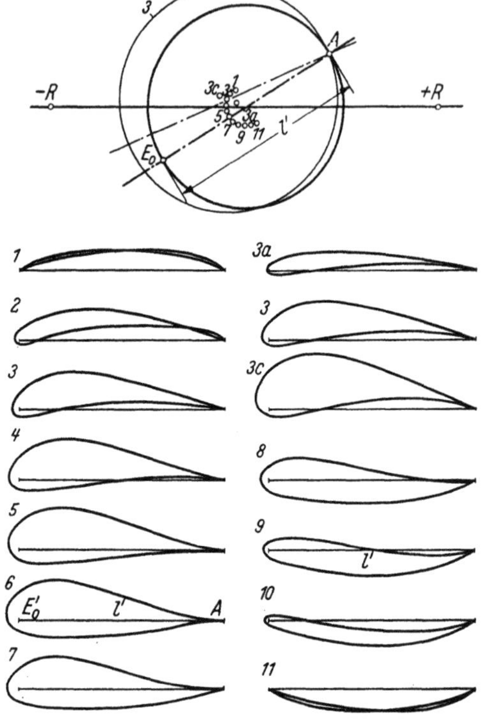

Abb. 275. Durch konforme Abbildung aus der Streckenprofilgitterabbildung entstehende Gitterprofile. Die mit den Zahlen *1* bis *11* bezeichneten Profilformen entstehen, wenn der Mittelpunkt des Bildkreises in die mit den entsprechenden Zahlen bezeichneten Punkte der Bildkreisebene gelegt wird. *1, 2* und *11* sind uneigentliche Profile, da sich ihre Konturen überschneiden

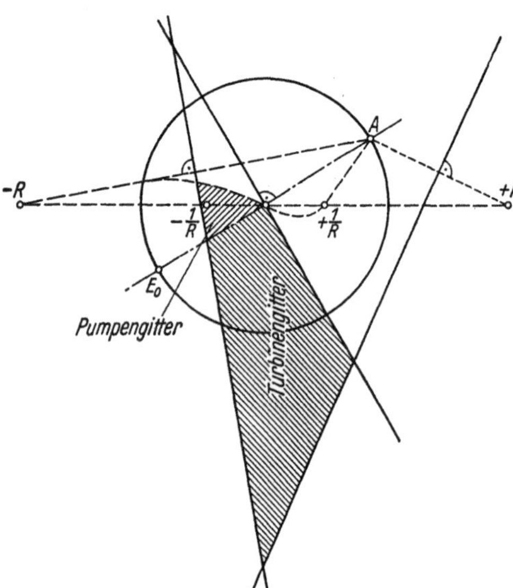

Abb. 276. Zur Lage des Mittelpunktes von Kreisen in der Bildebene, die bei Übertragung in die Gitterebene realisierbare Profile ergeben

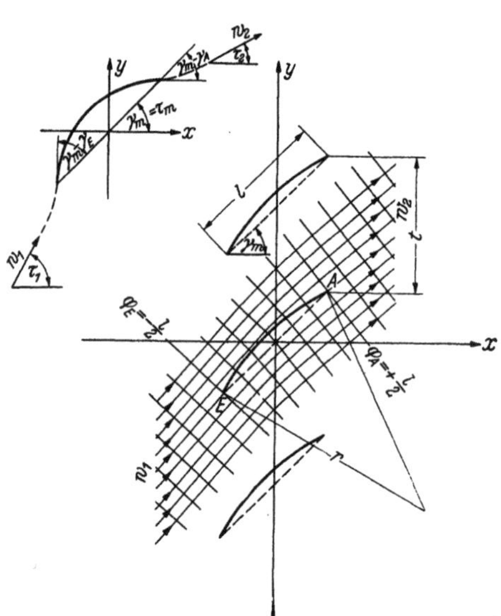

Abb. 277. Strömung durch ein Kreisbogenprofilgitter ohne Anstellung

Führt man diese Überlegung durch, so erhält man

$$\frac{w_{v_s}}{w_\infty}(K) = \frac{w_0}{w_\infty}(K) \cdot \cos v_s \left[1 + \frac{(R^2+1)\cdot\sin\gamma_m(\sin\alpha-\sin\alpha_{St})+(R^2-1)\cdot\cos\gamma_m(\cos\alpha-\cos\alpha_{St})}{(R^2+1)\cos\gamma_m\cdot\sin\alpha-(R^2-1)\sin\gamma_m\cdot\cos\alpha}\cdot\tan v_s\right]. \quad (263)$$

Gl. (262) und (263) können bei der Berechnung der Druck- und Geschwindigkeitsverteilung auf der Kontur von Gitterprofilen Verwendung finden.

c) Erweiterungen der Abbildung eines Streckenprofilgitters

Man kann nun die Abbildung des Streckenprofilgitters auch zum Auffinden anderer Profilgitter benützen. Wählt man, analog zur JOUKOWSKI-Abbildung für alleinstehende Profile, in der Bildkreisebene (ζ-Ebene) einen neuen Kreis, der in seinem Innern die Punkte E, A, $-1/R$ und $+1/R$ und in seinem Äußeren die Punkte $-R$ und $+R$ enthält, so erhält man damit ein Gitter aus endlich dicken und gewölbten Profilen. Liegt der Punkt A auf der Berandung des neuen Bildkreises, so haben diese Profile eine spitze Hinterkante. Abb. 275 zeigt einige auf diese Weise gewonnene Gitterprofilformen.

Leider lassen sich aber nicht alle Profile, die auf diese Weise gewonnen werden können, praktisch realisieren, weil hierfür die weitere Bedingung besteht, daß sich die Profilkontur nicht selbst überschneiden darf. WEINIG hat eine Untersuchung darüber angestellt, in welchem Bereich die Mittelpunkte der Bildkreise liegen dürfen, um realisierbare Profile zu erhalten. Dieser Bereich ist auf Abb. 276 dargestellt.

Bei der Untersuchung dieses Bereiches findet man, daß sich sog. Kreisbogenskelettprofile — Bedingung hierfür ist, daß außer dem Punkt A auch der Punkt E auf die Berandung des Bildkreises fällt — nur für die Staffelungswinkel $\gamma_m = 0°$ und $\gamma_m = 90°$ erzeugen lassen. Zur theoretischen Untersuchung dieser für Verdichterschaufeln wichtigen Profilart soll deshalb ein anderer, aber auch auf der Abbildung des Streckenprofilgitters aufbauender Weg eingeschlagen werden.

d) Berechnung von Gittern aus schwach gewölbten Kreisbogen(skelett)-Profilen

Die Berechnung von Gittern aus schwach gewölbten Kreisbogen(skelett)-Profilen geht von der Tatsache aus, daß man durch Logarithmieren einer in komplexer Darstellungsweise gegebenen Geschwindigkeit den Logarithmus ihrer absoluten Größe als Realteil und ihre Richtung als Imaginärteil erhält.

Es sei z. B.

$$\frac{dW(z)}{dz} = u - iv = w \cdot e^{-i\alpha}.$$

Dann ist mit $w^2 = u^2 + v^2$ und $\tan\alpha = v/u$

$$\ln\frac{dW(z)}{dz} = \ln w + \ln e^{-i\alpha} = \ln|w| - i\cdot\alpha.$$

Nun ist $dW(z)/dz$ als Ableitung einer analytischen Funktion $W(z)$ wieder eine analytische Funktion. Somit ist auch

$$\overline{W}(z) = \ln\frac{dW(z)}{dz} = \ln|w| - i\alpha = \overline{\varphi} - i\overline{\psi}$$

eine analytische Funktion.

Betrachtet man nun ein sehr dünnes und nur schwach gewölbtes Kreisbogenprofil, dessen Sehne mit der mittleren Strömungsrichtung $\tau_m = \dfrac{\tau_1 + \tau_2}{2}$ zusammenfalle, in der Gitterebene (z-Ebene) (Abb. 277), und bedenkt man, daß an der Profiloberfläche die Strömungsrichtung mit der Richtung der Profilkontur übereinstimmen muß, dann ergibt sich aus $\varphi_E = -l/2$ und $\varphi_A = +l/2$ und dem angenähert linearen Verlauf von φ

$$\tau = \tau_m - \frac{\varphi}{r},$$

wobei φ das Strömungspotential der Abbildungsströmung in der z-Ebene und r der Radius des Kreisbogenprofils ist. Die Richtung der Strömung an der Profilkontur ist also bis auf eine additive Konstante proportional dem Potential.

Die relative Strömungsrichtung

$$v = \tau - \tau_m \quad (264)$$

am Eintritt und Austritt wird damit

$$v_E = +\frac{l}{2r}; \quad v_A = -\frac{l}{2r}.$$

Geht man nun in die Bildkreisebene über, so kann man, weil vorausgesetzt wurde, daß das Kreisbogenprofil nur dünn und schwach gewölbt sei, den Bildkreis des Kreisbogenprofils näherungsweise mit dem seiner Sehne gleichsetzen.

Für die eingeführte Stromfunktion $\overline{\psi}$, die ja die Richtung des Geschwindigkeitsvektors der wirklichen Strömung darstellt, besteht einmal die Bedingung, daß sie im ganzen Äußeren des Bildkreises regulär sein muß. Zum anderen ergibt sich mit dem Ansatz $\overline{\psi} = v + $ const, daß sie auf dem Bildkreis (welcher der Kreisbogenkontur in der z-Ebene entspricht) proportional der Potentialfunktion φ der Abbildungsströmung ist.

Das Potential φ der Abbildungsströmung wird in der Bildkreisebene durch Wirbelquellen in $\pm R$, die am Bildkreis in $\pm 1/R$ gespiegelt sind, dargestellt. Nutzt man die Tatsache aus, daß auf dem Bildkreis der von den äußeren Wirbelquellen herrührende Anteil am Potential gleich demjenigen der inneren Wirbelquellen ist, so läßt sich $W(\zeta)$ allein aus den inneren Wirbelquellen berechnen. Mit $\overline{\psi} = \nu = \varphi/r$ ergibt sich für das komplexe Potential $\overline{W}(\zeta)$, abgesehen von einer additiven Konstanten, der Ansatz

$$\overline{W}(\zeta) = \overline{\varphi} - i\,\overline{\psi} = i\,\frac{2}{r}\cdot\frac{t}{2\pi}\cdot e^{-i\cdot\gamma_m}\cdot\ln\frac{\zeta + \dfrac{1}{R}}{\zeta - \dfrac{1}{R}}\cdot \tag{265}$$

Für die weiteren Betrachtungen interessieren vor allem die Strömungsrichtungen in den Staupunkten (E und A) und in den Zu- bzw. Abflußpunkten ($\pm R$).

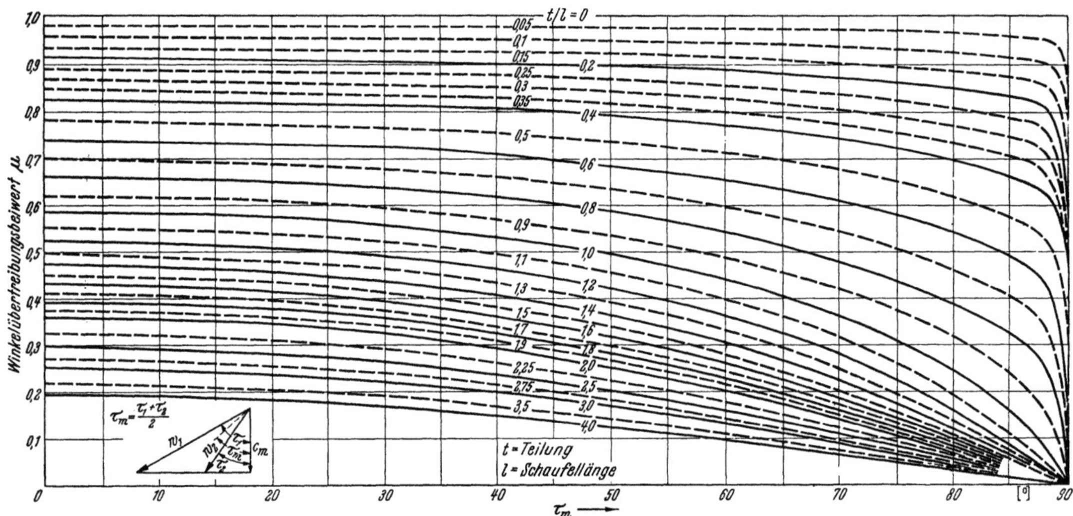

Abb. 278. Beiwert μ zur Berechnung der Winkelübertreibung bei Gittern aus Kreisbogenprofilen

Für die Staupunkte ergibt sich mit $\alpha = \alpha_{St}$ bzw. $\alpha = \alpha_{St} + \pi$

$$\overline{\psi} = \frac{1}{r}\cdot\frac{t}{2\pi}\left\{\cos\gamma_m\cdot\ln\frac{R^2 + 2R\cdot\cos\alpha_{St} + 1}{R^2 - 2R\cdot\cos\alpha_{St} + 1} + 2\cdot\sin\gamma_m\cdot\arctan\frac{2R\cdot\sin\alpha_{St}}{R^2 - 1}\right\} \tag{266}$$

oder, durch Vergleich mit Gl. (245),

$$\overline{\psi} = \frac{\varphi(K)}{r}$$

und daraus

$$\nu_E = \frac{l}{2r} \quad\text{und}\quad \nu_A = -\frac{l}{2r}\cdot \tag{267}$$

Für den Zuflußpunkt ($-R$) ergibt sich aus Gl. (265)

$$\nu_{-R} = \frac{2}{r}\cdot\frac{t}{2\pi}\cdot\cos\gamma_m\cdot\ln\frac{R^2 - 1}{R^2 + 1}\cdot \tag{268}$$

Für den Abflußpunkt $+R$ erhält man aus Symmetriegründen

$$\nu_{+R} = -\nu_{-R}\cdot$$

Definiert man nun die relative Winkelübertreibung als

$$m_1 = \frac{\gamma_m - \gamma_E}{\tau_m - \tau_1} \quad\text{und}\quad m_2 = \frac{\gamma_m - \gamma_A}{\tau_m - \tau_2}, \tag{269}$$

dann ist mit

$$\tau_m = \frac{\tau_1 + \tau_2}{2} = \gamma_m$$

$$m_1 = m_2 = m.$$

Für m ergibt sich aus Gl. (267) und (268) die Beziehung

$$m = \frac{\dfrac{\pi}{2}}{t/l \cdot \cos\tau_m \cdot \ln\dfrac{R^2+1}{R^2-1}} \cdot \tag{270}$$

Der Reziprokwert $\mu = 1/m$ ist in Abb. 278 dargestellt.

Herleitungsgemäß gelten die dargestellten μ-Werte nur für schwach gewölbte Kreisbogenprofile. Weitere Untersuchungen haben aber gezeigt, daß die ermittelten Werte auch für mittlere Wölbungen hinreichend genau sind.

Mit der relativen Winkelübertreibung hat man auch ein einfaches Mittel in der Hand, den Gittereinflußkoeffizienten für in Sehnenrichtung angeströmte Kreisbogenprofile (k_1) zu berechnen.

Der Gittereinflußkoeffizient sei wiederum definiert als

$$k_1 = \frac{\Gamma_{Kr,G}}{\Gamma_{Kr,E}} = \frac{c_{\Gamma_{Kr,G}}}{c_{\Gamma_{Kr,E}}} \cdot \tag{271}$$

Ist ϑ der Zentriwinkel des Kreisbogenprofils, dann ist

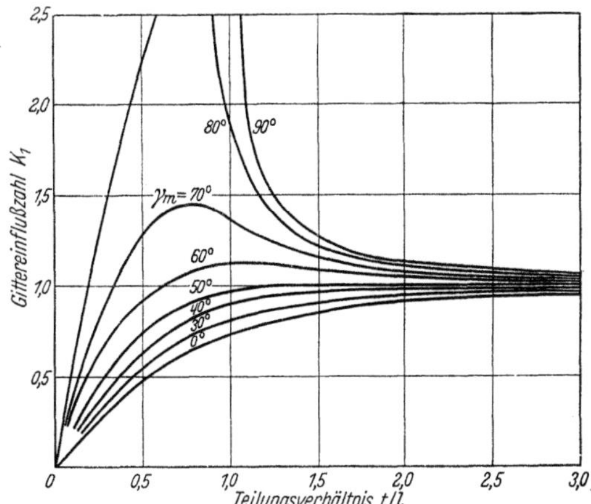

Abb. 279. Gittereinflußzahl k_1 für Kreisbogenprofilgitter ohne Anstellung

$$m = \frac{\gamma_m - \gamma_E}{\tau_m - \tau_1} = \frac{-\dfrac{\vartheta}{2}}{\tau_m - \tau_1} \quad \text{und} \quad m = \frac{\gamma_m - \gamma_A}{\tau_m - \tau_2} = \frac{+\dfrac{\vartheta}{2}}{\tau_m - \tau_2} \cdot \tag{272}$$

Der Auftriebsbeiwert eines Gitterprofils ist

$$c_{\Gamma_G} = 2 \cdot \frac{t}{l}\,(\tan\tau_1 - \tan\tau_2) \cdot \cos\tau_\infty \,,$$

wobei für kleine Wölbungen $\tau_\infty \approx \tau_m$ gesetzt werden darf. Mit Gl. (272) erhält man

$$c_{\Gamma_{Kr,G}} = 2 \cdot \frac{t}{l}\left[\tan\left(\tau_m + \frac{\dfrac{\vartheta}{2}}{m}\right) - \tan\left(\tau_m - \frac{\dfrac{\vartheta}{2}}{m}\right)\right]\cos\tau_m$$

$$= 2\,\frac{t}{l}\,\frac{\sin\dfrac{\vartheta}{m}}{\cos^2\tau_m - \sin^2\!\left(\dfrac{\vartheta/2}{m}\right)} \cdot \cos\tau_m \,.$$

Mit der Voraussetzung, daß die Kreisbogenprofile nur schwach gewölbt sind, ist ϑ klein von erster Ordnung und mit $m > 1$ der Wert $\sin^2\!\left(\dfrac{\vartheta/2}{m}\right)$ klein von zweiter Ordnung und kann vernachlässigt werden, weiterhin war vorausgesetzt, daß $\tau_m = \gamma_m$ sei.

Damit erhält man

$$c_{\Gamma_{Kr,G}} = 2 \cdot \frac{t}{l} \cdot \frac{\sin\dfrac{\vartheta}{m}}{\cos\gamma_m} \cdot \tag{273}$$

Für alleinstehende Kreisbogenprofile, die in ihrer Sehnenrichtung angeströmt werden, ist der Auftriebsbeiwert

$$c_{a_{Kr,E}} = 2\pi \cdot \sin\frac{\vartheta}{4} \cdot$$

Bildet man den Koeffizienten $k_1 = c_{\Gamma_G}/c_{a_E}$ und ersetzt, weil ϑ klein, den Sinus durch das Bogenmaß des Winkels, dann erhält man für den Gittereinflußkoeffizienten

$$k_1 = \frac{t}{l} \cdot \frac{1}{\pi} \cdot \frac{4}{m} \cdot \frac{1}{\cos\gamma_m} \cdot \tag{274}$$

Dieser Wert ist in Abb. 279 dargestellt und bildet mit den Abb. 274 und 278 das wichtigste Ergebnis der WEINIGschen Gittertheorie. Diese Abbildungen dienen im folgenden als Hauptberechnungsunterlagen für die

17 Eckert, Axial- und Radialkompressoren, 2. Aufl.

Auslegung und Berechnung axialer Schaufelgitter für Strömungsmaschinen. Hierbei wird häufig der Koeffizient k_1/k_0 gebraucht, der in Abb. 280 dargestellt ist.

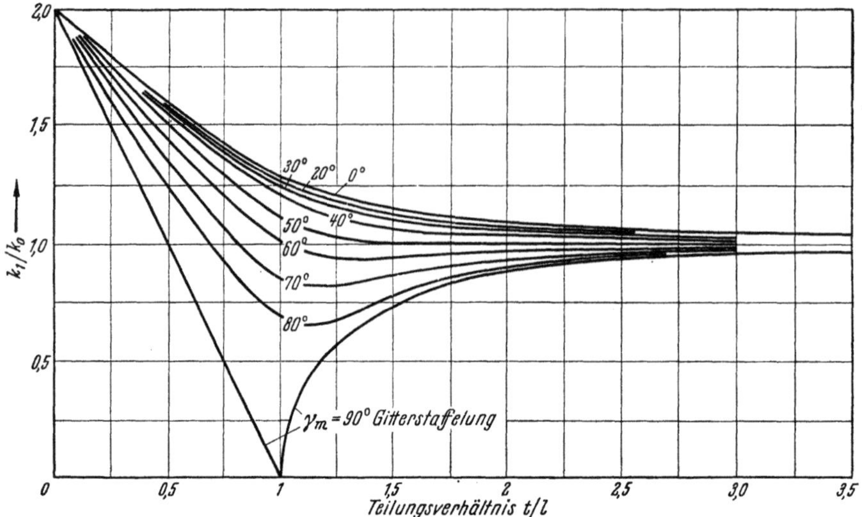

Abb. 280. Gittereinflußzahl k_1/k_0 für Kreisbogenprofilgitter

e) Einfluß der endlichen Profildicke

Die bisherigen Herleitungen beschränkten sich auf die Behandlung sog. Skelettprofile, d. h. Gitterprofile verschwindender Dicke (mit Ausnahme des kurzen Überblickes im Abschn. XI, 1 c). Denkt man sich nun auf den Skelettlinien beispielsweise eines Streckenprofilgitters Quell-Senkenverteilungen angeordnet, so ergeben sich bei der Überlagerung dieser Quell-Senkenströmung mit der ungestörten Anströmung geschlossene Stromlinien, die als Berandung von Profilen endlicher Dicke angesehen werden können (s. Abb. 281).

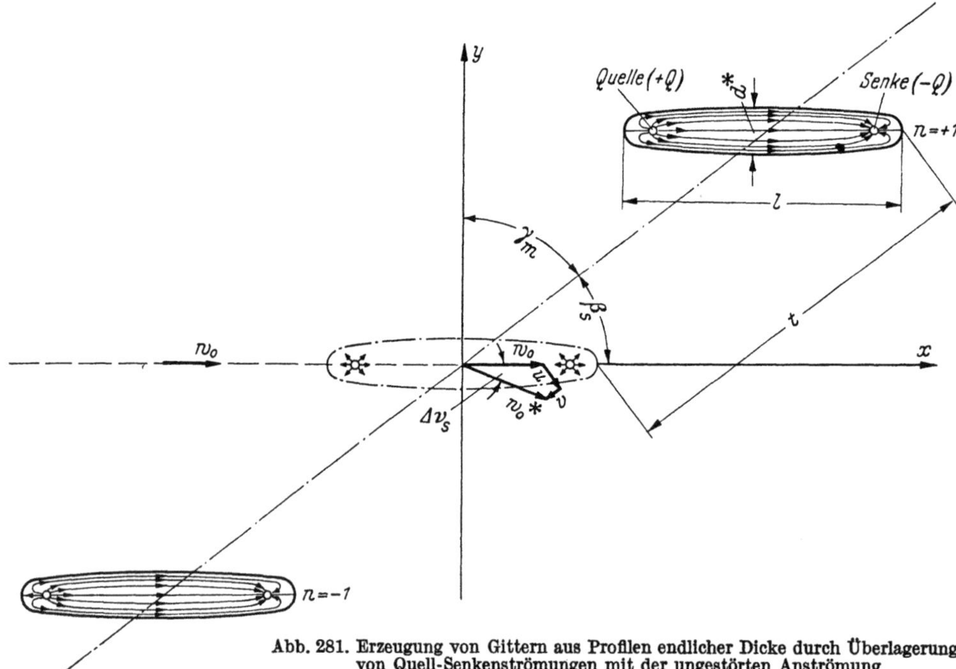

Abb. 281. Erzeugung von Gittern aus Profilen endlicher Dicke durch Überlagerung
von Quell-Senkenströmungen mit der ungestörten Anströmung

Beim Einzelprofil hat die Quell-Senkenverteilung nur wenig Einfluß auf die Größe der sich um das Profil einstellenden Zirkulation. Der Auftrieb wird also praktisch nur von der Form der Skelettlinie (Wölbung) und vom Anstellwinkel bestimmt. Im Gitterverband dagegen ergibt die Summation der von der Quell-Senkenströmung erzeugten Zusatzgeschwindigkeiten eine Änderung der Strömungsrichtung am Orte der Gitterprofile. Nach RUDEN[1] erhält man die durch die endlichen Profildicken erzeugten Störgeschwindigkeiten für ein Gitter

---

[1] RUDEN: Untersuchungen über einstufige Axialgebläse. Luftfahrtforschung 14 (1937) Nr. 7.

aus symmetrischen Profilen bei hinreichend weiter Teilung in axialer und in Umfangsrichtung zu (s. Abb. 281)

$$u = \frac{\pi \cdot w_0 \cdot F \cdot \sin\beta_s}{6 \cdot t^2}$$

und

$$v = \frac{\pi \cdot w_0 \cdot F \cdot \cos\beta_s}{6 \cdot t^2} \,. \tag{275}$$

Für den Profilquerschnitt kann man näherungsweise setzen

$$F \approx 0{,}70 \cdot l^2 \cdot \frac{d^*}{l}$$

wobei d^* die maximale Profildicke bedeutet.

Damit errechnet sich die Änderung der Anströmrichtung am Orte eines aus dem Gitterverband herausgenommenen Profils zu

$$\Delta v_{s\text{theor.}} = \frac{21 \cdot (d^*/l) \cdot \sin(2\beta_s)}{(t/l)^2} \tag{276}$$

Abb. 282 zeigt die Auswertung dieser Beziehung.

SHIMOYAMA[1] geht für die Berechnung des Dickeneinflusses von der Konstruktion eines JOUKOWSKI-Profils mittels der Abbildungsfunktion

$$z = \frac{1}{2}\left(\zeta + \frac{a^2}{\zeta}\right) \tag{277}$$

aus (s. Abb. 283). Bei Anströmung eines derartigen Profils in Richtung der I. Profilachse (Nullauftriebsrichtung) verschwindet der Auftrieb und die von dem Profil in seiner weiteren Umgebung erzeugte Zusatzgeschwindigkeit beträgt näherungsweise

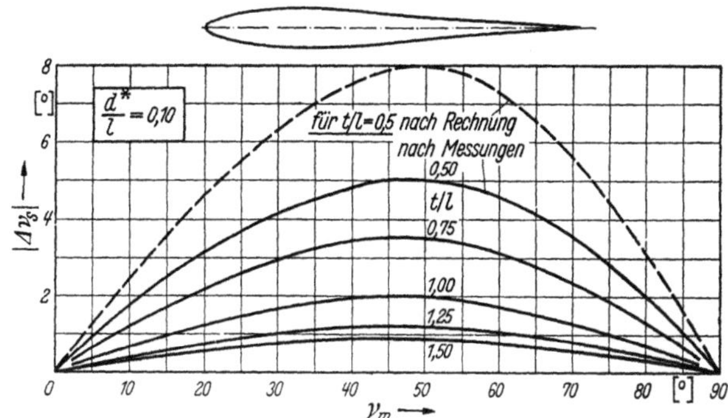

Abb. 282. Anstellwinkeländerung infolge des Dickeneinflusses für ein Profilgitter. d^* maximale Profildicke, l Profillänge

$$\left(\frac{dW}{dz}\right)_{\text{Zus.}} = u - iv \approx \frac{2a \cdot \zeta_0 \cdot e^{-i\alpha_0}}{4z^2}\, w_0 \,. \tag{278}$$

Hierbei kennzeichnet $\zeta_0 = |\zeta_0| \cdot e^{i\sigma}$ die Lage des Mittelpunktes des Abbildungskreises. Zwischen den Profilparametern: maximale Wölbungshöhe f und maximale Profildicke d^* und dem Abbildungsparameter

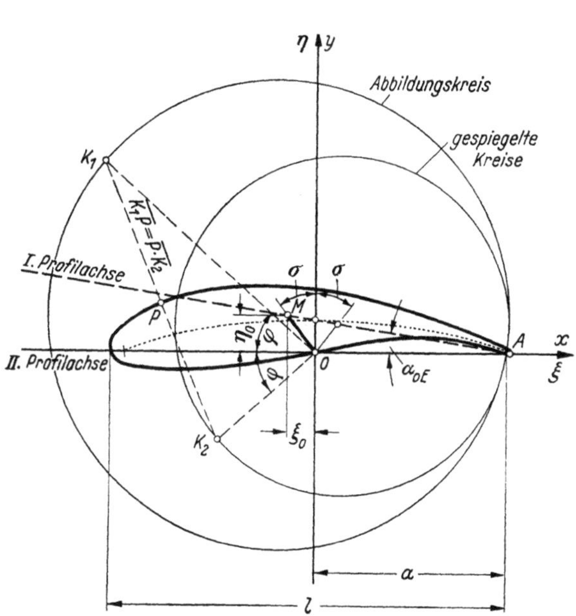

Abb. 283. Konstruktion eines JOUKOWSKI-Profiles mittels der Abbildungsfunktion $z = \frac{1}{2}\left(\zeta + \frac{a^2}{\zeta}\right)$

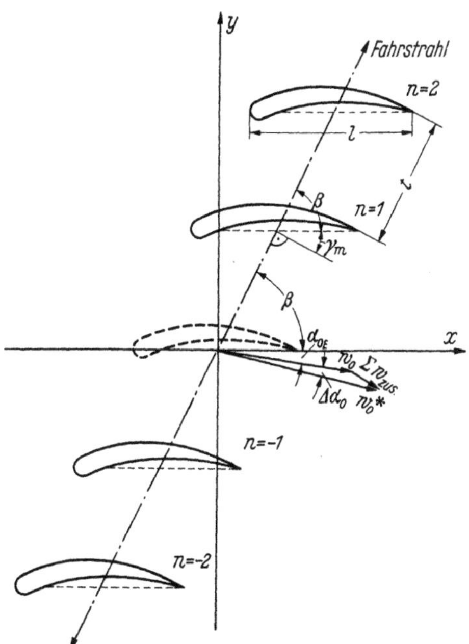

Abb. 284. Änderung der Nullanströmrichtung in einem (Verzögerungs-) Profilgitter

---

[1] SHIMOYAMA: Experiments of rows of aerofoils for retarded flow. Mem. Fac. Eng. Kyushu Imp. Uni. Fukuoka 1938.

17*

$|\zeta_0| = \sqrt{|\xi_0|^2 + |\eta_0|^2}$ besteht der Zusammenhang

$$\frac{|\eta_0|}{a} = 2\frac{f}{l}$$

$$\frac{|\xi_0|}{a} = 0{,}85\,\frac{d^*}{l} \qquad\qquad (279)$$

$$l \approx 2a.$$

Bei entsprechend großer Teilung wird die Richtung der von den einzelnen Profilen eines Gitters hervorgerufenen Zusatzgeschwindigkeit für alle Profile annähernd die gleiche und die Summation ergibt mit den Bezeichnungen in Abb. 284 für den Absolutbetrag der Zusatzgeschwindigkeit am Orte eines Gitterprofils den Wert

$$\Sigma\left|\frac{w_{\text{Zus.}}}{w_0^*}\right| = \frac{\pi^2}{12}\cdot\left(\frac{l}{t}\right)^2\cdot\frac{|\zeta_0|}{l} \qquad\qquad (280)$$

und für die Änderung der Nullauftriebsrichtung im Gitterverband

$$\Delta\alpha_0 = 15\cdot\pi\left(\frac{l}{t}\right)^2\cdot[\,|\xi_0|\cdot\sin(2\gamma_m) + |\eta_0|\cdot\cos(2\gamma_m)]. \qquad\qquad (281)$$

Nun ist aber nach Gl. (279) $|\eta_0|$ nur eine Funktion der Wölbung und $|\xi_0|$ eine Funktion der Dicke, so daß man den Einfluß beider Anteile auf die Nullauftriebsrichtung getrennt darstellen kann (s. Abb. 285 und 286).

Der Vergleich der Abb. 285 mit der Abb. 282 zeigt für den Dickeneinfluß eine praktisch vollkommene Übereinstimmung beider Berechnungsarten.

Beide Herleitungen setzen aber voraus, daß die Zusatzgeschwindigkeit sich längs der Gitterprofile nur wenig ändert und man als gemeinsamen Fahrstrahl zu allen Profilen die durch den Ursprung gehende Parallele zur Gitterachse wählen kann. Die Anwendung ist damit beschränkt auf Gitter relativ großer Teilungsverhältnisse $(t/l > 1 \div 1{,}25)$, wie sie bei hochbelasteten Axialverdichtern praktisch nur an den Schaufel-Außenschnitten anzutreffen sind.

Ein neuerer Ansatz von RAABE[1] gestattet es dagegen, auch Gitter kleinerer Teilungsverhältnisse zu erfassen. Aus Verein-

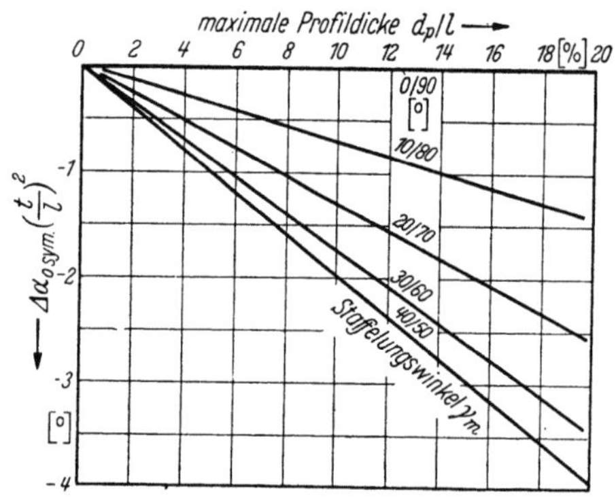

Abb. 285. Die Nullauftriebsrichtungsänderung in einem Verzögerungsgitter aus symmetrischen Profilen

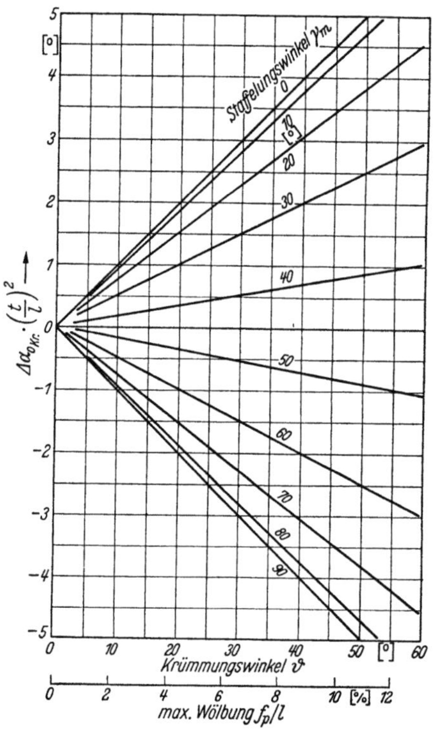

Abb. 286. Die Nullauftriebsrichtungsänderung in einem Verzögerungsgitter aus Kreisbogenskelettprofilen

fachungsgründen wird die Dickenverteilung nicht durch eine kontinuierliche Quell-Senkenbelegung erzeugt, sondern durch ein Quell-Senkenpaar, ähnlich wie auf Abb. 281 dargestellt. Der Abstand von Quelle und Senke ist $a\cdot l$ wobei $a < 1$ sein muß und für übliche Grundprofile etwa zu $a \approx 2/3$ geschätzt werden kann.

Die von der Quell-Senkenreihe erzeugte komplexe Geschwindigkeit beträgt an der Hinterkante der Profile (Aufpunkt $y = 0$ und $x = l/2$)

$$w_Q = \frac{Q\cdot e^{-i\beta}}{2t}\left\{\cot\left[\frac{\pi}{2}\cdot\frac{l}{t}\,(1+a)\cdot e^{-i\beta}\right] - \cot\left[\frac{\pi}{2}\cdot\frac{l}{t}\,(1-a)\,e^{-i\beta}\right]\right\}, \qquad\qquad (282)$$

wobei $Q = d^*\cdot w_\infty$ die Quellstärke bedeutet. Diese komplexe Geschwindigkeit kann in eine Komponente in

---

[1] RAABE, J.: Ein Beitrag zur theoretischen Bestimmung der auftriebslosen Anströmrichtung bei endlicher Profildicke im Flügelgitter einer axialen Turbomaschine. Der Maschinenmarkt Nr. 3 (9. 1. 59) S. 7 bis 9.

Sehnenrichtung (Realteil) und in eine Komponente in y-Richtung, also senkrecht zur Profilsehne zerlegt werden (negativer Imaginärteil der komplexen Geschwindigkeit). Zur Erfüllung der KUTTA-JOUKOWSKISCHEN Abflußbedingung muß die letztere Komponente verschwinden, so daß der Quell-Senkenströmung eine Zirkulationsströmung zu überlagern ist. Für eine Wirbelreihe in Skelettlinienmitte (s. Abb. 287) erhält man als komplexe Geschwindigkeit an der Profilhinterkante

$$w_\Gamma = -\frac{i\,\Gamma \cdot e^{-i\beta}}{2t}\cot\left[\frac{\pi}{2}\cdot\frac{l}{t}\cdot e^{-i\beta}\right], \tag{283}$$

die gleichfalls in Real- und Imaginärteil zu zerlegen ist. Für die Imaginärteile der beiden Strömungen besteht die Abflußbedingung

$$[v_y(\Gamma) + v_y(Q)]_{\text{Hinterkante}} = 0.$$

Zwischen der Zirkulation Γ und dem Anstellwinkel Δv_s besteht für ein Streckenprofilgitter der Zusammenhang

$$\left.\begin{aligned}
\Gamma &= \pi \cdot k_0 \cdot l \cdot w_\infty \cdot \Delta v_s, \\
\Delta v_{s_{\text{theor.}}} &= \frac{\Gamma}{\pi \cdot k_0 \cdot l \cdot w_\infty}.
\end{aligned}\right\} \tag{284}$$

Um diesen Betrag ist das Gitter aus endlich dicken Profilen stärker gegen die ungestörte Anströmrichtung anzustellen, um die durch die Quell-Senkenreihe erzeugte Umströmung der Profilhinterkante auszugleichen.

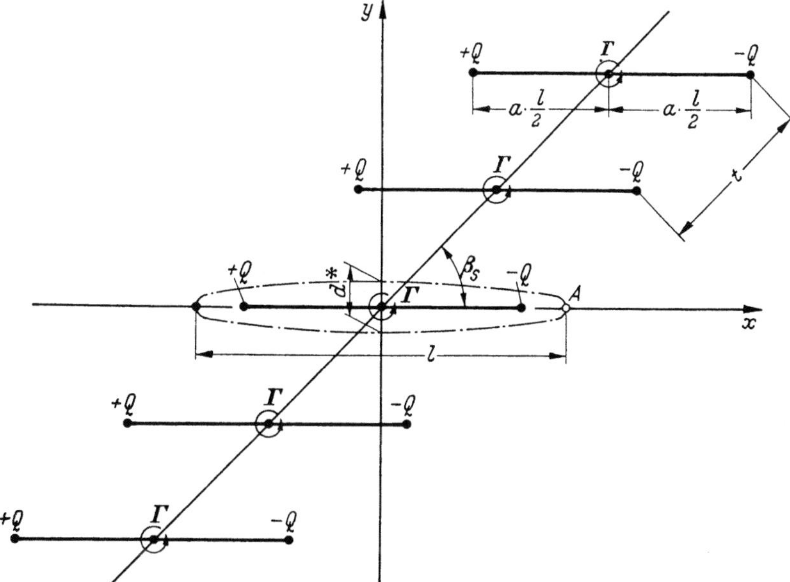

Abb. 287. Anordnung der Quell-Senkenreihe und der Wirbelreihe nach J. RAABE

Aus den Gln. (282), (283) und (284) erhält man für die erforderliche Änderung des Staffelungswinkels den Ausdruck

$$\Delta v_{s_{\text{theor.}}} = \frac{2}{k_0}\,\frac{d^*}{t}\cdot F(\beta_s, t/l). \tag{285}$$

Hierin sind

k_0 die Gittereinflußzahl für Streckenprofilgitter (s. Abb. 274),

d^* die maximale Profildicke,

$F(\beta_s, t/l)$ eine Einflußfunktion, die in folgender Weise von den Gitterparametern abhängt[1]:

$$F(\beta_s, t/l) = \frac{\sin(2\beta_s)\,(\sin^2\varphi\cdot \mathfrak{Col}^2\,\psi - \mathfrak{Sin}^2\,\psi\,\cos^2\varphi) - \dfrac{1}{2}\cos(2\beta_s)\sin(2\varphi)\,\mathfrak{Sin}(2\psi)}{[\cos\beta_s\sin(2\varphi) + \sin\beta_s\,\mathfrak{Sin}(2\psi)]\,[\mathfrak{Sin}^2\,\psi\,\cos^2\varphi + \mathfrak{Col}^2\,\psi\,\sin^2\varphi]} \tag{286}$$

mit den Substitutionen

$$\left.\begin{aligned}
\varphi &= \frac{\pi}{2}\cdot\frac{l}{t}\cdot\cos\beta_s \\[2mm]
\psi &= \frac{\pi}{2}\cdot\frac{l}{t}\cdot\sin\beta_s
\end{aligned}\right\} \tag{287}$$

und

---

[1] Für die Herleitung und Zwischenrechnungen sei auf die Arbeit von J. RAABE verwiesen.

Der Verlauf dieser Einflußfunktion ist in Abb. 288 als Funktion des Staffelungswinkels β_s und des Teilungsverhältnisses dargestellt.

Im Gegensatz zu den beiden ersten Herleitungen, die die Änderung der Strömungsrichtung in Profilmitte bzw. im Koordinaten-Ursprung bestimmen, wird hier von der Erfüllung der KUTTA-JOUKOWSKIschen Abflußbedingung ausgegangen. Durch Vergleich mit Gittermessungen wird im nächsten Abschnitt gezeigt, daß diese Darstellung zumindest für Teilungsverhältnisse $0,75 < t/l < 1,25$ dem gemessenen Dickeneinfluß am besten entspricht, so daß der letzte Ansatz auch für die praktische Gitterberechnung Anwendung finden soll.

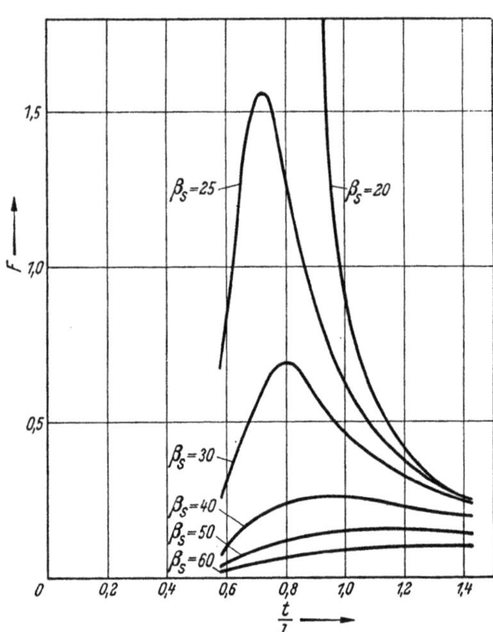

Abb. 288. Einflußfaktor $F(\beta_s; t/l)$ zur Bestimmung des Dickeneinflusses

f) Zusammenfassung der Ergebnisse der Gittertheorie

Im folgenden sollen für die Berechnung von axialen Schaufelgittern die wichtigsten Ergebnisse der vorstehenden Gittertheorie kurz zusammengefaßt werden.

Die Gittertheorie gestattet es, die gegenseitige Beeinflussung von im Gitterverband stehenden Flügelprofilen und die hierdurch bedingte Änderung der Profilleistungen (Zirkulation) zu berechnen. Eine mathematisch exakte Darstellung der (verlustfreien) Gitterströmung ist aber nur für das sogenannte Streckenprofilgitter, einem Gitter aus geraden unendlich dünnen Schaufeln, möglich. Der Zirkulationsbeiwert eines geraden Einzelprofils (ebene Platte) in idealer Strömung beträgt[1]

$$c_{\Gamma_E} = 2\pi \cdot \sin \nu_s,$$

wobei ν_s der Anstellwinkel der Platte gegen die ungestörte Anströmrichtung w_∞ ist. Das Verhältnis des Zirkulationsbeiwertes eines Streckenprofils im Gitter zum Zirkulationsbeiwert des einzelstehenden Profils ist bei gleichem Anstellwinkel durch die Gittereinflußzahl k_0 (Abb. 274) gekennzeichnet.

Gewölbte Profile sind nur näherungsweise der theoretischen Behandlung zugänglich, wobei die hier dargestellte Näherung auf Kreisbogen-Profilgitter kleiner Wölbung beschränkt ist. Die Erfahrung hat aber gezeigt, daß die ermittelten Beziehungen praktisch auch noch für stärker gekrümmte Schaufeln (bis zu Krümmungswinkeln $\vartheta \lesssim 40° \div 50°$) angewendet werden dürfen. Ein einzelstehendes Kreisbogenprofil, das in Richtung seiner Sehne angeströmt wird, hat den Zirkulationsbeiwert

$$c_{\Gamma_E} = 2\pi \cdot \sin\left(\frac{\vartheta}{4}\right),$$

wobei ϑ der Zentriwinkel des Kreisbogens ist. Das Verhältnis des Zirkulationsbeiwertes eines Kreisbogenprofils im Gitterverband zum Zirkulationsbeiwert des einzelstehenden Kreisbogens gleicher Wölbung ist gegeben durch die Gittereinflußzahl k_1 (Abb. 279). In Abb. 280 ist das bei späteren Rechnungen benötigte Verhältnis der beiden Gittereinflußzahlen k_1/k_0 dargestellt.

Die in einem Gitter zu verwirklichende Umlenkung der Strömung sei

$$\vartheta_\infty = \tau_1 - \tau_2.$$

Bei stoßfreier An- und Abströmung (die letztere ist durch die KUTTA-JOUKOWSKIsche Abflußbedingung immer gegeben) muß der Krümmungswinkel $\vartheta = \gamma_1 - \gamma_2$ größer sein als der

---

[1] Vgl. „HÜTTE I" 28. Auflage S. 807.

Beim Einzelprofil wird der Zirkulationsbeiwert allgemein als Auftriebsbeiwert c_a bezeichnet. Hier sei an der auf S. 120/121 getroffenen Definition festgehalten, wobei der Zirkulationsbeiwert c_Γ bei ideeller, reibungsfreier Strömung benutzt wird, während der Auftriebsbeiwert c_a um den entsprechenden Widerstandsanteil in der wirklichen Strömung kleiner ist.

Umlenkwinkel ϑ_∞. Das Verhältnis

$$\mu = \frac{\vartheta_\infty}{\vartheta} = \frac{\tau_1 - \tau_2}{\gamma_1 - \gamma_2}$$

wird als Winkelübertreibungsfaktor bei stoßfreiem Eintritt bezeichnet und ist in Abb. 278 dargestellt.

Die endliche Dicke bei profilierten Gitter-Schaufeln übt eine Verdrängungswirkung aus, die bei Verzögerungsgittern eine Verkleinerung der Umlenkung gegenüber einem Gitter aus Skelettprofilen zur Folge hat. Zum Ausgleich sind die Gitterprofile nach der Theorie um den Betrag

$$\Delta v_{s_\text{theor.}} = \frac{2}{k_0} \cdot \frac{d^*}{t} \cdot F$$

stärker gegenüber der ungestörten Anströmgeschwindigkeit w_∞ anzustellen. k_0 ist hierbei die schon genannte Gittereinflußzahl für Streckenprofilgitter und F die in Abb. 288 dargestellte Dickeneinflußfunktion.

Die hier dargestellte verhältnismäßig einfache Gittertheorie kann allein naturgemäß nur Aussagen über die Strömung einer ideellen, reibungsfreien Flüssigkeit machen. Sie kann aber als ordnendes Element zwischen einzelnen Gitter- oder Verdichterversuchen dienen. Die Letzteren müssen dagegen die notwendigen Ergänzungen zur Berücksichtigung der Zähigkeitseinflüsse und, bei hohen Anströmgeschwindigkeiten, des Machzahleinflusses ergeben. Die zu wählende Auslegungsmethode für die Schaufelgitter wird deswegen eine Kombination aus Gittertheorie und Gitterversuch sein.

Schlichting und Scholz[1] haben Berechnungsmethoden angegeben, nach denen auch der Zähigkeitseinfluß durch Grenzschichtrechnungen erfaßt werden kann. Der notwendige Rechenaufwand ist aber sehr groß, so daß diese Verfahren für die praktische Auslegung von Schaufelgittern wohl kaum Anwendung finden werden. Sie sind aber sehr nützlich beispielsweise zur Aufstellung von Gitterkatalogen, wobei es sich um die einmalige Durchrechnung bestimmter Gitteranordnungen handelt, und bei der systematischen Untersuchung des Einflusses bestimmter Gitterparameter, beispielsweise der Wölbungsrücklage oder der Dickenverteilung.

2. Praktische Auslegung der Profilgitter

Zur Vorausberechnung der Leistungen eines axialen Schaufelgitters werden im nachstehenden Gitterversuche und Messungen an ausgeführten Axialrädern in verbindender Ergänzung zu der dargelegten Gittertheorie benützt.

Die Ausführungen sind auf Gitterprofile mit kreisbogenförmiger Skelettlinie beschränkt, weil diese Profilart für die Beschaufelung von Axialkompressoren am häufigsten Verwendung findet und der Berechnung am einfachsten zugänglich ist.

a) Der stoßfreie Strömungszustand

Wenn die örtliche Strömungsrichtung an der Profilvorderkante mit derjenigen der Skelettlinie übereinstimmt, dann soll dieser Strömungszustand mit „stoßfreier Eintritt" bezeichnet werden. Dieser Strömungszustand hat für die Auslegung von Schaufelgittern besondere Bedeutung, weil dabei annähernd der kleinste Profilwiderstand auftritt, weshalb man sich näherungsweise im Bereich des besten Wirkungsgrades befindet. Außerdem ist man bei stoßfreiem Eintritt, selbst bei größerem Krümmungswinkel der Schaufel, noch genügend weit vom Abreißpunkt entfernt, was für einen stabilen Betrieb des Axialverdichters von Bedeutung ist. Weiterhin lassen sich die Ergebnisse der Gittertheorie für den stoßfreien Eintritt am einfachsten anwenden. Außerdem kann man für den Fall des stoßfreien Eintrittes ein einfaches und rationelles Berechnungsverfahren für die Auslegung von Schaufelgittern aufstellen. Üblicherweise beschränkt man sich bei der Berechnung der Schaufelgitter auf die Betrachtung der Relativströmung. Für die feststehenden Leiträder sind hierbei Relativ- und Absolutströmung identisch.

---

[1] Schlichting, H., u. N. Scholz: Über die theoretische Berechnung der Strömungsverluste eines ebenen Schaufelgitters. Ing. Archiv XIX (1951) S. 42 bis 65.

Bei der idealisierten Darstellung der Strömung durch ein Schaufelgitter gemäß der EULER-schen Stromfadentheorie wird angenommen, daß alle Stromlinien die gleiche Gestalt haben (Abb. 289). Die Gitterprofile selbst ergeben sich hierbei als ein Teilstück einer Stromlinie. Somit fällt die Richtung der Schaufeleintrittskante mit der relativen Eintrittsgeschwindigkeit w_1

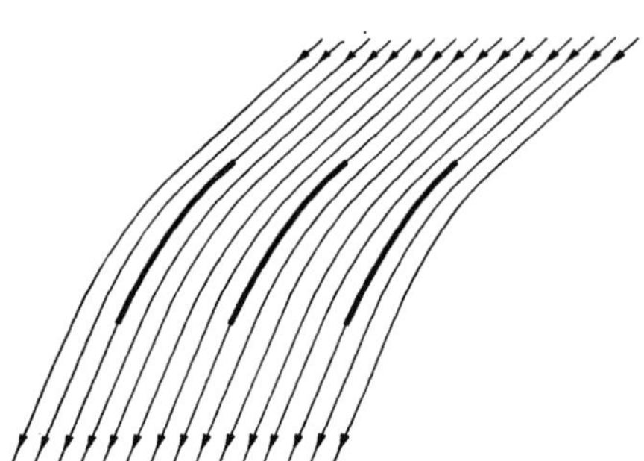

Abb. 289. Idealisierte Darstellung der Strömung durch ein Profilgitter (Stromfadentheorie)

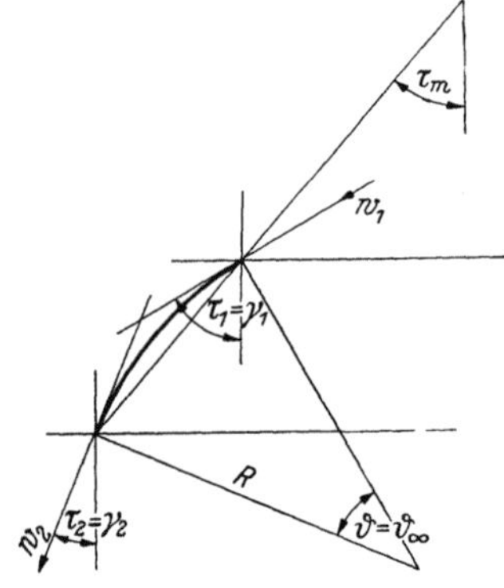

Abb. 290. Strömungswinkel τ und Schaufelwinkel γ für Kreisbogengitter mit unendlich kleiner Teilung in reibungsloser Strömung

und die Richtung der Schaufelaustrittskante mit der Richtung der Austrittsgeschwindigkeit w_2 zusammen. Der Krümmungswinkel ϑ des Profils ergibt sich mit den Bezeichnungen in Abb. 290 zu

$$\vartheta_{\text{Stromf}} = \vartheta_\infty = \tau_1 - \tau_2 \tag{288}$$

und die Richtung der Profilsehne deckt sich mit der mittleren Strömungsrichtung

$$\tau_m = \frac{\tau_1 + \tau_2}{2}. \tag{289}$$

Eine derartige Strömung ist jedoch physikalisch nicht möglich. Zur Erzielung einer Ablenkung, dargestellt durch den Umlenkwinkel ϑ_∞, muß das Profil Druckkräfte auf das Strömungsmittel übertragen. Hieraus folgt aber, weil im ganzen Strömungsfeld die BERNOULLIsche Gleichung

$$p_{\text{stat}} + \frac{\varrho}{2}\,w^2 = \text{const} \tag{290}$$

gilt, daß die Strömungsgeschwindigkeiten auf Saug- und Druckseite verschieden sind. Zwischen zwei Stromlinien fließt definitionsgemäß immer die gleiche Menge. Nimmt man an, daß die Strömungsgeschwindigkeit auf der Oberseite größer als auf der Unterseite des Profils ist, so müssen die Abstände zwischen zwei profilnahen Stromlinien jeder Profilseite das umgekehrte Verhalten zeigen. Die Stromlinien

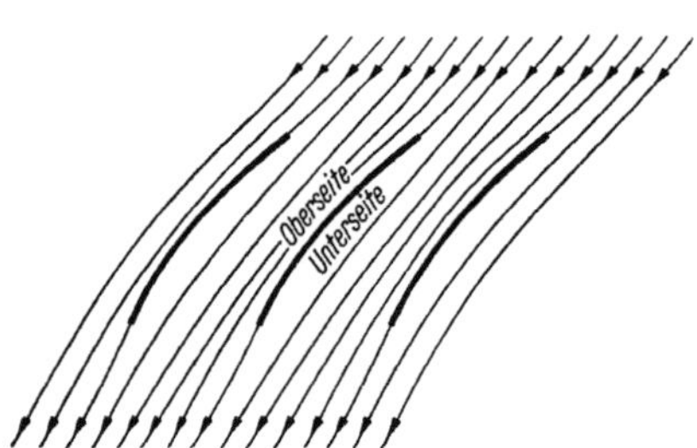

Abb. 291. Wirklicher Strömungsverlauf einer reibungsfreien Strömung durch ein Schaufelgitter bei stoßfreiem Eintritt (Tragflügeltheorie)

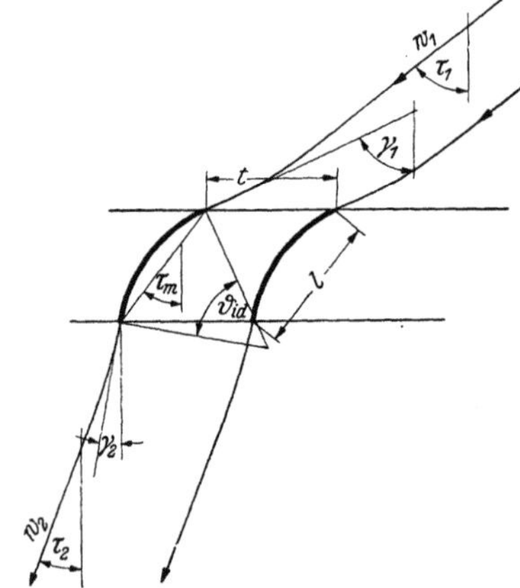

Abb. 292. Kreisbogengitter in reibungsloser Strömung mit endlicher Teilung. $\tau_m = \frac{\tau_1 + \tau_2}{2}$; $\vartheta = \frac{\vartheta_\infty}{\mu}$; $\vartheta_{id} = \vartheta_{\text{reibungsfrei}}$; $\vartheta_\infty = \tau_1 - \tau_2$; μ siehe Abb. 278

an der Profiloberseite sind also eng aneinandergerückt, an der Unterseite hingegen weiter auseinanderliegend (Abb. 291). Die Schaufelprofile stellen sich wieder als ein Teilstück der sogenannten „Verzweigungsstromlinie" dar. Die Ein- und Austrittskanten haben aber, wegen der unterschiedlichen Drücke auf den beiden Seiten der Schaufelkontur, nicht mehr die Richtung von w_1 bzw. w_2, sondern müssen gegenüber diesen Vektoren „überkrümmt" werden. Der Krümmungswinkel ϑ muß also zum Erreichen stoßfreien Eintritts größer als der Umlenkwinkel ϑ_∞ ausgeführt werden (Abb. 292). Für reibungsfreie Strömung läßt sich die notwendige Winkelübertreibung am Eintritt

$$\nu_1 = \gamma_1 - \tau_1 \tag{291a}$$

bzw. am Austritt

$$\nu_2 = \tau_2 - \gamma_2 \tag{291b}$$

berechnen. Die Herleitung hierzu ist im vorhergehenden Teilabschnitt gegeben. Das numerische Ergebnis ist in der Form eines Winkelübertreibungsfaktors

$$\mu = \frac{\tau_1 - \tau_m}{\gamma_m - \gamma_1} = \frac{\tau_m - \tau_2}{\gamma_m - \gamma_2} \tag{292}$$

in Abb. 278 bzw. 293 dargestellt; letzteres Diagramm ist für das Ablesen praktischer. γ_m ist hierbei der Staffelungswinkel der Gitterprofile, also der Winkel, den die Profilsehne mit der Achsrichtung des Verdichters einschließt.

Da für Kreisbogenprofile die Winkelübertreibung am Ein- und Austritt den gleichen Wert hat, bleibt bei Vernachlässigung der Reibung für die Richtung der Profilsehne, also für den Staffelungswinkel γ_m, die Beziehung

$$\gamma_m = \tau_m = \frac{\tau_1 + \tau_2}{2}$$

wie bei der Stromfadentheorie gültig.

Der Zentriwinkel der Schaufelprofile (Krümmungswinkel) beträgt also bei reibungsfreier Strömung

$$\vartheta = \frac{\vartheta_\infty}{\mu}. \tag{293}$$

Die Dickenverteilung bei profilierten Gitterschaufeln erzeugt eine zusätzliche Verdrängungsströmung, die sich der Strömung durch ein Kreisbogen-Skelettprofilgitter überlagert. Hierdurch wird eine Drehung

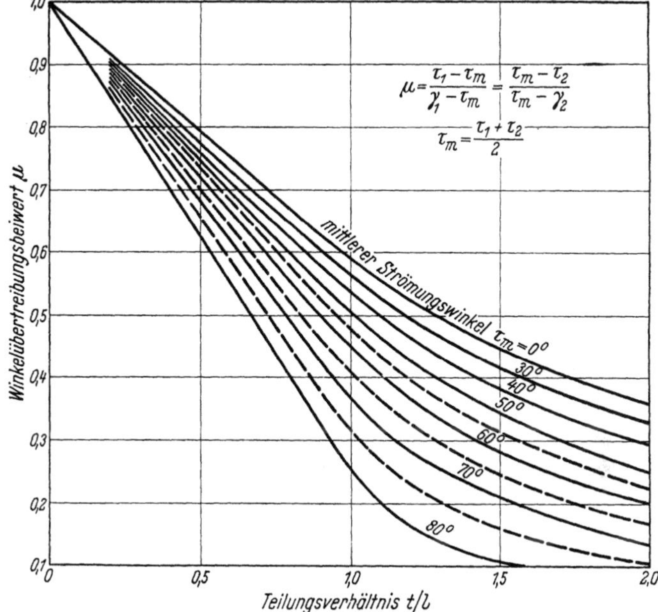

Abb. 293. Winkelübertreibungsbeiwert μ für Kreisbogengitter

der örtlichen Strömungsrichtung im Bereich des Gitters selbst hervorgerufen. Bei Verzögerungsgittern wirkt diese Drehung im Sinne einer Verkleinerung des effektiven Anstellwinkels um den Betrag $(\Delta \nu_s)$ und einer entsprechenden Verringerung der Schaufelzirkulation. Ein Gitter aus endlich dicken Profilen ergibt also eine kleinere Umlenkung als ein Gitter aus Skelettprofilen gleicher Wölbung. Zur Erzielung gleicher Umlenkung und Aufrechterhaltung stoßfreien Eintritts auch bei Gitterprofilen endlicher Dicke ist der Staffelungswinkel um den Betrag $(\Delta \nu_s)$ zu verkleinern. Er fällt hierbei nicht mehr mit der mittleren Strömungsrichtung τ_m zusammen, sondern hat den Wert (Abb. 294)

$$\gamma_{m\text{korr.}} = \tau_m - |\Delta \nu_s|. \tag{294}$$

Der theoretische Wert des erforderlichen Aufdrehwinkels ist durch die Gl. (285) beschrieben. Man erhält eine gute Übereinstimmung mit Versuchsergebnissen, wenn man $\Delta \nu_s = 1/2\, \Delta \nu_{s\,\text{theor}}$ setzt, bzw. den Faktor 2 in Gl. (285) streicht. β_s kennzeichnet den Staffelungswinkel des sogenannten gleichwertigen Streckenprofilgitters bzw. bei gewölbten Profilen die Nullauftriebsrichtung. Diese fällt aber zumindest näherungsweise mit der Abströmrichtung τ_2 bei stoßfreiem Eintritt zusammen. Somit darf man in Gl. (285) setzen

$$\beta_s \approx \frac{\pi}{2} - \tau_2 \tag{295}$$

und die erforderliche Änderung des Staffelungswinkels ergibt sich zu

$$|\Delta \nu_s| = \frac{l/t}{k_0} \cdot \frac{d^*}{l} \cdot F(\tau_2, t/l), \tag{296}$$

wobei $k_0 = f(\gamma_m \equiv \tau_2; t/l)$ der Abb. 274 und $F\left(\beta_s = \frac{\pi}{2} - \tau_2; t/l\right)$ der Abb. 288 zu entnehmen sind. In der Abb. 295 ist die Auswertung dieser Beziehung dargestellt.

Wie man sieht, hat die erforderliche Winkeländerung für Teilungsverhältnisse um $t/l \approx 0,70 \div 0,80$ ein Maximum, um darunter wieder schnell abzufallen. Es bleibt noch offen,

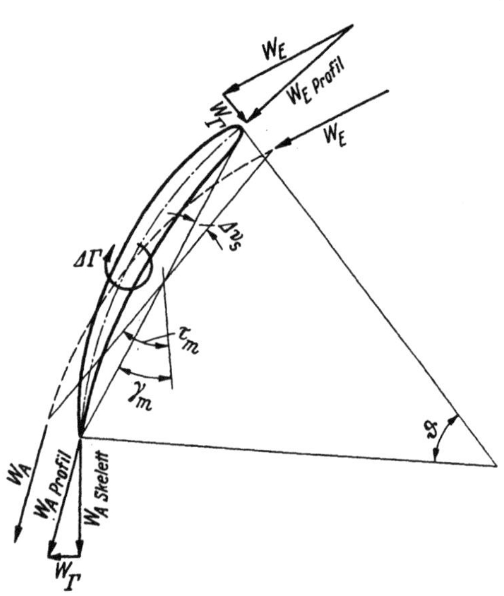

Abb. 294. Änderung der Profilstellung zur Erzielung stoßfreien Eintrittes bei endlich dicken Gitterprofilen

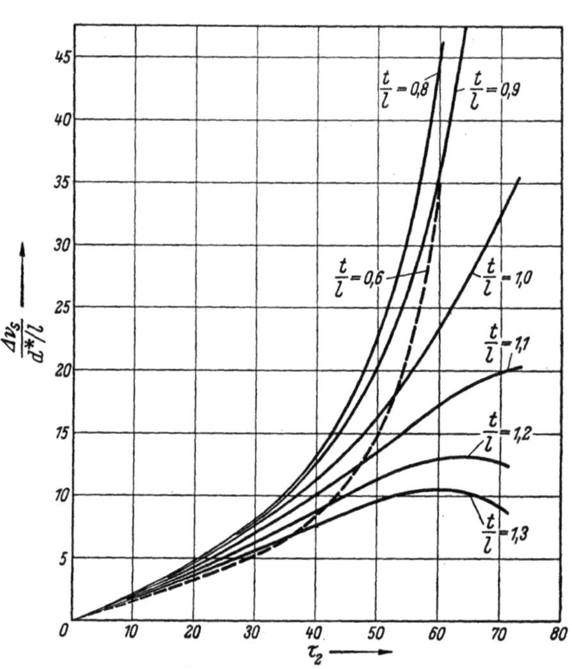

Abb. 295. Änderung des Staffelungswinkels infolge des Dickeneinflusses

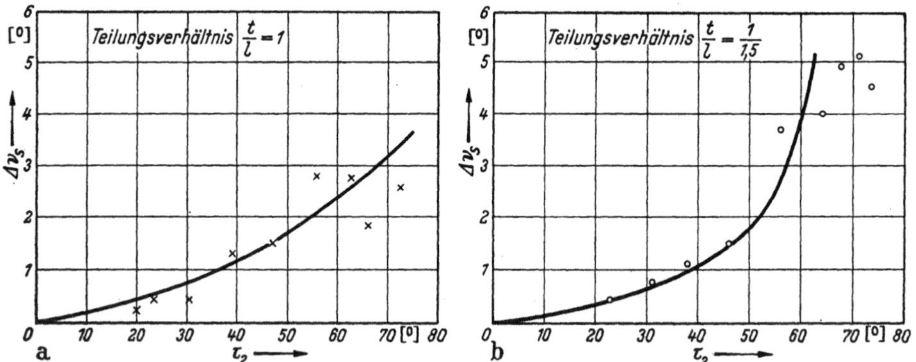

Abb. 296 a u. b. Vergleich des rechnerischen Dickeneinflusses mit Meßergebnissen des NACA für Gitter aus symmetrischen Profilen mit einem Dickenverhältnis $d^*/l = 0,1$. a) für ein Teilungsverhältnis $t/l = 1$; b) für ein Teilungsverhältnis $t/l = 1/1,5$

———— gerechneter Verlauf nach Gl. (296), $\left.\begin{array}{c}\times\\ \circ\end{array}\right\}$ nach Messungen des NACA

ob diese Tendenz der Wirklichkeit entspricht oder durch die bei der Herleitung getroffenen Näherungen bedingt ist. Die Abb. 296 a und 296 b zeigen zum Vergleich die gemessenen Abströmwinkel für Gitter aus symmetrischen Profilen bei Anströmung in Sehnenrichtung für die beiden Teilungsverhältnisse $t/l = 1,0$ und 0,667 (nach Messungen des NACA). Bis herauf zu Winkeln $\tau_2 = 60°$ wird auch für das kleinere Teilungsverhältnis eine gute Übereinstimmung mit der Kurve nach Gl. (296) festgestellt.

Im Gegensatz zur Abb. 282 zeigen aber auch die Versuchswerte eine über τ_2 stetig zunehmende Abströmrichtung, während die älteren Ansätze für Δv_s ein Maximum bei $\gamma_m = 45°$ ergeben und ein gleichmäßiges Abnehmen auf $\Delta v_s = 0$ für $\gamma_m = 0°$ und $90°$.

Für den Winkel zwischen der Strömungsrichtung weit vor dem Gitter τ_1 und der Profilsehne $\gamma_{m\,\mathrm{korr.}}$ erhält man für einen vorgegebenen Krümmungswinkel den Ausdruck

$$\alpha_1^* = \tau_1 - \gamma_m = \mu\,\frac{\vartheta}{2} + |\Delta v_s|.\,^{[1]} \tag{297}$$

Geht man nun von der bisher betrachteten reibungsfreien Strömung zur wirklichen, d. h. reibungsbehafteten Strömung über, so ist zu beachten, daß sich letztere weit vor dem Gitter bis zum Eintritt ins Gitter praktisch wie eine reibungsfreie Strömung verhält. Erst beim Durchtritt durch das Gitter werden feste Oberflächen umströmt, so daß Zähigkeitseinflüsse auftreten können.

Demzufolge darf angenommen werden, daß der durch Gl. (297) gegebene Winkel α_1^* auch den stoßfreien Eintritt in der reellen, also reibungsbehafteten Strömung charakterisieren wird.

Die Umlenkung bei stoßfreiem Eintritt und reibungsfreier Strömung ist durch Gl. (293) gegeben

$$\vartheta_\infty^* = \vartheta \cdot \mu.$$

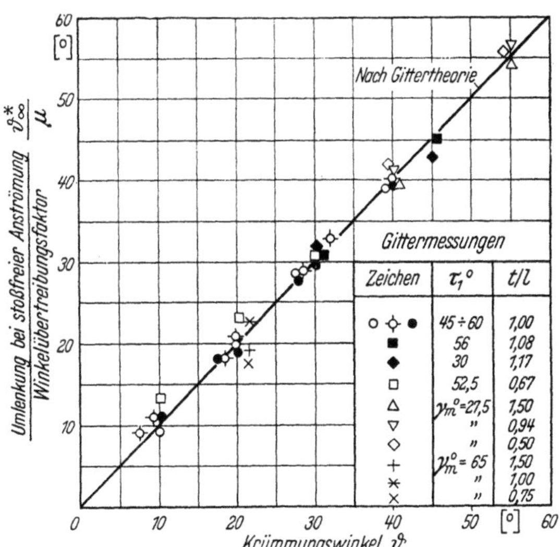

Zeichen			$\tau_1°$	t/l
○	◇	●	$45 \div 60$	1,00
	■		56	1,08
	◆		30	1,17
	□		52,5	0,67
	△		$\gamma_m° = 27{,}5$	1,50
	▽		″	0,94
	◇		″	0,50
	+		$\gamma_m° = 65$	1,50
	✳		″	1,00
	×		″	0,75

Abb. 297. Vergleich der Umlenkung nach der Gittertheorie mit den Ergebnissen der Gittermessungen für stoßfreien Eintritt

Über den Einfluß der Reibung auf den mit einem vorgegebenen Gitter erzielbaren Umlenkwinkel läßt sich theoretisch nichts aussagen. Zur Klärung dieses Einflusses ist deshalb in Abb. 297 die Auswertung einer größeren Zahl von Gittermessungen dargestellt. Man findet eine überraschende Übereinstimmung zwischen den nach der Gittertheorie gerechneten Werten (reibungsfreie Strömung) und den gemessenen Werten.

Dieses Ergebnis kann vielleicht folgendermaßen erklärt werden:

Die in einem Gitter erzielbare Umlenkung Δw_u bzw. der entsprechende Umlenkungswinkel ϑ_∞ ist eine Funktion der Druckdifferenzen zwischen Saug- und Druckseite der Gitterprofile. Erfahrungsgemäß wird diese Druckdifferenz durch den Einfluß der Reibung vermindert, andererseits bewirkt die endliche Dicke der Profile eine Verengung des Kanals zwischen zwei Schaufeln, so daß die mittlere Strömungsgeschwindigkeit zwischen den Profilen größer wird als bei einem Gitter aus Skelettprofilen. Hierdurch werden die Druckdifferenzen zwischen Saug- und Druckseite teilweise wieder vergrößert. Diese beiden Einflüsse wirken also bei einem Gitter aus endlich dicken Schaufeln und reibender Strömung gegeneinander.

Bei stoßfreiem Eintritt und für Axialverdichter üblichen Teilungsverhältnissen ($t/l = 0{,}5 \div 1{,}5$) scheint ein gegenseitiges Gleichgewicht vorhanden zu sein, so daß gerade die theoretischen Werte für den Umlenkwinkel erreicht werden.

Aus Abb. 297 ergibt sich weiterhin, daß der Dickenverlauf der Profilkontur auf die erzielbare Umlenkung in einem Gitter, wenigstens bei niedrigen Geschwindigkeiten, also kleinen Machzahlen, keinen großen Einfluß hat. Die untersuchten Profile hatten zwar gleiches maximales Dickenverhältnis ($d^*/l = 0{,}10$), aber teilweise recht unterschiedliche Dickenverteilung. Die Auswertung der Messungen bestätigt durchaus die obige Aussage.

Als ein Vorteil der Auslegung auf stoßfreiem Eintritt wurde angeführt, daß die Axialstufe hierbei praktisch im Bereich ihres besten Wirkungsgrades arbeitet. Hierbei muß aber eine Ein-

---

[1] Der Index (*) soll hier und in der Folge den stoßfreien Strömungszustand kennzeichnen. Außerdem soll für $\gamma_{m\,\mathrm{korr.}}$ der Zeiger „korrigiert" weggelassen werden.

schränkung gemacht werden. Der erreichbare Wirkungsgrad hängt noch in starkem Maße von dem gewählten Auftriebs- oder Zirkulationsbeiwert ab. Da die Reibungsverluste für ein bestimmtes Teilungsverhältnis in einem weiten Bereich des Auftriebsbeiwertes bzw. der im Gitter erzeugten Druckerhöhung praktisch konstant sind, bedeutet ein zu kleiner Auftriebsbeiwert eine Verschlechterung der Gleitzahl $\varepsilon = W/A$. Bei zu großen Auftriebsbeiwerten, also bei zu großen Umlenkungen, treten Strömungsablösungen auf der Profilsaugseite in der Nähe der Hinterkante ein, die mit einem starken Anstieg des Widerstandes verbunden sind. Als zweckmäßiger Auftriebsbeiwert zur Erzielung guter Wirkungsgrade hat sich der Wert

$$c_a \approx c_\Gamma \approx 0{,}8 \text{ bis } 1{,}0$$

erwiesen, wobei der kleinere Wert für kleine Wölbungen oder große Staffelungswinkel zu bevorzugen ist.

Diese Einschränkung ermöglicht die Festlegung des zweckmäßigen Teilungsverhältnisses für ein vorgegebenes Ablenkungsdreieck.

Als *Belastungszahl* einer Beschaufelung wurde

$$c_\Gamma \cdot \frac{l}{t} = \frac{2\,\Delta\,w_u}{w_\infty}$$

hergeleitet.

Unter der zulässigen Voraussetzung, daß der Profilwiderstand nur klein gegenüber dem Auftrieb ist, kann man näherungsweise $c_\Gamma \approx c_a$ setzen, und man erhält für das zweckmäßige Teilungsverhältnis die Beziehung

$$\frac{t}{l} \approx \frac{(0{,}4 \div 0{,}5) \cdot w_\infty}{\Delta\,w_u} \, . \tag{298}$$

Teilungsverhältnisse $t/l < 0{,}5$ bedingen ein starkes Anwachsen der Reibungsverluste und sollten deshalb vermieden werden. Müssen dennoch in Ausnahmefällen Umlenkungen verwirklicht werden, die nach obiger Formel kleinere Werte für t/l ergeben würden, so ist es zweckmäßiger, von der Bedingung des stoßfreien Eintritts abzugehen und die Schaufel mit einem „Bruststoß" anströmen zu lassen.

b) Die Leistungen eines Profilgitters bei beliebiger Anströmrichtung

Die Auslegung auf stoßfreien Eintritt ist rechnungsmäßig leicht durchführbar. Hierfür ist auch eine relativ große Sicherheit gegen Abreißen der Strömung und damit gegen das Pumpen des Verdichters gewährleistet. Andererseits ergeben sich bei dieser Auslegung vielfach unerwünscht stark gekrümmte Profile, was bei großen Strömungsgeschwindigkeiten Schwierigkeiten hinsichtlich der kritischen MACHzahl zur Folge haben kann. Auch andere Gründe können ein Abgehen vom stoßfreien Eintritt erforderlich machen. Es ist auf jeden Fall nicht immer möglich, ein Schaufelgitter für stoßfreien Eintritt auszulegen, weshalb im folgenden die Umlenkung für eine beliebige Anströmrichtung berechnet werden soll.

Dieses Problem läßt sich nun gleichfalls mit Hilfe der Gittertheorie lösen, wobei aber dem Einfluß der Reibung durch eine den Versuchen zu entnehmende Korrektur Rechnung getragen werden muß.

Eine Umlenkung in einem Schaufelgitter setzt das Vorhandensein einer Zirkulation Γ um die Schaufelprofile voraus. Statt mit der Zirkulation Γ rechnet man zweckmäßiger mit dem Γ proportionalen Zirkulationsbeiwert

$$c_\Gamma = \frac{P_{id}}{\frac{\varrho}{2} \cdot w_\infty^2 \cdot l \cdot b} \, .$$

Der Zirkulationsbeiwert für ein *alleinstehendes* Kreisbogenprofil in reibungsfreier Strömung, dessen Sehne unter einem Winkel α_s gegen die ungestörte Anströmrichtung angestellt ist, ist[1]

$$c_{\Gamma_E} = 2\pi \cdot \sin\left(\alpha_s + \frac{\vartheta}{4}\right), \tag{299}$$

---

[1] Der Zirkulationsbeiwert wird in der Tragflügeltheorie allgemein mit Auftriebsbeiwert (c_a) bezeichnet. Hier soll indessen, entsprechend den früheren Festlegungen der Ausdruck Zirkulationsbeiwert (c_Γ) für die reibungsfreie Strömung und Auftriebsbeiwert (c_a) im Fall reibungsbehafteter Strömung gebraucht werden.

wobei ϑ der Krümmungs- oder Zentriwinkel des Kreisbogens ist. Beschränkt man sich auf kleine Winkel α_s und $\vartheta/4$, so darf mit ausreichender Annäherung der Sinus durch das Bogenmaß der Winkel ersetzt werden und man erhält

$$c_{\Gamma_E} = 2\pi\,\alpha_s + \frac{\pi}{2}\,\vartheta, \tag{300}$$

(α_s und ϑ im Bogenmaß).

Aus Gl. (300) geht hervor, daß der Zirkulationsbeiwert eines angestellten Kreisbogenprofils durch lineare Überlagerung des Auftriebes der angestellten Profilsehne (Streckenprofil), entsprechend $c_{\Gamma_1} = 2\,\pi\,\alpha_s$, mit dem Auftrieb eines gegenüber der ungestörten Anströmrichtung nicht angestellten Kreisbogenprofils mit der Krümmung ϑ entsprechend $c_{\Gamma_2} = \frac{\pi}{2}\,\vartheta$, entsteht.

Für ein Streckenprofilgitter erhält man mit dem Einflußfaktor k_0 und dem Anstellwinkel $\alpha_s = \nu_s$ gegenüber der Richtung der Geschwindigkeit w_∞ für den Zirkulationsbeiwert

$$c_{\Gamma\,\text{Streckenprofilgitter}} = 2\pi\,k_0\,\nu_s. \tag{301}$$

Für das nicht angestellte Kreisbogengitter ist mit dem Einflußfaktor k_1

$$c_{\Gamma\,\text{Kreisbogenprofilgitter}} = \frac{\pi}{2}\cdot k_1 \cdot \vartheta. \tag{302}$$

Der Zirkulationsbeiwert des angestellten Kreisbogen-(Skelett-)Profils im Gitterverband bei reibungsfreier Strömung wird somit durch die lineare Überlagerung dieser beiden Anteile zu

$$c_{\Gamma\,\text{Skelett-Profil-Gitter}} = c_{\Gamma\,\text{Strecke}} + c_{\Gamma\,\text{Kr.bo.prof.Gi.}} = 2\pi\,k_0\cdot\nu_s + \frac{\pi}{2}\,k_1\vartheta = 2\pi\left(k_0\cdot\nu_s + k_1\cdot\frac{\vartheta}{4}\right). \tag{303}$$

Die endliche Profildicke in einem Verzögerungsgitter aus profilierten Schaufeln hat, wie bereits gezeigt, eine Anstellwinkelverkleinerung um den Wert $|\Delta\nu_s|$ zur Folge. Für den Zirkulationsbeiwert eines derartigen Gitters ist demnach

$$c_{\Gamma\,\text{Pr.Gi.}} = 2\pi\left[k_0(\nu_s - |\Delta\nu_s|) + k_1\cdot\frac{\vartheta}{4}\right]. \tag{304}$$

Im folgenden sollen nur profilierte Schaufeln betrachtet werden, so daß der Index (Pr. Gi.) wegfallen kann. Das Endergebnis ist aber auch für nicht profilierte Schaufeln gültig, weil es sich bei $|\Delta\nu_s|$ um einen konstanten Faktor handelt, der im Verlauf der Rechnung herausfällt.

Für den stoßfreien Eintritt war der Anstellwinkel der Sehne $\nu_s = |\Delta\nu_s|$, so daß man für den Zirkulationsbeiwert die einfache Beziehung

$$c_{\Gamma\,\text{stoßfrei}} = c_\Gamma^* = \pi \cdot k_1 \cdot \frac{\vartheta}{2} \,^{1} \tag{305}$$

erhält. Hierbei ist aber vorausgesetzt, daß sich die Betrachtung auf mäßig gewölbte Profile mit entsprechenden Umlenkungen beschränkt, wobei die mittlere Strömungsrichtung τ_m mit der Richtung von w_∞ praktisch zusammenfällt. Diese Voraussetzung soll auch im folgenden beibehalten werden.

Durch Einsetzen der Gl. (293) in Gl. (305) ergibt sich nun eine wertvolle Näherungsbeziehung für den Zusammenhang zwischen dem Zirkulationsbeiwert und dem Umlenkwinkel, nämlich

$$c_\Gamma^* = \frac{\pi}{2}\,k_1 \cdot \frac{\vartheta_\infty}{\mu}. \tag{306}$$

Die von einem Gitter erzeugte Umlenkung hängt allgemein nur von der um die Schaufelprofile herrschenden Zirkulation ab. Die Umlenkung, die ein nicht stoßfrei angeströmtes Schaufelgitter erzeugt, läßt sich somit mit Hilfe eines gedachten, stoßfrei angeströmten Ersatzgitters berechnen. Voraussetzung ist nur, daß die beiden zum Vergleich dienenden Gitter die gleiche Zirkulation bzw. den gleichen Zirkulationsbeiwert haben, selbstverständlich natürlich auch das gleiche Teilungsverhältnis und gleiche Geschwindigkeit w_∞. Somit wird für ein unter dem Anstellwinkel

---

[1] Der Zeiger * kennzeichnet wieder den „stoßfreien" Strömungszustand.

v_s angeströmtes Gitter durch Gleichsetzen der Gln. (306) und (304)

$$\frac{\pi}{2}\,k_1 \cdot \frac{\vartheta_\infty}{\mu} = 2\pi\left[k_0(v_s - |\varDelta\,v_s|) + k_1 \cdot \frac{\vartheta}{4}\right],$$

$$\vartheta_\infty = 4\mu\,\frac{k_0}{k_1}\,(v_s - |\varDelta\,v_s|) + \mu\,\vartheta. \tag{307}$$

k_0/k_1 ist hierbei der Quotient der Gittereinflußbeiwerte für das Streckenprofilgitter mit Anstellung (k_0) und das nicht angestellte Kreisbogenprofilgitter (k_1) (Abb. 280). Für die praktische Anwendung ist der Verlauf $\vartheta_\infty = f(\tau_1)$ von größerer Bedeutung als der durch Gl. (307) gegebene Ausdruck $\vartheta_\infty = f(v_s$ bzw. $\tau_\infty)$, weil die Änderung der Anströmrichtung τ_1 meist vorgegeben ist, während v_s oder τ_∞ erst mit Hilfe der zu berechnenden Umlenkung bestimmt werden kann. Um von dem absoluten Wert von τ_1 unabhängig zu sein, soll im folgenden mit dem Wert

$$\alpha_1 = \tau_1 - \gamma_m \tag{308}$$

gerechnet werden.

Mit den Bezeichnungen in Abb. 298 erhält man

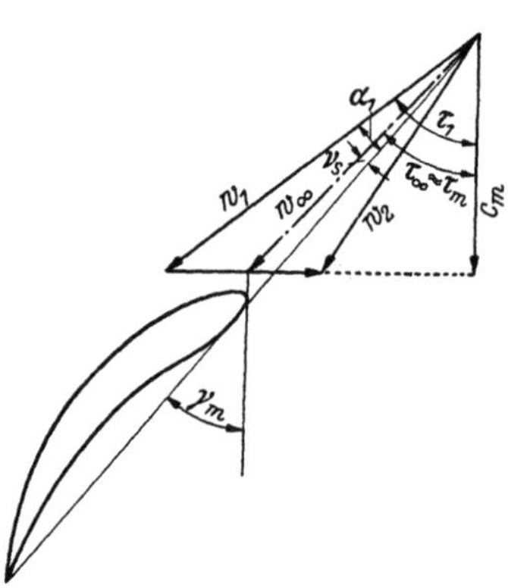

Abb. 298. Erläuterungen zur Berechnung des Zirkulationsbeiwertes

$$v_s = \tau_m - \gamma_m,$$

$$\tau_1 = \tau_m + \frac{\vartheta_\infty}{2} = \gamma_m + v_s + \frac{\vartheta_\infty}{2},$$

also

$$\alpha_1 = v_s + \frac{\vartheta_\infty}{2}.$$

Damit wird (Gl. 307)

$$\vartheta_\infty = 4\mu\,\frac{k_0}{k_1}\left(\alpha_1 - |\varDelta\,v_s| - \frac{\vartheta_\infty}{2}\right) + \mu\,\vartheta,$$

$$= \frac{4\mu \cdot \dfrac{k_0}{k_1}}{1 + 2\mu\,\dfrac{k_0}{k_1}}\,(\alpha_1 - |\varDelta\,v_s|) + \frac{\mu}{1 + 2\mu\,\dfrac{k_0}{k_1}}\cdot\vartheta,$$

$$= \frac{\mu}{1 + 2\mu\,\dfrac{k_0}{k_1}}\left[4\,\frac{k_0}{k_1}\,(\alpha_1 - |\varDelta\,v_s|) + \vartheta\right]. \tag{309}$$

Bildet man den Differentialquotienten $d\vartheta_\infty/d\alpha_1$, so erhält man

$$\frac{d\vartheta_\infty}{d\alpha_1} = \frac{4\mu \cdot \dfrac{k_0}{k_1}}{1 + 2\mu\,\dfrac{k_0}{k_1}} = \frac{2}{1 + \dfrac{1}{2\mu\,\dfrac{k_0}{k_1}}}$$

oder

$$\varDelta\,\vartheta_\infty = \frac{2}{1 + \dfrac{1}{2\mu\,\dfrac{k_0}{k_1}}}\,\varDelta\,\alpha_1. \tag{310}$$

Nun ist

$$\varDelta\,\vartheta_\infty = \vartheta_\infty - \vartheta_\infty^* = \vartheta_\infty^*\left(\frac{\vartheta_\infty}{\vartheta_\infty^*} - 1\right) \tag{311}$$

und

$$\varDelta\,\alpha_1 = \alpha_1 - \alpha_1^*, \tag{312}$$

womit die geänderten Strömungszustände auf den stoßfreien Eintritt bezogen werden. Daraus erhält man die für die praktische Anwendung wichtige Beziehung

$$\frac{\vartheta_\infty}{\vartheta_\infty^*} = 1 + \frac{2}{1 + \dfrac{1}{2\mu \cdot \dfrac{k_0}{k_1}}}\cdot\frac{\alpha_1 - \alpha_1^*}{\vartheta_\infty^*}. \tag{313}$$

Die numerische Auswertung dieser Beziehung zeigt, daß im Bereich üblicher Staffelungswinkel und Teilungsverhältnisse der Ausdruck $A = \dfrac{2}{1 + \dfrac{1}{2\,\mu \cdot \dfrac{k_0}{k_1}}}$ praktisch nur vom Teilungsverhältnis abhängig ist. Die Kurven $\vartheta_\infty/\vartheta_\infty^* = f\left(\dfrac{\alpha_1 - \alpha_1^*}{\vartheta_\infty^*}\right)$ werden somit praktisch Gerade mit vom Teilungsverhältnis abhängiger Steigung.

Beispielsweise ist für

t/l	A
0,5	0,98
1	0,94
1,5	$\sim 0,83$

Der Einfluß der Zähigkeit bewirkt bekanntlich eine Verkleinerung der Steigung dieser „Auftriebsgeraden", und zwar wird diese Verkleinerung für kleine Teilungsverhältnisse stärker als für große t/l-Werte sein. Somit ist zu vermuten, daß die Versuchsergebnisse für die üblichen Teilungsverhältnisse näherungsweise auf einer einzigen Geraden liegen werden. Die Auswertungen der bei Gittermessungen und durch Strömungsrichtungsmessungen im Mittelschnitt verschiedener Versuchsräder ermittelten Charakteristiken bestätigen diese Vermutung (Abb. 299). Die Meßwerte liegen in der Umgebung des stoßfreien Strömungszustandes ($\vartheta_\infty/\vartheta_\infty^* = 1$) auf einer Geraden mit der Gleichung

$$\frac{\vartheta_\infty}{\vartheta_\infty^*} = 1 + 0,8\,\frac{\alpha_1 - \alpha_1^*}{\vartheta_\infty^*}. \qquad (313\,\text{a})$$

Eine gewisse Unsicherheit besteht noch bezüglich der Festlegung des Abreißpunktes. Die vorliegenden Versuche zeigen weder in der Art des Abreißverhaltens noch in der Höhe des $(\vartheta_\infty/\vartheta_\infty^*)_{\text{max}}$-Wertes ein einheitliches Verhalten. Man stößt also hier auf die gleichen Schwierigkeiten wie bei der Bestimmung des maximalen Auftriebsbeiwertes bei Tragflügelprofilen. Als Mittelwert für den

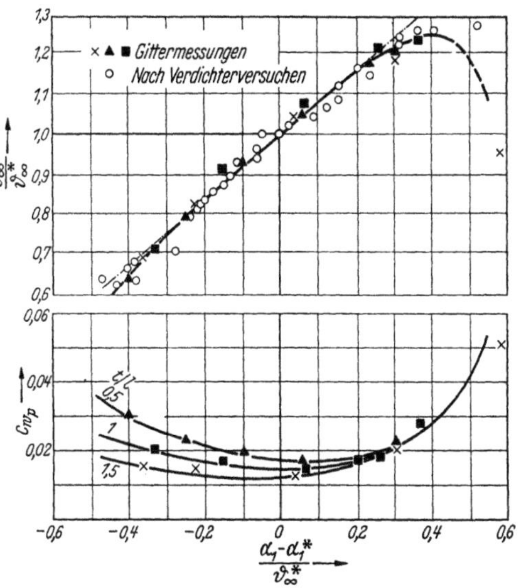

Abb. 299[1]. Umlenkung ϑ_∞ und Profilwiderstandszahl $c_{w\,P}$ in Abhängigkeit vom Eintrittswinkel α_1

Abreißpunkt von Schaufelprofilen mit Krümmungswinkeln $\vartheta = 10°$ bis $50°$ darf man nach den vorliegenden Versuchen näherungsweise

$$\left(\frac{\vartheta_\infty}{\vartheta_\infty^*}\right)_{\text{max}} \approx 1,25 \quad \text{bei} \quad \frac{\alpha_1 - \alpha_1^*}{\vartheta_\infty^*} = 0,40$$

annehmen.

c) Der Profilwiderstand

Theoretische Ansätze zur Berechnung des Profilwiderstandes von einzelstehenden Profilen bereiten erhebliche Schwierigkeiten und erfordern einen großen Rechenaufwand. Für das Profilgitter werden die Verhältnisse noch wesentlich schwieriger. Demzufolge können sich diesbezügliche Angaben nur auf die speziell in diesem Punkte noch recht spärlichen und unsicheren Gittermessungen und auf die Auswertung von Verdichterversuchen stützen, die in Abb. 299 dargestellt sind. Nachrechnungen bei ausgeführten Verdichterlaufrädern haben diese Kurven im allgemeinen recht gut bestätigt. Berücksichtigt man weiterhin, daß eine Vielzahl von Versuchen gezeigt hat, daß die Profilkontur zumindest bei nicht zu großen MACHzahlen keinen merklichen Einfluß auf die Leistungen eines Gitters, also auf die Umlenkung, hat, so darf man daraus schließen, daß

---

[1] HOWELL hat diese Art der Darstellung der Gittercharakteristik erstmals angewendet, wobei aber sein Bezugspunkt anders als hier definiert ist.

auch der Profilwiderstand bei Profilen in Gitteranordnung nur wenig von der Form der Kontur (Dickenverteilung) abhängig sein dürfte. Man darf also den in Abb. 299 dargestellten Kurven wenigstens näherungsweise eine gewisse Allgemeingültigkeit zusprechen.

Zur Profilierung der Schaufeln überlagert man der Skelettlinie eine symmetrische Kontur mit einem aus festigkeits- oder schwingungsmäßigen Grunde festgelegten maximalen Dickenverhältnis d^*/l. Abb. 300 zeigt beispielsweise eine Kontur, wie sie vielfach für die Beschaufelung von Axialrädern mit Erfolg verwendet wurde. Für große Strömungsgeschwindigkeiten scheint,

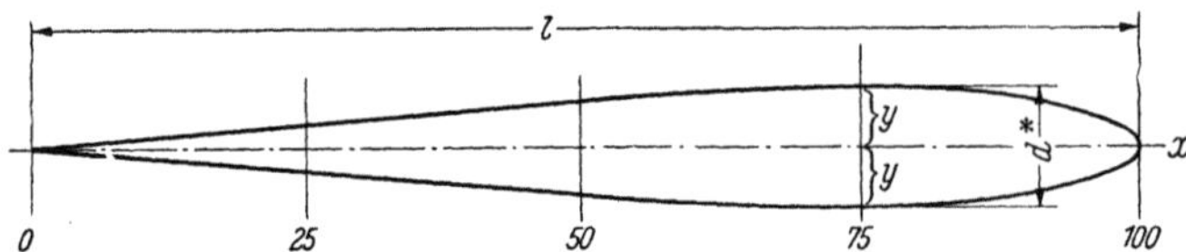

x	2,5	5,0	10	15	20	25	30	35	40	45	50	55	60	65	70	75	80	85	90	95	97,5	98,5	99,0	99,5
y	0,29	0,48	0,86	1,26	1,68	2,10	2,53	2,95	3,36	3,74	4,09	4,41	4,68	4,85	4,97	4,99	4,87	4,59	4,06	3,08	2,26	1,78	1,47	1,05

$(d^*/l = 0{,}1)$

Gleichung des Profils: $y = (0{,}154 + 0{,}0133 \cdot x)\,\sqrt{x\,(100 - x)} \cdot d^*/l$

Abb. 300. Symmetrisches Profil von 10% Dicke

Anwendungsbeispiel: Länge der Kreisbogensehne $l = 30$ mm; Profildicke 8%; Zeichnungsmaßstab 5 : 1. Hierfür sind die in der Tabelle angegebenen y-Werte mit $\dfrac{30}{100} \cdot \dfrac{8}{10} \cdot \dfrac{5}{1} = 1{,}2$ zu multiplizieren. Kreisbogen mit dem Haarzirkel in 10 oder 20 gleiche Teile teilen. An den Teilpunkten die y-Werte nach beiden Seiten abtragen und die Endpunkte zum Profil verbinden

entsprechend den Erkenntnissen der Tragflügeltheorie, ein kleiner Krümmungsradius an der Nase und eine Zurücklegung der maximalen Profildicke in Richtung auf die Profilmitte zweckmäßig zu sein. Abb. 301 zeigt eine, diese Gesichtspunkte berücksichtigende Profilform für Axialverdichterschaufeln.

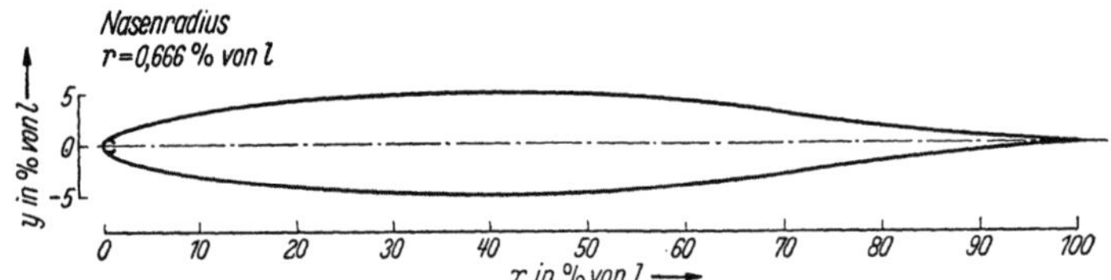

x	0	0,50	0,75	1,25	2,50	5,00	7,50	10	15	20	25	30	35
y_o	0	0,752	0,890	1,124	1,571	2,222	2,709	3,111	3,746	4,218	4,570	4,824	4,982
y_u	0	−0,752	−0,890	−1,124	−1,571	−2,222	−2,709	−3,111	−3,746	−4,218	−4,570	−4,824	−4,982

x	40	45	50	55	60	65	70	75	80	85	90	95	100
y_o	5,057	5,029	4,870	4,570	4,151	3,627	3,038	2,451	1,847	1,251	0,749	0,354	0,150
y_u	−5,057	−5,029	−4,870	−4,570	−4,151	−3,627	−3,038	−2,451	−1,847	−1,251	−0,749	−0,354	−0,150

Abb. 301. Hochgeschwindigkeitsprofil für Axialverdichterschaufeln (NACA)

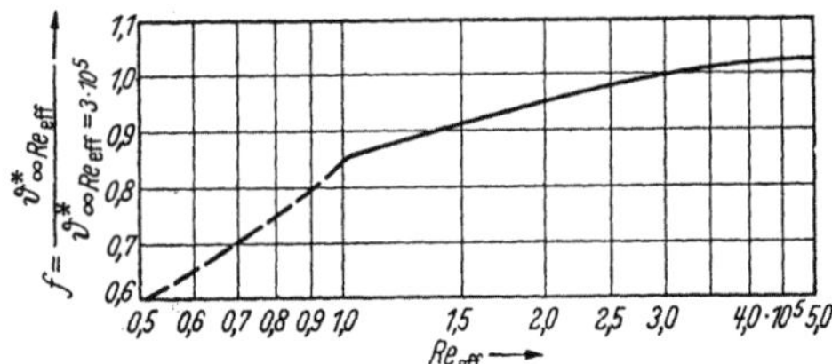

Abb. 302. Einfluß der REYNOLDSschen Zahl Re_{eff} auf die Umlenkung ϑ^*_∞

d) Einfluß der Reynoldsschen Zahl

Bei den bisherigen Überlegungen war der Einfluß der REYNOLDSschen Zahl nicht berücksichtigt. Theoretisch läßt sich über den Einfluß derselben nichts aussagen. Versuchsergebnisse an einer zu diesem Zwecke gebauten Verdichterfamilie (Abb. 159 bis 163) zeigen nun ein Anwachsen der Umlenkung mit zunehmender REYNOLDSzahl bis zu $Re_{\text{eff}} = (3 \div 3{,}5) \cdot 10^5$. Daraus läßt sich der Einfluß der REYNOLDSschen Zahl auf die Umlenkung in Form eines Faktors

$$f = f(Re_{\text{eff}})$$

darstellen. Diese rein empirische Beziehung ist in Abb. 302 dargestellt. Der Wert $f = 1$ ist hierbei so gewählt, daß die gemessenen Umlenkungen mit den theoretischen Werten übereinstimmen. Für eine aus dem Schaufelentwurf berechnete REYNOLDSsche Zahl und einem abgeschätzten Turbulenzfaktor wird also die zu erwartende Umlenkung bei stoßfreiem Eintritt

$$\vartheta^*_{\infty\,Re_{\mathrm{eff.}}} = f \cdot \vartheta^*_{\infty\,\mathrm{rechn.}} \cdot \tag{314}$$

e) Korrekturen zur Berücksichtigung des Machzahleinflusses

Bei hochbelasteten Axialkompressoren wird, insbesondere in der ersten Stufe, die kritische MACHzahl vielfach überschritten. Zeigt der vorliegende Schaufelentwurf, daß $M > M_{\mathrm{krit.}}$ ist, dann sind für die zu erwartende Umlenkung und den Wirkungsgrad entsprechende Korrekturen anzubringen. Diese sind in Abb. 303 für die Umlenkung in der Form

$$\frac{\tan\tau_1 - \tan\tau_2}{(\tan\tau_1 - \tan\tau_2)_{\mathrm{krit}}} = g_1\left(\frac{M - M_{\mathrm{krit.}}}{M_{\mathrm{max}} - M_{\mathrm{krit.}}}\right) \tag{315}$$

und in Abb. 304 für den Wirkungsgrad in der Form

$$\frac{\eta}{\eta_{\mathrm{krit.}}} = g_2\left(\frac{M - M_{\mathrm{krit.}}}{M_{\mathrm{max}} - M_{\mathrm{krit.}}}\right) \tag{316}$$

für Profile mit einem maximalen Dickenverhältnis $d^*/l = 0{,}06$ und $0{,}10$ dargestellt. $M = w_1/w_s$ ist hierbei die sich aus dem vorgegebenen Geschwindigkeitsdreieck und dem Luftzustand ergebende MACHzahl, während $M_{\mathrm{krit.}}$ und M_{max} entsprechend dem Schaufelentwurf der Abb. 147 entnommen werden. Abb. 303 liegt die Überlegung zugrunde, daß die Anströmrichtung τ_1 bei

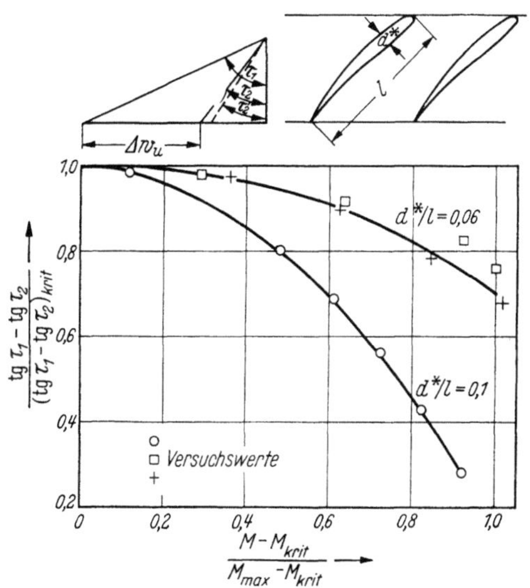

Abb. 303. Einfluß der MACHzahl auf die Strömungsumlenkung

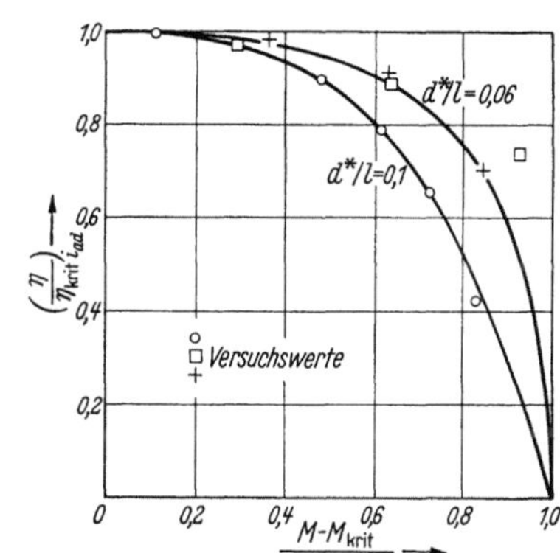

Abb. 304. Einfluß der MACHzahl auf den Wirkungsgrad

$M \lessgtr M_{\mathrm{krit.}}$ ungeändert bleibt. τ_1 und $(\tan\tau_1 - \tan\tau_2)$ sind durch das Geschwindigkeitsdreieck bzw. durch den Schaufelentwurf gegeben. Als Folge der MACHzahl $M > M_{\mathrm{krit.}}$ werden die Reibungsverluste an der Schaufel vergrößert, was eine Vergrößerung der Winkelübertreibung am Schaufelaustritt und damit eine Vergrößerung des Abströmwinkels τ_2 zur Folge hat. Dies ist aber gleichbedeutend mit einer Verkleinerung der Umlenkung $\varDelta w_u$ und damit der Stufenförderhöhe. Soll eine vorgeschriebene Förderhöhe in der mit $M > M_{\mathrm{krit.}}$ laufenden Stufe auf alle Fälle erreicht werden, so ist die Profilberechnung nicht für den Strömungswinkel τ_2, sondern für einen Winkel τ_2' durchzuführen, der gegenüber τ_2 um den voraussichtlichen Minderungsbetrag als Folge des MACHzahleinflusses kleiner ist.

Erfahrungen an Axialverdichtern mit Hochgeschwindigkeitsprofilen nach Abb. 301 haben gezeigt, daß der Einfluß der MACHzahl in den Abb. 303 und 304 etwas überbewertet wird.

Bei Gittern mit relativ kleiner Strömungsumlenkung läßt sich der MACHzahleinfluß durch eine entsprechende Abwandlung der PRANDTLschen Regel berücksichtigen. Nach SCHOLZ[1] läßt

---

[1] SCHOLZ, N.: Strömungsuntersuchungen an Schaufelgittern. VDI-Forschungsheft 442 (1954).

18   Eckert, Axial- und Radialkompressoren, 2. Aufl.

sich ein kompressibel durchströmtes Schaufelgitter (Index k) ersetzen durch ein äquivalentes inkompressibel durchströmtes (Index i). In Abb. 305 sind diese beiden Gitter gegenübergestellt. Die jeweiligen Zuordnungen sind gegeben durch die Beziehungen:

$$\left.\begin{aligned}\tan\delta_{1i} &= \frac{\tan\delta_{1k}}{\sqrt{1-M_\infty^2}} \\[2mm] \tan\delta_{2i} &= \frac{\tan\delta_{2k}}{\sqrt{1-M_\infty^2}}\end{aligned}\right\} \quad \text{mit} \quad \begin{aligned}\delta_1 &= \tau_1 - \tau_\infty \\ \delta_2 &= \tau_\infty - \tau_2\end{aligned} \tag{317}$$

$$y_i = \frac{y_k}{\sqrt{1-M_\infty^2}} \quad \text{und} \quad \tan\nu_{s_i} = \frac{\tan\nu_{s_k}}{\sqrt{1-M_\infty^2}}. \tag{318}$$

Weiterhin ist

$$\cot\beta_{\infty_i} = \cot\beta_{\infty_k} / \sqrt{1-M_\infty^2} \tag{319}$$

und

$$\left(\frac{t}{l}\right)_i = \left(\frac{t}{l}\right)_k \cdot \sqrt{\cos^2\beta_{\infty_k} + (1-M_\infty^2)\sin^2\beta_{\infty k}}, \tag{320}$$

wobei angenommen sei, daß die Profile in den beiden Vergleichsgittern gleiche Profillänge l haben. M_∞ ist die mit dem mittleren Geschwindigkeitsvektor w_∞ gebildete Machzahl.

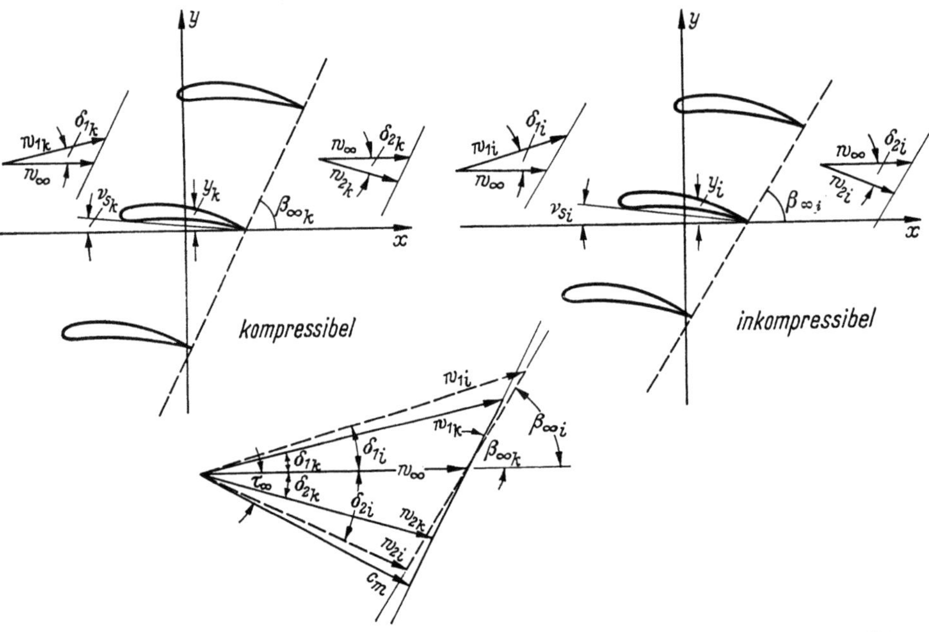

Abb. 305. Ersatz eines kompressibel durchströmten Gitters durch ein äquivalentes, inkompressibel durchströmtes Gitter nach Scholz

Für ein vorgegebenes Geschwindigkeitsdreieck kann mit den Gl. (317) und (319) das inkompressible Ersatzdreieck gebildet werden. Hierfür ist das Schaufelgitter entsprechend den vorhergehenden Ausführungen zu berechnen. Auflösen der Gl. (318) und (319) nach y_k bzw. $(t/l)_k$ liefert dann Form, Staffelungs- bzw. Anstellwinkel und das Teilungsverhältnis des zugeordneten kompressibel durchströmten Gitters. Beide Gitter besitzen nun praktisch gleiche Druckverteilungen und damit gleiche Zirkulation und Widerstandsbeiwerte.

Die Prandtlsche Regel gilt nur, solange an keiner Stelle des Strömungsfeldes die örtliche Schallgeschwindigkeit erreicht oder überschritten wird. Bei Berücksichtigung der Beschränkung auf kleine Umlenkungen kann deshalb dieses Verfahren bis zu Anström-Machzahlen $M_1 \approx 0{,}75 \div 0{,}80$ angewendet werden.

f) Rechnungsbeispiel

Die vorgegebenen Werte seien (Abb. 306)

$$w_1 = 250\ \text{m/s}; \quad \tau_1 = 66{,}5°;$$
$$w_2 = 150\ \text{m/s}; \quad \tau_2 = 48°;$$
$$w_\infty = 200\ \text{m/s}$$
$$\Delta w_u = 120\ \text{m/s}.$$

Der Umlenkwinkel ist somit $\vartheta_\infty = \tau_1 - \tau_2 = 18{,}5°$.

Auslegung auf stoßfreien Eintritt:

Das zweckmäßige Teilungsverhältnis ist

$$\frac{t}{l} \approx \frac{(0{,}4 \div 0{,}5) \cdot w_\infty}{\Delta w_u} = \frac{(0{,}4 \div 0{,}5)\,200}{120} = 0{,}67 \div 0{,}83,$$

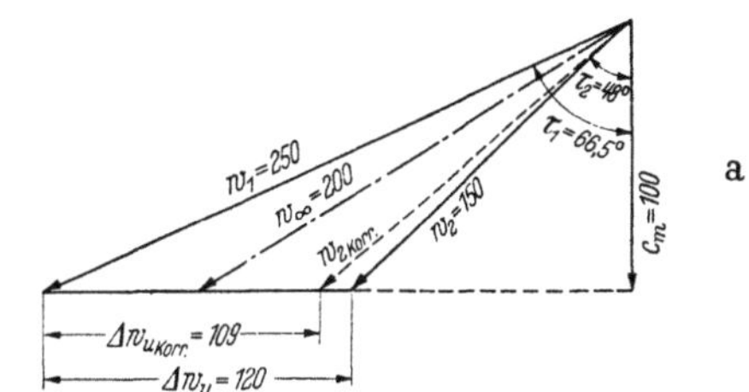

festgelegt wird $t/l = 0{,}75$.

Krümmungswinkel der Schaufel:

Für

$$\tau_m = \frac{\tau_1 + \tau_2}{2} = 57{,}25°$$

ist bei dem gewählten Teilungsverhältnis

$$\mu = 0{,}585 \ (\text{siehe Abb. 293})$$

und damit

$$\vartheta = \frac{\vartheta_\infty}{\mu} = \frac{18{,}5}{0{,}585} = 31{,}6°.$$

Die Gitterprofile sollen eine maximale Dicke von $d^*/l = 0{,}10$ haben. Für die Abschätzung $\gamma_m \approx \tau_m$ erhält man aus Abb. 282

$$|\Delta v_s| \approx 3°\ ^{[1]}$$

und der Eintrittswinkel wird

$$\alpha_1^* = \tau_1 - \gamma_m = \mu \cdot \frac{\vartheta}{2} + |\Delta v_s| = 0{,}585 \cdot 15{,}8 + 3 \approx 12{,}5°.$$

Für den Staffelungswinkel findet man dementsprechend

$$\gamma_m = \tau_1 - \alpha_1^* = 66{,}5 - 12{,}5 = 54°.$$

Die Profillänge soll sein

$$l \geqq \frac{3 \cdot \dfrac{\mu}{\varrho}}{T\,F \cdot w_\infty} \cdot 10^5\ [\text{m}].$$

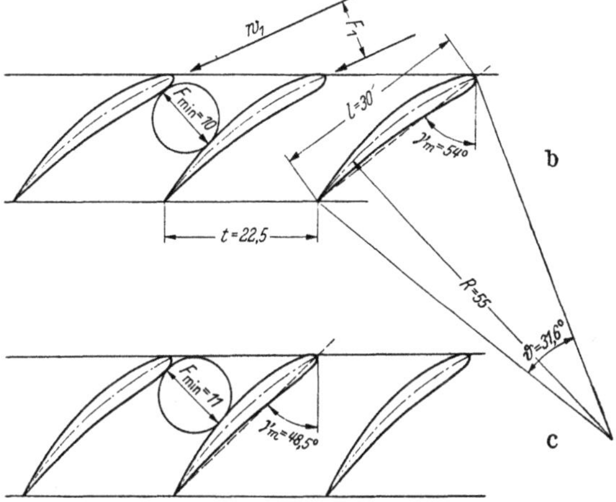

Abb. 306 a—c. Berechnungsbeispiel

Für das auszulegende Gitter handle es sich um das erste Laufrad eines Axialverdichters ohne Vorleitrad. Der Turbulenzfaktor läßt sich demzufolge zu $T\,F \approx 1$ abschätzen. Der statische Zustand vor dem Verdichter sei mit $p = 1\ [\text{kg/cm}^2]$ und $T = 310\ [°\text{K}]$ gegeben. Somit ist die kinematische Zähigkeit

$$\frac{\mu}{\varrho} = 1{,}8 \cdot 10^{-6} \cdot \frac{T^2}{p} = 1{,}8 \cdot 10^{-6} \cdot \frac{310^2}{10\,000} = 17{,}3 \cdot 10^{-6}\ [\text{m}^2/\text{s}].$$

Für die Profillänge erhält man dann

$$l \geqq \frac{3 \cdot 17{,}3}{1 \cdot 200} \cdot 10^{-1} = 0{,}026\ [\text{m}].$$

Festgelegt werde $l = 30$ mm.

Der Krümmungsradius ist

$$R = \frac{l/2}{\sin \dfrac{\vartheta}{2}} = \frac{15}{0{,}272} = 55\ [\text{mm}]$$

und die Teilung

$$t = \frac{t}{l} \cdot l = 0{,}75 \cdot 30 = 22{,}5\ [\text{mm}].$$

In Abb. 306 b ist das so bestimmte Gitter aufgezeichnet. Die vorgegebenen hohen Geschwindigkeiten lassen bei der gegebenen Eintrittstemperatur erheblichen MACHzahleinfluß erwarten, worauf aber bisher nicht ein-

---

[1] Nach den neueren Untersuchungen von RAABE (Abb. 295) wäre $|\Delta v_s| \approx 2°$.

gegangen wurde. Nachdem das Gitter nun aufgezeichnet ist, soll dieser Einfluß berücksichtigt werden. Aus Abb. 306b entnimmt man für den kleinsten Abstand zwischen zwei Gitterprofilen

$$F_{min} = 10 \, [mm].$$

Das interessierende Querschnittsverhältnis wird damit

$$\frac{F_{min}}{F_1} = \frac{F_{min}}{t \cdot \cos \tau_1} = \frac{10}{22{,}5 \cdot \cos 66{,}5°} = 1{,}12.$$

Die Schallgeschwindigkeit vor dem Gitter beträgt mit $T_{1stat} = 310 \, [°K]$

$$w_s = 20{,}1 \sqrt{310} = 354 \, [m/s]$$

und die Machzahl der Anströmgeschwindigkeit

$$M = \frac{w_1}{w_s} = \frac{250}{354} = 0{,}71.$$

Für diese Werte entnimmt man Abb. 147

$$\text{kritische Machzahl} \quad M_{krit} = 0{,}65,$$
$$\text{maximale Machzahl} \quad M_{max} = 0{,}86.$$

Damit ergibt sich

$$\frac{M - M_{krit}}{M_{max} - M_{krit}} = \frac{0{,}71 - 0{,}65}{0{,}86 - 0{,}65} = 0{,}30$$

Für diesen Wert erhält man nun eine Verminderung der Umlenkung, dargestellt durch den der Abb. 303 zu entnehmenden Korrekturfaktor

$$\frac{(\tan \tau_1 - \tan \tau_2)}{(\tan \tau_1 - \tan \tau_2)_{krit}} = 0{,}91.$$

Nun ist

$$\frac{(\tan \tau_1 - \tan \tau_2)}{(\tan \tau_1 - \tan \tau_2)_{krit}} = \frac{\Delta w_{u_{korr}}}{\Delta w_{u_{krit}}}.$$

Die mit dem berechneten Gitter wirklich erzielbare Umlenkung wird damit

$$\Delta w_{u_{korr}} = \frac{\Delta w_{u_{korr}}}{\Delta w_{u_{krit}}} \Delta w_u = 0{,}91 \cdot 120 = 109 \, [m/s]$$

und der korrigierte Umlenkwinkel

$$\vartheta_{\infty_{korr}} = 15{,}5°.$$

Die gewünschte Umlenkung ist also als Folge des Machzahleinflusses mit dem berechneten Gitter nicht zu erreichen. Es sei nun angenommen, daß die aufgezeichneten Schaufelprofile aus irgendwelchen Gründen vorgegeben seien und daß lediglich eine Änderung des Staffelungswinkels, beispielsweise durch eine entsprechende Bearbeitung des Schaufelfußes, möglich ist. Hierdurch ergibt sich die Notwendigkeit, von der Auslegung auf stoßfreien Eintritt abzugehen und durch ein entsprechendes Aufdrehen der Schaufeln, den gewünschten Umlenkwinkel zu erreichen. Der nun zu wählende Auslegepunkt sei durch den Wert

$$\frac{\vartheta_\infty}{\vartheta_\infty^*} = 1{,}2 \quad \text{bei} \quad \frac{\alpha_1 - \alpha_1^*}{\vartheta_\infty^*} = 0{,}30 \quad \text{(siehe Abb. 299)}$$

gekennzeichnet. Da sich der Winkelübertreibungsfaktor bei nicht allzu großen Änderungen von γ_m nur unwesentlich ändert, darf für ϑ_∞^* mit hinreichender Näherung der im vorstehenden berechnete Wert eingesetzt werden. Damit wird für die zu berechnende Stellung der Gitterprofile die dem stoßfreien Strömungszustand zugeordnete Anströmrichtung

$$\tau_1^* = \tau_1 - \frac{\alpha_1 - \alpha_1^*}{\vartheta_\infty^*} \vartheta_\infty^* = 66{,}5 - 0{,}30 \cdot 18{,}5 = 61°.$$

Für den Staffelungswinkel findet man

$$\gamma_m = \tau_1^* - \alpha_1^* = 61 - 12{,}5 = 48{,}5°.$$

Mit diesem Wert wird das Profilgitter von neuem aufgezeichnet (Abb. 306c).

Der in dieser Stellung der Gitterprofile zu erreichende Umlenkwinkel bei kleinen Geschwindigkeiten ($M \leqq M_{krit}$) beträgt entsprechend der Wahl des Auslegungspunktes in Abb. 299

$$\vartheta_{\infty_{krit}} = \frac{\vartheta_\infty}{\vartheta_\infty^*} \cdot \vartheta_\infty^* = 1{,}20 \cdot 18{,}5 = 22{,}2°.$$

Die zugehörige Umlenkung ist $\Delta w_{u_{krit.}} = 133 \, m/s$.

Mit dem Aufdrehen der Schaufel ist einerseits eine Vergrößerung des erreichbaren Umlenkwinkels verbunden, andererseits wird aber auch im allgemeinen der Querschnitt F_{min} vergrößert. Abb. 306c entnimmt man

$$F_{min} = 11 \ [\text{mm}].$$

Die weitere Rechnung ergibt

$$\frac{F_{min}}{F_1} = 1{,}23;$$

$$M = 0{,}71;$$

$$M_{krit} = 0{,}60;$$

$$\overset{\bullet}{M}_{max} = 0{,}93;$$

$$\frac{M - M_{krit}}{M_{max} - M_{krit}} = 0{,}33;$$

$$\frac{(\tan \tau_1 - \tan \tau_2)}{(\tan \tau_1 - \tan \tau_2)_{krit}} = 0{,}90;$$

$$\Delta w_{u_{korr}} = 0{,}90 \cdot \Delta w_{u_{krit}} = 120 \ [\text{m/s}].$$

g) Ergebnisse der NACA-Gitteruntersuchungen

Das im Vorstehenden beschriebene Auslegungsverfahren stellt eine Kombination von Theorie und zahlreichen Gitter- und Verdichterversuchen dar. Systematische Gitterversuche sind wegen der Vielzahl der Gitterparameter außerordentlich aufwendig und zeitraubend. Dennoch hat das National Advisory Committee for Aeronautics (NACA) eine Vielzahl von Gittermessungen mit systematischer Variation einiger Gitterparameter durchgeführt[1]. Die Untersuchungen beschränken sich aber auf Gitter mit praktisch kreisbogenförmiger Skelettlinie — für die ja auch die vorstehende Gittertheorie im besonderen hergeleitet wurde — und dem NACA Grundprofil (Abb. 301) mit einem Dickenverhältnis $d^*/l = 0{,}10$. Untersucht wurden der Einfluß

des Teilungsverhältnisses t/l, der Profilwölbung ϑ, und des Anströmwinkels τ_1.

Der stoßfreie Strömungszustand wurde bei der theoretischen Auslegung der Profilgitter als günstigster Arbeitspunkt bezeichnet, weil hier kleinste Widerstandsbeiwerte c_w und die geringsten örtlichen Übergeschwindigkeiten auf der Profilkontur zu erwarten sind. Die NACA-Messungen bestätigen diese Annahmen im wesentlichen, wie die Abb. 307 und 308 für eine Gitteranordnung als

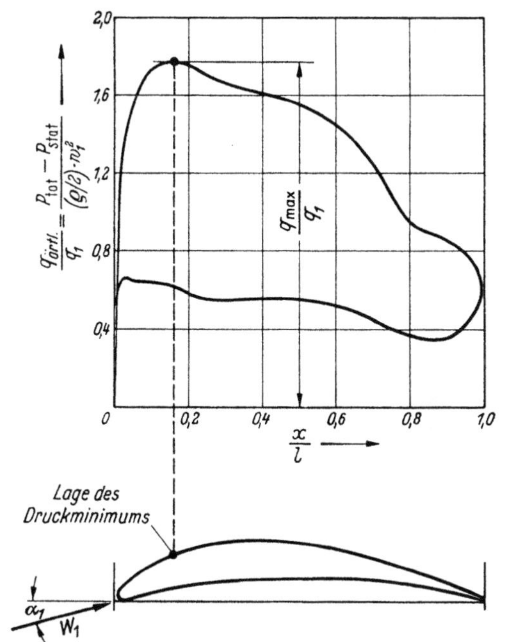

Abb. 307. Druckverteilung an einem Gitterprofil bei annähernd stoßfreiem Eintritt

Beispiel zeigen. c_w und q_{max}/q_1 zeigen über einen gewissen Anstellwinkelbereich einen sehr flachen Verlauf, dagegen nimmt die Gütezahl $G = \dfrac{1}{\varepsilon} = \dfrac{c_a}{c_w}$ (also der Kehrwert der sonst benützten Gleitzahl ε) mit zunehmender Umlenkung, bei fast konstantem c_w, zu. Die NACA wählt deshalb für den Auslegungspunkt einen Angriffswinkel α_{1_A}, der leichten Bruststoß ergibt, der aber bei praktisch gleicher oder nur wenig größerer maximaler Übergeschwindigkeit eine bessere Gütezahl erwarten läßt. (Im nachfolgenden Abschnitt wird auch gezeigt, daß in der Tat ein leichter Bruststoß ($\varphi/\varphi_0 < 1$) einen um etwa 1% höheren Stufenwirkungsgrad als der stoßfreie Eintritt ergibt.) Gleichzeitig wurde bei der Wahl des Auslegungsanstellwinkels darauf geachtet,

---

[1] HERRIG, L. JOSEPH, JAMES C. EMERY u. JOHN R. ERWIN: Systematic Two-Dimensional Cascade Tests of NACA 65-Series Compressor Blades at Low Speeds. NACA Techn. Note 3916 (1957).
Auszug s. W. STIEFEL: MTZ 1959, S. 340 bis 346.

daß die Druckverteilung auf der Profilkontur (s. Abb. 307) einen möglichst gleichmäßigen Verlauf zeigt. In Abb. 309 sind die so ermittelten Auslegungs-Angriffswinkel α_{1_A} als Funktion des Kehrwertes des Teilungsverhältnisses, auch Überdeckungsverhältnis l/t genannt, und des Krümmungswinkels ϑ dargestellt. Im Gegensatz zur Theorie erscheint der Staffelungswinkel bzw. der Anströmwinkel τ_1 nicht als Parameter.

Die bei diesen Angriffswinkeln erreichbaren Umlenkungen sind in den Abb. 310a bis d dargestellt. Mit eingetragen sind die Werte der maximalen Übergeschwindigkeit q_{max}/q_1 und die Gütezahl G. Die Messungen wurden bei Anström-MACHzahlen $M_1 < 0,3$ durchgeführt, fallen also praktisch in den inkompressiblen Bereich. Für die Verwendung bei höheren MACHzahlen ist also eine MACHzahl-Korrektur nach Abschn. e) anzubringen.

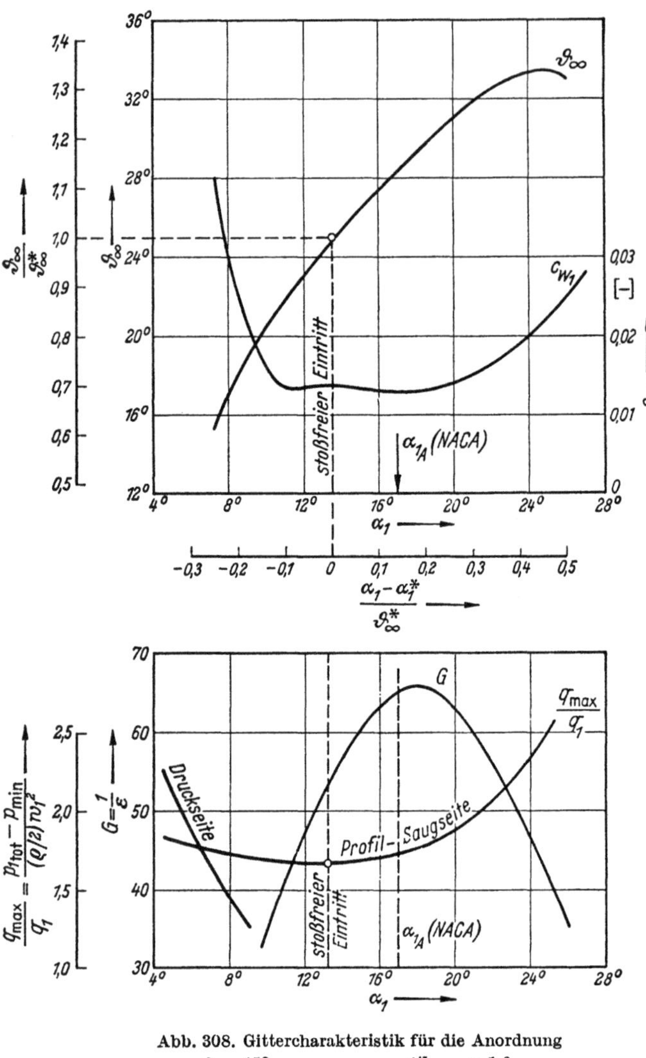

Abb. 308. Gittercharakteristik für die Anordnung
$$\vartheta = 45° \qquad t/l = 1,0$$
$$\tau_1 = 45° \qquad d^*/l = 0,10$$

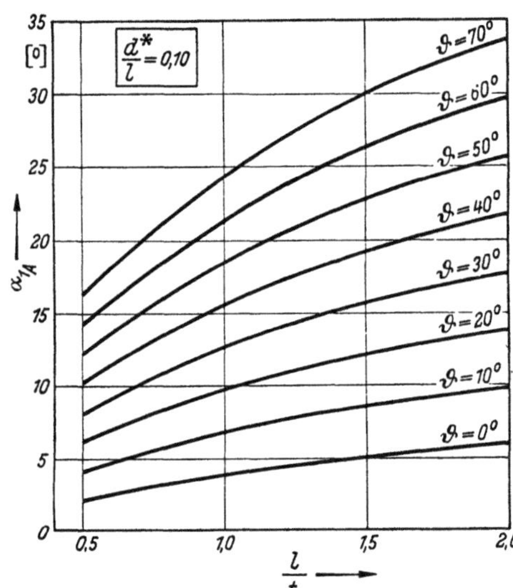

Abb. 309. Angriffswinkel α_{1_A} in Abhängigkeit vom Überdeckungsverhältnis l/t und vom Krümmungswinkel ϑ bei $d^*/l = 0,1$

STIEFEL[1] hat einen Vergleich der hergeleiteten theoretischen Berechnungsmethode mit den Gittermessungen des NACA durchgeführt und eine gute Übereinstimmung gefunden. Die durchschnittlichen Unterschiede liegen bei etwa 1° der Gitter-Umlenkung.

h) Schwach belastete Gitter aus Tragflügelprofilen

In Axialgebläsen und -ventilatoren werden üblicherweise nur kleine Umlenkungen und entsprechend kleine Belastungszahlen $c_r \cdot l/t$ gefordert. Hieraus folgen kleine Schaufelzahlen und große Teilungsverhältnisse für die die Gittereinflußzahlen k_0 und k_1 gegen Eins gehen. In diesen Fällen verwendet man zweckmäßigerweise Tragflügelprofile für den Aufbau der Beschaufelung.

[1] STIEFEL, W.: Betrachtungen zur Auslegung der Beschaufelung von axial durchströmten Verdichtern. MTZ 20 (1959) H. 9, S. 340 bis 346.

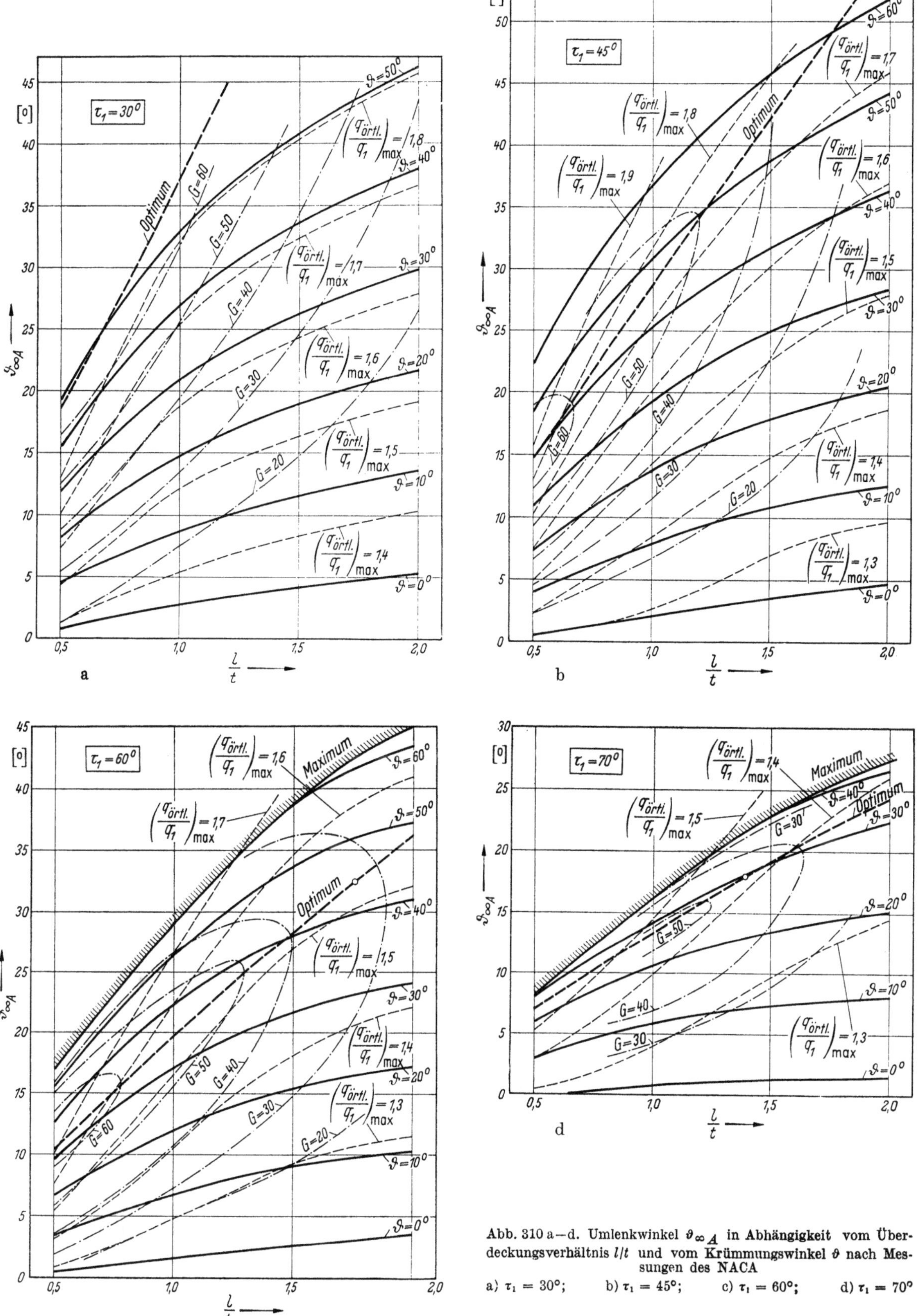

Abb. 310 a—d. Umlenkwinkel $\vartheta_{\infty A}$ in Abhängigkeit vom Überdeckungsverhältnis l/t und vom Krümmungswinkel ϑ nach Messungen des NACA

a) $\tau_1 = 30°$;   b) $\tau_1 = 45°$;   c) $\tau_1 = 60°$;   d) $\tau_1 = 70°$

Die Auswahl der Profile kann an Hand der von den aerodynamischen Versuchsanstalten herausgegebenen Profilkatalogen erfolgen[1].

Die veröffentlichten Profilpolaren sind durch Windkanalmessungen an Flügelmodellen endlicher Spannweite ermittelt. Infolge des Umströmens der Flügelenden entsteht ein zusätzlicher Widerstand (induzierter Widerstand) und gleichzeitig eine Beeinflussung des wirksamen (effektiven) Anstellwinkels. Längs der Flügelspannweite bildet sich eine mehr oder weniger elliptische Zirkulationsverteilung aus, wobei die Zirkulation an den Flügelenden zu Null wird und in der Flügelmitte ihr Maximum hat. Für die Verwendung als Schaufelprofil sind die versuchsmäßig ermittelten Polaren auf eine unendliche Spannweite umzurechnen. Für Rechteckflügel und das bei den Göttinger Messungen verwendete Seitenverhältnis $\Lambda = F/h^2 = 1/5$ ergeben sich folgende Umrechnungsformeln

$$c_{a_\infty} = 1{,}17 \cdot c_a,$$

$$\alpha_\infty = \alpha - 0{,}855 \cdot \Lambda \cdot \frac{c_a}{\pi} = \alpha - 0{,}0545 \cdot c_a,$$

$$c_{w_\infty} = c_w - 1{,}04\,\Lambda\,\frac{c_a^2}{\pi} = c_w - 0{,}0662\,c_a^2,$$

wobei der Index ∞ den „unendlich langen Flügel" kennzeichnet und (c_a, c_w, α) die Meßwerte sind. Abb. 311 zeigt die umgerechneten Profilwerte nach den Göttinger Messungen an JOUKOWSKI-Profilen.

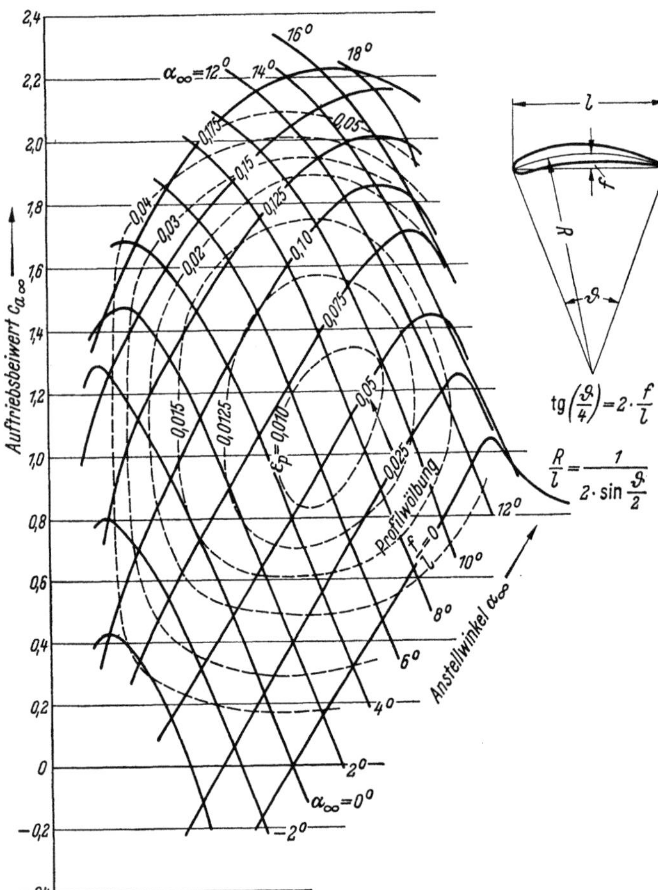

Abb. 311. Auftriebsbeiwert c_a und Profilgleitzahl ε_P als Funktion des Anstellwinkels α_∞ für Tragflügelprofile (umgerechnet auf Seitenverhältnis $\Lambda = \infty$ aus Messungen an JOUKOWSKI-Profilen) Profildicke $d^*/l = 0{,}1$
Schaufelgleitzahl $\varepsilon \approx \varepsilon_P + \dfrac{0{,}008}{(1 - \nu) \cdot c_a} + 0{,}016 \cdot c_a$

Näherungsweise kann man annehmen

für den Auftriebsbeiwert

$$c_{a_\infty} = (0{,}092 \div 0{,}096) \cdot \left(k_d \cdot \frac{f}{l} + \nu_s^0\right)$$

mit

$k_d = 80$ bis 90 für Dickenrücklage $\dfrac{x}{l} = 0{,}30$,

$k_d = 100$ für eine Dickenrücklage $\dfrac{x}{l} = 0{,}50$

und für die Profilgleitzahl

$$\varepsilon_P \approx 0{,}012 + 0{,}02\,\frac{d^*}{l} + 0{,}08\,\frac{f}{l}\,.$$

Die Gittereinflußzahlen kennzeichnen das Verhältnis des von einem Profil im Gitterverband erzeugten Auftriebes zum Auftrieb des gleichen aber einzeln stehenden Profils bei demselben Anstellwinkel. Sie sagen aber nichts über die Art der Änderung der zugeordneten Druck- oder Geschwindigkeitsverteilung längs der Profilkontur und damit über das Grenzschichtverhalten im Gitterverband aus. Bei Verzögerungsgittern hat die Grenzschicht von der Stelle maximaler Übergeschwindigkeit (vgl. Abb. 307) ausgehend einen größeren Druckunterschied als am Einzelprofil zu überwinden. Verstärkt wird dieser ungünstige Einfluß noch dadurch, daß bei üblichen Gitteranordnungen der Ort der maximalen Übergeschwindigkeit

[1] Ergebnisse der Aerodynamischen Versuchsanstalt (AVA) Göttingen Lfg. I bis IV. München: Oldenbourg 1927 oder NACA Report No. 460 (1936) „The Characteristics of 78 Related Airfoil Sections from Tests in the Variable Density Wind Tunnel."

sich bei Verzögerungsgittern in Richtung auf die Profilhinterkante verschiebt. Gitterprofile neigen also bei nennenswerten Verzögerungen bzw. größerer Umlenkung früher zu Strömungsablösungen als Einzelprofile.

Betz[1] hat ein Verfahren angegeben, bei dem durch eine vereinfachte konforme Abbildung ein Tragflügelprofil im Gitterverband so verformt wird, daß die Geschwindigkeitsverteilung auf der Profilkontur im wesentlichen die gleiche bleibt. Das auf diese Weise entstandene VerdichterSchaufelprofil hat aber in seiner geometrischen Form nichts mehr gemeinsam mit dem als Ausgang dienenden Tragflügelprofil, sondern ist entsprechend der Strombahnenkrümmung wesentlich stärker gekrümmt als das Einzelprofil. Es scheint deshalb bei höher belasteten Gittern zweckmäßiger und zeitlich auch weniger aufwendig, von der geforderten Umlenkung auszugehen und das Schaufelprofil nach der Gittertheorie zu gestalten.

i) Zusammensetzung der Schaufel aus Einzelschnitten

Die Geschwindigkeitsdreiecke sind auf den verschiedenen Durchmessern eines Verdichters unterschiedlich; damit ergibt sich auch eine Änderung der Profilform, der Wölbung und des Staffelungswinkels längs der Schaufelhöhe. Die Profilberechnung ist also für mehrere VerdichterDurchmesser auszuführen. Je nach Genauigkeitsanforderung und absoluter Schaufelhöhe wird man sich im allgemeinen mit drei bis sieben Schaufelschnitten begnügen. Die Kontur der gesamten Schaufel erhält man durch Zusammensetzen (Auffädeln) und Verbinden der Einzelschnitte.

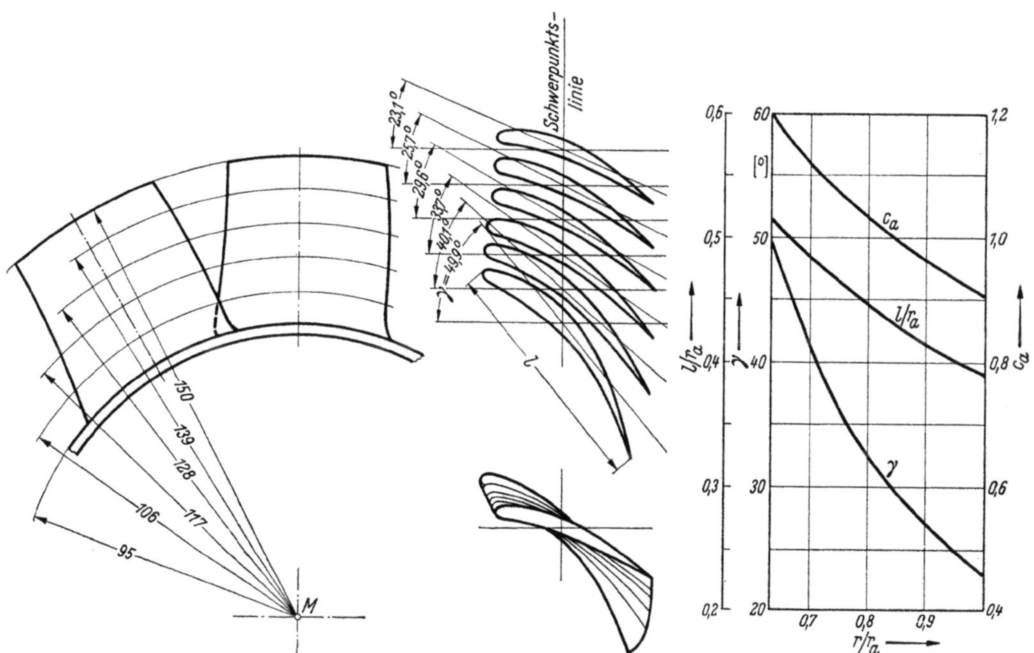

Abb. 312. Zusammensetzen einer Axialverdichterschaufel aus den einzelnen Schnitten

Jeder Schaufelschnitt ist an und für sich für eine zweidimensionale Strömung entworfen. Um gegenseitige Beeinflussungen zu vermeiden, sollten die einzelnen Schaufelschnitte so einander zugeordnet werden, daß die Linien konstanter Zirkulation $\Gamma = c_u \cdot t$ längs der Schaufel senkrecht zur Verdichterachse verlaufen. Diese Bedingung läßt sich aber grundsätzlich nur bei Wirbelflußmaschinen einhalten und stellt auch hier eine starke Einschränkung für die Profilgestaltung dar, der vor allem Festigkeitsforderungen entgegenstehen. Weichen die Linien Γ = const von Ebenen normal zur Verdichterachse ab, so ist innerhalb des Schaufelrades die Bedingung des radialen Gleichgewichtes nicht mehr erfüllt — $c_m (r)$ = const vorausgesetzt — und die Strömung verläuft nicht mehr auf koaxialen Zylinderschnitten. Bei den Verdichtern mit konstanter Reaktion (Abschn. X) sind die entstehenden Radialkomponenten der Meridianstrombahnen durch die Annahme eines periodischen sinusförmigen Verlaufes schon näherungsweise berücksichtigt, ohne daß hierbei allerdings auf die spezielle Gestaltung der Schaufel Rücksicht genommen ist.

---

[1] Betz, A.: Diagramme zur Berechnung von Flügelreihen. Ing. Archiv II (1931) S. 359 bis 371.

Das Auftreten von Radialkomponenten ist mit zusätzlichen (induzierten) Verlusten an der Beschaufelung verbunden, die aber nicht sehr bedeutend sind und für eine typische Verdichterbeschaufelung etwa in der Größenordnung von 20% der reinen Profilverluste liegen[1].

In vielen Fällen ordnet man die Schaufelschnitte so an, daß die Profilschwerpunkte auf einer Normalen zur Verdichterachse liegen (Abb. 312). Die Koordinaten der Profilschwerpunkte sind zusammen mit den bei Festigkeitsrechnungen benötigten Profilflächen F und den Trägheitsmomenten J_{min} in Abb. 313 für das Grundprofil Abb. 300 zusammengestellt. Das Diagramm kann näherungsweise auch für Schaufelprofile mit anderen Grundprofilformen verwendet werden.

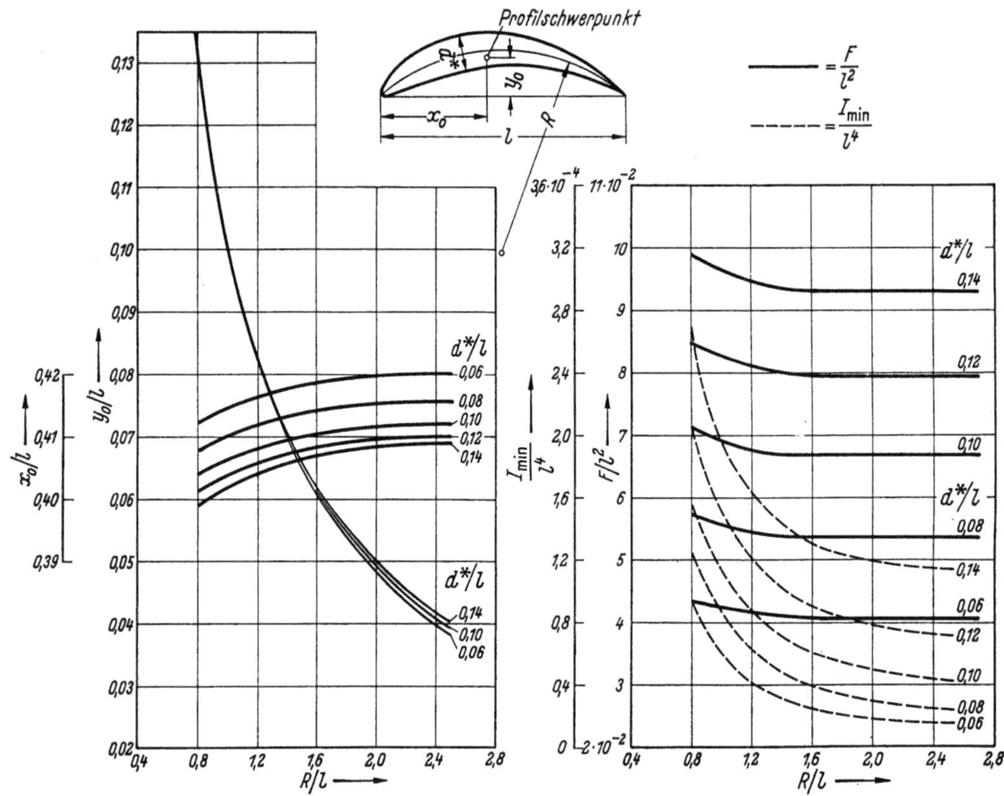

Abb. 313. Schwerpunktslage, Trägheitsmoment und Profilfläche für Schaufelprofile (Grundprofil nach Abb. 300)

Als Luftkräfte wirken auf eine Schaufel (s. Abschn. III) die der Drehrichtung entgegengesetzte Umfangs- oder Tangentialkraft T und die der Axialgeschwindigkeit entgegengerichtete Schubkraft S. Das von der Umfangskraft hervorgerufene Biegemoment im Nabenschnitt einer Laufrad-Schaufel beträgt

$$M_x = \int_{r_i}^{r_a} \left(\frac{dT}{dr}\right)(r - r_i)\,dr \approx \frac{2\pi}{z} \int_{r_i}^{r_a} \varrho_\infty \cdot c_{m_\infty} \varDelta w_u \cdot (r - r_i)\,r \cdot dr. \qquad (321)$$

Für $h_{theor}(r) = $ const und $\varrho_\infty \cdot c_{m_\infty}(r) \approx$ const vereinfacht sich die Beziehung zu

$$M_x = \frac{\dot{G} \cdot h_{theor}}{z \cdot \omega} = \frac{30}{\pi} \cdot \frac{N_{Stufe}}{n \cdot z}, \qquad (321\,a)$$

wobei

$N_{Stufe} \left[\dfrac{mkg}{s}\right]$ Antriebsleistung der Stufe,

$n\,[U/min]$ Verdichterdrehzahl,

$z\,[-]$ Schaufelzahl

---

[1] CARTER, A. D. S.: Three-dimensional — flow Theories for Axial Compressors and Turbines. Inst. Mech. Engineers Proc. 159 (1948) S. 255 bis 268.

bedeuten. Das Schubkraftmoment im Nabenschnitt beträgt bei konstantem Außen- und Innendurchmesser

$$M_y = \frac{2\pi}{z}\left[\int_{r_i}^{r_a}\Delta\,p_{\mathrm{stat}_R}\cdot(r-r_i)\cdot r\cdot dr + \int_{r_i}^{r_a}(\varrho_1\,c_{m_1}^2 - \varrho_2\,c_{m_2}^2)\cdot(r-r_i)\,r\cdot dr\right]. \tag{322}$$

Das zweite Integral berücksichtigt die Impulsänderung der Meridiangeschwindigkeit, wobei der Index 1 sich auf den Zustand nach dem Laufgitter, der Index 2 auf den Zustand vor dem Laufgitter bezieht. Es stellt üblicherweise nur ein Korrekturglied dar. Mit $h_{\mathrm{ad}}(r)\approx$ const $\varrho_1\approx\varrho_2\approx\varrho_\infty$ (inkompressible Strömung) und $c_m(r)\approx$ const erhält man dann

$$M_y \approx \frac{2\pi}{z}\,\gamma_\infty\left[h_{\mathrm{ad}_R}\int_{r_i}^{r_a}\mathfrak{r}(r)\cdot r\cdot dr + \frac{F_{\mathrm{Gebl.}}}{2\pi\cdot g}\cdot\frac{D_a}{3}\left(\frac{1}{1+\nu}-\frac{\nu}{2}\right)(c_{m_1}^2-c_{m_2}^2)\right]. \tag{323}$$

Hierin sind

$\gamma_\infty\,[\mathrm{kg/m^3}]$ die auf w_∞ bezogene mittlere Wichte der Luft,

$\mathfrak{r}(r) = \dfrac{w_{\infty\,u}}{u}$ der Reaktionsgrad der Stufe,

$F_{\mathrm{Gebl.}} = \dfrac{\pi}{4}\cdot D_a^2\,(1-\nu^2)$ der Durchflußquerschnitt.

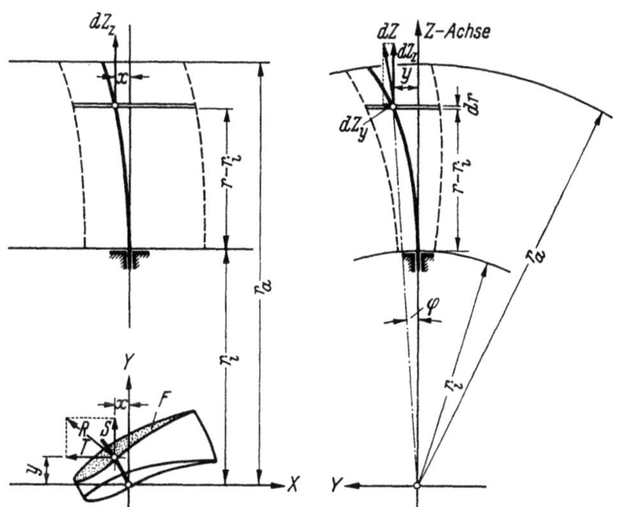

Abb. 314. Bezeichnungen zum Luftkraftmomentenausgleich

Durch Vorneigen der Schaufelschwerlinie in Richtung der resultierenden Luftkraft entsteht ein den Luftkraftmomenten entgegenwirkendes Fliehkraftmoment. Bedeutet Z die Fliehkraft, so ist mit den Bezeichnungen in Abb. 314

und

$$\begin{aligned} d M_x &= dZ_Z\cdot y - dZ_y\cdot(r-r_i)\\ d M_y &= -dZ_Z\cdot x. \end{aligned} \tag{324}$$

Allgemein ist

$$dZ = \frac{\gamma_{\mathrm{Werkstoff}}}{g}\cdot F(r)\,\omega^2\,r\cdot dr$$

mit den Komponenten

$$dZ_Z \approx dZ \quad\text{und}\quad dZ_y = \frac{y}{r}\cdot dZ.$$

Setzt man einen geradlinigen Verlauf der Profilschwerlinie voraus, so ist

$$x = x_a\cdot\frac{r-r_i}{r_a-r_i} \quad\text{und}\quad y = y_a\frac{r-r_i}{r_a-r_i}.$$

Damit ergeben sich die Fliehkraftmomente in Umfangs- und Achsrichtung zu

$$\frac{M_x}{y_a} = \frac{\gamma_{\mathrm{Werkstoff}}}{g}\,\omega^2\cdot r_i\int_{r_i}^{r_a}F_{\mathrm{Profil}}(r)\,\frac{r-r_i}{r_a-r_i}\,dr \tag{325}$$

und

$$\frac{M_y}{x_a} = -\frac{\gamma_{\text{Werkstoff}}}{g} \, \omega^2 \cdot \int\limits_{r_i}^{r_a} F_{\text{Profil}}(r) \, \frac{r - r_i}{r_a - r_i} \cdot r \cdot dr. \tag{326}$$

Die Integrale werden zweckmäßigerweise graphisch gelöst. Durch Einsetzen der Luftkraftmomente für M_x und M_y läßt sich die Schwerpunktsverlagerung (x_a, y_a) des Außenschnittes berechnen, die vollkommenen Biegemomentenausgleich an der Schaufelwurzel ergibt. Längs der Schaufelerstreckung verbleiben hierbei zwar gewisse Restbiegemomente. Diese sind aber für die Schaufelfestigkeit meist ohne Bedeutung.

Bei Leiträdern entfallen im allgemeinen diese Festigkeitsbedingungen. Dafür bestimmen oftmals Herstellungsrücksichten beispielsweise beim Fräsen, Ziehen oder Schlagen der Schaufeln die Anordnung und auch die zu wählende Form der einzelnen Profilschnitte.

3. Näherungsweise Berechnung der Axialgeschwindigkeitsverteilung mit Berücksichtigung der Zähigkeitseinflüsse

Bei der Auslegung eines Axialverdichters wird, zumindest für den Hauptbetriebspunkt, im allgemeinen eine über der radialen Schaufelerstreckung konstante Meridiangeschwindigkeit vorausgesetzt. Die durch die Naben- und Gehäusewandung hervorgerufenen Zähigkeitseinflüsse auf die Meridiangeschwindigkeitsverteilung werden durch den Minderleistungsfaktor Ω (vgl. Abb. 168) berücksichtigt. Durch sinngemäße Anwendung der erweiterten Differentialgleichung der Turbomaschinenströmung Gl. (143) und durch Überlagerung eines symmetrischen Geschwindigkeitsprofils, das man entsprechend den Gesetzen der turbulenten Strömung in Ringrohren berechnet, kann man die Meridiangeschwindigkeitsverteilung näherungsweise vorausberechnen. Diesbezügliche Versuche haben eine gute Übereinstimmung zwischen Messung und Rechnung ergeben.

a) Berechnung der Grundverteilung

Die Grundverteilung, d. h. die Meridiangeschwindigkeitsverteilung unter Voraussetzung reibungsfreier Strömung, bestimmt sich durch Integration der erweiterten Differentialgleichung der Turbomaschinenströmung

$$\frac{1}{\varrho} \cdot \frac{dp_{\text{tot}}}{dr} = c_m^2 \left[\frac{1}{R} + \tan\tau \left(\frac{\tan\tau}{r} + \frac{d\tan\tau}{dr} \right) \right] + c_m \cdot \frac{dc_m}{dr} (1 + \tan^2\tau). \tag{327}$$

Hierin ist

$$c_u = c_m \cdot \tan\tau.$$

Erfolgt die Berechnung hinter einem Laufrad, so ist mit der vorerst noch unbekannten c_m-Verteilung auch der absolute Abströmwinkel τ unbekannt. Bekannt ist hingegen aus der Schaufelberechnung der Abströmwinkel der Relativgeschwindigkeit τ_R. Zwischen beiden bestehen die Zusammenhänge

$$\tan\tau = \frac{u - w_{2u}}{c_m} = \frac{u}{c_m} - \tan\tau_R, \tag{328}$$

$$\frac{d\tan\tau}{dr} = \frac{u}{c_m^2} \left(\frac{c_m}{r} - \frac{dc_m}{dr} \right) - \frac{d\tan\tau_R}{dr}. \tag{329}$$

Zur Integration von Gl. (327) gibt man sich zweckmäßigerweise eine sinnvolle c_m-Verteilung vor, wobei die in Abschn. X, 2 diskutierten Grenzwerte zu beachten sind und kann für diese c_m-Verteilung sowohl die rechte als auch die linke Seite der Gl. (327) berechnen und vergleichen. Hiernach ist dann die gewählte Verteilung entsprechend abzuändern und zu verifizieren.

In den meisten Fällen ist die Grundverteilung ja nicht erst zu berechnen, sondern durch die gewählte Auslegungsart des Verdichters gegeben, entweder als $c_m = $ const für die Wirbelflußmaschine oder bei einer Auslegung für $\mathfrak{r} = 50\%$ auf allen Radien entsprechend den Ausführungen in Abschn. X.

b) Berechnung der Überlagerungsfunktion

Zur Berücksichtigung der Zähigkeitseinflüsse soll der Grundverteilung eine symmetrische Störfunktion überlagert werden (Abb. 315). Diese Störfunktion kann man, analog dem logarithmischen Gesetz für die Geschwindigkeitsverteilung bei turbulenter Rohrströmung, herleiten. Die Voraussetzung der turbulenten Strömungsform dürfte in einer Axialstufe stets erfüllt sein.

Danach folgt die Geschwindigkeitsverteilung bei turbulenter Strömung und bei hinreichend großer REYNOLDSzahl dem Gesetz

$$\frac{w_{\max} - w}{v^*} = 2{,}5 \cdot \ln\left(\frac{\dfrac{r_a - r_i}{2}}{y}\right). \tag{330}$$

y ist der Abstand von außen bzw. von innen bis zur Mittellinie.

Dabei bedeuten

$w_{\max}$ die Maximalgeschwindigkeit, die sich auf dem mittleren Halbmesser $r_m = \dfrac{r_a + r_i}{2}$ einstellt (vgl. Abb. 316),

w die Geschwindigkeit auf einem beliebigen Radius $r_i \gtrless r \gtrless r_a$,

v^* die Schubspannungsgeschwindigkeit.

Gl. (330) ist für kreiszylindrische Ringrohre gültig, und zwar für hydraulisch glatte und für rauhe Wandungen.

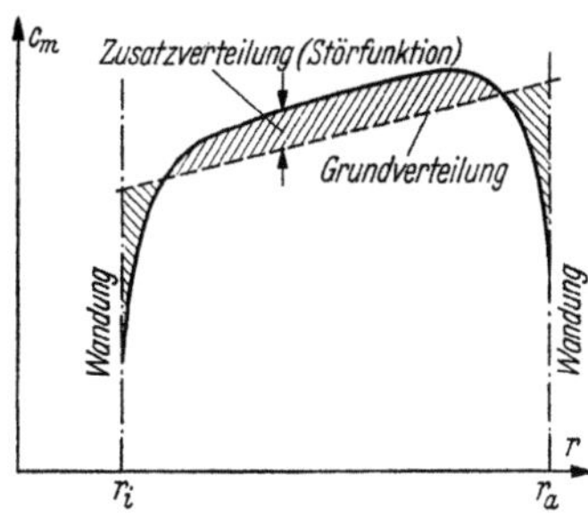

Abb. 315. Darstellung der Meridiangeschwindigkeitsverteilung als Überlagerung einer Grundverteilung (reibungsfreie Strömung) und einer Zusatzverteilung (Störfunktion) zur Berücksichtigung der Zähigkeit

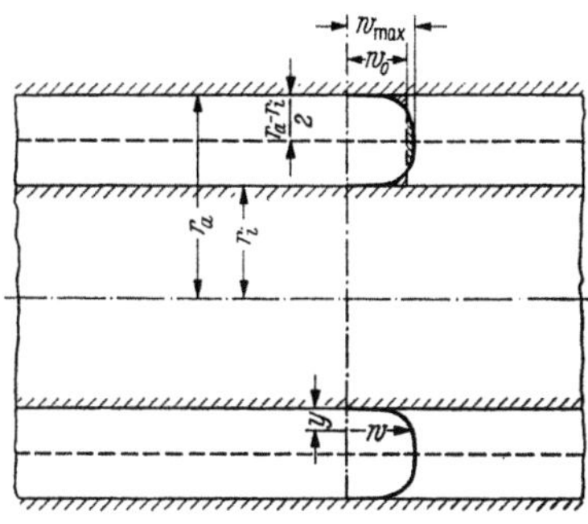

Abb. 316. Geschwindigkeitsprofil in einem kreiszylindrischen Ringrohr bei turbulenter Strömung

Bezeichnet $\overline{w}$ die mit der Kontinuitätsgleichung zu bestimmende Geschwindigkeit, dann erhält man bei Ringrohren als Geschwindigkeitsverhältnis

$$\frac{w_{\max}}{\overline{w}} = 1 + 2{,}5 \cdot \frac{v^*}{\overline{w}} \,. \tag{331}$$

Aus den Gln. (330) und (331) folgt für die gesuchte Geschwindigkeitsverteilung

$$\frac{w}{\overline{w}} = 1 + 2{,}5 \cdot \frac{v^*}{\overline{w}} \left[1 - \ln\left(\frac{\dfrac{r_a - r_i}{2}}{y}\right) \right]. \tag{332}$$

Gl. (332) gilt für Ringrohre, wobei die mittlere Geschwindigkeit $\overline{w} = w_{\text{reibungsfrei}} = $ konstant über dem Radius ist. Für die Strömung im Axialverdichter soll nun $\overline{w}$ durch $w_{\text{reibungsfrei}} = w_{\text{o. R.}}$ ersetzt werden; näherungsweise ist dann

$$\frac{w}{\overline{w}} \approx \frac{c_m}{c_{m\,\text{o. R.}}},$$

wobei $c_{m\,\text{o. R.}}$ die Meridiangeschwindigkeit bei reibungsfreier Strömung (Grundverteilung) bedeutet. Damit erhält man für die näherungsweise Berechnung der gesuchten Meridiangeschwindigkeitsverteilung den Gl. (332) analogen Ausdruck

$$\frac{c_m}{c_{m\,\text{o. R.}}} \approx 1 + 2{,}5 \cdot \frac{v^*}{\overline{w}} \left[1 - \ln\left(\frac{\dfrac{r_a - r_i}{2}}{y}\right) \right]. \tag{333}$$

Die Schubspannungsgeschwindigkeit v^* ist

$$v^* = \sqrt{\frac{\tau_0}{\varrho}}, \tag{334}$$

wobei τ_0 die Schubspannung in der wandnahen Strömung,

ϱ die Dichte des Strömungsmediums

bedeuten.

Außerdem ist, mit dem Reibungsbeiwert λ,

$$\frac{v^*}{\overline{w}} = \sqrt{\frac{\lambda}{8}}. \tag{335}$$

Der Widerstandsbeiwert λ für zylindrische Ringrohre beträgt bei hydraulisch-glatten Wandungen

$$\frac{1}{\sqrt{\lambda}} = 2{,}04 \cdot \log\left(Re^* \sqrt{\lambda}\right) - 1{,}085 . \quad [1] \tag{336}$$

Dabei ist Re^* die auf den hydraulischen Durchmesser des Ringrohres bezogene REYNOLDSzahl:

$$Re^* = \frac{\overline{w} \cdot D_a \cdot (1 - \nu)}{\nu'} ;$$

dabei ist

$$r_{\text{hydr.}} = \frac{1}{2} \cdot D_a (1 - \nu) , \quad [2]$$

$$\nu \,[-] = \frac{r_i}{r_a} = \text{Nabenverhältnis},$$

$$\nu' \left[\frac{\text{m}^2}{\text{s}}\right] = \frac{\mu}{\varrho} = \text{kinematische Zähigkeit} \left(\text{für Luft ist } \nu' \approx 1{,}8 \cdot 10^{-6}\, \frac{T^2}{p}, \text{ Abb. 67}\right)$$

Bei rauher Wandung ist der Reibungsbeiwert λ von der relativen Korngröße $k/r_{\text{hydr.}}$ in folgender Weise abhängig

$$\lambda = \frac{1}{\left(2{,}04 \log \dfrac{r_{\text{hydr.}}}{k} + 1{,}505\right)^2} . \tag{337}$$

Bei üblicher Bearbeitung von Nabe und Gehäuse von Axialverdichtern ist $k \approx 0{,}01$ bis $0{,}02$ mm, bei polierter Oberfläche ist $k \approx 0{,}001$ mm (Abb. 156).

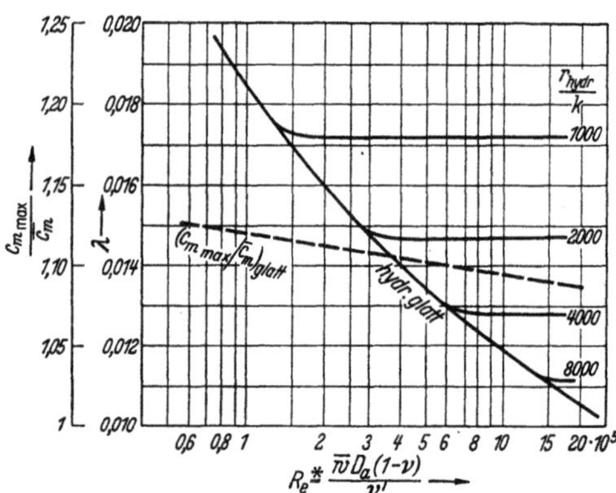

Abb. 317. Reibungskoeffizient für zylindrische Ringrohre (nach W. KINNER)

relative Rauhigkeit $\dfrac{r_{\text{hydr}}}{k} = \dfrac{D_a(1-\nu)}{2 \cdot k}$ mit $k = 0{,}01 \div 0{,}02$,

kinematische Zähigkeit $\nu' = 1{,}8 \cdot 10^{-6} \cdot \dfrac{T^2}{p} \left[\dfrac{\text{m}^2}{\text{s}}\right]$

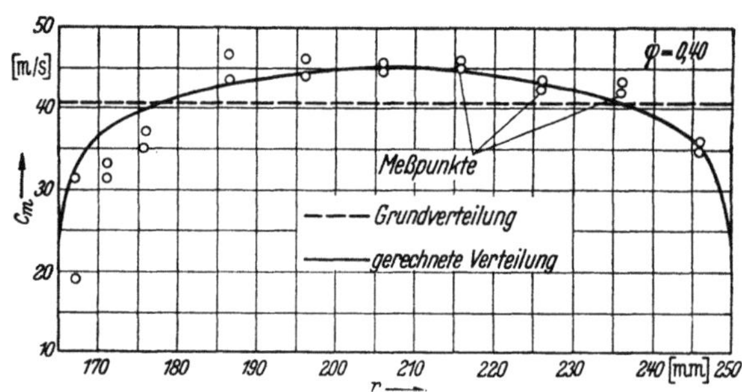

Abb. 318a. Lieferzahl $\varphi = 0{,}40$ (Auslegungspunkt)

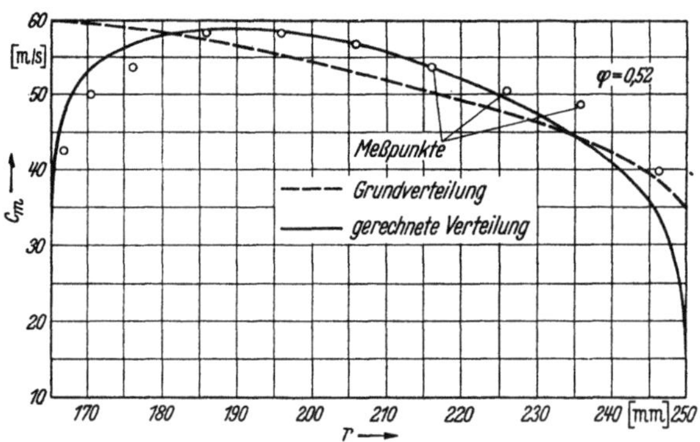

Abb. 318b. Lieferzahl $\varphi = 0{,}52$

Abb. 318a u. b. Vergleich der berechneten und gemessenen Axialgeschwindigkeitsverteilungen

Abb. 317 zeigt die numerische Auswertung der Gln. (336) und (337). In Abb. 318a und b sind die nach dem hier dargestellten Verfahren berechneten Axialgeschwindigkeiten hinter dem Laufrad eines Axialverdichters dargestellt. Abb. 318a zeigt die Meridiangeschwindigkeitsverteilung bei einer Lieferzahl $\varphi = 0{,}40$ (Auslegungspunkt), wobei die Grundverteilung $c_{m\text{o. R.}}(r) = \text{konstant}$ ist, während Abb. 318b die Verhältnisse für $\varphi = 0{,}52$, also für einen Drosselpunkt in der Nähe der maximalen Fördermenge, zeigt. Zum Vergleich sind in Abb. 318a und 318b auch die gemessenen ermittelten Axialgeschwindigkeitsverteilungen mit eingetragen. Abb. 319 zeigt einen dreistufigen Axialverdichter, der unter Berücksichtigung des Zähigkeitseinflusses auf die Meridiangeschwindigkeit ausgelegt wurde; der gemessene Wirkungsgrad dieses Verdichters betrug im Auslegungspunkt über 93%.

---

[1] KINNER, W.: Gesetze der turbulenten Strömung in zylindrischen Ringrohren. Turboméca Hausbericht Nr. 40.

[2] $\left(\text{vielfach wird in der Literatur } r'_{\text{hydr.}} = \dfrac{d_{\text{hydr.}}}{4} = \dfrac{1}{4}\left[D_a(1-\nu)\right] \text{ benutzt!}\right).$

Bei einer Auslegung ohne Berücksichtigung der Störfunktionen nimmt infolge des turbulenten Geschwindigkeitsprofiles der Anstellwinkel gegen die Schaufelenden hin zu. Es stellt sich also eine über der Schaufelhöhe ungleichmäßige Förderhöhe ein, deren Mittelwert um den Faktor Ω kleiner ist, als nach der Kontinuitätsbeziehung zu erwarten wäre (s. a. Abschn. III, 5).

Abb. 319. Dreistufiger Axialverdichter mit einer dem turbulenten Geschwindigkeitsprofil angepaßten Beschaufelung
(Turboméca S. A. Bordes B. P.)
Luftdurchsatz $\dot{G} = 50$ kg/s, Druckverhältnis $p_2/p_1 = 1,3$, Drehzahl des Verdichters $n = 3000$ U/min

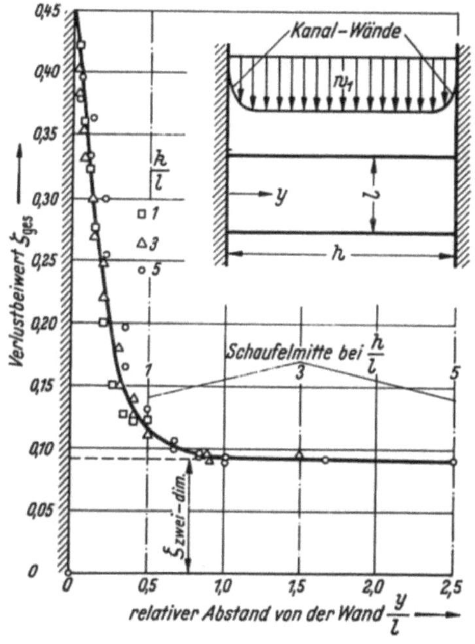

Abb. 320. Verteilung der Gesamtverluste über dem relativen Wandabstand (nach Messungen von Scholz)

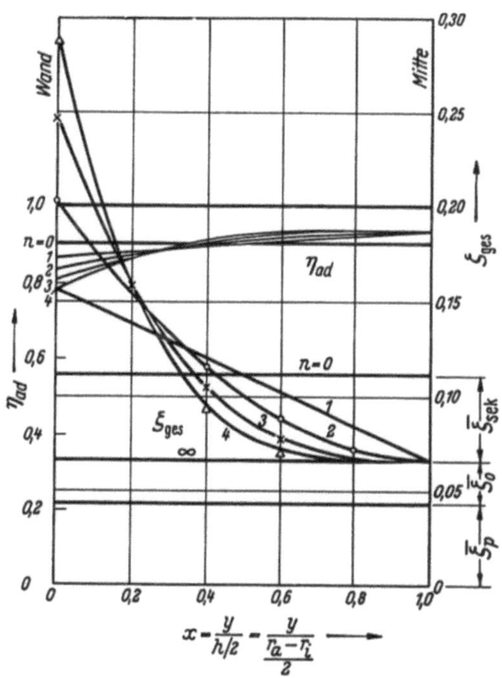

Abb. 321. Radiale Verteilung der Verluste ζ_0, ζ_P und ζ_{sek}
ζ_0 = Oberflächenverlust (an Nabe und Gehäuse)
ζ_P = Profilverlust ζ_{sek} = Sekundärverlust

Andererseits werden hierdurch aber die höheren Verluste in Wandnähe (s. Abb. 170) weitgehend ausgeglichen und so der Zuspitzung des Geschwindigkeitsprofiles von Stufe zu Stufe entgegengewirkt. Wird nun die Störfunktion gemäß dem Vorstehenden eingeführt, dann fällt dieser ausgleichende Faktor weg. Um nun ein ungünstiges Zuspitzen des Geschwindigkeitsprofiles zu verhindern, sind die Verluste wenigstens näherungsweise mit ihrem wirklichen Verlauf zu berücksichtigen (Abb. 320). Hierzu kann man für den Verlustbeiwert

$$\zeta_{\text{ges}}(r) = \frac{H_{\text{theor.}}(r)}{H_{\text{ad}}(r)} - 1 \tag{338}$$

den Ansatz machen

$$\zeta_{\text{ges}}(r) = a_0 + a_1(1-x)^n \tag{339}$$

wobei $x = \dfrac{y}{\frac{r_a - r_i}{2}}$ und y der Abstand von den Wandungen ist. An den Wänden ist dement-

sprechend $\zeta_{\text{ges}}(o) = a_0 + a_1$, während sich für den mittleren Durchmesser $\zeta_{\text{ges}}(1) = a_0$ ergibt. Abb. 321 zeigt den Verlauf von $\zeta_{\text{ges}}(r)$ für verschiedene Exponenten n. Zweckmäßigerweise wird $n = 1 \div 2$ gewählt, weil eine noch stärkere Betonung der Wandverluste ($n > 2$) dem wirklichen Verlauf nach Abb. 320 wohl näherkommt, aber zu sehr stark verwundenen Schaufelformen führt.

Abb. 322. Dreistufiger Axialverdichter (Bauart Daimler-Benz AG, Stuttgart-Untertürkheim)

Der Mittelwert des Verlustfaktors berechnet sich für alle Exponenten $n \geqq 0$ mit hinreichender Näherung zu

$$\bar{\zeta}_{\text{ges}} = \frac{\overline{H}_{\text{theor.}}}{H_{\text{ad}}} - 1 \approx \int\limits_0^1 [a_0 + a_1(1-x)^n]\, dx = a_0 + \frac{a_1}{n+1} \cdot \tag{340}$$

Nimmt man an, daß die Profilverluste ζ_P und die Oberflächen-Reibungsverluste ζ_0 gleichmäßig über der Schaufelhöhe verteilt sind, so ist hiermit die Konstante a_0 in obiger Beziehung gegeben, denn es ist

$$\zeta_{\text{ges}}(1) = a_0 = \zeta_P + \zeta_0 \cdot \tag{341}$$

Die ungleichmäßige ζ_{ges}-Verteilung wird somit allein auf Sekundärströmungen (einschließlich Spaltverluste) zurückgeführt. Im allgemeinen ist aber auch für diese nur ein Mittelwert $\bar{\zeta}_{\text{sek}}$ bekannt. Analog zu Gl. (340) ergibt sich aber damit für die zu bestimmende Konstante a_1 der Ausdruck

$$a_1 = (n+1)\,[\bar{\zeta}_{\text{ges}} - a_0] = (n+1)\,\bar{\zeta}_{\text{sek}} \cdot \tag{342}$$

In Abb. 322 ist ein dreistufiger Axialverdichter dargestellt, bei dem die Schaufeln für eine nach der Nabe und dem Außendurchmesser hin zunehmende Förderhöhe berechnet sind. Das Kennfeld dieses Kompressors zeigt Abb. 323. Durch die Berücksichtigung der Randverluste wird also das Kennfeld verhältnismäßig breit, was auf einen günstigen Arbeitsbereich der Beschaufelung hinweist.

c) Gestaltung des Eintrittsgehäuses

Bei der axial durchströmten Arbeitsmaschine muß auch der Einlaufstutzen in den Verdichter sorgfältig gestaltet werden, da neben einer verlustarmen Zuströmung eine möglichst gleichmäßige Geschwindigkeitsverteilung vor der ersten Stufe verlangt werden muß. Von ganz besonderer Bedeutung ist die Gestaltung des Kompressoreinlaufes (Fangdiffusors) bei Luftfahrttriebwerken, um eine praktisch isentropische Staudruckausnützung zu erreichen und eine ungleichmäßige Geschwindigkeitsverteilung am Eintritt und damit am Umfang ungleichmäßige Schaufelbelastungen zu vermeiden, die auch die Ursache für die Anregung von Schaufelschwingungen sein können. Für Luftfahrttriebwerke, die in einem sehr großen Geschwindigkeitsbereich arbeiten müssen, werden Fangdiffusoren mit verstellbaren Eintrittsquerschnitten erforderlich.

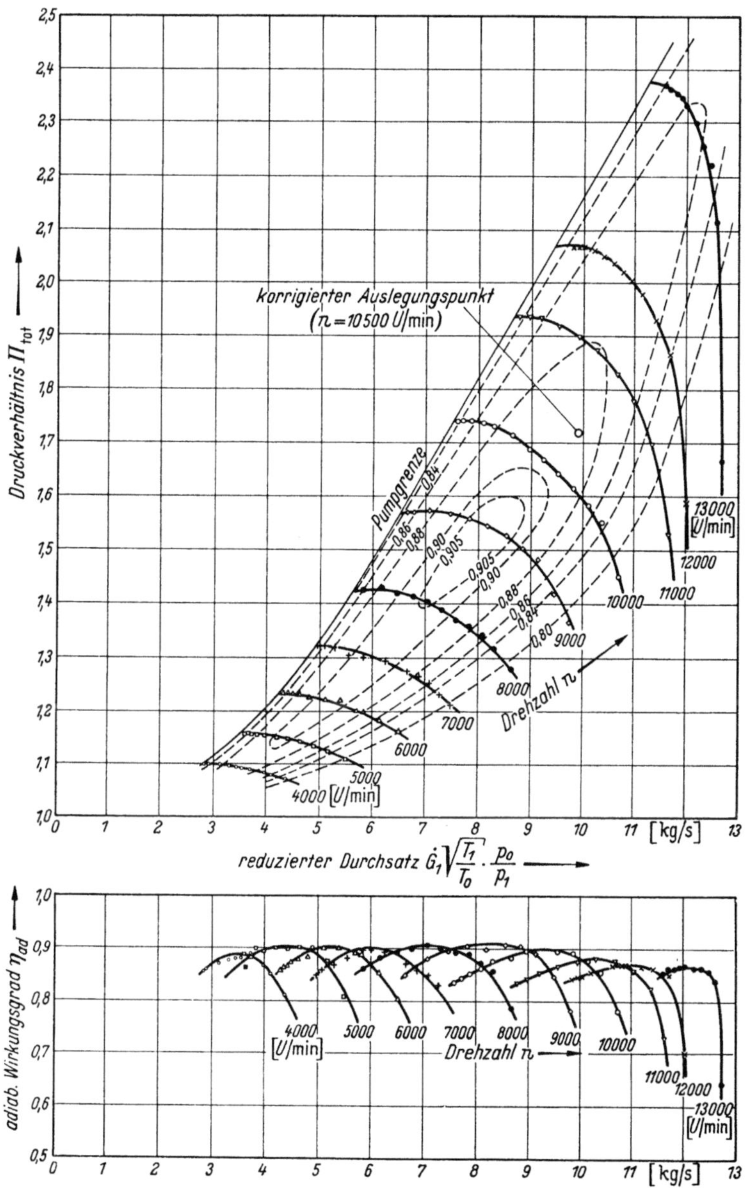

Abb. 323. Kennfeld des in Abb. 322 gezeigten dreistufigen Axialverdichters

Bei einem Eintrittsstutzen mit 90° Umlenkung sollte der Durchtrittsquerschnitt, soweit es die räumlichen Verhältnisse gestatten, möglichst das 5- bis 10fache der Eintrittsfläche in die erste Verdichterstufe betragen, wobei man eine gleichmäßige Beschleunigung des Fördermediums am Eintrittsgehäuse auf die Meridiangeschwindigkeit der ersten Stufe anstrebt.

XII. Die Betriebskennlinien von Axialverdichtern

Unter der Betriebskennlinie oder Charakteristik eines Kompressors versteht man das Verhalten einer Maschine auch bei Abweichungen vom normalen Betriebszustand, also bei Änderungen gegenüber dem Berechnungspunkt, auf den sich die bisherigen Ausführungen in den vorstehenden Abschnitten bezogen. Die Betriebskennlinie gibt Aufschluß über die Abweichungen des erreichbaren Druckverhältnisses bei Änderung der Drehzahl und der Durchflußmenge. Die Kenntnis dieser Gesetzmäßigkeiten ist von großer Wichtigkeit, da Änderungen des Durchsatzes, der Förderhöhe und der Drehzahl in jedem Fall auftreten können und aus betrieblichen Gründen vielfach notwendig sind. Außerdem ist man interessiert, eine bestimmte Verdichtertype für möglichst viele Verwendungsfälle zu verwenden, wobei zur Anpassung an die jeweils verlangten Solleistungen die Verdichtercharakteristik erforderlich ist. Die zuverlässigste Bestimmungsart einer Verdichterkennlinie ist zweifellos diejenige auf dem Verdichterprüfstand. Eine meßtechnische Ermittlung der Betriebskennlinie ist aber nicht immer möglich, da, insbesondere bei Axialkompressoren, vielfach sehr große Antriebsleistungen (z. B. bei Axialverdichtern für Gasturbinen) erforderlich sind. Häufig ist die Kenntnis der Betriebskennlinie bereits beim Vorprojekt, also schon vor Fertigstellung der Maschine erforderlich. In diesen Fällen ist eine rechnerische Vorausbestimmung der Betriebskennlinie notwendig.

1. Kennfeldberechnung für Axialverdichter unter Verwendung der Berechnungsunterlagen für Schaufelgitter

Die vorhergehenden Ausführungen ermöglichen, ausgehend vom Geschwindigkeitsdreieck, die Berechnung des erforderlichen Schaufelgitters. Diese Berechnungsunterlagen sind allgemein gültig, so daß für jedes Schaufelgitter bei beliebiger Anströmrichtung die Abströmrichtung ermittelt werden kann. Man kann sich nun der gleichen Methode auch für den umgekehrten Rechnungsgang bedienen, d. h. die Verdichterkennlinie aus dem vorliegenden Gitterentwurf berechnen. Dabei sind, wie bei der Auslegung von Schaufelgittern, folgende Daten als bekannt vorausgesetzt: Eintrittsdruck- und -Temperatur des zu fördernden Mediums, Laufrad- und Nabendurchmesser sowie Drehzahl. Für die Kennfeldberechnung sind ferner sämtliche das Gitter betreffende Daten gegeben, also Schaufelzahl, Teilung, Profillänge, Krümmungsradius der Skelettlinie und der Staffelungswinkel. Die Aufgabe besteht nun darin, für vorgegebene Lieferzahlen φ, also für gegebene Anströmwinkel τ_1 die Abströmwinkel τ_2 (für das Laufrad) bzw. für gegebene Anströmwinkel τ_3 die Abströmwinkel τ_4 (für das Leitrad) zu ermitteln. Weiterhin sind die Wirkungsgrade zu berechnen und damit zusammenfassend für den ganzen zu betrachtenden Fördermengenbereich die Förderhöhe bzw. die Druckzahl ψ. Ausgehend von Untersuchungen an einstufigen Rädern können prinzipiell durch entsprechende Hinzufügung und Durchrechnung von Stufe zu Stufe auch die Kennlinie für mehrstufige Kompressoren berechnet werden.

Da sich die Berechnung der Kennlinie in diesem Falle ausschließlich auf die vorgegebenen Profilgitter stützt, ist es gleichgültig, nach welchen Auslegungsgrundlagen der Kompressor gebaut ist (z. B. für Kompressoren, die nach dem Gesetz des konstanten Dralles mit oder ohne Vorleitvorrichtung oder für Kompressoren, die mit konstantem Reaktionsgrad ausgelegt sind).

a) Berechnung der Strömungsumlenkung für ein gegebenes Profilgitter

Für die Berechnung der Verdichterkennlinie genügt es in vielen Fällen, die Strömungszustände auf dem mittleren Stufendurchmesser $D_m = (D_a + D_i) : 2$ zu berücksichtigen. Zunächst ist der Strömungszustand, für den der „stoßfreie Eintritt" angenommen wird, zu bestimmen, weil alle anderen Strömungszustände hierauf bezogen werden.

Der Umlenkwinkel ϑ_∞ eines vorgegebenen Schaufelgitters beträgt gemäß Gln. (293) und (314)

$$\vartheta_\infty^* = \frac{\vartheta}{\mu} \cdot f.$$

Für die stoßfreie Anströmrichtung τ_1^* folgt

$$\tau_1^* = \gamma_m + \alpha_1^*.$$

Die zugehörige Lieferzahl φ^* ist bei einstufigen Verdichtern ohne Vorleitrad

$$\varphi^* = \frac{c_m}{u_m} \cdot \frac{D_m}{D_a} = \frac{1}{\tan \tau_1^*} \cdot \frac{1+\nu}{2} \, . \tag{343}$$

Bei Verdichtern mit Vordrall kann mit Hilfe des Strömungswinkels τ_0 nach dem Eintrittsleitrad (bezogen auf den Mittelschnitt), des Strömungswinkels τ_1^* und der Umfangsgeschwindigkeit u_m das Geschwindigkeitsdreieck gezeichnet werden. Dann ist

$$\varphi^* = \frac{1}{\tan \tau_1^* \pm \tan \tau_0} \cdot \frac{1+\nu}{2} \, , \tag{344}$$

wobei das Pluszeichen für einen positiven Vordrall (Mitdrall), das Minuszeichen für einen negativen Vordrall (Gegendrall) zu setzen ist.

Damit sind sämtliche erforderlichen Bezugsgrößen für den stoßfreien Strömungszustand bestimmt und die weitere Rechnung kann jetzt unter Vorgabe von τ_1- bzw. φ-Werten fortgesetzt werden. Auf diese Weise lassen sich die Strömungsumlenkungen für verschiedene Betriebszustände festlegen.

Der Eintrittswinkel ist

$$\alpha_1 = \tau_1 - \gamma_m \, .$$

Hiermit kann $(\alpha_1 - \alpha_1^*) : \vartheta_\infty^*$ gebildet und die relative Strömungsumlenkung $\dfrac{\vartheta_\infty}{\vartheta_\infty^*}$ aus dem Diagramm Abb. 299 abgelesen werden. Damit erhält man den Umlenkwinkel ϑ_∞ für unterkritische Strömungszustände, d. h. für Strömungsverhältnisse, bei denen durch MACHzahleinflüsse keine Einbußen an Wirkungsgrad und Umlenkung zu erwarten sind. Die Berücksichtigung des Einflusses der MACHschen Zahl erfolgt dann mittels des Querschnittsverhältnisses $F_{\min}/F_1$ auf gleiche Weise, wie dies im vorhergehenden Abschnitt bei der Bestimmung der Schaufelgitter gezeigt wurde.

b) Wirkungsgradbestimmung

In Abschn. VII wurde die Wirkungsgradberechnung für eine Axialstufe unter bestimmten Auslegebedingungen durchgeführt. Die dort gegebenen Ausführungen sind aber vor allem für den Rechnungspunkt gültig. Bei veränderten Betriebsbedingungen sind die getroffenen Voraussetzungen im allgemeinen nicht mehr erfüllt. Zum Zwecke der Kennfeldberechnung erscheint es somit zweckmäßig, den Wirkungsgrad auf eine andere Art zu bestimmen.

Die wirkliche (statische) Druckerhöhung in einer Axialstufe ist

$$\varDelta p_{St} = \varDelta p_{th} \cdot \eta_{St} \tag{345}$$

wobei $\varDelta p_{th}$ die theoretische (statische) Druckerhöhung und η_{St} der Stufenwirkungsgrad sind. Der Anteil des Lauf- und Leitrades an der Stufendruckerhöhung wird durch den Reaktionsgrad $\mathfrak{r}$ dargestellt, also

$$\varDelta p_R = \mathfrak{r} \cdot \varDelta p_{th}; \qquad \varDelta p_L = (1 - \mathfrak{r}) \cdot \varDelta p_{th} \, , \tag{346}$$

wobei die Zeiger R und L das Lauf- bzw. Leitrad kennzeichnen.

Die Verluste in den Lauf- und Leiträdern vermindern die theoretische Stufendruckerhöhung um den Betrag $\Sigma \varDelta p_{verl.}$, also ist

$$\varDelta p_{St} = \varDelta p_{th} - \Sigma \varDelta p_{verl.} \, . \tag{347}$$

Aus Gl. (345) und (346) folgt für den Stufenwirkungsgrad

$$\eta_{St} = \frac{\varDelta p_{St}}{\varDelta p_{th}} = 1 - \frac{\Sigma \varDelta p_{verl.}}{\varDelta p_{th}} \, . \tag{348}$$

Nach Aufteilung der Gesamtverluste in Lauf- und Leitradanteile erhält man hieraus mit Gl. (346)

$$\eta_{St} = 1 - \left[\mathfrak{r}\left(\frac{\Sigma \varDelta p_{verl}}{\varDelta p}\right)_R + (1 - \mathfrak{r})\left(\frac{\Sigma \varDelta p_{verl.}}{\varDelta p}\right)_L \right] \, . \tag{349}$$

Die Summe der Verluste in jedem Rad setzen sich aus Profilverlusten (Profilwiderstand), Oberflächenreibungsverlusten und Sekundärverlusten zusammen, die also für das Lauf- und Leitrad getrennt zu berechnen sind.

19*

Die statische Druckerhöhung in einem Profilgitter ist unter Berücksichtigung der Verluste

$$\Delta p_{\text{stat}} = \frac{\varrho}{2}\left(w_1^2 - w_2^2\right) - \Sigma \Delta p_{\text{verl.}} = \frac{\varrho}{2} c_m^2 \left(\tan^2 \tau_1 - \tan^2 \tau_2\right) - \Sigma \Delta p_{\text{verl.}} \tag{350}$$

Hiermit erhält man, analog zu den Ausführungen im Abschn. III den Axialschub für die Einheit der Schaufelhöhe

$$S = t \cdot \Delta p_{\text{stat}} . \tag{351}$$

Für die Tangentialkraft findet man mit Hilfe des Impulssatzes

$$T = \dot{m}\left(w_{1u} - w_{2u}\right) = \varrho \cdot c_m \cdot t \left(w_{1u} - w_{2u}\right) = \varrho \cdot c_m^2 \cdot t \left(\tan \tau_1 - \tan \tau_2\right). \tag{352}$$

Die Verluste können als eine an den Schaufeln angreifende und mit der Richtung von w_∞ zusammenfallende Widerstandskraft W aufgefaßt werden. Für diese gilt die Definition

$$W = \frac{\varrho}{2} w_\infty^2 \cdot l \cdot c_w \quad (\text{bei } b = 1). \tag{353}$$

Weiterhin ergibt sich aus den Kräften am Schaufelgitter gemäß Abb. 114

$$W = T \cdot \sin \tau_\infty - S \cdot \cos \tau_\infty . \tag{354}$$

Aus den Gl. (350) bis (354) folgt

$$\frac{\varrho}{2} w_\infty^2 \cdot l \cdot c_w = t \cdot \varrho \cdot c_m^2 \left(\tan \tau_1 - \tan \tau_2\right) \cdot \sin \tau_\infty - t \left[\frac{\varrho}{2} c_m^2 \left(\tan^2 \tau_1 - \tan^2 \tau_2\right) - \Sigma \Delta p_{\text{verl.}}\right] \cdot \cos \tau_\infty .$$

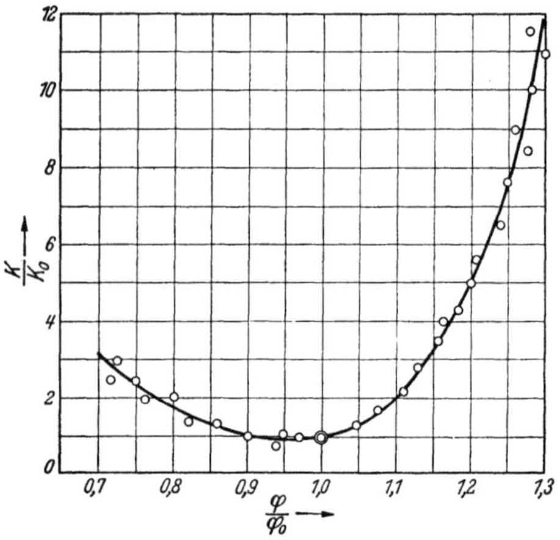

Nun ist

$$c_m = w_1 \cdot \cos \tau_1 = w_\infty \cdot \cos \tau_\infty = w_2 \cdot \cos \tau_2$$

und

$$\tan \tau_\infty = \frac{1}{2} \left(\tan \tau_1 + \tan \tau_2\right).$$

Hiermit erhält man nach kurzem Umformen für den Druckverlust die Beziehung

$$\frac{\Sigma \Delta p_{\text{verl.}}}{\frac{\varrho}{2} \cdot w_1^2} = \Sigma c_w \cdot \frac{l}{t} \cdot \frac{\cos^2 \tau_1}{\cos^3 \tau_\infty} . \tag{355}$$

Für den Widerstandsbeiwert Σc_w erhält man mit den Herleitungen auf Abschn. VII, 3

$$\Sigma c_w = c_{wP} + c_{w_0} + c_{w_{\text{sek}}} = c_{wP} + \frac{4 \lambda}{1 - \nu} \cdot \frac{t_m}{D_a} + K \cdot c_T^2 .$$

Abb. 324. Abhängigkeit des Sekundärverlustbeiwertes von der relativen Lieferzahl

Für den Rechnungspunkt kann $K = f\left(Re^*\right)$ dem Diagramm Abb. 218 entnommen werden. Bei abweichenden Strömungsverhältnissen nehmen die Sekundärverluste infolge der Änderung der Meridiangeschwindigkeitsverteilung und anderer Einflüsse zu. Demgemäß bleibt auch K nicht konstant. Es wurde daher aus Versuchen eine Kurve $K/K_0 = f\left(\varphi/\varphi_0\right)$ ermittelt (Abb. 324). Der Sekundärverlustfaktor beträgt also für einen vorgegebenen φ-Wert

$$K = K_0 \cdot \frac{K}{K_0}\left(\frac{\varphi}{\varphi_0}\right), \tag{356}$$

wobei der Zeiger (0) wieder den stoßfreien Strömungszustand kennzeichnet.

Die theoretische Druckerhöhung in einem Gitter beträgt

$$\Delta p_{\text{th}} = \frac{\varrho}{2}\left(w_1^2 - w_2^2\right)$$

oder

$$\frac{\Delta p_{\text{th}}}{\frac{\varrho}{2} \cdot w_1^2} = 1 - \left(\frac{w_2}{w_1}\right)^2 . \tag{357}$$

Wird vor und hinter dem Gitter die gleiche Meridiangeschwindigkeit vorausgesetzt, so ist

$$\frac{\Delta p}{\frac{\varrho}{2} \cdot w_1^2} = 1 - \left(\frac{\cos \tau_1}{\cos \tau_2}\right)^2. \tag{358}$$

Durch Einsetzen der Gl. (355) bzw. (358) in Gl. (349) erhält man für den Stufenwirkungsgrad

$$\eta_{St} = 1 - \left[\mathfrak{r}\left(\frac{\Sigma c_w \cdot \dfrac{l}{t} \cdot \dfrac{\cos^2 \tau_1}{\cos^3 \tau_\infty}}{1 - \left(\dfrac{\cos \tau_1}{\cos \tau_2}\right)^2}\right)_R + (1 - \mathfrak{r})\left(\frac{\Sigma c_w \cdot \dfrac{l}{t} \cdot \dfrac{\cos^2 \tau_3}{\cos^3 \tau_\infty}}{1 - \left(\dfrac{\cos \tau_3}{\cos \tau_4}\right)^2}\right)_L\right]. \tag{359}$$

Gl. (359) ist natürlich für jeden gewählten φ- bzw. τ_1-Wert gesondert auszuwerten.

Das vorstehende Verfahren zur Berechnung von Betriebskennlinien kann, wie schon erwähnt, für jede Auslegungsart und für beliebige Stufenzahl durchgeführt werden. Hierzu sind die Strömungszustände von Stufe zu Stufe für jede vorgegebene φ-Zahl zu verfolgen. Die Übereinstimmung berechneter Kennlinien mit Meßergebnissen ist zufriedenstellend. Nachteilig bei diesem Verfahren ist der hierzu notwendige, relativ große Zeitaufwand.

2. Kennfeldberechnung für Axialverdichter mit konstantem Drall

Ausgehend von zahlreichen Charakteristiken an Axialverdichterstufen mit konstantem Drall (ohne Vorleitvorrichtung) läßt sich für diese Auslegungsart von Verdichtern ein relativ einfaches Verfahren der Kennfeldbestimmung angeben.

a) Die relative Kennlinie

Bezeichnet man für den Auslegungspunkt die dimensionslosen Kennwerte mit dem Zeiger 0, also die Lieferzahl φ_0, die Druckzahl ψ_0 und den Stufenwirkungsgrad η_0, wobei diese Kennzahlen etwa den in Abb. 224 dargestellten Optimalwerten und die Schaufelgitter den Bedingungen des stoßfreien Eintritts entsprechen sollen, dann erhält man die relative Stufenkennlinie, wenn man den Verlauf $\psi = f(\varphi)$ bzw. $\eta = g(\varphi)$ auf die Rechnungswerte $\psi_0, \varphi_0, \eta_0$ bezieht.

Das relative Kennfeld einer Verdichterstufe ist also wie folgt dargestellt:

$$\frac{\psi}{\psi_0} = f\left(\frac{\varphi}{\varphi_0}\right) \qquad \text{und} \qquad \frac{\eta}{\eta_0} = g\left(\frac{\varphi}{\varphi_0}\right). \tag{360}$$

Abb. 325 und Abb. 326 zeigen die relative Darstellung von gemessenen Kennlinien einer großen Anzahl von Axialstufen. Die den Messungen zugrunde liegenden Axialstufen hatten Nabenverhältnisse zwischen 0,55 und 0,8 und entsprachen in ihren Auslegedaten in hinreichender Weise den Optimalwerten (Abb. 224). Die Streuung der Meßpunkte in Abb. 325 und 326 ist, abgesehen von der Pumpgrenze, gering, so daß man für den in Frage kommenden Bereich des Nabenverhältnisses eine einheitliche relative Kennlinie angeben kann. Bezüglich des Wirkungsgrades ist, abgesehen von der Oberflächenbeschaffenheit, die MACH- und REYNOLDSzahl von großer Bedeutung. Die in Abb. 325

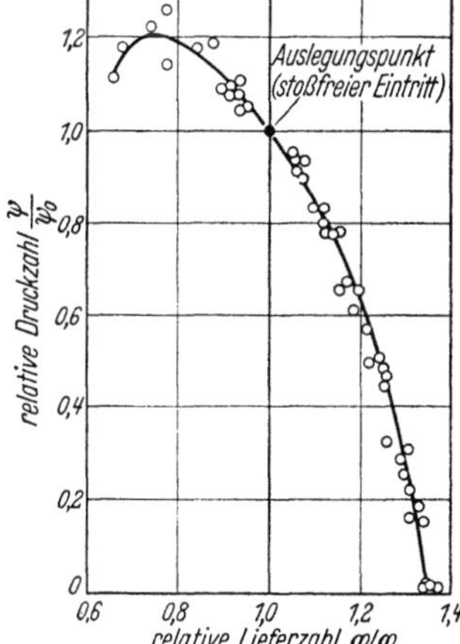

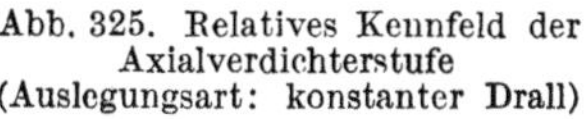

Abb. 325. Relatives Kennfeld der Axialverdichterstufe (Auslegungsart: konstanter Drall)

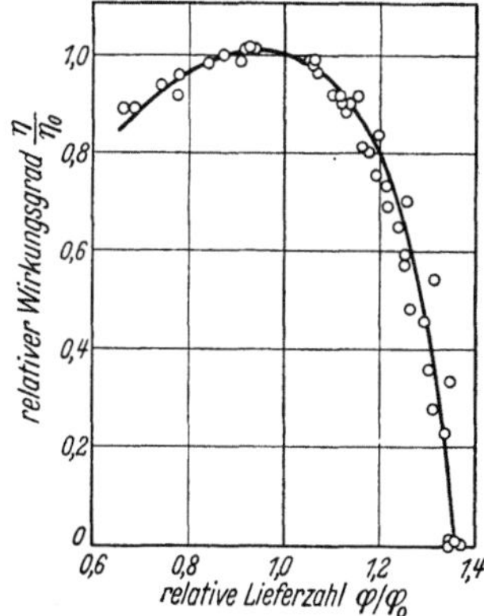

Abb. 326. Verlauf des relativen Wirkungsgrades der Axialverdichterstufe (Auslegungsart: konstanter Drall)

und 326 dargestellten Kurven gelten für REYNOLDSzahlen $Re_{\text{eff}} \geqq 300000$ und für MACHzahlen $M = w_1/w_s \leqq 0,7$. Für andere REYNOLDS- bzw. MACHzahlen sind entsprechende Korrekturen zu machen (vgl. hierzu Abb. 165 und 302).

b) Das Betriebsverhalten einer Axialstufe bei geänderter Schaufelstellung

Von der Möglichkeit der Anpassung eines Axialverdichters an geänderte Betriebsverhältnisse durch Verstellen der Schaufeln wird vielfach Gebrauch gemacht. Die nachstehenden Ausführungen beziehen sich nun auf die Änderung der dimensionslosen Kennzahlen bei Schaufelverstellung.

Als spezifische Drehzahl der Axialstufe war definiert

$$\mathfrak{R}_n = 6{,}33 \cdot \frac{n}{1000} \cdot \sqrt{\frac{\dot{V}}{h_{\text{ad}}^{\frac{3}{2}}}} = \sqrt{1 - \nu^2} \cdot \sqrt{\frac{\varphi}{\psi^{\frac{3}{2}}}} \cdot$$

Dieser spezifischen Drehzahl kommt auch dadurch eine besondere Bedeutung zu, daß die Punkte besten Wirkungsgrades der Kennlinien bei geänderter Schaufelstellung praktisch auf einer Linie $\mathfrak{R}_n = \text{const}$ liegen. Abb. 327 zeigt die diesbezügliche Auswertung zahlreicher Kennfelder von Axialverdichterstufen mit Nabenverhältnissen $\nu = 0{,}5$ bis $0{,}85$. Der Punkt besten Wirkungsgrades bei Rechnungsstellung der

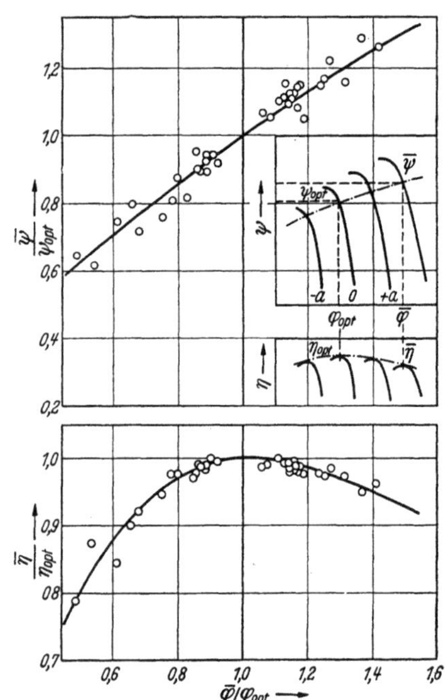

Abb. 327. Abhängigkeit der relativen Druckzahl und des relativen Wirkungsgrades von der relativen Lieferzahl auf der Linie $\mathfrak{R}_n = \mathfrak{R}_{n\,\text{opt}} = \text{const}$

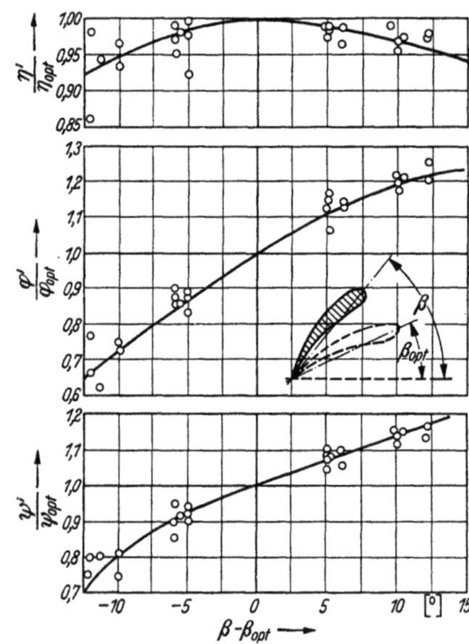

Abb. 328. Änderung der dimensionslosen Kennzahlen bei Laufradschaufelverstellung (β_{opt} = Schaufelwinkel bei Rechnungsstellung)

Schaufeln, gekennzeichnet durch $\varphi_{\text{opt.}}$, $\psi_{\text{opt.}}$, $\eta_{\text{opt.}}$, stimmt bei stoßfreier Schaufelauslegung im allgemeinen nicht mit dem Rechnungspunkt, gekennzeichnet durch den Zeiger (0), überein (vgl. Abb. 325 und 326). Die relativen Kenndaten für den Punkt besten Wirkungsgrades sind vielmehr

$$\frac{\psi_{\text{opt.}}}{\psi_0} = 1{,}06; \qquad \frac{\varphi_{\text{opt.}}}{\varphi_0} = 0{,}95; \qquad \frac{\eta_{\text{opt.}}}{\eta_0} = 1{,}01.$$

Wählt man die durch den betrachteten Punkt ($\varphi_{\text{opt.}}$; $\psi_{\text{opt.}}$, $\eta_{\text{opt.}}$) gehende Linie

$$\mathfrak{R}_n = \mathfrak{R}_{n\,\text{opt.}} = \text{const}$$

als Bezugslinie, so lassen sich die Änderungen der dimensionslosen Kennzahlen als Funktion der Schaufelverstellung $\Delta\beta = \beta - \beta_{\text{Rechng.}}$ angeben. Diese Abhängigkeiten sind in Abb. 328 dargestellt.

Man sieht aus den Streuungen der Meßpunkte, daß sich der Einfluß von Schaufelverstellungen über $\pm 10°$ hinaus nur ungenau abschätzen läßt. Dabei soll nochmals darauf hingewiesen werden, daß für diese Betrachtungen der Punkt besten Wirkungsgrades als Bezugspunkt gewählt ist, während im vorangegangenen Abschnitt der Auslegungspunkt, also der Punkt stoßfreien Eintritts in die Schaufelgitter, Bezugspunkt war.

c) Das relative Kennfeld einer Axialstufe

Die in Teilabschnitt a) und b) zusammengestellten Meßergebnisse ermöglichen nun die Aufstellung eines relativen Kennfeldes. Unter einem Kennfeld soll hierbei die gemeinsame Darstellung der Kennlinien für verschiedene Schaufelstellungen in einem φ-ψ-Diagramm verstanden werden. Dazu ist noch zu erwähnen, daß die Kennlinien für verschiedene Schaufelstellungen, wenigstens im Verstellbereich $\pm\,10°$, praktisch einander ähnlich sind.

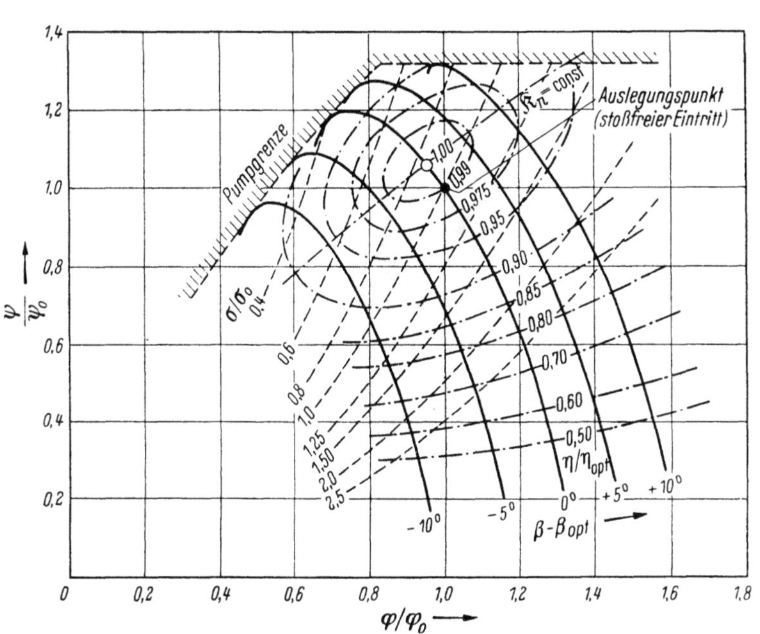

Abb. 329. Relatives Kennfeld der Axialverdichterstufe bei konstantem Drall
$(\beta-\beta_{\mathrm{opt}} = 0° = \text{Rechnungsstellung})$

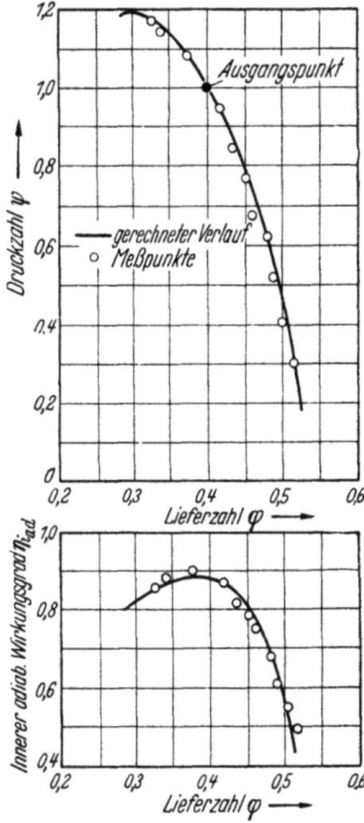

Abb. 330. Kennfeld eines zweistufigen Axialverdichters
(Auslegungsart: konstanter Drall)

In Abb. 329 ist das auf diese Weise entwickelte relative Kennfeld der Axialstufe dargestellt, anhand dessen sich leicht die wirkliche Kennlinie einer Axialstufe bzw. der Einfluß von Änderungen der Schaufel- oder Drosselstellung abschätzen läßt.

Abb. 330 zeigt als Beispiel für die Anwendung der hier dargestellten Methode das gemessene und berechnete Kennfeld eines zweistufigen Axialverdichters für die Rechnungsstellung. Die Auslegedaten dieses Verdichters sind folgende:

Tabelle 13

Verdichterstufe	Nabenverhältnis ν	Lieferzahl φ	Druckzahl ψ	Stufenwirkungsgrad η_{St} bei $Re_{\mathrm{eff.}}\, 3\cdot10^5$	Verdichterdrehzahl	Umfangsgeschw. u_a [m/s]	Luftdurchsatz $\dot{G}$ [kg/s] bezogen auf Gesamtzustand	Adiabatische Förderhöhe [mkg/kg]	REYNOLDSsche Zahl Re beim Versuch	Korrekturwert f (Abb. 302)	Korrigierter Wirkungsgrad $\eta_{\mathrm{Korr.}}$
I	0,66	0,40	0,50	0,87	5000	131	7,1	437,5	$4,6\cdot10^5$	1,02	0,89
II	0,66	0,40	0,50	0,87	5000	131	7,1	437,5	$4,6\cdot10^5$	1,02	0,89

3. Analytische Kennfeldberechnung für vielstufige Axialverdichter

Nach einem Vorschlag von F. SALZMANN[1] kann man, ausgehend von der relativen Kennlinie der Einzelstufe, die Betriebskennlinie eines vielstufigen Axialverdichters bei Mengen- und Drehzahländerung berechnen. SALZMANN bedient sich hierbei der Tatsache, daß zum Erzielen von größeren Druckverhältnissen in Axialverdichtern stets eine größere Stufenzahl erforderlich

---

[1] SALZMANN, F.: Über die Druck-Volumen-Kennlinien vielstufiger Axialverdichter. Schweiz. Bauztg. 124 (1944) Nr. 2.

ist. Die Druckerhöhung und damit die Zustandsänderung in der Einzelstufe können hierbei im Vergleich zur Gesamtänderung als klein, im Grenzfall als differentielle Änderung betrachtet werden. Der Endzustand des Fördermittels läßt sich daher, anstelle durch Summation einer endlichen Anzahl von Zustandsänderungen, durch Integration über unendlich viele und unendlich kleine Änderungen ermitteln.

Weiterhin wird vorausgesetzt, daß der vielstufige Axialverdichter aus durchweg gleichartigen Einzelstufen besteht, die im normalen Betriebszustand alle im gleichen Punkt der Einzelkennlinie arbeiten. Die Kennlinie dieser Einzelstufe ist in der relativen und dimensionslosen Form

$$\frac{\psi}{\psi_0} = f\left(\frac{\varphi}{\varphi_0}\right)$$

darzustellen, wobei ψ_0 und φ_0 den normalen Betriebspunkt (Auslegungspunkt) kennzeichnen (vgl. Abb. 325). Hiermit ergibt sich für die Druckerhöhung der Einzelstufe

$$\Delta p_{\mathrm{St}} = \psi_0 \cdot \frac{\varrho}{2} u^2 \cdot f\left(\frac{\varphi}{\varphi_0}\right), \tag{361}$$

wobei die Funktion $f\left(\frac{\varphi}{\varphi_0}\right)$ für $\varphi = \varphi_0$ gleich Eins ist. u ist definitionsgemäß die Umfangsgeschwindigkeit am Außendurchmesser und ϱ die Dichte des Strömungsmittels.

Bezeichnet x die Anzahl der Stufen, dann ist der Druckanstieg je Stufe ($\Delta x = 1$)

$$\frac{\Delta p}{\Delta x} = \Delta p_{\mathrm{St}} = \psi_0 \cdot \frac{\varrho}{2} u^2 \cdot f\left(\frac{\varphi}{\varphi_0}\right). \tag{362}$$

Wegen der Voraussetzung einer großen Stufenzahl und der nur kleinen Druckerhöhung je Stufe kann der Druckverlauf als stetig über x angenommen werden. Hierdurch kann der Differenzenquotient $\Delta p / \Delta x$ in Gl. (362) durch den Differentialquotienten $\frac{dp}{dx}$ ersetzt werden

$$\frac{dp}{dx} = \psi_0 \cdot \frac{\varrho}{2} u^2 \cdot f\left(\frac{\varphi}{\varphi_0}\right). \tag{363}$$

Bei der Berechnung des Kennfeldes ist für einen vorgegebenen Anfangszustand die Abhängigkeit des jeweiligen Druckverhältnisses p_2/p_1 als Funktion des Fördergewichtes zu berechnen. Der normale Betriebszustand sei durch den Zeiger 0 gekennzeichnet. Weiterhin sollen folgende Substitutionen eingeführt werden

$$\xi = \frac{\dot{G}}{\dot{G}_0} ; \qquad X(x) = \frac{p}{p_0} ; \qquad \zeta = \frac{u}{u_0} = \frac{n}{n_0} . \tag{364}$$

Hierbei sind p und p_0 noch von der durchlaufenen Stufenzahl abhängig. Der Zustandsverlauf innerhalb des Kompressors kann entsprechend einer Polytropen

$$p \cdot v^m = \mathrm{const} \tag{365}$$

angenommen werden. Aus Gl. (364) und (365) folgt

$$\frac{c_m}{c_{m_0}} = \frac{\dot{G} \cdot v}{\dot{G} \cdot v_0} = \frac{\dot{G}}{\dot{G}_0} \cdot \left(\frac{p_0}{p}\right)^{\frac{1}{m}} = \frac{\xi}{X^{1/m}} \tag{366}$$

und

$$\frac{\varphi}{\varphi_0} = \frac{c_m/u}{c_{m_0}/u_0} = \frac{c_m}{c_{m_0}} \cdot \frac{u_0}{u} = \frac{\xi}{X^{1/m} \cdot \zeta} . \tag{367}$$

Ferner ist die Dichte

$$\varrho = \varrho_0 \cdot \frac{v_0}{v} = \varrho_0 \left(\frac{p}{p_0}\right)^{\frac{1}{m}} = \varrho_0 X^{\frac{1}{m}} ; \tag{368}$$

für den Druck p erhält man

$$p = p_0 \cdot X, \tag{369}$$

wobei sowohl p_0 als auch X von x abhängig sind.

Setzt man Gl. (367), (368) und (369) in Gl. (363) ein, dann erhält man

$$\frac{d}{dx}(p_0 \cdot X) = \psi_0 \cdot \frac{\varrho_0}{2} \cdot X^{\frac{1}{m}} \cdot u_0^2 \cdot \zeta^2 \cdot f\left(\frac{\xi}{X^{1/m} \cdot \zeta}\right) \tag{370}$$

und nach Durchführung der Differentiation der linken Seite

$$X \frac{dp_0}{dx} + p_0 \frac{dX}{dx} = \psi_0 \cdot \frac{\varrho_0}{2} u_0^2 \cdot X^{\frac{1}{m}} \cdot \zeta^2 \cdot f\left(\frac{\xi}{X^{1/m} \cdot \zeta}\right) \cdot \tag{370a}$$

Für den normalen Betriebszustand (Auslegungspunkt) ist definitionsgemäß

$$\xi = X = \zeta = 1$$

und

$$f\left(\frac{\varphi}{\varphi_0}\right) = f\left(\frac{\xi}{X^{1/m} \cdot \zeta}\right) = 1,$$

so daß sich hierfür die Gl. (370a) vereinfacht und man erhält

$$\frac{dp_0}{dx} = \psi_0 \cdot \frac{\varrho_0}{2} \cdot u_0^2. \tag{371}$$

Da für den normalen Betriebszustand der Druck p_0 eine bestimmte Funktion der durchlaufenen Stufenzahl x ist, kann in Gl. (370a) anstelle von x auch der Druck p_0 als unabhängige Variable eingeführt bzw. dx mit Hilfe von Gl. (371) eliminiert werden. Setzt man

$$dx = \frac{dp_0}{\psi_0 \cdot \frac{\varrho_0}{2} \cdot u_0^2}$$

in Gl. (370a) ein, so vereinfacht sich diese und man erhält

$$X + p_0 \frac{dX}{dp_0} = X^{\frac{1}{m}} \cdot \zeta^2 \cdot f\left(\frac{\xi}{X^{1/m} \cdot \zeta}\right) \tag{372}$$

und nach Trennung der Variablen

$$\frac{dX}{X^{1/m} \cdot \zeta^2 \cdot f\left(\frac{\xi}{X^{1/m} \cdot \zeta}\right) - X} = \frac{dp_0}{p_0} \cdot \tag{372a}$$

Hierin sind ξ und ζ Parameter, die das Durchflußgewicht bzw. die Drehzahl in bezug auf den normalen Betriebszustand kennzeichnen, sich aber bei der Integration über alle Verdichterstufen nicht ändern. p_0 ändert sich von $p_{1,0}$ (Anfangsdruck) bis $p_{2,0}$ (Enddruck bei normalem Betriebszustand). X ändert sich dagegen von $X = 1$ (weil der Anfangsdruck p_1 für alle Betriebszustände gleich sein soll, also $p_1 = p_{1,0}$ ist) bis auf einen zu berechnenden Wert X_2. Ist X_2 bestimmt, so ergibt sich das gesuchte Druckverhältnis des Verdichters zu

$$\frac{p_2}{p_1} = \frac{p_{2,0}}{p_{1,0}} \cdot X_2.$$

Bezeichnet $\Pi_0 = \dfrac{p_{2,0}}{p_{1,0}}$ das normale Druckverhältnis des Verdichters, so ergibt die Integration von Gl. (372a)

$$\int_{X=1}^{X_2} \frac{dX}{X^{\frac{1}{m}} \cdot \zeta^2 \cdot f\left(\frac{\xi}{X^{\frac{1}{m}} \cdot \zeta}\right) - X} = \int_{p_{1,0}}^{p_{2,0}} \frac{dp_0}{p_0} = \ln \Pi_0. \tag{373}$$

Bei gegebener relativer Kennlinie der Einzelstufe, d. h. bekannter Funktion $\dfrac{\psi}{\psi_0} = f\left(\dfrac{\varphi}{\varphi_0}\right)$ und bestimmtem Druckverhältnis Π_0 für den normalen Betriebszustand läßt sich also das Kennfeld des Verdichters näherungsweise berechnen, ohne daß eine Aussage über die Stufenzahl oder die Umfangsgeschwindigkeit vorliegen muß (ohne Berücksichtigung eines eventuellen MACHzahl-Einflusses). Der zu bestimmende Wert X_2 in Gl. (373) ergibt sich als derjenige obere Grenzwert, bei dem das linksseitige Integral in Gl. (373) den Betrag $\ln \Pi_0$ erreicht. Die Lösung des Integrals wird üblicherweise graphisch erfolgen. X_2 ist dann dadurch bestimmt, daß zwischen $X = 1$ und

X_2 als Abszisse die Kurve

$$y = \cfrac{1}{X^{\frac{1}{m}} \cdot \zeta^2 \cdot f\left(\cfrac{\xi}{X^{\frac{1}{m}} \cdot \zeta}\right) - X}$$

mit der Abszissenachse eine Fläche von der Größe $\ln \Pi_0$ einschließt.

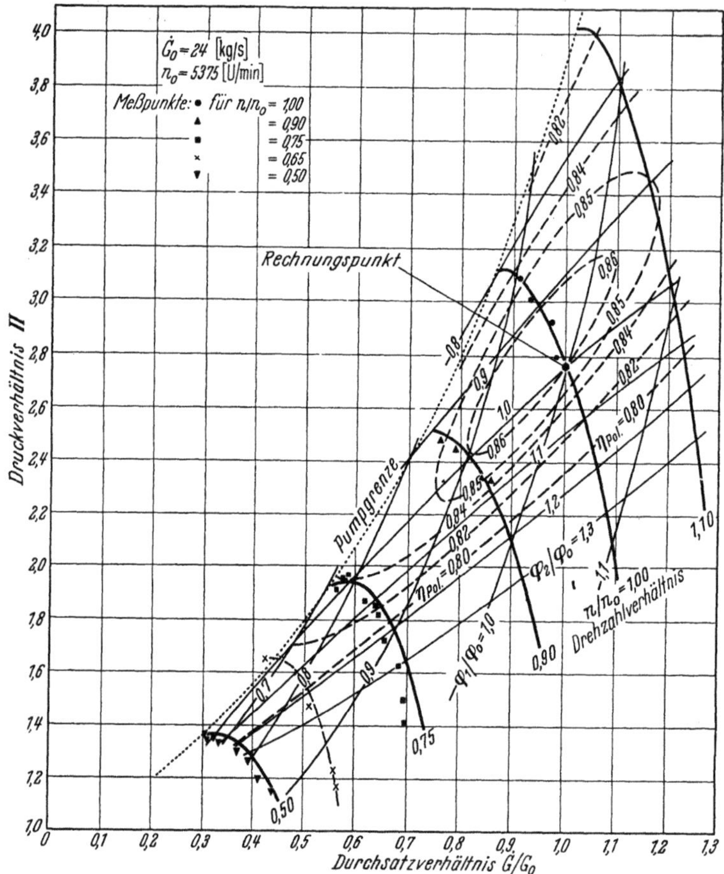

Abb. 331. Kennlinie eines achtstufigen Axialkompressors (konstanter Drall ohne Vorleitvorrichtung) für verschiedene Drehzahlen $\frac{n}{n_0}$. ⎯ ⎯ ⎯ ⎯ ⎯ gerechneter polytropischer Wirkungsgrad des Verdichters; ⎯⎯⎯ Linien gleicher Lieferzahl am Ein- und Austritt des Kompressors. φ_0 Lieferzahl für den Auslegungspunkt, φ_1 Lieferzahl am Eintritt, φ_2 Lieferzahl am Austritt

Der Polytropenexponent m, der die Zustandsänderung innerhalb des Verdichters bestimmt, kann mit einem abzuschätzenden mittleren Stufenwirkungsgrad $\overline{\eta}_{St}$ aus der Näherungsgleichung

$$\frac{m}{m-1} \approx \frac{\varkappa}{\varkappa - 1} \cdot \overline{\eta}_{St}$$

berechnet werden.

Rechnungsbeispiel.

Das Auslegungsdruckverhältnis eines achtstufigen Axialkompressors betrage $\Pi_0 = 2{,}75$. Die relative Kennlinie der Einzelstufe soll Abb. 325 entsprechen. Mit einem geschätzten mittleren Stufenwirkungsgrad $\overline{\eta}_{St} = 0{,}86$, beträgt der Polytropenexponent mit $\varkappa = 1{,}4$

$$m = \frac{3{,}5 \cdot \overline{\eta}_{St}}{3{,}5 \cdot \overline{\eta}_{St} - 1} = \frac{3}{2}.$$

Entsprechend Gl. (373) ist dann

$$\int_{X=1}^{X_2} \cfrac{dX}{X^{\frac{2}{3}} \cdot \left(\cfrac{n}{n_0}\right)^2 \cdot f\left(\cfrac{\dot{G}/\dot{G}_0}{X^{\frac{2}{3}} \cdot \cfrac{n}{n_0}}\right) - X} = \ln 2{,}75 = 1{,}0116.$$

Abb. 331 zeigt die nach dieser Beziehung gerechneten Kennlinien für verschiedene Drehzahlen $\dfrac{n}{n_0}$. Weiterhin sind noch Linienscharen eingetragen, die die Punkte gleichen Betriebszustandes für die erste Stufe ($\varphi_1/\varphi_0 = \xi/\zeta =$ const) bzw. für die letzte Stufe ($\varphi_2/\varphi_0 = \xi/\zeta \cdot X_2 =$ const) verbinden. Ist nun der Verlauf des Wirkungsgrades einer mittleren Stufe als Funktion von φ/φ_0 bekannt, so kann nach Mittelwertbildung aus φ_1/φ_0 und φ_2/φ_0 für jeden Kennfeldpunkt in erster Näherung auch der polytropische Wirkungsgrad des Kompressors eingetragen werden.

Bei Unterschreiten des Wertes $\varphi/\varphi_0 = 0{,}70$ gerät die entsprechende Stufe ins Pumpgebiet. Im allgemeinen beginnt bei großen Drehzahlen das Abreißen in der letzten Stufe, bei kleinen Drehzahlen hingegen in der ersten Stufe. Bei Überschreiten des Wertes $\varphi/\varphi_0 = 1{,}36$ erzeugt die entsprechende Stufe nicht nur keinen Druckanstieg mehr, sondern arbeitet sogar mit Druckabfall, also als Turbinenstufe. Dieser Zustand beginnt, wie Abb. 331 gleichfalls zeigt, in der letzten Stufe bei kleinen Druckverhältnissen.

In diesem Zusammenhang interessiert noch der Druckverlauf innerhalb des Verdichters. Hierzu kann Gl. (371) benützt werden. Bei polytropischem Zustandsverlauf ist

$$\varrho_0 = \varrho_{1,\,0} \left(\frac{p_0}{p_{1,\,0}}\right)^{\frac{1}{m}}$$

und somit

$$\frac{d\,p_0}{d\,x} = \frac{\psi_0}{2} \cdot \varrho_{1,\,0} \cdot \frac{u_0^2}{p_{1,\,0}^{\frac{1}{m}}} \cdot p_0^{\frac{1}{m}} \cdot$$

Die Integration von $x = 0$ bis zur beliebigen Stelle x ergibt mit $u\,(x) =$ const

$$\frac{m-1}{m} \cdot \psi_0 \cdot \frac{\varrho_{1,\,0}}{2} \cdot u_0^2 \cdot x = p_{1,\,0} \left[\left(\frac{p_0}{p_{1,\,0}}\right)^{\frac{m-1}{m}} - 1\right]. \tag{374}$$

Für $x = z$, wobei z die Gesamtstufenzahl des Verdichters ist, muß bedingungsgemäß $p_0 = p_{2,\,0}$ sein. Hiermit kann in der obigen Gleichung der Beiwert von x eliminiert werden. Man erhält somit für die polytropische Verdichtung

$$\frac{x}{z} = \frac{\left(\dfrac{p_0}{p_{1,\,0}}\right)^{\frac{m-1}{m}} - 1}{\left(\dfrac{p_{2,\,0}}{p_{1,\,0}}\right)^{\frac{m-1}{m}} - 1} \cdot \tag{375}$$

Den Zustand des Strömungsmittels bei geänderten Betriebsbedingungen an einer Zwischenstelle innerhalb des Verdichters erhält man, indem man das Integral in Gl. (373) statt bis X_2 nur bis zu einem beliebigen Zwischenwert $X < X_2$ erstreckt. Auf der rechten Seite der Gl. (373) steht dann $\ln (p_0/p_{1,0})$ anstelle $\ln (p_{2,0}/p_{1,0}) = \ln \Pi_0$, wobei $p_0 < p_{2,0}$ ein Zwischenwert des normalen Druckes ist. Bezeichnet man den Wert des Integrals Gl. (373) mit J, dann ist also $p_0/p_{1,0} = e^J$. Gl. (375) liefert hierzu die zugehörige Stelle x/z, wobei bei den angenommenen Betriebsbedingungen an dieser Stelle das Druckverhältnis

$$\frac{p}{p_{1,\,0}} = X \left(\frac{p_0}{p_{1,\,0}}\right) = X \cdot e^J \tag{376}$$

herrscht. Abb. 332 zeigt für das Rechnungsbeispiel die auf diese Weise berechneten Druckverläufe innerhalb des Verdichters bei Normaldrehzahl ($n/n_0 = 1$). Auch hier sieht man deutlich, daß bei sinkendem Gegendruck, also größerem Durchflußvolumen ($\dot{G}/\dot{G}_0 > 1{,}0$) die letzten Stufen immer weniger zum Druckanstieg beitragen, bis sie schließlich sogar Druckabfall erzeugen.

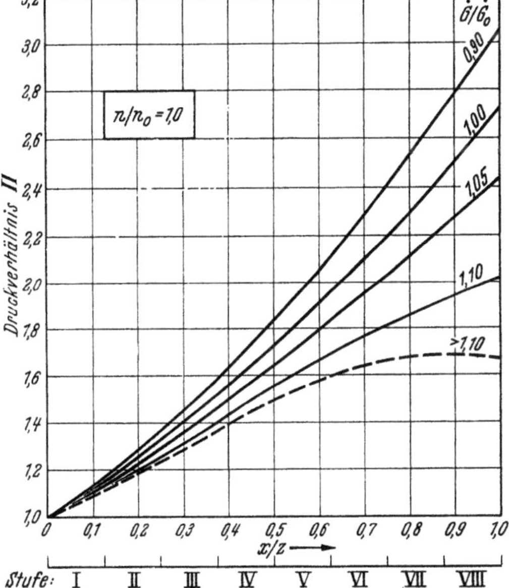

Abb. 332. Druckverlauf im Kompressor in Abhängigkeit von der axialen Kompressorlänge x/z bzw. von der Stufenzahl für verschiedene Durchsatzverhältnisse $\dot{G}/\dot{G}_0$ bei Auslegungsdrehzahl $n/n_0 = 1$

XIII. Rechnungsbeispiel

Zum Antrieb eines Flugzeuges sollen im Axialkompressor eines Einkreis-Strahltriebwerkes in 8 km Flughöhe (INA) folgende Luftleistungen verwirklicht werden:

$$\text{Luftdurchsatz} \qquad \dot{G} = 15{,}6 \text{ kg/s};$$

$$\text{Kompressor-Druckverhältnis} \quad \frac{p_2}{p_1} = 6{,}00.$$

Die Fluggeschwindigkeit für den Auslegungspunkt betrage $c_F = 700$ km/h $= 194{,}5$ m/s. Die Kompressordrehzahl wird mit Rücksicht auf die Gasturbine auf $n = 8500$ U/min festgelegt. Aus betrieblichen Gründen ist der Kompressor als ungekühlte Maschine auszuführen.

Für die Auslegungshöhe ist (Abb. 69)

$$t_0 = -37\ {}^\circ\mathrm{C}; \qquad T_0 = 236\ {}^\circ\mathrm{K}; \qquad p_0 = 0{,}3629 \text{ kg/cm}^2.$$

Die theoretische Geschwindigkeitshöhe für den Aufstau der Fluggeschwindigkeit ist

$$h_{\mathrm{Stau_{theor.}}} = \frac{c_F^2}{2g} = \frac{194{,}5^2}{2 \cdot 9{,}81} = 1930\ \frac{\text{mkg}}{\text{kg}}.$$

Der Wirkungsgrad für den Fangdiffusor und das Saugrohr wird auf Grund von Modellversuchen zu $\eta_E = 0{,}85$ geschätzt. Damit beträgt die adiabatische Geschwindigkeitshöhe

$$h_{\mathrm{Stau_{ad}}} = h_{\mathrm{Stau_{theor.}}} \cdot \eta_E = 1930 \cdot 0{,}85 = 1640\ \frac{\text{mkg}}{\text{kg}}.$$

Die Temperaturerhöhung als Folge des Aufstaus ist

$$\Delta T = \frac{h_{\mathrm{Stau_{theor.}}}}{c_p/A} = \frac{1930}{0{,}241 \left/ \dfrac{1}{427} \right.} = 19^\circ$$

und das Druckverhältnis aus dem Aufstau

$$\frac{p_1}{p_0} = \left[\frac{\varkappa - 1}{\varkappa} \cdot \frac{h_{\mathrm{Stau_{ad}}}}{R \cdot T_0} + 1 \right]^{\frac{\varkappa}{\varkappa - 1}} = \left[\frac{1{,}4 - 1}{1{,}4} \cdot \frac{1640}{29{,}27 \cdot 236} + 1 \right]^{\frac{1{,}4}{1{,}4 - 1}} = 1{,}258.$$

Damit erhält man als Gesamtzustände am Eintritt in den Axialkompressor (Abb. 333)

$$T_{1_{\mathrm{tot}}} = T_0 + \Delta T = 236 + 19 = 255\ {}^\circ\mathrm{K};$$

$$p_{1_{\mathrm{tot}}} = \frac{p_1}{p_0} \cdot p_0 = 1{,}258 \cdot 0{,}3629 = 0{,}456 \text{ kg/cm}^2;$$

$$v_{1_{\mathrm{tot}}} = \frac{R \cdot T_{1_{\mathrm{tot}}}}{p_{1_{\mathrm{tot}}}} = \frac{29{,}27 \cdot 255}{4560} = 1{,}635 \text{ m}^3/\text{kg}.$$

Die adiabatische Gesamtförderhöhe des Kompressors (Abb. 68 bzw. Rechentafel 5 oder 6 Anhang) beträgt

$$H_{\mathrm{ad}} = \frac{\varkappa}{\varkappa - 1} \cdot R \cdot T_1 \left[\left(\frac{p_2}{p_1} \right)^{\frac{\varkappa - 1}{\varkappa}} - 1 \right] = \frac{1{,}4}{1{,}4 - 1} \cdot 29{,}27 \cdot 255 \left[6^{\frac{1{,}4 - 1}{1{,}4}} - 1 \right] = 17\,500\ \frac{\text{mkg}}{\text{kg}}.$$

Auslegungsart des Kompressors. Da es sich im vorliegenden Fall um den Kompressor eines Strahltriebwerkes handelt, werden kleinstmöglicher Durchmesser (Stirnfläche), kleines Baugewicht, also hochbelastete Gitter, demzufolge reduzierte Stufenzahl, und optimaler Wirkungsgrad (Kraftstoffverbrauch) gefordert. Die Luftaustrittsgeschwindigkeit aus dem Kompressor soll, in Anpassung an die Brennkammerverhältnisse 100 m/s nicht überschreiten. Wie aus Abschn. VI hervorgeht, erscheint eine Kompressorauslegung mit 50% Reaktion auf allen Schaufelschnitten den Anforderungen an ein fliegendes Gerät am meisten zu entsprechen.

Für die Erzeugung des notwendigen Vordralles und des zum Erreichen optimaler Wirkungsgrade notwendigen Druckgradienten bestehen folgende Möglichkeiten:

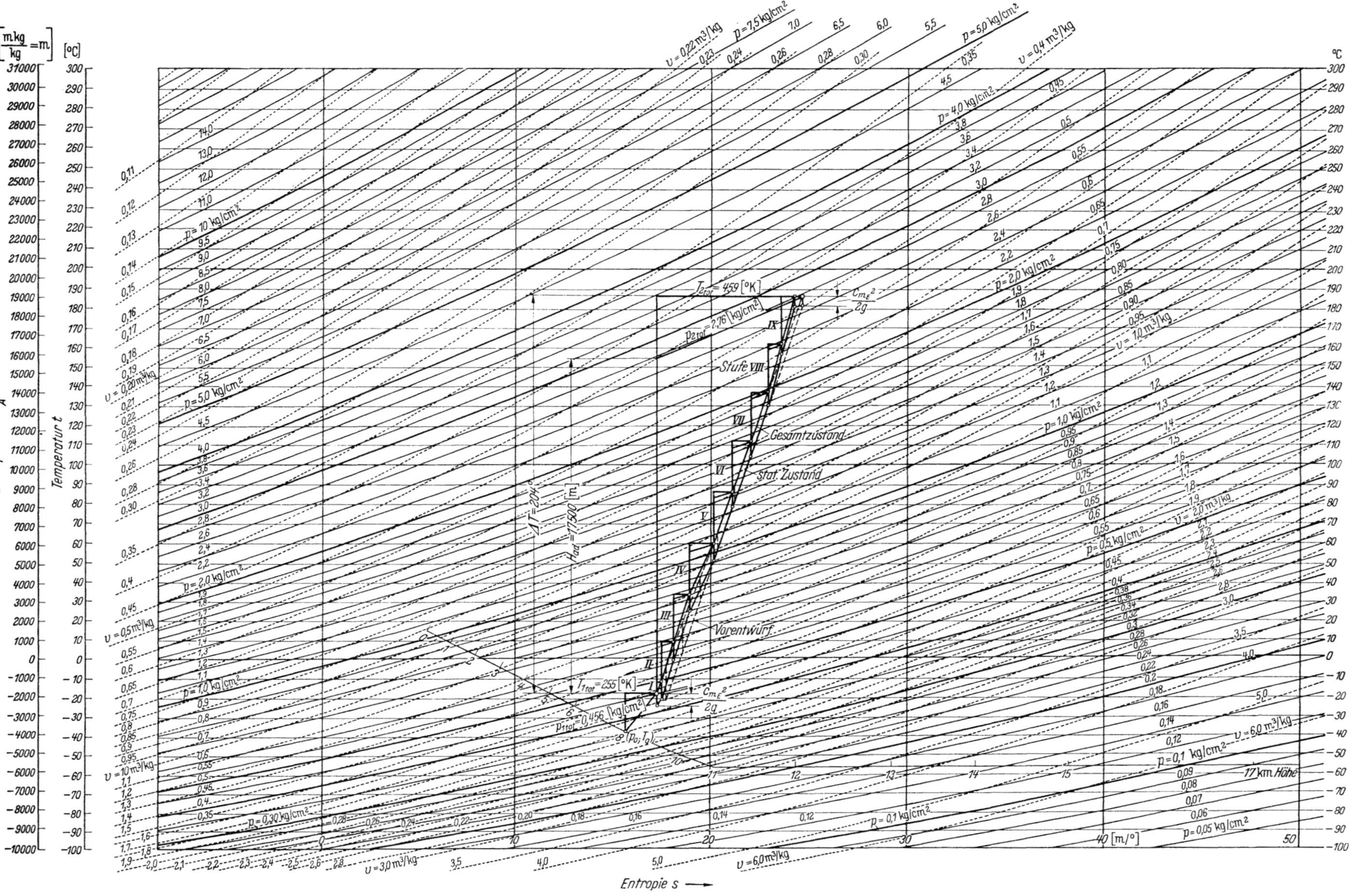

Abb. 333. Verlauf der Zustandsänderungen beim Durchströmen des Verdichters (Rechnungsbeispiel), dargestellt im i-s-Diagramm für atmosphärische Luft. (Vorentwurf und endgültiger Verdichterentwurf)

a) Eine stillstehende Vorleitvorrichtung mit konstantem Drall. In der nachgeschalteten ersten Verdichterstufe wird der Gesamtdruckgradient erzeugt. Dem Vorteil des konstruktiv einfachen Aufbaues steht der Nachteil gegenüber, daß die mittlere Förderhöhe der ersten Verdichterstufe relativ klein ist. Weiterhin ist zu beachten, daß in der Vorleitvorrichtung Strömungsbeschleunigung erfolgt, also eine Temperatursenkung eintritt, was unter Umständen Vereisungsgefahr zur Folge hat.

b) Ein Vorsatzläufer mit reduzierter Drehzahl. Als Folge des zwischen dem Hauptkompressor und dem Vorsatzläufer erforderlichen Getriebes ist eine derartige Maschine konstruktiv etwas schwieriger. Zu berücksichtigen ist aber, daß der einstufige Vorsatzläufer die stillstehende Vorleitvorrichtung und die zum Erzeugen des Druckgradienten dienende erste Verdichterstufe, aus Lauf- und Leitrad bestehend, ersetzt. Dadurch wird das Gewicht des Getriebes zwischen Vorsatzläufer und Kompressor durch Einsparen von zwei Gittern und durch die damit zusammenhängende axiale Verkürzung der Maschine zum Teil ausgeglichen. Außerdem besteht bei einem Axialkompressor mit Vorsatzläufer praktisch keinerlei Vereisungsgefahr.

Bei einem Vergleich der beiden Verdichterbauarten ist auch noch zu beachten, daß die verwirklichbare Höchstdrehzahl für die Bauart mit stillstehender Vorleitvorrichtung niedriger ist als für den Axialkompressor mit Vorsatzläufer. In manchen Fällen kann diese Tatsache für die Bauweise des Verdichters entscheidend sein.

Berechnung der Hauptabmessungen. Der Kompressor soll von der zweiten Stufe ab mit $\mathfrak{r} = 50\%$ Reaktion auf allen Schnitten mit praktisch konstanter Meridiangeschwindigkeit über dem Halbmesser arbeiten. Mit Rücksicht auf den Bestimmungszweck des Verdichters soll der Außendurchmesser des Gerätes den Verhältnissen der zweiten Stufe angepaßt, diese Stufe also als Grenzgeschwindigkeitsstufe ausgebildet werden, während in der ersten Verdichterstufe der erforderliche Druckgradient erzeugt werden soll. Hierzu benötigt man den statischen Zustand der angesaugten Luft am Eintritt in die zweite Verdichterstufe.

Als Förderhöhe der Vorstufe (Stufe I) kann man für Hochleistungskompressoren $h_{ad} \approx 1000$ mkg/kg annehmen, wobei es zunächst gleichgültig ist, ob eine stillstehende Vorleitvorrichtung mit nachfolgender Stufe I, oder ein getrennt angetriebener Vorsatzläufer Verwendung finden wird. Schätzt man vorläufig den Wirkungsgrad der Vorstufe $\eta_{St_I} = 0{,}88$, dann ist die Temperaturerhöhung in Stufe I, bezogen auf den Gesamtzustand,

$$\varDelta T_{tot_I} = \frac{h_{ad_I}}{c_p^* \cdot \eta_{St_I}} = \frac{1000}{102{,}3 \cdot 0{,}88} = 11°.$$

Das Druckverhältnis in der ersten Stufe beträgt

$$\varPi_{St_I} = \left[\frac{\varkappa - 1}{\varkappa} \cdot \frac{h_{ad_I}}{R \cdot T_{1tot}} + 1 \right]^{\frac{\varkappa}{\varkappa - 1}} = \left[\frac{1{,}4 - 1}{1{,}4} \cdot \frac{1000}{29{,}27 \cdot 255} + 1 \right]^{\frac{1{,}4}{1{,}4 - 1}} = 1{,}13.$$

Damit liegen die vorläufigen Gesamtzustände am Eintritt in die zweite Verdichterstufe fest:

$$T_{tot} = T_{1tot} + \varDelta T_{tot_I} = 255 + 11 = 266\,°K;$$

$$p_{tot} = \varPi_{St_I} \cdot p_{1tot} = 1{,}13 \cdot 0{,}456 = 0{,}517\ \text{kg/cm}^2;$$

$$v_{tot} = \frac{R \cdot T_{tot}}{p_{tot}} = \frac{29{,}27 \cdot 266}{5170} = 1{,}51\ \text{m}^3/\text{kg}.$$

Zur Berechnung der statischen Zustände am Eintritt in die zweite Verdichterstufe ist noch die dynamische Förderhöhe hinter der Vorstufe abzuschätzen. Die Meridiangeschwindigkeit am Eintritt in Hochleistungskompressoren beträgt etwa

$$c_m \approx (0{,}35 \div 0{,}45)\, w_s = (0{,}35 \div 0{,}45) \cdot 20{,}1 \sqrt{255} = 112 \div 145\ \text{m/s};$$

gewählt wird für den Vorentwurf $c_m = 130$ m/s.

Der statische Zustand am Eintritt in die zweite Verdichterstufe wird aber durch die Absolutgeschwindigkeit c an dieser Stelle bestimmt. In erster Näherung kann man für den Mittelschnitt $[(r_a + r_i) : 2]$ annehmen, daß die Umfangskomponente der Absolutgeschwindigkeit c_u etwa gleich groß ist wie die Meridiangeschwindigkeit c_m; damit ist die Absolutgeschwindigkeit

$$c \approx \sqrt{2} \cdot c_m = \sqrt{2} \cdot 130 = 185 \,\mathrm{m/s}\,.$$

Die Geschwindigkeitshöhe am Eintritt in die Verdichterstufe II beträgt demnach

$$h = \frac{c^2}{2g} = \frac{185^2}{2 \cdot 9,81} = 1740 \,\mathrm{mkg/kg}\,.$$

Trägt man diese Geschwindigkeitshöhe ins i-s-Diagramm (Abb. 333) ein, dann erhält man einen ersten Anhaltspunkt für die statischen Zustandsgrößen vor Stufe II, nämlich

$$p_{\mathrm{stat}} = 0,425 \,\mathrm{kg/cm^2}\,;$$

$$T_{\mathrm{stat}} = 250 \,\mathrm{^\circ K}\,;$$

$$v_{\mathrm{stat}} = 1,725 \,\mathrm{m^3/kg}\,.$$

Das Verfolgen der Zustandsgrößen im i-s-Diagramm vermittelt einen raschen Überblick, wobei für den *Vorentwurf* die Ablesegenauigkeiten zumeist ausreichend sind. Auf rechnerischem Wege hätte man folgende Ergebnisse bekommen:

$$\Delta T = \frac{h}{c_p^*} = \frac{1740}{102,3} = 17^\circ, \quad \text{also}$$

$$T_{\mathrm{stat}} = T_{\mathrm{tot}} - \Delta T = 266 - 17 = 249 \,\mathrm{^\circ K}\,.$$

Der Geschwindigkeitshöhe h entspricht ein Druckverhältnis (Entspannung)

$$\Pi = \left(1 - \frac{\varkappa - 1}{\varkappa} \cdot \frac{h}{R \cdot T}\right)^{\frac{\varkappa}{\varkappa - 1}} = \left(1 - \frac{1,4 - 1}{1,4} \cdot \frac{1740}{29,27 \cdot 266}\right)^{\frac{1,4}{1,4 - 1}} = 0,795\,;$$

damit ist der statische Druck

$$p_{\mathrm{stat}} = \Pi \cdot p_{\mathrm{tot}} = 0,795 \cdot 0,517 = 0,411 \,\mathrm{kg/cm^2}$$

und das spezifische Volumen

$$v_{\mathrm{stat}} = \frac{R \cdot T_{\mathrm{stat}}}{p_{\mathrm{stat}}} = \frac{29,27 \cdot 249}{4110} = 1,77 \,\mathrm{m^3/kg}\,.$$

Die Fehler betragen also 0,5 bis 3%, weshalb sich für den Vorentwurf das zeichnerische und anschaulichere Vorgehen im i-s-Diagramm empfiehlt.

Wie ausführlich dargelegt, ist die MACHzahl $M = w_1/w_s$ von maßgeblichem Einfluß auf die Verdichterabmessungen und den Gesamtwirkungsgrad und soll deshalb für das Rechnungsbeispiel einen oberen Grenzwert $M = 0,75$ nicht überschreiten. Gewählt werde zunächst $M = 0,7$, da unter Umständen die Flughöhe von 8 km überschritten wird. Die Schallgeschwindigkeit, bezogen auf den statischen Zustand am Eintritt in die zweite Kompressorstufe beträgt

$$w_s = 20,1 \cdot \sqrt{T_{\mathrm{stat}}} = 20,1 \cdot \sqrt{250} = 318 \,\mathrm{m/s}$$

und die Grenzgeschwindigkeit dieser Stufe

$$w_1 = M \cdot w_s = 0,7 \cdot 318 = 222 \,\mathrm{m/s}\,.$$

Die weiteren Rechnungen stützen sich auf die Abb. 245 und Abb. 220. Das statische Volumen am Eintritt in Stufe II beträgt

$$\dot{V} = \dot{G} \cdot v_{\mathrm{stat}} = 15,6 \cdot 1,725 = 26,9 \,\mathrm{m^3/s}\,.$$

Damit ist

$$n \cdot \sqrt{\frac{\dot{V}}{(M \cdot w_s)^3}} = 8500 \sqrt{\frac{26,9}{222^3}} = 13,35\,.$$

Unter Zuhilfenahme von Abb. 245 werden nun für verschiedene Nabenverhältnisse ($\nu = 0,5$ bis 0,65) die jeweilige Umfangsgeschwindigkeit u_a, Druckzahl ψ bzw. Stufenförderhöhe $h_{\mathrm{ad}} = \psi \cdot \frac{u_a^2}{2g}$ und Meridiangeschwindigkeit c_m bestimmt. Tabelle 14 zeigt als Beispiel die Ergebnisse für ein Nabenverhältnis $\nu = 0,5$, während Abb. 334 die Ergebnisse für sämtliche betrachteten Nabenverhältnisse wiedergibt. In Abb. 334 ist auch die mit der Belastungszahl

$c_\Gamma \cdot \dfrac{l}{t} = 2$ gegebene Grenzlinie miteingetragen. Aus dem Wirkungsgraddiagramm in Abb. 245 ermittelt man auch den Stufenwirkungsgrad η_{St} als Funktion von $\varphi = \dfrac{c_m}{u_a}$ und ν und überträgt die Ergebnisse auf Abb. 334.

Tabelle 14

$$\dot{V} = 26{,}9 \ [\mathrm{m}^3/\mathrm{s}]; \quad n = 8500 \ [\mathrm{U/min}]; \quad M \cdot w_s = 222 \ [\mathrm{m/s}]; \quad n \cdot \sqrt{\dfrac{\dot{V}}{(M \cdot w_s)^3}} = 13{,}35.$$

ν	Ω	$\dfrac{u_a}{M \cdot w_s}$	u_a	$\dfrac{\Psi}{\Omega \cdot \eta_{St}}$	$\dfrac{\Psi}{\eta_{St}}$	$\dfrac{c_m}{M \cdot w_s}$	φ	η_{St}	Ψ	$h_{ad\,St}$	
0,5	0,935	0,985	219	0,2	0,187	0.82	0,835	0,88	0.1645	403	
0,5	0,935	1	222	0,3	0,28	0,81	0,810	0,882	0.247	620	
0,5	0,935	1,02	227	0,4	0,374	0,78	0,765	0,887	0,332	870	
0,5	0,935	1,04	231	0,5	0,467	0,76	0,730	0,89	0,415	1130	
0,5	0,935	1,07	238	0,6	0,56	0,71	0.665	0,895	0,500	1440	
0,5	0,935	1,10	244	0,65	0,607	0,68	0,62	0,90	0,546	1660	
0,5	0,935	1,37	304	0,6	0,56	0,45	0,33	0,905	0,505	2380	$\left.\rule{0pt}{3.2em}\right\}c_\Gamma \cdot \dfrac{l}{t} > 2$
0,5	0,935	1,50	334	0,45	0,42	0,375	0,25	0,90	0,378	2140	
0,5	0,935	1,63	362	0,325	0,304	0,325	0,20	0,89	0,270	1800	
0,5	0,935	1,65	367	0,3	0,28	0,315	0,19	0,885	0,248	1700	
0,5	0,935	1,75	390	0,2	0,187	0,285	0,163	0,875	0,164	1265	

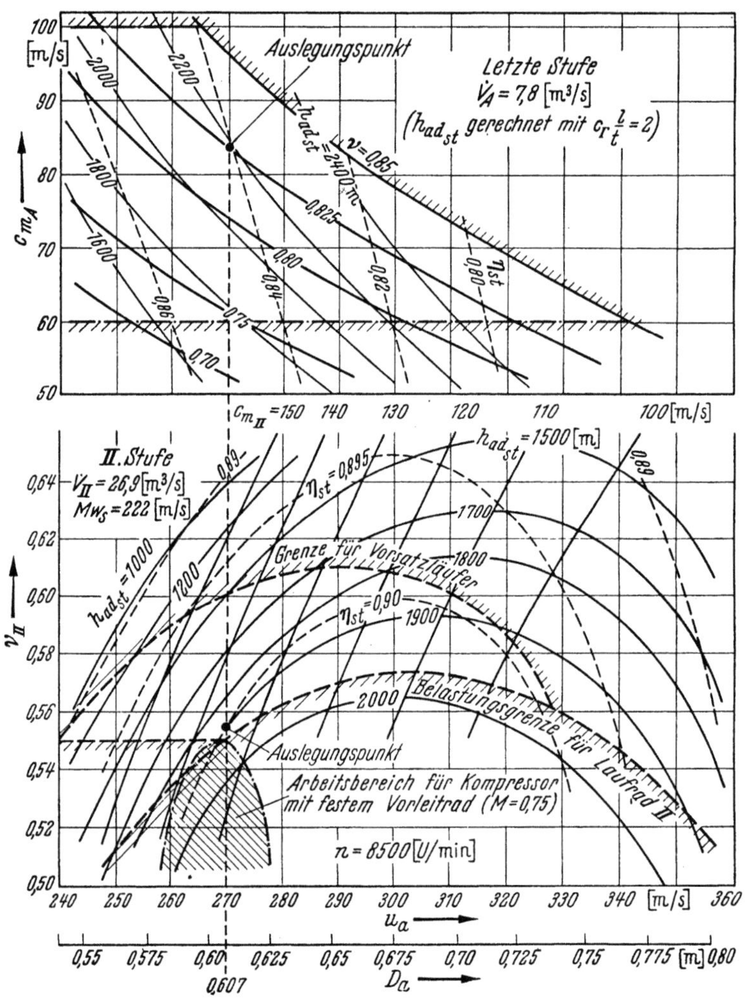

Abb. 334. Diagramm zur optimalen Auslegung des Kompressors

Betrachtet man nur den *rotierenden Vorsatzläufer*, dann gelten hierfür die Ausführungen in Abschn. X, 6a. Unter der Annahme $\nu_I \approx \nu_{II}$ erhält man als Verhältnis der Drehzahlen bzw.

Umfangsgeschwindigkeiten zwischen Vorstufe (Zeiger I) und zweiter Verdichterstufe (Zeiger II)

$$\frac{u_{a_{\mathrm{I}}}}{u_{a_{\mathrm{II}}}} = \frac{n_{\mathrm{I}}}{n_{\mathrm{II}}} \approx \frac{1}{2 \cdot \eta_{\mathrm{St_I}} \cdot \Omega_{\mathrm{I}}}, \quad \text{Gl. (223)}$$

$$u_{a_{\mathrm{II}}} = 2 \cdot u_{a_{\mathrm{I}}} \cdot \eta_{\mathrm{St_I}} \cdot \Omega_{\mathrm{I}}.$$

Für den Vorsatzläufer folgt aus dem Geschwindigkeitsdreieck für den Außenschnitt

$$w_{\mathrm{I}}^2 = c_m^2 + u_{a_{\mathrm{I}}}^2, \quad \frac{u_{a_{\mathrm{I}}}}{w_1} = \sqrt{1 - \left(\frac{c_m}{w_1}\right)^2}.$$

Aus der auch für den Vorsatzläufer gültigen Bedingung

$$M = \frac{w_1}{w_s} \leqq 0{,}70$$

folgt

$$\frac{u_{a_{\mathrm{I}}}}{M \cdot w_s} \leqq \sqrt{1 - \left(\frac{c_m}{M \cdot w_s}\right)^2}.$$

Setzt man diese Grenzbedingung in Gl. (223) ein, dann kann der Grenzwert für die zulässige Umfangsgeschwindigkeit der Stufe II berechnet werden, also

$$\left(\frac{u_{a_{\mathrm{II}}}}{M \cdot w_s}\right)_{\max} = 2 \cdot \eta_{\mathrm{St_I}} \cdot \Omega \cdot \sqrt{1 - \left(\frac{c_m}{M \cdot w_s}\right)^2}.$$

Hierbei ist wegen der Annahme $\nu_{\mathrm{I}} \approx \nu_{\mathrm{II}}$ der Minderleistungsfaktor $\Omega = f(\nu_{\mathrm{II}})$, während $\frac{c_m}{M \cdot w_s} = \frac{c_{m_{\mathrm{I}}}}{M \cdot w_s}$ in erster Näherung durch $\frac{c_{m_{\mathrm{II}}}}{M \cdot w_s} = f\left(\nu_{\mathrm{II}} \text{ und } \frac{u_{a_{\mathrm{II}}}}{M \cdot w_s}\right)$ ersetzt werden kann. Die auf diese Weise ermittelte Grenzkurve ist ebenfalls in Abb. 334 eingetragen. Begrenzt man das Nabenverhältnis von Stufe II mit Rücksicht auf den Vorsatzläufer (Grenzwert $\nu_{\mathrm{I}} \geqq 0{,}5$) noch willkürlich nach unten mit $\nu_{\mathrm{II}} = 0{,}55$, dann entsteht in Abb. 334 bereits ein eng umgrenzter Bereich für den Auslegungspunkt der zweiten Verdichterstufe.

Damit sind nun in erster Näherung die Optimalverhältnisse für den Verdichtereintritt bekannt. Zum Zwecke einer Optimalauslegung für den Gesamtkompressor soll nun die letzte Verdichterstufe untersucht werden. Hiermit kann dann der Kompressor bezüglich maximaler Stufenförderhöhe, besten mittleren Stufenwirkungsgrades und kleinstmöglichem Außendurchmesser optimal ausgelegt werden.

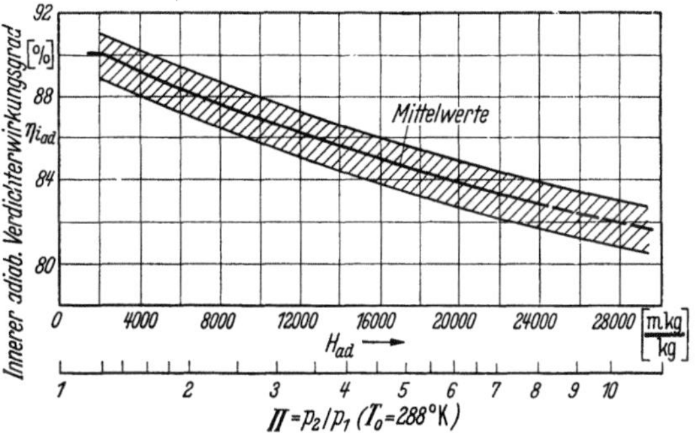

Abb. 335. Erreichbare innere adiabatische Verdichterwirkungsgrade in Abhängigkeit der Verdichterförderhöhe (H_{ad}) bzw. vom Verdichterdruckverhältnis (Π)

Schätzt man zunächst den inneren adiabatischen Kompressorwirkungsgrad zu $\eta_{i_{\mathrm{ad, Kompr.}}} = 0{,}84$ (s. Abb. 335), dann beträgt die Temperaturerhöhung im Kompressor

$$\Delta T_{\mathrm{Kompr.}} = \frac{H_{\mathrm{ad}}}{c_p^* \cdot \eta_{i_{\mathrm{ad}}}} = \frac{17\,500}{102{,}3 \cdot 0{,}84} = 204^\circ.$$

Damit erhält man als thermodynamische Gesamtzustände am Kompressoraustritt

$$T_{2_{\mathrm{tot}}} = T_{1_{\mathrm{tot}}} + \Delta T_{\mathrm{Komp.}} = 255 + 204 = 459\ ^\circ\mathrm{K};$$

$$p_{2_{\mathrm{tot}}} = \frac{p_2}{p_1} \cdot p_{1_{\mathrm{tot}}} = 6{,}0 \cdot 0{,}456 = 2{,}736\ \mathrm{kg/cm^2};$$

$$v_{2_{\mathrm{tot}}} = \frac{R \cdot T_{2_{\mathrm{tot}}}}{p_{2_{\mathrm{tot}}}} = \frac{29{,}27 \cdot 459}{27\,360} = 0{,}49\ \mathrm{m^3/kg}.$$

Die Meridiangeschwindigkeit am Kompressoraustritt soll in Anpassung an die nachfolgende

Brennkammer $c_{m_A} = 60$ bis 100 m/s betragen. Für $c_{m_A} = 80$ m/s ist die Geschwindigkeitshöhe am Austritt

$$h = \frac{c_{m_A}^2}{2g} = \frac{80^2}{2 \cdot 9{,}81} = 326 \text{ mkg/kg};$$

damit ist

$$\Delta T = \frac{h}{c_p^*} = \frac{326}{102{,}3} = 3°, \quad \text{also}$$

$$T_{2\text{stat}} = T_{2\text{tot}} - \Delta T = 459 - 3 = 456 \text{ °K};$$

$$v_{2\text{stat}} = v_{2\text{tot}} \left(\frac{T_{2\text{tot}}}{T_{2\text{stat}}}\right)^{\frac{1}{\varkappa - 1}} = 0{,}49 \cdot (1{,}005)^{\frac{1}{1{,}4 - 1}} = 0{,}49 \cdot 1{,}0125 = 0{,}5 \text{ m}^3/\text{kg};$$

$$p_{2\text{stat}} = \frac{R \cdot T_{2\text{stat}}}{v_{2\text{stat}}} = \frac{29{,}27 \cdot 456}{0{,}5} = 2{,}67 \text{ kg/cm}^2.$$

Die Austrittsmenge beträgt also

$$\dot{V}_A = \dot{G} \cdot v_{2\text{stat}} = 15{,}6 \cdot 0{,}5 = 7{,}8 \text{ m}^3/\text{s}.$$

Mit der Beziehung

$$D_a = \frac{60 \cdot u_a}{\pi \cdot n} = \frac{60 \cdot u_a}{\pi \cdot 8500} = 0{,}00254 \cdot u_a$$

kann man das erforderliche Nabenverhältnis der letzten Stufe (Zeiger n) als Funktion von c_{m_A} und u_a berechnen. Aus der Kontinuitätsgleichung folgt

$$\nu_n \approx \sqrt{1 - \frac{\dot{V}_A}{\dfrac{\pi}{4} \cdot D_a^2 \cdot c_{m_A}}} \,.$$

Die Auswertung dieser Gleichung ist im oberen Teil der Abb. 334 dargestellt.

Zur Herabsetzung der Stufenzahl ist man bestrebt, sämtliche Verdichterstufen so hoch als aerodynamisch möglich zu belasten. Der Grenzwert hierfür ist durch die Belastungszahl

$$c_\Gamma \cdot \frac{l}{t} = 2$$

gegeben. Die zugehörende Druckzahl beträgt für $\mathrm{r} = 0{,}5$ entsprechend Gl. (164)

$$\frac{\psi_n}{\Omega_n \cdot \eta_{\text{St}_n}} = \left(c_\Gamma \cdot \frac{l}{t}\right)_{\text{Nabe}} \cdot \nu_n \sqrt{\left(\frac{c_{m_A}}{u_a}\right)^2 + \left(\frac{\nu_n}{2}\right)^2}.$$

Hiermit kann man im c_{m_A}-u_a-Diagramm (Abb. 334) mit Hilfe der bereits berechneten ν_n-Werte und des Wirkungsgraddiagramms Abb. 245 die Druckzahlen, Förderhöhen und jeweiligen Wirkungsgrade im ganzen Feld berechnen. Als Beispiel ist in Tabelle 15 die Berechnung von

Tabelle 15

$$\dot{V} = 7{,}8\,[\text{m}^3/\text{s}]; \quad \nu_n = \left(\frac{D_i}{D_a}\right)_{n.\ \text{Stufe}} = \sqrt{1 - \frac{\dot{V}}{\dfrac{\pi}{4} D_a^2 \cdot c_{m_A}}}; \quad \frac{\psi}{\Omega \cdot \eta_{\text{St}}} = 2 \cdot \nu \sqrt{\left(\frac{c_m}{u_a}\right)^2 + \left(\frac{\nu}{2}\right)^2}$$

1	2	3	4	5	6	7	8	9	10	11	12	13	14	15	16	17	18
c_{m_A}	D_a	$\frac{\pi}{4} D_a^2$	①·③	$\frac{\dot{V}}{④}$	$1-⑤$	$\frac{\nu}{\sqrt{⑥}}$	u_a	φ	η_{St}	$\left(\frac{\nu}{2}\right)^2$	φ^2	⑪+⑫	$\sqrt{⑬}$	$\frac{\psi}{\Omega \cdot \eta_{\text{St}}}$	ψ	$\frac{u_a^2}{2g}$	h_{ad}
50	0,55	0,238	11,9	0,655	0,345	0,587	244,5	0,204	0,88	0,086	0,0416	0,1276	0,357	0,418	0,336	3060	1030
50	0,60	0,283	14,15	0,551	0,449	0,67	267	0,187	0,86	0,112	0,035	0,1470	0,383	0,513	0,393	3630	1425
50	0,65	0,333	16,65	0,468	0,532	0,73	289	0,167	0,83	0,133	0,0279	0,1609	0,401	0,585	0,42	4550	1910
50	0,70	0,385	19,25	0,405	0,595	0,77	311,5	0,161	0,81	0,148	0,026	0,1740	0,477	0,643	0,443	4940	2190
50	0,75	0,442	22,10	0,353	0,647	0,805	334	0,15	0,78	0,162	0,0225	0,1845	0,430	0,693	0,449	5700	2560

ν_n; η_{St_n}; ψ_n und h_{St_n} für eine axiale Austrittsgeschwindigkeit $c_{m_A} = 50$ m/s zahlenmäßig darge-stellt, während im oberen Teil der Abb. 334 die jeweiligen Ergebnisse für $c_{m_A} = 50$ m/s bis $c_{m_A} = 100$ m/s gezeichnet sind. Die Grenzen für den Auslegungsbereich der letzten Stufe sind durch die Austrittsgeschwindigkeit

$$60 \leqq c_{m_A} \leqq 100 \ \mathrm{m/s} \ \text{(Brennkammergründe)}$$

einerseits, durch den oberen Grenzwert des Nabenverhältnisses (Abb. 142) andererseits ($\nu \leqq 0{,}85$) festgelegt.

Die Aufgabe besteht nun darin, im oberen und unteren Diagramm der Abb. 334, innerhalb der eingegrenzten Bereiche bei einem gemeinsamen Werte für die Umfangsgeschwindigkeit u_a, also bei einem gemeinsamen Außendurchmesser D_a der Stufen je einen Auslegungspunkt für die zweite bzw. n. Stufe derart festzulegen, daß die Mittelwerte

$$\overline{h_{\mathrm{ad}_{\mathrm{St}}}} = \frac{h_{\mathrm{ad}_{\mathrm{II}}} + h_{\mathrm{ad}_n}}{2}$$

und

$$\overline{\eta_{\mathrm{St}}} = \frac{\eta_{\mathrm{St}_{\mathrm{II}}} + \eta_{\mathrm{St}_n}}{2}$$

möglichst hoch sind. Unter Berücksichtigung dieser Forderungen findet man aus Abb. 334 als zweckmäßigen Verdichteraußendurchmesser für die zweite bis n. Stufe

$$D_a = 0{,}607 \ \mathrm{m} \, .$$

Die entsprechenden Nabenverhältnisse, Stufenförderhöhen und Stufenwirkungsgrade betragen nach Abb. 334

Stufe	Naben-verhältnis ν	Stufenförderhöhe $h_{\mathrm{ad}_{\mathrm{St}}} \left[\dfrac{\mathrm{mkg}}{\mathrm{kg}} \right]$	Stufenwirkungsgrad η_{St} [−]
II	0,555	1900	0,90
n	0,825	2200	0,84
Mittelwerte	—	2050	0,87

Nunmehr kann die erforderliche Stufenzahl abgeschätzt werden und man erhält

$$z = \frac{H_{\mathrm{ad}} - h_{\mathrm{ad}_{\mathrm{Vorsatzläufer}}}}{h_{\mathrm{ad}_{\mathrm{mittel}}}} + 1 \ \text{(Vorsatzläufer)} = \frac{17\,500 - 1000}{2050} + 1 = 9 \ \text{Stufen} \, .$$

Die Zwischenstufen des Verdichters legt man für den Vorentwurf mit Hilfe eines i-s-Dia-grammes (Abb. 333) fest. Die thermodynamischen Gesamt- und statischen Zustände am Eintritt in die zweite Verdichterstufe und am Kompressoraustritt sind bereits bekannt und werden ins i-s-Diagramm eingetragen. Dann verbindet man diese Grenzpunkte durch Linien entsprechend einem angenommenen Verlauf des Gesamt- bzw. statischen Zustandes der Luft beim Durch-strömen des Verdichters. Die Gesamtzustandslinie teilt man nun in $(z - 1)$ gleiche Teile ($1 =$ Vor-satzläufer), wobei die Annahme gemacht wird, daß sämtliche $(z - 1)$ Normalstufen gleiche, näm-lich die mittlere Förderhöhe haben. Senkrecht unter den Teilungspunkten, im Schnittpunkt mit der statischen Zustandslinie, erhält man dann das jeweilige spezifische Volumen v_{stat} [m³/kg] am Ein- bzw. Austritt jeder Stufe.

Den Verlauf der Meridiangeschwindigkeit zwischen Eintritt in die zweite Verdichterstufe und Austritt aus dem Kompressor wählt man zweckmäßigerweise linear. Bei der endgültigen Ver-dichterberechnung kann man durch kleine Änderungen dieser Annahme noch geringfügige Ver-besserungen bezüglich des Stufenwirkungsgrades oder der zulässigen Druckzahl erzielen.

20*

Das Nabenverhältnis der einzelnen Stufen erhält man mit Hilfe der Kontinuitätsgleichung

$$\nu = \sqrt{1 - \frac{\dot{G} \cdot v_{\text{stat}}}{\frac{\pi}{4} \cdot D_a^2 \cdot c_m}} \, .$$

Für das Rechnungsbeispiel sind diese Ergebnisse in Tabelle 16 zusammengestellt

Tabelle 16

$$\nu = \sqrt{1 - \frac{\dot{V}_{\text{stat}}}{\frac{\pi}{4} \cdot D_a^2 \cdot c_m}} \qquad D_a = 0{,}607 \text{ m} \, ; \qquad \varphi = \frac{c_m}{u_a} \, [-] \, ; \qquad u_a = 270 \text{ m/s} \, .$$

Stufe	v_{stat} [m³/kg]	$\dot{V}_{\text{stat}}$ [m³/s]	φ [−]	c_m [m/s]	ν [−]
II	1,725	26,9	0,495	133,5	0,555
III	1,400	21,8	0,47	127	0,64
IV	1,18	18,4	0,45	122	0,69
V	1,00	15,6	0,425	115	0,73
VI	0,845	13,2	0,40	108	0,76
VII	0,73	11,4	0,38	103	0,785
VIII	0,63	9,8	0,35	95	0,805
IX	0,565	8,8	0,32	86,5	0,81
	0,500	7,8	0,31	84	0,825

Zur Berechnung der Stufenwirkungsgrade benützt man das Wirkungsgraddiagramm für Verdichter mit 50% Reaktion auf allen Schaufelschnitten (Abb. 220), das in Abb. 336 nochmals

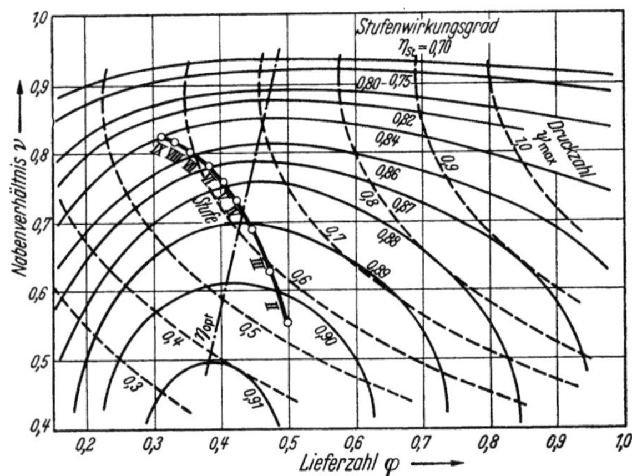

Abb. 336. Hilfsdiagramm zur Bestimmung der maximalen Druckzahl und des Stufenwirkungsgrades

$$\left(\text{Bedingung für } \psi_{\max} \text{ ist: } c_\Gamma \cdot \frac{l}{t} = 2 \right)$$

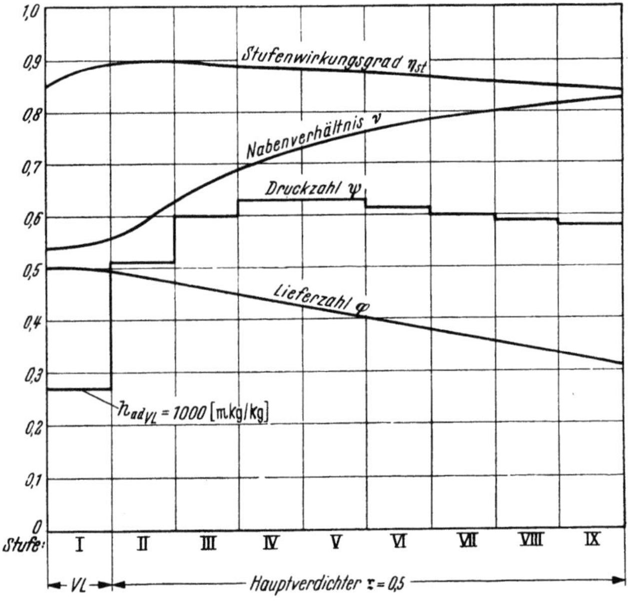

Abb. 337. Vorentwurf für Hochleistungskompressor

dargestellt ist. In Abb. 336 sind die maximalen Druckzahlen $\psi_{\max} = f\,(\nu;\,\varphi)$ entsprechend dem Grenzwert $c_\Gamma \cdot l/t = 2{,}0$, sowie die Rechnungsergebnisse für φ und ν (Tabelle 16) eingetragen, womit man aus Abb. 336 Wirkungsgrade η_{St} und Druckzahlen $\psi_{\max}$ der einzelnen Stufen entnehmen kann.

Bei Festlegung der ψ-Werte ist zu beachten, daß wegen des Erhitzungsverlustes

$$\sum_{\mathrm{I}}^{\mathrm{IX}} \psi > \frac{2 \cdot g \cdot H_{\mathrm{ad}}}{u_a^2} = \frac{2 \cdot 9{,}81 \cdot 17\,500}{270^2} = 4{,}72$$

sein muß. Damit ist der Vorentwurf (s. Abb. 337) abgeschlossen. Die Ergebnisse in Abb. 337 dienen als Grundlage für die genaue Verdichterberechnung.

Endgültige Auslegung des Verdichters. Aus dem Vorentwurf ergab sich als zweckmäßiger Außendurchmesser $D_a = 0{,}607$ m. Der Gesamtzustand vor dem Kompressor ist gleichfalls bekannt

$$p_{1_{\mathrm{tot}}} = 0{,}456 \text{ kg/cm}^2; \qquad T_{1_{\mathrm{tot}}} = 255\ {}^\circ\mathrm{K}; \qquad v_{1_{\mathrm{tot}}} = 1{,}635 \text{ m}^3/\text{kg}.$$

Die axiale Eintrittsgeschwindigkeit in den Vorsatzläufer soll, dem Vorentwurf entsprechend

$$c_{m_E} = \varphi_{\mathrm{I}} \cdot u_{a_{\mathrm{II}}} = 0{,}5 \cdot 270 = 135 \text{ m/s}$$

betragen.

Die Temperaturabsenkung beträgt also

$$\varDelta T = \frac{c_{m_E}^2}{2 \cdot g \cdot 102{,}3} = \frac{135^2}{2 \cdot 9{,}81 \cdot 102{,}3} = 9^\circ.$$

Damit ist

$$T_{1_{\mathrm{stat}}} = 246\ {}^\circ\mathrm{K}.$$

Der statische Druck am Eintritt beträgt

$$p_{1_{\mathrm{stat}}} = p_{1_{\mathrm{tot}}} \cdot \frac{1}{\left(\dfrac{T_{1_{\mathrm{tot}}}}{T_{1_{\mathrm{stat}}}}\right)^{\frac{\varkappa}{\varkappa - 1}}} = 0{,}456 \cdot \frac{1}{\left(\dfrac{255}{246}\right)^{\frac{1{,}4}{1{,}4 - 1}}} = 0{,}405 \text{ kg/cm}^2$$

und das spezifische Volumen

$$v_{1_{\mathrm{stat}}} = v_{1_{\mathrm{tot}}} \cdot \left(\frac{T_{1_{\mathrm{tot}}}}{T_{1_{\mathrm{stat}}}}\right)^{\frac{1}{\varkappa - 1}} = 1{,}635 \left(\frac{255}{246}\right)^{\frac{1}{1{,}4 - 1}} = 1{,}78 \text{ m}^3/\text{kg}.$$

Aus der Kontinuitätsgleichung erhält man als Nabenverhältnis am Kompressoreintritt

$$v_E = \sqrt{1 - \frac{\dot{G} \cdot v_{1_{\mathrm{stat}}}}{\dfrac{\pi}{4} \cdot D_a^2 \cdot c_{m_E}}} = \sqrt{1 - \frac{15{,}6 \cdot 1{,}78}{\dfrac{\pi}{4} \cdot 0{,}607 \cdot 135}} = 0{,}54,$$

was mit dem Vorentwurf (Abb. 337) gut übereinstimmt.

Für die zweite Stufe war ein Nabenverhältnis $v_{\mathrm{II}} = 0{,}555$ festgelegt. Damit kann nun die Umfangsgeschwindigkeit des Vorsatzläufers berechnet werden. Gegeben sind

$$v_{\mathrm{I}} = 0{,}54; \qquad \Omega_{\mathrm{I}} = 0{,}925; \qquad \eta_{\mathrm{St}_{\mathrm{I}}} = 0{,}88; \text{ (geschätzt)}$$

$$v_{\mathrm{II}} = 0{,}555; \qquad \Omega_{\mathrm{II}} = 0{,}925; \qquad \eta_{\mathrm{St}_{\mathrm{II}}} = 0{,}90; \qquad \psi_{\mathrm{II}} = 0{,}512.$$

Damit wird analog Gl. (222),

$$\frac{u_{a_{\mathrm{I}}}}{u_{a_{\mathrm{II}}}} = \frac{1 - v_{\mathrm{II}}^2}{2 \cdot \eta_{\mathrm{St}_{\mathrm{I}}} \cdot \Omega_{\mathrm{I}} \cdot (1 - v_{\mathrm{I}} \cdot v_{\mathrm{II}}) - \dfrac{\psi_{\mathrm{II}} \cdot \eta_{\mathrm{St}_{\mathrm{I}}} \cdot \Omega_{\mathrm{I}}}{\eta_{\mathrm{St}_{\mathrm{II}}} \cdot \Omega_{\mathrm{II}}} \left(1 - \dfrac{v_{\mathrm{I}}}{v_{\mathrm{II}}}\right)}$$

$$= \frac{1 - 0{,}555^2}{2 \cdot 0{,}88 \cdot 0{,}925\,(1 - 0{,}54 \cdot 0{,}555) - \dfrac{0{,}512 \cdot 0{,}88 \cdot 0{,}925}{0{,}90 \cdot 0{,}925} \left(1 - \dfrac{0{,}54}{0{,}555}\right)} = 0{,}63.$$

Die Näherungsgleichung Gl. (223) hätte den Wert

$$\frac{u_{a_{\mathrm{I}}}}{u_{a_{\mathrm{II}}}} = \frac{1}{2 \cdot \eta_{\mathrm{St}_{\mathrm{I}}} \cdot \Omega_{\mathrm{I}}} = \frac{1}{2 \cdot 0{,}88 \cdot 0{,}925} = 0{,}615$$

ergeben. Die Abweichungen sind also gering. Als Umfangsgeschwindigkeit bzw. Drehzahl des Vorsatzläufers erhält man somit

$$u_{a_I} = 0{,}63 \cdot 270 = 170\,\text{m/s} \qquad \text{bzw.} \qquad n_I = 0{,}63 \cdot 8500 = 5350\,\text{U/min}.$$

Die relative Eintrittsgeschwindigkeit im Vorläufer ist

$$w_{1a_I} = \sqrt{u_{a_I}^2 + c_{m_E}^2} = \sqrt{170^2 + 135^2} = 217\,\text{m/s}.$$

Die Schallgeschwindigkeit, bezogen auf den statischen Zustand am Eintritt, beträgt

$$w_{s_I} = 20{,}1\,\sqrt{T_{1_\text{stat}}} = 20{,}1 \cdot \sqrt{246} = 315\,\text{m/s},$$

also die Machzahl am Eintritt

$$M = w_{1a_I} : w_{s_I} = 217 : 315 = 0{,}69 < 0{,}70 \quad \text{(wie gefordert)}.$$

Die zur Erzeugung des Druckgradienten notwendige Umlenkung im Vorsatzläufer erhält man aus der Bedingung

$$\Delta w_{u_I} = c_{1u_{II}}.$$

Nun ist

$$c_{1u_{II}} = \frac{u_{II}}{2} - \frac{\Delta w_{u_{II}}}{2},$$

$$h_{\text{ad}_{II}} = \frac{1}{g} \cdot u_{II} \cdot \Delta w_{u_{II}} \cdot \Omega_{II} \cdot \eta_{\text{St}_{II}},$$

also

$$\Delta w_{u_I} = \frac{1}{2}\left(u_{II} - \frac{h_{\text{ad}_{II}} \cdot g}{u_{II} \cdot \Omega_{II} \cdot \eta_{\text{St}_{II}}}\right) = \frac{1}{2}\left(u_{II} - \frac{1900 \cdot 9{,}81}{u_{II} \cdot 0{,}925 \cdot 0{,}90}\right)$$

$$= \frac{1}{2}\left(u_{II} - \frac{22\,400}{u_{II}}\right).$$

Damit erhält man für drei Schnitte des Vorsatzläufers folgende Umlenkungen:

Tabelle 17

Schnitt	D	u_{II}	$\dfrac{22\,400}{u_{II}}$	$u_{II} - \dfrac{22\,400}{u_{II}}$	Δw_{u_I}
	m	m/s	—	—	m/s
Außen	0,607	270	83	187	93,5
Mitte	0,468	208	108	100	50
Nabe	0,328	146	153	− 7	∼ 0

Die geringe nach der Rechnung sich ergebende negative Umlenkung an der Nabe kann vernachlässigt werden. Die Förderhöhe des Vorsatzläufers beträgt also im Mittelschnitt

$$h_{\text{ad}_{I,\,\text{mittel}}} = \frac{1}{g} \cdot (u_I \cdot \Delta w_{u_I})_{\text{mittel}} \cdot \Omega_I \cdot \eta_{\text{St}_I}$$

$$= \frac{1}{9{,}81} \cdot 131 \cdot 50 \cdot 0{,}925 \cdot 0{,}88 = 540\,\frac{\text{mkg}}{\text{kg}},$$

also etwa die Hälfte der im Vorentwurf angenommenen Förderhöhe, was jedoch für die Fortführung der Rechnung von untergeordneter Bedeutung ist.

Mit der nunmehr bekannten Stufenzahl z kann der Erhitzungsverlust berechnet werden. Mit den Ausführungen in Abschn. C IV, 1 d erhält man

$$\sum h_{\text{ad}_\text{St}} = (1 + f) \cdot H_\text{ad},$$

wobei

$$f = f_\infty\left(1 - \frac{1}{z}\right)$$

ist. Mit dem Kompressordruckverhältnis $\Pi = 6{,}0$ und dem mittleren Stufenwirkungsgrad $\overline{\eta_{St}} = 0{,}87$ findet man aus Abb. 77

$$f_\infty = 0{,}042.$$

Damit wird

$$f = 0{,}042\left(1 - \frac{1}{9}\right) = 0{,}0374.$$

Die Summe der Stufenförderhöhen beträgt also

$$\sum h_{ad_{St}} = (1 + 0{,}0374)\cdot 17\,500 = 18\,200 \left[\frac{mkg}{kg}\right],$$

demnach

$$\sum \psi = \frac{2\cdot g\cdot \sum h_{ad_{St}}}{u_a^2} = \frac{19{,}62\cdot 18\,200}{270^2} = 4{,}90\ [-].$$

Die weitere Durchrechnung erfolgt zweckmäßigerweise tabellarisch. Tabelle 18 enthält die für das Rechnungsbeispiel ermittelten Ergebnisse. Gleichzeitig werden die Geschwindigkeitsdreiecke (Abb. 338) gezeichnet. Zur Kontrolle wird der thermodynamische Verlauf der Verdichtung beim Durchströmen in den einzelnen Stufen im

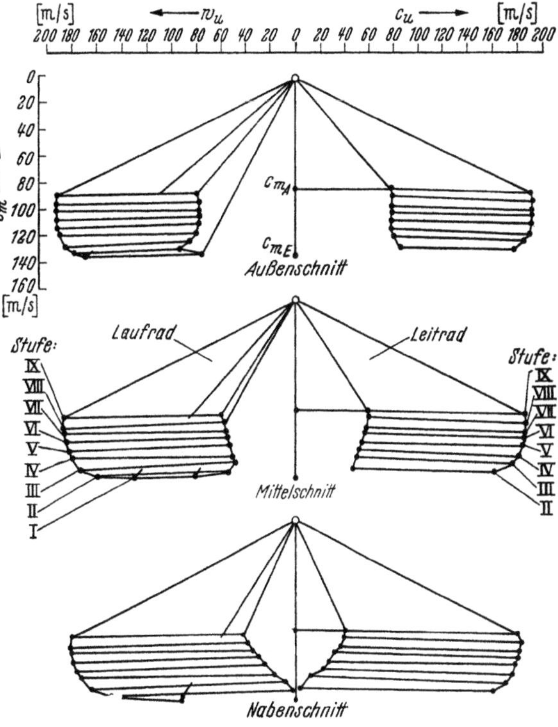

Abb. 338. Geschwindigkeitspläne für den Hochleistungskompressor ($r = 0{,}5$ ab II. Stufe)

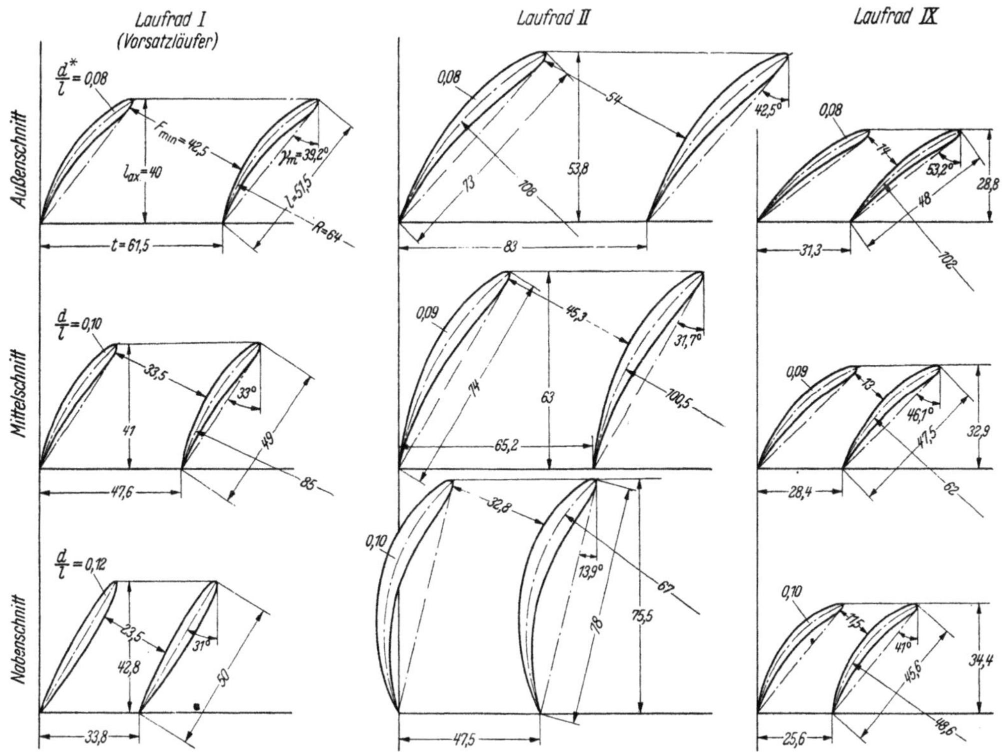

Abb. 339. Schaufelplan für drei Laufräder

i-s-Diagramm (Abb. 333, endgültiger Entwurf) eingetragen. Damit liegt der Kompressorentwurf endgültig fest und die Profilberechnung kann nach den Darlegungen im Abschnitt XI durchgeführt werden. Für das Rechnungsbeispiel enthält Tabelle 19 die Ergebnisse für die Laufräder

Tabelle 18

Durchsatz: $\dot{G} = 15{,}6$ kg/s;

Gesamtdruck vor Kompression $p_1 = 0{,}456$ kg/cm²; Gesamttemperatur vor Kompressor $T_1 = 255\ °\mathrm{K}$

Gesamtdruck nach Kompression $p_2 = 2{,}76$ kg/cm²;

$$H_{ad} = \frac{\varkappa}{\varkappa - 1}\, R\,T_1\left[(p_2/p_1)^{\frac{\varkappa-1}{\varkappa}} - 1\right] = 17500\ [\mathrm{mkg/kg}]$$

Verdichterdrehzahl $n = 8500$ U/min; $n_\mathrm{I} = 5350$ U/min

Winkelgeschwindigkeit $\omega = 890$ 1/s ab Stufe II

Drehrichtung des Verdichters in Strömungsrichtung gesehen: (MUL)-EDUL

Reaktionsgrad $\mathrm{r} = 50\%$ ab Stufe II

Flughöhe $h = 8$ km

Stufe	Formel	D_a	D_i	v	$\frac{\pi}{4}D_a^2$	$\frac{\pi}{4}D_i^2$	F_G	u_a	u_i	$\frac{u_a^2}{2g}$	Ψ_{Stufe}	$h_{ad\,\mathrm{Stufe}}$	$\eta_{i_{ad}}$	η_{pol}	$h_{th\,\mathrm{Stufe}}$	Ω	$h_{\mathrm{nach.Stufe}}$
		m	m	—	m²	m²	m²	m/s	m/s	m	—	m	—	—	m	—	m
				D_i/D_a			$\frac{\pi D_a^2}{4}-\frac{\pi D_i^2}{4}$	$\frac{\pi n D_a}{60}$	$\frac{\pi n D_i}{60}$		$\frac{2g\,h_{ad\,\mathrm{Stufe}}}{u_a^2}$				$\frac{h_{ad\,\mathrm{Stufe}}}{\eta_{i\,ad\,\mathrm{Stufe}}}$		$\frac{h_{th\,\mathrm{Stufe}}}{\Omega}$
I	1	0,607	0,328	0,54	0,290	0,0845	0,2055	170	92								
	R — 2	0,607	0,337	0,555	0,290	0,089	0,201	170	93	1475	$\frac{0{,}366}{0{,}145^1}$	540	0,88		615	0,925	
		0,607	0,337	0,555	0,290	0,089	0,201	270	150								
II	$R\ \frac{1}{2}$	0,607	0,359	0,590	0,290	0,096	0,1885	270	159	3720	0,51	1900	0,90		2110	0,925	2280
	$L\ \frac{1}{2}$	0,607	0,380	0,625	0,290	0,114	0,176	270	169								
III	$R\ \frac{1}{2}$	0,607	0,398	0,655	0,290	0,124	0,166	270	177	3720	0,60	2230	0,895		2500	0,905	2760
	$L\ \frac{1}{2}$	0,607	0,415	0,685	0,290	0,135	0,155	270	185								
IV	$R\ \frac{1}{2}$	0,607	0,434	0,715	0,290	0,147	0,143	270	193	3720	0,63	2340	0,888		2640	0,880	3000
	$L\ \frac{1}{2}$	0,607	0,443	0,730	0,290	0,154	0,136	270	197								
V	$R\ \frac{1}{2}$	0,607	0,452	0,745	0,290	0,161	0,129	270	201	3720	0,63	2340	0,882		2650	0,860	3080
	$L\ \frac{1}{2}$	0,607	0,461	0,760	0,290	0,167	0,123	270	205								
VI	$R\ \frac{1}{2}$	0,607	0,468	0,770	0,290	0,172	0,118	270	208	3720	0,615	2290	0,875		2620	0,850	3080
	$L\ \frac{1}{2}$	0,607	0,476	0,785	0,290	0,178	0,112	270	212								
VII	$R\ \frac{1}{2}$	0,607	0,483	0,795	0,290	0,183	0,107	270	215	3720	0,60	2230	0,860		2600	0,835	3100
	$L\ \frac{1}{2}$	0,607	0,489	0,805	0,290	0,188	0,102	270	218								
VIII	$R\ \frac{1}{2}$	0,607	0,491	0,810	0,290	0,190	0,100	270	219	3720	0,59	2200	0,850		2580	0,825	3130
	$L\ \frac{1}{2}$	0,607	0,495	0,815	0,290	0,193	0,097	270	220								
IX	$R\ \frac{1}{2}$	0,607	0,498	0,820	0,290	0,195	0,095	270	221	3720	0,573	2130	0,845		2520	0,82	3070
	$L\ \frac{1}{2}$	0,607	0,501	0,825	0,290	0,198	0,092	270	223	$\Sigma\,h_{ad\,\mathrm{Stufe}} = 18\,200$ m							
X	$R\ \frac{1}{2}$	0,607	0,501	0,825	0,290	0,198	0,092	←							Nachleitrad am		
	$L\ \frac{1}{2}$																

Innerer adiabatischer Wirkungsgrad des Verdichters: $\eta_{i_{ad}} = \dfrac{17\,500}{204 \cdot 102{,}3} = 0{,}84\ [-]$

[1] bezogen auf $u_a = 270$ m/s.

Tabelle 18. *(Fortsetzung)*

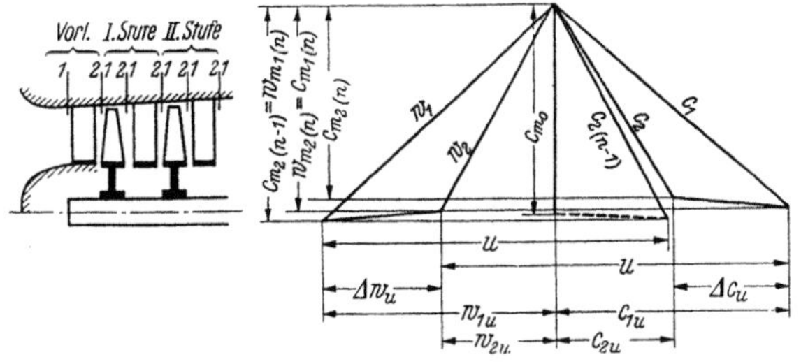

Spitze			Nabe			D_m	u_m	Mitte			T_tot	T_stat	t_stat	v_stat	$\dot V$	c_m	p_stat	p_tot
Δw_{u_a}	w_{1u_a}	w_{2u_a}	Δw_{u_i}	w_{1u_i}	w_{2u_i}			Δw_{u_m}	w_{1u_m}	w_{2u_m}								
m/s	m/s	m/s	m/s	m/s	m/s	m	m/s	m/s	m/s	m/s	°K	°K	°C	m³/kg	m³/s	m/s	kg/cm²	kg/cm²
$\dfrac{g\cdot h_\text{rech.}}{u_a}$	$\dfrac{u_a+\Delta w_{u_a}}{2}$	$\dfrac{u_a-\Delta w_{u_a}}{2}$	$\dfrac{g\cdot h_\text{rech.}}{u_i}$	$\dfrac{u_i+\Delta u_i}{2}$	$\dfrac{u_i-\Delta w_{u_i}}{2}$	$\dfrac{D_i+D_a}{2}$	$\dfrac{u_i+u_a}{2}$	$\dfrac{g\cdot h_\text{rech.}}{u_m}$	$\dfrac{u_m+\Delta w_{u_m}}{2}$	$\dfrac{u_m-\Delta w_{u_m}}{2}$					$\dot G\cdot v$	$\dfrac{\dot V}{F_G}$		
						0,468	131				255	246	−27	1,78	27,8	135	0,405	0,456
93,5	170	76,5	0	92	92	0,472	132	50	131	81	261	251	−22	1,71	26,7	133	0,43	0,495
						0,472	210				261	251	−22	1,71	26,7	133	0,43	0,495
83	176,5	93,5	148	149	1	0,483	215	105	159	54	282	261	−12	1,57	24,5	130	0,486	(0,64)[2]
						0,494	220				282	272,5	− 0,5	1,43	22,4	128	0,558	0,63
99	184,5	85,5	157	165	8	0,503	224	124	173	49	306,5	284	+11	1,31	20,4	123	0,635	(0,83)
						0,511	228				306,5	298	+25	1,175	18,35	119	0,743	0,82
109	189,5	80,5	156	172,5	16,5	0,521	232	128	179	51	332,5	309,5	36,5	1,085	16,9	118	0,835	(1,075)
						0,525	234				332,5	324,5	51,5	0,993	15,5	114	0,95	1,048
112	191	79	152	175,5	23,5	0,530	236	129	182	53	358,5	336,5	63,5	0,900	14,05	110	1,095	(1,35)
						0,534	238				358,5	351,5	78,5	0,847	13,2	108	1,215	1,320
112	191	79	149	177,5	28,5	0,538	240	129	184	55	384	362	89	0,786	12,3	104	1,348	(1,66)
						0,542	241				384	377	104	0,723	11,3	101	1,53	1,63
113	191,5	78,5	145	179,5	34,5	0,545	242	128	184,5	56,5	409,5	387,5	114,5	0,687	10,7	100	1,65	(2,01)
						0,548	244				409,5	403	130	0,63	9,85	97	1,875	1,98
114	192	78	143	181	38	0,549	244	128	186	58	434,5	413,5	140,5	0,596	9,3	93	2,03	(2,415)
						0,551	245				434,5	429	156	0,555	8,7	89	2,26	2,37
112	191	79	139	180	41	0,553	246	125	185,5	60,5	459	438,5	165,5	0,525	8,2	87	2,44	(2,865)
						0,554	246				459	453,5	180,5	0,495	7,7	84	2,68	2,8
Kompressoraustritt ⟶						0,554					459	455,5	182,5	0,497	7,75	84	2,685	2,76

$$\Delta T_\text{tot} = 204 \qquad\qquad \Pi = 6{,}0$$

[2] Die eingeklammerten Werte sind dem *i-s*-Diagramm entnommen.

Tabelle 19. *Berechnung der Schaufelprofile*

Lfd. Nr.	Bestimmung	Bemerkungen	Dimension	Stufe I (Vorsatzläufer)			Stufe II (Laufrad)			Stufe IX (Laufrad)		
				Außenschnitt	Mittelschnitt	Nabenschnitt	Nabenschnitt	Mittelschnitt	Außenschnitt	Nabenschnitt	Mittelschnitt	Außenschnitt
1	D	Entwurf	mm	607	470	332,5	348	477,5	607	496,5	552	607
2	Δw_u	Geschwindigkeitsplan	m/s	93,5	50	—	148	105	83	139	125	112
3	w_∞	Geschwindigkeitsplan	m/s	182	170	—	151	168	188	141	151	160
4	$c_\Gamma \dfrac{l}{t} = \dfrac{2\Delta w_u}{w_\infty}$		—	1,03	0,59	—	1,96	1,25	0,883	1,97	1,66	1,40
5	c_Γ	geschätzt	—	1,23	0,57	—	1,20	1,10	1,00	1,10	1,00	0,91
6	t/l	$\dfrac{c_\Gamma}{c_\Gamma \cdot l/t}$	—	1,19	0,97	0,675	0,61	0,88	1,135	0,56	0,60	0,65
7	$p_{1\text{stat}}$	Entwurf	kg/cm²		0,405			0,430			2,26	
8	$T_{1\text{stat}}$	Entwurf	°K		246			251			429	
9	$\bar{\nu}$	$1,8 \cdot 10^{-6}\,\dfrac{T_{1\text{stat}}^2}{p_{1\text{stat}}}$	m²/s		$26,9 \cdot 10^{-6}$			$26,4 \cdot 10^{-6}$			$14,65 \cdot 10^{-6}$	
10	Re[1]	angenommen	—	350000	310000	316000	450000	470000	520000	440000	490000	525000
11	l	$\dfrac{Re \cdot \bar{\nu}}{w_\infty}$	mm	51,5	49	50	78	74	73	45,6	47,5	48
12	t	$\dfrac{t}{l} \cdot l$	mm	61,5	47,6	33,8	47,5	65,2	83	25,6	28,4	31,3
13	z	$\dfrac{\pi \cdot D}{t}$	—		31			23			61	
14	τ_1	Geschwindigkeitsplan	°	51,5	44,2	34,3	48,2	50	53	63,6	64,4	65
15	τ_2	Geschwindigkeitsplan	°	30	31,4	34,3	0,4	22,6	35,8	25,2	35,2	47,8
16	τ_m	$\dfrac{\tau_1 + \tau_2}{2}$	°	40,8	37,8	34,3	24,3	36,2	44,4	44,4	49,8	56,4
17	ϑ_∞	$\tau_1 - \tau_2$	°	21,5	12,8	0	47,8	27,4	17,2	38,4	29,2	17,2
18	f	REYNOLDSzahlkorrektur Abb. 302	—	1	1	1	1,03	1,03	1,04	1,03	1,035	1,04

[1] Relativ große *Re*-Zahlen wurden gewählt, um den infolge von MACHzahleinflüssen zu erwartenden Wirkungsgradabfall etwas auszugleichen.

Tabelle 19. (*Fortsetzung*)

Lfd. Nr.	Bestimmung	Bemerkungen	Dimension	Stufe I (Vorsatzläufer) Außenschnitt	Stufe I Mittelschnitt	Stufe I Mittelschnitt	Stufe I Nabenschnitt	Stufe II (Laufrad) Nabenschnitt	Stufe II Nabenschnitt	Stufe II Mittelschnitt	Stufe II Mittelschnitt	Stufe II Außenschnitt	Stufe IX (Laufrad) Nabenschnitt	Stufe IX Nabenschnitt	Stufe IX Mittelschnitt	Stufe IX Außenschnitt
19	$\vartheta_{\infty\,\text{notwendig}}$	ϑ_∞/f	°	21,5	12,8			46,5		26,6		16,5	37,3		28,2	16,5
20	$\vartheta_{\infty\,\text{rech.}}$	Abschätzung des MACHzahl-Einflusses $\vartheta_{\infty\,\text{rechn.}} \geqq \vartheta_{\infty\,\text{notwendig}}$	°	22,5	15	18,5		65	56	30	28	18,5	43	38	28,2	16,5
21	$\vartheta_{\infty\,\text{rechn.}}/\vartheta_\infty^*$	gewählt	—	1	1	1		1,15	1,10	1	1,10	1	1	0,95	0,95	0,95²
22	ϑ_∞^*	$\vartheta_{\infty\,\text{rechn.}}\cdot\dfrac{\vartheta_\infty^*}{\vartheta_{\text{rechn.}}}$	°	22,5	15	18,5		56,5	51	30	25,5	18,5	43	40	30,8	17,4
23	$\dfrac{\tau_1-\tau_1^*}{\vartheta_\infty^*}=\dfrac{\alpha_1-\alpha_1^*}{\vartheta_\infty^*}$	mit ㉑ aus Abb. 299	—	0	0	0		0,2	0,13	0	0,13	0	0	−0,05	−0,05	−,005
24	$\tau_1-\tau_1^*$	㉓ · ϑ_∞^*	°	0	0	0		11,3	6,6	0	3,3	0	0	−2	−1,5	−0,9
25	τ_1^*	⑭ − ㉔	°	51,5	44,2	44,2		36,9	41,6	50	46,7	53	63,6	65,6	65,9	65,9
26	τ_m^*	$\tau_1^* - \dfrac{\vartheta_\infty^*}{2}$	°	40,2	36,7	35		8,6	16,1	35	33,9	43,7	42,1	45,6	50,5	57,2
27	μ	Abb. 293	—	0,48	0,55	0,55		0,72	0,72	0,59	0,59	0,47	0,72	0,715	0,68	0,635
28	Δv_s	Abb. 282³	°	−1	−2	−2	−3,3	−1,2	−2,2	−2,3	−2,2	−1,2	−4,5	−4,6	−4,4	−4
29	γ_m	$\tau_m^* + \Delta v_s$	°	39,2	34,7	33	31	7,4	13,9	32,7	31,7	42,5	37,6	41	46,1	53,2
30	l_{axial}	⑪ · $\cos\gamma_m$	mm	40	40,3	41	42,8	77	75,5	62,3	63	53,8	36,2	34,4	32,9	28,8
31	ϑ	ϑ_∞^*/μ	°	47	27,2	33,6	—	78,5	71	51	43,3	39,4	60	56	45,3	27,4
32	R	$\dfrac{l/2}{\sin(\vartheta/2)}$	mm	64	104	85	∞	62	67	86	100,5	108	45,6	48,6	62	102
33	$\cos\tau_1$	—	—	0,622	0,715	0,715	0,825	0,665	0,665	0,642	0,642	0,601	0,445	0,445	0,431	0,422
34	$F_{\min}$	nach Schaufelentwurf	mm	42,5	33,5	33,5	23,5	33,5	32,8	43	45,3	54	12,5	11,5	13	14
35	$t/F_{\min}$	—	—	1,45	1,42	1,42	1,44	1,42	1,45	1,52	1,44	1,54	2,04	2,22	2,18	2,23

[2] Durch negative Anströmung der letzten Stufe im Rechnungspunkt wird die Pumpgrenze des Kompressors bei Auslegungsdrehzahl etwas zu höheren Druckverhältnissen hin verschoben.

[3] Nach neueren Untersuchungen empfiehlt sich für die Ermittlung von Δv_s statt Abb. 282 die Ergebnisse von RAABE Abb. 295 zu benützen.

Tabelle 19. *(Fortsetzung)*

Lfd. Nr.	Bestimmung	Bemerkungen	Dimension	Stufe I (Vorsatzläufer)				Stufe II (Laufrad)					Stufe IX (Laufrad)			
				Außenschnitt	Mittelschnitt		Nabenschnitt	Nabenschnitt		Mittelschnitt		Außenschnitt	Nabenschnitt		Mittelschnitt	Außenschnitt
36	F_{min}/F_1	$\dfrac{1}{\cos\tau_1 \cdot t/F_{min}}$	—	1,11	0,985	0,985	0,84	1,06	1,04	1,025	1,08	1,08	1,10	1,01	1,06	1,06
37	M_{kr}	Abb. 147	—	0,63	0,40	0,40	—	0,55	0,52	0,49	0,585	0,585	0,62	0,455	0,555	0,555
38	M_{max}	Abb. 147	—	0,855	0,72	0,72	0,54	0,81	0,79	0,77	0,83	0,83	0,845	0,75	0,81	0,81
39	w_1	Geschwindigkeitsplan	m/s	217	188	188	163	199	199	207	207	221	198	198	206	210
40	w_{s_1}	$20,1\sqrt{T_{1stat}}$	m/s		316					318					416	
41	M	w_1/w_{s_1}	—	0,685	0,595	0,595	0,515	0,625	0,625	0,65	0,65	0,695	0,475	0,475	0,495	0,505
42	$\dfrac{M-M_{kr}}{M_{max}-M_{kr}}$	—	—	0,245	0,61	0,61	—	0,29	0,39	0,57	0,265	0,45	$M<M_{kr}$	0,085	$M<M_{kr}$	$M<M_{kr}$
43	$\dfrac{\tan\tau_1-\tan\tau_2}{(\tan\tau_1-\tan\tau_2)_{kr}}$	Abb. 303		0,96	0,68	0,68	—	0,93	0,80	0,82	0,95	0,89	1	0,99	1	1
44	$\vartheta_{\infty\,horr.}$[4]	(43) $\cdot \vartheta_{\infty\,rech.}$	°	21,5	10,2	12,6	—	60,5	46	24,5	26,6	16,5	43	37,6	28,2	16,5
45	c_{wP}	Abb. 299	—			0,015				0,016					0,016	
46	$\dfrac{\Delta p_{verl.}}{\varrho/2\cdot w_1^2}$	$\approx c_{wP}\cdot\dfrac{l}{t}$	—			0,0155				0,0182					0,0266	
47	$\dfrac{\Delta p_{th}}{\varrho/2\cdot w_1^2}$	$1-\left(\dfrac{\cos\tau_1}{\cos\tau_2}\right)^2$	—			0,30				0,483					0,473	
48	$\eta_{P_{kr}}$	$1-$ (46)/(47)	—			0,95				0,967					0,944	
49	$\eta_P/\eta_{P_{kr}}$[5]	Abb. 304	—			0,85				0,98					1	
50	$\eta_{P_{korr.}}$	(48) $\cdot$ (49)	—			0,81				0,95					0,94	

[4] Für die Berechnung von $\vartheta_{\infty\,korr.}$ wird die Annahme gemacht $\dfrac{\tan\tau_1-\tan\tau_2}{(\tan\tau_1-\tan\tau_2)_{kr}}\approx\dfrac{\vartheta_\infty}{\vartheta_{\infty\,kr}}$.

[5] η_P = Profilwirkungsgrad.

der ersten Stufe (Vorsatzläufer), der zweiten und neunten Stufe. Die abgewickelten Profilgitter dieser drei Stufen sind in Abb. 339 dargestellt.

Abb. 340 zeigt schematisch einen Längsschnitt durch den berechneten neunstufigen Hochleistungs-Axialkompressor mit Vorsatzläufer.

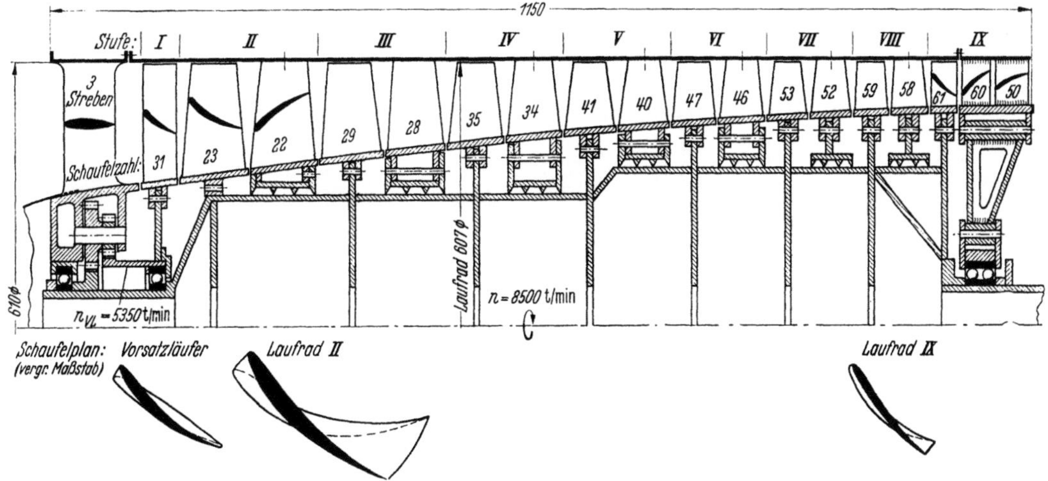

Abb. 340. Hochleistungskompressor mit Vorsatzläufer (Rechnungsbeispiel)

E. Der Radialkompressor

I. Einleitung

Der Radialkompressor gehört, wie der Axialverdichter, zu derjenigen Gattung von Strömungsmaschinen, die den Druck mittels Kräften erzeugen, die von umlaufenden Schaufeln auf das Fördermedium ausgeübt werden. Bezüglich der spezifischen Drehzahlen grenzt das Gebiet des Radialverdichters unmittelbar an dasjenige des Axialkompressors und liegt zwischen $\mathfrak{R}_n = 0,1$ und 0,5. Mit der radial wirkenden Turboarbeitsmaschine lassen sich also im Vergleich zum Axialverdichter größere Stufendruckverhältnisse bei kleinerem Durchflußvolumen verwirklichen.

Abb. 341 zeigt die Kühlung eines voll gekapselten Elektromotors mit Hilfe von zwei einstufigen, radial durchströmten Gebläsen. Durch ein im Innern des Gehäuses auf der Motorwelle montiertes Radialgebläse wird ein Luftstrom erzeugt, der die im E-Motor oder Generator erzeugte Wärme abführt. Im inneren Luftkreislauf sind nun eine große Zahl von Röhrchen eingebaut, durch die mittels eines außerhalb des Gehäuses, ebenfalls mit Motordrehzahl umlaufenden zweiten Radialgebläses ein Kühlluftstrom durchgedrückt wird; es handelt sich hierbei also um einen Luft-Luft-Wärmetauscher. Durch derartige Kühlungsmaßnahmen ist es gelungen, die Grenzleistung

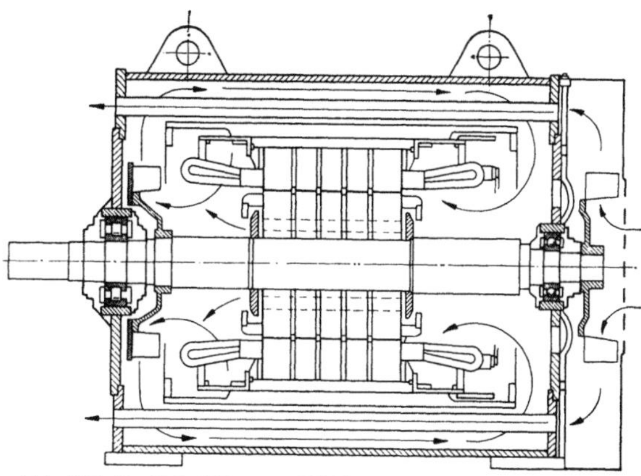

Abb. 341. Radialgebläse zur Kühlung eines gekapselten Drehstrommotors

vierpoliger geschlossener Motoren von einigen 100 kW auf über 1000 kW zu steigern. Bei Heißgas-Gebläsen, Abb. 342, wird vielfach für eine betriebssichere Lagerkühlung ein Kühlluftstrom durch ein kleines radial durchströmtes Gebläse erzeugt, der durch die Blechummantelung der Lager angesaugt wird und dort zunächst die äußeren Lagerflächen kühlt. Die Kühlluft wird dann durch radiale Bohrungen der Hohlwelle angesaugt, kühlt auf diese Weise die inneren Lagerflächen und strömt durch ebenfalls radiale Bohrungen zum Lufteintritt des Kühlgebläses.

Bei dem einstufigen Gebläse nach Abb. 343 ist der mit rückwärts gekrümmten Schaufeln ausgerüstete Rotor fliegend angeordnet. Der Antrieb erfolgt ohne Zwischengetriebe durch einen Elektromotor. Radialgebläse werden zur Förderung reiner oder staubhaltiger Luft, von Gasen,

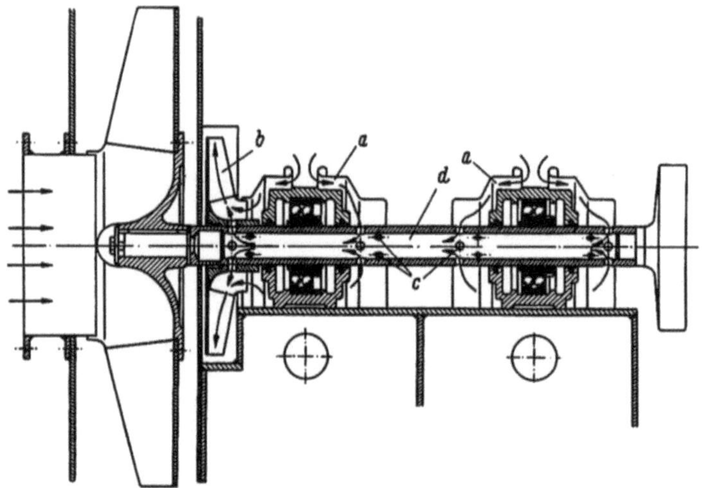

Abb. 342. Radialgebläse zur Kühlung der Lager von Heißgasgebläsen
a Gehäuseverkleidung,   *b* radiales Kühlgebläse,   *c* Bohrungen,   *d* Hohlwelle

für Windversorgung von Hochöfen, von Kupol- und Schmelzöfen, Glüh-, Härte- und Röstöfen verwendet. In Abb. 344 ist ein Hochofengebläse wiedergegeben, bei dem durch Dralldrosselregelung die jeweilige Anpassung an die Soll-Leistungen erfolgt.

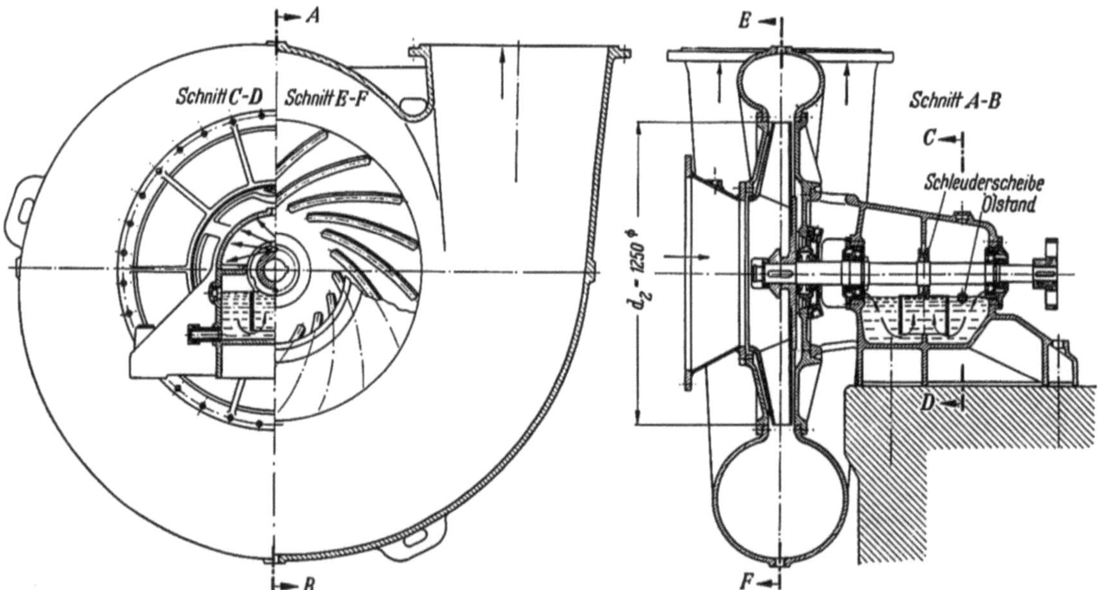

Abb. 343. Einstufiges Radialgebläse mit Spiralgehäuse (Bauart Kühnle, Kopp & Kausch AG, Frankenthal)
$V = 70\,000\ \text{m}^3/\text{h};\ p_2/p_1 = 1,25;\ n = 2980\ \text{U/min}$

In pneumatischen Förderanlagen für Getreide, Malz, Zuckerrübenschnitzel, Häcksel, Holzspäne, Baumwolle usw., in Trocknungs- und Saugzuganlagen für Staub- und Ölfeuerungen werden ebenfalls Radialgebläse mit Vorteil benützt. Bei Gebläsen zur Förderung aggressiver Gase werden die gasberührten Teile aus Spezialwerkstoffen hergestellt; so ist z. B. bei dem einstufigen Radialgebläse (Abb. 345) zur Förderung von Stick-Oxyd Gehäuse und Rotor aus V 2 A-Blech hergestellt, ersteres geschweißt, der Läufer genietet. Bei Gebläsen, die der Förderung

verunreinigter Gase dienen, werden zur Reinigung von Rotor und Spirale Öffnungen und Ablaß-
stutzen im Gehäuse angeordnet, um die die Leistungsfähigkeit der Gebläse vermindernden Ab-

Abb. 344. Hochofengebläse (Bauart DEMAG, Duisburg)
$\dot{V} = 2{,}5$ m³/s; Druckverhältnis $p_2/p_1 = 2{,}2 : 1$ $D_2 = 382$ mm; $n = 16\,735$ U/min

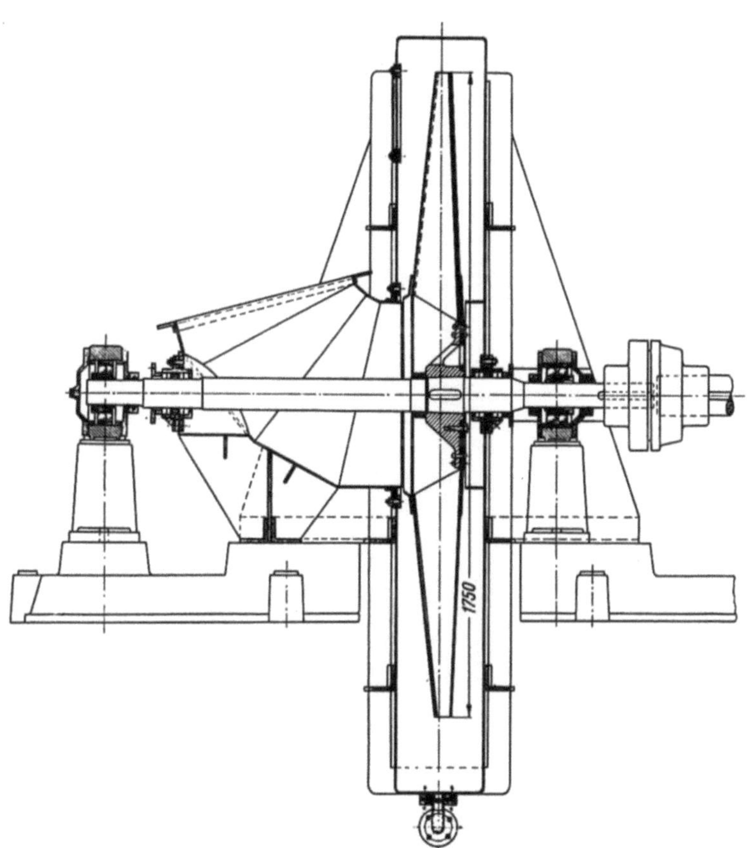

Abb. 345. Einstufiges Radialgebläse für Stickoxyd (Bauart Schiele, Eschborn)
$V_1 = 27\,000$ m³/h; Druckerhöhung $\Delta p_{tot} = 1500$ mm WS; $n = 1450$ U/min; Antriebsleistung $N = 210$ PS

lagerungen im Bedarfsfall entfernen zu können. Durch Einspritzen von Wasser können staub-
artige Ablagerungen weggespült werden, zum Lösen harzartiger Rückstände bei teerhaltigen
Gasen, z. B. Kokereigas, hat sich Waschöl bewährt. Das zum Absaugen von 150 °C heißen, stark

verunreinigten Verbrennungsgasen gebaute Gebläse (Abb. 346) ist wegen seiner großen Fördermengen zweiflutig ausgeführt; die Spirale ist aus einzelnen Segmenten zusammengeschweißt.

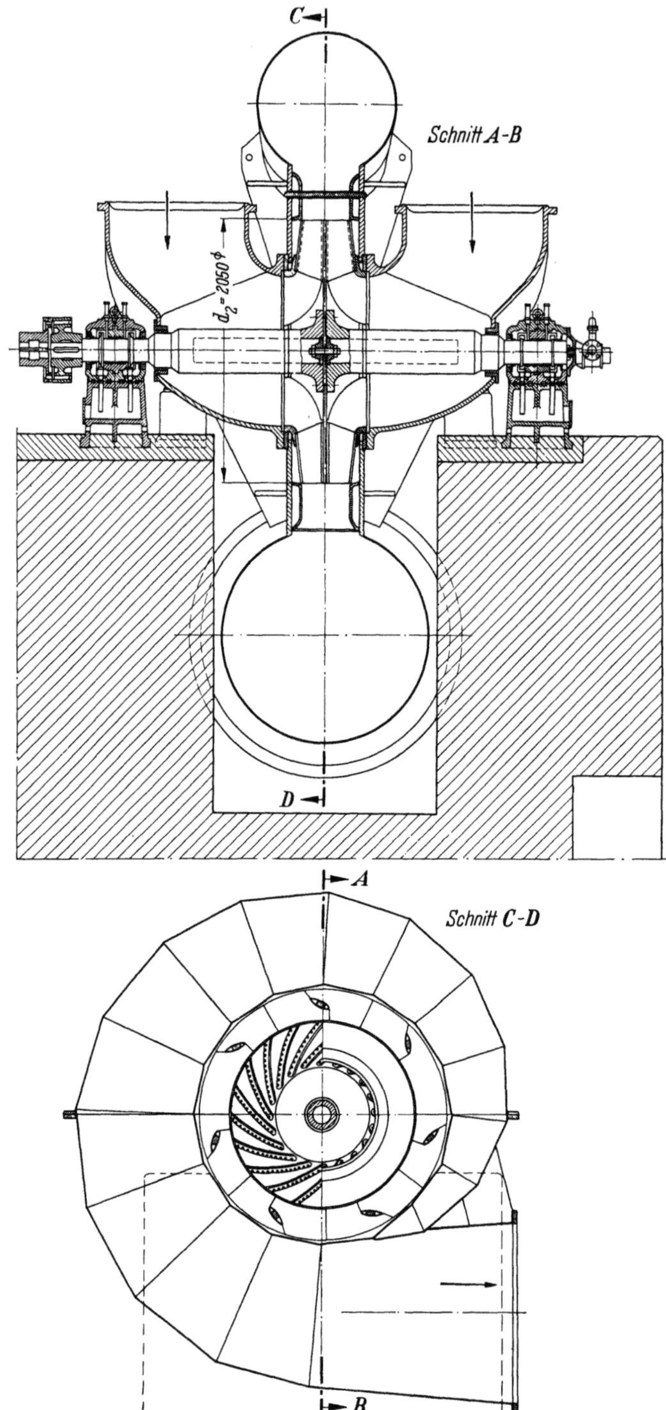

Abb. 346. Zweiflutiges Gebläse zur Förderung verunreinigter Gase (Bauart Kühnle, Kopp & Kausch AG, Frankenthal)
$V_1 = 360\,000$ m³/h bei $t_1 = 150°$ C; Förderhöhe 1200 m Gassäule; Drehzahl $n = 1480$ U/min

Abb. 347 zeigt einen einstufigen Radialverdichter mit Druckverhältnissen bis 2. Derartige Maschinen dienen zum Verdichten von Kokerei-, Synthese-, Kalkofen-, Gichtgasen usw. und werden für Liefermengen von 400 bis 40 000 m³/h gebaut. Radialverdichter und Übersetzungsgetriebe stellen eine Einheit dar, Schmierölpumpe und Ölkühlung sind im Getriebegehäuse

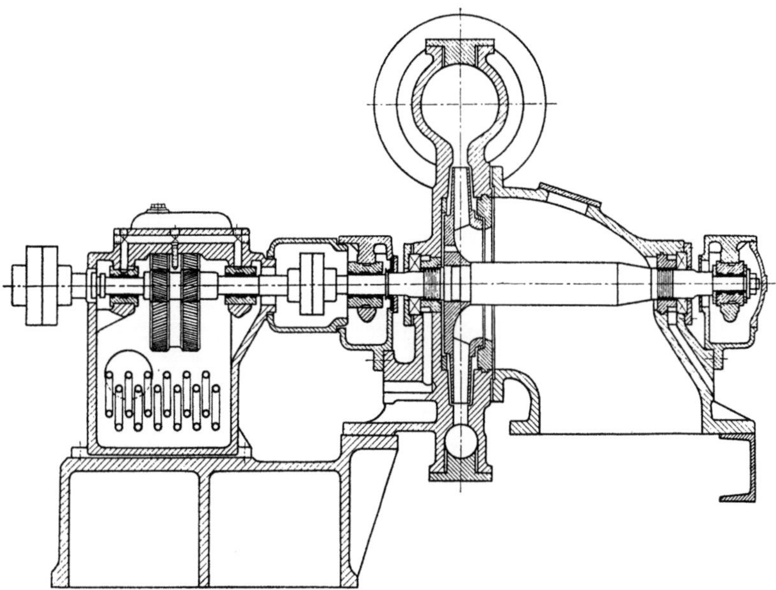

Abb.347. Radialgebläse zur Verdichtung von Gasen (Bauart DEMAG)

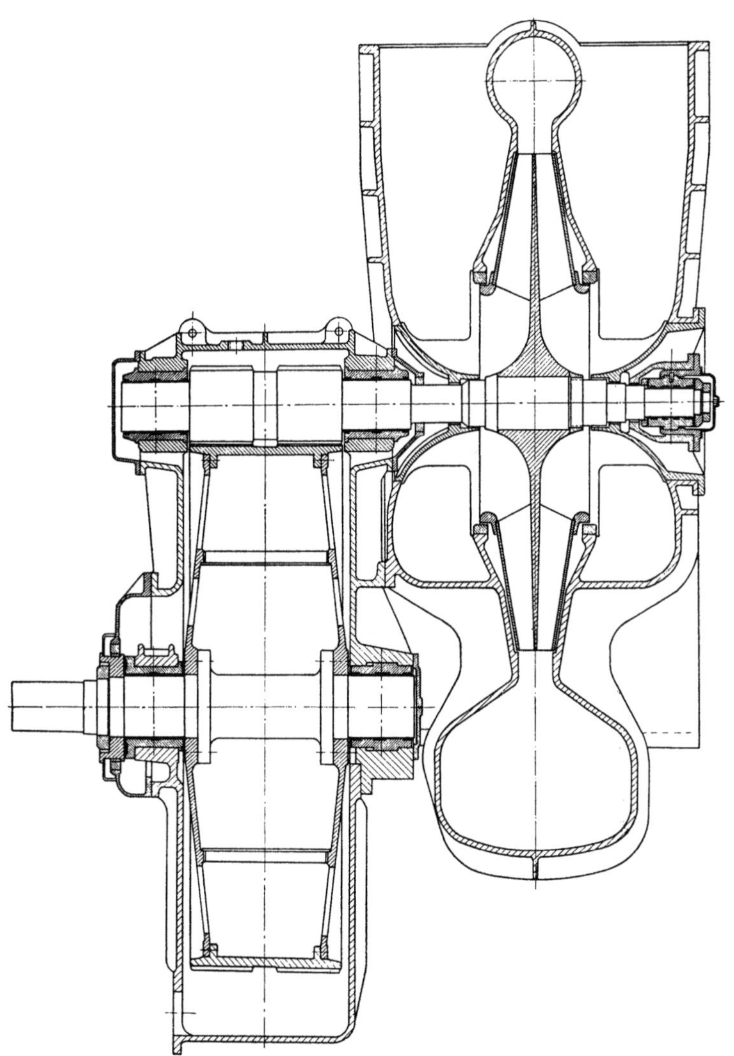

Abb. 348. Zweiflutiges Spülluftgebläse für einen Schiffsdieselmotor (Bauart Gutehoffnungshütte A G, Sterkrade)
$V = 150\,000\ \mathrm{m^3/h}$

eingebaut; der Antrieb erfolgt durch einen Elektromotor. Aus Abdichtungsgründen ist die Welle beiderseits des Laufrades gelagert, wobei die Abdichtung durch Kohlestopfbüchsen erfolgt.

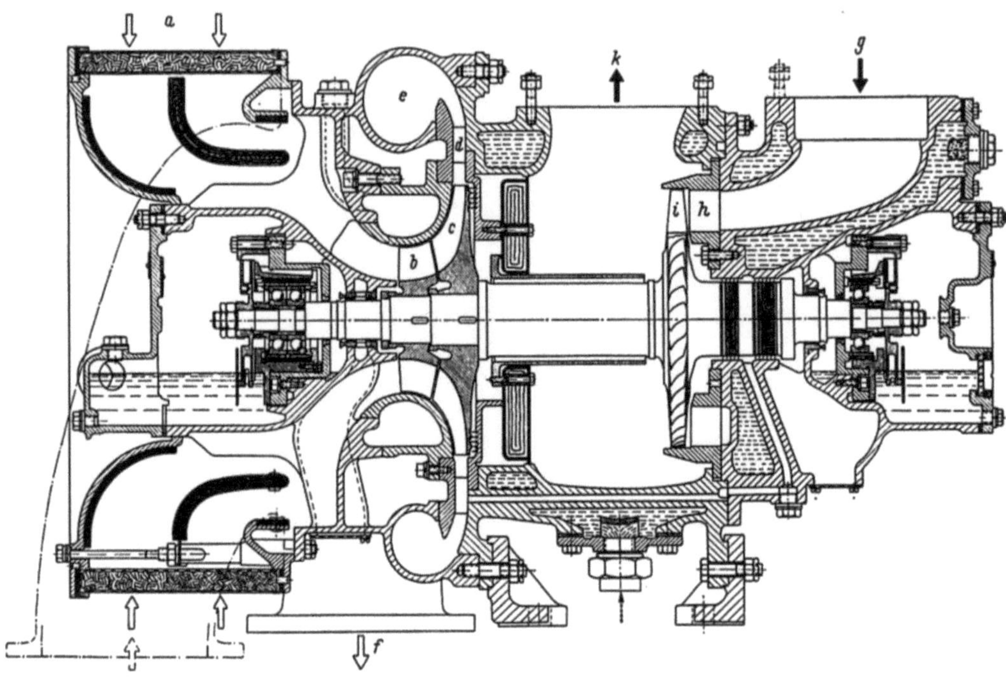

Abb. 349. Abgasturbolader für Dieselmotoren (Bauart Brown Boveri & Cie, Mannheim)
a Lufteintritt, *b* Vorsatzläufer, *c* Radialverdichter, *d* Leitschaufeln, *e* Spirale, *f* Luftaustritt, *g* Gaseintritt, *h* Turbinenleitapparat, *i* Turbinenlaufrad, *k* Gasaustritt

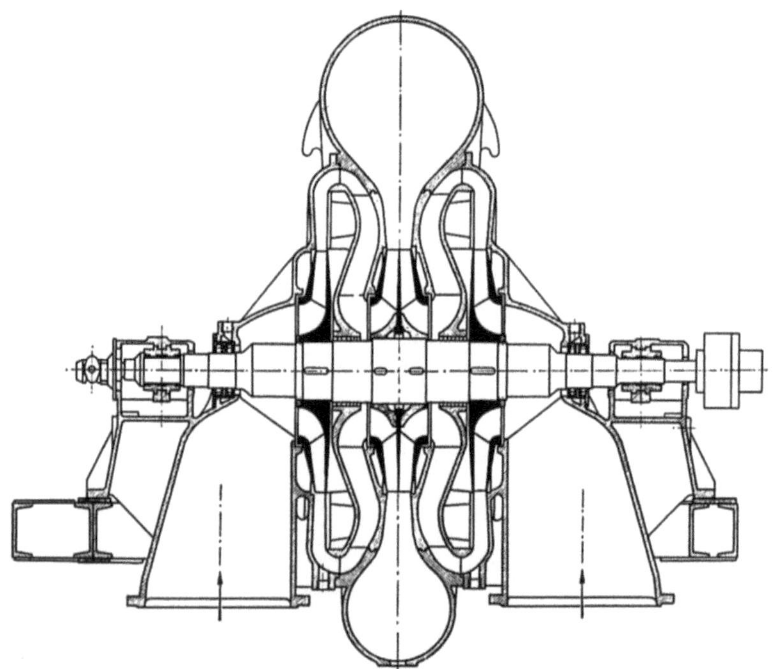

Abb. 350. Zweistufiges, doppeltsaugendes Radialgebläse (Bauart Kühnle, Kopp & Kausch AG, Frankenthal)
$V_1 = 85\,000$ m³/h; Förderhöhe 2900 m Gassäule

Sehr hochentwickelt sind Radialverdichter in ein- und mehrstufiger, in ein- und zweiflutiger Ausführung als Lade- und Spüleinrichtungen für Verbrennungsmotoren. Bei Spülgebläsen liegen die Druckverhältnisse in der Größenordnung von 1,2 bis 1,5, bei Aufladeeinrichtungen von

Viertaktmotoren bis etwa 4. Die erforderlichen Luftmengen richten sich nach der jeweiligen Motorgröße (vgl. Kap. A, VI). Abb. 348 zeigt ein doppelflutiges, einstufiges Spülluftgebläse mit gemeinsamer Spirale und Übersetzungsgetriebe für einen Schiffsdieselmotor großer Leistung, wobei der Getriebekasten mit dem Silumin-Gehäuse des Gebläses zusammengebaut ist. Das Gebläsegehäuse ist durch Rippen zum Vermeiden von Schwingungen der Seitenwände versteift. Bei dem Radialgebläse mit getrenntem Vorsatzläufer, Abb. 349, zur Aufladung von Dieselmotoren erfolgt der Antrieb durch eine Abgasturbine.

Abb. 351. Dreistufiger Radialverdichter mit Dralldrossel-Regelung (Bauart DEMAG, Duisburg) zur Druckerhöhung in einem Ferngasnetz
$V = 45000$ Nm³/h; $p_1 = 4{,}5$ ata; $p_2 = 10$ ata; $n = 14320$ U/min; $D_{2\,1.\,St.} = 440$ mm; $D_{2\,2.\,St.} = 425$ mm; $D_{2\,3.\,St.} = 405$ mm;
Antriebsleistung $N = 2340$ PS

Die in Kokereien benötigten Gassaugegebläse mit Druckerhöhungen von 2000 bis 3000 mmWS werden in bevorzugter Weise als radial durchströmte Arbeitsmaschinen gebaut. Bei der Ausführung nach Abb. 350 ist das Gassaugegebläse zweistufig und doppelflutig ausgeführt.

Für die Verdichtung von Gasen kleiner spezifischer Gewichte auf höhere Drücke konnte der Radialverdichter nur langsam Eingang finden, da bisher hierzu sehr viele Stufen erforderlich waren und aus diesem Grunde der Kolbenverdichter vielfach preislich günstiger war. Neuerdings setzt sich auch hier der Radialverdichter erfolgreich durch. In Abb. 351 ist ein dreistufiger Radialkompressor mit Dralldrossel-Regelung zur Verdichtung von Ferngas gezeigt. Der Eintrittsdruck beträgt $p_1 = 4{,}5$ ata, der Austrittsdruck $p_2 = 10$ ata. Zur Abdichtung sind Ölstopfbüchsen verwendet. Für Erdölraffinerien und Hydrieranlagen werden Radialkompressoren als Umwälzverdichter mit hohen Eintrittsdrücken gebaut. Bei der in Abb. 352 dargestellten Gruppe zur Verdichtung von einem Gemisch aus Kohlenstoffen mit einer Gaskonstanten von etwa 75, also eines Gases, das etwa $2\frac{1}{2}$ mal leichter ist als Luft, dient eine Dampfturbine als Antrieb. Zu beachten ist die sorgfältige Ausbildung der Stopfbüchsen.

Für die im Stahlwerksbetrieb benötigten Luftmengen werden zwei- und mehrstufige Verdichter ohne Kühlung (Abb. 353) erforderlich. Abb. 354 zeigt die Windzentrale eines großen Stahlwerkes mit mehreren gleichen Radialverdichtern für jeweils 31 m³/s Luftmenge und einem Druckverhältnis von 2,64. Ähnlich aufgebaute Kompressoren finden in der chemischen Industrie, in Glashütten, Gaswerken, Kunstseidenfabriken usw. Verwendung.

Für die Luftverdichtung von Sauerstoff-Erzeugungsanlagen, für die Druckluftversorgung von Außenschachtanlagen, die in großer Entfernung von der Hauptluftzentrale liegen, für die chemische Industrie, für Hütten- und Gaswerke usw. wurde der in Abb. 355 und Abb. 356 dargestellte Vierstufen-Radialkompressor für Druckverhältnisse zwischen 5 und 10, mit Speziallaufrädern bis $\Pi = 15$, und für Ansaugemengen von 9000 bis 50000 m³/h entwickelt.

21*

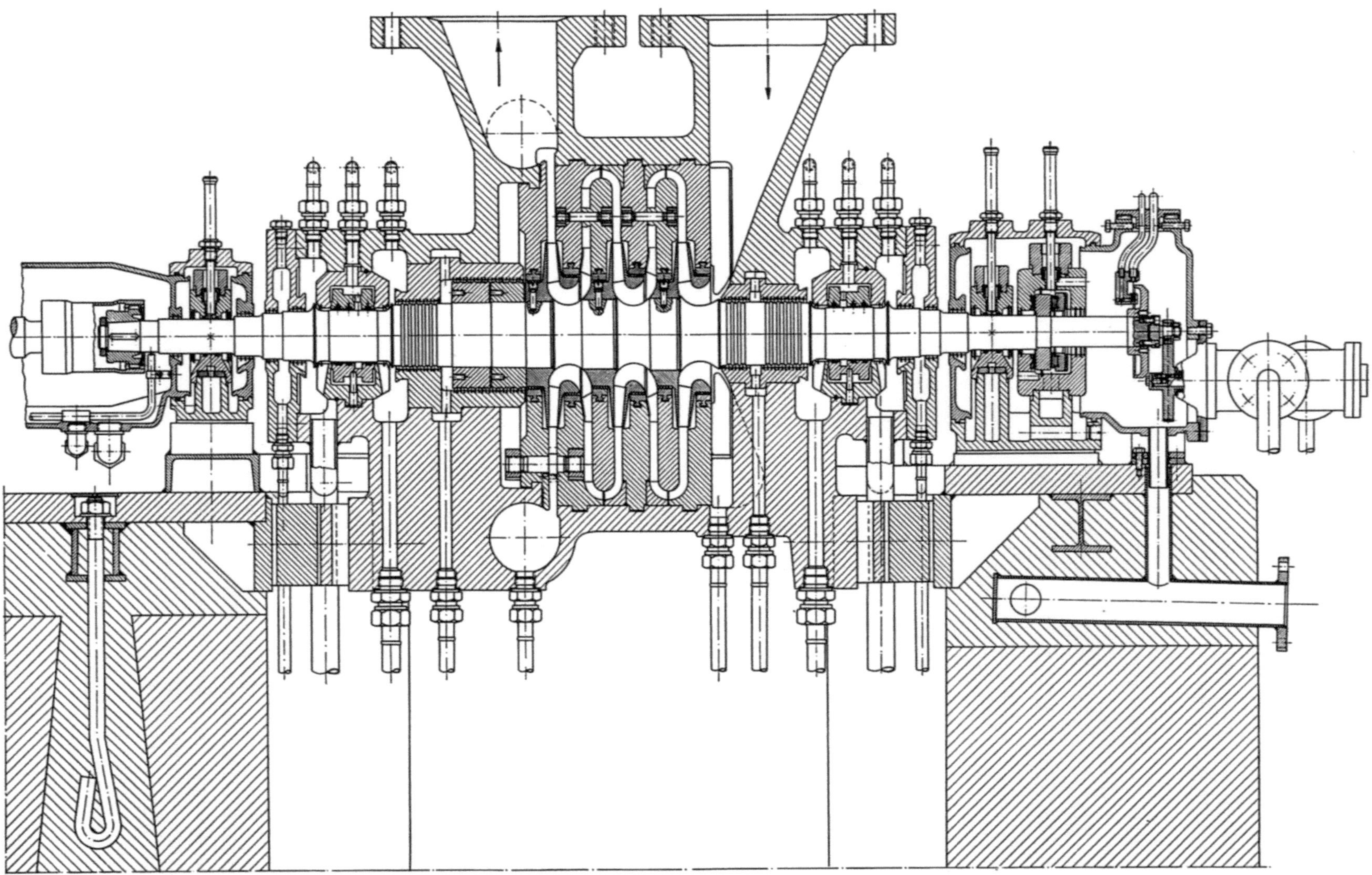

Abb. 352. Dreistufiger Umwälzverdichter (Bauart Escher-Wyss AG, Zürich)
$V_1 = 89000$ Nm³/h bei $t_1 = 38\,°$C; $p_1 = 36$ ata; $p_2 = 45$ ata; $n = 11350$ U/min; Kupplungsleistung $N = 950$ kW

Die zentrale Antriebswelle ist durch eine Zahnkupplung mit dem Antriebsmotor gekuppelt. Das große Zahnrad treibt über zwei Ritzel die beiden Wellen an, auf denen die vier Laufräder fliegend montiert sind. Diese Anordnung hat den Vorteil, daß das Fördermedium ohne Verengung des Eintrittsquerschnittes als Folge einer durchgehenden Welle ungestört den jeweiligen Stufen zuströmen kann. Das zu verdichtende Medium

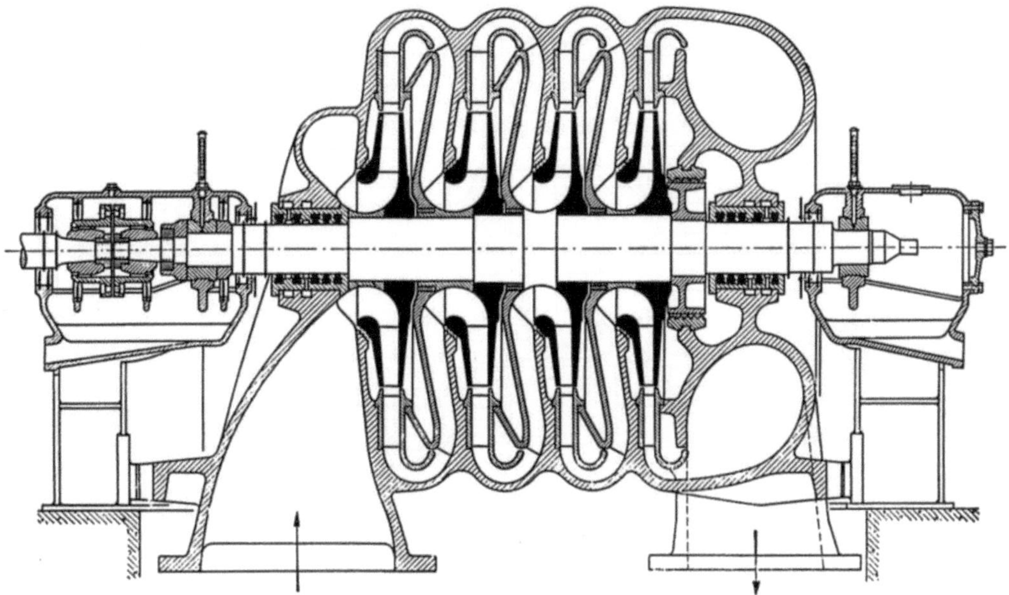

Abb. 353. Vierstufiger Radialkompressor (Bauart Gebr. Sulzer A. G.)

Abb. 354. Windzentrale eines großen Stahlwerkes mit mehreren gleichen Hochofen-Radialverdichtern (Bauart Brown Boveri & Cie.).
Leistung je Verdichter: 1860 m³/min; Druckverhältnis 2,64 : 1 bei $n = 3450$ U/min

strömt von der 1. Verdichterstufe durch einen Zwischenkühler (Abb. 356) zum Laufrad der 2. Stufe auf der gleichen Welle, von hier abermals durch einen Zwischenkühler zur 3. Verdichterstufe, passiert den 3. Zwischenkühler und wird in der 4. Verdichterstufe auf den gewünschten Enddruck komprimiert. Die Rotoren werden aus dem Vollen herausgefräst, die Verdichterspiralen aus Grauguß sind an das Getriebegehäuse angeflanscht. Der Axialschub der in Gleitlagern geführten Räder und Ritzelwellen ist durch die Anordnung der Lauf-

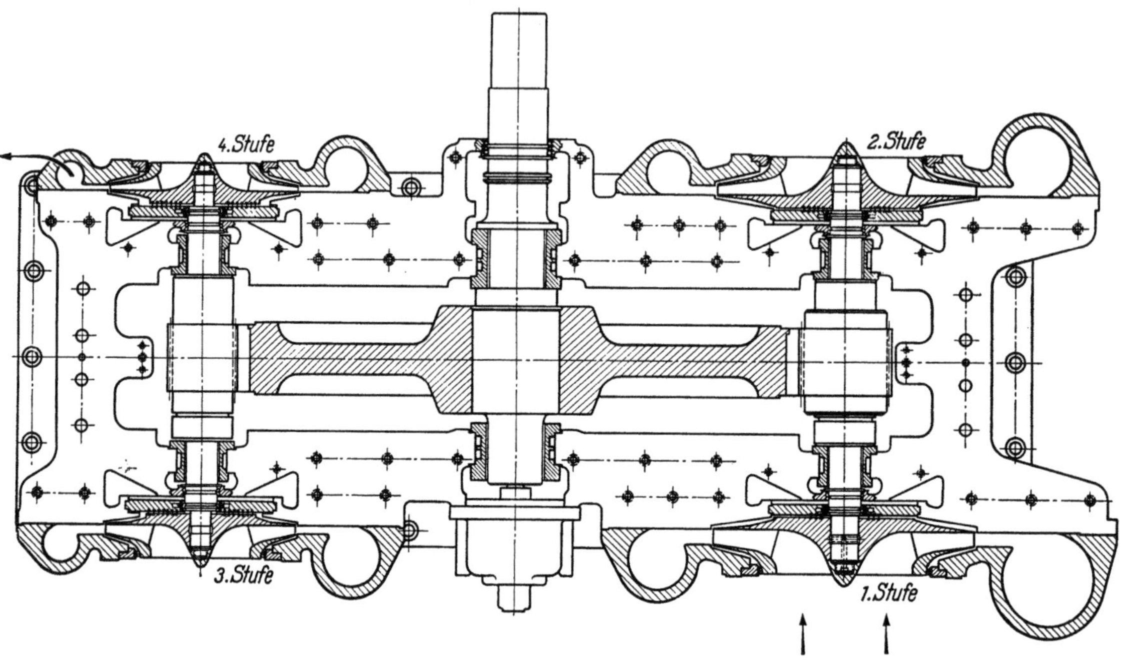

Abb. 355. Grundriß des Vierstufen-Turboverdichters (Bauart DEMAG, Duisburg)

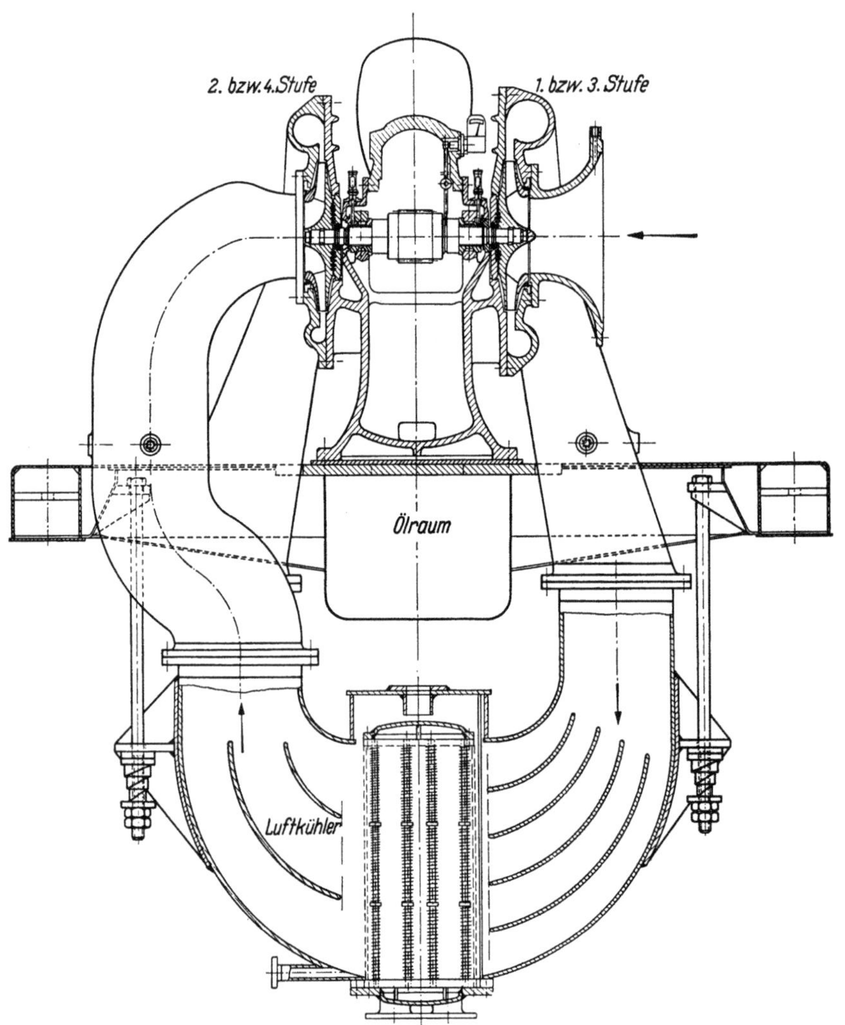

Abb. 356. Aufriß des Vierstufen-Turboverdichters (Bauart DEMAG, Duisburg)

räder weitgehend ausgeglichen, so daß die Drucklager praktisch nur die Aufgabe haben, die Lage der Welle gegenüber dem Gehäuse zu fixieren.

In Gruben und Bergwerken erfolgt aus Sicherheitsgründen der Abbau heute noch vorzugsweise mit Hilfe von Preßluft-Werkzeugen und Preßluftmotoren. Die für den Betrieb von oft sehr

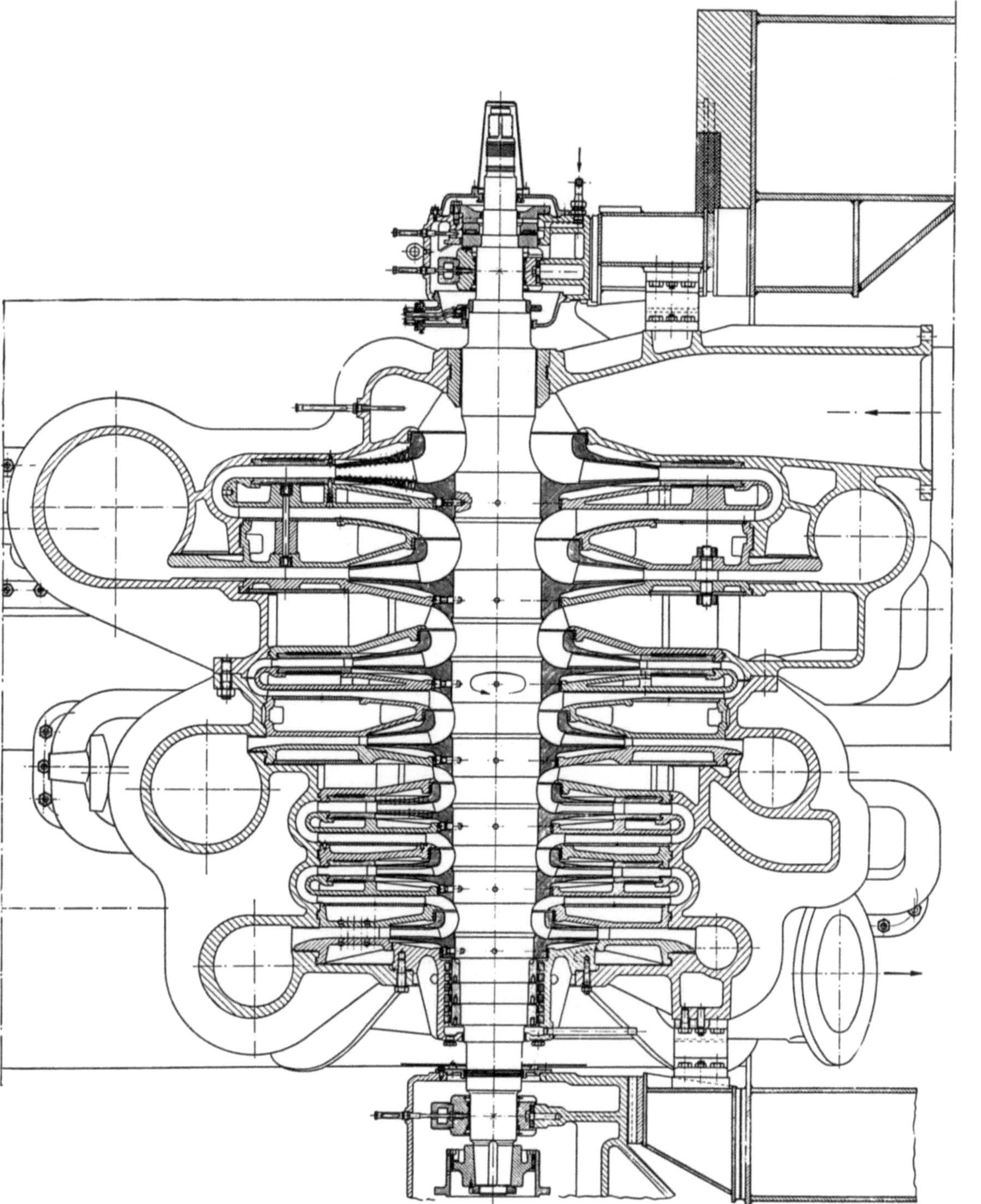

Abb. 357. Siebenstufiger Radialkompressor für die Preßluftversorgung (Bauart Escher-Wyss AG, Zürich)
$V_1 = 80000$ bis 120000 m³/h; Antriebsleistung maximal 10000 kW; Druckverhältnis $\Pi = 6{,}5$ bis 7; Antriebsdrehzahl n veränderlich zwischen 3500 und 4000 U/min

zahlreichen Preßluftgeräten erforderlichen Luftmengen, die sich je nach Größe der Schachtanlagen zwischen 15000 und 120000 m³/h und mehr bewegen, werden von einer Zentrale aus durch Radialkompressoren versorgt. Der Druck dieser Versorgungsnetze beträgt üblicherweise

6 bis 10 Atmosphären. Ähnliche Verhältnisse liegen im Straßenbau, in Maschinenfabriken, in Schiffswerften und in der chemischen Großindustrie vor, wo zur Abwicklung vieler Prozesse Preßluft erforderlich ist. Für alle diese Zwecke werden vorzugsweise vielstufige Radialverdichter

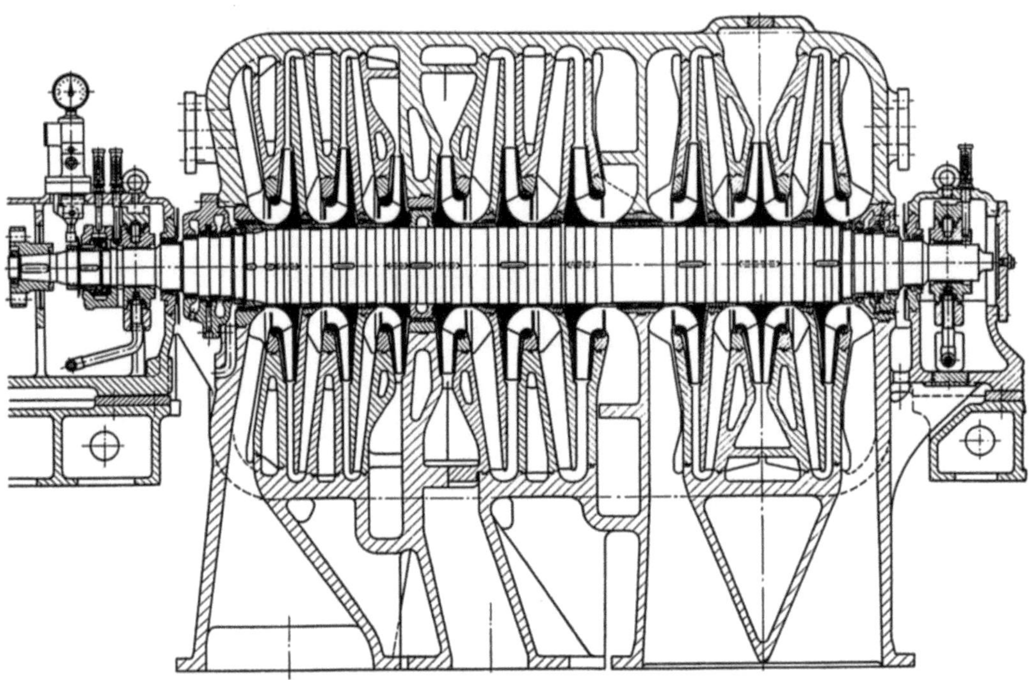

Abb. 358. Niederdruckteil des zweigehäusigen Radialverdichters für Spaltgas (Bauart Gutehoffnungshütte AG, Sterkrade) Fördermenge $V = 36\,000$ m³/h; $p_1 = 1,27$ ata bei einer Ansaugetemperatur von 35 °C; $p_2 = 18$ ata; spezifisches Gewicht des Fördermediums 0,593 kg/Nm³; Drehzahl $n = 7500$ U/min

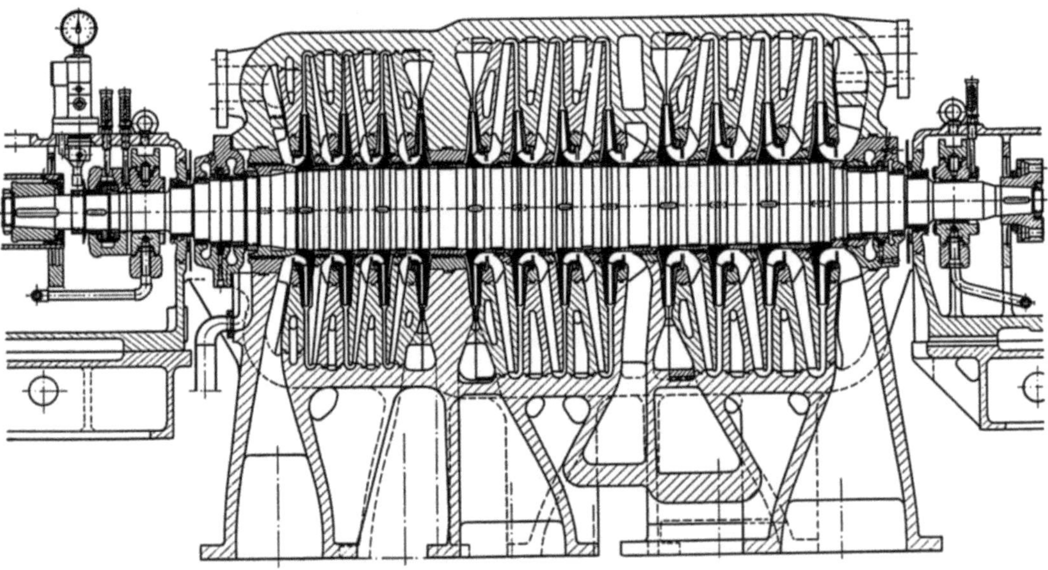

Abb. 359. Hochdruckteil des in Abb. 358 gezeigten Verdichters

mit Außen- oder Innenkühlung verwendet. Abb. 357 zeigt den Längsschnitt eines siebenstufigen Radialverdichters mit zwei Zwischenkühlern für die Preßluftversorgung in einer Kohlengrube, der von einer Dampfturbine über Zahnkupplungen angetrieben wird. Die Leitschaufeln sind eingenietet, wodurch Schwierigkeiten des Verziehens, die beim Einschweißen der Leitschaufeln auftreten können, vermieden wurden. Für noch größere Druckverhältnisse werden Radialkompres-

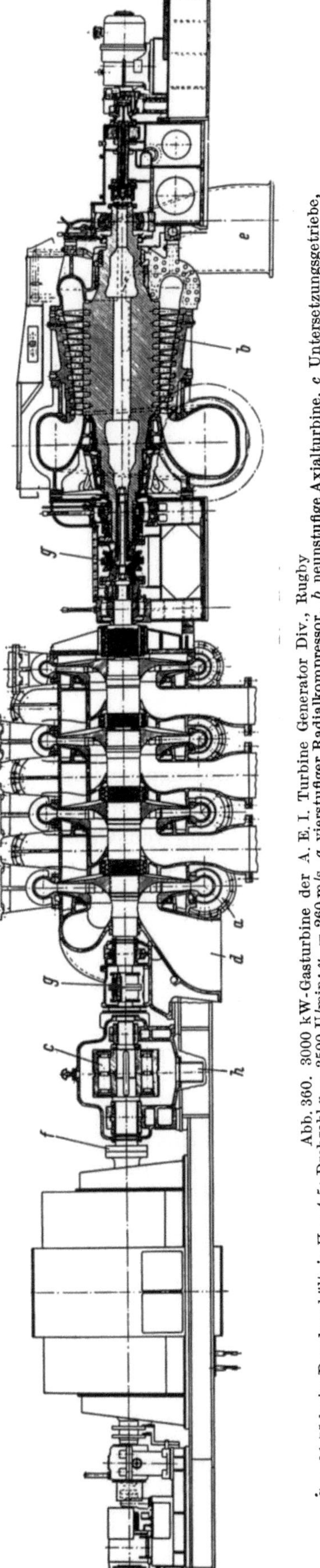

Abb. 360. 3000 kW-Gasturbine der A. E. I. Turbine Generator Div., Rugby
$\dot{G} = 31{,}75$ kg/s; Druckverhältnis $\Pi = 4{,}5$; Drehzahl $n = 3500$ U/min; $u_2 = 260$ m/s — a vierstufiger Radialkompressor, b neunstufige Axialturbine, c Untersetzungsgetriebe, d Luftansaugeschacht, e Gasaustritt, f Generatorkupplung, g Zahnkupplung, h Ölablauf

soren in zweigehäusiger Ausführung gebaut (Abb. 358 und 359). Das Niederdruckgehäuse ist doppeltsaugend ausgeführt. Durch die besondere Anordnung der einzelnen Stufen wird ein nahezu völliger Achsschubausgleich erreicht, weshalb der Entlastungskolben bis auf den Durchmesser einer normalen Dichtung verkleinert werden konnte. Im einfachsaugend ausgeführten Hochdruckgehäuse hat man zum Zweck eines günstigeren Achsschubausgleiches die vier letzten Räder den anderen Radialstufen entgegengesetzt angeordnet. Eine Gegendruck-Dampfturbine mit Frischdampf von 48 ata und einer Temperatur von 430 °C treibt den Verdichter an. Auch bei Gasturbinen der offenen und geschlossenen Bauweise werden zur Verdichtung atmosphärischer Luft radial durchströmte Arbeitsmaschinen verwendet. Die Gasturbine nach Abb. 360 ist eine einwellige, 3000 kW leistende Gasturbine mit Wärmeaustauscher, bei der ein vierstufiger Radialkompressor, Lizenz Oerlikon, mit rückwärts gekrümmten Laufschaufeln 32 kg/s Luft von 1 ata auf 4,5 ata verdichtet.

II. Strömungsvorgänge und Arbeitsweise des Radialkompressors

Im Radialverdichter strömt das Fördergut in vorwiegend radialer Richtung durch das Lauf- und Leitrad. In den Schaufeln des Laufrades erfolgt die Energieübertragung vom Laufrad an das Fördermittel durch Impulsaustausch zwischen Laufradeintritt und -austritt, also in gleicher Weise wie beim Axialverdichter.

Das Fördergut strömt dem Kompressor mit der Einlaufgeschwindigkeit c_0 zu, wird im Radeinlauf in radialer Richtung umgelenkt (Abb. 361) und tritt mit der Absolutgeschwindigkeit c_1 in das rotierende Schaufelgitter ein. Durch vektorielle Subtraktion der Umfangsgeschwindigkeit u_1 ergibt sich die relative Eintrittsgeschwindigkeit w_1. Nach Durchströmen der Schaufelkanäle verläßt das Fördermedium das Laufrad mit der relativen Austrittsgeschwindigkeit w_2, woraus sich durch vektorielle Addition der Umfangsgeschwindigkeit u_2 die absolute Austrittsgeschwindigkeit c_2 ergibt.

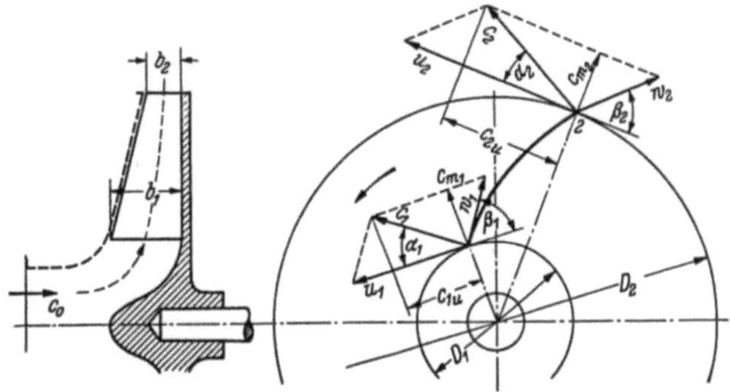

Abb. 361. Geschwindigkeitsparallelogramme am Laufrad mit rückwärts gekrümmten Schaufeln
c Absolutgeschwindigkeiten, u Umfangsgeschwindigkeiten, w Relativgeschwindigkeiten, α Strömungswinkel der Absolutgeschwindigkeit, β Schaufelwinkel (bzw. Strömungswinkel der Relativgeschwindigkeit), b Radbreite, D Raddurchmesser, Zeiger: 1 Eintritt, 2 Austritt, u Komponente in Umfangsrichtung, m Komponente in Radialrichtung

Setzt man zunächst reibungsfreie und inkompressible Strömung voraus, so ergibt sich die Gesamtdruckerhöhung Δp_tot, wie bereits hergeleitet, aus der Differenz des Eintritts- und Austrittsimpulsmomentes [vgl. Kap. C, Gl. (6a)]

$$\Delta p_\text{tot} = \frac{\gamma}{g}\left(u_2 \cdot c_{2_u} - u_1 \cdot c_{1_u}\right). \tag{1}$$

Hierin bedeuten

γ [kg/m³] das spezifische Gewicht des Strömungsmittels,
g [m/s²] die Erdbeschleunigung,
c_{1_u}, c_{2_u} [m/s] die Umfangskomponenten der Absolutströmung am Laufradein- und -austritt.

Aus Abb. 361 erhält man mit Hilfe des Kosinussatzes

$$u_1 \cdot c_{1_u} = \frac{1}{2}\left(c_1^2 + u_1^2 - w_1^2\right); \qquad u_2 \cdot c_{2_u} = \frac{1}{2}\left(c_2^2 + u_2^2 - w_2^2\right),$$

also mit $\dfrac{\gamma}{g} = \varrho$

$$\Delta p_\text{tot} = \frac{\varrho}{2}\left[(c_2^2 - c_1^2) + (u_2^2 - u_1^2) + (w_1^2 - w_2^2)\right]. \tag{2}$$

Führt man anstelle der Druckerhöhung Δp_tot die Förderhöhe

$$H_\text{tot} = \frac{\Delta p_\text{tot}}{\gamma}$$

ein, so ergibt sich

$$H_\text{tot} = \frac{1}{2g}\left[(c_2^2 - c_1^2) + (u_2^2 - u_1^2) + (w_1^2 - w_2^2)\right], \tag{2a}$$

also ein vom spezifischen Gewicht des Strömungsmittels unabhängiger Ausdruck, der somit auch bei kompressibler Strömung gültig bleibt. Gl. (2a) ist natürlich auch für endliche Schaufelzahl gültig, da sie ja nur die algebraische Summe von Geschwindigkeitsquadraten darstellt. Bei der Verdichtung von Gasen ist Gl. (2a) dann anzuwenden, wenn die Änderung des spezifischen Gewichtes zwischen Kompressor-Ein- und -Austritt nicht mehr vernachlässigt werden darf.

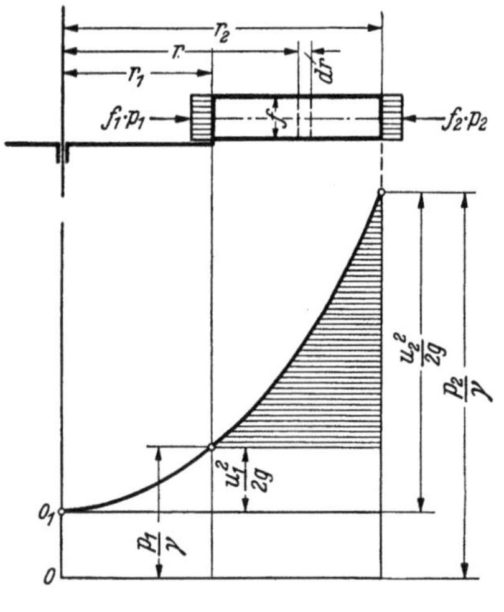

Wie Gl. (2) und (2a) zeigen, setzt sich die im Laufrad erzeugte Gesamtförderhöhe aus drei Anteilen zusammen, die wie folgt gedeutet werden können.

Denkt man sich entsprechend Abb. 362 ein Rohrstück, das an beiden Enden mit reibungslosen Kolben vom Querschnitt f geschlossen ist, rotierend um eine vertikale Achse, so entsteht als Folge der Zentrifugalkraft auf beiden Seiten ein bestimmter Druck. Der Druck $f \cdot p_1$ wirkt auf den inneren Kolben radial nach außen, während der Druck $f \cdot p_2$ dem Gasdruck das Gleichgewicht hält. Betrachtet man ein Gasteilchen von der Masse $dm = f \cdot dr \cdot \gamma/g$, dann ist die auf dieses Teilchen wirkende Zentrifugalkraft

$$dZ = dm \cdot \omega^2 \cdot r = f \cdot \frac{\gamma}{g} \cdot \omega^2 \cdot r \cdot dr$$

Abb. 362. Zur Erklärung der Druckerhöhung im radialen Laufrad

und die Gleichgewichtsbedingung lautet

$$f(p_2 - p_1) = \int_{r_1}^{r_2} dZ = f \cdot \frac{\gamma}{g} \cdot \omega^2 \cdot \frac{r_2^2 - r_1^2}{2} \qquad \text{oder} \qquad \frac{p_2 - p_1}{\gamma} = \frac{u_2^2 - u_1^2}{2g}.$$

Der Gasdruck wächst also proportional dem Quadrat der Umfangsgeschwindigkeit. Von der durch den Punkt 0 (Abb. 362) gezogenen Nullinie aus sind die absoluten Pressungen zu zählen.

Obige Gleichung behält auch ihre Richtigkeit, wenn das Rohrstück verschiedene Querschnitte hat und nicht geradlinig verläuft unter der Voraussetzung, daß die Kanäle geschlossen sind oder, auf das Radialrad angewandt, falls das Druckrohr abgesperrt ist.

Das Glied $\dfrac{\gamma}{2\,g}\,(u_2^2 - u_1^2)$ in Gl. (2) stellt also die statische Druckerhöhung als Folge der Zentrifugalkräfte dar. Da bei axial durchströmten Maschinen dieses Glied fehlt, ist die rein statische Druckerhöhung von radial durchströmten Maschinen bei sonst gleichen Verhältnissen größer als bei ersteren.

Erweitern sich die Kanalquerschnitte eines Radialrades vom Ein- zum Austritt, so nimmt die Relativgeschwindigkeit w_1 innerhalb des Schaufelkanales ab und verläßt das Laufrad mit der Relativgeschwindigkeit w_2. Bei reibungsfreiem Umsetzen beträgt die Zunahme der statischen Druckerhöhung als Folge der Verzögerung der Relativgeschwindigkeiten

$$\frac{\gamma}{2\,g}\,(w_1^2 - w_2^2).$$

Für die gesamte statische Druckerhöhung des Laufrades folgt hieraus

$$\Delta p_{\text{stat}} = \frac{\varrho}{2}\,[(u_2^2 - u_1^2) + (w_1^2 - w_2^2)]. \tag{3}$$

Das Glied $\dfrac{\gamma}{2\,g}\,(c_2^2 - c_1^2)$ in Gl. (2) stellt eine Erhöhung der kinetischen Energie im Laufrad dar. In einem dem Laufrad nachgeschalteten Leitapparat oder in einem Diffusor kann diese kinetische Energie in Druckenergie umgewandelt werden. Bei verlustloser Energieumsetzung beträgt die damit erreichbare Druckerhöhung

$$\Delta p_{\text{stat}_{\text{Diff}}} = \frac{\varrho}{2}\,(c_2^2 - c_A^2), \tag{4}$$

wobei c_A die Austrittsgeschwindigkeit aus dem Diffusor bedeutet.

1. Abhängigkeit der theoretischen Förderhöhe von der Austrittsrichtung der Strömung aus dem Laufrad

Während im allgemeinen der Strömungswinkel β_1 der Relativgeschwindigkeit am Eintritt in das Laufrad durch die Anströmverhältnisse festgelegt ist (für optimale Verhältnisse ist $\beta_1 \approx 30°$, wie später noch gezeigt wird), kann der Austrittswinkel β_2 frei gewählt werden. Im folgenden soll der Einfluß des Austrittswinkels β_2 auf die Strömungsverhältnisse im Laufrad untersucht werden.

Zur Vereinfachung dieser Betrachtungen wird eine unendliche Schaufelzahl für das Laufrad vorausgesetzt. Hieraus folgt, daß die Schaufelkonturen mit der Form der Stromfäden identisch sind und die Strömung vor Eintritt in das Laufrad bzw. nach Austritt aus dem Laufrad über dem Umfang gleichmäßig ist. Diese Voraussetzung lag auch den vorangegangenen Betrachtungen

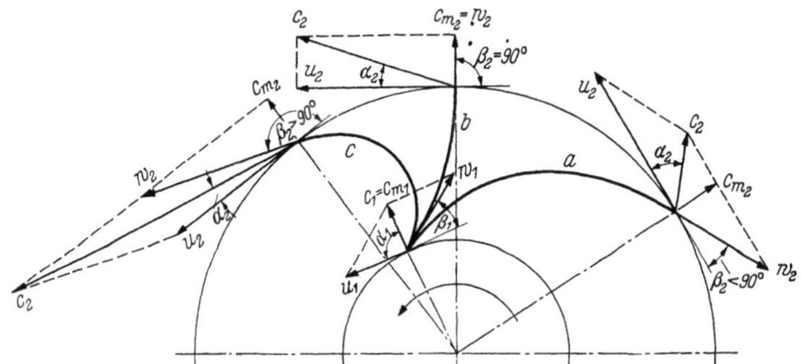

Abb. 363. Geschwindigkeitsparallelogramme bei verschiedenen Laufschaufelformen
a rückwärts gekrümmte Schaufel $\beta_2 < 90°$, *b* radial endigende Schaufel $\beta_2 = 90°$, *c* vorwärts gekrümmte Schaufel $\beta_2 > 90°$

zugrunde und entspricht der von EULER begründeten Stromfadentheorie. Da weiterhin der Reibungseinfluß unberücksichtigt bleiben soll, bezeichnet man die auf diese Weise berechneten Förderhöhen als theoretische Förderhöhen bei unendlicher Schaufelzahl H_{th_∞}.

Die vielgestaltigen Schaufelformen der Radialverdichter lassen sich nach dem Austrittswinkel β_2 in drei Hauptgruppen unterteilen, und zwar entsprechend Abb. 363 in:

a) rückwärts gekrümmte Schaufeln: $\beta_2 < 90°$,   b) radial endigende Schaufeln: $\beta_2 = 90°$,
c) vorwärts gekrümmte Schaufeln: $\beta_2 > 90°$.

Setzt man voraus, daß das Strömungsmittel dem Laufrad ohne Vordrall zuströmt, also $c_{1u} = 0$ (Abb. 363), was in vielen praktischen Fällen zutrifft, dann vereinfacht sich die Beziehung für die Förderhöhe [Gl. (1)] und man erhält

$$H_{\text{th}_\infty} = \frac{\Delta p_{\text{tot}}}{\gamma} = \frac{1}{g}\, u_2 \cdot c_{2u} = \frac{c_{2u}}{u_2}\,\frac{u_2^2}{g} \tag{5}$$

oder

$$\frac{c_{2u}}{u_2} = \frac{g \cdot H_{\text{th}_\infty}}{u_2^2}. \tag{5a}$$

Führt man eine auf die theoretische Förderhöhe bei unendlicher Schaufelzahl bezogene Druckzahl mit der Definition

$$\psi_\infty = \frac{2g\,H_{\text{th}_\infty}}{u_2^2} \tag{6}$$

ein, so wird

$$\frac{c_{2u}}{u_2} = \frac{\psi_\infty}{2}. \tag{7}$$

Aus den Geschwindigkeitsdreiecken Abb. 363 folgt

$$\tan\beta_2 = \frac{c_{2m}}{u_2 - c_{2u}}. \tag{8}$$

Setzt man $c_{1m} = c_{2m} = c_m$, eine Annahme, die bei Radialkompressoren meistens näherungsweise erfüllt ist, dann stellt der Ausdruck

$$\lambda = \frac{c_{1m}}{u_2} = \frac{c_{2m}}{u_2} \,{}^{*}$$

ein Maß für die Durchflußmenge dar. Andererseits ist aber bei drallfreiem Eintritt

$$c_{1m} \equiv c_1 = u_1 \cdot \tan\beta_1.$$

Hieraus folgt für λ der Ausdruck

$$\lambda = \frac{u_1}{u_2}\tan\beta_1 = \frac{D_1}{D_2}\tan\beta_1. \tag{9}$$

Für den Austrittswinkel β_2 erhält man mit Gl. (7) und (8)

$$\tan\beta_2 = \frac{c_m}{u_2}\,\frac{1}{1-\dfrac{c_{2u}}{u_2}} = \frac{\lambda}{1-\dfrac{\psi_\infty}{2}}. \tag{10}$$

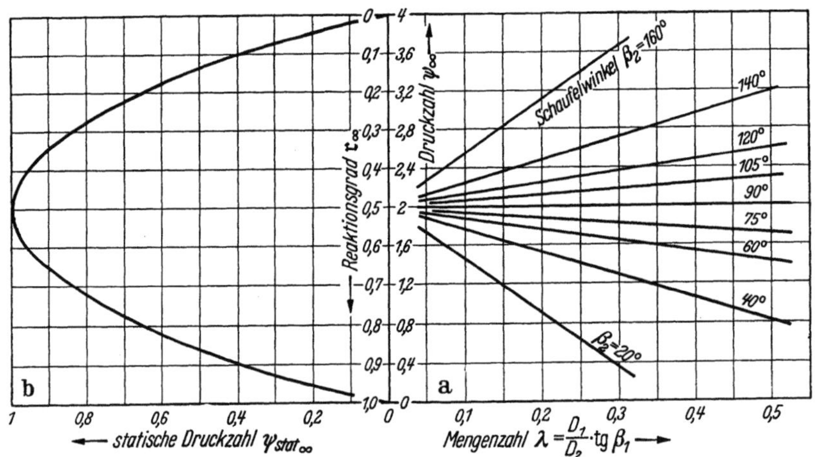

Abb. 364a u. b. Abhängigkeit der Druckzahl ψ_∞, des Reaktionsgrades r_∞ und der statischen Druckzahl $\psi_{\text{stat}_\infty}$ von der Mengenzahl $\lambda = \dfrac{D_1}{D_2}\cdot \tan\beta_1$ und vom Schaufelaustrittswinkel β_2 bei unendlicher Schaufelzahl

---

$*$ λ ist nicht zu verwechseln mit der Lieferzahl

$$\varphi = \varphi^* = \frac{\dot V}{\dfrac{\pi}{4}\,D_2^2 \cdot u_2}.$$

Hierdurch ist die erreichbare Förderhöhe $H_{\text{th}\infty}$ bzw. die entsprechende Druckzahl ψ_∞ als Funktion von λ und des Austrittswinkels β_2 gegeben (Abb. 364).

2. Reaktionsgrad

Das Verhältnis der in einem Laufrad gewonnenen statischen Druckenergie zur Gesamtförderhöhe wird als Reaktionsgrad $\mathfrak{r}$ bezeichnet. Entsprechend der hier betrachteten theoretischen Strömung bei unendlicher Schaufelzahl ist

$$\mathfrak{r}_\infty = \frac{H_{\text{stat}\infty}}{H_{\text{th}\infty}}.$$

Nun ist gemäß Gl. (3)

$$H_{\text{stat}\infty} = \frac{1}{2g}\left[(u_2^2 - u_1^2) + (w_1^2 - w_2^2)\right]$$

und entsprechend der getroffenen Voraussetzung des drallfreien Zuflusses ist nach Gl. (5)

$$H_{\text{th}\infty} = \frac{1}{g}\, u_2\, c_{2u}.$$

Hieraus folgt für den Reaktionsgrad

$$\mathfrak{r}_\infty = \frac{(u_2^2 - u_1^2) + (w_1^2 - w_2^2)}{2\, u_2\, c_{2u}}. \tag{11}$$

Aus den Geschwindigkeitsdreiecken (Abb. 363) lassen sich wieder unter der Bedingung

$$c_{2m} = c_{1m} = c_m$$

folgende Zusammenhänge ablesen:

$$w_1^2 - u_1^2 = c_1^2 = c_m^2$$
$$w_2^2 - c_m^2 = \left(u_2 - c_{2u}\right)^2$$
$$\overline{w_1^2 - u_1^2 - w_2^2 = -\left(u_2 - c_{2u}\right)^2}. \tag{12}$$

Letztere Beziehung in Gl. (11) eingesetzt ergibt

$$\mathfrak{r}_\infty = \frac{u_2^2 - (u_2 - c_{2u})^2}{2\, u_2\, c_{2u}} = 1 - \frac{c_{2u}}{2\, u_2} \tag{13}$$

und mit Gl. (7)

$$\mathfrak{r}_\infty = 1 - \frac{\psi_\infty}{4}. \tag{13a}$$

Definiert man analog zur Druckzahl ψ_∞ noch eine der statischen Druckerhöhung im Laufrad entsprechende theoretische statische Druckzahl

$$\psi_{\text{stat}\infty} = \frac{2g\, H_{\text{stat}\infty}}{u_2^2} = \mathfrak{r}_\infty \cdot \psi_\infty, \tag{14}$$

so folgt nach Einsetzen von Gl. (13a)

$$\psi_{\text{stat}\infty} = \left(1 - \frac{\psi_\infty}{4}\right)\psi_\infty. \tag{14a}$$

Diese Beziehung ist in Abb. 364b in Abhängigkeit von ψ_∞ dargestellt.

3. Gesichtspunkte für die Wahl des Schaufelaustrittswinkels

Abb. 364 zeigt, daß die theoretischen Druckzahlen, bei jeweils gleicher Umfangsgeschwindigkeit u_2, also auch die Gesamtförderhöhen $H_{\text{th}\infty}$ mit Zunahme des Schaufelwinkels β_2 größer werden. In der gleichen Weise nimmt jedoch der Reaktionsgrad ab.

Vorwärtsgekrümmte Laufschaufeln ($\beta_2 > 90°$) ergeben zwar große Druckzahlen ψ_∞, haben aber mit zunehmendem Schaufelwinkel β_2 eine Abnahme des Reaktionsgrades $\mathfrak{r}_\infty$, also eine Abnahme des statischen Förderhöhenanteils im Laufrad zur Folge. Im Grenzfall ist $\psi_\infty = 4$, $\mathfrak{r}_\infty = 0$, die statische Druckerhöhung im Laufrad also ebenfalls Null. In diesem Grenzfall wird also die gesamte, dem Laufrad zugeführte Antriebsleistung bei verlustloser Strömung in kinetische Energie verwandelt. Die Umsetzung in Druckenergie, z. B. in einem nachfolgenden Diffusor, ist aber bei den hierbei herrschenden großen Austrittsgeschwindigkeiten (vgl. Abb. 363) schwierig und verlustbehaftet. Vorwärts gekrümmte Laufschaufeln finden deshalb vorzugsweise dort Verwendung, wo große Luftmengen bei kleinen statischen Drücken gewünscht werden (Kühlung, Lüftung).

Die radial endigende Schaufel ($\beta_2 = 90°$) ergibt bei einem Reaktionsgrad $r_\infty = 0{,}5$ die maximal erreichbare statische Druckzahl $\psi_{\mathrm{stat}_\infty} = 1$. Bei jeweils gleichbleibender Umfangsgeschwindigkeit u_2 für die in Abb. 363 gezeigten Schaufelformen wird also bei $\beta_2 = 90°$ die größte statische Förderhöhe $H_{\mathrm{stat}_\infty} = u_2^2/2g$ erreicht, was die größtmögliche Verzögerung der Relativgeschwindigkeiten im Laufrad voraussetzt. Die radial endigende Schaufel ist festigkeitsmäßig jeder anderen Schaufelform überlegen, weshalb hiermit Umfangsgeschwindigkeiten bis 600 m/s möglich und ausgeführt sind. Deshalb wird diese Schaufelform überall dort angewandt, wo bei größten Förderhöhen kleinste Bauabmessungen und geringe Gewichte verlangt werden (Flugmotorenlader, Verdichter für Strahltriebwerke usw.). Bei der radial endigenden Schaufel ist die Verzögerung der Relativgeschwindigkeiten praktisch festgelegt. Da derartig starke Verzögerungen stets verlustbehaftet sind, lassen sich mit dieser Schaufelform optimale Wirkungsgrade nicht verwirklichen.

Rückwärts gekrümmte Schaufeln sind wegen des besseren Wirkungsgrades und vor allem wegen der günstigeren Kennlinienform für ortsfeste Radialkompressoren bevorzugt.

Zum Erreichen der Bestwirkungsgrade wird man also, neben einer günstigen Kanalform, keine oder nur eine geringe Verzögerung der Relativgeschwindigkeit im Laufrad anstreben. Im Grenzfall wird $w_1 = w_2$, und man erhält unter Berücksichtigung der endlichen Schaufelzahl, was überschlägig durch die Minderleistungs-

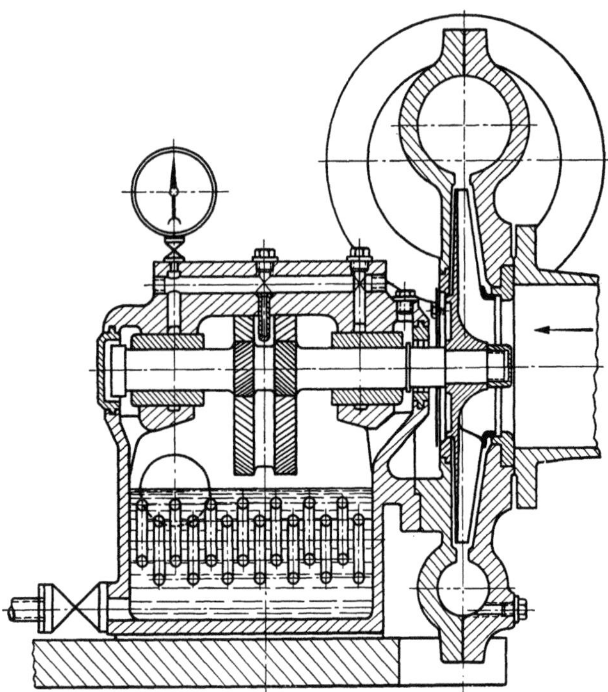

Abb. 365. Radialverdichter mit Spiralgehäuse (Bauart DEMAG, Duisburg) mit Antrieb durch einen Elektromotor über ein Untersetzungsgetriebe

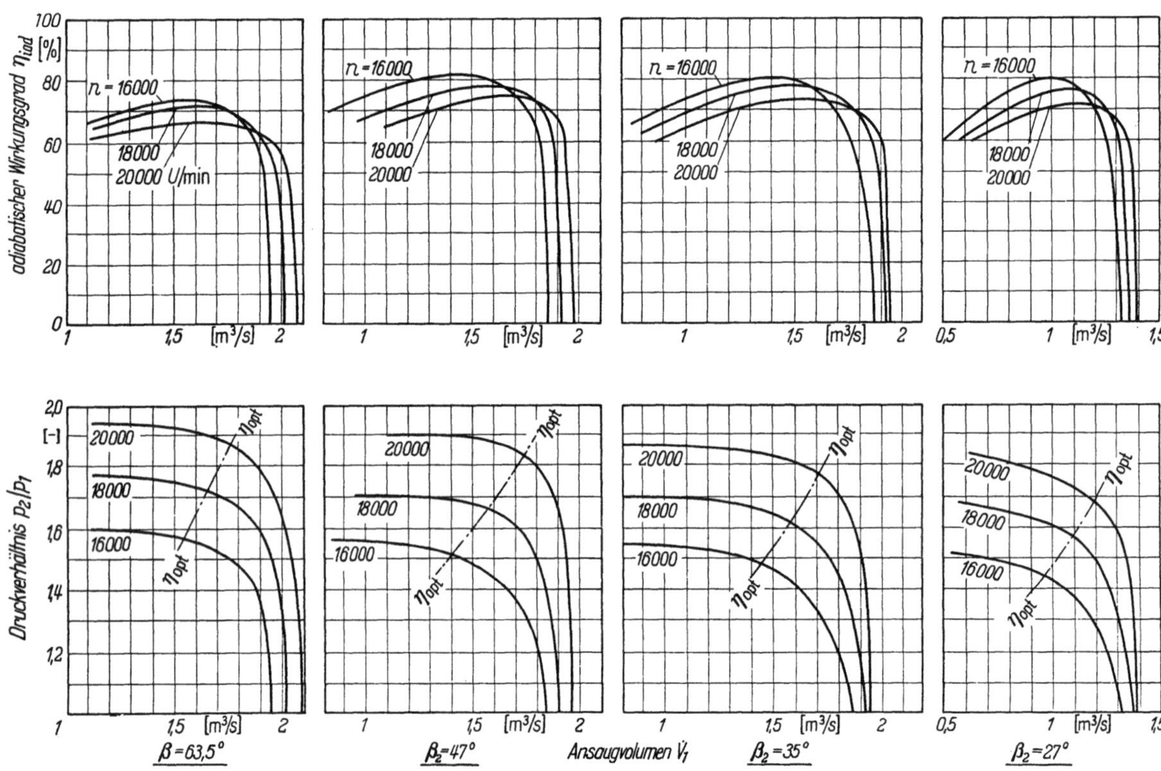

Abb. 366. Einfluß des Schaufelaustrittswinkels β_2 auf die Verdichterleistungen und den adiabatischen Wirkungsgrad (nach Messungen von KLUGE)

ziffer $\mu = 0{,}875$ ausgedrückt sein soll, als optimalen Schaufelaustrittswinkel

$$\sin \beta_2 = \frac{\sin \beta_1}{\mu} = \frac{\sin 30°}{0{,}875} = 0{,}57 \quad \text{und} \quad \beta_{2\text{opt}} \approx 35°.$$

Wie die Praxis zeigt, kann eine Verzögerung der Relativgeschwindigkeit von 10 bis 20% erreicht werden, ohne daß Ablösungen im Schaufelkanal zu befürchten sind. In diesem Falle beträgt der optimale Schaufelaustrittswinkel mit $w_2 = 0{,}8 \cdot w_1$

$$\sin \beta_2 = \frac{cm}{w^2} = \frac{cm}{0{,}8\,w_1} \frac{1}{\mu} = \frac{1{,}25}{0{,}875} \sin \beta_1 ,$$

also wird bei $\beta_1 \approx 30°$ der Austrittswinkel $\beta_{2\text{opt}} \approx 45°$. An dem Versuchsverdichter (Abb. 365) hat F. KLUGE den Einfluß des Schaufelwinkels β_2 auf die Förderleistungen und den adiabatischen Wirkungsgrad untersucht. Die Ergebnisse sind in Abb. 366 aufgetragen. Darnach ergibt sich auch experimentell das Wirkungsgradoptimum bei einem Schaufelaustrittswinkel $\beta_2 \approx 35$ bis $50°$ (Abb. 367).

Mit kleiner werdenden Schaufelaustrittswinkeln β_2 sinkt die theoretische Druckzahl ψ_∞, also die Gesamtförderhöhe. Für den Grenzfall $\psi_\infty = 0$ erhält man als Schaufelwinkel der „wirkungslosen Schaufel" entsprechend Gl. (10)

$$\tan \beta_{2\text{min}} = \lambda = \frac{D_1}{D_2} \tan \beta_1 .$$

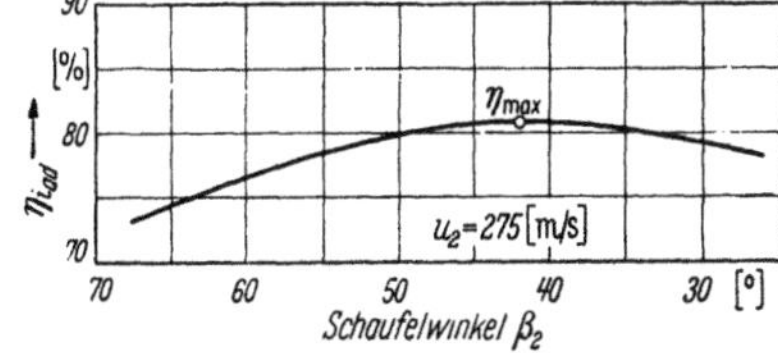

Abb. 367. Einfluß des Schaufelaustrittswinkels β_2 auf den adiabatischen Stufenwirkungsgrad (nach Versuchen von F. KLUGE)

Der untere Grenzwert des Schaufelaustrittswinkels β_2 hängt also, außer von dem durch die Eintrittsverhältnisse weitgehend festliegenden Schaufelwinkel β_1, nur vom Radienverhältnis r_1/r_2, also von der radialen Schaufelerstreckung ab. Der Kleinstwert für den Schaufelwinkel β_2 wächst mit zunehmendem Radienverhältnis und geht bei $r_1/r_2 \to 1$ in den Grenzwert $\beta_{2\text{min}} \to \beta_1$ über. Aus diesem Grunde sind Radialgebläse mit großem Radienverhältnis (z. B. Sirocco-Räder) stets mit vorwärtsgekrümmten Schaufeln ausgerüstet.

Die Bedingung gleicher Relativgeschwindigkeit am Ein- und Austritt aus dem Laufrad ($w_1 = w_2$) kann auch bei der vorwärts gekrümmten Schaufel erzielt werden. In diesem Falle ist $\sin \beta_2 = \sin (180° - \beta_1)/\mu$. Wegen der größeren Gesamtförderhöhe der vorwärts gekrümmten Schaufel ist aber die kinetische Austrittsenergie wesentlich größer als bei der rückwärts gekrümmten Laufschaufel. Bei der Umwandlung dieser Energie $(c_2^2 - c_4^2)/2\,g$ in Druckenergie ist die aerodynamische Belastung des nachfolgenden Diffusors (Leitapparat, Spirale) bei der vorwärts gekrümmten Schaufel wesentlich größer und verlustreicher als bei der Laufradform mit rückwärts gekrümmten Schaufeln.

III. Strömungsvorgänge in einem rotierenden Schaufelkanal

Bei der Betrachtungsweise der Laufradströmung gemäß der Stromfadentheorie wird vorausgesetzt, daß alle Stromfäden gleiche Form haben und die Schaufeln Teile dieser Stromfäden darstellen. Hieraus folgt, daß die Strömungsgeschwindigkeit auf einem Radius des Laufrades über den ganzen Umfang konstant ist (Abb. 368a).

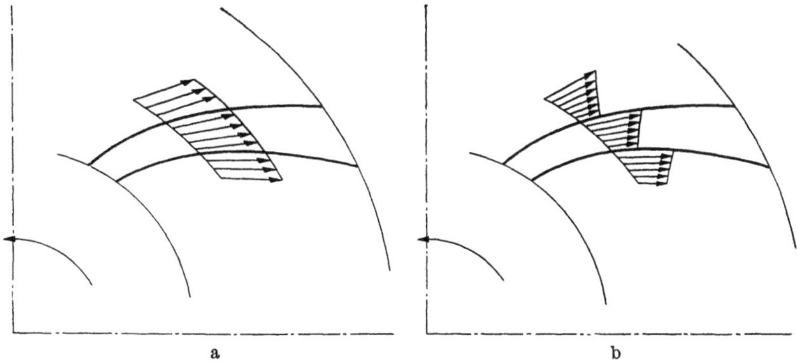

Abb. 368a u. b. Verlauf der Relativgeschwindigkeit in einem rotierenden Schaufelkanal
a) angenommener Verlauf nach der Stromfadentheorie; b) tatsächlicher Verlauf bei Vernachlässigung von Reibungseinflüssen

Nun vermag die reibungsfreie Strömung zwar Druckkräfte, aber keine Schubkräfte zu übertragen. Aber auch bei Berücksichtigung der Zähigkeit eines gasförmigen Strömungsmittels ist die infolge von Schubkräften erzielbare Arbeitsaufnahme nur gering und von untergeordneter

Bedeutung. Zum Impulsaustausch zwischen den Schaufeln des Laufrades und der Strömung sind somit Druckunterschiede in der Strömung bzw. zwischen den beiden Schaufelseiten erforderlich. Diesen Druckunterschieden entsprechen zugeordnete Geschwindigkeitsdifferenzen auf beiden Schaufelseiten.

Die Strömungsgeschwindigkeit kann also, entgegen der Annahme, die der Stromfadentheorie zugrunde liegt, nicht über dem Umfang konstant sein, sondern wird vielmehr einen periodischen Verlauf haben, weil sich in jedem, von zwei benachbarten Schaufeln begrenzten Kanal das gleiche Strömungsbild einstellen muß (Abb. 368 b).

1. Gleichgewichtsbedingungen der Relativströmung

Zur Vereinfachung des Problems wird wieder reibungsfreie Strömung vorausgesetzt. Die hierbei gewonnenen Resultate werden den wirklichen Strömungsverlauf wenigstens annähernd richtig wiedergeben, solange Ablösungserscheinungen von der Betrachtung ausgeschlossen bleiben. Unter dieser Voraussetzung verhält sich nämlich die wirkliche Strömung außerhalb der Grenzschicht mit hinreichender Näherung wie eine reibungsfreie Strömung.

Betrachtet man ein Gasteilchen (Abb. 369) von der Masse

$$dm = ds \cdot dn \cdot b \cdot \frac{\gamma}{g},$$

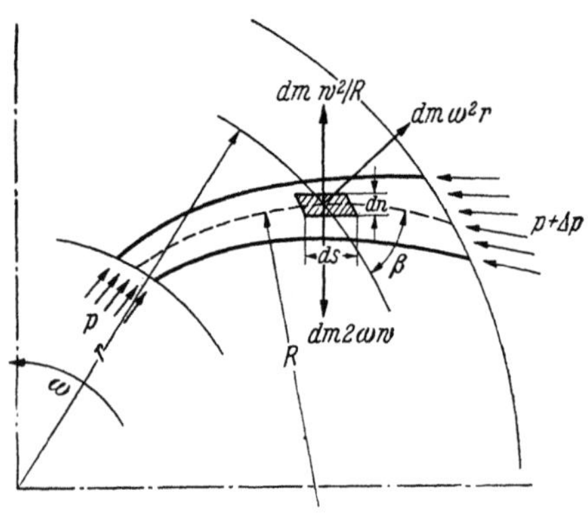

Abb. 369. Schema zur Bestimmung der Kräfte im rotierenden Kanal

wobei b die Schaufelbreite senkrecht zur Zeichenebene ist, dann lassen sich die am Gasteilchen angreifenden Kräfte unterteilen in Kräfte die senkrecht zur Strömungsrichtung und solche, die in Strömungsrichtung wirken.

a) Kräfte senkrecht zur Strömungsrichtung

Die Krümmung der Strombahn (Abb. 369) mit dem Krümmungsradius R bewirkt eine Zentrifugalkraft von der Größe

$$dZ_1 = dm \cdot \frac{w^2}{R}.$$

Da das Luftteilchen gezwungen ist, innerhalb des Schaufelkanals mit dem Laufrad zu rotieren, ergibt sich aus der Rotationsbewegung des Rades eine zweite Zentrifugalkraft von der Größe

$$dZ_2 = dm \cdot r \cdot \omega^2.$$

Diese ist aber radial gerichtet, so daß nur die Komponente

$$dZ_2 \cdot \cos \beta = dm \cdot r \cdot \omega^2 \cdot \cos \beta$$

normal zur Strömungsrichtung wirkt (Winkel β s. Abb. 369). Wird ein Körper mit der Relativgeschwindigkeit w entlang einer rotierenden Bahn geführt, so tritt neben den beiden vorgenannten Kräften eine dem Rotationssinn entgegengerichtete Kraft, die Führungs- oder Corioliskraft, auf von der Größe

$$dZ_3 = -dm \cdot 2\omega w.$$

Der Resultierenden dieser drei Massenkräfte muß durch einen Druckanstieg senkrecht zur Strömungsrichtung das Gleichgewicht gehalten werden. Die sich hieraus ergebende Druckkraft ist

$$dP_n = \frac{\partial p}{\partial n} \cdot dn \cdot ds \cdot b.$$

Hieraus folgt für die Gleichgewichtsbedingung

$$dP_n = dZ_1 + dZ_2 \cdot \cos\beta + dZ_3$$

$$\frac{\partial p}{\partial n} \cdot dn \cdot ds \cdot b = dm \left(\frac{w^2}{R} + \omega^2 \cdot r \cdot \cos\beta - 2\omega w \right)$$

$$= dn \cdot ds \cdot b \cdot \frac{\gamma}{g} \left(\frac{w^2}{R} + \omega^2 \cdot r \cdot \cos\beta - 2\omega w \right)$$

und der statische Druckgradient senkrecht zur Strömungsrichtung ist

$$\frac{\partial p}{\partial n} = \frac{\gamma}{g} \left(\frac{w^2}{R} + \omega^2 \cdot r \cdot \cos\beta - 2\omega w \right). \tag{15}$$

b) Kräfte in Strömungsrichtung

In Strömungsrichtung wirkt als Massenkraft die Komponente

$$dK = dm \cdot r \cdot \omega^2 \cdot \sin\beta$$

der aus der Rotation herrührenden Zentrifugalkraft. Weiterhin wirken von außen her Druckkräfte auf das Gasteilchen, die im Falle einer Druckänderung in Strömungsrichtung die resultierende Kraft

$$dP_t = \frac{\partial p}{\partial s} \cdot ds \cdot dn \cdot b$$

ausüben. Die Resultierende dieser beiden Kräfte bewirkt nach dem NEWTONschen Gesetz eine Beschleunigung des betrachteten Massenteilchens. Somit ist

$$dm \cdot \frac{dw}{dt} = dK - dP_t,$$

$$\frac{\gamma}{g} \cdot b \cdot dn \cdot ds \cdot \frac{dw}{dt} = \frac{\gamma}{g} \cdot b \cdot dn \cdot ds \cdot r \cdot \omega^2 \cdot \sin\beta - b \cdot dn \cdot ds \frac{\partial p}{\partial s},$$

$$\frac{\gamma}{g} \frac{dw}{dt} = \frac{\gamma}{g} r \cdot \omega^2 \cdot \sin\beta - \frac{\partial p}{\partial s}.$$

Setzt man

$$\frac{dw}{dt} = \frac{\partial w}{\partial s} \frac{ds}{dt} = \frac{\partial w}{\partial s} \cdot w$$

und weiterhin entsprechend Abb. 369

$$\sin\beta \cdot ds = dr,$$

dann ergibt sich

$$\frac{\gamma}{g} \frac{\partial w}{\partial s} w = \frac{\gamma}{g} \cdot r \cdot \omega^2 \cdot \frac{dr}{ds} - \frac{\partial p}{\partial s},$$

$$\frac{\gamma}{g} w \cdot dw = \frac{\gamma}{g} r \omega^2 dr - dp$$

oder

$$\frac{\gamma}{g} w \cdot dw - \frac{\gamma}{g} r \omega^2 dr + dp = 0,$$

$$\frac{w \cdot dw}{g} - \frac{\omega^2}{g} r \, dr + \frac{dp}{\gamma} = 0.$$

Durch Integration erhält man hieraus die Energiegleichung der rotierenden Relativströmung

$$\frac{p}{\gamma} + \frac{w^2}{2g} - \frac{u^2}{2g} = H^* = \text{const.} \tag{16}$$

Diese Beziehung unterscheidet sich von der Energiegleichung der rotationsfreien Absolutströmung von BERNOULLI

$$\frac{p}{\gamma} + \frac{w^2}{2g} = \frac{p_{\text{tot}}}{\gamma} = \text{const}$$

nur um das Glied $- u^2/2g$. In der BERNOULLIschen Gleichung hat die Konstante, also der Gesamtdruck, in der ganzen Strömungsebene den gleichen Wert. Zum gleichen Ergebnis gelangt man für H^* in Gl. (16), wenn man bedenkt, daß bei der vorausgesetzten Reibungsfreiheit der Relativströmung Schubkräfte nicht auftreten.

Hierdurch ist aber bedingt, daß zwei benachbarte Stromfäden die gleiche Energie haben müssen, d. h. der Differentialquotient $\partial H^*/\partial n = 0$ ist.

Gl. (16) ersetzt somit die BERNOULLIsche Gleichung bei der Betrachtung der rotierenden Relativströmung, bei der bekanntlich der Gesamtdruck nicht über der ganzen Strömungsebene konstant ist.

Da H^* im ganzen Strömungsraum konstant ist, ergibt die Differentiation der Gl. (16) nach der Normalrichtung

$$\frac{\partial H^*}{\partial n} = \frac{1}{\gamma}\frac{\partial p}{\partial n} + \frac{w}{g}\frac{\partial w}{\partial n} - \frac{u}{g}\frac{\partial u}{\partial n} = 0.$$

Hieraus folgt

$$\frac{\partial p}{\partial n} = \frac{\gamma}{g}\left(u\frac{\partial u}{\partial n} - w\frac{\partial w}{\partial n}\right)$$

und mit

$$u = \omega \cdot r,$$

$$\partial n = \frac{dr}{\cos\beta}$$

folgt

$$\frac{\partial p}{\partial n} = \frac{\gamma}{g}\left(r\cdot\omega^2\cdot\cos\beta - w\frac{\partial w}{\partial n}\right). \tag{17}$$

c) Differentialgleichung der rotierenden Relativströmung

Durch Gleichsetzen der Beziehungen (15) und (17) erhält man die Differentialgleichung der rotierenden Relativströmung

$$\frac{\partial w}{\partial n} = 2\omega - \frac{w}{R}. \tag{18}$$

Diese Beziehung gilt in der angeschriebenen Form für rückwärts gekrümmte Schaufeln. Für vorwärts gekrümmte Schaufeln ($\beta > 90°$) ergibt die Rechnung den Ausdruck

$$\frac{\partial w}{\partial n} = -2\omega - \frac{w}{R}.$$

Für die nicht rotierende Strömung ($\omega = 0$) geht Gl. (18) in die bekannte Differentialgleichung der rotationsfreien Absolutströmung über:

$$\frac{\partial c}{\partial n} + \frac{c}{R} = 0 \quad (\text{für } \omega = 0).$$

Hieraus ergibt sich nach Integration für die kreisende aber rotationsfreie Strömung das als konstanter Drall bekannte Gesetz

$$r\cdot c_u = \text{const}.$$

2. Näherungsweise Bestimmung der Relativströmung im Schaufelkanal

Gl. (18) bildet die Grundlage für die Bestimmung der Geschwindigkeitsverteilung im Laufrad. Eine direkte Integration ist jedoch nicht möglich, weil üblicherweise der Verlauf der Strombahnen und damit ihr Krümmungsradius R im voraus nicht bekannt ist.

Es ist naheliegend, sich einen sinnvollen Verlauf der Stromlinien vorzugeben und hieraus die Krümmungsradien als Funktion von n, der Stromliniennormalen, zu bestimmen. Die Auflösung von Gl. (18) kann nun mit Hilfe des integrierenden Faktors $e^{\int\frac{dn}{R}}$ erfolgen. Die Integration ergibt mit den Bezeichnungen in Abb. 370

$$w = w_0\cdot e^{-\int_0^n\frac{dn}{R}} + 2\omega\cdot e^{-\int_0^n\frac{dn}{R}}\cdot\int_0^n e^{\int_0^n\frac{dn}{R}}\cdot dn.$$

Setzt man zur Abkürzung

$$A = e^{\int_0^n\frac{dn}{R}},$$

so wird

$$w = \frac{1}{A}\left(w_0 + 2\omega \cdot \int\limits_0^n A \cdot dn\right). \qquad (19)$$

w_0 ist hierbei die Geschwindigkeit an der Kanalwand, von der man die Integration beginnt ($n = 0$, Schaufeldruckseite). Ihr absoluterWert läßt sich mit Hilfe der Kontinuitätsgleichung abschätzen. Die Durchflußmenge ist

$$\dot{V} = z \cdot b \cdot \int\limits_{n\,=\,0}^{n\,=\,h} w \cdot dn \quad [\text{m}^3/\text{s}]\,.$$

Dabei bedeuten

    z Schaufelzahl des Laufrades (bzw. Anzahl der Schaufelkanäle),
    b Laufradbreite an der betrachteten Stelle.

Ist somit w_0 bzw. $w = f(n)$ bestimmt, so läßt sich auch $\dot{V} = f(n)$ auftragen (Abb. 370). Durch Aufteilen des gesamten durch einen Schaufelkanal fließenden Volumens in eine, der gewünschten Stromlinienzahl entsprechende Anzahl gleicher Teile, erhält man ein verbessertes Stromlinienbild für den Schaufelkanal, das als Ausgangsbasis für einen zweiten Rechnungsgang gewählt werden kann.

Dieses Verfahren zur Berechnung des Geschwindigkeitsverlaufes in einem Schaufelkanal ist aber sehr zeitraubend. Der Rechenaufwand kann wesentlich verringert werden, wenn man für den Verlauf des Krümmungshalbmessers $R = f(n)$ einen geeigneten Ansatz zur rechnerischen Ermittlung des Faktors A zu Hilfe nimmt.

Bei nicht zu großer Kanalweite werden die Krümmungsradien der sich gegenüberliegen-

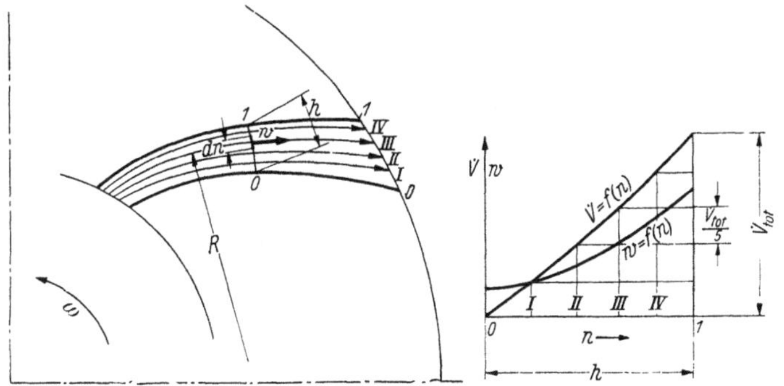

Abb. 370. Erläuterungsskizze zur Bestimmung der Relativgeschwindigkeitsverteilung im rotierenden Kanal

den Abschnitte der Kanalwände nicht sehr voneinander abweichen. An den Kanalbegrenzungen selbst folgt die Strömung der Wandkrümmung, da Ablösungen ausgeschlossen sein sollen. Für den Zwischenverlauf soll nun angenommen werden, daß sich die Krümmung $1/R$ der Strombahnen linear mit n ändert. Hieraus folgt

$$\frac{1}{R}(n) = a + b \cdot n; \qquad (20)$$

dabei sind die Konstanten

$$a = \frac{1}{R_0} \quad \text{und} \quad b = \frac{\dfrac{1}{R_1} - \dfrac{1}{R_0}}{h}. \qquad (21)$$

R_0 ist der Krümmungsradius an der Kanalwand $n = 0$ und
R_1 der Krümmungsradius an der gegenüberliegenden Wand $n = h$.

Die Integration von Gl. (20) ergibt

$$\int\limits_0^n \frac{dn}{R} = a \cdot n + \frac{b}{2} n^2$$

und für den Faktor A in Gl. (19) erhält man

$$A = e^{a\,n + \frac{b}{2}\,n^2}.$$

Da $n \lesseqgtr h \ll R$, kann nach Reihenentwicklung und bei Vernachlässigung der Glieder mit höherer als quadratischer Ordnung von n für A auch geschrieben werden

$$A \approx 1 + a\,n + \frac{n^2}{2}(a^2 + b). \qquad (22)$$

22*

Hieraus folgt

$$\int_0^n A \cdot dn \approx n + \frac{a}{2}\, n^2 + (a^2 + b)\,\frac{n^3}{6}\,.$$

Für die Geschwindigkeit w_1 an der Stelle $n = h$ erhält man somit

$$w_1 = \frac{w_0}{1 + a\,h + (a^2 + b)\,\dfrac{h^2}{2}} + 2\omega\ \frac{h + a \cdot \dfrac{h^2}{2} + (a^2 + b)\,\dfrac{h^3}{6}}{1 + a\,h + (a^2 + b)\,\dfrac{h^2}{2}}\,. \tag{23}$$

Mit Gl. (21) kann man folgende Konstanten bilden

$$B = 1 + a\,h + (a^2 + b)\,\frac{h^2}{2} = 1 + h\left(\frac{1}{R_0} + \frac{h}{2\,R_0^2} + \frac{1}{2\,R_1} - \frac{1}{2\,R_0}\right) = 1 + \frac{h}{2}\left(\frac{R_0 + R_1}{R_0 \cdot R_1} + \frac{h}{R_0^2}\right)$$

und da $h < R_0$ wird

$$B \approx 1 + \frac{h}{2}\,\frac{R_0 + R_1}{R_0 \cdot R_1}\,. \tag{24}$$

Weiterhin ist

$$h \cdot C = h + a \cdot \frac{h^2}{2} + (a^2 + b) \cdot \frac{h^3}{6} = h\left[1 + \frac{h}{2\,R_0} + \frac{h^2}{6}\left(\frac{1}{R_0^2} + \frac{\dfrac{1}{R_1} - \dfrac{1}{R_0}}{h}\right)\right],$$

$$= h\left[1 + \frac{h}{2\,R_0} + \frac{1}{6}\,\frac{h^2}{R_0^2} + \frac{h}{6\,R_1} - \frac{h}{6\,R_0}\right]$$

$$C \approx 1 + \frac{h}{6}\,\frac{R_0 + 2\,R_1}{R_0 \cdot R_1}\,. \tag{25}$$

Die Konstanten B und C sind hierbei nur von der geometrischen Form des Laufrades bzw. des Schaufelkanals abhängig.

Für die Wandgeschwindigkeiten ergibt sich somit die einfache Beziehung

$$w_1 \approx \frac{1}{B}\,(w_0 + 2\omega\,C \cdot h)\,. \tag{26}$$

Die absoluten Größen für w_0 und w_1 erhält man durch Mittelwertsbildung

$$\overline{w} \approx \frac{w_0 + w_1}{2}\,,$$

wobei ein annähernd linearer Verlauf zwischen w_0 und w_1 vorausgesetzt ist. Damit ist nach Gl. (26)

$$\overline{w} \approx \frac{1}{2\,B}\,[w_0(1 + B) + 2\omega\,C \cdot h]\,.$$

Hieraus ergibt sich für die Geschwindigkeit an einer Kanalwandung (Schaufeldruckseite)

$$w_0 \approx 2\,\frac{B\,\overline{w} - C\,\omega\,h}{1 + B}\,, \tag{27}$$

während w_1 mittels Gl. (26) berechnet werden kann. Die mittlere Geschwindigkeit $\overline{w}$ folgt aus der Kontinuitätsbeziehung

$$\overline{w} = \frac{\dot{V}}{z \cdot b \cdot h}\,.$$

Das angegebene Näherungsverfahren verliert seine Gültigkeit, wenn w_0 Werte in der Nähe von Null oder kleiner als Null annimmt.

Negative Geschwindigkeiten ($w_0 < 0$) würden ein Rückströmen eines Teiles des Fördervolumens bedingen; derartige Strömungszustände sind aber voraussetzungsgemäß ausgenommen. Druckseitige Rückströmgebiete werden im allgemeinen in der realen Strömung nicht auftreten, da fast immer vorher Strömungsablösungen als Folge der Zähigkeit an der Schaufelsaugseite auftreten. Durch den hierdurch entstehenden Totraum auf dieser Kanalseite wird die Strömung gegen die Druckseite hin abgedrängt. Hierbei kann natürlich keine lineare Abhängigkeit von $1/R = f(n)$ mehr vorhanden sein, so daß hierfür zur Anwendung der vorstehenden Näherungsbeziehungen im Ablösungsbereich jede Voraussetzung fehlt.

Rechnungsbeispiel.

Zur Erläuterung der hergeleiteten Beziehungen soll die Geschwindigkeitsverteilung in den Schaufelkanälen des in Abb. 371 dargestellten Laufrades berechnet werden. Der Einfachheit halber soll die Strömung als inkompressibel betrachtet werden, was bei der kleinen Förderhöhe dieses Rades ($H_{ad} \approx 500$ m) zulässig ist. Weiterhin sei die Schaufeldicke vernachlässigt.

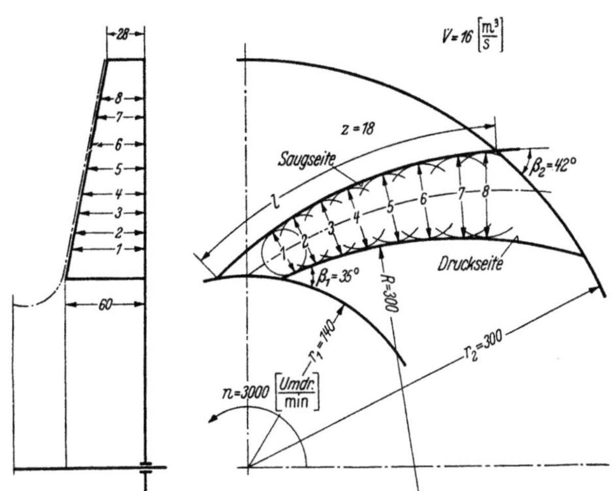

Abb. 371. Rechnungsbeispiel zur Bestimmung der Relativgeschwindigkeitsverteilung im rotierenden Kanal

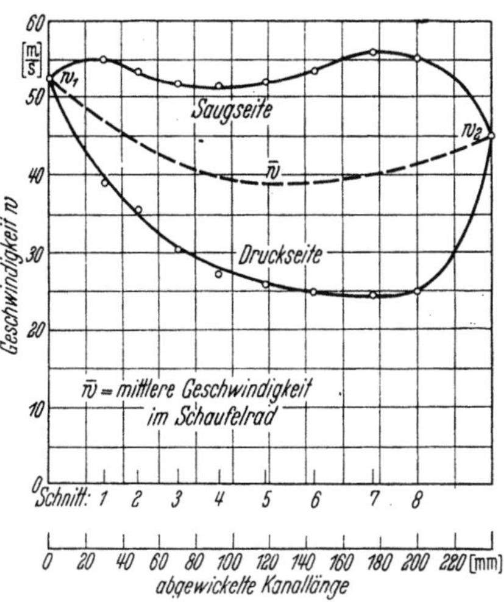

Abb. 372. Geschwindigkeitsverlauf an der Saug- und Druckseite über der abgewickelten Kanalmittellinie aufgetragen (Rechnungsbeispiel)

Bei Schaufeln konstanter Krümmung (Kreisbogenschaufel) ist $R_1 = R_0$ und die Konstanten B und C sind nur von der lichten Weite abhängig. Mit dem vorgegebenen Schaufelradius $R = R_0 = R_1 = 300$ mm wird

$$B \approx 1 + \frac{h}{2}\,\frac{2R}{R^2} = 1 + \frac{h}{R}$$

und

$$C \approx 1 + \frac{h}{6}\,\frac{3R}{R^2} = 1 + \frac{1}{2}\,\frac{h}{R}\,.$$

Das auf einen Schaufelkanal entfallende Fördervolumen beträgt

$$\dot{V}' = \frac{\dot{V}}{z} = \frac{1,60}{18} = 0,089\ [\mathrm{m^3/s}];$$

die Winkelgeschwindigkeit ist bei $n = 3000$ U/min

$$\omega = \frac{\pi \cdot n}{30} = 314\ [1/\mathrm{s}]\,.$$

Hiermit lassen sich Gl. (26) und (27) auf einfache Weise tabellarisch auswerten. Das Ergebnis ist in Abb. 372 dargestellt.

3. Theoretische Förderhöhe bei endlicher Schaufelzahl

Die für einen Schaufelkanal berechnete Geschwindigkeitsverteilung herrscht naturgemäß in allen Kanälen des gleichen Laufrades. Somit sind die für die Kanalwände berechneten Geschwindigkeitsdifferenzen identisch mit den Geschwindigkeitsunterschieden auf den beiden Seiten einer Schaufel. Hieraus läßt sich der Druckverlauf auf beiden Schaufelseiten mit Hilfe der Energiegleichung der Rotationsströmung [Gl. (16)] berechnen. Ein anschauliches Bild der Druckverteilung längs der Schaufelkontur ergibt sich, wenn man die Energiegleichung in der Form

$$p_{\mathrm{stat}} = \frac{\gamma}{2g}\,(u^2 - w^2)$$

schreibt, wobei die Konstante in Gl. (16) gleich Null gesetzt ist, und das Ergebnis für beide Schaufelseiten gemeinsam über der abgewickelten Schaufellänge l aufträgt. Abb. 373 zeigt $p_{\mathrm{stat}} = f(l)$ für das vorstehend berechnete Rad.

Beim Auftragen ist zu beachten, daß an den Schaufelenden auf Saug- und Druckseite die gleiche Geschwindigkeit herrschen muß. Hierzu müssen die Druckkurven stetig bis zu gemeinsamen Endwerten verlängert werden. Die hierdurch bedingte Willkür im Druckverlauf ist für die folgende Berechnung der Arbeitsaufnahme von untergeordneter Bedeutung, betragen doch die möglichen Abweichungen bei sinnvollen Übergängen nur wenige Prozent der von den beiden Druckkurven eingeschlossenen Fläche.

Das vom Laufrad mit z Schaufeln auf die Strömung übertragene Drehmoment ist

$$M_d = z \int_{r_1}^{r_2} \Delta p \cdot b \cdot r \cdot dr; \qquad (28)$$

dabei ist

$$\Delta p = \frac{\gamma}{2g}\,(w_1^2 - w_0^2) \qquad (29)$$

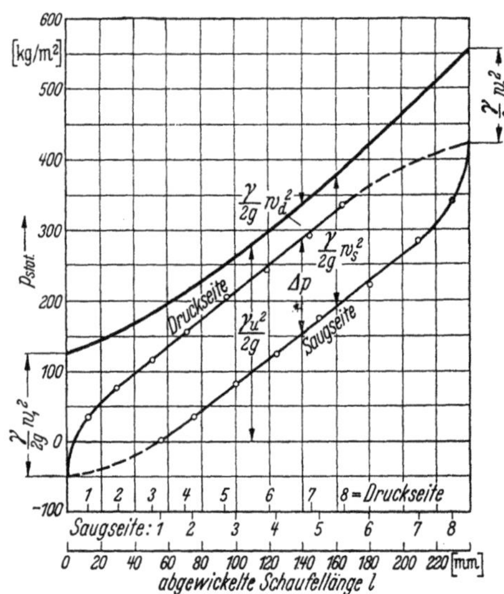

Abb. 373. Druckverteilung über der Schaufellänge für das Rechnungsbeispiel

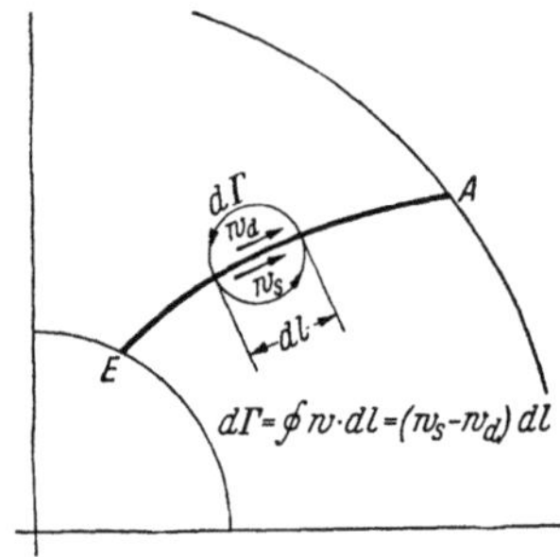

Abb. 374. Hilfsskizze zur Berechnung der Zirkulation um ein Schaufelelement

der berechnete Druckunterschied zwischen Saug- und Druckseite für einen Schaufelpunkt. Mit Hilfe der Leistungsgleichung

$$N = M_d \cdot \omega \qquad (30)$$

ergibt sich die Gesamtdruckerhöhung im Laufrad zu

$$\Delta p_{\text{tot}} = \frac{M_d \cdot \omega}{\dot V}\,. \qquad (31)$$

Hieraus folgt schließlich für die theoretische Förderhöhe bei endlicher Schaufelzahl

$$H_{\text{theor}} = \frac{\Delta p_{\text{tot}}}{\gamma} = \frac{M_d \cdot \omega}{\dot V \cdot \gamma} = \frac{M_d \cdot \omega}{\dot G} \qquad (32)$$

oder nach Einsetzen obenstehender Beziehungen

$$H_{\text{theor}} = \frac{z \cdot \omega}{\dot G} \int_{r_1}^{r_2} (\Delta p \cdot b \cdot r)\,dr. \qquad (33)$$

Die numerische Auswertung dieser Gleichung muß im allgemeinen graphisch erfolgen, wozu man den eingeklammerten Integranden über dem Kompressorradius aufträgt und die zwischen r_1 und r_2 eingeschlossene Fläche planimetriert.

Die theoretische Förderhöhe läßt sich aber noch in einfacherer Weise berechnen. Im Abschn. C II, 5 wurde der Begriff der Zirkulation für die Berechnung der Leistungsaufnahme eingeführt. Als Zirkulation war hierbei das Linienintegral

$$\Gamma_e = \oint \mathfrak{c} \circ d\mathfrak{s}$$

definiert. Betrachtet man nun ein Schaufelelement von der Länge dl (Abb. 374), so erzeugen die Geschwindigkeitsunterschiede auf der Saug- und Druckseite die Elementarzirkulation

$$d\Gamma_e = (w_s - w_d)\,dl.$$

Die gesamte Zirkulation um eine Laufradschaufel ergibt sich hieraus durch Integration von der Schaufeleintrittskante (Zeiger E) bis zur Schaufelaustrittskante (Zeiger A) zu

$$\Gamma_e = \int_{E}^{A} \frac{d\Gamma_e}{dl}\, dl = \int_{E}^{A} (w_s - w_d)\cdot dl. \tag{34}$$

Die Wirkung der Schaufel beruht somit, wie bereits früher dargelegt wurde, auf dem Vorhandensein einer Zirkulation. Die von einem Laufrad mit z Schaufeln erzeugte Dralländerung beträgt (vgl. Abschn. C II, 5)

$$2\pi \cdot \Delta\,(c_u \cdot r) = z \cdot \Gamma_e = \Gamma.$$

Die Gesamtförderhöhe eines Radialkompressors bei reibungsfreier Strömung, also die theoretische Förderhöhe, ist analog Gl. (1)

$$H_{\text{tot}} = \frac{1}{g}\left(u_2 \cdot c_{2_u} - u_1\,c_{1_u}\right) = \frac{\omega}{g}\left(r_2\,c_{2_u} - r_1\,c_{1_u}\right) = \frac{\omega}{g}\,\Delta\,(c_u \cdot r).$$

Diese Beziehung ist unabhängig von der Beschaufelung, gilt also sowohl bei unendlicher als auch endlicher Schaufelzahl. Im letzteren Fall ist aber die relative Austrittsrichtung der Strömung nicht mehr identisch mit dem Austrittswinkel der Schaufeln. Zur Bestimmung der Umfangskomponente am Laufradaustritt ist somit der Ausdruck $\Delta\,(c_u \cdot r)$ durch die Zirkulation zu ersetzen. Für die theoretische Förderhöhe eines Laufrades bei endlicher Schaufelzahl ergibt sich also auch die Beziehung

$$H_{\text{theor}} = \frac{\omega}{g}\,\frac{z \cdot \Gamma_e}{2\pi}. \tag{35}$$

Bei der Berechnung der Förderhöhe mittels der Zirkulation sind also nur die berechneten Geschwindigkeiten über der abgewickelten Schaufellänge aufzutragen. Hieraus erhält man die Differenz $(w_1 - w_0) \equiv (w_s - w_d)$, die durch graphische Integration die gesuchte Schaufelzirkulation ergibt.

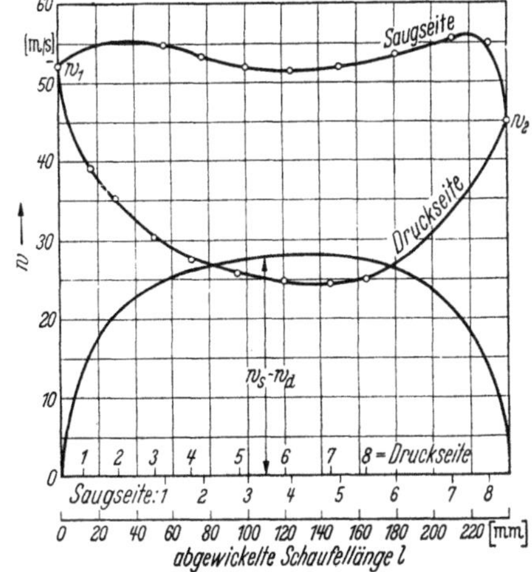

Abb. 375. Geschwindigkeitsverteilung über der Schaufellänge für das Rechnungsbeispiel

Für das Rechnungsbeispiel ist die Geschwindigkeitsverteilung für die beiden Schaufelseiten in Abb. 375 aufgetragen. Die Integration der Geschwindigkeitsdifferenzen ergibt

$$\Gamma_e = \int_{0}^{l=0,24\,\text{m}} (w_1 - w_0)\,dl = 5,5\ [\text{m}^2/\text{s}].$$

Hieraus erhält man die theoretische Förderhöhe des Rades nach Gl. (35):

$$H_{\text{theor}} = \frac{\omega}{g}\,\frac{z \cdot \Gamma_e}{2\pi} = \frac{314}{9,81}\,\frac{18 \cdot 5,5}{2\pi} = 505\left[\frac{1/\text{s}}{\text{m/s}^2}\,\frac{\text{m}^2}{\text{s}} = \text{m}\right].$$

Berechnet man zum Vergleich die Förderhöhe bei unendlicher Schaufelzahl, so erhält man für das Rechnungsbeispiel

$$\lambda = \frac{r_1}{r_2}\,\tan\beta_1 = \frac{0,140}{0,300}\,0,70 = 0,326,$$

$$\psi_\infty = 2\left(1 - \frac{\lambda}{\tan\beta_2}\right) = 2\left(1 - \frac{0,326}{0,90}\right) = 1,274,$$

somit

$$H_{\text{theor}_\infty} = \psi_\infty \cdot \frac{u_2^2}{2g} = 1,274\,\frac{94^2}{2 \cdot 9,81} = 575\ [\text{m}].$$

Die Förderhöhe bei endlicher Schaufelzahl ist also kleiner als bei unendlicher Schaufelzahl. Diese Minderleistung ist in erster Linie von der relativen Kanalbreite, d. h. von der Schaufelzahl abhängig. Mit kleiner werdender Schaufelzahl wird die Verminderung der Förderhöhe, also die Minderleistung, größer. Auch die Kanal- bzw. Schaufelform beeinflußt die erreichbare theoretische Förderhöhe.

Die Minderleistung ist aber kein Energieverlust, sie beeinflußt also nicht den Wirkungsgrad des Kompressors. Für die Berechnung wurde bisher reibungsfreie Strömung vorausgesetzt. Somit entspricht die berechnete theoretische Förderhöhe der an der Kompressorwelle aufgenommenen Arbeit, während Verluste eine Verminderung der bei der Arbeitsaufnahme erzielbaren Druckerhöhung zur Folge haben.

Die bei der Berechnung von radial durchströmten Arbeitsmaschinen gebräuchliche Minderleistung ist der Winkelübertreibung der Schaufeln beim Axialverdichter analog. Die Winkelübertreibung nimmt gleichfalls mit der relativen Kanalbreite, was in diesem Fall durch das Teilungsverhältnis ausgedrückt wird, zu. Die ungleichförmige Geschwindigkeitsverteilung im Schaufelkanal ist die Ursache der Minderleistung bzw. der Notwendigkeit einer Winkelübertreibung.

a) Minderleistungsfaktor [1]

Aus den vorhergehenden Teilabschnitten geht hervor, daß bei nicht zu großer Kanalweite die Geschwindigkeitsverteilung senkrecht zur Strömungsrichtung durch einen linearen Verlauf

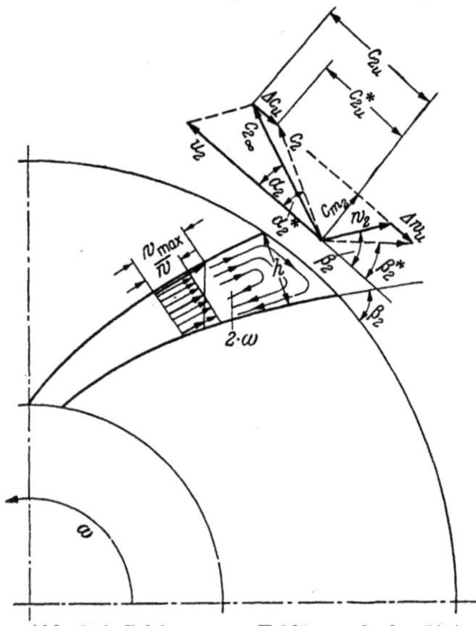

Abb. 376. Zeichnung zur Erklärung der benützten Bezeichnungen
Zeiger * bezieht sich auf die Strömung bei endlicher Schaufelzahl

angenähert werden kann. Diese Geschwindigkeitsverteilung kann man sich zusammengesetzt denken aus einer über die Kanalbreite konstanten Durchflußströmung mit der Geschwindigkeit $\overline{w}$ und einer kreisenden Bewegung, deren Winkelgeschwindigkeit sich bei Vernachlässigung des endlichen Krümmungshalbmessers des Schaufelkanals nach Gl. (18) zu $2\,\omega$ ergibt. Diese kreisende Bewegung ist dem Rotationssinn des Laufrades entgegengerichtet (Relativwirbel) und erzeugt am Ende des Schaufelkanals eine Komponente Δw_u zur Relativgeschwindigkeit w_2 entgegen der Umfangsrichtung (Abb. 376). Die mittlere lineare Geschwindigkeit der kreisenden Bewegung ergibt sich aus

$$w_{\max} = \overline{w} + 2\,\omega\,\frac{h}{2} \text{ (Abb. 376) zu}$$

$$\frac{w_{\max} - \overline{w}}{2} = \frac{\omega \cdot h}{2}. \tag{36}$$

Nimmt man nun entsprechend den Gedankengängen von STODOLA an, daß der Mittelwert der Geschwindigkeitskomponente Δw_u dieser mittleren Geschwindigkeit der kreisenden Bewegung entspricht, dann ist

$$\Delta w_u = \frac{\omega \cdot h}{2}.$$

Die Kanalweite h läßt sich mit den Bezeichnungen in Abb. 376 ersetzen durch

$$h \approx \frac{2\,\pi \cdot r_2}{z} \sin\beta_2.$$

Weiterhin ergibt sich aus den Geschwindigkeitsdreiecken

$$\Delta c_u = c_{2u} - c_{2u}^* = \Delta w_u;$$

Δc_u ist hierbei ein Maß für die Minderleistung als Folge des durch die endliche Schaufelzahl hervorgerufenen Relativwirbels. Hiermit wird

$$\Delta c_u = \frac{\pi \cdot r_2}{z} \sin\beta_2 \cdot \omega = u_2 \cdot \frac{\pi}{z} \sin\beta_2. \tag{37}$$

Man bezeichnet nun das Verhältnis der Förderhöhe bei endlicher Schaufelzahl H_{th} (ohne Reibung) zur Förderhöhe bei unendlicher Schaufelzahl $H_{th\infty}$ als Minderleistungsfaktor

$$\mu = \frac{H_{theor}}{H_{theor\,\infty}} = \frac{\psi_{theor}}{\psi_\infty}. \tag{38}$$

Für den Fall des drallfreien Eintritts in das Laufrad ist

$$H_{theor} = \frac{1}{g}\,u_2 \cdot c_{2u}^* \qquad \text{und} \qquad H_{theor\,\infty} = \frac{1}{g}\,u_2 \cdot c_{2u},$$

---

[1] statt	w_2	c_{2u}	β_2	α_2	$c_{3u} \equiv c_{2u}^*$	β_2^*	$\alpha_3 \equiv \alpha_2^*$
lies	$w_{2\infty}$	$c_{2u\,\infty}$	$\beta_{2\infty}$	$\alpha_{2\infty}$	c_{2u}	β_2	α_2

also

$$\mu = \frac{u_2 \cdot c_{2u}^{*}}{u_2 \cdot c_{2u}} = \frac{u_2 \left(c_{2u} - \varDelta c_u \right)}{u_2 \cdot c_{2u}} = 1 - \frac{\varDelta c_u}{u_2} \frac{u_2}{c_{2u}} .$$

c_{2u}^{*} ist hierbei der Mittelwert der absoluten Umfangskomponente am Schaufelaustritt bei endlicher Schaufelzahl.

Mit Gl. (37) und Gl. (7) ergibt sich für den Minderleistungsfaktor die einfache Beziehung

$$\mu = 1 - \frac{\dfrac{2\pi}{z} \cdot \sin \beta_2}{\psi_{\infty}} \cdot (^1) \tag{39}$$

Für $\lambda = 0$ (Nullförderung) ist $\psi_{\infty} = 2$ und unabhängig vom Schaufelwinkel β_2 (Abb. 364). Hierfür wird

$$\mu_0 = 1 - \frac{\pi}{z} \cdot \sin \beta_2 \tag{40}$$

Gl. (40) ist in Abb. 377 dargestellt.

Während STODOLA nur den Relativwirbel betrachtet, berücksichtigt B. ECK[2] bei der Berechnung der Minderleistung außerdem noch den Einfluß der Zentrifugalkräfte quer zur Relativ-Strömungsrichtung und findet damit eine genauere Gleichung für die Minderleistung in folgender Weise:

Im Sinne der STODOLAschen Überlegungen erzeugt die hinreichend als linear anzusehende Geschwindigkeitsverteilung über der Kanalbreite eine Drehbewegung der gesamten Kanalströmung. Die Winkelgeschwindigkeit dieser Drehbewegung am Schaufelaustritt beträgt mit den Bezeichnungen in Abb. 378

$$\omega' = \frac{\varDelta w_u}{a} .$$

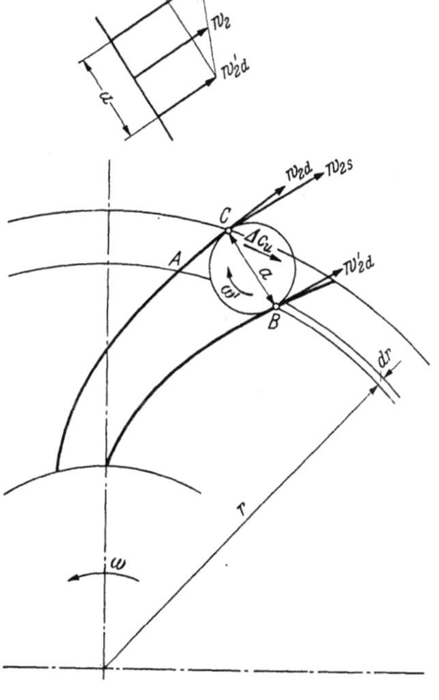

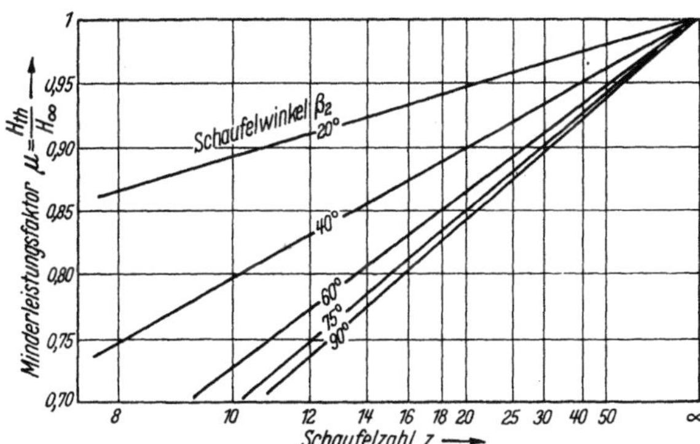

Abb. 377. Minderleistungsfaktor bei Nullförderung (nach STODOLA)
z Schaufelzahl, β_2 Schaufelaustrittswinkel

Abb. 378. Skizze zur Berechnung der Minderleistung (nach ECK)

ω' unterscheidet sich von der Winkelgeschwindigkeit der Radbewegung ω nur dadurch, daß zur Geschwindigkeitsdifferenz $\varDelta w$ neben dem Relativwirbel, den STODOLA allein berücksichtigt, auch die Krümmung der Schaufeln beiträgt.

Die mittlere Geschwindigkeit dieser Drehbewegung der Kanalströmung soll wieder wie bei STODOLA gleich der Verminderung der Umfangskomponente gesetzt werden. Man erhält somit

$$\varDelta c_u = \frac{\omega'}{2} \frac{a}{2} = \frac{\varDelta w}{a} \frac{a}{4} = \frac{\varDelta w}{4} . \tag{41}$$

Man kann die Rechnung dadurch vereinfachen, daß man eine konstante Druckverteilung längs der Schaufelkontur annimmt. Der Druckunterschied zwischen Schaufelsaugseite (Zeiger s)

---

[1] Diese Beziehung wurde zum erstenmal von STODOLA aufgestellt.
[2] ECK, B.: Ventilatoren, 3. Aufl., Berlin/Göttingen/Heidelberg: Springer 1957.

und Schaufeldruckseite (Zeiger d) ist nach der BERNOULLIschen Gleichung bei konstanter Druckverteilung

$$\overline{\varDelta p} = \frac{\varrho}{2}\,(w_s^2 - w_d^2) = \frac{\varrho}{2}\,(w_{2s}^2 - w_{2d}^2).$$

Nun ist aber gemäß Abb. 378 nicht der Geschwindigkeitsunterschied zwischen Saug- und Druckseite für den gleichen Schaufelpunkt, d. h. für konstanten Radius r bekannt, sondern derjenige zwischen den Punkten B und C. Setzt man näherungsweise $w'_{2d} \approx w_{2d}$, was um so mehr der Wirklichkeit entspricht, je größer die Schaufelzahl und je steiler der Austrittswinkel ist, dann ergibt sich für den Druckunterschied

$$\overline{\varDelta p} = \frac{\varrho}{2}\,(w_{2s} + w_{2d})(w_{2s} - w_{2d}) = \varrho \cdot w_2 \cdot \varDelta w$$

und nach Einsetzen von Gl. (41)

$$\overline{\varDelta p} = 4\varrho\, w_2\, \varDelta c_u. \tag{42}$$

Das von den z Schaufeln eines Laufrades erzeugte Drehmoment ist

$$M_d = z \int_{r_1}^{r_2} \varDelta p(r) \cdot b \cdot r \cdot dr.$$

Setzt man zur Abkürzung $\int_{r_1}^{r_2} b\, r\, dr = S$, so wird für $\varDelta p(r) = \overline{\varDelta p} = \text{const.}$

$$M_d = z \cdot \overline{\varDelta p} \cdot S.$$

Andererseits ergibt sich das Drehmoment aus der aufgenommenen Leistung zu

$$M_d = \frac{\dot V \cdot \varDelta p_{\text{tot}}}{\omega}.$$

Nun ist

$$\varDelta p_{\text{tot}} = \varrho \cdot u_2 \cdot c_{3u},$$

wobei c_{3u} die absolute Umfangskomponente am Radaustritt bei endlicher Schaufelzahl bedeutet $(c_{3u} = c_{2u} - \varDelta c_u)$. Hiermit wird

$$M_d = \frac{\dot V \cdot \varrho \cdot u_2 \cdot c_{3u}}{\omega} = \frac{\varrho}{2}\,\pi \cdot D_2^2 \cdot b_2 \cdot c_{m_2} \cdot c_{3u}. \tag{43}$$

Durch Gleichsetzen der Beziehungen für M_d und Einsetzen von Gl. (42) erhält man für die Minderleistung den Ausdruck

$$\varDelta c_u = c_{2u} - c_{3u} = \frac{\pi D_2^2 \cdot b_2 \cdot c_{2m} \cdot c_{3u}}{8 \cdot z \cdot S \cdot w_2} = \frac{\pi \cdot D_2^2 \cdot b_2 \cdot c_{3u}}{8 \cdot z \cdot S}\,\sin\beta_2,$$

wobei $\dfrac{c_{2m}}{w_2} = \sin\beta_2$ gesetzt ist. Als Minderleistungsfaktor erhält man somit

$$\mu = \frac{c_{3u}}{c_{2u}} = \frac{c_{3u}}{c_{3u} + \varDelta c_u} = \frac{1}{1 + \dfrac{\varDelta c_u}{c_{3u}}} = \frac{1}{1 + \dfrac{\pi \cdot D_2^2 \cdot b_2}{8 \cdot z \cdot S}\,\sin\beta_2}. \tag{44}$$

Beschränkt man sich für die numerische Auswertung auf den hier meist betrachteten Fall $c_m(r) = \text{const}$, also $b \cdot r = \text{const}$, dann wird

$$S = \int_{r_1}^{r_2} (b \cdot r)\, dr = r_2 \cdot b_2\,(r_2 - r_1) = \left(\frac{D_2}{2}\right)^2 \cdot b_2 \left(1 - \frac{r_1}{r_2}\right)$$

und man erhielt schließlich für den Minderleistungsfaktor

$$\mu = \frac{1}{1 + \dfrac{\pi}{2z\left(1 - \dfrac{r_1}{r_2}\right)}\,\sin\beta_2}. \tag{45}$$

Abb. 379 zeigt den Minderleistungsfaktor μ entsprechend Gl. (45).

Die Verminderung der Gesamtförderhöhe durch die endliche Schaufelzahl bedeutet in erster Linie eine Verringerung der kinetischen Austrittsenergie aus dem Laufrad. Zu diesem Resultat gelangt man auf einfache Weise durch die Betrachtung des Reaktionsgrades. Analog zu den Herleitungen in Abschn. II, 2 [Gl. (13)] läßt sich bei endlicher Schaufelzahl schreiben

$$\mathfrak{r} = 1 - \frac{c_{3u}}{2u_2} \cdot$$

Nun ist

$$\frac{c_{3u}}{u_2} = \mu \cdot \frac{c_{2u}}{u_2} < \frac{c_{2u}}{u_2},$$

somit also

$$\mathfrak{r} > \mathfrak{r}_\infty \cdot$$

Die statische Förderhöhe vermindert sich also nicht im gleichen Maße wie die Gesamtförderhöhe.

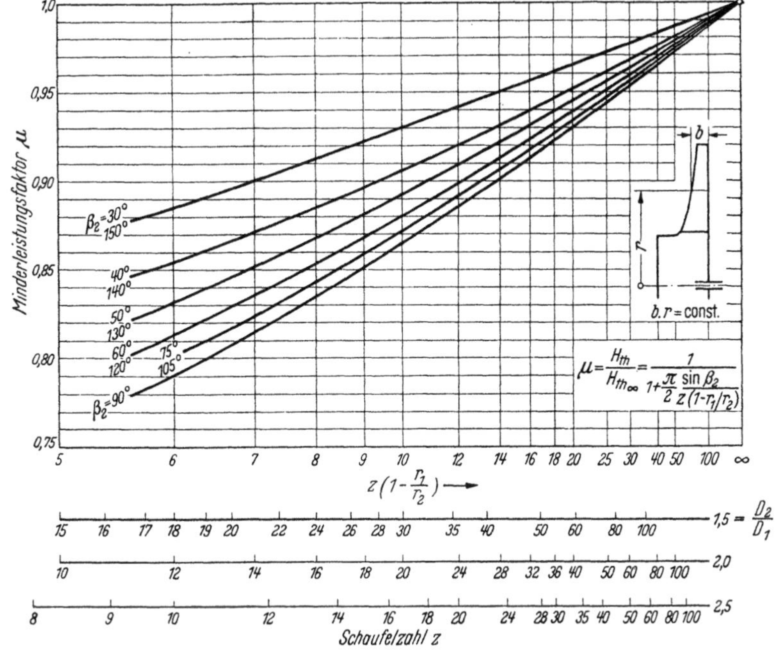

Abb. 379. Minderleistungsfaktor für einen Radbreitenverlauf $b \cdot r =$ konstant (nach Eck)

Für die Konstruktion einer dem Laufrad nachgeschalteten Leitvorrichtung ist noch der mittlere absolute Austrittswinkel aus dem Laufrad von Wichtigkeit. Hierfür findet man aus dem Geschwindigkeitsdreieck Abb. 376

$$\tan \alpha_3 = \frac{c_{2m}}{c_{3u}}, \qquad c_{3u} = \mu \cdot c_{2u}$$

wobei $c_{3u} \equiv c_{2u}^*$ zu setzen ist

und mit $\dfrac{c_{2m}}{u_2} = \lambda$ sowie $\dfrac{c_{2u}}{u_2} = \dfrac{\psi_\infty}{2}$ wird schließlich

$$\tan \alpha_3 = \frac{1}{\mu} \frac{c_{2m}}{u_2} \frac{u_2}{c_{2u}} = \frac{2 \cdot \lambda}{\mu \cdot \psi_\infty} \cdot \tag{46}$$

Für den Fall der inkompressiblen, ebenen Strömung durch einen rotierenden Schaufelstern hat Busemann[1]

---

[1] Busemann, A.: Das Förderhöhenverhältnis radialer Kreiselpumpen mit logarithmisch-spiraligen Schaufeln. ZAMM 8 (1928) H. 5, S. 372–384.

eine exakte Berechnung der Minderleistung durchgeführt. Die Strömung durch das Schaufelrad wird hierbei in drei Anteile aufgespalten,

die Durchflußströmung,
eine Zirkulationsströmung um die Schaufeln
und eine sogenannte Verdrängungsströmung,
die die Rotation des Rades berücksichtigt und – weil die Relativströmung keine Potentialströmung ist – die Schaufelkontur nicht als Stromlinie enthält.

Die Summe dieser Strömungsanteile muß an der Schaufelaustrittskante der KUTTA-JOUKOWSKISCHEN Abflußbedingung genügen.

Als Ergebnis dieser mathematisch recht schwierigen Rechnungen erhält man das Förderhöhenverhältnis $\mu = \psi/\psi_\infty$ als Funktion

des Austrittswinkels β_2,
der Schaufelzahl z,
des Durchmesserverhältnisses D_2/D_1
und der Lieferzahl φ bzw. Mengenzahl λ.

Eine Abhängigkeit von den ersten beiden Einflußgrößen zeigen auch die Näherungen von STODOLA und ECK. Die Letztere enthält als dritte Einflußgröße noch das Durchmesserverhältnis, zeigt aber keine Abhängigkeit von der Lieferzahl; während die STODOLAsche Näherung das Durchmesserverhältnis D_2/D_1 als groß voraussetzt, dagegen aber wegen $\psi_\infty = f(\beta_2$ und $\lambda) $ – s. Abb. 364 – für den Minderleistungsfaktor auch eine Abhängigkeit von der Lieferzahl aufzeigt.

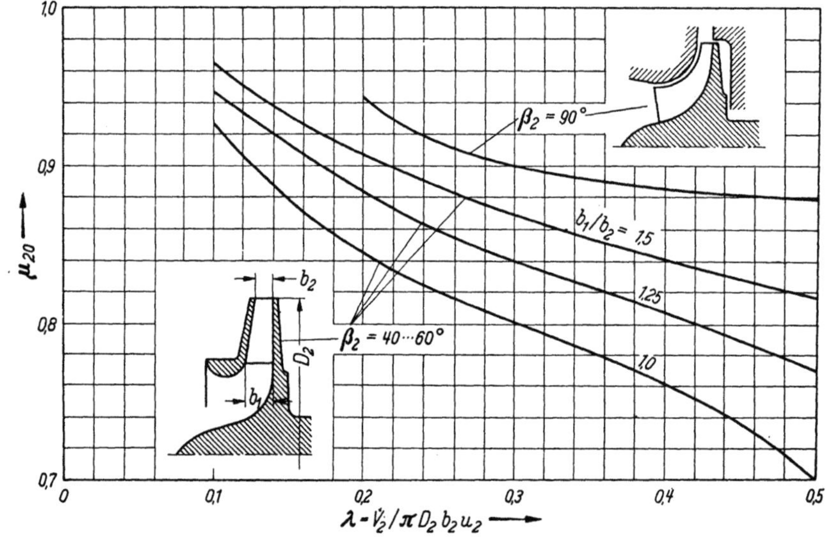

Abb. 380. Minderleistungsfaktor μ_{20} für verschiedene Radialverdichter mit $z = 20$ Laufradschaufeln (nach TRAUPEL)

TRAUPEL[1] hat durch systematische Auswertung von Messungen an ausgeführten Maschinen die Abhängigkeit von der Liefer- bzw. Mengenzahl bestätigt (Abb. 380). Die für das geschlossene Rad angegebenen Werte gelten für ein Durchmesserverhältnis $D_2/D_1 = 1,70$. Eine Abhängigkeit vom Schaufelwinkel konnte in dem untersuchten Bereich $40° \leqq \beta_2 \geqq 60°$ nicht eindeutig festgestellt werden, bzw. wurde durch sekundäre Änderungen der Versuchsbedingungen überdeckt.

Auffallend ist, daß die Kurve für das halboffene Radialrad $\left(\dfrac{D_2}{D_1} = 1,70; \dfrac{b_2}{D_2} = 0,067\right)$ im Gegensatz zu den theoretischen Werten höhere μ-Werte zeigt als die rückwärts gekrümmten Laufräder. Hier dürften vor allem Reibungseinflüsse bzw. Ablösungen in den Schaufelkanälen eine wesentliche Rolle spielen.

Die in Abb. 380 dargestellten Kurven gelten für $z = 20$ Schaufeln. Für andere Schaufelzahlen im Bereich $14 \leqq z \leqq 28$ bestimmt sich der Minderleistungsfaktor näherungsweise zu

$$\mu = 1 - (1 - \mu_{20}) \cdot \frac{20}{z}.$$

___

[1] TRAUPEL, W.: Thermische Turbomaschinen, Bd. 1, Berlin/Göttingen/Heidelberg: Springer 1958.

b) Einfluß der Reibung auf die Minderleistung

Die bisherigen Ausführungen beschränkten sich auf eine reibungsfreie Strömung. Bei der wirklichen, reibungsbehafteten Schaufelströmung werden die Vorgänge innerhalb des Kanals durch die Grenzschicht an den Schaufeln beeinflußt. Der Reibungswiderstand, also die Bremswirkung an den Schaufeln hängt von der Geschwindigkeit ab. Da nun die Geschwindigkeit an der Schaufelsaugseite w_s größer ist als diejenige an der Schaufeldruckseite w_d, ist auch die Grenzschichtdicke bzw. der Energieverlust in der schaufelnahen Strömung an der Saugseite größer. Außerdem verlangt man an der Schaufelsaugseite, gegen das Schaufelende hin, einen relativ großen Druckanstieg, den die energiearme, durch die Grenzschicht gebremste Strömung nicht aufbringen kann. Diese Vorgänge verursachen eine Strömungsablösung an den Schaufelsaugseiten (Abb. 381), was eine Verkleinerung der aktiven Kanalweite h und damit eine Verringerung der Geschwindigkeitsunterschiede zur Folge hat. Bezeichnet man entsprechend Abb. 381 die geometrische Kanalweite mit h und die wirklich aktive Kanalweite mit h^*, dann ist näherungsweise

$$\frac{h^*}{h} = 0{,}7 \text{ bis } 0{,}8\,,$$

wobei für die Berechnung rückwärtsgekrümmter Schaufeln, bei denen die mittlere Relativgeschwindigkeit im Schaufelkanal nur wenig verzögert wird und deshalb weniger Ablösungserscheinungen auftreten, der Wert $h^*/h \approx 0{,}8$ und für radialendigende oder vorwärtsgekrümmte Schaufeln $h^*/h \approx 0{,}7$ einzusetzen ist. Damit beträgt für hyperbolisch geformte Seitenwände [Gl. (45)] der Minderleistungsfaktor mit Berücksichtigung der Reibungseinflüsse

$$\mu = \frac{1}{1 + \dfrac{h^*}{h}\,\dfrac{\pi}{2 \cdot z(1 - r_1/r_2)} \cdot \sin\beta_2}\;(^1)\,. \qquad (45\,\mathrm{a})$$

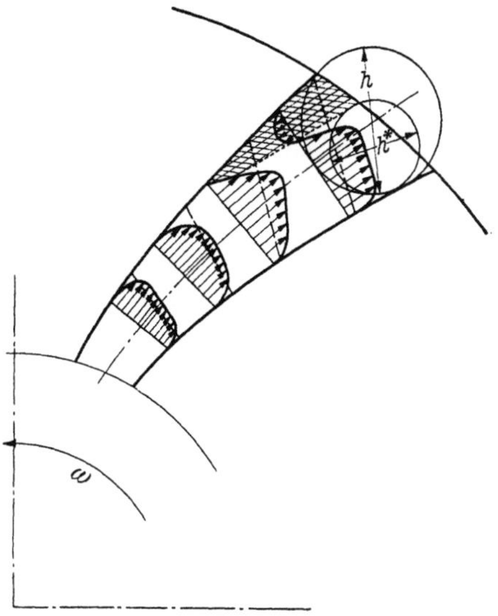

Abb. 381. Darstellung der wirklichen Geschwindigkeitsverteilung bei abgelöster Strömung und ihr Einfluß auf die aktive Kanalweite
h geometrische Kanalweite, h^* aktive Kanalweite

IV. Definition der Wirkungsgrade einer Radialverdichterstufe

In Analogie zu den Ausführungen über den Axialverdichter sollen im folgenden die Strömungsverluste in einer Normalstufe betrachtet werden. Dabei besteht die Normalstufe eines Radialkompressors aus dem Laufrad mit nachgeschaltetem Leitrad mit bzw. ohne Spirale. Die beim Durchströmen einer Normalstufe entstehenden Schaufelverluste werden durch die Reibung, durch Querschnitts- und Richtungsänderungen hervorgerufen. Außer den Schaufelverlusten müssen die Reibung an den Außenwänden des Laufrades, also die Radreibungsleistung, sowie die Spaltverluste, die durch Rückströmen verdichteten Gases an den Dichtungsstellen zwischen Laufrad und Gehäuse, in den Stopfbüchsen und im Ausgleichkolben entstehen, berücksichtigt werden. Die folgenden Betrachtungen sollen auf den Auslegezustand eines Radialverdichters beschränkt bleiben, weshalb Stoßverluste, die durch Schräganströmen der Schaufeleintrittskanten entstehen, sowie Austauschverluste, die bei Teillastbetrieb durch Rückströmen der Grenzschicht aus dem Diffusor in das Laufrad verursacht werden, unberücksichtigt bleiben.

1. Laufradverluste

Am Radeinlauf entstehen durch die Umlenkung der Zuströmrichtung in die radiale Richtung Verluste, deren Größe in der Form

$$\Delta h_1 = \zeta_1 \cdot \frac{c_1^2}{2g}$$

---

[1] B. Eck berücksichtigt den Reibungseinfluß durch den Ansatz $\dfrac{h^*}{h} \cdot \pi \cdot \sin\beta_2 = 1{,}5 + 1{,}1 \cdot \dfrac{\beta_2}{90°}$ und erhält somit für den Minderleistungsfaktor für den Fall $b \cdot r = $ konstant

$$\mu = \frac{1}{1 + \dfrac{1{,}5 + 1{,}1 \cdot \dfrac{\beta_2}{90°}}{2 \cdot z\left(1 - \dfrac{r_1}{r_2}\right)}}\,.$$

dargestellt werden kann. Weitere Verluste entstehen als Folge der Kanalreibung beim Durchströmen des Laufrades. Da die relative Eintrittsgeschwindigkeit w_1 die größte Geschwindigkeit ist, die im Laufrad auftritt, wird der Reibungsverlust im Laufrad durch die Größe von w_1 maßgeblich beeinflußt. Der Laufradreibungsverlust soll deshalb in der Form

$$\Delta h_2 = \zeta_2 \cdot \frac{w_1^2}{2g}$$

ausgedrückt werden. Dieser Ansatz berücksichtigt zwar nicht den Einfluß der Kanalform, ermöglicht jedoch für die hier angestellten Überschlagrechnungen eine einfache Darstellungsweise.

Die Laufradverluste betragen somit

$$\Delta h_R = \zeta_1 \cdot \frac{c_1^2}{2g} + \zeta_2 \cdot \frac{w_1^2}{2g} \, . \tag{47}$$

Dabei sind ζ_1 und ζ_2 Verlustzahlen, deren Größe aus Versuchsauswertungen zu ermitteln sind. Auf Grund ausgeführter Verdichter kann man mit etwa folgenden Werten rechnen

$$\zeta_1 \approx 0,1 \text{ bis } 0,15$$
$$\zeta_2 \approx 0,2 \text{ bis } 0,25, \text{ was gute Oberflächenbeschaffenheit der}$$

durchströmten Laufradkanäle voraussetzt.

Bei drallfreiem Eintritt in die Stufe ist

$$c_1 = c_{1_m}; \qquad w_1^2 = c_{1_m}^2 + u_1^2,$$

also

$$2g \cdot \Delta h_R = c_{1_m}^2 (\zeta_1 + \zeta_2) + u_1^2 \cdot \zeta_2 . \tag{47a}$$

Definiert man als Laufrad-Verlustdruckzahl

$$\Delta \psi_R = \frac{2g \, \Delta h_R}{u_2^2} ,$$

dann erhält man mit Gl. (47a)

$$\Delta \psi_R = \left(\frac{c_{1m}}{u_2} \right)^2 (\zeta_1 + \zeta_2) + \left(\frac{u_1}{u_2} \right)^2 \cdot \zeta_2 . \tag{48}$$

Die absolute Eintrittsgeschwindigkeit in das Laufrad (drallfreier Zulauf) $c_1 = c_{1m}$, beträgt aus Kontinuitätsgründen

$$c_{1m} = \frac{\dot{V}_1}{\pi \cdot D_1 \cdot b_1} \, .$$

Wie später noch dargelegt wird, kann man für die Eintrittsbreite b_1 die Näherungsgleichung

$$b_1 \approx D_1/5$$

ableiten.

Damit ist

$$c_{1m} = \frac{\dot{V}_1}{\frac{\pi}{5} \cdot D_1^2} = \frac{1,25 \cdot \dot{V}_1}{\frac{\pi}{4} \cdot D_1^2}$$

und

$$\frac{c_{1m}}{u_2} = \frac{1,25 \cdot \dot{V}_1}{\frac{\pi}{4} D_1^2 \cdot u^2} = \frac{1,25}{(D_1/D_2)^2} \frac{\dot{V}_1}{\frac{\pi}{4} D_2^2 \cdot u_2} = \frac{1,25}{(D_1/D_2)^2} \cdot \varphi \, ,$$

$$\Delta \psi_R = \frac{1,56}{(D_1/D_2)^4} \cdot (\zeta_1 + \zeta_2) \varphi^2 + \left(\frac{D_1}{D_2} \right)^2 \cdot \zeta_2 , \tag{49}$$

wobei φ die Lieferzahl ist.

2. Diffusorverluste

Im Diffusor, der aus einem Leitrad oder aus einer Spirale bzw. aus Leitrad und Spirale bestehen kann, soll die hinter dem Laufrad vorhandene Geschwindigkeitsenergie in Druckenergie umgewandelt werden. Die Verzögerung der in den Diffusor eintretenden Geschwindigkeit c_3

auf die Geschwindigkeit c_4 am Austritt aus dem Diffusor erfolgt unter Verlusten, deren Größe bei Annahme, daß im Diffusor keine Ablösung der Strömung auftritt,

$$\Delta h_D = \Delta h_3 = \zeta_3 \frac{c_3^2 - c_4^2}{2g} \tag{50}$$

beträgt. Dabei ist die Verlustzahl $\zeta_3 \approx 0{,}25$. Für die hier betrachtete Normalstufe sei wieder

$$H_{\text{tot}} \approx H_{\text{stat}}, \qquad \text{also} \qquad c_4 = c_1 = c_{1_m}.$$

Nimmt man weiterhin an, daß der Diffusor, beispielsweise in der Form eines Leitrades, direkt an das Laufrad anschließt, dann ist

$$c_3^2 \approx c_2^2 = c_{2_m}^2 + c_{2_u}^2.$$

Für $c_{1m} \approx c_{2m} = c_m$, was sich zum Erreichen guter Wirkungsgrade als günstig erwiesen hat, erhält man dann

$$2g \cdot \Delta h_3 = \zeta_3 \left(c_m^2 + c_{2u}^2 - c_m^2 \right) = \zeta_3 \cdot c_{2u}^2.$$

Nun kann man, analog den Ausführungen über das Laufrad, eine Diffusor-Verlustdruckzahl $\Delta \psi_D$ bilden in der Form

$$\Delta \psi_D = \zeta_3 \left(\frac{c_{2u}}{u_2} \right)^2 = \zeta_3 \frac{\psi_{\text{theor.}}^2}{4}. \tag{51}$$

3. Radreibungsverluste

Bei der Drehung eines Laufrades in einem Gehäuse wird das zwischen Radscheibe und Gehäusewand befindliche Gas in Drehung versetzt, was den Radreibungsverlust zur Folge hat.

Das zur Überwindung der Scheibenreibung notwendige Drehmoment der rotierenden Scheibe ist

$$M \sim \tau \cdot F \cdot a,$$

wobei τ die Schubspannung, F das Flächenelement und a den Hebelarm darstellt, an dem die resultierende Kraft angreift.

Bezeichnen μ die absolute Zähigkeit, ϱ die Dichte, ν die kinematische Zähigkeit, $r = D/2$ den Scheibenhalbmesser, ω die Winkelgeschwindigkeit des Laufrades und δ die Reibungsschichtdicke, dann ist

$$\tau \sim \omega^{\frac{3}{2}} \cdot \mu^{\frac{1}{2}} \cdot D \cdot \varrho^{\frac{1}{2}}$$
$$F \sim D^2$$
$$a \sim D.$$

Damit beträgt das Reibungsmoment einer Scheibe bei Laminarströmung des Gases zwischen Scheibe und Gehäuse

$$M = C \cdot D^3 \cdot \varrho \cdot u^2 \sqrt{\frac{\nu}{u \cdot D}}. \tag{52}$$

Nach W. G. Cochran[1] ist

$$C \approx 0{,}342.$$

Für turbulente Strömung ist die Komponente der Wandschubspannung in Umfangsrichtung $\tau \cdot \cos \varphi'$, wobei φ' der Winkel der Strömung gegen die Umfangsrichtung ist. Nach den Gesetzen der turbulenten Strömung ist

$$\tau \cdot \cos \varphi' \sim \varrho \left(\omega \cdot r \right)^{\frac{7}{4}} \cdot \left(\frac{\nu}{\delta} \right)^{\frac{1}{4}}.$$

Die Radialkomponente der Wandschubspannung hält sich mit der Zentrifugalkraft im Gleichgewicht, somit ist

$$\tau \cdot \sin \varphi' \sim \varrho \cdot \omega^2 \cdot r \cdot \delta,$$

also

$$\cot \varphi' \sim \frac{(\omega \cdot r)^{\frac{7}{4}}}{\omega^2 \cdot r} \cdot \frac{\left(\frac{\nu}{\delta} \right)^{\frac{1}{4}}}{\delta}$$

und daraus

$$\delta \sim r^{\frac{3}{5}} \cdot \left(\frac{\nu}{\omega} \right)^{\frac{1}{5}}.$$

---

[1] Cochran, W. G.: Proc. Cambridge Philos. Soc. 30 (1934) Part 3.

Nun ist

$$M \sim \tau \cdot \cos\varphi' \cdot D^2 \cdot D.$$

Mit den obigen Beziehungen findet man für das Reibungsmoment einer Scheibe vom Durchmesser D und der Umfangsgeschwindigkeit u bei turbulenter Strömung

$$M = C^* \cdot D^3 \cdot u_2^2 \cdot \varrho \left(\frac{\nu}{u \cdot D}\right)^{\frac{1}{5}}. \tag{53}$$

Nach Messungen von F. Schultz-Grunow[1] ist $C^* \approx 0{,}0067$.

Mit Gl. (52) erhält man als Reibungsleistung N_r in PS

$$N_r = \frac{M \cdot \omega}{75} = 1{,}8 \cdot 10^{-4} \cdot \varrho \cdot u_2^3 \cdot D_2^2 \left(\frac{\nu}{u_2 \cdot D_2}\right)^{\frac{1}{5}}$$

$$= 1{,}8 \cdot 10^{-4} \cdot \varrho \cdot u_2^3 \cdot D_2^2 \cdot R_e^{-\frac{1}{5}}, \tag{54}$$

wobei ω die Winkelgeschwindigkeit der Scheibe ist. Da die Reibungsleistung mit der 0,8. Potenz der Dichte wächst, sind in Gl. (53) für ϱ und ν die Werte am jeweiligen Radaustritt zu nehmen. Wie bei der Rohrströmung erhöht die Rauhigkeit die Reibungsleistung. Da aber entsprechend Gl. (53) N_r mit der 5. Potenz des Raddurchmessers zunimmt, genügt es stets, nur die äußeren Teile (bis $\approx 0{,}7 \cdot D_2$) der Scheibe zu bearbeiten.

Während eine genaue Ermittlung der Reibungsleistung im Einzelfall nach Gl. (54) zu erfolgen hat, soll im folgenden eine Mittelwertsbildung für die Reibungsleistung vorgenommen werden zum Zwecke einer noch übersichtlicheren Darstellung der Gesamtverluste in der Normalstufe eines Radialverdichters.

Schreibt man Gl. (53) in der Form

$$N_r = \text{const}\,\gamma \cdot u_2^3 \cdot D_2^2 \tag{54a}$$

und setzt für die Konstante $(1{,}1 \text{ bis } 1{,}2) \cdot 10^{-6}$, was Stodola durch Messungen an glatten Scheiben ermittelte, dann entspricht diese Annahme einer Reynoldszahl in Gl. (54) von $Re \approx 7{,}5 \cdot 10^5$ bis $1{,}15 \cdot 10^6$, was praktisch mittleren Verhältnissen gleichkommt. Bezeichnet man den Förderhöhenverlust als Folge der Radreibung mit Δh_4, dann kann die Radreibungsleistung mit dem Ziel diese in einem Auslegungsdiagramm mitberücksichtigen zu können auch in folgender Form dargestellt werden:

$$N_r = \frac{\dot{G} \cdot \Delta h_4}{75} = \frac{\dot{V} \cdot \gamma \cdot \Delta h_4}{75}. \tag{55}$$

Aus Gl. (54) und (55) ergibt sich dann

$$\text{const}\,\gamma \cdot u_2^3 \cdot D_2^2 = \frac{1}{75} \cdot \Delta h_4 \cdot \dot{V} \cdot \gamma$$

$$\Delta h_4 = 75 \cdot \text{const}\,\frac{u_2^3 \cdot D_2^2}{\dot{V}} = A \cdot \frac{u_2^2}{2g}\,\frac{\frac{\pi}{4} D_2^2 \cdot u_2}{\dot{V}}; \tag{56}$$

dabei ist

$$A = \frac{4}{\pi} \cdot 2g \cdot 75\,\frac{1{,}1 \div 1{,}2}{10^6} \approx 0{,}002.$$

Mit der Definition der Lieferzahl $\varphi = \dfrac{\dot{V}}{\frac{\pi}{4} D_2^2 \cdot u_2}$ erhält man eine Radreibungs-Verlustzahl in der Form

$$\Delta\psi_r = \frac{2g \cdot \Delta h_4}{u_2^2} \approx \frac{0{,}002}{\varphi}. \tag{57}$$

4. Spaltverluste

Am Austritt des Laufrades einer Verdichterstufe herrscht gegenüber dem Saugstutzen Überdruck. Um eine unerwünschte Gasströmung zwischen Druck- und Saugraum nach Möglichkeit zu verhindern, werden vorwiegend am inneren Laufradumfang Dichtungen vorgesehen.

---

[1] Schultz-Grunow, F.: ZAMM 15 (1935) S. 191.

Die Abdichtung erfolgt bei Gasgebläsen durch Asbest-, Kohlering- und Flüssigkeitsdichtungen, bei Verdichtern meistens durch Labyrinthdichtungen, die aus einer Anzahl von Dichtungsspitzen

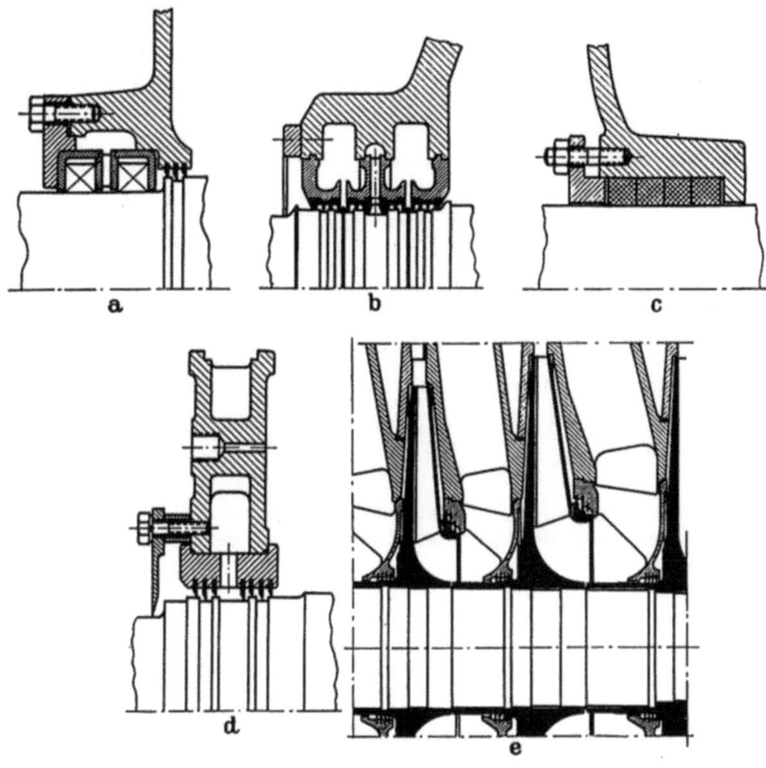

Abb. 382a—e. Verschiedene Ausführungsformen von Dichtungen bei Radialverdichtern.
a) Kohleringdichtung; b) Flüssigkeitsdichtung; c) Asbestschnurdichtung für Gasgebläse; d) e) Labyrinthdichtungen

mit möglichst kleinem Spiel zwischen dem stillstehenden Gehäuse und dem Rotor bestehen (Abb. 382). Erfahrungsgemäß sind zur Kleinhaltung der Spaltverluste viele schmale Kammern wirksamer als wenige breite Kammern. Die Spaltweite selbst soll so klein wie möglich sein, wobei jedoch die Radialspiele bei Betriebsdrehzahlen, die über der kritischen Drehzahl liegen, so anzupassen sind, daß Anstreifen vermieden wird. Besondere Sorgfalt verlangt die äußere Abdichtung am Ausgleichkolben, der dem Ausgleich des Axialschubes dient, da hier das Druckgefälle zwischen dem Druckraum der letzten Stufe eines Radialverdichters und dem Außendruck am größten ist.

Das durch ein Labyrinth entweichende Gasgewicht $\Delta \dot{G}$ läßt sich wie folgt berechnen:

Mit den Bezeichnungen in Abb. 383 ist die Geschwindigkeit an irgendeiner Spaltstelle

$$\frac{c_{\nu+1}^2}{2g} = h_{\mathrm{ad}_\nu}, \quad \text{wobei} \quad h_{\mathrm{ad}_\nu} = c_p \cdot T_\nu \left[1 - \left(\frac{p_{\nu+1}}{p_\nu} \right)^{\frac{\varkappa-1}{\varkappa}} \right] \text{ ist.}$$

Damit wird

$$\frac{c_{\nu+1}^2}{2g} = c_p \cdot \frac{p_\nu \cdot v_\nu}{R} \left[1 - \left(\frac{p_{\nu+1}}{p_\nu} \right)^{\frac{\varkappa-1}{\varkappa}} \right]. \tag{58}$$

Nach der Kontinuitätsgleichung ist

$$c_{\nu+1} = \frac{\Delta \dot{G} \cdot v_{\nu+1}}{F}; \tag{59}$$

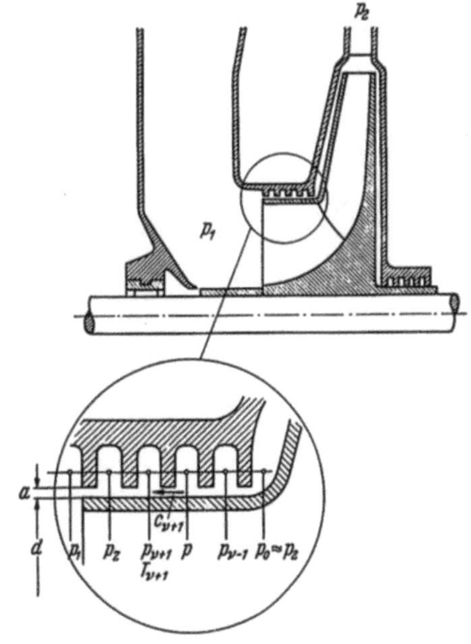

Abb. 383. Skizze zur Erklärung des Spaltverlustes
($F = \pi \cdot d \cdot a =$ Spaltfläche. $p - p_\nu$)

darin ist

$$v_{\nu+1} = v_\nu \left(\frac{p_\nu}{p_{\nu+1}}\right)^{\frac{1}{\varkappa}}. \tag{60}$$

Aus Gl. (58), (59) und (60) erhält man

$$\Delta \dot{G} = F \sqrt{2g \frac{\varkappa}{\varkappa+1} \frac{p_\nu}{v_\nu} \left[\left(\frac{p_{\nu+1}}{p_\nu}\right)^{\frac{2}{\varkappa}} - \left(\frac{p_{\nu+1}}{p_\nu}\right)^{\frac{\varkappa+1}{\varkappa}}\right]}.$$

Setzt man

$$p_{\nu+1} = p_\nu - \Delta p,$$

dann ist

$$\Delta \dot{G} = F \sqrt{2g \frac{\varkappa}{\varkappa-1} \frac{p_\nu}{v_\nu} \left[\left(\frac{p_\nu - \Delta p}{p_\nu}\right)^{\frac{2}{\varkappa}} - \left(\frac{p_\nu - \Delta p}{p_\nu}\right)^{\frac{\varkappa+1}{\varkappa}}\right]}.$$

Kennzeichnet man den Kesselzustand in der ν ten Kammer mit T, p_ν und v_ν, dann erhält man, wenn man obige Gleichung nach dem binomischen Lehrsatz entwickelt

$$\frac{\Delta \dot{G}^2}{F^2} = 2g \cdot \frac{\varkappa}{\varkappa-1} \frac{p_\nu^2}{R \cdot T} \left[1 - \frac{\Delta p}{p_\nu} \frac{2}{\varkappa} - \left(1 - \frac{\varkappa+1}{\varkappa} \frac{\Delta p}{p_\nu}\right)\right] = 2g \frac{p_\nu \cdot \Delta p}{R \cdot T} \quad \text{(gültig für ein Labyrinth)}.$$

In der $(\nu+1)$ ten Kammer soll nun die Geschwindigkeit vollkommen in Reibungswärme übergegangen sein; dann ist die statische Temperatur in der $(\nu+1)$ ten Kammer gleich der Totaltemperatur und damit für alle Kammern gleich groß, also $T = \text{const}$.

Bezeichnet nun z die Anzahl der Labyrinthe, dann ist die Summe der den z Labyrinthen entsprechenden Gleichungen

$$z \frac{\Delta \dot{G}^2}{F^2} = \frac{2g}{R \cdot T} [p_0 \cdot \Delta p + p_{\nu-1} \cdot \Delta p + \cdots + p_{z-1} \cdot \Delta p]$$

oder

$$z \cdot \frac{\Delta \dot{G}^2}{F^2} = \frac{2g}{R \cdot T} \int p \cdot dp = \frac{2g \cdot R}{R \cdot p_2 \cdot v_2} \int\limits_{p=p_z}^{p_2} p \cdot dp = \frac{2g}{p_2 \cdot v_2} \left(\frac{p_2^2}{2} - \frac{p_z^2}{2}\right).$$

Damit wird

$$\Delta \dot{G} = F \sqrt{\frac{g}{p_2 \cdot v_2 \cdot z} (p_2^2 - p_z^2)}. \tag{61}$$

Nun soll beim Ausfluß aus der z ten Kammer gerade Schallgeschwindigkeit erreicht sein, dann ist an dieser Stelle

$$c_{\text{krit}} = \sqrt{2g \frac{\varkappa}{\varkappa-1} p_z \cdot v_z}.$$

Nun ist

$$\Delta \dot{G} = \frac{c_{\text{krit}} \cdot F}{v_{\text{krit}}},$$

$$v_{\text{krit}} = v_z \left(\frac{p_z}{p_{\text{krit}}}\right)^{\frac{1}{\varkappa}} \quad \text{und} \quad \frac{p_{\text{krit}}}{p_z} = \left(\frac{2}{\varkappa+1}\right)^{\frac{\varkappa}{\varkappa-1}},$$

also

$$\frac{\Delta \dot{G}}{F} = \sqrt{\frac{p_z}{v_z}} \cdot \sqrt{2g \frac{\varkappa}{\varkappa+1} \cdot \left(\frac{2}{\varkappa+1}\right)^{\frac{1}{\varkappa-1}}} = \sqrt{\frac{p_z}{v_z}} \cdot \alpha \tag{62}$$

mit

$$\alpha = \sqrt{2g \cdot \frac{\varkappa}{\varkappa+1} \cdot \left(\frac{2}{\varkappa+1}\right)^{\frac{1}{\varkappa-1}}}.$$

In demjenigen Labyrinth, in dem noch keine Schallgeschwindigkeit erreicht worden ist, gilt Gl. (61) in der Form

$$\frac{\Delta \dot{G}}{F} = \sqrt{\frac{g}{p_2 \cdot v_2 (z-1)} (p_2^2 - p_z^2)}. \tag{61a}$$

Wenn im letzten Spalt die kritische Geschwindigkeit erreicht wird, fließt das durch Gl. (62) ausgedrückte Gasgewicht; andererseits muß aber durch die übrigen Spalte das gleiche Gewicht fließen. Aus Gl. (61a) und

(62) findet man das Druckverhältnis p_z/p_2 in Abhängigkeit von der Spaltzahl z, also

$$\sqrt{\frac{p_z}{v_z}} \cdot \alpha = \sqrt{\frac{g}{p_2 \cdot v_2 (z-1)} (p_2^2 - p_z^2)} .\qquad (63)$$

Da die Geschwindigkeit des Gases in den einzelnen Labyrinthkammern praktisch gleich Null ist, ist auch die Temperatur des Gases in allen Kammern gleich, also $T_2 = T_z$. Damit wird $p_2 \cdot v_2 = p_z \cdot v_z$ und man erhält mit Gl. (63)

$$\left(\frac{p_z}{p_2}\right)^2 = \frac{g}{g + \alpha^2 (z-1)} .\qquad (64)$$

Nun ist

$$\frac{p_{\mathrm{krit}}}{p_2} = \frac{p_{\mathrm{krit}}}{p_z}\,\frac{p_z}{p_2} = \left(\frac{2}{\varkappa+1}\right)^{\frac{\varkappa}{\varkappa-1}} \cdot \sqrt{\frac{g}{g + \alpha^2 (z-1)}} .$$

Ist nun

$$p_1 > p_2 \left(\frac{2}{\varkappa+1}\right)^{\frac{\varkappa}{\varkappa-1}} \cdot \sqrt{\frac{g}{g + \alpha^2 (z-1)}} ,$$

dann tritt die kritische Schallgeschwindigkeit im letzten Spalt nicht auf, d. h. das durch die Labyrinthe entweichende Gasgewicht kann nach Gl. (61) berechnet werden, wobei $p_z = p_1$ gesetzt wird. Setzt man noch den Wert für α ein, dann ist also für die Bedingung

$$p_1 > p_2 \left(\frac{2}{\varkappa+1}\right)^{\frac{\varkappa}{\varkappa-1}} \sqrt{\frac{1}{1 + \dfrac{2\varkappa}{\varkappa+1}\left(\dfrac{2}{\varkappa+1}\right)^{\frac{2}{\varkappa-1}} \cdot (z-1)}} ,\qquad (65\,\mathrm{a})$$

das durch die Spalte entweichende Gewicht

$$\varDelta \dot{G} = F \sqrt{\frac{g}{p_2 \cdot v_2 \cdot z} (p_2^2 - p_1^2)} \quad [\mathrm{kg/s}] .\qquad (65\,\mathrm{b})$$

Für atmosphärische Luft ist $\varkappa = 1{,}4$ und man erhält

$$p_1 > p_2 \cdot 0{,}771 \sqrt{\frac{1}{1{,}13 + z}}\qquad (65\,\mathrm{c})$$

und

$$\frac{\varDelta \dot{G}}{F} \cdot \frac{\sqrt{T_2}}{p_2} = \sqrt{\frac{g}{R \cdot z} \cdot \left[1 - \left(\frac{p_1}{p_2}\right)^2\right]} .\qquad (65\,\mathrm{d})$$

Ist

$$p_1 < p_2 \left(\frac{2}{\varkappa+1}\right)^{\frac{\varkappa}{\varkappa-1}} \sqrt{\frac{1}{1 + \dfrac{2\varkappa}{\varkappa+1}\left(\dfrac{2}{\varkappa+1}\right)^{\frac{2}{\varkappa-1}} \cdot (z-1)}} ,\qquad (66\,\mathrm{a})$$

dann ist das Spaltverlustgewicht

$$\varDelta \dot{G} = \alpha F \sqrt{\frac{p_z}{v_z}} = \alpha \cdot F \cdot \sqrt{\frac{p_z^2}{p_2 \cdot v_2}}$$

und mit Gl. (64)

$$\varDelta \dot{G} = F \sqrt{\frac{p_2}{v_2}\,\frac{g}{\dfrac{g}{\alpha^2} + (z-1)}} \quad [\mathrm{kg/s}]\qquad (66\,\mathrm{b})$$

oder

$$\frac{\varDelta \dot{G}}{F} \cdot \frac{\sqrt{T_2}}{p_2} = \sqrt{\frac{1}{R} \cdot \frac{g}{\dfrac{g}{\alpha^2} + (z-1)}} .\qquad (66\,\mathrm{c})$$

Für Luft ist also der Spaltluftdurchsatz bei überkritischem Druckverhältnis

$$\frac{\varDelta \dot{G}}{F} \cdot \frac{\sqrt{T_2}}{p_2} \sqrt{\frac{g}{R} \cdot \frac{1}{1{,}13 + z}} .\qquad (66\,\mathrm{d})$$

In Abb. 384 ist der Spaltverlust $\dfrac{\varDelta \dot{G}}{\zeta \cdot F} \cdot \dfrac{\sqrt{T_2}}{p_2}$ in Abhängigkeit vom Druckverhältnis und der Spaltzahl z dargestellt. Eingetragen ist der Verlauf entsprechend Gl. (65d) für den unterkritischen und entsprechend Gl. (66d) für den überkritischen Bereich. Da der Spalt eine Düse

23*

darstellt, müßte der Kurvenzug kontinuierlich vom unterkritischen in den überkritischen Bereich übergehen. Als Folge der Näherung ergibt sich aber beim jeweils kritischen Druckverhältnis ein

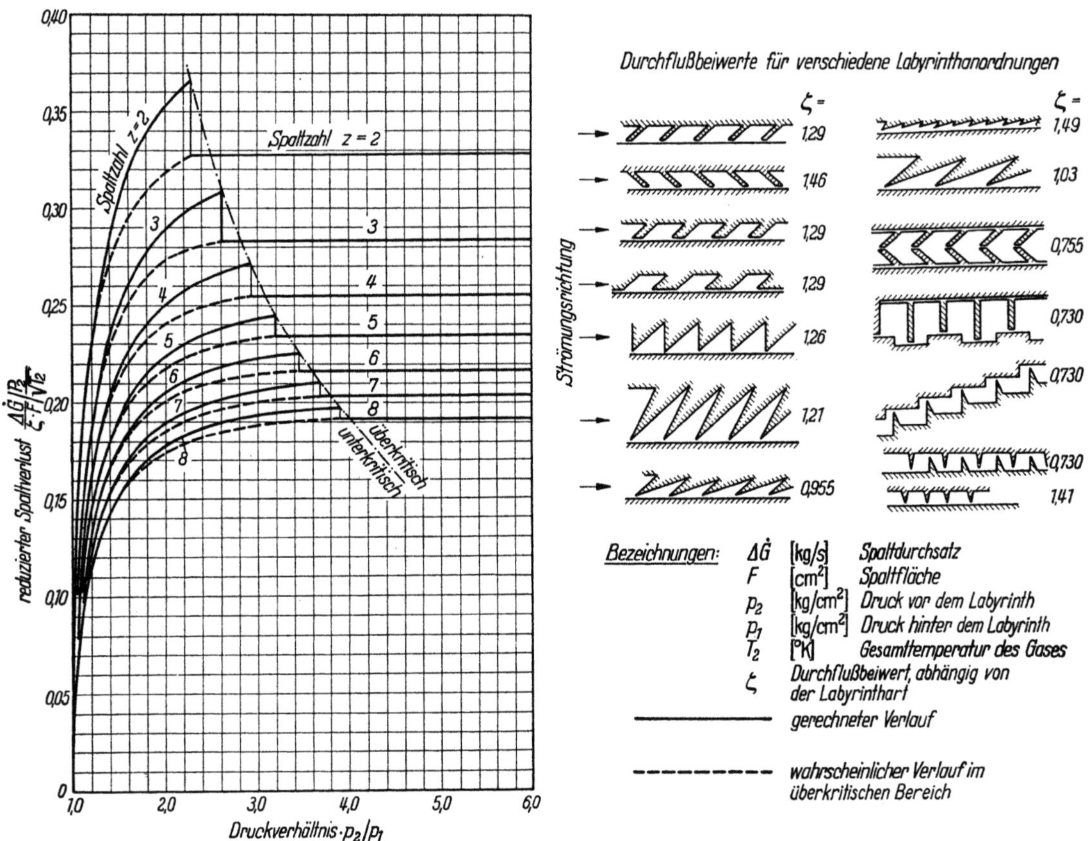

Abb. 384. Durchlässigkeit von Labyrinthdichtungen

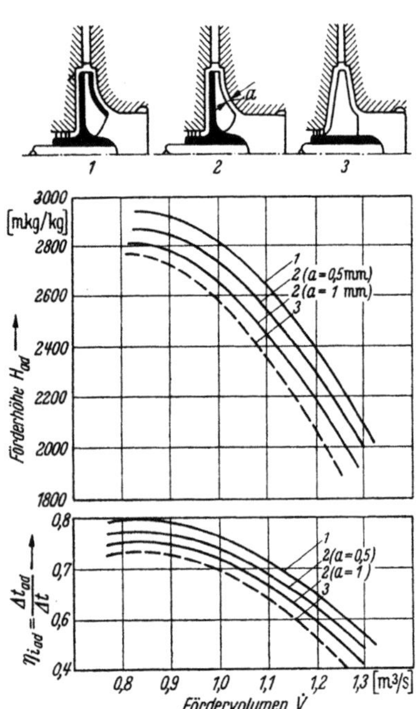

Abb. 385. Vergleich der Kennfelder von Radialverdichtern mit geschlossenem Laufrad, halboffenem und beidseits offenem Laufrad

Sprung für den Spaltluftdurchsatz, wobei der Unterschied mit zunehmender Spaltzahl abnimmt. Für die Berechnung des Leckdurchsatzes im überkritischen Bereich ergibt Gl. (66d) praktisch den exakten Wert. Man kann also annehmen, daß die in Abb. 384 gestrichelt eingetragenen Kurven etwa den wirklichen Verlauf des Spaltluftdurchsatzes im unterkritischen Bereich darstellen. ζ ist ein Durchflußbeiwert zur Berücksichtigung der verschiedenen Labyrintharten und kennzeichnet den jeweiligen effektiven Spaltquerschnitt.

a) Zusätzliche Verluste bei Radialrädern ohne Seitenwand. Wie ein Vergleich der Charakteristiken eines geschlossenen, mit einem einseitig und einem beidseitig offenen Radialverdichter mit sonst gleichen Abmessungen (Abb. 385) zeigt, entstehen bei letzteren beiden Bauweisen zusätzliche Verluste, die durch Umströmung der freien Schaufelkanten hervorgerufen werden. Diese Verluste bestehen zum Teil aus Volumen-, zum Teil aus Förderhöhenverlusten, wobei beide Verluste näherungsweise dem Verhältnis der Spaltfläche zur Fläche F eines Längsschnittes durch den Schaufelraum proportional sind. Bezeichnen b_1 bzw. b_2 die Eintritts- bzw. Austrittsbreite der Schaufeln, $h = (D_2 - D_1) : 2$ die Höhe der Schaufeln in radialer Richtung und a die Breite des Spaltes, dann ist

$$F_{sp} = a \cdot h \quad \text{und} \quad F = \frac{b_1 + b_2}{2}\, h,$$

also

$$\frac{F_{sp}}{F} = \frac{2a}{b_1 + b_2} \, .$$

Die Verluste können mittels zweier Verlustzahlen α und β in folgender Form ausgedrückt werden

$$\frac{\Delta \dot{V}_{sp}}{\dot{V}} \approx \frac{\Delta \dot{G}_{sp}}{\dot{G}} = \alpha \, \frac{F_{sp}}{F} = \frac{2\alpha \cdot a}{b_1 + b_2} \, ; \tag{67}$$

$$\frac{\Delta h_{\mathrm{ad}}}{h_{\mathrm{ad}}} = \beta \, \frac{F_{sp}}{F} = \frac{2\beta \cdot a}{b_1 + b_2} \, . \tag{68}$$

Die im Spalt durch Reibung in Wärme verwandelte mechanische Energie hat einen Wirkungsgradverlust zur Folge, der mit einer dritten Verlustzahl ebenfalls in der Form

$$\frac{\Delta \eta}{\eta} = \gamma \, \frac{F_{sp}}{F} = \frac{2\gamma \cdot a}{b_1 + b_2} \tag{69}$$

geschrieben werden kann. Auf Grund von Versuchen mit Radialverdichterrädern mit verschiedener Spaltbreite kann man näherungsweise ansetzen

$$\alpha \approx 0{,}5 \, ; \qquad \beta \approx 0{,}9 \, ; \qquad \gamma \approx 0{,}9 \, .$$

Die Antriebsleistung des halboffenen Radialläufers läßt sich mit den obigen Verlustzahlen in folgender Form ausdrücken

$$\begin{aligned}
N' &= \frac{\dot{G}' \cdot H'_{\mathrm{ad}}}{75 \cdot \eta'} = \frac{\dot{G} \left(1 - \dfrac{2\alpha \cdot a}{b_1 + b_2} \right) H_{\mathrm{ad}} \left(1 - \dfrac{2\beta \cdot a}{b_1 + b_2} \right)}{75 \cdot \eta \left(1 - \dfrac{2\gamma \cdot a}{b_1 + b_2} \right)} \\[2ex]
&= \frac{\dot{G} \cdot H_{\mathrm{ad}}}{75 \cdot \eta} \left[1 - \frac{2a}{b_1 + b_2} \, (\alpha + \beta - \gamma) \right] \\[2ex]
&= N \left(1 - \frac{a}{b_1 + b_2} \right),
\end{aligned} \tag{70}$$

wobei N die Antriebsleistung des geschlossenen Vergleichsrades bezeichnet.

5. Wirkungsgrad der Normalstufe

Die auf ein gefördertes Gasgewicht von $\dot{G}$ [kg/s] bezogene innere Leistung ist

$$N_i = \frac{1}{75} \left(\dot{G} + \Delta \dot{G} \right) H_{\mathrm{theor.}} + N_r \ [\mathrm{PS}]. \tag{71}$$

Legt man die Adiabate als ideellen Vergleichsvorgang zugrunde, dann ist

$$H_{\mathrm{theor}} = H_{\mathrm{ad}} + \Delta h_1 + \Delta h_2 + \Delta h_3 \, ,$$

wobei Δh_1, Δh_2 und Δh_3 die vorstehend behandelten Teilverluste auf dem Strömungsweg darstellen. Entsprechend den Verlusten kann man nun folgende Wirkungsgrade unterscheiden:

a) Strömungswirkungsgrad (vielfach mit hydraulischer Wirkungsgrad bezeichnet), ist das Verhältnis der tatsächlich erreichten Förderhöhe zur theoretischen Förderhöhe im Laufrad

$$\eta_{\mathrm{Ström}} = \frac{H_{\mathrm{ad}}}{H_{\mathrm{theor}}} = \frac{H_{\mathrm{ad}}}{H_{\mathrm{ad}} + \Delta h_1 + \Delta h_2 + \Delta h_3} \, . \tag{72}$$

b) Volumetrischer Wirkungsgrad ist das Verhältnis des tatsächlich geförderten Gewichtes zum Ansaugegewicht

$$\eta_{\mathrm{vol}} = \frac{\dot{G}}{\dot{G} + \Delta \dot{G}} = \frac{1}{1 + \Delta \dot{G}/\dot{G}} \, . \tag{73}$$

c) Radreibungswirkungsgrad, der die Verluste als Folge der Reibung an der rotierenden Scheibe berücksichtigt.

$$\eta_r = \frac{N_i - N_r}{N_i} = 1 - \frac{N_r}{N_i} \, . \tag{74}$$

d) **Innerer oder Stufenwirkungsgrad.** Er ist das Verhältnis der Nutzleistung $\dot{G} \cdot H_{\text{ad}}$ zur gesamten auf das Gas übertragenen Leistung N_i, also

$$\eta_i = \frac{\dot{G} H_{\text{ad}}}{75 \cdot N_i} = \frac{\dot{G} \cdot H_{\text{ad}}}{\underbrace{(\dot{G} + \Delta \dot{G})(H_{\text{ad}} + \Sigma \Delta h_{\text{verl.}}) + 75 \cdot N_r}_{75 \cdot N_i^*}},$$

$$= \frac{\dot{G}}{\dot{G} + \Delta \dot{G}} \cdot \frac{H_{\text{ad}}}{H_{\text{ad}} + \Sigma \Delta h_{\text{verl.}}} \cdot \frac{1}{1 + \dfrac{N_r}{N_i^*}}.$$

Nun ist $\dfrac{N_r}{N_i^*} \approx \dfrac{N_r}{N_i} \ll 1$ und somit $\dfrac{1}{1 + \dfrac{N_r}{N_i^*}} \approx 1 - \dfrac{N_r}{N_i}$.

Hieraus folgt unter Beachtung der Gl. (72) bis (74)

$$\eta_i = \eta_{\text{St}} = \eta_{\text{vol}} \cdot \eta_{\text{Ström}} \cdot \eta_r. \tag{75}$$

Der innere Wirkungsgrad unterscheidet sich vom Gesamtwirkungsgrad, bezogen auf die Verdichterkupplung, nur durch den mechanischen Wirkungsgrad, der die Verluste in den Lagern berücksichtigt

$$\eta_{\text{tot St}} = \eta_i \cdot \eta_{\text{mech}} = \eta_{\text{vol}} \cdot \eta_{\text{Ström}} \cdot \eta_r \cdot \eta_{\text{mech}}. \tag{76}$$

Bezeichnet man nun die theoretische Gesamtförderhöhe der Normalstufe unter Einschluß der anteilmäßigen Radreibungsverluste mit H'_{theor} (dabei ist $H'_{\text{theor}} = H_{\text{theor}} + \Delta h_4$) dann ist

$$\frac{\eta_{\text{St}}}{\eta_{\text{vol}}} = \frac{H'_{\text{theor}} - \Sigma \Delta h}{H'_{\text{theor}}} \approx 1 - \frac{\Sigma \Delta h}{H_{\text{theor}}},$$

wobei $\Sigma \Delta h = \Delta h_1 + \Delta h_2 + \cdots$ ist, oder

$$\frac{\eta_{\text{St}}}{\eta_{\text{vol}}} = 1 - \frac{\Sigma \psi_{\text{verl}}}{\psi_{\text{theor}}} = 1 - \frac{\Delta \psi_R + \Delta \psi_D + \Delta \psi_r}{\psi_{\text{theor}}}. \tag{77}$$

Durch Einsetzen der Gl. (49), (51) und (57) erhält man

$$\frac{\eta_{\text{St}}}{\eta_{\text{vol}}} = 1 - \left[\frac{\dfrac{1{,}56 \cdot \varphi^2}{(D_1/D_2)^4}(\zeta_1 + \zeta_2) + \left(\dfrac{D_1}{D_2}\right)^2 \cdot \zeta_2 + \dfrac{0{,}002}{\varphi} + \dfrac{\zeta_3}{4} \psi_{\text{theor}}^2}{\psi_{\text{theor}}} \right]. \tag{78}$$

Gl. (78) zeigt den Einfluß der Durchmesserverhältnisse D_1/D_2, der Lieferzahl φ und der theoretischen Druckzahl ψ_{theor} auf den inneren Stufenwirkungsgrad η_{St}. Für den Eintrittswinkel β_1 gilt, wiederum unter der Voraussetzung drallfreien Eintrittes ($c_{1u} = 0$),

$$\tan \beta_1 = \frac{c_1}{u_1} = \frac{c_{1m}}{u_2} \frac{u_2}{u_1},$$

wobei wieder

$$\frac{c_{1m}}{u_2} \approx \frac{1{,}25}{(D_1/D_2)^2} \cdot \varphi$$

ist. Hieraus folgt

$$\tan \beta_1 = \frac{1{,}25}{(D_1/D_2)^3} \cdot \varphi. \tag{79}$$

Ist nun β_1 als Funktion von D_1/D_2 und φ bekannt, dann beträgt die Mengenzahl

$$\lambda = \frac{c_m}{u_2} = \frac{c_m}{u_1} \frac{u_1}{u_2} = \frac{D_1}{D_2} \tan \beta_1. \tag{80}$$

Der Schaufelaustrittswinkel β_2 ist eine Funktion der Mengenzahl λ und der theoretischen Druckzahl ψ_{theor}, wenn man den Minderleistungsfaktor μ in erster Näherung als Konstante betrachtet, also

$$\tan \beta_2 = \frac{\lambda}{1 - \dfrac{\psi_{\text{theor}}}{2\mu}}. \tag{81}$$

Abb. 386 zeigt den Zusammenhang zwischen den Gl. (78), (79), (80) und (81) und gestattet eine Abschätzung des Einflusses jeder Grundgröße auf den Stufenwirkungsgrad.

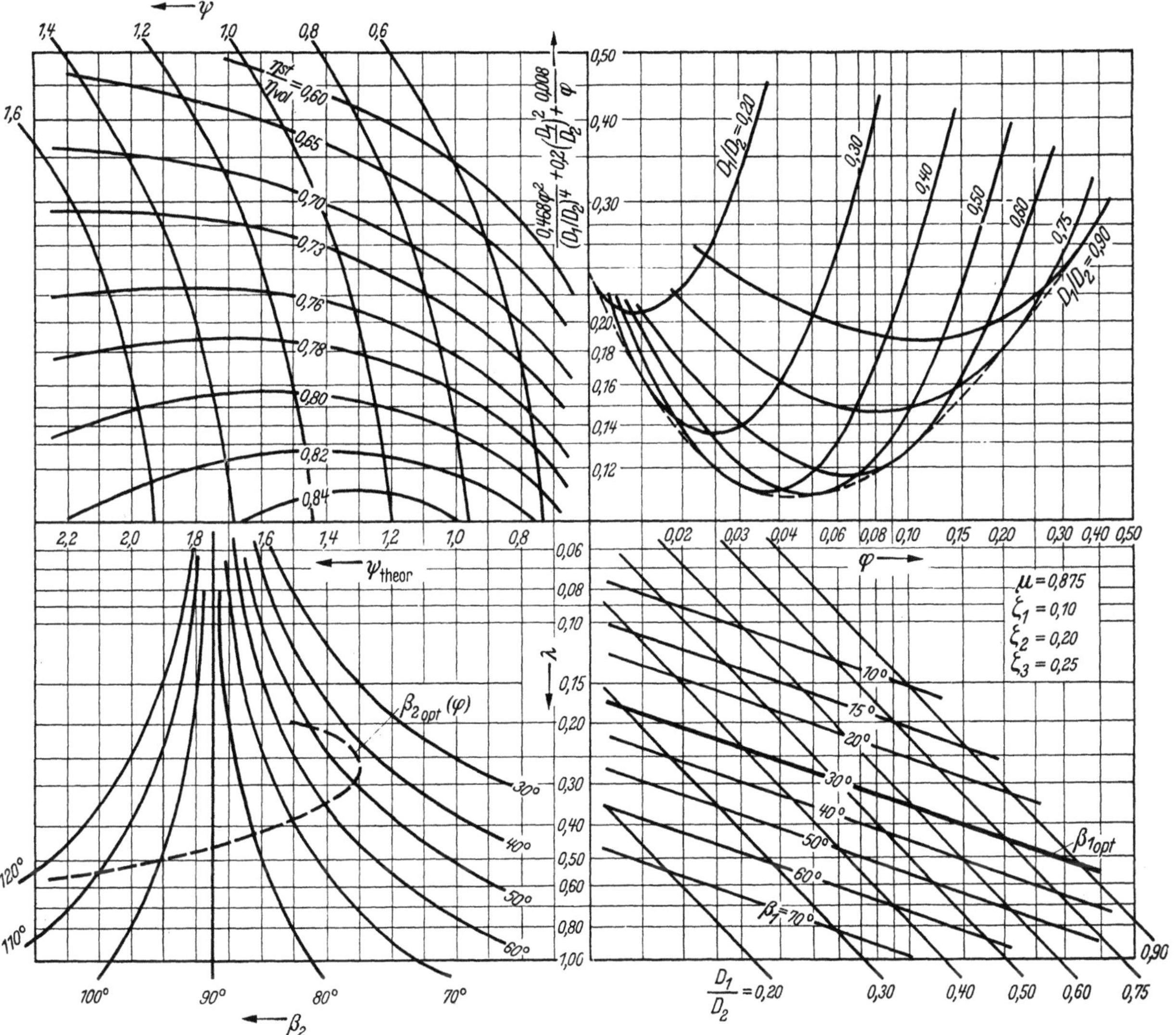

Abb. 386. Abhängigkeit des Stufenwirkungsgrades von der Lieferzahl φ, Durchmesserverhältnis D_1/D_2, Schaufeleintrittswinkel β_1 und Schaufelaustrittswinkel β_2

V. Hauptabmessungen des Radialkompressors

Die hergeleiteten Beziehungen für den Wirkungsgrad der Normalstufe sollen im folgenden zur Ermittlung der Hauptabmessungen des Laufrades eines Radialverdichters benutzt werden.

1. Durchmesserverhältnis D_1/D_2

In der für die Darstellung der Verluste gewählten Schreibweise sind die Laufradverluste vom Durchmesserverhältnis direkt abhängig. Nach Gl. (49) ist

$$\Delta\psi_R = \frac{1{,}56}{(D_1/D_2)^4}\,(\zeta_1 + \zeta_2)\cdot\varphi^2 + \left(\frac{D_1}{D_2}\right)^2\cdot\zeta_2.$$

Den Optimalwert für D_1/D_2 findet man durch Differenzieren aus der Bedingung

$$\frac{d(\Delta\psi_R)}{d(D_1/D_2)} = -4\,\frac{1{,}56}{(D_1/D_2)^5}\,(\zeta_1 + \zeta_2)\cdot\varphi^2 + 2\frac{D_1}{D_2}\cdot\zeta_2 = 0,$$

somit also

$$\left(\frac{D_1}{D_2}\right)_{\text{opt}} = \sqrt[6]{\frac{6,24 \cdot \overline{\varphi^2 \cdot (\zeta_1 + \zeta_2)}}{2\zeta_2}} \,. \tag{82}$$

Setzt man für die Verlustzahlen die vorgeschlagenen Werte $\zeta_1 = 0,1$; $\zeta_2 = 0,2$ ein, dann ist

$$\left(\frac{D_1}{D_2}\right)_{\text{opt}} = 1,294 \sqrt[3]{\varphi} \approx 1,30 \sqrt[3]{\varphi} \,. \tag{82a}$$

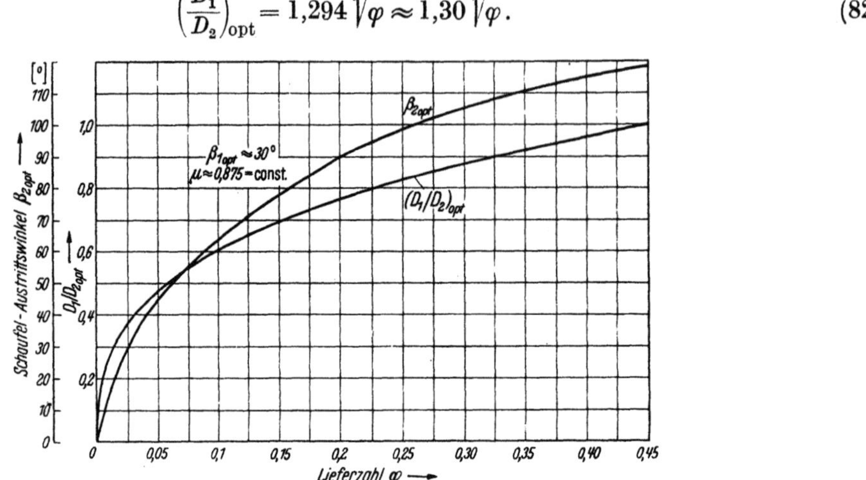

Abb. 387. Optimales Durchmesserverhältnis und optimaler Laufschaufel-Austrittswinkel bei vorgegebener Lieferzahl

Das optimale Durchmesserverhältnis ist danach also nur eine Funktion der Lieferzahl (Abb. 387).

2. Optimaler Eintrittswinkel

Unter der Voraussetzung drallfreien Eintritts (d. h. $c_{1u} = 0$) ist

$$\tan\beta_1 = \frac{c_1}{u_1} = \frac{c_{1m}}{u_2}\,\frac{u_2}{u_1} = \frac{1,25}{(D_1/D_2)^3} \cdot \varphi \,.$$

Mit Gl. (82) ist dann

$$\tan\beta_1 = 1,25 \cdot \sqrt{\frac{2 \cdot \zeta_2}{6,24\,(\zeta_1 + \zeta_2)}} \,, \tag{83}$$

bzw. mit Gl. (82a)

$$\tan\beta_1 = 0,578, \qquad \text{also} \qquad \beta_{1\text{opt}} = 30° \,. \tag{83a}$$

Der optimale Eintrittswinkel ist also vom Durchmesserverhältnis und von der Lieferzahl unabhängig.

In diesem Zusammenhang interessiert auch die Kenntnis der größtmöglichen Lieferzahl $\varphi_{\max}$, die bei *optimalen* Verhältnissen erreichbar ist. Nach Gl. (82a) ist

$$\left(\frac{D_1}{D_2}\right)_{\text{opt}}^3 \approx 2,2\,\varphi \,,$$

somit wird $\quad \varphi = \varphi_{\max}, \quad$ wenn $\quad \dfrac{D_1}{D_2} \to 1 \quad$ geht (Trommelläufer).

Im Grenzfall ist also

$$\varphi_{\max} \approx \frac{1}{2,2} = 0,454 \,.$$

3. Einfluß des Schaufelwinkels am Laufradaustritt β_2 auf die Förderhöhe und den Stufenwirkungsgrad

Setzt man die Bestimmungsgleichung für das optimale Durchmesserverhältnis Gl. (82) in Gl. (78) ein, dann bleiben nur noch die Lieferzahl φ und die theoretische Druckzahl ψ_{theor} als frei wählbare Variable und man erhält

$$\frac{\eta_{St}}{\eta_{vol}} = 1 - \left[\frac{\dfrac{1{,}56 \cdot \varphi^2 (\zeta_1 + \zeta_2)}{\left(\dfrac{6{,}24\,\varphi^2(\zeta_1+\zeta_2)}{2\zeta_2}\right)^{\frac{2}{3}}} + \left(\dfrac{6{,}24\,\varphi^2(\zeta_1+\zeta_2)}{2\zeta_2}\right)^{\frac{1}{3}} \cdot \zeta_2 + \dfrac{0{,}002}{\varphi}}{\psi_{theor}} + \frac{\zeta_3}{4}\,\psi_{theor} \right]$$

$$\frac{\eta_{St}}{\eta_{vol}} = 1 - \frac{2{,}18(\zeta_1+\zeta_2)^{\frac{1}{3}} \cdot (\varphi \cdot \zeta_2)^{\frac{2}{3}} + \dfrac{0{,}002}{\varphi} + \dfrac{\zeta_3}{4} \cdot \psi_{theor}^2}{\psi_{theor}} . \qquad (84)$$

Die theoretische Druckzahl war wie folgt definiert

$$\psi_{theor} = \mu \cdot \psi_\infty ,$$

wobei μ den Minderleistungsfaktor und ψ_∞ die Druckzahl bei unendlicher Schaufelzahl darstellen. Der gesuchte Schaufelwinkel β_2 am Laufradaustritt ist nach Gl. (10)

$$\tan\beta_2 = \frac{\lambda}{1 - \dfrac{\psi_\infty}{2}} ,$$

wobei die Mengenzahl λ nach Gl. (9)

$$\lambda = \frac{c_m}{u_2} = \frac{D_1}{D_2} \cdot \tan\beta_1 \quad \text{ist};$$

mit Gl. (82) und (83) ist weiterhin

$$\lambda_{opt} = 0{,}855 \left(\frac{\zeta_2}{\zeta_1 + \zeta_2}\right)^{\frac{1}{3}} \cdot \varphi^{\frac{1}{3}} . \qquad (85)$$

Setzt man wieder die Zahlenwerte für die Verlustzahlen ein, dann ist

$$\lambda_{opt} = 0{,}75 \sqrt[3]{\varphi} . \qquad (85a)$$

Damit erhält man den der optimalen Lieferzahl und einer bestimmten theoretischen Druckzahl zugeordneten Austrittswinkel

$$\tan\beta_2 = \frac{0{,}855 \cdot \left(\dfrac{\zeta_2}{\zeta_1 + \zeta_2}\right)^{\frac{1}{3}} \cdot \varphi^{\frac{1}{3}}}{1 - \dfrac{1}{2\mu} \cdot \psi_{theor}} , \qquad (86)$$

bzw.

$$\tan\beta_2 = \frac{0{,}75 \sqrt[3]{\varphi}}{1 - \dfrac{1}{2\mu} \cdot \psi_{theor}} . \qquad (86a)$$

Mit den hergeleiteten Beziehungen kann man nun ein Auslegungsdiagramm für radial durchströmte Verdichter entwerfen (Abb. 388); wobei als Ordinate die Druckzahl

$$\psi = \frac{2g \cdot H_{ad}}{u_2^2} = \psi_{theor} - \Sigma\,\Delta\psi = \psi_{theor} - \left(\Delta\psi_R + \Delta\psi_D + \Delta\psi_r\right)$$

und als Abszisse die Lieferzahl φ gewählt ist, die entsprechend Gl. (82a) mit dem optimalen Durchmesserverhältnis $(D_1/D_2)_{opt}$ und entsprechend Gl. (85a) mit der optimalen Mengenzahl λ_{opt} gekoppelt ist. Auf diese Weise wird es möglich, als weiteren Parameter die dimensionslose Drehzahl

$$\Re_n = \frac{\varphi^{\frac{1}{2}}}{\psi^{\frac{3}{4}}}$$

hinzuzufügen.

In der dimensionsbehafteten Schreibweise hat die dimensionslose Drehzahl die Form

$$\Re_n = 6{,}33 \cdot \frac{n}{1000} \sqrt{\frac{\dot{V}}{H_{ad}^{\frac{3}{2}}}} .$$

Durch Hinzufügen dieses Parameters lassen sich mit Hilfe von Abb. 388 die optimalen Abmessungen für die üblicherweise bekannten Vorgaben, also Druckverhältnis p_2/p_1 bzw. Förderhöhe H_{ad}, Gasmenge $\dot{V}$ bzw. Gasdurchsatz $\dot{G}$ und Drehzahl der Normalstufe, abschätzen.

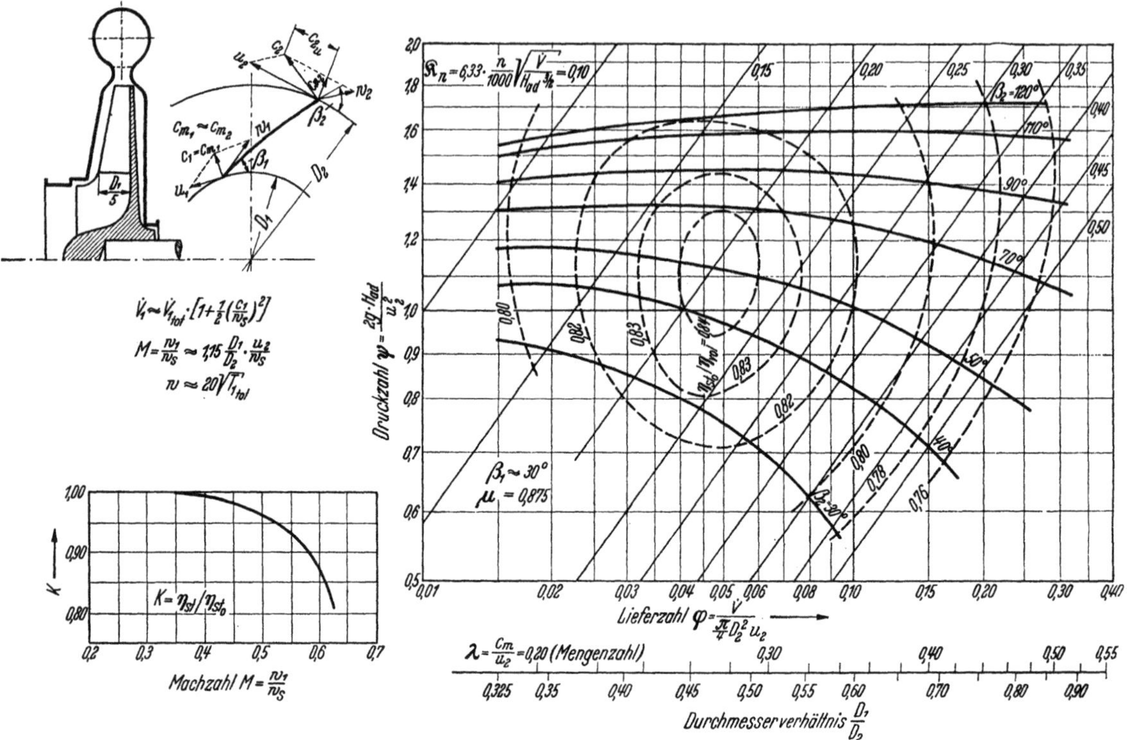

Abb. 388. Auslegungsdiagramm für Radialverdichter
Druckzahl ψ, Schaufelaustrittswinkel β_2, Durchmesserverhältnis D_1/D_2, Mengenzahl λ in Abhängigkeit von der Lieferzahl φ bzw. der dimensionslosen Drehzahl $\Re_n$ für Optimalbedingungen. Korrekturfaktor k in Abhängigkeit von der MACHzahl M

Die MACHzahl der relativen Eintrittsgeschwindigkeit ist

$$M = \frac{w_1}{w_s} = \frac{c_m}{u_2}\,\frac{u_2}{w_s}\,\frac{1}{\sin\beta_1} \tag{87}$$

und mit Gl. (82a)

$$M \approx 1,5\,\sqrt[3]{\varphi}\cdot\frac{u_2}{w_s} \approx 1,15\cdot\frac{D_1}{D_2}\cdot\frac{u_2}{w_s}. \tag{87a}$$

Wie beim Axialverdichter hat die MACHzahl der Eintrittsgeschwindigkeit einen nicht zu vernachlässigenden Einfluß auf den Wirkungsgrad des Radialverdichters. Dieser Einfluß kann mit Hilfe des Hilfsdiagrammes in Abb. 388 durch den Korrekturfaktor k, der Versuchsauswertungen entspricht, berücksichtigt werden.

4. Schaufelbreite

Am Radeinlauf muß die Strömung von der axialen in die radiale Richtung umgelenkt werden, wobei es aus baulichen Gründen meist nicht möglich ist, genügend große Abrundungen am Radeinlauf vorzusehen. Dadurch besteht die Gefahr einer Strömungsablösung, was neben den damit verbundenen zusätzlichen Wirbelverlusten vor allem eine ungünstige Beaufschlagung, eventuell eine nur teilweise Beaufschlagung des Laufrades zur Folge hat. Um diese sehr nachteiligen Einflüsse einer zu scharfen Strömungsumlenkung zu vermeiden, strebt man eine geringe Beschleunigung des Fördergutes am Laufradeintritt an.

Abb. 389 zeigt den beträchtlichen Einfluß des Querschnittsverlaufes am Radeintritt auf die Druckzahl und den Wirkungsgrad. Die Rücksichtnahme auf die Einlaufverhältnisse ist auch von Einfluß auf die Wellenbauart des Verdichters, wobei Einkehlungen am Eintritt der Laufräder etwa in der Art des in Abb. 352 gezeigten Verdichters eine zweckmäßige Ausbildung des Querschnittsverlaufes am Radeintritt erleichtern.

Mit den Bezeichnungen in Abb. 390 soll also sein

$$\frac{\pi}{4}\left(D_S^2 - d_N^2\right) > \pi \cdot D_1 \cdot b_1. \tag{88}$$

Bezeichnet man das Durchmesserverhältnis $D_S/D_1 = k$, das Nabenverhältnis $d_N/D_S = \nu$ und wählt man eine Verengung von 5%, dann ist

$$\frac{\pi}{4}\, k^2 D_1^2 (1 - \nu^2) = 1,05 \pi D_1 b_1$$

$$b_1 = \frac{k^2 \cdot D_1 (1 - \nu^2)}{4,2}, \tag{88a}$$

dabei ist $k^2 \approx 0,93$ bis $0,97$ und $\nu = 0$ bis etwa $0,5$.

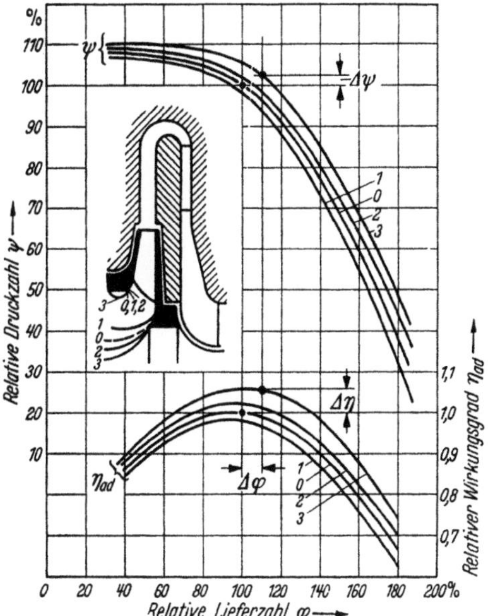

Abb. 389. Einfluß des Querschnittsverlaufes am Laufradeintritt auf die Druckzahl und den Stufenwirkungsgrad (nach Versuchen von Escher-Wyss-Zürich)

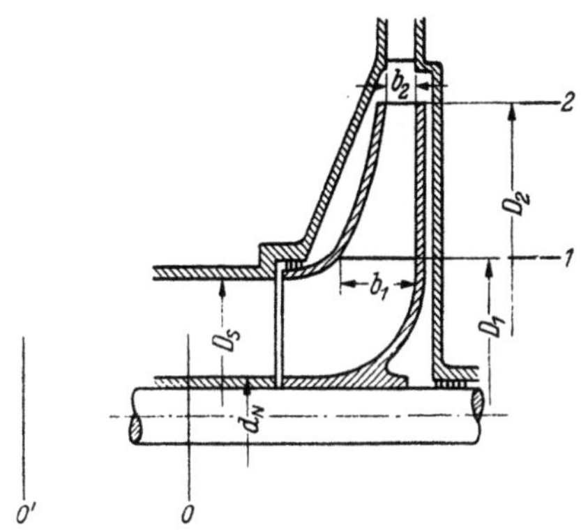

Abb. 390. Skizze zur Erklärung der benützten Bezeichnungen

Damit wird

$$b_1 \approx \frac{D_1}{4,4} \quad \text{bis} \quad \frac{D_1}{5,9}, \quad \text{also im Mittel} \quad b_1 \approx \frac{D_1}{5}. \tag{88b}$$

Will man die Kompressibilitätseinflüsse am Radeintritt mit berücksichtigen, dann erhält man folgende Beziehungen für die Radbreite b_1:

Das Verhältnis der Liefermengen, bezogen auf den statischen Zustand, ist

$$\frac{\dot V_1}{\dot V_0} = \frac{\dot V_{1\text{tot}}\left[1 + \dfrac{1}{2}\left(\dfrac{c_1}{w_s}\right)^2\right]}{\dot V_{1\text{tot}}\left[1 + \dfrac{1}{2}\left(\dfrac{c_0}{w_s}\right)^2\right]} = 1 + \frac{1}{2}\left(\frac{c_1}{w_s}\right)^2 - \frac{1}{2}\left(\frac{c_0}{w_s}\right)^2 = 1 + \frac{1}{2}\,\frac{c_1^2 - c_0^2}{w_s^2}.$$

Bezeichnet man die Geschwindigkeitszunahme im Einlauf mit ε, dann ist

$$(1 + \varepsilon)\, c_0 = c_1$$

und

$$\frac{\dot V_1}{\dot V_0} = 1 + \varepsilon\left(\frac{c_0}{w_s}\right)^2 = \frac{v_1}{v_0}. \tag{89}$$

Nach der Kontinuitätsgleichung ist

$$\left.\begin{aligned}\dot V_0 &= \frac{\pi}{4}\, D_S^2 (1 - \nu^2) \cdot c_0,\\[4pt]\dot V_1 &= \pi \cdot D_1 \cdot b_1 \cdot c_1.\end{aligned}\right\} \tag{90}$$

Durch Gleichsetzen der Gl. (89) und (90) findet man

$$\frac{\dot V_1}{\dot V_0} = 1 + \varepsilon\left(\frac{c_0}{w_s}\right)^2 = \frac{\pi \cdot D_1 \cdot b_1 \cdot c_1}{\dfrac{\pi}{4}\, D_S^2 (1 - \nu^2) \cdot c_0},$$

$$\frac{b_1}{D_1} = \frac{1}{1 + \varepsilon}\,\frac{1 - \nu^2}{4}\, k^2 \left[1 + \varepsilon\left(\frac{c_0}{w_s}\right)^2\right] \tag{91}$$

oder

$$\frac{b_1}{D_1} \approx \frac{1 - \nu^2}{4}\, k^2 [1 - \varepsilon\,(1 - M_0^2)], \quad \text{wobei } M_0 = \frac{c_0}{w_s} \text{ bedeutet}. \tag{91a}$$

Die Schaufelbreite am Laufradaustritt ist

$$b_2 = \frac{\dot{V}_{2\mathrm{stat}}}{\pi \cdot D_2 \cdot c_{2m}} ; \qquad (92)$$

darin ist

c_{2m} die Meridiangeschwindigkeit am Laufradaustritt, die dem Geschwindigkeitsdreieck entnommen werden kann,

$\dot{V}_{2\mathrm{stat}}$ ist die Gasmenge, bezogen auf den statischen Zustand am Laufradaustritt.

Um die durch die endliche Dicke der Laufschaufeln bedingte Nachlaufströmung (Abb. 391) am Austritt aus dem Laufrad zu vermindern, sollen die Schaufeln am Außendurchmesser D_2 soweit wie möglich zugeschärft werden, wodurch man eine gleichmäßigere Verteilung der Meridiangeschwindigkeit am Laufradumfang erreicht. Am Schaufeleintritt (D_1) sollen dagegen die Schaufelnasen abgerundet sein, wodurch Ablösungen vermieden werden und die Schaufeln gegen Mengenänderungen in gewissen Grenzen unempfindlicher sind. Damit erreicht man, daß der optimale

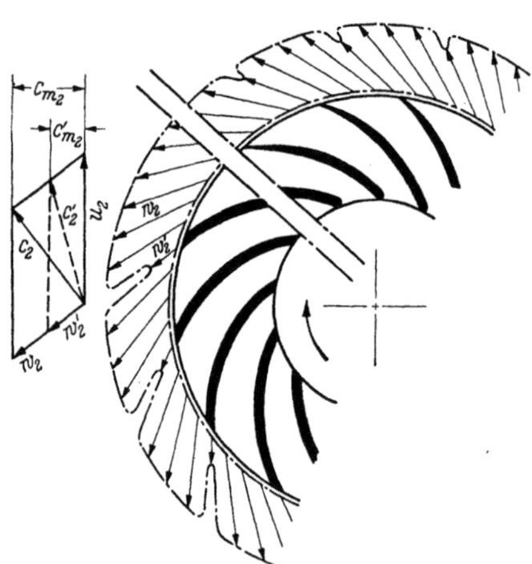

Abb. 391. Einfluß der Gestaltung der Laufschaufelenden auf die Geschwindigkeitsverteilung nach dem Laufrad

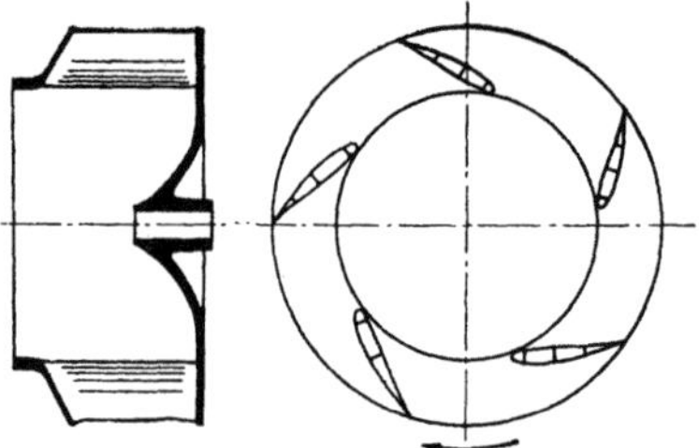

Abb. 392. Babcock-Stork-Radialventilator mit tragflügelähnlichen Schaufelformen

Wirkungsgrad über einen breiteren Mengenbereich konstant bleibt. Beide Forderungen, also zugeschärfte Abflußkanten und abgerundete Einlaufnasen der Schaufeln weisen auf die Verwendung von Tragflügelprofilen auch in der radial durchströmten Arbeitsmaschine hin, wobei, wie ausgeführte Ventilatoren (Abb. 392) beweisen, Stufenwirkungsgrade bis zu 87% erreicht wurden.

5. Schaufelzahl

Wie bereits dargestellt, ist die Schaufelzahl von großer Bedeutung auf das Verhältnis der in einer Normalstufe tatsächlich erreichbaren Förderhöhe zur theoretischen Förderhöhe bei unendlich vielen Schaufeln. Nun ist mit zunehmender Schaufelzahl zwar die Abweichung der tatsächlichen Strömung im Laufrad von den durch die Schaufeln vorgeschriebenen Strombahnen geringer als bei kleiner Schaufelzahl, aber mit wachsender Schaufelzahl vergrößern sich auch die Reibungsverluste in den Kanälen, was als Folge der damit verbundenen Wirkungsgradverschlechterung eine wirksame Zunahme der Stufenförderhöhe verhindert.

Bei zu kleiner Schaufelzahl erhöht sich der Schaufeldruck und damit die Geschwindigkeitsdifferenz zwischen den beiden Schaufelseiten, was Strömungsablösungen und Ablösungsverluste zur Folge hat.

Da die Berechnung der optimalen Schaufelzahl für eine Normalstufe noch nicht möglich ist, könnte man den Schaufelkanal als Diffusor betrachten und versuchen, die Schaufelzahl unter Zuhilfenahme der Erkenntnisse der Strömungsforschung aus dem zulässigen Öffnungswinkel des gleichwertigen, ebenen Diffusors abzuschätzen. Hierbei ergeben sich aber für eine Relativströmung ohne Verzögerung, also für $\beta_2 \to \beta_1$ Schaufelzahlen $z \to 0$. Deshalb erscheint es zweckmäßiger, die Schaufelzahl aus dem Teilungsverhältnis des äquivalenten „geraden Gitters" abzuschätzen. Bei der Behandlung des Schaufeldiffusors wird gezeigt, daß ein Kreisgitter (λ-Ebene) auf ein gerades Gitter ($\mathfrak{z}$-Ebene) mittels der Beziehung

$$\mathfrak{z} = \ln \lambda$$

konform abgebildet werden kann. Das Teilungsverhältnis des äquivalenten geraden Gitters berechnet sich hierbei zu

$$\frac{t}{l} = \frac{2\pi \cdot \sin\beta^*}{z \cdot \ln\left(\dfrac{r_2}{r_1}\right)},$$

wobei näherungsweise $\beta^* = \dfrac{\beta_1 + \beta_2}{2}$ gesetzt werden kann.

Während man nun bei Axialkompressoren aus Wirkungsgradgründen Teilungsverhältnisse $t/l < 0,5$ vermeidet, können beim Laufrad im Radialkompressor wegen der allgemein höheren Schaufelbelastung Teilungsverhältnisse

$$\frac{t}{l} = 0,35 \text{ bis } 0,45$$

ausgeführt werden. Hiermit erhält man eine Bestimmungsgleichung für die Schaufelzahl

$$z = \frac{2\pi \cdot \sin\left(\dfrac{\beta_1 + \beta_2}{2}\right)}{(0,35 \div 0,45) \cdot \ln\left(\dfrac{D_2}{D_1}\right)}. \tag{93}$$

In Abb. 393 ist Gl. (93) graphisch dargestellt.

Aus Gl. (93) geht hervor, daß die Schaufelzahl z mit zunehmendem Durchmesserverhältnis D_2/D_1 kleiner wird, weil die Kanallänge größer wird. Dagegen nimmt die erforderliche Schaufelzahl mit größer werdendem Schaufelwinkel β_2 zu.

Nach Gl. (93) sind die größten Schaufelzahlen bei vorwärtsgekrümmten Schaufeln ($\beta_2 > 90°$) und bei kleinen Durchmesserverhältnissen D_2/D_1 zu erwarten, wie dies in Wirklichkeit bei den Trommelläufern der Fall ist.

Bei stark erweiterten Kanälen, wenn der Eintrittswinkel β_1 klein und der Austrittswinkel β_2 groß ist, muß unter Umständen eine kleine Schaufelzahl mit Rücksicht auf die Querschnittsverengung am Schaufelanfang gewählt werden, wobei dann am

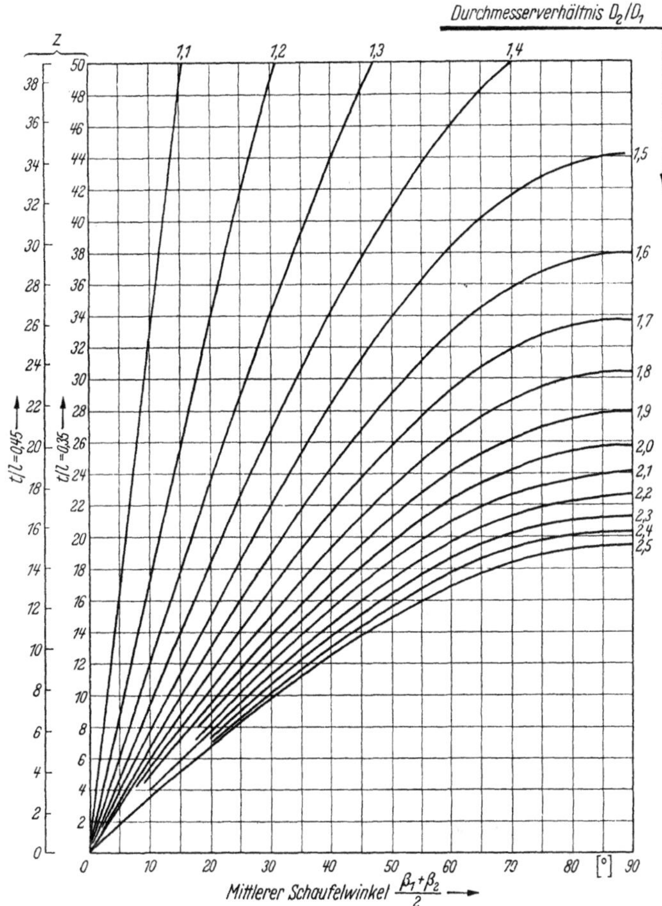

Abb. 393. Abhängigkeit der Schaufelzahl z vom Durchmesserverhältnis und den Schaufelwinkeln

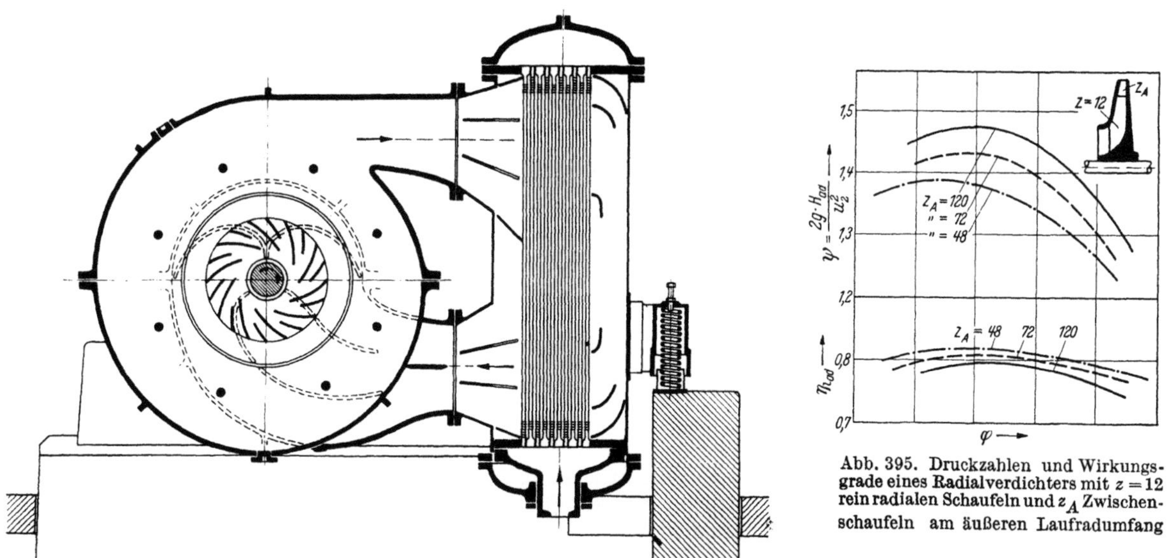

Abb. 394. Querschnitt durch einen stationären mehrstufigen Radialverdichter mit Zwischenkühler (Bauart Escher-Wyss-Zürich). Laufrad mit $z = 10$ rückwärtsgekrümmten und $z_A = 10$ zusätzlichen Halbschaufeln

Abb. 395. Druckzahlen und Wirkungsgrade eines Radialverdichters mit $z = 12$ rein radialen Schaufeln und z_A Zwischenschaufeln am äußeren Laufradumfang

Außendurchmesser D_2 keine ausreichende Führung mehr gewährleistet ist. In diesen Fällen verwendet man Zwischenschaufeln mit einer mehr oder weniger großen radialen Erstreckung (Abb. 394). Versuche an einem Laufrad mit $z = 12$ rein radialen Schaufeln ($\beta_2 = 90°$) und 48; 72 bzw. 120 zusätzlichen Zwischenschaufeln haben in Übereinstimmung mit der Theorie ergeben, daß mit zunehmender Schaufelzahl die Stufenförderhöhe, also die Druckzahl ψ ansteigt und als Folge der Reibungseinflüsse der Stufenwirkungsgrad abnimmt (Abb. 395).

VI. Das Laufrad

Bei der Berechnung der Hauptabmessungen des Radialkompressors im vorhergehenden Abschnitt wurden nur die Anfangs- und Endabmessungen, also D_1; D_2; b_1; b_2 und β_1; β_2 festgelegt. Damit sind sämtliche für das Vorprojekt notwendigen Angaben bekannt, so daß nunmehr alle die endgültige Ausarbeitung des Kompressorentwurfes betreffenden Einzelheiten, z. B. der Einfluß der vorgesehenen Spaltabdichtung auf die Spaltluftmenge, mitberücksichtigt werden können. Vor allem ist aber der Schaufelverlauf zwischen Laufschaufelein- und -austritt festzulegen, wobei neben einer einfachen Herstellungsmöglichkeit auf Kleinhaltung der Verluste zu achten ist.

1. Eintritt in die Stufe

Ist $\dot{G}$ der vom Verdichter verlangte Gasdurchsatz, dann ist das Saugrohr unter Berücksichtigung der Spaltverluste Gl. (65) bzw. (66) für einen Durchsatz $\dot{G} + \Delta\dot{G}$ zu bemessen. Die Absolutgeschwindigkeit am Schaufelbeginn c_1 ist durch die Berechnung der Hauptabmessungen bekannt; sie beträgt bei stoßfreiem Eintritt

$$c_1 = u_1 \cdot \tan\beta_1.$$

Damit ist die Geschwindigkeit im Eintritt

$$c_0 = \frac{c_1}{1 + \varepsilon},$$

wobei $\varepsilon \approx (0,05 \div 0,15)$ die Geschwindigkeitszunahme zwischen der Stelle 0 (Abb. 390) und der Stelle 1 ist. Damit kann das statische Volumen $v_{0\,stat}$ und unter Berücksichtigung des Nabendurchmessers d_N der Saugrohrdurchmesser D_S ermittelt werden

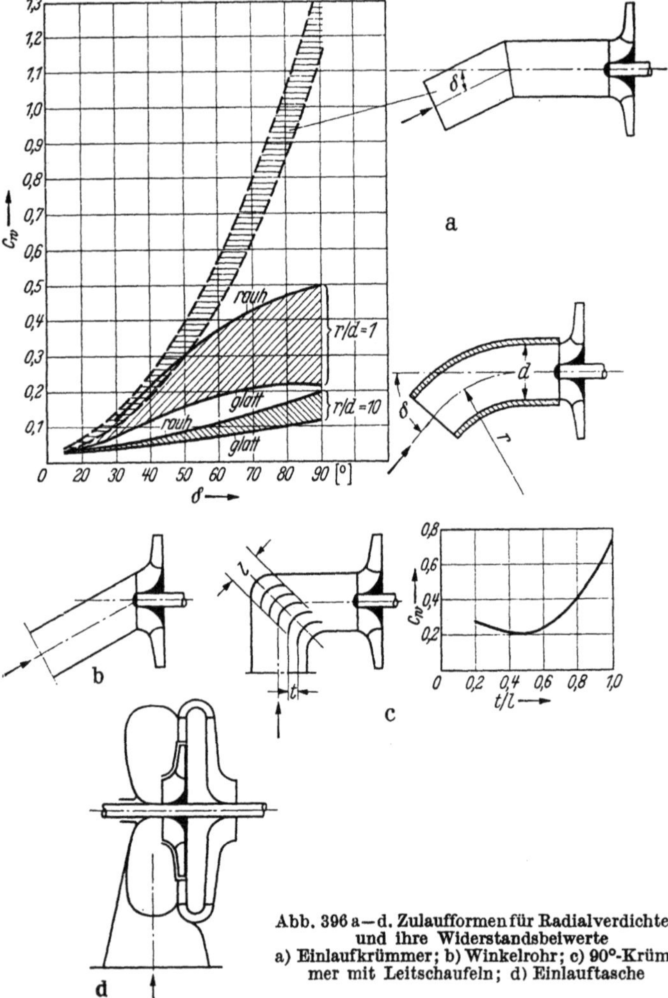

Abb. 396 a—d. Zulaufformen für Radialverdichter und ihre Widerstandsbeiwerte a) Einlaufkrümmer; b) Winkelrohr; c) 90°-Krümmer mit Leitschaufeln; d) Einlauftasche

$$D_S = \sqrt{\frac{(\dot{G} + \Delta\dot{G}) \cdot v_{0\,stat}}{\frac{\pi}{4} c_0} + d_N^2}\,. \tag{94}$$

Wie vergleichende Untersuchungen über die Ausbildung des Zulaufes zum Laufrad ergaben, ist eine axiale Saugrohranordnung am günstigsten. In den meisten Fällen erfolgt, insbesondere wegen der Rohrleitungsführung, der Einlauf in das Verdichterlaufrad durch Krümmerformen, wobei ein Druckhöhenverlust

$$\Delta h_k = c_w \cdot \frac{c_0^2}{2g} \tag{95}$$

auftritt. Der den Einlaufverlust beeinflussende Widerstandsbeiwert c_w hängt von der Krümmerform und der Oberflächenbeschaffenheit des Krümmers ab (Abb. 396a). Winkelrohre entsprechend Abb. 396b sollen vermieden werden, da bei einer derartigen Zulaufgestaltung Beaufschlagungsverluste als Folge der Schräg-

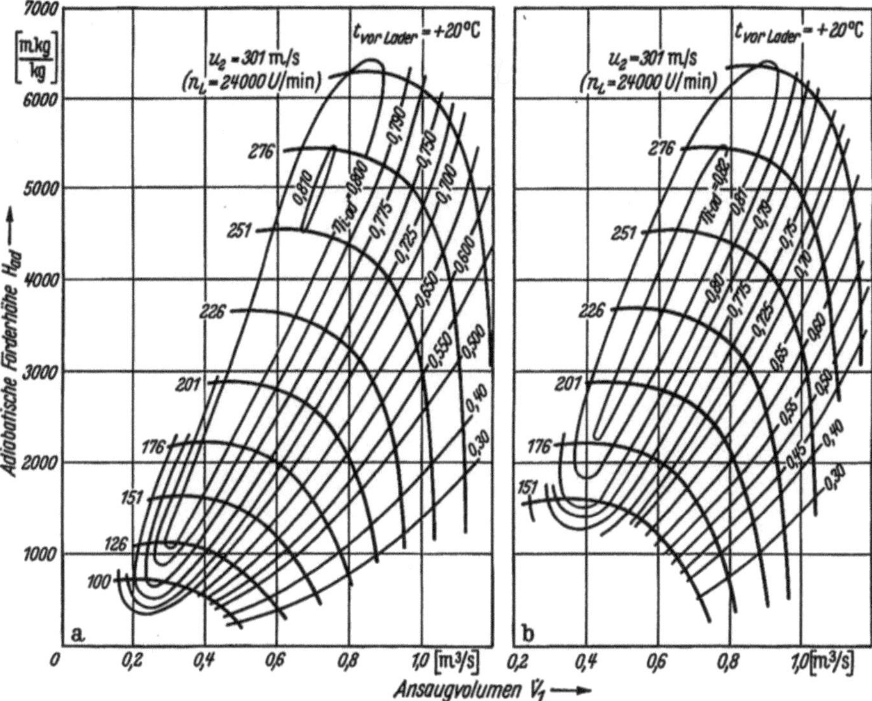

Abb. 397a u. b. Vergleich des Kennfeldes eines Radialverdichters mit seitlicher Einlauftasche (a) mit dem Kennfeld des gleichen Verdichters bei axialem Einlauf (b) (Szydlowski-Planiol-Lader zum Flugmotor Hispano-Suiza 12 Y)

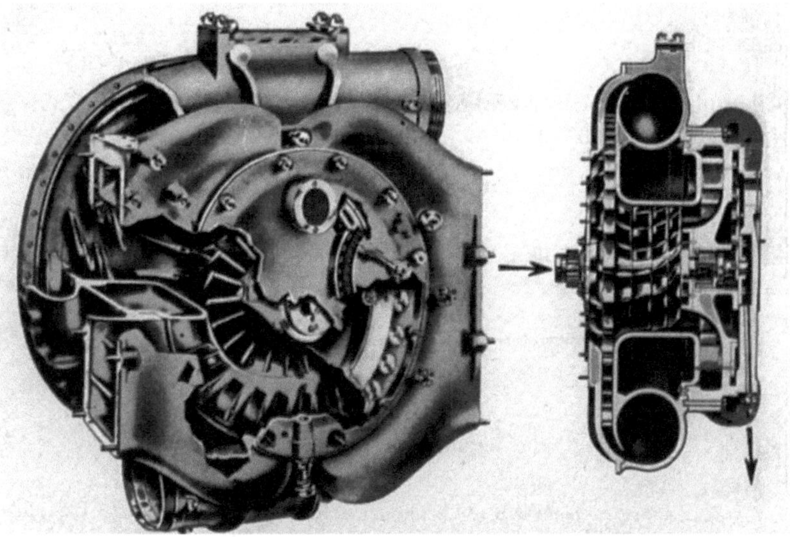

Abb. 398. Radialverdichter mit seitlichen Einlauftaschen und dreifach unterteiltem Vorsatzläufer. (Bauart Turboméca S. A. Bordes B. P., Patent J. SZYDLOWSKI)

anströmung des Laufrades auftreten. Als 90°-Krümmer mit kurzer axialer Erstreckung und niederem Widerstandsbeiwert hat sich die in Abb. 396c dargestellte Form bewährt, wobei mittels Leitschaufeln, ähnlich den Umlenkecken in Windkanälen, eine gleichmäßige Geschwindigkeitsverteilung am Laufradeintritt erreicht wird. Bei stationären und instationären Verdichteranlagen werden vielfach auch Einlauftaschen nach der in Abb. 396d schematisch dargestellten Art verwendet. Wenn beim Entwurf dieser Einlaufform die Geschwindigkeitsverhältnisse genau berücksichtigt werden, sind derartige Einlauftaschen dem axialen Zulauf nur sehr wenig unterlegen, wie Abb. 397 zeigt. In Abb. 398 ist ein Radialverdichter mit Einlauftaschen dargestellt.

2. Eintritt in die Laufradkanäle

Die MACHsche Zahl der absoluten Eintrittsgeschwindigkeit c_1 ist bei Radialverdichtern üblicherweise $\frac{c_1}{w_{s_1}} < 0,5$. Damit berechnet sich das statische Volumen am Laufradeintritt mit guter Näherung zu

$$\dot{V}_{1\text{stat}} = \dot{V}_{1\text{tot}} \left[1 + \frac{1}{2} \left(\frac{c_1}{w_{s_1}} \right)^2 \right]; \qquad (96)$$

mit

$$\dot{V}_{1\text{tot}} = \frac{\dot{G}}{\eta_{\text{Vol}}} \cdot \frac{R \cdot T_{1\text{tot}}}{p_{1\text{tot}}}$$

und

$$w_{s1} = \sqrt{g \cdot \varkappa \cdot R \cdot T_{1\text{stat}}} \approx 20 \cdot \sqrt{T_{1\text{tot}}}.$$

Die Meridiankomponente c_{m1} ergibt sich aus der Kontinuitätsbeziehung zu

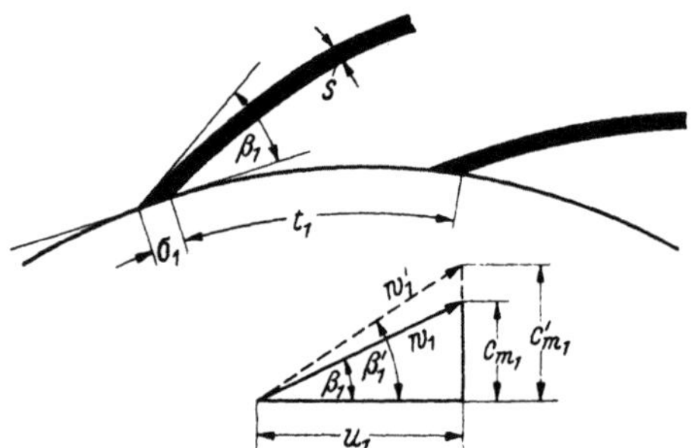

Abb. 399. Geschwindigkeitsdreieck am Laufschaufeleintritt mit Berücksichtigung der endlichen Schaufeldicke

$$c_{m1} = \frac{\dot{V}_{1\text{stat}}}{\pi \cdot D_1 \cdot b_1} .$$

Mit

$$u_1 = \frac{\pi \cdot D_1 \cdot n}{60}$$

kann das Geschwindigkeitsdreieck unmittelbar vor Eintritt in die Laufschaufeln bestimmt werden. Der Eintrittswinkel der Relativströmung beträgt

$$\tan \beta_1 = \frac{c_{1m}}{u_1 - c_{1u}} = \frac{c_1 \cdot \sin \alpha_1}{u_1 - c_1 \cdot \cos \alpha_1} , \qquad (97)$$

wenn α_1 der Strömungswinkel der Absolutgeschwindigkeit gegenüber der Umfangsrichtung ist. Für drallfreien Eintritt ($\alpha_1 = 90°$) ist also

$$\tan \beta_1 = \frac{c_1}{u_1} = \frac{c_{m1}}{u_1} . \qquad (97\,\text{a})$$

Durch die endliche Schaufeldicke ist die freie Durchflußfläche unmittelbar nach dem Eintritt in die Laufradkanäle kleiner als im freien Ringquerschnitt vor dem Eintritt. Aus Kontinuitätsgründen ist (s. Abb. 399)

$$c'_{1m} = c_{1m} \frac{t_1}{t_1 - \sigma_1} .$$

Hierbei sind

$$t_1 = \frac{\pi \cdot D_1}{z_R} \quad \text{die Teilung,}$$

$$\sigma_1 = \frac{s}{\sin \beta_1} \quad \text{die Projektion der Schaufeldicke auf die Umfangsrichtung.}$$

Der Relativwirbel (s. Abschn. III, 3a) erzeugt am Schaufeleintritt eine Geschwindigkeitskomponente in Richtung der Umfangsgeschwindigkeit von der Größe

$$\Delta c_{u_1} \approx u_1 \frac{\pi}{z_R} \cdot \sin \beta_1 .$$

Zur Erzielung stoßfreien Eintritts in die Laufschaufeln sind somit die Schaufeleintrittkanten bei drallfreier Zuströmung auf den Winkel

$$\tan\beta_{1\,\text{Schaufel}} = \frac{c_{1m}}{u_1 + \Delta c_{u_1}} = \frac{c_{1m}}{u_1 + u_1 \cdot \dfrac{\pi}{z_R} \cdot \sin\beta_1} \cdot \frac{t_1}{t_1 - \sigma_1},$$

$$= \frac{\tan\beta_1}{1 + (\pi/z_R)\sin\beta_1} \cdot \frac{t_1}{t_1 - \sigma_1} \tag{98}$$

einzustellen. Der Relativwirbel wirkt also im Sinne einer Verkleinerung des Schaufelwinkels gegenüber der ungestörten Anströmrichtung. Im gleichen Sinne wirkt auch eine Wölbung der Schaufelkontur. Ihr Einfluß ist hier aber vernachlässigt. Der Dickeneinfluß vergrößert dagegen den erforderlichen Schaufeleintrittswinkel. Es ergeben sich also die gleichen Zusammenhänge wie bei einem Axialgitter.

Bezüglich des Einflusses der MACHzahl bei endlicher Schaufeldicke an der Eintrittskante sollten ähnliche Überlegungen gelten, wie sie zur Berücksichtigung des Einflusses der Eintritts-MACHzahl beim Axialgitter angestellt wurden, d. h. die kritische bzw. maximale Eintritts-MACHzahl $M_1 = w_1/w_s$ darf als Funktion des Querschnittsverhältnisses zweier um eine Teilung versetzter Stromlinien kurz vor dem Gitter und im engsten Querschnitt zwischen zwei Schaufeln betrachtet werden. Die sinngemäße Übertragung der für Axialgitter aufgestellten Diagramme auf das Kreisgitter bereitet jedoch wegen der Eigenarten der radial gerichteten Strömung noch Schwierigkeiten.

Vielleicht kann man das für Axialgitter aufgestellte Diagramm (Abb. 147) auch für das Radialgitter anwenden, wenn man das hierzu notwendige Querschnittsverhältnis $F_{\min}/F_1$ dadurch bildet, daß man vom Schaufelanfang aus die archimedische Spirale, die der ungestörten Stromlinie entspricht, zeichnet und aus der Zeichnung $F_{\min}/F_1$ auf diese Art bildet (Abb. 400).

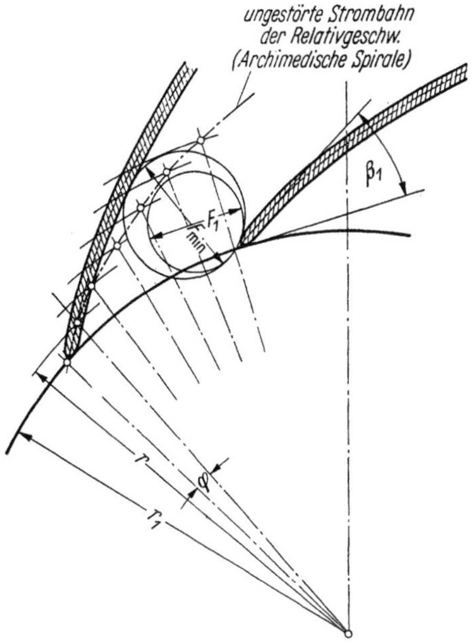

Aus Abb. 147 kann man nun in erster Näherung die kritische bzw. maximale MACHzahl ablesen. Infolge der endlichen Schaufeldicke kann, je nach Ausbildung des Schaufelanfanges, $F_{\min}/F_1$ größer oder kleiner als die Einheit sein. Ist die Eintritts-MACHzahl $M_1 = w_1/w_s$ größer als das zulässige M_{krit}, so kann man entweder die Schaufeldicke ändern, oder aber den Schaufelwinkel β_1. Hierbei ist zu bemerken, daß bei der Optimalbetrachtung für den Schaufelwinkel $\beta_{1\,\text{opt}} = 30°$ natürlich MACHzahleinflüsse nicht berücksichtigt wurden.

Vielfach bildet man den Laufschaufeleintritt bis zum Querschnitt $F_{\min}$ als archimedische Spirale[1] aus, weil diese Kurvenform bei hyperbolischer Deckwandgestaltung, d. h. $b \cdot r = $ const der ungestörten Stromlinie der Relativgeschwindigkeit entspricht.

Abb. 400. Das Querschnittsverhältnis $F_{\min}/F_1$ beim Radialverdichter

Man bezeichnet dann die Eintrittsform oft mit „wirkungsfreie“ Eintrittsform. Die Gedankengänge der Gittertheorie zeigen aber, daß auch an diesem Schaufelteil, durch die Zirkulation bedingt, Geschwindigkeits- und Druckunterschiede vorhanden sind. Der wahre Grund für die Zweckmäßigkeit dieser Ausführung ist vielleicht eher darin zu suchen, daß in diesem Falle das Querschnittsverhältnis bei Vernachlässigung der endlichen Schaufeldicke $F_{\min}/F_1 = 1$ ist, was nach Abb. 147 dem Größtwert für $M_{\max\,\text{theor}}$ entspricht.

Die Messungen an Axialverdichtern zeigen aber, daß diesem Wert aber nur eine rein theoretische Bedeutung zukommt, während der wesentlich wichtigere Wert $M_{\text{krit, max}}$ bei $F_{\min}/F_1 \approx 1{,}15$ liegt.

Schaufeleintritt in der Krümmungszone

Die bisherigen Ausführungen bezogen sich auf Laufradformen, deren Schaufeleintrittskanten durchweg auf einem achssymmetrischen Zylinder liegen. Hierbei ist die Bedingung stoßfreien Eintritts auf der ganzen Schaufelbreite b_1 bei $\beta_1 = $ const erfüllt, wenn der Eintrittsdurchmesser D_1 wesentlich größer als der Einlaufdurchmesser D_s ist, d. h. wenn die Schaufeleintrittskanten

---

[1] Die Gleichung der archimedischen Spirale lautet mit den Bezeichnungen in Abb. 400

$$\frac{r}{r_1} = \varphi\tan\beta_1 + 1 \;(\text{Bogenmaß}) = \frac{\pi}{180} \cdot \varphi \cdot \tan\beta_1 + 1 \;(\text{Winkelmaß}).$$

genügend weit aus der Krümmungszone herausgelegt sind. Ist dies nicht der Fall, dann arbeiten die Schaufeln noch im Bereich der gekrümmten Strombahnen. Hierbei ist die Geschwindigkeit aber nicht über die Kanalbreite konstant, damit auch nicht der Strömungswinkel β_1. Den wirklichen Strömungswinkel β_1 für jeden Punkt innerhalb der Krümmungszone erhält man, wenn man in die Beziehung für $\tan \beta_1$ anstelle der Absolutgeschwindigkeit c_1 ihre radiale Komponente c_{1r} einsetzt, also

$$\tan \beta_1 = \frac{c_{1r}}{u_1} = \frac{c_1}{u_1} \cos \varepsilon_1, \tag{99}$$

wobei der Winkel zwischen der absoluten Richtung der Strombahn c_1 in dem betrachteten Punkt (Abb. 401) und der Senkrechten zur Drehachse mit ε_1 bezeichnet ist.

Für die Geschwindigkeitsverteilung in den Ringquerschnitten, senkrecht zur Strömungsrichtung, gilt die Differentialgleichung der Absolutströmung. Hierfür wurde im Abschn. III, 1c mit $\omega = 0$ hergeleitet.

$$\frac{\partial c}{\partial n} + \frac{c}{\varrho} = 0, \text{ wobei } \varrho \text{ der Krümmungsradius ist.}$$

Durch eine einfache Integration erhält man für das Verhältnis der Wandgeschwindigkeiten

$$\frac{c_a}{c_b} = e^{\int_a^b \frac{dn}{\varrho}}. \tag{100}$$

Setzt man wieder einen linearen Verlauf der Krümmung $\dfrac{1}{\varrho}$ längs einer Stromliniennormalen

$$\frac{1}{\varrho}(n) = a + b \cdot n = \frac{1}{\varrho_a} + \left(\frac{1}{\varrho_b} - \frac{1}{\varrho_a}\right)\frac{n}{h}$$

voraus, dann ist

$$\int_a^b \frac{dn}{\varrho} = \frac{h}{2}\left(\frac{1}{\varrho_a} + \frac{1}{\varrho_b}\right)$$

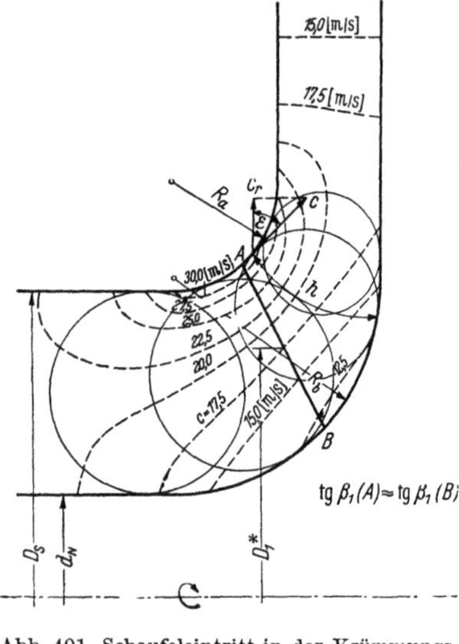

Abb. 401. Schaufeleintritt in der Krümmungszone des Laufrades

und man erhält für das Geschwindigkeitsverhältnis an den Wandungen

$$\frac{c_a}{c_b} = e^{\frac{h}{2}\left(\frac{1}{\varrho_a} + \frac{1}{\varrho_b}\right)}. \tag{101}$$

Aus den beiden Wandgeschwindigkeiten c_a und c_b ergibt sich der Zwischenverlauf längs der betrachteten Stromliniennormalen h hinreichend genau nach einer von G. FLÜGEL[1] und B. ECK[2] angegebenen Methode:

Denkt man sich den — vorerst noch unbekannten — Verlauf $c = f[\varrho(n)]$ aufgetragen, so ist $dc/d\varrho = \tan \alpha$. Man erhält aus Tangente, ϱ als Achse und c als Ordinate ein rechtwinkliges Dreieck, in dem c und ϱ Gegen- bzw. Ankathete von α sind. Der Krümmungsradius ist somit Subtangente an die c-Kurve. Da an den Wandungen die Krümmungsradien bekannt sind, liegen hier auch die Neigungen der Geschwindigkeitskurven fest, sobald die Wandgeschwindigkeiten selbst bekannt sind. Eine der letzteren ist zunächst zu schätzen, wonach die andere durch Gl. (101) bestimmt ist. Zeichnet man hiermit gemäß dem Vorstehenden den Geschwindigkeitsverlauf $c = f(n)$ auf, so muß dieser die Kontinuitätsbeziehung in der Form

$$\dot{V}_{1\text{stat}} = 2\pi \int_a^b c \cdot r \cdot dn \tag{102}$$

erfüllen, andernfalls ist die geschätzte Wandgeschwindigkeit entsprechend zu ändern und die Rechnung zu wiederholen.

[1] FLÜGEL, G.: Ein neues Verfahren der graphischen Integration, angewandt auf Strömungen. Dissert. München: Oldenbourg 1914.

[2] ECK, B.: Technische Strömungslehre, 6. Aufl., Berlin/Göttingen/Heidelberg: Springer 1961.

Zweckmäßigerweise zeichnet man die Krümmungszone entsprechend dem Vorentwurf in möglichst großem Maßstab auf (Abb. 402). Zwischen innere und äußere Laufradberandung werden eine Anzahl von Kreisen eingezeichnet, wobei die Verbindungslinien zwischen den Berührungspunkten dieser Kreise an den beiden Berandungen a und b mit dem jeweils dazugehörenden Kreismittelpunkt in hinreichender Näherung die gesuchten Stromliniennormalen ersetzen und die für die Rechnung erforderlichen Längen h ergeben (Abb. 402). Die Krümmungsradien ϱ_a und ϱ_b können ebenfalls dem Entwurf für die Krümmungszone (Abb. 402) entnommen und damit unter Zuhilfenahme der Gl. (101) das Geschwindigkeitsverhältnis c_a/c_b berechnet werden. Eine erste Näherung für die Absolutwerte von c_a und c_b erhält man unter der Annahme einer linearen Geschwindigkeitsverteilung. Hierbei ist

$$\bar{c} \approx \frac{c_a + c_b}{2} = \frac{\left(\dfrac{c_a}{c_b}\right) c_b + c_b}{2} = c_b \cdot \frac{1 + c_a/c_b}{2},$$

wobei $\bar{c}$ aus der Kontinuitätsgleichung

$$\dot{V}_1 = 2\pi \int_a^b c(n) \cdot r \cdot dn \approx 2\pi \bar{r} \cdot h \cdot \bar{c}$$

berechnet wird.

Hiermit wird

$$c_{b\,1.\,\text{Näherung}} \approx \frac{2\bar{c}}{1 + c_a/c_b}$$

und

$$c_{a\,1.\,\text{Näherung}} \approx \left(\frac{c_a}{c_b}\right) \cdot c_b.$$

Hiermit kann eine erste Näherung für den Geschwindigkeitsverlauf $c = f(n)$ aufgezeichnet werden,

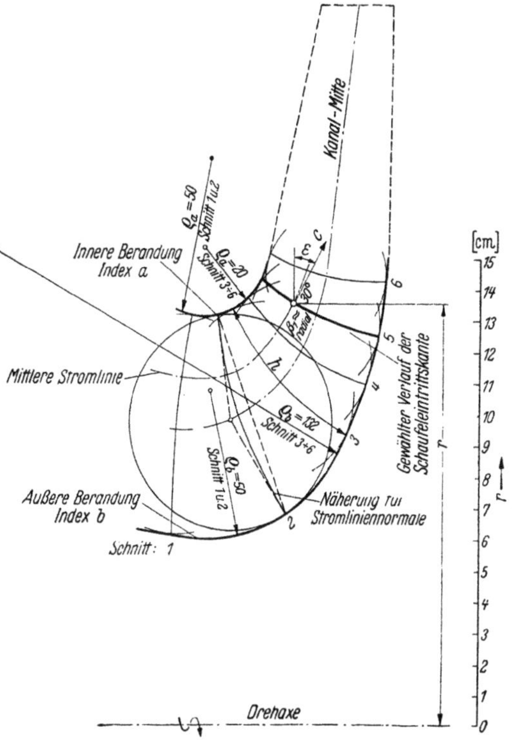

Abb. 402. Konstruktion der in die Krümmungszone vorgezogenen Laufschaufel-Eintrittskante

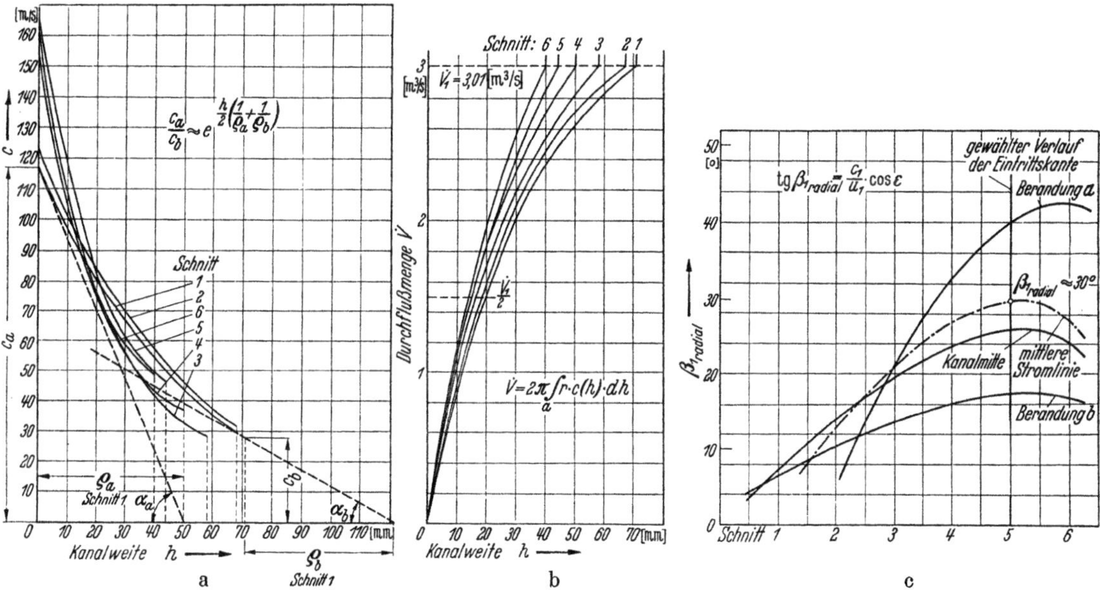

Abb. 403 a—c. Darstellung der Rechnungsergebnisse
a) Geschwindigkeitsverteilungen; b) Durchflußmengenverteilungen; c) Verlauf des Schaufelwinkels am Laufradeintritt

wobei der Kurvenverlauf durch die beiden Randgeschwindigkeiten und die Steigung in diesen Punkten hinreichend bestimmt ist (Abb. 403 a).

Durch Integration des auf diese Weise erhaltenen Geschwindigkeitsverlaufes erhält man die Verteilung der Durchflußmenge über den Querschnitt und eine Kontrolle für die Richtigkeit der getroffenen Annahmen

24*

Tabelle 20. *Berechnung der Geschwindigkeitsverteilung im Einlaufkrümmer*

1	2	3	4	5	6	7	8	9	10	11	1. Approximation				
											12	13	14	15	16
Schnitt	ϱ_a [mm]	ϱ_b [mm]	h [mm]	F [mm]	$\dfrac{1}{\varrho_a}$	$\dfrac{1}{\varrho_b}$	⑥ + ⑦	$\dfrac{h}{2} \cdot$ ⑧	$\dfrac{c_a}{c_b} = e$ ⑨		$F\,[\mathrm{m^2}] = \dfrac{2 \cdot \pi \cdot \bar{r} \cdot h}{10^6}$	$\bar{c}\,[\mathrm{m/s}] = \dfrac{\dot{V}_1}{F}$	$c_b\,[\mathrm{m/s}] = \dfrac{2 \cdot \bar{c}}{1 + c_a/c_b}$	$c_a\,[\mathrm{m/s}] = \dfrac{c_a}{c_b} \cdot$ ⑭	$\dot{V}\,[\mathrm{m^3/s}] = 2 \cdot \pi \int\limits_a^b r \cdot c \cdot dn$
							siehe Abb. 402								
1	50	50	71	95	0,02	0,02	0,04	1,42	4,15		0,0425	71	27,5	114	2,84
2	50	50	68	98	0,02	0,02	0,04	1,36	3,90		0,0418	72	29	114,5	
3	20	132	58	109	0,05	0,0076	0,0576	1,67	5,33		0,0397	76	24	128	2,50
4	20	132	50	119	0,05	0,0076	0,0576	1,44	4,23		0,0374	80,5	31	130	
5	20	132	44	130	0,05	0,0076	0,0576	1,27	3,57		0,0360	83,5	36,5	130	2,15
6	20	132	40	144	0,05	0,0076	0,0576	1,15	3,16		0,0360	83,5	40	127	

$$\overline{\dot{V}_1 = 3{,}01\ [\mathrm{m^3/s}]}$$

für c_a und c_b. Im allgemeinen wird das durch die Integration der ersten Näherung erhaltene Durchflußvolumen nicht mit der Einlaufmenge $\dot{V}_{1\mathrm{stat}}$ übereinstimmen. Aus der Differenz läßt sich aber leicht die notwendige Korrektur für die Randgeschwindigkeiten bestimmen und hiermit ein zweiter Verlauf für $c = f(n)$ aufzeichnen, wobei auch für diesen das im voraus berechnete Verhältnis c_a/c_b gültig bleibt.

Für das in Abb. 402 dargestellte Laufrad wurde der Berechnungsgang für eine Menge $\dot{V}_{1\mathrm{stat}} = 3{,}01\ [\mathrm{m^3/s}]$ und für eine Verdichterdrehzahl $n = 11\,000$ [U/min] durchgeführt (Tabelle 20). Die Geschwindigkeitsverteilungen sind in Abb. 403a und die dazugehörenden Durchflußmengenverteilungen sind in Abb. 403b gezeigt.

Sind die Geschwindigkeitsverteilungen bekannt, so kann der Verlauf der Eintrittskante festgelegt und der zugehörige Eintrittswinkel

$$\tan \beta_1 = \frac{c_1}{u_1}$$

bzw. die für die weitere Rechnung vor allem interessierende radiale Komponente des Eintrittswinkels

$$\tan \beta_{1\mathrm{radial}} = \frac{c_1}{u_1} \cos \varepsilon_1$$

bestimmt werden.

Wie man leicht einsieht, sind die Eintrittswinkel $\beta_{1r,\,\mathrm{außen}}$ und $\beta_{1r,\,\mathrm{innen}}$ für die einzelnen Schnitte nicht einander gleich und weichen mehr oder weniger von dem erwünschten Sollwert $\beta_{1\,\mathrm{radial}} = 30°$ ab. Abb. 403c zeigt den Verlauf von $\beta_{1\,\mathrm{radial}}$ entlang den Berandungen, für die Kanalmitte und für die mittlere Stromlinie. Man wird deswegen die Eintrittskante so legen, daß auf ihr für die Kanalmittellinie oder besser noch für den mittleren Stromfaden der Winkel $\beta_{1\mathrm{radial}} \approx 30°$ ist (s. Abb. 402 und 403c). An der äußeren und inneren Berandung ist dann zur Vermeidung eines Eintrittsstoßes die Schaufel entsprechend den berechneten Winkeln zu verwinden.

Einen anderen sehr interessanten Ansatz zur Berechnung der Geschwindigkeitsverteilung in einem Krümmer macht WAAGEPETERSEN [1]. Mit den Bezeichnungen in Abb. 404 findet er für das Verhältnis der Wandgeschwindigkeiten den graphisch-rechnerisch leicht bestimmbaren Ausdruck

$$\frac{c_b}{c_a} = \frac{\varrho_a}{\varrho_b} \cdot \frac{q_b}{q_a},$$

der zu etwas genaueren Ergebnissen als Gl. (101) führt, weil für den Verlauf von $\dfrac{1}{\varrho}$ keine lineare Näherung vorausgesetzt ist.

---

[1] WAAGEPETERSEN, G.: A Simple Calculation for the Velocity Distribution in an Irrational Flow Between Eccentric Circles. Ingeniøren – International Edition 1 (1957) No. 2, S. 62–67 (Publ. by Dansk Ingenir-frening).

Tabelle 20. *(Fortsetzung)*

17	18	19	20	21	22	23	24	25	26	27	28	29	30	31	32	33
	c_a korrigiert [m/s] 2. Approximation	r_a [mm] Abb. 402	u_a [m/s] $= 1{,}15\cdot$ ⑲	ε Abb. 402	β_{1a} radial $\tan\beta_{1\,\text{rad.}} = \dfrac{c_1}{u_1}\cos\varepsilon$		c_b korrigiert [m/s] 2. Approximation	r_b [mm] Abb. 402	u_b [m/s] $=1{,}15\cdot$ ㉕	ε Abb. 402	β_{1b} radial		c_m [m/s]	u_m [m/s]	ε	β_{1m} radial
														Kanal-Mitte		
	117	131	151	$-84°$	$4{,}5°$		28	60	69	$-77°$	$5{,}2°$		60	109	$-80°$	$5{,}5°$
	122	131,5	151,5	$+87°$	$4{,}2°$		31	67,5	77,5	$+58°$	$11°$		65	114	$+62°$	$15°$
	150	133	153	$66°$	$21{,}8°$		28	92	106	$26°$	$13°$		60	125,5	$51°$	$19{,}5°$
	160	136	157	$50°$	$33{,}2°$		37	109	125	$18°$	$15{,}7°$		68	137	$30°$	$23°$
	165	140	161,5	$32°$	$40{,}8°$		46,5	124	143	$12°$	$17{,}6°$		77	149,5	$18°$	$26°$
	157	148	170	$6°$	$42{,}5°$		50	141	162	$5°$	$17{,}3°$		75	165	$14°$	$24{,}3°$

3. Austritt aus den Laufradkanälen

Die vom Laufrad zu erzeugende theoretische Förderhöhe ist

$$H_{\text{theor}} = \frac{H_{\text{ad}}}{\eta_{\text{Ström}}} = \frac{1}{g}\left(u_2\cdot c_{2u} - u_1\cdot c_{1u}\right);$$

dabei ist

$$\eta_{\text{Ström}} = \frac{H_{\text{ad}}}{H_{\text{ad}} + \Delta h_1 + \Delta h_2 + \Delta h_3}$$

der Strömungswirkungsgrad (Gl. 72).

Unter Benützung der Druckzahl $\psi = \dfrac{2g\,H_{\text{ad}}}{u_2^2}$ ist

$$\psi = 2\cdot\eta_{\text{Ström}}\left(\frac{c_{2u}}{u_2} - \frac{u_1}{u_2}\,\frac{c_{1u}}{u_2}\right).$$

Wie bereits hergeleitet, ist

$$\frac{c_{2u}}{u_2} = 1 - \frac{c_{m_2}}{u_2}\,\frac{1}{\tan\beta_{2\infty}},$$

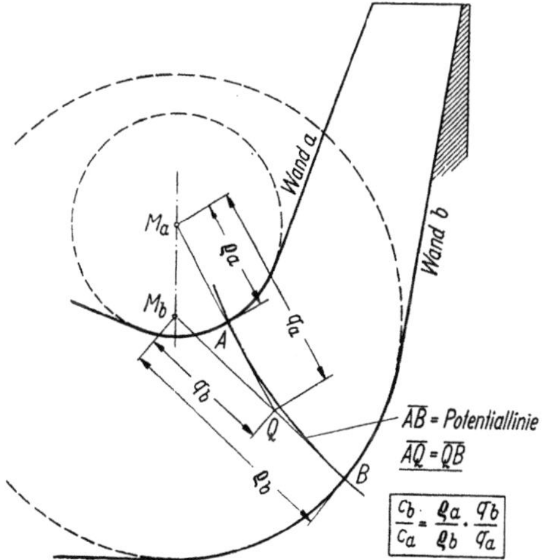

Abb. 404. Bestimmung der Wandgeschwindigkeit nach WAAGEPETERSEN

wobei $\beta_{2\infty}$ der Strömungswinkel aus Laufradaustritt ist.

Führt man auch beim Radialverdichter eine Vordrallzahl (Eintrittsleitvorrichtung) $\zeta_0 = c_{1u}/u_2$ ein, dann ist

$$\psi = 2\cdot\eta_{\text{Ström}}\left[1 - \left(\frac{c_{m_2}}{u_2}\,\frac{1}{\tan\beta_{2\infty}} + \frac{D_1}{D_2}\,\zeta_0\right)\right].$$

Der erforderliche Laufradaustrittswinkel β_2 ist mit $\psi = \psi_\infty\cdot\mu\cdot\eta_{\text{Ström}}$

$$\tan\beta_2 = \frac{\dfrac{c_{m_2}}{u_2}}{1 - \left(\dfrac{\psi}{2\,\mu\,\eta_{\text{Ström}}} + \dfrac{D_1}{D_2}\,\zeta_0\right)}, \tag{103}$$

wobei μ der Minderleistungsfaktor ist.

Hierin ist für den Fall, daß die Laufradeintrittskanten in die Krümmungszone hineingezogen sind, für D_1 der Eintrittsdurchmesser für einen mittleren Stromfaden einzusetzen. Für drallfreien Eintritt ist $c_{1u} = 0$, also $\zeta_0 = 0$ und

$$\tan \beta_2 = \frac{\dfrac{c_{m_2}}{u_2}}{1 - \dfrac{\psi}{2\mu \cdot \eta_{\text{Ström}}}} \cdot \tag{103a}$$

Ist der Schaufelaustrittswinkel nicht frei wählbar, was vor allem zutrifft, wenn z. B. aus Festigkeitsrücksichten radialendigende Schaufeln ($\beta_2 = 90°$) verwendet werden müssen, dann ist die Beziehung für die theoretische Förderhöhe nicht nach β_2, sondern nach der Umfangsgeschwindigkeit u_2, also bezogen auf den Außendurchmesser D_2 aufzulösen. Für $\beta_2 = 90°$ ist

$$\frac{g \cdot H_{\text{ad}}}{\eta_{\text{Ström}}} = \mu \cdot u_2^2 - u_1 \cdot c_{1u}$$

und damit

$$u_2 = \sqrt{\frac{1}{\mu}\left(\frac{g \cdot H_{\text{ad}}}{\eta_{\text{Ström}}} + u_1 c_{1u}\right)} \cdot \tag{104}$$

Bei drallfreiem Eintritt in die Normalstufe ist

$$u_2 = \sqrt{\frac{g}{\mu} \cdot \frac{H_{\text{ad}}}{\eta_{\text{Ström}}}} \tag{105}$$

bzw.

$$D_2 = \sqrt{\left(\frac{60}{\pi \cdot n}\right)^2 \cdot \frac{g}{\mu} \cdot \frac{H_{\text{ad}}}{\eta_{\text{Ström}}}} \cdot$$

Hiermit sind Schaufelwinkel β_2 bzw. Laufradaußendurchmesser D_2 endgültig festgelegt. Zur Bestimmung der Laufradbreite b_2 müssen zusätzlich die statischen Zustände am Laufradaustritt bekannt sein.

Die thermodynamischen Daten nach dem Laufrad bezogen auf den Gesamtzustand (aufgestauter Zustand) betragen:
Gesamttemperatur:

$$T_{2_{\text{tot}}} = T_{1_{\text{tot}}} + \frac{H_{\text{theor.}}}{c_p^*} \cdot$$

Für den Gesamtdruck folgt aus

$$H_{\text{ad}_R} = H_{\text{theor.}} - \Delta h_R = \underbrace{\frac{\varkappa}{\varkappa - 1} \cdot R \cdot T_{1_{\text{tot}}}}_{c_p^*}\left[\left(\frac{p_2}{p_1}\right)_{\text{tot}}^{\frac{\varkappa-1}{\varkappa}} - 1\right]$$

$$p_{2_{\text{tot}}} = p_{1_{\text{tot}}}\left[1 + \frac{H_{\text{theor.}} - \Delta h_R}{c_p^* \cdot T_{1_{\text{tot}}}}\right]^{\frac{\varkappa}{\varkappa-1}} \cdot$$

H_{ad_R} ist hierin die vom Laufrad erzeugte adiabatische Gesamtförderhöhe. Δh_R kennzeichnet die Verluste im Laufrad und ist nach Gl. (47) zu berechnen.

Da die Meridian- und Umfangskomponente der Absolutströmung am Laufradaustritt bekannt sind, ergeben sich die statischen Zustände aus den Abiabatenbeziehungen

$$\frac{T_{2_{\text{stat}}}}{T_{2_{\text{tot}}}} = 1 - \frac{c_m^2 + c_u^2}{2g \cdot c_p^*}$$

und

$$\frac{p_{2_{\text{stat}}}}{p_{2_{\text{tot}}}} = \left(\frac{T_{2_{\text{stat}}}}{T_{2_{\text{tot}}}}\right)^{\frac{\varkappa}{\varkappa-1}} \cdot$$

Mit

$$v_2 = \frac{R \cdot T_{2_{\text{stat}}}}{p_{2_{\text{stat}}}}$$

erhält man schließlich für die Austrittsbreite den endgültigen Wert

$$ b_2 = \frac{\dot{G} \cdot v_2}{\eta_{\mathrm{Vol}}} \cdot \frac{t_2}{\frac{t_2 - \sigma_2}{\pi \cdot D_2 \cdot c_{m_2}}} \cdot \tag{106} $$

Der Zähler des zweiten Gliedes berücksichtigt die Versperrung des Durchflußquerschnittes infolge endlicher Schaufeldicke. Hierbei bedeuten wieder

$$ t_2 = \frac{\pi \cdot D_2}{z_R} \text{ die Teilung} $$

und

$$ \sigma_2 = \frac{s_2}{\sin \beta_2} \text{ die Projektion der Schaufeldicke am Austritt auf die Umfangsrichtung.} $$

4. Entwurf der Laufradkanäle

Nach der Stromfadentheorie wird die Förderhöhe eines Laufrades mit unendlicher Schaufelzahl lediglich durch die Strömungsverhältnisse am Ein- und Austritt aus dem Laufrad bestimmt. Irgendwelche Einflüsse beim Durchströmen des Laufrades werden dabei nicht berücksichtigt. Nach der Stromfadentheorie ist es also gleichgültig, welche Bahn ein Stromteilchen auf seinem Weg nach seinem Eintritt bis unmittelbar vor seinem Austritt aus dem Laufrad beschreibt.

Auf die wirkliche Strömung ist jedoch die Strombahn keineswegs ohne Einfluß. Die Laufradbeschaufelung stellt Kanäle mit veränderlichem Querschnitt und mit üblicherweise gekrümmter Mittellinie dar. Da in den Laufradkanälen normalerweise eine Verzögerung der Relativgeschwindigkeit stattfindet, müssen die Kanäle auch unter Berücksichtigung der Erkenntnisse der Diffusorströmung ausgebildet werden. Hieraus folgen für die zweckmäßige Gestaltung der Laufradkanäle folgende Grundregeln:

Der Krümmungshalbmesser der Kanalmittellinie soll möglichst groß sein und sich stetig ändern. Plötzliche Richtungsänderungen sollen also vermieden werden.

Die Querschnittsänderungen innerhalb des Kanals sollen ebenfalls stetig verlaufen. Auch hier sollen plötzliche Querschnittsänderungen unterbleiben.

Allgemein gültige Angaben über den zweckmäßigsten Erweiterungswinkel der Laufradkanäle sind wegen der Vielzahl der Formparameter noch nicht möglich. In Anlehnung an die mit geraden ebenen Diffusoren durchgeführten Versuche wird vielfach empfohlen, den gesamten Öffnungswinkel des dem geraden Kreisdiffusor flächengleichen Laufradkanales $2\,\vartheta \leqq 6$ bis $8°$ zu wählen.

Bei Benützung der an geraden Diffusoren gemachten Versuchsergebnisse für die Gestaltung der Lauf- und Leitradkanäle ist aber zu beachten, daß die Strömungsverhältnisse im vorliegenden Falle wesentlich von denjenigen in den untersuchten Diffusorformen abweichen. Während nämlich der gerade ebene Diffusor wie auch der gerade Kreisringdiffusor zumindest bis zum Beginn der Ablösung eine zur Achse symmetrische Geschwindigkeitsverteilung und eine über dem Querschnitt konstante Verteilung des statischen Druckes aufweist, ist das Strömungsbild im gekrümmten Schaufelkanal schon bei reibungsfreier Strömung unsymmetrisch. Im rotierenden Kanal ergibt sich, durch die Drehbewegung hervorgerufen, selbst bei geraden Schaufeln und kleinen Erweiterungswinkeln eine über dem Kanalquerschnitt unsymmetrische Geschwindigkeits- und Druckverteilung. Diese veränderte Strömungsform hat ein unterschiedliches Verhalten beim Auftreten von Ablösungen zur Folge. Bei Schaufelkanälen erfolgt nämlich der Ablösungsbeginn praktisch stets an der Schaufelsaugseite, während die Ablösung bei geraden Diffusoren im allgemeinen symmetrisch einsetzt. Die ungleichmäßige Druck- und Geschwindigkeitsverteilung hat aber auch eine Vergrößerung der Reibungsverluste zur Folge und begünstigt das Auftreten von Sekundärströmungen und Wirbelverlusten.

a) Kreisbogenschaufel

Die konstruktiv und herstellungsmäßig einfachste Schaufelform ist die Kreisbogenschaufel, die am Ein- und Austrittsdurchmesser die vorgeschriebenen Schaufelwinkel β_1 und β_2 aufweist

(Abb. 405). Durch Anwendung des Kosinussatzes auf die Dreiecke OPB und OPA erhält man als Halbmesser der Kreisbogenschaufel

$$\varrho = \frac{r_2^2 - r_1^2}{2\,(r_2 \cdot \cos\beta_2 - r_1 \cdot \cos\beta_1)}\,. \tag{107}$$

Der geometrische Ort für alle Mittelpunkte der Kreisbogenschaufeln eines Laufrades befindet sich auf einem Halbmesser

$$\varrho^* = \sqrt{r_1^2 + \varrho^2 - 2\,r_1 \cdot \varrho \cdot \cos\beta_1}\,. \tag{108}$$

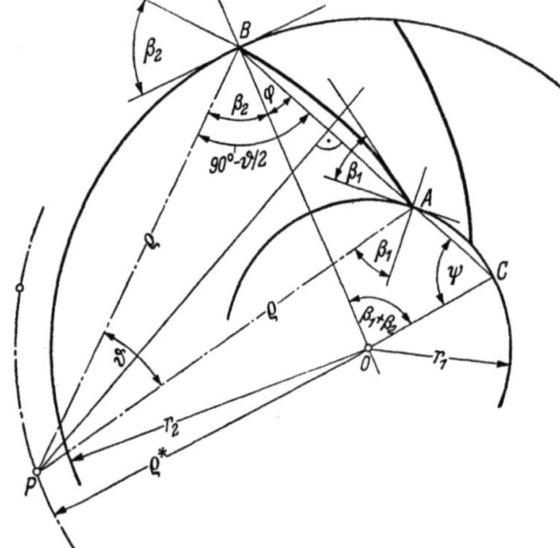

Abb. 405. Konstruktion der Kreisbogenschaufel $\vartheta \equiv \vartheta^*$

Zur Berechnung der Schaufellänge l bildet man mit den Bezeichnungen in Abb. 405

$$\frac{\sin\varphi}{\sin\psi} = \frac{\sin\varphi}{\sin[180^\circ - (\beta_1 + \beta_2 + \varphi)]} = \frac{r_1}{r_2}\,,$$

$$\cot\varphi = \frac{r_2 - r_1 \cdot \cos(\beta_1 + \beta_2)}{r_1 \cdot \sin(\beta_1 + \beta_2)}\,.$$

Bezeichnet man den Zentriwinkel der Kreisbogenschaufel mit ϑ^*, dann ist

$$\tan\left(\frac{\vartheta^*}{2}\right) = \tan[90^\circ - (\beta_2 + \varphi)] = \cot(\beta_2 + \varphi)$$

und nach einigen Umformungen erhält man

$$\tan\left(\frac{\vartheta^*}{2}\right) = \frac{r_2 \cdot \cos\beta_2 - r_1 \cdot \cos\beta_1}{r_2 \cdot \sin\beta_2 + r_1 \cdot \sin\beta_1} \tag{109}$$

bzw.

$$\tan\vartheta^* = \frac{2}{\dfrac{r_2 \cdot \sin\beta_2 + r_1 \cdot \sin\beta_1}{r_2 \cdot \cos\beta_2 - r_1 \cdot \cos\beta_1} - \dfrac{r_2 \cdot \cos\beta_2 - r_1 \cdot \cos\beta_1}{r_2 \cdot \sin\beta_2 + r_1 \cdot \sin\beta_1}}\,. \tag{109a}$$

Damit findet man für die Sehnenlänge der Kreisbogenschaufel

$$\overline{BA} = s = 2\varrho \cdot \sin\left(\frac{\vartheta^*}{2}\right)$$

und mit Gl. (107) und (109)

$$s = \frac{r_2^2 - r_1^2}{\sqrt{r_2^2 + r_1^2 - 2 \cdot r_1 \cdot r_2 \cdot \cos(\beta_1 + \beta_2)}}\,. \tag{110}$$

Die Länge der Kreisbogenschaufel ist

$$l = \varrho \cdot \vartheta^* \cdot \frac{\pi}{180} \tag{111}$$

mit ϑ^* im Gradmaß.

Teilweise wird die Kreisbogenschaufel aus zwei Kreisbogenstücken gebildet, wobei das Eintrittskreisbogenstück als „wirkungsloser Schaufeleintritt" konstruiert wird.

Dabei wird der Eintritt als wirkungslos und stoßfrei betrachtet, wenn die Eintrittstangente die Richtung der eintretenden Strömung hat. Dazu ist zu bemerken, daß eine einzelstehende Kreisbogenschaufel stoßfreien Eintritt hat, wenn sie in Richtung der Kreisbogensehne angeströmt wird. Bei Anströmung in Richtung der Eintrittstangente rückt der vordere Staupunkt auf die konkave Seite des Kreisbogenprofils, und der Eintritt ist nicht mehr stoßfrei. Im Verband eines radialen Schaufelgitters sind die Verhältnisse anders, und es bedarf einer Gittertheorie, um die Strömungsrichtung stoßfreien Eintrittes berechnen zu können. Jedenfalls fällt diese Richtung nur für ein Gitter mit unendlich vielen Schaufeln (Stromfadentheorie) mit der Eintrittstangente zusammen.

b) Punktweise Berechnung der Laufradschaufel

Gibt man sich zwischen den Grenzwerten β_1 und β_2 einen sinnvollen Verlauf des Schaufelwinkels $\beta = f(r)$ vor, dann kann der Schaufelverlauf punktweise für jeden Halbmesser r ermittelt werden. Zweckmäßiger ist es, für einen beliebigen Radius r den Polwinkel (Abb. 406) wie folgt zu bestimmen.

Im rechtwinkligen Dreieck CDE (Abb. 406) ist

$$\overline{CD} = r \cdot d\varphi \quad \text{und} \quad \overline{DE} = dr;$$

außerdem ist

$$\overline{CD} = \frac{\overline{DE}}{\tan\beta} = \frac{dr}{\tan\beta},$$

also

$$r \cdot d\varphi = \frac{dr}{\tan\beta} \quad \text{und} \quad d\varphi = \frac{dr}{r}\frac{1}{\tan\beta}.$$

Hieraus folgt durch Integration von r_1 bis r

$$\varphi^\circ = \frac{180}{\pi} \int\limits_{r_1}^{r} \frac{dr}{r \cdot \tan\beta\,(r)}. \tag{112}$$

Die Integration von Gl. (112) muß graphisch oder tabellarisch durchgeführt werden, wobei im letzteren Falle endliche Intervalle von r zu wählen sind und an Stelle des Integrals das Summenzeichen tritt.

Der Verlauf des Schaufelwinkels $\beta = f\,(r)$ wird meistens linear zwischen den Grenzwerten β_1 und β_2 angenommen. Hierbei ergibt sich aber — ähnlich wie bei geraden Diffusoren mit konstantem Erweiterungswinkel — ein über der Kanallänge veränderlicher Druckanstieg mit großen Anfangswerten.

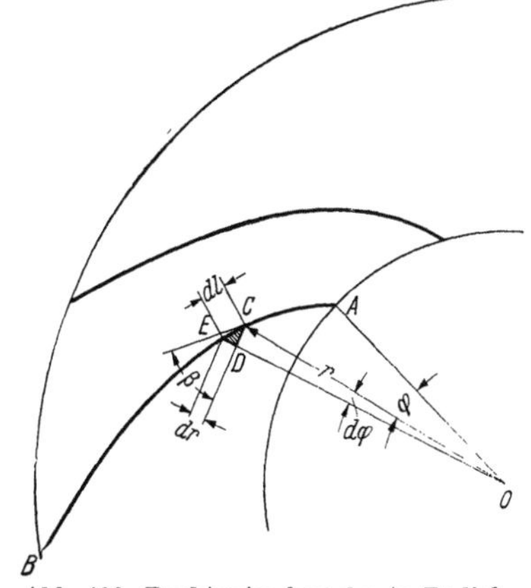

Abb. 406. Punktweise berechnete Radialverdichterschaufel

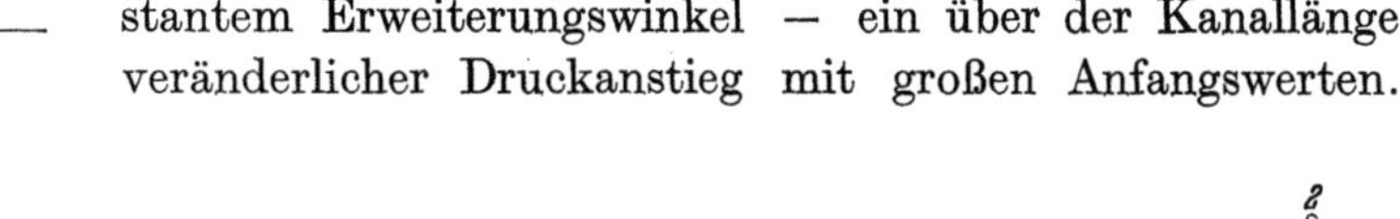

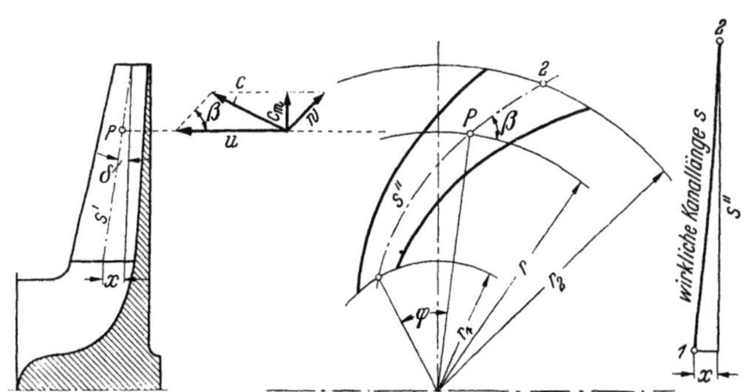

Abb. 407. Erläuterung zur Bestimmung des Kanales konstanter Verzögerung

Zweckmäßiger scheint es somit zu sein, wenn man, einem Vorschlag von Pantell[1] folgend, die Beschaufelung für eine über der Kanallänge konstante Verzögerung ausbildet.

Die Bedingung für konstante Verzögerung lautet

$$\frac{dw}{dt} = \frac{ds}{dt} \cdot \frac{dw}{ds} = w \cdot \frac{dw}{ds} = K = \text{const}. \tag{113}$$

Hierin sind

dt ein Zeitelement

und

ds ein Element der mittleren Kanallänge.

Für die Meridiangeschwindigkeit c_m gilt mit den Bezeichnungen in Abb. 407

$$c_m = \frac{ds'}{dt}$$

und somit ist

$$\frac{c_m}{w} = \frac{ds'}{dt} \cdot \frac{dt}{ds} = \frac{ds'}{ds}$$

und weiterhin

$$dw = K \cdot \frac{ds}{w} = K \cdot \frac{ds}{c_m} \cdot \frac{c_m}{w} = K \cdot \frac{ds}{c_m} \cdot \frac{ds'}{ds} = K \cdot \frac{ds'}{c_m}. \tag{114}$$

Die Integration dieser Beziehung ergibt

$$w_2 - w_1 = K \cdot \int\limits_{1}^{2} \frac{ds'}{c_m}, \tag{115}$$

---

[1] Pantell, K.: Über die Schaufelausbildung von Turbomaschinen. Konstruktion 1 (1949) H. 3.

wobei die Relativgeschwindigkeiten w_1 und w_2 bekannt sind. Für die Konstante K ergibt sich somit die Bestimmungsgleichung

$$K = \frac{w_2 - w_1}{2 \int\limits_1 \frac{ds'}{c_m}} \cdot \tag{116}$$

Bei Radialkompressoren ist im allgemeinen der Winkel δ (s. Abb. 407) nur klein und somit $ds' \approx dr$. Setzt man weiterhin gemäß den bisherigen Herleitungen $c_m(r) = $ const, so ergibt sich für die Verzögerungskonstante der einfache Ausdruck

$$K \approx \frac{w_2 - w_1}{r_2 - r_1} \cdot c_m . \tag{116a}$$

Den Geschwindigkeitsverlauf entlang der Kanalachse s' bzw. über den Radius r erhält man aus Gl. (114) und (116)

$$w = w_1 + K \cdot \int\limits_1 \frac{ds'}{c_m} \tag{117}$$

$$w \approx w_1 + \frac{K}{c_m}(r - r_1) = w_1 + (w_2 - w_1) \frac{r - r_1}{r_2 - r_1} . \tag{117a}$$

Die Relativgeschwindigkeit nimmt also unter der Voraussetzung $c_m(r) = $ const linear über den Radius ab.

Der Schaufelwinkel β im Punkte P ergibt sich zu

$$\sin \beta = \frac{c_m}{w} \tag{118}$$

und die Umfangskomponente der Relativgeschwindigkeit beträgt

$$w_u = \frac{r \cdot d\varphi}{dt} \cdot$$

Hieraus folgt

$$\frac{c_m}{w_u} = \tan \beta = \frac{ds'}{dt} \cdot \frac{dt}{r \cdot d\varphi} = \frac{ds'}{r \cdot d\varphi}$$

oder

$$d\varphi = \frac{ds'}{r \cdot \tan \beta} \approx \frac{1}{\tan \beta} \cdot \frac{dr}{r} \cdot$$

Die Integration führt wieder auf die Gl. (112)

$$\varphi^\circ = \frac{180}{\pi} \cdot \int\limits_{r_1}^{r} \frac{1}{\tan \beta (r)} \frac{dr}{r} \quad \text{(im Gradmaß)},$$

wobei hier aber $\beta(r)$ nicht willkürlich vorgegeben ist, sondern mittels der Gl. (117a) und (118) durch den Verlauf von $w(r)$ bestimmt ist.

c) Laufradkanal gleichen Querschnittdruckes

Der Druck über einen Normalquerschnitt des Radialverdichterlaufrades ist im allgemeinen nicht konstant, sondern fällt von der Druckseite nach der Saugseite hin ab.

Man hat nun versucht, die Strömungseigenschaften des Laufradkanals dadurch zu verbessern, daß man durch geeignete Formgebung der Schaufeln den Druck über den Querschnitt konstant zu machen suchte. Die Grundgedanken dieser Auslegungsmethode sind folgende:

Man erhält konstanten Druck über einen Querschnitt, wenn man die Ableitung $\partial p/\partial n$ des Drucks in Richtung senkrecht zu den Relativstromlinien zum Verschwinden bringt. Nun kann man $\partial p/\partial n$ durch die Auslegungs- und Betriebskenngrößen der Strömung im Aufpunkt darstellen, wenn man die dynamische Grundgleichung auf ein Flüssigkeitsteilchen im Aufpunkt anwendet. Nach dem d'ALEMBERTschen Prinzip bilden an dem als ruhend gedachten Flüssigkeitsteilchen die äußeren Kräfte und die Trägheitskraft ein Gleichgewichtssystem. Das gleiche gilt für die Kraftkomponenten in beliebiger Richtung. Im folgenden soll das Kräftegleichgewicht in Richtung einer Stromliniennormalen für einen Radialkompressor mit rückwärts gekrümmten Schaufeln betrachtet werden (Abb. 408a). Die Richtung vom Krümmungsmittelpunkt der Stromlinie bzw. der Schaufel nach dem Aufpunkt werde als positive Normalenrichtung angesehen und mit n bezeichnet.

Ferner sei

R [m]	Krümmungsradius der Stromlinie im Aufpunkt,	k [—]	Einheitsvektor in der Drehachse,
r [m]	Abstand des Aufpunktes von der Kompressorachse,	p [kg/m²]	statischer Druck im Aufpunkt,
w [m/s]	Relativgeschwindigkeit,	ϱ [kg m⁻⁴s²]	Dichte des Fördermediums,
$\omega = \dfrac{\pi \cdot n}{30}$ [s⁻¹]	Kreisfrequenz des Laufrades,	β [—]	Winkel der Geschwindigkeit gegen die Umfangsrichtung.

Dann wirken auf ein Flüssigkeitsteilchen im Aufpunkt folgende Kraftkomponenten je Masseneinheit in Normalrichtung.

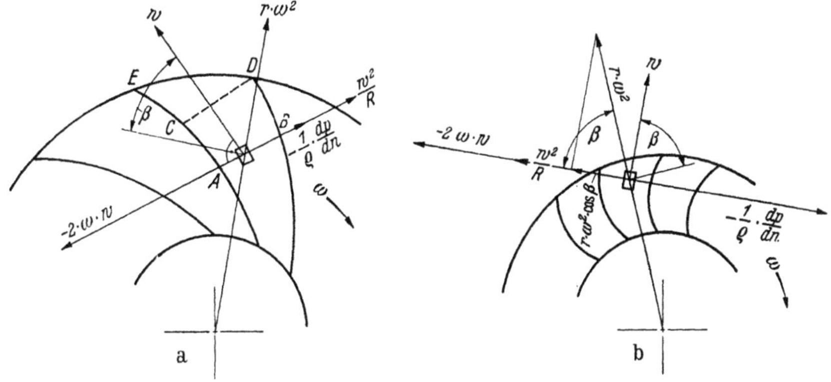

Abb. 408a u. b. Kräfte an einem Flüssigkeitsteilchen
a) bei rückwärts gekrümmter Schaufel; b) bei vorwärts gekrümmter Schaufel

Als reale Kraft: die Komponente der Druckkraft $-\dfrac{1}{\varrho}$ grad p, nämlich

$$K_p = -\frac{1}{\varrho}\,\frac{\partial p}{\partial n}\,. \tag{119}$$

Als erste Scheinkraft: die Komponente der von der Laufraddrehung herrührenden Zentrifugalkraft $r \cdot \omega^2$, nämlich

$$K_z = r \cdot \omega^2 \cdot \cos\beta\,. \tag{120}$$

Als zweite Scheinkraft: die Corioliskraft $- 2\,\omega k \times \mathfrak{w}$ oder in skalarer Schreibweise

$$K_c = -2\,\omega \cdot w\,. \tag{121}$$

Die D'ALEMBERTsche Trägheitskraft, herrührend von der Relativbewegung des Teilchens auf einer Kurve mit dem Krümmungsradius R

$$K_A = \frac{w^2}{R}\,. \tag{122}$$

Dem D'ALEMBERTschen Prinzip entsprechend verschwindet die Summe dieser vier Kraftkomponenten, also

$$K_p + K_z + K_c + K_A = 0$$

oder

$$-\frac{1}{\varrho}\cdot\frac{\partial p}{\partial n} + \omega^2 \cdot r \cdot \cos\beta - 2\omega\,w + \frac{w^2}{R} = 0\,. \tag{123}$$

Für konstanten Querschnittsdruck ist $\partial p/\partial n = 0$, also

$$\frac{w^2}{R} = 2\omega \cdot w - \omega^2 \cdot r \cdot \cos\beta \tag{124}$$

und der Krümmungsradius der zugehörigen Schaufel ist

$$R = \frac{w^2}{\omega\,(2w - \omega \cdot r \cdot \cos\beta)}\,. \tag{125}$$

Der Krümmungsradius R ist eine Funktion von r, die durch ein zeichnerisch-rechnerisches Verfahren, von innen nach außen fortschreitend, bestimmt werden kann. Zunächst ist am Innenradius r_1 aus den Geschwindigkeitsdreiecken w und β bekannt, womit R_1 nach Gl. (125) berechnet werden kann.

Damit kann das Anfangselement der Schaufel gezeichnet und mit einem etwas größeren Kreis (r_2') zum Schnitt gebracht werden. Im Schnittpunkt werden wieder w_2' und β_2' bestimmt, R_2' berechnet und damit das nächste Schaufelelement gezeichnet. So fortfahrend erhält man nach einer Reihe von Schritten schließlich den Verlauf der ganzen Schaufel zwischen r_1 und r_2.

Aus der Tatsache, daß die Schaufel über jeden Querschnitt konstanten Druck hat, darf nicht geschlossen werden, daß der Druck an gegenüberliegenden Stellen der Druck- und Saugseite einer Schaufel der gleiche ist. In diesem Fall wäre die Schaufel überhaupt wirkungslos. Aus der Rückwärtsneigung des Kanals folgt vielmehr, daß an gegenüberliegenden Stellen einer Schaufel der Druckseitendruck stets größer ist als der Saugseitendruck.

Eine zweckentsprechende Entwicklung der Radialkompressorschaufel auf maximalen Wirkungsgrad müßte also in erster Linie den saugseitigen Druckgradienten zum Gegenstand haben und dessen Abhängigkeit von Querschnittsform und Rückwärtskrümmung untersuchen. Dabei könnte in den theoretischen Ansätzen reibungsfreie Strömung vorausgesetzt und der Einfluß der Reibung nachträglich durch Grenzschichtbetrachtungen und Versuche geklärt werden. Zweckentsprechende Ansätze in dieser Richtung finden sich bei J. D. Stanitz[1] und J. D. Stanitz und G. O. Ellis[2]. Dort wird die reibungsfreie, kompressible Strömung durch Zentrifugalkompressoren mit konischer Strömungsfläche untersucht, die die Radialkompressoren als speziellen Fall mit umfassen. Die Strömung wird näherungsweise als zweidimensional vorausgesetzt, und die Differentialgleichungen der Strömung werden nach einem Näherungsverfahren gelöst. Als Ergebnis der langwierigen Rechnungen erhält man insbesondere auch die saugseitige Druckverteilung für den vorgegebenen Kompressor und kann daraus Schlüsse ziehen, ob und wo Ablösung bei reibender Strömung vorhanden ist; bei dieser Untersuchung ist auch die Zentrifugalkraft zu berücksichtigen, die die Grenzschicht nach außen schleudert und dadurch der Ablösung entgegenwirkt.

5. Rechnungsbeispiel

Zu berechnen sei das Laufrad eines einstufigen Radialverdichters. Fördermedium: atmosphärische Luft. Bei einem Ansaugdruck von $p = 1$ ata und $T = 288\ °K$ soll der Enddruck $p = 1{,}52$ ata betragen. Die Fördermenge betrage $\dot{V} = 5000\ \mathrm{m^3/h}$ bei einer Verdichterdrehzahl $n = 16\,000\ \mathrm{U/min}$.

Nach Rechentafel 2 ist für das verlangte Druckverhältnis $\varPi = 1{,}52$

$$H_{\mathrm{ad}} = 0{,}445 \cdot 29{,}27 \cdot 288 = 3750\ \frac{\mathrm{mkg}}{\mathrm{kg}}$$

Da $\dot{V} = 5000\ \mathrm{m^3/h} = 1{,}39\ \mathrm{m^3/s}$ und die Drehzahl $n = 16\,000\ \mathrm{U/min}$ ist, erhält man als dimensionslose Drehzahl

$$\Re_n = 6{,}33\ \frac{n}{1000}\ \sqrt{\frac{\dot{V}}{H_{\mathrm{ad}}^{\frac{3}{2}}}} = 6{,}33 \cdot \frac{16\,000}{1000}\ \sqrt{\frac{1{,}39}{(3750)^{\frac{3}{2}}}} = 0{,}249.$$

Aus Abb. 388 findet man für $\Re_n = 0{,}249$ bei möglichster Annäherung an den optimalen Stufenwirkungsgrad:

$$\text{Schaufelwinkel am Laufradaustritt} \quad \beta_2 = 45°;$$
$$\text{Schaufelwinkel am Laufradeintritt} \quad \beta_1 = 30°;$$
$$\text{Lieferzahl} \quad \varphi = 0{,}063;$$
$$\text{Druckzahl} \quad \psi = 1{,}0;$$
$$\text{optimales Durchmesserverhältnis} \quad \frac{D_1}{D_2} = 0{,}518.$$

Damit wird

$$u_2 = \sqrt{\frac{2g \cdot H_{\mathrm{ad}}}{\psi}} = \sqrt{\frac{2g \cdot 3750}{1{,}0}} = 271\ \mathrm{m/s}.$$

Laufrad-Außendurchmesser

$$D_2 = \frac{60 \cdot u_2}{\pi \cdot n} = \frac{60 \cdot 271}{\pi \cdot 16\,000} = 0{,}325\ \mathrm{m}.$$

Durchmesser der Schaufeleintrittskanten

$$D_1 = \frac{D_1}{D_2} \cdot D_2 = 0{,}518 \cdot 0{,}325 = 0{,}168\ \mathrm{m}.$$

Für $\dfrac{\beta_1 + \beta_2}{2} = \dfrac{45° + 30°}{2} = 37{,}5°$ erhält man mit $\dfrac{D_2}{D_1} = \dfrac{0{,}325}{0{,}168} = 1{,}93$ unter Zuhilfenahme von Abb. 393 als erforderliche Schaufelzahl des Laufrades $z = 12$ bis 17, festgelegt werde $z = 16$.

---

[1] Stanitz, J. D.: NACA-Reports 935.

[2] Stanitz, J. D., u. G. O. Ellis: NACA-Reports 954.

Für drallfreien Einlauf in das Laufrad ist

$$c_1 = c_{m_1} = u_1 \cdot \tan \beta_1 = 140 \cdot \tan 30° = 81 \text{ m/s}$$

$$w_1 = \sqrt{c_{m_1}^2 + u_1^2} = \sqrt{81^2 + 140^2} = 161{,}5 \text{ m/s}.$$

Nun ist bei unendlicher Schaufelzahl die Umfangskomponente der absoluten Austrittsgeschwindigkeit bei Annahme $c_{m_1} = c_{m_2}$

$$c_{2u_\infty} = u_2 - c_{m_2} \cdot \cot \beta_2 = 271 - 81 \cdot \cot 45° = 190 \text{ m/s}.$$

Die reduzierte Schaufelzahl ist $z\left(1 - \dfrac{r_1}{r_2}\right) = 16\,(1 - 0{,}518) = 7{,}7$ hierfür erhält man aus Abb. 379 als

Minderleistungsfaktor $\mu = 0{,}875$ (zufällige Übereinstimmung mit dem in Abb. 388 zugrunde gelegten Minderleistungsfaktor). Damit wird bei $z = 16$

$$c_{2u} = \mu \cdot c_{2u_\infty} = 0{,}875 \cdot 190 = 166{,}5 \text{ m/s}$$

und

$$c_2 = \sqrt{c_{m_2}^2 + c_{2u}^2} = \sqrt{81^2 + 166{,}5^2} = 185 \text{ m/s}.$$

Im folgenden werden die thermodynamischen Zustandsgrößen vom Ein- bis zum Austritt aus dem Laufrad ermittelt. Mit den Bezeichnungen in Abb. 390 ist

$$p_0' = 10\,000 \text{ kg/m}^2$$

$$T_0'' = 288 \text{ °K}$$

$$v_0' = \frac{29{,}27 \cdot 288}{10\,000} = 0{,}842 \text{ m}^3\text{/kg}.$$

Im Einlauf in das Saugrohr, also an der Stelle **0** in Abb. 390 ist

$$p_{0\text{tot}} = p_{0\text{tot}}'; \qquad T_{0\text{tot}} = T_{0\text{tot}}'; \qquad v_{0\text{tot}} = v_{0\text{tot}}'.$$

Die Zustandsgrößen an der Stelle **0**, bezogen auf die statischen Verhältnisse sind

$$v_{0\text{stat}} = \frac{v_{0\text{tot}}'}{\left[1 - \left(\dfrac{c_0}{w_s}\right)^2 \dfrac{\varkappa - 1}{2}\right]^{\frac{1}{\varkappa - 1}}} = \frac{0{,}842}{\left[1 - \left(\dfrac{0{,}95 \cdot 81}{20{,}1\sqrt{288}}\right)^2 \dfrac{1{,}4 - 1}{2}\right]^{\frac{1}{1{,}4 - 1}}} = 0{,}864 \text{ m}^3\text{/kg};$$

$$p_{0\text{stat}} = p_{0\text{tot}}' \left(\frac{v_{0\text{tot}}'}{v_{0\text{stat}}}\right)^\varkappa = \left(\frac{0{,}842}{0{,}864}\right)^{1{,}4} \cdot 10\,000 = 9650 \text{ kg/m}^2;$$

$$T_{0\text{stat}} = \frac{p_{0\text{stat}} \cdot v_{0\text{stat}}}{R} = \frac{9650 \cdot 0{,}864}{29{,}27} = 285 \text{ °K}.$$

An Stelle **1** ist

$$p_{1\text{tot}} = p_{0\text{stat}} \left(1 + \frac{c_0^2 + \zeta_1 \cdot c_1^2}{2g\, c_p^* \cdot T_{0\text{stat}}}\right)^{\frac{\varkappa}{\varkappa - 1}} = 9650 \left(1 + \frac{77^2 - 0{,}1 \cdot 81^2}{2g \cdot 102{,}3 \cdot 285}\right)^{\frac{1{,}4}{1{,}4 - 1}} = 9950 \text{ kg/m}^2;$$

$$T_{1\text{tot}} = T_{0\text{tot}} = 288 \text{ °K};$$

$$v_{1\text{tot}} = \frac{R \cdot T_{1\text{tot}}}{p_{1\text{tot}}} = \frac{29{,}27 \cdot 288}{9950} = 0{,}847 \text{ m}^3\text{/kg}.$$

Statische Zustände an Stelle **1**:

$$p_{1\text{stat}} = p_{1\text{tot}} \left(1 - \frac{c_1^2}{2g\, c_p^* \cdot T_{1\text{tot}}}\right)^{\frac{\varkappa}{\varkappa - 1}} = 9950 \left(1 - \frac{81^2}{2g \cdot 102{,}3 \cdot 288}\right)^{\frac{1{,}4}{1{,}4 - 1}} = 9600 \text{ kg/m}^2;$$

$$T_{1\text{stat}} = T_{1\text{tot}} \left(\frac{p_{1\text{stat}}}{p_{1\text{tot}}}\right)^{\frac{\varkappa - 1}{\varkappa}} = 288 \left(\frac{9600}{9950}\right)^{\frac{1{,}4 - 1}{1{,}4}} = 285 \text{ °K};$$

$$v_{1\text{stat}} = \frac{R \cdot T_{1\text{stat}}}{p_{1\text{stat}}} = \frac{29{,}27 \cdot 285}{9600} = 0{,}87 \text{ m}^3\text{/kg}.$$

Nach dem Laufrad soll eine Spirale angeordnet werden, welche die Austrittsgeschwindigkeit $c_2 = 185$ m/s auf eine Geschwindigkeit $c_4 = 50$ m/s am Austritt aus der Spirale verzögert. Damit betragen die Laufrad- und

Diffusorverluste [Gl. (47) und (50)]

$$\Delta h_1 = \zeta_1 \cdot \frac{c_1^2}{2g} = 0,10 \cdot \frac{81^2}{2g} = 34 \frac{\mathrm{mkg}}{\mathrm{kg}} \; ;$$

$$\Delta h_2 = \zeta_2 \cdot \frac{w_1^2}{2g} = 0,2 \frac{161,5^2}{2g} = 265 \frac{\mathrm{mkg}}{\mathrm{kg}} \; ;$$

$$\Delta h_3 = \zeta_3 \cdot \frac{c_2^2 - c_4^2}{2g} = 0,25 \frac{185^2 - 50^2}{2g} = 405 \frac{\mathrm{mkg}}{\mathrm{kg}} \; .$$

Damit erhält man für die Zustände am Laufradaustritt

$$T_{2\mathrm{tot}} = T_{A\mathrm{tot}} = T'_{0\mathrm{tot}} + \frac{H_{\mathrm{theor}}}{c_p^*} = 288 + \frac{3750 + 34 + 265 + 405}{102,3} = 331,5\,^\circ\mathrm{K} \; ;$$

$$p_{2\mathrm{tot}} = \frac{p_{A\mathrm{tot}}}{\left(1 - \dfrac{\Delta h_3}{c_p^* \cdot T_{2\mathrm{tot}}}\right)^{\frac{\varkappa}{\varkappa - 1}}} = \frac{15\,200}{\left(1 - \dfrac{405}{102,3 \cdot 331,5}\right)^{\frac{1,4}{1,4 - 1}}} = 15\,900 \;\mathrm{kg/m^2} \; ;$$

$$v_{2\mathrm{tot}} = \frac{R \cdot T_{2\mathrm{tot}}}{p_{2\mathrm{tot}}} = \frac{29,27 \cdot 331,5}{15\,900} = 0,61 \;\mathrm{m^3/kg} \; .$$

Für die statischen Zustände am Laufradaustritt erhält man

$$T_{2\mathrm{stat}} = T_{2\mathrm{tot}} - \frac{c_2^2}{2g\,c_p^*} = 331,5 - \frac{185^2}{2g \cdot 102,3} = 314,5\,^\circ\mathrm{K} \; ;$$

$$p_{2\mathrm{stat}} = p_{2\mathrm{tot}} \left(\frac{T_{2\mathrm{stat}}}{T_{2\mathrm{tot}}}\right)^{\frac{\varkappa}{\varkappa - 1}} = 15\,900 \left(\frac{314,5}{331,5}\right)^{\frac{1,4}{1,4 - 1}} = 13\,300 \;\mathrm{kg/m^2} \; ;$$

$$v_{2\mathrm{stat}} = \frac{R \cdot T_{2\mathrm{stat}}}{p_{2\mathrm{stat}}} = \frac{29,27 \cdot 314,5}{13\,300} = 0,69 \;\mathrm{m^3/kg} \; .$$

Berechnung des durch die Spaltabdichtung entweichenden Luftgewichtes:

Das Spaltdruckverhältnis ist

$$\frac{p_{2\mathrm{stat}}}{p_{1\mathrm{stat}}} = \frac{1,33}{0,96} = 1,385 \; ,$$

wofür sich nach Abb. 384 eine unterkritische Spaltströmung im Labyrinth ergibt. Bei Annahme von 3 Labyrinthspitzen ist nach Abb. 384

$$\frac{\Delta \dot{G}}{\zeta \cdot F} \cdot \frac{\sqrt{T_{2\mathrm{tot}}}}{p_{2\mathrm{stat}}} \approx 0,225 \; .$$

Zur Ermittlung der Spaltfläche wird der Einlaufdurchmesser näherungsweise ermittelt. Es ist

$$D_0 = \sqrt{\frac{\dot{V}}{\frac{\pi}{4} c_0} + d_N^2} = \sqrt{\frac{1,39}{\frac{\pi}{4} \cdot 77} + 0,035^2} = 0,15\,\mathrm{m} \; ,$$

wobei der Nabendurchmesser $d_N = 35$ mm angenommen ist. Mit einer Spalthöhe von $s' = 0,10$ mm wird dann die Spaltfläche

$$F = \pi \cdot D_0 \cdot s' = \pi \cdot 0,15 \cdot 0,0001 = 4,8 \cdot 10^{-5} \;[\mathrm{m^2}] \; .$$

Für $\zeta \approx 1$ (s. Abb. 384) ist das Spaltluftgewicht

$$\Delta \dot{G} = \frac{1 \cdot 0,225 \cdot 4,8 \cdot 10^{-5} \cdot 13\,300}{\sqrt{331,5}} \approx 0,008 \;\mathrm{kg/s} \; .$$

Da das Durchsatzgewicht $\dot{G} = \dot{V}/v'_0 = \dfrac{1,39}{0,842} = 1,65$ kg/s beträgt, ist der volumetrische Wirkungsgrad

$$\eta_{\mathrm{vol}} = \frac{\dot{G}}{\dot{G} + \Delta \dot{G}} = \frac{1,65}{1,65 + 0,008} = 0,99 \; .$$

Die Kanalbreite am Schaufelanfang beträgt

$$b_1 = \frac{\dot{V}_{1\text{stat}}}{\pi \cdot D_1 \cdot c_{m_1}} = \frac{1{,}65 \cdot 0{,}87}{\pi \cdot 0{,}168 \cdot 81} = 0{,}035\ \text{m}.$$

Am Laufradaustritt ist

$$c_{m_2} = c'_{m_2}\frac{t_2}{t_2 - \sigma_2} = c_{m_1}\cdot\frac{t_2}{t_2 - \sigma_2};\ ^{(1)}$$

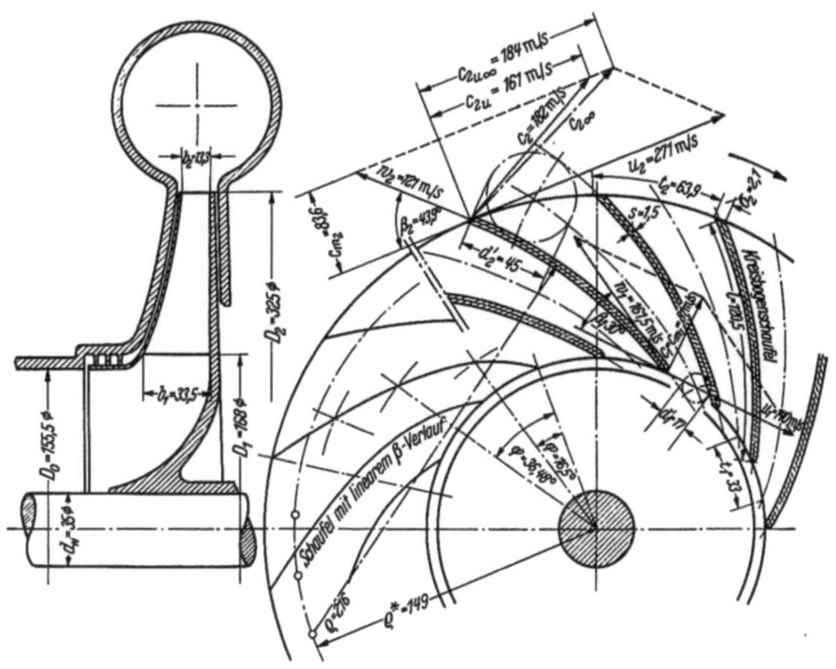

Abb. 409. Laufrad eines einstufigen Radialverdichters für eine Liefermenge $V = 5000\ \text{m}^3/\text{h}$; $p_2/p_1 = 1{,}52$; $n = 16\,000\ \text{U/min}$
(Rechnungsbeispiel)

dabei ist

$$t_2 = \frac{\pi \cdot D_2}{z} = \frac{\pi \cdot 0{,}325}{16} = 0{,}0639\ \text{m}.$$

Nimmt man als Schaufeldicke $s_2 = 1{,}5$ mm, dann ist

$$\sigma_2 = \frac{s_2}{\sin\beta_2} = \frac{0{,}0015}{0{,}707} = 0{,}0021\ \text{m},$$

und somit

$$c_{m_2} = 81 \cdot \frac{0{,}0639}{0{,}0639 - 0{,}0021} = 83{,}6\ \text{m/s}.$$

Damit wird die Laufradbreite am Austritt

$$b_2 = \frac{\dot{G}\cdot v_{2\text{stat}}}{\pi \cdot D_2 \cdot c_{m_2}} = \frac{1{,}65 \cdot 0{,}69}{\pi \cdot 0{,}325 \cdot 83{,}6} = 0{,}0133\ \text{m}.$$

Der erforderliche Laufradaustrittswinkel ergibt sich nun aus Gl. (103a) zu

$$\tan\beta_2 = \frac{\dfrac{c_{m_2}}{u_2}}{1 - \dfrac{\psi}{2\,\mu\cdot\eta_{\text{Ström}}}} = \frac{\dfrac{83{,}6}{271}}{1 - \dfrac{1{,}0}{2\cdot 0{,}875\cdot 0{,}84}} = 0{,}962,$$

$$\beta_2 = 43{,}9^\circ,$$

Abb. 410. Laufrad eines Radialverdichters mit
rückwärts gekrümmten Schaufeln
(Bauart Gebr. Sulzer A.G., Winterthur)

wobei analog Gl. (72)

$$\eta_{\text{Ström}} = \frac{H_{\text{ad}}}{H_{\text{ad}} + \Delta h_1 + \Delta h_2 + \Delta h_3} = \frac{3750}{3750 + 34 + 265 + 405} = 0{,}84$$

---

^{1} c'_{m_2} bedeutet c_{m_2} bei unendlich dünner Schaufel.

ist. Die Geschwindigkeiten am Laufradaustritt sind dann

$$w_2 = \frac{c_{m_2}}{\sin\beta_2} = \frac{83,6}{\sin 43,9°} = 121 \text{ m/s}.$$

$$c_{2u_\infty} = u_2 - c_{m_2} \cdot \cot\beta_2 = 271 - 83,6 \cot 43,9° = 184 \text{ m/s};$$

$$c_{2u} = \mu \cdot c_{2u_\infty} = 0,875 \cdot 184 = 161 \text{ m/s};$$

$$c_2 = \sqrt{c_{m_2}^2 + c_{2u}^2} = \sqrt{83,6^2 + 161^2} = 182 \text{ m/s}.$$

Der Halbmesser der Kreisbogenschaufel ist [Gl. (107)]

$$\varrho = \frac{r_2^2 - r_1^2}{2\,(r_2 \cdot \cos\beta_2 - r_1 \cos\beta_1)} = \frac{0,1625^2 - 0,084^2}{2\,(0,1625 \cdot \cos 43,9° - 0,084 \cdot \cos 30°)} = 0,216 \text{ m};$$

der geometrische Ort für alle Mittelpunkte der Laufradschaufeln liegt auf dem Radius

$$\varrho^* = \sqrt{r_1^2 + \varrho^2 - 2 r_1 \varrho \cos\beta_1} = \sqrt{0,084^2 + 0,216^2 - 2 \cdot 0,084 \cdot 0,0216 \cdot \cos 30°} = 0,149 \text{ m}.$$

Berechnung der Schaufellänge:
Der halbe Zentriwinkel der Kreisbogenschaufel ist

$$\tan\left(\frac{\vartheta^*}{2}\right) = \frac{r_2 \cdot \cos\beta_2 - r_1 \cdot \cos\beta_1}{r_2 \cdot \sin\beta_2 + r_1 \cdot \sin\beta_1} = \frac{0,1625 \cdot \cos 43,9° - 0,084 \cdot \cos 30°}{0,1625 \sin 43,9° + 0,084 \sin 30°} = 0,286; \quad \frac{\vartheta^*}{2} = 16° \quad \text{und} \quad \vartheta^* = 32°.$$

Damit erhält man aus Gl. (111) die Schaufellänge

$$l = \varrho \cdot \vartheta^* \cdot \frac{\pi}{180} = 0,216 \cdot 32° \cdot \frac{\pi}{180} = 0,1205 \text{ m}.$$

Abb. 409 zeigt den Entwurf des Laufrades. Abb. 410 zeigt ein Radialverdichterlaufrad mit rückwärts gekrümmten Schaufeln.

VII. Die Leitvorrichtungen

Während das Laufrad zur Umwandlung der mechanischen Arbeit in potentielle und kinetische Energie dient, ist die Leitvorrichtung, also der stillstehende Teil der Normalstufe lediglich eine Einrichtung zur Umwandlung der kinetischen in potentielle Energie. Aufgabe der Leitvorrichtung ist also, die aus dem Laufrad austretende Geschwindigkeit in möglichst verlustarmer Weise in statischen Druck umzuwandeln. Diese Verzögerung der absoluten Austrittsgeschwindigkeit aus dem Laufrad kann in einem schaufellosen Diffusor (glatter Leitring), in einem beschaufelten Diffusor (Leitrad), in einem Spiraldiffusor (Spiralgehäuse) oder in einer Kombination dieser drei der Verzögerung dienenden Einrichtungen erfolgen. Ist die aus den verschiedenen Arten bzw. Kombinationen von Leitvorrichtungen austretende Gasgeschwindigkeit immer noch größer als an der Verbraucherstelle erwünscht oder verlangt, dann kann in einer an die Leitvorrichtung angeschlossenen konischen Erweiterung (Diffusor) eine weitere Verzögerung erfolgen.

In einzelnen Fällen werden auch am Eintritt in den Radialverdichter Leitvorrichtungen angewandt, die die Aufgabe haben, dem Gasstrom vor Eintritt in das Laufrad eine bestimmte Richtung zu übertragen (Vordrall).

1. Eintrittsleitvorrichtung

Wie aus der Hauptgleichung der Turbinentheorie hervorgeht, ist die theoretische Förderhöhe der Normalstufe

$$H_{\text{theor}} = \frac{1}{g}\left(u_2 \cdot c_{2u} \mp u_1 \cdot c_{1u}\right);$$

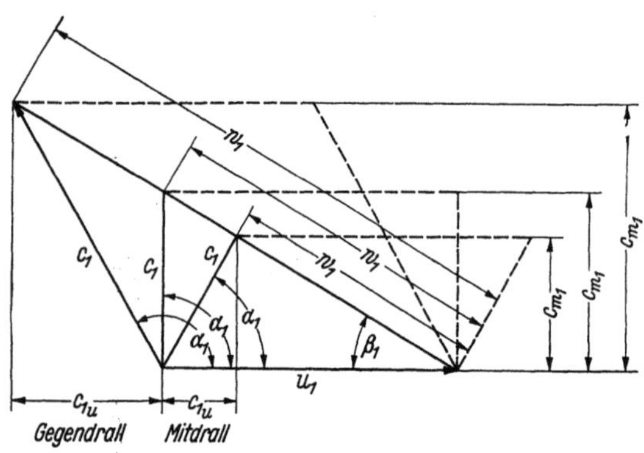

Abb. 411. Geschwindigkeitsdreieck am Laufradeintritt
bei Gegen- und Mitdrall

dabei gilt das

    − Zeichen für Mitdrall (Drall in Drehrichtung),
    + Zeichen für Gegendrall (Drall entgegen der Drehrichtung).

Bei drallfreiem Eintritt ist $c_{1u} = 0$, also $H_{\text{theor}} = \dfrac{1}{g} u_2 \cdot c_{2u}$. Erteilt man dem Gasstrom am Eintritt einen Drall in Umfangsrichtung, d. h. $\alpha_1 < 90°$, also einen Mitdrall, dann ist c_{1u} positiv und bei gleichen Austrittsverhältnissen $(u_2 \cdot c_{2u})$ wird $H_{\text{theor}\,\alpha_1 < 90°} < H_{\text{theor}\,\alpha_1 = 90°}$, während bei Gegendrall c_{1u} negativ (Abb. 411) und damit $H_{\text{theor}\,\alpha_1 > 90°} > H_{\text{theor}\,\alpha_1 = 90°}$ bei $u_1 = \text{const}$ und $b_1 = \text{const}$ wird. Wie Abb. 411 zeigt, wird aber auch die Gasmenge $\dot{V} = f(c_m)$ im gleichen Sinne wie die Förderhöhe geändert. Es ist deshalb naheliegend, unter Zuhilfenahme von verstellbaren Eintrittsleitschaufeln eine wirksame Regelung der Radialverdichter vorzunehmen (Drallregelung).

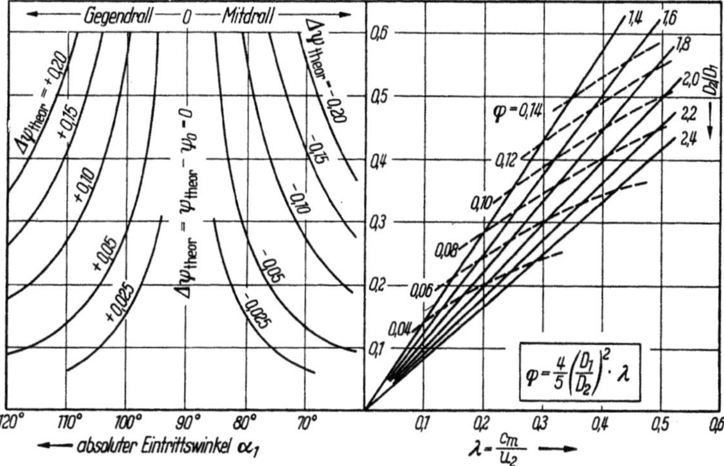

Abb. 412. Änderung der theoretischen Druckzahl mit dem absoluten Eintrittswinkel α_1

Die theoretische Druckzahl beträgt

$$\psi_{\text{theor.}} = \frac{2g \cdot H_{\text{theor.}}}{u_2^2} = 2\left(\frac{c_{2u}}{u_2} \mp \frac{u_1 \cdot c_{1u}}{u_2^2}\right). \tag{126}$$

Nun ist

$$2 \cdot \frac{c_{2u}}{u_2} = \psi_0 = \psi_{\text{theor(ohne Vordrall)}}$$

und mit den Bezeichnungen in Abb. 411

$$\cot \alpha_1 = \frac{c_{1u}}{c_m} = \frac{c_{1u}}{u_2} \cdot \frac{u_2}{c_m} = \frac{c_{1u}/u_2}{\lambda}. \tag{127}$$

Damit wird

$$\psi_{\text{theor.}} = \psi_0 - 2 \cdot \frac{D_1}{D_2} \cdot \lambda \cdot \cot \alpha_1 \tag{128}$$

oder

$$\Delta \psi_{\text{theor}} = \psi_{\text{theor}} - \psi_0 = -2 \cdot \frac{D_1}{D_2} \cdot \lambda \cdot \cot \alpha_1 \tag{129}$$

Abb. 412 zeigt die Auswertung dieser Beziehung. Mit dem Eintrittsdrall ändert sich auch die Relativgeschwindigkeit am Laufradeintritt, wobei Mitdrall die Relativgeschwindigkeit w_1 verkleinert, Gegendrall sie vergrößert. Damit werden auch die Kanalreibungsverluste $\Delta h_2 = \zeta_2 \dfrac{w_1^2}{2g}$ bei Mitdrall kleiner, so daß trotz des ungünstigen Einflusses auf die erreichbare Förderhöhe ein geringer Mitdrall optimale Wirkungsgrade erwarten läßt, vorausgesetzt, daß der Drall sich ohne ein zusätzliches Leitgitter erzeugen läßt, beispielsweise durch die Austrittsbedingungen einer vorgeschalteten Stufe oder durch eine an und für sich notwendige Eintrittsspirale.

Eine Optimalbetrachtung mit Hilfe der Verlustzahlen in Abschn. IV, 1 ergibt

$$\left(\frac{c_{u_1}}{u_2}\right)_{\text{opt}} = \frac{\zeta_2}{\zeta_1 + \zeta_2} \cdot \frac{D_1}{D_2} \approx 0{,}6 \div 0{,}7 \cdot \frac{D_1}{D_2}$$

was aber zweifellos einem zu großen Mitdrall entspricht, vor allem aber auch sehr große Einbußen an Förderhöhe zur Folge hat.

25   Eckert, Axial- und Radialkompressoren, 2. Aufl.

Abb. 413 zeigt die konstruktive Ausführung einer Dralldrossel und Abb. 414 das Kennfeld eines einstufigen Radialverdichters mit Dralldrosselregelung, woraus man den weiten Regelungsbereich bei konstanter Verdichterdrehzahl und Verwendung eines verstellbaren Vorleitapparates erkennt.

Abb. 413. Dralldrosse (Bauart DEMAG, Duisburg)

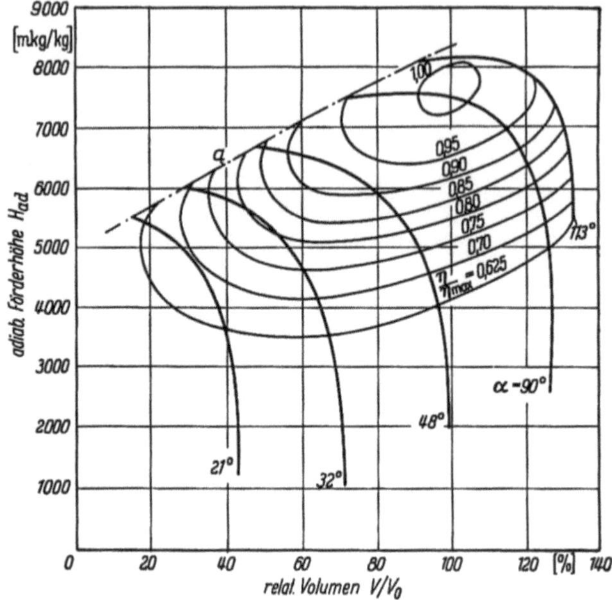

Abb. 414. Kennfeld eines einstufigen Radialverdichters mit Dralldrosselregelung (DEMAG, Duisburg)
V Fördermenge; V_0 Auslegungsmenge; η Wirkungsgrad;
α Dralldrosselwinkel; a Pumpgrenze bei Dralldrosselregelung

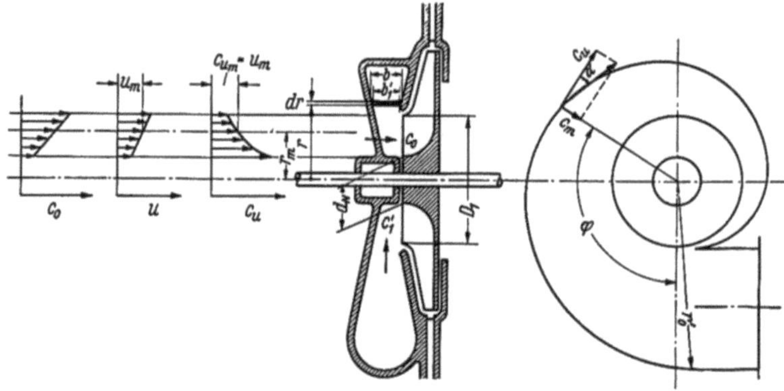

Abb. 415. Schema einer Eintrittsspirale für Radialverdichter

Anstelle von Eintrittsleitvorrichtungen werden vereinzelt auch Eintrittsspiralen verwendet, die einen Kanal mit allmählich enger werdendem Querschnitt in Form einer Spirale darstellen (Abb. 415).

Für einen beliebigen Punkt der Spiralen erhält man mit den Bezeichnungen in Abb. 415 für die Meridiangeschwindigkeit

$$c_m = \frac{\dot{V}}{2\,\pi \cdot r \cdot b},$$

wobei b die Breite des Kanals ist. Die Umfangskomponente erhält man aus dem Drallsatz, also ist bei reibungsfreier Strömung

$$r \cdot c_u = \mathrm{const} = K.$$

Ist b = const, dann ist c_m/c_u = tan α = const, die Tangente an die Strömungsrichtung bildet mit dem Halbmesservektor einen konstanten Winkel, d. h. die Stromlinie stellt eine logarithmische Spirale dar mit der Gleichung

$$r = r'_0 \cdot e^{-\tan\alpha \cdot \varphi}. \tag{130}$$

Ist $b = r \cdot$ const, dann erhält man

$$r = r'_0 - \frac{\dot{V}}{2\pi \cdot K \cdot \text{const}} \cdot \varphi, \tag{131}$$

also die archimedische Spirale. Die Breite b'_1 auf dem Halbmesser $r_1 = D_1/2$, also am Eintrittsdurchmesser des Laufrades soll so gewählt werden, daß am Laufradeintritt eine Beschleunigung erzielt wird,

$$c_0 \approx (1,1 \div 1,2)\, c'_1. \tag{132}$$

Nach der Kontinuitätsgleichung ist bei Vernachlässigung der Kompressibilität $\dot{V} = F_0 \cdot c_0 = F'_1 \cdot c'_1$, also

$$\frac{F'_1}{F_0} = \frac{\pi \cdot D_1 \cdot b'_1}{\dfrac{\pi}{4}\,(D_1^2 - d_N^2)} = \frac{c_0}{c'_1} = (1,1 \div 1,2); \tag{133}$$

damit wird

$$b'_1 = (1,1 \div 1,2) \cdot \frac{D_1}{4}\left[1 - \left(\frac{d_N}{D_1}\right)^2\right]. \tag{134}$$

Verwendet man im Laufrad rein radiale Schaufeln, also $\beta_2 = 90°$ und will man am mittleren Stromfaden $r_m = \dfrac{r_1 + r_N}{2}$ stoßfreien Eintritt, dann muß hier

$$c_{u_m} = u_m$$

also

$$r_m \cdot c_{u_m} = K = \text{const}$$

sein. Unter Berücksichtigung der Reibung in der Spirale wird dann

$$K = (1,15 \div 1,20)\, u_m \cdot r_m = (1,15 \div 1,20)\, \omega \left(\frac{r_1 + r_N}{2}\right)^2. \tag{135}$$

In allen anderen Schaufelschnitten erhält man natürlich einen Eintrittsstoß, wenn man nicht die Laufschaufeln durch eine Eintrittsverwindung den Strömungsverhältnissen anpaßt. Da der Wirkungsgrad eines mit Eintrittsspirale versehenen Radialverdichters niederer ist als derjenige eines Verdichters mit aerodynamisch gut geformter Einlauftasche, werden Eintrittsspiralen heute nur noch selten verwendet. Abb. 416 zeigt die Eintrittsspirale an einem Flugmotorenlader.

2. Schaufelloser Diffusor

Der schaufellose Diffusor (Abb. 417) hat üblicherweise flache Wände, die eine Fortsetzung der Seitenwände des Laufrades darstellen. Zur Vermeidung eines Kantenstoßes soll die Breite des Diffusors am Eintritt

$$b_3 = b_2 + (1 \div 2\ \text{mm}) \tag{136}$$

betragen. Die Diffusorwände können parallel oder unter einem Erweiterungswinkel angeordnet sein, wodurch aber nur die Meridiankomponente c_m entsprechend der Kontinuitätsgleichung beeinflußt wird in der Form

$$c_m = c_{m_3} \frac{r_2 \cdot b_2}{r \cdot b}, \tag{137}$$

wobei c_{m_3} die Meridiangeschwindigkeit nach Verlassen des Laufrades ist. Die Umfangskomponente der Absolutgeschwindigkeit würde sich bei reibungsfreier Strömung entsprechend dem Drallsatz ändern, also

$$r \cdot c_u = r_3 \cdot c_{3_u} = \text{const}. \tag{138}$$

Da für die Umsetzung der aus dem Laufrad austretenden Geschwindigkeit in Druckenergie die Umfangskomponente c_u viel ausschlaggebender als die Meridiankomponente c_m ist, hängt die Wirksamkeit des schaufellosen Diffusors ausschließlich von seinem Radienverhältnis r/r_3 und in vernachlässigbarer Weise vom Breitenverhältnis b/b_3 ab.

Als Folge der Reibung des Fördermediums verringert sich aber der Drall beim Durchströmen des schaufellosen Diffusors. Die Änderung des Dralles je Zeiteinheit ist dem Moment der

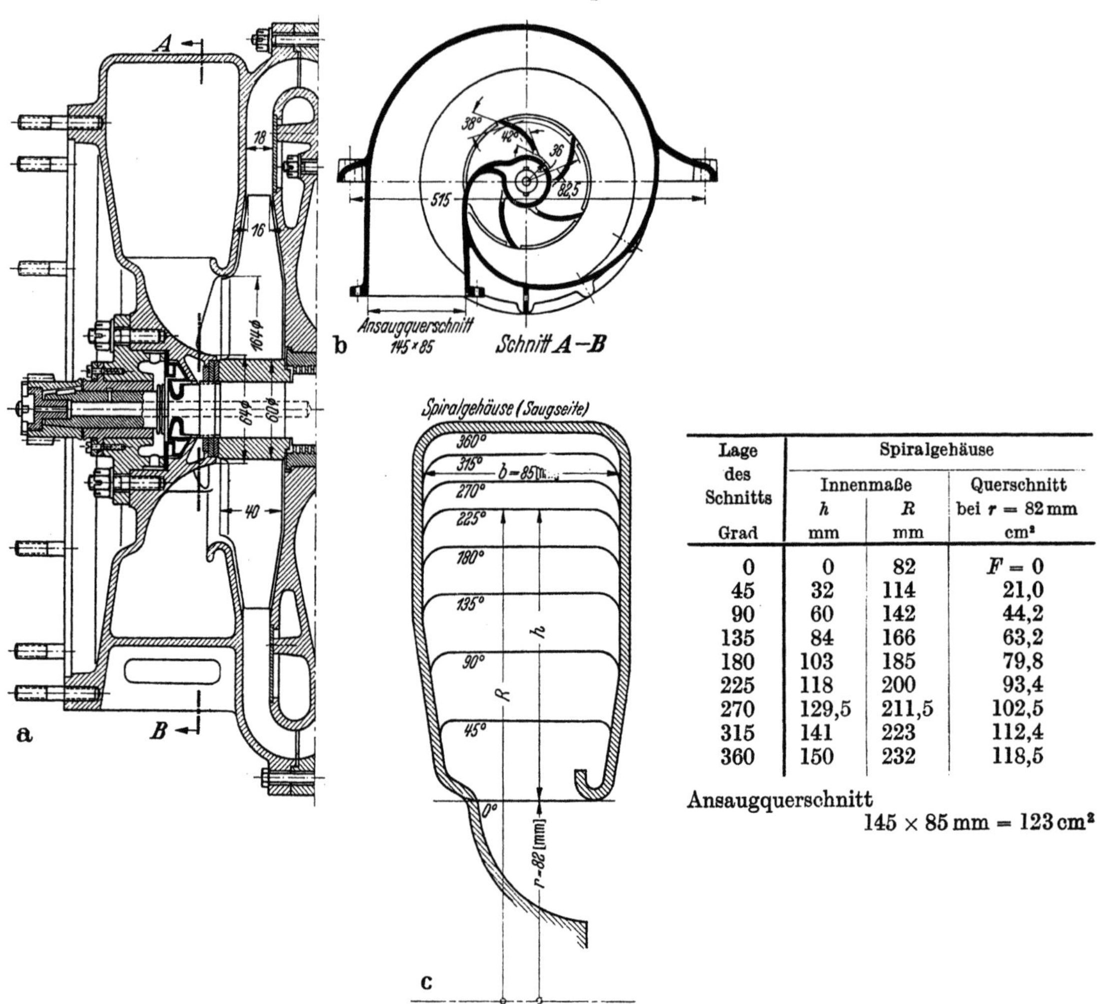

Lage des Schnitts	Spiralgehäuse		
	Innenmaße		Querschnitt
	h	R	bei $r = 82$ mm
Grad	mm	mm	cm²
0	0	82	$F = 0$
45	32	114	21,0
90	60	142	44,2
135	84	166	63,2
180	103	185	79,8
225	118	200	93,4
270	129,5	211,5	102,5
315	141	223	112,4
360	150	232	118,5

Ansaugquerschnitt
$$145 \times 85 \text{ mm} = 123 \text{ cm}^2$$

Abb. 416 a—c. Eintrittsspirale am Radialverdichter zur Aufladung eines 700 PS-Flugmotors (Bauart Société Rateau, Paris)
a) Längsschnitt; b) Eintrittsspirale; c) Querschnitt der Eintrittsspirale

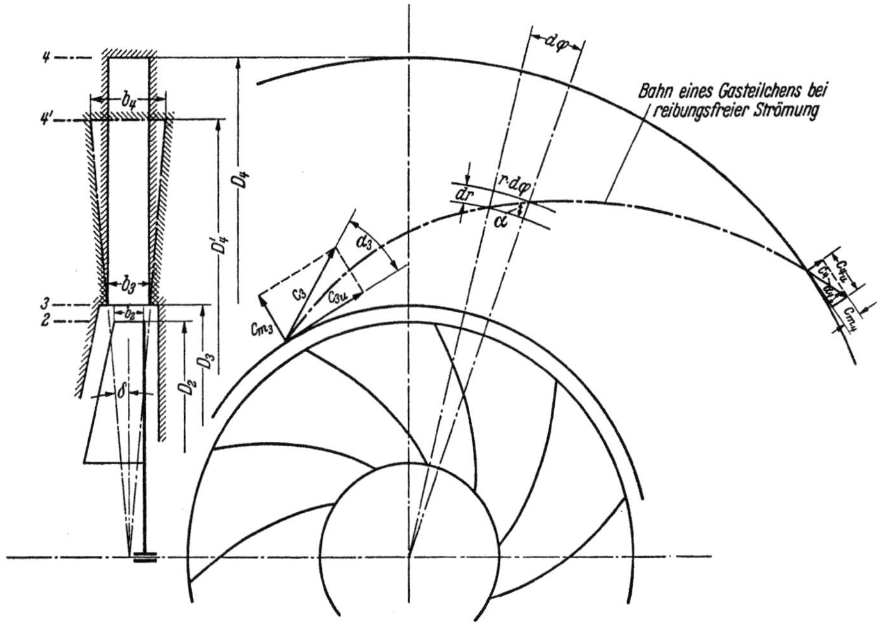

Abb. 417. Schaufelloser Diffusor

Reibungskraft proportional. Mit der in der Stromröhre im Zeitpunkt t befindlichen Masse

$$m = \varrho \cdot l \cdot F$$

erhält man die Reibungskraft K je Masseneinheit m, also

$$K = \tau \cdot U \cdot l = \frac{\lambda}{4} \cdot \frac{\varrho}{2}\, c^2 \cdot \frac{4F}{d_{\text{hydr.}}} \cdot l \ \text{ mit } d_{\text{hydr.}} = \frac{4F}{U}$$

$$\frac{K}{m} = \lambda \cdot \frac{c^2}{2} \cdot \frac{1}{d_{\text{hydr.}}} \cdot$$

Der Hebelarm, an dem diese Kraft angreift, ist $r \cdot \cos \alpha$. Damit beträgt die Änderung des Dralles je Zeiteinheit

$$\frac{d\,(r \cdot c_u)}{dt} = -\lambda\, \frac{c^2}{2}\, \frac{1}{d_{\text{hydr}}} \cdot r \cdot \cos \alpha. \tag{139}$$

Dabei ist λ die Widerstandszahl und d_{hydr} der hydraulische Durchmesser, der wie folgt definiert ist

$$d_{\text{hydr}} = \frac{4F}{U} = \frac{4\pi \cdot D_3 \cdot b_3}{2\pi D_3} = 2b_3.$$

Damit wird

$$\frac{d\,(r \cdot c_u)}{dt} = -\lambda \cdot \frac{c^2}{4}\, \frac{1}{b_3}\, r \cdot \cos \alpha. \tag{139a}$$

Nun ist

$$c = \sqrt{c_u^2 + c_m^2}\,; \qquad \cos \alpha = \frac{c_u}{c}\,; \qquad dt = \frac{dr}{c_m}\,;$$

mit $b = b_3 = $ const, wird

$$c_m = \frac{\dot{V}}{2\pi r \cdot b_3} = \frac{C}{r}\,,$$

wobei C eine konstante Größe darstellt, die nur von der Durchflußmenge abhängig ist. Hieraus folgt

$$d\,(r \cdot c_u) = -\lambda \cdot \frac{c^2}{4}\, \frac{1}{b_3}\, r \cdot \cos \alpha \cdot dt = -\lambda\, \frac{1}{4b_3}\, \frac{c_u}{\cos \alpha}\, c \cdot r \cdot \cos \alpha\, \frac{dr}{c_m}\,,$$

$$= -\lambda\, \frac{1}{4b_3}\, \sqrt{c_u^2 + \left(\frac{C}{r}\right)^2} \cdot \frac{c_u}{C} \cdot r^2 \cdot dr\,,$$

$$= -\lambda \cdot \frac{1}{4b_3}\, \sqrt{(c_u \cdot r)^2 + C^2} \cdot \frac{c_u}{C}\, r \cdot dr\,;$$

$$\frac{d\,(c_u \cdot r)}{(c_u \cdot r)\, \sqrt{(c_u \cdot r)^2 + C^2}} = -\lambda \cdot \frac{1}{4b_3}\, \frac{dr}{C}\,,$$

$$\int \frac{d\,(c_u \cdot r)}{(c_u \cdot r)\, \sqrt{(c_u \cdot r)^2 + C^2}} = -\int \frac{\lambda}{4b_3}\, \frac{dr}{C}\,. \tag{140}$$

Setzt man

$$\int \frac{d\,(c_u \cdot r)}{(c_u \cdot r) \cdot \sqrt{(c_u \cdot r)^2 + C^2}} = \int \frac{dx}{x \cdot \sqrt{x^2 + K}}$$

und $\quad x = \dfrac{1}{z}\,, \quad dx = -\dfrac{1}{z^2}\, dz\,, \quad$ dann ist

$$\int \frac{dx}{x \cdot \sqrt{x^2 + K}} = -\int \frac{z \cdot dz}{z^2 \cdot \sqrt{\frac{1}{z^2} + K}} = -\int \frac{dz}{\sqrt{1 + K z^2}}\,, \qquad = -\int \frac{1}{\sqrt{K}}\, \frac{dz}{\sqrt{\frac{1}{K} + z^2}} = -\frac{1}{\sqrt{K}} \int \frac{dz}{\sqrt{\frac{1}{K} + z^2}}\,,$$

$$= \frac{1}{\sqrt{K}}\left[-\ln\left(z + \sqrt{\frac{1}{K} + z^2}\right)\right] + K_1 \Big|_{r_3}^{r}\,, \qquad = \frac{1}{\sqrt{K}}\left[-\ln\left(\frac{1}{c_u \cdot r} + \sqrt{\frac{1}{K} + \frac{1}{(c_u \cdot r)^2}}\right)\right]_{r_3}^{r}\,,$$

$$= \frac{1}{\sqrt{K}}\left[-\ln\left(\frac{1}{c_u \cdot r} + \sqrt{\frac{1}{K} + \frac{1}{(c_u \cdot r)^2}}\right) + \ln\left(\frac{1}{c_{3u} \cdot r_3} + \sqrt{\frac{1}{K} + \frac{1}{(c_{3u} \cdot r_3)^2}}\right)\right]\,,$$

$$= -\frac{1}{\sqrt{K}}\, \ln\left(\frac{\dfrac{1}{c_u \cdot r} + \sqrt{\dfrac{1}{K} + \dfrac{1}{(c_u \cdot r)^2}}}{\dfrac{1}{c_{3u} \cdot r_3} + \sqrt{\dfrac{1}{K} + \dfrac{1}{(c_{3u} \cdot r_3)^2}}}\right)\,.$$

Nun ist

$$\int\limits_{r_3}^{r} -\lambda \cdot \frac{1}{4b_3} \cdot \frac{dr}{C} = -\frac{\lambda(r-r_3)}{4b_3 \cdot C},$$

also

$$-\frac{1}{\sqrt{K}} \cdot \ln\left(\frac{\dfrac{1}{c_u \cdot r} + \sqrt{\dfrac{1}{K} + \dfrac{1}{(c_u \cdot r)^2}}}{\dfrac{1}{c_{3u} \cdot r_3} + \sqrt{\dfrac{1}{K} + \dfrac{1}{(c_{3u} \cdot r_3)^2}}}\right) = -\frac{\lambda(r-r_3)}{4b_3 \cdot C}, \qquad e^{\frac{\lambda(r-r_3)}{4b_3 \cdot C}} = \left(\frac{\dfrac{1}{c_u \cdot r} + \sqrt{\dfrac{1}{K} + \dfrac{1}{(c_u \cdot r)^2}}}{\dfrac{1}{c_{3u} \cdot r_3} + \sqrt{\dfrac{1}{K} + \dfrac{1}{(c_{3u} \cdot r_3)^2}}}\right)^{\frac{1}{\sqrt{K}}},$$

$$e^{\frac{\sqrt{K} \cdot \lambda \cdot (r-r_3)}{4b_3 \cdot C}} = \frac{\dfrac{1}{c_u \cdot r} + \sqrt{\dfrac{1}{K} + \dfrac{1}{(c_u \cdot r)^2}}}{\dfrac{1}{c_{3u} \cdot r_3} + \sqrt{\dfrac{1}{K} + \dfrac{1}{(c_{3u} \cdot r_3)^2}}}.$$

Der Ableitung entsprechend ist $K = C^2$, also

$$e^{\frac{\lambda(r-r_3)}{4b_3}} = \frac{\dfrac{1}{c_u \cdot r} + \sqrt{\dfrac{1}{C^2} + \dfrac{1}{(c_u \cdot r)^2}}}{\dfrac{1}{c_{3u} \cdot r_3} + \sqrt{\dfrac{1}{C^2} + \dfrac{1}{(c_{3u} \cdot r_3)^2}}}, \tag{141}$$

$$\underbrace{\sqrt{\frac{1}{C^2} + \frac{1}{(c_u \cdot r)^2}} = e^{\frac{\lambda(r-r_3)}{4b_3}}\left(\frac{1}{c_{3u} \cdot r_3} + \sqrt{\frac{1}{C^2} + \frac{1}{(c_{3u} \cdot r_3)^2}}\right) - \frac{1}{c_u \cdot r}}_{f(r)},$$

$$\frac{1}{C^2} + \frac{1}{(c_u \cdot r)^2} = f^2(r) - 2f(r)\frac{1}{c_u \cdot r} + \frac{1}{(c_u \cdot r)^2},$$

$$1 + \frac{(c_u \cdot r)^2}{C^2} = f^2(r) \cdot (c_u \cdot r)^2 - 2f(r) \cdot c_u \cdot r + 1,$$

$$c_u \cdot r\left[\frac{1}{C^2} - f^2(r)\right] = -2f(r).$$

Die gesuchte Umfangskomponente c_u im beliebigen Radius r beträgt also

$$c_u = \frac{2 \cdot f(r)}{r\left[f^2(r) - \dfrac{1}{C^2}\right]}. \tag{141a}$$

In Gl. (141a) kann $f(r)$ für jeden beliebigen Halbmesser r des Diffusors mit den bekannten Werten vor b_3, r_3, c_{3u} und $C = \dfrac{\dot{V_2}}{2\pi b_3}$ berechnet werden. Die Widerstandszahl λ kann Abb. 158 entnommen werden, wobei im vorliegenden Falle

$$Re = \frac{c \cdot d_{\text{hydr}}}{\bar{\nu}} = \frac{c \cdot 2 \cdot b_3}{\bar{\nu}}$$

ist.

Die Änderung des Strömungswinkels α beim Durchströmen des Diffusors erhält man aus der Beziehung

$$\tan\alpha = \frac{c_m}{c_u}, \qquad c_u \cdot r = \frac{\dot{V}}{2\pi b_3 \cdot \tan\alpha}.$$

Durch Einsetzen in Gl. (141) erhält man

$$e^{\frac{\lambda(r-r_3)}{4b_3}} = \frac{\dfrac{2\pi \cdot b_3 \cdot \tan\alpha}{\dot{V}} + \sqrt{\left(\dfrac{2\pi b_3}{\dot{V}}\right)^2 + \left(\dfrac{2\pi b_3 \cdot \tan\alpha}{\dot{V}}\right)^2}}{\dfrac{2\pi \cdot b_3 \cdot \tan\alpha_3}{\dot{V}} + \sqrt{\left(\dfrac{2\pi b_3}{\dot{V}}\right)^2 + \left(\dfrac{2\pi b_3 \cdot \tan\alpha_3}{\dot{V}}\right)^2}} = A$$

oder

$$\frac{\tan\alpha + \sqrt{1 + \tan^2\alpha}}{\tan\alpha_3 + \sqrt{1 + \tan^2\alpha_3}} = A.$$

Nach einfachen trigonometrischen Umformungen erhält man

$$\frac{1+\sin\alpha}{\cos\alpha} = \frac{1+\sin\alpha_3}{\cos\alpha_3}\cdot e^{\frac{\lambda(r-r_3)}{4\,b_3}} = \text{const} = K_1.\tag{142}$$

Nun ist

$$\frac{1+\sin\alpha}{\cos\alpha} = \frac{1+\sin\alpha}{\sqrt{1-\sin^2\alpha}} = K_1;$$

$$\sin^2\alpha\,(1+K_1^2) + 2\sin\alpha + (1-K_1^2) = 0$$

und damit

$$\sin\alpha = \frac{K_1^2-1}{K_1^2+1}.\tag{143}$$

Die Berechnung des Strömungswinkels α kann vereinfacht werden, wenn man berücksichtigt, daß in der Mehrzahl der praktischen Fälle die Meridiangeschwindigkeit c_m gegenüber der Umfangskomponente c_u vernachlässigt werden kann. Damit kann in Gl. (140) unter der Wurzel C vernachlässigt werden und man erhält

$$\int\frac{d(c_u\cdot r)}{(c_u\cdot r)^2} = -\int\frac{\lambda\cdot\pi}{2\cdot\dot V}\,dr$$

und nach Integration

$$\frac{1}{c_u\cdot r} = \frac{\lambda\cdot\pi}{2\cdot\dot V}\,(r-r_3) + \frac{1}{c_{3u}\cdot r_3}.^1\tag{144}$$

Für reibungsfreie Strömung ist $\lambda = 0$ und man erhält

$$c_u\cdot r = \text{const}.$$

Nun ist bei Vernachlässigung der Kompressibilität

$$\dot V = 2\pi\,r\cdot b\cdot c_m = 2\pi\,r_3\cdot b_3\cdot c_{m_3} = \text{const};$$

eingesetzt in Gl. (144) ergibt, wenn man mit $\dot V$ durchmultipliziert

$$b\cdot\frac{c_m}{c_u} = \frac{\lambda}{4}\,(r-r_3) + b_3\cdot\frac{c_{m_3}}{c_{3u}},\qquad \tan\alpha = \frac{\lambda}{4\cdot b}\,(r-r_3) + \frac{b_3}{b}\,\tan\alpha_3{}^1\tag{145}$$

und für den Fall paralleler Seitenwände des Diffusors, also $b = b_3$

$$\tan\alpha = \frac{\lambda}{4\,b_3}\,(r-r_3) + \tan\alpha_3.\tag{145a}$$

Der Druckverlust im schaufellosen Diffusor kann wie folgt berechnet werden

$$\Delta h = \lambda\cdot\frac{c^2}{2g}\cdot\frac{l}{d_{\text{hydr}}}\left[\frac{\text{mkg}}{\text{kg}}\right];\tag{145b}$$

dabei ist l der Reibungsweg des Gasteilchens, also

$$dl = \frac{dr}{\sin\alpha}.$$

Damit erhält man für den Verlust im Diffusor

$$\Delta h_{3,4} = \int_{r_3}^{r_4}\lambda\cdot\frac{c^2}{2g}\,\frac{1}{d_{\text{hydr}}}\,\frac{dr}{\sin\alpha} = \frac{1}{4g\,b_3}\int_{r_3}^{r_4}\lambda\cdot c^2\cdot\frac{dr}{\sin\alpha},\qquad \Delta h_{3,4}\approx\frac{\lambda}{4g\,b_3\cdot\sin\bar\alpha}\int_{r_3}^{r_4}c^2\cdot dr.\tag{146}$$

Dabei ist $\bar\alpha = \dfrac{\alpha_3+\alpha_4}{2}$. Das Integral in Gl. (146) wird entweder graphisch gelöst oder unter Zuhilfenahme der EULERschen Summenformel

$$\Delta h_{3,4}\approx\frac{\lambda}{4g\,b_3\,\sin\alpha}\cdot\frac{r_4-r_3}{2n}\,[c_3^2 + 2c'^2 + 2c''^2 + \cdots + 2(c^{n-1})^2 + c_4^2].\tag{146a}$$

Dabei bedeuten n die Anzahl der Intervalle zwischen r_3 und r_4; c' ist die Absolutgeschwindigkeit im Schnitt $r_3 + \Delta r$ und c^{n-1} ist die Absolutgeschwindigkeit im Schnitt $r_3 + (n-1)\cdot\Delta r$.

Wie aus Gl. (146) oder (146a) hervorgeht, werden die Verluste mit kleinerwerdendem Strömungswinkel also mit zunehmender Wegelänge größer. Aus diesem Grunde wird der schaufellose

---

^{1} Gl. (144) gilt nur für parallele Seitenwände, somit ist Gl. (145) nur ein Näherungsansatz für variables b.

Diffusor nur bei Winkeln $\alpha_2 > 20$ und üblicherweise nur in Verbindung mit einem beschaufelten Diffusor oder einer Spiralen verwendet.

Für reibungsfreie Strömung im schaufellosen Diffusor erhält man, wenn man in Anbetracht der oft kleinen Unterschiede der spezifischen Gewichte zwischen den Stellen 3 und 4 (Abb. 417) die Strömung näherungsweise als inkompressibel betrachtet

$$c_{m_4} = \frac{D_3}{D_4} \frac{b_3}{b_4} c_{m_3} . \tag{147}$$

Der Strömungswinkel am Diffusoraustritt ist dann

$$\tan \alpha_4 = \frac{c_{m_4}}{c_{4u}} = \frac{c_{m_3} \dfrac{D_3}{D_4} \dfrac{b_3}{b_4}}{c_{3u} \cdot \dfrac{D_3}{D_4}} = \frac{c_{m_3}}{c_{3u}} \frac{b_3}{b_4} . \tag{148a}$$

Bezeichnet man den Öffnungswinkel der den Diffusor bildenden Seitenwände mit $2\,\delta$, dann ist

$$\tan \delta = \frac{b_4 - b_3}{D_4 - D_3} \qquad \text{und} \qquad b_4 = \tan \delta \,(D_4 - D_3) + b_3 .$$

Damit beträgt der Strömungswinkel in einem beliebigen Halbmesser des schaufellosen Diffusors

$$\tan \alpha = \frac{c_{m_3}}{c_{3u}} \frac{b_3}{\tan \delta \,(D - D_3) + b_3} = \tan \alpha_3 \frac{b_3}{\tan \delta \,(D - D_3) + b_3} . \tag{148}$$

Bezeichnet φ den Winkel in Polarkoordinaten, dann ist (Abb. 417)

$$\tan \alpha = \frac{dr}{r \cdot d\varphi} . \tag{149}$$

Durch Gleichsetzen von Gl. (148) und (149) findet man

$$\tan \alpha = \frac{dr}{r \cdot d\varphi} = \tan \alpha_3 \frac{b_3}{\tan \delta \,(D - D_3) + b_3} = \tan \alpha_3 \frac{b_3}{2 \cdot \tan \delta \,(r - r_3) + b_3} ,$$

$$\int_{\varphi=0}^{\varphi} \tan \alpha_3 \cdot d\varphi = \int_{r_3}^{r} \frac{dr}{r} \frac{2 \tan \delta \,(r - r_3) + b_3}{b_3} ,$$

$$\varphi = \frac{1}{\tan \alpha_3} \left[\ln\!\left(\frac{r}{r_3}\right) - \frac{r_3 \cdot \ln\!\left(\dfrac{r}{r_3}\right) \cdot 2 \tan \delta}{b_3} + (r - r_3) \frac{2 \tan \delta}{b_3} \right] . \tag{150}$$

Für parallele Seitenwände ist $\delta = 0$, also

$$\varphi = \frac{1}{\tan \alpha_3} \cdot \ln\!\left(\frac{r}{r_3}\right) , \tag{150a}$$

d. h. bei reibungsfreier Strömung im schaufellosen Diffusor folgt das Gasteilchen einer logarithmischen Spirale. Aus Gl. (150a) folgt

$$r = r_3 \cdot e^{\varphi \cdot \tan \alpha_3} \quad \text{für } \varphi = 0 \text{ ist } r = r_3 .$$

Ist in Gl. (150)

$$\ln\!\left(\frac{r}{r_3}\right) = \frac{r_3 \cdot \ln\!\left(\dfrac{r}{r_3}\right) \cdot 2 \tan \delta}{b_3} , \quad \text{also} \quad \tan \delta = \frac{b_3}{2 \cdot r_3} ,$$

d. h. die beiden Seitenwände des Diffusors schneiden sich in der Drehachse (Abb. 417), dann ist

$$\varphi = \frac{1}{\tan \alpha_3} \frac{2 \cdot \tan \delta}{b_3} (r - r_3) , \tag{150b}$$

d. h. die Bahn eines Gasteilchens ist eine archimedische Spirale.

Beim konischen Diffusor ist (Abb. 417)

$$c_4^2 = c_{m_4}^2 + c_{4u}^2 ;$$

mit Gl. (147) und mit Anwendung des Drallsatzes ist

$$c_4^2 = \left(\frac{D_3}{D_4}\right)^2 \left(\frac{b_3}{b_4}\right)^2 c_{m_3}^2 + \left(\frac{D_3}{D_4}\right)^2 \cdot c_{3u}^2 . \tag{151}$$

Beim parallelwandigen Diffusor ist

$$c_4^2 = \left(\frac{D_3}{D_4}\right)^2 c_{m_3}^2 + \left(\frac{D_3}{D_4}\right)^2 \cdot c_{3u}^2 . \tag{152}$$

Für gleiche Druckumsetzung, also gleiche Austrittsgeschwindigkeit c_4 bei beiden Diffusoren erhält man als Verhältnis der Außendurchmesser des schaufellosen Diffusors

$$\frac{D_4}{D_4'} = \sqrt{\frac{1 + \tan^2 \alpha_3}{1 + \tan^2 \alpha_3 \left(\dfrac{b_3}{b_4}\right)^2}} > 1, \tag{153}$$

d. h. der parallelwandige Diffusor hat bei gleicher Druckumsetzung einen größeren Außendurchmesser als der sich erweiternde Diffusor. Beim parallelwandigen Diffusor wird vor allem die Umfangskomponente c_u und erst in sekundärer Weise die Meridiangeschwindigkeit c_m verzögert, während beim konischen Diffusor c_u und in stärkerem Maße als beim parallelwandigen Leitring auch c_m verzögert werden. Im letzteren Falle besteht deshalb vielfach die Gefahr einer zu großen Verzögerung, was Ablösungen im Diffusor und demzufolge Wirkungsgradverschlechterungen zur Folge hat, wie aus Abb. 418 ersichtlich ist.

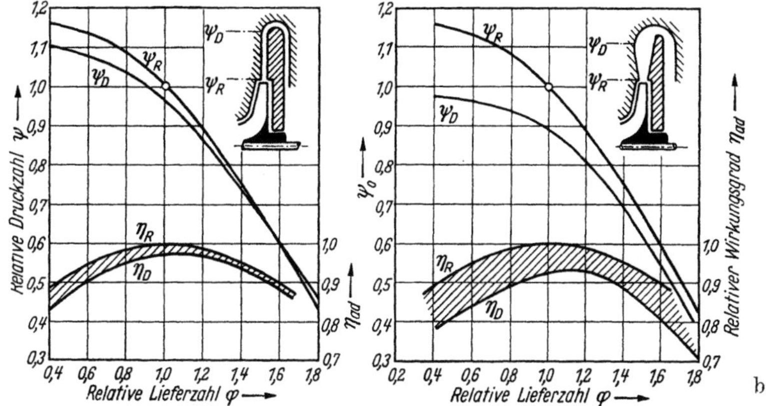

Abb. 418a u. b. Einfluß der Diffusorgestaltung auf die Kennlinie und den Wirkungsgrad einer Normalstufe
a) schaufelloser Diffusor mit parallelen Seitenwänden; b) schaufelloser Diffusor mit konisch sich erweiternden Seitenwänden
(nach Versuchen von Escher-Wyss, Zürich)

Abb. 418[1] zeigt die Charakteristiken und Wirkungsgradlinien für einen parallelwandigen und einen konisch sich erweiternden Diffusor, wobei die Druckzahlen ψ und adiabatischen Wirkungsgrade η_{ad} für die Energieumsetzung bis zum Laufradaustritt (ψ_R; η_R) bzw. bis zum Austritt aus dem schaufellosen Diffusor (ψ_D; η_D) angegeben sind. Bei beiden Anordnungen wurden die Messungen mit dem gleichen Laufrad und gleichen Eintrittsbedingungen durchgeführt, weshalb die im Leitring auftretenden Verluste der beiden Anordnungen direkt verglichen werden können. Druckzahl und Wirkungsgrad der Energieumsetzung bis zum Laufradaustritt sind im Bestpunkt zu 1,0; d. h. zu 100% eingesetzt.

Die thermodynamischen Gesamtzustandsgrößen am Eintritt in den schaufellosen Diffusor sind praktisch die gleichen wie am Laufradaustritt

$$p_{3\,tot} = p_{2\,tot} \quad \text{und} \quad T_{3\,tot} = T_{2\,tot}.$$

Die statischen Zustandswerte lassen sich hieraus unter Berücksichtigung der Flächenänderung (wegen $b_3 > b_2$) berechnen.

Aus der Kontinuitätsgleichung folgt

$$\dot{G} \cdot v_{stat} = F \cdot c_m \quad \text{mit} \quad F = \pi \cdot D_3 \cdot b_3.$$

Umformen ergibt

$$\frac{\dot{G}}{F} = \frac{c_m}{v_{stat}} = \frac{c_m}{v_{tot}} \cdot \frac{v_{tot}}{v_{stat}}.$$

Nach der Adiabatengleichung ist

$$T_{stat} \cdot v_{stat}^{\varkappa - 1} = T_{tot} \cdot v_{tot}^{\varkappa - 1},$$

$$\frac{v_{tot}}{v_{stat}} = \left(\frac{T_{stat}}{T_{tot}}\right)^{\frac{1}{\varkappa - 1}}.$$

Weiterhin ist

$$v_{tot} = \frac{R \cdot T_{tot}}{p_{tot}}$$

---

[1] Nach Messungen von Escher-Wyss, Zürich; vgl. B. LENDORFF u. H. MEIENBERG: Detail-Entwicklung im Bau von Turboverdichtern. Escher-Wyss-Nachrichten „Forschung durch Fortschritt".

und

$$T_{\text{stat}} = T_{\text{tot}} - \frac{c^2}{2g \cdot c_p^*}.$$

Durch Einsetzen erhält man

$$\frac{\dot{G}}{F} \cdot v_{\text{tot}} = c_m \cdot \left(\frac{T_{\text{stat}}}{T_{\text{tot}}}\right)^{\frac{1}{\varkappa-1}} = c_m \cdot \left(1 - \frac{c^2}{2g \cdot c_p^* \cdot T_{\text{tot}}}\right)^{\frac{1}{\varkappa-1}}$$

oder

$$\frac{\dot{G}}{F} \cdot \frac{R \cdot \sqrt{T_{\text{tot}}}}{p_{\text{tot}}} = \frac{c_m}{\sqrt{T_{\text{tot}}}} \cdot \left[1 - \frac{1}{2g \cdot c_p^*} \left(\frac{c}{\sqrt{T_{\text{tot}}}}\right)^2\right]^{\frac{1}{\varkappa-1}} \tag{154}$$

mit

$$c = \sqrt{c_m^2 + c_u^2}.$$

Der durch Gl. (154) gegebene Zusammenhang ist in dem Polardiagramm Abb. 419 dargestellt. $c_m/\sqrt{T_{\text{tot}}}$ und $c_u/\sqrt{T_{\text{tot}}}$ sind darin Ordinate bzw. Abszisse, während der Durchsatzkennwert

$$\Phi = \frac{R}{F} \cdot \frac{\dot{G}\sqrt{T_{\text{tot}}}}{p_{\text{tot}}}$$

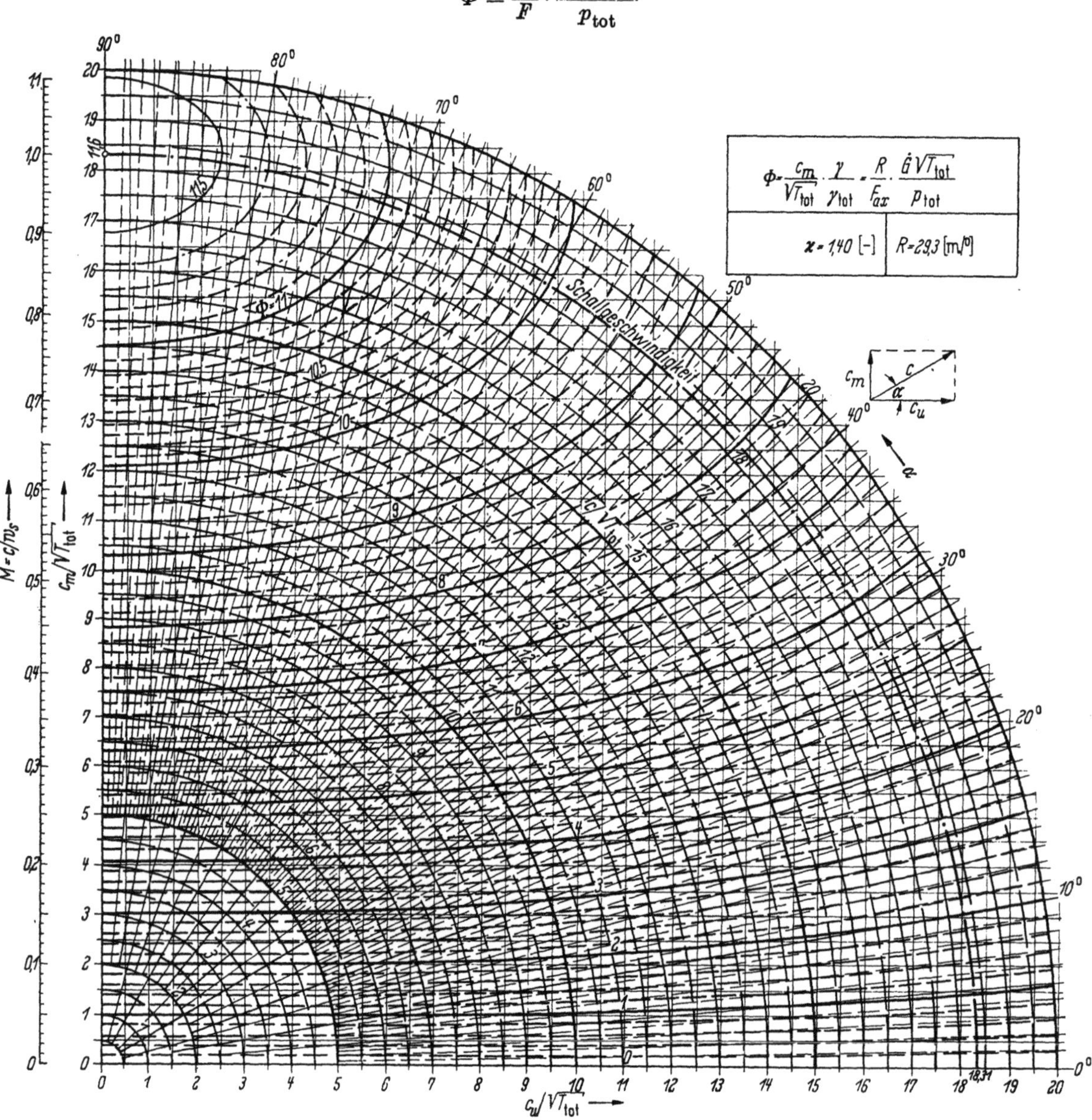

Abb. 419. Polardiagramm zur Bestimmung der Geschwindigkeitskomponenten

als Parameter eingetragen ist. Am Eintritt in den schaufellosen Diffusor ist $\Phi = \Phi_3$ und $c_u/\sqrt{T_{tot}}$ $= c_{u2}/\sqrt{T_{2tot}}$ bekannt, somit kann $c_{m3}/\sqrt{T_{2tot}}$ und der Strömungswinkel α_3 bestimmt werden. Für den Durchsatz ist hier jetzt aber der Wert abzüglich der Spaltverluste einzusetzen.

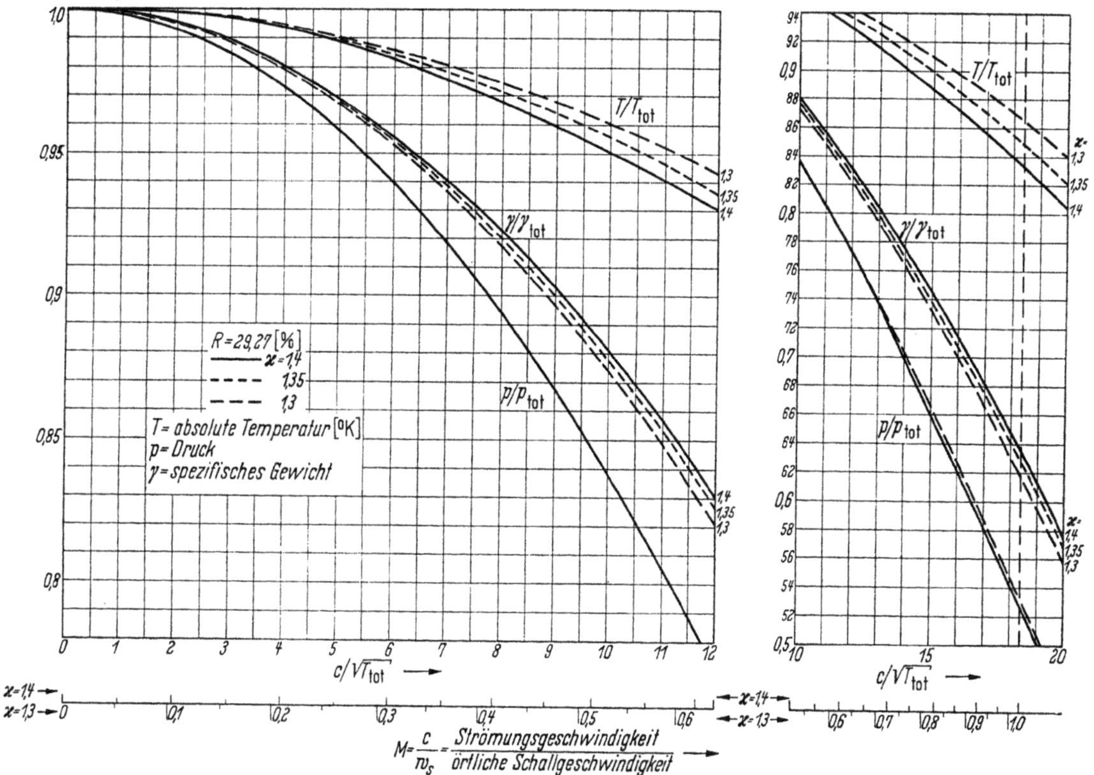

Abb. 420. Verhältnis der statischen Zustandsgrößen zu den Gesamtgrößen

In Abb. 420 sind als Zwischenergebnisse der Rechnungen die Abhängigkeiten T_{stat}/T_{tot}; $\gamma_{stat}/\gamma_{tot} = v_{tot}/v_{stat}$ und p_{stat}/p_{tot} als Funktionen von $c/\sqrt{T_{tot}}$ bzw. der MACHzahl dargestellt.

Die Gesamtzustände am Diffusoraustritt betragen

$$T_{4tot} = T_{2tot}$$

und

$$p_{4tot} = p_{2tot}\left[1 - \frac{\varDelta h_{3,4}}{c_p^* \cdot T_{2tot}}\right]^{\frac{\varkappa}{\varkappa - 1}}. \tag{155}$$

Damit läßt sich ein neuer Durchsatzparameter Φ_4 bilden. Die Umfangskomponente am Diffusoraustritt ergibt sich aus Gl. (141a) oder einfacher aus Gl. (144), wobei $\dot{V} \approx \dfrac{\dot{V}_3 + \dot{V}_4}{2}$ zu setzen ist. Hiermit läßt sich ein neuer Betriebspunkt in das Diagramm Abb. 419 eintragen und die Axialkomponente bzw. der Strömungswinkel am Diffusoraustritt bestimmen.

Der Reibungseinfluß bedingt stets eine Vergrößerung des Strömungswinkels gegenüber der reibungsfreien Strömung. Bei inkompressibler Strömung ist deshalb $\alpha_4 > \alpha_3$. Die kompressible Strömung ändert den Verlauf $c_u\,(r)$ nicht (Drallsatz), während $c_m\,(r)$ aber schneller abnimmt als bei inkompressibler Strömung (Kontinuitätsbeziehung), so daß trotz Reibungseinfluß $\alpha_{4kompr.} < \alpha_3$ werden kann.

3. Beschaufelter Diffusor

Im beschaufelten Diffusor (Leitapparat) werden mit Hilfe der Leitschaufeln Kräfte auf das Strömungsmedium ausgeübt, die eine größere Verzögerung der Umfangskomponenten c_u

ermöglichen als dies durch die alleinige Zunahme des Halbmessers auf Grund des Drallsatzes (schaufelloser Diffusor) der Fall ist.

a) Radial auswärts wirkender Diffusor (Leitapparat)

Für Strömungswinkel $\alpha_2 < 20°$, d. h. für radial endigende oder vorwärtsgekrümmte Laufschaufeln, verwendet man beschaufelte Diffusoren. Zwischen Laufradaußendurchmesser D_2 und Leitradeintrittsdurchmesser ist üblicherweise ein schaufelloser Diffusor, in dem bereits eine Geschwindigkeitsänderung und eine Druckumsetzung stattfindet. Der Eintrittsdurchmesser D_5 des beschaufelten Diffusors (Abb. 421) beträgt

$$D_5 = D_2\left(1 + \frac{1}{x}\right), \tag{156}$$

wobei erfahrungsgemäß $\frac{1}{x} = \frac{1}{5}$ bis $\frac{1}{14}$ ist. Im schaufellosen Diffusorteil werden die als Folge der endlichen Schaufeldicke hervorgerufenen Nachlaufströmungen und die als Folge der im

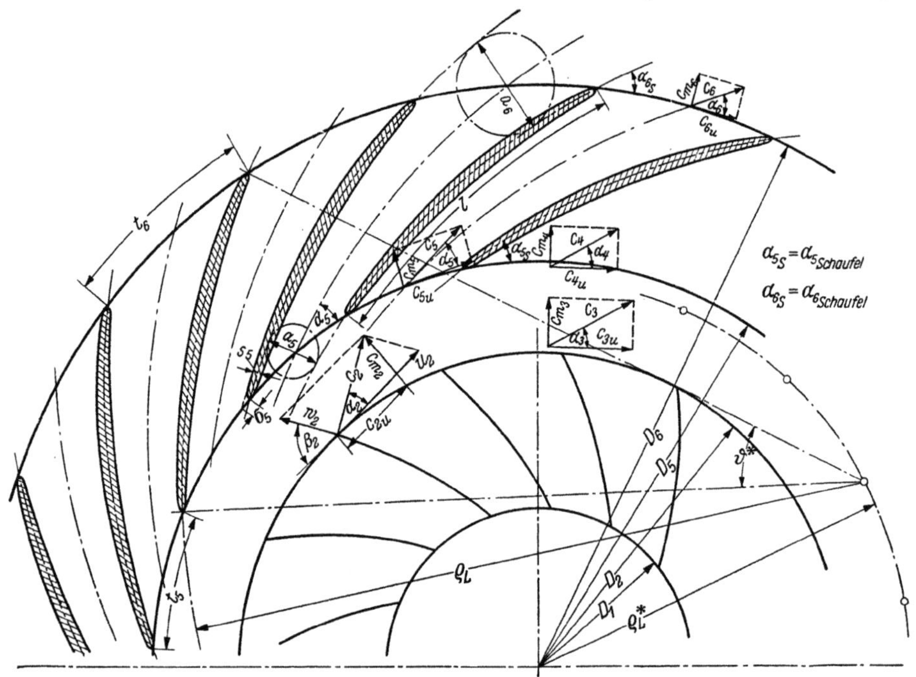

Abb. 421. Radialverdichter mit schaufellosem und beschaufeltem Diffusor
D_1 = Eintrittsdurchmesser des Laufrades; D_2 = Austrittsdurchmesser des Laufrades; D_5 = Eintrittsdurchmesser des Leitrades; D_6 = Austrittsdurchmesser des Leitrades

Laufradkanal entstehenden Strömungsstörungen erzeugten Unregelmäßigkeiten zum größten Teil ausgeglichen. Bei stationären Verdichteranlagen verwendet man größere Abstände zwischen Laufrad und Leitradeintritt $\left(\frac{1}{x} = \frac{1}{5} \text{ bis } \frac{1}{7}\right)$ und vermindert damit gleichzeitig die Geräuschentwicklung des Verdichters.

Die Leitschaufeln üben stets eine gewisse Rückwirkung über das Fördermedium auf das Laufrad aus. Je nach Größe des Gaspolsters zwischen Lauf- und Leitrad ändert sich diese Rückwirkung; sie wird um so kleiner, je größer das Polster, also je größer der Abstand zwischen Lauf- und Leitrad ist. Diese Rückwirkung der Leitschaufeln verursacht Druckschwankungen, die sich dem Druckniveau hinter dem Laufrad überlagern. Diese periodischen Druckschwankungen beanspruchen die Leitschaufeln mechanisch mit ihrer Frequenz. Dadurch werden die Leitschaufeln zu erzwungenen Schwingungen erregt und diese werden vom Ohr als Geräusch wahrgenommen. Die erregenden Kräfte werden dann gefährlich, wenn ihre Frequenz $z \cdot n$ gleich der Eigenfrequenz der Leitschaufeln wird. In diesem Falle werden die Leitschaufeln in ihrer Eigenfrequenz erregt, mechanisch stark beansprucht, was zu deren Bruch führen kann.

Bei nichtstationären Verdichtern (Luftfahrt), wobei die Größe der Querabmessungen und das Gewicht entscheidend ist, verwendet man kleinere Abstände $\left(\frac{1}{x} = \frac{1}{8} \text{ bis } \frac{1}{14}\right)$.

Die Schaufelbreite b soll längs des Diffusors konstant sein und entspricht der Breite des schaufellosen Diffusorteiles, also

$$b_6 = b_5 = b_4 = b_3 = b_2 + (1 \div 2\,\text{mm}). \tag{157}$$

Eine Zunahme der Schaufelbreite $b_6 > b_5$ ist wegen der Gefahr einer zu großen Verzögerung und der damit verbundenen Ablösungsgefahr nicht empfehlenswert.

Für die weitere Gestaltung des Leitapparates, also die Festlegung des Erweiterungsverhältnisses, des Öffnungswinkels und damit der Leitschaufelzahl können die an Diffusoren ermittelten Erfahrungen zugrunde gelegt werden.

Bezeichnet man wieder den gesamten Öffnungswinkel des gleichwertigen Vergleichsdiffusors mit $2\,\vartheta$, die lichte Eintrittsbreite in den Diffusor mit a_5, die entsprechende Austrittsbreite mit a_6 (Abb. 421), und die Diffusorschaufellänge l, dann ist

$$\tan\vartheta = \frac{a_6 - a_5}{2l}. \tag{158}$$

Dabei ist

$$a_5 = \frac{2\pi}{z_L}\, r_5 \cdot \sin\alpha_5, \tag{159}$$

$$z_L = \text{Anzahl der Leitschaufeln};$$

nun ist

$$\frac{a_6}{a_5} = \frac{r_6 \cdot \sin\alpha_6}{r_5 \cdot \sin\alpha_5} = C = \text{Öffnungsverhältnis des Diffusors},$$

$$\sin\alpha_6 = \frac{r_5}{r_6} \cdot C \cdot \sin\alpha_5 \quad\text{und}\quad a_6 = a_5 \cdot C = \frac{2\pi}{z_L}\, r_5 \cdot C \cdot \sin\alpha_5.$$

Ersetzt man zur Rechnungsvereinfachung die Schaufellänge l in Gl. (158) durch die Sehnenlänge s einer entsprechenden Kreisbogenschaufel [Gl. (110)], also

$$l \approx s = \frac{r_6^2 - r_5^2}{\sqrt{r_6^2 + r_5^2 - 2\,r_5 \cdot r_6 \cdot \cos(\alpha_5 + \alpha_6)}},$$

dann erhält man aus Gl. (158)

$$\tan\vartheta = \frac{\dfrac{2\pi}{z_L} \cdot r_5 \cdot \sin\alpha_5 (C-1)}{2 \cdot (r_6^2 - r_5^2)} \cdot \sqrt{r_6^2 + r_5^2 - 2 r_5 r_6 \left[\cos\alpha_5 \sqrt{1 - \left(C \sin\alpha_5 \cdot \frac{r_5}{r_6}\right)^2} - \frac{r_5}{r_6} \cdot C \sin^2\alpha_5\right]}$$

und nach Umformung findet man für die Anzahl der Leitschaufeln

$$z_L = \frac{2\pi \sin\alpha_5 (C-1)}{2\tan\vartheta \left[\left(\dfrac{r_6}{r_5}\right)^2 - 1\right]} \cdot \sqrt{\left(\frac{r_6}{r_5}\right)^2 + 1 - 2\frac{r_6}{r_5}\left[\cos\alpha_5 \sqrt{1 - \left(C \cdot \frac{r_5}{r_6} \sin\alpha_5\right)^2} - C \cdot \frac{r_5}{r_6} \cdot \sin^2\alpha_5\right]}. \tag{160}$$

Nach Messungen von ANDRES[1] beträgt bei kegeligen Diffusoren der günstigste Öffnungswinkel $2\,\vartheta = 7°$ bis $9°$, nach Messungen von WEDERNIKOFF[2] ist bei rechteckigen Diffusoren der optimale Öffnungswinkel $2\,\vartheta = 8°$ bis $10°$. Bei größeren Öffnungswinkeln fällt der Wirkungsgrad des Diffusors als Folge der damit verbundenen Ablösungsverluste, während mit kleiner werdendem Öffnungswinkel die Diffusorlänge bzw. die Schaufelzahl z_L größer, also die Reibungsverluste höher werden. Außerdem ist die Rauhigkeit des Diffusors von Einfluß, und zwar nimmt der zulässige Öffnungswinkel bei rauhen Kanälen (gegossene Leitschaufeln) ab, weshalb man bevorzugt Leitschaufeln aus glattem Stahlblech benutzen sollte.

Zwischen dem Querschnittsverhältnis $C = F_6/F_5$ und dem Druckanstieg in einem geraden Diffusor besteht folgender Zusammenhang:

Bei Vernachlässigung eines Wärmeaustausches zwischen der Gas- und der Umgebungstemperatur ist

$$T_{\text{tot}} = \text{konstant};$$

<hr>

[1] ANDRES, K.: Versuche über die Umsetzung von Wassergeschwindigkeit in Druck. VDJ-Forsch. 76.
[2] WEDERNIKOFF: Luftströmung im flachen erweiterten Kanal. Moskau 1926.

hieraus folgt

$$c_p^* \cdot T_{5\mathrm{stat}} + \frac{c_5^2}{2g} = c_p^* \cdot T_{6\mathrm{stat}} + \frac{c_6^2}{2g},$$

$$c_p^* \left(T_{6\mathrm{stat}} - T_{5\mathrm{stat}} \right) = \frac{1}{2g} \left(c_5^2 - c_6^2 \right) \tag{161}$$

oder mit

$$c_p^* = \frac{\varkappa}{\varkappa - 1} \cdot R,$$

$$\frac{\varkappa}{\varkappa - 1} \cdot R \cdot T_{5\mathrm{stat}} \left[\left(\frac{T_6}{T_5} \right)_{\mathrm{stat}} - 1 \right] = \frac{c_5^2}{2g} \left[1 - \left(\frac{c_6}{c_5} \right)^2 \right]$$

$$\left(\frac{T_6}{T_5} \right)_{\mathrm{stat}} - 1 = \frac{\varkappa - 1}{2g \cdot \varkappa \cdot R} \cdot \frac{c_5^2}{T_{5\mathrm{stat}}} \left[1 - \left(\frac{c_6}{c_5} \right)^2 \right]. \tag{162a}$$

Nun ist die MACHzahl am Eintritt in den Diffusor

$$M_5 = \frac{c_5}{w_{s_5}} = \sqrt{\frac{c_5^2}{g \cdot \varkappa \cdot R \cdot T_{5\mathrm{stat}}}}$$

und durch Einsetzen erhält man

$$\left(\frac{T_6}{T_5} \right)_{\mathrm{stat}} = 1 + \frac{\varkappa - 1}{2} \cdot M_5^2 \left[1 - \left(\frac{c_6}{c_5} \right)^2 \right]. \tag{162b}$$

Aus der Polytropengleichung ergibt sich mit n als Polytropenexponenten

$$\frac{T_6}{T_5} = \left(\frac{p_6}{p_5} \right)^{\frac{n-1}{n}}$$

und aus der Kontinuitätsbeziehung

$$\frac{c_6}{c_5} = \frac{F_5}{F_6} \cdot \frac{v_6}{v_5} = \frac{F_5}{F_6} \cdot \left(\frac{p_5}{p_6} \right)^{\frac{1}{n}}.$$

Damit wird

$$\frac{\varkappa - 1}{2} \cdot M_5^2 \left[1 - \left(\frac{F_5}{F_6} \right)^2 \cdot \left(\frac{p_5}{p_6} \right)^{\frac{2}{n}} \right] = \left(\frac{p_6}{p_5} \right)^{\frac{n-1}{n}} - 1$$

oder

$$C = \frac{F_6}{F_5} = \frac{1}{\left(\dfrac{p_6}{p_5} \right)^{\frac{1}{n}} \cdot \sqrt{1 - \dfrac{(p_6/p_5)^{\frac{n-1}{n}} - 1}{\dfrac{\varkappa - 1}{2} \cdot M_5^2}}} \cdot \tag{163}$$

Für den Polytropenexponenten erhält man mit hinreichender Näherung den Ausdruck

$$\frac{n}{n-1} = \frac{\varkappa}{\varkappa - 1} \cdot \eta_{\mathrm{Diff.}} \cdot$$

Der numerisch leichter auszuwertende Kehrwert von Gl. (163) schreibt sich damit für Luft ($\varkappa = 1{,}40$) als Strömungsmittel und $\eta_{\mathrm{Diff.}} = 0{,}75$

$$\frac{1}{C} = \left(\frac{p_6}{p_5} \right)^a \cdot \sqrt{1 - \frac{(p_6/p_5)^b - 1}{0{,}2 \cdot M_5^2}}$$

$$\mathrm{mit} \quad a = \frac{3{,}5 \cdot \eta_{\mathrm{Diff.}} - 1}{3{,}5 \cdot \eta_{\mathrm{Diff.}}} = \frac{1}{1{,}615} \tag{164}$$

$$\mathrm{und} \quad b = \frac{1}{3{,}5 \cdot \eta_{\mathrm{Diff.}}} = \frac{1}{2{,}625} \cdot$$

Abb. 422 zeigt den Druckgewinn in einem Diffusor für verschiedene Eintritts-MACHzahlen. Flächenverhältnisse über $C = 3 \div 4$ lassen danach keinen nennenswerten Druckgewinn mehr erwarten, während gleichzeitig der Bauaufwand, dargestellt durch das Durchmesserverhältnis D_6/D_5 und die Reibungsverluste ansteigen. Kleine Querschnittsverhältnisse ergeben geringe Verzögerungen, damit hohe Austrittsverluste, große Querschnittsverhältnisse haben große Bauabmessungen zur Folge, wobei der letztere Teil des Diffusors nicht wesentlich zur Druckumsetzung beiträgt. Der Verlauf der Druckumsetzung in einem Diffusor ist in Abb. 423 gezeigt. Da außerdem die Geschwindigkeit vor allem im ersten Teil des Diffusors in Druck umgesetzt wird (Abb. 423), ist bei eventueller Strömungsablösung in der Nähe des Diffusoraustritts der prozentuale Verlustanteil im Diffusor sehr klein.

Abb. 424 zeigt die Abhängigkeit der Leitschaufelzahl z_L vom Durchmesserverhältnis D_6/D_5 für verschiedene Strömungseintrittswinkel α_5 [entsprechend Gl. (160)], wobei ein Öffnungswinkel $2\vartheta = 10°$ und ein Querschnittsverhältnis $C = 3$ den Rechnungen zugrunde liegt.

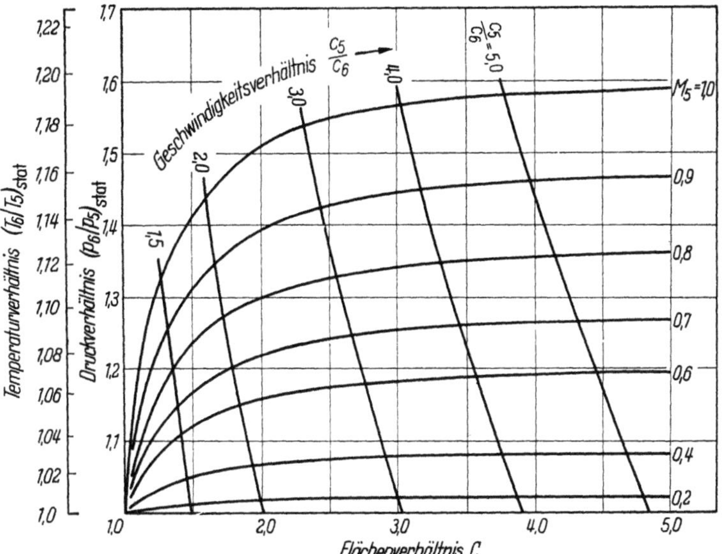

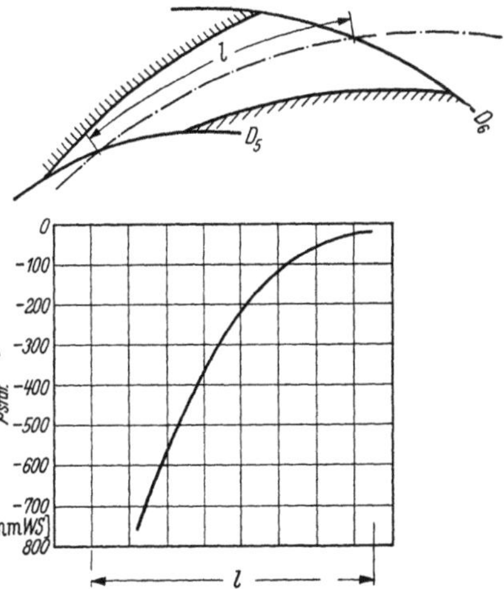

Abb. 423. Statische Druckverteilung in einem beschaufelten Diffusor über der abgewickelten Schaufellänge dargestellt

Abb. 422. Druckerhöhung in einem Diffusor in Abhängigkeit vom Flächenverhältnis C und der Eintritts-Machzahl M_5 ($\eta_{\text{Diff}} = 0{,}75$)

Übliche Durchmesserverhältnisse D_6/D_5 sind bei nichtstationären Anlagen 1,25 bis 1,35 und bei stationären Verdichtern bis 1,4. Nach Festlegung des Diffusoraußendurchmessers D_6 und Berechnung der Leitschaufelzahl (Abb. 424) erhält man als Strömungswinkel am Diffusoraustritt

$$\sin \alpha_6 = C \frac{D_5}{D_6} \sin \alpha_5.$$ (165)

Die lichte Weite am Austritt ist dann

$$a_6 = C \cdot a_5.$$ (166)

Einen ersten Anhalt für die statischen Zustände nach dem Leitrad erhält man aus Abb. 422, in der $(p_6/p_5)_{\text{stat}}$ und $(T_6/T_5)_{\text{stat}}$ als Ordinate dargestellt sind.

Die Austrittsgeschwindigkeit c_6 kann gleichfalls aus Abb. 422 abgelesen werden und die zugehörige Meridiankomponente berechnet sich zu

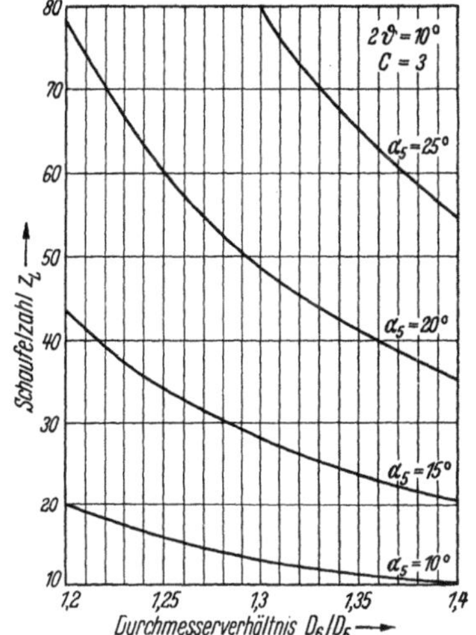

Abb. 424. Abhängigkeit der Leitschaufelzahl z_L vom Durchmesserverhältnis D_6/D_5 bei verschiedenen Strömungswinkeln α_5

$$c_{m_6} = c_6 \cdot \sin \alpha_6 = c_6 \cdot C \cdot \frac{D_5}{D_6} \cdot \sin \alpha_5.$$ (167)

Die endgültige Bestimmung dieser Werte kann aber erst nach Berechnung und Berücksichtigung der in den Leitschaufelkanälen entstehenden Verluste erfolgen.

α) Schaufelgestaltung

Für die Gestaltung der Leitschaufeln gelten die gleichen Gesichtspunkte wie bei Laufschaufeln. Durch Vorgabe eines Verlaufes der Winkeländerung bzw. der Verzögerung im Laufradkanal läßt sich mit der Gl. (112) eine Leitschaufel punktweise berechnen. Auch im Leitrad ist vielfach üblich, die strömungsgerechte Schaufelform durch eine kreisbogenförmige Schaufel anzunähern. Der Kanal gleichen Querschnittsdruckes entartet hier zur geraden, nicht gekrümmten Leitschaufelform, die man vor allem bei Abgasturboladern häufig findet.

Als Folge der endlichen Schaufeldicke entsteht am Leitschaufelanfang eine Verengung des Durchflußquerschnittes von der Größe (s. Abb. 421)

$$\varkappa_5 = \frac{t_5}{t_5 - \sigma_5} = \frac{\dfrac{\pi \cdot D}{z_L}}{\dfrac{\pi \cdot D_5}{z_L} - \dfrac{s_5}{\sin \alpha_5}} \cdot \tag{168}$$

Für $s_5 < a_5$ bzw. nicht zu hohe Anström-Machzahlen M_4 beträgt die Strömungsrichtung unmittelbar nach Eintritt in den Leitradkanal

$$\tan \alpha_5 = \varkappa_5 \cdot \tan \alpha_4 . \tag{169}$$

Bei Fortfall der vorstehenden Einschränkungen wäre α_5 wieder aus dem Diagramm Abb. 419 zu bestimmen, wobei hier

$$\frac{\dot{G}\,\sqrt{T_{2tot}}}{F_{a x_5} \cdot p_{4tot}} \quad \text{mit} \quad F_{a x_5} = \pi \cdot D_4 \cdot b_4 \cdot \varkappa_5$$

und

$$\frac{c_{u_5}}{\sqrt{T_{2tot}}} = \frac{c_{u_4}}{\sqrt{T_{2tot}}}$$

gegeben sind.

Zur Erzielung stoßfreien Eintrittes ist nach der Gittertheorie eine Winkelübertreibung des Schaufelanfanges notwendig, womit α_{5s} (stoßfrei) $< \alpha_5$ wird. Ein Anhalt für die Größe der notwendigen Winkelübertreibung sowohl am Leitradeintritt für stoßfreie Anströmung als auch für den Leitradaustritt ist im nachfolgendem Abschnitt unter Benützung der Theorie ebener Schaufelgitter gegeben.

Für hinreichend große Anström-Machzahlen ($M_4 \gtrsim 0{,}65$) ist es analog zu den Ausführungen für Axialgitter im allgemeinen zweckmäßiger, die Bedingung des stoßfreien Eintrittes fallen zu lassen und dagegen für einen ausreichend großen engsten Querschnitt F_{min} zwischen zwei Schaufeln zu sorgen. Optimale Verhältnisse bezüglich der kritischen Machzahl erhält man nach Abb. 147 für ein Querschnittsverhältnis $F_{min}/F_1 \approx 1{,}10 \div 1{,}20$. Der fiktive Eintrittsquerschnitt ist hierbei durch den Abstand normal zur Strömungsrichtung zweier um eine Teilung t_5 versetzter ungestörter Strombahnen bestimmt (hierzu siehe auch Abb. 400). Bei parallelwandigen Diffusoren bilden die ungestörten Stromlinien logarithmische Spiralen (bei kompressibler Strömung nur näherungsweise). Hierfür gilt mit den Bezeichnungen in Abb. 425

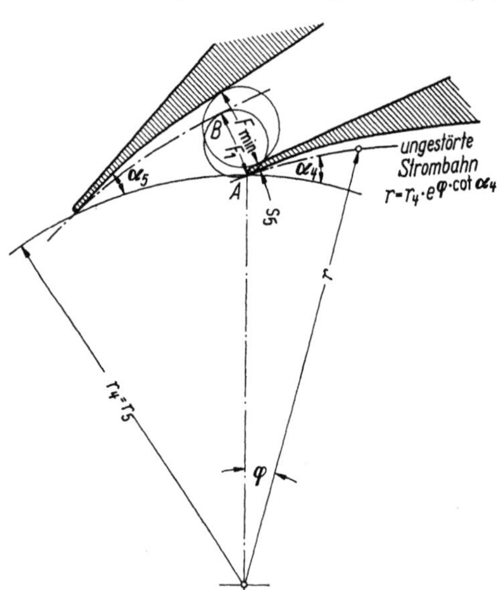

Abb. 425. Gestaltung des Leitschaufeleintrittes bei Anström-Machzahl $M_4 > M_{krit}$.

$$r = r_5 \cdot e^{\varphi \cdot \cot \alpha_4} \tag{170}$$

und

$$\left. \begin{aligned} F_1 &= \frac{r_5}{\cos \alpha_4}\,(e^x - 1) \\[4pt] \text{mit} \quad x &= \frac{\pi}{z_L} \cdot \sin (2\,\alpha_4) . \end{aligned} \right\} \tag{171}$$

Da $x < 1$, kann mit hinreichender Näherung gesetzt werden

$$e^x = 1 + \frac{x}{1!} + \frac{x^2}{2!} + \cdots \approx 1 + x\left(1 + \frac{x}{2}\right).$$

Somit wird

$$F_1 = \frac{r_5}{\cos\alpha_4} \cdot x\left(1 + \frac{x}{2}\right) \tag{172}$$

Bildet man auch den Schaufelanfang als logarithmische Spirale aus, so erhält man für den engsten Querschnitt zwischen zwei benachbarten Schaufeln mit dem noch unbekannten Winkel α_5 den analogen Ausdruck

$$\left.\begin{aligned} F_{\min} &= \frac{r_5}{\cos\alpha_5} \cdot x_1\left(1 + \frac{x_1}{2}\right) - s_5 \\ \text{mit}\quad x_1 &= \frac{\pi}{z_L} \cdot \sin(2\alpha_5). \end{aligned}\right\} \tag{173}$$

Hieraus bestimmt sich der Schaufeleintrittswinkel zu

$$\frac{x_1}{\cos\alpha_5}\left(1 + \frac{x_1}{2}\right) = (1{,}10 \div 1{,}20)\,\frac{x}{\cos\alpha_4}\left(1 + \frac{x}{2}\right) + \frac{s_5}{r_5},$$

$$\sin\alpha_5\left[1 + \frac{\pi}{2z_L} \cdot \sin(2\alpha_5)\right] = (1{,}10 \div 1{,}20) \cdot \sin\alpha_4\left[1 + \frac{\pi}{2z_L} \cdot \sin(2\alpha_4)\right] + \frac{s_5 \cdot z_L}{\pi \cdot D_5}. \tag{174}$$

Offensichtlich kommt es aber in erster Linie auf einen ausreichenden Querschnitt $F_{\min}$ an und weniger auf die Gestaltung des Schaufelanfanges. Wird dieser im Grenzfall gerade ausgeführt,

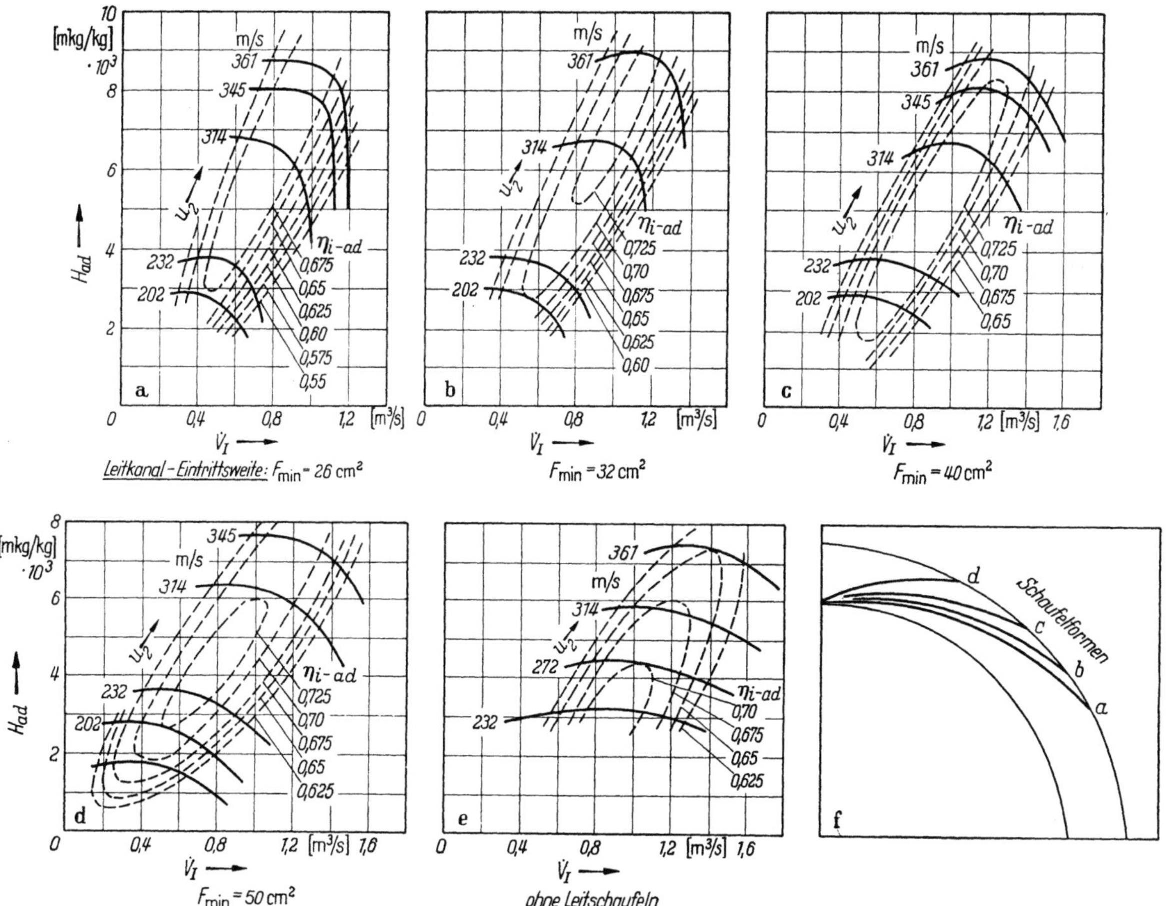

Abb. 426 a—f. Einfluß der Leitschaufelform auf das Kennfeld (nach PFAU)
a)—d) Kennfeld bei verschiedenen Leitkanal-Eintrittsweiten; e) Kennfeld des Verdichters ohne Leitschaufeln; f) die untersuchten Leitschaufelformen

26   Eckert, Axial- und Radialkompressoren, 2. Aufl.

so ist

$$\sin \alpha_5 = \frac{F_{\min} + s_5}{t_5}$$

und mit $F_{\min} = (1,10 \div 1,20)\, F_1$ wird

$$\sin \alpha_5 = \frac{z_L}{\pi \cdot D_5} \cdot \left[(1,10 \div 1,20)\, \frac{\pi \cdot D_5}{z_L} \cdot \sin \alpha_4 \left(1 + \frac{1}{2}\, \frac{\pi}{z_L}\, \sin 2\alpha_4\right) + s_5 \right]$$

oder

$$\sin \alpha_5 = (1,10 \div 1,20) \cdot \sin \alpha_4 \left(1 + \frac{1}{2} \cdot \frac{\pi}{z_L} \cdot \sin 2\alpha_4\right) + \frac{s_5}{\pi \cdot D_5} \cdot z_L . \tag{175}$$

PFAU[1] hat in einer Versuchsreihe den engsten Querschnitt und den Schaufeleintrittswinkel systematisch variiert. Die gemessenen Kennfelder, die alle mit dem gleichen Laufrad und gleichem Spiralgehäuse gefahren sind, zeigen die Abb. 426a—e. In Abb. 426f sind die untersuchten Leitschaufelformen skizziert. Als Ergebnis dieser Versuche ist in Abb. 427 das Verhältnis des berechneten theoretischen Ansaugvolumens entsprechend dem Schluckvermögen des jeweiligen Leitradquerschnittes zu dem gemessenen Ansaugvolumen bei bestem Wirkungsgrad über der Umfangsgeschwindigkeit bzw. der näherungsweise zugeordneten MACHzahl vor

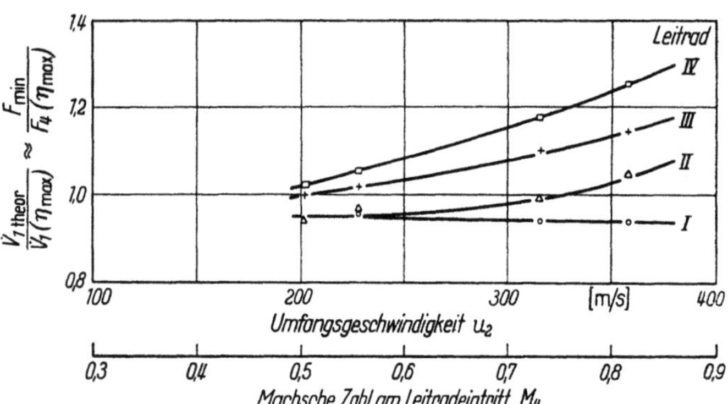

Abb. 427. Querschnittsverhältnis $F_{\min}/F_4$ für Punkte optimalen Wirkungsgrades

Eintrittleitrad dargestellt. Dieses Volumenverhältnis entspricht etwa dem gesuchten Verhältnis $F_{\min}/F_1$ weil $\dot{V}_{\text{theor}}$ mit $F_{\min}$ zu berechnen ist, während $\dot{V}\,(\eta_{\max})$ ein Maß für F_1 darstellt. Die Versuche zeigen zumindestens qualitative Übereinstimmung mit den Axialverdichter-Gitterversuchen.

β) Abbildung eines kreisförmigen Gitters auf den Einheitskreis

Strömungstechnisch günstige Leitradprofile lassen sich auf verhältnismäßig einfache Weise aus Axialgittern durch eine graphische konforme Abbildung gewinnen. Gleichzeitig erhält man auf diese Weise einen Anhalt für die notwendige Winkelübertreibung zur Erzielung stoßfreien Eintrittes bzw. am Leitradaustritt.

In Kap. D, XI wurde die Abbildung eines geraden Streckenprofilgitters auf den Einheitskreis gezeigt. Gelingt es nun, eine Abbildungsfunktion zwischen einem vorgegebenen, kreisförmigen Gitter und dem Streckenprofilgitter zu finden, so lassen sich alle notwendigen Rechnungen mit Hilfe der hergeleiteten Beziehungen durchführen.

Zum Auffinden des Zusammenhanges zwischen dem kreisförmigen Gitter (λ-Ebene) und der Streckenprofilebene ($\mathfrak{z}$-Ebene) soll wieder eine ablenkungsfreie Strömung (Abbildungsströmung) benutzt werden (Abb. 428). Da sich die nachfolgenden Ausführungen auf kreisförmige Gitter mit logarithmisch-spiraligen

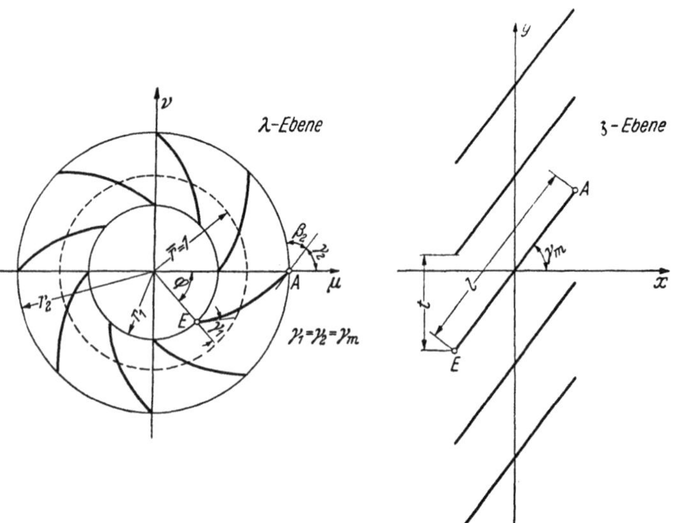

Abb. 428. Erläuterungsskizze für Abbildung des kreisförmigen Gitters (λ-Ebene) auf das gerade Gitter ($\mathfrak{z}$-Ebene)

---

[1] PFAU, H.: Die Leitschaufel in ihrer Beziehung zu den Kennwerten von Flugmotorenladern. MTZ 1941, H. 12, S. 390 bis 398.

Schaufeln beschränken sollen, ergibt sich als Abbildungsströmung eine Wirbelquellströmung aus dem Ursprung der λ-Ebene. Für das komplexe Strömungspotential läßt sich also ansetzen

$$W(\lambda) = \underbrace{\frac{E}{2\pi} \ln \lambda}_{\substack{\text{Quelle} \\ \text{in } \lambda = 0}} - \underbrace{i\,\frac{\Gamma}{2\pi} \ln \lambda}_{\substack{\text{Wirbel} \\ \text{in } \lambda = 0}} = \frac{E - i\,\Gamma}{2\pi} \ln \lambda. \tag{176}$$

Die Stromlinien und damit die Schaufeln des kreisförmigen Gitters schließen mit dem Fahrstrahl vom Ursprung zu einem Aufpunkt den Stafflungswinkel

$$\tan \gamma_m = \frac{\Gamma}{E} \tag{177}$$

ein. Der üblicherweise das Schaufelgitter kennzeichnende Schaufelwinkel β_2 hat für die logarithmisch-spiraligen Schaufeln den Wert

$$\beta_2 = \frac{\pi}{2} - \gamma_m. \tag{178}$$

Die in Gl. (176) noch zu bestimmende Stärke des Wirbels bzw. der Quelle ergibt sich aus der ablenkungsfreien Parallelströmung der Streckenprofilgitterebene. Zwischen zugeordneten Punkten eines Gitterstreifens ergab sich mit $w_\infty = 1$ eine Differenz der Stromfunktion

$$\Delta \Psi = t \cdot \cos \gamma_m$$

und eine Differenz des Potentials

$$\Delta \Phi = t \cdot \sin \gamma_m.$$

Die gleichen Differenzen müssen sich auch für die Abbildungsströmung und entsprechende Punkte der λ-Ebene ergeben. Für ein kreisförmiges Gitter mit z Schaufeln ergibt sich damit die Gesamtstärke der im Ursprung angebrachten Quelle zu

$$E = z \cdot \Delta \Psi = z \cdot t \cdot \cos \gamma_m = \text{const}$$

und für den Wirbel

$$\Gamma = z \cdot \Delta \Phi = z \cdot t \cdot \sin \gamma_m = \text{const}.$$

Durch Einsetzen dieser Werte erhält man mit

$$z \cdot t = 2\pi = \text{const} \tag{179}$$

für das komplexe Strömungspotential

$$W(\lambda) = (\cos \gamma_m - i \cdot \sin \gamma_m) \ln \lambda = \ln \lambda \cdot e^{-i\gamma_m}. \tag{180}$$

Für die ablenkungsfreie Parallelströmung durch das Streckenprofilgitter war mit $w_\infty = 1$

$$W(\mathfrak{z}) = e^{-i\gamma_m} \cdot \mathfrak{z},$$

somit ergibt sich für die Abbildungsfunktion zwischen dem kreisförmigen Gitter und dem Streckenprofilgitter die einfache Beziehung

$$\mathfrak{z} = \ln \lambda. \tag{181}$$

Durch Aufspalten in Real- und Imaginärteil findet man

$$x + i\,y = \ln(r \cdot e^{i\varphi}) = \ln r + i\,\varphi, \qquad \left.\begin{array}{l} x = \ln r, \\ y = \varphi. \end{array}\right\} \tag{182}$$

Die Abbildungskonstanten zwischen den beiden Gittern ergeben sich folgendermaßen:
Die Teilung des geraden Gitters ist

$$t = \frac{2\pi}{z}.$$

Die Ausdehnung des geraden Gitters parallel zur x Achse ist

$$l_x = l \cdot \cos \gamma_m = x_A - x_E = \ln r_2 - \ln r_1 = \ln\left(\frac{r_2}{r_1}\right). \tag{183}$$

Damit erhält man für das Teilungsverhältnis t/l des Streckenprofilgitters die Beziehung

$$\frac{t}{l} = \frac{2\pi \cdot \cos \gamma_m}{z \cdot \ln\left(\dfrac{r_2}{r_1}\right)}. \tag{184}$$

Hiermit ist die Zuordnung zwischen den beiden Gittern gegeben. Die weitere Abbildung des Streckenprofilgitters auf den Einheitskreis ist in Abschn. D XI, 1a beschrieben, weshalb die folgenden Ausführungen mit Hilfe der dort hergeleiteten Beziehungen durchgeführt werden sollen.

26*

Gl. (182) gestattet nun, ein Netzgitter in einem Kreissektor (λ-Ebene) einem geradlinigen Netz in der $\mathfrak{z}$-Ebene zuzuordnen (Abb. 429).

Sind für die zu entwerfenden Leitschaufeln, also für das ruhende kreisförmige Gitter Ein- und Austrittsdrall gegeben, dann sind mit dem Durchflußvolumen auch die Strömungswinkel vor und nach dem Gitter bestimmt, also

$$\tan \tau_5 = \tan(90° - \alpha_5) = \frac{\Gamma_5}{\dot V_5/b_5} = \frac{c_{5u}}{c_{m5}}, \qquad \tan \tau_6 = \tan(90° - \alpha_6) = \frac{\Gamma_6}{\dot V_6/b_6} = \frac{c_{6u}}{c_{m6}}.$$

Der zur Bestimmung des stoßfrei umströmten Profiles maßgebliche Rechnungswinkel τ_m ist

$$\tau_m = \frac{\tau_5 + \tau_6}{2} \quad \text{bzw.} \quad \alpha_m = \frac{\alpha_5 + \alpha_6}{2}.$$

Mit diesem Winkel zeichnet man sich nun zweckmäßigerweise die logarithmische Spirale

$$\varphi = \tan \tau_m \cdot \ln r + \text{const}$$

auf, wobei die Konstante am besten durch $\varphi = 0$ bei $r = r_5$ bestimmt wird (Abb. 429).

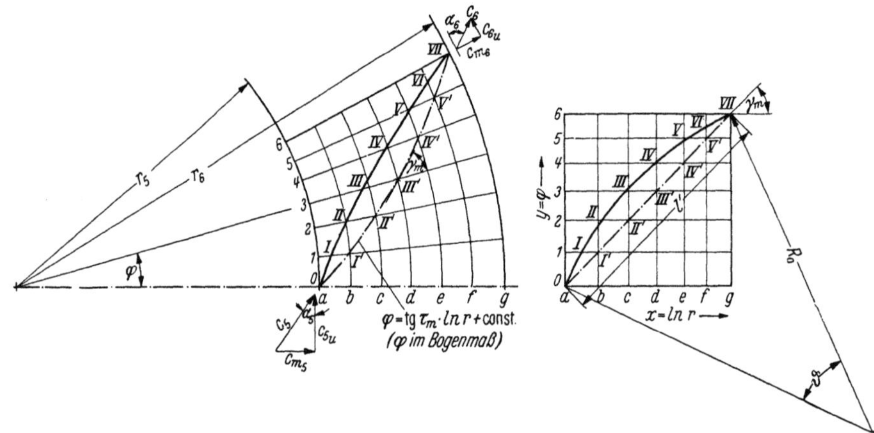

Abb. 429. Leitradkonstruktion mittels konformer Abbildung (punktweise Übertragung des geraden Gitters auf ein Kreisgitter)

In der $\mathfrak{z}$-Ebene wählt man für das zu entwerfende Profil vorteilhafterweise ein Kreisbogen-Skelettprofil. Der Krümmungswinkel ist also

$$\vartheta = \frac{\tau_5 - \tau_6}{\mu} = \frac{\alpha_6 - \alpha_5}{\mu}$$

und der Krümmungshalbmesser

$$R_z = \frac{l_z}{2 \cdot \sin\left(\dfrac{\vartheta}{2}\right)}.$$

Zeichnet man dieses Profil im x-y-Netz auf, so läßt sich in einfacher Weise eine punktweise Übertragung in die λ-Ebene vornehmen (Abb. 429), womit das gesuchte, stoßfrei umströmte Leitradprofil ermittelt ist. Diese Konstruktion – vgl. nachfolgendes Beispiel – gilt natürlich für jedes Teilungsverhältnis, wobei das zur Bestimmung des Winkelübertreibungsfaktors μ notwendige, äquivalente Teilungsverhältnis des Kreisbogenskelettprofils in der $\mathfrak{z}$-Ebene

$$\frac{t}{l} = \frac{2\pi \cos \gamma_m}{z_L \cdot \ln\left(\dfrac{r_6}{r_5}\right)} \quad \text{mit} \quad \gamma_m = \tau_m$$

ist.

Mit dem Winkelübertreibungsfaktor μ erhält man dann die Beziehungen

$$\mu = \frac{\alpha_m - \alpha_5}{\alpha_m - \alpha_{5\,\text{Schaufel}}}, \quad \text{also} \quad \alpha_{5\,\text{Schaufel}} = \alpha_m - \frac{\alpha_m - \alpha_5}{\mu} \tag{185}$$

und

$$\mu = \frac{\alpha_6 - \alpha_m}{\alpha_{6\,\text{Schaufel}} - \alpha_m}, \quad \text{also} \quad \alpha_{6\,\text{Schaufel}} = \frac{\alpha_6 - \alpha_m}{\mu} + \alpha_m. \tag{186}$$

Zunächst erscheint es merkwürdig, daß bei dieser Berechnungsweise die Winkelübertreibung $\nu_5 = \alpha_5 - \alpha_{5\,\text{Schaufel}}$ und $\nu_6 = \alpha_{6\,\text{Schaufel}} - \alpha_6$ von gleicher Größe sind, obgleich die Teilung t_5 wesentlich kleiner als t_6 ist. Dabei ist aber zu beachten, daß die Winkelübertreibung sowohl eine Funktion der Teilung als auch eine Funktion des örtlichen Krümmungshalbmessers ist. Bei der konformen Abbildung geht aber das Kreisbogenprofil in der $\mathfrak{z}$-Ebene in ein parabelartiges Profil in der λ-Ebene über. Hierbei wird der Krümmungshalbmesser am Leitschaufeleintritt kleiner als am Schaufelaustritt, und zwar derart, daß gerade die beiden Winkelübertreibungen gleich groß werden.

Nach Möglichkeit sollen die Eintrittskanten der Leitradschaufeln abgerundet werden, um kleine Abweichungen der absoluten Anströmgeschwindigkeit c_5 ausgleichen zu können. Außerdem sind abgerundete Eintrittskanten gegen Anfressungen, die durch flüssige (Öltropfen) und feste Teilchen (Staub) hervorgerufen werden, weniger empfindlich. Da die stillstehende Diffusorschaufel nur im Berechnungspunkt auf stoßfreien Eintritt ausgelegt werden kann, verwendet man vereinzelt verstellbare Leitschaufeln, die bei verschiedenen Betriebsbedingungen, also bei wechselnden Eintrittsgeschwindigkeiten c_5, eine gewisse Anpassung an die jeweiligen Strömungsrichtungen gestatten, wodurch Stoß- und Ablösungsverluste auch bei wechselnden Betriebsbedingungen weitgehend vermieden werden.

γ) Verluste im Leitapparat

Der Druckhöhenverlust im beschaufelten Diffusor beträgt

$$\Delta h_{5,6} = \int_0^l \frac{\lambda}{d_{\text{hydr}}} \frac{c^2}{2g}\, dl, \tag{187}$$

wobei

λ die Widerstandszahl (vgl. Abb. 158),
d_{hydr} der hydraulische Durchmesser, also

$$d_{\text{hydr}} = \frac{4F}{U} = \frac{4a \cdot b}{2(a+b)} = \frac{2ab}{a+b},$$

c die jeweilige Absolutgeschwindigkeit,
l die Länge der Diffusorschaufel

bedeuten. Da sich von der Stelle 5 bis Austritt aus dem Diffusor (Stelle 6) die Absolutgeschwindigkeiten c, weiterhin der hydraulische Durchmesser d_{hydr} und demzufolge auch die Widerstandszahl

$$\lambda = f(Re) = f\left(\frac{c \cdot d_{\text{hydr}}}{\nu}\right)$$

ändern, zeichnet man über der abgewickelten Schaufellänge die jeweiligen Werte $\dfrac{\lambda}{d_{\text{hydr}}} \cdot \dfrac{c^2}{2g}$ auf und erhält durch Planimetrieren dieser Fläche unterhalb der Kurve den Förderhöhenverlust $\Delta h_{5,6}$.

Die Zustandsgrößen am Eintritt in den beschaufelten Diffusor sind

$$p_{5\text{tot}} = p_{4\text{tot}}; \qquad T_{5\text{tot}} = T_{4\text{tot}}; \qquad v_{5\text{tot}} = v_{4\text{tot}};$$
$$p_{5\text{stat}} = p_{4\text{stat}}; \qquad T_{5\text{stat}} = T_{4\text{stat}}; \qquad v_{5\text{stat}} = v_{4\text{stat}}$$

und am Austritt

$$\left.\begin{aligned}
T_{6\text{stat}} &= T_{5\text{stat}} + \frac{c_5^2 - c_6^2}{2g\, c_p^*}; \\[2ex]
p_{6\text{stat}} &= p_{5\text{stat}}\left[1 + \frac{\dfrac{c_5^2 - c_6^2}{2g} - \Delta h_{5,6}}{c_p^* \cdot T_{5\text{stat}}}\right]^{\frac{\varkappa}{\varkappa-1}}; \\[2ex]
v_{6\text{stat}} &= \frac{R \cdot T_{6\text{stat}}}{p_{6\text{stat}}}.
\end{aligned}\right\} \tag{188}$$

Für die Gesamtzustände am Austritt aus dem Leitapparat erhält man

$$\left.\begin{aligned}
T_{6\text{tot}} &= T_{5\text{tot}}; \\[2ex]
p_{6\text{tot}} &= p_{5\text{stat}}\left[1 + \frac{\dfrac{c_5^2}{2g} - \Delta h_{5,6}}{c_p^* \cdot T_{5\text{stat}}}\right]^{\frac{\varkappa}{\varkappa-1}}; \\[2ex]
v_{6\text{tot}} &= \frac{R \cdot T_{6\text{tot}}}{p_{6\text{tot}}}.
\end{aligned}\right\} \tag{189}$$

Zusammenfassend ist zu bemerken, daß bei stationären Radialverdichtern der beschaufelte Diffusor weniger häufig angewandt wird als der schaufellose Diffusor. Neben preislichen Erwägungen dürfte der Grund hierfür darin zu suchen sein, daß der stabile Bereich der Kennlinie des beschaufelten Diffusors kleiner ist als derjenige des unbeschaufelten Diffusors, wenn man nicht die wesentlich teuerere Konstruktion der im Betrieb verstellbaren Diffusorschaufeln vorsieht. Im allgemeinen werden für Strömungswinkel $20° < \alpha_2 < 30°$ schaufellose Diffusoren, bei einstufiger Ausführung mit nachfolgender Spirale, für Strömungswinkel $\alpha_2 < 20°$, also vor allem für radialendigende Laufräder, ein verhältnismäßig schmaler schaufelloser Teil mit anschließendem beschaufelten Diffusor ausgeführt.

δ) Rechnungsbeispiel

Für einen Radialverdichter zur Überladung von Flugmotoren ist das Geschwindigkeitsdiagramm am Laufradaußendurchmesser $D_2 = 300$ mm vorgegeben (Abb. 430). Der Luftdurchsatz betrage $\dot{G} = 2,8$ kg/s. Der schaufellose und beschaufelte Diffusor soll berechnet werden.

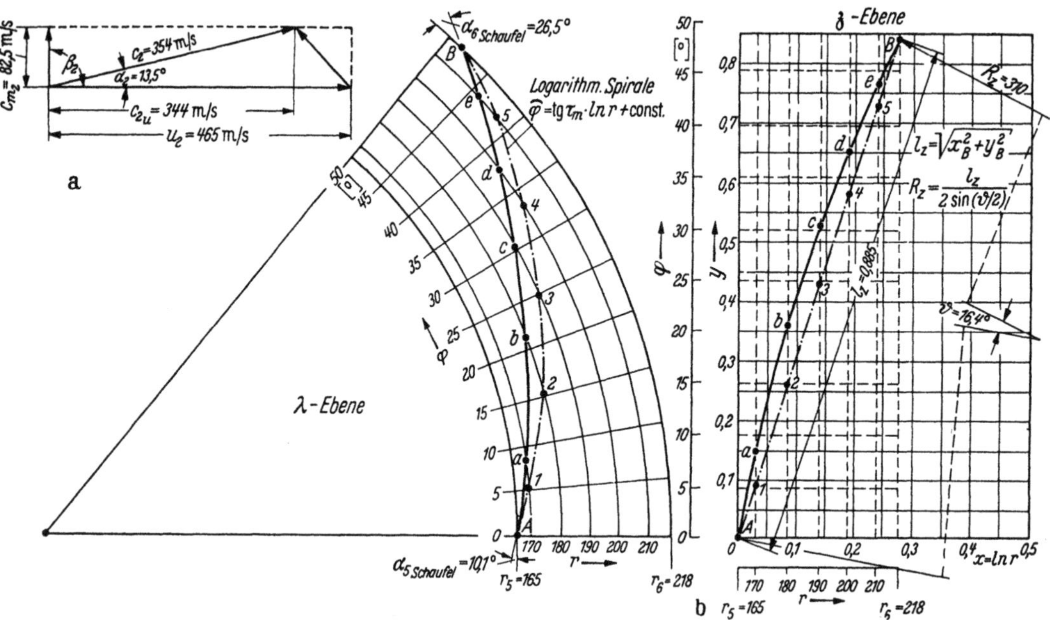

Abb. 430a u. b. Skizzen zum Rechnungsbeispiel
a) Geschwindigkeitsdiagramm am Laufradaußendurchmesser; b) berechnete Leitschaufel

Laufradaustritt. Die theoretische Förderhöhe des Verdichters ist mit $u_2 = 465$ m/s und $c_{2u} = 344$ m/s

$$H_{\text{theor.}} = \frac{1}{g} \cdot u_2 \cdot c_{2u} = \frac{1}{9,81} \cdot 465 \cdot 344 = 16\,300 \left[\frac{\text{mkg}}{\text{kg}}\right].$$

Schätzt man den Laufradwirkungsgrad zu $\eta_R = 0,88$, dann ist

$$H_{\text{ad}_R} = H_{\text{theor.}} \cdot \eta_R = 16\,300 \cdot 0,88 = 14\,350 \left[\frac{\text{mkg}}{\text{kg}}\right],$$

was bei einer Ansaugtemperatur $T_{1\text{tot}} = 288$ [°K] einem Druckverhältnis $\Pi_R = (p_2/p_1)_{\text{tot}} = 4$ entspricht (Rechentafel 5).

Die Temperaturerhöhung im Verdichter beträgt

$$\Delta T_{\text{tot}} = \frac{H_{\text{theor.}}}{c_p^*} = \frac{16\,300}{102,3} = 158 \, [°K].$$

Mit $p_{1\text{tot}} = 10\,000$ kg/m² ergibt sich der thermische Gesamtzustand hinter dem Laufrad zu

$$p_{2\text{tot}} = \Pi_R \cdot p_{1\text{tot}} = 40\,000 \, [\text{kg/m}^2]$$
$$T_{2\text{tot}} = T_{1\text{tot}} + \Delta T_{\text{tot}} = 446 \, [°K].$$

Für die beiden Geschwindigkeitskomponenten am Laufradaustritt erhält man

$$\frac{c_{2u}}{\sqrt{T_{\text{tot}}}} = \frac{344}{\sqrt{446}} = 16{,}25 \quad \text{und} \quad \frac{c_{m_2}}{\sqrt{T_{\text{tot}}}} = \frac{82{,}5}{\sqrt{446}} = 3{,}9\,.$$

Eintragungen in das Diagramm Abb. 419 ergibt den Durchsatzparameter

$$\Phi_2 = \frac{R}{F_2} \cdot \frac{\dot{G} \cdot \sqrt{T_{2\text{tot}}}}{p_{2\text{tot}}} = 2{,}7\;[-]\,.$$

Hieraus folgt

$$F_2 = \frac{R}{\Phi_2} \cdot \frac{\dot{G} \cdot \sqrt{T_{2\text{tot}}}}{p_{2\text{tot}}} = \frac{29{,}27}{2{,}7} \cdot \frac{2{,}8 \cdot \sqrt{446}}{40\,000} = 0{,}016\,[\text{m}^2]\,,$$

und die erforderliche Austrittsbreite aus dem Laufrad beträgt

$$b_2 = \frac{F_2}{\pi \cdot D_2} = \frac{0{,}016}{\pi \cdot 0{,}300} = 0{,}017\,[\text{m}]\,.$$

Von Interesse ist noch der statische Zustand hinter dem Laufrad. Mit

$$\frac{c_2}{\sqrt{T_{2\text{tot}}}} = \frac{354}{\sqrt{446}} = 16{,}75$$

erhält man aus Abb. 420 die Werte

$$\frac{p_{\text{stat}}}{p_{\text{tot}}} = 0{,}592 \quad \text{und} \quad \frac{T_{\text{stat}}}{T_{\text{tot}}} = 0{,}86\,.$$

Damit wird

$$p_{2\text{stat}} = p_{2\text{tot}} \cdot \frac{p_{\text{stat}}}{p_{\text{tot}}} = 40\,000 \cdot 0{,}592 = 23\,700\,[\text{kg/m}^2]\,,$$

$$T_{2\text{stat}} = T_{2\text{tot}} \cdot \frac{T_{\text{stat}}}{T_{\text{tot}}} = 446 \cdot 0{,}86 = 384\,[^\circ\text{K}]$$

und

$$\dot{V}_2 = \dot{G} \cdot \frac{R \cdot T_{2\text{stat}}}{p_{2\text{stat}}} = 2{,}8 \cdot \frac{29{,}27 \cdot 384}{23\,700} = 1{,}33\,[\text{m}^3/\text{s}]\,.$$

Schaufelloser Diffusor

Eintrittsdurchmesser $\quad D_2 = D_3 = 0{,}300\,[\text{m}]$

Austrittsdurchmesser $\quad D_4 = D_2 \cdot \left(1 + \frac{1}{x}\right) = 0{,}300 \cdot \left[1 + \left(\frac{1}{8} \div \frac{1}{14}\right)\right] = 0{,}322 \div 0{,}337\,[\text{m}]$

gewählt $\quad D_4 = 0{,}330\,[\text{m}]\,.$

Breite des schaufellosen Diffusors $b_3 = b_2 + 1\,\text{mm} = 0{,}018\,[\text{m}]$.

Ungeachtet der sprunghaften Erweiterung der Querschnittsbreite von 17 mm auf 18 mm kann auf dem Durchmesser D_3 mit der Laufradaustrittsgeschwindigkeit c_2 gerechnet werden, weil die Ausbreitung der Strömung erst in einer gewissen radialen Entfernung vollzogen ist.

Der hydraulische Durchmesser des schaufellosen Leitringes ist

$$d_{\text{hydr.}} = 2 \cdot b_3 = 2 \cdot 0{,}018 = 0{,}036\,[\text{m}]$$

und die kinematische Zähigkeit bezogen auf den Leitringeintritt beträgt

$$\bar{\nu} \approx 1{,}8 \cdot 10^{-6} \cdot \frac{T_{2\text{stat}}^2}{p_{2\text{stat}}} = 1{,}8 \cdot 10^{-6} \cdot \frac{384^2}{23\,700} = 1{,}12 \cdot 10^{-5}\,[\text{m}^2/\text{s}]\,.$$

Damit berechnet sich die *Re*-Zahl, bezogen auf den Eintritt in den schaufellosen Diffusor, zu

$$Re = \frac{c_2 \cdot d_{\text{hydr.}}}{\bar{\nu}} = \frac{354 \cdot 0{,}036}{1{,}12 \cdot 10^{-5}} = 1{,}14 \cdot 10^6\,.$$

Nach Abb. 158 erhält man für eine relative Rauhigkeit $r/k \approx 60$ eine Widerstandszahl $\lambda = 0{,}036$. Damit wird die Umfangskomponente am Austritt aus dem schaufellosen Raum

$$c_{4u} = \frac{1}{r_4} \cdot \frac{1}{\dfrac{\pi \cdot \lambda}{2 \cdot \dot{V}_3}(r_4 - r_3) + \dfrac{1}{c_{3u} \cdot r_3}} = \frac{1}{0{,}165} \cdot \frac{1}{\dfrac{\pi \cdot 0{,}036}{2 \cdot 1{,}33}(0{,}165 - 0{,}150) + \dfrac{1}{0{,}150 \cdot 344}} = 304\,[\text{m/s}]\,.$$

Hierin ist $\overline{\dot{V}} = \dfrac{1}{2} \cdot (\dot{V}_3 + \dot{V}_4)$ durch $\dot{V}_3 = \dot{V}_2$ ersetzt, was aber keinen nennenswerten Fehler bedingt. Genauso kann man für die Berechnung der Verlusthöhe von der inkompressiblen Strömung ausgehen und erhält für die Austrittsgeschwindigkeit aus dem schaufellosen Diffusor den Näherungswert

$$c_{4\text{ink.}} = \sqrt{c_{4u}^2 + c_{m_4}^2} = \sqrt{c_{4u}^2 + \left(\frac{D_3}{D_4} \cdot c_{m_3}\right)^2} = \sqrt{304^2 + \left(\frac{0{,}300}{0{,}330} \cdot 82{,}5\right)^2} = 313 \,[\text{m/s}].$$

Die Verlusthöhe berechnet sich somit nach Gl. (146a) zu

$$\Delta h_{3,\,4} \approx \frac{\lambda}{4g \cdot b_3 \cdot \sin \alpha_3} \cdot \frac{r_4 - r_3}{2} \cdot (c_3^2 + c_4^2)$$

$$= \frac{0{,}036}{4 \cdot 9{,}81 \cdot 0{,}018 \cdot 0{,}233} \cdot \frac{0{,}165 - 0{,}150}{2} \cdot (354^2 + 313^2)$$

$$= 365 \left[\frac{\text{mkg}}{\text{kg}}\right].$$

Auch hier ist im Nenner des ersten Bruches $\sin\left(\dfrac{\alpha_3 + \alpha_4}{2}\right) \approx \sin \alpha_2$ gesetzt, weil sich der Strömungswinkel zumindest in relativ schmalen schaufelfreien Ringräumen nur sehr wenig ändert und der durch diese Vereinfachung entstehende Fehler bei der Berechnung von $\Delta h_{3,\,4}$ vernachlässigbar ist.

Die Gesamttemperatur ändert sich in der Leitvorrichtung nicht. Die Verlusthöhe $\Delta h_{3,\,4}$ ergibt somit einen Gesamtdruckabfall im schaufellosen Diffusor von der Größe

$$\left(\frac{p_4}{p_3}\right)_{\text{tot}} = \left(1 - \frac{\Delta h_{3,\,4}}{c_p^* \cdot T_{3\text{tot}}}\right)^{\frac{\varkappa}{\varkappa - 1}} = \left(1 - \frac{365}{102{,}3 \cdot 446}\right)^{3{,}50} = 0{,}972.$$

Der thermische Gesamtzustand am Austritt aus dem schaufellosen Diffusor beträgt also

$$p_{4\text{tot}} = \left(\frac{p_4}{p_3}\right)_{\text{tot}} \cdot p_{3\text{tot}} = 0{,}972 \cdot 40\,000 = 38\,900 \,[\text{kg/m}^2],$$

$$T_{4\text{tot}} = T_{3\text{tot}} = T_{2\text{tot}} = 446 \,[^\circ\text{K}].$$

Die Austrittsfläche ist $F_4 = \pi \cdot 0{,}330 \cdot 0{,}018 = 0{,}01865 \,[\text{m}^2]$.

Damit wird

$$\Phi_4 = \frac{R}{F_4} \cdot \frac{\dot{G}\sqrt{T_{4\text{tot}}}}{p_{4\text{tot}}} = \frac{29{,}27}{0{,}01865} \cdot \frac{2{,}8 \cdot \sqrt{446}}{38\,900} = 2{,}4$$

und

$$\frac{c_{4u}}{\sqrt{T_{4\text{tot}}}} = \frac{304}{\sqrt{446}} = 14{,}35.$$

Eintragen in die Abb. 419 ergibt den Betriebspunkt am Leitringaustritt. Die Meridiankomponente berechnet sich demnach zu

$$c_{m_4} = \left(\frac{c_m}{\sqrt{T_{\text{tot}}}}\right) \cdot \sqrt{T_{4\text{tot}}} = 3{,}15 \cdot \sqrt{446} = 66{,}5 \,[\text{m/s}],$$

und der Austrittswinkel beträgt

$$\alpha_4 = \arctan \frac{c_{m_4}}{c_{4u}} = \arctan \frac{66{,}5}{304} = 12^\circ\,20'.$$

Die zugehörigen statischen Zustände betragen mit

$$\frac{c_4}{\sqrt{T_{4\text{tot}}}} = \sqrt{\frac{304^2 + 66{,}5^2}{446}} = 14{,}7$$

nach Abb. 420 ist

$$p_{4\text{stat}} = \frac{p_{4\text{stat}}}{p_{4\text{tot}}} \cdot p_{4\text{tot}} = 0{,}671 \cdot 38\,900 = 26\,100 \,[\text{kg/m}^2],$$

$$T_{4\text{stat}} = \frac{T_{4\text{stat}}}{T_{4\text{tot}}} \cdot T_{4\text{tot}} = 0{,}891 \cdot 446 = 397 \,[^\circ\text{K}].$$

Beschaufelter Diffusor. Da es sich offensichtlich um eine nicht stationäre Verdichteranlage handelt, soll das Durchmesserverhältnis zu $D_6/D_5 = 1{,}32$ gewählt werden. Somit ergeben sich folgende Hauptabmessungen für den beschaufelten Diffusor:

Eintrittsdurchmesser $D_5 = D_4$ $= 0{,}330 \,[\text{m}]$
Austrittsdurchmesser $D_6 = 1{,}32 \cdot D_5$ $= 0{,}436 \,[\text{m}]$
Diffusorbreite $b_5 = b_6 = b_3$ $= 0{,}018 \,[\text{m}]$

Nach Abb. 424 ist für die Werte

$$C = 3$$
$$2\,\vartheta = 10°$$
$$D_6/D_5 = 1,32$$
$$\text{und}\quad \alpha_5 = \alpha_4 = 12°20'$$

die erforderliche Schaufelzahl

$$z_L = 19.$$

Im Hinblick auf die hohe Eintrittsmachzahl in den beschaufelten Diffusor soll aber nur ein Flächenverhältnis $C = 2,5$ zugrunde gelegt werden. Damit erhält man aus Gl. (160) $z_L = 15,1$. Gewählt werde:

$$z_L = 16 \text{ Leitschaufeln.}$$

Die lichte Kanalweite am Eintritt ist

$$a_5 = \frac{2\pi}{z_L} \cdot r_5 \cdot \sin\alpha_5 = \frac{2\pi}{16} \cdot 0,165 \cdot 0,214 = 0,014\,[\text{m}]$$

und am Austritt

$$a_6 = C \cdot a_5 = 2,5 \cdot 0,014 = 0,035\,[\text{m}].$$

Der Strömungswinkel am Leitradaustritt beträgt somit

$$\sin\alpha_6 = \sin\alpha_5 \cdot C \cdot \frac{D_5}{D_6} = 0,214 \cdot 2,5 \cdot \frac{0,330}{0,436} = 0,405,$$
$$\alpha_6 = 24°.$$

Bei verlustloser Strömung erhält man für den Durchsatzparameter am Leitradaustritt Φ_6' (verl. fr.) $= \Phi_4 \cdot \dfrac{D_5}{D_6}$ $= 2,4 \cdot \dfrac{0,330}{0,436} = 1,82$. Eintragen in Abb. 419 ergibt mit $\alpha_6 = 24°$ die verlustfreie Austrittsgeschwindigkeit $c_6' = 4,6 \cdot \sqrt{446} = 97,5\,[\text{m/s}]$. Dieser Wert soll als Näherung für die Berechnung der Verluste im Leitrad benützt werden. Die zugehörigen statischen Zustände können wieder aus Abb. 420 ermittelt werden. Als Anhalt für die Schaufel- bzw. Kanallänge sollen die Beziehungen für die Kreisbogen-Schaufel benützt werden.

Nach Gl. (107) ist der Krümmungsradius des entsprechenden Kreisbogens

$$\varrho_L = \frac{r_6^2 - r_5^2}{2\,(r_6 \cdot \cos\alpha_6 - r_5 \cdot \cos\alpha_5)} = \frac{0,218^2 - 0,165^2}{2\,(0,218 \cdot 0,914 - 0,165 \cdot 0,977)} = 0,265\,[\text{m}]$$

und nach Gl. (109) der Zentriwinkel

$$\tan\left(\frac{\vartheta^*}{2}\right) = \frac{r_6 \cdot \cos\alpha_6 - r_5 \cdot \cos\alpha_5}{r_6 \cdot \sin\alpha_6 + r_5 \cdot \sin\alpha_5} = \frac{0,218 \cdot 0,194 - 0,165 \cdot 0,977}{0,218 \cdot 0,407 + 0,165 \cdot 0,214} = 0,31\,[-],$$

also

$$\frac{\vartheta^*}{2} = 17°15' \quad \text{bzw.} \quad \vartheta^* = 34°30'.$$

Die Länge eines Schaufelkanals beträgt somit nach Gl. (110)

$$l = \varrho_L \cdot \vartheta^* \cdot \frac{\pi}{180°} = 0,265 \cdot 34,5° \cdot \frac{\pi}{180°} = 0,160\,[\text{m}].$$

Tabelle 21. *Ermittlung der Re-Zahlen und der Verlustbeiwerte für Leitradein- und -austritt*

Bezeichnung	Formel	Dimension	Eintritt	Austritt
Kanalquerschnitt	a	[m]	0,014	0,035
Geschwindigkeit	c	[m/s]	312	97,5
stat. Temperatur	T_{stat}	[°K]	397	441
stat. Druck	p_{stat}	[kg/m²]	26100	37500
kinematische Zähigkeit $\bar{\nu}$	$1,8 \cdot 10^{-6} \left(\dfrac{T^2}{p}\right)_{\text{stat}}$	[m²/s]	$10,9 \cdot 10^{-6}$	$9,3 \cdot 10^{-6}$
hydraulischer Durchmesser d_{hydr}	$\dfrac{2a \cdot b}{a + b}$	[m]	0,0157	0,0238
Reynoldssche Zahl Re	$\dfrac{c \cdot d_{\text{hydr.}}}{\bar{\nu}}$	[−]	$4,5 \cdot 10^5$	$2,5 \cdot 10^5$
Verlustbeiwert	λ	[−]	0,036	
Rechenkonstante C^*	$\dfrac{\lambda \cdot c^2}{2g \cdot d_{\text{hydr.}}}$	[−]	11350	732

Die stat. Temperatur und stat. Druck-Werte gelten als Näherungswerte.

Die Verlusthöhe im beschaufelten Diffusor berechnet sich nach Gl. (187) mit hinreichender Näherung zu

$$\Delta h_{5,6} = \int_0^l \frac{\lambda}{d_{\text{hydr.}}} \cdot \frac{c^2}{2g} \cdot dl \approx \frac{l}{2}\,(C_5^* + C_6^*) \approx \frac{0{,}160}{2} \cdot (11\,350 + 732) = 965 \left[\frac{\text{mkg}}{\text{kg}}\right].$$

Der Gesamtdruckverlust im Leitrad beträgt somit .

$$\left(\frac{p_6}{p_5}\right)_{\text{tot}} = \left(1 - \frac{\Delta h_{5,6}}{c_p^* \cdot T_{5\text{tot}}}\right)^{\frac{\varkappa}{\varkappa-1}} = \left(1 - \frac{965}{102{,}3 \cdot 446}\right)^{3,5} = 0{,}93$$

und der thermische Gesamtzustand nach dem Leitrad

$$p_{6\text{tot}} = \left(\frac{p_6}{p_5}\right)_{\text{tot}} \cdot p_{5\text{tot}} = 0{,}93 \cdot 38\,900 = 36\,100\ [\text{kg/m}^2],$$

$$T_{6\text{tot}} = T_{2\text{tot}} = 446\ [^\circ\text{K}].$$

Der Durchsatzparameter berechnet sich mit $F_6 = \pi \cdot 0{,}436 \cdot 0{,}018 = 0{,}02465\ [\text{m}^2]$ zu

$$\Phi_6 = \frac{29{,}27}{0{,}02465} \cdot \frac{2{,}8 \cdot \sqrt{446}}{36\,100} = 1{,}95.$$

Hierfür wird

$$c_{6_u} = 4{,}5 \cdot \sqrt{446} = 95\ [\text{m/s}] \quad \text{und} \quad c_{m_6} = 2 \cdot \sqrt{446} = 42{,}3\ [\text{m/s}].$$

Mit $c_6 / \sqrt{T_{6\text{tot}}} = 4{,}92$ erhält man für den statischen Zustand nach dem Leitrad

$$p_{6\text{stat}} = 0{,}958 \cdot p_{6\text{tot}} = 34\,600\ [\text{kg/m}^2],$$

$$T_{6\text{stat}} = 0{,}988 \cdot T_{6\text{tot}} = 441\ [^\circ\text{K}].$$

Schaufelgestaltung. Die Leitschaufelform soll aus einem geraden Gitter durch konforme Abbildung entwickelt werden. Wegen der hohen Anströmmachzahlen ist an dünne Blechschaufeln gedacht, die an der Vorderkante gut zuzuschärfen sind, so daß eine Berücksichtigung des Dickeneinflusses entfallen kann. Zur Erzielung guter Wirkungsgrade soll einerseits ein stoßfreier Eintritt — auch wichtig wegen der Zuschärfung der Vorderkante — zum anderen aber auch ein Flächenverhältnis $F_{\text{min}}/F_1 \approx 1{,}10$ verwirklicht werden.

Der mittlere Strömungswinkel (Staffelungswinkel) des ebenen Ersatzgitters beträgt

$$\gamma_m = \frac{\pi}{2} - \frac{\alpha_5 + \alpha_6}{2} = 90^\circ - \frac{12^\circ 20' + 24^\circ}{2} = 71^\circ 50'$$

und die Umlenkung ist

$$\vartheta_\infty = \alpha_6 - \alpha_5 = 24^\circ - 12^\circ 20' = 11^\circ 40'.$$

Das Teilungsverhältnis des äquivalenten geraden Gitters ist nach Gl. (184)

$$\frac{t}{l} = \frac{2\pi \cdot \cos\gamma_m}{z_L \cdot \ln\left(\dfrac{r_6}{r_5}\right)} = \frac{2\pi \cdot 0{,}312}{16 \cdot \ln\left(\dfrac{0{,}436}{0{,}330}\right)} = 0{,}445.$$

Die zugehörige Winkelübertreibung beträgt nach Abb. 278

$$\mu = \frac{\alpha_m - \alpha_5}{\alpha_m - \alpha_E} = \frac{\alpha_6 - \alpha_m}{\alpha_A - \alpha_m} = 0{,}71,$$

wobei $\alpha_E = \alpha_{5\text{Schaufel}}$ und $\alpha_A = \alpha_{6\text{Schaufel}}$ die Schaufelein- und -austrittswinkel sind. Der Krümmungswinkel des ebenen Gitterprofils ist

$$\vartheta = \frac{\vartheta_\infty}{\mu} = \frac{11{,}67^\circ}{0{,}71} = 16{,}4^\circ.$$

Die Profilsehne stellt sich in der Kreisgitterebene (λ-Ebene) als logarithmische Spirale dar (s. Abb. 430) mit der Gleichung

$$\widehat{\varphi} = \tan\gamma_m \cdot \ln r + \text{const} \quad (\text{im Bogenmaß}).$$

Die Konstante ergibt sich aus der Bedingung, daß für $r = r_5$ der Wert $\widehat{\varphi} = 0$ sein soll. Nun ist $\ln 165 = 5{,}106$ und die Gleichung der Spirale lautet

$$\widehat{\varphi} = 3{,}05 \cdot \ln r - 15{,}57,$$

wobei r in [mm] einzusetzen ist.

Die Schaufel erstreckt sich über einen Winkelbereich

$$\widehat{\varphi} = 3{,}05 \cdot \ln (218) - 15{,}57 = 0{,}84$$

oder

$$\varphi^\circ = \frac{180}{\pi} \cdot \widehat{\varphi} = 48^\circ.$$

In der $\mathfrak{z}$-Ebene ist die Profilsehne eine Gerade mit der Neigung $\tan \gamma_m$. Die Koordinaten in der $\mathfrak{z}$-Ebene ergeben sich zu

$$y = \bar{\varphi} \quad \text{und} \quad x = \ln r + \text{const},$$

wobei in Abb. 430b die Konstante so gewählt ist, daß der Schaufelanfang in den Koordinaten-Ursprung fällt. Die Konstante hat also den Wert $- \ln r_5 = - 5{,}106$.

Die Länge der Profilsehne des geraden Gitters beträgt

$$l_{\mathfrak{z}} = \sqrt{y^2 + x^2} = \sqrt{\bar{\varphi}^2 + \left(\ln \frac{r_6}{r_5}\right)^2} = \sqrt{0{,}84^2 + (5{,}385 - 5{,}106)^2} = 0{,}885 \text{ [Einheiten]}$$

und der Krümmungsradius des Kreisbogen-Skelettprofils wird damit

$$R_{\mathfrak{z}} = \frac{l_{\mathfrak{z}}/2}{\sin\left(\dfrac{\vartheta}{2}\right)} = \frac{0{,}885}{2 \cdot 0{,}143} = 3{,}10 \text{ [Einheiten]}.$$

Mit diesen Angaben kann das gerade Gitter gezeichnet werden und das Kreisgitter wird durch punktweises Übertragen erhalten (Abb. 430b).

Zwei benachbarte Schaufeln sind im Kreisgitter um den Winkel

$$\varphi = \frac{360°}{z_L} = \frac{360}{16} = 22{,}5°$$

voneinander entfernt. Der engste Querschnitt zwischen zwei Schaufeln ergibt sich nach Abb. 430b zu $F_{\min} = 0{,}016$ [m]. (Die Schaufeldicke soll nach dem Vorangegangenen vernachlässigbar sein.) Für den Eintrittsquerschnitt der ungestörten Strombahn erhält man nach Gl. (172)

$$F_1 = \frac{r_5}{\cos \alpha_4} \cdot \frac{\pi}{z_L} \cdot \sin(2\alpha_4) \cdot \left[1 + \frac{1}{2} \cdot \frac{\pi}{z_L} \cdot \sin(2\alpha_4)\right]$$

$$= \frac{0{,}165 \cdot \pi \cdot 0{,}417}{0{,}977 \cdot 16} \cdot \left(1 + \frac{\pi \cdot 0{,}417}{2 \cdot 16}\right) = 0{,}0145 \text{ [m]}.$$

Das Querschnittsverhältnis ist also $F_{\min}/F_1 = 1{,}1$, so daß bei dieser Schaufelgestaltung auch bei stoßfreiem Eintritt hohe kritische und maximale MACHsche Zahlen zu erwarten sind. Sollen dagegen Schaufeln von nennenswerter Dicke am Eintritt oder mit gerundeter Vorderkante verwendet werden, so müßte der Winkel $\alpha_{5\text{Schaufel}}$ vergrößert werden, was ein Abgehen vom stoßfreien Eintritt bedingt und zumindest eine Beschneidung der möglichen Kennfeldbreite in Richtung Pumpgrenze zur Folge hat.

b) Rückführbeschaufelung

Bei mehrstufigen Radialverdichtern muß das Fördergut nach Verlassen des schaufellosen, bzw. beschaufelten Diffusors in einem Rückführkanal der nächstfolgenden Stufe zugeführt werden (Abb. 431); die Rückführschaufel ist also gleichzeitig Eintrittsleitschaufel der nächstfolgenden Stufe und muß am Ende den gewünschten Eintrittsverhältnissen des nachfolgenden Laufrades, d. h. dem Strömungseintrittswinkel $\alpha_{\text{III. Stufe}}$ (Abb. 411) angepaßt werden. Zwischen Leit- und Rückführschaufel ordnet man üblicherweise einen schaufellosen Ringraum an, so daß der Rückführkanal erst nach der Umlenkung anfängt. Beginnt die Rückführschaufel bereits in der Umlenkung oder sind Leit- und Rückführschaufeln zusammenhängend, dann müssen die Schaufeln räumlich verwunden werden, was wegen der teueren Herstellung nur noch vereinzelt verwirklicht wird.

Bezeichnet man die Strömungszustände unmittelbar nach Verlassen der Leitschaufeln mit dem Zeiger 7, wobei praktisch $c_{m6} = c_{m7}$; $c_6 = c_7$; $c_{6u} = c_{7u}$ ist und die entsprechenden Zustände unmittelbar vor Eintritt in die Rückführbeschaufelung mit dem Zeiger 8, dann gelten für den schaufellosen Ringraum zwischen Leit- und Rückführschaufel unter Berücksichtigung der Reibung die Gl. (144) und (145), also

$$\frac{1}{c_{8u} \cdot r_8} = \frac{\lambda \cdot \pi}{2 \cdot \dot{V}_{8\text{stat}}} \, \boldsymbol{\Sigma} |\Delta s| + \frac{1}{c_{7u} \cdot r_7} \, ; \tag{190}$$

$$\tan \alpha_8 = \frac{1}{b_8}\left(\frac{\lambda}{4} \, \boldsymbol{\Sigma} |\Delta s| + b_7 \cdot \tan \alpha_7\right); \tag{191}$$

dabei ist

λ (Abb. 158)	die Widerstandszahl,
$\dot{V}_{8\text{stat}} \approx \dot{V}_{7\text{stat}}$	das Gasvolumen, bezogen auf den statischen Zustand an der Stelle 8,
$\Sigma\,\vert\,\varDelta s\,\vert$	ist die Länge des mittleren Stromfadens zwischen der Stelle 6 und 9 (Abb. 432),
$r_7 \approx r_6$	der Halbmesser, auf dem der schaufellose Ringraum beginnt,
$b_7 = b_6$	die Kanalbreite am Austritt aus dem Schaufeldiffusor,
$b_8 = b_9$	die Kanalbreite am Eintritt in den Rückführkanal,
α_7 bzw. α_8	die Strömungswinkel an der Stelle 7 (= 6) bzw. 8 (= 9).

Abb. 431. Mehrstufiger Radialverdichter mit Rückführschaufeln (Bauart BBC, Baden)

Sämtliche Strömungszustände an der Stelle 7 sind bekannt. Die Verluste im schaufellosen Ringraum zwischen Leit- und Rückführschaufel betragen analog Gl. (145b)

$$\varDelta h_{7,8} = \lambda \cdot \frac{c^2}{2g}\,\frac{l}{d_{\text{hydr}}},$$

wobei $l = \varSigma\,\vert\,\varDelta s\,\vert$ der Reibungsweg des Gasteilchens von der Stelle 6 bis 9 ist. Mit $d_{\text{hydr}} = 2b$, wobei b die jeweilige Kanalbreite im Umlenkkanal ist, erhält man für die Verlustförderhöhe auf dem Wege zwischen Diffusoraustritt und Eintritt in die Rückführung

$$\varDelta h_{7,8} = \varDelta h_{6,9} = \frac{1}{2g}\int\limits_0^l \frac{\lambda \cdot c^2}{2b}\,dl. \tag{192}$$

Mit den Abb. 419 und 420 liegen auch die thermodynamischen Zustandsgrößen am Eintritt in die Rückführschaufel fest.

Den Einfluß der Rückführbeschaufelung auf den Verdichter-Wirkungsgrad zeigen Untersuchungen der Daimler-Benz AG, die im Zusammenhang mit der Entwicklung zweistufiger Flugmotorenlader durchgeführt wurden. Abb. 433a zeigt den Prüfstandsaufbau mit der 1. Laderstufe und auswechselbarer Rückführbeschaufelung, Abb. 433b das Vergleichskennfeld dieser Laderstufe ohne Rückführbeschaufelung. In den Abb. 433c bis g sind verschiedene Formen von Rückführschaufeln untersucht und ihr Einfluß auf den Wirkungsgrad durch Kennfeld-Diagramme dargestellt. Abb. 433h zeigt eine Rückführschaufelform mit besonders kleiner radialer Erstreckung nach PFLEIDERER[1]. Mit dieser Form wurden praktisch die gleich günstigen Ergebnisse erzielt wie mit der baulich wesentlich aufwendigeren Form nach Abb. 433g. Abb. 433k zeigt schließlich das Kennfeld des zweistufigen Laders (DB 603 L). Der Abfall des Wirkungsgrades von 78,5% der einstufigen Ausführung einschließlich Rückführbeschaufelung auf 75% der zweistufigen Ausführung ist zum Teil auf die Wärmeabwertung zurückzuführen, im wesentlichen aber darauf, daß die Abströmbedingungen hinter der Rückführbeschaufelung noch nicht ganz störungsfrei waren.

---

[1] PFLEIDERER, C.: Die Kreiselpumpen für Flüssigkeiten und Gase. 4. Aufl., Abschn. Die Leitvorrichtung mehrstufiger Pumpen. Berlin/Göttingen/Heidelberg: Springer 1955.

In vielen Fällen wird drallfreier Eintritt in die Laufradbeschaufelung verlangt, d. h. $c_{1u_{\text{II.Stufe}}} = 0$.

Hierbei beträgt der Strömungswinkel am Austritt aus der Rückführschaufel $\alpha_{10} = 90°$. Wird am Eintritt in das nachfolgende Laufrad ein Mitdrall (oder Gegendrall) verlangt, d. h.

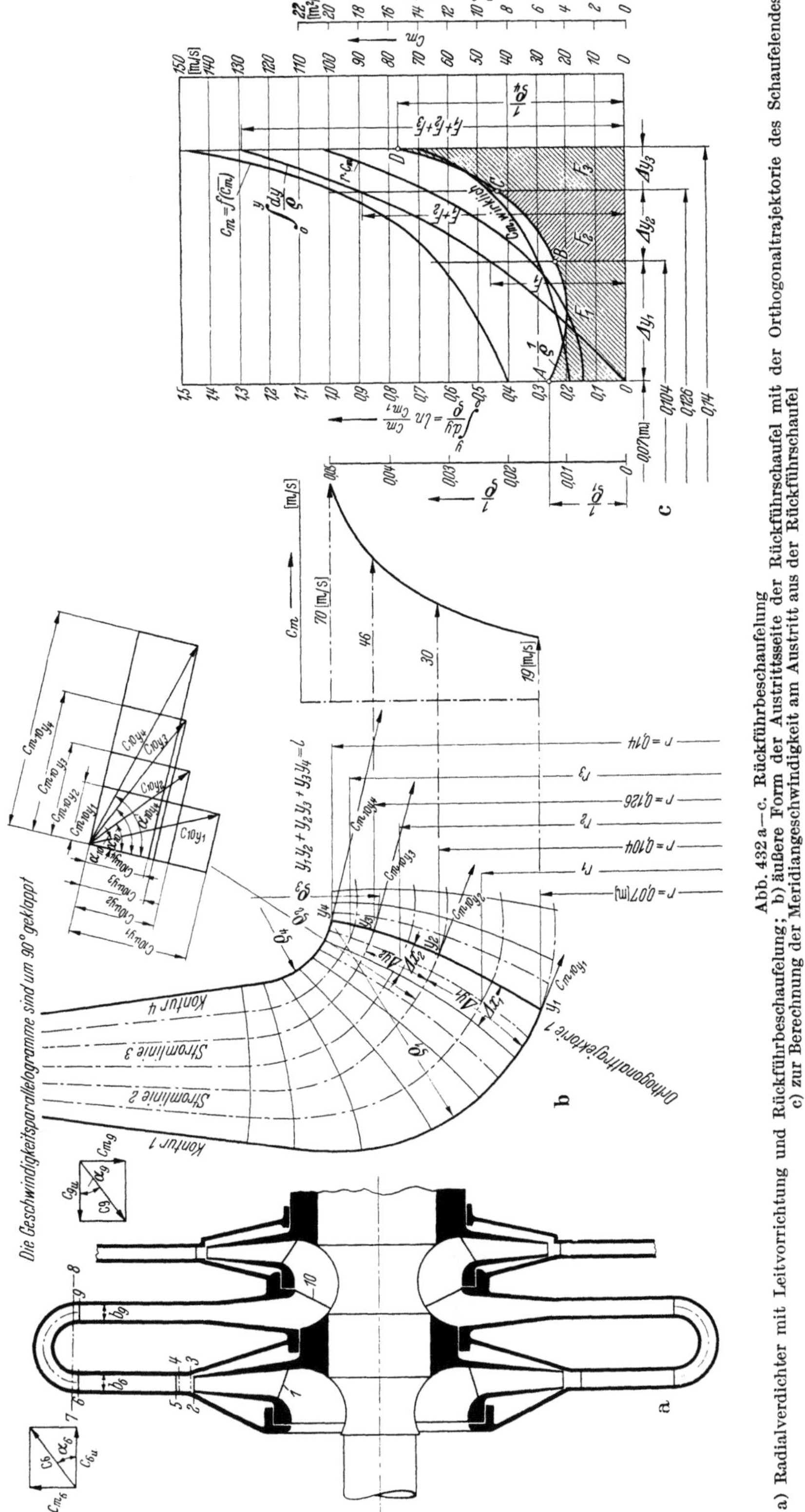

Abb. 432 a—c. Rückführbeschaufelung

a) Radialverdichter mit Leitvorrichtung und Rückführbeschaufelung; b) äußere Form der Austrittsseite der Rückführschaufel mit der Orthogonaltrajektorie des Schaufelendes; c) zur Berechnung der Meridiangeschwindigkeit am Austritt aus der Rückführschaufel

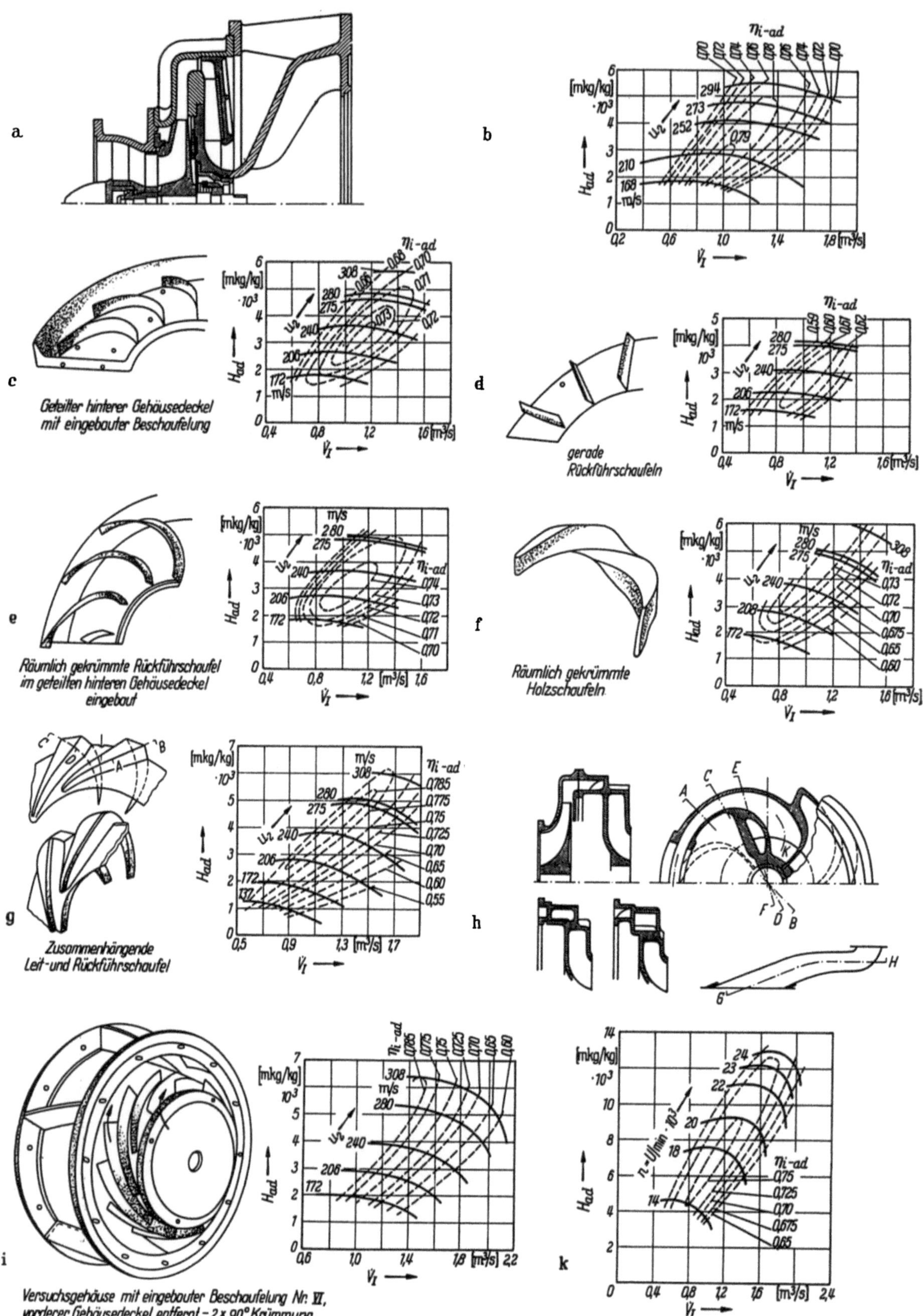

Abb. 433a—k   (Unterschrift nebenstehend)

$c_{1u_{\text{II.Stufe}}} \lessgtr 0$, also $\alpha_{1_{\text{II. Stufe}}} \gtrless 90°$ (vgl. Abb. 411), so muß das Austrittsende der Rückführschaufel diesen Verhältnissen angepaßt werden.

Hierzu ist der Eintrittsdrall $c_{1u_{\text{II.Stufe}}}$ vorgegeben. Da im schaufellosen Raum zwischen Rückführschaufelaustritt (Stelle 10) und Eintritt in das folgende Laufrad im allgemeinen beschleunigte Strömung herrscht, kann die Reibung vernachlässigt werden und man erhält für die Umfangskomponente an der Orthogonaltrajektorie (Abb. 432)

$$c_{10_u} = \frac{(c_{1u} \cdot r_1)_{\text{II. St.}}}{r_{10}} . \tag{193}$$

Die Meridiangeschwindigkeitsverteilung am Austritt aus der Rückführschaufel kann in gleicher Weise wie die Berechnung der Geschwindigkeitsverteilung am Eintritt in das Laufrad oder in nachfolgender Weise ermittelt werden:

Gegeben sind die äußeren Formen des Rückführkanales und die Orthogonaltrajektorie des Schaufelendes. Außerdem ist die Durchflußmenge an der Stelle 10, also $\dot{V}_{10}$ bekannt. Man unterteilt nun den Kanalquerschnitt z. B. in drei Stromröhren gleicher Durchflußmenge, wobei die zwei Zwischenteilpunkte auf der Orthogonaltrajektorie abgeschätzt werden unter Berücksichtigung, daß c_m an der Kontur 4 (Abb. 432) größer als an der Kontur 1 ist. In angemessener Nachbarschaft wird eine zweite Orthogonaltrajektorie angenommen; bei den Zwischenpunkten werden zwei Stromlinienstücke bis zur zweiten Orthogonaltrajektorie gezogen. $\varDelta x_1$; $\varDelta x_2$ und $\varDelta x_3$ bezeichnet den Abstand der beiden Potentiallinien in der Mitte der 1.; 2. und 3. Stromröhre. In gleicher Weise werden mit $\varDelta y_1$; $\varDelta y_2$; $\varDelta y_3$ die Breiten der drei Stromröhren bezeichnet, ferner seien r_1; r_2; r_3 die Abstände der Mittelpunkte der drei Kurvenvierecke von der Drehachse. Dann ist

$$2\pi \cdot r_v \cdot \varDelta y_v \cdot c_{m_v} = \frac{\dot{V}}{3} \text{ (Kontinuitätsgleichung)};$$

$$\varDelta x_v \cdot c_{m_v} = \varDelta \Phi ,$$

wobei $\varDelta \Phi$ [m²/s] die Potentialdifferenz zwischen den beiden Orthogonaltrajektorien ist. Durch Division dieser beiden Gleichungen erhält man

$$\frac{\varDelta x_v}{\varDelta y_v} = C \cdot r_v , \quad \text{wobei } C \text{ eine Konstante ist.} \tag{194}$$

Letztere Gleichung wird zur Bestimmung der Breiten benützt und man erhält

$$\frac{\varDelta x_1}{\varDelta y_1} = C \cdot r_1; \quad \frac{\varDelta x_2}{\varDelta y_2} = C \cdot r_2; \quad \frac{\varDelta x_3}{\varDelta y_3} = C \cdot r_3; \quad \varDelta y_1 + \varDelta y_2 + \varDelta y_3 = l$$

l = Länge der mittleren Orthogonaltrajektorie, die zeichnerisch ermittelt wird.

In diesen vier Gleichungen sind $\varDelta x_1$; $\varDelta x_2$; $\varDelta x_3$ und r_1; r_2; r_3 sowie l aus der Zeichnung (Abb. 432b) zu entnehmen, also bekannt. Für die Konstante C erhält man

$$C = \frac{\dfrac{\varDelta x_1}{r_1} + \dfrac{\varDelta x_2}{r_2} + \dfrac{\varDelta x_3}{r_3}}{l} \tag{195}$$

und für die Unbekannten $\varDelta y_v$

$$\varDelta y_1 = \frac{1}{C} \frac{\varDelta x_1}{r_1}; \quad \varDelta y_2 = \frac{1}{C} \frac{\varDelta x_2}{r_2}; \quad \varDelta y_3 = \frac{1}{C} \frac{\varDelta x_3}{r_3} . \tag{196a}$$

Mit Hilfe der berechneten $\varDelta y_v$-Werte können nun die beiden richtigen Teilpunkte auf der Mittellinie zwischen den beiden Orthogonaltrajektorien ermittelt und die beiden durchgehenden Stromlinienstücke gezeichnet werden. Nun zeichnet man nach Schätzung eine 3. Orthogonaltrajektorie und erhält damit drei weitere Kurvenvierecke, worin die $\varDelta y_v$-Werte aus den vorhergehenden Vierecken bekannt, die tatsächlichen $\varDelta x_v$-Werte dagegen unbekannt sind. Sie werden aus den vier obigen Gleichungen durch Auflösen nach $\varDelta x_v$ berechnet und man erhält für die drei neuen Kurvenvierecke

$$\varDelta x_1 = C \cdot r_1 \cdot \varDelta y_1; \quad \varDelta x_2 = C \cdot r_2 \cdot \varDelta y_2; \quad \varDelta x_3 = C \cdot r_3 \cdot \varDelta y_3 \tag{196b}$$

wobei C dieselbe Konstante ist wie in der vorhergehenden Rechnung.

Abb. 433 a—k. Einfluß der Rückführbeschaufelung auf das Kennfeld eines zweistufigen Radialverdichters (nach Messungen der Daimler-Benz AG, Stuttgart-Untertürkheim)
a) Versuchsverdichter mit Rückführbeschaufelung; b) Vergleichskennfeld ohne Rückführbeschaufelung; c) Rückführbeschaufelung: einfach gekrümmte Blechschaufeln; d) gerade Blechschaufeln; e) räumlich gekrümmte Blechschaufeln; f) räumlich gekrümmte Profilschaufeln; g) räumlich gekrümmte, zusammenhängende Leit- und Rückführschaufeln; h) Rückführbeschaufelung mit kleiner radialer Erstreckung (nach Pfleiderer); i) Kennfeld mit der in h dargestellten Beschaufelung; k) Kennfeld des zweistufigen Versuchsverdichters mit der Rückführbeschaufelung nach h

Damit ist nun die 3. Orthogonaltrajektorie festgelegt. Dieses Verfahren muß nun für mehrere Viereck-streifen auf beiden Seiten der Schaufelaustrittskante durchgeführt werden; auf diese Weise erhält man dann die Zwischenstromlinien 2 und 3. Nunmehr ermittelt man aus der Zeichnung die Krümmungshalbmesser ϱ_1; ϱ_2; ϱ_3 und ϱ_4 in den Schnittpunkten dieser Stromlinien mit der Austrittskante der Rückführschaufel. Für die Meridiangeschwindigkeitsverteilung auf der gegebenen Orthogonaltrajektorie gilt die bekannte Gleichung

$$\ln\left(\frac{c_m}{c_{m_1}}\right) = \int_0^y \frac{dy}{\varrho}.$$

Hierzu zeichnet man $1/\varrho$ über y (Abb. 432c), wobei y die Kurvenlänge auf der Orthogonaltrajektorie, gemessen von der Außenberandung 1, ist ($y_1 = 0$). Mittels dieser Kurve bestimmt man nun auf graphische oder rechnerische Weise das Integral $\int_0^y \frac{dy}{\varrho}$. Dabei wählt man zweckmäßigerweise als Zwischenpunkte $y = y_2$; $y = y_3$ und $y = y_4$. Man bezeichnet die Flächen unter den Kurvenstücken AB; BC und CD mit F_1; F_2 und F_3, also

$$F_1 = \frac{\dfrac{1}{\varrho_1} + \dfrac{1}{\varrho_2}}{2}\, \Delta y_1; \qquad F_2 = \frac{\dfrac{1}{\varrho_2} + \dfrac{1}{\varrho_3}}{2}\, \Delta y_2; \qquad F_3 = \frac{\dfrac{1}{\varrho_3} + \dfrac{1}{\varrho_4}}{2}\, \Delta y_3. \tag{197}$$

Damit ist nun

$$\int_0^{y_2} \frac{dy}{\varrho} = F_1; \qquad \int_0^{y_3} \frac{dy}{\varrho} = F_1 + F_2; \qquad \int_0^{y_4} \frac{dy}{\varrho} = F_1 + F_2 + F_3.$$

Damit kann das Integral $\int_0^y \frac{dy}{\varrho}$ als Funktion von y aufgezeichnet werden. Nunmehr kann eine c_m-Verteilung in Abhängigkeit von y berechnet werden, wenn man c_{m_1} beliebig annimmt.

Für c_{m_1} nimmt man zweckmäßigerweise den Mittelwert

$$\overline{c_m} = \frac{\dot{V}}{2\pi \cdot r \cdot l}.$$

Damit erhält man eine Meridiangeschwindigkeitsverteilung, die als Funktion von y dargestellt werden kann (Abb. 432c). Das zu dieser c_m-Verteilung zugehörende Durchflußvolumen ist

$$\dot{V}' = 2\pi \int_0^l c_m \cdot r \cdot dy.$$

Man ermittelt dieses Volumen, indem man $r \cdot c_m$ über y aufzeichnet und die unter der Kurve liegende Fläche bestimmt. Ist diese Fläche gleich J, so ist

$$\dot{V} = 2\pi \cdot J \quad \text{(Abb. 432c)}.$$

Zwischen der Sollmenge $\dot{V}$ und der berechneten Menge besteht die Beziehung

$$\frac{\dot{V}}{\dot{V}'} = \frac{c_{m_1}}{\overline{c_m}}, \quad \text{also} \quad c_{m_1} = \frac{\dot{V}}{\dot{V}'}\, \overline{c_m}.$$

Mit letzterem Wert von c_{m_1} wird nunmehr die tatsächliche c_m-Verteilung bestimmt und als Funktion von y gezeichnet, womit die gesuchte Meridiangeschwindigkeitsverteilung am Austritt aus der Rückführschaufel ermittelt ist.

Mit der nunmehr bekannten Meridiangeschwindigkeit am Austritt aus der Rückführschaufel erhält man unter Zuhilfenahme der Gl. (193) den Strömungswinkel

$$\tan \alpha_{10} = \left(\frac{c_{m_{10}}}{c_{10u}}\right)_r; \tag{198}$$

wobei c_{10u} und $c_{m_{10}}$ eine Funktion des Halbmessers r auf der jeweils betrachteten Stelle der Orthogonaltrajektorie 1 ist. Die resultierende Geschwindigkeit am Austritt 10 ist

$$c_{10}(r) = \sqrt{c_{m_{10}}^2(r) + c_{10u}^2(r)}.$$

Der Druckhöhenverlust in der Rückführschaufel wird analog Gl. (187) berechnet. Damit lassen sich dann auch die thermodynamischen Zustandsgrößen an der Stelle 10 berechnen.

4. Spiralgehäuse

Zur Verzögerung der Gasgeschwindigkeit und damit zur Druckumsetzung wird bei einstufigen Radialverdichtern und nach der letzten Stufe mehrstufiger Verdichter in vielen Fällen der Gasstrom mittels eines Spiralgehäuses abgeführt, das direkt um das Laufrad, oder um den schaufellosen bzw. beschaufelten Diffusor herumgelegt ist. Bei mehrstufigen, außengekühlten Verdichtern dient die Spirale zur Verzögerung der Austrittsgeschwindigkeit und zur Führung des Gasstromes zu den Zwischenkühlern.

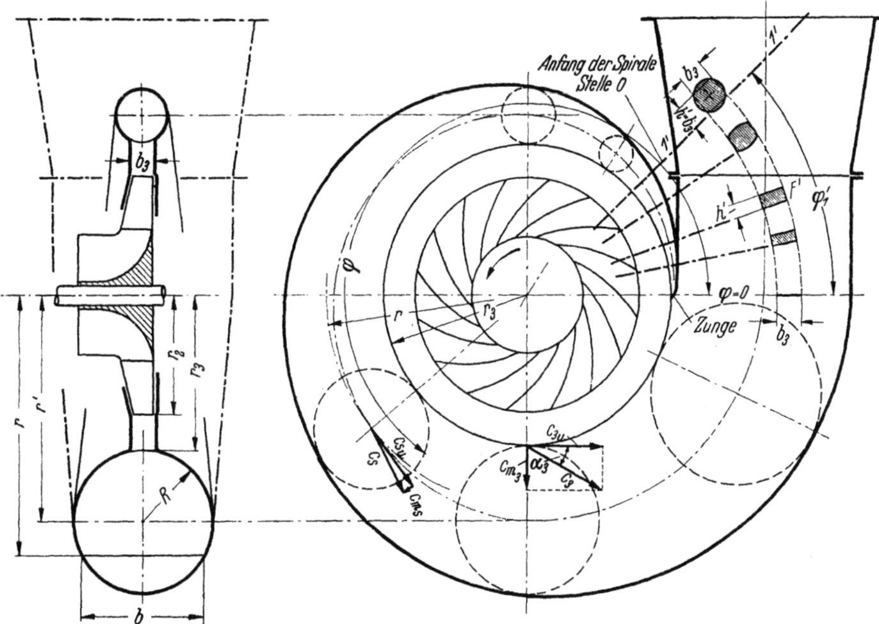

Abb. 434. Spiralgehäuse mit 360° Umschlingungswinkel

Das Spiralgehäuse besteht aus einem in Drehrichtung des Laufrades sich stetig erweiternden Ring beliebiger Querschnittsform, der sich mit seiner inneren, ringförmigen Öffnung der entsprechenden äußeren Öffnung des Laufradgehäuses anschließt. Die Spirale umschlingt das Laufrad bzw. den Diffusor im allgemeinen auf seinem ganzen Umfang (Abb. 434), doch kann man auch zwei (Abb. 435) oder allgemein n Spiralen vorsehen, deren jede nur $2\,\pi/2$ bzw. $2\,\pi/n$ des Gehäuseumfanges bedeckt, um dadurch den Förderstrom zu teilen.

a) Grundgleichungen der Spiralenströmung

Die Spirale ist so auszulegen, daß der statische Druck über den Laufrad- bzw. Leitradumfang konstant ist. Diese Bedingung ist deshalb notwendig, weil andernfalls die Laufradschaufeln bei jeder Umdrehung des Laufrades ihre Zirkulation ändern und damit Wirbel ablösen würden, was sowohl den Verdichterwirkungsgrad verschlechtern als auch die Schaufeln zu Schwingungen anregen würde. Um nun diese Bedingung zu erfüllen, muß das Medium wie bei einer Wirbelquelle die Spirale durchströmen. Die hierbei vorhandenen Strömungsgesetze sind bei rotationssymmetrischer Form der Spiralen und bei reibungsfreier Strömung einfach zu übersehen. Eine Spirale ist rotationssymmetrisch, wenn ihre Breite b nur eine Funktion des Halbmessers r, aber vom Azimut φ, gezählt von der Zunge der Spirale in Drehungsrichtung des Laufrades, unabhängig ist. In diesem Falle hat die auf ein strömendes Teilchen wirkende Kraft eine verschwindende Komponente in Umfangsrichtung, dabei gilt der Drallsatz in der Form

$$c_u = \frac{r_3}{r} \cdot c_{3u},\qquad(199)$$

wobei der Index (3) sich auf den Eintrittsdurchmesser der Spirale bezieht und Größen ohne Index für einen beliebigen Aufpunkt innerhalb der Spiralen gelten.

27   Eckert, Axial- und Radialkompressoren. 2. Aufl.

Eine weitere Beziehung liefert die Kontinuitätsgleichung, die aussagt, daß durch jeden um die Kompressorachse gelegten Ringschnitt die gleiche Menge strömt. Hierbei müßte genau genommen berücksichtigt werden, daß die Dichte des Mediums nach außen hin zunimmt entsprechend der Tatsache, daß wie bei jeder Krümmerströmung der statische Druck nach außen wächst. Da jedoch einerseits die Druckänderungen gering sind, andererseits die Meridiangeschwindigkeit c_m klein gegenüber der Umfangskomponente ist, sollen hier die Dichteänderungen vernachlässigt werden. Dann lautet die Kontinuitätsgleichung

$$2\pi r \cdot b \cdot c_m = 2\pi r_3 \cdot b_3 \cdot c_{m_3}, \quad \text{also} \quad c_m = \frac{r_3}{r}\frac{b_3}{b} c_{m_3}. \tag{200}$$

Die beiden Grundgleichungen (199) und (200) sollen im folgenden für die Auslegung der Spirale an zwei einfachen Beispielen erläutert werden.

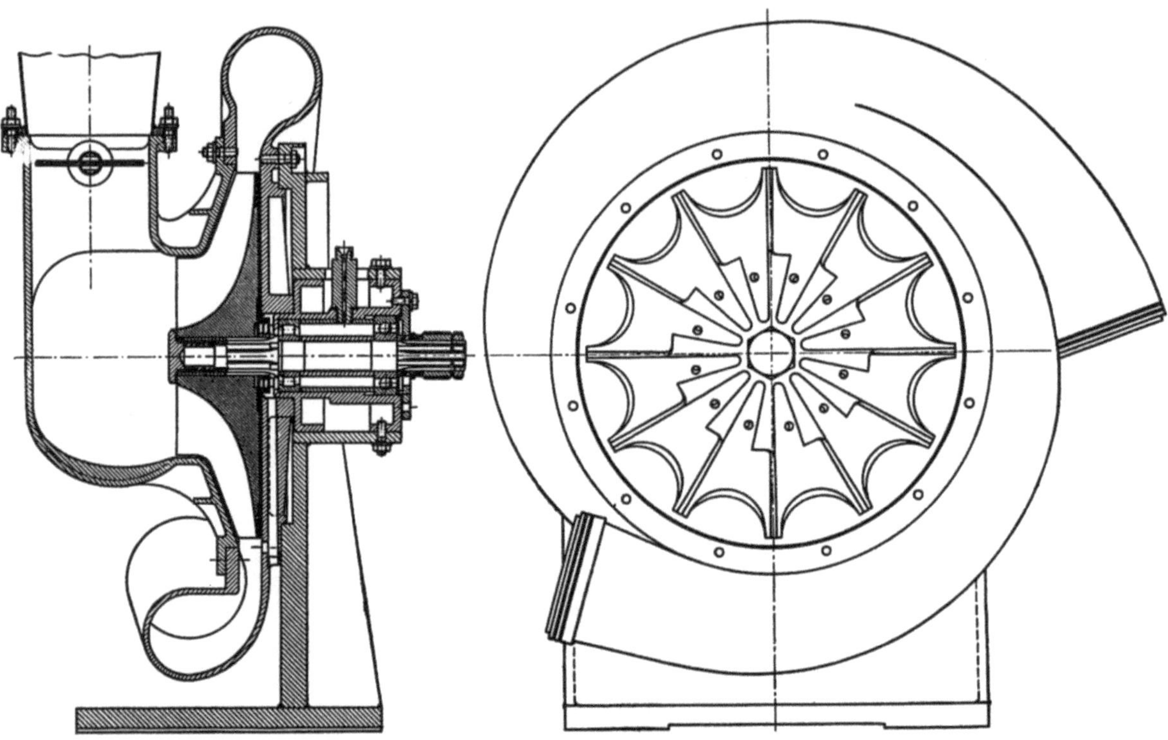

Abb. 435. Spiralgehäuse mit 2 Austritten

b) Auslegung der Spirale für reibungsfreie Strömung

Entsprechend den in der Praxis vorkommenden Querschnittsformen der Spirale sollen die hierfür geltenden Beziehungen zunächst für reibungsfreie Strömung dargestellt werden.

α) Spirale mit parallelen Seitenwänden

Für die Spirale mit parallelen Seitenwänden ist

$$b = b_3, \tag{201}$$

somit lauten die Gleichungen (199) und (200)

$$c_u = \frac{r_3}{r} c_{3u}, \tag{202}$$

$$c_m = \frac{r_3}{r} c_{m_3}. \tag{203}$$

Für den Neigungswinkel α der Stromlinien gegen die Umfangsrichtung findet man

$$\tan\alpha = \frac{c_m}{c_u}. \tag{204}$$

Durch Substitution der Gl. (202) und (203) in Gl. (204) erhält man

$$\tan \alpha = \frac{c_m}{c_u} = \frac{c_{m_3}}{c_{3u}} = \tan \alpha_3,\tag{205}$$

also

$$\alpha = \alpha_3.\tag{206}$$

Somit hat eine Stromlinie in jedem ihrer Punkte den gleichen Neigungswinkel gegen die Umfangsrichtung. Bezeichnen dr und $d\varphi$ die Differentiale der Stromlinie in irgendeinem ihrer Punkte, so ist

$$\tan \alpha = \frac{d r}{r \cdot d\varphi}.\tag{207}$$

Durch Integration erhält man

$$\ln \frac{r}{r_3} = \tan \alpha \, (\varphi - \varphi_3) = \frac{c_{m_3}}{c_{3u}} \, (\varphi - \varphi_3),\tag{208}$$

d. h. die Stromlinien sind logarithmische Spiralen. Man kann sich insbesondere diejenige Stromlinie, die durch die Zungenspitze ($\varphi_3 = 0$) der Spirale hindurchgeht, erstarrt denken und erhält dadurch die Gleichung des Spiralengehäuses

$$\ln \frac{r}{r_3} = \frac{c_{m_3}}{c_{3u}} \cdot \varphi.\tag{209}$$

Die Spirale mit parallelen Seitenwänden wird in der Praxis selten ausgeführt, weil ihre radiale Ausdehnung zu groß ist.

β) Spirale mit kreisförmigem Querschnitt

Nimmt man an, daß alle Querschnitte der Spirale Kreise sind, die nach innen hin der Ringdiffusoröffnung vom Halbmesser r_3 tangential aufsitzen, dann ist die Spirale nicht mehr rotationssymmetrisch, da die Breite b nicht nur vom Radius r, sondern auch vom Azimut φ abhängt. Die Tangentialkomponente der auf ein Gasteilchen wirkenden Luftkraft verschwindet daher im allgemeinen nicht, so daß der Drallsatz in seiner einfachen Form Gl. (199) ungültig ist. In Wirklichkeit sind jedoch bei den praktisch vorkommenden Spiralen die tangentialen Kraftkomponenten im Vergleich zu den radialen so klein, daß sie vernachlässigt werden können, somit gilt näherungsweise

$$c_u = \frac{r_3}{r} \cdot c_{3u}.$$

Das durch den Querschnitt fließende Volumen ist

$$\dot{V}_\varphi = \int c_u \cdot dF = \int_{r_3}^{r_4} \frac{r_3}{r} \cdot c_{3u} \cdot b \cdot dr = (c_{3u} \cdot r_3) \int_{r_3}^{r_4} \frac{b \cdot dr}{r}.\tag{210}$$

Wegen der vorausgesetzten Rotationssymmetrie der Zustände am Austritt aus dem Laufrad ist andererseits

$$\dot{V}_\varphi = \frac{\varphi}{360} \cdot \dot{V},\tag{211}$$

wenn φ das Azimut im Winkelmaß und $\dot{V}$ das insgesamt je Sekunde in die Spirale einfließende Volumen bezeichnet. Durch Vergleich von Gl. (210) und (211) erhält man

$$\varphi = \frac{360 \cdot (c_{3u} \cdot r_3)}{\dot{V}} \cdot \int_{r_3}^{r_4} \frac{b \cdot dr}{r}.\tag{212}$$

Bezeichnet man die Entfernung des Mittelpunktes des Kreisquerschnittes von der Kompressorachse mit r', den Halbmesser des Querschnittskreises mit R, dann folgt die Breite b in der Entfernung r von der Achse aus der Beziehung

$$\left(\frac{b}{2}\right)^2 + (r - r')^2 = R^2 \quad \text{(vgl. Abb. 434)},$$

$$b = 2 \, \sqrt{R^2 - (r - r')^2};\tag{213}$$

27*

damit erhält man aus Gl. (212)

$$\varphi = \frac{720 \cdot (c_{3u} \cdot r_3)}{\dot{V}_3} \int\limits_{r'-R}^{r'+R} \frac{\sqrt{R^2 - (r-r')^2}}{r} \cdot dr = \frac{720\,\pi\,(c_{3u} \cdot r_3)}{\dot{V}_3}\left(r' - \sqrt{r'^2 - R^2}\right) = C \cdot \left(r' - \sqrt{r'^2 - R^2}\right), \quad (214)$$

wobei $C = \dfrac{720\,\pi \cdot (c_{3u} \cdot r_3)}{\dot{V}_3}$ gesetzt ist.

Damit ist das Azimut φ als Funktion des Halbmessers R des Querschnittskreises dargestellt. Man zieht es im allgemeinen vor, R als Funktion von φ darzustellen und erhält dafür durch Auf-

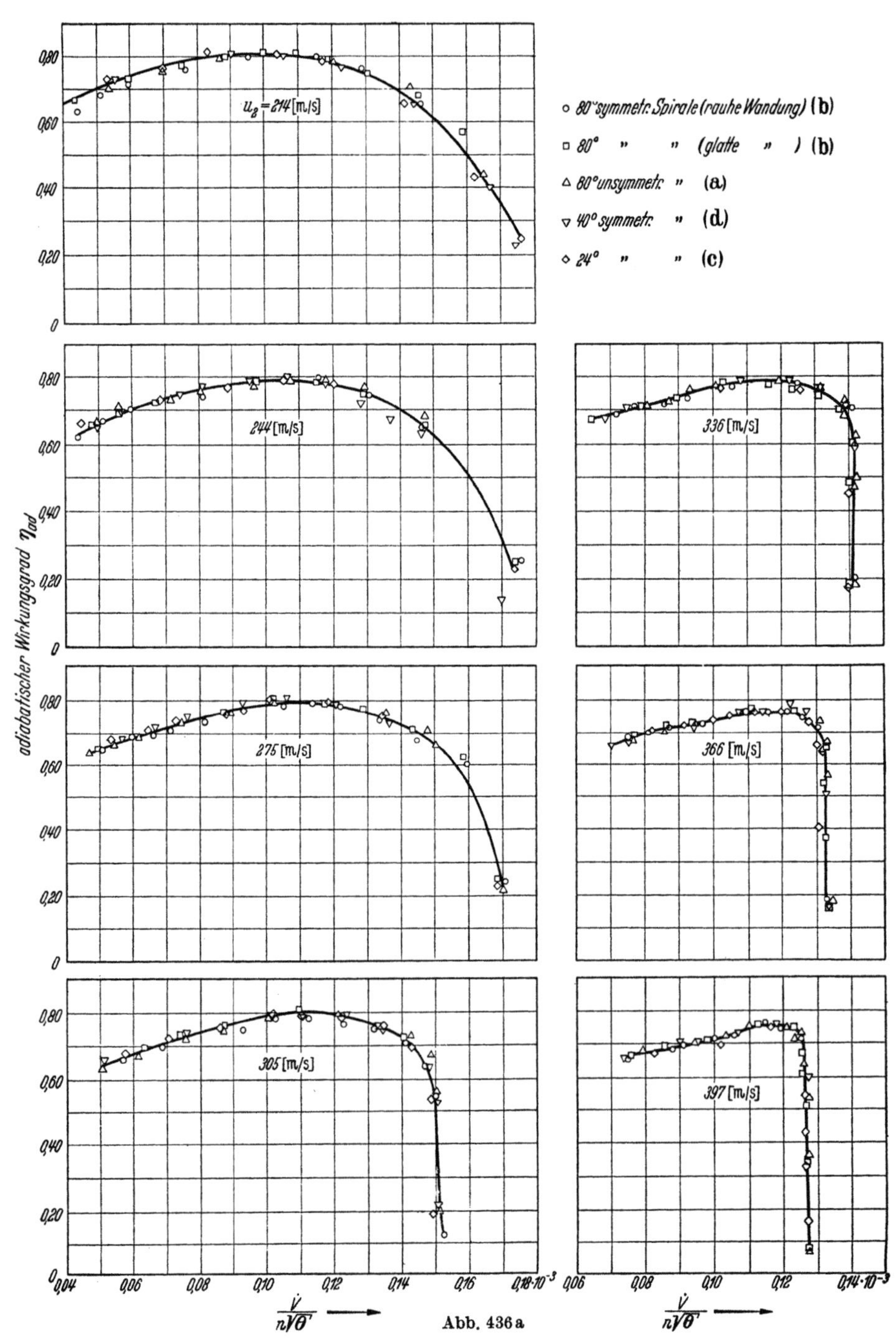

Abb. 436a

lösung von Gl. (214)

$$R = \sqrt{\frac{2\,\varphi\,r'}{C} - \left(\frac{\varphi}{C}\right)^2}.$$ (215)

Nun ist $r' = r_3 + R$ und man erhält als Halbmesser des Krümmungskreises

$$R = \frac{\varphi}{C} + \sqrt{\frac{2\,r_3 \cdot \varphi}{C}}.$$ (216)

γ) Spirale mit beliebigen Querschnitten

Im allgemeinen Fall kann man sich, nach Abschätzung der maximalen Querschnittsfläche F_{max} am Spiralenaustritt, eine Reihe von Querschnitten beliebiger Form vorgeben, die in der Größe zwischen Null und F_{max} liegen. Die Auslegung der Spirale läuft dann wieder darauf hinaus, die den einzelnen Querschnitten zugehörigen Azimute φ zu bestimmen derart, daß die damit hergestellte Spirale konstanten Druck über den ganzen Laufradumfang gewährleistet.

In analytischer Ausdrucksweise ist für jeden Querschnitt b als Funktion von r gegeben. Man setzt wie im vorhergehenden Teilabschnitt den Drallsatz und die Kontinuitätsgleichung an und erhält zur Bestimmung von φ wieder Gl. (212). Das dabei vorkommende Integral $\int \frac{b \cdot dr}{r}$ kann rechnerisch oder graphisch ausgewertet werden. Die rechnerische Methode empfiehlt sich nur, wenn das Integral in geschlossener Form ausgewertet werden kann, was nur bei einfachen Umrißformen des Querschnittes (Trapez, Trapez mit aufgesetztem Rechteck u. dgl.) der Fall ist.

Um das Integral der Gl. (212) zeichnerisch zu lösen, trägt man b/r als Funktion von r auf und planimetriert die unter der Kurve liegende Fläche zwischen den Abszissen r_3 und r_4. Dann rechnet man das zu dem betreffenden Querschnitt gehörende Azimut φ nach Gl. (212). Für den Fall, daß die Flächeninhalte F und die Schwerpunkte S der gegebenen Querschnitte aus geometrischen Gründen bekannt sind, empfiehlt sich ein vereinfachtes Näherungsverfahren. Man berechnet nach Gl. (199) c_{s_u} im Schwerpunkt S und identifiziert c_{s_u} mit der unbekannten mittleren Geschwindigkeit c_{u_m} für den betreffenden Querschnitt, was, wie bereits im vorherigen Teilabschnitt gezeigt, eine gute Näherung darstellt. Dann erhält man aus der Kontinuitätsgleichung

$$\dot{V}_\varphi = \frac{\varphi}{360}\,\dot{V} = F \cdot c_{s_u}$$ (217)

das gesuchte Azimut

$$\varphi = 360\,\frac{F \cdot c_{s_u}}{\dot{V}}.$$ (218)

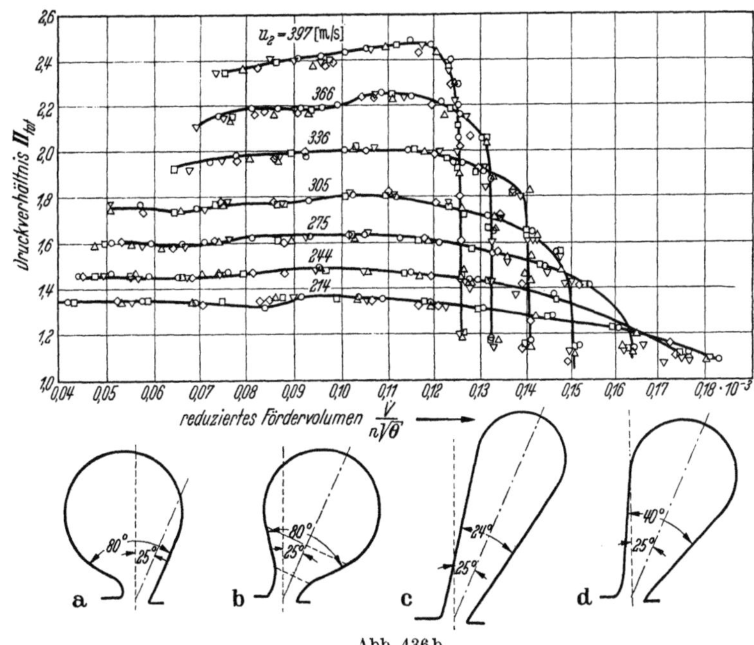

Abb. 436 b

Abb. 436 a u. b. Verdichter-Kennfeld und adiabatische Wirkungsgrade eines Radialkompressors mit verschiedenen Spiralen (gleiches Laufrad) bei Laufradumfangsgeschwindigkeiten von 214 m/s bis 397 m/s (nach Versuchen von Brown und Bradshaw) $\Pi_{tot} = p_2/p_1$ [—] Verdichterdruckverhältnis; $\dot{V}$ [m³/s] Ansaugemenge; n [U/min] Verdichterdrehzahl; Θ [—] Verhältnis der Temperatur des Fördergutes auf der Saugseite zur Normaltemperatur in Meereshöhe; η_{ad} [—] adiabatischer Verdichterwirkungsgrad

Die Form der Querschnittsflächen einer Spirale ist für das Erreichen eines vorgegebenen Druckverhältnisses und Wirkungsgrades von untergeordneter Bedeutung. Dies bestätigen die in Abb. 436 gezeigten Versuchsergebnisse[1] an vier verschiedenen Spiralen, die alle für den gleichen Betriebszustand berechnet sind und in Zusammenarbeit mit dem gleichen Verdichterlaufrad untersucht wurden.

Im Gegensatz zur Querschnittsform ist die Reibung von entscheidendem Einfluß auf die Gestaltung einer Spirale.

---

[1] Brown, W. B., u. G. R. Bradshaw: Design and performance of family of diffusing scrolls with mixed-flow impeller and vaeless diffuser. NACA-Report 936 (1949).

c) Berücksichtigung der Reibung

Die wirkliche Strömung in der Spirale verläuft jedoch entgegen der bisherigen Betrachtungsweise nicht reibungsfrei. Die Reibung kommt überall da zur Geltung, wo ein Geschwindigkeitsgefälle transversal zu den Stromlinien vorhanden ist, also sowohl im Innern des Mediums als auch an der Spiralenwandung. Die Folge der geleisteten Reibungsarbeit ist ein Gesamt-Druckabfall in Strömungsrichtung; eine nach der reibungsfreien Theorie ausgelegte Spirale würde somit längs des Laufradumfanges einen Druckabfall in Drehrichtung aufweisen, während an der

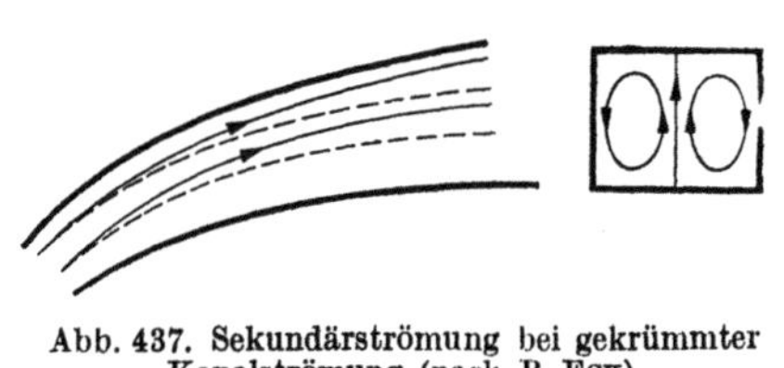

Abb. 437. Sekundärströmung bei gekrümmter Kanalströmung (nach B. Eck)
— — — — Randschicht, ———— Mittelschicht

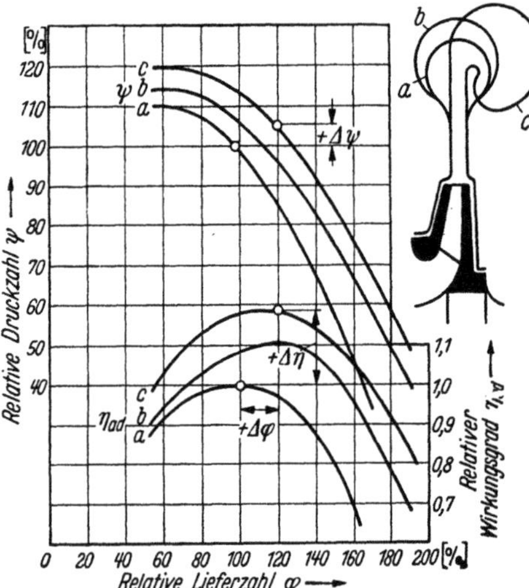

Abb. 439. Einfluß der Spiralgehäuseausführung auf das Kennfeld und den Wirkungsgrad eines Radialverdichters (nach Versuchen von Escher-Wyss, Zürich)

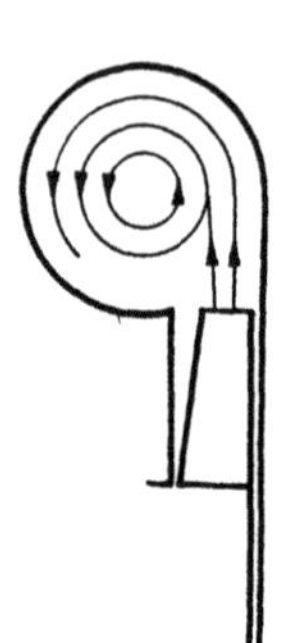

Abb. 438
Unsymmetrische
Spirale (nach
Oesterlen)

Zunge eine sprunghafte Druckerhöhung erfolgt. Um nun die Druckverteilung wieder rotationssymmetrisch zu machen, muß die Spirale korrigiert werden.

Eine genaue rechnerische Erfassung der Reibungsdruckverluste ist wegen der verwickelten Strömungsvorgänge in der Spirale noch nicht möglich. In qualitativer Hinsicht ist zu sagen, daß die Spiralenströmung insofern als eine Art Diffusorströmung aufgefaßt werden kann, als die mittlere Geschwindigkeit von einem Querschnitt zum nächsten in Drehrichtung des Laufrades abnimmt. Entsprechend der Tatsache, daß die Verlustzahlen von Diffusoren größer sind als diejenigen von Zylinderrohren, gleiche Reynoldszahlen vorausgesetzt, wird man mit entsprechenden Verlustzahlen zu rechnen haben. Außerdem ist aber die Spiralenströmung nicht nur verzögert, sondern auch gekrümmt. Sie enthält daher, wie jede Krümmerströmung, Sekundärströmungen, die dadurch entstehen, daß den durch Wandreibung abgebremsten Randschichten die Druckverteilung der schnellen Kernschicht aufgeprägt wird. Die Wandschichten wandern daher, dem Druckgefälle folgend, auf beiden Seiten der Spirale von außen

nach innen, vermischen sich hier mit den schnellen, in die Spirale eintretenden Massen und werden mit diesen wieder nach außen geschleudert. Hierdurch bildet sich in der Spirale ein Doppelwirbel aus (Abb. 437), der einen zusätzlichen Druckverlust verursacht. Der Doppelwirbel kann durch einseitige Ausbildung der Spirale auf einen einfachen Stabwirbel mit geringeren Verlusten reduziert werden (Abb. 438). Dies dürfte auch die Ursache sein für die in Abb. 439 gezeigten Optimalwirkungsgrade der unsymmetrischen Spirale c, da hierbei das Wirbelpaar, das bei symmetrischer Bauweise (Spirale a und b in Abb. 439) entsteht, durch einen einzelnen Stabwirbel ersetzt wird. Der Unterschied zwischen der Spirale a und b in Abb. 439 ist wohl auf eine ungenügende Berücksichtigung der Reibung für die Spirale a zurückzuführen.

Um zu quantitativen Ergebnissen zu kommen, drückt man die Verlustförderhöhe dh_v auf einem Element der Spiralen mittels der Widerstandszahl λ aus in der Form

$$dh_v = \lambda \cdot \frac{c^2}{2g} \cdot \frac{ds}{D_{\mathrm{hydr}}}. \tag{219}$$

Dabei bedeutet

$D_{\mathrm{hydr}} = \dfrac{4F}{U}$ der hydraulische Durchmesser des Querschnittes,

F Fläche,

U Umfang der Querschnittsfläche,

c mittlere Geschwindigkeit im Querschnitt.

Streng betrachtet müßte c durch quadratische Mittelwertsbildung ermittelt werden, doch genügt es praktisch, für c die Umfangsgeschwindigkeit im Flächenschwerpunkt einzusetzen, die aus Gl. (199) bestimmt werden kann.

Für ds setzt man näherungsweise das Bogenelement am Kreis mit dem Radius r_s

$$ds = r_s \cdot d\varphi \tag{220}$$

und erhält durch Integration von Gl. (219) den Druckverlust auf einem endlichen Spiralenstück

$$h_v = \frac{\lambda}{2g} \int_{\varphi_0}^{\varphi_1} \frac{r_s \cdot c^2}{D_{\text{hydr}}}\, d\varphi. \tag{221}$$

Dieser Verlust wird nun dadurch ausgeglichen, daß die Fläche F_1 des Endquerschnittes entsprechend dem Druckverlust auf F_1' vergrößert wird. Dabei ändern sich die Mittelgeschwindigkeiten nach der Kontinuitätsgleichung

$$c_1 \cdot F_1 = c_1' \cdot F_1' \tag{222}$$

und die Drücke nach der BERNOULLIschen Gleichung

$$p_1 - p_v + \frac{\varrho}{2} c_1^2 = p_1 + \frac{\varrho}{2} c_1'^{\,2}. \tag{223}$$

Durch Substitution von Gl. (222) in Gl. (223) erhält man

$$p_v = \frac{\varrho}{2}\left(c_1^2 - c_1'^{\,2}\right),$$

$$h_v = \frac{c_1^2}{2g}\left[1 - \left(\frac{c_1'}{c_1}\right)^2\right] = \frac{c_1^2}{2g}\left[1 - \left(\frac{F_1}{F_1'}\right)^2\right]$$

und hieraus folgt für den erforderlichen Durchflußquerschnitt

$$F_1' = \frac{F_1}{\sqrt{1 - \dfrac{2g \cdot h_v}{c_1^2}}} \tag{224}$$

Hierbei ist für die Verlustförderhöhe h_v der aus Gl. (221) zu errechnende Wert einzusetzen. Die dortige untere Integrationsgrenze (0) legt man zweckmäßig auf dasjenige Azimut φ_0, für das die Schnittfläche gleich b_3^2 wird. Damit wird die Zunge der Spirale ausgeschieden, die wegen der Kleinheit der Querschnittsflächen eine gesonderte Behandlung erfordert. Für die obere Integrationsgrenze φ_1 wählt man der Reihe nach diejenigen Azimute, die bereits früher für die gegebenen Querschnitte entsprechend der reibungsfreien Theorie berechnet wurden.

Grundsätzlich ergibt Gl. (224) etwas zu große Flächen, weil sich beim Durchströmen der vergrößerten Spirale kleinere Strömungsgeschwindigkeiten als bei der reibungsfreien Rechnung einstellen, damit aber auch kleinere Verluste auftreten, was aber durch die Wahl eines günstigeren λ-Wertes berücksichtigt werden kann.

In besonders ungünstigen Fällen kann $h_v > \dfrac{c_1^2}{2g}$ werden. Das heißt aber, daß die Verluste in der Spirale größer als die Eintrittsenergie sind und in der Spirale keine Druckumsetzung stattfindet. In diesem Fall ist die Anwendung der Spirale sinnlos und man läßt die Luft einfacher in einen möglichst großen Sammler austreten.

Für die viel verwendete Spirale mit kreisförmigen Querschnitten läßt sich Gl. (221) in geschlossener Form lösen. Hierfür ist

$$r_s = r_3 + R; \qquad D_{\text{hydr}} = 2R; \qquad c = c_{s_u} = \frac{c_{3u} \cdot r_3}{r_s} = \frac{c_{3u} \cdot r_3}{r_3 + R};$$

damit wird

$$\int \frac{r_s \cdot c^2}{D_{\text{hydr}}}\, d\varphi = \int \frac{(r_3 + R) \cdot (c_{3u} \cdot r_3)^2 \cdot d\varphi}{2R(r_3 + R)^2} = \frac{(c_{3u} \cdot r_3)^2}{2} \cdot \int \frac{d\varphi}{R(r_3 + R)} = \frac{\pi (c_{3u} \cdot r_3)^2}{360} \cdot \int \frac{d\varphi^0}{R(r_3 + R)}$$

Mit Gl. (216) ist

$$\int \frac{d\varphi}{R(r_3 + R)} = \int \frac{d\varphi}{\left(\dfrac{\varphi}{C} + \sqrt{\dfrac{2r_3\varphi}{C}}\right)\left(r_3 + \dfrac{\varphi}{C} + \sqrt{\dfrac{2r_3\varphi}{C}}\right)}, \tag{225}$$

der Nenner des Integranden ist

$$N = \frac{3\,r_3\,\varphi}{C} + r_3\,\sqrt{\frac{2\,r_3\,\varphi}{C}} + \frac{2\,\varphi}{C}\,\sqrt{\frac{2\,r_3\,\varphi}{C}} + \left(\frac{\varphi}{C}\right)^2$$

und mit Vernachlässigung derjenigen Glieder, die in φ/C von höherer als erster Ordnung sind

$$N \approx \frac{3\cdot r_3\cdot\varphi}{C} + r_3\,\sqrt{\frac{2\,r_3\cdot\varphi}{C}}\;.$$

Mit der Substitution $\sqrt{\varphi} = x$ läßt sich das Integral in Gl. (225) lösen und man erhält mit Gl. (221) für die Verlustförderhöhe

$$h_v = 2{,}96\cdot 10^{-4}\cdot\lambda\cdot C\cdot r_3\cdot c_{3u}^2\cdot\ln\left(\frac{\sqrt{2\,r_3\,C} + 3\sqrt{\varphi_1}}{\sqrt{2\,r_3\,C} + 3\sqrt{\varphi_0}}\right). \tag{226}$$

Für den speziellen Fall $\varphi_0 = 0°$ und $\varphi_1 = 360°$ wird

$$\frac{\sqrt{2\,r_3\cdot C} + 3\sqrt{\varphi_1}}{\sqrt{2\,r_3\cdot C} + 3\sqrt{\varphi_0}} = 1 + \frac{3\sqrt{360°}}{\sqrt{2\,r_3\cdot C}} = 1 + \frac{57}{\sqrt{2\,r_3\cdot C}}$$

und damit die Verlustförderhöhe

$$h_v = 2{,}96\cdot 10^{-4}\cdot\lambda\cdot C\cdot r_3\cdot c_{3u}^2\cdot\ln\left(1 + \frac{57}{\sqrt{2\,r_3\cdot C}}\right). \tag{226a}$$

Die Widerstandszahl λ (Abb. 158) ist theoretisch sowohl von der REYNOLDSzahl $Re = \dfrac{c\cdot D_{\mathrm{hydr}}}{\nu}$ als auch von der Oberflächenbeschaffenheit der Spiralenwandung abhängig. Praktisch liegt die Spiralenströmung zumeist im hydrodynamisch rauhen Bereich, womit die Abhängigkeit von der REYNOLDSzahl fortfällt. Die Widerstandszahl λ liegt bei Spiralgehäusen erfahrungsgemäß in den Grenzen $0{,}02 < \lambda < 0{,}05$. In Anbetracht der Unsicherheit hinsichtlich der Größe der Widerstandszahl λ kann man den Integranden in Gl. (221) durch Vernachlässigung kleiner Größen so vereinfachen, daß die Integration, wenn möglich, in geschlossener Form ausführbar wird. Nachdem hiermit die korrigierten Flächen F_1' (Gl. 224) berechnet sind, müssen diese noch auf die charakteristischen Querschnittsabmessungen umgerechnet werden.

Eine andere Möglichkeit, den Reibungseinfluß zu berücksichtigen, ergibt sich aus der Änderung des Dralles längs des mittleren Stromfadens in der Spirale.

Nach Gl. (139) ist

$$\frac{d\,(r\cdot c_u)}{dt} = -\frac{\lambda}{2}\cdot\frac{r}{D_{\mathrm{hydr}}}\,c^2\cdot\cos\alpha.$$

Mit

$$c^2 = c_u^2 + c_m^2,$$

$$\cos\alpha = \frac{c_u}{c}$$

und

$$dt = \frac{dr}{c_m} = \frac{r\cdot d\varphi}{c_u}$$

wird

$$\frac{d\,(r\cdot c_u)}{\dfrac{r}{c_u}\cdot d\varphi} = -\frac{\lambda}{2}\cdot\frac{r}{D_{\mathrm{hydr}}}\cdot c^2\cdot\frac{c_u}{c} = -\frac{\lambda}{2}\cdot\frac{r}{D_{\mathrm{hydr}}}\cdot c_u\,\sqrt{c_u^2 + c_m^2}$$

$$\frac{d\,(r\cdot c_u)}{d\varphi} = -\frac{\lambda}{2}\cdot\frac{r^2}{D_{\mathrm{hydr}}}\,\sqrt{c_u^2 + c_m^2}. \tag{227}$$

Für $c_m \ll c_u$ und $r = r_s$ ergibt sich

$$\frac{d\,(r\cdot c_u)}{r\cdot c_u} = -\frac{\lambda}{2}\cdot\frac{r_s}{D_{\mathrm{hydr}}}\cdot d\varphi$$

oder

$$\ln\frac{(r\cdot c_u)_{\varphi_0}}{(r\cdot c_u)_{\varphi_1}} = \frac{\lambda}{2}\int\limits_{\varphi_0}^{\varphi_1}\frac{r_s}{D_{\mathrm{hydr}}}\cdot d\varphi \tag{228}$$

wobei für r_s und D_{hydr} auch hier die Lösungen der reibungsfreien Strömung benützt werden können.

d) Berechnung der Spirale unter Berücksichtigung der Kompressibilität

Die bisher gemachte Vernachlässigung der Kompressibilität des Fördermittels ist zulässig, soweit das in der Spirale umgesetzte Druckverhältnis den Wert 1,1 bis 1,2 nicht übersteigt. Für Spiralen mit größerer Druckumsetzung hat VALDENAZZI[1] eine Berechnungsmethode vorgeschlagen, die der Kompressibilität durch Annahme einer polytropischen Verdichtung in der Spirale Rechnung trägt. Das Verfahren sei nachstehend kurz skizziert:

Die Ausgangsbeziehungen für die Berechnung sind der Drallsatz

$$c_u \cdot r = K = \text{const},$$

die erweiterte BERNOULLIsche Gleichung

$$\int v \cdot dp + \frac{c^2}{2g} = \text{const},$$

die Polytropengleichung

$$p \cdot v^n = \text{const}$$

und die Kontinuitätsbeziehung in der Form

$$\dot{G} = 2 \cdot \pi \cdot r \cdot b \cdot \frac{c_m}{v} = \text{const}.$$

Die Durchflußmenge durch einen Elementarstreifen $(b \cdot dr)$ beträgt

$$d\dot{V} = b \cdot dr \cdot c_u,$$

bzw. der Durchsatz

$$d\dot{G} = b \cdot dr \cdot \frac{c_u}{v},$$

wobei v das spezifische Volumen ist. Setzt man voraus, daß die Umfangskomponente in der Spirale dem Drallsatz folgt, dann ist

$$d\dot{G} = K \cdot \frac{b \cdot dr}{v \cdot r}.$$

Die Integration ergibt die zu den Gl. (210) bis (212) analogen Beziehungen

$$\dot{G}_\varphi = K \int_{r_3}^{r_4} \frac{b \cdot dr}{v \cdot r}, \qquad \dot{G}_\varphi = \frac{\varphi^\circ}{360} \cdot \dot{G},$$

$$\varphi^\circ = \frac{360 \cdot K}{\dot{G}} \int_{r_3}^{r_1} \frac{b \cdot dr}{v \cdot r}. \tag{229}$$

Diese Beziehung unterscheidet sich von Gl. (212) nur durch das mit in den Integranden einbezogene spezifische Volumen v. Zu seiner Berechnung geht man von der Kontinuitätsbeziehung aus.

$$\frac{2\pi \cdot r \cdot b \cdot c_m}{v} = \frac{2\pi \cdot r_3 \cdot b_3 \cdot c_{m_3}}{v_3},$$

$$c_m = \frac{1}{r \cdot b} \frac{v}{v_3} K^* \quad \text{mit} \quad K^* = b_3 \cdot r_3 \cdot c_{m_3}.$$

Hieraus folgt nun

$$\frac{c^2 - c_3^2}{2g} = \frac{(c_u^2 + c_m^2) - c_3^2}{2g} = \frac{\left[\left(\dfrac{K}{r}\right)^2 + \left(\dfrac{K^*}{r \cdot b} \dfrac{v}{v_3}\right)^2 \right] - c_3^2}{2g}. \tag{230}$$

Weiterhin ist nach der Polytropengleichung

$$\frac{c^2 - c_3^2}{2g} = \int_{r_3}^{r} v \cdot dp = p_3 \cdot v_3 \frac{n}{n-1} \left[\left(\frac{p}{p_3}\right)^{\frac{n-1}{n}} - 1 \right]. \tag{231}$$

Durch Gleichsetzen dieser beiden Beziehungen erhält man

$$\frac{\dfrac{1}{r^2} \left[K^2 + \left(\dfrac{K^*}{b} \cdot \dfrac{v}{v_3}\right)^2 \right] - c_3^2}{2g} = p_3 \cdot v_3 \cdot \frac{n}{n-1} \left[\left(\frac{p}{p_3}\right)^{\frac{n-1}{n}} - 1 \right]$$

---

[1] VALDENAZZI, J. G.: Die Berechnung der Spiralen von Turbokompressoren. ATA, März 1950.

und mit

$$\frac{p}{p_3} = \left(\frac{v_3}{v}\right)^n$$

wird schließlich

$$-\frac{1}{p_3 v_3}\left\{\frac{1}{r^2}\left[K^2 + \left(\frac{K^*}{b}\cdot\frac{v}{v_3}\right)^2\right] - c_3^2\right\} = 2g\,\frac{n}{n-1}\cdot\left[\left(\frac{v}{v_3}\right)^{1-n} - 1\right]. \qquad (232)$$

Gl. (232) stellt den gesuchten Zusammenhang zwischen v und r dar. Die numerische Auswertung der Gl. (232) erfolgt zweckmäßigerweise graphisch, indem man die linke und die rechte Seite der Gleichung getrennt berechnet und über $\frac{v}{v_3}$ aufträgt. Den Polytropenexponenten n kann man näherungsweise aus der Beziehung

$$\eta_{\text{Spirale}} \approx \frac{n}{n-1}\cdot\frac{\varkappa - 1}{\varkappa}$$

bestimmen. Ist somit der Zusammenhang zwischen b, r und v gefunden, so kann nun auch Gl. (229) berechnet und damit die äußere Kontur der Spirale bestimmt werden.

e) Zungenkorrektur

Das Anfangsstück der Spirale, die „Zunge", müßte theoretisch bei $\varphi = 0$ am Halbmesser r_3 mit dem Querschnitt Null aufsetzen. Beispielsweise müßte bei Kreisquerschnitten für $\varphi = 0$ der Kreis auf einen Punkt zusammenschrumpfen. Eine derartige Zunge wäre praktisch nicht ausführbar. Man gibt daher der Zunge rechteckige Querschnitte mit der konstanten Breite b_3 und der Höhe h (Abb. 434), läßt diese von einer Anfangshöhe h_0 gemessen über dem Kreis mit dem Radius r_3, auf die Höhe $h_1 = b_3$, also auf quadratischen Querschnitt zunehmen, setzt diese Zunge an das Hauptstück der Spirale an und formt dabei die Übergangsquerschnitte bei Erhaltung ihrer Flächen in passender Weise um.

Zunächst möge reibungsfreie Strömung vorausgesetzt werden. Die Zunge soll bei $\varphi = 0$ mit $h = 0$ beginnen und bei $\varphi = \varphi_1$ mit $h = b_3$ enden. Durch ein Eintrittselement $b_3 \cdot r_3 \cdot d\varphi$ strömt ein Volumen $d\dot{V}$. Das insgesamt einströmende Volumen ist

$$\int d\dot{V} = \int\limits_0^{\varphi_1} c_{m_3}\cdot b_3\cdot r_3\cdot d\varphi = c_{m_3}\cdot b_3\cdot r_3\cdot \varphi_1. \qquad (233)$$

Das durch den quadratischen Endquerschnitt ausströmende Volumen ist

$$\dot{V}_1 = c_{3u}\cdot b_3^2, \qquad (234)$$

wobei die Veränderlichkeit von c_u über den Radius vernachlässigt werden kann, da $b_3 \ll r_3$ ist. Durch Gleichsetzen der rechten Seiten von Gl. (233) und (234) erhält man

$$\varphi_1 = \frac{b_3}{r_3}\,\frac{c_{3u}}{c_{m_3}}. \qquad (235)$$

Die Rechteckhöhe nimmt linear mit φ zu

$$h = b_3\cdot\frac{\varphi}{\varphi_1} = \frac{c_{m_3}}{c_{3u}}\cdot r_3\cdot\varphi. \qquad (236)$$

Eine Korrektur dieser reibungsfreien Theorie ist unerläßlich, da die hydraulischen Durchmesser am Ort der Zunge klein, die Druckverluste also groß sind. Die Korrektur wird nach der im vorhergehenden Teilabschnitt dargestellten Methode durchgeführt. Die Zunge beginne bei

$$\varphi = \varphi_0 \quad \text{mit} \quad h_0 = \frac{c_{m_3}}{c_{3u}}\cdot r_3\cdot\varphi_0. \qquad (237)$$

Der Förderhöhenverlust für ein Zungenelement ist

$$dh_v = \lambda\cdot\frac{r_3\cdot d\varphi}{D_{\text{hydr}}}\,\frac{c_{3u}^2}{2g}; \qquad (238)$$

der hydraulische Durchmesser ist

$$D_{\text{hydr}} = \frac{4F}{U} = \frac{4b_3\cdot h}{2h + b_3}, \qquad (239)$$

also

$$\frac{1}{D_{\text{hydr}}} = \frac{1}{2b_3} + \frac{1}{4h}$$

und durch Substitution von Gl. (236)

$$\frac{1}{D_{\text{hydr}}} = \frac{1}{2b_3} + \frac{1}{4r_3}\frac{c_{3u}}{c_{m_3}}\frac{1}{\varphi}. \tag{240}$$

Damit erhält man aus Gl. (238)

$$dh_v = \lambda \cdot \frac{c_{3u}^2}{2g}\left(\frac{r_3}{2b_3} + \frac{1}{4\varphi}\frac{c_{3u}}{c_{m_3}}\right)d\varphi. \tag{241}$$

Durch Integration von φ_0 bis φ erhält man

$$h_v = \lambda\,\frac{c_{3u}^2}{2g}\left(\frac{r_3}{2b_3}\,(\varphi - \varphi_0) + \frac{1}{4}\frac{c_{3u}}{c_{m_3}}\ln\frac{\varphi}{\varphi_0}\right). \tag{242}$$

Die reibungsfrei gerechnete Querschnittsfläche war

$$F = b_3 \cdot h = \frac{c_{m_3}}{c_{3u}}\,b_3 \cdot r_3 \cdot \varphi. \tag{243}$$

Die nach Gl. (224) korrigierte Fläche F' ist

$$F' = \frac{F}{\sqrt{1 - \dfrac{2g\,h_v}{c_{3u}^2}}} \tag{244}$$

und die korrigierte Höhe

$$h' = \frac{F'}{b_3} = \frac{\dfrac{c_{m_3}}{c_{3u}} \cdot r_3 \cdot \varphi}{\sqrt{1 - \lambda\left[\dfrac{r_3}{2b_3}\,(\varphi - \varphi_0) + \dfrac{1}{4}\dfrac{c_{3u}}{c_{m_3}}\ln\dfrac{\varphi}{\varphi_0}\right]}}. \tag{245}$$

Die korrigierte Höhe h' wird als Funktion von φ aufgetragen und die ermittelte Kurve mit der Geraden $h = b_3$ im Punkt $(1')$ (Abb. 443) zum Schnitt gebracht. Für die Abszisse $\varphi = \varphi_1'$ des Schnittpunktes wird die Querschnittsfläche gleich b_3^2. Diese Querschnittsfläche ist die gleiche wie am Anfang des Hauptstückes der Spirale. Mit diesen Flächen können somit Zunge und Hauptstück, unter Abrundung der Übergänge aneinandergesetzt und nunmehr die ganze Spirale gezeichnet werden.

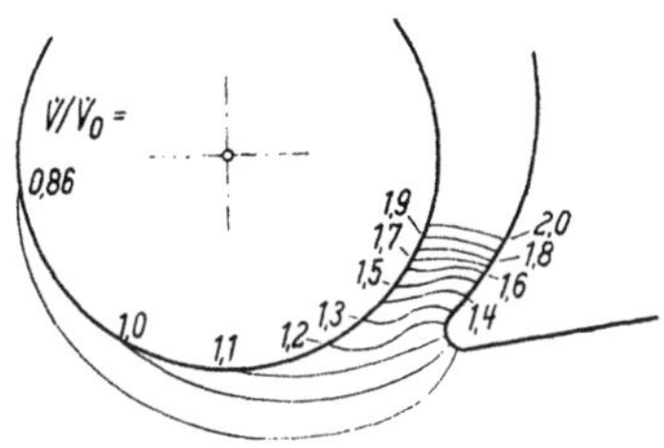

Abb. 440. Verzweigungsstromlinien bei verschiedenen Durchflußmengen $\dot{V}/\dot{V}_0$ (nach STRASZACKER) $\dot{V}/\dot{V}_0 = 1 =$ Auslegungsmenge

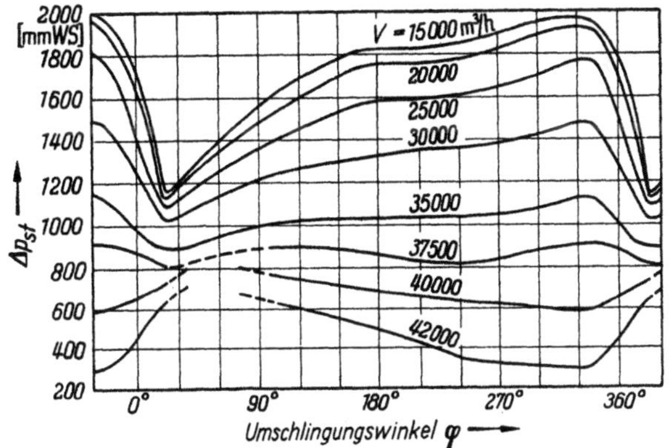

Abb. 441. Statischer Druckverlauf am Laufradumfang für verschiedene Fördermengen (nach B. ECK)

Verdichter mit schaufellosem Leitring und Spiralgehäuse haben allgemein ein flacheres und breiteres Kennfeld als Verdichter mit Leitschaufeln, weil die Stoßverluste am Leitradeintritt wegfallen. Bei Abweichungen vom normalen Betriebspunkt paßt aber die Erweiterung der Spirale nicht mehr zu dem Austrittsdrall aus dem Laufrad und die Zunge der Spirale wird nicht mehr stoßfrei angeströmt, sondern umströmt, wobei örtlich hohe Übergeschwindigkeiten entstehen (Abb. 440). Vor allem bei zu kleinen Durchflußmengen entstehen dabei in der Umgebung der Zunge starke Unterdrücke (s. Abb. 441) die einerseits die Wirkung der Spirale selbst ungünstig beeinflussen, zum andern aber auch einen über dem Umfang nicht mehr konstanten Druck am

Laufradaußendurchmesser ergeben. Hierdurch ergibt sich eine periodische Änderung des Durchflusses in den Laufradkanälen. Das Laufrad arbeitet hierbei nicht mehr in einem stationären Betriebspunkt, sondern jeder Schaufelkanal durchläuft bei einer Umdrehung einen gewissen Teil der Verdichterkennlinie, und der nach der Spirale angezeigte Druck ist ein gemittelter Wert aus dem durchlaufenen Bereich. Durch einen hinreichenden Abstand zwischen Laufrad und Zungenanfang und eine sorgfältige Gestaltung der Zunge nach profiltheoretischen Gesichtspunkten lassen sich diese Auswirkungen aber weitgehend dämpfen.

f) Rechnungsbeispiel

Für das im Abschn. VI, 5 berechnete Laufrad soll die passende Spirale entworfen werden. Der Laufradaußendurchmesser betrug $D_2 = 0{,}325$ m, $b_2 = 0{,}0133$ m; $c_{m_2} = 83{,}6$ m/s; $c_{2u} = 161$ m/s; der Luftdurchsatz beträgt $\dot{G} = 1{,}65$ kg/s. Die thermodynamischen Zustände am Austritt aus dem Laufrad sind

$$p_{2\mathrm{tot}} = 15\,900 \ \mathrm{kg/m^2}; \qquad T_{2\mathrm{tot}} = 331{,}5 \ \mathrm{^\circ K}; \qquad v_{2\mathrm{tot}} = 0{,}61 \ \mathrm{m^3/kg};$$

$$p_{2\mathrm{stat}} = 13\,300 \ \mathrm{kg/m^2}; \qquad T_{2\mathrm{stat}} = 314{,}5 \ \mathrm{^\circ K}; \qquad v_{2\mathrm{stat}} = 0{,}69 \ \mathrm{m^3/kg}.$$

Zwischen Laufrad und Spirale soll ein schaufelloser Diffusor von der radialen Erstreckung $r_3 - r_2 = 7{,}5$ mm vorgeschaltet sein. Damit beträgt der Durchmesser des Spiraleneintritts $D_3 = 2(7{,}5 + 162{,}5) = 340$ mm. Bei der geringen radialen Erstreckung des schaufellosen Raumes können die Verhältnisse am Austritt aus dem schaufellosen Raum, d. h. am Eintritt in die Spirale unter Vernachlässigung der Reibungseinflüsse berechnet werden. Damit ist

$$c_{3u} = \frac{r_2}{r_3} \cdot c_{2u} = \frac{325}{340} \, 161 = 154 \ \mathrm{m/s};$$

$$c_{m_3} = c_{m_2} \frac{r_2 \cdot b_2}{r_3 \cdot b_3} = 83{,}6 \, \frac{325 \cdot 13{,}3}{340\,(13{,}3 + 1{,}2)} = 73{,}5 \ \mathrm{m/s};$$

$$c_3 = \sqrt{c_{m_3}^2 + c_{3u}^2} = \sqrt{73{,}5^2 + 154^2} = 171 \ \mathrm{m/s}.$$

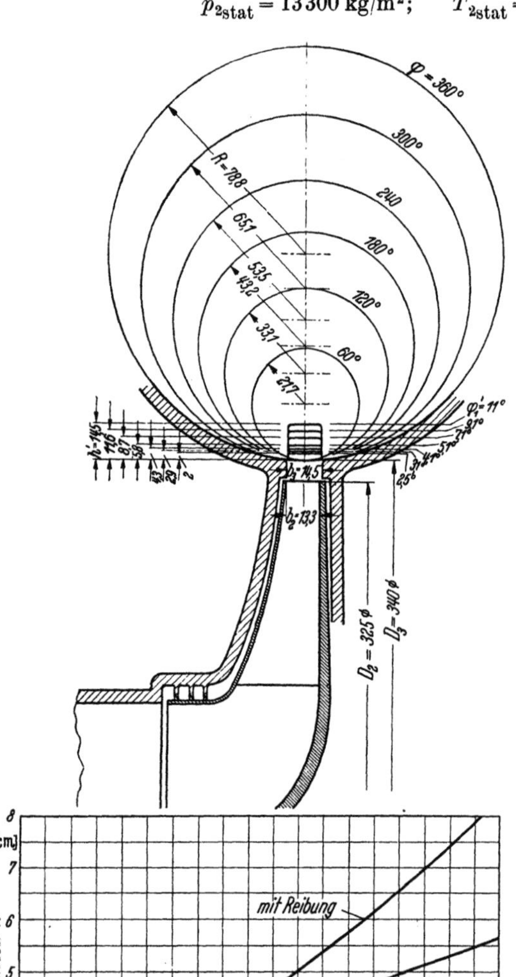

Abb. 442. Halbmesser des Querschnittskreises der Spirale als Funktion des Azimutes φ bei reibungsfreier und reibungsbehafteter Strömung. Entwurf der berechneten Spirale

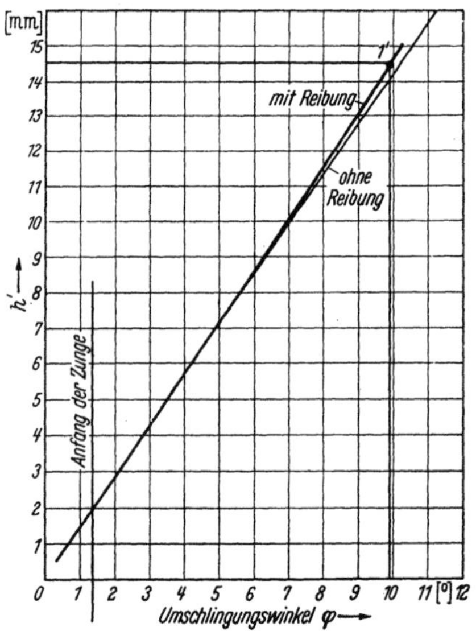

Abb. 443. Auslegung der Zunge

Am Eintritt in die Spirale ist dann

$$T_{3\text{tot}} = T_{2\text{tot}} = 331{,}5\ ^\circ\text{K}; \qquad p_{3\text{tot}} \approx p_{2\text{tot}} = 15\,900\ \text{kg/m}^2;$$

$$T_{3\text{stat}} = T_{2\text{stat}} + \frac{c_2^2 - c_3^2}{2\,g\,c_p^*} = 314{,}5 + \frac{182^2 - 171^2}{2\,g \cdot 102{,}3} = 317\ ^\circ\text{K};$$

$$p_{3\text{stat}} = p_{2\text{stat}} \left| 1 + \frac{c_2^2 - c_3^2}{2 \cdot g \cdot c_p^* \cdot T_{3\text{stat}}} \right|^{\frac{\varkappa}{\varkappa - 1}} = 13\,300 \left[1 + \frac{182^2 - 171^2}{2 \cdot g \cdot 102{,}3 \cdot 317} \right]^{3,5} = 13\,600\ \text{kg/m}^2;$$

$$v_{3\text{stat}} = \frac{R \cdot T_{3\text{stat}}}{p_{3\text{stat}}} = \frac{29{,}27 \cdot 317}{13\,600} = 0{,}681\ \text{m}^3/\text{kg};$$

$$\dot{V}_{3\text{stat}} = \dot{G} \cdot v_{3\text{stat}} = 1{,}65 \cdot 0{,}681 = 1{,}12\ \text{m}^3/\text{s}.$$

Die Spirale soll mit kreisförmigen Querschnitten ausgelegt werden. Nach Gl. (216) ist

$$R = \frac{\varphi}{C} + \sqrt{\frac{2\,r_3 \cdot \overline{\varphi}}{C}},$$

dabei ist

$$C = \frac{720\,\pi \cdot c_{3u} \cdot r_3}{\dot{V}_{3\text{stat}}} = \frac{720\,\pi \cdot 0{,}17 \cdot 154}{1{,}12} = 53 \cdot 10^3\ [\text{m}^{-1}] = 530\ [\text{cm}^{-1}].$$

Die Halbmesser R der Querschnittskreise für $\varphi = 30^\circ$ bis $\varphi = 360^\circ$ sind für reibungslose Strömung in Abb. 442 gezeigt. Das Hauptstück der Spirale beginnt an der Stelle

$$b_3^2 = \pi \cdot R_0^2; \qquad R_0 = \frac{b_3}{\sqrt{\pi}} = \frac{1{,}45}{\sqrt{\pi}} = 0{,}82\ \text{cm},$$

hierfür ist nach Abb. 442 $\varphi_0 = 11^\circ$. Mit Hilfe von Gl. (224) und Gl. (226) wird nun die jeweilige Querschnittsfläche F_1', also unter Berücksichtigung der Reibung, berechnet. Dabei ist es zweckmäßiger, nicht die Verlustförderhöhe h_v selbst, sondern sofort $2\,g\,h_v/c_1^2$ zu berechnen. Es ist

$$c_1 = c_{s_u} = \frac{c_{3u} \cdot r_3}{r_s} = \frac{c_{3u} \cdot r_3}{r_3 + R} = \frac{c_{3u} \cdot r_3}{r_3 + \dfrac{\varphi}{C} + \sqrt{\dfrac{2\,r_3 \cdot \varphi}{C}}};$$

$$c_1^2 = \frac{(c_{3u} \cdot r_3)^2}{r_3^2 + \dfrac{4\,r_3 \cdot \varphi}{C} + 2\,r_3 \sqrt{\dfrac{2\,r_3\,\varphi}{C}}}.$$

Mit Gl. (226) erhält man nach entsprechender Umformung

$$\frac{2\,g \cdot h_v}{c_1^2} = 0{,}0134 \cdot \lambda \left(r_3 \cdot C + 4\,\varphi_1 + 2\sqrt{2\,r_3 \cdot C \cdot \varphi_1} \right) \cdot \log \frac{\sqrt{2\,r_3 \cdot C} + 3\sqrt{\varphi_1}}{\sqrt{2\,r_3 \cdot C} + 3\sqrt{\varphi_0}} \qquad (\varphi\ \text{im Winkelmaß}).$$

Für einen Widerstandsbeiwert $\lambda = 0{,}03$ ist letztere Gleichung für $\varphi_0 = 11^\circ$; $C = 5{,}3 \cdot 10^4\,[\text{m}^{-1}]$; $r_3 = 0{,}17\ \text{m}$; $c_{3u} = 154\ \text{m/s}$ und $\varphi_1 = 30^\circ \div 360^\circ$ ausgewertet; mit Hilfe von Gl. (224) sind dann die Halbmesser der Querschnittskreise R_1', also mit Berücksichtigung der Reibung, berechnet und die Ergebnisse in Abb. 442 dargestellt.

Berechnung der Zunge.

Entsprechend Abb. 442 erstreckt sich die Zunge über den Bereich $0 < \varphi < 11^\circ$. Die Zunge soll in einem Abstand von 2 mm vom Eintrittskreis $r = r_3$ beginnen. Dann folgt aus Gl. (237)

$$\varphi_0 = \frac{h_0}{r_3}\,\frac{c_{3u}}{c_{m_3}} = \frac{2}{170}\,\frac{154}{73{,}5} = 0{,}0247; \qquad \varphi_0 = \frac{180}{\pi}\,0{,}0247 = 1{,}4^\circ.$$

Bei Reibungsfreiheit erstreckt sich die Zunge über einen Winkel

$$\varphi_1 - \varphi_0 = \frac{c_{3u}}{c_{m_3}} \left(\frac{b_3 - h_0}{r_3} \right) = \frac{154}{73{,}5} \left(\frac{14{,}5 - 2}{170} \right) = 0{,}154\ \text{d.h.} \approx 8{,}8^\circ.$$

Mit Berücksichtigung der Reibung erhält man die Zungenhöhe h' als Funktion von φ aus Gl. (245) zu

$$h' = -\frac{\dfrac{c_{m_3}}{c_{3u}}\,r_3 \cdot \varphi}{\sqrt{1 - \lambda \left[\dfrac{r_3}{2\,b_3}(\varphi - \varphi_0) + \dfrac{1}{4}\,\dfrac{c_{3u}}{c_{m_3}} \ln \dfrac{\varphi}{\varphi_0} \right]}} = \frac{\dfrac{73{,}5}{154} \cdot 170 \cdot \varphi}{\sqrt{1 - 0{,}03 \left[\dfrac{170}{2 \cdot 14{,}5}(\varphi - 0{,}0247) + \dfrac{1}{4}\,\dfrac{154}{73{,}5} \ln \dfrac{\varphi}{0{,}0247} \right]}}$$

mit $\ln x = 2{,}303 \cdot \log x$ und $\bar{\varphi} = \dfrac{\pi}{180} \cdot \varphi^0 = 0{,}01745 \cdot \varphi^0$ wird

$$h' = \frac{1{,}42 \cdot \varphi^0}{\sqrt{1 - \left[3{,}07 \cdot 10^{-3}(\varphi^0 - 1{,}4) + 3{,}62 \cdot 10^{-2} \cdot \log \dfrac{\varphi^0}{1{,}4}\right]}} \cdot$$

Die Ergebnisse sind in Abb. 443 dargestellt. Danach hat Punkt $1'$ die Abszisse $\varphi_1' = 9{,}9°$. Die Zunge erstreckt sich somit über einen Winkelbereich

$$\Delta \varphi = \varphi_1' - \varphi_0 = 9{,}9 - 1{,}4 = 8{,}5°,$$

ist also um $11 - 8{,}5° = 2{,}5°$ kürzer als die ursprüngliche Zunge mit Kreisquerschnitt. Das fehlende Stück, von $2{,}5°$ kann am Ende des Hauptstückes angesetzt werden.

VIII. Mehrstufige Radialverdichter

Ist aus irgendwelchen Gründen eine bestimmte Verdichterdrehzahl vorgegeben, so kann der Fall eintreten, daß auch bei relativ kleinen Druckverhältnissen die verlangte Verdichtung nicht mehr in einem einstufigen Kompressor verwirklichbar ist. Aber auch bei freier Wahl der Verdichterdrehzahl ist von einem gewissen Druckverhältnis ab die mehrstufige Radialverdichterbauweise notwendig, nämlich dann, wenn die zulässige Grenze für die Laufradumfangsgeschwindigkeit, d. h. die mechanische Belastbarkeit der Laufradscheiben bzw. der jeweiligen Schaufeln erreicht ist und wenn Lager-, Schwingungs- und aerodynamische Rücksichten eine weitere Drehzahlsteigerung verbieten. Bei stationären Anlagen wird man deshalb bei Druckverhältnissen $\Pi > 2$ bis $2{,}5$, bei Grenzleistungsverdichtern bei $\Pi > 4$ bis $4{,}5$ auf die mehrstufige Bauweise übergehen, d. h. man ordnet mehrere Laufräder auf einer, üblicherweise gemeinsamen Welle an und führt das Fördergut am Austritt aus jedem Laufrad mittels Diffusoren und Rückführkanälen zum Eintritt der nachfolgenden Laufradstufe. Das Gesamtverdichtungsverhältnis Π_{tot} eines mehrstufigen Verdichters entspricht dem Produkt der Druckverhältnisse sämtlicher hintereinandergeschalteter Normalstufen, also

$$\Pi_{\text{tot}} = \Pi_{\text{I. Stufe}} \cdot \Pi_{\text{II. Stufe}} \ldots \Pi_{n. \text{ Stufe}} \cdot \tag{246}$$

Für die Gestaltung der Bauelemente eines mehrstufigen Radialverdichters, also für die Berechnung der Laufräder, Diffusoren, Rückführbeschaufelungen, sowie für die Abschätzung der Wirkungsgrade gelten grundsätzlich die gleichen Gesetze wie sie in den vorhergehenden Teilabschnitten für den einstufigen Verdichter, also für die Normalstufe, dargelegt sind. Dagegen ist noch festzulegen, in welcher Weise die Abstufung der Laufräder vorzunehmen ist.

1. Abstufung der Laufräder

Bei der Abstufung der Laufräder müssen strömungstechnische und wirtschaftliche Gesichtspunkte berücksichtigt werden.

a) Strömungstechnische Gesichtspunkte

Bei einem mit der Drehzahl n umlaufenden mehrstufigen Verdichter ist die aus dem Laufrad der Stufe I austretende Gasmenge

$$\dot{V}_{2\text{I}} = \left(\pi \cdot D_2 \cdot b_2 \cdot c_{m_2}\right)_{\text{I}};$$

die aus dem Laufrad der Stufe II austretende Gasmenge ist

$$\dot{V}_{2\text{II}} = \left(\pi \cdot D_2 \cdot b_2 \cdot c_{m_2}\right)_{\text{II}}.$$

Das Verhältnis der Umfangsgeschwindigkeiten u_2, bezogen auf den jeweiligen Laufradaußendurchmesser ist

$$\frac{u_{2\text{I}}}{u_{2\text{II}}} = \frac{D_{2\text{I}}}{D_{2\text{II}}}; \qquad \frac{u_{2\text{II}}}{u_{2\text{III}}} = \frac{D_{2\text{II}}}{D_{2\text{III}}} \cdots;$$

man wird nun bemüht sein, für den Gesamtverdichter einen optimalen Wirkungsgrad zu erreichen, was Optimalwirkungsgrade der Einzel- oder Normalstufe voraussetzt. Ist eine Normalstufe mit optimalem Wirkungsgrad festgelegt, dann arbeiten die übrigen Stufen mit Bestwirkungsgraden, wenn vollkommene *geometrische* Ähnlichkeit, also gleiche Geschwindigkeitsdreiecke in allen Stufen verwirklicht werden

$$\frac{c_{m_{2\mathrm{I}}}}{c_{m_{2\mathrm{II}}}} = \frac{u_{2\mathrm{I}}}{u_{2\mathrm{II}}}; \qquad \frac{c_{m_{2\mathrm{II}}}}{c_{m_{2\mathrm{III}}}} = \frac{u_{2\mathrm{II}}}{u_{2\mathrm{III}}}; \qquad \frac{b_{2\mathrm{I}}}{D_{2\mathrm{I}}} = \frac{b_{2\mathrm{II}}}{D_{2\mathrm{II}}} = \frac{b_{2\mathrm{III}}}{D_{2\mathrm{III}}} = \cdots$$

Damit ist dann

$$\frac{\dot{V}_{2\mathrm{I}}}{\dot{V}_{2\mathrm{II}}} = \frac{(\pi \cdot D_2 \cdot b_2 \cdot c_{m_2})_{\mathrm{I}}}{(\pi \cdot D_2 \cdot b_2 \cdot c_{m_2})_{\mathrm{II}}} = \frac{D_{2\mathrm{I}} \cdot b_{2\mathrm{I}} \cdot c_{m_{2\mathrm{I}}}}{D_{2\mathrm{II}} \cdot b_{2\mathrm{I}} \dfrac{D_{2\mathrm{II}}}{D_{2\mathrm{I}}} \cdot c_{m_{2\mathrm{I}}} \cdot \dfrac{u_{2\mathrm{II}}}{u_{2\mathrm{I}}}} = \left(\frac{D_{2\mathrm{I}}}{D_{2\mathrm{II}}}\right)^3,$$

also

$$\frac{D_{2\mathrm{I}}}{D_{2\mathrm{II}}} = \sqrt[3]{\frac{\dot{V}_{2\mathrm{I}}}{\dot{V}_{2\mathrm{II}}}} = \sqrt[3]{\frac{v_{2\mathrm{I}}}{v_{2\mathrm{II}}}}. \tag{247}$$

Da mit zunehmender Verdichtung das Volumen abnimmt, geht aus Gl. (247) hervor, daß

$$\frac{D_{2\mathrm{I}}}{D_{2\mathrm{II}}} > \frac{D_{2\mathrm{II}}}{D_{2\mathrm{III}}} > \frac{D_{2\mathrm{III}}}{D_{2\mathrm{IV}}} > \cdots \text{ ist}. \tag{248}$$

Näherungsweise ist $\psi_{\mathrm{I}} = \psi_{\mathrm{II}} = \cdots$, also $h_{\mathrm{ad}_{\mathrm{St}}} \sim u_2^2$ \hfill (249)

und mit Gl. (247)

$$h_{\mathrm{ad}_{\mathrm{St}}} \sim v_2^{\frac{2}{3}}. \tag{249a}$$

Da nun die Förderhöhe proportional der Ansaugetemperatur T_1 und dem Druckverhältnis Π ist,

$$h_{\mathrm{ad}} \sim T_1 \cdot \Pi$$

und die Ansaugetemperatur von Stufe zu Stufe als Folge der Verdichtung zunimmt

$$h_{\mathrm{ad}_{\mathrm{St}}} \sim T_{1_{\mathrm{I}}} \cdot \Pi_{\mathrm{I}} = T_{1_{\mathrm{II}}} \cdot \Pi_{\mathrm{II}} = T_{1_{\mathrm{III}}} \cdot \Pi_{\mathrm{III}} = \cdots$$

nehmen mit wachsender Stufenzahl die Stufendruckverhältnisse, selbst bei konstant bleibender Umfangsgeschwindigkeit u_2 ab, also

$$\Pi_{\mathrm{I}} > \Pi_{\mathrm{II}} > \Pi_{\mathrm{III}} > \cdots \tag{250}$$

Man kann nun annehmen, daß die Abstufung der Laufraddurchmesser nach einer Exponentialfunktion erfolgt, deren Basis gleich der Stufenzahl z des Verdichters und deren Exponent zunächst unbekannt ist, also

$$\frac{D_{2z}}{D_{2\mathrm{I}}} = z^x. \tag{251}$$

Einen ersten Anhalt für die erforderliche Stufenzahl z kann man nun Abb. 50 entnehmen. Damit erhält man aus Gl. (251)

$$x = \frac{\log\left(\dfrac{D_{2z}}{D_{2\mathrm{I}}}\right)}{\log z}. \tag{251a}$$

Bei kleinen Verdichtungsverhältnissen je Stufe ist auch die Änderung der spezifischen Volumina klein, weshalb man entsprechend Gl. (247) den Außendurchmesser D_2 über alle Stufen konstant lassen kann (Gasgebläse). Dem bei der Verdichtung abnehmenden Durchflußvolumen wird in diesem Fall durch entsprechende Anpassung der Laufradaustrittsbreiten Rechnung getragen, also

$$b_{1\mathrm{I}} : b_{1\mathrm{II}} : b_{1\mathrm{III}} : \cdots = b_{2\mathrm{I}} : b_{2\mathrm{II}} : b_{2\mathrm{III}} : \cdots = v_1 : v_2 : v_3 : \cdots \tag{252}$$

Bei *geometrischer* und *dynamischer* Ähnlichkeit müssen die Stufendruckverhältnisse Π_{St} für alle z-Stufen gleich sein, also

$$\Pi_{\mathrm{St}} = \sqrt[z]{\Pi_{\mathrm{tot}}}; \tag{253}$$

da nun die Stufenförderhöhe $h_{\mathrm{ad}_{St}}$ eine Funktion der jeweiligen Ansaugetemperatur T_1 und des Druckverhältnisses $\varPi_{St}$ ist, nehmen die Förderhöhen mit wachsender Stufenzahl zu

$$h_{\mathrm{ad}_I} < h_{\mathrm{ad}_{II}} < h_{\mathrm{ad}_{III}} < \cdots, \tag{254}$$

ebenso die Druckzahlen $\psi_{St} = \dfrac{2g \cdot h_{\mathrm{ad}_{St}}}{u_2^2}$,

also

$$\psi_I < \psi_{II} < \psi_{III} < \cdots \tag{255}$$

Bei dynamischer und geometrischer Ähnlichkeit muß weiterhin

$$\frac{c_{m_2}}{w_s} = \frac{\dot{V}_2}{\pi \cdot D_2 \cdot b_2 \cdot w_s} = \mathrm{const}$$

sein. Da $w_s = \mathrm{const}\,\sqrt{T}$ und bei geometrischer Ähnlichkeit $b_2 = \mathrm{const}\,D_2$ ist, folgt

$$\frac{c_{m_2}}{w_s} = \mathrm{const} \cdot \frac{\dot{V}_2}{D_2^2 \cdot \sqrt{T}}\,;$$

für alle Stufen muß also die Bedingung erfüllt sein

$$\left(\frac{\dot{V}_2}{D_2^2 \cdot \sqrt{T}}\right)_I = \left(\frac{\dot{V}_2}{D_2^2 \cdot \sqrt{T}}\right)_{II} = \mathrm{const} \tag{256}$$

oder

$$\left(\frac{D_{2I}}{D_{2II}}\right)^2 = \frac{\dot{V}_{2I}}{\dot{V}_{2II}}\,\frac{(\sqrt{T})_{II}}{(\sqrt{T})_I}\,. \tag{256a}$$

Bei der Abstufung der Laufräder muß letzten Endes noch der Einfluß der Radreibung beim mehrstufigen Verdichter berücksichtigt werden. Entsprechend Gl. (54a) ist die Reibungsleistung der Normalstufe

$$N_r = \mathrm{const} \cdot \gamma \cdot u_2^3 \cdot D_2^2,$$

also für den mehrstufigen Verdichter

$$N_{r_{\mathrm{tot}}} = \mathrm{const} \cdot \sum_1^z \gamma \cdot u_2^3 \cdot D_2^2. \tag{257}$$

Eine geometrische und dynamische Ähnlichkeit aller Stufen wird nicht immer zu verwirklichen sein, in gewissen Fällen ist sie nicht einmal erwünscht, insbesondere dann, wenn als Folge des MACHzahleinflusses eine zu große Wirkungsgradabminderung eintritt. In solchen Fällen ist es zweckmäßig, von den Ähnlichkeitsbedingungen abzuweichen und jede Stufe für ihre Optimalbedingungen auszulegen, wobei als Ausgangspunkt die dimensionslose Drehzahl $\Re_n$ dient.

Im allgemeinen sind bei der Auslegung eines Kompressors das Ansaugevolumen $\dot{V}_1$ [m³/s] bzw. der Durchsatz $\dot{G}$ [kg/s] und das Druckverhältnis $\varPi_{\mathrm{tot}}$ bzw. die adiabatische Förderhöhe H_{ad} [mkg/kg] bekannt. Besteht darüber hinaus für die Verdichterdrehzahl ein Anhalt oder eine Vorgabe, so kann hiermit die dimensionslose Drehzahl

$$\Re_n = 6{,}33 \cdot \frac{n}{1000} \sqrt{\frac{\dot{V}_1}{H_{\mathrm{ad}}^{\frac{3}{2}}}}\ [-]$$

berechnet und mit Hilfe von Abb. 50 eine erste Abschätzung der erforderlichen Stufenzahl vorgenommen werden. Bildet man nunmehr mit dem Ein- bzw. Austrittsvolumen die dimensionslose Stufendrehzahlen $\Re_{n_I}$ und $\Re_{n_z}$ der ersten und letzten Stufe, so können die diesen dimensionslosen Drehzahlen zugeordneten Optimalwerte aus Abb. 388 entnommen werden. Bei der Berechnung von $\Re_{n_I}$ und $\Re_{n_z}$ wird man beim Vorentwurf zur Berücksichtigung der Volumenänderung für die erste Stufe eine Stufenförderhöhe $h_{\mathrm{ad}_I} \approx (1{,}1 \div 1{,}2) \cdot \dfrac{H_{\mathrm{ad}}}{z}$ und für die letzte Stufe eine Förderhöhe $h_{\mathrm{ad}_z} \approx (0{,}8 \div 0{,}9) \cdot \dfrac{H_{\mathrm{ad}}}{z}$ der Rechnung zugrunde legen. Trägt man nun h_{ad_I} und h_{ad_z} im i-s-Diagramm ein, dann lassen sich durch sinnvolle Einteilung der Verbindungslinie zwischen erster und letzter Stufe im i-s-Diagramm die übrigen Verdichterstufenförderhöhen ermitteln.

Das Diagramm Abb. 388 kann auch mit Vorteil zur Durchführung von Optimalbetrachtungen angewendet werden, wenn entweder die Drehzahl nicht vorgegeben ist, oder der Einfluß der Stufenzahl auf Bauaufwand und Wirkungsgrad untersucht werden soll. Hierbei bestimmt man sowohl für verschiedene angenommene Drehzahlen als auch für verschiedene Stufenzahlen die $\Re_n$-Zahlen der ersten und letzten Stufe und kann dann durch entsprechendes Auftragen der interessierenden Größen die gewünschte Optimallösung finden.

b) Wirtschaftliche Gesichtspunkte

Bei einer Abstufung der Laufräder nach einer Exponentialfunktion erhält man zwar für jede Stufe den optimalen Wirkungsgrad, aber jede einzelne Stufe ist in ihren Abmessungen verschieden, weshalb ein derartig gebauter vielstufiger Kompressor wesentlich teuerer ist als ein Verdichter mit durchweg gleichen Laufrädern oder Laufrädern mit gleichen Durchmessern $(D_1; D_2)$, gleicher Schaufelform aber verschiedenen Laufradbreiten b_1; b_2 zur Anpassung an das jeweilige Durchflußvolumen.

Unter Berücksichtigung strömungstechnischer und wirtschaftlicher Gesichtspunkte wird vielfach bei der Auslegung eines mehrstufigen Radialverdichters eine Kompromißlösung vorgenommen, wobei der Verdichter aus mehreren Stufengruppen besteht, von denen zwei bis drei Einzelstufen zu einer Stufengruppe zusammengefaßt und dann diese Einzelstufen zumindest mit gleichen Durchmessern gebaut werden können.

Letzten Endes ist für die Beurteilung einer Auslegung auch der Bauaufwand, dargestellt durch den umbauten Raum, von Interesse, da hierdurch der Preis eines Verdichters ebenfalls mitbestimmt wird. Zur Abschätzung des Bauaufwandes kann man annehmen, daß der größte Durchmesser des vom Gas durchströmten Teiles eines Verdichters unter Berücksichtigung des beschaufelten bzw. unbeschaufelten Diffusors und des Umlenkkanals etwa das Doppelte des Laufraddurchmessers D_2 beträgt, während die axiale Erstreckung einer Normalstufe, bestehend aus Eintrittskrümmer, Lauf- und Leitrad und Rückführkanal, etwa der dreifachen Schaufelbreite b_1 am Eintrittsdurchmesser D_1 entspricht. Unter diesen Annahmen beträgt der umbaute Raum einer Einzelstufe

$$A_{St} \approx \pi \cdot D_2^2 \cdot 3 b_1.$$

Nach Gl. (88 b) ist

$$b_1 \approx \frac{D_1}{5},$$

damit also

$$A_{St} \approx \frac{3}{5} \cdot \pi \cdot \frac{D_1}{D_2} \cdot D_2^3 \, [\mathrm{m}^3]. \tag{258}$$

Unter Annahme mittlerer Abmessungen erhält man damit für den z-stufigen Verdichter

$$A \approx \frac{3}{5} \cdot \pi \left(\frac{\overline{D_1}}{D_2} \right) \left(\frac{D_{2\mathrm{I}} + D_{2z}}{2} \right)^3 \cdot z \, [\mathrm{m}^3], \tag{259}$$

wobei $\left(\dfrac{\overline{D_1}}{D_2} \right)$ ein Mittelwert für das Durchmesserverhältnis ist.

2. Rechnungsbeispiel

Die Fördermenge am Eintritt in einen mehrstufigen Radialverdichter betrage $\dot{V}_1 = 3 \ \mathrm{m^3/s}$ Luft. Bei einem Ansaugedruck $p_{1_{tot}} = 1 \ \mathrm{kg/cm^2}$ und einer Ansaugetemperatur $T_{1_{tot}} = 288 \ °\mathrm{K}$ soll das Gesamtdruckverhältnis des Verdichters $\Pi_{tot} = 6{,}10$ betragen. Aus Rechentafel 6 erhält man hierfür $\dfrac{H_{ad}}{R \cdot T_1} = 2{,}375$, also

$$H_{ad} = 29{,}27 \cdot 288 \cdot 2{,}375 = 20\,000 \ \frac{\mathrm{mkg}}{\mathrm{kg}}.$$

Schätzt man zunächst den Erhitzungsverlust $f = 6\%$, dann ist

$$\Sigma \, h_{ad_{St}} = (1 + f) H_{ad} = 1{,}06 \cdot 20\,000 = 21\,200 \ \frac{\mathrm{mkg}}{\mathrm{kg}}.$$

Die mittlere Stufenförderhöhe ist

$$\overline{h_{ad}} = \frac{\Sigma \, h_{ad_{St}}}{z},$$

damit ist die dimensionslose Drehzahl der Stufe I

$$\Re_{n_\mathrm{I}} = 6{,}33 \cdot \frac{n}{1000} \sqrt{\frac{\dot{V}_1}{h_{\mathrm{ad}_\mathrm{I}}^{\frac{3}{2}}}} = 6{,}33 \cdot \frac{n}{1000} \sqrt{\frac{3}{h_{\mathrm{ad}_\mathrm{I}}^{\frac{3}{2}}}} = 11 \frac{\left(\dfrac{n}{1000}\right)}{\sqrt{h_{\mathrm{ad}_\mathrm{I}}^{\frac{3}{2}}}},$$

wobei $h_{\mathrm{ad}_\mathrm{I}} \approx (1{,}1 \div 1{,}2)\, \overline{h_{\mathrm{ad}}}$ ist.

Schätzt man nun den inneren adiabatischen Wirkungsgrad des Verdichters zu $\eta_{i_\mathrm{ad}} = 0{,}8$, dann ist

$$\Delta T = \frac{H_\mathrm{ad}}{c_p^* \cdot \eta_{i_\mathrm{ad}}} = \frac{20\,000}{102{,}3 \cdot 0{,}8} = 244°,$$

also

$$T_{2\mathrm{tot}} = 532\,°\mathrm{K}; \qquad p_{2\mathrm{tot}} = 61\,000\ \mathrm{kg/m^2};$$

$$v_{2\mathrm{tot}} = \frac{R \cdot T_{2\mathrm{tot}}}{p_{2\mathrm{tot}}} = \frac{29{,}27 \cdot 532}{61\,000} = 0{,}254\ \mathrm{m^3/kg}; \qquad \dot{V}_2 = \dot{V}_1 \cdot \frac{v_2}{v_1} = 3 \cdot \frac{0{,}254}{0{,}845} = 0{,}9\ \mathrm{m^3/s}.$$

Die dimensionslose Drehzahl der letzten Stufe ist dann

$$\Re_{n_z} = 6{,}33 \cdot \frac{n}{1000} \sqrt{\frac{\dot{V}_z}{h_{\mathrm{ad}_z}^{\frac{3}{2}}}} = 6{,}33 \cdot \frac{n}{1000} \sqrt{\frac{0{,}9}{h_{\mathrm{ad}_z}^{\frac{3}{2}}}} = 6 \cdot \frac{\left(\dfrac{n}{1000}\right)}{\sqrt{h_{\mathrm{ad}_z}^{\frac{3}{2}}}},$$

wobei $h_{\mathrm{ad}_z} \approx (0{,}8 \div 0{,}9)\, \overline{h_{\mathrm{ad}}}$ ist.

Bei der Berechnung der dimensionslosen Drehzahl der letzten Stufe wurde der Einfachheit wegen das Austrittsvolumen eingesetzt; für den gewünschten ersten Überblick genügt aber in der Regel der dargestellte Rechnungsgang. Die weitere Rechnung erfolgt zweckmäßigerweise tabellarisch, wobei sowohl die Drehzahl n als auch die Stufenzahl z variiert werden soll. Tab. 22 zeigt als Beispiel die Rechnungsergebnisse für $n = 8000$ U/min.

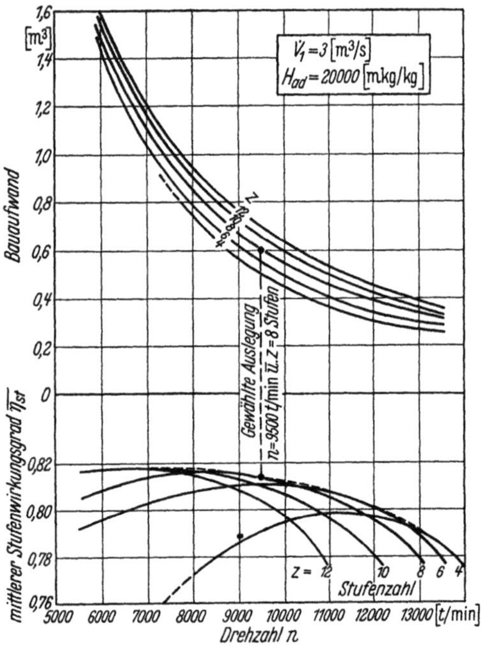

Sind die dimensionslosen Drehzahlen und die Hauptabmessungen für die erste und letzte Stufe des Verdichters bestimmt, dann erhält man als mittleren Stufenwirkungsgrad

$$\overline{\eta}_\mathrm{St} = \frac{h_{\mathrm{ad}_\mathrm{I}} \cdot \dfrac{\eta_{\mathrm{St}_\mathrm{I}}}{\eta_\mathrm{vol}} + h_{\mathrm{ad}_z} \cdot \dfrac{\eta_{\mathrm{St}_z}}{\eta_\mathrm{vol}}}{h_{\mathrm{ad}_\mathrm{I}} + h_{\mathrm{ad}_z}} \,\eta_\mathrm{vol}.$$

Für das Rechnungsbeispiel ist $\eta_\mathrm{vol} = 0{,}98$ angenommen. Nunmehr wird mit Gl. (259) der erforderliche Bauaufwand berechnet. Für das Rechnungsbeispiel ist in Abb. 444 die Abhängigkeit des mittleren Stufenwirkungsgrades und des Bauaufwandes von der Verdichterdrehzahl dargestellt. Vor allem erkennt man in Abb. 444 den erheblichen Einfluß der Drehzahl auf den Bauaufwand, während der Stufenwirkungsgrad von der Verdichterdrehzahl weniger stark beeinflußt wird. Niedere Verdichterdrehzahlen haben zwar optimale mittlere Stufenwirkungsgrade zur Folge, erfordern aber großen Bauaufwand und demzufolge erhöhte Kosten. Bei Drehzahlen $n \geqq 11\,000$ U/min sinkt der Wirkungsgrad, ohne daß sich der Bauaufwand im gleichen Maße verkleinert.

Mit Hilfe von Abb. 444 macht man nun einen zweckdienlichen Kompromiß zwischen Bauaufwand einerseits und Wirkungsgrad andererseits. Für das Rechnungsbeispiel soll demzufolge festgelegt werden:

Abb. 444. Abhängigkeit des Bauaufwandes und des mittleren Stufenwirkungsgrades von der Verdichterdrehzahl (Rechnungsbeispiel)

$$n = 9500\ \mathrm{U/min}; \qquad z = 8.$$

Für die Berechnung des Verdichters liegen damit folgende Angaben vor:

$$\Pi_\mathrm{tot} = 6{,}10; \qquad \dot{V}_1 = 3\ \mathrm{m^3/s}; \qquad \overline{\eta}_\mathrm{St} = 0{,}815; \qquad z = 8; \qquad n = 9500\ \frac{\mathrm{Umdr.}}{\mathrm{min}}.$$

Aus Abb. 77 erhält man als Erhitzungsfaktor $f_\infty = 0{,}072$ und damit

$$f = f_\infty \left(1 - \frac{1}{z}\right) = 0{,}072\left(1 - \frac{1}{8}\right) = 0{,}063,$$

$$\sum h_{\mathrm{ad}_\mathrm{St}} = H_\mathrm{ad}(1 + f) = 20\,000 \cdot 1{,}063 = 21\,250\ \frac{\mathrm{mkg}}{\mathrm{kg}}.$$

Tabelle 22. *Variationsrechnung für einen vielstufigen Radialverdichter (Rechnungsbeispiel)*

$$\sum h_{ad} = 21\,200\ \frac{\text{mkg}}{\text{kg}} \qquad w_{s_I} = 340\ \text{m/s}$$

1	2	3	4	5	6	7	8	9	10	11	12	13	14	15	16	17	18
n gewählt	z	$\bar{h}_{ad} = \dfrac{\sum h_{ad}}{z}$	$h_{ad_I} \approx 1{,}15 \cdot \bar{h}_{ad}$	$\sqrt{h_{ad_I}^{3/2}}$	$\Re_{n_I}$	φ_I	ψ_I	$(\eta_{St_0}/\eta_{vol})_I$	$(D_1/D_2)_I$	$u_{2_I} = \sqrt{\dfrac{2g\,h_{ad_I}}{\psi_I}}$	$\dfrac{u_{2_I}}{w_{s_I}}$	M	k	$(\eta_{St}/\eta_{vol})_I$ = ⑨·⑭	D_{2_I} [m]	$h_{ad_z} \approx 0{,}85\,\bar{h}_{ad}$	$\sqrt{h_{ad_z}^{3/2}}$
8000	4	5300	6100	690	0,128	0,024	1,30	0,82	0,375	303	0,89	0,385	0,995	0,816	0,725	4500	548
	6	3500	4000	504	0,175	0,041	1,20	0,84	0,440	256	0,75	0,385	0,995	0,835	0,610	3000	405
	8	2650	3000	405	0,217	0,052	1,10	0,845	0,490	237	0,70	0,385	0,995	0,840	0,565	2300	332
	10	2120	2400	344	0,256	0,066	1,00	0,835	0,520	217	0,640	0,385	0,995	0,830	0,577	1800	277
	12	1770	2000	298	0,295	0,075	0,90	0,825	0,540	209	0,615	0,385	0,995	0,820	0,473	1500	241

Tabelle 22. *(Fortsetzung)*

$$\eta_{vol} = 0{,}98$$

19	20	21	22	23	24	25	26	27	28	29	30	31	32	33	34	35
$\Re_{n_z}$	φ_z	ψ_z	$(\eta_{St_0}/\eta_{vol})_z$	$(D_1/D_2)_z$	u_{2z} [m/s]	D_{2z} [m]	$h_{ad_I} + h_{ad_z}$	$h_{ad_I} \cdot \left(\dfrac{\eta_{St}}{\eta_{vol}}\right)_I$	$h_{ad_z} \cdot \left(\dfrac{\eta_{St}}{\eta_{vol}}\right)_z$	㉗ + ㉘	$\eta_{St} = 0{,}98 \cdot \dfrac{㉖}{㉙}$	$2\bar{D}_2 = ⑯ + ㉕$	$F_m = \dfrac{\pi}{4} \cdot ㉛^2$	$\left(\dfrac{D_1}{D_2}\right)_m = \dfrac{⑩ + ㉓}{2}$	$l_{Stufe} \approx 0{,}3 \cdot ㉛ \cdot ㉝$	$A \approx ㉜ \cdot ㉞ \cdot z$ [m³]
0,088	0,015	1,35	0,75[1]	0,300	256	0,611	10600	4980	3370	8350	0,773	1,336	1,400	0,338		0,755
0,107	0,018	1,35	0,805	0,340	209	0,500	7000	3340	2420	5760	0,806	1,110	0,970	0,390		0,785
0,145	0,0275	1,20	0,825	0,390	194	0,464	5300	2520	1900	4420	0,818	1,029	0,830	0,440	0,135	0,895
0,173	0,040	1,20	0,840	0,440	171	0,409	4200	1990	1570	3500	0,816	0,926	0,675	0,480		0,912
0,199	0,045	1,10	0,845	0,460	164	0,391	3500	1640	1270	2910	0,815	0,864	0,588	0,500		0,950

[1] geschätzt

Tabelle 23. *Entwurfsrechnung für den achtstufigen Radialverdichter (Rechnungsbeispiel)*

$$\overline{h}_{ad} = 2660 \left[\frac{mkg}{kg}\right] \qquad\qquad \eta_{vol} = 0{,}98$$

1	2	3	4	5	6	7	8	9	10	11	12	13	14	15	16	17	18	19	20	21	22
Stufe	a [—]	$h_{adSt}=a\cdot\overline{h}_{ad}$ $\left[\frac{mkg}{kg}\right]$	v_{St} [m³/kg] Abb. 445	v_{St}/v_I [—]	$\dot V_{St}=⑤\cdot\dot v_1$ [m³/s]	$\sqrt{\dot V_{St}}$	$\sqrt[4]{h_{adSt}^{3/2}}$	$\Re_n=60\cdot\dfrac{⑦}{⑧}$	φ	ψ	$\dfrac{\eta_{St}}{\eta_{vol}}$	$\dfrac{D_1}{D_2}$	$u_2=\sqrt{\dfrac{2g\cdot h_{adSt}}{\psi}}$	D_2 [m]	$\widetilde{\Delta t}\approx\dfrac{h_{adSt}}{102{,}3\cdot\eta_{St}/\eta_{vol}}$	$\widetilde{T}_1$ [°K]	w_{s_1} [m/s] $=20\sqrt{T_1}$	$\dfrac{u_2}{w_{s_1}}$	$M\approx1{,}15\cdot\dfrac{D_1}{D_2}⑲$	k (Abb. 446)	$\eta_{St}=0{,}98\cdot k\cdot⑫$
I	1,15	3050	0,845	1	3,00	1,73	410	0,254	0,067	1,00	0,834	0,525	244	0,490	36°	288	340	0,72	0,435	0,98	0,800
II	1,10	2920	0,675	0,800	2,40	1,55	398	0,234	0,058	1,04	0,840	0,500	234	0,470	34°	324	360	0,65	0,375	0,995	0,820
III	1,05	2780	0,550	0,650	1,95	1,40	382	0,220	0,053	1,07	0,843	0,490	226	0,455	32°	358	380	0,595	0,335	1	0,825
IV	1,00	2660	0,465	0,550	1,65	1,28	372	0,207	0,048	1,10	0,845	0,475	218	0,438	31°	390	395	0,555		1	0,828
V	1,00	2660	0,400	0,475	1,43	1,20	372	0,194	0,044	1,12	0,843	0,455	216	0,435	31°	421	410	0,525		1	0,826
VI	0,95	2520	0,350	0,415	1,25	1,12	354	0,19	0,044	1,12	0,843	0,455	210	0,423	29°	452	425	0,495		1	0,826
VII	0,90	2400	0,315	0,370	1,08	1,04	344	0,182	0,040	1,15	0,840	0,445	202	0,406	28°	481	440	0,46		1	0,823
VIII	0,85	2260	0,288	0,340	0,99	0,995	328	0,182	0,040	1,15	0,840	0,445	196	0,394	27°	509	450	0,435		1	0,823

$$\Sigma h_{adSt} = 21\,250 \left[\frac{mkg}{kg}\right] \qquad\qquad \eta_{i_{ad\,Kompr.}} = \frac{H_{ad}}{\Sigma h_{adSt}/\eta_{St}} = 0{,}775$$

Hiermit beträgt die Temperatur am Austritt aus dem Verdichter

$$T_{2\,\mathrm{tot}} = T_{1\,\mathrm{tot}} + \Delta T_{\mathrm{tot}} = T_{1\,\mathrm{tot}} + \frac{\Sigma\, h_{\mathrm{ad}\,\mathrm{St}}}{c_p^* \cdot \bar{\eta}_{\mathrm{St}}} = 288 + \frac{21\,250}{102{,}3 \cdot 0{,}815} = 542\ {}^\circ\mathrm{K}.$$

Überträgt man den Ein- und Austrittszustand in ein i-s-Diagramm, so können unter Vorgabe einer vorläufigen Aufteilung der Stufenförderhöhen die spezifischen Volumina am Eintritt in jeder Stufe bestimmt werden (Abb. 445). Die weitere Rechnung geht wieder von der jeweiligen Stufen-$\Re_n$-Zahl aus (Tab. 23),

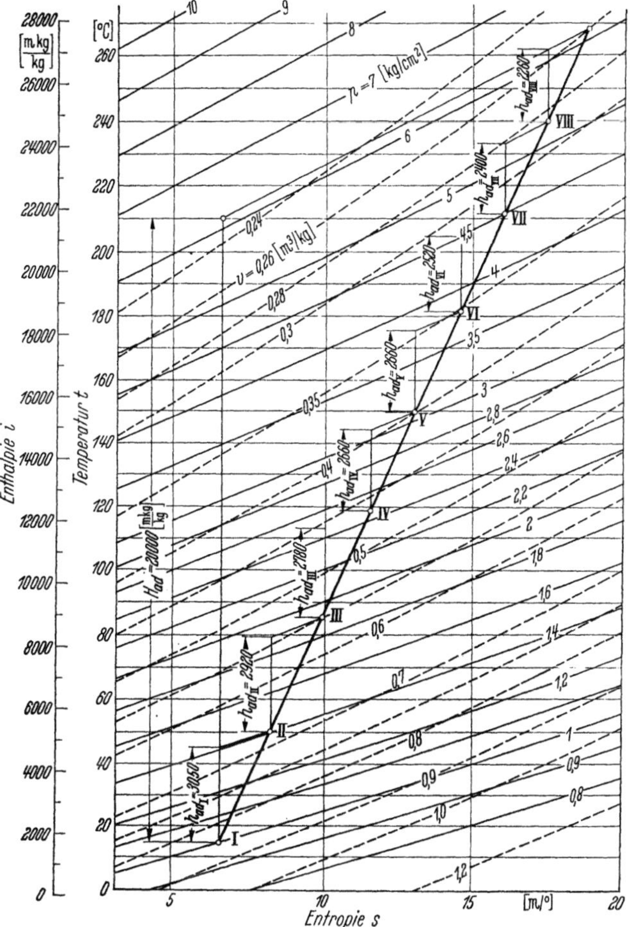

Abb. 445. Vorläufige Aufteilung der Stufenförderhöhen im i-s-Diagramm (Rechnungsbeispiel)

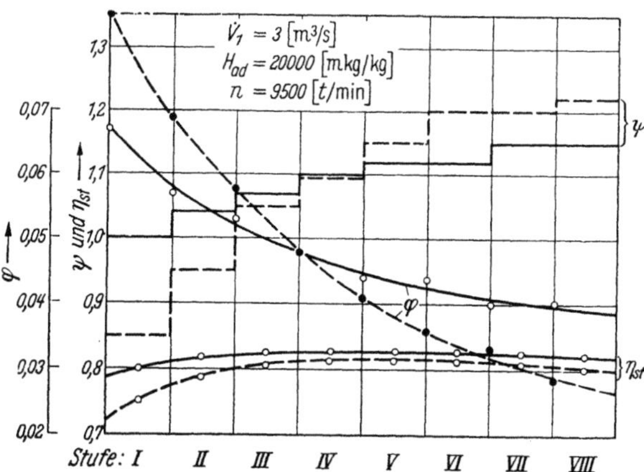

Abb. 447. Lieferzahl φ, Stufendruckzahl ψ und Stufenwirkungsgrad η_{St} für die acht Stufen des Rechnungsbeispieles
——— abgestufte Laufraddurchmesser,
– – – – gleichbleibender Laufraddurchmesser in allen Stufen

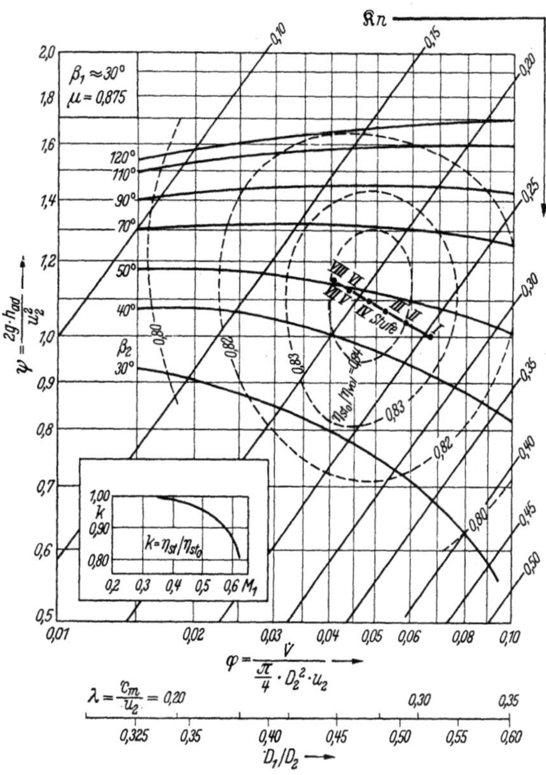

Abb. 446. Bestimmung der Optimalwerte für φ, ψ, $\eta_{\mathrm{St}}/\eta_{\mathrm{vol}}$ und D_1/D_2 für die dimensionslosen Kennzahlen $\Re_n$ der acht Verdichterstufen (Rechnungsbeispiel)

womit aus dem Auslegungsdiagramm Abb. 388 die optimalen Kenngrößen festgelegt werden können (Abb. 446). In Abb. 447 sind die kennzeichnenden dimensionslosen Kenngrößen φ, ψ und η_{St} für die Stufen I bis VIII entsprechend der Auslegung nach Tab. 23 dargestellt.

Würde man sämtliche Stufen mit einer konstanten optimalen $\Re_n$-Zahl auslegen, z. B. $\Re_n = 0{,}22$, also $\varphi = 0{,}05$ und $\psi = 1{,}1$, dann wäre die erste Verdichterstufe zu stark, die letzte Stufe dagegen zu wenig belastet. Da sich die Eintritts-MACHzahl nur unwesentlich ändert, tritt der durch diesen Einfluß abgeminderte Wirkungsgrad der ersten Stufen bei der Gesamtwirkungsgradbetrachtung viel stärker in Erscheinung. Zweckmäßiger ist es, bei der endgültigen Auslegung des Kompressors von dem in Abb. 446 als zweite Abszisse angegebenen optimalen Durchmesserverhältnis abzugehen und die Eintritts-MACHzahl in der I. Stufe durch Änderung des Eintrittsdurchmessers zu senken. Durch diese Maßnahme, d. h. durch Änderung von D_1/D_2 wird zwar $\eta_{\mathrm{St_0}}/\eta_{\mathrm{vol}}$ verkleinert, gleichzeitig aber der Wirkungsgradkorrekturfaktor k vergrößert. Der günstigste Kompromiß kann an Hand von Abb. 446 leicht abgeschätzt werden.

Aus Herstellungsgründen wird vielfach eine Ausführung mit konstantem Lauf- und Leitraddurchmesser und gleiche Schaufelform für alle Stufen angestrebt. Hierdurch werden die Laufrad- und Deckscheiben aller Stufen gleich, wobei jedoch eine gewisse Wirkungsgradeinbuße in Kauf genommen werden muß.

Tab. 24 zeigt eine vorentwurfsmäßige Durchrechnung für das vorliegende Beispiel unter der Voraussetzung gleichartiger Laufräder für alle Stufen. Der Rechnung lag hierbei ein Durchmesserverhältnis $D_1/D_2 = 0,50$ und ein Schaufelaustrittswinkel $\beta_2 = 45°$ zugrunde. Schätzt man die hierbei erzielbare Druckzahl vorerst zu $\psi = 1,05$, so ergibt sich eine erforderliche Umfangsgeschwindigkeit

$$u_2 = \sqrt{\frac{2g \cdot \overline{h}_{\mathrm{ad}}}{\psi}} = \sqrt{\frac{2g \cdot 2650}{1,05}} = 223 \,[\mathrm{m/s}].$$

Der Laufradaußendurchmesser wird somit

$$D_2 = \frac{60 \cdot u_2}{\pi \cdot n} = \frac{60 \cdot 223}{\pi \cdot 9500} = 0,448 \,\mathrm{m}.$$

Mit diesen Werten ergibt sich die für die Wirkungsgradrechnung notwendige Lieferzahl in Abhängigkeit vom Eintrittsvolumen in die jeweilige Stufe

$$\varphi_{\mathrm{St}} = \frac{\dot{V}_{1\mathrm{St}}}{\dfrac{\pi}{4}\,D_2^2 \cdot u_2} = \frac{\dot{V}_{1\mathrm{St}}}{\dfrac{\pi}{4} \cdot 0,448^2 \cdot 223} = 0,0284 \cdot \dot{V}_{1\mathrm{St}}.$$

Die Wirkungsgradbestimmung selbst kann hiermit an Hand des Diagramms Abb. 386 durchgeführt werden. Die Ergebnisse dieser Rechnung sind in Abb. 447 mit eingetragen.

Tabelle 24. *Berechnung des achtstufigen Radialverdichters mit gleichen Laufraddurchmessern in allen Stufen (Rechnungsbeispiel)*

$$h_{\mathrm{ad}\,\mathrm{St}} = 2\,660 \left[\frac{\mathrm{mkg}}{\mathrm{kg}}\right] \qquad\qquad \eta_{\mathrm{vol}} = 0,98$$

1	2	3	4	5	6	7	8	9	10	11	12	13	14
Stufe	$\dot{V}$ [m³/s]	$\varphi = 0,0284\,\dot{V}$	β_1	λ	$\psi_{\mathrm{korr.}}$	$\eta_{\mathrm{St}}/\eta_{\mathrm{vol}}$	$\lambda^2 + \left(\dfrac{D_1}{D_2}\right)^2$	$\widetilde{T}_1$ [°K]	w_{s_1} [m/s]	$\dfrac{u_2}{w_{s_1}}$	$M_1 = \sqrt{1 + \frac{8}{\Pi}}$	k	η_{St}
I	3,00	0,085	40°	0,41	0,85	0,810	0,42	288	340	0,656	0,525	0,95	0,755
II	2,44	0,069	35°	0,34	0,95	0,830	0,37	319	357	0,625	0,480	0,97	0,790
III	2,02	0,0575	29°	0,28	1,05	0,840	0,33	350	374	0,595	0,440	0,985	0,810
IV	1,70	0,0483	25°	0,24	1,10	0,840	0,31	381	390	0,572	0,420	0,990	0,815
V	1,45	0,041	22,5°	0,21	1,15	0,838	0,29	412	406	0,555	0,400	0,992	0,815
VI	1,27	0,036	20°	0,175	1,20	0,833	0,28	443	421	0,530	0,385	0,995	0,813
VII	1,16	0,033	18°	0,16	1,20	0,830	0,275	474	435	0,513	0,377	0,997	0,810
VIII	1,00	0,0284	15°	0,14	1,22	0,820	0,27	505	450	0,495	0,365	1	0,805

$$\overline{\psi} = 1,09 \qquad\qquad \eta_{i_{\mathrm{ad}\,\mathrm{Kompr.}}} = \frac{H_{\mathrm{ad}}}{\sum h_{\mathrm{ad}\,\mathrm{St}}/\eta_{\mathrm{St}}} = 0,755$$

Wie man aus Tab. 24 entnimmt, ändert sich der Eintrittswinkel von $\beta_{1\mathrm{I}} = 40°$ in der ersten Stufe auf $\beta_{1\mathrm{VIII}} = 15°$ in der letzten Stufe, was zur Erzielung stoßfreien Eintritts ein Nacharbeiten der Schaufeleintrittskanten für jede Stufe erforderlich macht. Man kann diese Nacharbeit vermeiden, wenn man den Kompressor zwar mit gleichen Lauf- und Deckscheiben in allen Stufen ausrüstet, aber die Schaufelbreite b dem jeweiligen Durchflußvolumen, zumindest näherungsweise, anpaßt. Wählt man einen bestimmten Schaufelwinkel β_1 am Eintritt, z. B. $\beta_1 = 30°$, so ergibt sich die erforderliche Schaufelbreite b_1 aus

$$\dot{V}_1 = \pi \cdot D_1 \cdot b_1 \cdot c_{m_1} \qquad \text{und} \qquad \tan \beta_1 = \frac{c_{m_1}}{u_1}$$

zu

$$b_1 = \frac{\dot{V}_1}{\pi \cdot D_1 \cdot u_1 \cdot \tan\beta_1} = \frac{\dot{V}_1}{\pi \cdot D_2 \cdot \left(\dfrac{D_1}{D_2}\right)^2 \cdot u_2 \cdot \tan\beta_1} \cdot$$

Das Verhältnis der Schaufelbreiten der ersten zur $n$ten Stufe ist somit

$$\frac{b_1}{b_n} = \frac{\dot{V}_1}{\dot{V}_n} = \frac{v_1}{v_n},$$

wobei v_n das spezifische Volumen am Eintritt in die $n$te Stufe ist. Für das Berechnungsbeispiel ist mit $\beta_1 = 30°$

$$b_{1_{\mathrm{I}}} = \frac{3}{\pi \cdot 0{,}25 \cdot 0{,}448 \cdot 223 \cdot 0{,}577} = 0{,}0665\ \text{m}.$$

Hieraus folgt

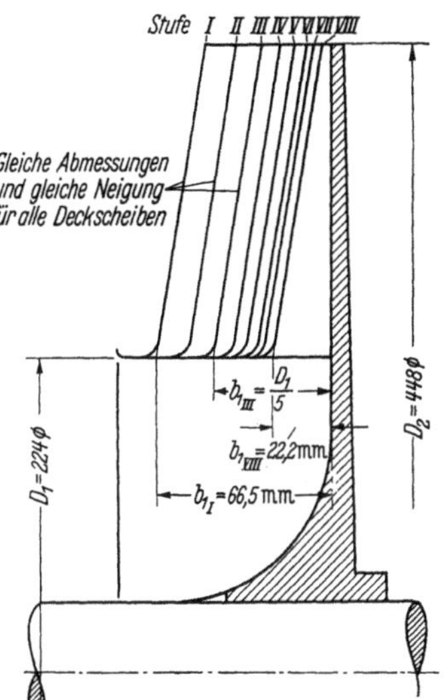

Abb. 448. Laufräder der Stufen I bis VIII mit gleichen Laufrad- und Deckscheiben (Rechnungsbeispiel)

Stufe	$\dot{V}_n/\dot{V}_{1_{\mathrm{I}}}$	b_1 [cm]	D_1/b_1
I	1	6,65	3,37
II	0,813	5,40	4,15
III	0,673	4,47	5
IV	0,567	3,77	5,95
V	0,483	3,21	7
VI	0,423	2,81	8
VII	0,386	2,56	8,75
VIII	0,333	2,22	10,1

Die Austrittsbreite ist durch die gewählte Steigung der Deckscheibe bestimmt. Sie genügt damit natürlich nicht mehr der Forderung nach $c_m =$ const über dem Radius in den einzelnen Stufen. Abb. 448 zeigt die verschiedenen Laufräder entsprechend obiger Rechnung.

Wenngleich diese Auslegungsart die starke Änderung der Meridiangeschwindigkeit innerhalb des Kompressors und vor allem die im Hinblick auf den Wirkungsgrad ungünstigen sehr großen Meridiangeschwindigkeiten in den ersten und sehr kleinen in die letzten Stufen vermeidet, läßt sich doch kaum ein besserer Wirkungsgrad als für die Auslegung mit veränderlichem Schaufelwinkel β_1 erwarten. In den ersten Stufen ergeben sich nämlich sehr große Schaufelbreiten $b_1 > D_1/5$, die keine Beschleunigung im Eintrittskrümmer zulassen und deshalb Strömungsablösungen begünstigen. In den hinteren Stufen hingegen wird $b_1 \ll D_1/5$, was zu sehr engen Kanälen und damit zu hohen Reibungsverlusten führt.

Um sowohl den strömungstechnischen als auch den wirtschaftlichen Forderungen am besten nachzukommen, ist es zweckmäßig, nicht alle Stufen gleich zu halten, sondern nur einzelne Stufen, etwa zwei bis drei, zu sog. Stufengruppen zusammenzufassen. Die Stufen einer Gruppe können dann in der Weise, wie es vorangehend gezeigt wurde, gleiche Abmessungen bekommen, ohne daß hierbei zu große Wirkungsgradeinbußen zu erwarten sind.

IX. Grenzleistungsverdichter

Für die Aufladung von Verbrennungsmotoren, vor allem aber für die Verdichtung atmosphärischer Luft bei Gasturbinen-Triebwerken kleiner und mittlerer Leistung werden höchstmögliche Stufendruckverhältnisse bei gleichzeitig großen Durchflußmengen und optimalen Wirkungsgraden benötigt, wobei vielfach geringes Eigengewicht und kleinstmöglicher Raumbedarf als zusätzliche Forderungen bestehen.

Große Stufendruckverhältnisse erfordern hohe Umfangsgeschwindigkeiten, weshalb aus Festigkeitsgründen für derartige Grenzleistungsverdichter praktisch ausschließlich Laufräder mit radial endigenden Schaufeln verwendet werden. Die nachstehenden Darlegungen können deshalb auf Ausführungen mit Schaufelwinkeln $\beta_2 = 90°$ beschränkt bleiben. Zur Anpassung an die Anströmverhältnisse sind die Laufschaufeln meist bis in den axialen Einlauf hinein vorgezogen und verwunden (Abb. 449), oder man unterteilt den Rotor in zwei Teile, nämlich in das eigentliche Laufrad mit rein radialen Schaufeln und einen Vorsatzläufer, der mit dem Laufrad fest verbunden wird (Abb. 450). Da hohe Druckverhältnisse und optimale Wirkungsgrade erreicht werden sollen, verwendet man bei Grenzleistungs-Radialverdichtern im allgemeinen einen

Abb. 449. Laufrad eines Grenzleistungs-Radialverdichters mit verwundenen Schaufeleintrittskanten

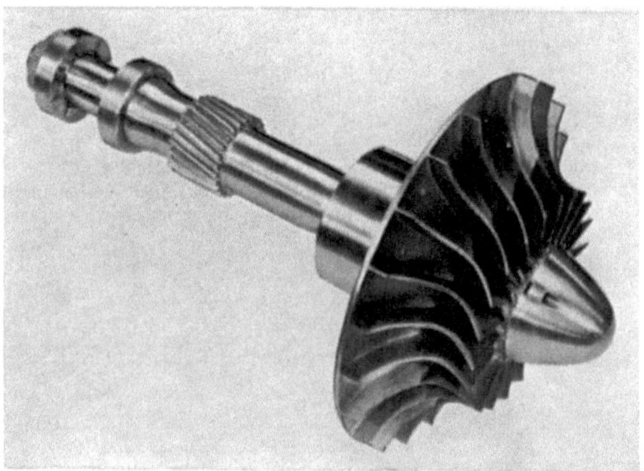

Abb. 450. Laufrad eines einstufigen Radialverdichters mit aufgesetztem Vorsatzläufer (Gebr. Sulzer A.G., Winterthur)

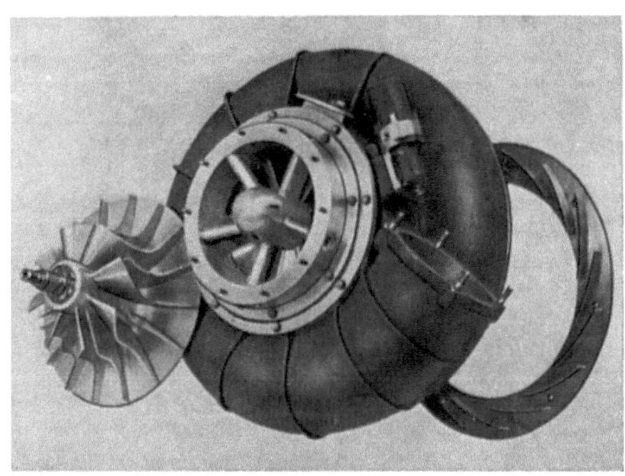

Abb. 451. Grenzleistungsradialverdichter (Turboméca S. A., Bordes [B. P.])

beschaufelten Diffusor (Leitrad) und vielfach eine nachgeschaltete Austrittsspirale (Abb. 451). Wenn dagegen auf ein breites Kennfeld mehr Wert gelegt wird als auf optimalen Wirkungsgrad in einem ganz bestimmten Arbeitsbereich, dann wird der beschaufelte Diffusor durch einen schaufellosen Ringraum ersetzt.

1. Auslegungsgrundlagen für Grenzleistungs-Radialverdichter

Für die Strömung in einem Radialverdichter ergeben sich bei Annäherung der Strömungsgeschwindigkeiten an die Schallgeschwindigkeit ähnliche Grenzbedingungen, wie sie bereits für den Axialverdichter aufgezeigt wurden. Die zu betrachtenden Geschwindigkeiten sind hierbei die relative Eintrittsgeschwindigkeit w_1 am Außenschnitt des Vorsatzläufers, durch die auch weitgehend der mögliche Luftdurchsatz bestimmt wird, und die Absolutgeschwindigkeit am Austritt aus dem Laufrad bzw. Eintritt in das Nachleitrad, die in erster Linie durch das geforderte Druckverhältnis bestimmt ist.

a) Grenzen des Durchsatzes

Zur Vermeidung größerer Wirkungsgradverluste soll analog zu den Ausführungen für Axialverdichter die Relativgeschwindigkeit am Laufradeintritt den Wert

$$M_1 = \frac{w_1}{w_s} \leqq 0,75 \div 0,85 \tag{260}$$

nicht überschreiten. Aus dem Geschwindigkeitsdreieck (Abb. 452) erhält man

$$w_1^2 = c_0^2 + u_1^2$$

und nach Division durch die Schallgeschwindigkeit w_s

$$M_1^2 = M_0^2 + \left(\frac{u_1}{w_s}\right)^2, \tag{261}$$

wenn $M_1 = w_1/w_s$ und $M_0 = c_0/w_s$ die Machzahlen der relativen und absoluten Anströmgeschwindigkeit bedeuten. Die Schallgeschwindigkeit vor dem Laufrad beträgt

$$w_s = \sqrt{g \varkappa R \, T_{1\text{stat}}} = \sqrt{g \varkappa R \, T_0} \cdot \sqrt{\frac{T_{1\text{stat}}}{T_0}} \quad \text{mit} \quad T_0 \equiv T_{1\text{tot}}.$$

Weiterhin ist

$$\frac{T_0}{T_{1\text{stat}}} = 1 + \frac{\varkappa - 1}{2} M_0^2,$$

also

$$w_s = \sqrt{\frac{g \cdot \varkappa \cdot R \cdot T_0}{1 + \dfrac{\varkappa - 1}{2} \cdot M_0^2}} \cdot \tag{262}$$

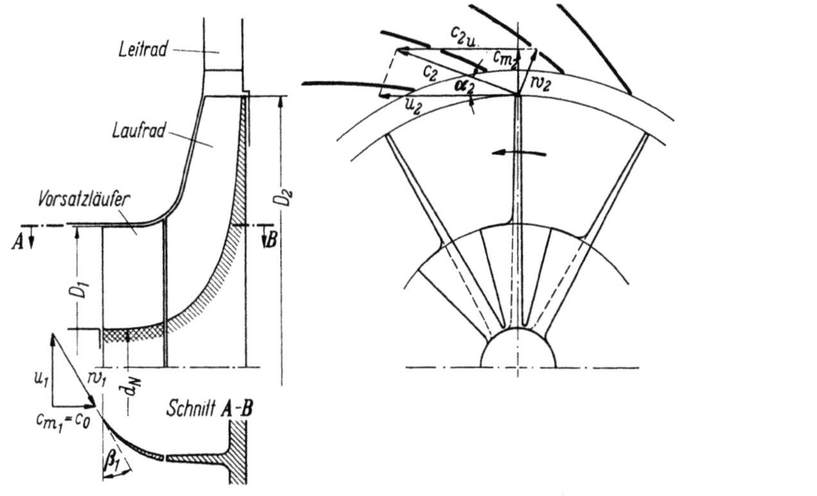

Abb. 452. Schema eines radialen Grenzleistungsverdichters mit getrenntem Vorsatzläufer

Für die zulässige Umfangsgeschwindigkeit des Vorsatzläufers erhält man damit den Ausdruck

$$\left(\frac{u_1}{\sqrt{T_0}}\right)^2 = g \cdot \varkappa \cdot R \cdot \frac{M_1^2 - M_0^2}{1 + \dfrac{\varkappa - 1}{2} \cdot M_0^2} \cdot \tag{263}$$

Übliche Werte für den Nabendurchmesser sind $d_N/D_1 = 0 \div 0{,}3$. Wegen der hohen Umfangsgeschwindigkeiten benötigt man meist verhältnismäßig große Nabendurchmesser, weshalb im folgenden mit $d_N/D_1 = 0{,}25$ gerechnet werden soll. Zur Abkürzung sei

$$\frac{\pi}{4} \left[1 - \left(\frac{d_N}{D_1}\right)^2 \right] = \frac{\pi}{4} \left[1 - 0{,}25^2 \right] = 0{,}735 = \varepsilon \tag{264}$$

gesetzt. Weiterhin ist

$$D_1 = \frac{60}{\pi} \cdot \frac{u_1}{n} \cdot$$

Mit

$$\dot{V}_1 = \frac{\pi}{4} D_1^2 \left[1 - \left(\frac{d_N}{D_1}\right)^2 \right] \cdot c_0,$$

$$= \varepsilon \left(\frac{60}{\pi}\right)^2 \cdot \left(\frac{u_1}{n}\right)^2 \cdot c_0$$

erhält man

$$\frac{n^2 \cdot \dot{V}_1}{T_0^{3/2}} = \varepsilon \cdot \left(\frac{60}{\pi}\right)^2 \cdot \left(\frac{u_1}{\sqrt{T_0}}\right)^2 \cdot \frac{c_0}{w_s} \cdot \frac{w_s}{\sqrt{T_0}},$$

$$= \varepsilon \cdot \left(\frac{60}{\pi}\right)^2 (g \cdot \varkappa \cdot R)^{3/2} \cdot \frac{M_1^2 - M_0^2}{1 + \dfrac{\varkappa - 1}{2} M_0^2} \cdot \frac{M_0}{\sqrt{1 + \dfrac{\varkappa - 1}{2} M_0^2}},$$

$$\frac{n^2 \cdot \dot{V}_1}{T_0^{3/2}} = C \cdot \frac{M_0 (M_1^2 - M_0^2)}{\left(1 + \dfrac{\varkappa - 1}{2} M_0^2\right)^{3/2}} \tag{265}$$

mit der Substitution

$$C = \varepsilon \left(\frac{60}{\pi}\right)^2 (g \, \varkappa \, R)^{3/2} . \tag{266}$$

Für Machzahlen der absoluten Eintrittsgeschwindigkeit $M_0 \lessgtr 0,5$ (größere Werte finden kaum Anwendung) kann man für das auf den statischen Eintrittszustand bezogene Fördervolumen $\dot{V}_1$ näherungsweise schreiben

$$\dot{V}_1 \approx \dot{V}_0 \left(1 + \frac{1}{2} M_0^2\right) = \dot{G} \frac{R \, T_0}{p_0} \left(1 + \frac{1}{2} M_0^2\right), \tag{267}$$

wobei p_0 und T_0 den Gesamtzustand am Verdichtereintritt kennzeichnen. Einsetzen dieses Näherungsausdruckes in die Gl. (265) ergibt für den Durchsatz bzw. die Drehzahl des Verdichters den nur von dem thermischen Zustand vor dem Verdichter und den Eintrittsmachzahlen abhängigen Ausdruck

$$\frac{n^2 \cdot \dot{G}}{p_0 \cdot \sqrt{T_0}} = C_1 \frac{M_0 (M_1^2 - M_0^2)}{\left(1 + \frac{\varkappa - 1}{2} M_0^2\right)^{3/2} \left(1 + \frac{M_0^2}{2}\right)} \quad \text{mit} \quad C_1 = \frac{C}{R} . \tag{268}$$

Für Luft als Strömungsmittel ($R = 29,27$ [m/°] und $\varkappa = 1,40$) hat die Konstante den Wert

$$C_1 = \frac{\varepsilon \cdot \left(\frac{60}{\pi}\right)^2 (g \, \varkappa \, R)^{3/2}}{R} = \frac{0,735 \cdot 3600 (9,81 \cdot 1,4 \cdot 29,27)^{3/2}}{\pi \cdot 29,27} = 7,4 \cdot 10^4 \tag{269}$$

und man erhält schließlich

$$\frac{n}{\sqrt{T_0}} \cdot \sqrt{\dot{G} \frac{\sqrt{T_0}}{p_0}} = 272 \sqrt{\frac{M_0 (M_1^2 - M_0^2)}{(1 + 0,2 M_0^2)^{\frac{3}{2}} \cdot (1 + 0,5 M_0^2)}} . \tag{270}$$

Von Interesse ist neben dem Durchsatz als Funktion der MACHschen Zahlen auch der Eintrittswinkel der Relativgeschwindigkeit, weil er mitbestimmend für den Wirkungsgrad ist. Für β_1 erhält man

$$\sin \beta_1 = \frac{c_0}{w_1} = \frac{M_0}{M_1} . \tag{271}$$

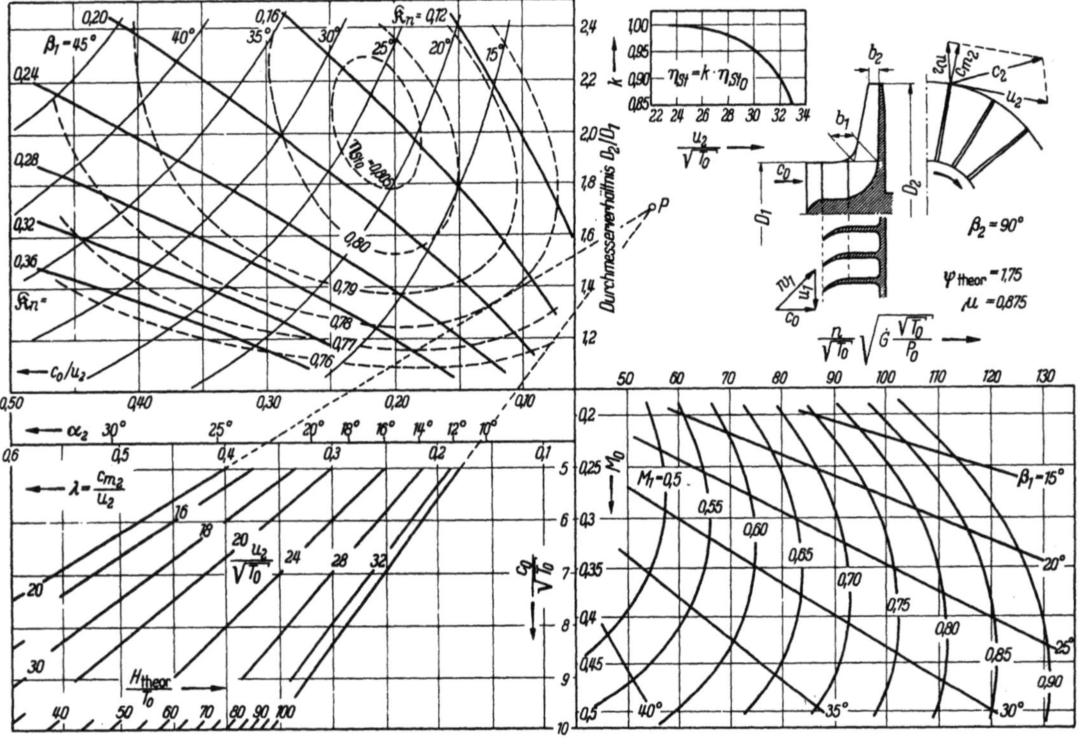

Abb. 453. Auslegungsdiagramm für Grenzleistungs-Radialverdichter

Diese Beziehungen sind in Abb. 453 graphisch dargestellt, und man sieht, daß bei vorgegebener Drehzahl und relativer MACHzahl M_1 der größte Durchsatz bei einem Eintrittswinkel $\beta_1 \approx 30°$ erreicht wird bzw. bei diesem Winkel die kleinste Relativgeschwindigkeit herrscht.

Als unterer Grenzwert für den Eintrittswinkel kann $\beta_{1\text{min}} \approx 15°$ angesehen werden, weil bei noch kleineren Winkeln die erforderliche Umlenkung im Vorsatzläufer übermäßig groß und der Reibungsweg sehr lang wird, hier also ein starkes Ansteigen der Verluste auch bei mäßigen MACHzahlen zu erwarten ist.

b) Grenzen der Förderhöhe

Förderhöhe und Umfangsgeschwindigkeit stehen in dem Zusammenhang

$$H_{\text{theor.}} = \frac{\psi_{\text{theor.}}}{2g} \cdot u_2^2 \left[\frac{\text{mkg}}{\text{kg}} \right],$$

wobei für $\beta_2 = 90°$ und übliche Schaufelzahlen $\psi_{\text{theor.}} = 1,75$ gesetzt werden kann. Die absolute Austrittsgeschwindigkeit aus dem Laufrad beträgt hierbei

$$c_3 = \sqrt{c_{3u}^2 + c_{m_2}^2} = \sqrt{(\mu \cdot u_2)^2 + c_m^2} \approx \mu \cdot u_2, \tag{272}$$

weil im allgemeinen $c_{m_2} \ll u_2$ und die Vernachlässigung von c_{m_2} eine wesentliche Vereinfachung der nachstehenden Herleitung ergibt.

Die Gesamttemperatur nach dem Laufrad berechnet sich zu

$$T_{2\text{tot}} = T_0 + \Delta T_{\text{tot}} = T_0 + \frac{H_{\text{theor.}}}{c_p^*}$$

$$T_{2\text{tot}} = T_0 + B \cdot u_2^2, \tag{273}$$

wenn

$$B = \frac{\psi_{\text{theor.}}}{2g \cdot c_p^*} = \frac{1,75}{2g \cdot 102,3} = 0,87 \cdot 10^{-3} \tag{274}$$

bedeutet.

Die absolute Austrittsgeschwindigkeit wird gleich der Schallgeschwindigkeit hinter dem Laufrad für

$$c_3 = w_{s_2} = \sqrt{g \cdot \varkappa \cdot R \cdot \frac{T_{2\text{stat}}}{T_{2\text{tot}}} \cdot T_{2\text{tot}}},$$

$$\mu \cdot u_2 = \sqrt{\frac{g \cdot \varkappa \cdot R}{1 + \frac{\varkappa - 1}{2}}} \cdot \sqrt{T_0 \left(1 + B \cdot \frac{u_2^2}{T_0} \right)}. \tag{275}$$

Für Luft als Strömungsmittel ist

$$\sqrt{\frac{g \cdot \varkappa \cdot R}{1 + \frac{\varkappa - 1}{2}}} = \sqrt{\frac{9,81 \cdot 1,40 \cdot 29,27}{1,20}} = 18,3,$$

und die Auflösung der obigen Gleichung ergibt

$$\left(\frac{u_2}{\sqrt{T_0}} \right)^2 = \left(\frac{18,3}{\mu} \right)^2 \cdot \left[1 + B \left(\frac{u_2}{\sqrt{T_0}} \right)^2 \right] \tag{276}$$

und mit dem Minderleistungsfaktor $\mu = 0,875$

$$\frac{u_2}{\sqrt{T_0}} = \frac{20,9}{\sqrt{1 - (20,9)^2 \cdot 0,87 \cdot 10^{-3}}} = 26,5 \, [-]. \tag{276a}$$

Setzt man entsprechend der INA eine Ansaugtemperatur $T_0 = 288 \, [°\text{K}]$ voraus, so wird bei einer Umfangsgeschwindigkeit von $u_2 = 26,5 \cdot \sqrt{288} = 450 \, [\text{m/s}]$ am Laufradaustritt die Schallgeschwindigkeit erreicht. Grundsätzlich ist hier ein Überschreiten der Schallgeschwindigkeit, beispielsweise durch eine weitere Erhöhung der Umfangsgeschwindigkeit, möglich, wobei wegen $c_{m_2} \approx w_2 \ll u_2$ auch kein Verstopfen in den Laufradkanälen zu befürchten ist. Andererseits ist aber u. U. mit dem Auftreten von Verdichtungsstößen an den Leitschaufeleintrittskanten zu rechnen, oder zwischen Lauf- und Leitrad ist ein relativ großer Abstand vorzusehen, wenn das Leitrad nicht nach den Gesetzen der Überschallströmung ausgebildet wird. Aus Festigkeitsgründen ist die Umfangsgeschwindigkeit bei den heutigen Scheibenwerkstoffen (DURAL geschmiedet oder hochleg. Stahl) auf etwa $500 \div 520$ [m/s] begrenzt. Die Verwendung von Titan läßt hier noch eine weitere Steigerung erwarten.

c) Verluste und Wirkungsgrade.

Die Verluste eines Radialverdichters, dargestellt durch die Verlustdruckzahlen, berechnen sich nach Abschn. E, IV zu

$$\Delta \psi_{St} = \Sigma \Delta \psi_{verl.} = \Delta \psi_R + \Delta \psi_D + \Delta \psi_r$$

$$= 1{,}56 \left(\frac{D_2}{D_1}\right)^4 \cdot \varphi^2 (\zeta_1 + \zeta_2) + \left(\frac{D_1}{D_2}\right)^2 \cdot \zeta_2 + \frac{\zeta_3}{4} \psi_{theor.}^2 + \frac{2}{10^3} \cdot \frac{1}{\varphi} \ ;$$

dabei ist die Lieferzahl

$$\varphi = \frac{\dot{V}_1}{\frac{\pi}{4} \cdot D_2^2 \cdot u_2} = \left(\frac{D_1}{D_2}\right)^2 \cdot \left[1 - \left(\frac{d_N}{D_1}\right)^2\right] \cdot \frac{c_0}{u_2} \cdot$$

Für $d_N/D_1 = 0{,}25$ wird $1 - (d_N/D_1)^2 = 0{,}9375$. Setzt man wiederum für die Verlustzahlen

$$\zeta_1 = 0{,}10 \qquad \zeta_2 = 0{,}20 \qquad \zeta_3 = 0{,}25$$

ein, so ergibt sich schließlich mit $\psi_{theor.} = 1{,}75$ der Wirkungsgrad einer Grenzleistungs-Radialverdichterstufe zu

$$\frac{\eta_{St}}{\eta_{vol}} = k \cdot \left(1 - \frac{\Sigma \Delta \psi_{verl.}}{\psi_{theor.}}\right)$$

$$= k \left\{1 - \left[\frac{1{,}56 \cdot 0{,}30 \cdot 0{,}88}{1{,}75}\left(\frac{c_0/\sqrt{T_0}}{u_2/\sqrt{T_0}}\right)^2 + \frac{0{,}20}{1{,}75}\left(\frac{D_1}{D_2}\right)^2 + \frac{2 \cdot 10^{-3}}{1{,}75 \cdot 0{,}9375}\left(\frac{D_2}{D_1}\right)^2 \cdot \frac{u_2/\sqrt{T_0}}{c_0/\sqrt{T_0}} + \frac{1{,}75 \cdot 0{,}25}{4}\right]\right\},$$

$$= k \left\{1 - \left[0{,}235 \cdot \left(\frac{c_0/\sqrt{T_0}}{u_2/\sqrt{T_0}}\right)^2 + \frac{1{,}22}{10^3}\left(\frac{D_2}{D_1}\right)^2 \cdot \frac{u_2/\sqrt{T_0}}{c_0/\sqrt{T_0}} + 0{,}114\left(\frac{D_1}{D_2}\right)^2 + 0{,}109\right]\right\} \tag{277}$$

k ist hierin ein empirischer Korrekturfaktor, der den Einfluß der Annäherung der absoluten Laufrad-Austrittsgeschwindigkeit an die Schallgeschwindigkeit und die hierdurch bedingten größeren Verluste im Leitrad berücksichtigt. Der Verlauf $k = f (u_2/\sqrt{T_0})$ hängt wesentlich von der Breite des schaufelfreien Raumes zwischen Lauf- und Leitrad und von der Gestaltung des Leitrades ab.

Der Verlauf des Wirkungsgrades ist im linken oberen Feld der Abb. 453 als Funktion von c_0/u_2 und dem Durchmesserverhältnis D_2/D_1 eingetragen. Hierbei ist für den Spaltverlust ein Wert $\eta_{vol} \approx 0{,}975$ entsprechend einer mittleren relativen Spaltbreite von etwa $\dfrac{2s}{b_1 + b_2} = 0{,}03$ bis 0,04 eingesetzt. Als Parameter sind eingetragen Linien für konstanten Laufradeintrittswinkel

$$\tan \beta_1 = \frac{c_0}{u_1} = \frac{c_0}{u_2} \cdot \frac{D_2}{D_1} \tag{278}$$

und die dimensionslose Drehzahl

$$\Re_n = 6{,}33 \cdot \frac{n}{1000} \cdot \sqrt{\frac{\dot{V}_1}{H_{ad}^{\frac{3}{2}}}} = \sqrt{\frac{\varphi_1}{\left(\psi_{theor.} \cdot \eta_{St}\right)^{\frac{3}{2}}}} = \sqrt{\frac{0{,}9375}{(1{,}75)^{\frac{3}{2}}} \cdot \left(\frac{D_1}{D_2}\right)^2 \cdot \frac{c_0/u_2}{\eta_{St}^{\frac{3}{2}}}}$$

$$\Re_n = 0{,}638 \cdot \frac{D_1}{D_2} \cdot \sqrt{\frac{c_0/u_2}{\eta_{St}^{\frac{3}{2}}}} \cdot \tag{279}$$

In Abb. 454 ist ein Auslegungsdiagramm für Grenzleistungsverdichter mit größtmöglichem Durchsatz (bei jeweils vorgegebener MACHzahl M_1) dargestellt. Hierbei ist nach Abb. 453 $\beta_1 \approx 30°$, und damit ein bestimmter Zusammenhang zwischen $\dfrac{n}{\sqrt{T_0}} \cdot \sqrt{\dot{G}\,\dfrac{\sqrt{T_0}}{p_0}}$, M_0 und M_1 (Abszisse) gegeben. Die Ordinate wird durch das gewünschte Druckverhältnis bzw. H_{ad}/T_0 gebildet, die weitgehend

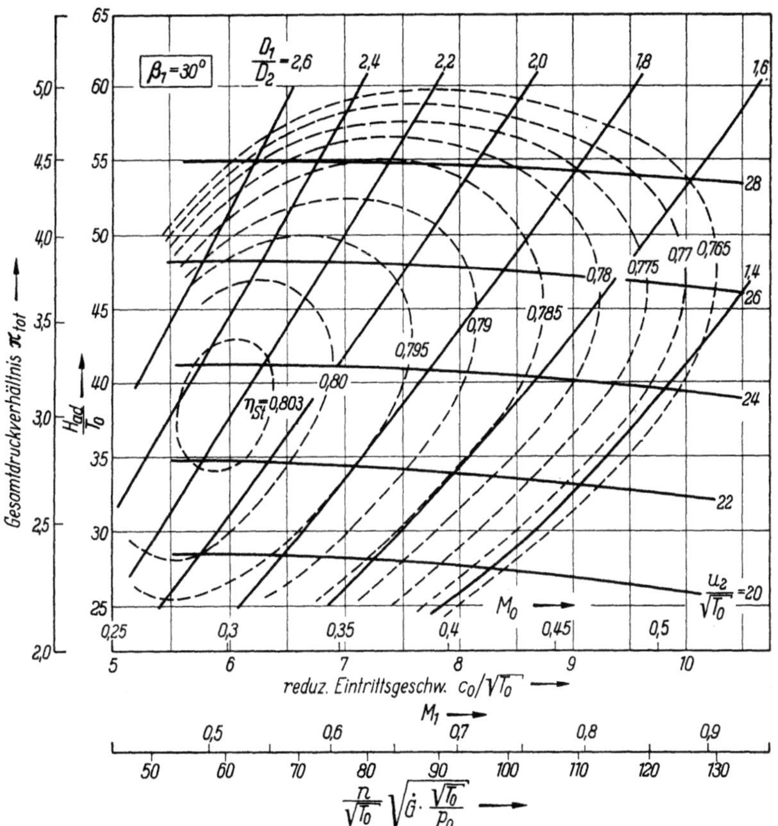

Abb. 454. Auslegungsdiagramm für Grenzleistungs-Radialverdichter für maximalen Durchsatz bei vorgegebener MACHzahl M_1

der Umfangsgeschwindigkeit $u_2/\sqrt{T_0}$ verhältig sind. Das Durchmesserverhältnis berechnet sich schließlich mit Gl. (263) und (271) zu

$$\frac{D_2}{D_1} = \frac{u_2/\sqrt{T_0}}{u_1/\sqrt{T_0}} = \frac{u_2}{\sqrt{T_0}} \cdot \sqrt{\frac{1 + \dfrac{\varkappa - 1}{2} M_0^2}{g \cdot \varkappa \cdot R \cdot M_0^2 \cdot \cot^2 \beta_1}},$$

$$= \frac{u_2/\sqrt{T_0}}{20{,}02 \cdot M_0 \cdot \cot \beta_1} \cdot \sqrt{1 + 0{,}2\,M_0^2}. \tag{280}$$

Durch die vorgegebene MACHzahlgrenze $M_1 = 0{,}75 \div 0{,}85$ ist der Luftdurchsatz

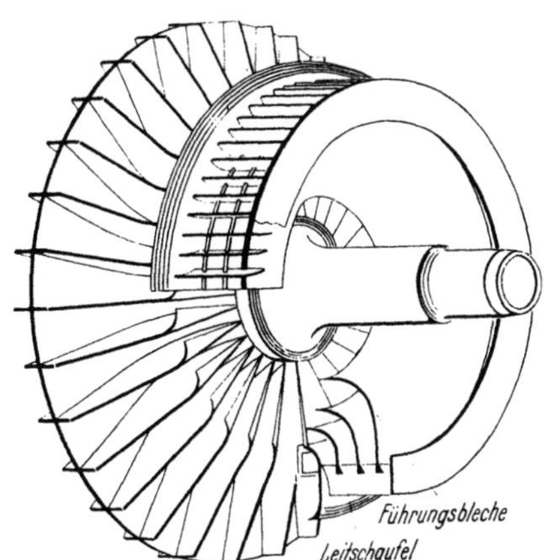

Abb. 455. Anordnung der Vorleitvorrichtung bei einem Radialverdichter für ein Strahltriebwerk

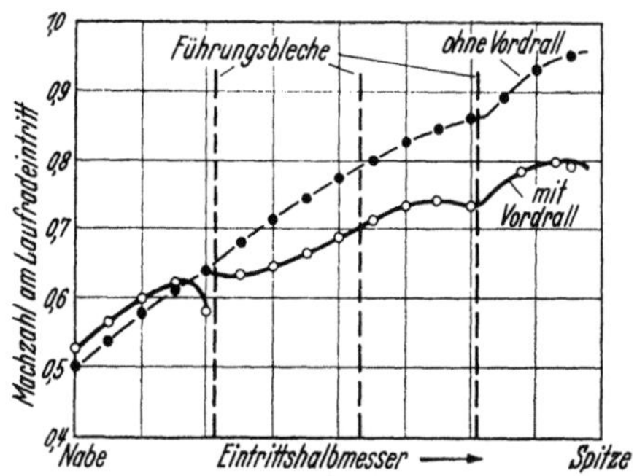

Abb. 456. MACHzahlverlauf am Laufradeintritt ohne und mit Vordrall

(bzw. die Drehzahl) für eine wirkungsgradgünstige Auslegung auf den Höchstwert

$$\frac{n}{\sqrt{T_0}} \cdot \sqrt{\dot{G} \cdot \frac{\sqrt{T_0}}{p_0}} = 100 \div 115$$

beschränkt. Sollen jedoch höhere Durchsätze verwirklicht werden, dann ist es zweckmäßig, dem Laufrad eine Eintrittsleitvorrichtung vorzuschalten, in der ein Vordrall im Drehsinn erzeugt wird. Hierdurch wird in ganz analoger Weise wie beim Axialverdichter die relative Eintrittsgeschwindigkeit in das Laufrad gegenüber einer Ausführung ohne Vorleitrad herabgesetzt. Abb. 455 zeigt als Beispiel die Anordnung der Leitvorrichtung beim Radialverdichter eines Strahltriebwerkes. Die den Vordrall erzeugenden Leitschaufeln liegen hier bereits im radialen Einlaufkanal, während im nachfolgenden Einlaufkrümmer zur Vermeidung von Ablösungen drei ringförmige Führungsbleche vorgesehen sind. Abb. 456 zeigt den Verlauf der Eintritts-MACHzahl für diese Anordnung mit und ohne Vordrall.

2. Gestaltung von Grenzleistungs-Radialverdichtern

Grenzleistungsverdichter verlangen sowohl im Laufrad als auch im Leitrad eine besonders sorgfältige strömungstechnische Durchbildung. Wegen der großen Umlenkungen in Verbindung mit hohen MACHzahlen treten aber in erhöhtem Maße Sekundärströmungen und Grenzschichteinflüsse auf, so daß potentialtheoretische Überlegungen in weit geringerem Maße einen Einblick in die wirklichen Strömungsverhältnisse geben als beispielsweise beim Axialgitter. Anstelle dessen sollen die grundsätzlichen Auslegungsgedanken vor allem an Hand von Versuchsergebnissen erläutert werden, wenngleich im Abschnitt c gezeigt wird, wie man auf rechnerischem Wege wenigstens einen qualitativen Einblick in die räumliche Strömung gewinnen kann.

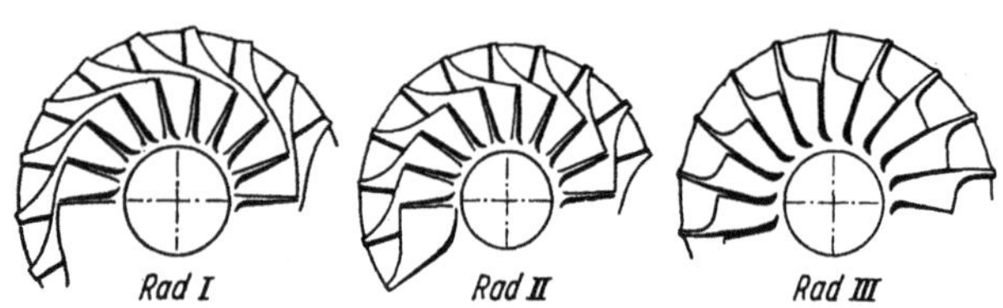

Abb. 457. Vorsatzläuferformen
Rad I parabolische Skelettlinie; Rad II elliptische Skelettlinie; Rad III kreisbogenförmige Skelettlinie

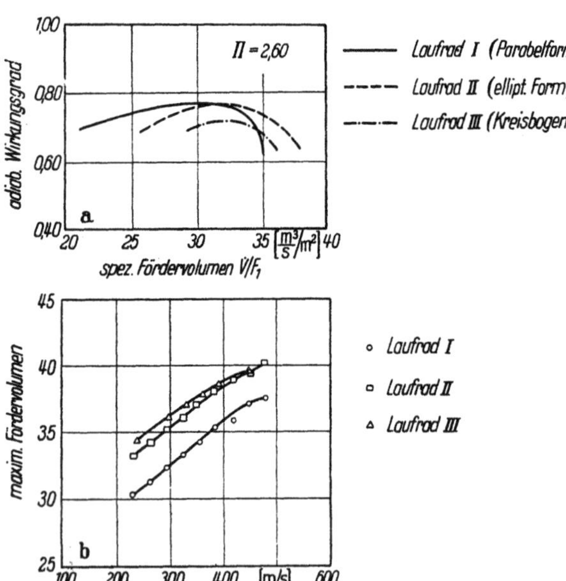

Abb. 458 a u. b. Einfluß der Vorsatzläuferform auf die Luftleistung
a) Vergleich der Wirkungsgrade der in Abb. 457 dargestellten Laufradformen bei konstantem Druckverhältnis; b) Vergleich des maximalen Fördervolumens in Abhängigkeit von der Umfangsgeschwindigkeit

a) Vorsatzläufer

Der Vorsatzläufer (s. Abb. 452) hat die Aufgabe, die relative Eintrittsgeschwindigkeit w_1 in die axiale Richtung umzulenken. Er hat also im wesentlichen die Wirkung eines Axialrades, wobei aber bei hohen Anström-MACHzahlen wesentlich größere Umlenkungen gefordert werden ($\vartheta_\infty \approx 60°$ am Außenschnitt), als sie einem Axialverdichtergitter zugemutet werden können. Zu verwirklichen sind derartige Umlenkungen nur deshalb, weil am Austritt aus dem Vorsatzläufer keine Abflußkante entsteht, die Geschwindigkeitsunterschiede zwischen Schaufelsaug- und -druckseite sich also nicht ausgleichen müssen (was große Verzögerungen auf der Schaufelsaugseite zur Folge hätte), sondern diese Geschwindigkeitsunterschiede im nachfolgenden Laufrad erhalten bleiben können bzw. als Folge des sich ausbildenden Relativwirbels noch weiter vergrößert werden. Die NACA hat zahlreiche Versuche zur Bestimmung der optimalen Schaufelform des Vorsatzläufers durchgeführt.[1] Abb. 457 zeigt drei der untersuchten Räder. Rad I hat eine parabolische Skelettlinie und demzufolge eine konstante Verzögerung längs der axialen Breite des Vorsatzläufers, konstante Axialgeschwindigkeit vorausgesetzt. Die Schaufeln des Rades III sind dagegen kreisbogenförmig gekrümmt, was zu starken Verzögerungen am Vorsatzläufereintritt führt, die dann mit zunehmender axialer Länge rasch abfallen. Die gleichmäßige Verzögerung des Rades I ergibt gute Wirkungsgrade (Abb. 458a). Der durch die Parabelform bedingte kleinere

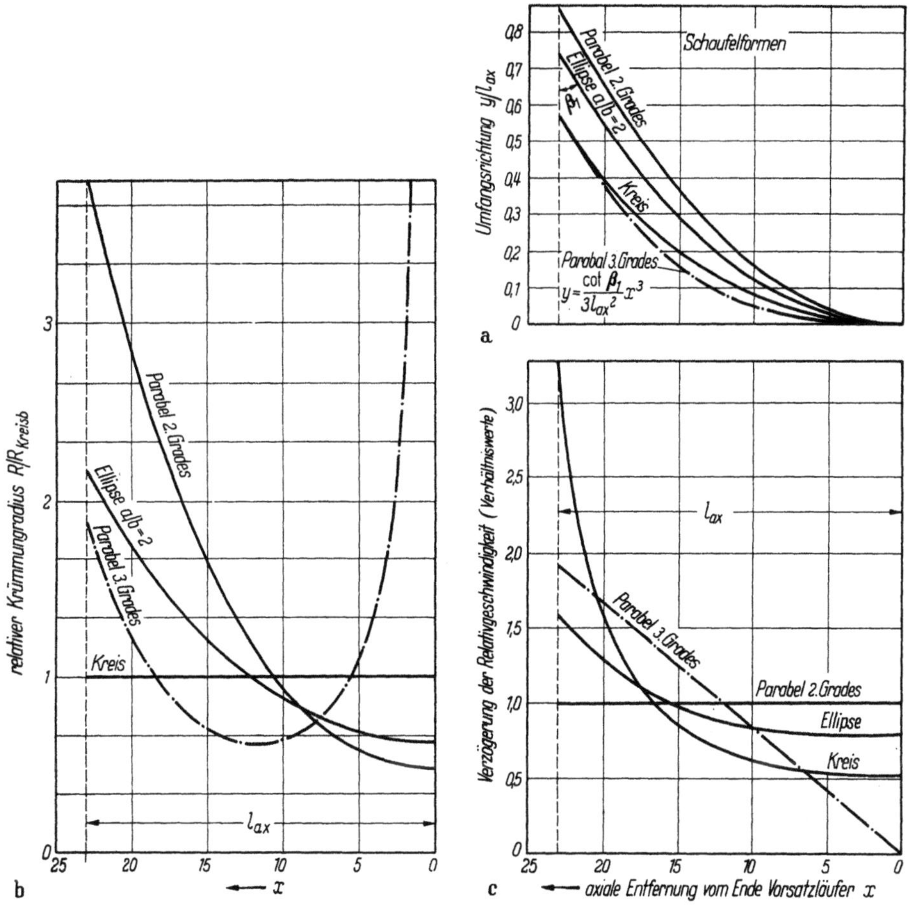

Abb. 459 a—c. Hauptkenngrößen verschiedener Vorsatzläuferformen
a) Skelettlinienverlauf der verschiedenen Vorsatzläufer; b) Verlauf der Krümmungsradien für die verschiedenen Schaufelformen nach a); c) Verlauf der Relativgeschwindigkeiten für die Schaufelformen nach a)

Durchflußquerschnitt $F_{\min}$ zwischen zwei benachbarten Schaufeln führt aber zu geringeren maximalen Durchsätzen als beim wirkungsgradmäßig ungünstigeren Rad III (Abb. 458b). Die elliptische Vorsatzläuferform (Rad II) zeigt einen günstigen Kompromiß zwischen der Forderung nach hohem Wirkungsgrad und großem maximalen Durchsatz. Zu beachten ist aber, daß bei einem Verdichter mit Leitrad der Grenzdurchsatz im allgemeinen nicht vom Vorsatzläufer, sondern durch die Stopfgrenze des Nachleitrades bestimmt wird. In Abb. 459 sind die Schaufelformen, berechnete Verzögerungen und Krümmungsradien verschiedener Vorsatzläuferformen dargestellt. Beim Übergang vom beispielsweise parabolischen oder kreisbogenförmigen Vorsatzläufer in das Laufrad mit geraden, rein radial gerichteten Schaufeln entsteht ein Krümmungssprung, der zu Strömungsablösungen führen kann. Eine kubische Parabel von der Form

$$y = \frac{x^3}{3C} \quad \text{mit} \quad C = \frac{l_a^2\, x}{\tan\beta_1} \quad (\text{Abb. 459})$$

vermeidet diesen Krümmungssprung. Strömungsablösungen können auch durch Anordnung

---

[1] JOHNSON, I. A., u. A. GINSBURG: Some NACA Research on Centrifugal Compressors. Transactions of the ASME, Juli 1953.

eines Spaltes zwischen Vorsatzläufer und Laufrad beseitigt bzw. verhindert werden (Abb. 460), wobei das Totwassergebiet durch austretende Luft von der Schaufeldruckseite weggeblasen wird. Die Bestimmung der günstigsten Lage und zulässigen Breite des Spaltes erfordert aber sorgfältige Untersuchungen.

Die Vorsatzläuferbreite ist so zu wählen, daß der kleinste auftretende Krümmungsradius nicht zu Überschallgeschwindigkeiten auf der Schaufelsaugseite führt, weil sonst Verdichtungsstöße und Grenzschichtablösungen nicht zu vermeiden sind.[1] Hieraus folgt, daß die bei Flugmotorenladern lange Zeit übliche Form nach Abb. 449, bei der der Vorsatzläufer durch ein Abkrümmen der Eintrittskanten des Laufrades ersetzt ist, einen mit zunehmendem Druckverhältnis,

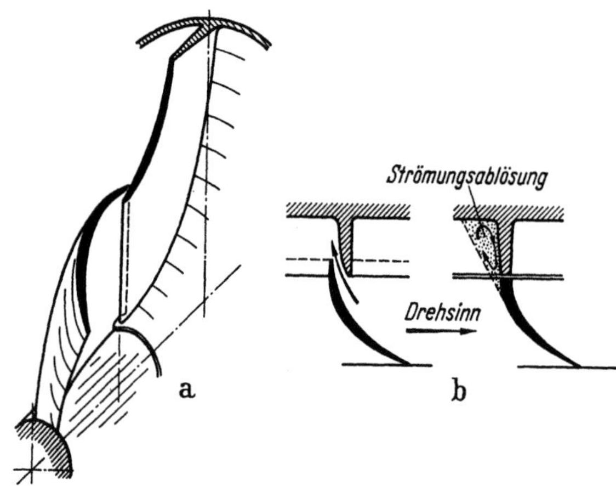

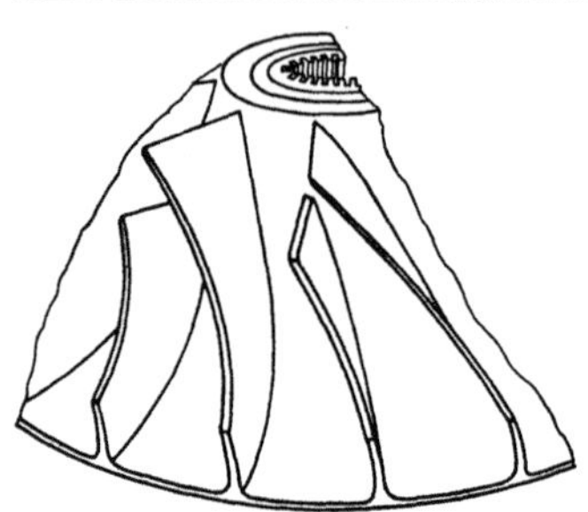

Abb. 460 a u. b. Vorsatzläufer mit Spaltflügel
a) perspektivische Darstellung; b) Wirkungsweise des Spaltflügels

Abb. 461. Laufrad mit bis in den radialen Teil hineingezogener Schaufelkrümmung und verkürzten Zwischenschaufeln

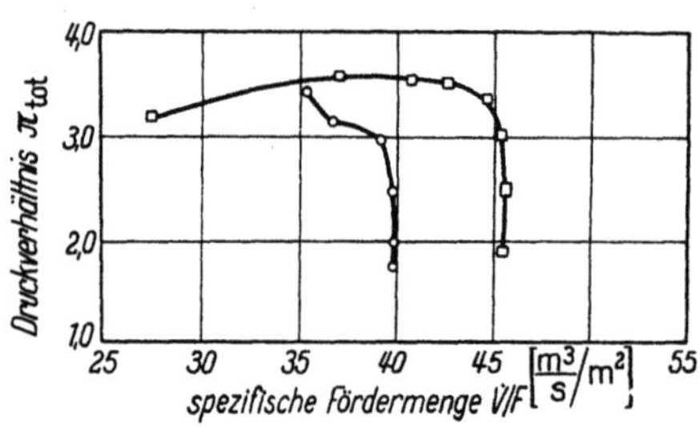

Abb. 462. Kennlinien eines Radialverdichters, bei dem
○ alle Schaufeln bis zur Eintrittskante vorgezogen sind
□ jede zweite Schaufel (s. Abb. 461) gekürzt ist

also höheren MACHzahlen, stark abfallenden Wirkungsgrad haben muß. Die günstigste Formgebung zeigen Räder, bei denen der Krümmungsbereich bis zum Austritt aus dem eigentlichen Laufrad hineingezogen ist (Abb. 461), was sich aber nur bei gegossenen Laufrädern verwirklichen läßt,[2] wobei die zulässigen Umfangsgeschwindigkeiten auf etwa 320 ÷ 350 m/s ($\Pi_{tot} < 2,5$) beschränkt bleiben. Abb. 462 zeigt, wie durch Verkürzen jeder zweiten Schaufel der maximale Luftdurchsatz beachtlich gesteigert werden kann, ohne daß das maximale Druckverhältnis (und der Wirkungsgrad) dadurch beeinträchtigt werden.

Winkelübertreibung am Vorsatzläufereintritt. Kleinste Übergeschwindigkeiten und somit kleinste Eintrittsverluste sind entsprechend den Ausführungen für axiale Schaufelgitter bei (aerodynamisch) stoßfreiem Eintritt der Strömung in das Schaufelgitter zu erwarten. Der stoßfreie Eintritt ist hier um so mehr anzustreben, weil die Eintrittskanten des Vorsatzläufers meist sehr dünn sind und deshalb nur kleine Nasenradien haben. Die erforderliche Winkelübertreibung erhält man aus der Theorie „Gitter kleiner Teilung". Dieser Sonderfall ($t/l \rightarrow 0$) des geraden Gitters läßt sich gleichfalls mit Hilfe der konformen Abbildung behandeln,[3] wobei aber hier auf Einzelheiten der Rechnung nicht eingegangen werden soll. Als Resultat ergeben sich zwei Anteile, der Wölbungsanteil

$$\nu_1 = -\frac{t}{\pi \cdot \varrho_N}\left[\cos\gamma_1 \cdot \ln\left(2\cos\gamma_1\right) + \gamma_1\sin\gamma_1\right] \tag{281}$$

und der Dickenanteil

$$\nu_2 = \frac{(t'/s - 1)\cdot\tan\gamma_1}{1 + \frac{t'}{s}\cdot\tan^2\gamma_1}\cdot \tag{282}$$

(alle Winkel im Bogenmaß)

---

[1] Auf die Berechnung der Geschwindigkeitsverteilung auf Schaufelsaug- und -druckseite wird im Abschn. c näher eingegangen.

[2] Grundsätzlich ist die Herstellung derartiger Laufräder auch bei mechanischer Bearbeitung möglich, doch sind die Herstellungskosten und -zeiten hierbei außerordentlich hoch.

[3] s. F. WEINIG: Die Strömung um die Schaufeln von Turbomaschinen, Leipzig: J. A. Barth 1935.

Hierin sind

γ_1 Schaufelwinkel gegenüber der Gitternormalen,
ϱ_N Krümmungsradius der Schaufel im Bereich der Eintrittskante,

$t = \dfrac{\pi \cdot D}{z}$ Schaufelteilung,

$t' = t \cdot \cos \gamma_1$ Schaufelteilung senkrecht zur Strömung im Schaufelkanal,
s Schaufeldicke.

Der Wölbungsanteil führt zu einer Überkrümmung der Schaufeleintrittskante gegenüber der Anströmrichtung (Winkelübertreibung), während der Dickeneinfluß — wie beim Axialgitter — diesem entgegenwirkt. Für inkompressible Strömung erhält man als Überlagerung beider Einflüsse

$$\nu_{\text{inkompr.}} = \tau_1 - \gamma_1 = \nu_1 + \nu_2, \tag{283}$$

wobei $\tau_1 = \dfrac{\pi}{2} - \beta_1$ ist. Kompressibilitätseinflüsse verkleinern gleichfalls die für stoßfreien Eintritt erforderliche Winkelübertreibung, wobei als hinreichende Näherung eine Korrektur mit dem PRANDTLschen Faktor eingeführt werden kann; somit ist

$$\nu_{\text{kompr.}} \approx \nu_{\text{inkompr.}} \cdot \sqrt{1 - M_1^2}. \tag{284}$$

In Abb. 463 sind die Ausgangsbeziehungen (281) und (282) über dem Schaufeleintrittswinkel $\beta_{1\,\text{Schaufel}} = \dfrac{\pi}{2} - \gamma_1$ dargestellt, so daß die Gl. (283) und (284) ausgewertet werden können. Hinsichtlich der kritischen und der maximalen MACHzahl gelten die gleichen Überlegungen wie bei Axialgittern.

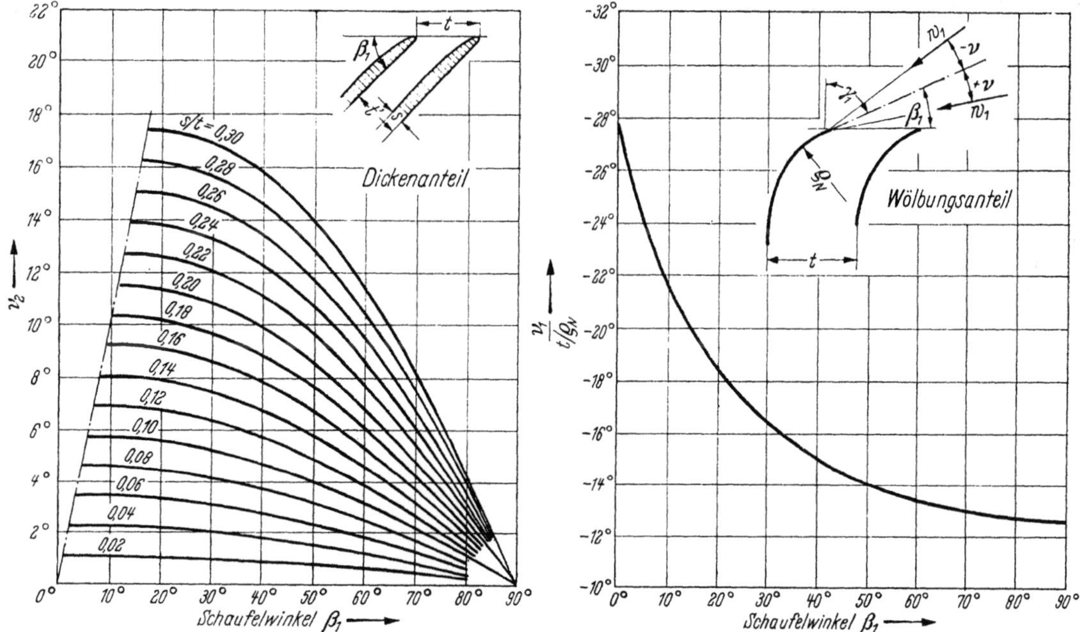

Abb. 463 Winkelübertreibung engstehender Schaufelgitter (nach WEINIG)

b) Laufrad

Die Funktionsweise des Laufrades läßt sich vielfach nicht eindeutig von derjenigen des Vorsatzläufers trennen, weil die Schaufelkrümmung, wenn möglich bis weit in den radialen Teil hineingezogen wird. Hier soll der Einfachheit halber unter dem Begriff Laufrad aber nur der Teil mit rein radialen Schaufeln betrachtet werden.

Unter der Voraussetzung, daß hinter dem Vorsatzläufer eine ablösungsfreie geordnete Strömung herrscht, sind die Strömungsverhältnisse im Laufrad verhältnismäßig einfach zu übersehen. Infolge des Relativwirbels (s. Abschn. III) überlagert sich der näherungsweise konstanten

Durchflußgeschwindigkeit eine Zirkulationsströmung, die zu unterschiedlichen Geschwindigkeiten auf Saug- und Druckseite der Schaufel führt. Die Zirkulationsströmung ist hierbei nur von der Winkelgeschwindigkeit des Laufrades, also der Drehzahl, abhängig. Bei hinreichend kleinen Fördermengen ergibt sich nach der Theorie ein Rückströmen auf der Schaufeldruckseite (Abb. 464 und 465). Es ist aber zu beachten, daß dieses Rückströmen nichts mit einer Grenzschichtablösung zu tun hat, sondern sich für die reibungsfreie Strömung errechnet.

Auf der Schaufelsaugseite ergeben sich wesentlich höhere Geschwindigkeiten als auf der Druckseite mit einer starken Verzögerung in der Nähe der Schaufelaustrittskante (Abb. 464). Damit

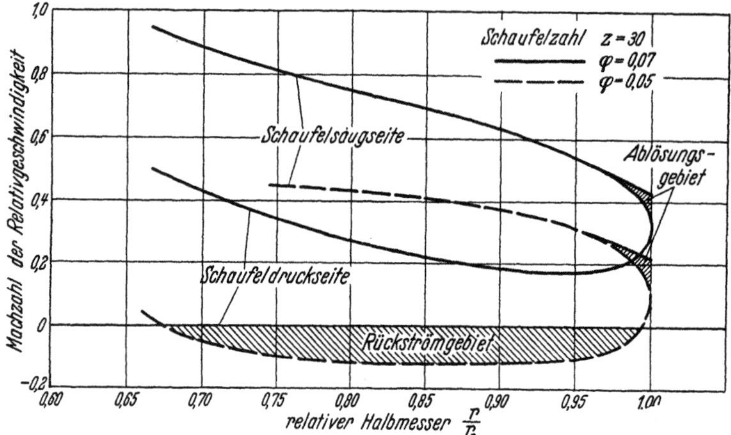

Abb. 464. Geschwindigkeitsverteilung an der Schaufeloberfläche eines Radialverdichterrades (nach STANITZ und ELLIS)

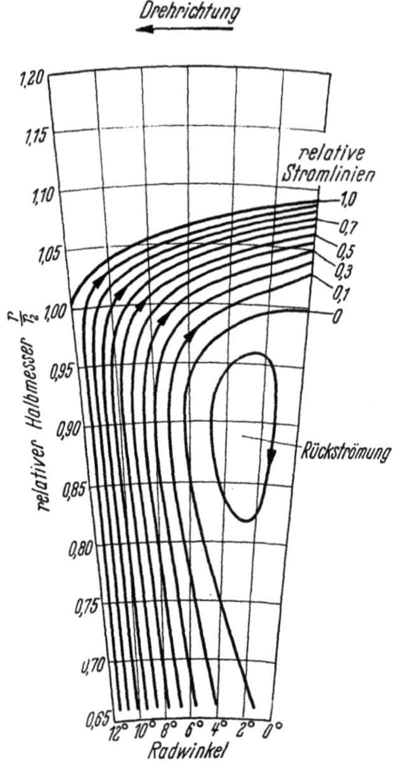

Abb. 465. Ausbildung eines Rückströmgebietes an der Schaufeldruckseite (nach STANITZ und ELLIS)

besteht im Schaufelkanal ein Druckgefälle von der Schaufeldruckseite zur gegenüberliegenden Saugseite der benachbarten Schaufel, was im Bereich der Grenzschichten an Deckscheibe und Rückwand zu Sekundärströmungen führt. Als Folge der Verzögerung und des Grenzschichttransportes ergibt sich eine Verdickung der Grenzschicht an der Schaufelsaugseite und damit eine Verengung des effektiven Durchflußquerschnittes. Die vom relativen Kanalwirbel erzeugten Geschwindigkeitsanteile sind aber von der effektiven Kanalweite abhängig. Die Grenzschichtverdickung verringert also die Geschwindigkeitsunterschiede zwischen den beiden Kanalseiten, so daß schließlich die Rückströmung auf der Schaufeldruckseite verschwindet. Strömungsablösungen treten dagegen vielfach an der Schaufelsaugseite in der Nähe der Austrittskante auf, wenn die Grenzschichtverdickung zu stark wird. Die größeren Energieverluste an der Schaufelsaugseite führen dazu, daß sich die Strömung mehr in der Nähe der Druckseite zusammendrängt und schließlich am Laufradaustritt der paradoxe Fall eintritt, daß die höheren Meridiangeschwindigkeiten an der Schaufeldruckseite herrschen (Abb. 466). Auf diese Verhältnisse wurde bereits bei der Betrachtung des Reibungseinflusses auf den Minderleistungsfaktor (Abschn. III, 3 b) hingewiesen.

Bei der Gestaltung des Laufrades sind neben den aerodynamischen Bedingungen in weitem Maße auch Festigkeitsfragen zu berücksichtigen. Neben den hohen Fliehkräften im Laufrad bereiten vor allem bei größeren Rädern die Schwingungsbeanspruchungen erhebliche Schwierigkeiten. Abb. 467 zeigt beispielsweise die Laufradformen und die Verläufe der MACHzahl für die mittlere Relativgeschwindigkeit in den Laufradkanälen für ein nach aerodynamischen Gesichtspunkten gestaltetes Laufrad (Kurve A), das aber schwingungsmäßig große Schwierigkeiten bereitete, und Kurve B das gleiche, aber nach festigkeitsmäßigen Gesichtspunkten gestaltete Rad, das bei großen Flughöhen, d. h. niedrigen Eintrittstemperaturen, nicht brauchbar ist. Die Erregung der Laufradschwingungen kann durch mechanische Unvollkommenheiten (Herstellungs- und Montageungenauigkeiten), vor allem aber durch aerodynamische Einflüsse erfolgen. Als

Haupterreger tritt hierbei das nachgeschaltete Leitrad auf, das periodische Druckschwankungen erzeugt, die bis in den Radeinlauf hinein zurückwirken. Wie die Abb. 468 zeigen, läßt sich durch eine entsprechende Gestaltung der Leitschaufeln diese aerodynamische Erregung von Schwingungen weitgehend beeinflussen.

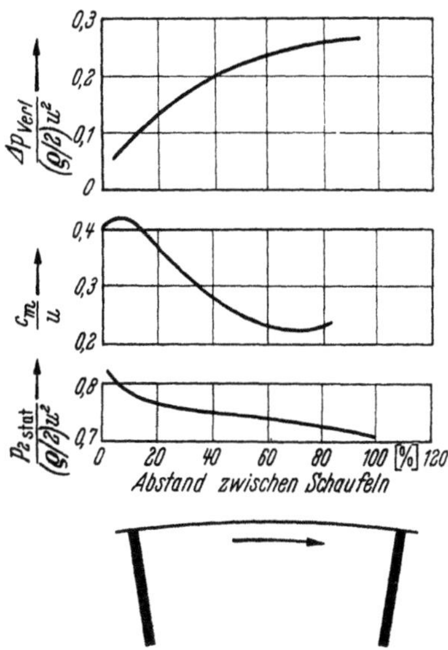

Abb. 466. Druckverlust, Meridiangeschwindigkeitsverteilung und statischer Druckverlauf am Austritt eines Radialrades (nach Cheshire[2])

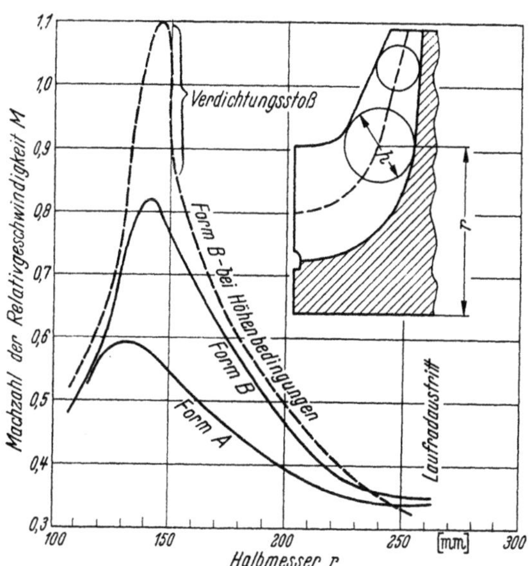

Abb. 467. Einfluß der Schaufelhöhe auf die Machzahl der mittleren Relativgeschwindigkeit (nach Cheshire)

Form A nach aerodynamischen Gesichtspunkten gestaltete Schaufelhöhe *h*

Form B aus Schwingungsgründen verkleinerte Schaufelhöhe *h*

c) Berechnung der Strömungsverhältnisse in einem Grenzleistungslaufrad

Die Strömung in einem Laufrad, dessen Schaufeln bis in den axialen Einlauf vorgezogen sind, erfährt gleichzeitig eine Umlenkung von der axialen in die radiale Richtung und in Umfangsrichtung. Wenngleich Lösungsmethoden für dieses drei-dimensionale Strömungsproblem bekannt sind[1], so sind sie doch außerordentlich aufwendig und zeitraubend. Einen guten und im allgemeinen ausreichenden Einblick in die Strömungsverhältnisse erhält man aber bereits durch die Überlagerung zweier einfach zu berechnender zwei-dimensionaler Lösungen, nämlich der Strömung in der Meridianebene und zwischen zwei benachbarten Schaufeln in Umfangsrichtung. Hierbei stellt die Strömung in der Meridianebene gewissermaßen die Lösung für unendliche Schaufelzahl dar, und die Meridianstromlinien werden zu Rotationsflächen, die — auf die Ebene abgewickelt — den mittleren Strömungsverhältnissen zwischen den Schaufeln entsprechen.

Meridian-Stromlinienbild. Analog zu den Herleitungen im Abschn. D X ergibt sich aus dem Gleichgewicht der Kräfte normal zur Meridianstrombahn (Abb. 469) die Differentialgleichung

$$\frac{1}{\varrho} \cdot \frac{\partial p}{\partial n} = \frac{c_u^2}{r} \cdot \cos\delta + \frac{c_m^2}{R_m} \cdot \tag{285}$$

Diese Beziehung unterscheidet sich von Gl. (142) in *D X* nur dadurch, daß hier die Normale n nicht mit r zusammenfällt und somit auch nur die Komponente $K_1 \cdot \cos\delta$ der Zentrifugalkraft in der Normalrichtung wirksam ist.

Anstelle der Bernoullischen Gleichung tritt in einem rotierenden Rad die Energiegleichung der Relativströmung (Gl. 16)

$$\frac{p}{\gamma} + \frac{w^2}{2g} - \frac{u^2}{2g} = H^* = \text{const}$$

---

[1] Chung Hua Wu: A General Theory of Three Dimensional Flow in Radial- and Mixed Flow-Compressors. Transactions of the ASME (Mai 1952) S. 473–497.

[2] Cheshire, L. J.: The design and development of centrifugal compressors for aircraft gas turbines (published by the Institution of Mech. Engrs 1947)

29*

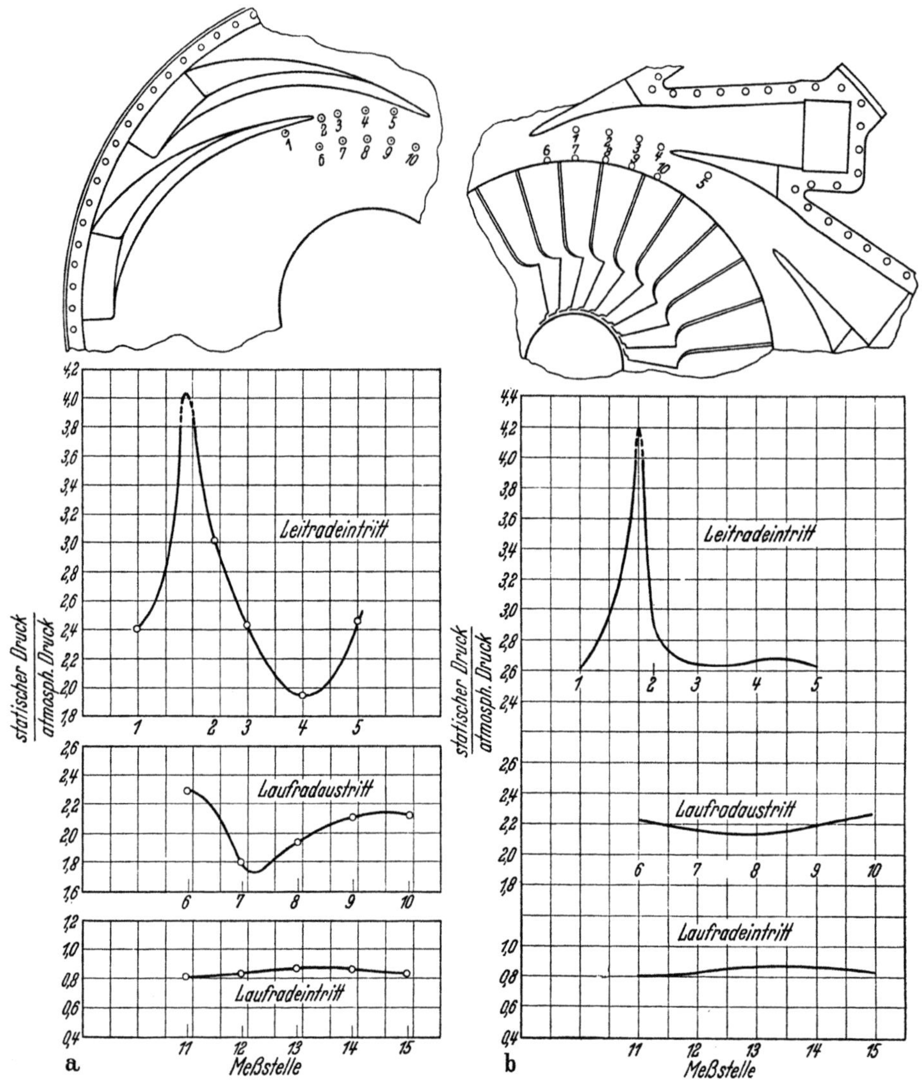

Abb. 468 a u. b. Einfluß der Leitschaufelform auf die Druckschwankungen im Laufrad

und ihre Ableitung normal zu den Meridianstrombahnen ergibt nach Multiplikation mit g

$$\frac{1}{\varrho}\,\frac{\partial p}{\partial n} + w \cdot \frac{\partial w}{\partial n} - u \cdot \frac{\partial u}{\partial n} = -\frac{\partial H^*}{\partial n} = 0$$

oder

$$\frac{1}{\varrho}\,\frac{\partial p}{\partial n} = u \cdot \frac{\partial u}{\partial n} - w \cdot \frac{\partial w}{\partial n}\,. \tag{286}$$

Einsetzen in Gl. (285) führt zu

$$u \cdot \frac{\partial u}{\partial n} - w \cdot \frac{\partial w}{\partial n} = \frac{c_u^2}{r}\cos\delta + \frac{c_m^2}{R_m}\,. \tag{287}$$

Nun ist nach Abb. 469

$$\frac{dr}{dn} = \cos\delta \quad \text{und} \quad u \cdot \frac{\partial u}{\partial n} = u \cdot \frac{\partial u}{\partial r} \cdot \frac{\partial r}{\partial n} = \omega^2 \cdot r \cdot \cos\delta = \frac{u^2}{r}\cos\delta,$$

und man erhält für den Verlauf der Relativgeschwindigkeit bei unendlicher Schaufelzahl den von HASSELGRUBER[1] angegebenen Ausdruck

$$\frac{\partial w_m}{\partial n} = \frac{1}{w_m}\left(\frac{u^2 - c_u^2}{r}\cdot\cos\delta - \frac{c_m^2}{R_m}\right), \tag{288}$$

---

[1] HASSELGRUBER, H.: Strömungsgerechte Gestaltung der Laufräder von Radialkompressoren mit axialem Eintritt. Konstruktion 10 (1958) H. 1, S. 22—32.

wobei der Index m andeuten soll, daß es sich um mittlere Geschwindigkeiten zwischen benachbarten Schaufeln, also um die rotationssymmetrische Lösung handelt.

Zur schrittweisen Integration der Gl. (288) ist diese zweckmäßigerweise noch umzuformen. Aus dem Geschwindigkeitsdreieck in Abb. 469 erhält man

$$c_u^2 = (u - w_u)^2 = (u - w_m \cdot \cos\beta)^2, \tag{289}$$

wobei β der Strömungswinkel der Relativgeschwindigkeit gegenüber der Umfangsrichtung ist. Damit wird

$$\frac{u^2 - c_u^2}{r} = \frac{1}{r}\left[u^2 - u^2 + 2u \cdot w_m \cos\beta - w_m^2 \cos^2\beta\right] = 2\omega \cdot w_m \cdot \cos\beta - \frac{(w_m \cos\beta)^2}{r}. \tag{290}$$

Mit

$$c_m^2 = (w_m \cdot \sin\beta)^2$$

ergibt sich

$$\left.\begin{aligned}
\frac{\partial w_m}{\partial n} &= \cos\delta\left(2\omega \cdot \cos\beta - \frac{w_m}{r} \cdot \cos^2\beta\right) - \frac{w_m}{R_m}\sin^2\beta \\
&= 2\omega \cdot \cos\delta \cdot \cos\beta - w_m\left(\frac{\cos\delta \cdot \cos^2\beta}{r} + \frac{\sin^2\beta}{R_m}\right).
\end{aligned}\right\} \tag{291}$$

Diese Beziehung kann nun schrittweise ausgewertet werden. Als Ausgangswert im Sinne einer 1. Näherung kann man annehmen, daß auf dem Halbmesser des Flächenmittels die aus der Kontinuitätsbeziehung berechenbare mittlere Geschwindigkeit $w_m = \overline{w_m} = \overline{c_m}/\sin\beta$ herrscht. Man beginnt die Rechnung also gewissermaßen auf der „mittleren Flutlinie" und setzt sie nach beiden Seiten zu den Wandungen hin fort.

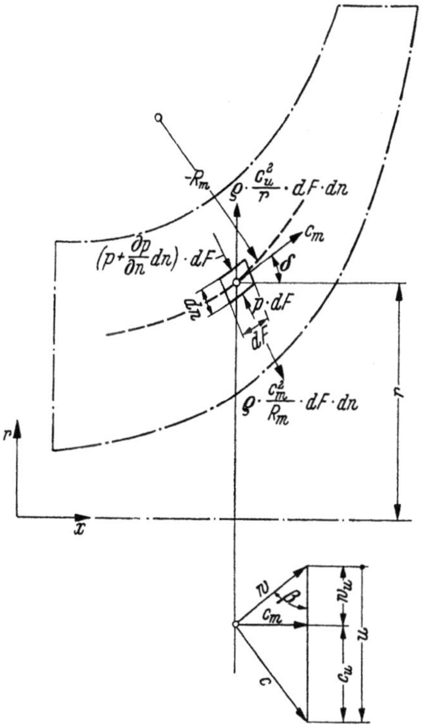

Im Falle räumlich gekrümmter Schaufeln berechnet sich der auf einem Kegelmantel liegende Strömungswinkel β aus

$$\cot\beta = \tan\vartheta \cdot \sin\delta + \tan\gamma \cdot \cos\delta. \tag{292}$$

Hierin sind

ϑ der Winkel, den die Schaufelfläche oder die sie hier ersetzende mittlere Strömungsfläche in einem achsnormalen Schnitt mit einer Radialen bildet, und

γ der von der Schaufelfläche mit der Achsrichtung in einem Zylinderschnitt gebildete Winkel.

Bei Rädern hoher Umfangsgeschwindigkeit sollen zur Vermeidung von Biegebeanspruchungen alle Schaufelelemente senkrecht auf der Drehachse stehen. Damit wird $\vartheta = 0$. Weiterhin erfolgt bei Grenzleistungsrädern die Umlenkung vorwiegend im axialen Teil des Vorsatzläufers, in dem $\cos\vartheta \to 1$ ist, während im Übergangsbereich zum reinen Radialrad $\tan\gamma \to 0$ geht. Beide Überlegungen führen für den Verlauf des Winkels β zu der Näherungsbeziehung

$$\cot\beta \approx \tan\gamma = \cot\beta_s \cdot \frac{r}{r_s}, \tag{292a}$$

wobei β_s den Schaufelwinkel auf einem Zylinderschnitt mit dem Halbmesser r_s kennzeichnet.

Eine weitere für die hier betrachtete Radform zulässige Vernachlässigung betrifft die in die Normalrichtung fallende Komponente der über den ganzen Umfang gleichmäßig verteilt gedachten Schaufelkraft. Allgemein ist

$$P_n = P_u \left(\tan\vartheta \cdot \cos\delta - \tan\gamma \cdot \sin\delta\right).$$

Abb. 469. Kräfte an einem Luftteilchen im Vorsatzläufer

Hierin ist P_u die auf ein Ringelement mit dem Querschnitt $dF \cdot dn$ entfallende Umfangskraft. Mit $\vartheta = 0$ fällt das erste Glied in der Klammer weg. Im axialen Vorsatzläufer ist wieder $\cot\beta \approx \gamma$, aber $\sin\delta \to 0$, während im Übergangsbogen und radialen Teil des Rades $\gamma \to 0$ ist, so daß für übliche Ausführungen des Grenzleistungs-Radialrades auch das zweite Glied sich nur wenig von Null unterscheidet und die Kraftkomponente P_n in den Herleitungen vernachlässigt werden konnte.

Strömungsfeld in der Schaufelebene. Die Meridianstromlinien stellen Rotationsflächen dar, die nun auf die Ebene abzuwickeln sind. Vielfach handelt es sich dabei allerdings um gewölbte Rotationsflächen, deren Abwicklung nur näherungsweise möglich ist. Bei der Berechnung des Meridianstrombildes wurde angenommen, daß die Strömung der Schaufelform folgt. Zwei um eine Schaufelteilung t versetzte Stromlinien bilden also in der Umfangsebene den Schaufelkanal (dessen Höhe senkrecht zur Zeichenebene mit dem Abstand zweier benachbarter Strombahnen in der Meridianebene schwankt). Für die Geschwindigkeitsverteilung in einem derartigen rotierenden Kanal erhält man mit den Bezeichnungen in Abb. 470 und entsprechend den Ausführungen in Abschn. E III den Ausdruck

$$\frac{\partial w}{\partial b} = 2\omega \cdot \sin\delta - \frac{w}{R_b} \cdot \tag{293}$$

Diese Beziehung unterscheidet sich von Gl. (18) wiederum nur dadurch, daß bei nicht rein radialer Lage des Schaufelkanals nur die Komponente $Z_3 \cdot \sin\delta$ der Corioliskraft einzusetzen ist. Die Integration der Gl. (293) ergibt die zu Gl. (19) analoge Beziehung

$$w = \frac{1}{A}\left(w_0 - 2\omega \cdot \int_0^n A \cdot \sin\delta \cdot dn\right) \tag{294}$$

$$\text{mit} \quad A = e^{\int_0^n -\frac{dn}{R_b}} .$$

Das Minuszeichen in Gl. (294) zeigt an, daß es sich im Falle des Vorsatzläufers um vorwärtsgekrümmte Schaufeln handelt, ω also negativ einzusetzen ist. Das erste Glied in obiger Beziehung ist die Lösung für eine rotationsfreie gekrümmte Strömung nach Gl. (100). Das zweite

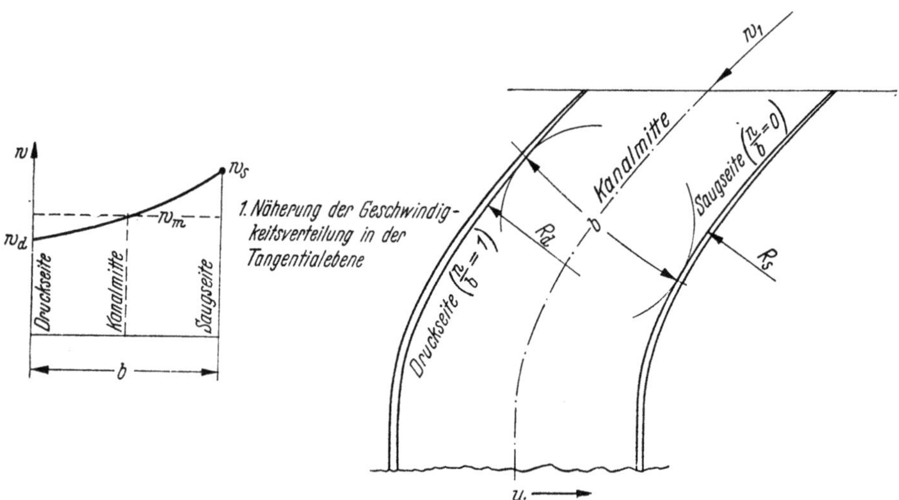

Abb. 470. Bezeichnungen zur Berechnung der Geschwindigkeitsverteilung in der Tangentialebene

Glied erfaßt den Einfluß des Relativwirbels bzw. seiner Komponente in der Stromfläche. Setzt man auch hier entsprechend den Ausführungen im Abschn. E VI, 2a einen linearen Verlauf der Stromlinienkrümmung zwischen den Schaufelwänden voraus, dann ist

$$\int_0^n \frac{dn}{R_b} = b\left[\frac{1}{R_s}\cdot\frac{n}{b} - \frac{1}{2}\left(\frac{1}{R_s} - \frac{1}{R_d}\right)\left(\frac{n}{b}\right)^2\right], \tag{295}$$

wobei R_s und R_d die Krümmungsradien der Schaufelsaug- bzw. Druckseite sind (Abb. 470). Das Integral im zweiten Glied der Gl. (294) wird zweckmäßigerweise durch den Summenausdruck

$$\int_0^n A \cdot \sin\delta \cdot dn = \sum_0^{\frac{n}{b}=m} C = 2\left(C_{\frac{n}{b}=0,1} + \cdots + C_{\frac{n}{b}=0,3} + \cdots\right) + C_{\frac{n}{b}=m} \tag{296}$$

ersetzt. Hierin sind für m nacheinander die Werte $m = 0,1 - 0,3 - 0,5 - 0,7$ und $0,9$ einzusetzen (s. Abb. 471). Der Summand C ist

$$C = \frac{b}{10} \cdot A \cdot \sin\delta = f\left(\frac{n}{b}\right) \tag{297}$$

Einsetzen der Beziehungen (295) bis (297) ergibt den Verlauf der Relativgeschwindigkeit normal zu den Schaufelkanälen

$$w_{\frac{n}{b}=m} = \frac{1}{A}\left(w_s - 2\omega \sum_0^{\frac{n}{b}=m} C\right).\qquad(298)$$

Die Geschwindigkeit auf der Schaufelsaugseite $w_s = w_0$ ist vorerst zu schätzen und die Richtigkeit der Annahme durch die abgewandelte Kontinuitätsbeziehung

$$w_m = \int_0^1 w \cdot d\left(\frac{n}{b}\right)$$

zu prüfen.

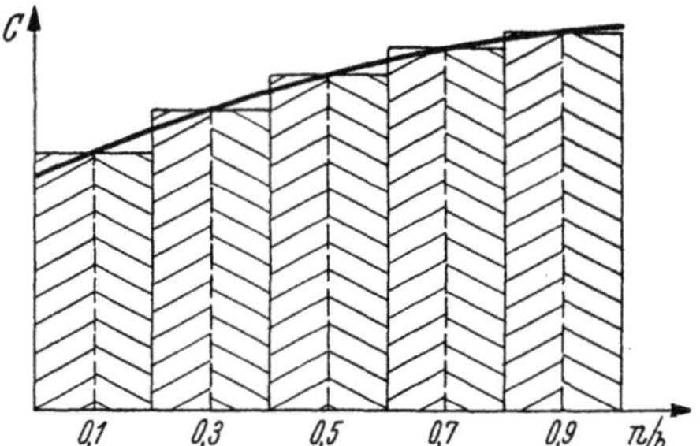

$$Beispiel: \sum_{n/b=0}^{n/b=0,5} \frac{b}{10} A \cdot \sin\delta = \sum_{n/b=0}^{n/b=0,5} C = 2\left(C_{n/b=0,1} + C_{n/b=0,3}\right) + C_{n/b}$$

Abb. 471. Zur numerischen Lösung des Ausdruckes

$$\int_a^n A \cdot \sin\delta \cdot dn = \sum_{\frac{n}{b}=0}^{\frac{n}{b}=m} \frac{b}{10} \cdot A \sin\delta$$

Durch die Überlagerung der beiden gefundenen zweidimensionalen Lösungen, wobei die soeben behandelte Lösung in der abgewickelten Umfangsebene für mehrere Meridianstromflächen durchzuführen ist, erhält man ein quasi-dreidimensionales Strömungsbild, für das die Gleichgewichtsbedingungen der Strömung im Mittel erfüllt sind. Nicht berücksichtigt sind dabei die Änderungen des Meridianstrombildes, die sich in der Nähe der Schaufelberandungen nun wieder als Rückwirkung der ungleichmäßigen Geschwindigkeitsverteilungen in der Umfangsebene ergeben. Dennoch ergibt aber auch dieses vereinfachte Strömungssystem bereits einen guten und im allgemeinen ausreichenden Einblick in die Strömungsverhältnisse und gestattet, Zonen großer Übergeschwindigkeiten oder starker Verzögerungen aufzufinden.

d) Rechnungsbeispiel

Für das in Abb. 472 dargestellte Radialverdichter-Laufrad sollen die Strömungsverhältnisse vor allem im Bereich des Vorsatzläufers untersucht werden.

Die Auslegungsdaten des Laufrades sind:

$$\text{Luftdurchsatz } \dot{G} = 2{,}9 \text{ [kg/s]}$$
$$\text{Drehzahl } \quad n = 18\,300 \text{ [U/min]}$$

bei einem thermischen Eintrittszustand

$$p_{1\text{tot}} = 1{,}00 \text{ [kg/cm}^2\text{]} \quad \text{und} \quad T_{1\text{tot}} = 288 \text{ [°K]}.$$

Zahlentafel 25 zeigt als sog. Mittelschnittsrechnung die Bestimmung des statischen Druck- und Temperaturverlaufes längs der Kanalmittellinie und die sich mittels der Kontinuitätsbeziehung ergebende mittlere Axialgeschwindigkeit $\overline{c_m}$. An und für sich wäre diese Rechnung für die noch zu bestimmende mittlere Stromlinie durchzuführen. Im radialen Teil des Laufrades gehen beide Linien praktisch ineinander über. Im Bereich des Vorsatzläufers bestehen, wie Abb. 472 zeigt, größere Differenzen zwischen Kanalmitte und mittlerer Stromlinie, die sich ergebenden Unterschiede im statischen Druck bzw. für $\overline{c_m}$ sind aber trotzdem verhältnismäßig gering.

Berechnung der Meridiangeschwindigkeitsverteilung. Da die Schaufelhöhe h nicht als klein gegenüber den Krümmungsradien auf der Deckscheiben- und Radscheibenseite angesehen werden kann, soll die Berechnung der Meridiangeschwindigkeitsverteilung in zwei Iterationsschritten erfolgen. Als 1. Näherung wird das FLÜGEL-ECK-Verfahren – Abschn. E VI, 2a, Gl. (101) – angewendet. Die Krümmungsradien entlang der Wandungen sind gegeben und in Abb. 473 nochmals dargestellt. Erfahrungsgemäß folgt die Strömung den Krümmungssprüngen der Wandungen nicht unmittelbar. Bereits in nächster Wandnähe findet eine Vergleichmäßigung des $1/\varrho$-Verlaufes statt, so daß auch hier ein gewisser Ausgleich der in die Rechnung einzusetzenden Wandkrümmungswerte vorgenommen wurde (ausgezogene Linien in Abb. 473). Hierin liegt allerdings eine gewisse Willkür in der Berechnung.

Das Ergebnis der Rechnung ist in Abb. 476 als gestrichelte Linien mit eingetragen und ergibt die gesuchte 1. Näherung der Meridiangeschwindigkeitsverteilung. Den Verlauf des Durchsatzes über der relativen Schaufelhöhe erhält man aus

$$\dot{G} = 2\pi \cdot \bar{\gamma} \cdot h \int\limits_{0}^{n/h} c_m \cdot r \cdot d\left(\frac{n}{h}\right) \quad \text{(s. Abb. 474)}.$$

Der geometrische Ort der mittleren Stromlinie ergibt sich aus den Schnittpunkten der Durchsatzlinien mit dem Wert $\dot{G}/2 = 1{,}45$ [kg/s]. Durch Einzeichnen der mittleren Stromlinie in Abb. 472 läßt sich auch für diese (rechnerisch oder graphisch) der Krümmungsverlauf bestimmen. Damit sind für die Strombahnenkrümmung auf jeder Potentialfläche drei Werte bekannt, so daß sich ein hinreichend genauer Verlauf $1/\varrho = f\,(n/h)$ zeichnen läßt (Abb. 475).

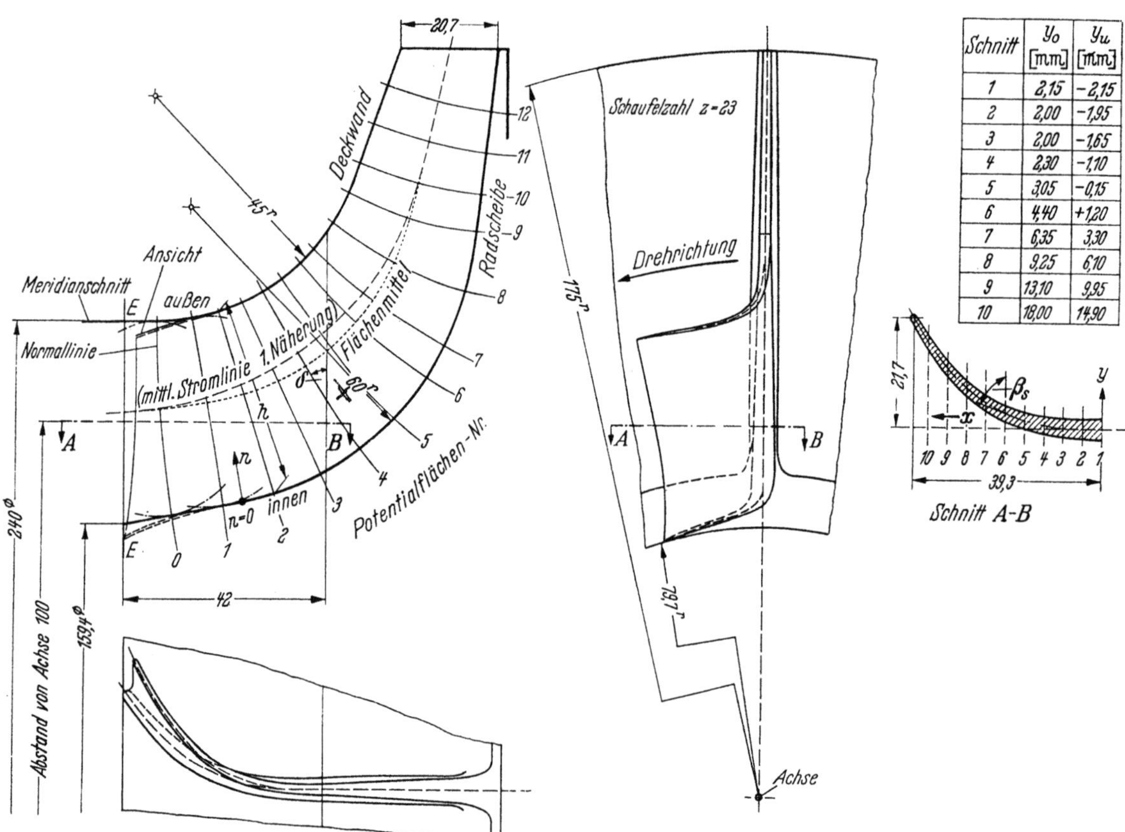

Abb. 472. Rotor eines Grenzleistungsverdichters mit Vorsatzläufer (Berechnungsbeispiel)

Schnitt	y_o [mm]	y_u [mm]
1	2,15	−2,15
2	2,00	−1,95
3	2,00	−1,65
4	2,30	−1,10
5	3,05	−0,15
6	4,40	+1,20
7	6,35	3,30
8	9,25	6,10
9	13,10	9,35
10	18,00	14,90

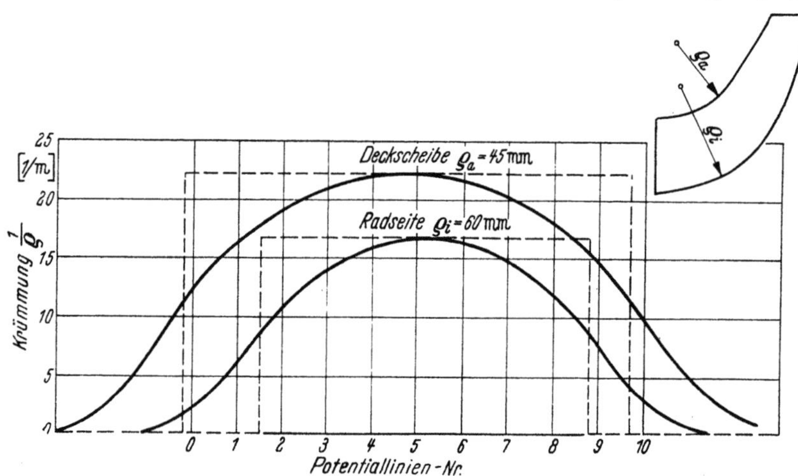

Abb. 473. Wandkrümmungen und ausgeglichene Krümmungsverläufe die Deck- und Radscheibenseite

Die Integration der Gl. (291) soll aus Gründen der Anschaulichkeit schrittweise erfolgen. In Tabelle 26 ist die Rechnung für die Potentialfläche Nr. 4 numerisch durchgeführt. Der Verlauf des Schaufelwinkels ist dabei nach Gl. (292) berechnet, wobei die auf Abb. 472 dargestellte Schaufelform für $r = r_s = 100$ mm als Ausgangswert dient. Die Integration beginnt auf der mittleren Stromlinie ($n/h = 0{,}625$) mit dem aus der Mittelschnittsrechnung (Tab. 25) erhaltenen Wert $\overline{c_m} = 108{,}1$ [m/s]. Hiermit wird in den angrenzenden Abschnitten der Potentialfläche $\Delta n/h = 0{,}700 - 0{,}625$ bzw. $-\Delta n/h = 0{,}625 - 0{,}600$ die mittlere Änderung der Relativgeschwindigkeit Δw_m berechnet. Durch die Addition $\dfrac{\overline{c_m}}{\sin \overline{\beta}} + \Delta w_m$ erhält man den Anfangswert für den nächsten Integrationsschritt.

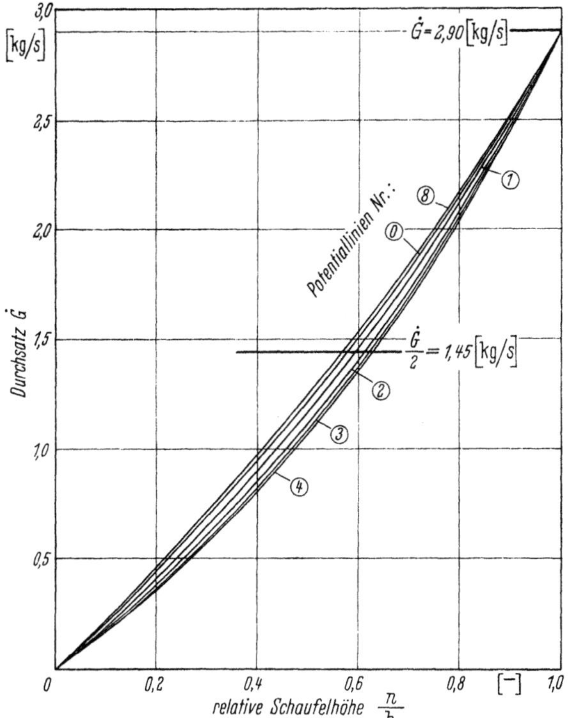

Abb. 474. Verlauf des Durchsatzes über der relativen Schaufelhöhe für vorgegebene Potentiallinien

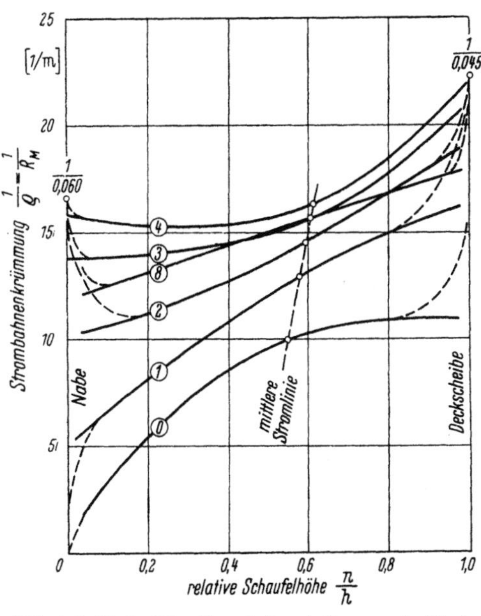

Abb. 475. Verlauf der Strombahnenkrümmung im Meridianschnitt $1/\varrho = 1/R_M$ über der relativen Schaufelhöhe

——— berechnet nach dem angenommenen Krümmungsverlauf entsprechend Abb. 473
—·—·— Verlauf bei Berücksichtigung der Krümmungssprünge der Wandungen

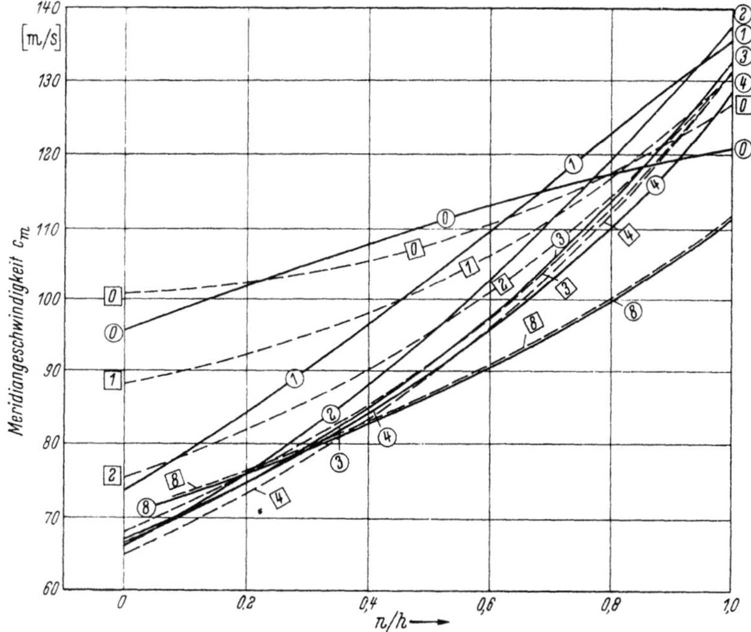

Abb. 476. Vergleich der Meridiangeschwindigkeitsverteilungen
⊔ — — — — 1. Näherung nach Gl. (101); drallfreie Strömung
◯ —·—·— 2. Näherung nach Gl. (291); mit Berücksichtigung der Rotation

Tabelle 25. *Mittelschnittsrechnung für Radialverdichter-Laufrad*

Auslegungsdaten: $\dot{G} = 2{,}90$ [kg/s] $n = 18300$ [U/min]

Eintrittszustand: $p_{E,\text{tot}} = 1{,}0$ [kg/cm²] $T_{E,\text{tot}} = 288$ [°K]

	Potentialflächen-Nr.	Dimension	a	b	c	d	e	f	g	h	i	j	k	l	m	n	o
			E	0	1	2	3	4	5	6	7	8	9	10	11	12	13
1	$\tilde{r}$ (Kanal-Mitte, s. Abb. 472)	mm	100	100,8	102,4	104	106,6	109,9	114,8	120,2	125	133,4	141,4	149,2	156,5	164,6	175
2	z (Schaufelzahl)	—								23							
3	d (mittl. Schaufeldicke in Umfangsrichtg.)	mm	0	2,75	2,75	2,75	2,85	3,3	3,75	3,9	4,0	3,9	3,65	3,5	3,3	3,0	2,75
4	$2\,\pi\,\tilde{r}$	mm	628	631	643	653	669	690	721	755	789	838	888	937	983	1032	1100
5	$z \cdot d$	mm	0	63	63	63	65	75	86	90	92	89	84	80	76	69	63
6	$U = 2\,\pi\,\tilde{r} - z \cdot d = ④ - ⑤$	mm	628	568	580	590	604	615	635	665	697	749	804	857	907	963	1037
7	b (Kanalhöhe, Abb. 472)	mm	40	39	38,4	39	39	38,6	37,2	35,7	34,1	31,6	28,5	26,2	24,5	22,4	20
8	$F_{\text{merid}} = U \cdot b \cdot 10^{-2}$	cm²	250	222	223	230	236	238	237	237	237	236	229	224	222	216	207
9	$u = \dfrac{\pi \cdot n}{30} \cdot \tilde{r} \cdot 10^{-3}$	m/s	191,5	193	196	199	204	210,5	220	230	239,5	255	270,5	285,5	299,5	315	335
10	$u^2/2\,g$	m	1865	1895	1955	2015	2120	2260	2465	2695	2920	3310	3725	4150	4570	5060	5720
11	$\dfrac{1}{2\,g}\,(u^2 - u_E^2)$	m	—	30	90	150	255	395	600	830	1055	1445	1860	2285	2705	3195	3855
12	β (Winkel gegen Umfangsrichtg. in Kanalmitte)	°	28,5	37,2	48,8	60,7	71,4	80,7	90	90	90	90	90	90	90	90	90
13	$\overline{c_m}$ (angenommen)	m/s	103	110,5	105,3	99	96	94	93	91,5	90	88,5	89	89,5	88	87,5	88
14	$\overline{w} = \overline{c_m}/\sin\beta$	m/s	216	183	140	113,5	101,5	95	93	91,5	90	88,5	89	89,5	88	87,5	88
15	$\overline{w^2}/2\,g$	m	2375	1705	1000	657	526	460	440	427	413	399	403	408	395	390	395
16	$\dfrac{1}{2\,g}\,(\overline{w_E^2} - \overline{w^2})$	m	—	670	1375	1718	1849	1915	1935	1948	1962	1976	1972	1967	1980	1985	1980
17	$H_{\text{stat}} = ⑪ + ⑯$	m	—	700	1465	1868	2104	2310	2535	2778	3017	3421	3832	4252	4685	5180	5835
18	$\Delta T_{\text{stat}} = \dfrac{H_{\text{stat}}}{c_p/A} = ⑰/102{,}3$	°K	—	6,8	14,2	18,2	20,5	22,5	24,7	27,1	29,4	33,4	37,4	41,5	45,7	50,6	57
19	T_{stat}	°K	282,7	289,5	296,9	300,9	303,2	305,2	307,4	309,8	312,1	316,1	320,1	324,2	328,4	333,3	339,7
20	$(T/T_E)_{\text{stat}}$	m	1,0	1,024	1,05	1,064	1,072	1,08	1,087	1,095	1,104	1,118	1,132	1,147	1,162	1,179	1,202
21	η_{Rad}	m/°K								0,815							
22	$(p/p_E)_{\text{stat}} = (T/T_E)_{\text{stat}}^{3,5\,\cdot\,\eta_{\text{Rad}}}$	—	1,0	1,07	1,15	1,193	1,219	1,245	1,268	1,295	1,326	1,375	1,423	1,478	1,534	1,60	1,69
23	$p_{\text{st}} = p_{E\text{st}}\,(p/p_{E\text{st}})$	kg/cm²	0,94	1,005	1,08	1,12	1,145	1,17	1,19	1,215	1,245	1,29	1,335	1,39	1,44	1,505	1,588
24	$\gamma_{\text{st}} = p_{\text{st}}/R \cdot T_{\text{st}} = \dfrac{㉓}{29,27 \cdot ⑲}$	kg/m³	1,135	1,185	1,245	1,27	1,29	1,31	1,32	1,34	1,36	1,40	1,425	1,465	1,495	1,54	1,595
25	$\overline{c_m} = \dot{G}/F \cdot \gamma_{\text{st}}$ (Kontrolle)	m/s	102,5	110,5	105	99	95,5	93	93	91,5	90	88	89	88,5	87,5	87	88

In dem Ansatz $\overline{c_m}$ für die mittlere Stromlinie liegt eine Annahme, deren Richtigkeit durch eine Durchsatzkontrolle zu überprüfen ist. In Tabelle 27 ist diese Kontrolle für die berechnete c_m- bzw. w_m-Verteilung durchgeführt. Die Addition der Durchsatzanteile ergibt $\Sigma\,\varDelta\dot{G} = 2{,}783 \ll 2{,}90\ [\mathrm{kg/s}]$. Da der Unterschied zum geforderten Soll-Durchsatz nur etwa 4% beträgt, werden die c_m- und w_m-Verteilung einfach durch Multiplikation mit dem Faktor

$$ f = \frac{\dot{G}_{\mathrm{Auslg}}}{\Sigma\,\varDelta\dot{G}} = \frac{2{,}90}{2{,}783} = 1{,}04 $$

korrigiert. Bei größeren Abweichungen wäre dagegen eine Neuberechnung der w_m-Verteilung in Tabelle 26 mit einem entsprechend korrigierten Ausgangswert $\overline{c_m}$ erforderlich. In Abb. 476 und 477 sind einige der berechneten c_m- bzw. w_m-Verteilungen aufgetragen. Als Vergleich sind in Abb. 476 auch die c_m-Verteilungen der 1. Näherung (nach Gl. 101) mit eingetragen, die neben der linearen Annäherung des Krümmungsverlaufs auch die Rotation der Strömung im Laufrad außer Acht lassen. Einen besseren Vergleich ergibt

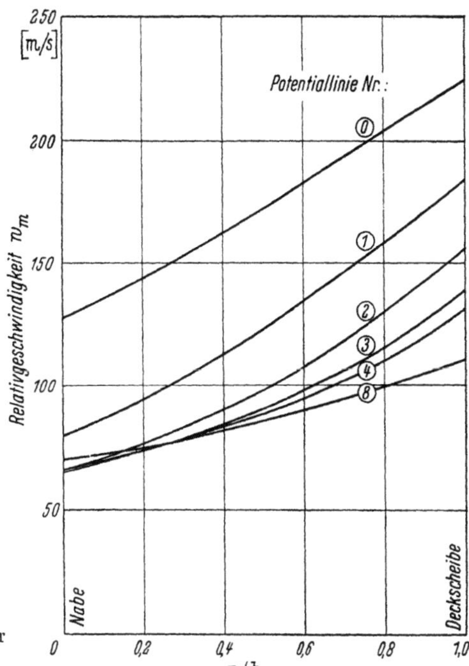

Abb. 477. Verlauf der mittleren Relativgeschwindigkeit w_m über der relativen Schaufelhöhe

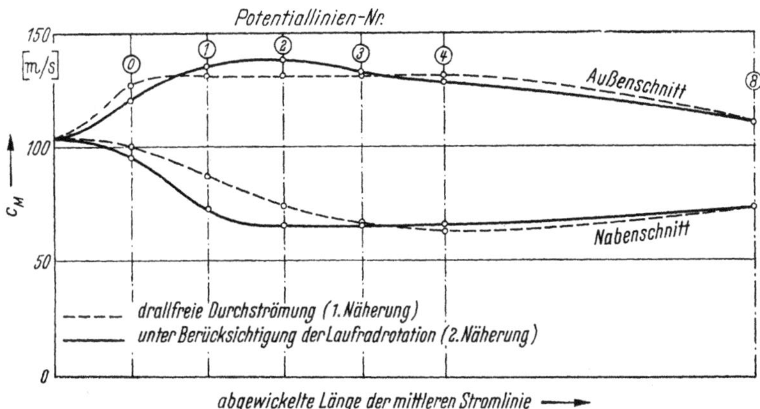

Abb. 478. Meridiangeschwindigkeitsverteilung an der Deckscheiben- und Radscheibenseite über der abgewickelten mittleren Stromlinie im Meridianschnitt

vielleicht die Abb. 478, in der die beiden c_m-Verteilungen über der abgewickelten Länge der mittleren Stromlinie (im Meridianschnitt) aufgetragen sind. Es zeigt sich, daß die Unterschiede zwischen den beiden Berechnungen nicht groß sind, so daß es in vielen Fällen ausreichend sein wird, sich mit der 1. Näherung (Gl. 101) bei wesentlich kleinerem Rechenaufwand zu begnügen.

Berechnung der Geschwindigkeitsverteilung in den Laufradkanälen (Umfangsrichtung). Die vorangegangene Berechnung der w_m-Verteilung stellt die Lösung bei unendlicher Schaufelzahl dar und entspricht damit in etwa den mittleren Strömungsverhältnissen zwischen zwei benachbarten Schaufeln in Umfangsrichtung. Die Strombahnen bilden Rotationsflächen, die aber im allgemeinen räumlich gekrümmt sind und sich nicht exakt abwickeln lassen. In Abb. 479 ist eine angenäherte Abwicklung eines Schaufelkanals an der Deckscheibenseite dargestellt, die graphisch durch Abstechen der abgewickelten Länge gewonnen wurde, aber nicht mehr winkelgetreu ist. Für eine exakte Abwick-

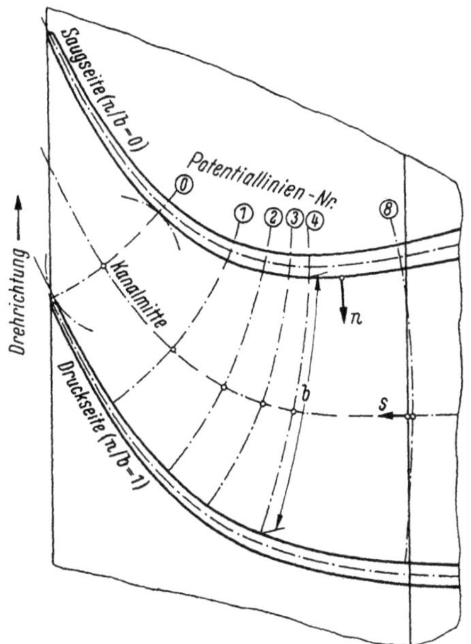

Abb. 479. Angenäherte Abwicklung des Schaufelkanals an der Außenkontur (Deckscheibe)

Tabelle 26. *Schrittweise Integration der Differentialgleichung (291):*

Potentialfläche Nr. 4

$$\frac{d\,w_m}{d\,n} = 2\omega\cos\beta\cdot\cos\delta - w_m\left(\frac{\cos^2\beta\cdot\cos\delta}{r} + \frac{\sin^2\beta}{R_M}\right)$$

1	2 — n	3 — n/h	4 — x (Abb. 472)	5 — $\beta_s(x)$ für $r_s=100$	6 — r	7 — β°
	[mm]	—	[mm]	[°]	[mm]	$\mathrm{arccot}\,\beta_s\frac{r}{r_s}$
außen	38,0	1,0	13,7	78,8	126,3	75,95
	34,20	0,9	11,8	81,6	123,2	79,70
	30,40	0,8	9,9	84,1	119,9	82,95
	26,60	0,7	7,9	86,3	116,6	85,65
	23,75	0,625	6,3	87,6	114,0	87,30
	22,80	0,6	5,8	88,0	113,3	87,75
	19,0	0,5	3,8	89,2	110,2	89,15
	15,20	0,4	1,7	89,8	107,0	89,75
	11,40	0,3	—	90,0	103,8	90,0
	7,60	0,2	—	90,0	100,8	90,0
	3,80	0,1	—	90,0	97,6	90,0
innen	0	0	—	90,0	94,7	90,0

8 — Δn	9 — $\bar\beta=\beta_{\mathrm{mittel}}$	10 — $\sin$ ⑨	11 — $\cos$ ⑨	12 — $\sin^2$ ⑨	13 — $\cos^2$ ⑨	14 — $\bar\delta=\delta_{\mathrm{mittel}}$ (Abb. 472)
[mm]	[°]					[°]
3,80	77,82	0,97749	0,24277	0,95549	0,05894	30,55
3,80	81,32	0,98855	0,15092	0,97723	0,02278	31,15
3,80	84,30	0,99506	0,06453	0,99014	0,00416	31,75
2,85	86,47	0,99810	0,06157	0,99620	0,00379	32,25
−0,90	87,52	0,99906	0,04327	0,99812	0,00187	32,6
−3,80	88,45	0,99963	0,02705	0,99926	0,00073	33,0
−3,80	89,45	0,99995	0,00960	0,99990	0,00008	33,65
−3,80	89,87	1,0	0	1,0	0	34,25
−3,80	90,0	1,0	0	1,0	0	34,85
−3,80	90,0	1,0	0	1,0	0	35,45
−3,80	90,0	1,0	0	1,0	0	36,0

* Vorzeichen s. Abb. 469   ** Ausgangswert $w_m = c_m/\sin\beta$ *** $w_m = w_{m_{\nu-1}} \pm \Delta w_m$

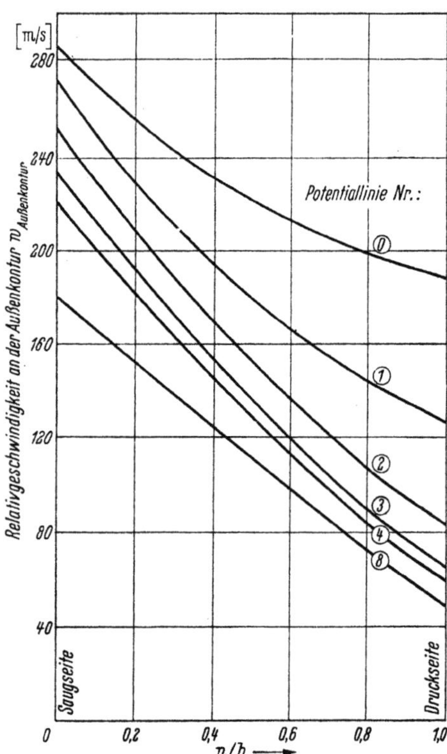

Abb. 480. Geschwindigkeitsverteilung im abgewickelten Schaufelkanal (Außenkontur)

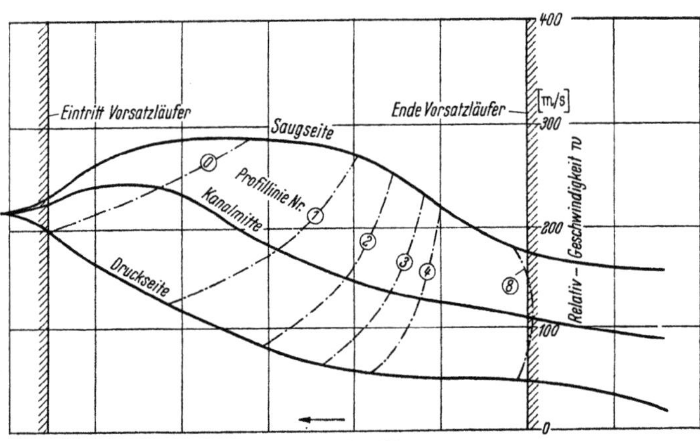

Abb. 481. Geschwindigkeitsverteilung auf der Schaufeloberfläche (Außenkontur)

lung wäre die Außenkontur durch eine oder mehrere Kegelflächen anzunähern und diese dann abzuwickeln. Für die durchzuführenden Rechnungen erscheint aber die dargestellte Annäherung ausreichend. Die Berechnung der Geschwindigkeiten entlang der Schaufelwandung bzw. über dem Kanalquerschnitt erfolgt nach Gl. (294) bis Gl. (298). In Zahlentafel 28 ist die numerische Auswertung der Beziehungen für die in Abb. 479 eingezeichnete Potentiallinie 4 durchgeführt. Das Ergebnis der Rechnungen für den Außenschnitt des Laufrades ist in Abb. 480 dargestellt. Abb. 481 zeigt schließlich die Geschwindigkeitsverteilung auf der Schaufelsaug- und -druckseite über der

Tabelle 26. *(Fortsetzung)*

$$\text{mit } 2\omega = \frac{2\pi \cdot n}{30} = 3830 \left[\frac{1}{s}\right]$$

15 $\cos\,(14)$	16* $1/R_M$ Abb. 477 [1/m]	17 $\dfrac{\overline{\delta}}{2\,\omega\cos\beta \cdot \cos\delta}$	18 $\overline{r}=r_{\text{mittel}}$ [mm]	19 $\dfrac{\overline{\delta}}{\cos\beta \cdot \cos\delta}\cdot\dfrac{10^3}{\overline{r}}\,\dfrac{\cos^2\overline{\beta}}{}$	20 $\dfrac{\sin^2\overline{\beta}}{R_M}$ [1/m] (19)+(20)	21 D	22 $\overline{c}_m$ [m/s] Tab. 25	23 w_m [m/s] ***	24 $w_m \cdot D$ (21)·(23)	25 $\dfrac{dw_m}{dn}$ (17)-(24)	26 Δw_m (25)·$\dfrac{\Delta n}{10^3}$	27 $\sin\beta$	28 c_m $w_m\cdot\sin\beta$
								128,73				0,9701	124,8
0,86119	-21,10	800	124,75	0,40688	-20,16	-19,75	Integration		-2268	3068	13,98		
								114,75				0,9839	112,8
0,85582	-19,20	495	121,55	0,16039	-18,76	-18,60			-1962	2457	9,34		
								105,41				0,9924	104,5
0,85035	-17,75	210	118,25	0,02992	-17,57	-17,54			-1721	1931	7,34		
								98,07				0,9972	97,9
0,84573	-16,675	199,5	115,30	0,02780	-16,61	-16,58	93**		-1543	1742,5	4,97		
								93,10				0,9989	93,0
0,84245	-16,20	139,5	113,65	0,01386	-16,17	-16,16			-1505	1644,5	-1,48		
								91,62				0,9993	91,5
0,83867	-15,875	86,9	111,75	0,00548	-15,86	-15,85	Ausgangswert für die		-1451	1537,9	-5,85		
								85,77				0,9999	85,7
0,83244	-15,475	30,6	108,60	0,00061	-15,47	-15,47			-1326	1356,6	-5,16		
								80,61				1,0	80,6
0,82659	-15,315	0	105,40	0	-15,315	-15,32			-1234	1234	-4,69		
								75,92				1,0	75,9
0,82065	-15,315	0	102,30	0	-15,315	-15,315			-1161	1161	-4,42		
								71,50				1,0	71,5
0,81462	-15,435	0	99,20	0	-15,435	-15,435			-1102	1102	-4,19		
								67,31				1,0	67,3
0,80902	-15,66	0	96,15	0	-15,66	-15,66			-1054	1054	-4,01		
								63,30				1,0	63,3

abgewickelten Schaufellänge, aber auch hier beschränkt auf einen Schaufelschnitt entlang der Außenkontur.

Relativ schmale Vorsatzläufer zeigen im allgemeinen einen starken Druckanstieg bzw. Geschwindigkeitsabfall in der Nähe des Übergangs vom Vorsatzläufer zum Laufrad. Die hierdurch bedingte Ablösungsneigung wird bei kreisbogenförmigen oder parabelförmigen Vorsatzläuferformen durch den Krümmungssprung an der

Tabelle 27. *Durchsatzkontrolle für die Potentialfläche Nr. 4*

1 $\dfrac{n}{h}$ [−]	2 c_m Tab. 26 [m/s]	3 $\overline{\gamma}_{\text{st.}}$ Tab. 25 [kg/m³]	4 r Abb. 472 [cm]	5 h Abb. 472 [cm]	6 $\Delta F'$ $(2\pi/5)\cdot r\cdot h$ [cm²]	7 * Versperrungsfaktor k	8 ΔF $k\cdot\Delta F'$ [cm²]	9 $\Delta F\cdot\overline{\gamma}_{\text{st.}}$ [kg/m]	10 $\Delta\dot{G}$ (2)·(9) [kg/s]	11 $c_{m\text{korr}}=$ $f\cdot c_m$ [m/s]	12 $\sin\beta$ Tab. [b]	13 $w_{m\text{korr}}$ (11)/(12) [m/s]
innen												
0	63,3		9,47		—		—	—	—	66,0	1,0	66,0
0,1	67,3		9,76		46,58		42,13	55,25·10⁻⁴	0,372	70,1	1,0	70,1
0,3	75,9		10,38		49,54		44,80	58,70·10⁻⁴	0,445	79,1	1,0	79,1
0,5	85,7	1,31	11,02	3,80	52,60	0,905	47,57	62,35·10⁻⁴	0,534	89,3	0,9999	89,4
0,7	97,9		11,66		55,65		50,33	66,00·10⁻⁴	0,646	102,0	0,9972	102,3
0,9	112,8		12,32		58,80		53,18	69,65·10⁻⁴	0,786	117,5	0,9839	119,4
1,0	124,8		12,63		—		—	—	—	130,0	0,9701	134,0
außen												

* k berücksichtigt die Versperrung des Ringquerschnittes durch die Schaufeln

$$\Sigma\,\Delta\dot{G} = 2,783\ [\text{kg/s}]$$

$$\dot{G}_{\text{Ausl.}} = 2,90\ [\text{kg/s}]$$

$$f = \frac{\dot{G}_{\text{Ausl.}}}{\Sigma\,\Delta\dot{G}} = \frac{2,90}{2,783} = 1,04$$

Übergangsstelle noch verstärkt. Im vorliegenden Fall ist durch weites Hineinziehen des Vorsatzläufers in den radialen Teil und durch Wahl einer kubischen Ausgangsparabel als Grundform für den Vorsatzläufer diesen ungünstigen Einflüssen weitgehend entgegengearbeitet.

Tabelle 28. *Numerische Auswertung der Geschwindigkeitsverteilung in Umfangsrichtung*

$$w = \frac{1}{A}\left(w_s - 2\omega \sum_{0}^{n/b} \frac{b}{10} \cdot A \sin \delta\right)$$

Potentiallinie Nr. 4: Außenschnitt

$$1/R_s = 1/3{,}47 = 0{,}2882 \ [1/\text{cm}]$$

$$\frac{1}{2}\left(\frac{1}{R_s} - \frac{1}{R_d}\right) = \frac{1}{2}\left(\frac{1}{3{,}47} - \frac{1}{2{,}75}\right) = -0{,}0377 \ \Big| \ 1/\text{cm} \ \Big]$$

$$b = 3{,}39 \ [\text{cm}]$$

$$\text{Sollwert für } w_m = \sum_{n/b=0,1}^{n/b=0,9} 0{,}2\,w = 134 \ [\text{m/s}] \ \text{ s. Tabelle 27}$$

	$\dfrac{n}{b}$	[–]	0	0,1	0,3	0,5	0,7	0,9	1,0
1	$\left(\dfrac{n}{b}\right)^2$	[–]	0	0,01	0,09	0,25	0,49	0,81	1,0
2	$\dfrac{1}{R_s}\cdot\dfrac{n}{b}$	$\left[\dfrac{1}{\text{cm}}\right]$	0	0,02882	0,08646	0,14410	0,20174	0,25938	0,28820
3	$\dfrac{1}{2}\left(\dfrac{1}{R_s}-\dfrac{1}{R_d}\right)\left(\dfrac{n}{b}\right)^2$	$\left[\dfrac{1}{\text{cm}}\right]$	0	−0,00038	−0,00339	−0,00943	−0,01847	−0,03054	−0,03770
4	②−③	$\left[\dfrac{1}{\text{cm}}\right]$	0	0,02920	0,08985	0,15353	0,22021	0,28992	0,32590
5	$b\cdot$④$=3{,}39\cdot$④	[–]	0	0,09899	0,30459	0,52047	0,74651	0,98283	1,10480
6	$\dfrac{1}{A}=e^{-⑤}$	[–]	1,0	0,9058	0,7378	0,5947	0,4743	0,3747	0,3318
7	δ Abb. 472	[°]	—	35,5	35,0	32,5	30,0	27,0	—
8	$A\cdot\sin\delta\cdot\dfrac{b}{10}$	[cm]	—	0,21733	0,26355	0,30628	0,35737	0,41074	—
9	Σ⑧ nach Abb.471		0	0,21733	0,69821	1,26804	1,93169	2,69980	3,11054
10	$\dfrac{2\omega}{10^2}\cdot$⑨$=38{,}3\cdot$⑨	$\left[\dfrac{m}{s}\right]$	0	8,33	26,75	48,55	74,00	103,40	119,00
11	w_s (geschätzt)	[m/s]	260						
12	w_s-⑩	[m/s]	260	251,67	233,25	211,45	186,00	156,60	141,00
13	$w=$⑫$\cdot$⑥	[m/s]	260	228	172	125,7	88,2	58,7	46,8
14	$0{,}2\,w$	[m/s]	—	45,6	34,4	25,1	17,6	11,8	—
15	$w_m=\Sigma\,0{,}2\,w$	Kontrolle	—			134,5			—

3. Leitvorrichtungen von Grenzleistungskompressoren

Die Leitvorrichtung eines Kompressors hat einen um so größeren Einfluß auf seinen Gesamtwirkungsgrad und die Steilheit der Kennlinie, je kleiner der Reaktionsgrad des Laufrades ist, d. h. je größer der im Leitrad umgesetzte statische Druckanteil an der gesamten Druckerhöhung ist. Die größten Anforderungen an die Gestaltung der Leitvorrichtung werden naturgemäß beim Grenzleistungskompressor gestellt, da in diesem Falle etwa 50% der Gesamtdruckerhöhung im Leitrad in statischen Druck umgewandelt werden müssen und darüber hinaus für die Leitradbeschaufelung Eintritts-MACHzahlen vorliegen, die bei den für Grenzleistungskompressoren üblichen Umfangsgeschwindigkeiten in der Nähe von Eins sind.

Für die Auslegung der Leitvorrichtungen von Grenzleistungskompressoren gelten naturgemäß die gleichen Überlegungen, wie sie für die Normalstufe angestellt wurden. Besondere Beachtung ist hierbei der Reibung im schaufellosen Raum und der dadurch bedingten „Aufwinkelung" der Strömung zu schenken. Die Anordnung eines Leitrades (Schaufeldiffusor) ist bei Grenzleistungsverdichtern vielfach notwendig, weil der Austrittswinkel der Absolutströmung aus dem Laufrad meist $\alpha_2 \leqq 15°$ ist.

Beispiel: Für den in Abb. 451 gezeigten Grenzleistungskompressor mit einem Laufraddurchmesser $D_2 = 0{,}304$ [m] und einer Breite $b_3 = 0{,}0165$ [m] erhält man als Austrittswinkel der Absolutströmung hinter dem Laufrad für den Auslegepunkt

$$\alpha_3 = 14°.$$

Der konstruktiv vorgesehene schaufellose Raum zwischen Lauf- und Leitrad beträgt 12 [mm], bezogen auf den Radius. (Diese Breite ist, wie in Abb. 484 gezeigt werden soll, notwendig, um die bei der Auslegungsdrehzahl ($u_2/\sqrt{T_0} = 24{,}5$) nur wenig unterhalb der örtlichen Schallgeschwindigkeit liegende Austrittsgeschwindigkeit aus dem Laufrad auf die am Leitradeintritt tragbare MACHzahl $M_5 \approx 0{,}80$ herabzusetzen.)

Mit den vorliegenden Angaben erhält man für die Strömungsrichtung am Leitradeintritt mit $D_5 = D_4 = 0{,}328$ [m] Gl. (143)

$$\sin \alpha_4 = \frac{K_1^2 - 1}{K_1^2 + 1}$$

mit

$$K_1 = \frac{1 + \sin \alpha_3}{\cos \alpha_3} \cdot e^{\frac{\lambda}{4 \cdot b_3}(r_4 - r_3)};$$

für $\lambda \approx 0{,}06$ (wegen der hohen MACHzahl) und

$$\frac{r_4 - r_3}{b_3} = \frac{164 - 152}{16{,}5} = 0{,}727$$

wird

$$K_1 = 1{,}02 \, \frac{1 + 0{,}242}{0{,}97} = 1{,}305$$

und

$$\sin \alpha_4 = \sin \alpha_5 = \frac{1{,}7 - 1}{1{,}7 + 1} = 0{,}259,$$

$$\alpha_4 = \alpha_5 = 15°.$$

Der optimale Öffnungswinkel für einen Schaufeldiffusor ist $2\,\vartheta \approx 8 \div 10°$. Da beim Grenzleistungsverdichter wegen der hohen MACHzahl die Ablösungsgefahr besonders groß ist, erscheint es zweckmäßig, die Querschnittsverhältnisse C auf 2 bis 2,4 zu begrenzen. Für $\alpha_5 = 15°$; $D_6/D_5 = 1{,}32$ (konstruktiv bedingt) erhält

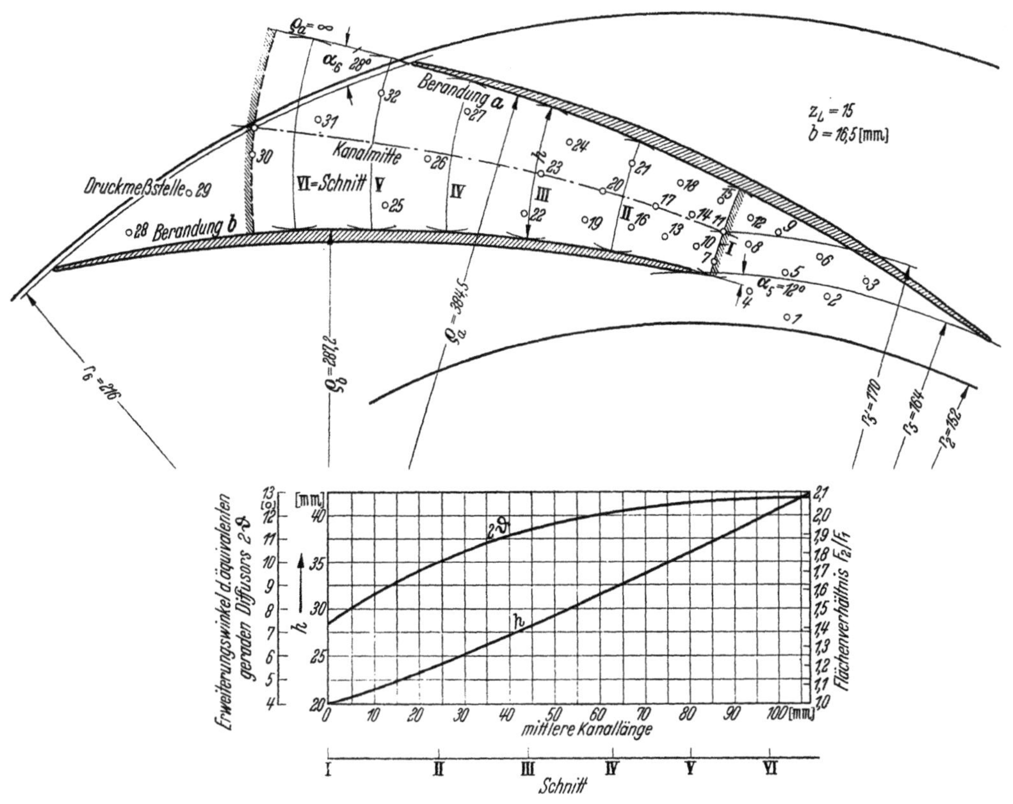

Abb. 482. Das untersuchte Leitradgitter

man aus Gl. (160), für $C = 2$; $2\,\vartheta = 10°$ eine Leitschaufelzahl $z_L = 10$; für $C = 2,4$; $2\,\vartheta = 8°$ wird $z_L = 20$. Festgelegt werde $z_L = 15$. Für den Austrittswinkel ergeben sich als Grenzwerte

$$\alpha_6 = 23° \ (\text{für } C = 2) \quad \text{bzw.} \quad \alpha_6 = 28° \ (\text{für } C = 2,4);$$

festgelegt werde $\alpha_6 = 25°$.

Hiermit können nunmehr die Schaufelwinkel berechnet werden. Für stoßfreien Eintritt in den beschaufelten Diffusor ergibt sich unter Benützung der konformen Abbildung eines Leitradkreisgitters auf ein gerades Gitter das Teilungsverhältnis des letzteren zu [vgl. Gl. (184)]

$$\frac{t}{l} = \frac{2\,\pi \cdot \sin\left(\dfrac{\alpha_5 + \alpha_6}{2}\right)}{z_L \cdot \ln\left(\dfrac{r_6}{r_5}\right)} = \frac{2\,\pi \cdot \sin 20°}{15 \cdot \ln\left(\dfrac{216}{164}\right)} = 0,52 .$$

Mit einem mittleren Strömungswinkel $\tau_m = \dfrac{\pi}{2} - \dfrac{\alpha_5 + \alpha_6}{2} = 70°$ erhält man hierfür nach Abb. 278 einen Winkelübertreibungsfaktor $\mu = 0,66$.

Somit betragen die Schaufelwinkel mit $\alpha_m = \dfrac{\alpha_5 + \alpha_6}{2} = 20°$

$$\alpha_{5\,\text{Schaufel}} = \alpha_m - \frac{\alpha_m - \alpha_5}{\mu} = 20° - \frac{20° - 15°}{0,66} \approx 12°,$$

$$\alpha_{6\,\text{Schaufel}} = \alpha_m + \frac{\alpha_6 - \alpha_m}{\mu} = 20° + \frac{25° - 20°}{0,66} \approx 28°.$$

Abb. 482 zeigt das Leitradgitter, wobei aus Herstellungsgründen von der durch die konforme Abbildung gegebenen Form abgewichen ist und die Schaufeln, unter Beibehaltung der berechneten Winkel, als Kreisbögen hergestellt sind.

Um einen Einblick in die Strömungsverhältnisse in einem Leitrad zu gewinnen, wurden an diesem Kompressor spezielle Leitraduntersuchungen angestellt. Zu diesem Zwecke erhielt der Kanal zwischen zwei benachbarten Leitschaufeln 32 Druckmeßbohrungen, deren Anordnung aus Abb. 482 ersichtlich ist. Nachstehend soll ein Teil dieser Versuchsergebnisse diskutiert werden.

a) Strömungswinkel und Machzahl am Leitradeintritt

Abb. 483 zeigt das gemessene Kennfeld des Kompressors. Für jeden Kennfeldpunkt wurde der Strömungswinkel am Leitradeintritt berechnet und das Ergebnis in Abb. 483 miteingetragen.

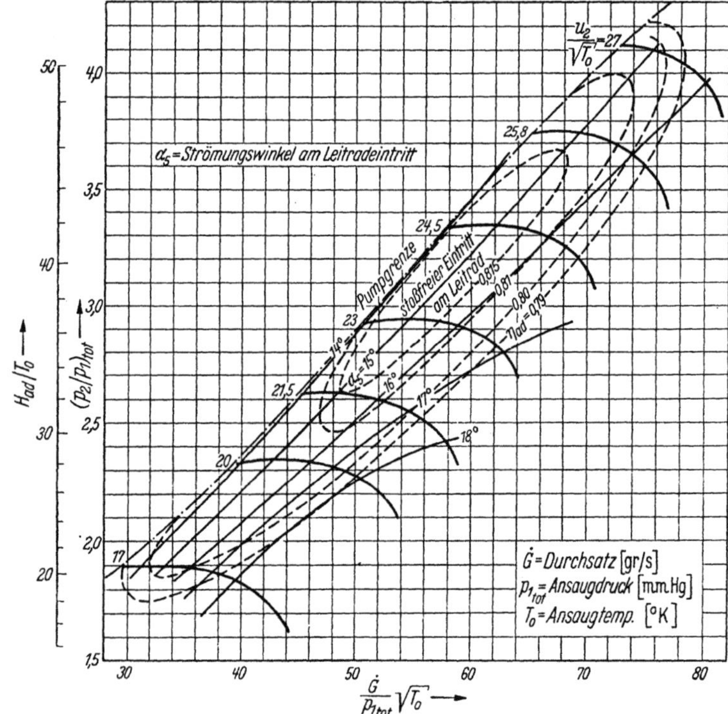

Abb. 483. Kennfeld des in Abb. 451 dargestellten Grenzleistungsverdichters mit Linien gleicher Strömungswinkel α_5 am Leitradeintritt

Wie man sieht, läuft die Linie $\alpha_5 = 15°$ bei allen Drehzahlen durch das Wirkungsgradoptimum, was als Bestätigung für stoßfreien Eintritt am Leitrad angesehen werden kann. Sind die Strömungsrichtung, die Förderhöhe und die Umfangsgeschwindigkeit gegeben, so können auch die MACHzahlen am Austritt aus dem Laufrad bzw. Eintritt in das Leitrad berechnet werden. In Abb. 484 sind die ermittelten MACHzahlen M_3 (Austritt Laufrad) und M_5 (Eintritt Leitrad) für die dem stoßfreien Eintritt am Leitrad entsprechenden Betriebspunkte dargestellt. Die weiteren Betrachtungen sollen sich nun auf den eigentlichen Diffusorkanal (in Abb. 482 durch die zwei schraffierten Linien eingegrenzt) beschränken. Aus diesem Grunde wurden auch die MACHzahlen für die Druckmeßstelle 11 bestimmt und mit $M_{5'}$ bezeichnet, wobei vorausgesetzt wurde, daß auf der Kanalmitte keine Beeinflussung des Druckverlaufes durch die einseitige Begrenzung der Strömung infolge der benachbarten Schaufeln stattfindet.

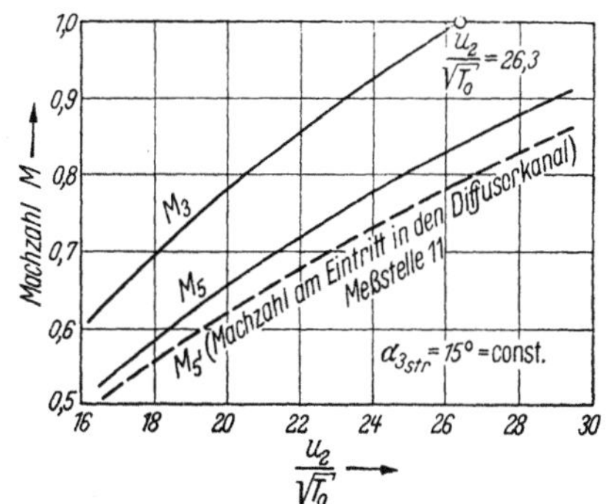

Abb. 484. Berechnete MACHzahlen hinter dem Laufrad (M_3), am Eintritt in den Schaufeldiffusor (M_5) und an der Meßstelle 11 ($M_{5'}$)

b) Druck- und Geschwindigkeitsverteilung im Diffusorkanal

Zwischen dem Querschnittsverhältnis $C = F_2/F_1$ und dem Druckverlauf in einem geraden Diffusor besteht entsprechend Gl. (163) und (164) folgender Zusammenhang:

$$\frac{F_2}{F_1} = \frac{1}{\left(\dfrac{p_2}{p_1}\right)^{\frac{1}{n}} \cdot \sqrt{1 - \dfrac{\left(p_2/p_1\right)^{\frac{n-1}{n}} - 1}{0{,}2 \cdot M_1^2}}}$$

Man darf nun annehmen, daß letztere Beziehung auch für schwach gekrümmte Diffusoren gültig bleibt, wenn man sich darauf beschränkt, nur die mittleren Drücke in jedem Kanalschnitt zu betrachten. In Abb. 485 ist ein Vergleich zwischen den auf dieser Basis berechneten Druckverläufen und den gemessenen Drücken auf der Kanalmittellinie für drei verschiedene Werte $u_2/\sqrt{T_0}$ bzw. $M_{5'}$ (s. Abb. 484) dargestellt, wobei die Rechnung auf den beiderseits durch Schaufeln begrenzten Teil des Diffusorkanales beschränkt wurde (Abb. 482). Der Berechnung lag hierbei ein Diffusorwirkungsgrad $\eta_{\text{Diff}} = 0{,}75$ zugrunde, was auch für die früher angestellten Wirkungsgradbetrachtungen vorausgesetzt war.

Der Vergleich zeigt für Eintritts-MACHzahlen $M_{5'} = 0{,}665$ und $0{,}805$ eine gute Übereinstimmung, während für $M_5' = 0{,}525$ die Meßwerte über dem gerechneten Verlauf liegen, was auf einen günstigeren Diffusorwirkungsgrad schließen ließe. Eine Nachprüfung bei den anderen gemessenen Kurven hat aber für $u_2/\sqrt{T_0} = 20$ bis 27 einen praktisch konstanten Diffusorwirkungsgrad von $\eta_{\text{Diff}} \approx 0{,}75$ ergeben, während der Verlauf bei $u_2/\sqrt{T_0} = 17$ bzw. $M_{5'} = 0{,}525$ einen Wirkungsgrad von $\eta_{\text{Diff}} \approx 0{,}88$ entspricht. Somit muß für letztere Meßreihe unter Umständen die Möglichkeit eines systematischen Meßfehlers in Betracht gezogen werden.

Die bisherigen Betrachtungen waren auf den Verlauf des mittleren Druckes im Diffusorkanal beschränkt. In einem gekrümmten Kanal herrscht aber eine ungleichmäßige

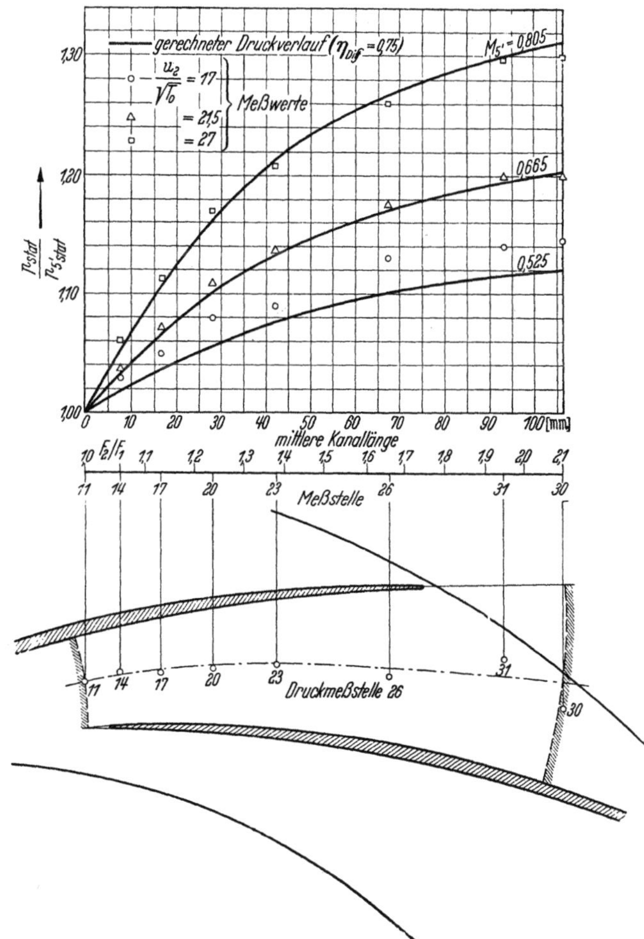

Abb. 485. Vergleich der gemessenen und gerechneten statischen Druckverläufe auf der Diffusorkanalmitte

Geschwindigkeitsverteilung, die entsprechende Druckänderungen quer zur Strömungsrichtung zur Folge hat. Zur Berechnung der Druckverteilung innerhalb des gekrümmten Kanals ist somit zuvor die zugeordnete Geschwindigkeitsverteilung zu bestimmen. Für diese können die Ausführungen VI, 1a sinngemäß übertragen werden. Hiernach gilt für das Verhältnis der beiden Wandgeschwindigkeiten

$$\frac{c_a}{c_b} = e^{\int_a^b \frac{dn}{\varrho}} \approx e^{\frac{h}{2}\left(\frac{1}{\varrho_a} + \frac{1}{\varrho_b}\right)},$$

wobei ϱ_a und ϱ_b die Krümmungsradien der Schaufelsaug- bzw. Druckseite sind und h die lichte Kanalweite bedeutet (Abb. 482). Der zu ermittelnde Geschwindigkeitsverlauf muß der Kontinuitätsgleichung

$$\frac{\dot{V}}{z_L} = b \cdot \int_a^b c \cdot dn$$

genügen.

Wegen der Kleinheit der Differenzen der Wandgeschwindigkeiten kann man sich im vorliegenden Fall mit der Annahme eines linearen Verlaufes für die Geschwindigkeitsverteilung über h begnügen.

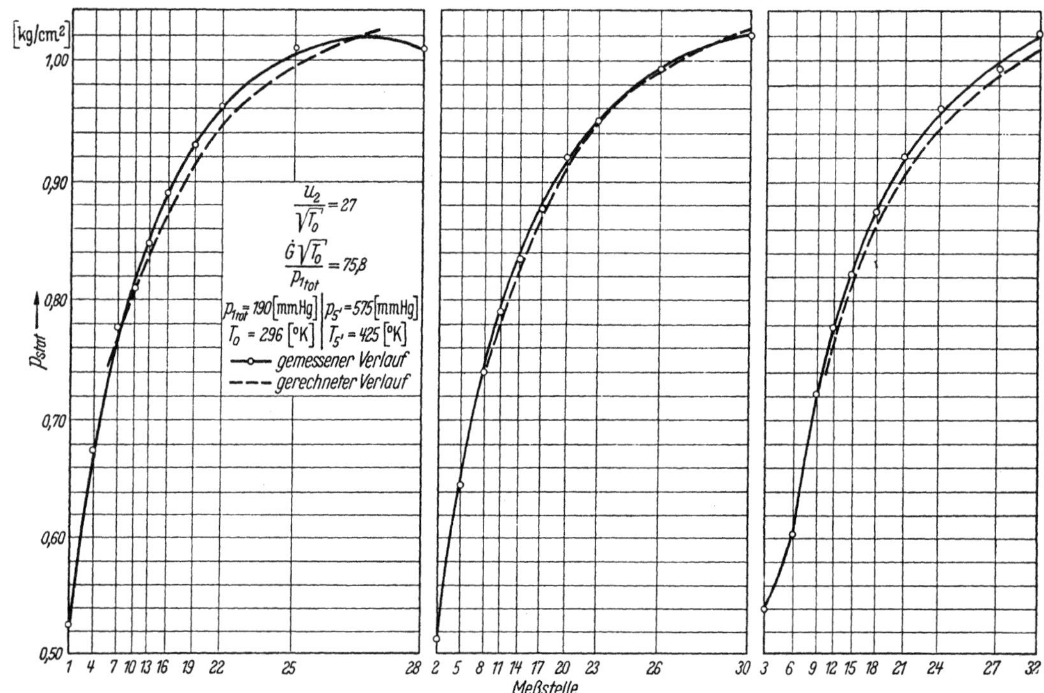

Abb. 486. Vergleich der gemessenen mit den gerechneten statischen Druckverläufen an den verschiedenen Meßstellen

Sind die Geschwindigkeiten längs der Berandungen bzw. über die einzelnen Rechnungsschnitte bekannt, so können die Druckänderungen quer zur Strömungsrichtung berechnet werden. Hierfür gilt mit hinreichender Näherung

$$\left(\frac{p_a}{\bar{p}}\right)_{\text{stat}} = \left[1 - \frac{\varkappa-1}{\varkappa}\;\frac{c_a^2 - \bar{c}^2}{2\,g\,R\cdot \bar{T}_{\text{stat}}}\right]^{\frac{\varkappa}{\varkappa-1}} = \left[1 - 0{,}5\cdot 10^{-3}\cdot \frac{c_a^2 - \bar{c}^2}{\bar{T}_{\text{stat}}}\right]^{3,5} \quad \begin{array}{l} \text{für } c_a > \bar{c} \\ p_a < \bar{p} \end{array}$$

und

$$\left(\frac{p_b}{\bar{p}}\right)_{\text{stat}} = \left[1 + 0{,}5\cdot 10^{-3}\cdot \frac{\bar{c}^2 - c_b^2}{\bar{T}_{\text{stat}}}\right]^{3,5} \quad \begin{array}{l} \text{für } c_b < \bar{c} \\ p_b > \bar{p} \end{array}$$

Hierin sind $\overline{p}_{\text{stat}}$ und $\bar{T}_{\text{stat}}$ die jeweiligen Werte auf der Kanalmittellinie für die einzelnen Rechnungsschnitte. $\overline{p}_{\text{stat}}$ bzw. $\overline{p}_{\text{stat}}/p_{5'}$ (Meßstelle 11) kann hierbei Abb. 485 entnommen werden, womit dann $\overline{T}_{\text{stat}}/T_5'$ mit dem der Rechnung zugrunde liegenden Diffusorwirkungsgrad $\eta_{\text{Diff}} = 0{,}75$ berechnet werden kann.

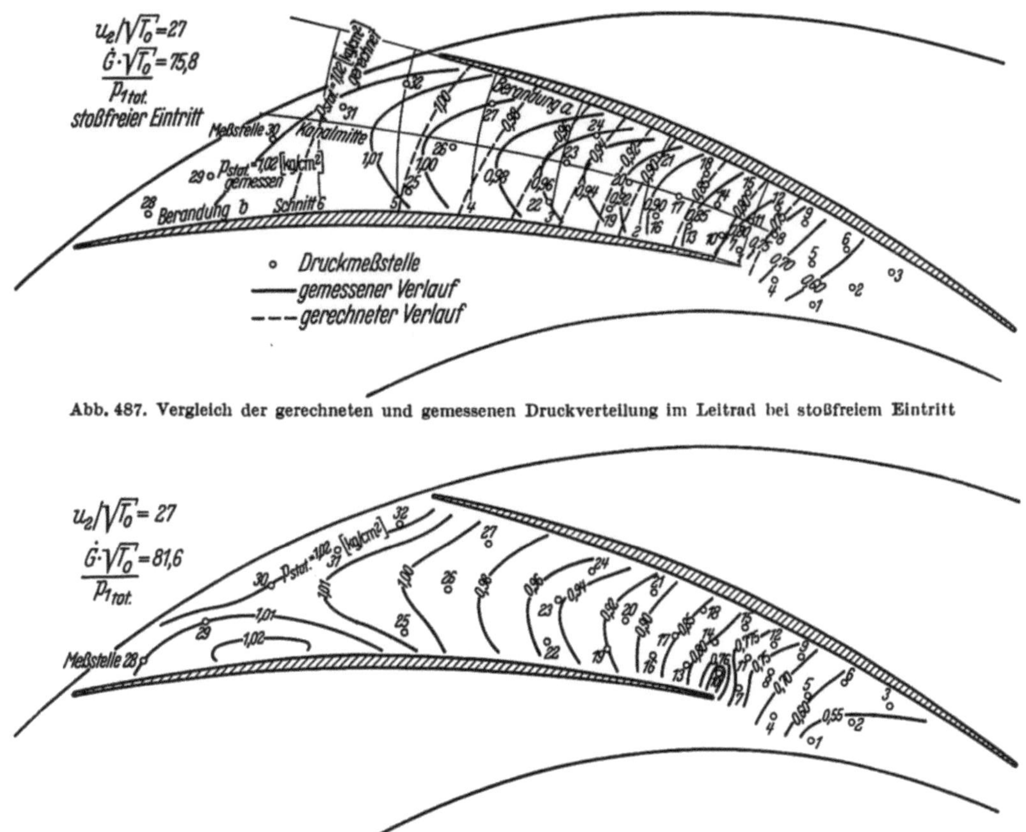

Abb. 487. Vergleich der gerechneten und gemessenen Druckverteilung im Leitrad bei stoßfreiem Eintritt

Abb. 488. Gemessene Druckverteilung im beschaufelten Diffusor bei nicht stoßfreiem Eintritt

Durch Interpolation können auch die Drücke längs der jeweiligen Verbindungslinien der Druckmeßstellen bestimmt werden. Abb. 486 und 487 zeigen den auf diese Weise erhaltenen Ver-gleich zwischen den gerechneten Druckverläufen und den gemessenen Werten längs der abgewickelten Bogenlängen der genannten Verbindungslinien bzw. im Kanal selbst. Die Übereinstimmung ist befriedigend, weshalb die dargestellte Methode zur Vorausbestimmung der Druck- und Geschwindigkeitsvertei-lung in Diffusorkanälen geeignet erscheint, zumindest wenn man sich auf den Betriebsstand des stoßfreien Eintritts beschränkt. Inwieweit eine Abweichung vom stoßfreien Zustand die Druckverteilung innerhalb des Kanals ändert, ist Abb. 488 zu entnehmen, die das ausgeprägte

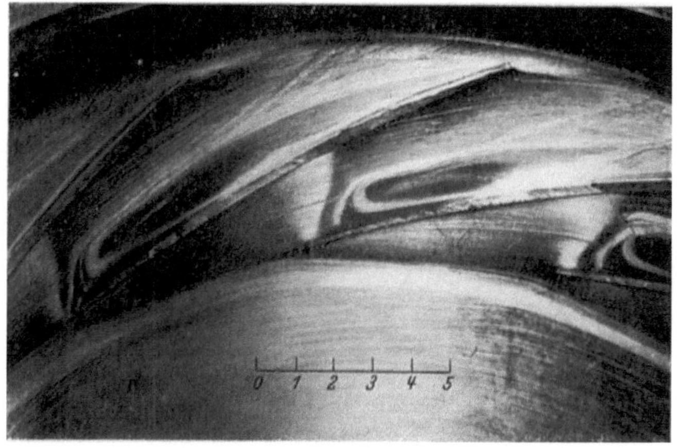

Abb. 489. Strömungsablösung im Leitrad als Folge des Verdichtungsstoßes

„Unterdruckgebiet" in der Nähe der Profilnase deutlich zeigt. Die theoretische Erfassung der Strömung bei Eintrittsstoß gelingt aber mit der oben angeführten Kanaltheorie nicht mehr.

30*

Hierzu wäre der Übergang zur Gittertheorie notwendig, wobei eine zweifache konforme Abbildung, nämlich vom Kreisgitter auf ein gerades Gitter und von diesem auf den Einheitskreis erforderlich ist.

Der Eintrittsstoß ändert nicht nur die Druck- und Geschwindigkeitsverteilung in der Nähe der Profilnase, sondern kann in Verbindung mit hohen Eintritts-MACHzahlen örtliche Überschallgeschwindigkeiten hervorrufen. Der nachfolgende Verdichtungsstoß erzeugt dann vielfach Ablösungen an einer Schaufelseite, wie dies z. B. Abb. 489 zeigt. Hierdurch wird naturgemäß die Arbeitsweise des Schaufeldiffusors grundlegend beeinflußt und der Wirkungsgrad des ganzen Kompressors verschlechtert.

X. Die Betriebskennlinien von Radialverdichtern

Für die Berechnung eines Verdichters sind stets Gasmenge und Förderhöhe für den Auslegungspunkt gegeben. Die Betriebskennlinie eines Verdichters gibt nun an, wie der Verdichterdruck bei Änderung der Durchflußmenge und Änderung der Drehzahl variiert.

1. Kennlinie des Verdichters bei konstanter Drehzahl

Bei festgehaltener Drehzahl, also $u_2 = \text{const}$, ist die Durchflußmenge

$$\dot{V} = \pi \cdot D_2 \cdot b_2 \cdot c_{m_2}.$$

Bei gleichbleibender Schaufelform, also $\beta_2 = \text{const}$ und $u_2 = \text{const}$, kann sich das Durchflußvolumen nur durch Änderung der Umfangskomponente c_{2u}, verkleinern oder vergrößern (Abb. 490) entsprechend der Beziehung

$$c_{m_2} = \left(u_2 - c_{2u}\right) \cdot \tan \beta_2 .$$

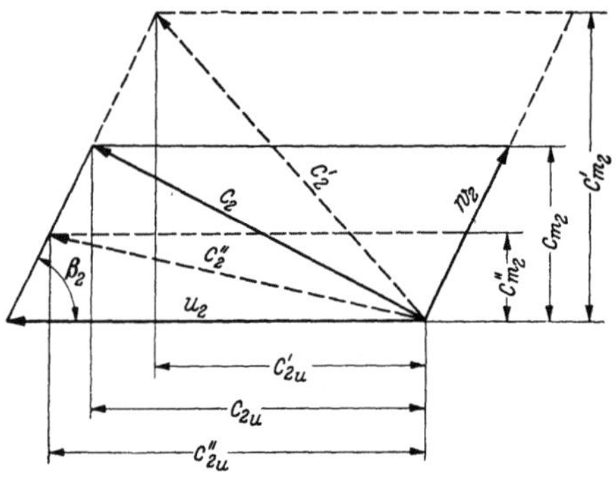

Bei unendlicher Schaufelzahl und reibungsfreier Strömung ist die theoretische Druckerhöhung im Verdichter

$$\Delta p_{\text{theor}_\infty} = \varrho \cdot u_2 \cdot c_{2u},$$
$$= \varrho \cdot u_2^2 - \varrho \cdot \frac{u_2}{\tan \beta_2} \cdot c_{m_2},$$
$$= \varrho \cdot u_2^2 - \dot{V} \cdot \varrho \cdot \frac{u_2}{\pi \cdot D_2 \cdot b_2 \cdot \tan \beta_2} \cdot \qquad (299)$$

Abb. 490. Geschwindigkeitsdreiecke am Laufradaustritt bei Änderung des Durchflußvolumens

Die theoretische Antriebsleistung eines Verdichters bei unendlicher Schaufelzahl ist also

$$N_{\text{theor}_\infty} = \Delta p_{\text{theor}_\infty} \cdot \dot{V} = \varrho \cdot u_2^2 \cdot \dot{V} - \dot{V}^2 \cdot \varrho \cdot \frac{u_2}{\pi \cdot D_2 \cdot b_2 \cdot \tan \beta_2} \cdot$$

In dimensionsloser Schreibweise erhält man aus Gl. (299)

$$\frac{\Delta p_{\text{theor}}}{\frac{\varrho}{2} u_2^2} = \frac{\varrho \cdot u_2^2}{\frac{\varrho}{2} \cdot u_2^2} - \dot{V} \cdot \varrho \frac{u_2}{\frac{\varrho}{2} \cdot u_2^2 \cdot \pi \cdot D_2 \cdot b_2 \cdot \tan \beta_2},$$

$$\psi_\infty = 2 - \varphi_\infty \cdot \frac{5}{2} \cdot \cot \beta_2 \cdot \left(\frac{D_2}{D_1}\right)^2, \qquad (300)$$

wobei

$$\varphi_\infty = \frac{\dot{V}}{\frac{\pi}{4} \cdot D_2^2 \cdot u_2} \quad \text{und} \quad b_2 = b_1 \cdot \frac{b_2}{b_1} = b_1 \cdot \frac{D_1}{D_2} \quad \text{und} \quad b_1 = \frac{D_1}{5}$$

gesetzt ist.

Für die Grenzwerte der Betriebskennlinie bei reibungsfreier Strömung und unendlicher Schaufelzahl erhält man aus Gl. (299) bzw. Gl. (300) für $\dot{V} = 0$ bzw. $\varphi_\infty = 0$

$$\Delta p_{\text{theor}\,\infty\,(\dot{V}\,=\,0)} = \varrho \cdot u_2^2 \quad \text{bzw.} \quad \psi_{\infty\,(\varphi_\infty\,=\,0)} = 2; \qquad (301)$$

für $\Delta p_{\text{theor}_\infty} = 0$ bzw. $\psi_\infty = 0$

$$\dot{V}_{\max} = u_2 \cdot \pi \cdot D_2 \cdot b_2 \tan \beta_2 \quad \text{bzw.} \quad \varphi_{\infty\max} = \frac{4}{5} \cdot \frac{\left(\dfrac{D_1}{D_2}\right)^2}{\cot \beta_2} \tag{302}$$

und bei drallbehaftetem Eintritt

$$\varphi_{\infty\max} = \frac{4}{5} \cdot \frac{\left(\dfrac{D_1}{D_2}\right)^2}{\cot \beta_2 - \dfrac{D_1}{D_2} \cdot \cot \varkappa_1} \cdot \tag{302a}$$

Mit der Definition der Mengenzahl

$$\lambda = \frac{c_{m_2}}{u_2}$$

erhält man für

$$\lambda_{\infty\max} = \frac{\dot{V}_{\max}}{\pi \cdot D_2 \cdot b_2 \cdot u_2} = \frac{\dot{V}_{\max}}{\dfrac{\pi \cdot D_2^2}{4} \cdot \dfrac{D_1}{5} \cdot \dfrac{D_1}{D_2} \cdot u_2} \cdot \frac{D_2}{4} = \frac{5}{4} \cdot \varphi_{\infty\max} \left(\frac{D_2}{D_1}\right)^2 \cdot$$

Mit Gl. (302) erhält man dann aus letzterer Beziehung

$$\lambda_{\infty\max} = \tan \beta_2 \, .$$

Entsprechend Gl. (299) bzw. Gl. (300) ist die Betriebskennlinie eines Radialverdichters mit unendlicher Schaufelzahl bei reibungsfreier Strömung und konstanter Antriebsdrehzahl eine Gerade die, unabhängig vom Schaufelwinkel β_2, bei $\dot{V} = 0$ bzw. $\varphi = 0$ mit

$$\Delta p_{\text{theor}_\infty, \, \dot{V} = 0} = \varrho \cdot u_2^2 \quad \text{bzw.} \quad \psi_{\infty\, \varphi = 0} = 2 \quad \text{beginnt.}$$

Weiterhin geht aus Gl. (299) bzw. Gl. (300) hervor, daß die theoretische Betriebskennlinie bei rückwärts gekrümmten Schaufeln, d. h. $\beta_2 < 90°$ mit zunehmender Fördermenge linear abfällt, bei radial endigenden Schaufeln, d. h. $\beta_2 = 90°$ parallel zur Abszisse verläuft und bei vorwärts gekrümmten Schaufeln, d. h. $\beta_2 > 90°$ mit größer werdender Menge linear ansteigt (vgl. Abb. 364).

Bei endlicher Schaufelzahl ist die theoretische Kennlinie gleichfalls eine Gerade, die bei hinreichend großer Schaufelzahl parallel zur Geraden bei unendlicher Schaufelzahl $\psi_\infty = f(\varphi)$ verläuft. Zu diesem Ergebnis kommt man mit Benützung der STODOLASchen Minderleistungsformel

$$\mu = \frac{\psi_{\text{th}}}{\psi_\infty} = 1 - \frac{\dfrac{2\pi}{z} \cdot \sin \beta_2}{\psi_\infty} \, ;$$

damit wird also die theoretische Kennlinie bei endlicher Schaufelzahl

$$\psi_{\text{th}} = \mu \cdot \psi_\infty = \psi_\infty - \frac{2\pi}{z} \sin \beta_2 \, . \tag{304}$$

Der tatsächliche Verlauf der Verdichterkennlinie unterscheidet sich von der theoretischen Kennlinie bei endlicher Schaufelzahl um die Größe der Reibungs-, Stoß- und Spaltverluste.

a) Reibungsverluste

Für den Auslegungspunkt wurden die Reibungsverluste im Lauf- und Leitrad einer Normalstufe bereits in Abschnitt IV abgeschätzt und als Strömungswirkungsgrad $\eta_{\text{St}}/\eta_{\text{vol}}$ zusammengefaßt. Nun ist der Förderhöhenverlust Δh nach dem Widerstandsgesetz proportional einer Widerstandszahl λ und dem Quadrat der Durchflußgeschwindigkeit

$$\Delta h = \lambda \frac{c_2^2}{2g} \, .$$

Die Geschwindigkeit c ist aber näherungsweise der Fördermenge $\dot{V}$ bzw. der Lieferzahl φ proportional. Die Reibungsverluste lassen sich deshalb in erster Näherung darstellen in der Form

$$\Delta \psi_{\text{Reibung}} = C \cdot \left(\frac{\varphi}{\varphi_0}\right)^2 , \tag{305}$$

wobei die Konstante $C = \left(1 - \dfrac{\eta_{St}}{\eta_{vol}}\right) \cdot \psi_{th,\,Auslegung}$ ist und φ_0 den Auslegungspunkt, φ einen beliebigen Punkt auf der Kennlinie bezeichnet.

Hierbei ist vernachlässigt, daß sich die Radreibungsverluste nicht mit φ^2, sondern mit $1/\varphi$ ändern. Prozentual sind die Radreibungsverluste im Bereich üblicher Lieferzahlen klein, ändern somit, zumindest im Kennfeldast $\varphi > \varphi_0$, den parabelförmigen Verlauf der Reibungsverluste nur sehr wenig. Eine genaue Berücksichtigung des Radreibungsverlustes in Bereichen $\varphi < \varphi_0$ ist insofern problematisch, als eine rechnerische Bestimmung in diesem Kennfeldast wegen der Möglichkeit von Strömungsablösungen in den Schaufelkanälen sowieso unsicher ist.

b) Stoßverluste

Ändert sich die Durchflußmenge, also die Meridiangeschwindigkeit c_{m_0}, für welche ein Schaufelgitter berechnet wurde, so ändert sich bei gleichbleibender Drehzahl die Relativgeschwindigkeit w_{1_0} auf w_1, stimmt also nicht mehr mit der Richtung der Schaufeleintrittskanten β_{1_0} überein. Als Folge davon entstehen Stoßverluste, die näherungsweise berechnet werden können.

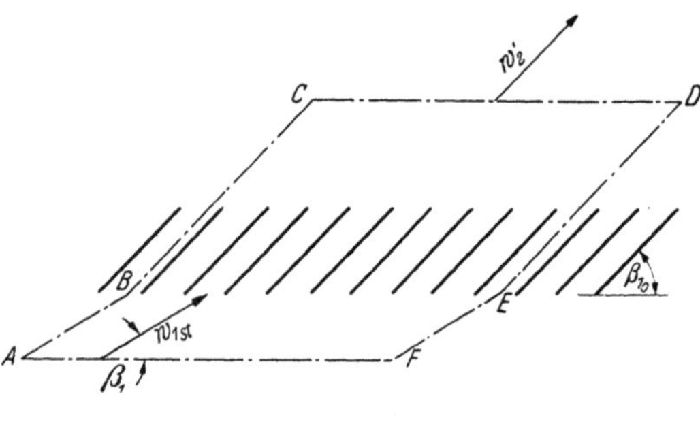

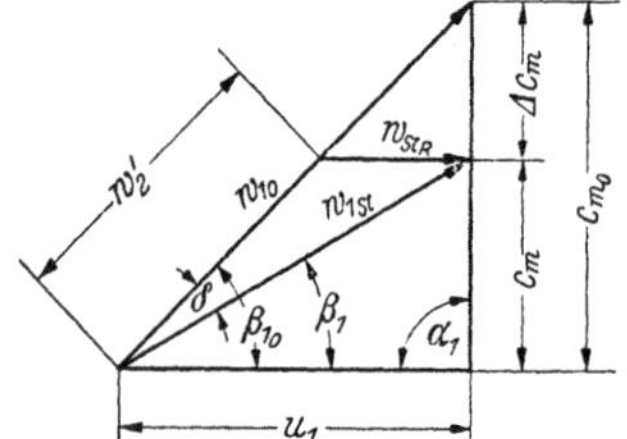

Abb. 491. Geschwindigkeitsdreiecke bei stoßfreiem und nicht stoßfreiem Eintritt ins Laufrad

Unter den tatsächlich nicht erfüllten Voraussetzungen unendlich dünner, gerader Schaufeln kleinen Teilungsverhältnisses folgt, bei Vernachlässigung der Oberflächenreibung und bei Vernachlässigung der Kompressibilität, aus der Kontinuitätsgleichung für die Geschwindigkeit w_2' nach dem Gitter (Abb. 491) nach Ausgleich der Geschwindigkeitsunterschiede im Nachlauf

$$w_{1\,St} \cdot \sin\beta_1 = w_2' \cdot \sin\beta_{1_0}. \tag{306}$$

Wendet man auf den Bereich $ABCDEF$ in Abb. 491 den Impulssatz an, dann ist aus Symmetriegründen die Druckverteilung längs ABC gleich derjenigen längs FED. Entsprechend obiger Voraussetzung unendlich dünner Schaufeln können bei reibungsloser Strömung die Schaufeln keine Kräfte in ihrer Längsrichtung aufnehmen. Somit gilt für die Impulsänderung in Schaufelrichtung β_{1_0} für eine Höhe 1

$$\Delta p \cdot \overline{BE} \cdot \sin\beta_{1_0} = \dot{m}\left(w_{1\,St} \cdot \cos\delta - w_2'\right) = \varrho \cdot w_2' \cdot \overline{BE} \cdot \sin\beta_{1_0} \cdot \left(w_{1\,St} \cdot \cos\delta - w_2'\right)$$

$$\Delta p = \varrho \cdot w_2'\left(w_{1\,St} \cdot \cos\delta - w_2'\right). \tag{307}$$

Dabei ist

Δp der Druckunterschied zwischen AF und CD und
$\dot{m}$ die Masse je Zeiteinheit.

Bei verlustloser Strömung wäre

$$\Delta p_0 = \frac{\varrho}{2}\left(w_{1\,St}^2 - w_2'^{\,2}\right), \tag{308}$$

somit ist der Stoßverlust

$$\Delta p_0 - \Delta p = \frac{\varrho}{2}\left(w_{1\,St}^2 - 2\,w_{1\,St} \cdot w_2' \cdot \cos\delta + w_2'^{\,2}\right) = \frac{\varrho}{2} \cdot w_{St\,R}^2 \quad \text{(Cosinussatz)}. \tag{309}$$

Beim wirklichen Gitter sind die obigen Voraussetzungen nicht erfüllt. Der Verlust wird kleiner sein, wenn keine Ablösung auftritt ($\varphi > \varphi_0$), er wird größer sein, wenn als Folge der falschen Anströmung Ablösung erfolgt ($\varphi < \varphi_0$). Der Verlust kann also für positives und negatives δ verschieden sein.

Aus diesem Grunde benützt man üblicherweise den empirischen Ansatz für den Stoßverlust

$$\Delta p_{St\,R} = \zeta_{St\,R} \cdot \frac{\varrho}{2}\,w_{St\,R}^2, \tag{310}$$

bzw. für die Verlusthöhe als Folge des Eintrittsstoßes

$$\Delta h_{St\,R} = \zeta_{St\,R} \cdot \frac{w_{St\,R}^2}{2\,g}. \tag{311}$$

Nun ergibt sich für die Stoßkomponente im Laufrad aus Abb. 491

$$\frac{w_{\mathrm{St}\,R}}{u_1} = \frac{\Delta c_m}{c_{m_0}} = \frac{c_{m_0} - c_m}{c_{m_0}}, \tag{312}$$

$$w_{\mathrm{St}\,R} = \left(1 - \frac{c_m}{c_{m_0}}\right) \cdot u_1 . \tag{313}$$

Damit erhält man für die Verlustförderhöhe

$$\Delta h_{\mathrm{St}\,R} = \zeta_{\mathrm{St}\,R} \cdot \frac{u_1^2}{2\,g}\left(1 - \frac{\varphi}{\varphi_0}\right)^2, \tag{314}$$

wobei φ_0 die Lieferzahl für den Auslegungspunkt und φ diejenige für einen beliebigen Punkt auf der Kennlinie bezeichnet. Erweitert man Gl. (314) mit $2\,g/u_2^2$ dann erhält man für die Verlustförderhöhe als Folge des Eintrittsstoßes im Laufrad den dimensionslosen Ausdruck

$$\Delta \psi_{\mathrm{St}\,R} = \zeta_{\mathrm{St}\,R} \cdot \left(\frac{D_1}{D_2}\right)^2 \cdot \left(1 - \frac{\varphi}{\varphi_0}\right)^2 . \tag{315}$$

Nach Versuchen von GRÜNAGEL über den Kantenwiderstand von Schaufelgittern ist der Verlustbeiwert $\zeta_{\mathrm{St}R}$ bei Ansaugemengen $\varphi < \varphi_0$ etwa 10 bis 15mal größer als der Verlustbeiwert bei Mengen $\varphi > \varphi_0$. Eine quantitativ präzise Angabe der Stoßverlustbeiwerte für Verdichter ist noch nicht möglich, da der Einfluß der REYNOLDSschen Zahl, Ablösungserscheinungen usw. einen Einblick erschweren. Näherungsweise ist $\zeta_{\mathrm{St}R}$ für Gasmengen $\varphi > \varphi_0$ etwa 0,6 bis 0,9 und für $\varphi < \varphi_0$ etwa 6 bis 12 je nach Teilung.

Analoge Überlegungen gelten für die Berechnung der Stoßverluste in einem beschaufelten Diffusor, wobei jedoch in diesem Falle bei Mengenänderung nicht die Richtung der Absolutströmung, sondern die relative Austrittsrichtung aus dem Laufrad, also β_2, als konstant anzusehen ist.

Mit den Bezeichnungen in Abb. 492 wird somit die Stoßkomponente bei $D_2 = D_4$

$$c_{\mathrm{St}\,L} = \left(1 - \frac{c_{m_2}}{c_{m_2\,0}}\right) \cdot u_2 .$$

Berücksichtigt man die Änderung der Umfangskomponente im schaufellosen Raum zwischen dem Laufradaußendurchmesser D_2 und dem Durchmesser D_4 auf dem die Schaufeleintrittskanten des Schaufel-

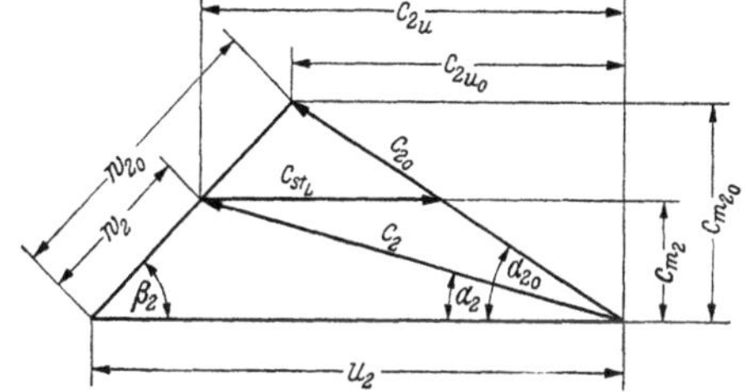

Abb. 492. Geschwindigkeitsplan bei stoßfreiem und nicht stoßfreiem Eintritt in den beschaufelten Diffusor

diffusors liegen und vernachlässigt dabei die Reibungsverluste im schaufellosen Raum, dann erhält man für die Stoßkomponente am Eintritt in den beschaufelten Diffusor die Näherungsbeziehung

$$c_{\mathrm{St}\,L} = u_2 \cdot \left(\frac{D_2}{D_4}\right) \cdot \left(1 - \frac{c_{m_2}}{c_{m_2\,0}}\right) = u_2 \left(\frac{D_2}{D_4}\right)\left(1 - \frac{\varphi}{\varphi_0}\right), \tag{316}$$

wobei vorausgesetzt wird, daß sich die Meridiankomponente am Laufradaustritt im gleichen Verhältnis wie am Eintritt ändert.

Hieraus folgt für die Verlustdruckzahl, hervorgerufen durch Leitradstoßverluste, die zu Gl. (315) analoge Beziehung

$$\Delta \psi_{\mathrm{St}L} = \zeta_{\mathrm{St}L} \cdot \left(\frac{D_2}{D_4}\right)^2 \cdot \left(1 - \frac{\varphi}{\varphi_0}\right)^2, \tag{317}$$

wobei näherungsweise $\zeta_{\mathrm{St}L} \approx \zeta_{\mathrm{St}R}$ angenommen werden kann.

Erfolgt stoßfreier Eintritt im Schaufeldiffusor bei einer anderen Lieferzahl als dem stoßfreien Eintritt ins Laufrad entspricht, dann ist in Gl. (317) φ_0 durch φ_{0_L} zu ersetzen, wobei φ_{0_L} die Lieferzahl stoßfreien Eintritts in das Leitrad bedeutet. Der Scheitelpunkt der Stoßparabel des Leitrades deckt sich hierbei nicht mit demjenigen der Laufradstoßparabel. Durch derartige Maßnahmen kann die Charakteristik eines Radialkompressors in gewissen Grenzen beeinflußt werden. Bei verstellbaren Leitradschaufeln sind analoge Überlegungen anzustellen. Man erhält auch hier für jede Leitschaufelstellung bei einem bestimmten φ-Wert stoßfreien Eintritt, so daß sich für den Verstellbereich eine Schar von Stoßparabeln ergibt. Als Folge der Stoßverluste im beschaufelten Diffusor ist der Abfall der Kennlinie links und rechts vom Auslegungspunkt, also bei kleinerer bzw. größerer Durchflußmenge als der Auslegung entspricht, ausgeprägter als bei Verdichtern ohne Schaufeldiffusor, d. h. die Kennlinie einer Normalstufe verläuft steiler als diejenige einer Stufe ohne beschaufelten Diffusor. Dagegen sind die Verluste im schaufellosen Raum im allgemeinen größer als diejenigen in einem beschaufelten Diffusor, weshalb Normalstufen mit Leitrad im Bestpunkt etwas bessere Wirkungsgrade aufweisen gegenüber Verdichtern mit schaufellosem Diffusor.

c) Volumetrische Verluste

Berücksichtigt man den Spaltverlust bei der Vorausberechnung der Kennlinie in der Form

$$\Delta \dot V_{\mathrm{Sp}} \sim \sqrt{2g \cdot H_{\mathrm{ad}}} \cdot \mathrm{const}, \tag{318}$$

dann kann man für die Änderung der Spaltverluste in Abhängigkeit von der Kennlinie den Ansatz machen

$$\frac{\Delta \dot V_{\mathrm{Sp}}}{\Delta \dot V_{\mathrm{Sp}_0}} = \frac{\Delta \varphi}{\Delta \varphi_0} = \frac{\sqrt{2g\,H_{\mathrm{ad}}}}{\sqrt{2g\,H_{\mathrm{ad}_0}}} = \sqrt{\frac{\psi}{\psi_0}}. \tag{319}$$

Mit dem volumetrischen Wirkungsgrad η_{vol_0} im Auslegungspunkt erhält man damit die Beziehung

$$\Delta \varphi = \left(1 - \eta_{\mathrm{vol}_0}\right) \cdot \varphi_0 \sqrt{\frac{\psi}{\psi_0}}. \tag{320}$$

d) Rechnungsbeispiel

Gegeben: Einstufiger Radialverdichter ohne Schaufeldiffusor mit folgenden Abmessungen:

$$D_2 = 330 \text{ mm}; \quad b_2 = 20 \text{ mm}; \quad \beta_2 = 47°; \quad z_R = 18; \quad \frac{D_1}{D_2} = 0{,}45;$$

$$n = 15000 \text{ U/min}; \quad T_0 = 298° \text{ K}; \quad \dot V_0 = 1{,}45 \text{ m}^3/\text{s}; \quad \Pi_{\mathrm{tot}_0} = \frac{p_2}{p_1} = 1{,}4.$$

Die theoretische Kennlinie bei unendlicher Schaufelzahl ist im $\varphi - \psi$-Diagramm bestimmt durch die Gerade mit den Punkten

$$\varphi = 0 \; ; \quad \psi = \psi_\infty = 2$$

und

$$\psi = 0; \quad \lambda = \lambda_{\infty\,\mathrm{max}} = \tan \beta_2 = 1{,}07.$$

Nun ist

$$\varphi = \frac{4 \cdot b_2}{D_2} \cdot \lambda = \frac{4 \cdot 20}{330} \cdot \lambda = 0{,}242 \cdot \lambda$$

und für $\lambda = \lambda_{\infty\,\mathrm{max}} = 1{,}07$ ist (bei $\psi = 0$)

$$\varphi_{\infty\,\mathrm{max}} = 0{,}26.$$

Die theoretische Kennlinie bei endlicher Schaufelzahl ist eine Gerade parallel zur Kennlinie bei unendlicher Schaufelzahl im Abstand

$$\Delta \psi = \psi_\infty - \psi_{\mathrm{theor}} = \frac{2\pi}{z_R} \cdot \sin \beta_2 = \frac{2\pi}{18} \cdot \sin 47° = 0{,}255.$$

Die Lieferzahl für den Auslegungspunkt beträgt

$$\varphi_0 = \frac{\dot V}{\dfrac{\pi}{4} \cdot D_2^2 \cdot u_2} = \frac{1{,}45}{\dfrac{\pi}{4} \cdot 0{,}33^2 \cdot 259} = 0{,}0655 \; [-].$$

Hierfür ergibt sich aus der theoretischen Kennlinie bei endlicher Schaufelzahl eine zugehörige theoretische Druckzahl

$$\psi_{\mathrm{th}_0} = 1{,}24 \; [-].$$

Der Wirkungsgrad berechnet sich hiermit zu

$$\frac{\eta_{St_0}}{\eta_{vol_0}} = 1 - \left[\frac{\dfrac{1,56\cdot(\zeta_1+\zeta_2)}{\left(\dfrac{D_1}{D_2}\right)^4}\cdot\varphi^2+\left(\dfrac{D_1}{D_2}\right)^2\cdot\zeta_2+\dfrac{A}{\varphi}}{\psi_{th_0}}+\frac{\zeta_3}{4}\cdot\psi_{th_0}\right],$$

mit $\zeta_1 = 0,10$ $\zeta_2 = 0,20$ $\zeta_3 = 0,25$ $A = 0,002$ wird

$$\frac{\eta_{St_0}}{\eta_{vol_0}} = 1 - \left[\frac{\dfrac{1,56\,(0,1+0,2)}{0,45^4}\cdot 0,0655^2+0,45^2\cdot 0,2+\dfrac{0,002}{0,0655}}{1,24}+\frac{0,25}{4}\cdot 1,24\right] = 0,827\;;$$

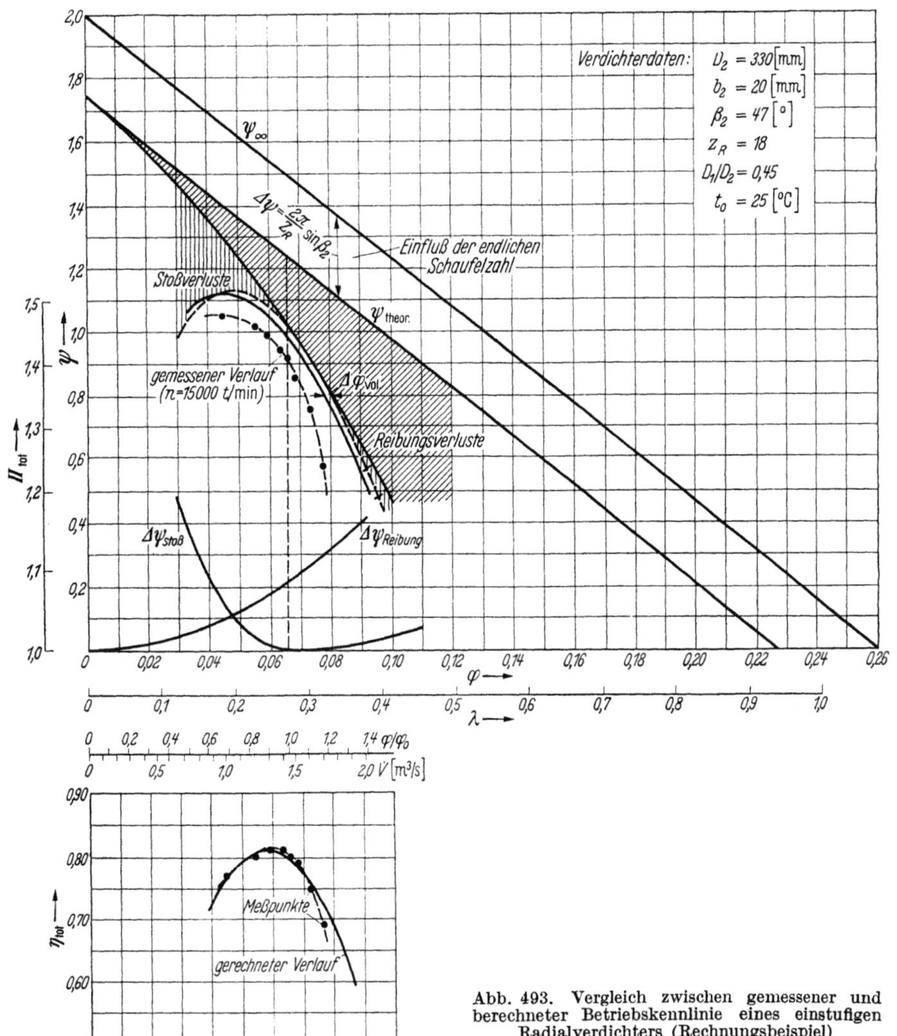

Abb. 493. Vergleich zwischen gemessener und berechneter Betriebskennlinie eines einstufigen Radialverdichters (Rechnungsbeispiel)

Die durch Strömungsverluste bedingte Verlustdruckzahl beträgt also

$$\Delta\psi_{Ström_0} = \psi_{th_0}-\psi_0 = \left(1-\frac{\eta_{St_0}}{\eta_{vol_0}}\right)\cdot\psi_{th_0} = 0,173\cdot 1,24 = 0,215\;.$$

Die *Reibungsverluste* bei Abweichungen vom Auslegepunkt stellen sich als Parabel dar mit der Näherungsgleichung

$$\Delta\psi_{Reibung} = C\cdot\left(\frac{\varphi}{\varphi_0}\right)^2 = \left(1-\frac{\eta_{St_0}}{\eta_{vol_0}}\right)\cdot\psi_{th_0}\cdot\left(\frac{\varphi}{\varphi_0}\right)^2 = 0,215\cdot\left(\frac{\varphi}{\varphi_0}\right)^2\;.$$

Die Stoßverluste werden mit Gl. (315) berechnet, also

$$\Delta\psi_{St_R} = \zeta_{St_R}\cdot\left(\frac{D_1}{D_2}\right)^2\cdot\left(1-\frac{\varphi}{\varphi_0}\right)^2\;.$$

Damit erhält man die tatsächliche Druckzahl

$$\psi = \psi_{\mathrm{th}} - \Sigma \Delta \psi = \psi_{\mathrm{th}} - \left(\Delta \psi_{\mathrm{Reibung}} + \Delta \psi_{\mathrm{St}\,R} \right).$$

Der volumetrische Verlust verschiebt die Kennlinie noch parallel zur φ-Achse.
Nimmt man für das Rechnungsbeispiel $\eta_{\mathrm{vol}_0} = 0{,}96$ an, dann ist entsprechend Gl. (320)

$$\Delta \varphi = (1 - \eta_{\mathrm{vol}_0}) \cdot \varphi_0 \sqrt{\frac{\psi}{\psi_0}} = 0{,}0026 \sqrt{\frac{\psi}{\psi_0}}.$$

Abb. 493 zeigt die auf diese Weise vorausberechnete Kennlinie für das Rechnungsbeispiel.

2. Kennlinien mehrstufiger Verdichter

Bei mehrstufigen Radialverdichtern kann die Druckerhöhung der Einzelstufe im allgemeinen nicht als klein gegenüber der gesamten Druckerhöhung des Verdichters angesehen werden, so daß hierfür die in Abschn. D XII, 3 dargestellte Berechnungsmethode nicht anwendbar ist. Ein von U. Senger[1] angegebenes Verfahren gibt aber die Möglichkeit, die Kennlinien derartiger Verdichter auf graphischem Wege zu ermitteln. Hierzu benützt man ein $\Pi_{\mathrm{tot}} - \dot{V}/\dot{V}_0$-Diagramm (Abb. 494), mit logarithmischer Teilung sowohl der Ordinate als auch der Abszisse. Damit erhält man das Gesamtdruckverhältnis mehrerer Verdichterstufen durch Addition der Ordinatenwerte der Einzelstufen; desgleichen ergibt sich für die Änderung des Fördervolumens in den Stufen eine lineare Abhängigkeit.

In Abb. 494 ist als Beispiel die Konstruktion der Kennlinie eines dreistufigen Verdichters bei isothermer Verdichtung dargestellt. Vorausgesetzt ist hier, daß alle Einzelstufen des Verdichters die gleiche Charakteristik im p-$\dot{V}$-Diagramm haben, der Verdichter also aus drei homogenen Stufen besteht. Die einfache Überlagerung der Druckverhältnisse ergäbe die in Abb. 494 gestrichelt eingetragenen Kennlinien, die aber nur für den Auslegungspunkt N_{1-3} bzw. $\dot{V}/\dot{V}_0 = 1{,}0$ zu einem richtigen Ergebnis führt, weil nur für diesen Punkt die Verdichtergeometrie den entsprechenden Volumenänderungen angepaßt ist.

Bei einer Änderung des Ansaugvolumens um beispielsweise 20% ändert sich die Druckerhöhung im Rad 1 um den Betrag $a_0 - a_1$ (Abb. 494). Das Eintrittsvolumen in die II. Stufe beträgt bei isothermer Verdichtung $\dot{V}_2 = \dot{V}_1 \left/ \left(\dfrac{p_2}{p_1} \right)_{\mathrm{Rad}\,1} \right.$, ist also wegen des verringerten Druckverhältnisses nochmals größer. Man erhält den Betriebspunkt der II. Stufe auf graphischem Wege durch Einzeichnen einer Linie durch a_1 unter dem Winkel $\alpha = \arctan\left(\dfrac{1}{n}\right)$, wobei n der Polytropenexponent des Verdichtungsvorganges ist. Für isotherme Verdichtung ist $n = 1$ und demzufolge $\alpha = 45°$. Damit erhält man in Abb. 494 den Punkt b_0 als Eintrittsvolumen in die II. Stufe. Das Druckverhältnis des 2. Rades verringert sich um den Betrag $b_0 - b_1$. Der Schnittpunkt einer Linie unter $\alpha = 45°$ durch den Punkt b_1 mit der Linie $p_{1\,n}$ ergibt schließlich das Eintrittsvolumen in die III. Stufe (Punkt c_0), wobei im Rad 3 eine Verkleinerung des Druckverhältnisses um $c_0 - c_1$ entsteht. Für das Ansaugvolumen a_0 ergibt sich also nicht eine Druckminderung um $3 \cdot (a_0 - a_1)$, wie die gestrichelten Linien zeigen, sondern wegen der relativen Vergrößerung der Volumina von Stufe zu Stufe um den wesentlich größeren Betrag

$$a_0 - a_3 = (a_0 - a_1) + (b_0 - b_1) + (c_0 - c_1).$$

Ist das Ansaugvolumen kleiner als im Normalpunkt, so ergibt sich im Rad 1 ein vergrößertes Druckverhältnis, wodurch das relative Eintrittsvolumen in die II. Stufe weiter verkleinert wird und der Gesamtverdichter schließlich ein wesentlich größeres Druckverhältnis erhält als nach den gestrichelten Linien zu erwarten wäre. Gleichzeitig verschiebt sich aber die Pumpgrenze des Gesamtverdichters in Richtung auf größere Volumina, weil die Pumpgrenze des Gesamtverdichters durch die III. Stufe bestimmt wird und das Abreißen bereits bei einem größeren Ansaugvolumen (vor dem Verdichter) erreicht wird als bei einer Einzelstufe (s. Abb. 494).

---

[1] Senger, U.: Die Betriebskennlinien mehrstufiger Verdichter. BBC-Nachrichten (Jan./März 1941) S. 19/27.

Abb. 495 zeigt das Kennfeld eines siebenstufigen Verdichters bei isothermer Kompression. Rechts vom Normalpunkt werden die Kennlinien der Einzelstufen immer steiler und überschneiden sich. Die Stopfgrenze rückt mit zunehmender Stufenzahl immer mehr an den Normalpunkt heran und der Gesamtverdichter hat eine fast senkrechte Charakteristik. Gleichzeitig rückt links vom Normalpunkt auch die Pumpgrenze mit zunehmender Stufenzahl näher an den Normalpunkt heran, so daß der stabile Arbeitsbereich zwischen Pump- und Stopfgrenze immer enger

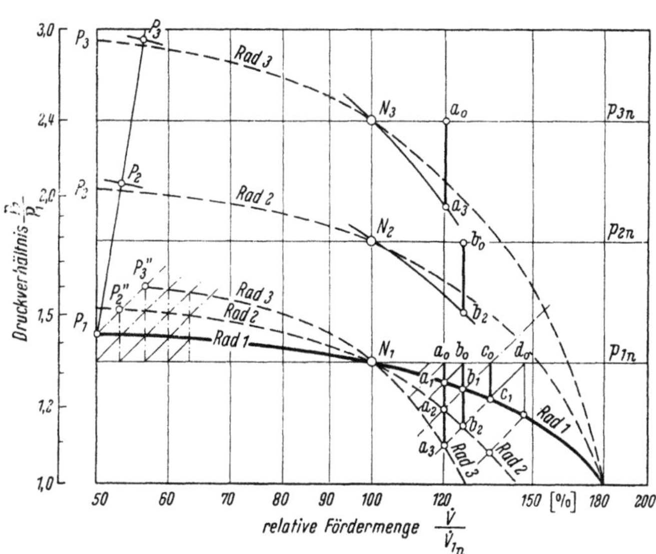

Abb. 494. Graphische Ermittlung der Charakteristik eines mehrstufigen Radialverdichters

p_{1n}, p_{2n}, p_{3n} Druck hinter Stufe I, II, III bei Auslegungsmenge

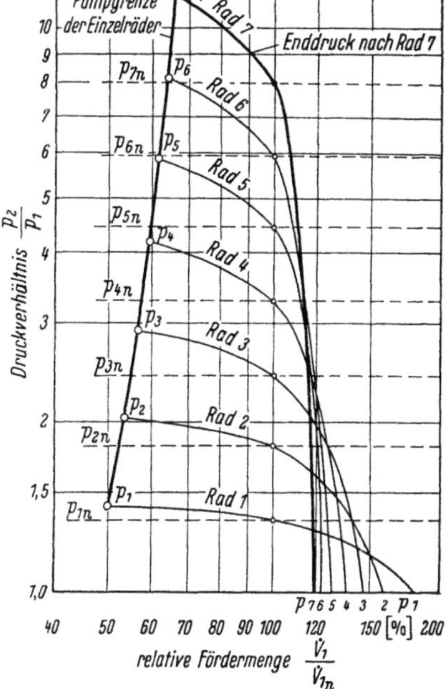

Abb. 495. Charakteristik eines siebenstufigen Radialverdichters bei isothermer Verdichtung und Druckverlauf in den einzelnen Stufen

wird. Es ist aber zu beachten, daß diese Einengung des Arbeitsbereiches in erster Linie eine Folge des Druckverhältnisses ist und der damit verbundenen Volumenänderung, denn ein Verdichter von gleichem Druckverhältnis aber kleinerer Stufenzahl hätte einen ähnlichen schmalen Arbeitsbereich, weil hierbei bereits die Einzelstufe eine steilere Kennlinie als in Abb. 495 aufweisen würde.

Das vorstehende graphische Verfahren wurde am Beispiel isothermer Verdichtung erläutert, weil hierbei alle Stufen mit gleicher Eintrittstemperatur arbeiten. Bei allgemeiner polytropischer Verdichtung ändert sich das Volumen in einer Stufe entsprechend $\dfrac{\dot{V}_2}{\dot{V}_1} = \left(\dfrac{p_1}{p_2}\right)^{\frac{1}{n}}$. Das Austrittsvolumen aus Stufe I (gleich Eintrittsvolumen in Stufe II) kann also wie in Abb. 494 bestimmt werden, nur hat die Bestimmungsgerade nicht mehr die Neigung $\alpha = 45°$, sondern die allgemeine Neigung $\alpha = \arctan\left(\dfrac{1}{n}\right)$. Die Austrittstemperatur aus Stufe I berechnet sich zu $\dfrac{T_2}{T_1} = \left(\dfrac{p_2}{p_1}\right)^{\frac{n-1}{n}}$. Bei Abweichungen vom Normalpunkt arbeitet die zweite Stufe jetzt nicht nur bei einem veränderten Durchflußvolumen, sondern auch bei einer geänderten reduzierten Drehzahl $n/\sqrt{T_1}$. Man benötigt also bei polytropischer Verdichtung nicht nur eine Normalkennlinie, sondern ein Normalkennlinienfeld mit Kennlinien der Normalstufe bei verschiedenen $n/\sqrt{T_1}$. Im allgemeinen kann man in einem weiten Bereich des Kennfeldes mit einem konstanten Polytropenexponenten n rechnen. Hiermit vereinfacht sich der Rechenaufwand ganz erheblich, wenn man auf der waagerechten Bezugslinie durch den Normalpunkt (Linie p_{1n} in Abb. 494) eine Teilung $T_2/T_{2\,\text{Normal}}$ anbringt, weil sich dann die relative Drehzahl der nächsten Stufe sofort aus $\dfrac{n/\sqrt{T_1}}{(n/\sqrt{T_1})_N} = \sqrt{\dfrac{T_2}{T_{2N}}}$ ergibt.

Das Kennfeld bei verschiedenen Drehzahlen. Bei inkompressibler Strömung ändert sich in einer Turbomaschine das Fördervolumen linear und die Druckerhöhung mit dem Quadrat der Drehzahl. Diese Aussage gilt auch hinreichend für die Pump- oder Abreißgrenze und führt zu einem etwa parabolischen Verlauf der Pumpgrenze im p-V-Diagramm. Der Kompressibilitätseinfluß verschiebt nicht nur die Pumpgrenze in einem mehrstufigen Verdichter gegenüber der Einzelstufe, sondern ändert auch beispielsweise den grundsätzlichen Verlauf der Pumpgrenze. Abb. 496 zeigt als Beispiel das Kennfeld des siebenstufigen Verdichters nach Abb. 495 für verschiedene Drehzahlen. Mit eingetragen ist die Grundkennlinie der Einzelstufen. Für diese sei angenommen, daß der anfangs genannte parabolische Zusammenhang gültig sei. Die Pumpgrenze der Einzelstufe verläuft danach entsprechend Linie c. Weiterhin ist als Linie a eingetragen der Verlauf der Pumpgrenze von Stufe zu Stufe bei Normaldrehzahl, entsprechend Abb. 495. Die Durchrechnung ergibt nun für den Gesamtverdichter einen Verlauf der Pumpgrenze entsprechend den Linienzügen b_1 und b_2. Hierbei entsteht ein ausgeprägter Knick in der Pumpgrenze, der genau über dem Schnittpunkt der Normaldrucklinie der Stufe I (p_{1n}) mit der Pumpgrenze der Stufe I (Linie c) in der Höhe von $\Pi_{\text{tot Normal}} = p_{7n}$ liegt. Oberhalb des Auslegungsdruckverhält-

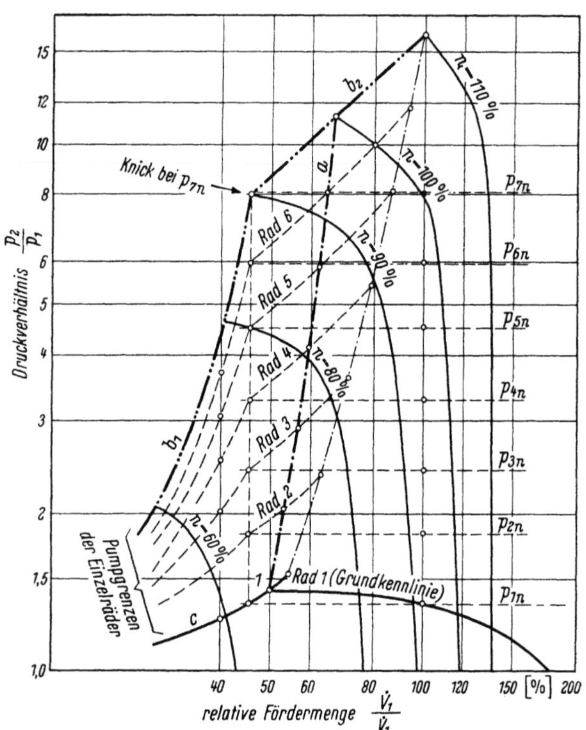

Abb. 496. Kennfeld des siebenstufigen Verdichters nach Abb. 495 bei verschiedenen Drehzahlen

Kurve a Verlauf der Pumpgrenze der einzelnen Stufen bei Auslegungsdrehzahl

Kurve b_1 und b_2 Pumpgrenze des Gesamtverdichters

Kurve c Pumpgrenze der Einzelstufe

nisses wird die Pumpgrenze (Linie b_2) von der letzten Stufe bestimmt und hat einen fast geradlinigen Verlauf. Unterhalb ist dagegen die erste Stufe (Linie b_1) maßgebend und es ergibt sich ein fast parabolischer Verlauf. Im Knickpunkt tritt in der ersten und letzten Stufe gleichzeitiges Abreißen auf.

Bei ausgeführten Verdichtern wird die aufgezeigte Tendenz oftmals nicht so ausgeprägt auftreten, weil in den meisten Fällen nicht alle Stufen die genau gleiche Grundkennlinie haben. Vor allem wird aber bei polytropischer Verdichtung die Lage des Knickpunktes etwas verschoben und seine Stärke abgeschwächt. Er bleibt aber dennoch in fast allen Kennfeldern mehrstufiger Verdichter hohen Druckverhältnisses deutlich sichtbar und wird im nächsten Kapitel noch Gegenstand eingehenderer Untersuchungen sein.

F. Strömungsmaschinen im labilen Arbeitsbereich

Verringert man bei einem Axial- oder Radialverdichter bei konstanter Drehzahl das Durchflußvolumen, z. B. durch saug- oder druckseitiges Drosseln, dann durchläuft der jeweilige Kennpunkt, charakterisiert durch das Eintrittsvolumen $\dot{V}_E$ und die jeweilige Förderhöhe H_{ad}, von der voll geöffneten Drossel aus gerechnet eine Kennlinie. Bei einer gewissen Fördermenge beginnt nun der bis dahin ruhig laufende Kompressor unter teilweise heftigen Stößen und Pendelungen zu arbeiten. Der Beginn dieses labilen Arbeitsbereiches erfolgt in einzelnen Fällen schleichend, bei sehr vielen Verdichtern setzt jedoch dieser Zustand plötzlich ein und hat Erschütterungen der gesamten Verdichteranlage einschließlich ihrer Fundamente zur Folge und ist eine für jeden

Verdichter äußerst gefährliche Erscheinung, die häufig zum Bruch der Maschine führt. Man bezeichnet diese nicht stationäre Arbeitsweise eines Kompressors allgemein als „Pumpen".

Bei den meisten Radialverdichtern erfolgt diese Störung der normalen Arbeitsweise stoßweise, d. h. die Gasförderung hört augenblicklich auf, um im nächsten Augenblick normal zu erfolgen, worauf dann sofort ein zweiter Pumpschlag erfolgt und so fort. Öffnet man etwas die Drossel, dann arbeitet der Radialverdichter wieder normal. Beim Axialverdichter hat ein Öffnen der Drossel vielfach nicht sofort eine normale Förderung zur Folge, der Axialverdichter läuft vielmehr weiterhin auf einer instabilen Charakteristik bei stark verminderten Wirkungsgraden und teilweise sehr heftigen Erschütterungen weiter. Erst vollkommenes Öffnen bringt in diesem Fall den Axialverdichter aus diesem instationären Arbeitsbereich heraus. Es ist beispielsweise bekannt, daß beim Anlaßvorgang von Gasturbinen-Triebwerken der Radialverdichter einige Zeitlang im nicht stationären Ast seiner Charakteristik laufen kann und bei Drehzahlsteigerung aus diesem Pumpgebiet herauskommt, also normal fördert, während beim Axialverdichter ein neues Anlassen, eventuell unter Zuhilfenahme einer Pumpverhütungseinrichtung erforderlich ist.

Obgleich die Frage des Pumpens für den Bau und Betrieb von Kompressoren sehr wichtig ist, sind die Erkenntnisse über die Vorgänge dabei im einzelnen noch sehr mangelhaft, so daß eine Vorausberechnung der Pumpgrenze heute noch unmöglich ist und lediglich unter Zuhilfenahme von Kennfeldern ähnlicher Verdichteranlagen eine Abschätzung erfolgen kann. Sicher ist, daß es sich beim Pumpen um eine Instabilität des Strömungsvorganges handelt. Eine nähere Betrachtung dieses instabilen Zustandes zeigt, daß man beim Pumpvorgang zwischen dem Abreißen der Strömung an den Schaufeln, was mit der Strömung am überzogenen Tragflügel vergleichbar ist, und dem eigentlichen Pumpen oder Pendeln des Förderstromes unterscheiden muß. Das Abreißen kann als quasistationärer, das Pumpen als periodischer Vorgang gedeutet werden. Wenn man lediglich die stationären Verhältnisse betrachtet, d. h. wenn man für eine gegebene Drehzahl in jedem beliebig kleinen Zeitintervall die gegenseitige Zuordnung von Druck und Volumen voraussetzt, die dem normalen Kennfeld entspricht, kann man eine Grenze angeben, an der ein Verdichter auf jeden Fall instabil wird.

1. Stabilitätsbedingung

Der Betriebspunkt D_1 (Abb. 497) eines Kompressors ist der Schnittpunkt der Kennlinie ABC mit der Bedarfslinie. Für sehr kleine Druckverhältnisse, bei denen die Kompressibilität vernachlässigt werden kann, ist die Bedarfslinie identisch mit der Drossellinie $\sigma = $ const (Parabel). Erfolgt die Einstellung des Betriebszustandes z. B. am Prüfstand durch eine Drossel, so erhält man bei überkritischem Druckverhältnis nach der Ausflußformel für eine Düse angenähert eine Gerade, die durch den Nullpunkt $(p_2/p_1 = 0;\ \dot{V} = 0)$ geht. Bei komplizierteren Anlagen liegt die Bedarfslinie unter der Voraussetzung, daß der Druck lediglich zur Überwindung von Reibungswiderständen aufgebracht wird, zwischen Parabel und Gerade, und zwar um so näher an der Geraden, je größer das Druckverhältnis ist. Setzt sich dagegen der erforderliche Druck aus einem etwa konstant bleibenden statischen Druck und zusätzlichen Reibungswiderständen zusammen, so verläuft die Bedarfscharakteristik sehr viel flacher. Im Grenzfall, also bei

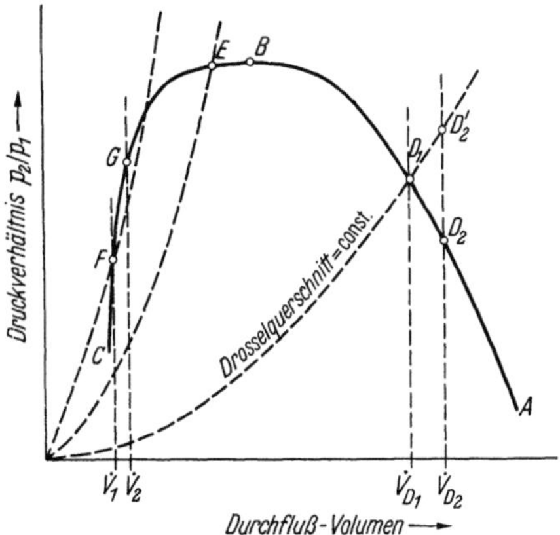

Abb. 497. Zur Stabilität der Förderung

vernachlässigbaren Reibungswiderständen, würde sie in eine Linie $p_2/p_1 = $ const übergehen.

Nimmt man nun an, daß bei ungeänderter Drosselstellung die Fördermenge aus irgendwelchen Gründen etwas zunimmt, so daß der Kompressor statt im Punkte D_1 im Punkte D_2 arbeitet, dann ist zum Durchschieben der vergrößerten Gasmenge ein Druck $p_2' > p_2$ erforderlich. Der zunehmende Druck wirkt der Strömung entgegen und vermindert schließlich das

Eintrittsvolumen wieder auf seinen ursprünglichen Wert $\dot{V}_{D_1}$ (Abb. 497). Eine entsprechende Betrachtung zeigt, daß das Fördervolumen auch gegenüber zufälligen Abweichungen nach unten stabil ist. Die Stabilität ist also offenbar so lange gewährleistet, als im Betriebspunkt die Steigung der Bedarfslinie größer ist als diejenige der Kennlinie; andernfalls kann jedoch keine Stabilität mehr vorhanden sein. Nimmt man z. B. an, daß im Betriebspunkt F (Abb. 497) die Steigung der Kennlinie größer sei als diejenige der Betriebslinie und daß das Fördervolumen von $\dot{V}_1$ auf $\dot{V}_2$ zunehme, dann wird der Kompressor einen größeren Druck entwickeln als zur Förderung von $\dot{V}_2$ notwendig ist, weshalb das Fördervolumen weiterhin zunehmen wird. Analoge Betrachtungen gelten bei Abweichungen des Volumens nach unten. Die Grenze der Stabilität ist also im Punkte G erreicht.

Der Betriebspunkt ist also im Sinne dieser Überlegung dann und nur dann stabil, wenn die durch ihn hindurchgehende Bedarfslinie im Betriebspunkt eine größere Steigung hat als die dort hindurchgehende Verdichterkennlinie.

Die Erfahrung zeigt jedoch, daß der nach links abfallende Ast der Verdichterkennlinie im allgemeinen bereits instabil ist. Bei vielen Verdichterversuchen stellt man fest, daß mit zunehmender Drosselung der Druck dauernd ansteigt und die Verdichterkennlinie ohne vorhergehendes Abfallen plötzlich in sein instabiles Arbeitsgebiet umkippt.

2. Abreißen der Strömung

Wie Untersuchungen in den letzten Jahren gezeigt haben, tritt vorwiegend bei kleinen Verdichterdrehzahlen ein Abreiß-Phänomen ein, das man als ,,rotierendes Abreißen der Strömung'' (rotating stall) bezeichnet. Außerdem tritt bei kleiner werdendem Durchsatz insbesondere an hochbelasteten Verdichtern ein Abreißen der Strömung auf der Saugseite ein, hervorgerufen durch zu große Anstellwinkel an einer oder mehreren Stufen, womit stets eine starke Zunahme der Verluste verbunden ist. Diesen Strömungszustand bezeichnet man als ,,Abreißen der Strömung''.

a) Rotierende Abreiß-Strömung

Bei Verzögerungsgittern steigt die Tendenz zur Ablösung der Strömung auf der Saugseite der Schaufeln mit der Verminderung des Durchsatzes. Diese Abreißneigung ist bei Gittern beliebiger Form festzustellen, also sowohl in axial als auch in radial durchströmten Verzögerungsgittern, sie ist unabhängig von der Bewegung des Gitters, wenn die Strömung relativ zum Gitter betrachtet wird. Die Ablösungstendenz ist also in Leit- und Laufrädern von Axial- und Radialkompressoren vorhanden.

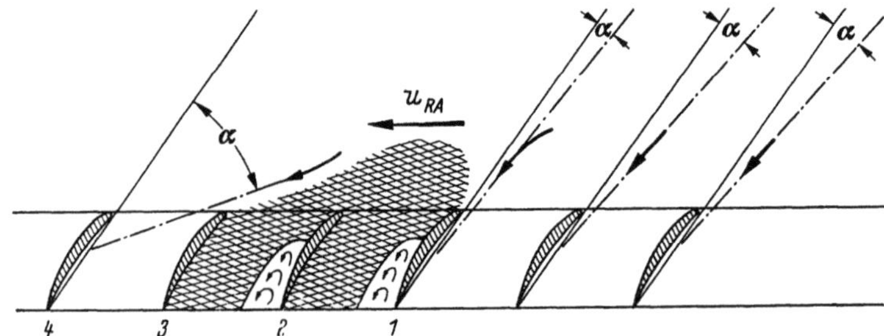

Abb. 498. Entwicklung der rotierenden Abreiß-Strömung

u_{RA} Umfangsgeschwindigkeit der rotierenden Abreiß-Strömung, α Anstellwinkel

Wie nun versuchsmäßig festgestellt wurde, tritt die Ablösung nicht an allen Schaufeln einer Verdichterstufe gleichzeitig ein, sondern zunächst nur an einer einzelnen oder auch an mehreren Stellen des Gitters, wobei dieser Vorgang von Ungleichförmigkeiten der Zuströmung oder kleinen Unstimmigkeiten in den Schaufelprofilen eines Lauf- oder Leitrades ausgelöst wird und sich dadurch örtlich begrenzte Abreißzonen ausbilden. Diese Abreißzonen sind nicht stationär, sondern bewegen sich in Richtung der Gitter fort. Löst sich z. B. an der Saugseite der Schaufel 1 (Abb. 498) die Strömung ab, so wird durch das entstehende Totwassergebiet der Kanal zwischen den Schaufeln *2* und *1* verkleinert, eventuell sogar vollständig versperrt. Als Folge davon ist eine Druckerhöhung in dem oder in den betroffenen Kanälen unmöglich, was ein Rückströmen durch die abgerissenen Kanäle nach sich zieht. Wegen dieser Instabilität bildet sich ein Staubereich vor

der gestörten Schaufelgruppe aus, der in Abb. 498 schraffiert dargestellt ist. Die Strömung wird gezwungen, in Richtung der Schaufeln *1* und *3* auszuweichen. Dadurch wird der Anstellwinkel α der Schaufel *3* vergrößert, die Strömung reißt an dieser Schaufel ab, während an Schaufel *1* der Anstellwinkel verkleinert wird, eine eventuell abgelöste Strömung also wieder zum Anliegen kommt. Die Abreißzone bewegt sich also in Richtung zur Schaufel *3*, also in Richtung der Umfangskomponente der Zuströmung relativ zum Gitter. Das Ablösungsgebiet wandert in dieser Weise kontinuierlich fort. Bei weiterer Verkleinerung des Durchsatzes wird die Abreißzone zunächst breiter, teilt sich dann in zwei, drei, u. U. bis zu acht Zonen auf, wobei normalerweise die Abreißgebiete gleichmäßig über den Umfang verteilt sind. Bei abermaliger Durchsatzverkleinerung reißt dann die Strömung im ganzen Gitter ab (Abb. 499). Diese Erscheinung kann sich über die ganze Schaufelhöhe erstrecken, sie kann jedoch, insbesondere bei Schaufeln mit kleinen Nabenverhältnissen, auch nur an Teilen der Schaufeln auftreten, und zwar tritt rotierende Abreißströmung bei Axialverdichtern in den Laufrädern bevorzugt an der Schaufelspitze, in den Leiträdern dagegen an der Nabe auf (Abb. 499).

Verschiedene Ansätze zur Berechnung der relativen Umfangsgeschwindigkeit u_{RA} der Abreißzone haben bisher noch zu keiner allgemein befriedigenden Lösung geführt. Experimentell ermittelte Anhaltspunkte für Lauf- und

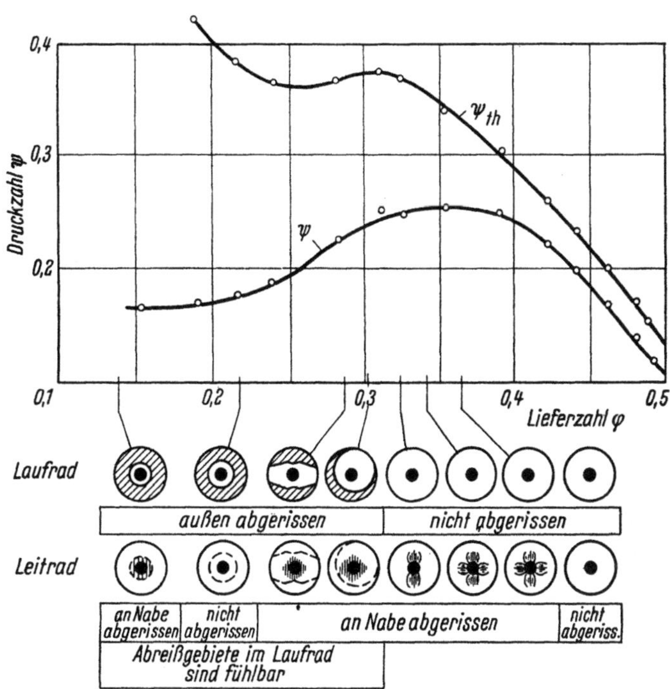

Abb. 499. Abreißformen im Lauf- und Leitrad eines einstufigen Axialverdichters (nach J. H. Horlock)

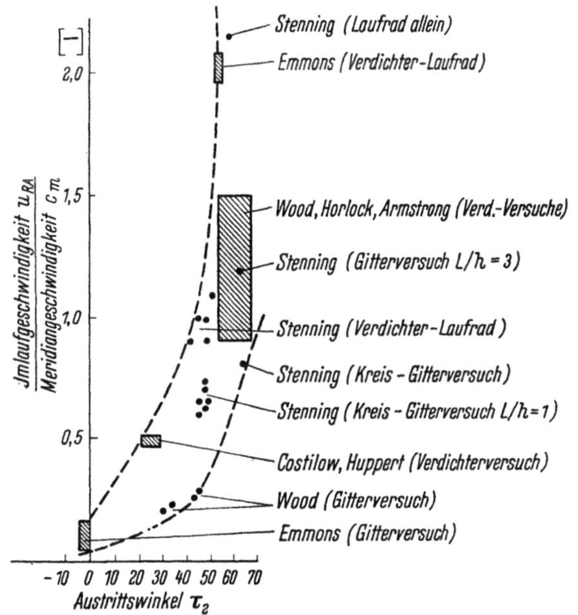

Abb. 500. Abhängigkeit der Umlaufgeschwindigkeit der rotierenden Abreißströmung vom Austrittswinkel

Leiträder sind in Abb. 500 zusammengestellt, wobei allerdings der Streubereich noch sehr groß ist.

Auf Grund von Versuchen und theoretischen Ansätzen kann man feststellen, daß die relative Umlaufgeschwindigkeit der Abreißzone kleiner als die Umfangskomponente der relativen

Anströmgeschwindigkeit ist, also

$$u_{RA} < c_{1u} \qquad \text{bei Leiträdern,}$$

$$u_{RA} < w_{1u} \qquad \text{bei Laufrädern.}$$

Die Umlaufgeschwindigkeit der rotierenden Abreißströmung liegt bei schmalen Zonen, die nur wenige Schaufeln umfassen, bei 40 bis 50% der Laufrad-Umfangsgeschwindigkeit und sinkt bei einer Verbreiterung und bei zunehmender Anzahl der Abreißzonen auf 10 bis 20%. Die Fortpflanzungsrichtung der rotierenden Abreißströmung ist stets gleich der Richtung der Umfangskomponente.

Bei einem vielstufigen Axialkompressor nimmt der Durchflußquerschnitt aufeinanderfolgender Stufen als Folge der Volumenverkleinerung mit der Zunahme der Druckerhöhung ab. Die jeweiligen Durchflußquerschnitte, Staffelungs- und Anstellwinkel der einzelnen Lauf- und Leiträder erhält man für eine bestimmte Kompressordrehzahl, z. B. für die Auslegungsdrehzahl, aus der aero- und thermodynamischen Berechnung. Im Kennfeld der ersten und letzten Stufe eines Axialverdichters (Abb. 501) ist nun der Betriebspunkt bei Auslegungsdrehzahl durch den Punkt A gekennzeichnet. Bei kleinerer Verdichterdrehzahl ($n < n_{\text{Ausleg.}}$) ist das Druckverhältnis und damit das Dichteverhältnis am Auslaß des Verdichters wesentlich kleiner als bei Auslegungsdrehzahl. Hieraus folgt, daß der Durchflußquerschnitt der letzten Stufen zu klein ist und der Betriebspunkt im Sinne des eingezeichneten Pfeiles in Abb. 501 in Richtung der Stopfgrenze wandert. Die Querschnittsverengung in den hinteren Stufen bei $n < n_{\text{Ausleg.}}$ zwingt den Betriebspunkt der ersten Stufen, in Richtung des Abreißgebietes zu wandern, wie der Pfeil an den Kennlinien der Eingangsstufe andeutet. Als Folge davon kann rotierende Abreißströmung an der Eintrittsstufe

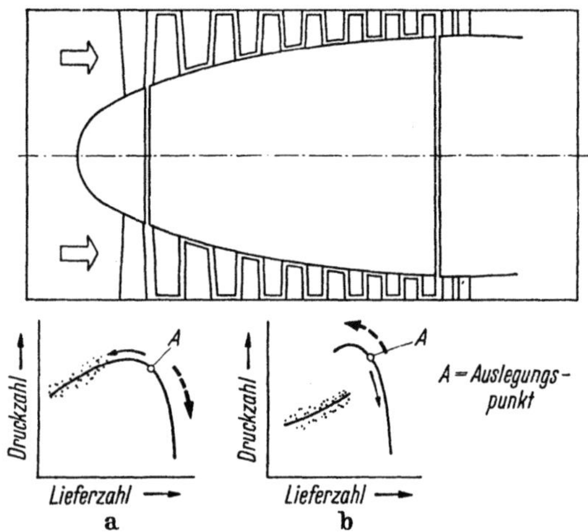

Abb. 501 a u. b. Abreiß-Charakteristik einer Eintrittsstufe (a) und einer Endstufe (b) eines mehrstufigen Axialverdichters

auftreten, was in Abb. 501 durch das punktierte Feld gekennzeichnet ist. Bei $n > n_{\text{Ausleg.}}$ ist die Druckerhöhung im Kompressor größer als bei Auslegungsdrehzahl und damit das Austrittsvolumen kleiner, weshalb sich die Betriebspunkte der hinteren Stufen — im Sinne des gestrichelt eingezeichneten Pfeiles — in Richtung zur Pumpgrenze hin bewegen, während sich die Betriebspunkte der vorderen Verdichterstufen in Richtung der Stopfgrenze hin verschieben. Rotierende Abreißströmung kann also bei niedrigen und mittleren Drehzahlen im Nieder- und Mitteldruckteil des Kompressors, aber auch bei hohen Verdichterdrehzahlen in den letzten Stufen eintreten. Die Tendenz verstärkt sich bei hochbelasteten Arbeitsmaschinen, während bei niederbelasteten Verdichtern rotierende Abreißströmung selten zu beobachten ist. Die in den vorderen Stufen eines Verdichters festgestellten Strömungsschwankungen als Folge der rotierenden Abreißströmung nehmen im allgemeinen gegen die hinteren Stufen hin schnell ab, obgleich spürbare Schwankungen im gesamten Kompressor vorhanden sind. Wenngleich der Wirkungsgrad bei auftretender rotierender Abreißströmung nicht notwendigerweise schlechter wird und nur die örtliche Strömung instationär ist, arbeitet der Verdichter doch in seinem stabilen Arbeitsbereich, die Durchströmung bleibt also gleichmäßig. Dagegen sind die dabei auftretenden örtlichen Strömungsschwankungen vermutlich die Hauptursache von Schaufelschwingungsbrüchen, da periodische Luftkraft-Änderungen erzeugt werden und die Frequenz oftmals gleich der Eigenfrequenz der Schaufeln mindestens einer der Kompressorstufen ist.

b) Kompressor-Abreißen

Die Abreißgrenze eines Verdichters liegt bei einem richtig ausgelegten Verdichter bei Normaldrehzahl oberhalb des Auslegungspunktes, also bei etwas höherem Druckverhältnis und kleinerem Durchflußvolumen gegenüber dem Sollzustand, ebenso existieren auch bei Drehzahlen $n < n_{\text{Ausleg.}}$ entsprechende Abreißgrenzen. Die Kenntnis der Abreißgrenzen bei allen Betriebsdrehzahlen eines Verdichters ist insbesondere für das Beschleunigungsverhalten einer Maschine wichtig. Abb. 502 zeigt als Beispiel den Regelvorgang bei plötzlicher Be- und Entlastung einer

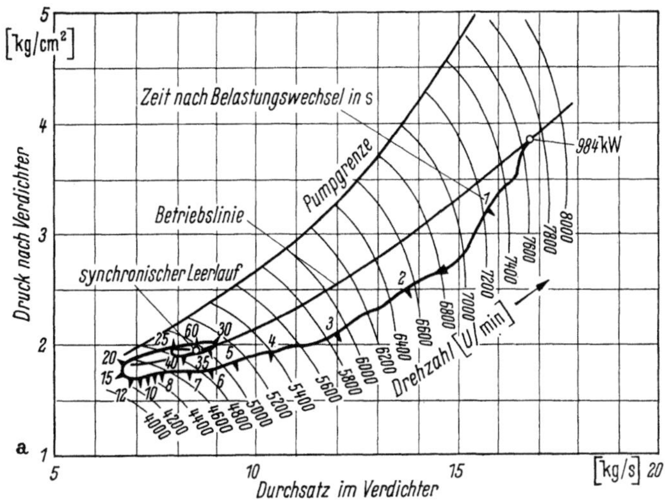

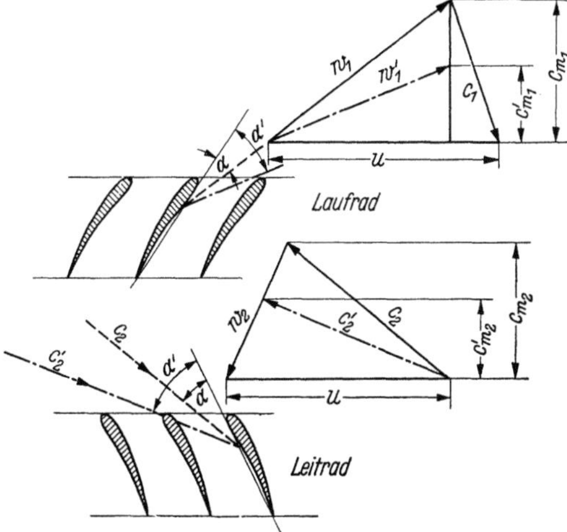

Abb. 503. Änderung des Anstellwinkels im Lauf- und Leitrad eines Axialverdichters bei Verringerung des Durchflußvolumens

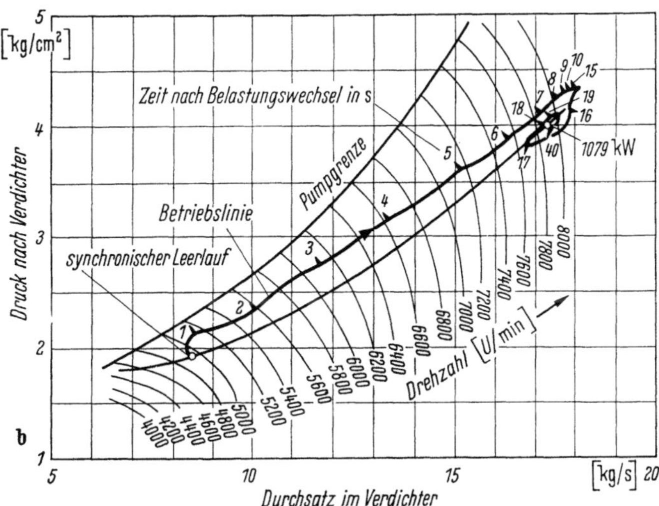

Abb. 502a u. b. Kennfeld und Regelvorgang der 1000 kW-Gasturbine von Allen Sons & Co. Ltd.

a) Regelvorgang bei plötzlicher Entlastung von 984 kW auf Leerlauf; b) Regelvorgang bei plötzlicher Belastung von 0 auf 1030 kW (Die Zahlen 1 bis 60 bedeuten die Anzahl der Sekunden nach dem Lastwechsel)

1000 kW-Gasturbine, wobei die Zahlen 1 bis 60 die Sekunden nach Laständerung bedeuten. Wie man feststellt, kommt man bei einer Verdichterdrehzahl von etwa 4300 U/min zwar der Pumpgrenze schon sehr nahe, überschreitet sie aber nicht. Neben der rotierenden Abreißströmung tritt im gesamten Verdichter eine Instabilität bei allen Drehzahlen auf, was durch zu große Anstellwinkel an einer oder mehreren Verdichterstufen hervorgerufen wird.

Diese beiden Abreißarten wirken sich in sehr verschiedener Weise auf die Verdichterleistungen aus. Während ein Kompressor bei rotierender Abreißströmung bezüglich Druckerhöhung und Förderung noch normal arbeitet, kennzeichnet die Abreißgrenze den kleinstmöglichen Durchsatz, bei dem ein stabiles Arbeiten eines Kompressors gerade noch möglich ist. Bei einer weiteren, auch sehr geringfügigen Durchsatzverkleinerung tritt sofort ein vollständiges Abreißen der Strömung im gesamten Verdichter ein. Unmittelbar vor Erreichen der Pumpgrenze stellt man eine Instabilität fest, die offenbar auf ein Abreißen der Strömung an irgendwelchen Schaufelgittern zurückzuführen ist. Ein Abreißen der Strömung an einem Teil der Beschaufelung muß aber noch nicht zwangsläufig zum Pumpen führen. Der Vorgang des teilweisen Kompressor-Abreißens kann wie folgt erklärt werden:

Vermindert man das Fördervolumen eines Verdichters bei konstanter Drehzahl, so nimmt der Anstellwinkel der Schaufeln gegenüber der relativen Anströmrichtung stetig zu, bis schließlich eine vollkommene Ablösung an den Schaufeln eintritt. In Abb. 503 ist diese Erscheinung am Beispiel eines Axialverdichters gezeigt.

Für eine gegebene Anströmgeschwindigkeit c, Umfangsgeschwindigkeit u und damit für eine Relativgeschwindigkeit w sei ein Anstellwinkel α festgelegt. Wird bei gleichbleibender Umfangsgeschwindigkeit u die Fördermenge, also die Meridiangeschwindigkeit, verkleinert, dann entspricht dieser Mengenänderung bei konstanter Laufschaufelstellung eine Vergrößerung des Anstellwinkels α. Die gleiche Erscheinung wiederholt sich im Leitapparat. Wird der Anstellwinkel zu

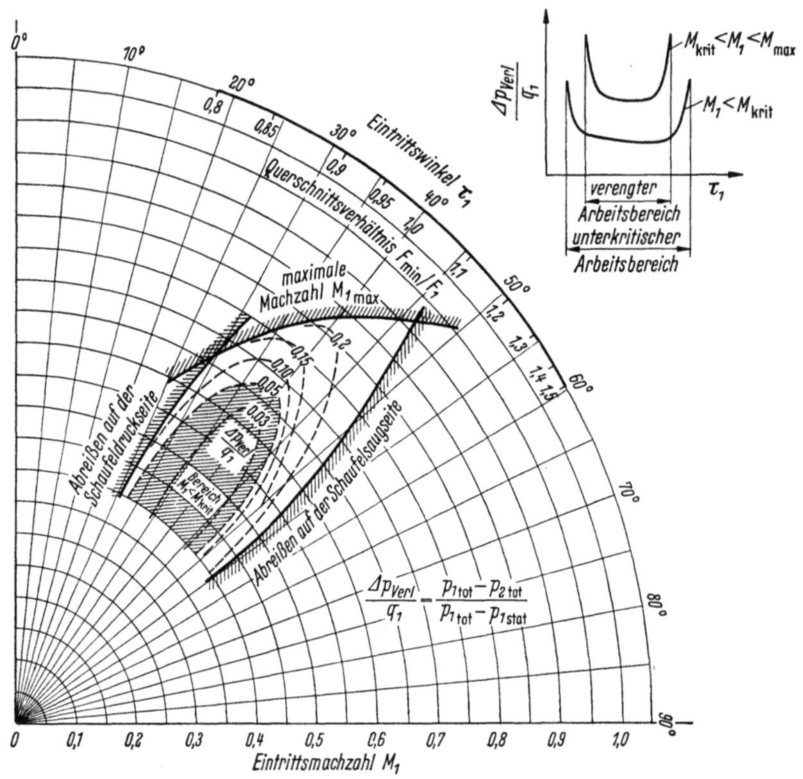

Abb. 504. Polardiagramm und Arbeitsbereich für ein Verzögerungsgitter
Gitterdaten: Skelettlinie: Kreisbogen; Krümmung: $\vartheta = 40°$; relative Schaufeldicke: $d^*/l = 0{,}1$; Grundprofil: NGTE / C 1; Teilungsverhältnis: $t/l = 1$; Staffelungswinkel: $\gamma_m = 24{,}6°$

groß, was eine Strömungsablösung auf den Flügelsaugseiten nach sich zieht, dann fällt die Auftriebskraft eines Schaufelgitters ab und der Druckanstieg wird kleiner. Offenbar hängt es nun von der Art dieses Druckabfalles ab, ob der Verdichter als Folge des Abreißens der Strömung ins Pumpen kommt oder nicht. Es besteht die Möglichkeit, daß sich der Druck in diesem Punkte verhältnismäßig langsam und in geringem Ausmaße verringert bzw. daß er dauernd um einen gewissen Mittelwert schwankt. Man bezeichnet eine solche, um einen festen Mittelwert schwankende Strömung als quasistationär. Es besteht aber auch die Möglichkeit, daß diese Erscheinung, wenn sie einmal begonnen hat, sofort verstärkt wird und das ganze Strömungssystem im Verdichter dadurch aus dem Gleichgewicht kommt, d. h. das Arbeiten des Verdichters wird labil. Diesen Vorgang bezeichnet man allgemein mit „Pumpen".

Bei großen Strömungswinkeln τ_1 löst sich die Strömung auf der Schaufelsaugseite, bei kleinen Strömungswinkeln auf der -druckseite ab. In beiden Fällen ist das Ablösen mit einer starken Vergrößerung des Widerstandes bei gleichzeitiger Verkleinerung der Umlenkung verbunden. Dazwischen liegt der nutzbare Arbeitsbereich eines Gitters, der außerdem von der Größe der Anström-MACHzahl abhängt. Abb. 504 zeigt als Beispiel den Arbeitsbereich eines Verzögerungsgitters in einem Polardiagramm. Mit eingetragen ist das kennzeichnende Querschnittsverhältnis F_{min}/F_1, das für ein bestimmtes Gitter nur eine Funktion des Strömungswinkels τ_1 ist. Der in Abb. 504 schraffierte Bereich stellt das Arbeitsgebiet kleinster Verluste dar.

3. Pumpen der Verdichter

Wenn ein zunächst örtliches Abreißen in einer oder mehreren Verdichterstufen ein Abreißen der Strömung im gesamten Verdichter nach sich zieht, ist die Pumpgrenze erreicht, die den kleinstmöglichen Durchsatz kennzeichnet, bei dem ein stabiles Arbeiten eines Kompressors gerade noch möglich ist. Ob das Abreißen an einer Stufe zu einem Pumpen des Gesamtverdichters führt, hängt im wesentlichen von der Abreißcharakteristik der betrachteten Verdichterstufe ab. Schwach belastete Stufen und Stufen mit kleinem Nabenverhältnis haben im allgemeinen eine weiche Abreißcharakteristik (Abb. 501 a), hochbelastete Stufen und Stufen mit großem Nabenverhältnis eine harte Abreißcharakteristik (Abb. 501 b). Im ersteren Fall bildet sich das Abreißen über die ganze radiale Schaufelerstreckung allmählich aus; im letzteren Fall tritt ein schlagartiges Abreißen über die ganze Schaufelerstreckung auf. Demzufolge wird ein Abreißen in den ersten Stufen eines Verdichters nicht zwangsweise zum Pumpen des Verdichters führen müssen,

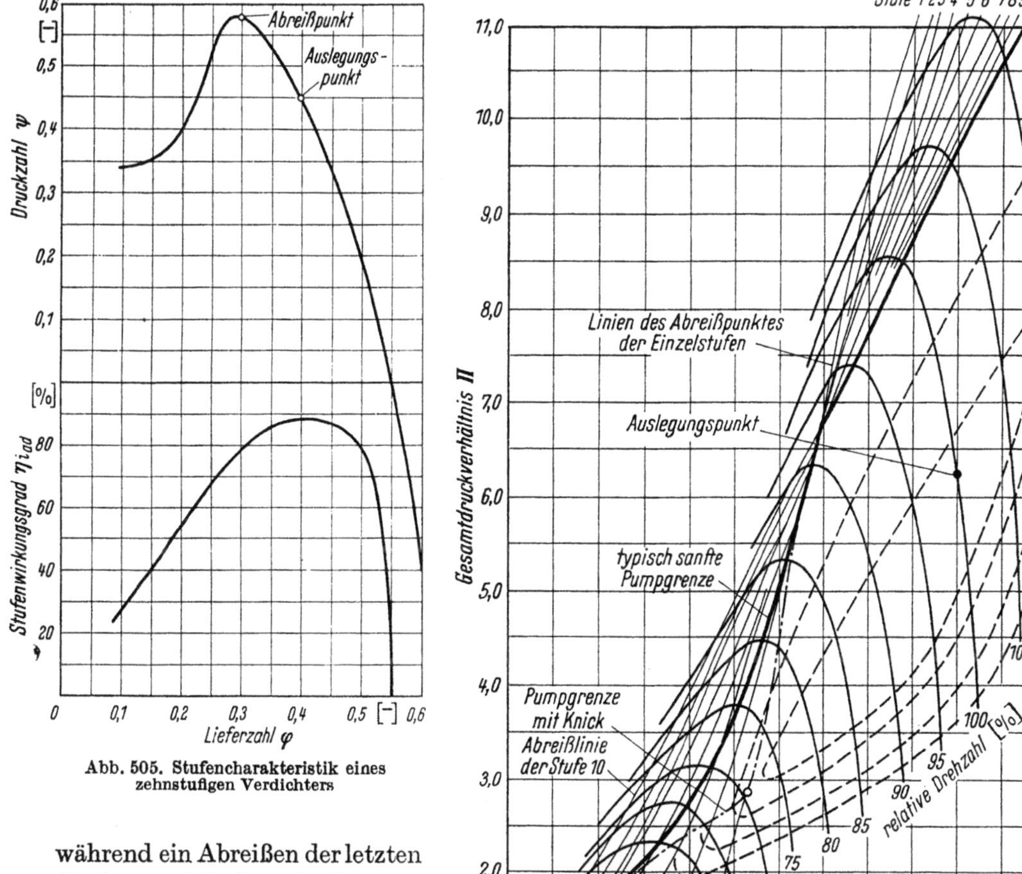

Abb. 505. Stufencharakteristik eines zehnstufigen Verdichters

Abb. 506. Idealisiertes Kennfeld des Kompressors mit den Abreißlinien aller Stufen und angenommenem Verlauf der Pumpgrenze

während ein Abreißen der letzten Stufen praktisch stets Pumpen des Gesamtverdichters zur Folge hat.

Der Verlauf der Pumpgrenze ist hauptsächlich von der gegenseitigen Zuordnung der Einzelstufen abhängig. An einem idealisierten Beispiel soll das Entstehen der Pumpgrenze in einem Verdichter erklärt werden.

Der Überlegung ist, nach einer Studie von A. Stone[1], ein zehnstufiger Axialverdichter zugrunde gelegt, bei dem jede Stufe die gleiche Stufencharakteristik (Abb. 505) hat und alle Stufen

---

[1] Stone, A.: Effects of Stage Characteristics and Matching on Axial-Flow-Compressor Performance. Transactions of the ASME (Aug. 1958) S. 1273 bis 1293.

im Auslegungspunkt des Verdichters bei einer Lieferzahl $\varphi = 0{,}4$ arbeiten. Die Gesamtcharakteristik des Kompressors für verschiedene Drehzahlen zeigt Abb. 506.

Zur Abschätzung des Verlaufes der Pumpgrenze ist es zweckmäßig, die bei der stufenweisen Durchrechnung ermittelten Charakteristiken der Einzelstufen für verschiedene Drehzahlen darzustellen (Abb. 507). Bei 100% Drehzahl wird die Abreißgrenze der zehnten Stufe bei einem relativen Durchsatz von etwa 90% des Auslegungsdurchsatzes erreicht. Obgleich die Stufen 1 bis 9 erst bei kleineren relativen Durchsätzen ihre jeweilige Abreißgrenze erreichen, muß angenommen werden, daß die Pumpgrenze des Gesamtverdichters mit dem Abreißen der zehnten

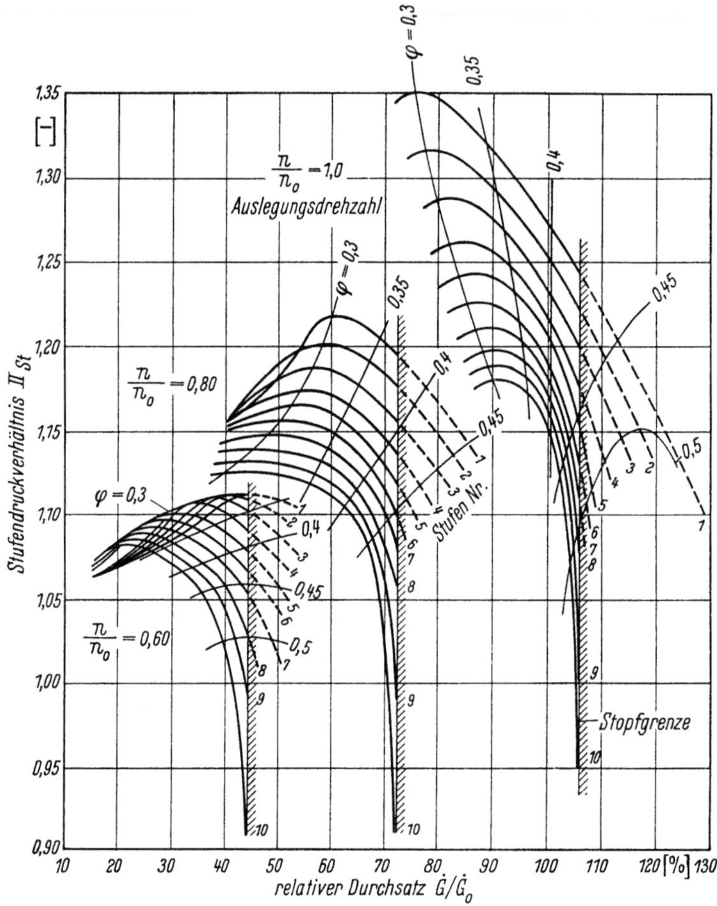

Abb. 507. Verlauf der Kennlinien der Einzelstufen bei drei ausgewählten Drehzahlen

Stufe, also bei einem Durchsatz $\dot{G}/\dot{G}_0 = 0{,}90$, zusammenfällt. Gleichzeitig sind in Abb. 507 Linien konstanter Lieferzahl mit eingetragen, wobei die Linie $\varphi = 0{,}3$ die Abreißgrenze der Einzelstufen kennzeichnet. Bei kleinen Drehzahlen, z. B. $n/n_0 = 0{,}6$, verläuft nach Abb. 507 der stabile Arbeitsbereich der ersten Stufe praktisch außerhalb des Arbeitsbereiches der zehnten Stufe, d. h. die Pumpgrenze der ersten Stufe fällt mit der Stopfgrenze der zehnten Stufe zusammen. Man darf aber annehmen, daß die Pumpgrenze des Gesamtverdichters bei $n/n_0 = 0{,}6$ weder durch die Abreißgrenze der ersten Stufe noch durch die Abreißgrenze der zehnten Stufe bestimmt wird. Entsprechend den Stabilitätsbedingungen (Abschnitt 1) ist zu erwarten, daß die Pumpgrenze hierbei kurz nach Überschreiten des dabei auftretenden maximalen Gesamtdruckverhältnisses erreicht wird. In Abb. 506 sind die Abreißpunkte der Einzelstufen ($\varphi = 0{,}3$) miteinander verbunden. Die stark ausgezogene Linie stellt die zu erwartende Pumpgrenze dar. Bei Drehzahlen von $n/n_0 = 1{,}1$ bis $0{,}925$ fällt die Pumpgrenze mit der Abreißgrenze der zehnten Stufe zusammen, selbst dann, wenn das rechnerisch mögliche Maximum des Gesamtdruckverhältnisses bei diesen Drehzahlen noch nicht erreicht ist. Bei $n/n_0 = 0{,}925$ erreichen alle Stufen bei gleichem Durchsatz ihre Abreißgrenze, weshalb die Pumpgrenze für diese Drehzahl eindeutig ist. Bei Drehzahlen

$n/n_0 < 0{,}925$ wird die Pumpgrenze von den mittleren oder vorderen Verdichterstufen bestimmt. Setzt man für diese Stufen eine weiche Abreißcharakteristik voraus, so kann man erwarten, daß die Pumpgrenze praktisch mit den maximalen Gesamtdruckverhältnissen bei den einzelnen Drehzahlen zusammenfällt. Hierdurch entsteht bei $n/n_0 \approx 0{,}925$ ein Knick im Verlauf der Pumpgrenze, der je nach den Stufencharakteristiken mehr oder weniger stark ausgebildet sein kann. Abb. 508 zeigt den Verlauf der Pumpgrenze von drei verschiedenen Axialkompressoren.

Nimmt man auch für die vorderen Verdichterstufen eine harte Abreißcharakteristik an, z. B. als Folge hoher Stufenbelastung oder relativ hoher Eintrittsmachzahlen, dann würde in dem als

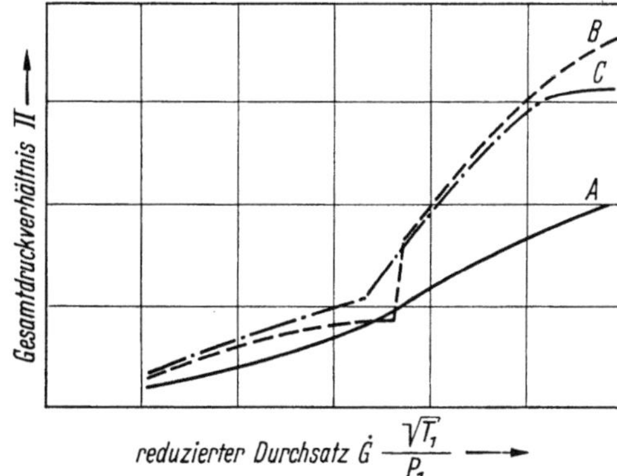

Abb. 508. Abreißgrenzen für verschiedene Verdichterarten. *A* niederbelasteter Axialverdichter mit kleinem Auslegungsdruckverhältnis; *B* hochbelasteter Axialverdichter mit ungünstig gestalteter Eintrittsstufengruppe; *C* hochbelasteter Axialverdichter mit günstiger Stufenaufteilung

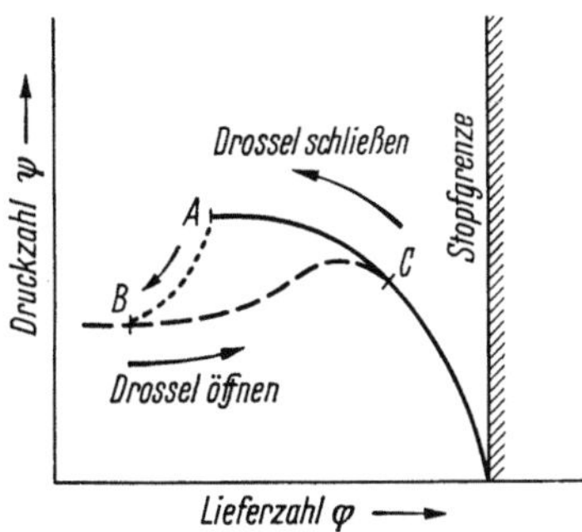

Abb. 509. Abreiß-Hysteresis einer Kompressorstufe

Beispiel betrachteten zehnstufigen Verdichter die Pumpgrenze von $n/n_0 = 0{,}925$ ab bis zu Drehzahlen von etwa $n/n_0 = 0{,}7$ mit der Abreißcharakteristik der ersten Verdichterstufe zusammenfallen. Bei sehr kleinen Drehzahlen arbeitet die erste Stufe auf jeden Fall in einem voll abgerissenen Gebiet; man muß somit annehmen, daß die Pumpgrenze wieder mit dem maximalen Gesamtdruckverhältnis bei den einzelnen Drehzahlen zusammenfällt. Im Drehzahlbereich zwischen etwa 0,5 und 0,7 der Auslegungsdrehzahl ergibt sich ein im voraus nicht bestimmbarer Übergang. Als Folge davon erhält man im Verlauf der Pumpgrenze einen zweiten und wesentlich schärfer ausgebildeten Knick, wie er auch in Abb. 508, Linienzug *B*, deutlich zu erkennen ist.

Bei den bisherigen Überlegungen wurde der Einfluß der Machschen und Reynoldsschen Zahl außer Acht gelassen. Die Machzahl wirkt sich aber in erster Linie auf den Arbeitsbereich der vorderen Stufen eines Verdichters aus, wodurch die eben geschilderte Ausbildung einer Pumpgrenze mit doppeltem Knick begünstigt wird. Einflüsse als Folge der Änderung der Reynoldszahl können bei Verdichtern von Luftfahrttriebwerken, die in großen Höhen arbeiten, auftreten, wobei jedoch die Auswirkung auf die Pumpgrenze verhältnismäßig gering ist.

Vielfach haben Axialkompressoren mit relativ harter Abreißcharakteristik in den vorderen Stufen eine ausgesprochene Kennlinien-Hysteresis (Abb. 509). Beim Drosseln der Stufe von der Stopfgrenze her erhält man bis zum Punkt *A* in Abb. 509 einen stabilen Verlauf der Kennlinie. Danach tritt ein sprunghafter Druckabfall zum Punkt *B* ein. Beim Öffnen der Drossel wird Punkt *A* nicht wieder erreicht, sondern es entsteht eine mit großen Verlusten verbundene Betriebslinie entsprechend dem gestrichelten Linienzug $B - C$ in Abb. 509. Die Auswirkung einer derartigen Abreißhysteresis auf das Gesamtkennfeld eines Kompressors zeigt Abb. 510. Dargestellt sind die Kennlinien einer vorderen und einer hinteren Stufengruppe und die Gesamtkennlinie, jeweils bei drei verschiedenen Drehzahlen. In Abb. 510a, also bei 85% der Auslegungsdrehzahl, liegt die Stopfgrenze der hinteren Verdichtergruppe noch rechts vom Punkt *C*, also bei großem Durchsatz. Beim Drosseln des Verdichters erreichen die vorderen Stufen den Abreißpunkt *A*; weiteres Drosseln hat einen Abfall der Kennlinie zum Punkt *B* zur Folge. Wegen der dabei vorausgesetzten harten Stufencharakteristik der ersten Verdichtergruppe fällt auch das Gesamtdruckverhältnis von *A'* auf *B'*. Beim Öffnen der Drossel wandert der Betriebspunkt der vorderen Stufengruppe von *B* nach *C*. Als Folge der kleineren Druckerhöhung und des abnehmenden Wirkungsgrades der vorderen Verdichtergruppe arbeitet die hintere Stufengruppe in Gebieten größerer Lieferzahlen φ, also kleinerer Stufendruckerhöhungen, was durch die gestrichelt gezeichnete Charakteristik der hinteren Stufengruppe in Abb. 510a angezeigt ist. Wegen der verkleinerten Druckerhöhung in den vorderen und hinteren Stufengruppen erhält man ein stark verringertes Gesamtdruckverhältnis des Verdichters entsprechend dem Linienzug $B' - C'$. Nach Überschreiten des dem Punkt C' entsprechenden Durchsatzes wird die ursprüngliche Charakteristik wieder erreicht.

Bei Verkleinerung der Drehzahl wandert die Stopfgrenze der hinteren Verdichtergruppen in den Bereich $A - C$ (Abb. 510b). Nach Überschreiten des Punktes A bzw. A' fällt auch hier das

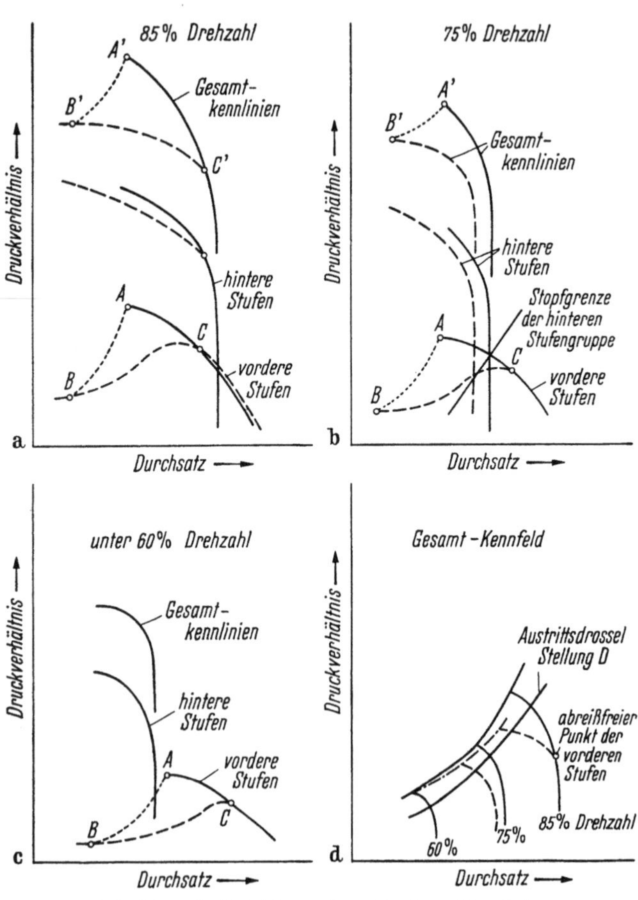

Abb. 510a—d. Entstehung doppeldeutiger Kennlinien

Gesamtdruckverhältnis zum Punkt B bzw. B' ab. Beim Öffnen der Drossel wandert der Betriebspunkt der ersten Stufengruppe entlang der gestrichelten Linie $B - C$. Da aber jetzt wegen des vergrößerten Volumens nach der ersten Stufengruppe die Stopfgrenze der hinteren Verdichtergruppe bereits vor Punkt C erreicht wird, entsteht eine zweite Kennlinie der hinteren Stufengruppe und damit des Gesamtverdichters auch bei voll geöffneter Drossel, wobei kein gemeinsamer Punkt C' mehr auftritt. Der Verdichter kommt auch in diesem Fall auch bei voll geöffneter Drossel nicht mehr auf seinen Ausgangsdurchsatz. Bei sehr kleinen Drehzahlen (Abb. 510c) arbeitet die vordere Stufengruppe stets im voll abgerissenen Bereich (vgl. Abb. 507), d. h. die Betriebspunkte liegen stets auf der gestrichelten Linie $B - C$. Somit ergibt sich für den Gesamtverdichter eine eindeutige Gesamtkennlinie, die aber wegen der hohen Verluste in der ersten Stufengruppe bezüglich ihres Wirkungsgrades ungünstig ist.

Abb. 510d zeigt das Kennfeld für die drei untersuchten Drehzahlen. Setzt man voraus, daß der Verdichter bei einer festen Drosselstellung D hochgefahren werden soll, so können nur die gestrichelt eingezeichneten Charakteristiken erreicht werden, da sich die vordere Stufengruppe beim Hochfahren im Abreißgebiet befindet. Wird dagegen bei gleicher Drosselstellung der Verdichter von der Auslegungsdrehzahl $n/n_0 = 1$ her abwärts gefahren, dann arbeitet der Verdichter entsprechend den ausgezogenen Charakteristiken.

Neben den bisher behandelten und allein durch die Beschaufelung bedingten Einflüssen auf die Lage und Form der Pumpgrenze können Störungen im Einlauf und ungleichmäßige Zuströmung zum Verdichter die Pumpgrenze weiterhin im ungünstigen Sinne verschieben. Abb. 511 zeigt als Beispiel die Änderung der Pumpgrenze infolge von Einlaufstörungen.

Das eigentliche Pumpen ist an das Vorhandensein eines Speichers zwischen Kompressor und Drossel gebunden, während Instabilitäten, die sich als außerordentlich starken Druck- und Wirkungsgradabfall auswirken können, unabhängig von eventuellen Speichern sind. Dagegen lassen die Erfahrungen an Axial -und Radialverdichtern darauf schließen, daß für das Auftreten des Pumpens kein eigentliches Schwingungssystem mit einer ausgeprägten Eigenresonanz vorzuliegen braucht. Man kann z. B. ein sehr intensives Pumpen feststellen, wenn man direkt am

Ausgang des Verdichters einen größeren Behälter anschließt, so daß die kinetische Energie des Systems außerordentlich klein ist gegenüber der Druckenergie bei gleichzeitig sehr starker Dämpfung. Andererseits ist es klar, daß die schädlichen Auswirkungen des Pumpens noch erheblich verstärkt werden können, wenn ein schwingungsfähiges System vorliegt, das durch das Pumpen angeregt wird und in Resonanz schwingt. Man hat sich also den Pumpvorgang so vorzustellen, daß der Förderdruck des Verdichters durch das Abreißen der Strömung plötzlich sinkt und kleiner wird als der Druck im Speicherraum. Das Gas im Speicherraum strömt in umgekehrter Richtung durch den Verdichter zurück, was vermutlich die Ursache der harten Pumpschläge ist. Gleichzeitig sinkt natürlich der Druck im Speicherraum, und zwar so lange, bis der Verdichter wieder zu fördern beginnt. Dieses Spiel wiederholt sich periodisch. Bei diesen Vorgängen spielt offenbar auch die

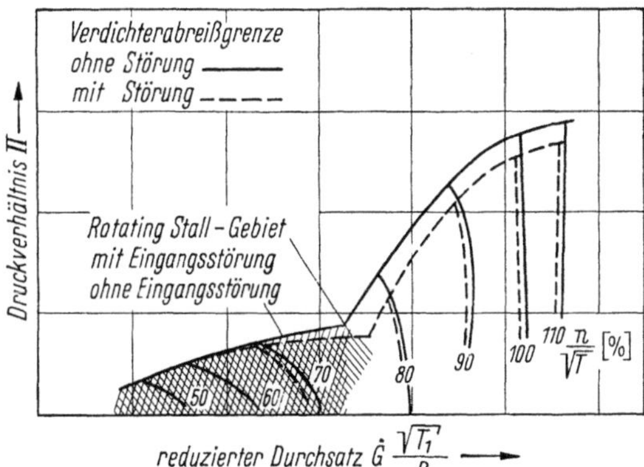

Abb. 511. Einfluß von Störungen im Verdichtereinlauf auf das Verdichterkennfeld

Tatsache eine wesentliche Rolle, daß die Zirkulation um ein Profil sich nicht augenblicklich auf den Beharrungszustand einstellt, sondern hierzu eine gewisse Zeit notwendig ist.

4. Maßnahmen zur Verbesserung der Pumpgrenze

Die bisherigen Ausführungen zeigten, daß es bei der Auslegung eines vielstufigen Hochleistungsverdichters zweckmäßig ist, nicht alle Stufen im Auslegungspunkt für stoßfreie Anströmung der Schaufelgitter auszulegen. Zum Erreichen einer möglichst knickfreien Pumpgrenze empfiehlt sich, in den vorderen Stufen den stoßfreien Anströmungszustand einem kleineren Durchsatz zuzuordnen und die hinteren Stufen für einen etwas größeren Durchsatz stoßfrei auszulegen. Hierdurch verschiebt sich bei Teildrehzahlen die Stopfgrenze der hinteren Stufen zu größeren Mengen hin, während die Abreißgrenze der vorderen Stufen nach Gebieten kleinerer Durchsätze verschoben wird. Dadurch wird der Drehzahlbereich, in dem die ersten Stufen voll abgerissen sind, verkleinert. Gleichzeitig wird aber auch die Pumpgrenze bei Drehzahlen oberhalb der Auslegungsdrehzahl verschlechtert, d. h. zu kleineren Druckverhältnissen und zu kleineren Durchsätzen hin verschoben. Im allgemeinen entfernt sich aber die Betriebslinie in diesem Drehzahlbereich von der Pumpgrenze (vgl. Abb. 502), so daß eine geringe Verschlechterung der Pumpgrenze dabei meist in Kauf genommen werden kann.

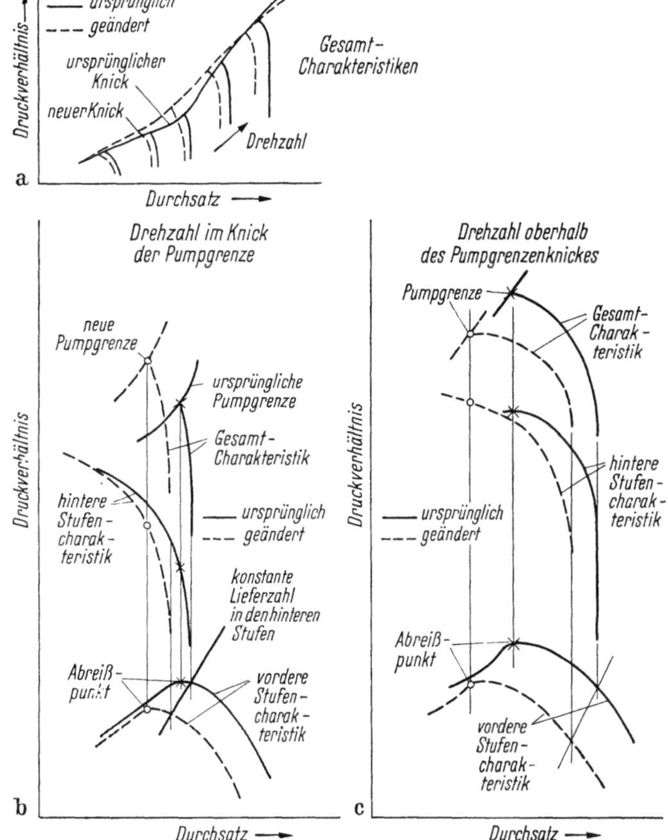

Abb. 512 a—c. Verbesserung des Verlaufes der Pumpgrenze bei mittleren Drehzahlen durch Schaufelverstellung in der vorderen Stufengruppe

Zeigt die Pumpgrenze eines Verdichters einen ausgeprägten Knick im mittleren Drehzahlbereich, so kann u. U., entsprechend den vorstehenden Überlegungen, eine Verbesserung der Pumpgrenze erzielt werden. Beispielsweise ist in Abb. 512a das schematische Kennfeld eines Verdichters (ausgezogene Linien) dargestellt. Die ausgezogenen Linien in Abb. 512b stellen die Charakteristiken der vorderen und der hinteren Stufengruppe sowie des Gesamtverdichters für eine Drehzahl im Bereich des Knickes in der Pumpgrenze dar. Entsprechend den früheren Ausführungen liegt hierbei die Stopfgrenze der hinteren Stufengruppe in der Nähe der Abreißgrenze

Abb. 513. Einbau eines Stabilisierungsringes vor dem Laufrad eines einstufigen Verdichters (Bauart J. M. Voith GmbH, Heidenheim)

der vorderen Verdichtergruppe. Durch Drehen (Schließen) der Laufradbeschaufelung (Vergrößerung von γ_m) der vorderen Stufengruppe verschiebt sich die Charakteristik dieser Stufengruppe nach links (gestrichelte Linien in Abb. 512b). Als Folge der Verkleinerung des Durchsatzes arbeitet die hintere Stufengruppe bei kleinerer Lieferzahl φ und damit größerer Druckzahl ψ, so daß das Gesamtdruckverhältnis bei kleinerem Durchsatz vergrößert wird (gestrichelter Linienzug), also eine Verschiebung der Pumpgrenze nach kleineren Durchsätzen und höheren Gesamtdrücken hin erfolgt, wodurch der Knick abgeflacht und zu kleineren Drehzahlen hin verschoben wird. Bei Drehzahlen oberhalb des Knickes in der Pumpgrenze (Abb. 512c) hat diese Maßnahme jedoch nur wenig Einfluß auf die Pumpgrenze, da hier auch die hintere Stufengruppe bereits im flachen Teil ihrer Charakteristik arbeitet und eine Verringerung des Durchsatzes nur eine geringe Änderung der Druckerhöhung zur Folge hat. Bei Auslegungs- oder höheren Verdichterdrehzahlen tritt allerdings wieder eine Verschlechterung der Pumpgrenze im obengenannten Sinne ein.

Eine ähnliche Beeinflussung der Pumpgrenze wie durch die Laufradverstellung ist auch durch die Leitradverstellung möglich, wobei letztere zwar etwas weniger wirksam, dagegen mechanisch wesentlich einfacher zu realisieren ist. Bei Verdichtern höherer Druckverhältnisse ist aber im allgemeinen die Verstellung eines einzigen Lauf- bzw. Leitrades nicht ausreichend, sondern man ist gezwungen, ganze Stufengruppen gemeinsam oder einzeln zu verstellen, wie dies beispielsweise bei dem in Abb. 41 gezeigten Triebwerk der Fall ist, bei dem drei Leitradstufen gemeinsam verstellt werden. Beim TL-Triebwerk CJ 805—11 (J 79) (Zahlentafel 6) sind sogar sieben Leitschaufeln verstellbar.

Eine Korrektur der Pumpgrenze ist auch durch eine stärkere Belastung der hinteren Verdichterstufengruppen zu erzielen, was aber bei Hochleistungsverdichtern schwierig sein dürfte. Eine Entlastung der hinteren Stufengruppe verbessert die Pumpgrenze oberhalb der Auslegungsdrehzahl, verstärkt jedoch den Knick und verschiebt ihn zu höheren Drehzahlen hin.

Wenn alle diese Maßnahmen für eine Korrektur der Pumpgrenze nicht ausreichend sind, muß der Querschnittsverlauf im Kompressor geändert werden, wobei eine Verkleinerung des Durchflußquerschnittes in der hinteren Stufengruppe eine Verbesserung der Pumpgrenze bei hohen Drehzahlen und eine Verschlechterung bei kleinen Drehzahlen zur Folge hat, während eine Verkleinerung des Durchflußquerschnittes der vorderen Verdichtergruppe die Pumpgrenze bei kleineren Verdichterdrehzahlen verbessert, bei hohen Drehzahlen aber ein früheres Erreichen der Stopfgrenze nach sich zieht.

Eine andere, allerdings unwirtschaftliche Maßnahme besteht darin, hinter der vorderen Stufengruppe eine Abblasvorrichtung vorzusehen, die ein Arbeiten der vorderen Stufengruppe im abgerissenen Gebiet verhindert. Dieser Verdichterteil fördert dadurch einen größeren Durchsatz als der Stopfgrenze der hinteren Stufengruppe entspricht. Die überschüssige Luft wird abgeblasen. Dadurch arbeiten beide Verdichterteile auch bei Teildrehzahlen in einem verhältnismäßig günstigen Arbeitsbereich, also bei guten Wirkungsgraden.

Für Verdichter kleiner Stufenzahl hat sich ein dem Laufrad vorgeschalteter koaxialer Ring zur Verhinderung des Pumpens bewährt. Abb. 513 zeigt den Einbau eines derartigen Stabilisierungsringes. Die Wirkungsweise des Ringes besteht in einer Verhinderung des beim Pumpen auftretenden Rückströmens, wie es in Abb. 514 dargestellt ist[1].

Für Verdichter sehr hoher Druckverhältnisse ist die Unterteilung in mehrere Teilverdichter mit verschiedenen Drehzahlen das wirkungsvollste Mittel zum Erreichen einer geeigneten Pumpgrenze. Von dieser Tatsache wird beispielsweise bei den sogenannten Mehrwellen-Gasturbinen Gebrauch gemacht. In diesem Fall muß bei sinkendem Druckverhältnis die Drehzahl des Niederdruckteiles im Verhältnis stärker abnehmen als diejenige des Hochdruckteiles, um die gewünschte Wirkung zu erzielen. Bei den Mehrwellen-Gasturbinen geschieht dies dadurch, daß der Niederdruck- und der Hochdruckteil je mit einer getrennten Turbine gekuppelt ist (Abb. 515), also mit verschiedenen Drehzahlen läuft. Abb. 516 zeigt das Kennfeld eines derartigen Zweiwellen-Verdichters, wobei jeder Teilverdichter wegen seines kleineren Auslegungsdruckverhältnisses eine praktisch knickfreie Pumpgrenze aufweist. Neben diesem Vorteil bezüglich des Betriebsverhaltens läßt der Zwei- bzw. Mehrwellen-Verdichter bei hohen Druckverhältnissen bessere Wirkungsgrade erwarten, weil man bezüglich der Wahl des Nabenverhältnisses, des Außendurchmessers und der Drehzahl größere Freiheit hat, diese Bauweise also den Optimalbedingungen der Einzelstufen besser angepaßt werden kann.

Beim Radialverdichter wirkt

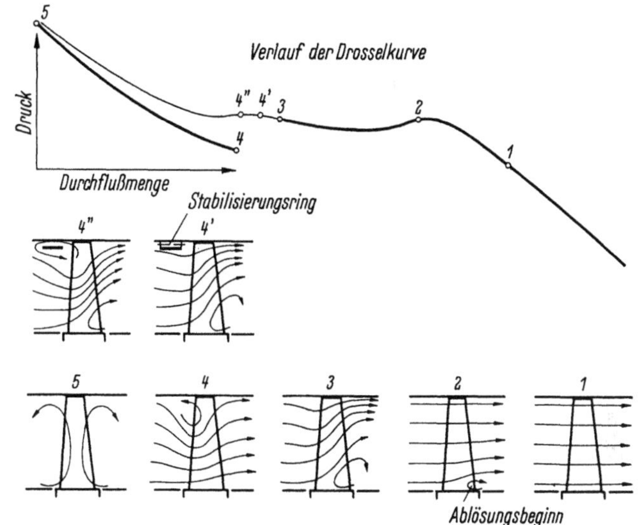

Abb. 514. Kennfeld und Strömungsverlauf des in Abb. 513 gezeigten einstufigen Axialverdichters

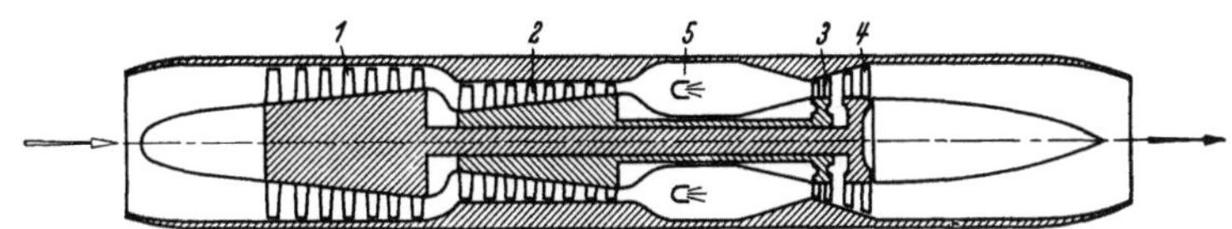

Abb. 515. Schema eines mehrwelligen Turbinen-Luftstrahltriebwerkes
1 Niederdruck-Verdichter; 2 Hochdruck-Verdichter; 3 Hochdruck-Turbine;
4 Niederdruck-Turbine; 5 Brennkammer

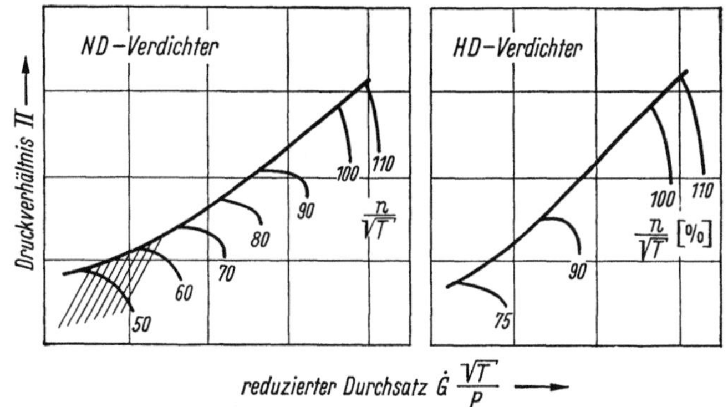

Abb. 516. Kennfelder eines Zweiwellen-Verdichters (im schraffierten Bereich tritt rotierende Abreiß-Strömung auf)

vor allem ein schaufelloser Diffusor pumpverhütend, allerdings unter Inkaufnahme einer Verminderung des optimalen Wirkungsgrades. Außerdem wird die Pumpgefahr mit kleiner

---

[1] MARCINOWSKI, H.: Experimentelle Untersuchungen in der Lufttechnischen Abteilung. Voith Forschung und Konstruktion (Nov. 1958) H. 4. – PONOMAREFF, A. J.: Axial Flow Compressors for Gas Turbines. Trans. Amer. Soc. Mech. Engrs 70 (1948) S. 295 bis 306.

werdendem Schaufelaustrittswinkel verringert. Weiterhin wird der stabile Betriebsbereich eines Radialverdichters um so schmäler, je größer das Druckverhältnis in der Normalstufe ist. Das beiderseits abgedeckte Laufrad scheint bezüglich der Pumpgrenze weniger empfindlich zu sein als der halboffene Rotor. Vergrößerung der Laufradaustrittsbreite wirkt sich ebenfalls günstig auf die Lage der Pumpgrenze aus.

Erfahrungsgemäß ist die Kennlinien-Hysteresis bei der radial durchströmten Arbeitsmaschine weniger stark ausgeprägt, d. h. ein Radialverdichter ist durch Öffnen der Drossel leichter aus dem Pumpgebiet in die stabile Arbeitszone zurückzuführen als ein Axialverdichter gleichen Druckverhältnisses.

Eine verhältnismäßig einfache Maßnahme, einen Radialverdichter auch innerhalb seines normalerweise instabilen Bereiches zu betreiben, besteht darin, einen oder mehrere Leitradkanäle zu schließen. Hierdurch verteilt sich die Durchflußmenge über eine geringere Anzahl von Leitschaufelkanälen, so daß jede umströmte Leitschaufel wieder unter normalen Anströmbedingungen arbeitet.

G. Regelung der Kompressoren

Die Berechnung eines Axial- oder Radialverdichters wird zwar, wie aus den Kapiteln D und E hervorgeht, für eine bestimmte Fördermenge und ein vorgegebenes Druckverhältnis durchgeführt; man wird aber bereits bei der Festlegung dieses Auslegungspunktes auf die im jeweiligen Fall zu erwartenden Schwankungen dieser Werte Rücksicht nehmen. Auf Grund der früher behandelten Kennlinien ist man wohl meist in der Lage, die voraussichtliche Form der Verdichtercharakteristik abzuschätzen. Weiterhin geben die früheren Ausführungen Auskunft darüber, durch welche Verdichterbauart man für den Fall starker Schwankungen von Fördermenge und Druckverhältnis das günstigste Gesamtergebnis erhält. Beispielsweise dürfte der Radialverdichter ohne beschaufelten Diffusor trotz seiner verhältnismäßig niedrigeren Wirkungsgrade bei stark wechselnden Ansaugemengen anderen Verdichterbauarten hinsichtlich seines Leistungsaufwandes überlegen sein.

Häufig tritt der Fall auf, daß die Druckerhöhung eines Kompressors zur Überwindung der Gesamtwiderstände in einem Rohrleitungssystem dient, die starken Schwankungen unterworfen sind, die Gasmenge aber unabhängig von diesen Schwankungen annähernd konstant gehalten werden soll. In diesem Falle ist eine besondere Regelung auf konstantes Gasgewicht notwendig. Arbeiten mehrere Verdichter auf ein gemeinsames Rohrnetz, an dem verschiedene Abnehmerstellen vorgesehen sind, die konstanten Druck verlangen, wie zum Beispiel Hochofenanlagen, so ist eine Regelung auf gleichbleibenden Verdichterenddruck erforderlich. Wie bereits erwähnt, muß ein Betrieb im labilen Bereich des Verdichters vermieden werden, weil hierbei der Verdichter gefährdet wird. Besteht die Gefahr, daß im Betrieb die Pumpgrenze erreicht wird, dann sind besondere Pumpverhütungseinrichtungen vorzusehen.

In vielen Fällen erfolgt die Regelung durch Handbetätigung. Bei häufigen Betriebsschwankungen empfiehlt sich eine, den Betriebsforderungen angepaßte selbsttätige Regelung.

I. Regelung im stabilen Gebiet der Kompressorcharakteristik

Die wichtigsten Regelungsarten von Kompressoren im stabilen Ast der Kompressorcharakteristik sind die Drehzahl- und Drosselregelung, darnach die Regelung durch Verstellen der Leitvorrichtungen und in Ausnahmefällen durch Verstellen der Laufradschaufeln.

1. Drehzahlregelung

Im folgenden sollen die in Abb. 517 dargestellten Bezeichnungen für die Zustandsgrößen an den einzelnen Stellen einer Kompressoranlage benützt werden.

Ansaugeluftmenge $\dot{V}_0$, Enddruck p_3 und Kompressordrehzahl n sind für eine bestimmte Kompressortype entsprechend der Gestalt der Kompressorcharakteristik miteinander zwangsläufig gekoppelt. Für kleine Verdichtungsverhältnisse ändert sich das Saugvolumen etwa linear mit der Drehzahl, der Verdichterenddruck etwa quadratisch mit der Drehzahl. Abb. 518 zeigt das Kennfeld eines Kompressors bei veränderlicher Kompressordrehzahl.

a) Regelung auf konstanten Enddruck

Vielfach liegt die Aufgabe vor, den Kompressorenddruck bei wechselndem Luftdurchsatz konstant zu halten (z. B. im Bergwerksbetrieb). Wie Abb. 518 Linienzug a zeigt, ist mittels Drehzahlregelung das gesamte stabile Gebiet der Kompressorcharakteristik von $\dot{V}_{0\max}$ bis $\dot{V}_{0\min}$ zu bestreichen.

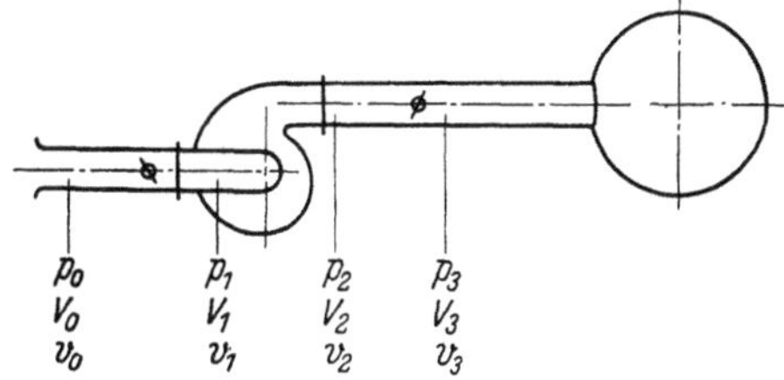

Abb. 517. Schema eines Radialkompressors mit den im folgenden benützten Bezeichnungen

b) Regelung auf konstantes Ansaugegewicht

In chemischen Betrieben und bei Hochofenanlagen zum Beispiel wird ein vom Widerstand, also vom Kompressorenddruck, unabhängiger und gleichbleibender Durchsatz verlangt. Bei gleichbleibendem Saugzustand während des Regelvorganges ist gleichbleibender Durchsatz identisch mit konstanter Ansaugemenge. Die Anpassung derartiger Betriebsbedingungen, also konstantes Volumen bei verschiedenen Verdichterenddrücken, kann gleichfalls durch Drehzahlregelung verwirklicht werden (Linienzug b in Abb. 518).

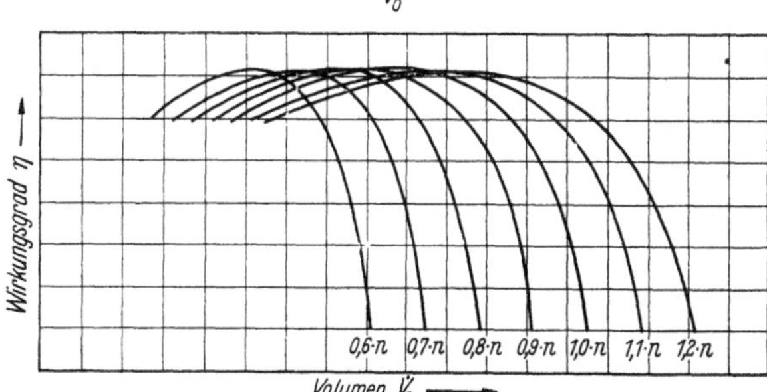

Abb. 518. Charakteristik eines Radialkompressors bei Drehzahlregelung Enddruck p_3 und Kompressorwirkungsgrad η in Abhängigkeit von der Ansaugemenge V_0 für verschiedene Drehzahlen n.
1 Kompressor, *2* Dampfturbine

Bei der Drehzahlregelung ist es möglich, im stabilen Gebiet der Kompressorcharakteristik sämtliche Betriebspunkte zu fahren. Diese Kompressorregelung ist möglich bei Antrieb durch Gleichstrommotoren mit Nebenschlußregelung, durch Dampfturbinen, Dieselmotoren usw. In Sonderfällen wird stufenweise Drehzahländerung bei Antrieb durch Drehstrommotoren mittels Polumschaltung oder mittels Wechselgetriebe, insbesondere bei Flugmotorenladern, ermöglicht.

2. Drosselregelung

Ist die Drehzahl der Verdichterantriebsmaschine nicht regelbar, so ist nur eine einzige Kennlinie in Abb. 518 befahrbar.

a) Regelung auf konstanten Enddruck

Durch eine Drosselung in der Saug- oder Druckleitung ist es möglich, bei gleichbleibendem Nutzdruck p_3 das Volumen zu ändern, also auch Betriebspunkte unterhalb der Kompressorcharakteristik bei konstanter Drehzahl zu fahren. Das größte Volumen bei gegebenem Nutzdruck p_3 sei $\dot{V}_{0\max}$ (Abb. 519, Punkt A), hierbei ist das Drosselorgan voll geöffnet. Wird nun in der Druckleitung gedrosselt (Abb. 519 b), dann verringert sich das Ansaugevolumen von Punkt A ($\dot{V}_{0\max}$) nach dem Betriebspunkt B' hin ($\dot{V}_0$). Im Drosselorgan entsteht ein Druckabfall, der der Strecke $B'\!-\!B$ (Abb. 519 b) entspricht, so daß in der Druckleitung des Kompressors der Enddruck p_3 herrscht.

Zum gleichen Ergebnis kommt man durch eine Drosselung im Saugstutzen des Verdichters (Abb. 519a), wobei nunmehr durch Verstellen der Drosselklappe der Betriebspunkt von Punkt A nach B'' rückt. Die Drosselregelung ist also gegenüber der Drehzahlregelung stets nachteilig, da die Widerstände, die ja das Drosselorgan darstellen, einen Energieverlust bedeuten.

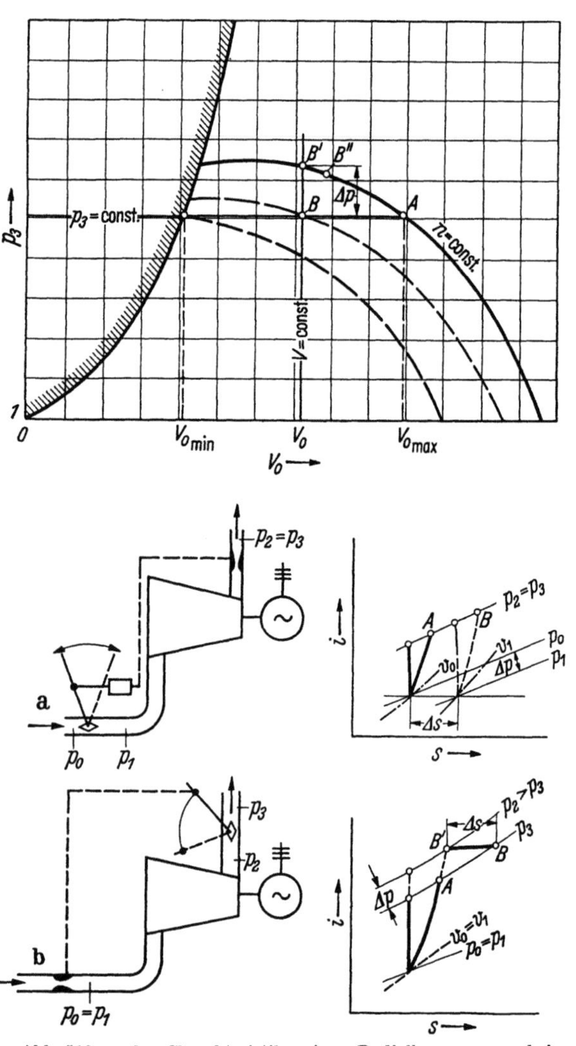

Abb. 519a u. b. Charakteristik eines Radialkompressors bei Drosselregelung
Enddruck p_3 in Abhängigkeit von der Ansaugemenge V_0
a) Schema der saugseitigen Drosselung und Darstellung des Drosselvorganges im i-s-Diagramm; b) Schema der druckseitigen Drosselung und Darstellung des Drosselvorgangs im i-s-Diagramm

Der Punkt B'' liegt stets rechts vom Punkt B', da durch die saugseitige Drosselung eine Dichteverminderung am Eintritt und dadurch für das gleiche Fördergewicht eine Volumenvergrößerung am Eintritt erzeugt wird. Während man somit bei der druckseitigen Regelung an Stelle des verlangten Druckverhältnisses, das dem Punkt A entspricht, ein Druckverhältnis schaffen muß, das dem Druck B' entspricht, benötigt man bei der saugseitigen Drosselung ein Druckverhältnis, das dem Druck im Punkt B'' entspricht. Die Leistungsaufnahme je kg Gas entspricht im ersteren Fall dem H_{th} des Punktes B', im letzteren Fall dem H_{th} im Punkt B''. Da bei der Drosselung keine Temperaturänderung stattfindet, ist das Volumen im Punkt B'' im umgekehrten Verhältnis des Absolutdruckes bei saugseitiger Drosselung zum ungedrosselten Eintrittsdruck größer als das Volumen, das dem Punkt B' entspricht. Man erkennt daraus sofort, daß bei Verdichtern mit sehr kleinen Druckverhältnissen der Leistungsaufwand in beiden Fällen praktisch gleich ist. Erst bei größeren Druckverhältnissen können sich merkliche Unterschiede im Leistungsbedarf ergeben. Ein wesentlicher Vorteil der saugseitigen Drosselung besteht darin, daß man sich von der Pumpgrenze entfernt, also auf kleinere Menge herunterdrosseln kann als bei druckseitiger Drosselung. Dies gilt allerdings nur unter der Voraussetzung, daß durch die Drosselung am Eintritt die Geschwindigkeitsverteilung am Verdichtereintrittsstutzen nicht zu sehr gestört wird. Insbesondere bei Axialverdichtern kann nämlich hierdurch eine fühlbare Verlagerung der Pumpgrenze eintreten.

b) Regelung auf konstante Ansaugemenge

Wie aus Abb. 519 hervorgeht, kann mit Hilfe einer saug- oder druckseitigen Drosselregelung ohne weiteres auch auf konstante Ansaugemenge geregelt werden. Ändert sich der Enddruck p_3, dann würde ohne Regelung das Volumen $\dot{V}_0$ größer werden (z. B. von Punkt B' nach Punkt A in Abb. 519). Durch Betätigung einer saug- oder druckseitigen Drosselklappe wird nun so viel Menge weggedrosselt, bis der gewünschte Betriebspunkt (z. B. Punkt B in Abb. 519) erreicht ist.

3. Regelung durch Schaufelverstellung

Durch Verstellen der Leit- oder Laufräder bzw. der Leit- und Laufräder ist es möglich, den Arbeitsbereich eines Kompressors in weitem Maße zu verändern.

a) Eintrittsleitschaufelregelung

Durch Drehen der Eintrittsleitschaufeln, also durch Ändern des Eintrittsdralles bei Axial- und Radialkompressoren können Liefermenge und Druckverhältnis in weiten Grenzen geregelt werden.

Abb. 520 zeigt die Charakteristik eines Radialkompressors bei Regelung mittels Eintrittsleitschaufeln. Diese Regelungsart hat sich insbesondere bei Flugmotoren mit starr angetriebenem

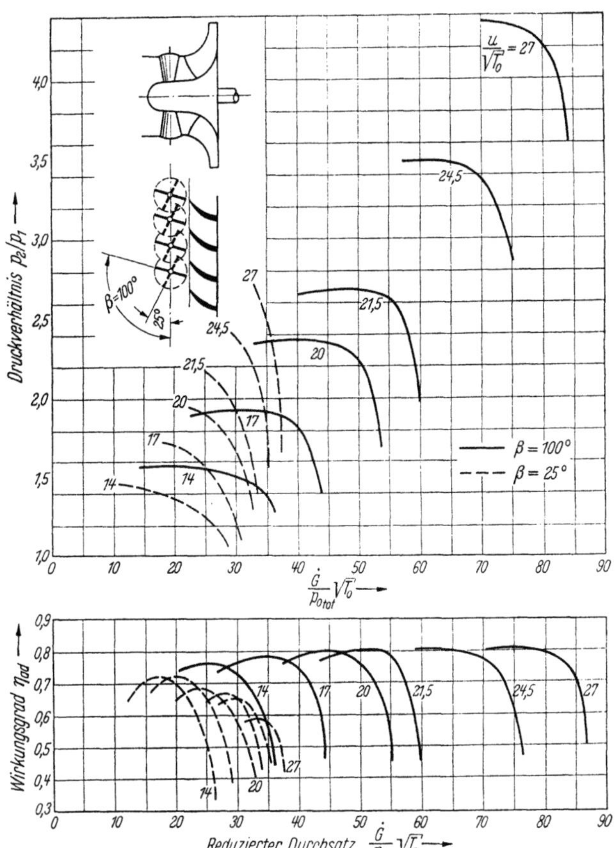

Abb. 520. Charakteristik des Radialkompressors Turbomeca-Super-S. Druckverhältnis und Kompressorwirkungsgrad in Abhängigkeit vom Durchsatz bei verschiedenen Kompressordrehzahlen, bei geöffneter Drossel ($\beta = 100°$) und geschlossener Drossel ($\beta = 25°$)

$\dot{G}$ [kg/s] Luftgewicht; p_0 [kg/cm²] Gesamtdruck am Eintritt in den Kompressor; T_0 [°K] Gesamttemperatur am Eintritt; u [m/s] Umfangsgeschwindigkeit des Laufrades

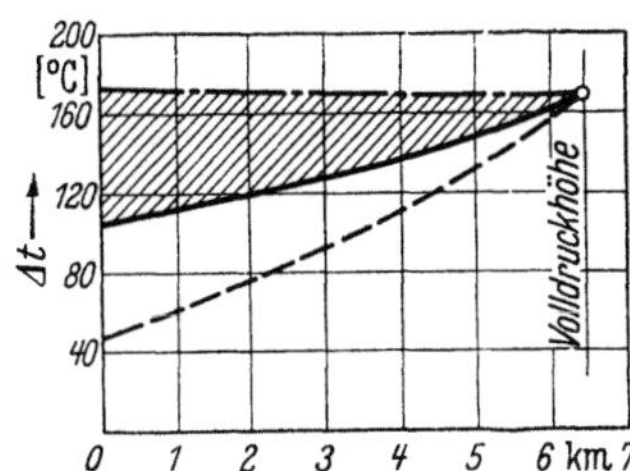

Abb. 521. Temperaturerhöhungen des Radialverdichters AM 35 für verschiedene Regelverfahren. Volldruckhöhe 6,4 km
———————— Dralldrosselregelung,
—·—·—·— saugseitige Drosselung,
— — — — stufenlose Drehzahlregelung

Lader zur Anpassung an die verschiedenen Höhenleistungen bewährt und bei Radialverdichtern stationärer Bauweise mit Antrieb durch einen nicht drehzahlregelbaren Motor. Ein interessanter Vergleich der verschiedenen Laderregelverfahren ist in Abb. 521 wiedergegeben. Dabei handelt es sich um einen meßtechnisch ermittelten Vergleich am russischen Flugmotorenlader AM 35. Die Temperaturerniedrigung durch die Dralldrossel gegenüber der Ladeluft-Endtemperatur, die sich bei saugseitiger Drosselregelung ergibt, ist durch die Schraffur hervorgehoben. Aus Abb. 521 geht hervor, daß durch eine Regelung mittels verstellbarer Eintrittsleitschaufeln in diesem Falle Werte erreicht werden, die etwa in der Mitte zwischen der idealen stufenlosen Drehzahlregelung und der Drosselklappenregelung liegen.

Sehr wirksam ist die Eintrittsleitapparatregelung bei Axialgebläsen. Die hiermit erzielbare bedeutende Erweiterung der Leistungscharakteristik ist zum Beispiel aus Abb. 17 deutlich erkennbar.

b) Laufschaufelregelung

Die Änderung einer Kompressorcharakteristik mit Hilfe der Laufschaufelregelung ist besonders wirksam und zweckmäßig, weil hiermit unmittelbar die Radarbeit verändert wird. Ihre konstruktive Verwirklichung für Verstellung im Betrieb bereitet aber einige Schwierigkeiten. Abb. 522 zeigt als Beispiel die gemessene Leistungscharakteristik eines Axialgebläses mit nachgeschalteter Leitvorrichtung. Die Leistungscharakteristik für die Auslegungsstellung der Laufschaufeln ist mit 0° gekennzeichnet. Weiterhin sind in Abb. 522 die gemessenen Charakteristiken nach Schließen der Laufschaufeln (− 5°, − 10° gegenüber der Rechnungslaufschaufelstellung) und beim Öffnen der Laufschaufeln (+ 5° bis + 30°) eingetragen. Abb. 523 zeigt nun zum Vergleich die Charakteristik des gleichen Gebläses bei konstanter Laufschaufelstellung (0°) bei Drosselregelung mittels sektormäßiger Abdeckung im Bereich zwischen Sektorwinkeln $\beta = 360°$ (voll geöffnet) und $\beta = 10°$ (praktisch geschlossen). Versuche mit einem üblichen

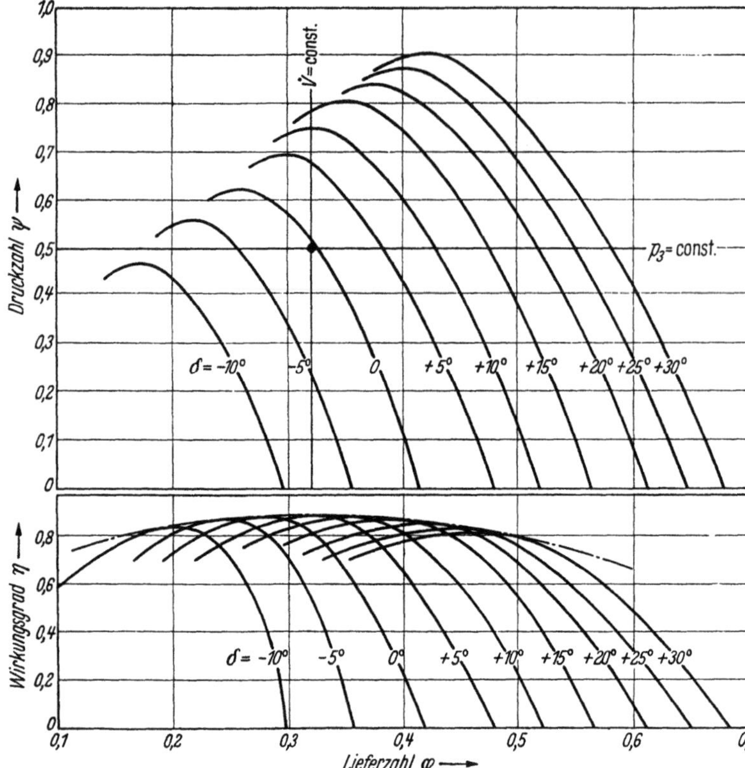

Abb. 522. Charakteristik eines einstufigen Axialgebläses bei verschiedenen Laufschaufelstellungen δ und nicht verstellbarer Leitvorrichtung

Druckzahl ψ und Wirkungsgrad η in Abhängigkeit von der Lieferzahl φ
$\delta = 0°$ entspricht der Stellung der Laufschaufeln für die Auslegungsdaten,
$\delta =$ minus bedeutet Schließen der Schaufeln, $\delta =$ plus bedeutet Öffnen der Schaufeln gegenüber der Rechnungsstellung $\delta = 0°$

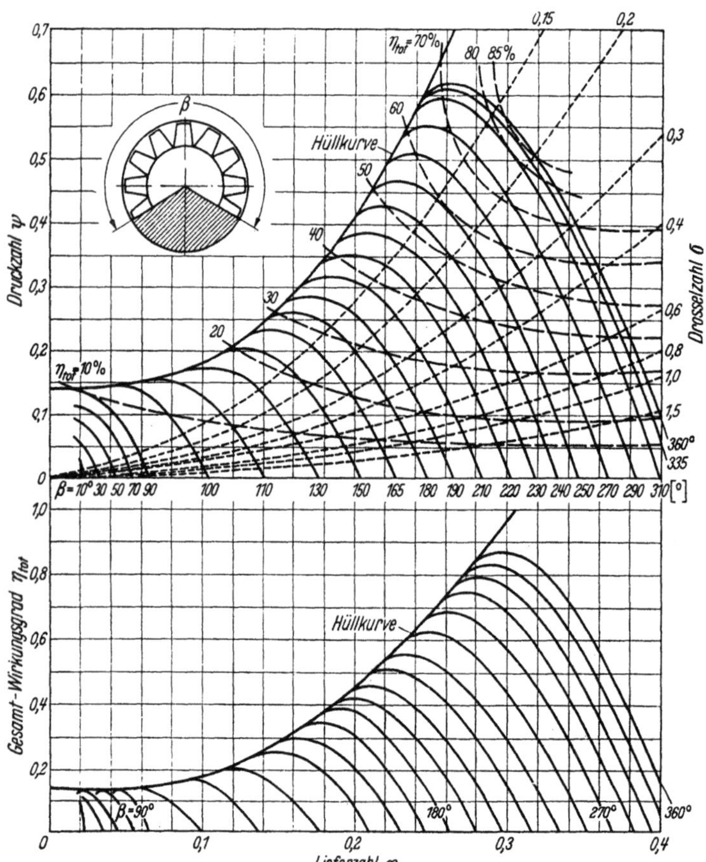

Abb. 523. Charakteristik des gleichen Axialgebläses wie in Abb. 414 bei konstanter Laufschaufelstellung $\delta = 0°$ und Drosselregelung in den Grenzen $\beta = 10°$ (geschlossen) bis $\beta = 360°$ (voll geöffnet)

Drosselschieber führten zum gleichen Ergebnis, wie in Abb. 523 für die sektormäßige Abdeckung dargestellt ist. Bei der Drosselregelung von axial durchströmten Arbeitsmaschinen mittels teilweiser Abdeckung der Verdichterfläche ist auf die Möglichkeit der Schwingungsanregung und der hiermit verbundenen Gefährdung der Beschaufelung Rücksicht zu nehmen. Wie aus einem Vergleich der Abb. 522 und Abb. 523 leicht zu entnehmen ist, ergeben sich bei der Laufschaufelregelung beachtliche Vorteile hinsichtlich des Leistungsbereiches und hinsichtlich der bei den verschiedenen Betriebszuständen erreichbaren Wirkungsgrade. Im vorliegenden Falle ergeben sich folgende Regelbereiche bei konstanter Drehzahl:

	Schaufelverstellungs-regelung:	Drosselregelung:
Regelung auf konstanten Enddruck .... (bezogen auf den Auslegepunkt, Volumen 100%)	54% bis 180%	69% bis 100%
Regelung auf konstantes Ansaugevolumen .... (bezogen auf den Auslegepunkt, Druck 100%)	0% bis 160%	0% bis 100%

Abb. 524. Zweistufiger gegenläufiger Axialverdichter mit während des Betriebes verstellbaren Laufschaufeln, Bauart Dingler-Werke (Zweibrücken)

Abb. 525. Einstufiges Axialgebläse mit Laufradschaufelregelung, Bauart Dingler-Werke (Zweibrücken)

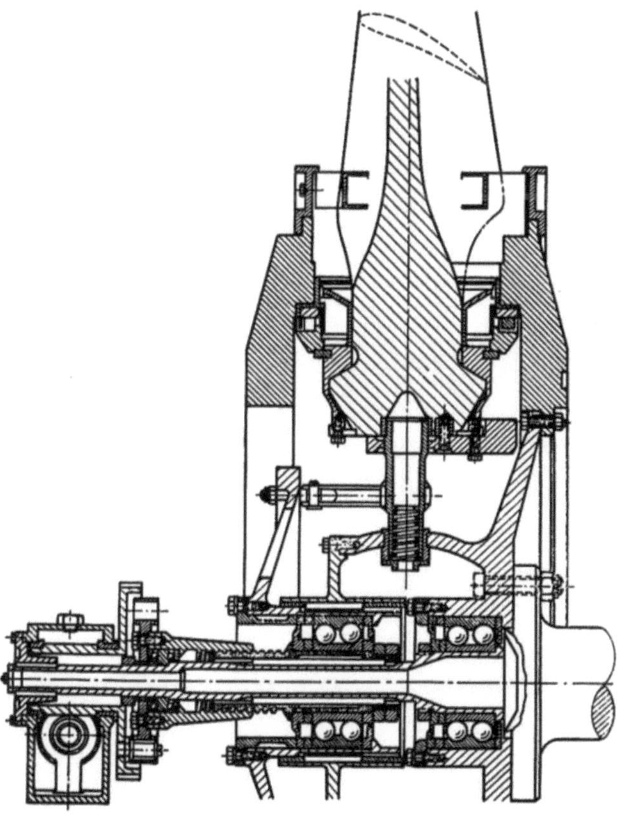

Abb. 526. Laufschaufel-Verstellung einer Axialverdichterstufe (Bauart J. M. Voith, Heidenheim)

Das wirtschaftlich zu verwertende Arbeitsfeld eines mit verstellbaren Leit- oder Laufschaufeln ausgerüsteten Axialkompressors ist also wesentlich größer als beim gewöhnlichen Axialkompressor. Diese ideale Anpassung des Axialverdichters an verschiedene Betriebsverhältnisse ist insbesondere bei Gichtgasförderung, bei Windkanälen, für die Luftversorgung von Gasgeneratoren, für Unterwindfeuerungen, bei Zweikreis-Strahltriebwerken zur Senkung der Antriebsleistung beim Startvorgang usw. interessant. Abb. 524 zeigt als

Beispiel einen zweistufigen, gegenläufigen Axialkompressor mit im Betrieb verstellbaren Laufschaufeln für einen Windkanal und Abb. 525 den Verstellmechanismus am Laufrad eines einstufigen Grubengebläses. In Abb. 526 ist die konstruktive Ausbildung der Laufschaufelverstellung einer Axialverdichterstufe dargestellt.

Beim Radialkompressor könnte durch teilweises oder vollkommenes Abschließen einzelner Laufradkanäle eine beträchtliche Ersparnis gegenüber der Drosselregelung erzielt werden. Einer praktischen Verwirklichung dieser Möglichkeit stehen die großen konstruktiven Schwierigkeiten entgegen.

Im Gegensatz dazu hat eine Regelung durch Änderung der Schaufelbreite in Form des von B. ECK vorgeschlagenen Verstellbodens für Radialgebläse praktische Anwendung gefunden. Da die Druckerhöhung nur von der Umfangsgeschwindigkeit und dem Schaufelaustrittswinkel abhängt, kann durch Änderung der wirksamen Schaufelbreite das Fördervolumen bei konstanter Druckerhöhung in einem breiten Bereich variiert werden. Diese Regelungsart würde einer technisch kaum realisierbaren Änderung des Nabenverhältnisses bei Axialgebläsen entsprechen. In Verbindung mit einer zusätzlichen Drosselregelung kann mit dem Verstellboden jeder beliebige Betriebspunkt verwirklicht werden.

c) Austrittsleitschaufelregelung

Eine Regelung mittels verstellbarer Austrittsleitschaufeln ist insbesondere in Verbindung mit Drehzahlregelung interessant, da in diesem Falle bei beliebiger Durchflußmenge der Leitapparat

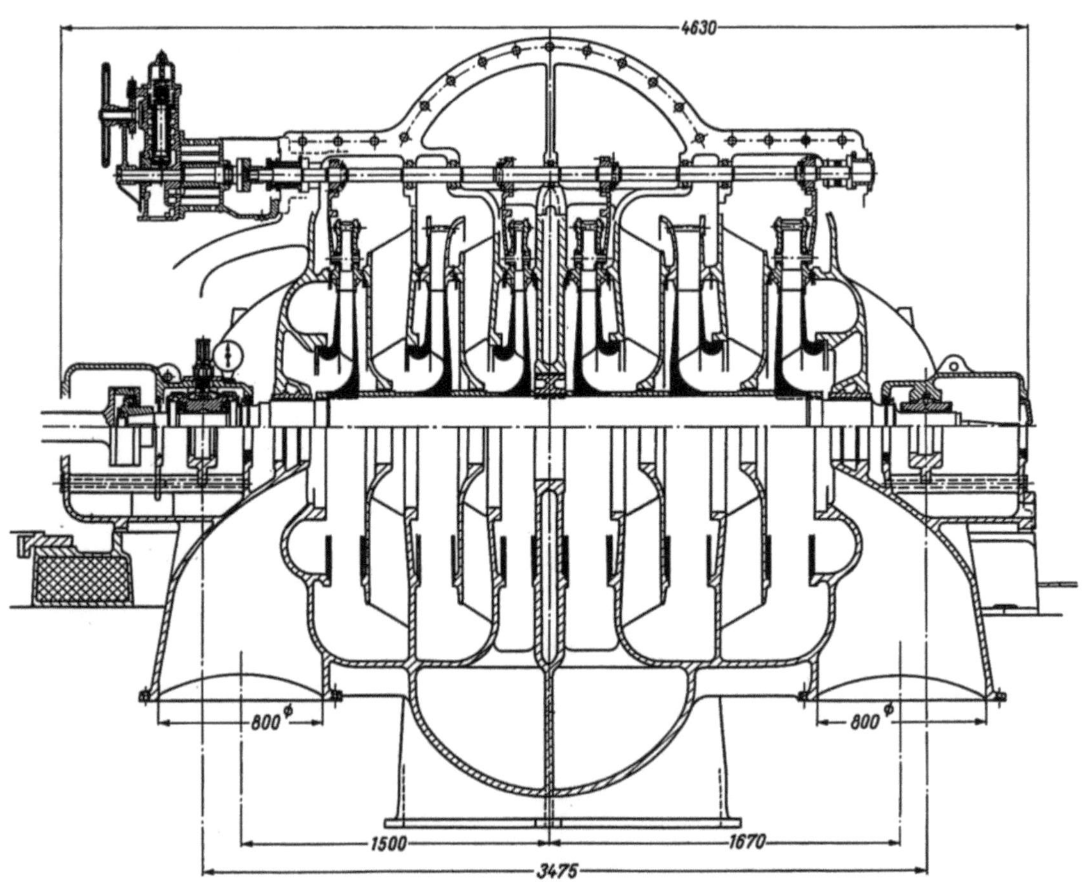

Abb. 527. Kompressor mit regelbaren Austrittsleitapparaten (Bauart Brown, Boveri & Cie, Baden)

auf stoßfreien Eintritt ohne zusätzliche Drosselung eingestellt werden kann. Bei konstanter Kompressordrehzahl ist der Gewinn bei Austrittsleitschaufelregelung gering und nur auf die Verringerung des Austauschverlustes zwischen Spaltraum und Laufradkanal zurückzuführen. Von gewissem Interesse ist diese Regelungsart zum Zwecke der Verlagerung der Pumpgrenze. Abb. 527 zeigt die Ausführung verstellbarer Austrittsleitapparate für einen Radialkompressor. Die gemessene Charakteristik bei Drehzahl- und Leitapparatsregelung eines Kompressors mit verstellbaren Austrittsleitvorrichtungen ist in Abb. 528 dargestellt und zeigt die beachtliche Verbreiterung des Leistungsbereiches bei dieser Regelungsart.

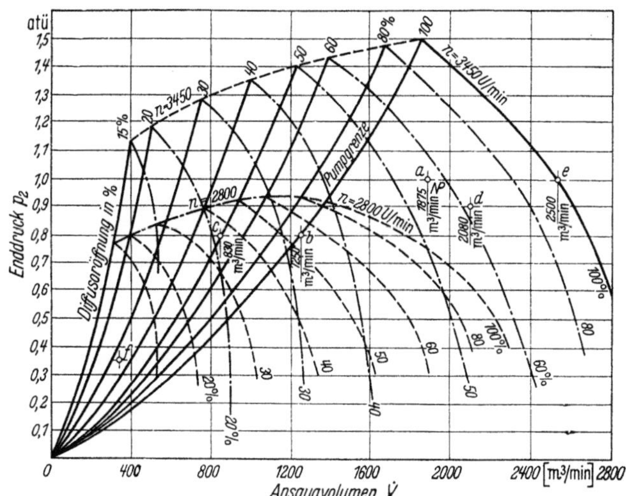

Abb. 528. Charakteristik eines Radialkompressors bei Drehzahlregelung und Verstellen des Austrittsleitapparates
a Normalpunkt des Verdichters, *b* Der Kompressor arbeitet auf einen Ofen von 600 t Tagesleistung, *c* Der Kompressor arbeitet auf einen Ofen von 400 t Tagesleistung, *d* der Kompressor arbeitet auf zwei Öfen von zusammen 1000 t Tagesleistung, *e* der Kompressor arbeitet auf zwei Öfen von zusammen 1200 t Tagesleistung, *f* der Kompressor arbeitet auf einen Ofen beim Abstechen. Das Arbeitsgebiet des Kompressors wird um den zwischen den Kurven 100% bis 15% gelegenen Bereich mit Hilfe der verstellbaren Austrittsleitvorrichtung erweitert

4. Regelung durch Stufenumgehung

In manchen Fällen erhält man mit der in Abb. 529 schematisch dargestellten Regelung ein Anpassen der Soll- an die Istbedingung eines Verdichters. Dabei werden zum Erreichen eines Teillast-Betriebspunktes eine oder mehrere Verdichterstufen umgangen. Bei geöffnetem Umgehungsventil erhält man größte Fördermenge bei verkleinertem Enddruck als Folge des teilweisen Unwirksammachens der umgangenen Stufen. Die Verluste bei dieser Regelungsart sind geringer als bei der Drosselregelung. Abb. 530 zeigt als Beispiel einen Radialkompressor, Bauart Escher-Wyß, mit eingebauter Regelung durch Umgehen der beiden ersten Verdichterstufen. In gleicher Weise ist auch das Umgehen einer oder mehrerer folgender Verdichterstufen möglich.

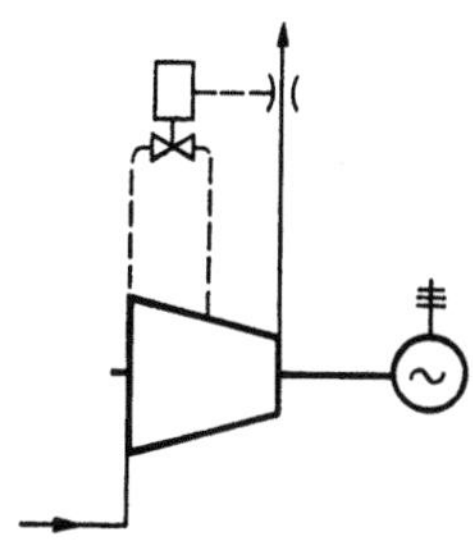

Abb. 529. Schema der Regelung durch Stufenumgehung. Das Umgehungsventil wird durch Mengen- oder Druckregler beeinflußt

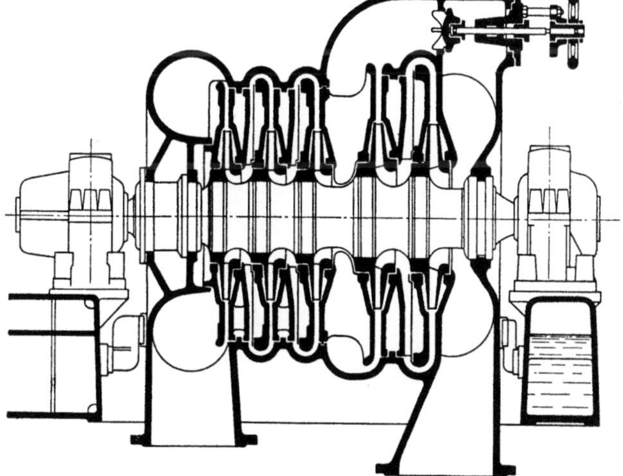

Abb. 530. Radialkompressor mit Stufenumgehungsregelung (Bauart Escher-Wyss)

II. Regelung im instabilen Gebiet der Kompressorcharakteristik

Beim Arbeiten eines Kompressors im labilen Zweig seiner Charakteristik treten Pendelungen und rasches Absinken des Enddruckes als Folge des Abreißens der Strömung auf. Diese dabei auftretenden Pumpstöße müssen vermieden werden, weshalb besondere Pumpverhütungsvorrichtungen notwendig sind, die vor Auftreten des ersten Pumpstoßes wirksam werden müssen.

1. Abblaseregelung

Bei der Abblaseregelung, die in Abb. 531 schematisch dargestellt ist, wird unmittelbar vor dem Erreichen der Pumpgrenze ein Ventil in der Druckleitung geöffnet, durch welches diejenige Fördermenge abgeführt wird, die von der Verbraucherstelle nicht aufgenommen werden kann, so daß also ein Unterschreiten der Pumpgrenze bei zu geringer Fördermenge vermieden wird. Während also der Verdichter stets die durch seine Pumpgrenze vorgeschriebene Mindestfördermenge $\dot{V}_{min}$ liefert, nimmt die Verbraucherstelle eine kleinere Menge $\dot{V}$ auf. Der Differenzbetrag $\Delta \dot{V} = \dot{V}_{min} - \dot{V}$ wird ausgeblasen. Daraus geht hervor, daß der Leistungsbedarf des Verdichters zwischen den Mengen $\dot{V} = 0$ und $\dot{V} = \dot{V}_{min}$ konstant ist, also ein Energieverlust entsteht. Die Abblaseregelung ist sowohl in Verbindung mit einer Regelung auf konstanten Verdichterenddruck als auch in Verbindung mit einer Regelung auf konstante Fördermenge verwendbar.

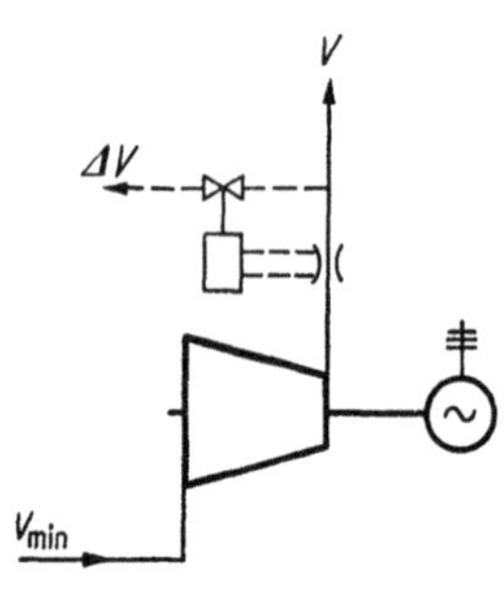

Abb. 531. Schema der Abblaseregelung

2. Umblaseregelung

Bei der Umblaseregelung (Abb. 532) wird die von der Verbraucherstelle nicht aufnehmbare Gasmenge über die Pumpverhütungsvorrichtung und eine diffusorartige Rückführung zum Saugstutzen des Verdichters zurückgeführt. In der Diffusorrückführung kann nach Art der Strahlpumpen ein Teil der kinetischen Energie in potentielle oder Druckenergie umgewandelt, also rückgewonnen werden. Diese Regelungsart ist besonders dann geeignet, wenn giftige oder hochwertige Gase verdichtet werden und deshalb die Abblaseregelung nicht angewandt werden kann. Beim Umblasen größerer Fördermengen ist ein Kühler in der Rückführleitung erforderlich, um die als Folge der Verdichtung erhöhte Gastemperatur und damit den Leistungsbedarf zu senken.

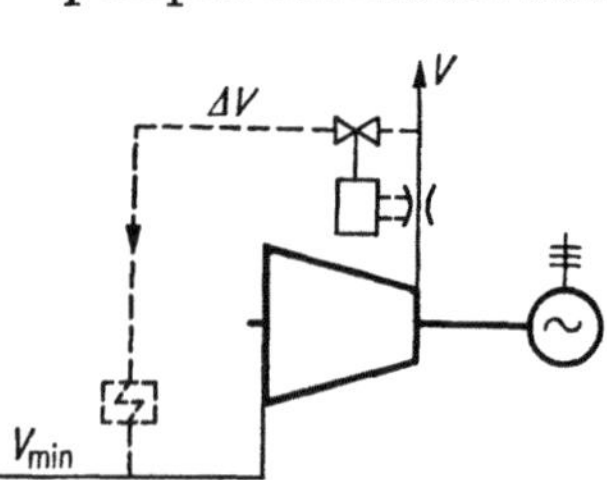

Abb. 532. Schema der Umblaseregelung

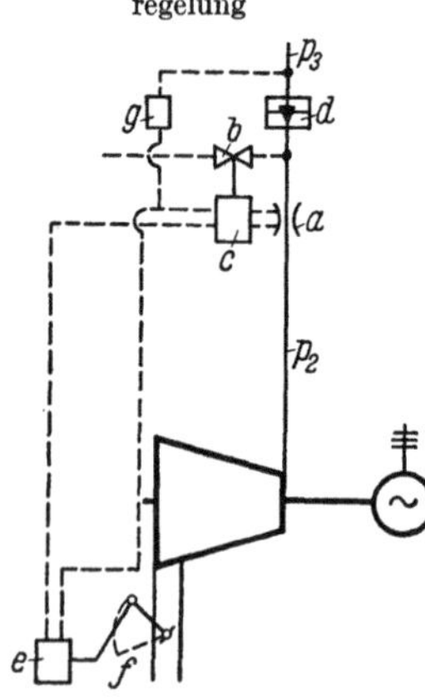

Abb. 533. Schema der Abschaltregelung
a Gebergerät,   *b* Abblaseventil,
c Servomotor, *d* Rückschlagventil,
e Servomotor,   *f* Drosselklappe,
     g Druckdose

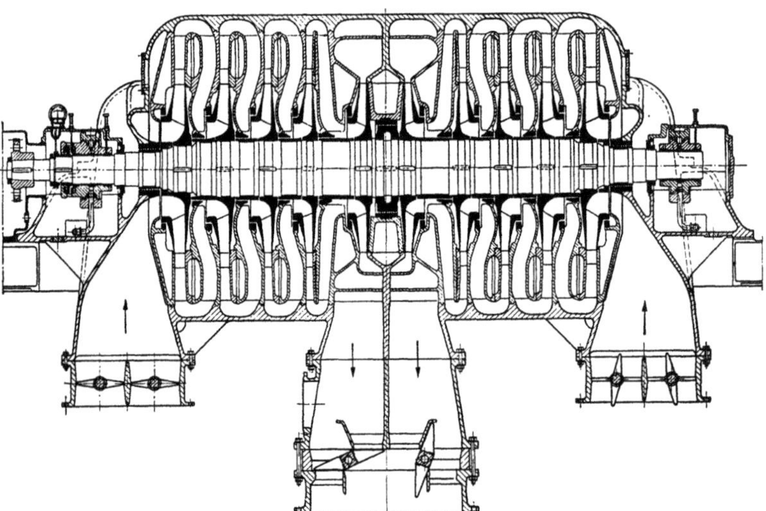

Abb. 534. Doppelflutiger Hochofen-Radialkompressor mit Abschaltregelung
(Bauart Gute-Hoffnungs-Hütte)

3. Abschaltregelung

Bei der Abschaltregelung wird in den Betriebszeiten, in denen die benötigte Fördermenge sehr klein oder gleich Null ist, z. B. bei Schichtwechsel oder in Nachtschichten, wo also die Pumpgrenze eines Verdichters unterschritten werden würde, der Kompressor vom Drucknetz abgeschaltet. Sie kommt also dann in Frage, wenn mehrere Verdichter parallelgeschaltet sind oder wenn die Speicherwirkung des Rohrleitungssystems so groß ist, daß für eine gewisse Zeit die Druckluftentnahme aus dem Speicherraum möglich ist, ohne daß der Verdichter Druckluft fördert. Abb. 533 zeigt schematisch die Wirkungsweise der Abschaltregelung. Sinkt der Luftbedarf bis in die Nähe der Pumpgrenze ab, dann wird, beeinflußt durch ein Gebergerät (Venturi), mittels eines Servomotors c das Pumpverhütungsventil b geöffnet. Dadurch sinkt der Verdichterenddruck p_2, während der Netzdruck $p_3 > p_2$ das Rückschlagventil d schließt. Gleichzeitig wird

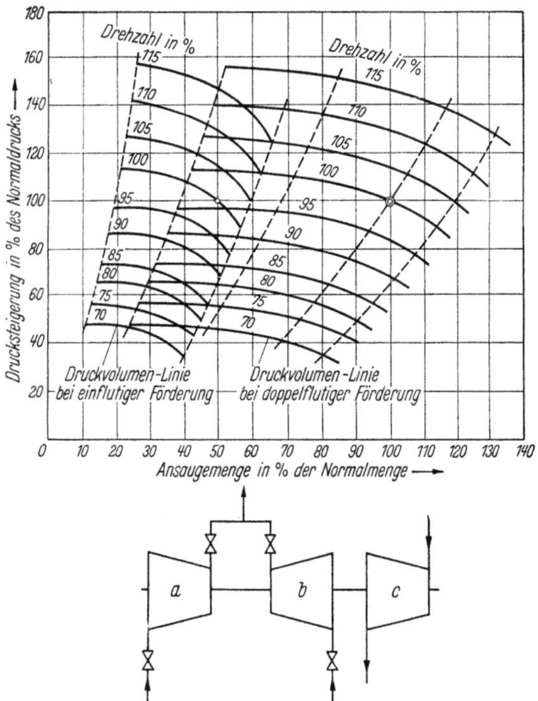

Abb. 535. Charakteristik des in Abb. 534 gezeigten Kompressors mit Abschaltregelung bei Kompressordrehzahlen von 70% bis 115% bei ein- und doppelflutiger Förderung. a und b Kompressorhälften, c Dampfturbine

durch den Servomotor e die in der Ansaugeleitung des Kompressors befindliche Drosselklappe f so weit geschlossen, daß nur eine sehr kleine Luftmenge gefördert und durch das Pumpverhütungsventil b ausgeblasen wird, wodurch ein unzulässiger Temperaturanstieg im Innern des Kompressors vermieden wird. Der Gegendruck p_2 des Kompressors entspricht also dem Druck der Atmosphäre. Bei dieser Regelungsart beträgt die aufzuwendende Verdichterantriebsleistung, z. B. bei Druckverhältnis 7, nur etwa 15% der Antriebsleistung an der Pumpgrenze, sie ist also wirtschaftlicher als die Abblase- und Umschaltregelung. Sobald der Netzdruck p_3 auf den noch zulässigen Druck $p_{3\,\mathrm{min}}$ abgesunken ist, wird durch eine Druckdose g (Abb. 533) das Pumpverhütungsventil b geschlossen, die Saugdrosselklappe f geöffnet. Der Verdichterenddruck p_2 steigt an, wird größer als der Netzdruck p_3, wodurch das Rückschlagventil d geöffnet wird und die normale Funktion des Verdichters beginnt. Abb. 534 stellt eine derartige Anlage dar, und zwar einen doppelflutigen Radialkompressor mit Abschaltregelung für einen Hochofen. Die Charakteristik dieses Kompressors bei doppel- und einflutiger Förderung ist in Abb. 535 wiedergegeben. Im ersteren Falle liegt die Pumpgrenze bei etwa 40% der Normalluftförderung, während bei einflutiger Wirkungsweise des Kompressors die Pumpgrenze durch Abschalten einer Kompressorhälfte bis auf 20% der Normalluftförderung verlagert werden kann.

4. Umschaltregelung

Bei doppelflutigen Kompressoren kann in Betriebszeiten geringen Luftbedarfes eine Hälfte des Kompressors praktisch wirkungslos gemacht werden, indem man die im Saug- und Druckstutzen angeordneten Drosselklappen so weit schließt, daß nur eine sehr kleine, das Auftreten von Übertemperaturen im abzuschaltenden Verdichterteil verhindernde Luftmenge gefördert wird. Mit Hilfe einer entsprechenden Umschalteinrichtung können die beiden Verdichterhälften hintereinandergeschaltet werden, wodurch bei halbem Ansaugevolumen eine wesentliche Drucksteigerung gegenüber dem Normalbetrieb möglich ist (vgl. Abb. 23).

5. Schematischer Aufbau einer vollständigen Regelanlage

Als Beispiel wird eine stationäre Verdichteranlage betrachtet, die auf konstanten Enddruck geregelt werden soll. Abb. 536 zeigt den Aufbau der Regeleinrichtungen für den Vierstufen-Kompressor nach Abb. 355. Als Regelelement ist ein verstellbarer Eintrittsleitapparat (Dralldrossel) vor der ersten Verdichterstufe vorgesehen. Der Regelimpuls wird aus der Druckluftleitung entnommen und die Stellung der Dralldrossel über einen Steuerzylinder verändert. Bei

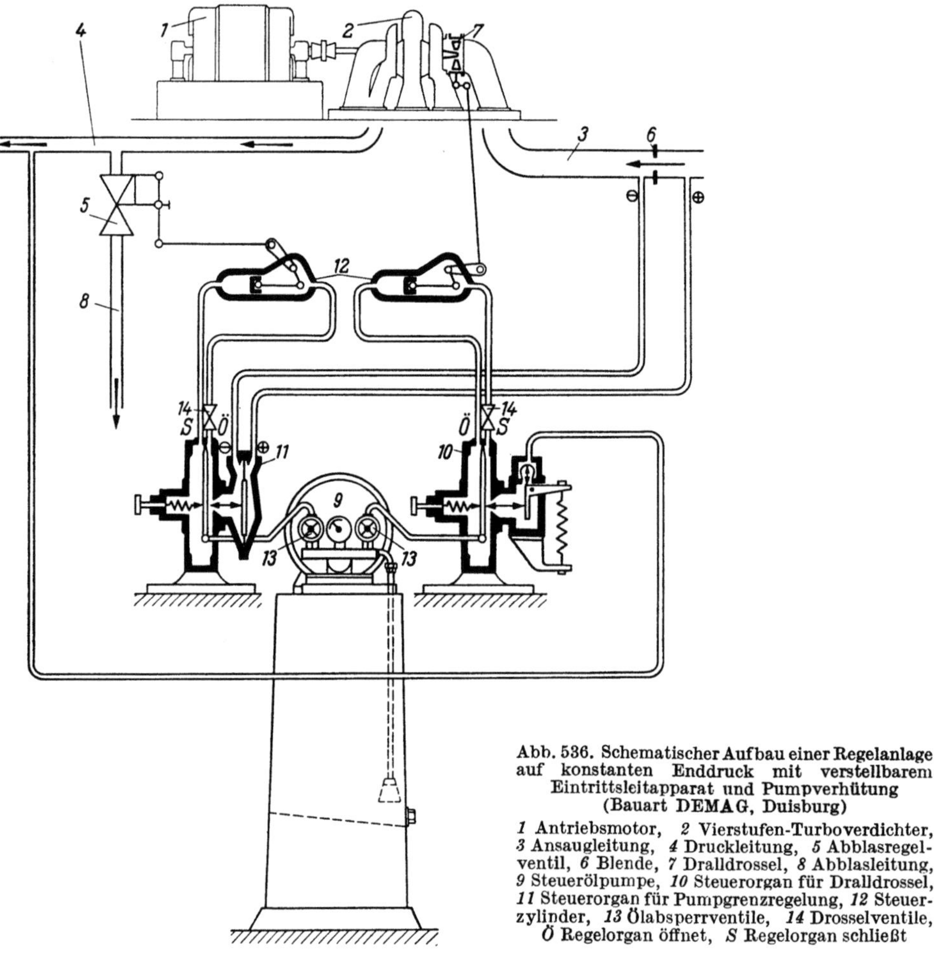

Abb. 536. Schematischer Aufbau einer Regelanlage auf konstanten Enddruck mit verstellbarem Eintrittsleitapparat und Pumpverhütung (Bauart DEMAG, Duisburg)

1 Antriebsmotor, 2 Vierstufen-Turboverdichter, 3 Ansaugleitung, 4 Druckleitung, 5 Abblasregelventil, 6 Blende, 7 Dralldrossel, 8 Abblasleitung, 9 Steuerölpumpe, 10 Steuerorgan für Dralldrossel, 11 Steuerorgan für Pumpgrenzregelung, 12 Steuerzylinder, 13 Ölabsperrventile, 14 Drosselventile, Ö Regelorgan öffnet, S Regelorgan schließt

Fördermengen, die unterhalb der Pumpgrenze liegen, sorgt ein über einen zweiten Steuerzylinder betätigtes Abblaseregelventil dafür, daß die Pumpgrenze des Verdichters nicht unterschritten, sondern die überschüssige Luftmenge abgeblasen wird. Der Regelimpuls für das Abblasen erfolgt durch eine Blende (Mengenmessung) in der Ansaugleitung des Verdichters, wobei die Steuerorgane das Abblasregelventil nur so weit öffnen, daß der Verdichter stets im stabilen Bereich seiner Charakteristik arbeitet. Wenn in einem speziellen Fall die Pumpgrenze oft unterschritten wird, könnte das Rückführen der abgeblasenen Luftmenge in die Ansaugleitung des Verdichters Vorteile bringen.

Anhang

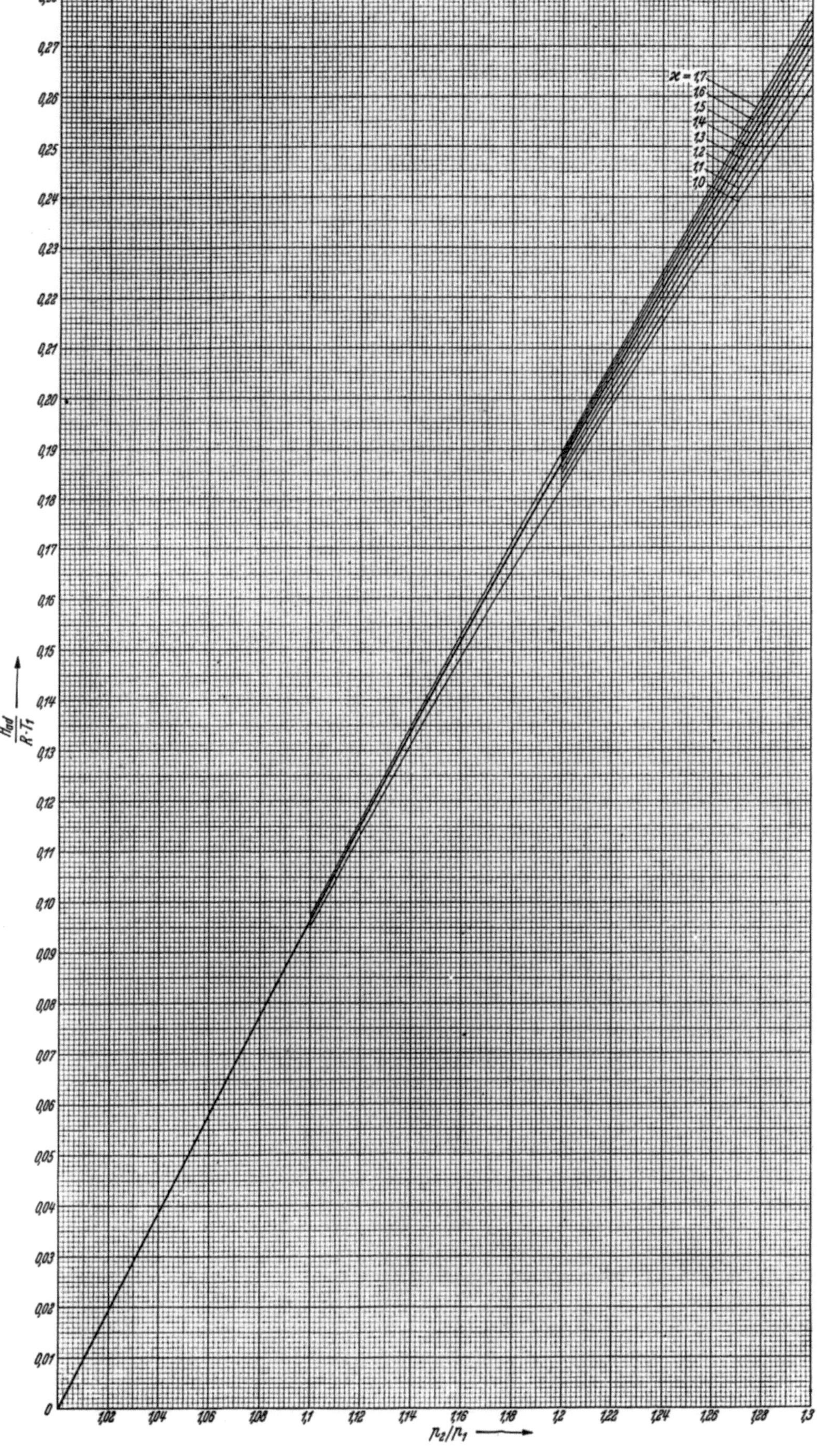

$\dfrac{H_{\text{ad}}}{R \cdot T_1}$ in Abhängigkeit vom Druckverhältnis der Verdichtung $\dfrac{p_2}{p_1}$ für verschiedene Werte des Exponenten $\varkappa$ der Adiabate.

$$\frac{p_2}{p_1} = 1{,}0 \text{ bis } 1{,}3.$$

Rechentafel 2

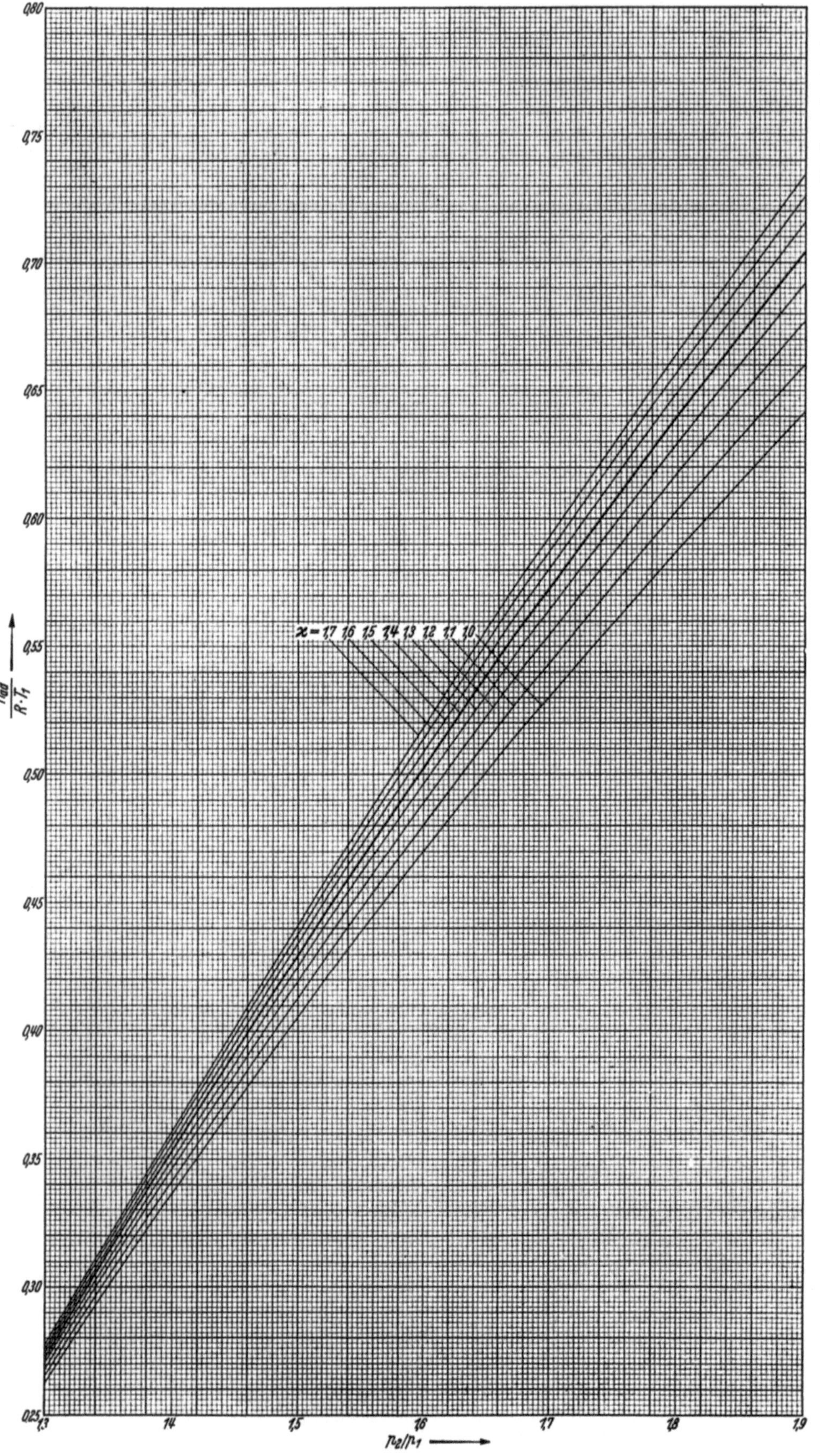

$\dfrac{H_{\mathrm{ad}}}{R \cdot T_1}$ in Abhängigkeit vom Druckverhältnis der Verdichtung $\dfrac{p_2}{p_1}$ für verschiedene Werte des Exponenten $\varkappa$ der Adiabate.

$\dfrac{p_2}{p_1} = 1{,}3$ bis $1{,}9$.

Rechentafel 3

$\dfrac{H_{\text{ad}}}{R \cdot T_1}$ in Abhängigkeit vom Druckverhältnis der Verdichtung $\dfrac{p_2}{p_1}$ für verschiedene Werte des Exponenten $\varkappa$ der Adiabate.

$$\frac{p_2}{p_1} = 1{,}9 \text{ bis } 2{,}5.$$

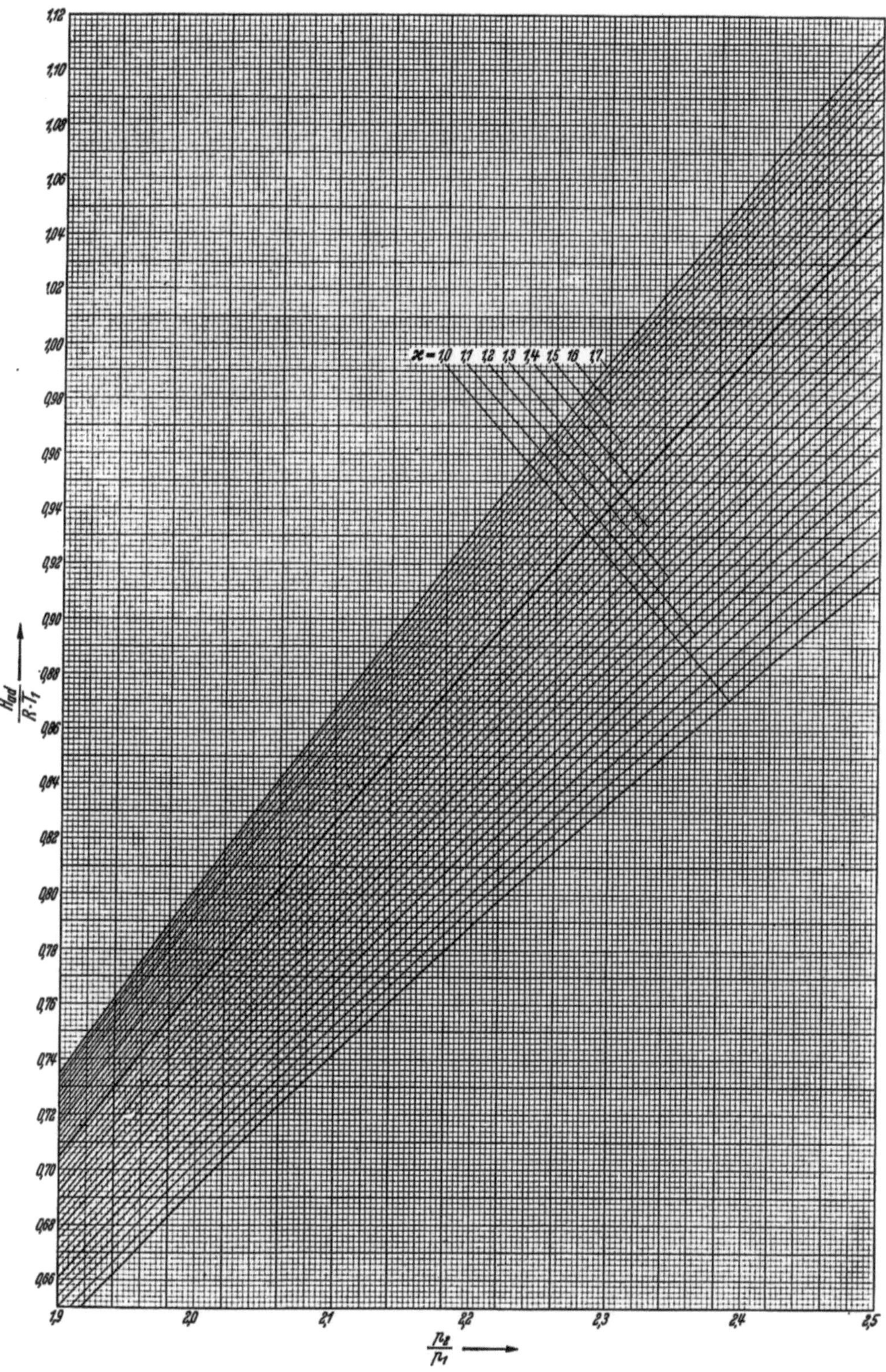

Rechentafel 4

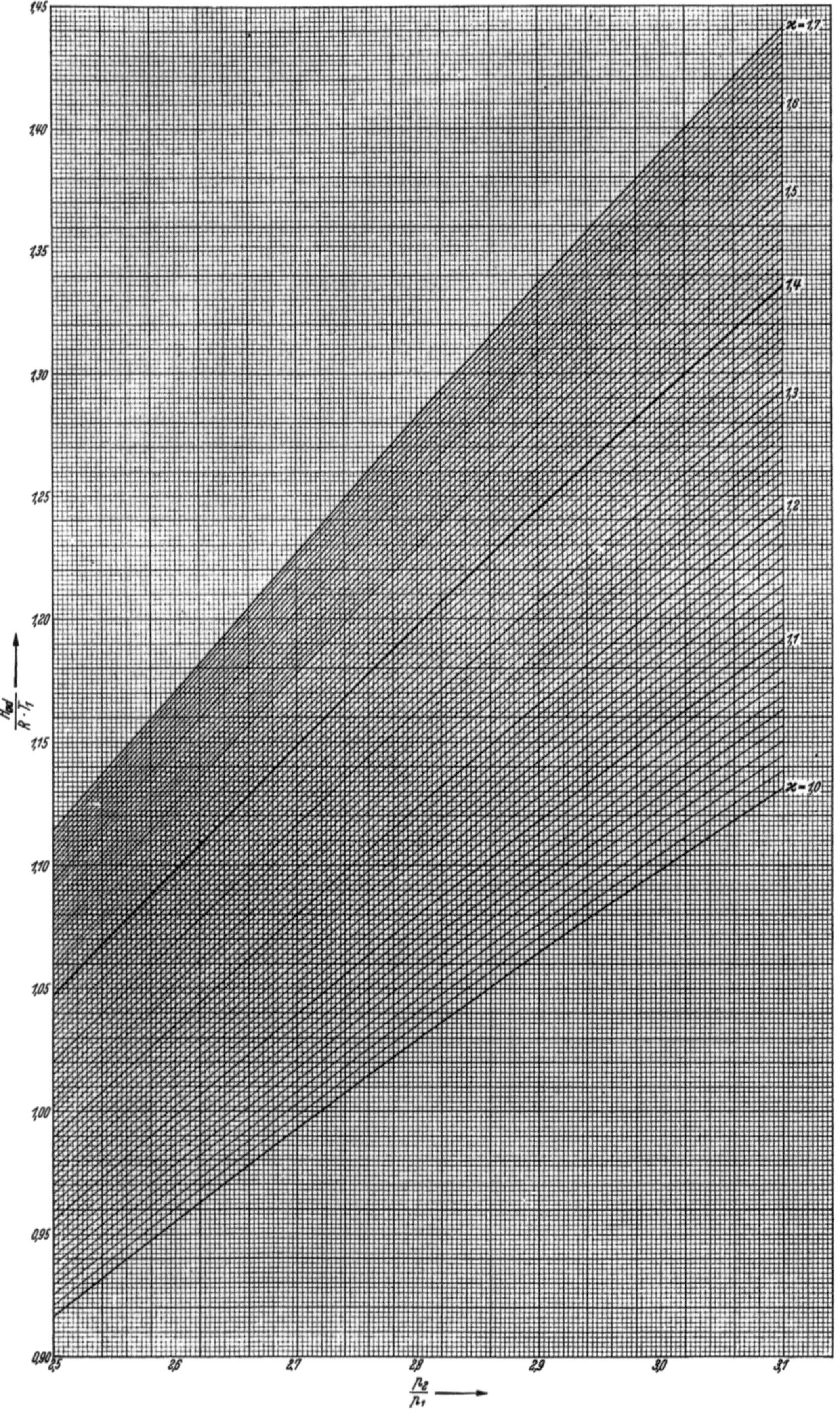

$\dfrac{H_{ad}}{R \cdot T_1}$ in Abhängigkeit vom Druckverhältnis der Verdichtung $\dfrac{p_2}{p_1}$ für verschiedene Werte des Exponenten $\varkappa$ der Adiabate.

$$\frac{p_2}{p_1} = 2,5 \text{ bis } 3,1.$$

Rechentafel 5

$\dfrac{H_{ad}}{R \cdot T_1}$ in Abhängigkeit vom Druckverhältnis der Verdichtung $\dfrac{p_2}{p_1}$ für verschiedene Werte des Exponenten $\varkappa$ der Adiabate.

$$\frac{p_2}{p_1} = 3{,}0 \text{ bis } 6{,}0\,.$$

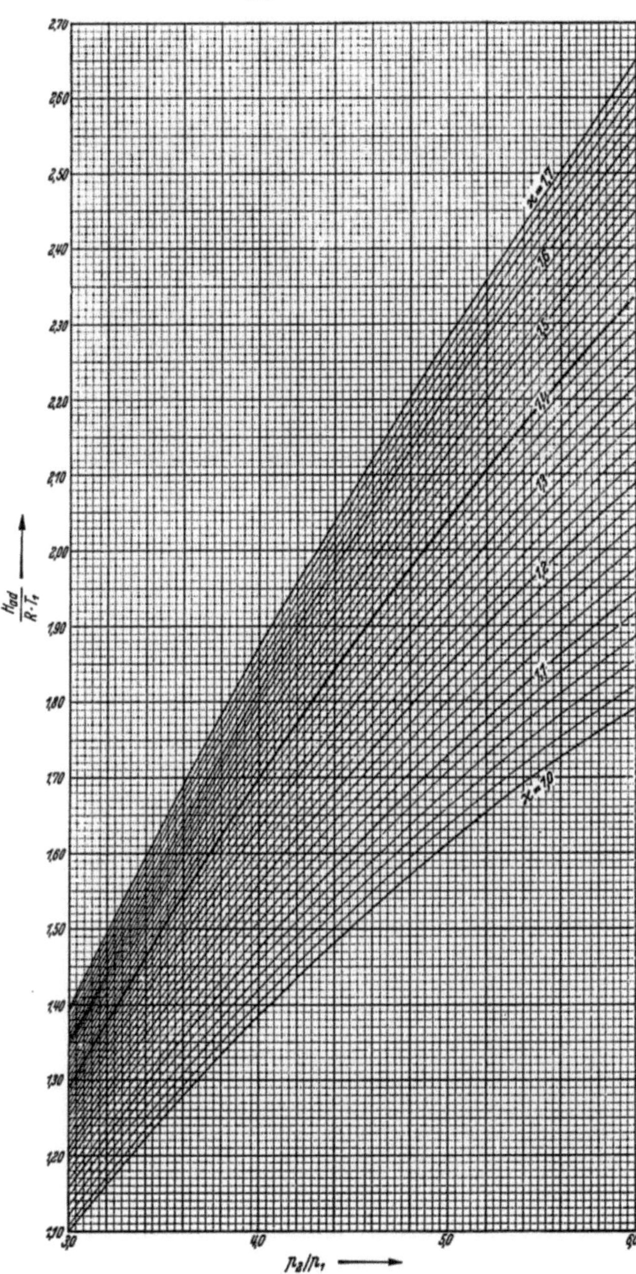

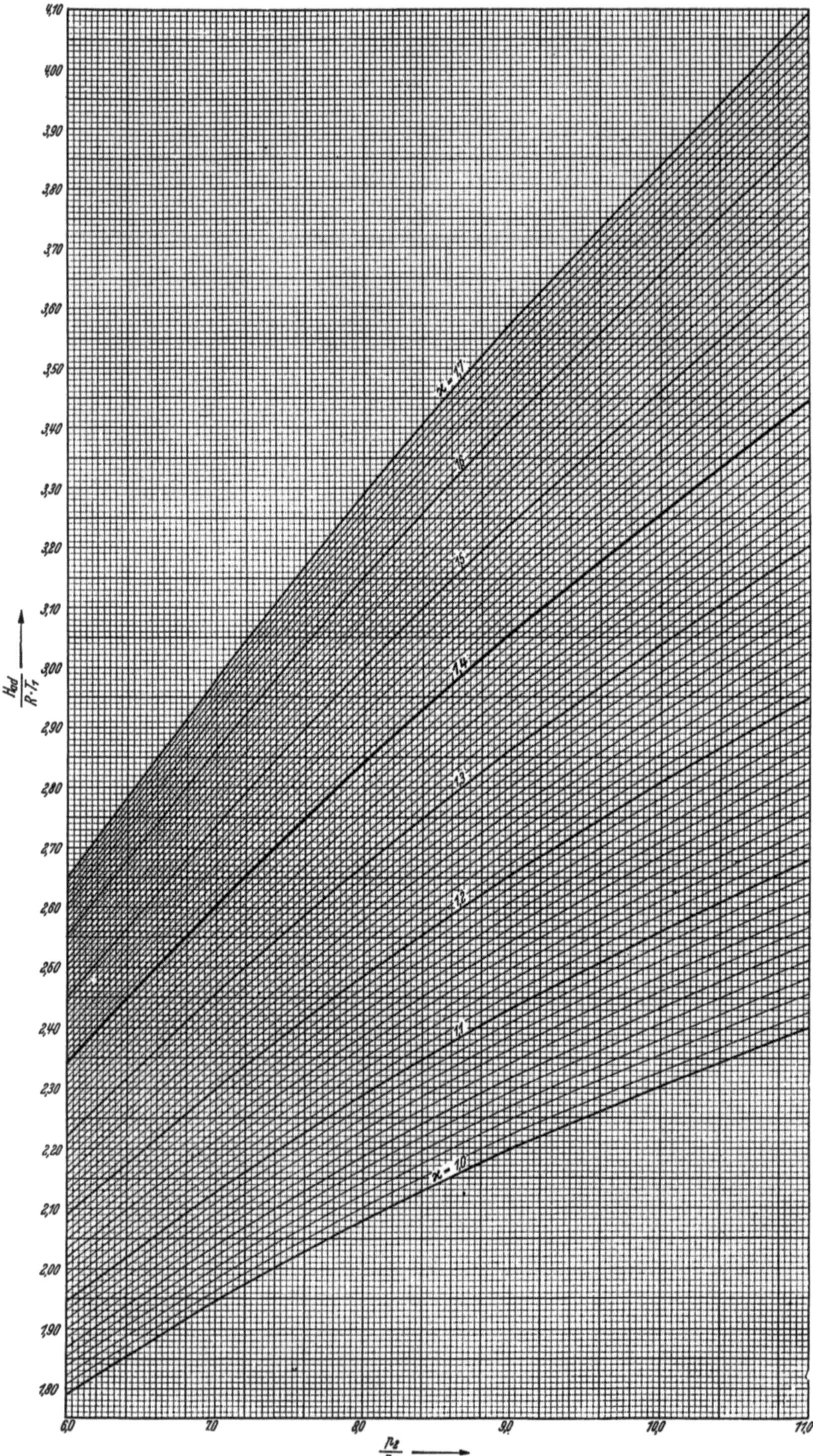

$\dfrac{H_{ad}}{R \cdot T_1}$ in Abhängigkeit vom Druckverhältnis der Verdichtung $\dfrac{p_2}{p_1}$ für verschiedene Werte des Exponenten $\varkappa$ der Adiabate.

$\dfrac{p_2}{p_1} = 6{,}0$ bis 11.

Literaturverzeichnis

Kapitel A, I

ABRAMOWITSCH, G. N.: Angewandte Gasdynamik, Berlin: VEB Verlag Technik 1958.

ECK, B.: Technische Strömungslehre, 6. Aufl., Berlin/Göttingen/Heidelberg: Springer 1961.

KAUFMANN, W.: Technische Hydro- und Aeromechanik, 2. Aufl., Berlin/Göttingen/Heidelberg: Springer 1958.

OSWATITSCH, K.: Gasdynamik, Berlin/Göttingen/Heidelberg: Springer 1952.

PFLEIDERER, C.: Strömungsmaschinen, 2. Aufl., Berlin/Göttingen/Heidelberg: Springer 1957.

PRANDTL, L.: Führer durch die Strömungslehre, 4. Aufl., Braunschweig: Vieweg 1949.

—, u. A. BETZ: Ergebnisse der aerodynamischen Versuchsanstalt zu Göttingen, Lfg. I bis IV, München: Oldenbourg 1921/1932.

REBUFFET, P.: Aérodynamique expérimentale, Paris/Liège: Béranger 1950.

SAUER, R.: Theoretische Einführung in die Gasdynamik, 2. Aufl., Berlin/Göttingen/Heidelberg: Springer 1951.

SCHLICHTING, H.: Grenzschichttheorie, Karlsruhe: Braun 1951.

SHAPIRO, A. H.: Compressible Fluid Flow, Vol. I (1953) und Vol. II (1954), New York: Ronald Press.

SHEPHERD, D. C.: Principles of Turbomachinery, New York: Macmillan 1956.

Kapitel A, II

ADAMS, H. W.: Geräuschminderung bei Strahlturbinen (Jet Noise Suppression). Mechanical Engineering 81 (1959) Nr. 8, S. 61—63.

AUDIBERT, E., u. J. DRESSLER: Revue de l'Industrie minérale (Juni 1946) S. 251—281.

BARTH, KLEIN, RAAB: Entlüftung von Tunneln und Stollen durch Schacht- und Längsgebläse. Eisenbahntechn. Rundschau 1953, H. 8/9.

BATURIN, W. W.: Lüftungsanlagen für Industriebauten, 2. Aufl. (deutsch von W. Göhler), Berlin: VEB Verlag Technik 1959.

BERNDORFER: Die Beeinflussung der Kühlverhältnisse an luftgekühlten Motoren-Zylindern durch die Gestaltung der Kühlluftführung. MTZ 15 (Okt. 1954) Nr. 10, S. 291—298.

BRADTKE, F., u. W. LIESE: Hilfsbuch für raum- und außenklimatische Messungen, Berlin/Göttingen/Heidelberg: Springer 1952.

CALLAGHAN, E. E.: Lärmverringerung bei Strahltriebwerken (Jet Noise Starts behind the Powerplant). SAE Journal 67 (1959) Nr. 8, S. 75—77.

CIEPLUCK, C. G., u. W. J. NORTH: Acoustic, thrust and drag characteristics of several full-scale noise suppressors for turbojet engines. NACA Techn. Note 4261 (April 1958) 48 S.

CONRAD, O.: Die natürliche Raumentlüftung mittels Einzel- und Flächenentlüfter. Z. VDI 95 (1953) Nr. 17/18.

CORDIER, O., A. HAESNER u. R. KLOSS: Luftgekühlte Fahrzeugmotoren in Bussien: Automobiltechn. Handbuch, 17. Aufl., Berlin: Techn. Verlag H. Cram 1953.

DAHLEN, H., u. W. LOHSE: Schalldämpfung von Forschungs- und Entwicklungsanlagen für Strahltriebwerke. DFL-Bericht Nr. 112 (1959), (s. auch Luftfahrttechnik 5 (1959) H. 4).

ECKERT, B.: Aufgaben bei der Gestaltung der Kühlanlage des Kraftwagens. ATZ 1942, H. 9 u. 10.

FEHR, R. O., u. B. E. CROCKER: Acoustic Design and Performance of Turbojet Test Facilities. SAE Prep. 285 (April 1954) 8 S.

GERBER, O.: Die Geräuschentwicklung bei Ventilatoren und Strahltriebwerken und bei Dämpfung. VDI-Berichte 24 (1957) S. 139—142.

— u. W. RICHTER: Das schall- und strömungstechnische Verhalten eines Absorptionsschalldämpfers bei höheren Strömungsgeschwindigkeiten. Konstruktion (Sept. 1956) Nr. 9, S. 380—388.

GREATREX, F. B.: Der Lärm von Strahlflugzeugen und seine Beherrschung. Lärmbekämpfung 1 (1957) H. 2, S. 33—40.

— Herabsetzung von Strahlgeräuschen. Flight (Juli 1955).

HOFFMANN, C.: Lehrbuch der Bergwerksmaschinen, 5. Aufl., Berlin/Göttingen/Heidelberg: Springer 1958.

KOFFMANN, I. L.: Automobile Fans — A Rational Method of Design. Automobile Engineer 45 (Jan. 1955) Nr. 1, S. 32 u. 34.

LENZ, H.: Heizung und Lüftung. BWK 10 (1958) Nr. 4 (mit 93 Quellen).

Löhner, K.: Die Grundlagen der Luftkühlung der Brennkraftmaschinen. MTZ 12 (Mai/Juni 1951) Nr. 3, S. 53—62.

Marcinowski, H.: Experimentelle Untersuchungen in der lufttechnischen Abteilung. Voith 1958, H. 4.

— Luftführung und Leistungsbedarf bei Fahrzeug-Kühlanlagen mit Wasserkühlung. MTZ 1958, H. 10.

v. Niekeck, C. G.: Measurements of the noise of ducted fans. Journ. acoust. Soc. Am. (Juli 1956) Nr. 4, S. 681—687.

Peistrup: Noise of ventilating fans. Journ. acoust. Soc. Amer. 25 (1953).

Peschka, W.: Der Axialverdichter als Schallquelle. Österreich. Ingenieur-Archiv 1956, S. 80—96.

Pollmann, E.: Die Berechnung der Gebläse für luftgekühlte Motoren. MTZ 1951, H. 3 u. 5.

Recknagel-Sprenger: Taschenbuch der Heizung und Lüftung, ehemals Kalender für Gesundheits- und Wärmetechnik, hrsg. von E. Sprenger, München: Oldenbourg 1956.

Richards, C. J.: Die technischen Möglichkeiten zur Verringerung des Lärms von Düsenflugzeugen. Techn. Rundschau 50 (1958) Nr. 51, S. 2, 3 u. 5.

Rietschel, H.: Lehrbuch der Heiz- und Lüftungstechnik von W. Raiss unter Mitarbeit von F. Bradtke, 13. Aufl., Berlin/Göttingen/Heidelberg: Springer 1958.

Rössger, E.: Flughafen und Flugbetrieblärm. Luftfahrttechnik I (15. 11. 1955) Nr. 7, S. 117.

Sanders, N. D., u. E. E. Callaghan: Jet Engine Noise Reduction Research at NACA. Noise Control (Nov. 1956) S. 43—48.

Schulz, R. W.: Dämpfung des Strahllärms. Luftfahrttechnik (15. 12. 1956) S. 229—230.

Skudrzyk, E.: Die Grundlagen der Akustik, Berlin/Göttingen/Heidelberg: Springer 1954.

Staab, F.: Verkleinerung des Lärms und Ultraschall von Strahlantrieben. Lärmbekämpfung 3 (1959) H. 2/3, S. 26—32 u. 43—45.

Stange, H., u. W. Zeller: Vorausbestimmung der Lautstärke von Axialventilatoren. Heizung, Lüftung, Haustechnik 8 (1957).

Tyler, J. M., u. E. C. Perry: Lärm von Strahltriebwerken. SAE Transactions 1955, S. 308/320.

West, F. L.: A Brief Review of the Problem of Exhaust Silencing. Aero. res. Coun. Rep. & Mem. 2803 / ARC 9714, 13 S.

Withington, H. W.: Silencing the Jet Aircraft. Aeron. Engineering Review (April 1956) S. 56—84.

Wolf, H.: Akustische Wirkungen von Propellern, Strahltriebwerken und Freistrahlen. Maschinenbautechnik 7 (1958) Nr. 11, S. 573—580.

Zeller, W.: Technische Lärmabwehr, Stuttgart: Kröner 1950.

— Symposium of Aircraft Noise. SAE Journal 62 (Sept. 1954) H. 9.

— Luftkühlung, eine neue Entwicklung im Fahrzeugmotorenbau. Schweizer Bauzeitung 1954, H. 37, S. 46 u. 48

— Die Entlüftungsanlage im Stuttgarter Wagenburgtunnel. Sonderdruck aus dem A.G.T.-Anzeiger 1958, H. 9/10, Ludwigsburg: A.G.T. Verlag G. Thum.

— Der Wagenburgtunnel in Stuttgart. Veröffentlichung der Stadt Stuttgart (1959).

Kapitel A, III

Burford, E. F.: Problems associated with the design and construction of wind tunnels. Brit. Welding J. (Dez. 1955) S. 541—549.

Cheshire, L. J., J. Y. G. Evans, W. A. Goodsell u. P. H. W. Wolff: The Design and Construction of the Compressor for the 8 ft by 8 ft High-Speed Wind Tunnel at R. A. E. Bedford. Proc. Inst. Mech. Engrs 172 (1958) Nr. 15.

McLarren, R.: First design details NACA-transonic tunnel. Aero Digest 68 (Mai 1954) Nr. 5, S. 21—23.

Naumann, A.: Aerodynamische Gesichtspunkte der Windkanalentwicklung. Jahrbuch d. Wiss. Ges. f. Luftfahrt 1954, S. 235—249.

— Methoden und Ergebnisse der Windkanalforschung. Forschung 1958, H. 69, Köln und Opladen: Westdeutscher Verlag.

Roy, M.: Characteristics and Capabilities of the O.N.E.R.A. Test Centre at Modane-Avrieux. O.N.E.R.A. Publ. 1956, Nr. 85, 23 S.

Vessey, H. F.: Entwicklung der Windkanalforschung, Bauarten der Kanäle insbesondere für den Transonic-Bereich, Hauptprobleme. Flight (4. 1. 1957) Nr. 11, S. 9—10.

— Het National Luchtvaart-Laboratorium. Gasolin-Revue 1957, Nr. 22.

Kapitel A, IV

Aguet, E.: Sulzer-Axialgebläse für Hochofenwind. Sulzer Techn. Rundschau 37 (1955) Nr. 3.

Eichert, G.: Hochofengebläse, Essen: Vulkan Verlag Classen 1957.

Heim, Th.: Strömungstechnische und praktische Unterschiede der Radial- und Axialgebläse in Dampfkraftwerken. Mitt. Ver. Großkesselbes. 1950, H. 11.

Kluge, F.: Das Turbogebläse im Hochofen- und Stahlwerksbetrieb. Stahl und Eisen 62 (1942) H. 27, 28 u. 29.

Marcinowski, H.: Saugzug- und Unterwindgebläse. BWK 10 (1958) Nr. 4.

Noack, W. G.: Neue Wege der Winderzeugung und Winderhitzung in Hüttenwerken. Brown Boveri-Mitt. 1787, D-IX. 12 (III. 44).

NOACK, W. G.: Winderhitzung und Winderzeugung in Hüttenwerken, BBC-Nachrichten 29 (1942).

RIS, V.: Betrieb der Hochofengebläse, Berlin: VEB Verlag Technik 1954.

RUNTE: Axialgebläse für die Windversorgung von Hochöfen. BBC-Nachrichten 1958.

STEFFES, M.: Leistungs- und Verbrauchsversuche an einer Hochofengebläsemaschine. Stahl und Eisen 1943, H.6.

THÖNNESSEN, F.: Turbogebläse oder Gasgebläse für die Hochofen-Windversorgung. Stahl und Eisen 1943.

Kapitel A, V

ADAM, O.: Feststoffbeladene Luftströmung hoher Geschwindigkeit. Chemie-Ing.-Techn. 29 (1957) Nr. 3, S. 151—159.

BARTH, W.: Pneumatische Förderung. In: Fortschritte der Verfahrenstechnik 1952/53, Weinheim 1954, S. 53—65.

— Strömungsvorgänge beim Transport von Festteilchen und Flüssigkeitsteilchen in Gasen mit besonderer Berücksichtigung der Vorgänge bei pneumatischer Förderung. Chemie-Ing.-Techn. 30 (1958) Nr. 3, S. 171—180.

CRANE, J. W., u. W. M. CARLETON: Predicting Pressure Drop in Pneumatic Conveying of Grains. Agric. Engng. 38 (1957) Nr. 3, S. 168.

GASTERSTÄDT, J.: Die experimentelle Untersuchung des pneumatischen Fördervorganges. Forsch.-Arb. Ing.-Wes. 1924, H. 265.

GÖLLE, A., u. O. ENGEL: Untersuchungen zur Tragfähigkeit der Luft bei der Windsichtung. Z. VDI 100 (1958) Nr. 4, S. 147—150.

GÜNTHER, W.: Untersuchungen über die Druckverluste in pneumatischen Förderleitungen und Beitrag zur Berechnung der Druckverluste mit besonderer Berücksichtigung des Fördervorganges im Beharrungszustand. Diss. Techn. Hochschule Karlsruhe 1957.

KAMPF, G.: Theoretische und experimentelle Untersuchungen an Wurffördergebläsen. Diss. Techn. Hochschule Braunschweig 1956.

MUSCHELKNAUTZ, E.: Theoretische und experimentelle Untersuchungen über die Druckverluste pneumatischer Förderleitungen unter besonderer Berücksichtigung des Einflusses von Gutreibung und Gutgewicht. Diss. Techn. Hochschule Karlsruhe 1959.

RAUSCH, W.: Untersuchungen über die Luftwiderstände von körnigen und staubförmigen Gütern im Luftstrom. Ing.-Arch. 26 (1958) Nr. 5, S. 319—332.

SEGLER, G.: Untersuchungen an Körnergebläsen und Grundlagen für ihre Berechnung. Heft 55 der RKTL-Schriften, Mannheim 1934, Auszug: Z. VDI 79 (1935).

— Konstruktion landwirtschaftlicher Fördergebläse. Landt. Forschung 1 (1951) Nr. 1, S. 2—10.

SOIGNE, H.: Pneumatische Förderung in der Holzindustrie. Fördern und Heben 1957, H. 9.

Kapitel A, VI

BAUMANN, G.: Leistungssteigerung von Zweitaktmotoren durch Abgasturboaufladung. MTZ 15 (1954). S. 189—199 u. 245—252.

BRADBURY, C. H.: The Turbo-charging of High-speed Diesel Engines, Present Position and Future Prospects, Proc. Mechan. Engrs 6 (1956/57) S. 240—248.

BÜCHI, A. J.: Über die Entwicklungs-Etappen der Büchi-Abgasturboaufladung. Schweiz. Bauztg. 1952, Nr. 16, 17 u. 18.

— Exhaust Turbocharging of Internal Combustion Engines. Journal of the Franklin Institute, Philadelphia (Juli 1953).

BUHSE, K. H.: Arten der Abgasturbo-Aufladung von Zweitakt-Dieselmotoren. Der Betriebs-Ökonom II (1958) Nr. 10 u. 11, S. 471—478 u. 519—527.

BURGART, P.: Aufladung von Dieselmotoren und Verbrennungsturbinen. La Technique Moderne 50 (1958) Nr. 3, S. 81—91.

ECKERT, B., u. E. SCHNELL: Ladeeinrichtungen für Verbrennungsmotoren. Beiheft 2 der MTZ 1952.

GEBHART, F.: Untersuchungsergebnisse mit Hochaufladung. MAN-Dieselm. Nachr. 1954, Nr. 30.

HALLER, H.: Die Aufladung von Zweitakt-Dieselmotoren mit Abgas-Turboladern. Brown Boveri-Mitt. 41 (1954) S. 279—287.

HERGER, H.: Betriebserfahrungen mit BBC-Abgasturboladern. BBC-Mitteilungen 44 (1957) Nr. 4/5, S. 174 bis 179.

JENNY, E.: Die Verwertung der Abgasenergie beim aufgeladenen Viertaktmotor. BBC-Mitteilungen 37 (Nov. 1950) Nr. 11, S. 433—446 (s. auch MTZ (Nov. 1950) S. 433—447.

— Eindimensionale instationäre Strömung unter Berücksichtigung von Reibung, Wärmezufuhr und Querschnittsänderungen. BBC-Mitteilungen 37 (Nov. 1950) Nr. 11, S. 447—461.

KELLER, H.: Abgasturbinen und Abgasturbolader der Holzwarth Gasturbinen-GmbH. MTZ 13 (Febr. 1952) Nr. 2, S. 38—40.

KOHLMANN, H.: Abgasturboaufladung für Verbrennungsmotoren kleinerer Leistung. MTZ 18 (1957) Nr. 6, S. 196—198.

— Die Aufladung von Viertakt-Dieselmotoren für Nutzkraftfahrzeuge, MTZ 1953, Nr. 9.

KRANOLD, G.: Entwicklungsstand der aufgeladenen Dieselmotoren. Schiffsbautechnik 8 (1958) Nr. 3, S. 143 bis 148.

KUHN, G.: Entwicklungsstand im Abgasturboladerbau in der Deutschen Bundesrepublik und in der DDR. Maschinenbautechnik 6 (1957) Nr. 10, S. 550—553.

MEURER, S.: Die Entwicklung der Abgasturboaufladung der MAN-M-Fahrzeugdieselmotoren. ATZ 61 (1959) Nr. 6, S. 147—150.

v. d. NUELL, W. T.: Lader und ihre relativen Leistungen. SAE Quart. Transactions 6 (Okt. 1952) Nr. 4, S. 735—781.

PAYNE, W. G., u. W. S. LANG: Untersuchungen über Aufladung von Zweitakt-Dieselmotoren. SAE-Transactions 1955, S. 676—693.

PENN, A. J.: Turbo-Verdichter-Konstruktion und Betrieb von abgasgetriebenen Einheiten für Dieselmotoren. Automob. Engr 42 (Juni 1952) Nr. 554, S. 230—234.

PFLAUM, W.: Steigerung von Leistung und Brennstoffausnutzung durch hochaufgeladene Dieselmotoren. MTZ 13 (Febr. 1952) Nr. 2, S. 29—35.

PFLEGHAAR, A.: Entwicklung der KKK-Abgasturbolader. KKK-Mitteilungen 1956, H. 6.

REINHART, A.: Annäherungsverfahren zur schnellen Auslegung der Aufladung bei Zweitakt-Dieselmotoren. Sulzer Technische Rundschau 40 (1958) Nr. 4, S. 31—40.

ROTHEMUND, M.: Entwicklung von Aufladegruppen: Bauart der heutigen MAN-Aufladegruppen für Viertaktmaschinen. MAN-Dieselmotoren-Nachr. 1958, Nr. 36, S. 66—75.

— Eine neue MAN-Hochaufladegruppe radialer Bauart. MAN-Dieselmotorer-Nachr. 1956, Nr. 33.

— Der konstruktive Aufbau der MAN-Hochaufladegruppen. MAN-Dieselmotoren-Nachr. 1954, Nr. 30.

SCHMIDT, F. A. F.: Verbrennungsmotoren, München: Oldenbourg 1951.

SCHMIDT, FR.: Über das Aufladen großer Zweitaktmotoren. Konstruktion 9 (1957) Nr. 7, S. 260—270.

STEIGER, A.: Zur Berechnung des Ausnutzungsgrades der Auspuffenergie bei Zweitaktmotoren mit Abgas-Turboaufladung. Sulzer Technische Rundschau 1958, Nr. 2, S. 47—65.

STOFFEL, R.: Die Turbo-Aufladung des Sulzer-Schiffsdieselmotors 9 RSAD 76. MTZ 17 (Nov. 1956) Nr. 11, S. 389—393.

WEISE, E.: Zur Abgasturboaufladung von Zweitaktmotoren. MAN-Dieselmotoren-Nachr. 1958, Nr. 36, S. 56—65.

WIEGAND, F. J., u. W. R. EICHBERG: Development of Blowdown Turbine for Turbo-Compound Aircraft Engine. Automot. Industrie (1. März 1954) S. 43—44.

WOOD, W. D.: Turbosuperchargers for Small Diesels. Diesel Progress (Mai 1953) S. 33—35.

WORN, C. L. G.: Design and Development of the Brush Turbocharger. Techn. Journal of the Brush Group 4 (1956) Nr. 3, S. 2—8 u. 48.

ZELLBECK, G.: Betriebserfahrungen mit Abgasturboladern. MTZ 19 (1958) Nr. 4, S. 165—167.

— Verschiedene Möglichkeiten der Anpassung eines Abgasturboladers radialer Bauart an einem Fahrzeug-Dieselmotor. ATZ 1959, H. 6.

ZINNER, K.: Die Entwicklung der Hochaufladung von Viertakt-Dieselmotoren bei der MAN. MAN-Forschungsheft 1951.

— Wesen und Zweck der Hochaufladung. MAN-Dieselmotoren-Nachr. 1954, Nr. 30.

— Der Beitrag der MAN zur Entwicklung der Aufladung. MAN-Dieselmotoren-Nachr. 1958, Nr. 36, S. 42—55.

— Die Druckschwankungen in der Auspuffleitung und der Wirkungsgrad von Abgasturboladern. MAN-Forschungsheft 1953, S. 45—60.

— Das Beschleunigungsverhalten des Dieselmotors mit Abgasturbolader. MTZ 13 (Febr. 1952) Nr. 2, S. 41—44.

— Die Aufladung von Viertakt-Dieselmotoren. MTZ 11 (Mai/Juni 1950) Nr. 3, S. 58—67.

Kapitel A, VII

AINLEY, D. G.: The High Temperature Turbo-Jet Engine. J. RAeS (Sept. 1956) S. 563—581 (Disk. S. 581 bis 589).

BAMMERT, K.: Beitrag zur Bemessung von Gleichdruck-Brennkammern. Forschung 17 (1951).

— Gasturbinen. Z. VDI 99 (1957) Nr. 31.

— Die Gasturbine im Heizkraftwerk. Praktische Energiekunde 1957, H. 1/2.

— Das Verhalten einer geschlossenen Heißluftturbinenanlage als Heizkraftwerk bei veränderten Betriebsbedingungen. Konstruktion 8 (1956) H. 11.

— Vergleich von Dampf- und Heißluftturbinen in Heizkraftwerken kleiner und mittlerer Leistung. BWK 8 (1956) H. 7.

— C. KELLER u. H. KRESS: Heißluftturbinenanlage mit Kohlenstaubfeuerung für Stromerzeugung und Heizwärmelieferung. BWK 8 (1956) H. 10.

BAUMANN, H.: Die Gasturbine mit offenem Kreislauf im Zusammenhang mit der Winderhitzung in Hüttenwerken. BBC-Mitt. 43 (1956).

— Die Bestimmung der günstigsten Temperaturverhältnisse für Kompressoren und Turbinen bei zweiwelligen Gasturbinenanlagen. BBC-Mitt. 40 (1953) H. 5/6.

BAXTER, A. D.: Power Plants for High-Speed Aircraft. Journ. Royal Aeron. Soc. Vol-Lv 1951 (Okt. 1951) S. 642—650.

BEDUWE, L. R., u. A. JAUMOTTE: Synthèse des possibilités de la turbine à gaz dans le domaine de l'autoproduction. Revue Tijdschrift 4 (1958) Nr. 3.

CHAMBADAL, P. C.: Thermodynamique de la turbine à gaz, Paris: Hermann 1949.

DAVISON, E. H.: Compressor and Turbine Matching Considerations in Turboprop Engines. SAE Prep. Nr. 695 (Jan. 1956) 16 S. (s. auch SAE Transactions 65 (1957) S. 100—111).

DZUNG: Einfluß der Verbrennung auf den thermischen Wirkungsgrad einfacher Gasturbinenprozesse. BBC-Mitt. 43 (1956).

ECKERT, B.: Entwicklungsrichtungen und Perspektiven der Gasturbinen unter besonderer Berücksichtigung ortsbeweglicher Anlagen. MTZ 16 (1955) H. 2 u. 3.

— Entwicklungsstand und Aussichten der Gasturbine für den Kraftwagenantrieb. ATZ 1955, Nr. 3, S. 78—83.

— Gasturbinen. BWK 7 (1955) Nr. 4.

— Die Automobilgasturbine und ihre Entwicklungsmöglichkeiten. ATZ 61 (1959) H. 1 u. 2.

— Zukunftsaussichten der Gasturbinen im Leistungsbereich bis 1500 PS. CIMAC-Kongreß 1959 in Wiesbaden.

— Das Zweikreis-Strahltriebwerk Aspin I. MTZ 1951, Nr. 1.

— Entwicklungstendenzen im Strahltriebwerksbau. Jahrbuch d. Wissensch. Ges. f. Luftfahrt, Braunschweig: Vieweg 1954.

— Gasturbinen, Kröners Taschenbuch der Maschinentechnik, Stuttgart: Kröner (mit 153 Quellen).

— Gasturbinen der kleinen und mittleren Leistungsklasse. MTZ 1960, Nr. 2, 3 u. 4 (mit 126 Quellen).

ENDRES, J.: Berechnung der optimalen Leistungen, Kraftstoffverbräuche und Wirkungsgrade von Einkreis-Turbolader-Strahltriebwerken am Boden und in der Höhe bei Fluggeschwindigkeiten von 0 bis 2000 km/h. Forsch.ber. d. Wirtsch.- u. Verkehrsministeriums Nordrhein-Westfalen. Nr. 214, Köln und Opladen: Westdeutscher Verlag 1956.

FRIEDRICH, R.: Arbeiten zur Entwicklung der Verbrennungsturbine. Siemens-Zeitschrift 33 (1959) H. 11.

GERSDORFF, K. v.: Kennwerte von Strahlturbinen. Flugwelt (Juni/Juli 1955) Nr. 6/7, S. 264—265 bzw. 334—336.

GLANSDORFF, P., A. JAUMOTTE u. J. BALAND: Sur la puissance utile des propulseurs à réaction par jets. Bulletin Cl. des sciences, 5. série (1955).

— — — Sur la puissance disponible et le rendement de propulsion des moteurs à réaction par jets. Bulletin Cl. des sciences, 5. série (1955).

— — — Sur la puissance maximum des systèmes ouverts mobiles et le rendement énergétique des moteurs-à réaction par jets. Bulletin Cl. des sciences, 5. série (1956).

HAGEN, H.: Einfluß von Auslegungstemperatur und Druckverhältnis auf die Querschnittsflächen und den Schub von Strahltriebwerken bei hohen Flugmachzahlen. MTZ 20 (1959) Nr. 5, S. 153—158.

HAUSENBLAS, H.: Gasturbinenbau in den USA. MTZ 20 (1959) Nr. 4.

HRYNISZAK, W.: Heat Exchangers, London: Butterworths Scientific Public. 1958.

— Die optimale Auslegung einfacher Gasturbinen, bestehend aus einem einstufigen Zentrifugalverdichter und einer einstufigen Zentripetalturbine. MTZ 1956, Nr. 12.

— Entwurfsprobleme von regenerativen Luftvorwärmern für Gasturbinen. Maschinenbau und Wärmewirtschaft 1953, H. 8 u. 9.

— Entwicklungstendenzen im Gasturbinenbau. Maschinenbau und Wärmewirtschaft 1955, H. 2 u. 6.

HURLEY, W. V.: Turbojet Design for High-Speed Flight. Transactions of the ASME 73 (Okt. 1951) S. 915 —920.

HUTCHINSON, W.: The Differential Gas Turbine. SAE-Transactions 1956, S. 510—523.

JAUMOTTE, A.: L'Adaption des turbomoteurs aux conditions de vol. Acad. Royal Belgique, Bulletin Cl. Sci. 39 (1952) Nr. 10, S. 859—879.

— u. J. BALAND: Essais détaillés de groupes turbines à gaz alimentés en gaz de haut fourneau. Revue Universelle des Mines (Jan. 1959) Liège.

JUDGE, A. W.: The Testing of High Speed Internal Combustion Engines, London: Chapman & Hall 1955.

KALMIN, A., u. M. LABORIE: Le Turboréacteur et autres moteurs à réaction, Paris: Dunod 1958.

KATZ, J.: Optimum Flow Dilution in Ducted-Fan Engines. SAE Prep. 1955, Nr. 129, 8 S.

KRESS, H.: Der gegenwärtige Entwicklungsstand der Gasturbinen mit dem geschlossenen Kreislauf. MTZ 18 (1957) H. 5.

KRUSCHIK, J.: Der Regenerativ-Wärmeübertrager. Maschinenbau und Wärmewirtschaft 1951, H. 9.

— Das Teillastverhalten verschiedener Gasturbinenschaltungen. Maschinenbau und Wärmewirtschaft 1951, H. 5.

— Der Entwicklungsstand der Kleingasturbine für industrielle Zwecke. Maschinenbau und Wärmewirtschaft 1956, H. 5.

— Die Gasturbine, 2. Aufl., Wien: Springer 1960.

— Luft- und Gastafeln zur Berechnung von Gasturbinen und Verdichtern, Berlin/Göttingen/Heidelberg: Springer 1953.

KÜHL, H.: Einfluß der Auslegungsdaten und Betriebsbedingungen auf die Kenngrößen des Wärmetauschers für Gasturbinen mit ähnlichen wärmeübertragenden Elementen. MTZ 1955, Nr. 4, S. 98—106.

— Die Brennkammer für Gasturbinen. BWK 4 (1952) Nr. 7, S. 217—221.

— Probleme des Kreuzstrom-Wärmeaustauschers, Berlin/Göttingen/Heidelberg: Springer 1959.

LEIST, K.: Kleingasturbinen. Forschungsbericht Nr. 71, Köln und Opladen: Westdeutscher Verlag 1954.

Leist, K.: Konstruktionsmerkmale von Strahltriebwerken. Z. VDI 101 (1959) Nr. 35.
— Gasturbinen. BWK 10 (1958) Nr. 4 (mit 278 Quellen).
Lovesey, A. C., u. L. G. Dawson: Das Zweikreistriebwerk für Verkehrsflugzeuge. Luftf.Techn. (Nov. 1957).
Ludwig, R.: Nommogramme zur Leistungsberechnung von Strahltriebwerken. Bericht M 1/56 d. Inst. f. Flug-
   mechanik d. Deutsch. Forschungsanstalt f. Luftfahrt, Braunschweig 1956.
Lutz, O.: Triebwerksanlagen. Z. VDI 101 (1959) Nr. 11.
Melan, H.: Zur Theorie der Gasturbine. Maschinenbau und Wärmewirtschaft 1949, S. 33 u. 196; 1951, S. 3 u.
   105; 1954, S. 273.
Messinger, B. L., u. W. W. Merill, jr.: Compressor Bleed in Turbine Powered Aircraft. Aeron. Engineering
   Review 13 (Sept. 1954) Nr. 9.
Münzberg, H. G., u. R. Logerot: Das TL-Triebwerk für hohe Überschallgeschwindigkeiten. Jahrbuch der
   WGL 1958.
Nallinger, F.: Vergleichende Betrachtungen über Antriebsquellen für Schwerlast-Kraftwagen. Z. VDI 97 (1955).
Oehmichen, M.: Entwicklungsstand der Gasturbine. MTZ 1958, Nr. 10.
Oprecht, U.: Regeneratoren für Kleingasturbinen, Zürich: Leemann 1957.
Pawlowitsch: Über die Thermodynamik der Strahlturbine mit Berücksichtigung der einfachen Nachver-
   brennung. Die Technik 13 (1958) Nr. 5, S. 358—362.
Pearson, J. D.: Development and future of turbine engines for airline aircraft. The Engineer 200 (1955)
   H. 5199, S. 403—404.
Pearson, H., u. R. M. Fitzgerald: Einige Betrachtungen über den Entwurf von Triebwerken. Luftf. Techn. 5
   (1959) Nr. 4.
Peyer, A.: Kolbenmotor, Propeller-Turbine oder Düsentriebwerk. Schw. Masch. Markt 57 (1957) Nr. 11,
   S. 27—34.
Pfenninger, H.: Gas Turbines as Prime Movers in Power. Stations and Steelworks. CIMAC-Colloque 1957,
   Zürich.
Pope, A. W.: Design and development of four light-weight high-speed marine gas turbines for electric generator
   drive. Proc. Inst. Mech. Engrs 172 (1958) Nr. 8.
Quick, A. W.: Entwicklungsprobleme der Strahltriebwerke. Flugwiss. 2 (1954) S. 218—225.
— Entwicklungsprobleme der Strahltriebwerke. Flugwelt 6 (Aug. 1954) Nr. 8, S. 229—231.
Rainbow, H. S.: The Design of Small Jet Engines. Journ. Royal Aeron. Soc. 59 (April 1955) Nr. 532.
Roxbee, Cox H.: Gas-Turbine, Principles and Practice, London: Newnes 1955.
Russell, A. E.: The choice of power units for civil aeroplanes. Roy. Aeron. Soc. (20. Mai 1954).
Salmon, B. T.: High Speed Transport Turbojet Installation Considerations. SAE-Journal 62 (Aug. 1954) Nr. 8.
Schnittger, J. R.: Automatic 10 MW Gas-Turbine Power-Station. Technisk Tidskrift 88 (1958).
Serruys, M.: Traité de machines à combustion interne, Paris: Dunod 1959.
Shidler, T. W.: The challenge of small gas turbines. Aviation Age 26 (Aug. 1956) Nr. 2, S. 28—31.
Soissons, J.: Moteurs, Réacteurs, Statoréacteurs, Fusées. Paris: Dunod 1959.
Stroehlen, R.: Probleme der Gasturbine. AEG-Sonderdruck (Nov. 1954).
Szydlowski, J.: L'importance des moteurs à turbines de petite puissance dans l'aéronautique. L'AIR (Mai/
   Juni 1957).
Tognoni, Spillmann, Speckert, Burgdorfer: Application of the closed cycle principle to aircraft propulsion
   systems. Bd. VII: Gaseous working media for closed cycle power plants. Escher-Wyss Rep. Sp-AK-57-046.
   — Bd. VIII: Sizing of the components of a closed cycle He-Nap-system. Escher-Wyss Rep. Sp-AK-57-047.
   (21. Juli 1957) EOARDC TR 58—31; TR 58—32 (AD 152241).
— — Application of the closed cycle principle to aircraft auxiliary power plants. Bd. IX: Comparison bet-
   ween direct and indirect heat addition from an atomic reactor to a closed gas turbine cycle. Escher-Wyss
   TN 5, IX (21. Juli 1957). Rep. Sp-AK-57-041; EOARDC TR 58-33 (AD 152242).
— Application of the closed cycle principle to aircraft auxiliary power plants. Bd. X: Helium compressor
   design. Escher-Wyss TN 6, X (21. Juli 1957). Rep. Sp-AK-57-042; EOARDC TR 58-34 (AD 152243).
Triebnigg, H.: Die konstruktive Entwicklung der Turbo- und Strahlantriebe im Flugzeugbau. Konstruktion 7
   (Jan. 1955) Nr. 1, S. 1—6.
Zucrow, M. J.: Aircraft and Missile Propulsion, Vol. I u. II, New York: Wiley & Sons 1958.
— The Problems of the Turbojet Engine as a Propulsion for Supersonic Flight. Aeron. Engineering Review
   (Dez. 1956) S. 44—51.
— The Supersonic Turbojet, Tomorrow's Problems — and some solutions. Flight 69 (11. 5. 1956) H. 2468,
   S. 557—566.
— Some Aspects of Supersonic Turbojets. Aeroplane 91 (Nov. 1956) Nr. 2360, S. 793—794.
— Classification et caractéristiques des turboréacteurs. La Technique Moderne 47 (1955) Nr. 6, S. 257—259.
— Turbofans. Flight (30. Okt. 1959).

Kapitel B

Ackeret, J., C. Keller u. F. Salzmann: Die Verwendung von Luft als Untersuchungsmittel für Probleme
   des Dampfturbinenbaus. Schweiz. Bauz. (Dez. 1934).
Cordier, O.: Ähnlichkeitsbedingungen für Strömungsmaschinen. Brennstoff-Wärme-Kraft 5 (Okt. 1953)
   Nr. 10, S. 337—430.

DAVIS, H.: Umrechnungsparameter für Leistungskennwerte von Kreiselgebläsen und -verdichtern. Transactions of the ASME (1958) Nr. 1, S. 108—116.
— H. KOTTAS u. A. M. G. MOODY: The Influence of Reynolds Number on the Performance of Turbomachinery. Transactions of the ASME 73 (Juli 1951) S. 499—509.
ECKERT, B.: Dimensionslose Kenngrößen von Gebläsen und Verdichtern. Autom. Techn. Z. 1944, H. 1/2.
— u. F. WEINIG: Berechnung und Entwurf von Rootsgebläsen. Dtsch. Kraftf.-Forschung, Zwischenbericht 114 (1942).
ECKERT, E.: Ähnlichkeitsbetrachtungen an Strömungsmaschinen für Gase. Luft.-Forschung 18 (1941), Lfg. 11, S. 387—395.
FLÜGEL, B.: Der optimal erreichbare Wirkungsgrad von Strömungsmaschinen. Z. VDI 1954, S. 752—755.
GARVE, A.: Über Aufwertung und Optimum von Wirkungsgraden bei Turbinen und Pumpen. Schweiz. Bauzeitung 1954, Nr. 13, S. 175.
HARTMANN u. WILCOX: Zum Betriebsverhalten von Verdichtern beim Übergang von einem Gas auf ein anderes. Transactions of the ASME 1957, Nr. 4, S. 887—897.
HUNT, DAVIS u. HARRISON: Ähnlichkeits-Parameter für Turboverdichter. Transactions of the ASME (Jan. 1958).
v. KARMAN, TH.: Dimensionslose Größen in Grenzgebieten der Aerodynamik. Zeitschr. f. Flugwissenschaften 1956, H. 1/2.
KELLER, C.: Axialgebläse vom Standpunkt der Tragflügeltheorie. Dissertation ETH Zürich 1934.
— Aerodynamische Versuchsanlagen für hydraulische Maschinen. Schweiz. Bauzeitung (Okt. 1937).
KÜHL, H.: Ähnlichkeitsbetrachtungen an Kreisverdichtern. Forschg. a. d. Geb. d. Ing.-Wesens 13 (1942) Nr. 6, S. 235—245.
MARCINOWSKI, H.: Kennwerte für Strömungsmaschinen. VDI-Berichte 3 (1955) S. 133—137.
MARSCHNER, H.: Die geometrische und mechanische Ähnlichkeit der Strömungen in den Turbinenlaufrädern. Maschinenbautechnik (Aug. 1955) S. 403.
MUESMANN, G.: Zusammenhang der Strömungseigenschaften des Laufrades eines Axialgebläses mit denen eines Einzelflügels. Zeitschr. f. Flugwissenschaften 6 (1958) Nr. 12, S. 345—362.
PANTELL, K.: Aufwertungsformeln für Turbomaschinen. Z. VDI 95 (1. Febr. 1953) Nr. 4, S. 97—100.
PFLEIDERER, C.: Strömungsmaschinen, 2. Aufl., Berlin/Göttingen/Heidelberg: Springer 1957.
PONOMAREFF, A. J.: Axial-Flow Compressors for Gas Turbines. Transactions of the ASME 70 (1948) S. 295 bis 306.
PRIMES, R. W.: A simple method of estimating the Reynolds number effects on aircraft gas turbine engines operating at high altitudes. Transactions of the ASME (Aug. 1958).
RICHTER, W.: Nomographische Hilfsmittel für die Auslegung von Gebläsen. Masch.-Bau u. Wärmewirtsch. 1955, S. 261—264.
RÜTSCHI, K.: Reynoldszahl und dimensionslose Kennziffern bei Strömungsmaschinen. Schweiz. Bauzeitung 73 (1955) Nr. 46, S. 721—725.
SEDILLE, M.: Les lois générales de similitude des turbomachines à fluides compressibles. La technique moderne 36 (1943) u. 36 (1944).
SHEETS, H. E.: Nondimensional Compressor Performance for a Range of Mach Numbers and Molecular Weights. Transactions of the ASME (Jan. 1952) S. 93—102.
SÖRENSEN, E.: Hydraulische Ähnlichkeit von Dampfturbinenstufen. Z. VDI 78 (1934) S. 1403.
STUART, D. J. K.: Analysis of Reynolds-Number Effects in Fluid Flow through Two-Dimensional Cascades. ARC R & M No. 2920 (Juli 1952).
WEBER, M.: Das allgemeine Ähnlichkeitsprinzip der Physik und sein Zusammenhang mit der Dimensionslehre und der Modellwissenschaft. Jb. Schiffsbautechn. Ges. 31 (1930) S. 273.
— Die spezifischen Drehzahlen und die anderen Kenngrößen der Wasserturbinen, Kreiselpumpen, Windräder und Propeller als dimensionsfreie Kenngrößen der Ähnlichkeitsphysik. Schiffbau 31 (1930) S. 73, 156, 207, 413, 432.
WEINIG, F.: Ein Vergleich zwischen Kolbenmaschinen und Tragflügelmaschinen mit Hilfe dimensionsloser Kenngrößen. MTZ 2 (1940) H. 8, S. 255.
WISLICENUS, G. F.: Fluid Mechanics of Turbo-Machinery, New York: McGraw-Hill 1947, S. 54/70.
— Standard Procedures for rating and testing multistage axial-flow compressors. NACA Techn. Note 1138 (1949).
— Die aerodynamische Versuchspraxis bei der Entwicklung hydraulischer Maschinen. Maschinenbau u. Wärmewirtschaft 1957, H. 7/8, S. 188—201.

Kapitel C

BLASIUS, H.: Wärmelehre, Hamburg: Boysen und Maasch 1949.
BOSNJAKOVIC, F.: Technische Thermodynamik, Dresden: Steinkopff 1951.
ECKERT, E.: Einführung in den Wärme- und Stoffaustausch, 2. Aufl., Berlin/Göttingen/Heidelberg: Springer 1959.
GRÖBER/ERK: Die Grundgesetze der Wärmeübertragung, 3. Aufl., Berlin/Göttingen/Heidelberg: Springer 1957.
HOFMANN, E.: Wärmeübergang und Druckverlust bei Querströmung durch Rohrbündel. Z. VDI 84 (1940) Nr. 6, S. 97—101 (dort weiteres Schrifttumsverzeichnis).

JAUMOTTE, A.: Au sujet de la définition du rendement des turbomachines. Bull. Cl. Sci., Acad. roy. Belgique, 5. série, Bd. XXXVIII (1952).

KEENAN u. KAYE: Gas tables, New York: Wiley & Sons 1948.

LUTZ, O., u. W. LOHSE: I-s-Tafel für Luft und Verbrennungsgase, 2. Aufl., Berlin/Göttingen/Heidelberg: Springer 1959.

McADAMS, W. H.: Heat Transmission, New York: McGraw Hill 1950 (mit 789 Quellenangaben).

NUSSELT, W.: Technische Thermodynamik, Berlin: de Gruyter 1943.

SCHMIDT, E.: Einführung in die technische Thermodynamik und in die Grundlagen der chemischen Thermodynamik, 7. Aufl., Berlin/Göttingen/Heidelberg: Springer 1958.

TRAUPEL, W.: Zur Dynamik realer Gase. Forsch. Ing.-Wes. 18 (1952).

— Der Einfluß des Brennstoffes auf den Wirkungsgrad von Verbrennungsmaschinen. Allg. Wärmetechnik 1 (1952).

Kapitel D

Allgemeines und Auslegungsgrundlagen

ADOLPH, M.: Einführung in die Strömungsmaschinen, Berlin/Göttingen/Heidelberg: Springer 1959.

BAUERSFELD: Die Grundlagen zur Berechnung schnellaufender Kreiselräder. Z. VDI 66 (1922) Nr. 19 u. 21.

BETZ, A.: Strömungen von Gasen bei hohen Geschwindigkeiten. Z. VDI 1950.

BIDARD, R.: Turbines à gaz et compresseurs axiaux. Paris: Gauthier-Villars 1949.

BÜHNING, P.: Über das Verhalten von extrem schnelläufigen Axialmaschinen. Dissertation Techn. Hochschule Karlsruhe 1957.

CHUNG-HUA, WU: Survey of Avaible Information on Internal Flow Losses Through Axial Turbomachines. N. A. C. A. RM E 50 J 13 (26. Jan. 1951).

DAVIS, H., H. KOTTAS u. A. M. G. MOODY: The Influence of Reynolds Number on the Performance of Turbomachinery. Transactions of the ASME (Juli 1951) S. 499—509.

DICKMANN, H. E.: Grenzen der Anwendbarkeit von Leitapparaten bei axialen hydraulischen Arbeitsmaschinen. Schiffstechn. 1955, Nr. 12/13, S. 26—31.

DICKMANN, H. E., u. WEISSINGER: Beitrag zur Theorie optimaler Düsenschrauben (Kortdüsen). Jahrbuch Schiffsbautechn. Gesellschaft 1955.

DURGADAS BANARJEE: Symposium on Gas Turbines. — Performance Study of Axial Compressor. Journ. Inst. Engrs., India 35 (1954) Nr. 1, S. 93—100.

ECK, B.: Ventilatoren. 4. Aufl., Berlin/Göttingen/Heidelberg: Springer 1961.

ECKERT, B.: Axialverdichter zum Zweikreis-Strahltriebwerk der Daimler-Benz-A.G. Bericht Nr. 90990/1—3.

— F. PFLÜGER u. F. WEINIG: Einfluß des Nabenverhältnisses auf das Kennfeld von Axialverdichtern. N. A. C. A. Techn. Memor., Nr. 1125.

— Überblick über Forschungsergebnisse des FKFS-Stuttgart an axial durchströmten Verdichtern. Tagungsbericht d. Lilienthalges. f. Luftfahrt-Forschung 1943.

— u. F. WEINIG: Axial durchströmte Verdichter. Forschungs-Ber. d. deutschen Luftfahrtforschung 1944, Nr. 1926.

— u. W. KRAUTTER: Herstellung der Schaufeln für axial durchströmte Maschinen. Techn. Ber. d. ZBW 9 (1942).

FAURY, M.: Le réacteur à double flux. Docaéro 1950, Nr. 6.

FOCKE, R. J.: Die theoretischen Grundlagen vielstufiger Axialkompressoren. Konstruktion 1949, Nr. 7, 8 u. 9.

FRIEDRICH, R.: Vergleich verschiedener Bauarten von Axialverdichtern. Dissertation Techn. Hochschule Hannover 1949.

GILMORE, A. W.: Research Studies on a Ducted Fan Equipped With Turning Vanes. IAS 27. Annual Meeting (Jan. 26—29, 1959) Nr. 4, Rep. 59—29.

HORLOCK, J. H.: Axial Flow Compressors, London: Butterworths Scientific Public. 1958.

HOWELL, A. R.: Design of Axial Compressor-Lectures on the Development of the Internal Combustion Turbine. Inst. of Mech. Eng., Procedings 1945. Vol. 153.

— Fluid Dynamics of Axial Compressors, War Emergency Issue Nr. 12, publ. by Inst. Mech. Eng., London 1945.

— The Aerodynamics of the Gas-Turbine. The Royal Aeron. Soc. 52 (1948) S. 329—356.

— The Present Basis of Axial-Flow Compressor Design. Part I, RAE-Rep. Nr. E3946 (Juni 1942); Part II, RAE-Rep. Nr. 3961 (Dezember) 1942.

KAUFMANN, K.: Grenzschichtbeeinflussung bei Diffusoren von Strömungsmaschinen. Voith-Forschg. u. Konstr. 1957, Nr. 2.

KEAST, F. H.: The Development of the Axial-Flow Compressor for the „Orenda" Engine. The Eng. Journ. 37. (Sept. 1954) Nr. 9.

KELLER, C.: Axialgebläse vom Standpunkt der Tragflügeltheorie aus. Dissertation E. T. H. Zürich 1934.

MARCINOWSKI, H.: Druckerhöhung, Wirkungsgrad und Leistungsbedarf bei Ventilatoren. Heizg.-Lüftg.-Haustechn. 10 (1959) Nr. 6, S. 141—148.

— Optimalprobleme bei Axialventilatoren. Dissertation Techn. Hochschule Karlsruhe 1956; veröffentlicht in: Voith-Forschg. u. Konstr. 1959, Nr. 5; Kurzfassung in: Heizg.-Lüftg.-Haustechn. 8 (1957) Nr. 11, S. 273 bis 285 u. 295—296.

MARTINUZZI, P. F.: Continental and American Axial Compressor Calculation Methods Compared. Transactions of the ASME (Mai 1949).

McCoy, A. W., u. A. V. HOOPER: Blade Adjustment in Axial-Flow Compressor Stages. Journ. of the Aeron. Sciences 20, (Jan. 1953) Nr. 1, S. 43—48.

MIESCH, H.: Ein graphisches Hilfsmittel zur Konstruktion von Geschwindigkeitsdreiecken. Schweizer Bauzeitung (Sept. 1951) Nr. 47, S. 659—661.

PESCHKA, W.: Der Axialverdichter als Schallquelle. Österr. Ing.-Archiv 10 (1956) Nr. 1, S. 80—96.

PFLEIDERER, C.: Die Kreiselpumpen für Flüssigkeiten und Gase, 4. Aufl., Berlin/Göttingen/Heidelberg: Springer 1955.

PONOMAREFF, A. J.: Axial-Flow Compressors for Gasturbines. Transactions of the ASME 70 (1948) S. 295 bis 304.

QUENZER u. SCHWARZ: Aerodynamische Berechnungsmethoden für hochbelastete Axialverdichter. Schweizer Bauzeitung 1951, Nr. 31—33.

RICHTER, W.: Eine Formel für Gleichdruckgebläse. Ing.-Archiv 17 (1949) S. 88—93.

RUDEN, P.: Untersuchungen über einstufige Axialgebläse. Luftfahrt-Forschg. 14 (1937) Lfg. 7 u. Lfg. 9.

SAALFELD, K.: Steigerung der Wirkungsgrade von Axial- und Zentrifugalventilatoren. Konstruktion 8 (Juni 1956) Nr. 6, S. 231—236.

SHYAMPADA SEN: Symposium on Gas Turbines. — Design of Axial Compressors for Small Units. Journ. Inst. Engrs. 35 (1954) Nr. 1, S. 87—92.

SMITH jr., L. H.: Recovery Ratio — A Measure of the Loss Recovery Potential of Compressor Stages. Transactions of the ASME 80 (April 1958) Nr. 3, S. 517—524.

SÖRENSEN, E.: Gleichdruckgebläse. Z. VDI 83 (1939) Nr. 32.

— Wandrauhigkeitseinfluß bei Strömungsmaschinen Forschg. Ing.-Wes. (Jan./Febr. 1937).

STEPANOFF, A. J.: Turboblowers, New York: Wiley & Sons 1955.

STEPHENSON, J. M.: Efficiency and Drag of an Axial-Flow Compressor Stage. Aircraft Eng. 25 (Juni 1953) Nr. 292, S. 158—160.

STONE, A.: Einfluß der Stufencharakteristik und des Zusammenarbeitens der Stufen auf das Verhalten von Axialverdichtern. Transactions of the ASME 1958, Nr. 6, S. 1273—1293.

STROEHLEN, R.: Bauelemente von Strömungsmaschinen. Z. VDI 99 (1957) Nr. 20, S. 887—894.

TRAUPEL, W.: Kompressible Strömung durch Turbinen. Schweizer Archiv 16 (1950) Nr. 5 u. 6.

— Thermische Turbomaschinen, Bd. 1, Berlin/Göttingen/Heidelberg: Springer 1958.

VAZSONYI, A.: On the Aerodynamic Design of Axial-Flow Compressors and Turbines. Journ. Appl. Mech. 15 (1948) Nr. 1.

WALLIS, R. A.: Design, Performance and Analysis of Ducted Axial-Flow Fans. Aeron. Research Lab., Australia, Rep. A88 (August 1954).

WATTENDORF, F. L.: Simplified Design Comparisons of Axial Compressors. Journ. Aeron. Sciences (Juli 1951) Nr. 7, S. 447.

WEISSENBORN, L.: Einführung in die allgemeine und spezielle Theorie moderner Kompressoren und deren Vergleich. Maschinenbautechnik 3 (1954) Nr. 2/3, S. 75—85 u. 143—157.

WINTER, H.: Das meridianbeschleunigte Verdichterrad als Vorstufe eines vielstufigen Axialverdichters. Jahrbuch d. WGL 1956, S. 51—54.

— Forschungen zur Verbesserung der Leistungen von Axialverdichtern (in japan. Sprache), Techn. Rep. Kyushu Univ., Japan, 26 (1953) Nr. 2, S. 96—119.

Kapitel D

Dreidimensionale Strömungsbetrachtungen

ACKERET, J.: Nabeneffekte bei axialen Radgittern. ZAMM 35 (Okt./Nov. 1955) Nr. 9/10, S. 360—362.

AINLEY, D. C., u. R. A. JEFFS: Analysis of the Air Flow Through Four Stages of Half-Vortex Blading in an Axial Compressor. Aeron. Research Rep. and Memor. Nr. 2383 (1946).

BAILEY, W., u. J. ROY: The Effect of a Row of Compressor Rotor Blades on a Wake. Techn. Note Nr. 252.

BAMMERT, K.: Die Kernabmessungen in kreisenden Strömungen. Z. VDI 92 (1950) Nr. 28, S. 777—784.

— Zirkulationsverteilung in mehrstufigen Axialturbinen. Abh. d. braunschweigischen Wissenschaftl. Ges., Bd. 4, Braunschweig: Vieweg 1952.

— Flüssigkeitsreibung. Z. VDI 94 (1952).

— u. H. KLÄUKENS: Nabentotwasser hinter Leiträdern von axialen Strömungsmaschinen. Ing.-Archiv 17 (1949) Nr. 5, S. 367—390.

BRAGG, S. L., u. W. R. HAWTHORNE: Some Exact Solutions of the Flow Through Annular Cascade Actuator Discs. Journ. of Aeron. Sciences (April 1950).

BRZOZOWSKI, W.: The Problem of Flow Through an Axial Compressor. Arch. Budowy Maszyn, Poland, 1954, Nr. 2, S. 187—245.

CARTER, A. D. S., u. E. M. COHEN: Preliminary Investigation into the Three-Dimensional Flow Through a Cascade of Aerofoils. Aeron. Res. Rep. and Memor. Nr. 2339 (1946).

CARTER, A. D. S., u. E. M. COHEN: Three-Dimensional Flow Theories for Axial Compressors and Turbines. Proceedings of the Inst. of Mech. Eng. 159 (1948).

CHUNG-HUA, WU, u. L. WOLFENSTEIN: Application of Radial Equilibrium Condition to Axial-Flow Compressor and Turbine Design. N. A. C. A. Rep. 955 (1950).

CONRAD, O.: Strömung im Axial-Verdichter mit 50% Reaktion. MTZ 19 (Aug. 1958) Nr. 8.

DAVID, O.: Die Bewegungsgleichung der Strömung hinter einem Schaufelgitter. MTZ 1957, Nr. 3, S. 79—81.

GINSBURG, TH.: Untersuchungen über die dreidimensionale Potentialströmung durch axiale Schaufelgitter. Mitt. a. d. Inst. f. Aerodynamik a. d. Eidg. Techn. Hochschule (1956) Nr. 22, S. 79.

HAUSENBLAS, H.: Die radiale Verteilung der Strömung durch Axialturbinen. Mot.-techn. Zeitschr. 1952, Nr. 6.

HORLOCK, J. H.: The Compressible Flow Through Cascade Actuator Discs. Aero. Quart. (Mai 1958), S. 110 bis 130.

HUTTON, S. P.: Three-Dimensional Motion in Axial-Flow Impellers. The Chartered Engineer 3 (April 1956) Nr. 4, S. 201—202.

KAHANE, A.: Investigation of Axial-Flow Through Axial Turbine Stages of Large Radial Blade Length. N. A. C. A. TM 1118 (1947).

— Investigation of Axial-Flow Fan and Compressor Rotors Designed for Three-Dimensional Flow. N.A.C.A. TN 1652 (1948).

KEMP, N. H., u. W. R. SEARS: Aerodynamic Interference Between Moving Blade Rows. Journ. of the Aeron. Sciences 20 (Sept. 1953) Nr. 9, S. 585—597 u. 612.

MELDAHL, A.: Über die Endverluste von Turbinenschaufeln. BBC-Nachrichten (November 1941).

MORGHEN, K., u. K. ROTHE: Beitrag zur Berechnung der Strömung im Axiallader. Zeitschr. f. Flugwissenschaft 2 (Juni 1954) Nr. 6, S. 149—154.

PETERMANN, H.: Über den Strömungsverlauf in Axialverdichtern mit konstanter Reaktion von 50%. Konstruktion 8 (Jan. 1956) Nr. 1, S. 1.

ROSSNER, G.: Die günstigste Auftriebsverteilung bei Tragflügelgittern endlicher Spannweite. Ing.-Archiv 2 (1931) S. 36.

SCHÄFFER, H.: Untersuchungen über die dreidimensionale Strömung durch axiale Schaufelgitter mit zylindrischen Schaufeln. Forschg. a. d. Geb. d. Ing.-Wesens 21 (1955) Nr. 1 u. 2, S. 9—19 u. 41—49.

SCHERER, K. W.: Über die Verteilung des Durchflusses in Rädern von Axialpumpen. Dissertation Techn. Hochschule Darmstadt 1954.

SCHIEBELER, W.: Luftströmungen mit Drall im Kreisrohr hinter radialem Leitapparat. Mitteil. Max Planck-Inst. 1955, Nr. 12.

SCHILHANSL, M. J.: A Simple Approach to an Approximate Two-Dimensional Cascade Theory. Journ. Appl. Mech. (Dez. 1958) S. 607—612.

SCHLICHTING, H.: Randverluste in Pumpengittern. ZFW (Jan./Febr. 1956) S. 35—40.

— Ergebnisse und Probleme von Gitteruntersuchungen. ZFW 1953, S. 109—122.

SCHLÜNKES, F.: Messungen von „axial begrenzten" und „axial unbegrenzten" Drallströmungen. Voith-Forschg. u. Konstr. 1958, Nr. 3.

SCHOLZ, N.: Strömungsuntersuchungen an Schaufelgittern. VDI-Forschungsheft 20 (1954) Nr. 442.

— Über den Einfluß der Schaufelhöhe auf die Randverluste in Schaufelgittern. Forsch. auf d. Geb. d. Ing.-Wesens 20 (1954) Nr. 5, S. 155—157.

SEARS, W. R.: On Asymmetric Flow in an Axial-Flow Compressor Stage. Journ. Appl. Mech. (März u. Sept. 1953) S. 57—62 u. 442—443.

SINETTE, J., u. G. COSTELLO: Possible Application of Blade Boundary-Layer Control to Improvement of Design and Off-Design Performance of Axial-Flow Turbomachines. N. A. C. A. TN 2371 (Mai 1951).

SMITH, L. H.: Secondary Flow in Axial-Flow Turbomachinery. Transactions of the ASME 1955, S. 1065—1076.

SQUIRE, H. B., u. K. G. WINTER: The Secondary Flow in a Cascade of Airfoils in a Nonuniform Stream. Journ. of Aeron. Sciences 18 (1951) Nr. 4, S. 271.

STRSCHELETZKY, M.: Ein Beitrag zur Theorie des hydrodynamischen Gleichgewichtes von Strömungen. Voith-Forschg. u. Konstr. 1957, Nr. 2.

— Gleichgewichtsformen von Strömungen mit konstantem Drall in zylindrischen Rotationshohlräumen. Voith-Forschg. u. Konstr. 1959, Nr. 5.

TODD, K. W.: An Experimental Study of Three-Dimensional High-Speed Air Conditions in a Cascade of Axial-Flow Compressor Blades. Aeron. Res. Coun. Rep. and Memor. 27921, ARC 12711, 12308 (1954).

TRAUPEL, W.: Neue allgemeine Theorie der mehrstufigen axialen Turbomaschine, Zürich: Leemann 1942.

— Wirbelsysteme in Schaufelgittern und Turbomaschinen. Zeitschr. f. angewandt. Math. u. Physik 4 (15. 7. 1953) Nr. 4, S. 298—311 u. VDJ-Bericht 3 (1955).

VUSKOVIC, J.: Über Rotationsverluste hinter Laufrädern von Turbomaschinen. Escher-Wyss-Mitt. 14 (1941).

WEINIG, F.: Theoretische Untersuchung des Spalteinflusses bei axial durchströmten Turboarbeitsmaschinen. Jahrb. d. deutschen Luftfahrt-Forschg. 1940.

— Die Verteilung des Durchflusses über die Radebene einer Turbomaschine. Wasserkraft u. Wasserwirtsch. 1936, Nr. 22.

WISLICENUS, G. F.: Fluid Mechanics of Turbomachinery, New York/London 1947.

Kapitel D

Gitterberechnung

ACKERET, J.: Zum Entwurf dicht stehender Schaufelgitter. Schweizer Bauztg. 120 (1942) S. 103—108.

ALBRING, W.: Ein Näherungsverfahren zur Konstruktion ebener, stoßfrei angeströmter Schaufelgitter und Berechnung ihrer Druckverteilung bei stationärer Strömung. Maschinenbautechnik 5 (April 1956) Nr. 4, S. 207—219.

BETZ, A.: Näherungsformeln für die Zirkulationsverteilung um engstehende Schaufeln von Strömungsgittern. ZFW 4 (Mai/Juni 1956), Nr. 5/6, S. 166—169.

— Zur Berechnung von Gitterströmungen bei einigermaßen großem Schaufelabstand. ZAMM 33 (1953) S. 113—116.

— Energieumsetzung elastischer Gase in Schaufelgittern. Forschg. a. d. Geb. d. Ing.-Wesens 18 (1952) Nr. 3, S. 61—71.

— Diagramm zur Berechnung von Flügelreihen. Ing.-Archiv 2 (1931) S. 359—371.

BOGDONOFF, S. M., u. H. E. BOGDONOFF: Blade Design Data for Axial-Flow Fans and Compressors. N.A.C.A. ACR Nr. L5F07a (1945).

— u. L. J. HERRIG: Performance of Axial-Flow Fan and Compressor Blades Designed for High Loadings. N. A. C. A. Techn. Note Nr. 1201.

— u. E. E. HESS: Axial-Flow Fan and Compressor Blade Design Data at 52,5° Stagger and Further Verification of Cascade Data by Rotor Tests. N. A. C. A. TN 1271 (April 1947).

CARTER, A. D. S.: Some Tests on Compressor of Related Aerofoils Having Different Positions of Maximum Camber. Aeron. Res. Con., Rep. and Memor. Nr. 2694, London 1953 bzw. N. G. T. E. Rep. R 47 (1948).

— u. H. P. HUGHES: A Theoretical Investigation into the Effect of Profil Shape on the Performance of Aerofoils in Cascade. Rep. and Memor. ARC Nr. 2384, London (1950); s. auch N. G. T. E. Mem. M 68 (1950).

CHRISTIANI, K.: Experimentelle Untersuchung eines Tragflügelprofils bei Gitteranordnung. Luftfahrtforschg. 1928, Nr. 4.

CHUNG-HUA, Wu, u. C. A. BROWN: A Theory of the Direct and Inverse Problems of Compressible Flow-Past Cascade of Arbitrary Airfoils. Journ. of Aeron. Sciences 19 (März 1952) Nr. 3, S. 183—196.

COSTELLO, G. R.: Method of Designing Cascade Blades with Prescribed Velocity Distributions in Compressible Potential Flows. N. A. C. A. Rep. 978 (1950) S. 559—570.

— R. L. CUMMINGS, u. J. T. SINETTE: Detailed Computational Procedure for Design of Cascade Blades with Prescribed Velocity Distributions in Compressible Potential Flows. N. A. C. A. Rep. 1060 (1951).

— Detailed Computational Procedure for Design of Cascade Blades with Prescribed Incompressible Potential Flows. N. A. C. A. TN 2281 (1951).

DAVIDSON, L. M.: Properties of the Compression Shock as in Turbine and Compressor Blade Passages. Proc. Inst. Mech. Engrs. 161 (1949) S. 187.

DÖGE, R.: Zur Berechnung der Potentialströmung durch ein Profilgitter nach der Howellschen Gittermethode. Maschinenbautechn. 4 (Dez. 1955) Nr. 12, S. 635—647.

ERWIN, J. R., M. SAVAGE u. J. C. EMERY: Two-Dimensional Low-Speed Cascade Investigation of N.A.C.A. Compressor Blade Sections Having a Systematic Variation in Mean-Line Loading. N. A. C. A. Techn. Note 3817 (Nov. 1956).

— u. J. C. EMERY: Effect of Tunnel Configuration and Testing Technique on Cascade Performance. N.A.C.A. Rep. 1016 (1951) S. 263—277.

— New Approach to Axial Compressor Cascade Testing Technique. SAE Quarterly Transactions (April 1950) Nr. 2, S. 275—286.

FICKERT, K.: Versuche an Beschaufelungen von Verzögerungsgittern mit großer Umlenkung. Forschg. a. d. Geb. d. Ing.-Wesens 16 (1949/50) Nr. 5, S. 141—146; s. auch: Z. VDI 93 (1951) Nr. 30.

FISTER, W.: Druckverteilungsmessungen an umlaufenden Turbinenschaufeln. VDI-Forschungsheft 1955, Nr. 448.

— Über die Druckverteilungsmessungen an umlaufenden Schaufelgittern. ATM 1956, Nr. 243, S. 85—88.

GEISZLER, W.: Der elektr. Trog zur Untersuchung hydrodynamischer Strömungen. Maschinenbautechn. 3 (Aug. 1954) Nr. 8, S. 423—430.

GOLDSTEIN, A. W., u. A. MAGER: Attainable Circulation About Airfoils in Cascade. N. A. C. A. Rep. 953 (1950) S. 117—140.

GREWE, K. H.: Druckverteilungsmessungen an ebenen Schaufelgittern bei hohen Unterschallgeschwindigkeiten. DFL-Ber. 79 (1957).

— Druckverteilungsmessungen an zweidimensionalen Gittern bei hohen Unterschall-Machzahlen. DFL. Inst. Aero. Bericht Nr. 70 (1957).

GRUBER, J.: Die Konstruktion von Schaufelprofilen für Strömungsmaschinen axialer Bauart. Maschinenbautechn. 2 (Mai 1953) Nr. 5, S. 209—217.

GUTSCHE, F.: Versuche an umlaufenden Flügelschnitten mit abgerissener Strömung. Jahrb. d. Schiffsbautechn. Ges., Bd. 41 (1940).

HAHNEMANN, H.: Beitrag zur Berechnung der Strömung durch ebene Schaufelgitter. Z. VDI (Sept. 1955) Nr. 9, S. 269—270.

de HALLER, P.: L'influence de l'épaisseur du profil sur les caractéristiques de grilles. Bull. techn. Suisse romande 79 (Mai 1953) Nr. 9/10, S. 133—135.
— Application of Electrical Analogy to the Investigation of Cascades. Sulzer Technical Review (März/April 1947).
— Das Verhalten von Tragflügelgittern in Axialverdichtern und im Windkanal. BWK 5 (1953) Nr. 10, S. 332—337.
HARGEST, T. J.: The Theoretical Pressure Distributions Around Some Related Aerofoils in Cascade. N. G. T. E. Mem. M 48 (1949).
— An Electrical Tanc for the Determination of Theoretical Velocity Distributions. N. G. T. E. Mem. M 48 (1949).
HAUSENBLAS, H.: Axialverdichterberechnungen in Groß-Britannien und den USA. Konstruktion 4 (1952) Nr. 6, S. 173—179.
HELD, W.: Die Auslegung von Verzögerungsgittern axialer Turbomaschinen mittels einfacher Näherungsbeziehungen. Die Technik 14 (Jan. 1959) Nr. 1, S. 3—10.
HERRIG, J., J. C. EMERY u. J. R. ERWIN: Systematic Two-Dimensional Cascade Tests of N. A. C. A. — 65-Series Compressor Blades at Low Speeds. N. A. C. A. TN 3916 (Febr. 1957).
HSUAN JEH: The Development of Cascade Profiles for High-Subsonic Potential Flows. Journ. of Aeron. Sciences 19 (Sept. 1952) Nr. 9, S. 630—638.
ISAY, W. H.: Zur Berechnung der Strömung durch axiale Schaufelgitter. Zeitschr. f. angewandt. Math. u. Mech. 37 (Sept./Okt. 1957) S. 321—335.
— Beitrag zur Potentialströmung durch axiale Schaufelgitter. Zeitschr. f. angewandt. Math. u. Mech., 33 (Dez. 1953) Nr. 12, S. 397—409.
— Beitrag zur Potentialströmung durch radiale Schaufelgitter. Ing.-Archiv 22 (1954).
JACOBS, E. N., K. E. WARD u. R. M. PINKERTON: The Characteristics of 78 Related Airfoil Sections from Tests in the Variable-Density-Wind Tunnel. N. A. C. A. Rep. Nr. 460 (1933).
JAUMOTTE, A. L., u. P. DEVIENNE: Effects of Reynolds Number of the Losses in Blade Cascades. Techn. Sci. aéro., France 1956, Nr. 5, S. 227—232.
— Aérodynamique des turbo-machines génératrices axiales. Congrès Technique International, Paris 16. bis 21. Sept. 1946.
v. KARMAN, TH.: Näherungsformeln für die Zirkulationsverteilung um engstehende Schaufeln von Strömungsgittern. ZFW 1956, S. 166—169.
KEAST, F. H.: High-Speed Cascade Testing Techniques. Transactions of the ASME 74 (Juli 1952) Nr. 5, S. 685—693.
KORBACHER, G. K.: A Test on a Compressor Cascade of Airfoils Having Their Position of Maximum Thickness 40% of the Chord and a Position of Maximum Camber of 45% of the Chord from the Leading Edge. N. G. T. E. M 80 (1950).
— A Test on a Compressor Cascade of Airfoils Having Their Position of Maximum Thickness 40% of the Chord from the Leading Edge and a Pitch Chord Ratio of Unity. N. G. T. E. Memor. Nr. M 73 (1949).
KRAMER, J. J., u. J. D. STANITZ: Prediction of Losses Induced by Angle of Attack in Cascades of Sharp-Nosed Blades for Incompressible and Subsonic Compressible Flow. N. A. C. A. Techn. Note Nr. 3149 (Jan. 1955).
KRÜGER, H.: Ein Verfahren zur Druckverteilungsrechnung an geraden und radialen Schaufelgittern. Ing.-Archiv 1958, Nr. 4, S. 242—267.
LEGENDRE, R.: Essais de Deux Grilles d'Aubes de Compresseurs. La Recherche Aéronautique (Mai/Juni 1956) Nr. 51, S. 3—10.
LEHMANN, TH.: Ein Beitrag zur Theorie axial durchströmter Schaufelgitter. Dissertation Techn. Hochschule Hannover 1952.
LEIST, K.: Beitrag zur Untersuchung von stehenden geraden Schaufelgittern mit Hilfe von Druckverteilungsmessungen, Köln u. Opladen: Westdeutscher Verlag 1954.
— An Experimental Arrangement for the Measurement of the Pressure Distribution on High-Speed Rotating Blade Rows. Transactions of the ASME 79 (April 1957) Nr. 3, S. 617—626.
LIEBLEIN, V.: Zur Berechnung der Auftriebscharakteristik eines Profils im Gitterverband. Braunschweiger Sitzungsbericht d. Lilienthalges. 1944; s. auch Ing.-Archiv XVIII (1950).
LUDEWIG, M.: Über das Verhalten kompressibler Medien bei der Strömung durch gerade Schaufelgitter. Forschg. a. d. Geb. d. Ing.-Wesens 1956, Nr. 6, S. 181—191.
MARCINOWSKI, H.: Die Bedeutung gemessener Gitterkennwerte für die Berechnung axial durchströmter Turbomaschinen. Bericht Nr. 171 d. Lilienthalges. f. Luftfahrt-Forschg. 1943.
— Messungen an axialen Schaufelgittern. Das Versuchswesen d. Maschinenfabrik J. M. Voith, Heidenheim 1949.
MEYER, R. E.: Beitrag zur Theorie feststehender Schaufelgitter. Mitt. Inst. Aerodyn. E. T. H. Zürich, Zürich: Leemann 1946.
MURAI, H.: Theorie über die Gitterströmung beliebig geformter Flügelprofile mit großen Wölbungs- u. Dickenverhältnissen. ZAMM 35 (Jan./Febr. 1955) Nr. 1/2, S. 48—54 u. (Sept./Okt. 1955) Nr. 9/10, S. 400.
OTSUKA, S.: Latticed Wing of Invariable Outflow Direction. Rep. Transport. Techn. Res. Inst. (April 1954) Nr. 11.

OTSUKA, S.: Method of Designing Latticed Wing Profils with Prescribed Velocity Distribution. Rep. Transport. Techn. Res. Inst. (Juli 1955) Nr. 16.

PANTELL, K.: Zur Laufschaufelausbildung axialer Turbomaschinen. Konstruktion (Nov. 1959) Nr. 2, S. 62—64.

PRASIL, F.: Verschiedene Strömungserscheinungen. Verh. d. Internationalen Kongresses f. techn. Mechanik, Zürich 1926, S. 473.

RAABE, J.: Ein Beitrag zu theoretischen Bestimmungen der auftriebslosen Anströmrichtung bei endlicher Profildicke im Flügelgitter einer axialen Turbomaschine. Maschinenmarkt (9. 1. 1959) Nr. 3, S. 7—10.

RESNICK, R., u. L. J. GREEN: Velocity Distributions and Design Data for Ideal Incompressible Flow Through Cascades of Airfoils. Journ. Appl. Mech. (Sept. 1951) S. 253—259.

RHODEN, H. G.: Effects of Reynolds Number on the Flow of Air Through a Cascade of Compressor Blades. Aeron. Res. Coun Rep. and Memor. Rep. and Memor. 2919 (1956).

ROSSNER, G.: Die günstigste Auftriebsverteilung bei Tragflügelgittern endlicher Spannweite. Ing.-Archiv 2 (1931) S. 36.

SAWYER, W. F.: Experimental Investigation of a Stationary Cascade of Aerodynamic Profiles. Mitt. Inst. Aerodyn. E. T. H. Zürich 1949, Nr. 17.

SCHILHANSL, M.: Näherungsweise Berechnung von Auftriebs- und Druckverteilung in Flügelgittern. Jahrb. d. wissensch. Ges. f. Luftfahrt, München: Oldenbourg 1927, S. 151.

SCHLICHTING, H.: Berechnung der reibungslosen, inkompressiblen Strömung für ein vorgegebenes, ebenes Schaufelgitter. VDI-Forschungsheft 21 (1955) Nr. 447.

— Ergebnisse und Probleme von Gittermessungen. Zeitschr. f. Flugwissensch. 1 (Okt. 1953) Nr. 5, S. 109—122.

— Cascade Flow Problems. Agard Rep. 93 (Febr. 1957).

— u. E. G. FEINDT: Gitterströmungen bei hohen Unterschallgeschwindigkeiten. Ber. 53/10 d. Inst. f. Aerodyn. d. deutschen Forschg.-Anstalt f. Luftf. e. V., Braunschweig und d. Inst. f. Strömungsmechanik d. Techn. Hochschule Braunschweig, 1956.

— u. N. SCHOLZ: Über die theoretische Berechnung der Strömungsverluste eines ebenen Schaufelgitters. Ing.-Archiv 19 (1951) S. 42—65.

SCHMIEDEN, C.: Unstetige Strömungen durch Gitter. Ing.-Archiv 3 (1932) S. 130.

SCHOLZ, N.: Über die Anwendung der Impulsmethode bei Messungen an Schaufelgittern. ZAMM (Aug./Sept. 1954) Nr. 8/9, S. 339—341.

— Ergebnisse systematischer Untersuchungen an ebenen Schaufelgittern. — Teil VIII: Experimentelle Ergebnisse für das Profil N. A. C. A. 8410 und Vergleich mit der Theorie. Ber. 55/3 d. Inst. f. Strömungsmechanik d. Techn. Hochschule Braunschweig, 1955.

— Untersuchungen an Schaufelgittern von Strömungsmaschinen. Zeitschr. f. Flugwissensch. 3 (März/April 1955) Nr. 3/4, S. 99—104.

— Über die Durchführung systematischer Messungen an ebenen Schaufelgittern. ZFW 4 (Okt. 1956) Nr. 10, S. 313—333.

— Über die Berücksichtigung des Kompressibilitätseinflusses bei Schaufelgitterströmung. ZFW 1957, Nr. 9, S. 265—269.

— Strömungsuntersuchungen an Schaufelgittern. — Teil II: Ein Berechnungsverfahren zum Entwurf von Schaufelgitterprofilen. VDI-Forschungsheft 20 (1954) Nr. 442, S. 25—48.

SCHULZE, W. M., J. R. ERWIN u. G. C. ASHLEY, JR.: N. A. C. A. 65-Series Compressor Rotor Performance with Varying Annulus-Area Ratio, Solidity, Blade Angle and Reynolds Number and Comparison with Cascade Results. N. A. C. A. TN 4130 (1957).

SCHWAAR, P.: Quelques remarques sur le calcul aéro-thermodyn. de l'aubage des turbomachines axiales. Bull. Techn. Suisse romande 78 (1952) Nr. 245.

SHEETS, H. E.: The Slotted-Blade Axial-Flow Blower. Transactions of the ASME (Nov. 1956) S. 1683—1690.

SHIMOYAMA, Y.: Experiments of Rows of Airfoils for Retarded Flow. Mem. Fac. Engrg. Kyushu, Imp. Univ. Fukuoka, 1938.

SÖRENSEN, E.: Potentialströmungen durch rotierende Kreiselräder. Zeitschr. f. angewandt. Math. u. Mech. 7 (1927).

SPANNHAKE, W.: Anwendung der konformen Abbildung auf die Berechnung von Strömungen in Kreiselrädern. Zeitschr. f. angewandt. Math. u. Mech. 5 (1925); s. auch Hydr. Probleme 1926, S. 180.

SPEIDEL, L.: Ergebnisse systematischer Untersuchungen an ebenen Schaufelgittern. — Teil IX: Berechnung der Verlustbeiwerte. Ber. 55/5 d. Inst. f. Strömungsmechanik d. Techn. Hochschule Braunschweig, 1955.

— Berechnung der Strömungsverluste von ungestaffelten ebenen Schaufelgittern. Ing.-Archiv 1954, Nr. 22, S. 295—322.

— Einfluß der Oberflächenrauhigkeit auf die Strömungsverluste in ebenen Schaufelgittern. Forschg. Ing.-Wesen 1954, Nr. 20 B, S. 129—141.

STANITZ, J. D.: Aerodynamic Design of Efficient Two-Dimensional Channels. Transactions of the ASME (Okt. 1953) S. 1241—1255.

— Design of Two-Dimensional Channels with Prescribed Velocity Distributions Along the Channel Walls. N. A. C. A. Techn. Rep. Nr. 1115 (1953).

— u. L. J. SHELDRAKE: Application of a Channel Design Method to High-Solidity Cascades and Tests of an Impuls Cascade with 90 deg. of Turning. N. A. C. A. Techn. Rep. Nr. 1116 (1953).

STAUFER, F.: Verfahren zur Bestimmung der Schaufelform gerader Schaufelgitter. Wasserwirtschaft 26 (1933) S. 421, 456, 507.

STIEFEL, W.: Betrachtungen zur Auslegung der Beschaufelung von axial durchströmten Verdichtern. MTZ 20 (1959) Nr. 9, S. 340—346.

TODD, K. W.: Practical Aspects of Cascade Wind Tunnel Research. Proc. Inst. Mech. Eng. (Jan. 1947).

TRAUPEL, W.: Zur Potentialtheorie des Schaufelgitters. Techn. Rundschau Sulzer 1948, Nr. 2.

— Die Berechnung der Potentialströmung durch Schaufelgitter. Techn. Rundschau Sulzer 1945, Nr. 1.

— Der Einfluß der Kompressibilität auf die Druckumsetzung in Verzögerungsgittern. Mitt. a. d. Inst. f. therm. Turbomaschinen a. d. E. T. H. Zürich, 1956, Nr. 3.

VALENTINE, E. F.: An Approximate Method for Design or Analysis of Two-Dimensional Subsonic Flow Passage. N. A. C. A. TN 4261 (April 1958) S. 38.

VAZSONYI, A.: On the Aerodynamic Design of Axial-Flow Compressors and Turbines. Journ. Appl. Mech. 15 (1948) Nr. 1.

VUSKOVIC, I.: Schaufelgitterberechnung bei axialen Turbomaschinen. Technika (Ing.), (Jan. 1954) Nr. 1, S. 73—81.

WEINIG, F.: Der Einfluß des Schaufelwiderstandes auf die Winkelübertreibung axial durchströmter Turbomaschinen. Jahrb. d. deutschen Luftfahrt-Forschg. 1941.

— Die Strömung um die Schaufeln von Turbomaschinen, Leipzig: Barth 1935.

WESTPHAL, W. R., u. W. R. GODWIN: Comparison of N. A. C. A. 65-Series Compressor Blade Pressure Distributions and Performance in a Rotor and in Cascade. N. A. C. A. TN 3806 (1957).

WICHERT, K.: Profilgestaltung in Verdichter und Turbine. Maschinenmarkt 1956, Nr. 23, S. 4—8.

— Beitrag zur optimalen Schaufelbelastung in axial durchströmten Turbomaschinen. Maschinenmarkt 1956, Nr. 58.

WISLICENUS, G. F.: Beitrag zur dreidimensionalen Theorie axial durchströmter Kreiselräder. Forschg. Ing.-Wesen 22 (1956) Nr. 2.

WOODS, L. C.: Compressible Subsonic Flow in Two-Dimensional Channels with Mixed Boundary Condition. Quart. Journ. Mech. Appl. Math. 1954, S. 263—282.

— Compressible Subsonic Flow in Two-Dimensional Channels. Part I. The Aeronautical Quarterly 6 (Aug. 1955).

— Compressible Subsonic Flow in Two-Dimensional Channels. Part II: The Application of the Theory to Problems of Channel Flow. The Aeronautical Quarterly (Nov. 1955) S. 254—276.

WOOLARD, H. W.: A Note on the Subsonic Compressible Flow About Airfoils in a Cascade. Journ. of Aeron. Sciences 17 (Juni 1950) Nr. 6, S. 379—381.

WRIGHT, L. C.: Approximate Effect of Leading-Edge Thickness, Incidence Angle, and Inlet Mach Number on Inlet Losses for High-Solidity Cascades of Low Chambered Blades. N. A. C. A. Techn. Note Nr. 3327 (Dez. 1954).

ZWEIFEL, O.: Die Frage der optimalen Schaufelteilung bei Beschaufelung von Turbomaschinen. BBC-Nachrichten (Dez. 1945).

Kapitel D

Kennfeldberechnung

BOGDONOFF, S. M.: The Performance of Axial-Flow Compressors as Affected by Single-Stage Characteristics. Journ. of Aeron. Sciences (Mai 1951) S. 319—328.

ECKERT, B.: Aus Axialkompressorversuchen ermittelte Profilbeiwerte. Tagungsber. d. Lilienthalges. 1944.

GARVE, A.: Zur Steilheit der Kennlinien in Axialverdichtern. MAN-Forschungsheft 1953, S. 40—44.

HARTMANN, W.: Problems Encountered in the Translation of Compressor Performance from One Gas to Another. Transactions of the ASME 79 (1957) Nr. 4, S. 887—897.

HELD, W.: Über die Kennfeldberechnung mehrstufiger Axialverdichter bei hohen Unterschallgeschwindigkeiten. Wissensch. Zeitschr. d. Techn. Hochschule Dresden, 8 (1958/59) Nr. 2, S. 465—474.

HOWELL, A. R., u. R. P. BONHAM: Overall and Stage Characteristics of Axial-Flow Compressors. Proc. Inst. Mech. Eng. 163 (1951) S. 235—248.

KLINGEMANN, G.: Verfahren zur Berechnung der theoretischen Kennlinien von Turbomaschinen. Ing.-Archiv 11 (1940).

KUCZEWSKI, S.: Eine Ableitung der Charakteristiken von Axialverdichtern. Maschinenbautechnik 4 (1955) Nr. 10, S. 546—554; Nr. 11, S. 613; s. auch Mechanik 1955, Nr. 2.

LOUIS, J. F., u. J. H. HORLOCK: A Graphical Method of Predicting the Off-Design Performance of a Compressor Stage. Aeron. Res. Coun. Rep. ARC CP 320 (1957).

McCOY, A. W., u. M. J. BRUNNER: The Use of Stator-Blade Control to Obtain Wide Range of Compressor Performance for Wind-Tunnel Application. Transactions of the ASME 76 (Febr. 1954) Nr. 2, S. 233—240.

MERCHANT, W.: An Approximate Investigation of the Off-Design Performance of a Turbocompressor Stage. Proc. Inst. Mech. Eng. 161 (1950).

PEARSON, H., u. T. BOWMER: Le pompage des compresseurs axiaux. The Aeronautical Quarterly, Part III, Vol. I (1949).

RAABE, J.: Beitrag zur Berechnung der Kennlinien von axialen Turbomaschinen. Maschinenmarkt 63 (1957) Nr. 12, S. 11—16.

RUNTE, W.: Zur Beurteilung von Kennlinien von Turbo-Verdichtern radialer und axialer Bauart. BBC-Nachrichten 35 (Juli/Sept. 1953) Nr. 3, S. 79—90.

SALZMANN, F.: Über die Druck-Volumen-Kennlinie vielstufiger Axialverdichter. Schweizer Bauzeitschr. 124 (1944) Nr. 2.

SCHOLZ, N.: Berechnung der Kennlinien eines Verdichters auf Grund grenzschichttheoretischer Gitteruntersuchungen. Forschg. Ing.-Wesen 22 (1956) Nr. 4, S. 137—139.

— Berechnung der Kennlinie eines Axialverdichters auf Grund grenzschichttheoretischer Gitteruntersuchungen. Jahrb. d. WGL, Braunschweig: Vieweg 1956, S. 205—213.

SENGER, U.: Die Betriebskennlinien mehrstufiger Verdichter. BBC-Nachrichten 1941, S. 19.

STUART, M. C., u. T. E. JACKSON: The Analysis and Evaluation of Compressor Performance. Transactions of the ASME, Paper Nr. 53-A-53 (1953).

WEINIG, F.: Die zu einem Axialgebläse gleichwertigen Profilpolare. Jahrb. d. deutschen Luftfahrt-Forschg. 1939, S. 218—233.

Kapitel D

Experimentelle Untersuchungen

BOWEN, J. T., R. H. SABERSKY u. W. D. RANNIE: Investigations of Axial-Flow Compressors. Transactions of the ASME 73 (Jan. 1951) S. 1—15.

CARTER, A. D. S., S. J. ANDREWS u. E. A. FIELDER: The Design and Testing of an Axial Compressor Having a Mean Stage Temperatur Rise of 30 deg. C. Aeron. Res. Coun. Rep. and Memor. 2985 / ARC 16775 (1957).

ECKERT, B., F. PFLÜGER u. F. WEINIG: Versuche an einem Axial-Kühlluftgebläse. Jahrb. d. deutschen Luftfahrt-Forschg. 1939.

— Axialverdichterstufe mit hoher Druckziffer. Jahrb. d. deutschen Luftfahrt-Forschg. 1940.

— Neuere Erfahrungen an Überdruck-Axialgebläsen. Z. VDI 88 (1944) Nr. 37/38.

EMMONS, H. W., C. E. PEARSON u. H. P. GRANT: Compressor Surge and Stall Propagation. Transactions of the ASME 1955, Nr. 4, S. 455—469.

GNAM, E.: Zur Messung des Wirkungsgrades an Verdichtern. MAN-Forschungsheft 1953.

HEIM, TH.: Die Bedeutung des Modellversuchs im Gebläsebau. Kühnle-Kopp u. Kausch Mitt. 1950, Nr. 1.

HORLOCK, J. H.: Experimental and Theoretical Investigations of the Flow of Air Through Two Single-Stage Compressors. Aeron. Res. Coun. Rep. and Memor. 3031 (1957) S. 36.

JEFFS, R. A., E. L. HARTLEY u. P. ROOKER: Tests on an Axial Compressor with Various Stator Blade Staggers. Aeron. Res. Coun. Memor. M 100 (Sept. 1950).

KING, J. A., u. O. W. REGAN: Performance of N. A. C. A. Eight-Stage Axial-Flow Compressor at Simulated Altitudes. N. A. C. A. ACR Nr. E4L21 (1944).

MARCINOWSKI, H.: Versuchsstand zur Untersuchung von Axialgebläsen. Das Versuchswesen d. Maschinenfabrik J. M. Voith, Heidenheim 1949.

— Druck- u. Geschwindigkeitsverteilung hinter dem Laufrad eines Axialventilators. Voith-Forschg. u. Konstr. 1957, Nr. 2.

— Der Einfluß des Laufradspaltes bei leitradlosen frei ausblasenden Axialventilatoren. Voith-Forschg. u. Konstr. 1958, Nr. 3.

MEYER, R. E.: Einfluß der Profilnachläufe auf die momentane Druck- und Geschwindigkeitsverteilung in Turbomaschinen. Transactions of the ASME (Okt. 1958).

MUESMANN, G.: Zusammenhang der Strömungseigenschaften des Laufrades eines Axialgebläses mit denen eines Einzelflügels. ZFW (Dez. 1958) S. 345—358.

NEW, W. R., A. H. REDDING, H. B. SALDIN u. K. O. FENTRESS: Basic Compressor Characteristics from Tests of a Two-Stage Axial-Flow Machine. Transactions of the ASME (April 1954) S. 473—481.

POLLMANN, E.: Versuche an 5 Axialgebläsen hoher Druckziffer. Techn. Hochschule Braunschweig 1952.

RUNKEL, J. F., u. R. S. DARVEY: Pressure-Distribution Measurements on the Rotating Blades of a Single-Stage Axial-Flow Compressor. N. A. C. A. Techn. Note Nr. 1189.

SINETTE, J. T., O. W. SCHEY, u. J. A. KING: Performance of N. A. C. A. Eight-Stage Axial-Flow Compressor Designed on the Basis of Airfoils Theory. N. A. C. A. Rep. Nr. 758 (1944).

— u. J. W. VÖSS: Extension of Useful Operating Range of Axial-Flow Compressors by Use of Adjustable Stator Blades. N. A. C. A. TR Nr. 915 (1948).

STEPHENSON, J. M.: Efficiency and Drag of an Axial-Flow Compressor Stage. Aircr. Engng. 1953, Nr. 292, S. 158—160.

TRAUPEL, W.: Versuche an einem gegenläufigen Axialventilator. Heizung, Lüftung. Haustechn. 10 (1959).

Kapitel E

Allgemeine und zusammenfassende Arbeiten

BALJE, O. E.: A Contribution to the Problem of Designing Radial Turbomachines. Transactions of the ASME (Mai 1952) S. 451—472.

BALLING, N. R., u. V. W. VAN ORNUM: Development of a Centrifugal Compressor for a Small Gasturbine Engine. ASME Prep. 1956, 13 S.

CHUNG-HUA, WU: A General Theorie of Three Dimensional Flow in Subsonic and Supersonic Turbomachines of Axial-Radial and Mixed Flow Type. Transactions of the ASME (Nov. 1952) S. 1363—1380.

CONCORDIA, C., u. M. F. DOWEL: Analytical design of centrifugal air compressors. Journ. Appl. Mechanics (Dez. 1946) S. 271—275.

ECK, B.: Ventilatoren, 3. Aufl., Berlin/Göttingen/Heidelberg: Springer 1957.

— Der Verstellboden, ein neues Regelorgan für radiale Kreiselmaschinen. Konstruktion 7 (Febr. 1955) Nr. 2, S. 68—72.

— u. J. KEARTON: Turbogebläse und Turbokompressoren. Berlin: Springer 1927.

ENSSLINGER, J.: Wirkungsgradsteigerung von Ventilatoren radialer Bauart durch strömungstechnisch richtige Formgebung der Flügelräder. MAN-Forschungsheft 1952, 2. Halbjahr.

GHEROFF, W.: Berechnungsverfahren für Kreiselradmaschinen. Konstruktion 1958, S. 273—279.

GINSBURG, A., W. K. RITTER u. J. PALASICS: Effects on performance of changing the division of work between increase of angular velocity and increase of radius of rotation in an impeller. NACA Techn. Note Nr. 1216 (1947).

— J. W. R. CREAGH u. W. K. RITTER: Performance Investigations of a Large Centrifugal Compressor from an Experimental Turbojet Engine. NACA R & M E8H13 (1948).

GRUN, W.: Beiträge zur Theorie und Konstruktion der Leit- und Laufvorrichtungen für Turbopumpen, insbesondere für Turbo-Gebläse und Kompressoren. Diss. TH Hannover 1907.

— u. F. KLUGE: Großkreiselverdichter. Z. VDI 85 (1941).

HENNING, F. O., R. M. GREENE u. N. Y. OLEAN: Some recent developments in the gasturbine for centrifugal compressor drive. Amer. Gas Ass., Proc., 1953, H. 35, S. 1073—1079.

JOHNSON, I. A., u. A. GINSBURG: Some NACA-Research on Centrifugal Compressors. Transactions of the ASME 75 (1953) H. 7, S. 805—817.

HUSAV, JIMBO: Investigation of the Interaction of Windage and Leakage Phenomena in a Centrifugal Compressor. ASME-Rep. Nr. 56-A-47 (1956) 17 S.

KARASSIK, J. J.: Compression polytropique dans les compresseurs centrifuges. Chem. Engineering 1949, Nr. 8.

KLUGE, F.: Kreiselgebläse und Kreiselverdichter radialer Bauart, Berlin/Göttingen/Heidelberg: Springer 1953.

— Kreiselverdichter für techn. Gase. Z. VDI 88 (1944).

— Turbogebläse zur Verdichtung von Luft und Gas. Demag-Nachrichten 16 (1940) Nr. 1.

— Strömungsforschung und Strömungsmaschinen in USA. BWK 1 (1949).

— Der Kreiselverdichter auf dem Weltmarkt. Konstruktion 2 (1950).

— Die Konstruktion der Kreiselverdichter. Konstruktion 2 (1950).

KOLLMANN, K.: Grenzen zur einstufigen Verdichtung in Schleuderladern für Flugmotoren. Luftwissen 7 (1940).

MAILLET, E.: Le développement des compresseurs centrifuges. La Recherche Aéronautique 1948, Nr. 3.

— u. J. LE MANACH: Subsonic Flow in a Centrifugal Compressor. Ass. Techn. Mar. aéro. Prep. 1955.

MARCINOWSKI, H.: Einfluß des Laufradspaltes und der Luftführung bei einem Kühlgebläse axialer Bauart. MTZ 1953, S. 259ff.

MARCU, JANCU: Projektierung und Berechnung von Kreiselpumpen und Kreiselverdichtern unter Vermeidung der Schallgeschwindigkeit und Kavitation. Maschinenbautechnik (Juni 1955) S. 313.

MELDAHL, A.: Der Einfluß der Kompressibilität des Fördermittels auf die Eigenschaften eines Zentrifugalgebläses. BBC-Nachrichten (Aug./Sept. 1941).

MERCHANT, W.: An Approximate Investigation of the Off-design Performance of a Turbocompressor Stage. Proc. J. Mech. Eng. 161 (1949) S. 227.

METRAL, A.: Le compresseur centrifuge Szydlowski-Planiol. L'Aéronautique (Dez. 1938) Nr. 235.

v. d. NÜLL, W., u. H. PFAU: Auslegung und Gestaltung der Flugmotorenlader. Z. VDI 85 (1941) S. 763ff.

— — Die Gestaltung von Flugmotorenladern. Luftwissen 4 (1937).

— — Überlegungen zur Frage der größtmöglichen Förderhöhe einstufiger Radial-Lader. Luftwissen 7 (1940).

— — Leistung und Wirkungsgrad bei Flugmotorenladern. Jahrb. d. deutsch. Versuchsanst. f. Luftf. 1937.

PECK, J. F.: Investigations concerning flow conditions in a centrifugal pump, and the effect of blade loading on head slip. Proc. Inst. Mech. Engrs 164 (1951) S. 1.

PFLEIDERER, C.: Die Kreiselpumpen für Flüssigkeiten und Gase, 4. Aufl., Berlin/Göttingen/Heidelberg: Springer 1955.

— Die Überschallgrenze bei Kreiselverdichtern. Z. VDI 92 (1950).

— Vorausbestimmung der Kennlinien schnelläufiger Kreiselpumpen, Berlin: VDI-Verlag 1938.

— Strömungsmaschinen, 2. Aufl., Berlin-Göttingen/Heidelberg: Springer 1957.

PRIAN, V. D., u. D. J. MICHEL: An Analysis of Flow in Rotating Passage of Large Radial-Inlet Centrifugal Compressors at Tip Speed of 700 ft/sec. NACA Techn. Note 2584 (Dez. 1951).

RUNTE, W.: Zur Beurteilung von Kennlinien von Turbo-Verdichtern radialer und axialer Bauart. BBC-Nachrichten 35, (Juli/Sept. 1953) Nr. 3, S. 79—90.

SENGER, U.: Die Betriebskennlinien mehrstufiger Verdichter. BBC-Nachrichten (Jan./Mai 1941) S. 19—27.

SPEER, J. E.: Design and Development of a Broad-Range, High-Efficiency Centrifugal Compressor for a Small Gas-Turbine-Compressor Unit. Transactions of the ASME (April 1953) S. 395—407.

STANITZ, J. D.: Some theoretical aerodynamic investigations of impellers in radial- and mixed flow centrifugal compressors. Transactions of the ASME (Mai 1952) S. 473—496.

STANITZ, J. D., u. G. O. ELLIS: Two-dimensional compressible flow in centrifugal compressors with straight blades. NACA Rep. 954 (1950).

STEPANOFF, A. J.: Turboblowers, New York: Wiley & Sons 1955.

VALDENAZZI, L. G.: Le calcul thermodynamique des compresseurs centrifuges. Bull. Techn. de la Suisse Rom. 1949, Nr. 5 u. 6.

WAAGEPETERSEN, G.: A simple calculation for the velocity distribution in an irrational flow between excentric circles. Ingeniren, Intern. Edition I (Okt. 1957) Nr. 2, S. 62—67.

WOODHOUSE, H.: Inlet Conditions of Centrifugal Compressors for Aircraft Engine Superchargers and Gas Turbines. Journ. Aeronautical Sciences 15 (1948) S. 403—406.

WOSIKA, L. R.: Radial-Flow Compressors and Turbines for the Simple Small Gas-Turbine. Transactions of the ASME (Nov. 1952) S. 1337—1347.

ZUMSTEIN, A.: Neuere Ausführungen von Radialkompressoren. Schweiz. Bauzeitung 75 (1957) H. 16, S. 250 bis 252.

Kapitel E

Spezielle Laufraduntersuchungen

ACOSTA, A. J.: An Experimental Study of Centrifugal Pump Impellers. ASME-Prep. 56-A-41 (1956) 19 S.

— An Experimental and Theoretical Investigation of Two-Dimensional Centrifugal-Pump Impellers. Transactions of the ASME 76 (Juli 1954) Nr. 5, S. 749—763.

— u. R. D. BOWERMAN: An Experimental Study of Centrifugal Pump Impellers — Blade Design — Measurement of Loss and Relative Velocity. CIT Hydrodynamics Lab. Rep. E — 19,8 (Aug. 1955) 44 S.

ALBRING, W.: Berechnung der Strömung in radialen Laufrädern. Maschinenbautechnik 7 (Juli 1958) H. 7, S. 378—382.

ANDERSON, R. J., W. K. RITTER u. D. M. DILDINE: An Investigation of the Effect of Blade Curvature on Centrifugal-Impeller Performance. NACA Techn. Note 1313 (1947).

BROWN, B.: Computation of the mean tangential velocity of the air leaving the blade tips of centrifugal supercharger. Wartime Rep. NACA E 11.

CHURCH, A. H., u. S. A. GERTZ: Resistance to rotation of disks in liquid. ASME Paper Nr. 49-A-103 (1949).

DICKMANN, H. E.: Reibungsmomente rotierender, technisch glatter Scheiben. BWK (Okt. 1953) Arbeitsblatt 40.

ELLIS, G. O., u. J. D. STANITZ: Two-Dimensional Compressible Flow in Centrifugal Compressors with Logarithmic Spiral Blades. NACA Techn. Note 2255 (Jan. 1951).

— J. D. STANITZ u. L. J. SHELDRAKE: Two Axial-Symmetry Solutions for Incompressible Flow through a Centrifugal Compressor with and without Inducer Vanes. NACA Techn. Note 2464 (1951).

— — Comparison of Two- and Three-Dimensional Potential Flow Solutions in a Rotating Impeller Passage. NACA Techn. Note 2806 (1952).

GRUBER, J., u. M. BLAHO: Measurement of Pressure Distribution on Blades of Centrifugal Fan Impellers. Acta tech. hung. 9 (1954) S. 37—48.

HAMBRICK, J. T.: Some Aerodynamic Investigations in Centrifugal Impellers. Transactions of the ASME (1956) S. 591—602.

HASSELGRUBER, H.: Strömungsgerechte Gestaltung der Laufräder von Radialkompressoren mit axialem Laufradeintritt. Konstruktion 10 (1958) H. 1.

HAUSEN, O.: Untersuchungen über den Einfluß des endlichen Schaufelabstandes an radialen Kreiselrädern. Techn. Hochschule Braunschweig 1936.

HOFFMEISTER, M.: Entwicklung von radialen Laufschaufeln unter Benutzung des Singularitätenverfahrens. Maschinenbautechnik 8 (1959) H. 2, S. 77—83.

JOHNSON, J. A., u. A. GINSBURG: Some NACA research on centrifugal compressors. Transactions of the ASME 76 (Juli 1953) S. 805—817.

JUNGCLAUS, G.: Grenzschichtuntersuchungen in rotierenden Kanälen und bei scherenden Strömungen. Mitt. Max-Planck-Inst. f. Strömungsforschg, Göttingen 1955, Nr. 11.

KELLER, C.: Labyrinth-Strömung bei Turbomaschinen. Escher-Wyss-Mitt. 1935.

KRAMER, J. J., u. J. D. STANITZ: A Note on Secondary Flow in Rotating Radial Channels. NACA Techn. Report Nr. 1179 (1954).

KRETSCHMER, R.: Das Breitenverhältnis radialer Pumpenschaufeln mit kleiner radialer Erstreckung. Diss. TH Braunschweig 1950.

LIEBLEIN, S.: Theoretical and Experimental Analysis of One-Dimensional Compressor Flow in Rotating Radial-Inlet Impeller Channel. NACA Techn. Note 2691 (1952).

MICHEL, D. J., A. GINSBURG u. J. MIZISIN: Experimental Investigation of Flow in the Rotating Passages of a 48 inch Impeller at Low Tip Speeds. NACA R & M E51D20 (1951).

— J. MIZISIN u. V. D. PRIAN: Effect of Changing Passage Configuration on Internal-Flow Characteristics of a 48 inch Centrifugal Compressor. Part I: Change in Blade Shape. NACA Techn. Note 2706 (1952).

MÜLLER, K. J.: Der Widerstand von Radialkompressor-Läufern mit Radialschaufeln. Österreich. Ing.-Arch. 1948, Nr. 2.

524 Literaturverzeichnis

v. d. Nüll, W.: Die Flugmotorenlader. Ringbuch d. deutschen Luftfahrttechn.
Pascher, W.: Aufzeichnung der Linien konstanter Geschwindigkeit im Felde hydrodynamischer Gitter mit Hilfe der Seifenhautanalogie. Maschinenbautechnik 1956, Nr. 12, S. 662—667.
Petermann, H.: Der Sekundäreinfluß des Spaltverlustes bei radialen Kreiselpumpen und Verdichtern mit Deckscheibe. Z. VDI 101 (1959) Nr. 11, S. 430—432.
Reddy, K. R.: Relative Eddy and its Effects on the Performance of a Radial Bladed Centrifugal Impeller. Journ. of the Royal Aeron. Soc. 58 (1954) Nr. 524.
Roy, M.: Étude d'un courant théorique et médian dans un rotor à palettes radiales. Assoc. Technique Maritime et Aéronautique, Bulletin Nr. 48 (Session 1949).
Schröder, E.: Das Förderhöhenverhältnis einer radialen Kreiselpumpe. Techn. Hochschule Braunschweig 1933.
Schultz-Grunow, F.: Der Reibungswiderstand rotierender Scheiben. Z. angew. Math. und Mech. 1935, H. 4.
Sheets, H. E.: The flow through centrifugal compressors and pumps. Transactions of the ASME (Okt. 1950) S. 1009—1015.
Smith, K. J., u. J. T. Hambrick: A Rapid Approximate Method for the Design of Hub Shround Profiles of Centrifugal Impellers of Given Blade Shape. NACA Techn. Note 3399 (März 1955) 26 S.
Stanitz, J. D.: Two-Dimensional Compressible Flow in Centrifugal Compressors with Straight Blades. NACA Rep. 954 (1950).
— u. V. D. Prian: A Rapid Approximate Method for Determining Velocity Distribution on Impeller Blades of Centrifugal Compressors. NACA Techn. Note 2421 (1951).
Stöffler, G.: Eindimensionale, kompressible, stationäre Strömung mit Zufuhr mechanischer Energie. Mitt. d. Inst. f. Ström. Lehre u. Ström. Maschinen d. TH Karlsruhe 1956.
Trutnowsky, K.: Labyrinthspalte und ihre Anwendung. Forschung 8 (1937).
Valdenazzi, L. G.: Loss Due to Leakage in Unschrouded Radial Impellers. Journ. Roy. Aeron. Soc. 60 (Febr. 1956) S. 132—134.

Kapitel E

Untersuchungen über Leitrad und Spiralgehäuse

Bowerman u. A. J. Acosta: Effect of the Volute on Performance of a Centrifugal Pump Impeller. Transactions of the ASME 79 (1957) Nr. 5, S. 1057—1069.
Bradshaw, G. R., u. E. B. Laskin: Experimental Study of Effect of Vaneless Diffuser Performance. NACA Techn. Note 1713 (1948).
Brown, W. B.: Friction Coefficients in a Vaneless Diffuser. NACA Techn. Note 1311 (1947).
— u. G. R. Bradshaw: Design and Performance of Family of Diffusing Scrolls with Mixed-Flow Impeller and Vaneless Diffuser. NACA Rep. Nr. 936 (1949) S. 305—314.
— — Method of Designing Vaneless Diffusers and Experimental Investigation of Certain Undetermind Parameters. NACA Techn. Note 1426 (1947).
Dziallas, R.: Verstellbare Leitschaufeln bei Speicherpumpen. Versuchswesen der Maschinenfabrik Voith, Heidenheim 1949.
Faulders, C. R.: Aerodynamic Design of Vaned Diffusers for Centrifugal Compressors. ASME Prep. 56-A-213 (1956) 43 S.
Kranz, H.: Strömung in Spiralgehäusen. VDI-Forschungsheft 370, Berlin: VDI-Verlag 1935.
Pfau, H.: Die Leitschaufel in ihrer Beziehung zu den Kennwerten von Flugmotorenladern. MTZ 1941, Nr. 12.
Schrader: Messungen an Leitschaufeln von Kreiselpumpen, Triltsch 1939.
Stanitz, J. D.: One-Dimensional Compressor Flow in Vaneless Diffusers of Radial- and Mixed-Flow Centrifugal Compressors, Including Effects of Friction, Heat Transfer and Area Change. NACA Techn. Note 2610 (1952).
Valdenazzi, L. G.: Die Berechnung der Spirale von Turbokompressoren. ATA (März 1950).

Kapitel F

Ainley, D. G.: The Performance of Axial Flow Turbines. Proc. Inst. mech. Engrs. 159 (1948) (War Emergency Issue Nr. 41).
Benser, W. A., u. H. B. Finger: Compressor Stall Problems in Gas-Turbine-Type Aircraft Engines. SAE-Transactions 65 (1957).
Bidard, M. R.: La stabilité de régime des compresseurs. Association Technique Maritime et Aéronautique 1946, Nr. 45.
— Le pompage des compresseurs, résultats d'essais. Association Technique Maritime et Aéronautique, Paris 1950.
Brooke, G. B.: Surging in Centrifugal Superchargers. Brit. Aeron. Res. Comm. R & M Nr. 1503 (1952).
Bullock, R. O., u. H. B. Finger: Surging in Centrifugal and Axial-Flow Compressors. SAE Quart. Trans. 6 (April 1952) Nr. 2.
Carmichael, A. D.: Stall Propagation in Compressors. Ph. D. Thesis, Cambridge University 1958.

CARTER, A. D. S.: The Axial Compressor. Gas Turbine Principles and Practice (Ed. Sir H. Roxbee Cox), London: G. Newnes 1955.

CORNELL, W.: The Stall Performance of Cascades. Proc. 2nd Nat. Con. appl. Mech. (Michigan) American Society of Mechanical Engineers, New York 1954.

COSTILOW, E. L., u. M. C. HUPPERT: Rotating-Stall Characteristics of a Rotor with high Hub-Tip Radius Ratio. NACA TN 3518 (1955).

DE HALLER, P.: Das Verhalten von Tragflügelgittern in Axialverdichtern und im Windkanal. Brennst. Wärme Kraft 5 (1953) 333.

EMMONS, H. W., C. E. PEARSON u. H. P. GRANT: Compressor Surge and Stall Propagation. Trans. Amer. Soc. mech. Engrs 77 (1955).

HAWTHORNE, W. R., u. J. H. HORLOCK: Actuator Disc Theory Applied to Wall Boundary Layers in Cascades. ARC Rep. 490 (1952) Nr. 15.

HERRIG, L. J., J. C. EMERY, u. J. R. ERWIN: Systematic Two-Dimensional Cascade Tests of NACA 65-Series Compressor Blades at Low Speeds. NACA R. M. L51G31 (1951).

HODGE, J.: Cycles and Performance Estimation (Gas Turbine I), London: Butterworths 1955.

HORLOCK, J. H.: Axial Flow Compressors, Fluid Mechanics and Thermodynamics, London: Butterworths 1958.

HUPPERT, M. C., u. W. A. BENSER: Some Stall and Surge Phenomena in Axial Flow Compressors. J. aero. Sci. (December 1953).

— u. E. L. COSTILOW: Some Aspects of Rotating Stall in Single-Stage Compressors. ASME Paper Nr. 56-SA-57 (1956).

JAUMOTTE, A., u. S. GOLDSTEIN: Contributions à l'étude expérimentale du décollement tournant dans les compresseurs axiaux. Université Libre de Bruxelles. Inst. de Mécanique appliqué (Febr. 1957).

JURA, T., u. W. D. RANNIE: Experimental Investigations of Propagating Stall in Axial-Flow Compressors. Trans. of the ASME 76 (1954).

LIEBLEIN, S., F. C. SCHWENK u. R. L. BRODERICK: Diffusion Factor for Estimating Losses and Limiting Blade Loadings in Axial-Flow-Compressor Blade Elements. NACA R. M. E53D01 (1953).

LOUIS, J. F.: Stalling Phenomena in Axial-Flow Compressors. Ph. D. Thesis submitted (1957), Cambridge University.

MARBLE, F. E.: Propagation of Stall in a Compressor Blade Row. J. aero. Sci. 22 (1955).

PEARSON, H., u. T. BOWMAR: Surging of Axial Compressors. Roy. Aeron. Soc. Aeronautical Quart. Bd. 1.

RANNIE, W. D., u. F. E. MARBLE: Unsteady Flows in Axial Turbomachines. Comptes Rendus des Journées Internationales de Sciences Aeronautiques, ONERA, 1957.

RHODEN, H. G.: Effects of Reynolds Number on the Flow of Air through a Cascade of Compressor Blades. ARC R & M 2919 (1956).

SEARS, W. R.: Rotating Stall in Axial Compressors. Z. angew. Math. Phys. 35 (1955) Nr. 6.

SISTO, F.: Stall-Flutter in Cascades. Journ. of the aeron. Soc. (Sept. 1953).

SMITH, A. G., u. P. F. FLETCHER: Observations on the Surging of Various Low Speed Fans and Compressors. NGTE Memo Nr. M 219 (1954).

STENNING, A. H., A. R. KRIEBEL u. S. R. MONTGOMERY: Stall Propagation in Axial Flow Compressors. NACA TN 3580 (1956).

— — Stall Propagation in a Cascade of Aerofoils. Trans. of the ASME 80 (1958).

STONE, A.: Effects of Stage Characteristics and Matching on Axial-Flow-Compressor Performance. Trans of the ASME 80 (1958).

TRAUPEL, W.: Thermische Turbomaschinen, Erster Band, Berlin/Göttingen/Heidelberg: Springer 1958.

WOOD, M. D., J. H. HORLOCK u. E. K. ARMSTRONG: Experimental Investigation of the Stalled Flow in a Single Stage Axial Compressor. ARC Rep. Nr. 17280 (1953).

— Stall Propagation in Axial Flow Compressors. Ph. D. Thesis, Cambridge University 1955.

Kapitel G

AHRENDT, W. R.: Servomechanism. practice. New York: McGraw Hill 1954.

BAMMERT, K.: Grundlagen zur Regelung von Turbinentriebwerken. Die Technik 2 (1947).

BLASIG, K.: Regelung von Turbokompressoren mit dem Strahlrohrregler. Stahl und Eisen 53 (1933) H. 15.

ENGEL, F. V. A., u. R. C. OLDENBOURG: Mittelbare Regler und Regelanlagen, Berlin: VDI-Verlag 1944.

HOLLECK, B.: Selbsttätige elektrische Regelung des Dampfkreiselverdichters. AEG-Mitteilungen 1938.

KLUGE, F.: Kreiselgebläse und Kreiselverdichter radialer Bauart, Berlin/Göttingen/Heidelberg: Springer 1953.

— Das Turbogebläse im Hochofen- und Stahlwerksbetrieb. Stahl und Eisen 62 (1942).

— Regelung von Kreiselverdichtern. Z. VDI 84 (1940).

LENDORFF, B.: Escher-Wyss-Mitt. 1941.

LEONHARD, A.: Die selbsttätige Regelung, 2. Aufl., Berlin/Göttingen/Heidelberg: Springer 1957.

LÜTHI, A.: Spezialregler für Dampfturbinen und Kompressoren. Escher-Wyss-Mitt. 13 (1949).

OPPELT, W.: Kleines Handbuch technischer Regelvorgänge, 5. Aufl., Weinheim: Verlag Chemie 1956.

PFLEIDERER, C.: Die Kreiselpumpen, 5. Aufl., Berlin/Göttingen/Heidelberg: Springer 1961.

REGENSCHEIT, B.: Leistungssparende Volumenstromregelung bei Radialventilatoren. Heizung, Lüftung, Haustechn. 8 (1957).

Sachverzeichnis

Zwei Standardwerke auf ihrem Gebiet:

B. Eck

Technische Strömungslehre

8., neubearbeitete Auflage
Band 1: **Grundlagen**
1978. 264 Abbildungen, 5 Tabellen. XII, 242 Seiten
ISBN 3-540-08635-8

Aus den Besprechungen:

„Generationen von Ingenieurstudenten haben nach diesem Klassiker der Technischen Strömungslehre gegriffen, sei es der knapp gefaßten theoretischen Grundlagen wegen oder wegen der direkten Anwendungen auf Strömungsprobleme der Industrie. Nun erscheint das Lehrbuch wie bei der Erstauflage 1935/36 in zwei Teilen, der vorliegenden theoretischen Einführung, durch Zahlenbeispiele ergänzt und bereits mit Anwendungen auf Rohrhydraulik und auf den Tragflügel, und in einem zweiten, unabhängig lesbaren Band, mit typischen Industrieanwendungen. Geblieben ist der klare anwendungsorientierte Aufbau des Stoffes mit einem abschließenden Kapitel über strömungstechnisches Messen."

Int. Mathematische Nachrichten

W. Traupel

Thermische Turbomaschinen

Band 1

Thermodynamisch-strömungstechnische Berechnung
3., neubearbeitete und erweiterte Auflage. 1977. 478 Abbildungen. XIII, 579 Seiten
ISBN 3-540-07939-4

Inhaltsübersicht: Formelzeichen. – Thermodynamische Grundlagen. – Theorie der Arbeitsprozesse. – Strömungstheoretische Grundlagen. – Arbeitsverfahren thermischer Turbomaschinen. – Elementare Theorien der Stufe. – Das Schaufelgitter. – Räumliche Strömung durch Turbomaschinen. – Berechnungsunterlagen. – Auslegung von Turbomaschinen. – Wellendichtungen und Schubausgleich.

Aus den Besprechungen:

„Hervorzuheben ist auch bei dieser dritten Auflage die geschlossene einheitliche Darstellung des gesamten Gebietes, wobei überall der Bezug zu den physikalischen Grundlagen zu spüren ist. Dadurch ist das Werk nicht nur eine Zusammenstellung von Einzelerkenntnissen, sondern gibt – aufbauend auf den Grundlagen – eine Gesamtschau des neuesten Standes des Wissensgebietes. Jeder Ingenieur, der eine thermodynamische oder aerodynamische Berechnung einer thermischen Turbomaschine auszuführen hat, wird an diesem Standardwerk nicht vorbeikommen. Außerdem ist das Buch hervorragend geeignet für alle Studenten und Ingenieure, die sich vertieft mit der Theorie der Strömungsmaschinen befassen wollen." *Forschung im Ingenieurwesen*

Springer-Verlag
Berlin
Heidelberg
New York

MIX
Papier aus verantwortungsvollen Quellen
Paper from responsible sources
FSC® C105338

If you have any concerns about our products,
you can contact us on
ProductSafety@springernature.com

In case Publisher is established outside the EU,
the EU authorized representative is:
**Springer Nature Customer Service Center GmbH
Europaplatz 3, 69115 Heidelberg, Germany**

Printed by Libri Plureos GmbH
in Hamburg, Germany